AutoCAD 2017
快速入门、进阶与精通

（配全程视频教程）

北京兆迪科技有限公司　编著

電子工業出版社
Publishing House of Electronics Industry
北京·BEIJING

内 容 简 介

本书是全面、系统学习和运用 AutoCAD 2017 软件快速入门、进阶与精通的书籍，全书分为五篇共 33 章，从最基础的 AutoCAD 2017 安装和使用方法开始讲起，以循序渐进的方式详细讲解了 AutoCAD 2017 的软件设置、基本绘图、图形的显示控制、精确高效的绘图、图形编辑、标注尺寸、高级绘图、文字与表格、层、图块及其属性、使用辅助工具和命令、参数化设计、光栅图像、轴测图、三维图形的绘制与编辑、渲染、图形的输入/输出及 Internet 连接等，书中配有大量的实际综合应用案例，最后还讲解了 AutoCAD 在机械、建筑、装潢和电气等行业中的运用。

本书附带 1 张多媒体 DVD 教学光盘，制作了与本书全程同步的语音视频文件，含大量 AutoCAD 应用技巧和具有针对性实例的教学视频（提供全程语音视频讲解）。光盘中还包含了本书所有素材的源文件。本书讲解所使用的范例、实例和案例涵盖了不同的行业，具有很强的实用性和广泛的适用性。在内容安排上，书中结合大量的实例对 AutoCAD 中一些抽象的概念、命令、功能和应用技巧进行讲解，通俗易懂，化深奥为简易；另外，本书所举范例均为一线实际产品图形，这样的安排能使读者较快地进入实战状态；在写作方式上，本书紧贴 AutoCAD 2017 软件的真实界面进行讲解，使读者能够直观地操作软件，提高学习效率。读者在学习本书后，能够迅速地运用 AutoCAD 来完成各种绘图设计工作。

本书可作为工程技术人员的 AutoCAD 自学教程和参考书籍，也可供大专院校机械类专业师生参考。

图书在版编目（CIP）数据

AutoCAD 2017 快速入门、进阶与精通：配全程视频教程 / 北京兆迪科技有限公司编著.
北京：电子工业出版社，2017.9

ISBN 978-7-121-32606-6

Ⅰ. ①A… Ⅱ. ①北… Ⅲ. ①AutoCAD 软件－教材 Ⅳ. ①TP391.72

中国版本图书馆 CIP 数据核字（2017）第 213112 号

策划编辑：管晓伟
责任编辑：秦　聪　　特约编辑：王 欢 等
印　　刷：三河市鑫金马印装有限公司
装　　订：三河市鑫金马印装有限公司
出版发行：电子工业出版社
　　　　　北京市海淀区万寿路 173 信箱　　邮编：100036
开　　本：787×1092　1/16　印张：32.5　字数：832 千字
版　　次：2017 年 9 月第 1 版
印　　次：2017 年 9 月第 1 次印刷
定　　价：70.00 元（含多媒体 DVD 光盘 1 张）

凡所购买电子工业出版社图书有缺损问题，请向购买书店调换。若书店售缺，请与本社发行部联系，联系及邮购电话：（010）88254888，88258888。

质量投诉请发邮件至 zlts@phei.com.cn，盗版侵权举报请发邮件至 dbqq@phei.com.cn。

本书咨询联系方式：（010）88254460；guanphei@163.com；197238283@qq.com。

前　言

本书是一本学习 AutoCAD 2017 快速入门、进阶与精通的教程，其特色如下。

- **内容全面。**涵盖了 AutoCAD 软件的安装、设置、绘图、标注、编辑和打印出图。
- **行业运用全面。**本书结合各行业的特点和要求，讲解了 AutoCAD 在机械、建筑、装潢和电气等典型行业中的运用，这一特点对于即将大学毕业的在校生和刚参加工作的读者十分有用，因为他们在几年内可能会在不同行业间进行选择和切换。通过本书的全面学习，无疑会极大地提升这些读者的职业选择范围和竞争力。
- **本书实例、范例、案例丰富。**对软件中的主要命令和功能，先结合简单的实例进行讲解，然后安排一些较复杂的综合范例或案例，帮助读者深入理解和灵活应用。另外，由于篇幅所限，随书附带光盘 1 张，其中存放了大量的应用案例（提供全程语音视频讲解），这样安排可以进一步提高读者的软件使用能力和技巧，同时提高本书的性价比。
- **讲解详细，条理清晰。**保证自学的读者能独立学习和运用 AutoCAD 2017 软件。
- **写法独特。**采用 AutoCAD 2017 中真实的对话框、操控板和按钮等进行讲解，使初学者能够直观、准确地操作软件，从而大大提高学习效率。
- **附加值极高。**本书附带 1 张多媒体 DVD 教学光盘，制作了与本书全程同步的语音视频文件，含大量 AutoCAD 应用技巧和具有针对性实例的教学视频（全部提供语音教学视频），可以帮助读者轻松、高效地学习。

本书由北京兆迪科技有限公司编著，参加本书编写工作的人员还有詹路、龙宇、冯元超和侯俊飞等。本书已经过多次审校，但仍不免有疏漏之处，恳请广大读者予以指正。

电子邮箱：bookwellok @163.com　　咨询电话：010-82176248，010-82176249。

编　者

读者购书回馈活动：

活动一：本书“随书光盘”中含有该“读者意见反馈卡”的电子文档，请认真填写本反馈卡，并 E-mail 给我们。E-mail: 兆迪科技 zhanygjames@163.com，管晓伟 guanphei@163.com。

活动二：扫一扫右侧二维码，关注兆迪科技官方公众微信（或搜索公众号 zhaodikeji），参与互动，也可进行答疑。

凡参加以上活动，即可获得兆迪科技免费奉送的价值 48 元的在线课程一门，同时有机会获得价值 780 元的精品在线课程。

本 书 导 读

为了能更好地学习本书的知识，请您仔细阅读下面的内容。

【写作软件蓝本】

本书采用的写作蓝本是 AutoCAD 2017 版。

【写作计算机操作系统】

本书使用的操作系统为 Windows 7 专业版，系统主题采用 Windows 经典主题。

【光盘使用说明】

为了使读者方便、高效地学习本书，特将本书中所有的练习文件，素材文件，已完成的实例、范例或案例文件，软件的相关配置文件和视频语音讲解文件等按章节顺序放入随书附带的光盘中，读者在学习过程中可以打开相应的文件进行操作、练习和查看视频。

本书附带多媒体 DVD 教学光盘 1 张，建议读者在学习本书前，先将 DVD 光盘中的所有内容复制到计算机硬盘的 D 盘中。

在光盘的 cad1701 目录下共有 3 个子目录。

（1）system_file 子目录：包含 AutoCAD 2017 版本的配置、模板文件。

（2）work_file 子目录：包含本书讲解中所用到的文件。

（3）video 子目录：包含本书讲解中所有的视频文件（含语音讲解），学习时，直接双击某个视频文件即可播放。

光盘中带有“ok”扩展名的文件或文件夹表示已完成的实例、范例或案例。

相比于老版本的软件，AutoCAD 2017 版在功能、界面和操作上变化极小，经过简单的设置后，几乎与老版本完全一样（书中已介绍设置方法）。因此，对于软件新老版本操作完全相同的内容部分，光盘中仍然使用老版本的视频讲解，对于绝大部分读者而言，并不影响软件的学习。

【本书约定】

- 本书中有关鼠标操作的简略表述说明如下。
  - 单击：将鼠标指针光标移至某位置处，然后按一下鼠标的左键。
  - 双击：将鼠标指针光标移至某位置处，然后连续快速地按两次鼠标的左键。
  - 右击：将鼠标指针光标移至某位置处，然后按一下鼠标的右键。

- 单击中键：将鼠标指针光标移至某位置处，然后按一下鼠标的中键。
- 滚动中键：只是滚动鼠标的中键，而不是按中键。
- 选择（选取）某对象：将鼠标指针光标移至某对象上，单击以选取该对象。
- 拖移某对象：将鼠标指针光标移至某对象上，然后按下鼠标的左键不放，同时移动鼠标，将该对象移动到指定的位置后再松开鼠标的左键。

◆ 本书中的操作步骤分为“任务”和“步骤”两个级别，说明如下。

- 对于一般的软件操作，每个操作步骤以步骤01开始。例如，下面是绘制矩形操作步骤的表述。
  - ☑ 步骤01 选择下拉菜单 绘图(D) → 矩形(G) 命令。
  - ☑ 步骤02 指定矩形的第一角点。在图 2.3.2 所示的命令行提示信息下，将鼠标光标移至绘图区中的某一点—— A 点处，单击以指定矩形的第一个角点，此时移动鼠标，就会有一个临时矩形从该点延伸到光标所在处，并且矩形的大小随光标的移动而不断变化。
  - ☑ 步骤03 指定矩形的第二角点。在指定另一个角点或 [面积(A)/尺寸(D)/旋转(R)]: 的提示下，将鼠标光标移至绘图区中的另一点—— B 点处并单击，以指定矩形的另一个角点，此时系统便绘制出图 2.3.1 所示的矩形并结束命令。
- 每个“步骤”操作视其复杂程度，下面可含有多级子操作。例如，步骤01下可能包含（1）、（2）、（3）等子操作，（1）子操作下可能包含①、②、③等子操作，①子操作下可能包含 a）、b）、c）等子操作。
- 对于多个任务的操作，则每个“任务”冠以任务01、任务02、任务03等，每个“任务”操作下则包含“步骤”级别的操作。
- 由于已建议读者将随书光盘中的所有文件复制到计算机硬盘的 D 盘中，所以书中在要求设置工作目录或打开光盘文件时，所述的路径均以“D:”开始。

目　录

第一篇　AutoCAD 2017 快速入门

第二篇 AutoCAD 2017 进阶

第三篇 AutoCAD 2017 精通

第四篇 AutoCAD 2017 核心功能实际应用案例

第五篇 AutoCAD 2017 在各行业中的运用

第一篇

AutoCAD 2017 快速入门

第1章 AutoCAD 2017 使用基础

1.1 计算机绘图与 AutoCAD 简介

1.1.1 计算机绘图概述

计算机绘图是 20 世纪 60 年代发展起来的一门新兴学科。随着计算机图形学理论及其技术的发展，计算机绘图技术也迅速发展起来。将图形与数据建立起相互对应的关系，把数字化的图形信息经过计算机存储、处理，然后通过输出设备将图形显示或打印出来，这个过程就是计算机绘图。

计算机绘图是由计算机绘图系统来完成的。计算机绘图系统由软件系统和硬件系统组成，其中，软件是计算机绘图系统的关键，而硬件设备则为软件的正常运行提供了基础保障和运行环境。目前，随着计算机硬件功能的不断提高、软件系统的不断完善，计算机绘图已广泛应用于各个领域。

1.1.2 AutoCAD 简介

AutoCAD 具有功能强大、易于掌握、使用方便及体系结构开放等特点，能够绘制平面图形与三维图形、进行图形的渲染以及打印输出图样，用 AutoCAD 绘图速度快、精度高，而且便于个性化设计。

AutoCAD 具有良好的用户界面，可通过交互菜单或命令行方便地进行各种操作。它的多文档设计环境，让非计算机专业人员能够很快地学会使用，进而在不断实践的过程中更好地掌握它的各种应用和开发技巧，不断提高工作效率。

AutoCAD 具有广泛的适应性，这就为它的普及创造了条件。AutoCAD 自问世至今，已被广泛地应用于机械、建筑、电子、冶金、地质、土木工程、气象、航天、造船、石油化工、纺织和轻工等领域，深受广大技术人员的欢迎。

1.1.3 AutoCAD 2017 新增功能

AutoCAD 2017 添加了一些新功能，在某些方面使用起来更加方便，更加人性化，主要包括移植功能、PDF 增强功能、光标增强功能、中心标记和中心线命令和其他的增强功能等。简要介绍如下。

- 移植功能：新的移植界面将 AutoCAD 自定义设置组织为您可以从中生成移植摘要报告的组和类别，更易于管理。
- PDF 增强功能：可以将几何图形、填充、光栅图像和 TrueType 文字从 PDF 文件输入到当前图形中。PDF 数据可以来自当前图形中附着的 PDF，也可以来自指定的任何 PDF 文件。数据精度受限于 PDF 文件的精度和支持的对象类型的精度。
- 光标增强功能：使用 CURSORTYPE 系统变量可调整光标类型，AutoCAD 的十字光标或 Windows 箭头光标。
- 增加了中心标记和中心线命令：可以创建与圆弧和圆关联的中心标记，以及与选定的直线和多段线线段关联的中心线。
- 其他的增强功能：已针对渲染视觉样式（尤其是内含大量包含边和镶嵌面的小块模型）改进了 3DORBIT 的性能和可靠性；二维平移和缩放操作的性能已得到改进；线型的视觉质量已得到改进；通过跳过对内含大量线段的多段线的几何图形中心（GCEN）计算，从而改进了对象捕捉的性能。

1.2 AutoCAD 2017 的安装要求及安装过程

1.2.1 AutoCAD 2017 软件安装的硬、软件要求

- ◆ 操作系统：不能在 Windows XP 系统上安装，推荐使用 Windows 7 或 Windows Vista 系统。
- ◆ 说明：要安装 AutoCAD，用户必须具有管理员权限或由系统管理员授予更高权限。
- ◆ Web 浏览器：Microsoft Internet Explorer 6.0 Service Pack 1（或更高版本）。
- ◆ 处理器：Pentium IV 2.2GHz 或更高主频等。
- ◆ 内存：512 MB 以上。
- ◆ 显卡：最低要求 1024 × 768 VGA 真彩色。
- ◆ 硬盘：安装占用空间 3GB。

1.2.2 AutoCAD 2017 软件的安装过程

对于单机中文版的 AutoCAD 2017，在各种操作系统下的安装过程基本相同，下面仅以 Windows

7 为例说明安装过程。

步骤 01 将 AutoCAD 2017 的安装光盘放入光驱内（如果已将系统安装文件复制到硬盘上，可双击系统安装目录下的 Setup.exe 文件）。

步骤 02 系统显示“安装初始化”界面。等待数秒后，在系统弹出图 1.2.1 所示的“AutoCAD 2017”界面（一）中单击“安装”按钮。

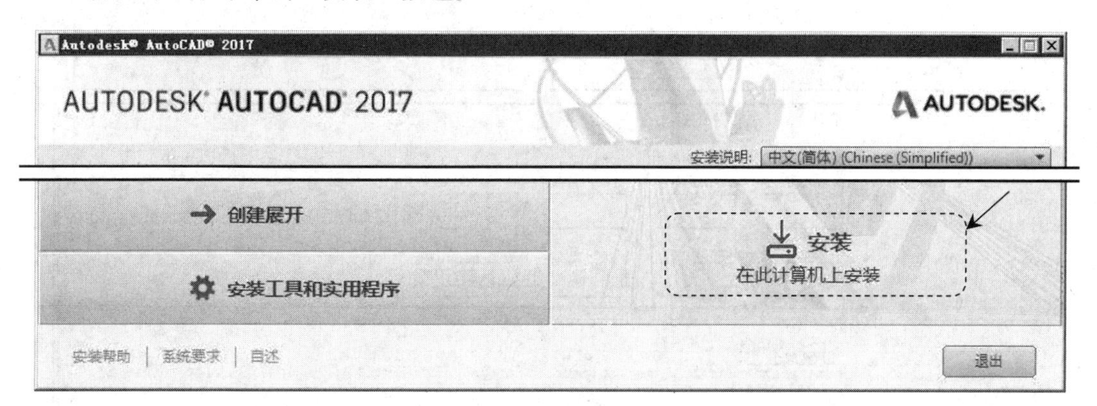

图 1.2.1 “AutoCAD 2017”界面（一）

步骤 03 系统弹出“AutoCAD 2017”界面（二），在 国家或地区: 下拉列表中选择 China 选项，选中 我接受 单选项，单击对话框中的 下一步 按钮。

步骤 04 系统弹出“AutoCAD 2017”界面（三），采用系统默认的安装配置，单击对话框中的 安装 按钮，此时系统显示“安装进度”界面。

步骤 05 系统继续安装 AutoCAD 2017 软件，经过几分钟后，AutoCAD 2017 软件安装完成，系统弹出“安装完成”界面，单击该对话框中的 完成 按钮。

步骤 06 启动中文版 AutoCAD 2017。在 AutoCAD 安装完成后，系统将在 Windows 的“开始”菜单中创建一个菜单项，并在桌面上创建一个快捷图标。当第一次启动 AutoCAD 2017 时，系统要求进行初始设置，具体操作如下。

双击 Windows 桌面上的 AutoCAD 2017 软件快捷图标来启动；或者从 开始 菜单依次选择 所有程序 → Autodesk → AutoCAD 2017 - 简体中文 (Simplified Chinese) → AutoCAD 2017 - 简体中文 (Simplified Chinese) 命令来启动软件。

步骤 07 在系统弹出的“Autodesk”界面中单击 **输入序列号** 类型，然后在弹出的“Autodesk 许可”界面中单击 激活(A) 按钮，此时系统弹出“Autodesk 许可-激活选项”界面（一）。

步骤 08 在系统弹出的“Autodesk 许可-激活选项”界面（一）中将序列号和产品密钥输入对应的文本框中，然后单击 下一步 按钮，此时系统弹出“Autodesk 许可-激活选项”界面（二）。

步骤 09 激活中文版 AutoCAD 2017。

（1）在图 1.2.2 所示的“Autodesk 许可-激活选项”界面（二）中选中 我具有 Autodesk 提供的激活码单选项，在其下方的文本框中输入软件激活码并单击按钮。

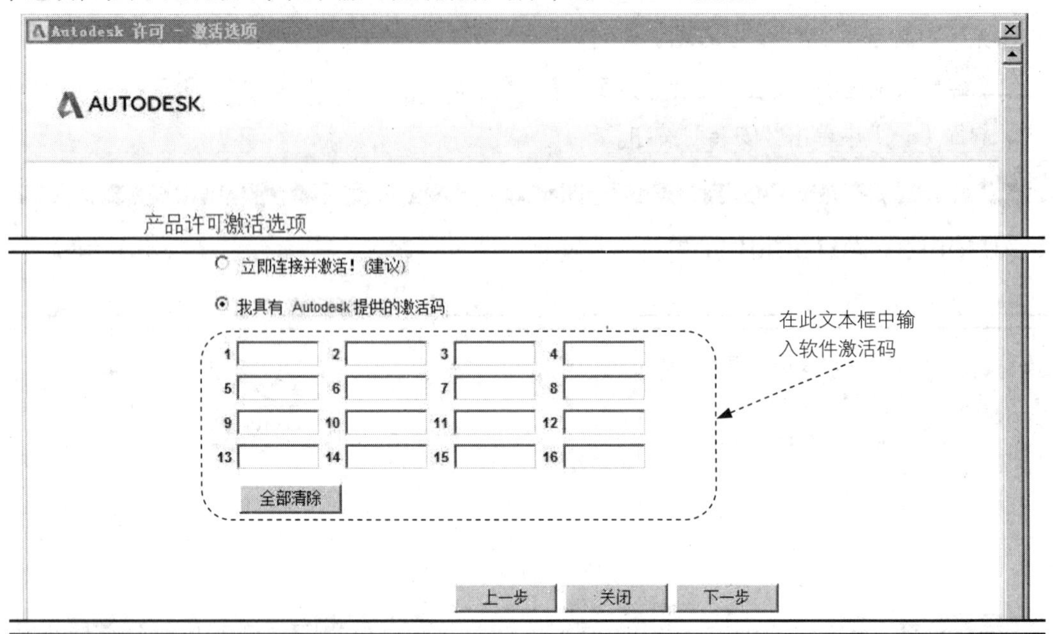

图 1.2.2 “Autodesk 许可-激活选项”界面（二）

（2）系统弹出“Autodesk 许可-激活完成”界面，表明 AutoCAD 2017 软件已被激活，单击该界面中的 完成 按钮。至此便完成了 AutoCAD 2017 的激活，以后启动 AutoCAD 2017 时无须再激活。

（3）启动 AutoCAD 2017 后打开“Autodesk Exchange”界面，关闭该界面后系统进入 AutoCAD 2017 的使用界面。

1.3 AutoCAD 的启动与退出

1.3.1 启动 AutoCAD

启动 AutoCAD 的方法一般有如下四种。

方法一：双击桌面上的 AutoCAD 快捷方式图标 A。

方法二：单击桌面上的 AutoCAD 快捷方式图标 A，然后右击，在系统弹出的快捷菜单中选择 打开(O) 命令。

方法三：双击已有的 AutoCAD 图形文件。

方法四：从 开始 菜单中，通过依次选择下拉菜单 所有程序 → Autodesk → AutoCAD 2017 - 简体中文 (Simplified Chinese) → AutoCAD 2017 - 简体中文 (Simplified Chinese) 命令，可以启动 AutoCAD 2017。

1.3.2 退出 AutoCAD

退出 AutoCAD 的方法有如下三种。

方法一：在 AutoCAD 主标题栏中，单击“关闭”按钮☒。

方法二：从 文件(F) 下拉菜单中，选择 退出(X) Ctrl+Q 命令。

方法三：在命令行中，输入命令 EXIT 或 QUIT，然后按 Enter 键。

在退出 AutoCAD 时，如果还没有对每个打开的图形保存最近的更改，系统将提示是否要将更改保存到当前的图形中，单击 是(Y) 按钮将退出 AutoCAD 并保存更改；单击 否(N) 按钮将退出 AutoCAD 而不保存更改；单击 取消 按钮将不退出 AutoCAD，维持现有的状态。

1.4 中文版 AutoCAD 2017 的工作界面

中文版 AutoCAD 2017 的工作界面如图 1.4.1 所示，该工作界面中包括标题栏、快速访问工具栏、信息中心、菜单浏览器与下拉菜单栏等几个部分，下面将分别进行介绍。

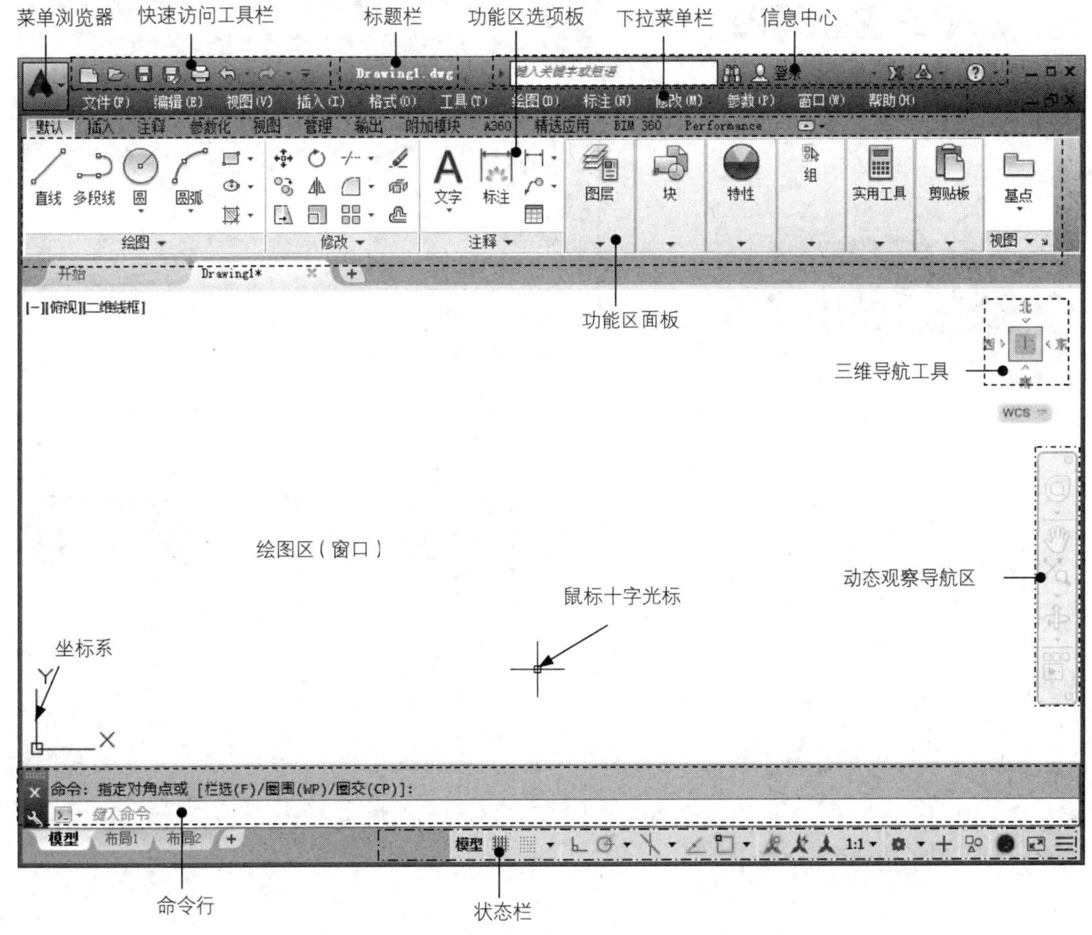

图 1.4.1 中文版 AutoCAD 2017 的工作界面

1.4.1 快速访问工具栏

AutoCAD 2017 具有快捷访问工具栏的功能，其位置在标题栏的左侧。通过快速访问工具栏能够进行一些 AutoCAD 的基础操作，默认的有“新建”、“打开”、“保存”、“另存为”、“打印”和“放弃”等命令，其初始状态如图 1.4.2 所示。

用户还可以为快速访问工具栏添加命令按钮。在快速访问工具栏上右击，在系统弹出的图 1.4.3 所示的快捷菜单中选择自定义快速访问工具栏(C)选项，系统将弹出“自定义用户界面”对话框，如图 1.4.4 所示。在该对话框的命令列表框中找到要添加的命令后将其拖到“快速访问”工具栏，即可为该工具栏添加对应的命令按钮。图 1.4.5 所示即为添加命令按钮后的快速访问工具栏。

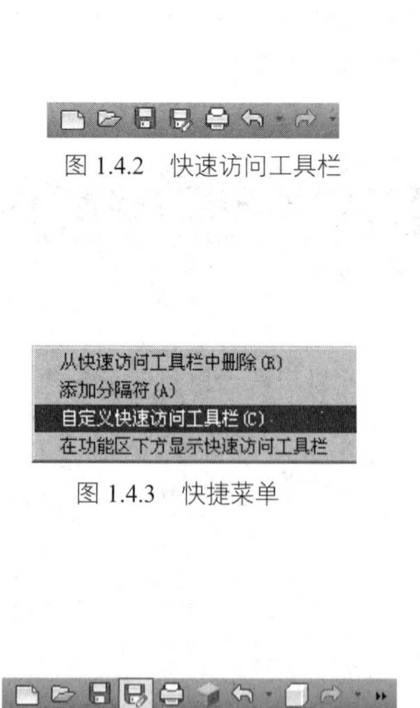

图 1.4.2 快速访问工具栏

图 1.4.3 快捷菜单

图 1.4.5 添加命令按钮后的快速访问工具栏

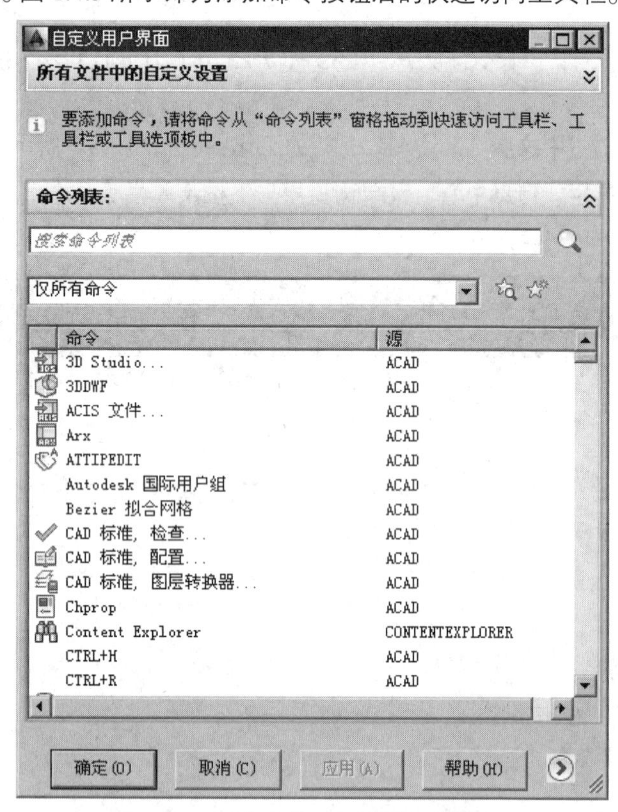

图 1.4.4 “自定义用户界面”对话框

1.4.2 标题栏

AutoCAD 2017 的标题栏位于工作界面的最上方，其功能是显示 AutoCAD 2017 的程序图标以及当前所操作文件的名称。还可以通过单击标题栏最右侧的按钮，来实现 AutoCAD 2017 窗口的最大化、最小化和关闭的操作。

1.4.3 信息中心

信息中心位于标题栏的右上侧，如图 1.4.6 所示。信息中心提供了一种便捷的方法，可以在“帮助”系统中搜索主题、登录到 Autodesk 360、打开 Autodesk Exchange 或保持连接，并显示“帮助”菜单的选项。它还可以显示产品通告、更新和通知。

键入关键字或短语 登录

图 1.4.6 信息中心

1.4.4 菜单浏览器与下拉菜单栏

单击菜单浏览器，系统会将菜单浏览器展开，如图 1.4.7 所示。

在 AutoCAD 2017 中，AutoCAD 将菜单栏全部集成到了菜单浏览器中。其左侧的列显示全部根菜单，将光标放在某一项上，会在右侧显示出对应的菜单。

AutoCAD 默认没有将菜单栏显示出来，用户可以通过在“快速访问工具栏”中单击▾按钮，在系统弹出的列表中选择 显示菜单栏 命令，即可将菜单栏显示出来。AutoCAD 的菜单栏如图 1.4.7 所示，由 文件(F)、编辑(E)、视图(V)、插入(I)、格式(O)、工具(T)、绘图(D)、标注(N)、修改(M)、参数(P)、窗口(W)、帮助(H) 和 Express 下拉菜单组成。若要显示某个下拉菜单，可直接单击其菜单名称，也可以同时按下 Alt 键和显示在该菜单名后边的热键字符。例如，要显示 文件(F) 下拉菜单，可同时按下 Alt 键和 F 键。

将菜单栏显示出后，在以后打开 AutoCAD 时，菜单栏也将一并显示，用户无须再次操作。本书在以后章节介绍命令操作时，都是通过单击菜单栏选择命令的。

图 1.4.7 显示菜单栏

在使用下拉菜单命令时，应注意以下几点。

- 带有▸符号的命令，表示该命令下还有子命令。
- 命令后带下画线的字母对应的是热键（如 文件(F) 下拉菜单中的 新建(N)... 命令后的字母 N）。在打开某个下拉菜单（如 文件(F)）后，也可通过按键盘上的热键字母（如 N）来启动相应的命令。
- 命令后若带有组合键，表示直接按组合键即可执行该菜单命令（如下拉菜单 文件(F) 中 新建(N)... 命令，可直接使用组合键 Ctrl+N）。

- 命令后带有···符号，表示选择该命令系统将弹出一个对话框。
- 命令呈现灰色，表示该命令在当前不可使用。
- 如果将鼠标光标停留在下拉菜单中的某个命令上，系统会在屏幕的最下方显示该命令的解释或说明。

1.4.5　功能区选项板与功能区面板

功能区选项板是一种特殊的选项卡，位于绘图窗口的上方，用于显示与基于任务的工作空间关联的按钮和控件。在 AutoCAD 2017 的初始状态下有 12 个功能选项卡：默认、插入、注释、参数化、视图、管理、输出、附加模块、Autodesk 360、Express Tools、BIM 360和Performance。每个选项卡都包含若干个面板，每个面板又包含了许多的命令按钮，如图 1.4.8 所示。

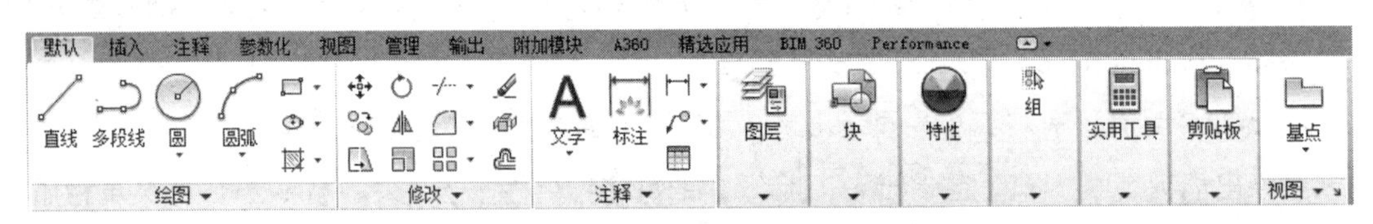

图 1.4.8　功能选项卡和面板

有的面板中没有足够的空间显示所有的按钮，用户在使用时可以单击下方的三角按钮，展开折叠区域，显示其他相关的命令按钮。如果某个按钮后面有三角按钮，则表明该按钮下面还有其他的命令按钮，单击该三角按钮，系统弹出折叠区的命令按钮。

此外，单击面板选项卡右侧的按钮，系统将会弹出图 1.4.9 所示的快捷菜单。在该快捷菜单中选择✔最小化为选项卡命令，选项卡区域将最小化为选项卡，如图 1.4.10 所示；选择✔最小化为面板标题命令，选项卡区域将最小化为面板标题，如图 1.4.11 所示；选择✔最小化为面板按钮命令，选项卡区域将最小化为面板按钮，如图 1.4.12 所示；若选择✔循环浏览所有项命令后连续单击按钮，将在图 1.4.9 及图 1.4.10～图 1.4.12 所示的显示样式之间切换。

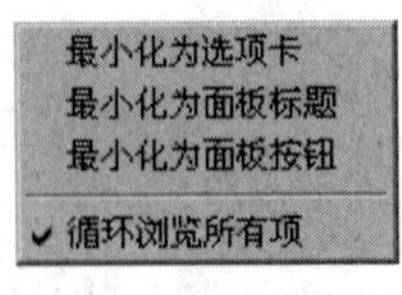

图 1.4.9　快捷菜单

图 1.4.10　最小化为选项卡

图 1.4.11　最小化为面板标题

图 1.4.12 最小化为面板按钮

1.4.6 绘图区

绘图区是用户绘图的工作区域（图 1.4.1），它占据了屏幕的绝大部分空间，用户绘制的任何内容都将显示在这个区域中。可以根据需要关闭一些工具栏或缩小界面中的其他窗口，以增大绘图区。

绘图区中除了显示当前的绘图结果外，还可显示当前坐标系，该坐标系包括类型、坐标原点及 X 轴、Y 轴、Z 轴的方向。在绘图区下部有一系列选项卡的标签，这些标签可引导用户查看图形的布局视图。

1.4.7 ViewCube 动态观察

ViewCube 工具（图 1.4.13）直观地反映了图形在三维空间内的方向，是模型在二维空间或三维视觉样式中处理图形时的一种导航工具。使用 ViewCube 工具，可以方便地调整模型的视点，使模型在标准视图和等轴测视图间切换。

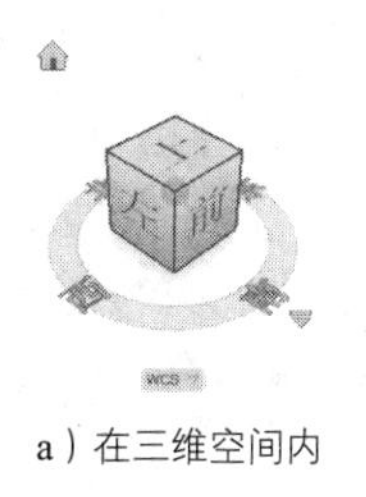

a）在三维空间内

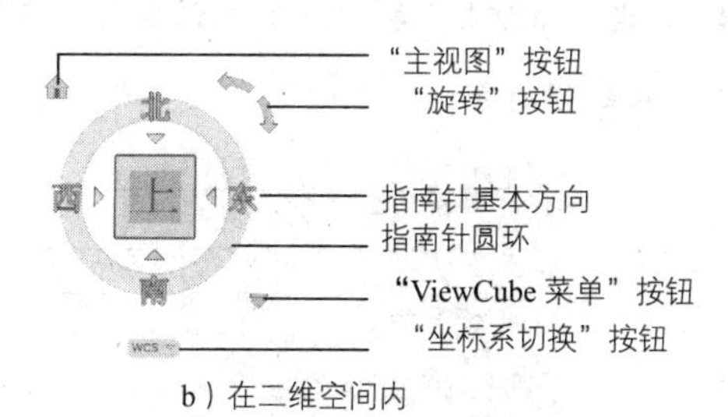

b）在二维空间内

图 1.4.13 “ViewCube”工具

1. ViewCube 工具的显示与隐藏

在系统默认状态下，ViewCube 工具显示在界面的右上角。当 ViewCube 工具不显示时，可通过以下几种方法将其显示出来。

- 使用下拉菜单 视图(V) → 显示(L) ▸ → ViewCube(V) ▸ → 开(O) 命令。
- 在功能区面板“视图”选项板“视口工具”区域单击“ViewCube”按钮。
- 在功能区面板“视图”选项板“窗口”区域单击“用户界面”按钮，在系统弹出的下拉列表中选中 ☑ ViewCube 复选框。
- 在命令行中输入命令 NAVVCUBE 后按 Enter 键，在命令行 输入选项 [开(ON)/关(OFF)/设置(S)] <ON>: 的提示下输入命令 ON 并按 Enter 键（或在命令行中输入命令 NAVVCUBEDISPLAY 后按 Enter 键，再输入数值 3 按 Enter 键）。

显示 ViewCube 工具后不处于活动状态，将鼠标移动到其上时，ViewCube 工具上的按钮会加亮显示，此时 ViewCube 工具处于活动状态，可根据需要调整视点。

2. ViewCube 工具的菜单及功能

在图 1.4.13 所示的 ViewCube 工具中，各按钮功能如下。

- "主视图"按钮：单击该按钮可将模型视点恢复至随模型一起保存的主视图方位，右击该按钮，系统会弹出图 1.4.14 所示的 ViewCube 菜单。
- "旋转"按钮：分为顺时针和逆时针两个按钮，单击任意按钮，模型可绕当前图形的轴心旋转 90°。
- 指南针：单击指南针上的基本方向可将模型进行旋转，同时也可以拖动指南针的一个基本方向或拖动指南针圆环使模型绕轴心点以交互方式旋转。
- "ViewCube 菜单"按钮：单击该按钮，系统弹出图 1.4.14 所示的 ViewCube 菜单。使用 ViewCube 菜单可恢复和定义模型的主视图，在视图投影模式之间切换，以及更改交互行为和 ViewCube 工具的外观。
- "坐标系切换"按钮：单击该按钮，在系统弹出的下拉列表中可以快速地切换坐标系或新建坐标系。

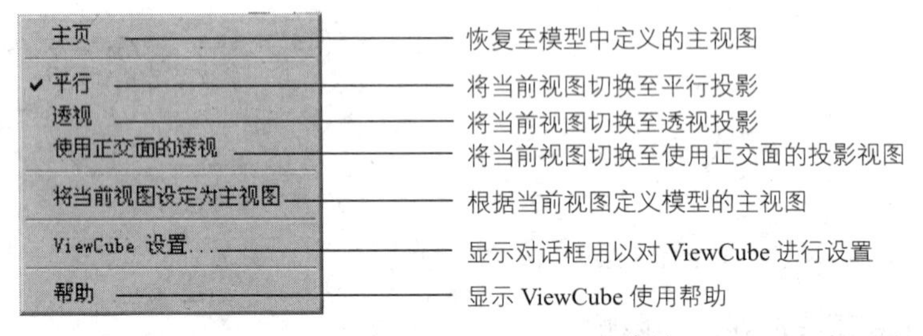

图 1.4.14 ViewCube 菜单

3. ViewCube 工具的设置

用户可以在"ViewCube 设置"对话框中根据不同的需要设置 ViewCube 的可见性和显示特性，以达到 ViewCube 三维导航的最佳效果。可以使用以下几种方式打开"ViewCube 设置"对话框。

- 使用下拉菜单 视图(V) → 显示(L) ▸ → ViewCube(V) ▸ → 设置(S) 命令。
- 右击"主视图"按钮，在系统弹出的 ViewCube 菜单中选择 ViewCube 设置... 命令。
- 单击"ViewCube 菜单"按钮，在系统弹出的 ViewCube 菜单中选择 ViewCube 设置... 命令。

在"ViewCube 设置"对话框中各选项说明如下。

- 屏幕位置(O): 下拉列表：在该下拉列表中选择一选项可指定 ViewCube 在屏幕中的位置。
- ViewCube 大小(V): 选项：用以控制 ViewCube 的大小显示。
- 不活动时的不透明度(I): 选项：指定 ViewCube 在不活动时显示透明度的百分比。
- ☑ 显示 UCS 菜单(M) 复选框：当选中该复选框时，在 ViewCube 下方显示 UCS 按钮，单击该按钮可显示 UCS 菜单。
- ☑ 捕捉到最近的视图(S) 复选框：若选中此复选框，当通过拖动 ViewCube 更改视图时将当前视图调整为接近的预设视图。
- ☑ 视图更改后进行范围缩放(Z) 复选框：在选中此复选框的情况下，指定视图更改后强制模型布满当前视口。
- ☑ 切换视图时使用视图转场(W) 复选框：选中此复选框后，在切换视图时使用视图转场效果。
- ☑ 将 ViewCube 设置为当前 UCS 的方向(R) 复选框：当选中此复选框后，根据模型当前的 UCS 或 WCS 设置 ViewCube 的方向。
- ☑ 保持场景正立(K) 复选框：选中此复选框时，将保持场景正立；取消选中时将视点倒立。
- ☑ 在 ViewCube 下方显示指南针(C) 复选框：选中此复选框时在 ViewCube 的下方显示指南针，反之则不显示。

1.4.8 命令行与文本窗口

如图 1.4.15 所示，命令行用于输入 AutoCAD 命令或查看命令提示和消息，它位于绘图窗口的下面。

命令行通常显示三行信息，拖动位于命令行左边的滚动条可查看以前的提示信息。用户可以根据需要改变命令行的大小，使其显示多于三行或少于三行的信息（拖动命令行和绘图区之间的分隔边框进行调整），还可以将命令行拖移至其他位置，使其由固定状态变为浮动状态。当命令行处于浮动状态时，可调整其宽度。

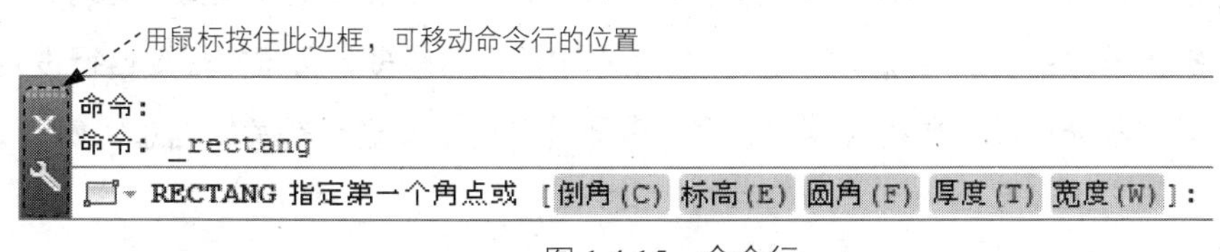

图 1.4.15 命令行

文本窗口是记录 AutoCAD 命令的窗口，是放大的“命令行窗口”，它记录了已执行的命令，也可以在其中输入新命令。此窗口的打开可以通过选择下拉菜单 视图(V) → 显示(L) ▸ → 文本窗口(T) Ctrl+F2 命令（或在命令行中输入命令 TEXTSCR）来实现，同样也可以通过快捷键 Ctrl+F2 或者 F2 键实现。

与命令行不同，文本窗口总是显示为单独的窗口，文本窗口具有自己的滚动条，窗口的大小可以调整、最小化，或在不需要时全部关闭。

按 F2 键可在图形窗口和文本窗口之间来回进行切换。另外，还可在文本窗口和 Windows 剪贴板之间剪切、复制和粘贴文本，大多数 Windows 常用的 Ctrl 组合键和光标键也能在文本窗口中使用。

1.4.9 状态栏

状态栏位于屏幕的底部，它用于显示当前鼠标光标的坐标位置，以及控制与切换各种 AutoCAD 模式的状态，如图 1.4.16 所示。

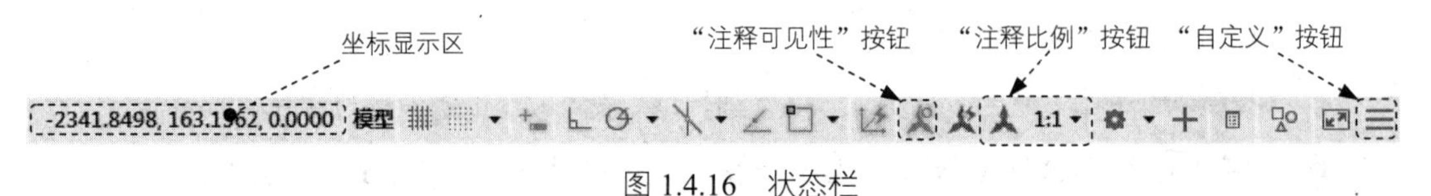

图 1.4.16 状态栏

坐标显示区可显示当前光标的 X、Y、Z 坐标，当移动鼠标光标时，坐标也随之不断更新。单击坐标显示区，可切换坐标显示的打开和关闭状态。

注释性是指用于对图形加以注释的特性，注释比例是与模型空间、布局视口和模型视图一起保存的设置，用户可以根据比例的设置对注释内容进行相应的缩放。单击“注释比例”按钮，可以从系统弹出的菜单中选择需要的注释比例，也可以自定义注释比例。

单击“注释可见性”按钮，当显示为 时，将显示所有比例的注释性对象；当显示为 时，仅显示当前比例的注释性对象。

单击“自定义”按钮 ，系统会弹出图 1.4.17 所示的下拉菜单，在下拉菜单中可设置在状态栏中显示的快捷按钮命令，单击下拉菜单中的某个命令会以 的形式显示，表示在状态栏中处于显示状态，再次单击即可取消显示。下拉菜单中的命令较多，可根据需要自行设定。

另外，当鼠标光标在工具栏或菜单命令上停留片刻时，会显示有关的信息，如命令的解释等。

用户还可以通过单击状态栏中的切换工作空间按钮 ，在系统弹出的快捷菜单中选择要切换的工作空间。

图 1.4.17　“自定义”下拉菜单

1.4.10　对话框与快捷菜单

在选择 AutoCAD 的某些命令后，系统会弹出一个对话框，在对话框中可以方便地进行输入数值、设定参数和选择选项等操作。例如，在选择下拉菜单 插入(I) → 块(B)... 命令后，系统会弹出“插入”对话框。

另外，当在绘图区、工具栏、状态栏、“模型”与“布局”标签以及对话框内的一些区域右击时，系统会弹出快捷菜单，菜单中显示的命令与右击的对象和当前的工作状态相关，可以从中快速选择一些对于右击对象的操作命令。例如，选择绘制矩形命令后，在绘图区中右击，系统将弹出快捷菜单。

1.5　AutoCAD 的绘图环境设置

1.5.1　绘图选项

选择下拉菜单 工具(T) → 选项(N)... 命令，系统弹出“选项”对话框，该对话框中包含 文件 、显示 、打开和保存 、打印和发布 、系统 、用户系统配置 、绘图 、三维建模 、选择集 和 配置 10 个选项卡，下面对这些选项卡部分选项进行说明。

◆ 文件 选项卡：用于确定 AutoCAD 搜索支持文件、驱动程序文件、菜单文件和其他文件时的路径等。

- 显示选项卡：用于设置窗口元素、显示精度、显示性能、十字光标大小和参照编辑的颜色度等显示属性，本书中为了保持与上一版本主题界面一致，所以在此选项卡窗口元素区域配色方案(M):的下拉列表中选择明选项。
- 打开和保存选项卡：用于设置保存文件格式、文件安全措施以及外部参照文件加载方式等。
- 打印和发布选项卡：用于设置 AutoCAD 默认的打印输出设备及常规打印选项等。
- 系统选项卡：用于设置当前三维图形的显示特性，设置定点设备、OLE 特性对话框的显示控制、所有警告信息的显示控制、网络连接检查、启动对话框的显示控制以及是否允许长符号名等。
- 用户系统配置选项卡：用于设置是否使用快捷菜单、插入对象比例以及坐标数据输入的优先级等。
- 绘图选项卡：用于设置自动捕捉、自动捕捉标记的颜色和大小以及靶框大小等。
- 三维建模选项卡：用于设置在三维建模环境中十字光标、在视口中的显示工具及三维对象的显示等。
- 选择集选项卡：用于设置选择集模式、选取框和夹点的大小等。
- 配置选项卡：用于系统配置文件的创建、重命名和删除等操作。

1.5.2 图形单位

由于 AutoCAD 被广泛地应用于各个领域，如机械行业、电气行业、建筑行业以及科学实验等，而这些领域对坐标、距离和角度的要求各不相同，同时西方国家习惯使用英制单位，如英寸、英尺等，而我国则习惯于使用米制单位，如米、毫米等。因此，在开始创建图形前，首先要根据项目和标注的不同要求决定使用何种单位制及其相应的精度。

可以通过选择下拉菜单格式(O) → 0.0 单位(U)...命令（或在命令行中输入 UNITS 命令后按 Enter 键）来完成单位的设置。执行命令后，系统弹出“图形单位”对话框，在该对话框中可完成如下设置。

1. 设置长度类型及精度

在长度选项组中，可以分别选取类型(T):和精度(P):下拉列表中的选项值来设置图形单位的长度类型和精度。默认的长度类型为“小数”，“精度”是精确到小数点后四位。

2. 设置角度类型及精度

在角度选项组中，可以分别选取类型(Y):和精度(N):下拉列表中的选项值来设置图形单位的角度类型和精度。默认的角度类型为“十进制度数”，精度取为整数。通常情况下，角度以逆时针方向为正方向，如选中☑顺时针(C)复选框，则以顺时针方向为正方向。

当在长度或角度选项组中设置了长度或角度的类型与精度后，在输出样例选项组中将显示它们对应的样例。

3. 设置缩放比例

插入时的缩放单位选项组的用于缩放插入内容的单位:下拉列表，用来控制使用工具选项板将块插入当前图形的测量单位，默认值为“毫米”。

4. 设置方向

在“图形单位”对话框中，如果单击方向(D)...按钮，则可在弹出的“方向控制”对话框中，通过选择⊙东(E)、○北(N)、○西(W)、○南(S)或○其他(O)单选项来设置基准角度（0° ）的方向。当选中⊙其他(O)单选项时，可以单击角度(A):字符旁边的按钮，然后在绘图区中拾取两个点来确定基准角度（0° ）的方向。默认情况下，基准角度（0° ）方向是指向右（⊙东(E)）方向。

1.5.3 图形界限

图形界限表示图形周围的一条不可见的边界。设置图形界限可确保以特定的比例打印时，创建的图形不会超过特定的图纸空间的大小。

图形界限由两个点确定，即左下角点和右上角点。例如，可以设置一张图纸的左下角点的坐标为（0,0），右上角点的坐标为（594,420），则该图纸的大小为 594×420。单击屏幕底部状态栏中的按钮，将显示图形界限内的区域。

在中文版 AutoCAD 2017 中，用户设置图形界限的操作步骤如下。

步骤 01 打开随书光盘上的文件 D:\cad1701\work\ch01.05\limits.dwg。

步骤 02 选择下拉菜单格式(O) → 图形界限(I)命令。

步骤 03 在命令行指定左下角点或 [开(ON)/关(OFF)] <0.0000,0.0000>:的提示下按 Enter 键，即采用默认的左下角点（0,0）。

步骤 04 在命令行指定右上角点的提示下，输入图纸右上角点坐标（594,420）并按 Enter 键。完成后，打开“栅格”，可看到栅格点充满整个由对角点（0,0）和（594,420）构成的矩形区域，由此证明图形界限设置有效。

步骤 05 选择下拉菜单文件(F) → 另存为(A)...命令，将文件改名保存为 limits_ok.dwg，这样既能保存前面所做的工作，又能保护原文件 limits.dwg，以便以后再次使用原文件。

- 坐标值的输入说明。本步操作中，在指定右上角点时，坐标（594,420）的输入规则是先输入 X 轴坐标值 594，再输入英文逗号 ,，然后输入 Y 轴坐标值 420，在命令行中的显示为 指定右上角点 <420.0000,297.0000>: 594,420 。本书中所有坐标点（包括笛卡儿坐标、极坐标、柱坐标等）的表述都在坐标值外加了括号，但输入时均须按照上面的规则。
- 即使在图形中设置了图形界限，也可以将图元绘制在图形界限以外，但如果是根据设计要求而设置了正确的图形界限，建议还是将图元绘制在图形界限以内。
- 当启动 LIMITS 命令时，第一个提示还有两个选项：开(ON)和关(OFF)。这两个选项决定用户能否在图形界限之外指定一点。如果选择开(ON)选项，将打开界限检查，从而避免图形超出图形界限；如果选择关(OFF)选项（默认值），AutoCAD 禁止界限检查，此时用户可以在图形界限之外绘制对象或指定点。

1.6 AutoCAD 图形文件管理

1.6.1 新建图形文件

在实际的产品设计中，当新建一个 AutoCAD 图形文件时，往往要使用一个样板文件，样板文件中通常包含与绘图相关的一些通用设置，如图层、线型、文字样式等。利用样板创建新图形不仅能提高设计效率，也能保证企业产品图形的一致性，有利于实现产品设计的标准化。使用样板文件新建一个 AutoCAD 图形文件的操作步骤如下。

步骤 01 选择下拉菜单 文件(F) → 新建(N)... 命令，或单击“快速访问工具栏”中的“新建”按钮，系统会弹出“选择样板”对话框。

步骤 02 在“选择样板”对话框的 文件类型(T): 列表框中选择某种样板文件类型（*.dwt、*.dwg 或 *.dws），然后在有关文件夹中选择某个具体的样板文件，此时在右侧的 预览 区域将显示出该样板的预览图像。

步骤 03 单击 打开(O) 按钮，打开样板文件。此时便可以利用样板来创建新图形了。

1.6.2 打开图形文件

打开图形文件的操作步骤如下。

步骤 01 选择下拉菜单 文件(F) → 打开(O)... 命令，或单击“快速访问工具栏”中的“打开”按钮，此时系统弹出“选择文件”对话框，如图 1.6.1 所示。

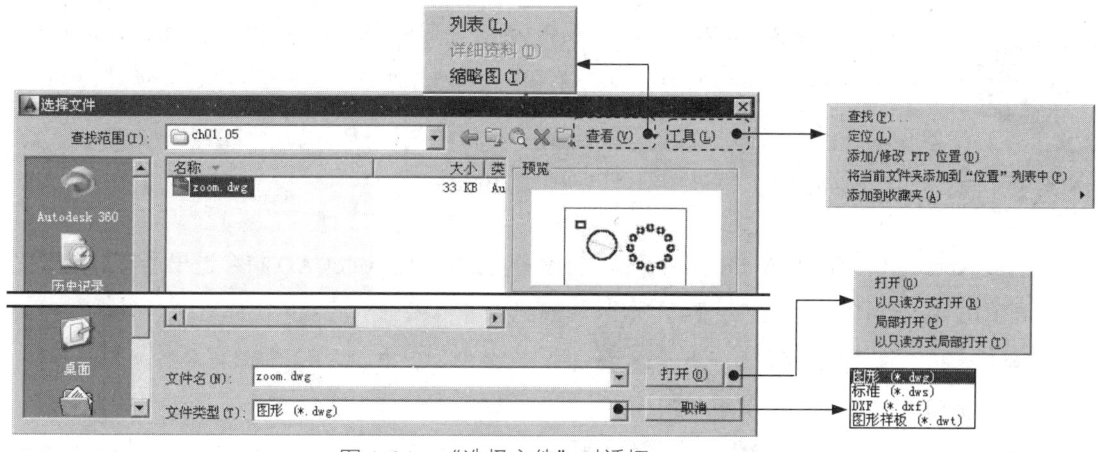

图 1.6.1 “选择文件”对话框

步骤 02 在“选择文件”对话框的文件列表框中，选择需要打开的图形文件，在右侧的预览区域中将显示出该图形的预览图像。在默认的情况下，打开的图形文件的类型为 dwg 类型。用户可以在图 1.6.1 所示的文件类型(T):列表框中选取相应类型。

步骤 03 选取打开方式。用户可以在打开方式列表中选取以打开(O)、以只读方式打开(R)、局部打开(P)和以只读方式局部打开(T)四种方式打开图形文件（图 1.6.1）。当以打开(O)和局部打开(P)方式打开图形时，用户可以对图形文件进行编辑；如果以以只读方式打开(R)和以只读方式局部打开(T)方式打开图形，用户则无法对图形文件进行编辑。另外，使用局部打开(P)选项可以只打开图形文件的一个部分，它只是加载以前保存的视图中以及特定图层上所包含的几何要素。例如，当打开文件 D:\cad1701\work\ch01.06\zoom.dwg 时，单击打开(O)按钮，AutoCAD 将只加载处于该层上的几何要素。文件被打开以后，如果用户希望再加载其他视图或其他图层上的几何要素，可通过在命令行中输入 PARTIALOAD 命令来实现。在处理大的图形文件时，“局部打开”操作能改善 AutoCAD 的性能。

1.6.3 保存图形文件

在设计过程中应经常保存图形，方法是选择下拉菜单文件(F) → 保存(S)命令，或单击“保存”按钮，这可确保在出现电源故障或其他意外时不致丢失重要的文件。当新建了一个图形文件并对其进行保存时，系统会弹出“图形另存为”对话框，提示用户给出文件名及文件类型，默认情况下，文件以“AutoCAD 2017 图形（*.dwg）”格式保存，也可以在文件类型(T):列表框中选择其他格式。在打开一个已保存的图形文件并对其进行了修改后，再次使用保存(S)命令保存时，系统将不再弹出对话框而立即保存该文件。另外，如果想要在保存对原文件所做的修改的同时不更改原文件，可选择下拉菜单文件(F) → 另存为(A)...命令，在“图形另存为”对话框中以另一个文件名来保存该文件。

在保存 AutoCAD 图形文件时，文件中的一些设置（如层、文字样式、标注样式等的设置）连同图形一起保存，所以打开已保存的文件后，无须对这些要素进行重新设置。另外，图形中插入的块也同图形文件一起保存。

1.6.4 退出图形文件

退出 AutoCAD 与退出 AutoCAD 图形文件是不同的，退出 AutoCAD 将会退出所有的图形文件，要退出 AutoCAD 图形文件，除了退出 AutoCAD 外，还可执行下列操作之一。

- ◆ 选择下拉菜单 窗口(W) → 关闭(O) 命令（或在命令行中输入 CLOSE 命令并按 Enter 键），关闭当前激活的图形文件而不退出 AutoCAD。
- ◆ 选择下拉菜单 窗口(W) → 全部关闭(L) 命令（或在命令行中输入 CLOSEALL 命令并按 Enter 键），关闭所有打开的图形而不退出 AutoCAD。
- ◆ 选择下拉菜单 文件(F) → 关闭(C) 命令，关闭当前激活的图形文件而不退出 AutoCAD。

在退出 AutoCAD 图形文件时，如果还没有对当前要退出的图形保存最近的更改，系统将提示是否要将更改保存到当前的图形中，单击 是(Y) 按钮将退出该 AutoCAD 图形文件并保存更改；单击 否(N) 按钮则退出后不保存更改；单击 取消 按钮将不退出 AutoCAD 图形文件，维持现有的状态。

1.7 AutoCAD 的常用操作

1.7.1 激活命令的几种方法

在 AutoCAD 中，大部分的绘图、编辑操作都可以通过 AutoCAD 的“命令”来完成，所以操作的第一步是获取（激活）相应的命令。一般来说，获取 AutoCAD 命令有如下几种途径。

- ◆ 单击工具栏中的命令按钮。例如，要绘制一条直线，可单击“直线”按钮。
- ◆ 从下拉菜单栏选择命令。例如，打开 绘图(D) 下拉菜单，然后选择其中的 直线(L) 命令（本教程将这一操作简述为“选择下拉菜单 绘图(D) → 直线(L) 命令”），即可激活绘制直线的命令。
- ◆ 在命令行中输入命令的字符并按 Enter 键。
  - ● 在命令行中输入命令。例如，在命令行中输入直线命令字符 LINE 后按 Enter 键，就可以进行直线的绘制。
  - ● 在命令行中输入命令的缩写字母。例如，直线命令 LINE 的缩写字母为 L，所以可在命令行中输入字母 L 并按 Enter 键，以激活直线的绘制命令。

用户还可以通过编辑 AutoCAD 程序参数文件 acad.pgp，定义自己的 AutoCAD 命令缩写。

◆ 单击鼠标右键，从弹出的快捷菜单中选择命令选项。

◆ 重复执行命令。系统执行完成某个命令后，如果需要连续执行该命令，按一下 Enter 键或空格键即可。

◆ 嵌套命令。指系统在执行某一命令时可以插入执行其他的命令，待命令执行完后还能恢复到原命令执行状态，且不影响原命令的执行。

1.7.2 结束或退出命令的几种方法

AutoCAD 的大部分命令在完成操作后即可正常自动退出，但是在某些情形下需要强制退出。一是因为有些命令不能自动退出，例如，在激活直线命令 LINE 并完成了所要求的直线绘制后，系统并不能自动退出该命令；二是在执行某个命令的过程中，如果不想继续操作，需中途退出命令。每个命令强制退出的方法各不相同，但一般可采用下列方法之一。

◆ 按键盘上的 Esc 键。

◆ 在绘图区右击，从弹出的快捷菜单中选择 确认(E) （或 取消(C) ）命令。

◆ 当某个命令正在执行时，如果单击工具栏中的某个按钮或某个下拉菜单命令，此时前面正在执行的那个命令就会退出。例如，在用直线命令 LINE 绘制了所需的线段之后未退出直线命令，此时如果单击工具栏中的“圆”按钮，或者选择下拉菜单 绘图(D) → 圆(C) → 圆心、半径(R) 命令，则正在执行的直线命令 LINE 自动退出。

1.7.3 命令行操作

命令行的作用不仅在于通过它可以激活 AutoCAD 的命令，更重要的是它为用户与 AutoCAD 交流提供了一个很好的“窗口”，所以在执行命令时，要注意命令行的提示并对提示作出响应。当命令行中显示 命令: 提示符时，表明系统处于待命状态。在用户输入一个命令或从菜单、工具栏选择一个命令后，命令行将提示用户应进行的操作，用户响应后，命令行接着提示下一步的操作，直到命令完成或被中止。例如，在选择下拉菜单 绘图(D) → 直线(L) 命令后，命令行提示 line 指定第一点: ，在此提示下须在绘图区某处单击以指定直线的第一点；然后命令行接着提示 指定下一点或 [放弃(U)]: ，此时须在绘图区指定直线的另一端点，指定端点后即可按 Enter 键结束命令。

当命令行的提示中有许多选项时，一般会有一个默认的 AutoCAD 命令，不同命令的提示信息不同，而且同一个命令在不同的情况下其提示信息也不同。当选取命令选项（即在尖括号中的选项）时，只需按 Enter 键即可选取默认选项；如要选取其他选项，可以输入该选项后面括号中的字母并按 Enter 键。例如，选择下拉菜单 绘图(D) → 修订云线(V) 命令后，命令行的提示为 指定起点或 [弧长(A)/对象(O)/样式(S)] <对象>:，此时尖括号中是 对象，直接按 Enter 键即可选取默认的 对象(O) 选项；如果在命令行中输入 A（大小写都可以）并按 Enter 键，则可选取 弧长(A) 选项；当然也可以直接在绘图区中拾取一点，以响应提示中 指定起点 的要求。

1.7.4　透明地使用命令

有些命令可以在其他命令已被激活的情况下使用，这样的命令称为透明命令。例如，绘制直线时，用户可能会使用 PAN 命令在屏幕上移动图形来选择直线的终点。在其他命令被激活的情况下，还可更改一些绘图工具的设置，如栅格的开或关。

当一个命令正处在激活状态，而此时又从工具栏或菜单启动其他命令，系统即自动将新命令作为透明命令来启动。如果该命令不能用作透明命令，则将终止已激活的命令，而启用新命令。

若要通过在命令行中输入命令字符的方式来透明地使用命令，须在命令字符前加单引号（'）。例如，若要在绘制直线时使用 PAN 命令，可按图 1.7.1 所示输入 PAN 并按 Enter 键，则命令行中的提示信息前将会显示双尖括号，表示该命令正在透明地使用。

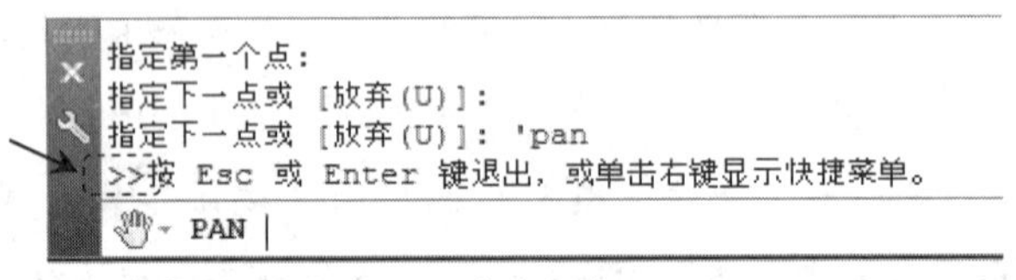

图 1.7.1　命令行提示

1.7.5　命令的重复、放弃与重做

在使用 AutoCAD 系统进行产品设计时，要进行大量的命令操作，这必然要涉及命令的重复、放弃或重做。

1. 重复命令

重复命令即重复执行上一个命令，可以按 Enter 键或空格键，这是最简便的重复使用命令的方法。例如，选择下拉菜单 绘图(D) → 直线(L) 命令绘制了一段直线后，按 Esc 键可退出直线命令，如果紧接着还要使用 直线(L) 命令绘制其他线段，则无须再选择下拉菜单 绘图(D) → 直线(L) 命令，可直接按 Enter 键或空格键以激活直线命令。

要使用重复命令，还可以在绘图区右击，从弹出的快捷菜单中选择该命令。

2. 放弃命令

此处的“放弃命令”应理解为放弃前面命令所完成的操作结果。最简单的放弃命令的方法就是单击“放弃”按钮（或在命令行中输入字母 U 并按 Enter 键）来放弃单个操作。如果要一次放弃前面进行的多步操作，须在命令行中输入 UNDO 命令并按 Enter 键，命令行提示输入要放弃的操作数目或 [自动(A)/控制(C)/开始(BE)/结束(E)/标记(M)/后退(B)] <1>:。在此提示下可以输入要放弃的操作数目，如要放弃最近的六个操作，应输入值 6；也可以选择提示中的标记(M)选项来标记一个操作，然后选择后退(B)选项放弃在标记的操作之后执行的所有操作；还可以选择开始(BE)选项和结束(E)选项来放弃一组预先定义的操作。执行放弃命令后，命令行中将显示放弃的命令或系统变量设置。

3. 重做命令

重做命令是指重做（找回）使用 UNDO 命令放弃的最后一个操作，方法是单击“重做”按钮（或者选择下拉菜单 编辑(E) → 重做(R) Line 命令，或者在命令行中输入 REDO 命令并按 Enter 键）。

1.7.6 鼠标的功能与操作

在默认情况下，鼠标光标（简称为光标）处于标准模式（呈十字交叉线形状），十字交叉线的交叉点是光标的实际位置。当移动鼠标时，光标在屏幕上移动；当光标移动到屏幕上的不同区域时，其形状也会相应地发生变化。如将光标移至菜单选项、工具栏或对话框内时，它会变成一个箭头。另外，光标的形状会随当前激活的命令的不同而变化，如图 1.7.2 所示。例如，激活直线命令后，当系统提示指定一个点时，光标将显示为十字交叉线，可以在绘图区拾取点；而当命令行提示选取对象时，光标则显示为小方框（又称拾取框），用于选择图形中的对象。

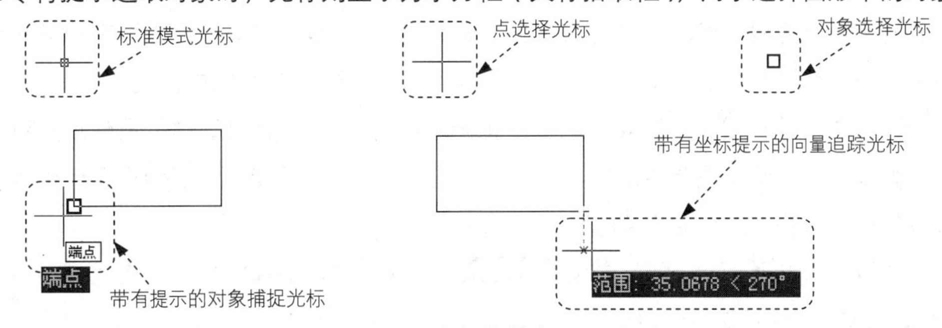

图 1.7.2 光标的模式

在 AutoCAD 中，鼠标按钮定义如下。

- 左键：也称为拾取键（或选择键），用于在绘图区中拾取所需要的点，或者选择对象、工具栏按钮和菜单命令等。
- 中键：用于缩放和平移视图。

◆ 右键：右击时，系统可根据当前绘图状态弹出相应的快捷菜单。右键的单击功能可以修改，方法是选择下拉菜单 工具(T) → 选项(N)... 命令，在“选项”对话框的 用户系统配置 选项卡中单击 自定义右键单击(I)... 按钮，在弹出的“自定义右键单击”对话框中进行所需的修改。

1.7.7 获取联机帮助

AutoCAD 有完善的联机帮助系统。使用联机帮助系统可以获取任何 AutoCAD 命令或主题的帮助。若要进入 AutoCAD 联机帮助系统，可按 F1 键或执行下列操作之一。

◆ 在功能选项卡右侧，单击“帮助”按钮 ?。

◆ 从 帮助(H) 下拉菜单中选择 帮助(H) 命令。

◆ 在命令行中输入 HELP 命令，然后按 Enter 键。

在没有激活任何命令时，第一次访问联机帮助系统，系统将显示“目录”选项卡；如果已使用过帮助系统，下次查看帮助时系统则会调用最后使用过的选项卡；当激活某个命令时访问帮助系统，系统将会显示有关该命令的信息。

1.8 重画与重生成

在创建图形时，有时为了突出屏幕图形显示的完美性，要用重新绘制或重新生成图形的命令来刷新屏幕图形的显示。例如，在屏幕上指定一点时，完成命令后可能会有小标记遗留在屏幕上（当系统变量 BLIPMODE 打开时），此时可以通过重画命令去掉这些元素（图 1.8.1）；再如，缩放图形时，有的圆或圆弧会出现带棱角的情况，利用重生成命令即可使圆或圆弧变得圆滑起来（图 1.8.2）。

图形对象的信息以浮点数值形式保存在数据库中，这种保存方式可以保证有较高的精度。重新绘制图形命令（重画命令）只是刷新屏幕的显示，并不从数据库中重新生成图形。但有时则必须把浮点数据转换成适当的屏幕坐标来重新计算或重新生成图形，这就要使用重新生成命令。有些命令可以自动地重新生成整个图形，并且重新计算屏幕坐标，当图形重新生成时，它也被重新绘制，重新生成比重新绘制需要更多的处理时间。

要重新绘制图形可选择下拉菜单 视图(V) → 重画(R) 命令（或者在命令行中输入’REDRAWALL，然后按 Enter 键）。

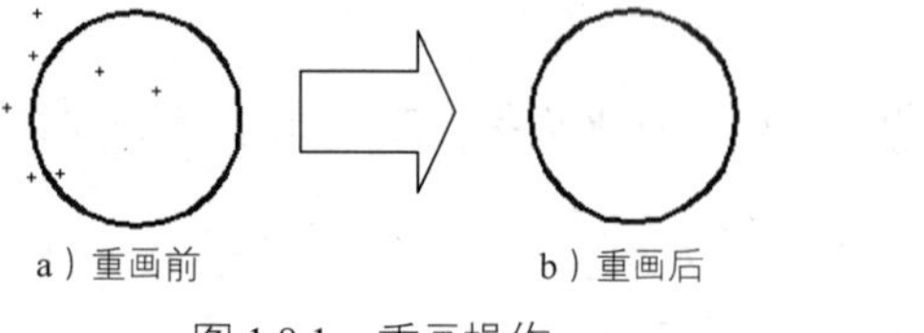

图 1.8.1 重画操作

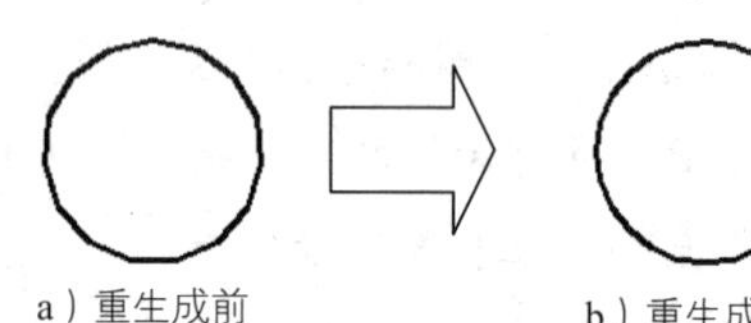

图 1.8.2 重生成操作

要重新生成图形可选择下拉菜单 视图(V) → 重生成(G) 命令（或者在命令行中输入 REGEN 或 RE，然后按 Enter 键）。

有些命令在某些条件下会自动强迫 AutoCAD 重新生成图形。然而对于大的图形来说，重新生成图形可能是一个较长的过程，因此可利用 REGENAUTO 命令控制是否自动重新生成图形。如要关闭图形的自动重新生成功能，可以在命令行中输入 REGENAUTO，然后将自动重新生成设成 OFF（关闭）。

1.9 缩放与平移视图

在 AutoCAD 中，视图是指按一定的比例、观察位置来显示图形的全部或部分区域。缩放视图就是放大或缩小图形的显示比例，从而改变对象的外观视觉效果，但是并不改变图形的真实尺寸；平移视图就是移动图形的显示位置，以便清楚地观察图形的各个部分。

1.9.1 用鼠标对图形进行缩放与移动

对于中键可以滚动的三键鼠标，滚动鼠标中键可以缩放图形；按住中键不放，同时移动鼠标，则可以移动图形。读者可以打开文件 D:\cad1701\work\ch01.09\zoom.dwg 进行缩放与移动练习。

- 使用鼠标中键对绘图区中的图形所进行的缩放和移动，并不会改变图形的真实大小和位置，而只是改变图形的视觉大小和位置。
- 操作鼠标中键之所以可缩放和移动绘图区中的图形，从本质上说，是因为缩放或移动了 AutoCAD 绘图区的显示范围。
- AutoCAD 绘图区的显示范围可以放大到非常大，也可以缩小到非常小，所以在 AutoCAD 绘图区中绘制的对象可以很大（如轮船），也可以很小（如机械手表中的某个小零件）。
- 屏幕上显示的图元的视觉大小并不是该图元的真实大小。当绘图区的显示范围放大到很大时，在屏幕上看起来非常小的图元，其真实尺寸也许很大；同样的，当绘图区的显示范围缩小到很小时，在屏幕上看起来非常大的图元，其真实尺寸也许很小。
- 由于系统设置的单位和比例不同，在同样的缩放系数下，相同视觉大小的对象代表的真实大小也就不相同。

1.9.2 用缩放命令对图形进行缩放

通过在命令行中输入 ZOOM 命令，或者选择下拉菜单 视图(V) → 缩放(Z) 命令中的相应子命令（图 1.9.1 所示是视图缩放的菜单命令），均可以方便地缩放视图。下面主要介绍使用 ZOOM 命令进行图形的缩放。

为了便于学习 ZOOM 命令，首先打开文件 D:\cad1701\work\ch01.09\ zoompan.dwg。

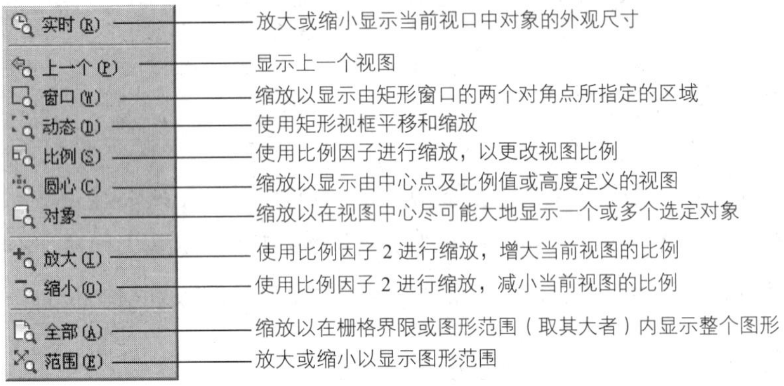

实时(R) —— 放大或缩小显示当前视口中对象的外观尺寸
上一个(P) —— 显示上一个视图
窗口(W) —— 缩放以显示由矩形窗口的两个对角点所指定的区域
动态(D) —— 使用矩形视框平移和缩放
比例(S) —— 使用比例因子进行缩放，以更改视图比例
圆心(C) —— 缩放以显示由中心点及比例值或高度定义的视图
对象 —— 缩放以在视图中心尽可能大地显示一个或多个选定对象
放大(I) —— 使用比例因子 2 进行缩放，增大当前视图的比例
缩小(O) —— 使用比例因子 2 进行缩放，减小当前视图的比例
全部(A) —— 缩放以在栅格界限或图形范围（取其大者）内显示整个图形
范围(E) —— 放大或缩小以显示图形范围

图 1.9.1 “缩放”子菜单

在命令行中输入 ZOOM 命令并按 Enter 键后，命令行的提示如图 1.9.2 所示。下面分别介绍该提示中的各选项。

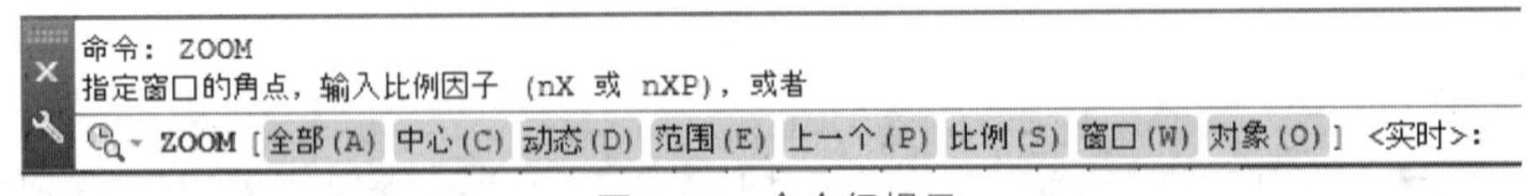

图 1.9.2 命令行提示

◆ 指定窗口的角点选项

该选项通过给出一个窗口来缩放视图，它与图 1.9.1 中的 窗口(W) 命令是等效的。

在图 1.9.2 中的命令行提示下，在图形中指定一点作为窗口的第一角点；命令行接着提示 指定对角点:，在此提示下在图形中指定另一点作为窗口的对角点，如图 1.9.3a 所示。此时系统便将以这两个角点确定的矩形窗口中的图形放大，使其占满整个绘图区。完成操作后，绘图区的显示如图 1.9.3b 所示。

◆ 输入比例因子 (nX 或 nXP)选项

该选项通过输入一个比例因子来缩放视图，它与图 1.9.1 中的 比例(S) 命令是等效的。

在图 1.9.2 中的提示下，在命令行中输入一个比例值（如 0.5）并按 Enter 键，图形将按该比例值进行绝对缩放，即相对于实际尺寸进行缩放。如果在比例值后面加 X（如 0.5X），图形将进行相对缩放，即相对于当前显示图形的大小进行缩放；如果在比例值后面加 XP，则图形相对于图纸空间进行缩放。

◆ 全部(A)选项

该选项与图 1.9.1 中的全部(A)命令是等效的。

在图 1.9.2 中的提示下输入 A 并按 Enter 键，系统立即将绘图区中的全部图形显示在屏幕上。如果所有对象都在由 LIMITS 命令设置的图形界限之内，则显示图形界限内的所有内容；如果图形对象超出了该图形界限，则扩大显示范围以显示所有图形。

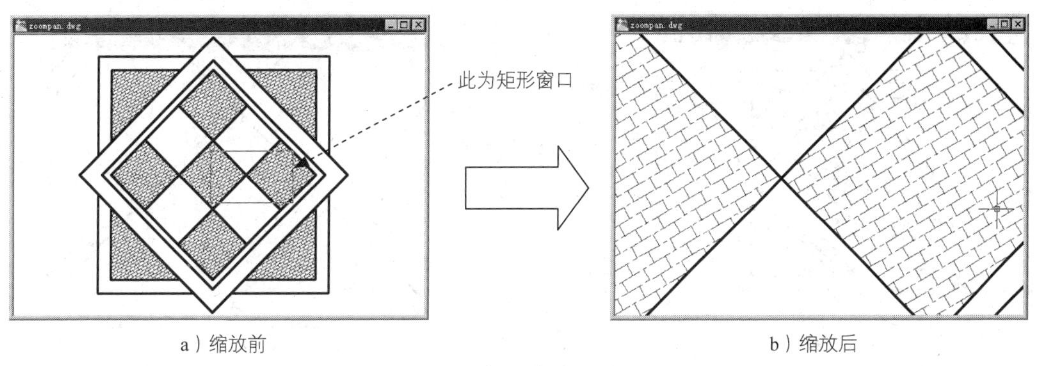

a）缩放前 b）缩放后

图 1.9.3 使用窗口缩放图形

◆ 中心(C)选项

该选项通过重设图形的显示中心和缩放倍数，使得在改变视图缩放的比例后，位于显示中心的部分仍保留在中心位置，它与图 1.9.1 中的圆心(C)命令是等效的。

在图 1.9.2 中的提示下输入 C 并按 Enter 键；命令行提示指定中心点：，在图形区选择一点作为中心点（图 1.9.4a）；命令行接着提示输入比例或高度，输入一个带 X 的比例值（如 0.6X），或者直接输入一个高度值（如 260）。这样系统将显示的图形调整到该比例的大小，或将显示区域调整到相应高度，并相应地缩放所显示的图形。图 1.9.4b 所示是指定中心点，并设置缩放比例为 3X 后的结果。

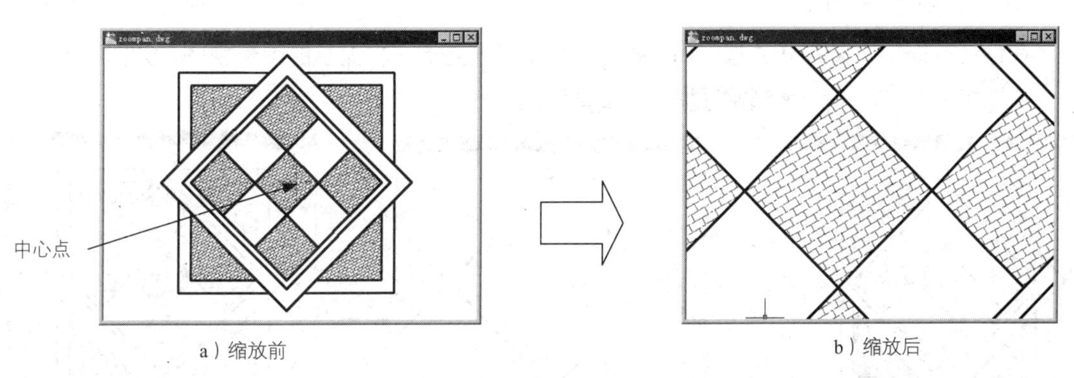

a）缩放前 b）缩放后

图 1.9.4 使用“中心（C）”选项缩放图形

◆ 动态(D)选项

该选项可动态地缩放图形，它与图 1.9.1 中的 动态(D) 命令是等效的。

在图 1.9.2 中的提示下输入 D 并按 Enter 键，此时绘图区中出现一个中心带有 × 号的矩形选择方框（此时的状态为平移状态），将 × 号移至目标部位并单击，即切换到缩放状态，此时矩形框中的 × 号消失，而在右边框显示一个方向箭头→，拖动鼠标可调整方框的大小（调整视口的大小）。调整好矩形框的位置和大小后，按 Enter 键或右击即可放大查看方框中的细节部分，如图 1.9.5 所示。

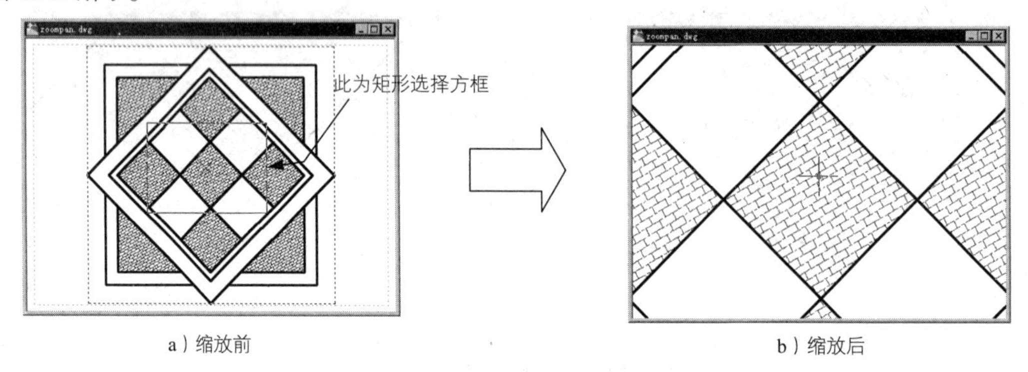

a）缩放前　　b）缩放后

图 1.9.5　使用“动态（D）”选项缩放图形

动态缩放图形时，绘图窗口中还会出现另外两个虚线矩形方框，其中蓝色方框表示图纸的范围，该范围是用 LIMITS 命令设置的绘图界限或者是图形实际占据的区域，绿色方框表示当前在屏幕上显示出的图形区域。

◆ 范围(E)选项

在命令行提示下输入 E 并按 Enter 键，可以在屏幕上尽可能大地显示所有图形对象，它与全部(A)选项不同的是，这种缩放方式以图形的范围为显示界限，而不考虑由 LIMITS 命令设置的图形界限。范围(E)选项与图 1.9.1 中的 范围(E) 命令是等效的。

◆ 上一个(P)选项

在命令行提示下输入 P 并按 Enter 键后，系统将恢复上一次显示的图形视图，如图 1.9.6 所示。该选项与图 1.9.1 中的 上一个(P) 命令是等效的。

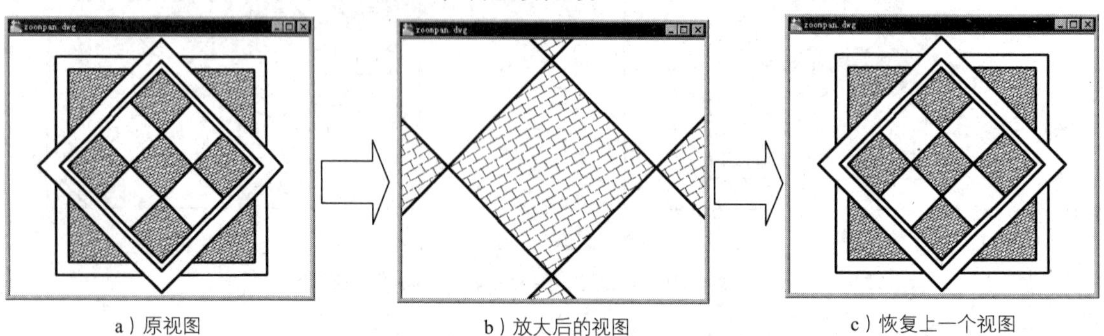

a）原视图　　b）放大后的视图　　c）恢复上一个视图

图 1.9.6　使用“上一步（P）”选项缩放图形

◆ 比例(S)选项

该选项与前面介绍的输入比例因子 (nX 或 nXP)选项功能一样。

◆ 窗口(W)选项

该选项与前面介绍的指定窗口的角点 选项功能一样。

◆ 对象(O)选项

在命令行提示下输入 O 并按 Enter 键后，将尽可能大地显示一个或多个选定的对象，并使其位于绘图区的中心。该选项与图 1.9.1 中的对象命令是等效的。

◆ <实时>选项

<实时>选项为默认选项，在命令行提示下直接按 Enter 键即执行该选项。此时绘图区出现一类似于放大镜的小标记，并且命令行显示按 Esc 或 Enter 键退出，或单击右键显示快捷菜单。此时按住鼠标左键并向上拖动鼠标，可放大图形对象；向下拖动鼠标，则缩小图形对象，滚动鼠标的中键也可以实现缩放图形，按 Esc 键或 Enter 键即结束缩放操作。

1.9.3 用平移命令对图形进行移动

通过在命令行中输入 PAN 命令，或者选择下拉菜单视图(V) → 平移(P)命令中的相应子命令，均可激活平移视图命令。

当激活平移视图命令时，光标变成手形。按住鼠标左键并移动鼠标，可将图形拖动到所需位置，松开左键则停止视图平移，再次按住鼠标左键可继续进行图形的拖移。

在平移(P)菜单中还可以使用点(P)命令，通过指定基点和位移值来平移视图。

使用平移命令平移视图时，视图的显示比例不变。

1.10 使用坐标

1.10.1 坐标系概述

AutoCAD 提供了使用坐标系精确绘制图形的方法，用户可以按照非常高的精度标准，准确地设计并绘制图形。

AutoCAD 使用笛卡儿坐标系，这个坐标系是生成每个图形的基础。当绘制二维图形时，笛卡儿坐标系用两个正交的轴（X 轴和 Y 轴）来确定平面中的点，坐标系的原点在两个轴的相交处。如果需要确定一个点，则需要指定该点的 X 坐标值和 Y 坐标值，X 坐标值是该点到原点沿 X 轴方向上的距离，Y 坐标值是该点到原点沿 Y 轴方向上的距离。坐标值分正负，正 X 坐标和负 X 坐标分别位于 Y 轴的右边和左边，正 Y 坐标和负 Y 坐标则分别位于 X 轴的上边和下边。

当工作于三维空间时，还要指定 Z 轴的值。

1.10.2 直角坐标、极坐标以及坐标点的输入

在 AutoCAD 中，坐标系的原点（0,0）位于绘图区的左下角，所有的坐标点都和原点有关。在绘图过程中，可以用四种不同形式的坐标来指定点的位置。

1. 绝对直角坐标

绝对直角坐标是用当前点与坐标原点在 X 方向和 Y 方向上的距离来表示的，其形式是用逗号分开的两个数字（数字可以使用分数、小数或科学计数等形式表示）。下面以图 1.10.1a 所示为例，说明绝对直角坐标的使用方法。

步骤 01 打开随书光盘上的文件 D:\cad1701\work\ch01.10\ucs1.dwg。

步骤 02 选择命令。选择下拉菜单 绘图(D) → 直线(L) 命令。

步骤 03 指定第一点。在命令行中输入 A 点的坐标（0,0），然后按 Enter 键。

步骤 04 指定第二点。在命令行中输入 B 点的坐标（5,0），然后按 Enter 键。

步骤 05 指定第三点。在命令行中输入 C 点的坐标（3,8），然后按 Enter 键。

步骤 06 指定第四点。在命令行中输入 D 点的坐标（0,8），然后按 Enter 键。

步骤 07 指定第五点。在命令行中输入 E 点的坐标（0,0），然后按两次 Enter 键，命令行中的提示如图 1.10.1b 所示。

步骤 08 在绘图区中将图形放大到足够大，检查坐标值的正确性、图形的准确性和封闭性。

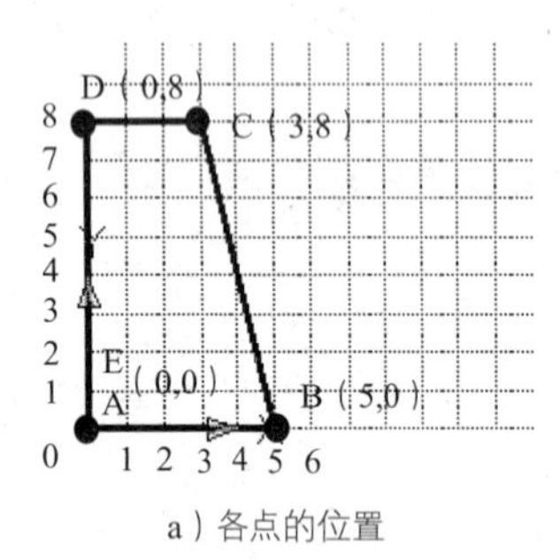

a）各点的位置

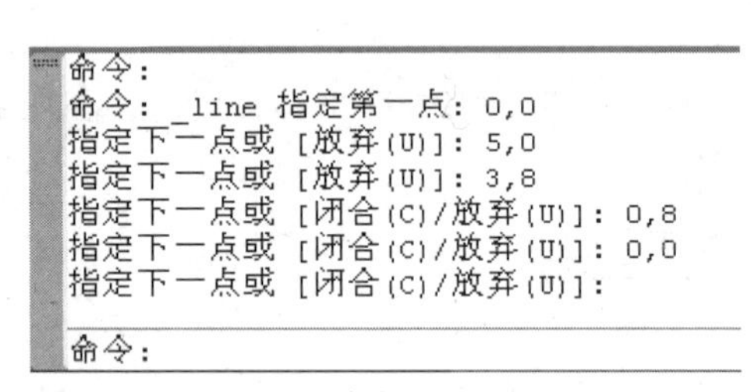

b）命令行提示

图 1.10.1 指定绝对直角坐标

2. 相对直角坐标

相对直角坐标使用与前一点的相对位置来定义当前点的位置，其形式是先输入一个@符号，然后输入与前一点在 X 方向和 Y 方向的距离，并用逗号隔开。下面以图 1.10.2a 所示为例，说明相对直角坐标的使用方法。

步骤 01 打开随书光盘上的文件 D:\cad1701\work\ch01.10\ucs2.dwg。

步骤 02 选择命令。选择下拉菜单 绘图(D) → 直线(L) 命令。

步骤 03 指定第一点。在命令行中输入 A 点的坐标（0,0），然后按 Enter 键。

步骤 04 指定第二点。在命令行中输入 B 点的坐标（@7,0），然后按 Enter 键。

步骤 05 指定第三点。在命令行中输入 C 点的坐标（@0,2），然后按 Enter 键。

步骤 06 指定第四点。在命令行中输入 D 点的坐标（@–5,0），然后按 Enter 键。

步骤 07 指定第五点。在命令行中输入 E 点的坐标（@0,5），然后按 Enter 键。

步骤 08 指定第六点。在命令行中输入 F 点的坐标（@–2,0），然后按 Enter 键。

步骤 09 指定第七点。在命令行中输入 G 点的坐标（@0,-7），然后按两次 Enter 键，命令行中的提示如图 1.10.2b 所示。

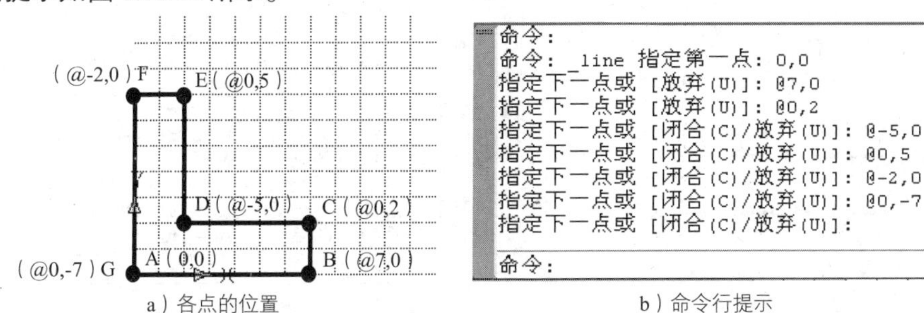

a）各点的位置　　b）命令行提示

图 1.10.2　指定相对直角坐标

步骤 10 将绘图区左下角放大到足够大，可看到绘制的结果。命令行提示如图 1.10.2b 所示。

3. 绝对极坐标

绝对极坐标是用当前点与原点的距离、当前点和原点的连线与 X 轴的夹角来表示的（夹角是指以 X 轴正方向为 0°）。沿逆时针方向旋转的角度，其表示形式是输入一个距离值、一个小于符号和一个角度。下面以图 1.10.3a 所示为例，说明绝对极坐标的使用方法。

步骤 01 打开随书光盘上的文件 D:\cad1701\work\ch01.10\ucs3.dwg。

步骤 02 用绝对极坐标绘制直线。选择下拉菜单 绘图(D) → 直线(L) 命令；输入 A 点的绝对极坐标（3<30）后按 Enter 键；输入 B 点的绝对极坐标（8<45）后按 Enter 键；按 Enter 键结束操作。命令行提示如图 1.10.3b 所示。

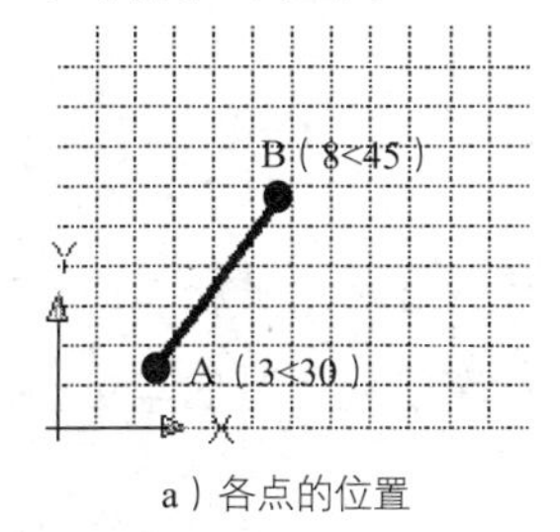

a）各点的位置

```
命令:
命令: _line 指定第一点: 3<30
指定下一点或 [放弃(U)]: 8<45
指定下一点或 [放弃(U)]:
命令:
```

b）命令行提示

图 1.10.3　指定绝对极坐标

4. 相对极坐标

相对极坐标是通过指定与前一点的距离和一个角度来定义一点，可通过先输入@符号、一个距离值、一个小于符号和角度值来表示。下面以图 1.10.4a 所示为例，说明相对极坐标的使用方法。

步骤 01 打开随书光盘上的文件 D:\cad1701\work\ch01.10\ucs4.dwg。

步骤 02 用相对极坐标绘制直线。选择下拉菜单 绘图(D) → 直线(L) 命令，分别输入 A 点的绝对极坐标与 B、C、D、E、F、G、H、I 八点的相对极坐标（3<45）与（@8<0）、（@2<90）、（@3<180）、（@4<90）、（@2<180）、（@4<270）、（@3<180）和（@2<270），然后按 Enter 键。命令行中的提示如图 1.10.4b 所示。

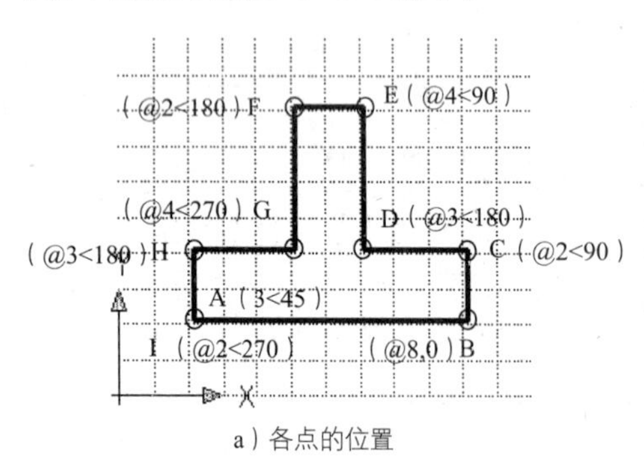

a）各点的位置

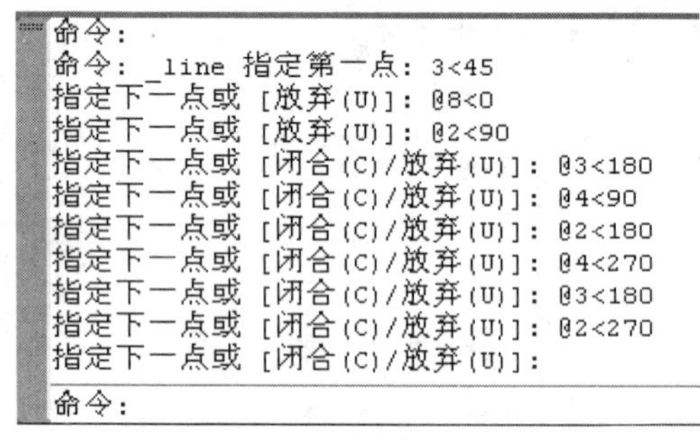

b）命令行提示

图 1.10.4 指定相对极坐标

1.10.3 坐标显示的控制

当鼠标光标位于绘图区时，当前光标位置的坐标显示在状态栏中的坐标显示区，坐标值随着光标移动而动态地更新，坐标显示的形式取决于所选择的模式和程序中运行的命令。如果显示区中的坐标显示为图 1.10.5 所示的灰色，可用鼠标单击该显示区，激活坐标显示。

1. 坐标显示的开与关状态

状态栏中的坐标值以灰色显示时为关状态，如图 1.10.5 所示；坐标值以亮色显示时则为开状态。当坐标值的显示为关状态时，它只显示上一个用鼠标拾取点的绝对坐标，此时坐标不能动态更新，只有用鼠标再拾取一个新点时，显示才会更新。

从键盘输入的点的坐标值不会在状态栏中显示。

控制状态栏中坐标显示的开与关状态的切换方法是：当坐标的显示为开状态时，在状态栏显示区内单击，则变为关状态；当坐标的显示为关状态时，在状态栏显示区内单击，则变为开状态。

1290.2536, -1764.1547, 0.0000 模型

图 1.10.5 坐标显示状态为“关”

相对(R)
绝对(A)
地理(G)
特定(S)

图 1.10.6 快捷菜单

◆ 坐标显示还有如下特点。

- 坐标显示的开与关状态不随文件保存。
- 如果当前文件中的坐标显示是开状态（或关状态），在打开或新建一个文件后，在新的文件中坐标显示的状态依然是开状态（或关状态）。
- 在退出 AutoCAD 系统前，如果坐标显示是开状态（或关状态），在重新启动 AutoCAD 系统后，其坐标显示依然是开状态（或关状态）。

◆ 状态栏中的其他按钮（捕捉模式）、（栅格）、（正交模式）、（极轴追踪）、（对象捕捉）、（对象捕捉追踪）、（允许/禁止动态 UCS）、（动态输入）、（显示/隐藏线宽）、（快捷特性）、（选择循环）和（注释监视器）等，只有部分具有上面所列的某个或多个特点。其中允许/禁止动态 UCS 按钮的显亮与关闭状态，可通过按 F6 键或按 Ctrl + D 组合键进行切换。

2. 显示光标的绝对坐标

如果要显示光标的绝对坐标，可在坐标显示的状态栏上右击，然后在弹出的快捷菜单中选择绝对(A)命令，如图 1.10.6 所示。

3. 显示光标的相对极坐标

当光标在绘图区处于拾取点的状态时，状态栏上将显示当前光标位置相对于前一个点的距离和角度（即相对极坐标）。当离开拾取点状态时，系统将自动恢复到“绝对”模式。下面是显示光标的相对极坐标的一个例子。

在绘制直线时，当指定了第一点 A 后（图 1.10.7），系统在命令行提示指定直线的下一点。在默认情况下，系统显示当前光标的绝对坐标，绝对坐标值随光标的移动而不断变化。如果此时在坐标显示状态栏上右击，然后在弹出的图 1.10.8 所示的快捷菜单中选择相对(R)命令，便可观察到当前光标所在点相对于 A 点的相对极坐标，如图 1.10.9 所示。移动光标时，相对坐标值不断变化，当直线命令结束后，系统仍显示绝对坐标。

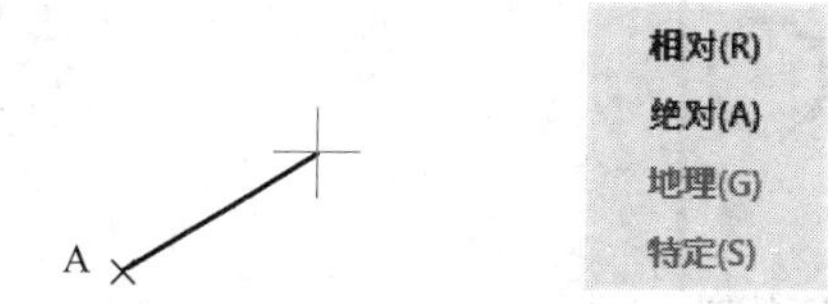

596.1543<23, 0.0000

图 1.10.7　绘制直线　　图 1.10.8　快捷菜单　　图 1.10.9　显示光标所在点相对于 A 点的相对极坐标

当坐标显示处于“关”的模式时，状态栏坐标区呈灰色，但是仍显示上一个拾取点的坐标。在一个空的命令提示符或一个不接收距离及角度输入的提示符下，坐标显示只能在“关”模式和“绝对”模式之间选择；在一个接收距离及角度输入的提示符下，则可以在所有模式间循环切换。

1.10.4 使用用户坐标系

每个 AutoCAD 图形都使用一个固定的坐标系，称为世界坐标系（WCS），并且图形中的任何点在世界坐标系中都有一个确定的 X、Y、Z 坐标。同时，也可以根据需要在三维空间中的任意位置和任意方向定义新的坐标系，这种类型的坐标系称为用户坐标系（UCS）。

在 工具(T) 下拉菜单中，选择 命名 UCS(U)... 和 新建 UCS(W) 命令或其中的子命令，可设置用户坐标系。

1. 新建用户坐标系

选择下拉菜单 工具(T) → 新建 UCS(W) 命令，然后在 新建 UCS(W) 子菜单中选择相应的命令，可以方便地创建 UCS。

下面以图 1.10.10 为例来说明新建用户坐标系的意义和操作过程。本例要求在图形内部绘制一个圆心定位准确的圆，圆心位置与两条边的距离均为 10。如果不建立合适的用户坐标系，该圆的圆心将不容易确定。而如果在图形的 A 点处创建一个用户坐标系，圆心点便很容易确定（图 1.10.11b），下面说明其创建过程。

步骤 01 打开随书光盘文件 D:\cad1701\work\ch01.10\ucs5.dwg。

步骤 02 选择下拉菜单 工具(T) → 新建 UCS(W) → 原点(N) 命令。

步骤 03 在系统 指定新原点 <0,0,0>: 的提示下，选择角点 A，此时系统便在此点处创建一个图 1.10.11b 所示的用户坐标系。

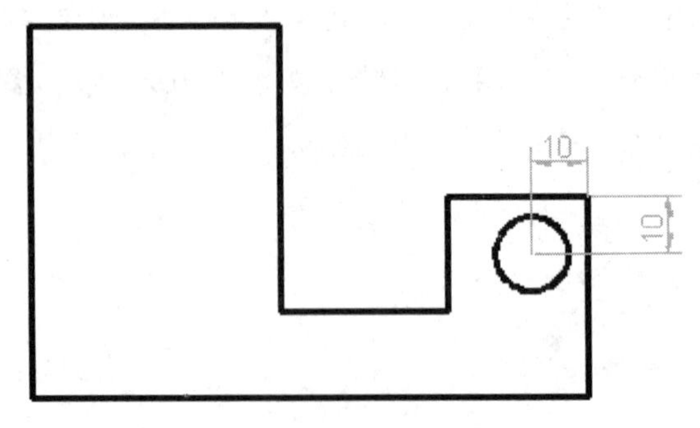

图 1.10.10 绘制圆

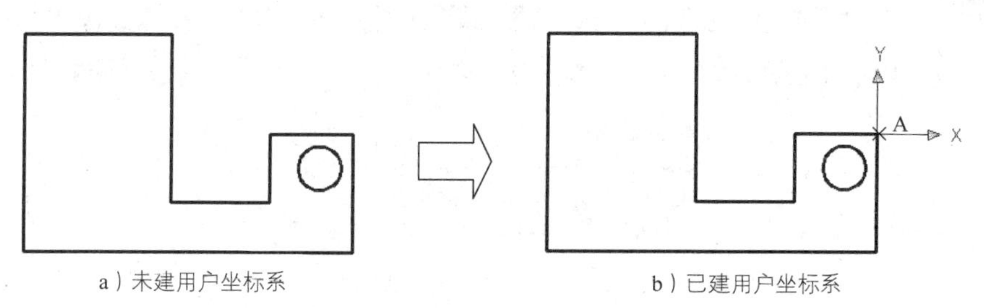

a）未建用户坐标系　　b）已建用户坐标系

图 1.10.11　新建用户坐标系

步骤 04 选择下拉菜单 绘图(D) → 圆(C) → 圆心、直径(D) 命令，输入圆心在新坐标系（用户坐标系）中的绝对直角坐标值（−10，−10）并按 Enter 键，接着输入任意一个直径值（如 13）并按 Enter 键。

2. 命名 UCS

在进行复杂的图形设计时，往往要在许多位置处创建 UCS，如果创建 UCS 后立即对其命名，以后需要时就能够通过其名称迅速回到该命名的坐标系。下面介绍命名 UCS 的基本操作方法。

步骤 01 先打开文件 D:\cad1701\work\ch01.10\ucs-name.dwg。

步骤 02 选择菜单 工具(T) → 新建 UCS(W) → 原点(N) 命令，新建一个 UCS。

步骤 03 选择 工具(T) → 命名 UCS(U)... 命令，系统弹出图 1.10.12 所示的 UCS 对话框。

关于对话框的 命名 UCS 选项卡中按钮的说明如下。

- 置为当前(C)：将列表中的某坐标系设置为当前坐标系。其中，前面有一个 ▸ 标记的坐标系表示为当前坐标系。
- 详细信息(T)：在选择坐标系后单击该按钮，系统弹出图 1.10.13 所示的“UCS 详细信息”对话框，利用该对话框可查看坐标系的详细信息。

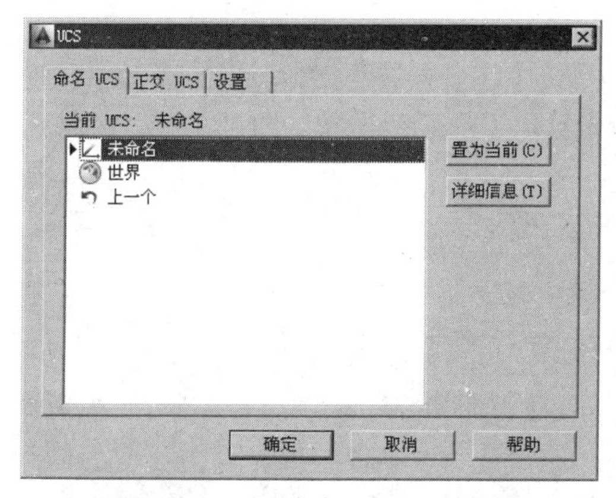

图 1.10.12　“命名 UCS”选项卡

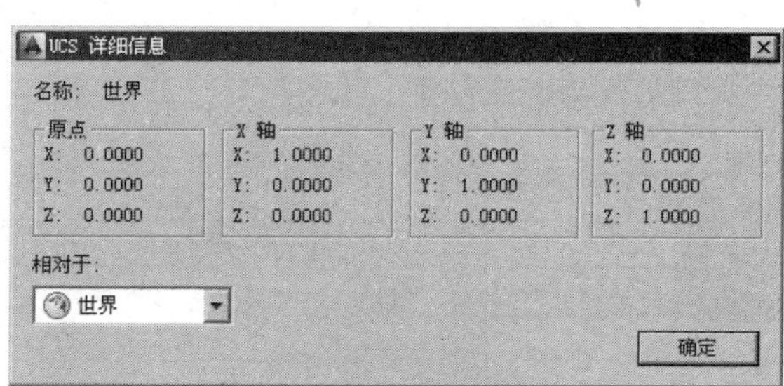

图 1.10.13　“UCS 详细信息”对话框

步骤 04 在命名 UCS 选项卡的列表中选中未命名选项，然后右击；从系统弹出的图 1.10.14 所示的快捷菜单中选择重命名(R)命令，并输入新的名称，如 UCS01，单击确定按钮。

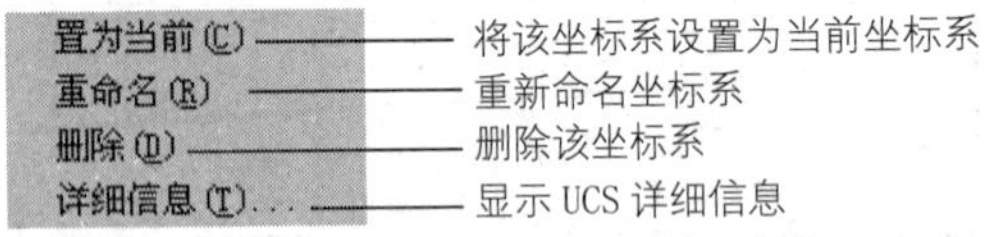

置为当前(C) —— 将该坐标系设置为当前坐标系
重命名(R) —— 重新命名坐标系
删除(D) —— 删除该坐标系
详细信息(T)... —— 显示 UCS 详细信息

图 1.10.14 快捷菜单

步骤 05 以后如果要回到 UCS01 坐标系，选择工具(T) → 命名 UCS(U)...命令，选中命名的 UCS01，单击对话框中的置为当前(C)按钮，然后单击确定按钮即可。

1.10.5 使用点过滤器

使用点过滤器，就是只给出指定点的部分坐标，然后 AutoCAD 会提示剩下的坐标信息。当 AutoCAD 提示指定点时，就可以使用（X,Y,Z）点过滤器。点过滤器的形式是在需提取的坐标字符（X,Y,Z 字符的一个或多个）前加英文句号“.”。例如，如果在命令行提示指定点时输入.XY，然后直接输入或在绘图区单击以指定点的（X,Y）坐标，系统将提取此（X,Y）坐标对，然后提示需要 Z 坐标。过滤器.X, .Y, .Z, .XY, .XZ 和.YZ 都是有效的过滤器。

第 2 章 基本绘图

为了使初学者更好、更快地学习 AutoCAD，建议读者在以后的学习中，在每次启动 AutoCAD 后，应先创建一个新文件，并使用随书光盘提供的模板文件，具体操作步骤如下。

（1）选择下拉菜单 文件(F) → 新建(N)... 命令，系统弹出“选择样板”对话框。

（2）在“选择样板”对话框中，先选择 文件类型(T): 下拉列表中的“图形（*.dwg）”文件类型，然后选择随书光盘模板文件的 D:\cad1701\system_file\part_temp_A2.dwg，最后单击 打开(O) 按钮。

2.1 创建点对象

2.1.1 单点

在 AutoCAD 中，点对象可用作节点或参考点，点对象分单点和多点。使用单点命令，一次只能绘制一个点。下面以图 2.1.1 所示为例，说明绘制单点的操作步骤。

步骤 01 打开随书光盘上的文件 D:\cad1701\work\ch02.01\point01.dwg。

步骤 02 选择下拉菜单 绘图(D) → 点(O) ▸ → 单点(S) 命令，如图 2.1.2 所示。

说明：或者在命令行中输入 POINT 命令后按 Enter 键。

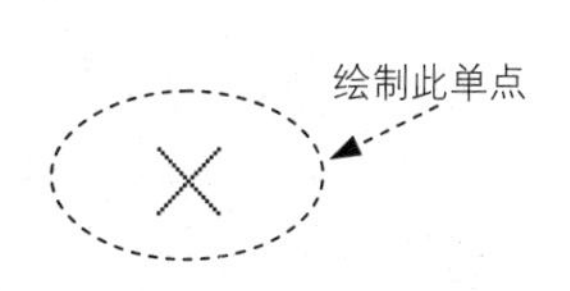

图 2.1.1 创建单点

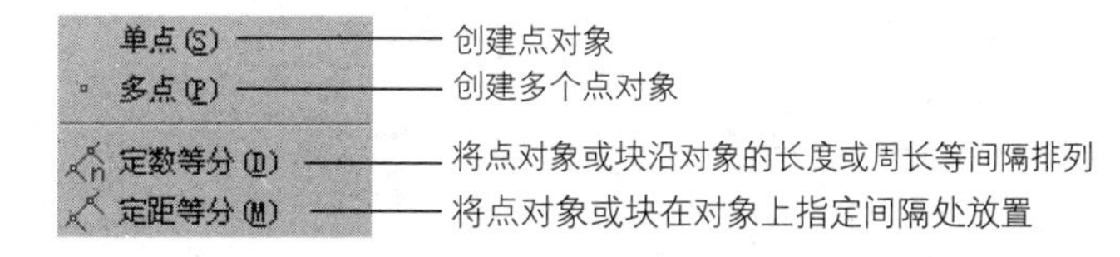

图 2.1.2 创建点对象下拉菜单

步骤 03 此时系统命令行提示图 2.1.3 所示的信息，在此提示下在绘图区某处单击（也可以在命令行输入点的坐标），系统便在指定位置绘制图 2.1.1 所示的点对象。

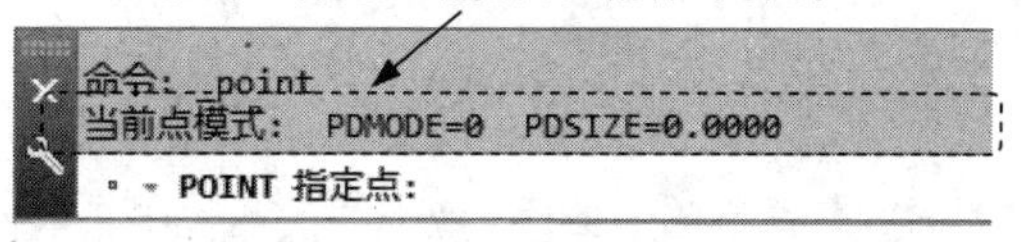

图 2.1.3 命令行提示

在绘制点对象之前，一般要根据需要设置点的显示样式和大小。点的显示样式多达 20 个，其设置过程为：选择下拉菜单 格式(O) → 点样式(P)... 命令，或者在命令行中输入 DDPTYPE 命令后按 Enter 键；系统弹出“点样式”对话框，在该对话框中选择某个点的样式并设置其大小，然后单击对话框中的 确定 按钮。

2.1.2 多点

多点绘制与单点绘制的操作步骤完全一样，只是多点绘制命令可以一次连续绘制多个点。下面以图 2.1.4 所示为例，说明其绘制步骤。

步骤 01 打开随书光盘上的文件 D:\cad1701\work\ch02.01\ point02.dwg。

步骤 02 选择下拉菜单 绘图(D) → 点(O) ▸ → 多点(P) 命令。

或在“绘图”面板单击 绘图 ▾ 按钮，在展开的工具栏单击多点按钮 ·。

步骤 03 指定点位置。依次选择 A 点、B 点、C 点和 D 点的位置。

步骤 04 按键盘上的 Esc 键以结束点的绘制。

2.1.3 定数等分点

使用 DIVIDE 命令能够沿选定对象等间距放置点对象（或者块）。下面以图 2.1.5 所示为例，说明其操作步骤。

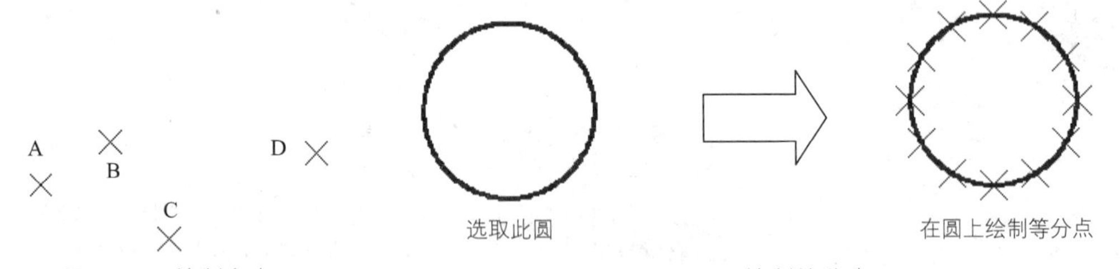

图 2.1.4 绘制多点　　图 2.1.5 绘制等分点

步骤 01 打开随书光盘上的文件 D:\cad1701\work\ch02.01\ point03.dwg。

步骤 02 选择下拉菜单 绘图(D) → 点(O) ▸ → 定数等分(D) 命令。

或者在命令行中输入 DIVIDE 命令后按 Enter 键。

步骤 03 命令行提示 选择要定数等分的对象：，选择图 2.1.5 所示的圆。

步骤 04 在命令行 输入线段数目或 [块(B)]: 的提示下输入等分线段数目 12，并按 Enter 键，完成定数等分点的创建，如图 2.1.5 所示。

2.1.4 定距等分点

“定距等分”命令可以将对象按给定的数值进行等距离划分，并在划分点处放置点对象或块标。下面以图 2.1.6 所示为例，说明其操作步骤。

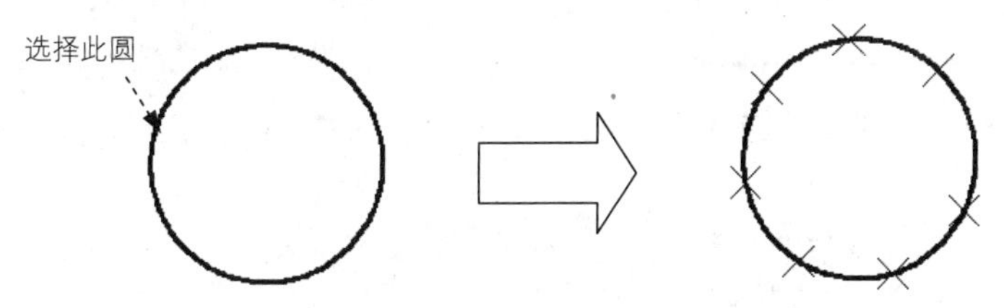

图 2.1.6 绘制定距等分点

步骤 01 打开随书光盘上的文件 D:\cad1701\work\ch02.01\ point04.dwg。

步骤 02 选择下拉菜单 绘图(D) → 点(O) → 定距等分(M) 命令。

或者在命令行中输入 MEASURE 命令后按 Enter 键。

步骤 03 选择图 2.1.6 所示的圆。

步骤 04 在命令行中输入长度距离值 50，并按 Enter 键，完成定距等分点绘制，如图 2.1.6 所示。

2.2 创建线对象

2.2.1 直线

直线是用得最多的图形要素，大多数的常见图形都是由直线段组成的。下面以图 2.2.1 所示的三个直线段为例，说明直线命令操作方法。

步骤 01 选择下拉菜单 绘图(D) → 直线(L) 命令，如图 2.2.2 所示。

进入直线的绘制命令还有两种方法，即单击 默认 选项卡下 绘图 面板中的“直线”按钮，或在命令行中输入 LINE 命令，并按 Enter 键，如图 2.2.3 所示。

AutoCAD 很多命令可以采用简化输入法（输入命令的第一个字母或前两个字母），比如 LINE 命令就可以直接输入 L（不分大小写），并按 Enter 键。

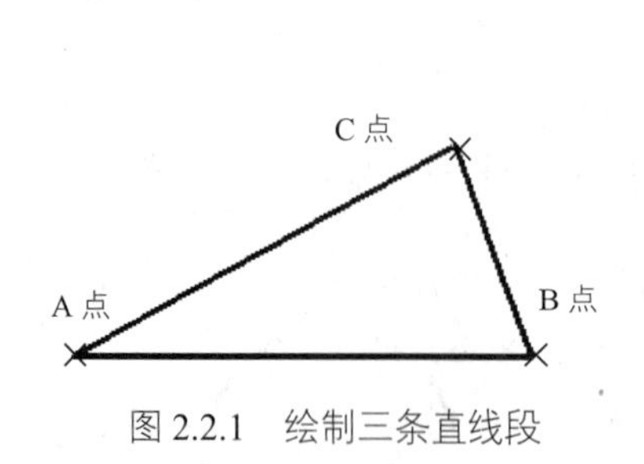

图 2.2.1　绘制三条直线段

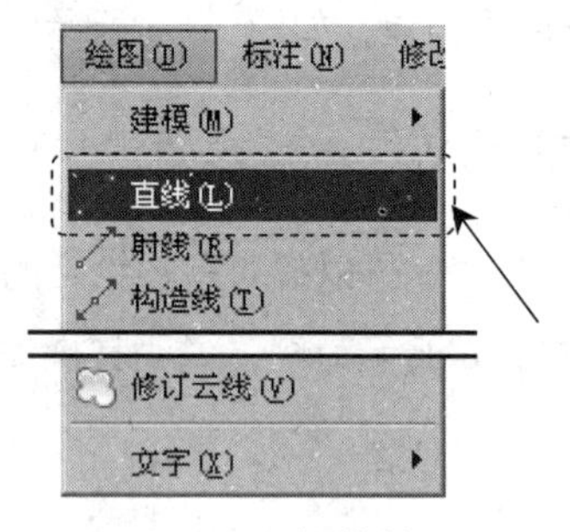

图 2.2.2　下拉菜单

图 2.2.3　在命令行中输入命令

步骤 02 指定第一点。在命令行 LINE 指定第一个点: 提示下，将鼠标光标移至绘图区中的某点——A 点处，然后单击鼠标以指定 A 点作为第一点。此时如果移动鼠标，可看到当前鼠标光标的中心与 A 点间有一条“连线”，如图 2.2.4a 所示。这条线随着鼠标光标的移动可拉长或缩短，并可绕着 A 点转动，如图 2.2.4b、c 所示，一般形象地称这条“连线”为“皮筋线”。

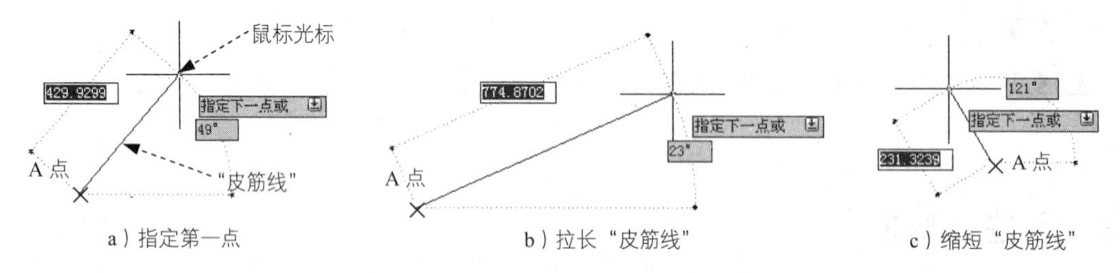

a）指定第一点　　b）拉长“皮筋线”　　c）缩短“皮筋线”

图 2.2.4　指定第一点与“皮筋线”

步骤 03 指定第二点。在命令行指定下一点或 [放弃(U)]:的提示下，将鼠标光标移至绘图区的另一点——B 点处并单击，这样系统便绘制一条线段 AB。此时如果移动鼠标，可看到在 B 点与鼠标光标之间产生一条“皮筋线”，移动鼠标光标可调整“皮筋线”的长短及位置，以确定下一线段。

- 在命令行指定下一点或 [放弃(U)]:的提示下，如果输入字母 U 后按 Enter 键，则执行放弃(U)选项，取消已确定的线段第一点，以便重新确定第一点位置。
- 在命令行指定下一点或 [放弃(U)]:的提示下，如果按 Enter 键，则结束直线命令。

◆ “皮筋线”是一条操作过程中的临时虚构线段，它始终是当前鼠标光标的中心点与前一个指定点的连线。通过“皮筋线”可从屏幕上看到当前鼠标光标所在位置点与前一个指定点的关系，并且在状态栏的坐标显示区可查看“皮筋线”的精确长度及其与 X 轴的精确角度（参见第 1 章的 1.10.3 节内容），这对于图形的绘制是相当有帮助的。在以后学习圆、多段线等许多命令时，也同样会出现“皮筋线”。

步骤 04 指定第三点。系统在命令行接着提示指定下一点或 [放弃(U)]:，将鼠标光标移至绘图区的第三位置点—— C 点处并单击，这样系统便绘制一条线段 BC。

在命令行指定下一点或 [放弃(U)]:的提示下，如果输入字母 U 后按 Enter 键，则执行放弃(U)选项，取消已确定的线段第二点和线段 AB，以便重新确定第二点位置。

步骤 05 闭合线段。在命令行指定下一点或 [闭合(C)/放弃(U)]:的提示下，输入字母 C 后按 Enter 键，系统便在第一点和最后一点间自动创建直线，形成闭合图形。完成结果如图 2.2.1 所示。

◆ 在命令行指定下一点或 [闭合(C)/放弃(U)]:的提示下，可继续选择一系列端点，这样便可绘制出由更多直线段组成的折线，所绘出的折线中的每一条直线段都是一个独立的对象，即可以对任何一条线段进行编辑操作。

◆ 在命令行指定下一点或 [闭合(C)/放弃(U)]:的提示下，如果输入字母 C 后按 Enter 键，则执行闭合(C)选项，系统便在第一点和最后一点间自动创建直线，形成闭合图形。

◆ 许多 AutoCAD 的命令在执行过程中，提示要求指定一点，例如，上面操作中的提示命令: _line 指定第一点:和指定下一点或 [放弃(U)]:，对类似这样提示的响应是在绘图区选择某一点，一般可将鼠标移至绘图区的该位置点处并单击，也可以在命令行输入点的坐标。

结束直线命令的操作还有以下两种方法。

◆ 在 AutoCAD 2017 中，如果单击状态栏中的按钮，使其处于显亮状态，则系统处于动态数据输入方式，此时在激活某个命令（如直线命令）时，用户可以动态输入坐标或长度值，直线命令的动态数据输入方式如图 2.2.5 所示。

◆ 还可以按空格键或 Enter 键，或者在绘图区右击，系统弹出图 2.2.6 所示的快捷菜单，选择该快捷菜单中的确认(E)（或取消(C)）命令以结束操作。

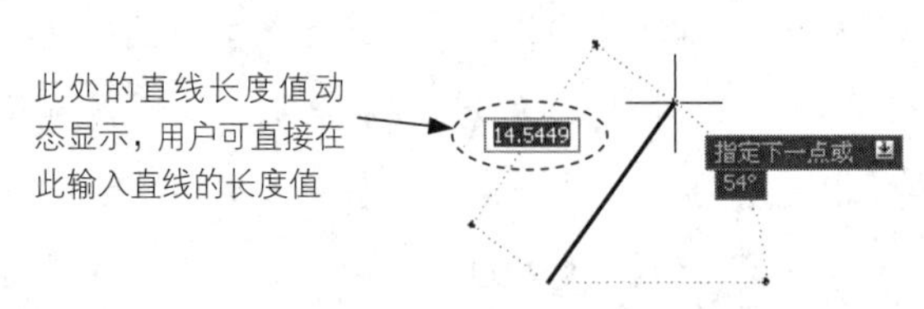

图 2.2.5　直线命令的动态数据输入方式

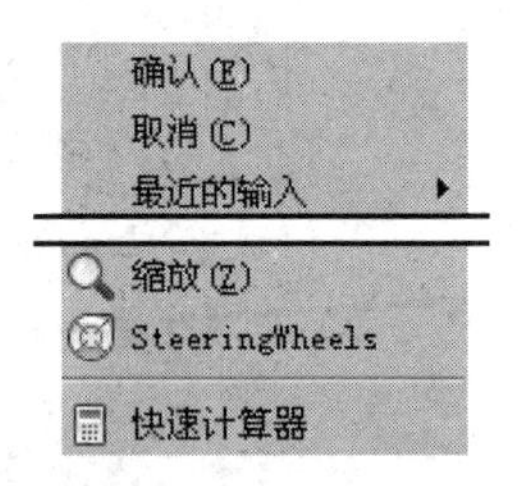

图 2.2.6　快捷菜单

2.2.2　射线

射线是沿指定方向所发出的直线。在绘图过程中，射线一般用作辅助线。绘制射线时，首先要选择射线的起点，然后确定其方向。下面说明绘制射线的一般过程。

步骤 01　选择下拉菜单 绘图(D) → 射线(R) 命令。

或在命令行中输入 RAY 命令后按 Enter 键。

步骤 02　指定射线的起点。执行第一步操作后，命令行提示 指定起点：，移动鼠标光标，在屏幕上选择任意一点——A 点作为射线的起点。

步骤 03　指定射线的方向。

（1）在命令行 指定通过点：的提示下，输入@200<30 后按 Enter 键，此时系统便绘制出一条角度为 30° 的射线。

在绘制成一定角度的射线时，除了通过输入坐标的方式外，还有另外一种方法：首先先确认状态栏中的“动态输入”按钮 被激活，选择下拉菜单 绘图(D) → 射线(R) 命令，然后按键盘上的 Tab 键切换至角度文本框，输入射线的角度为 30° 后按 Enter 键。

（2）命令行继续提示 指定通过点：。在该提示下，可以绘制多条以 A 点为起始点、方向不同的无限延长的射线。

步骤 04　按 Enter 键以结束射线命令的执行。

2.2.3　构造线

构造线是一条通过指定点的无限长的直线，该指定点被认定为构造线概念上的中点。可以使用多种方法指定构造线的方向。在绘图过程中，构造线一般用作辅助线。

1. 绘制水平构造线

水平构造线的方向是水平的（与当前坐标系的 X 轴的夹角为 0°）。下面以图 2.2.7 所示为例，说明水平构造线的一般创建过程。

步骤 01 选择下拉菜单 绘图(D) → 构造线(T) 命令。

进入构造线的绘制命令还有两种方法，即单击 默认 选项卡下 绘图 ▾ 面板中的“构造线”按钮和在命令行中输入 XLINE 命令后按 Enter 键。

步骤 02 选择构造线类型。执行第一步操作后，系统命令行提示图 2.2.8 所示的信息，在此提示后输入表示水平线的字母 H，然后按 Enter 键。

AutoCAD 提供的操作十分灵活，当系统提示多个选择项时，用户既可以通过键盘确定要执行的选择项，也可以右击，从弹出的快捷菜单中确定选择项，如图 2.2.9 所示。在本例中，可以从图 2.2.9 所示的快捷菜单中选择 水平(H) 命令。

步骤 03 指定构造线的起点。在命令行 指定通过点: 的提示下，将鼠标光标移至屏幕上的任意位置点——A 点处并单击，系统便在绘图区中绘出通过该点的水平构造线，如图 2.2.7 所示。

在绘制构造线时，需将“对象捕捉”打开，以便精确地选取相关的点。

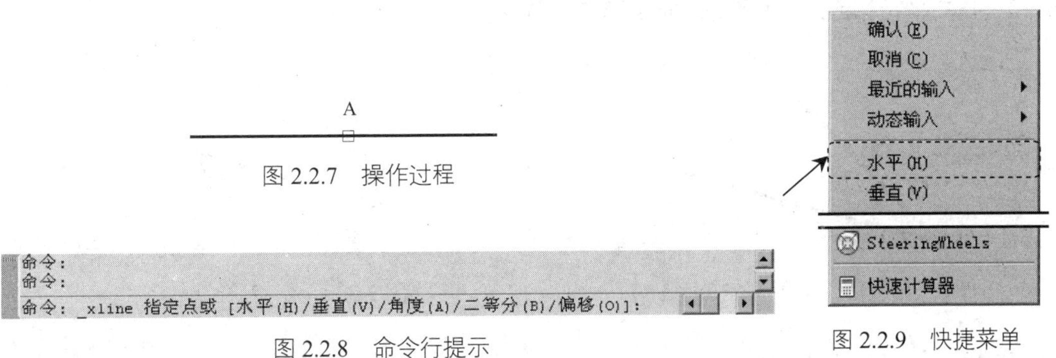

图 2.2.7 操作过程

图 2.2.8 命令行提示

图 2.2.9 快捷菜单

步骤 04 完成构造线的绘制。命令行继续提示 指定通过点:，此时可按空格键或 Enter 键结束命令的执行。

如果在命令行 指定通过点: 提示下继续指定位置点，则可以绘出多条水平构造线。

2. 绘制垂直构造线

垂直构造线的方向是竖直的（与当前坐标系的 X 轴的夹角为 90°），其一般创建过程为：选择下拉菜单 绘图(D) → 构造线(T) 命令；在图 2.2.8 所示的命令行提示下，输入字母 V（选取 垂直(V) 选项）后按 Enter 键；选择任意位置点—— A 点作为通过点；按 Enter 键完成绘制。

3. 绘制带角度的构造线

绘制与参照对象成指定角度的构造线，下面以图 2.2.10 所示为例进行说明。

步骤 01 打开随书光盘上的文件 D:\cad1701\work\ch02.02\ xline3.dwg。

步骤 02 选择下拉菜单 绘图(D) → 构造线(T) 命令。

步骤 03 在命令行中输入字母 A（选取 角度(A) 选项）后按 Enter 键。

步骤 04 选择构造线的参照对象。

（1）在命令行 输入构造线的角度 (0) 或 [参照(R)]: 的提示下，输入字母 R 后按 Enter 键，表示要绘制与某一已知参照直线成指定角度的构造线。

（2）在命令行 选择直线对象: 的提示下，选择图 2.2.10 所示的直线为参照直线。

步骤 05 定义构造线的角度。

（1）在命令行 输入构造线的角度 <0>: 的提示下，输入角度值 30° 后按 Enter 键。

（2）命令行提示 指定通过点: ，将鼠标光标移至屏幕上的任意位置点——A 点（图 2.2.11）并单击，即在绘图区中绘出经过该点且与指定直线成 30° 角的构造线。

（3）命令行继续提示 指定通过点: ，在此提示下继续选择位置点，可绘制出多条与指定直线成 30° 角的平行构造线，直至按 Enter 键结束命令。

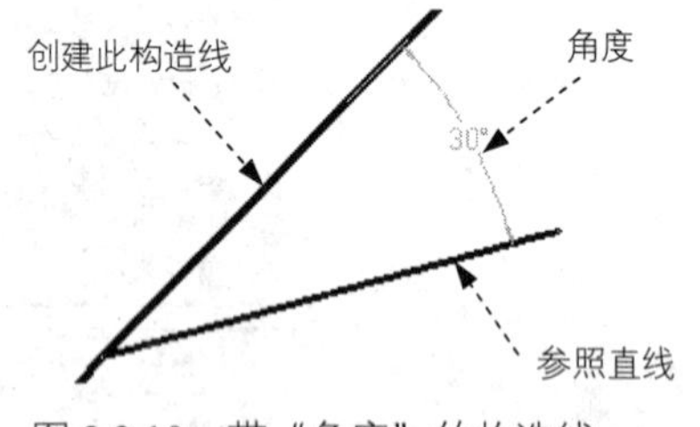

图 2.2.10 带“角度”的构造线

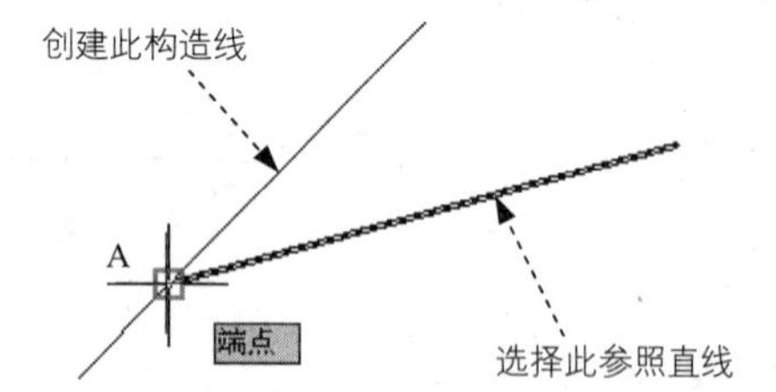

图 2.2.11 指定通过点

下面以图 2.2.12 所示为例，介绍绘制与坐标系 X 轴正方向成指定角度的构造线的一般方法。

选择下拉菜单 绘图(D) → 构造线(T) 命令；在图 2.2.8 所示的命令行提示下，输入字母 A 后按 Enter 键；在命令行 输入构造线的角度 (0) 或 [参照(R)]: 的提示下，输入某一角度值后按 Enter 键；在命令行 指定通过点: 的提示下，选择任意位置点——A 点（图 2.2.13），此时即在绘图区中绘出经过 A 点且与 X 轴正方向成相应角度的构造线；按 Enter 键结束命令。

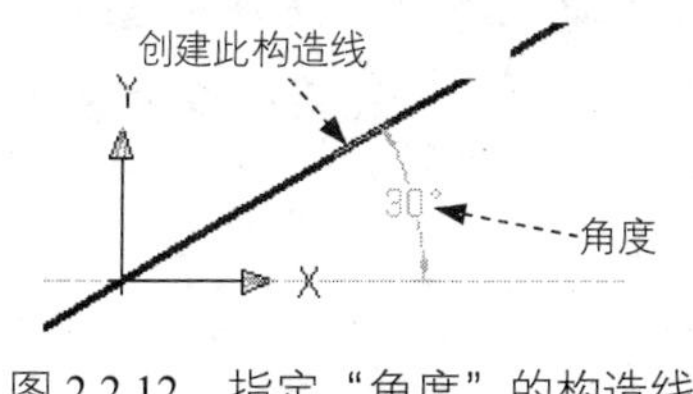

图 2.2.12　指定“角度”的构造线

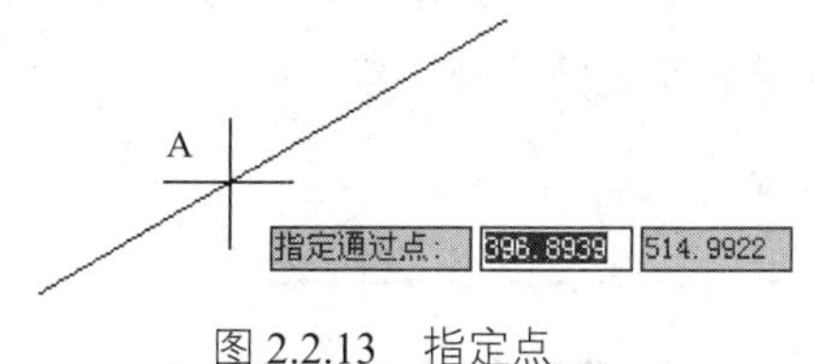

图 2.2.13　指定点

4. 绘制二等分构造线

二等分构造线是指通过角的顶点且平分该角的构造线。

下面以图 2.2.14 和图 2.2.15 所示为例，说明创建二等分构造线的一般过程。

步骤 01 打开随书光盘上的文件 D:\cad1701\work\ch02.02\ xline4.dwg

步骤 02 绘制图 2.2.15 所示的二等分构造线。选择下拉菜单 绘图(D) → 构造线(T) 命令；输入 B 后按 Enter 键（选取 二等分(B) 选项）；选择两直线的交点（A 点）作为角的顶点；选择第一条直线上的任意一点作为角的起点；选择第二条直线上的任意一点作为角的端点（此时便绘制出经过两直线的交点且平分其夹角的构造线）；按 Enter 键结束操作。

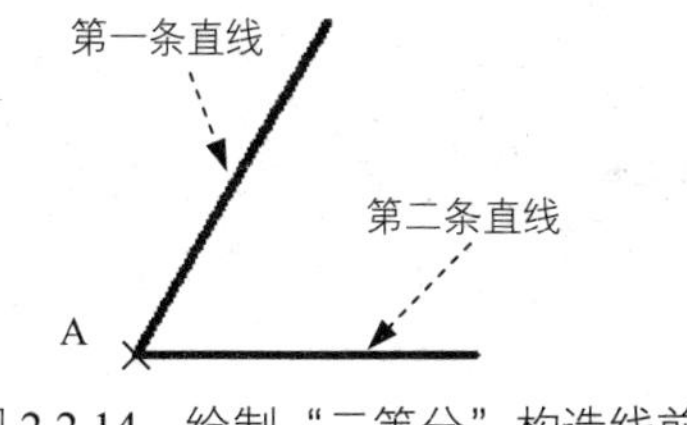

图 2.2.14　绘制“二等分”构造线前

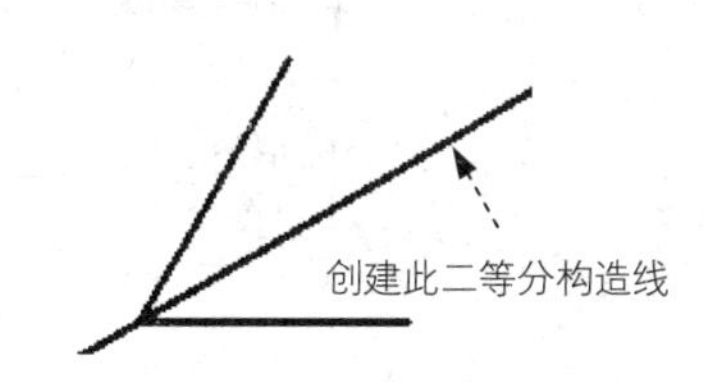

图 2.2.15　绘制“二等分”构造线后

5. 绘制偏移构造线

偏移构造线是指与指定直线平行的构造线。下面以图 2.2.16 所示为例，说明偏移构造线的一般创建过程。

步骤 01 打开随书光盘上的文件 D:\cad1701\work\ch02.02\ xline5.dwg。

步骤 02 绘制偏移构造线。选择下拉菜单 绘图(D) → 构造线(T) 命令；输入字母 O（选取 偏移(O) 选项）后按 Enter 键；当命令行提示 指定偏移距离或 [通过(T)] <通过>: 时，可根据不同的选项进行相应的操作。

情况一：直接输入偏移值。

在命令行中输入偏移值 30 后按 Enter 键；在命令行 选择直线对象: 的提示下，选择图 2.2.17 所示的参照直线；在 指定向哪侧偏移: 的提示下，选择参照直线上方的某一点（图 2.2.18 所示的 A 点）以指定偏移方向（此时系统便绘制出图 2.2.16 所示的偏移构造线）；按 Enter 键结束命令。

情况二：指定点进行偏移。

输入字母 T 后按 Enter 键；选择参照直线；在的提示下，选择构造线要通过的点（此时系统便绘制出与指定直线平行，并通过该点的构造线）；按 Enter 键结束命令。

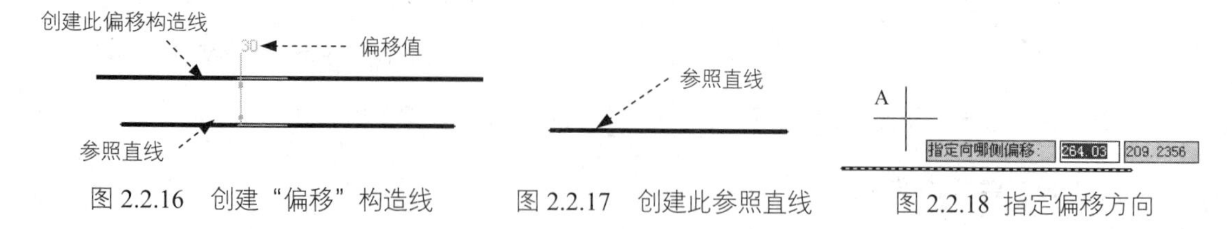

图 2.2.16　创建"偏移"构造线　　图 2.2.17　创建此参照直线　　图 2.2.18　指定偏移方向

2.3　创建多边形对象

2.3.1　矩形

1. 绘制普通矩形

指定两对角点法，即根据矩形的长和宽或矩形的两个对角点的位置来绘制一个矩形。下面以图 2.3.1 所示为例，说明用"指定两对角点法"创建普通矩形的一般过程。

步骤 01 选择下拉菜单 绘图(D) → 矩形(G) 命令。

进入矩形的绘制命令还有两种方法，即单击 默认 选项卡下 绘图 面板中的"矩形"按钮或在命令行中输入 RECTANG 命令后按 Enter 键。

步骤 02 指定矩形的第一角点。在图 2.3.2 所示的命令行提示信息下，将鼠标光标移至绘图区中的某一点——A 点处，单击以指定矩形的第一个角点，此时移动鼠标，就会有一个临时矩形从该点延伸到光标所在处，并且矩形的大小随光标的移动而不断变化。

步骤 03 指定矩形的第二角点。在命令行指定另一个角点或 [面积(A)/尺寸(D)/旋转(R)]:的提示下，将鼠标光标移至绘图区中的另一点——B 点处并单击，以指定矩形的另一个角点，此时系统便绘制出图 2.3.1 所示的矩形并结束命令。

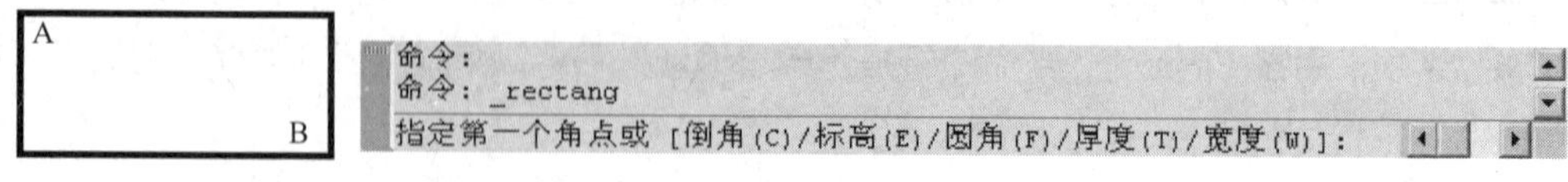

图 2.3.1　普通矩形　　图 2.3.2　命令行提示

创建普通矩形的其他方法说明如下。

◆ 指定长度值和宽度值：在图 2.3.2 所示命令行的提示下，指定第一个角点后输入字母 D（选取尺寸(D)选项），依次输入长度值和宽度值（如 100、60），在命令行指定另一个角点或 [面积(A)/尺寸(D)/旋转(R)]:的提示下，在绘图区的相应位置单击左键以确定矩形另一个角点的方位，完成矩形的绘制。

◆ 指定面积和长度值（或宽度值）：在图2.3.2所示的命令行提示下，指定第一个角点（如A点），依次输入字母A（选取面积(A)选项）、面积值（如300）、字母L（选取长度(L)选项）和长度值（如25）。

◆ 指定旋转的角度和拾取两个角点：指定第一个角点后，输入字母R（选取旋转(R)选项），然后在绘图区的相应位置单击，以确定矩形另一个角点。

2. 绘制倒角矩形

倒角矩形就是对普通矩形的四个角进行倒角，如图2.3.3所示。绘制倒角矩形时，首先要确定倒角尺寸。下面以图2.3.3所示为例，说明倒角矩形的一般创建过程。

步骤01 选择下拉菜单 绘图(D) → 矩形(G) 命令。

步骤02 在图2.3.2所示的命令行提示下，输入字母C（选取倒角(C)选项）后，按Enter键。

步骤03 在命令行指定矩形的第一个倒角距离 <0.0000>: 的提示下，输入第一倒角距离值10后按Enter键；在命令行指定矩形的第二个倒角距离 的提示下，输入第二倒角距离值10后按Enter键。其余的操作步骤参见绘制普通矩形部分。

对于所绘制的矩形的倒角距离来说，第一倒角距离是指角点逆时针方向的倒角距离，第二倒角距离是指角点顺时针方向的倒角距离。

3. 绘制圆角矩形

圆角矩形就是对普通矩形的四个角进行倒圆角，绘制圆角矩形时，首先要确定圆角尺寸。图2.3.4所示的圆角矩形的创建过程为：选择下拉菜单 绘图(D) → 矩形(G) 命令；输入字母F后按Enter键（即选取圆角(F)选项）；在命令行指定矩形的圆角半径 <0.0000>: 的提示下，输入矩形的圆角半径值10并按Enter键；其余的操作步骤参见绘制普通矩形部分。

如果所绘矩形最短边的长度小于两倍的圆角半径，则不能添加圆角。

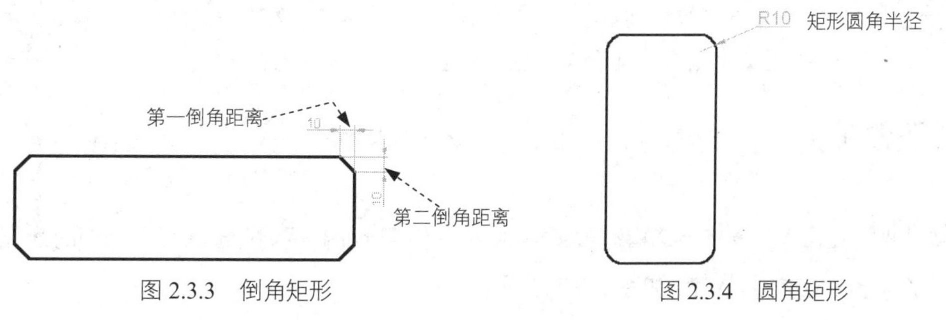

图2.3.3 倒角矩形

图2.3.4 圆角矩形

4. 绘制有宽度的矩形

有宽度的矩形是指矩形的边线具有一定的宽度。图 2.3.5 所示的有宽度的矩形的创建过程为：选择下拉菜单 绘图(D) → 矩形(G) 命令；输入字母 W 后按 Enter 键（即选取宽度(W)选项）；在命令行指定矩形的线宽 <0.0000>:的提示下，输入线宽值 10 并按 Enter 键；其余的操作步骤参见绘制普通矩形部分。

图 2.3.5 有宽度的矩形

可以使用 EXPLODE 命令将矩形的各边转换为各自单独的直线，也可以使用 PEDIT 命令分别编辑矩形的各边。

AutoCAD 软件有记忆功能，即自动保存最近一次命令使用时的设置，故在绘制矩形时，要注意矩形的当前模式，如有需要则要对其参数进行重新设置。

2.3.2 正多边形

在 AutoCAD 中，正多边形是由至少 3 条、最多 1024 条等长并封闭的多段线组成的。

1. 绘制内接正多边形

在绘制内接正多边形时，需要指定其外接圆的半径，正多边形的所有顶点都在此虚拟外接圆的圆周上（图 2.3.6），下面说明其操作过程。

步骤 01 打开随书光盘上的文件 D:\cad1701\work\ch02.03\ polygon1.dwg。

步骤 02 选择下拉菜单 绘图(D) → 多边形(Y) 命令。

进入正多边形的绘制命令还有两种方法，即单击 默认 选项卡下 绘图 面板中 按钮右侧的 按钮，在展开的工具栏中单击“多边形”命令按钮 多边形。或在命令行中输入 POLYGON 命令后按 Enter 键。

步骤 03 指定多边形边数。命令行提示 _polygon 输入侧面数 <4>: ，输入边数值 6 后按 Enter 键。

步骤 04 在命令行指定正多边形的中心点或 [边(E)]:的提示下，选择绘图区中的圆心点——A 点作为正多边形的中心点，如图 2.3.7 所示。

步骤 05 在命令行输入选项 [内接于圆(I)/外切于圆(C)] <I>: 的提示下，输入字母 I（即选取内接于圆(I)选项）后按 Enter 键。

步骤 06 在命令行指定圆的半径: 的提示下，选择绘图区中的某一点——B 点以确定外接圆的半径（也可以直接输入外接圆的半径值），此时系统便绘制出图 2.3.6 所示的内接六边形（AB 连线的长度就是正多边形的外接圆的半径）。

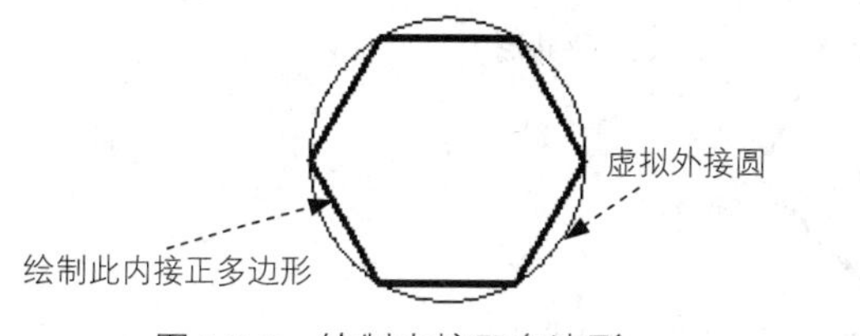

图 2.3.6 绘制内接正多边形

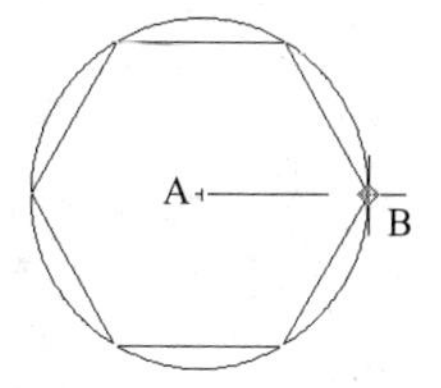

图 2.3.7 操作过程

2. 绘制外切正多边形

绘制外切正多边形时，需要指定从正多边形中心点到各边中点的距离。下面以图 2.3.8 所示的外切正多边形说明其操作过程。

步骤 01 打开随书光盘上的文件 D:\cad1701\work\ch02.03\polygon2.dwg。

步骤 02 选择下拉菜单 绘图(D) → 多边形(Y) 命令。

进入正多边形的绘制命令还有两种方法，即单击 默认 选项卡下 绘图 面板中的“正多边形”按钮或在命令行中输入 POLYGON 命令后按 Enter 键。

步骤 03 指定多边形边数。命令行提示 _polygon 输入侧面数 <4>: ，输入边数值 6 后按 Enter 键。

步骤 04 在命令行指定正多边形的中心点或 [边(E)]: 的提示下，选择绘图区中的圆心点——A 点作为正多边形的中心点，如图 2.3.9 所示。

步骤 05 在命令行输入选项 [内接于圆(I)/外切于圆(C)] <I>: 的提示下，输入字母 C（选取外切于圆(C)选项）后按 Enter 键。

步骤 06 在命令行指定圆的半径: 的提示下，选择绘图区中的某一点——B 点，以确定内切圆的半径（也可以直接输入内切圆的半径值），此时系统便绘制出图 2.3.8 所示的外切六边形（AB 连线的长度就是正多边形的内切圆的半径）。

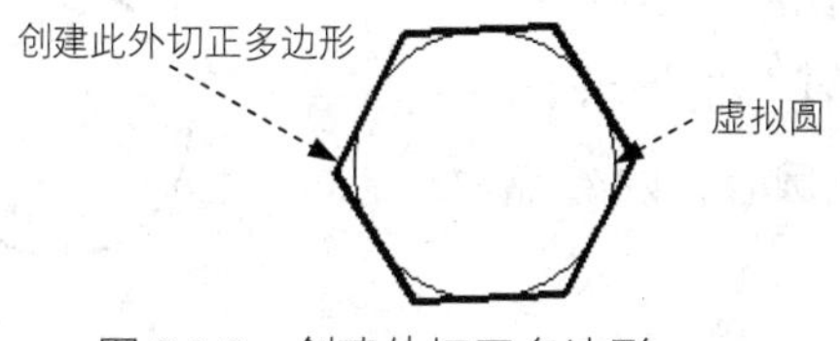

图 2.3.8 创建外切正多边形

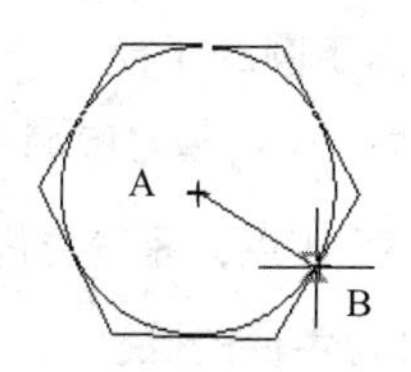

图 2.3.9 操作过程

3. 用“边”绘制正多边形

也可以通过指定一条边的起点和终点来绘制正多边形，其操作过程为：选择下拉菜单 绘图(D) → 多边形(Y) 命令；在命令行中输入多边形的边数值 5 后按 Enter 键；输入字母 E（选取 边(E) 选项）后按 Enter 键；分别指定边的第一端点 A 点和第二端点 B 点（此时系统便通过“AB 边”绘制出图 2.3.10 所示的正五边形）。

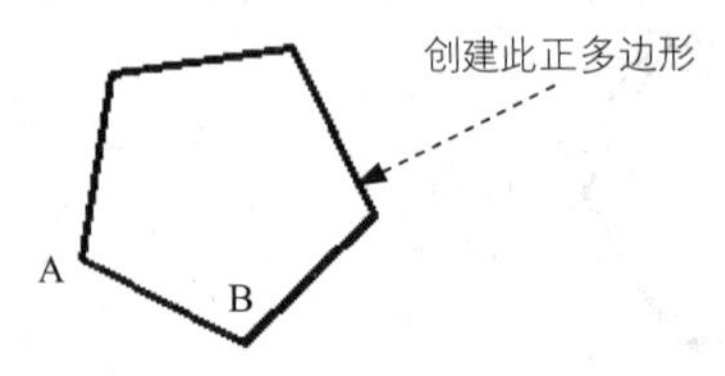

图 2.3.10　用“边”创建正多边形

2.4　创建圆弧类对象

2.4.1　圆

圆的绘制有多种方法，默认的是基于圆心和半径命令绘制圆。下面介绍基于圆心和半径绘制圆的一般操作过程。

步骤 01 选择下拉菜单 绘图(D) → 圆(C) → 圆心、半径(R) 命令，如图 2.4.1 所示。

进入圆的绘制命令还有两种方法，即单击 默认 选项卡下 绘图 面板中的“圆”按钮 或在命令行中输入 CIRCLE 命令后按 Enter 键。

步骤 02 指定圆心。选择圆心位置点 A，如图 2.4.2 所示。

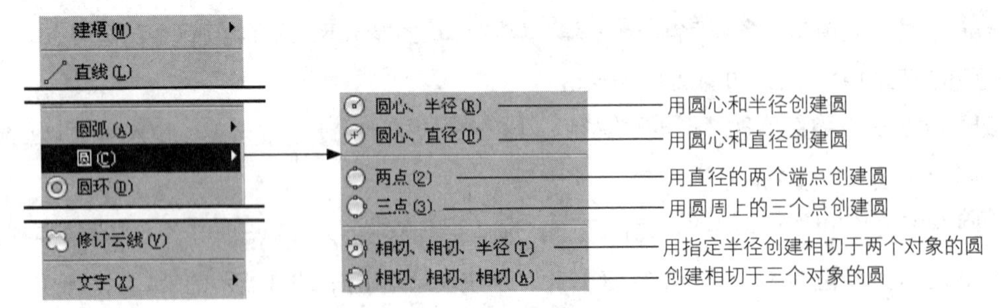

图 2.4.1　绘制圆的下拉菜单

步骤 03 指定圆的半径。可以用两种方法指定半径。

方法一：在命令行 指定圆的半径或 [直径(D)]: 的提示下，选择另一位置点 B 点，系统立即绘出以 A 点为圆心，以 A 点至 B 点的距离为半径的圆。

方法二：在命令行中输入半径值（如 40）后，按 Enter 键。

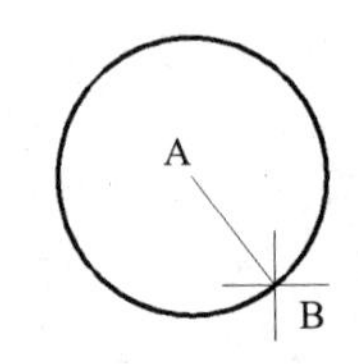

图 2.4.2　圆心、半径法绘制圆

绘制圆的其他方法说明如下。

◆ 基于圆心和直径绘制圆：选择下拉菜单 绘图(D) → 圆(C) → 圆心、直径(D) 命令，选择圆心位置点（如 A 点），选择另一位置点（如 B 点）或者输入直径值（如 60）以确定圆的直径，如图 2.4.3 所示。

◆ 基于圆周上的三点绘制圆：选择下拉菜单 绘图(D) → 圆(C)▸ → 三点(3) 命令后，依次选择第一位置点 A、第二位置点 B 和第三位置点 C，如图 2.4.4 所示。

◆ 基于圆的直径上的两个端点绘制圆：选择 绘图(D) → 圆(C)▸ → 两点(2) 命令后，分别选择第一位置点 A、第二位置点 B，则生成以 AB 为直径的圆，如图 2.4.5 所示。

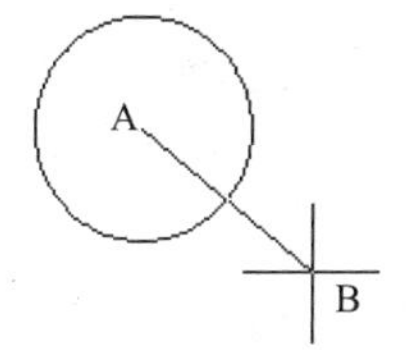

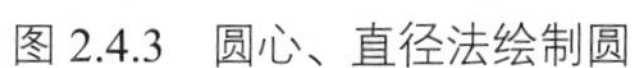
图 2.4.3　圆心、直径法绘制圆

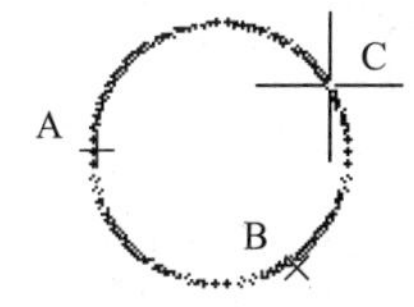

图 2.4.4　三点法绘制圆

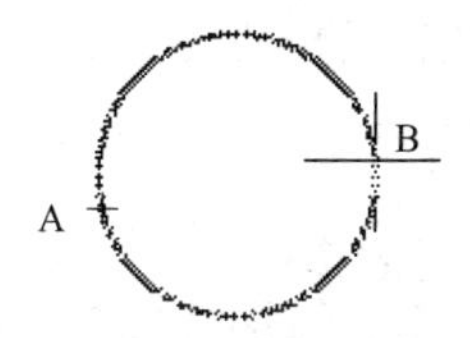

图 2.4.5　两点法绘制圆

◆ 基于指定两个相切对象和半径绘制圆：选择下拉菜单 绘图(D) → 圆(C)▸ → 相切、相切、半径(T) 命令后，在参考圆 1 上的某一点（如 A 点）处单击，以确定第一个切点；在参考圆 2 上的某一点（如 B 点）处单击，以确定第二个切点；输入圆的半径值，则圆自动生成，如图 2.4.6 所示。

圆的半径值不能小于从 A 点至 B 点距离的一半，否则圆将无法绘制。

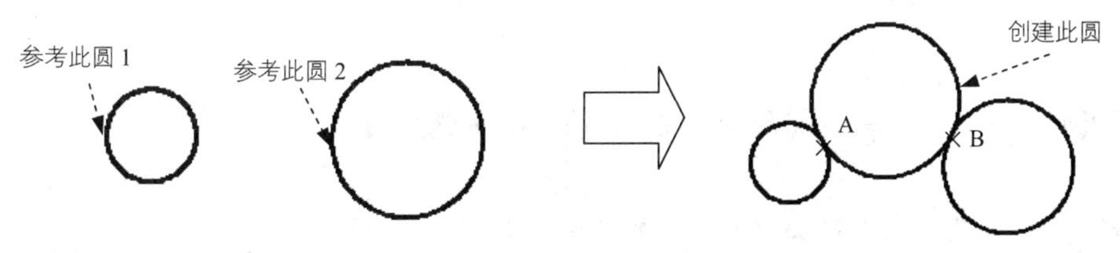

图 2.4.6　基于指定半径和两个相切对象创建圆

● 基于三个相切对象绘制圆：选择 绘图(D) → 圆(C)▸ → 相切、相切、相切(A) 命令后，分别选取三个相切对象，则可生成与这三个对象或其延长线相切的圆，如图 2.4.7 所示。

用下拉菜单启动圆的命令绘制圆，可以减少输入次数，比用工具栏或在命令行中输入命令来绘制圆要更快。

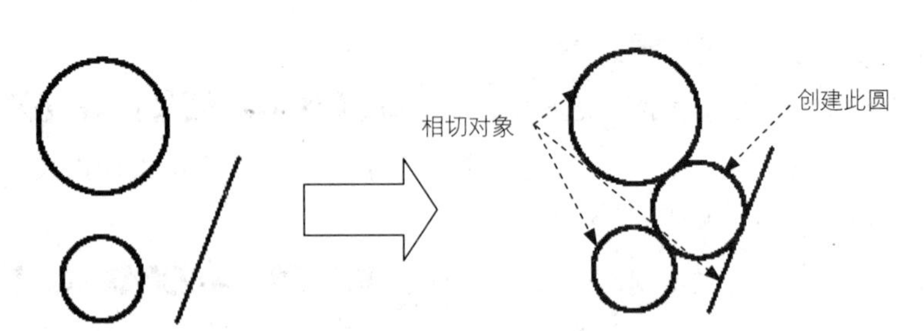

图 2.4.7　基于三个相切的对象创建圆

2.4.2　圆弧

圆弧是圆的一部分，AutoCAD 一共提供了 11 种不同的方法来绘制圆弧，如图 2.4.8 所示。其中默认的方法是通过选择圆弧上的三点，即起点、第二点和端点来进行绘制。下面分别介绍这些方法。

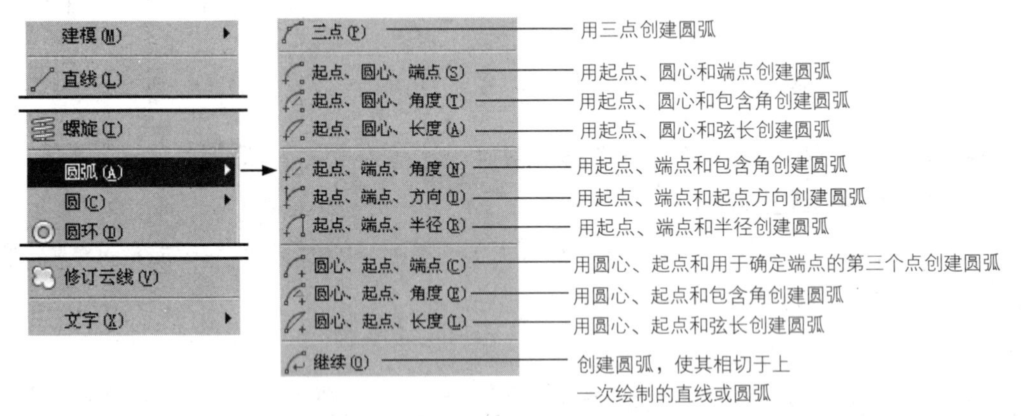

图 2.4.8　绘制圆弧的下拉菜单

1. 用三点绘制圆弧

三点圆弧的绘制过程如下。

步骤 01　选择下拉菜单 绘图(D) → 圆弧(A) ▸ → 三点(P) 命令。

进入圆弧的绘制命令还有两种方法，即单击 默认 选项卡下“绘图”面板中“圆弧”命令按钮 下的 圆弧 按钮，在系统弹出的下拉列表中单击 三点 按钮。或在命令行中输入 ARC 命令后按 Enter 键。

步骤 02　在命令行 指定圆弧的起点或 [圆心(C)]: 的提示下，指定圆弧的第一点 A。

步骤 03　在命令行 指定圆弧的第二个点或 [圆心(C)/端点(E)]: 的提示下，指定圆弧的第二点 B。

步骤 04　在命令行 指定圆弧的端点: 的提示下，指定圆弧的第三点 C，至此即完成圆弧的绘制，如图 2.4.9 所示。

2. 用起点、圆心和端点绘制圆弧

下面以图 2.4.10 所示为例，说明绘制圆弧的步骤。

步骤 01 选择下拉菜单 绘图(D) → 圆弧(A) → 起点、圆心、端点(S) 命令。

步骤 02 分别选择圆弧的起点 A、圆心 B 和端点 C。

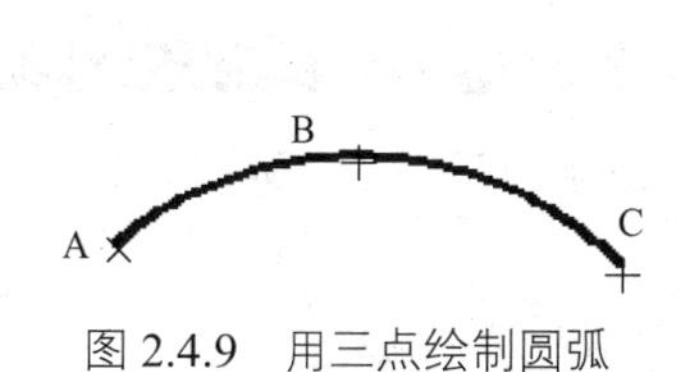

图 2.4.9 用三点绘制圆弧

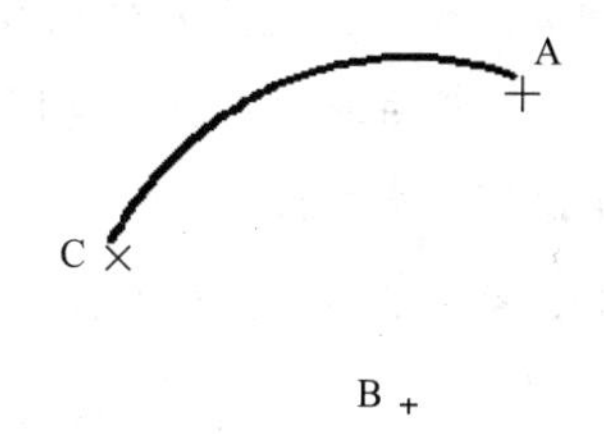

图 2.4.10 起点、圆心和端点

3. 用起点、圆心和包含角绘制圆弧

图 2.4.11 所示圆弧的创建过程为：选择 绘图(D) → 圆弧(A) → 起点、圆心、角度(T) 命令；分别选择圆弧的起点 A 和圆心 C；在命令行中输入包含角度值 120° 。

当输入的角度值为正值时，将沿逆时针方向绘制圆弧。当输入的角度值为负值时，则沿顺时针方向绘制圆弧。

绘制圆弧的其他方法说明如下：

- 用起点、圆心和弦长绘制圆弧：选择 绘图(D) → 圆弧(A) → 起点、圆心、长度(A) 命令后，分别选择圆弧的起点（如点 A）和圆心（如点 C），在命令行中输入弦长值 80，如图 2.4.12 所示。

如果在命令行输入的弦长为正值，系统将从起点 A 逆时针绘制劣弧；如果弦长为负值，系统将从起点逆时针绘制优弧。

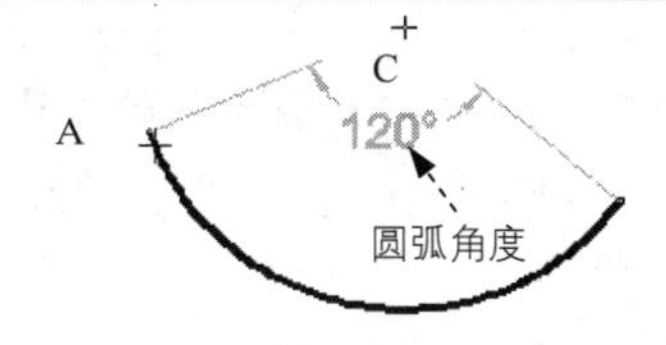

图 2.4.11 起点、圆心和包含角

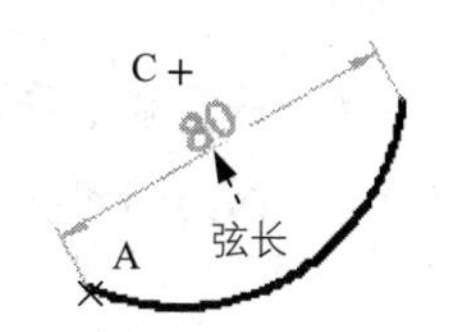

图 2.4.12 起点、圆心和弦长

- 用起点、端点和包含角绘制圆弧：选择下拉菜单 绘图(D) → 圆弧(A) → 起点、端点、角度(N) 命令，分别选择圆弧的起点 A 和端点 B，在命令行中输入角度值，如图 2.4.13 所示。

如果在命令行输入的角度值为负值，系统将顺时针绘制圆弧。

◆ 用起点、端点和起点处的切线方向绘制圆弧：选择 绘图(D) → 圆弧(A) → 起点、端点、方向(D) 命令后，分别选择圆弧的起点 A 和端点 B；若移动光标，就会出现圆弧及圆弧在 A 点处的切线，且圆弧的形状随着光标的移动而不断变化，拖动光标至某一位置并单击，以确定圆弧在 A 点处的切线方向，如图 2.4.14 所示。

◆ 用起点、端点和半径绘制圆弧：选择 绘图(D) → 圆弧(A) → 起点、端点、半径(R) 命令后，分别选择圆弧的起点 A 和端点 B，然后输入圆弧的半径值，如图 2.4.15 所示。

如果输入的半径为负值，系统将逆时针绘制一条优弧。

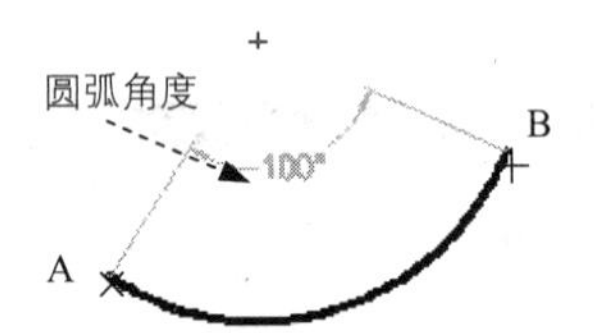

图 2.4.13　起点、端点和包含角

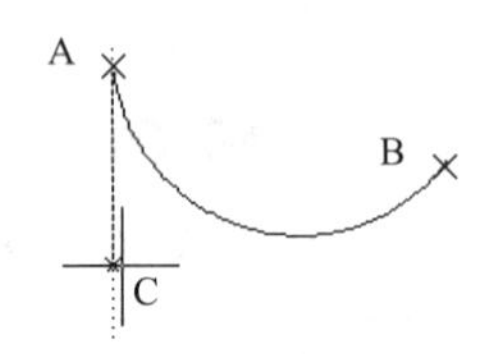

图 2.4.14　起点、端点和切线方向

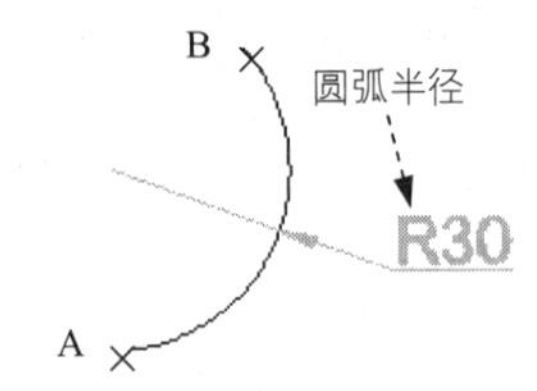

图 2.4.15　起点、端点和半径

◆ 用圆心、起点和端点绘制圆弧：选择 绘图(D) → 圆弧(A) → 圆心、起点、端点(C) 命令；依次选择圆弧的圆心 C 点、起点 A 和端点 B，如图 2.4.16 所示。

◆ 用圆心、起点和包含角绘制圆弧：选择 绘图(D) → 圆弧(A) → 圆心、起点、角度(E) 命令后，分别选择圆弧的圆心 C 点和起点 A，并输入圆弧的角度值，如图 2.4.17 所示。

如果弦长为负值，则将从起点 A 逆时针绘制优弧。

◆ 用圆心、起点和弦长绘制圆弧：选择 绘图(D) → 圆弧(A) → 圆心、起点、长度(L) 命令后，分别选择圆弧的圆心 C 点和起点 A，并输入圆弧的弦长，如图 2.4.18 所示。

如果在命令行中输入的角度为负值，则将沿顺时针方向绘制圆弧，否则沿逆时针方向绘制圆弧。

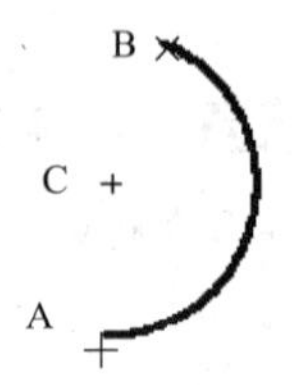

图 2.4.16　圆心、起点和端点

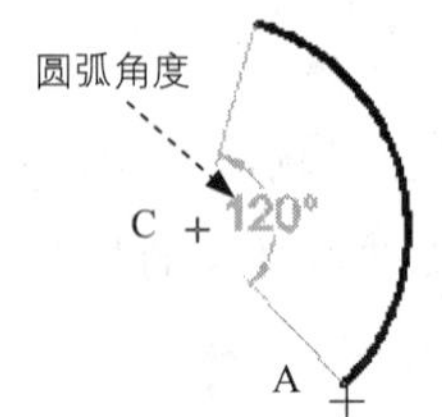

图 2.4.17　圆心、起点和包含角

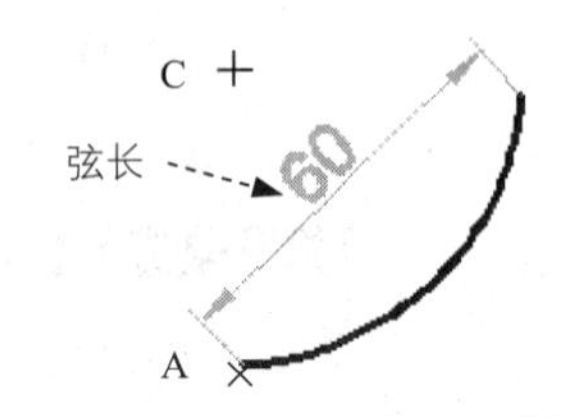

图 2.4.18　圆心、起点和弦长

◆ 绘制连续的圆弧：绘制图 2.4.19 所示的圆弧；选择 绘图(D) → 圆弧(A) → 继续(O) 命令后，选择图 2.4.20 所示的圆弧端点 A，此时系统立即绘制出以圆弧的端点为起点，且与圆弧相切的圆弧，如图 2.4.21 所示。

用这样的方法，我们还可以绘制出以最后一次绘制过程中所确定的直线或多段线最后一点作为起点，并与其相切的圆弧。

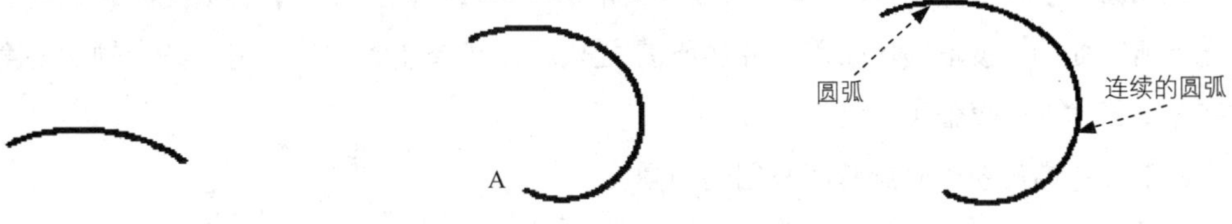

图 2.4.19　绘制此圆弧　　图 2.4.20　指定圆弧的端点　　图 2.4.21　绘制“连续”的圆弧

2.4.3　椭圆

在 AutoCAD 中，椭圆是由两个轴定义的，较长的轴称为长轴，较短的轴称为短轴。绘制椭圆有三种方法，如图 2.4.22 所示，下面分别进行介绍。

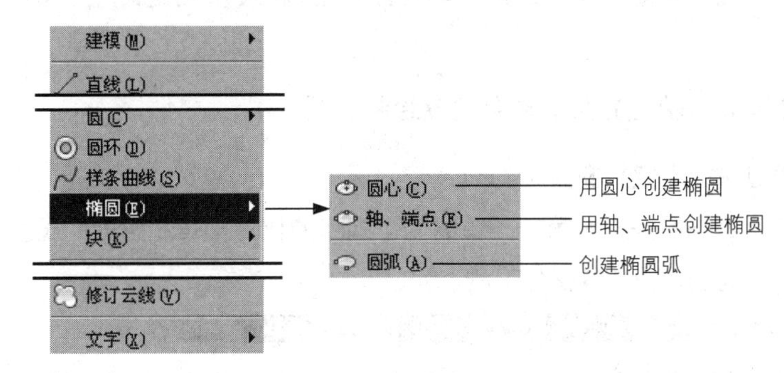

图 2.4.22　绘制椭圆的下拉菜单

1. 基于椭圆的中心点绘制椭圆

方法一：指定中心点、一条半轴的端点及另一条半轴长度来创建椭圆。

下面以图 2.4.23 所示为例，说明其操作过程。

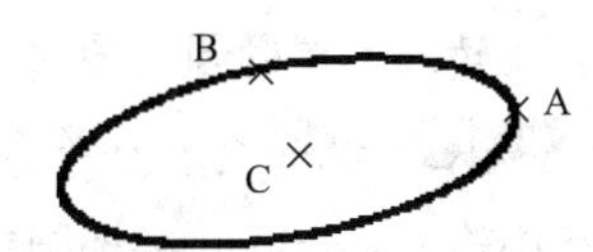

图 2.4.23　指定椭圆的中心点、一条半轴的端点和另一条半轴长度

步骤 01　选择下拉菜单 绘图(D) → 椭圆(E) → 圆心(C) 命令。

进入椭圆的绘制命令还有两种方法，即单击“椭圆”按钮或在命令行中输入 ELLIPSE 命令后按 Enter 键。

步骤 02 在命令行指定椭圆的中心点：的提示下，指定椭圆的中心点 C 的位置。

步骤 03 在命令行指定轴的端点：的提示下，指定椭圆的轴端点 A 的位置。

步骤 04 在命令行指定另一条半轴长度或 [旋转(R)]：的提示下，移动光标来调整从中心点至光标所在处的“皮筋线”长度，并在所需位置点 B 处单击，以确定另一条半轴的长度（也可以在命令行输入长度值）。

方法二：通过绕长轴旋转圆来创建椭圆。

根据命令行指定椭圆的中心点：的提示，依次指定椭圆的中心点 C 和轴端点 A；在命令行中输入字母 R，绕椭圆中心移动光标并在所需位置单击以确定椭圆绕长轴旋转的角度（或在命令行中输入角度值）。

输入值越大，椭圆的离心率就越大，输入 0 则定义一个圆。

2. 基于椭圆某一轴上的两个端点位置绘制椭圆

方法一：通过轴端点定义椭圆。

通过轴端点定义椭圆是指定第一条轴的两个端点的位置及第二条轴的长度来创建椭圆。下面以图 2.4.24 所示为例，说明其操作过程。

步骤 01 选择下拉菜单 绘图(D) → 椭圆(E) → 轴、端点(E) 命令。

步骤 02 在绘图区选择两点——A 点和 B 点，以确定椭圆第一条轴的两个端点。

步骤 03 此时系统生成一个临时圆，当移动鼠标时，调整从中心点至鼠标光标处的“皮筋线”长度，临时圆形状随之变化，在某点处单击以确定椭圆另一条半轴的长度（可在命令行中输入另一条半轴长度值），从而完成椭圆的创建。

方法二：通过轴旋转定义椭圆。

通过轴旋转定义椭圆是绕长轴旋转来创建椭圆。图 2.4.25 所示椭圆的创建过程为：选择下拉菜单 绘图(D) → 椭圆(E) → 轴、端点(E) 命令；在绘图区选择两点（如 A 点和 B 点），以确定椭圆长轴的两个端点；在命令行中输入字母 R，绕椭圆中心移动光标，并在某位置点 C 处单击以指定椭圆绕长轴的旋转角度（也可在命令行输入角度值以确定旋转角）。

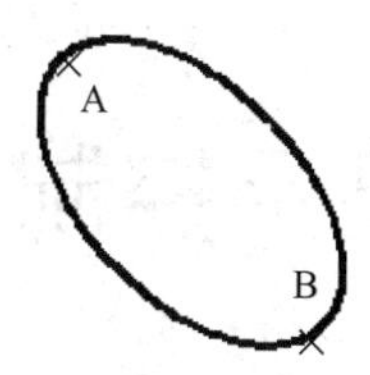

图 2.4.24 指定轴端点和另一条半轴的长度

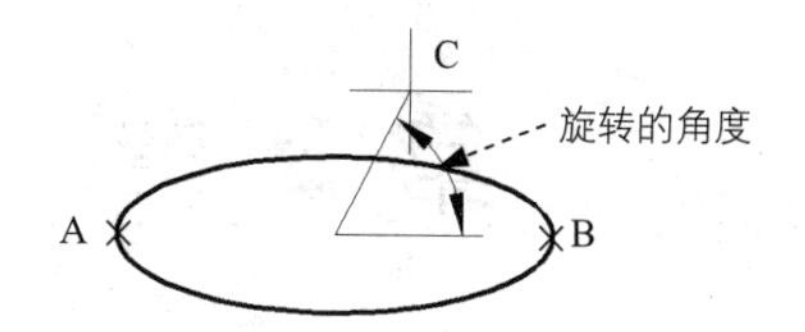

图 2.4.25 指定轴端点和绕长轴旋转的角度

2.4.4 椭圆弧

椭圆弧是椭圆的一部分，在设计中经常会用到椭圆弧。下面以图 2.4.26 所示为例，说明其绘制过程。

步骤 01 选择下拉菜单 绘图(D) → 椭圆(E) → 圆弧(A) 命令。

进入椭圆弧的绘制命令还有两种方法，在“绘图”面板中，单击“椭圆弧”按钮 或在绘制椭圆时，当命令行出现指定椭圆的轴端点或 [圆弧(A)/中心点(C)]: 的提示时，输入字母 A 后按 Enter 键。

步骤 02 绘制一个椭圆，相关的操作步骤参见 2.4.3 节内容。

步骤 03 指定椭圆弧起始角度。在命令行指定起始角度或 [参数(P)]: 的提示下，输入起始角度值 30° 后按 Enter 键。

步骤 04 指定椭圆弧终止角度。在命令行指定终止角度或 [参数(P)/包含角度(I)]: 的提示下，输入终止角度值 260° 后按 Enter 键，至此完成椭圆弧的创建。

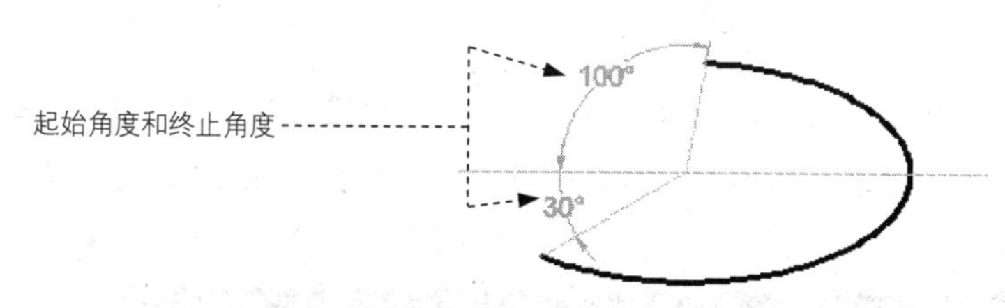

图 2.4.26 指定起始和终止角度创建的椭圆弧

第3章 图形的显示控制

3.1 命名视图

3.1.1 了解命名视图

当在绘图区把一个图形（或图形的某个部分）放大或缩小到某种状态后，可以将这种状态用一个名称（视图名称）保存下来，以便以后需要时能够迅速、准确地查看到这个保存过的状态。这种带有名称的图形查看状态，就是命名视图。在实际应用中，可以为同一张图样创建多个命名视图，当要查看、修改某个命名视图时，只需将该视图恢复到当前即可。另外，在三维图形中，可以用多个命名视图保存从不同角度（视点）对三维对象查看的结果。在后面的三维对象外观处理的章节中，创建命名视图对设置渲染场景非常重要。

选择下拉菜单 视图(V) → 命名视图(N)... 命令（或者在命令行中输入 VIEW 后按 Enter 键），系统将打开图 3.1.1 所示的“视图管理器”对话框，在该对话框中可以新建、设置、删除和恢复命名视图。

图 3.1.1 所示的“视图管理器”对话框中各选项的说明如下。

- 当前视图：其后显示的是当前视图的名称。
- 当前视图 列表框：列出当前图形中已经命名的视图的详细信息。
- 置为当前(C) 按钮：单击该按钮，可将选中的命名视图设置为当前视图，从而恢复该视图。
- 新建(N)... 按钮：单击该按钮，系统将弹出“新建视图”对话框，可在该对话框中输入视图名称、选取视图类别、指定视图边界以及进行相应的设置，从而创建新的命名视图。

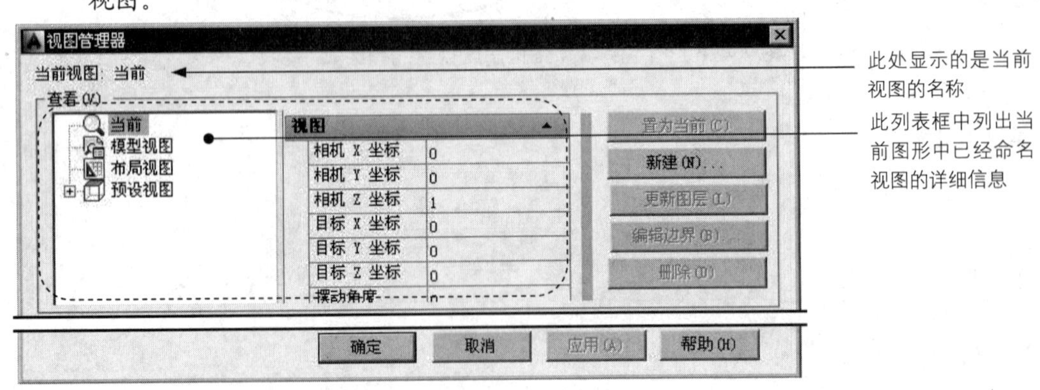

图 3.1.1 “视图管理器”对话框

- 更新图层(L) 按钮：单击该按钮，可以使用选中的命名视图中保存的图层信息，来更新当前模型空间或布局视口中的图层信息。
- 编辑边界(B)... 按钮：单击该按钮，系统自动切换到绘图窗口，在绘图窗口可为选中的命名视图重新定义视图的边界。
- 删除(D) 按钮：单击该按钮可以删除选中的命名视图。

在 AutoCAD 中，用户可以命名多个视图，当需要重新使用一个已命名视图时，可将该视图恢复到当前视口。恢复视图时，可以恢复视图的中点、查看方向、缩放比例因子和透视图（镜头长度）等设置。如果在命名视图时将当前的 UCS 随视图一起保存起来的话，恢复视图时也可以恢复 UCS。

3.1.2 创建命名视图举例

在图 3.1.2a 所示的图形中创建三个命名视图，分别用于放大查看图形的三个区域，如图 3.1.2b、c、d 所示。

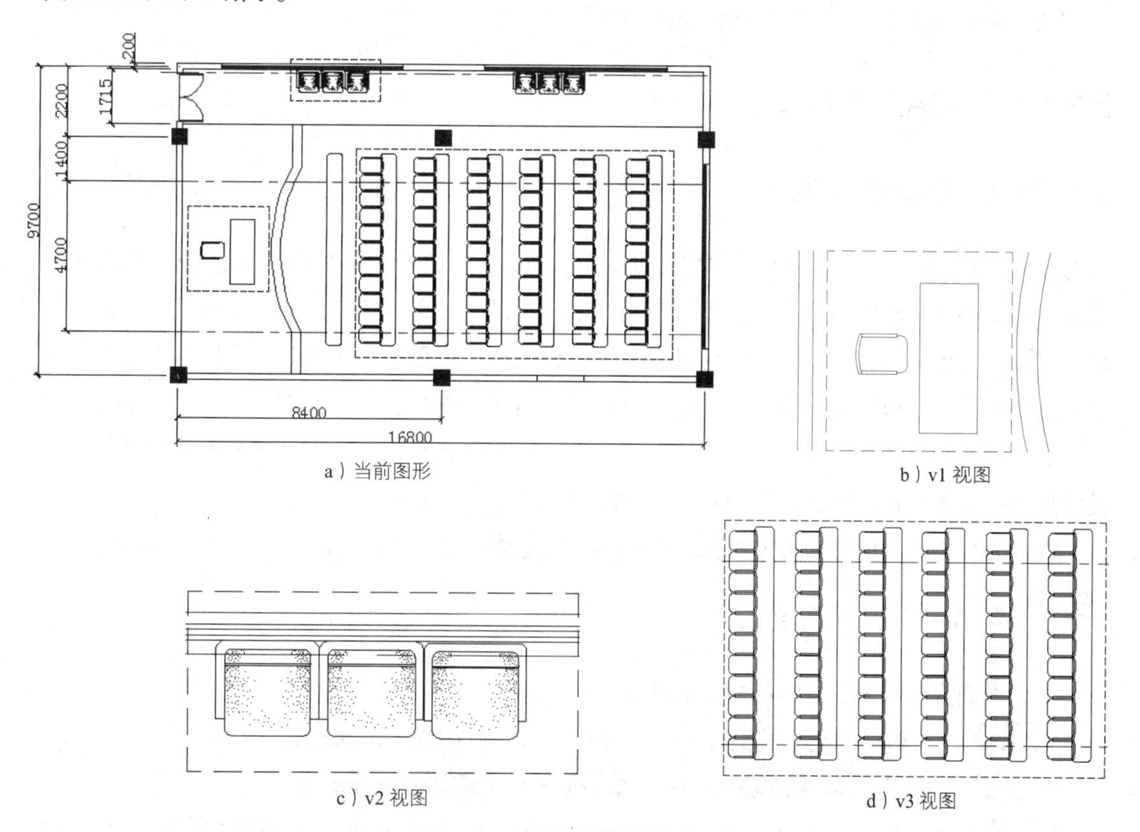

a）当前图形　b）v1 视图　c）v2 视图　d）v3 视图

图 3.1.2　创建命名视图举例

步骤 01 打开随书光盘上的文件 D:\cad1701\work\ch03.01\instance.dwg。

步骤 02 选择下拉菜单 视图(V) → 命名视图(N)... 命令。

步骤 03 在“视图管理器”对话框中单击 新建(N)... 按钮，在“新建视图/快照特性”对话框的 视图名称(N): 文本框中输入视图名称 v1，然后单击“新建视图/快照特性”对话框的 确定 按钮。

步骤 04 在“视图管理器”对话框中单击 编辑边界(B)... 按钮切换到绘图窗口，通过选择两个角点来框选图 3.1.2a 中的虚线矩形部分，按 Enter 键切换到“视图管理器”对话框。

步骤 05 重复 步骤 03 、 步骤 04 的操作创建 v2 命名视图。

步骤 06 重复 步骤 03 、 步骤 04 的操作创建 v3 命名视图。

步骤 07 单击“视图管理器”对话框中的 确定 按钮，完成命名视图的创建。

步骤 08 在以后的工作中，如果要快速查看①区域的细节，可打开 v1 命名视图，其操作方法如下：

（1）选择下拉菜单 视图(V) → 命名视图(N)... 命令。

（2）在“视图管理器”对话框中，先选择列表中的 v1，然后单击 置为当前(C) 按钮。

（3）单击“视图管理器”对话框中的 确定 按钮。

3.2 AutoCAD 的视口

3.2.1 视口的概念和作用

在对图形进行绘制、编辑和查看时，可以将 AutoCAD 工作界面中的整个绘图区分成若干个部分，每个部分都是各自独立的，即可在每个部分中进行独立的绘制图元、编辑图元、放大、缩小等操作，这些各自独立的绘图区就是视口。在绘图区中创建多个视口可同时查看图形的各个部分和侧面，所以在实际工作中，视口功能非常有用。例如，在二维图形中，可创建数个视口，其中一个视口用于显示整个图形，其余视口则用于显示图形中几个关键部位的细节；在三维图形中也可创建几个视口，分别显示三维对象的俯视图、主视图、右视图或立体图。

视口的各个命令位于下拉菜单 视图(V) → 视口(V) ▸ 命令的子菜单中，如图 3.2.1 所示。

3.2.2 视口的创建和命名举例

下面举例说明视口的创建和命名过程。

步骤 01 打开随书光盘上的文件 D:\cad1701\work\ch03.02\viewport.dwg。

步骤 02 选择下拉菜单 视图(V) → 视口(V) ▸ → 新建视口(E)... 命令。

步骤 03 在图 3.2.2 所示的“视口”对话框的 标准视口(V): 列表框中，选择 四个：相等 视口布局类型，此时在对话框右边的 预览 中会立即显示四个相等的视口布局。

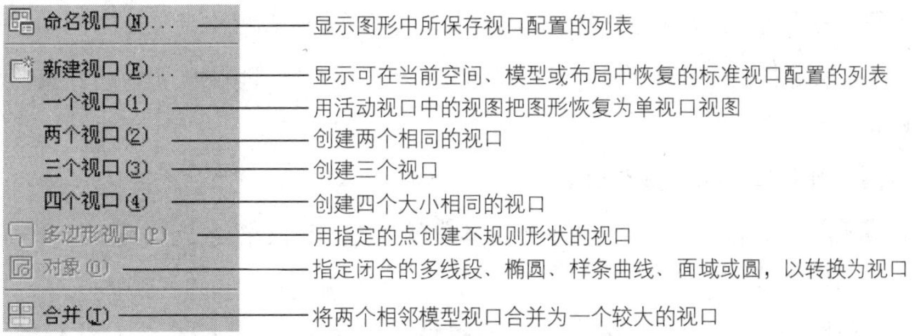

命名视口(N)...
显示图形中所保存视口配置的列表
新建视口(E)...
显示可在当前空间、模型或布局中恢复的标准视口配置的列表
一个视口(1)
用活动视口中的视图把图形恢复为单视口视图
两个视口(2)
创建两个相同的视口
三个视口(3)
创建三个视口
四个视口(4)
创建四个大小相同的视口
多边形视口(P)
用指定的点创建不规则形状的视口
对象(O)
指定闭合的多线段、椭圆、样条曲线、面域或圆，以转换为视口
合并(J)
将两个相邻模型视口合并为一个较大的视口

图 3.2.1 “视口”子菜单

视口
新建视口
命名视口
新名称(N):
标准视口(V):
活动模型配置
单个
两个: 垂直
两个: 水平
三个: 右
三个: 左
三个: 上
三个: 下
三个: 垂直
三个: 水平
四个: 相等
四个: 右
四个: 左
预览
视图: *当前*
视觉样式: 二维线框
应用于(A):
显示
设置(S):
二维
修改视图(C):
当前
视觉样式(T):
二维线框
确定
取消
帮助(H)
二维
三维
显示
当前视口
当前
二维线框
概念
隐藏
真实
着色
带边缘着色
灰度
勾画
线框
X 射线

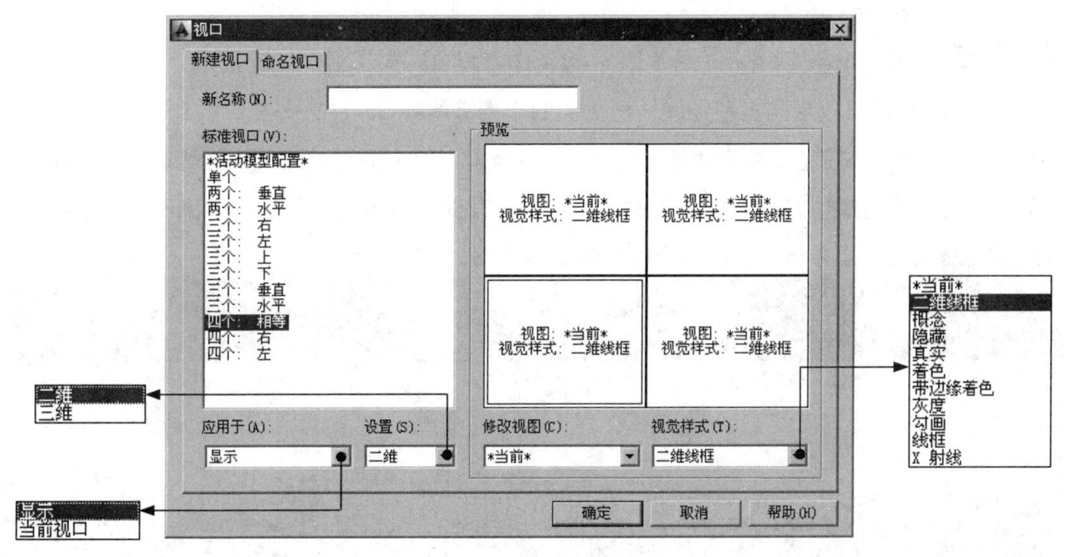

图 3.2.2 “视口”对话框

图 3.2.2 所示的对话框中主要选项的功能说明如下。

◆ 命名视口标签：单击此标签将打开命名视口选项卡，其中显示了已命名的视口，选择某个命名视口，绘图区将迅速切换为相应的视口布局。

◆ 标准视口(V):列表框：该列表框中列出了各种标准视口类型。

◆ 预览选项组：主要用于预览布局的效果。

◆ 应用于(A):列表框：将新的视口布局应用到整个绘图窗口或当前视口。只有在标准视口(V):中选中某种类型后，应用于(A):列表框才可用。

● 显示：将新的视口布局应用到整个绘图区。

● 当前视口：只在绘图区的当前视口中应用新的视口布局。注意系统可以在绘图区的某个小的视口再划分为几个视口。

◆ 修改视图(C):列表框：用于修改绘图区某个视口的视图。例如，在前面的例子中，已经在随书光盘上的文件 viewport.dwg 中创建了 v1、v2 和 v3 的命名视图，所以在该修改视图(C):列表框列出了这几个命名视图。如果要将某个视口中的视图修改为 v1 命名视图，可先

在 预览 选项组的该视口中单击，再选择 修改视图(C): 列表框中的 v1，然后单击 确定 按钮。如果选择 修改视图(C): 列表框中的“*当前*”选项，则该视口中的视图将依然是当前视图。

◆ 设置(S): 列表框：用于选择二维或三维的视图来对新建视口进行布局。

- 二维：选择该选项后，可以在 修改视图(C): 列表框中选择已命名的平面视图对视口布局。
- 三维：选择该选项后，可以在 修改视图(C): 列表框中选择立体正交的视图对视口布局。

步骤 04 单击对话框中的 确定 按钮以关闭“视口”对话框。

步骤 05 此时可以看到当前绘图区已分为四个相等的视口。在某个视口内单击，则该视口变为当前视口，并以加亮边框的形式显示出来，可在当前视口中进行缩放、平移等操作；如果需要对另一个视口进行操作，则须先在该视口中单击使其变为当前视口。这样分别在四个视口中进行不同的缩放、平移等操作，使各个视口的显示如图 3.2.3 所示。

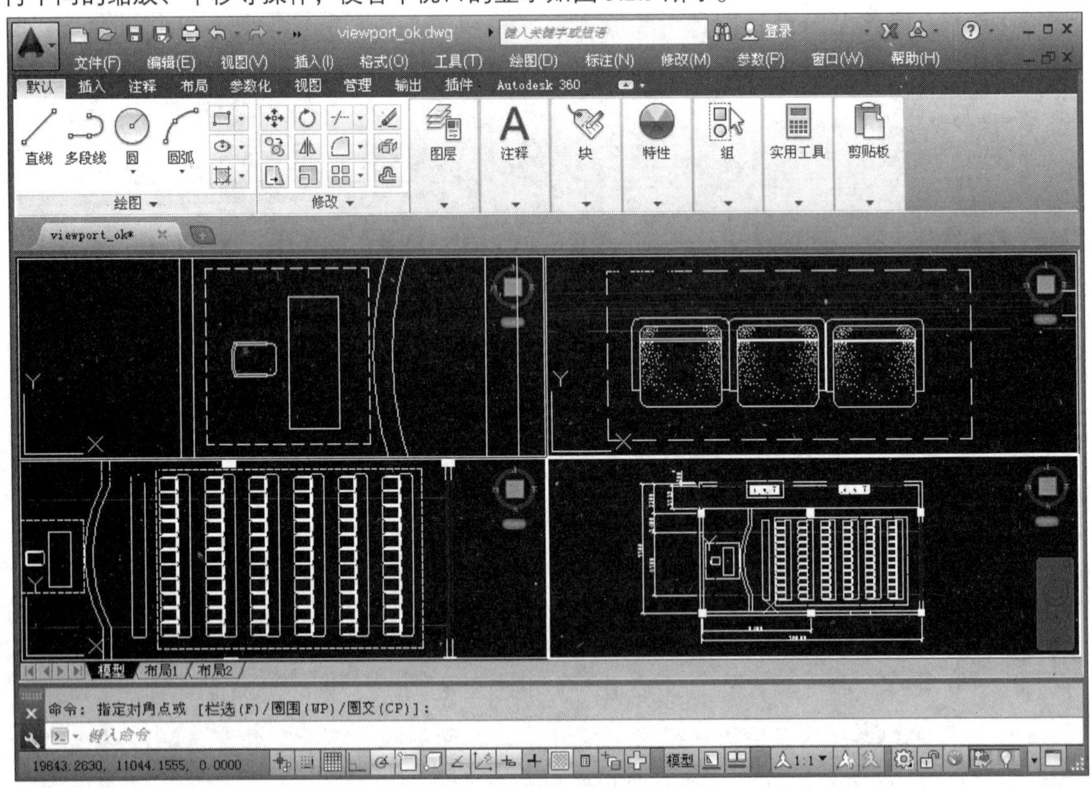

图 3.2.3 缩放后的四个视口的显示

带有名称的视口称为命名视口，对当前视口布局进行命名，便于以后迅速回到该种视口布局。要回到某种视口布局，只需选择 视图(V) → 视口(V) → 命名视口(N)... 命令，然后选择其名称即可。

步骤06 再次选择下拉菜单视图(V) → 视口(V) → 新建视口(E)...命令，在“视口”对话框的新名称(N):文本框中输入视口名称PORT1，然后单击确定按钮。

在进行视口操作时，应注意以下几点。

- 只能在当前视口里进行操作，当在某个视口中单击使其成为当前视口后，该视口的边框会加粗显示以与其他视口相区别。只有在当前视口中，鼠标光标才显示为“+”字形状，将指针移出当前视口后，则变为箭头形状。
- 可对每个视口进行独立的平移和缩放。
- 可对每个视口单独设置捕捉、栅格。
- 可对每个视口单独设置坐标系，其他视口中的坐标系则不变。
- 在某个视口中对层进行的操作则是全局性的，例如，在某个视口中关闭了某个图层，则所有视口中的该图层都将被关闭。
- 可在每个视口进行绘图、编辑等操作，操作后的结果也会在其他的视口中显示。例如，在某个视口中绘制了一个圆，在其他视口（如果该视口显示范围足够大）中也会显示这个圆。
- 当新建一个AutoCAD图形时，整个绘图区就是一个视口，该视口就是默认的当前视口。

3.2.3 视口的分割与合并

1. 视口的分割

选择下拉菜单视图(V) → 视口(V)命令中的子命令两个视口(2)、三个视口(3)和四个视口(4)，可以在不改变视口显示内容的情况下，对当前视口进行分割。例如，两个视口(2)命令可以将当前视口分割成两个视口，可以以水平或垂直方式显示，并且这两个视口中显示的内容与原视口中的内容是一样的，只不过显示的比例小了一些。

2. 视口的合并

选择下拉菜单视图(V) → 视口(V) → 合并(J)命令，可对相邻的两个视口进行合并。视口合并的操作步骤如下：

步骤01 选择下拉菜单视图(V) → 视口(V) → 合并(J)命令。

步骤02 在命令行选择主视口 <当前视口>:的提示下，选择某个视口作为主视口。

步骤03 在命令行选择要合并的视口:的提示下，选择某个视口与主视口合并。此时系统便将两个视口进行合并。

合并的两个视口必须有一个边重合相等。

第 4 章　精确高效地绘图

4.1　使用对象捕捉

在精确绘图过程中，经常需要在图形对象上选取某些特征点，如圆心、切点、交点、端点和中点等，此时如果使用 AutoCAD 提供的对象捕捉功能，则可迅速、准确地捕捉到这些点的位置，从而精确地绘制图形。

4.1.1　设置对象捕捉选项

在使用对象捕捉功能前，有必要先设置一些对象捕捉功能的参数。选择下拉菜单 工具(T) → 选项(N)... 命令，系统弹出图 4.1.1 所示的“选项”对话框，在 绘图 选项卡的 自动捕捉设置 选项组中，可设置对象捕捉的相关参数。

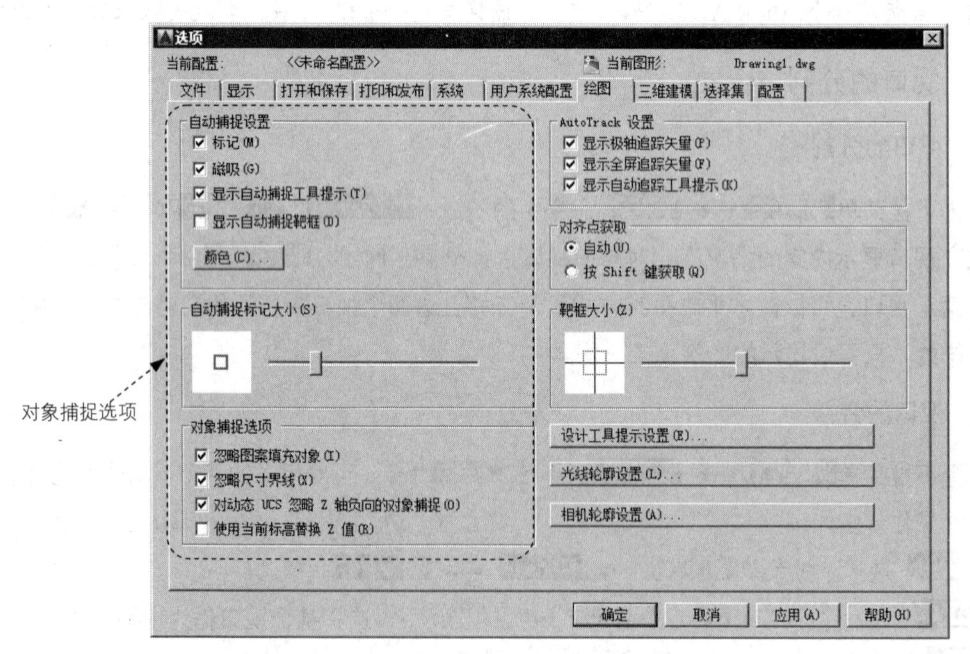

图 4.1.1　“选项”对话框

自动捕捉设置 选项组中的各选项功能说明如下。

◆ 标记(M) 复选框：用于设置在自动捕捉到特征点时是否显示捕捉标记，如图 4.1.2 所示。

◆ 磁吸(G) 复选框：用于设置当将光标移到离对象足够近的位置时，是否像磁铁一样将光标自动吸到特征点上。

- ☑显示自动捕捉工具栏提示(T)复选框：用于设置在捕捉到特征点时是否提示“对象捕捉”特征点类型名称，如圆心、交点、端点和中点等，如图 4.1.2 所示。
- ☑显示自动捕捉靶框(D)复选框：选中该项后，当按 F3 键激活对象捕捉模式，系统提示指定一个点时，将在十字光标的中心显示一个矩形框——靶框，如图 4.1.2 所示。
- 颜色(C)...标签：通过选择下拉列表中的某个颜色来确定自动捕捉标记的颜色。
- 用鼠标拖动自动捕捉标记大小(S)选项组中的滑块，可以调整自动捕捉标记的大小。当移动滑块时，在左边的显示框中会动态地更新标记的大小。

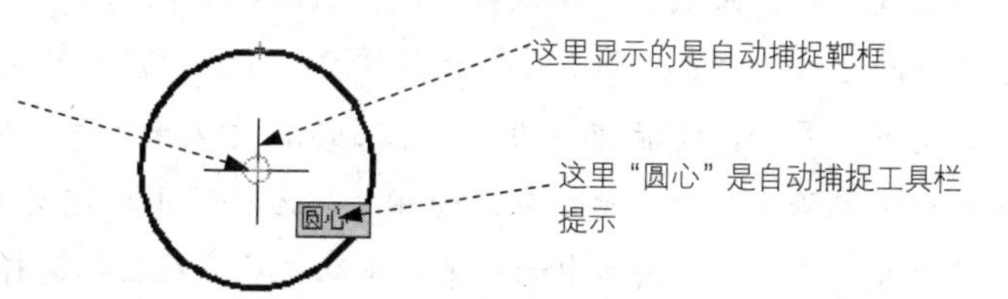

图 4.1.2　自动捕捉设置说明

4.1.2　使用对象捕捉的几种方法

在绘图过程中调用对象捕捉功能的方法非常灵活，包括选择“对象捕捉”工具栏中的相应按钮、使用对象捕捉快捷菜单、设置“草图设置”对话框以及启用自动捕捉模式等，下面分别加以介绍。

1. 使用捕捉工具栏命令按钮来进行对象捕捉

打开“对象捕捉”工具栏的操作步骤是：如果在系统的工具栏区没有显示图 4.1.3 所示的“对象捕捉”工具栏，则选择下拉菜单 工具(T) → 工具栏 → AutoCAD → 对象捕捉命令。

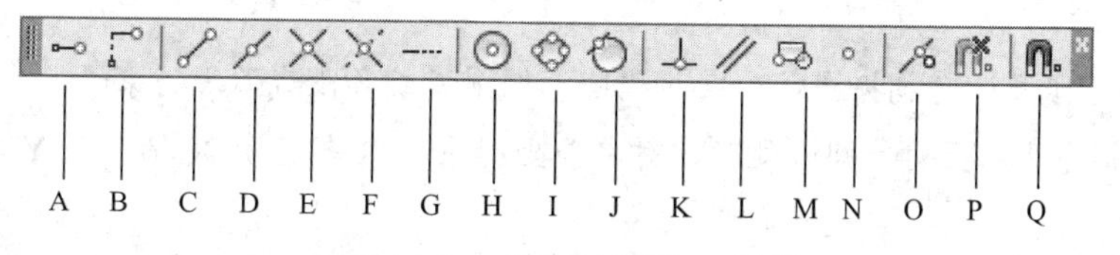

图 4.1.3　“对象捕捉”工具栏

在绘图过程中，当系统要求用户指定一个点时（如选择直线命令后，系统要求指定一点作为直线的起点），可单击该工具栏中相应的特征点按钮，再把光标移到要捕捉对象上的特征点附近，系统即可捕捉到该特征点。图 4.1.3 所示的“对象捕捉”工具栏各按钮的功能说明如下。

A．捕捉临时追踪点：通常与其他对象捕捉功能结合使用，用于创建一个追踪参考点，然后绕该点移动光标，即可看到追踪路径，可在某条路径上拾取一点。

B．捕捉自：通常与其他对象捕捉功能结合使用，用于拾取一个与捕捉点有一定偏移量的点。

例如，在系统提示输入一点时，单击此按钮及“捕捉端点”按钮后，在图形中拾取一个端点作为参考点，然后在命令行`_from 基点: _endp 于 <偏移>:`的提示下，输入以相对极坐标表示的相对于该端点的偏移值（如@8<45），即可获得所需点。

C. 捕捉到端点：可捕捉对象的端点，包括圆弧、椭圆弧、多线线段、直线线段、多段线的线段、射线的端点，以及实体及三维面边线的端点。

D. 捕捉到中点：可捕捉对象的中点，包括圆弧、椭圆弧、多线、直线、多段线的线段、样条曲线、构造线的中点，以及三维实体和面域对象任意一条边线的中点。

E. 捕捉到交点：可捕捉两个对象的交点，包括圆弧、圆、椭圆、椭圆弧、多线、直线、多段线、射线、样条曲线和参照线彼此间的交点，还能捕捉面域和曲面边线的交点，但不能捕捉三维实体的边线的角点。如果是按相同的 X、Y 方向的比例缩放图块，则可以捕捉图块中圆弧和圆的交点。另外，还能捕捉两个对象延伸后的交点（我们称之为“延伸交点”），但是必须保证这两个对象沿着其路径延伸肯定会相交。若要使用延伸交点模式，必须明确地选择一次交点对象捕捉方式，然后单击其中的一个对象，之后系统提示选择第二个对象，单击第二个对象后，系统将立即捕捉到这两个对象延伸所得到的虚构交点。

F. 捕捉到外观交点：捕捉两个对象的外观交点，这两个对象实际上在三维空间中并不相交，但在屏幕上显得相交。可以捕捉由圆弧、圆、椭圆、椭圆弧、多线、直线、多段线、射线、样条曲线或参照线构成的两个对象的外观交点。延伸的外观交点意义和操作方法与上面介绍的“延伸交点”基本相同。

G. 捕捉到延长线（也叫“延伸对象捕捉”）：可捕捉到沿着直线或圆弧的自然延伸线上的点。若要使用这种捕捉，须将光标暂停在某条直线或圆弧的端点片刻，系统将在光标位置添加一个小小的加号（+），以指出该直线或圆弧已被选为延伸线，然后当沿着直线或圆弧的自然延伸路径移动光标时，系统将显示延伸路径。

H. 捕捉到圆心：捕捉弧对象的圆心，包括捕捉圆弧、圆、椭圆、椭圆弧或多段线弧段的圆心。

I. 捕捉到象限点：可捕捉圆弧、圆、椭圆、椭圆弧或多段线弧段的象限点，象限点可以想象为将当前坐标系平移至对象圆心处时，对象与坐标系正 X 轴、负 X 轴、正 Y 轴和负 Y 轴四个轴的交点。

J. 捕捉到切点：捕捉对象上的切点。在绘制一个图元时，利用此功能，可使要绘制的图元与另一个图元相切。当选择圆弧、圆或多段线弧段作为相切直线的起点时，系统将自动启用延伸相切捕捉模式。

延伸相切捕捉模式不可用于椭圆或样条曲线。

K. 捕捉到垂足：捕捉两个相互垂直对象的交点。当将圆弧、圆、多线、直线、多段线、参照线或三维实体边线作为绘制垂线的第一个捕捉点的参照时，系统将自动启用延伸垂足捕捉模式。

L. 捕捉到平行线：用于创建与现有直线段平行的直线段（包括直线或多段线线段）。使用该功能时，可先绘制一条直线 A，在绘制与直线 A 平行的另一直线 B 时，先指定直线 B 的第一个点，然后单击该捕捉按钮，接着将鼠标光标暂停在现有的直线段 A 上片刻，系统便在直线 A 上显示平行线符号，在光标处显示“平行”提示，绕着直线 B 的第一点转动皮筋线，当转到与直线 A 平行方向时，系统显示临时的平行线路径，在平行线路径上某点处单击以指定直线 B 的第二点。

M. 捕捉到插入点：捕捉属性、形、块或文本对象的插入点。

N. 捕捉到节点：可捕捉点对象，此功能对于捕捉用 DIVIDE 和 MEASURE 命令插入的点对象特别有用。

O. 捕捉到最近点：捕捉在一个对象上离光标最近的点。

P. 无捕捉：不使用任何对象捕捉模式，即暂时关闭对象捕捉模式。

Q. 对象捕捉设置：单击该按钮，系统弹出图 4.1.4 所示的“对象捕捉”选项卡。

2. 使用捕捉快捷菜单命令来进行对象捕捉

在绘图时，当系统要求用户指定一个点时，可按 Shift 键（或 Ctrl 键）并同时在绘图区右击，系统弹出图 4.1.5 所示的对象捕捉快捷菜单。在该菜单上选择需要的捕捉命令，再把光标移到要捕捉对象的特征点附近，即可以选择现有对象上的所需特征点。

在对象捕捉快捷菜单中，除点过滤器(T)子命令外，其余各项都与“对象捕捉”选项卡中的各种捕捉按钮相对应。

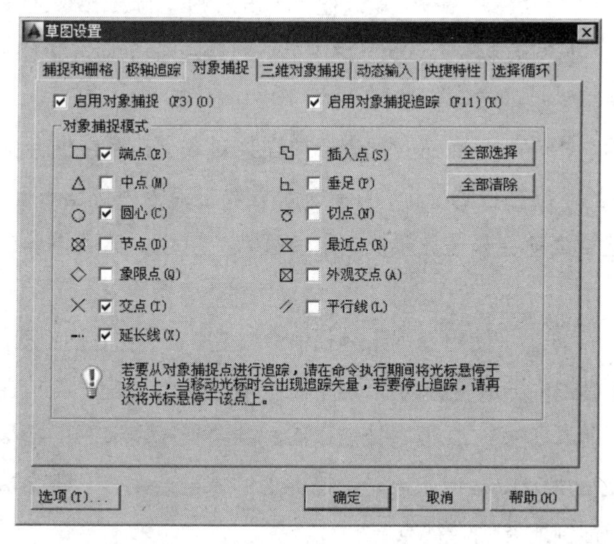

图 4.1.4 “对象捕捉”选项卡

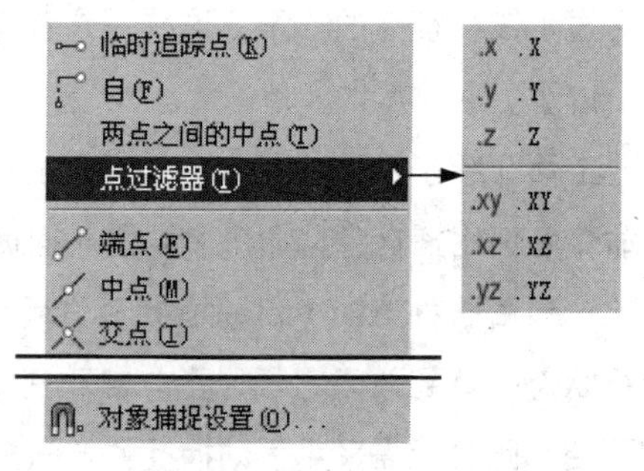

图 4.1.5 对象捕捉快捷菜单

3. 使用捕捉字符命令来进行对象捕捉

在绘图时，当系统要求用户指定一个点时，可输入所需的捕捉命令的字符，再把光标移到要捕捉对象的特征点附近，即可以选择现有对象上的所需特征点。各种捕捉命令字符列表参见表 4.1.1。

表 4.1.1 捕捉命令字符列表

捕捉类型	对应命令	捕捉类型	对应命令
临时追踪点	TT	捕捉自	FROM
端点捕捉	END	中点捕捉	MID
交点捕捉	INT	外观交点捕捉	APPINT
延长线捕捉	EXT	圆心捕捉	CEN
象限点捕捉	QUA	切点捕捉	TAN
垂足捕捉	PER	捕捉平行线	PAR
插入点捕捉	INS	捕捉最近点	NEA

4. 使用自动捕捉功能来进行对象捕捉

在绘图过程中，如果每当需要在对象上选取特征点时，都要先选择该特征点的捕捉命令，这会使工作效率大大降低。为此，AutoCAD 系统提供了对象捕捉的自动模式。

要设置对象自动捕捉模式，可先在图 4.1.4 所示的“草图设置”对话框的 对象捕捉 选项卡中，选中所需要的捕捉类型复选框，然后选中 ☑ 启用对象捕捉 (F3)(O) 复选框，单击对话框的 确定 按钮即可。如果要退出对象捕捉的自动模式，可单击屏幕下部状态栏中的（对象捕捉）按钮（或者按 F3 键）使其关闭，或者按 Ctrl + F 快捷键也能使（对象捕捉）按钮关闭。

设置自动捕捉模式后，当系统要求用户指定一个点时，把光标放在某对象上，系统便会自动捕捉到该对象上符合条件的特征点，并显示出相应的标记，如果光标在特征点处多停留一会，还会显示该特征点的提示，这样用户在选点之前，只需先预览一下特征点的提示，然后再确认就可以了。

上面介绍了四种捕捉方法，其中前三种方法（使用捕捉工具栏命令按钮、使用捕捉快捷菜单命令和使用捕捉字符命令）为覆盖捕捉模式（一般可称为手动捕捉），其根本特点是一次捕捉有效；最后一种方法（自动捕捉）为运行捕捉模式，其根本特点是系统始终处于所设置的捕捉运行状态，直到关闭它们为止。自动捕捉固然方便，但如果对象捕捉处的特征点太多，也会造成不便，此时就需采用手动捕捉的方法捕捉到所要的特征点。

下面用一个简单的例子说明前面四种对象捕捉的操作方法。现要求在绘图区绘制一条直线，该直线的起点须与图 4.1.6a 中的圆相切，操作步骤如下。

步骤01 打开随书光盘文件 D:\cad1701\work\ch04.01\capture.dwg。

步骤02 选择下拉菜单 绘图(D) → 直线(L) 命令。

步骤03 在命令行 命令: _line 指定第一点: 的提示下，采用下面四种操作方法之一可捕捉圆的切点作为直线起点。

◆ 使用捕捉工具栏命令按钮来捕捉圆的切点：右击状态栏中的（对象捕捉）按钮，从弹出的快捷菜单中选中 切点 命令，然后把鼠标光标移到圆弧上附近，系统立即在圆上显示一个黄色小圆的捕捉标记和“递延切点”提示，如图 4.1.6a 所示，这表明系统已经准确地捕捉到了圆弧切点，此时只需单击鼠标的左键，便可获得此圆的切点并将其作为直线的起点，如图 4.1.6b 所示。

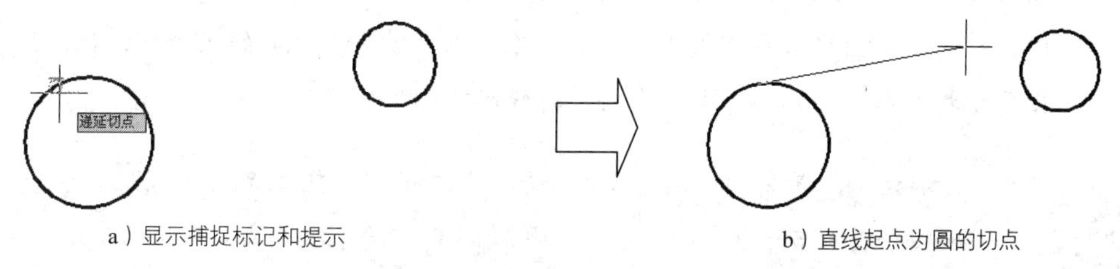

a）显示捕捉标记和提示　　b）直线起点为圆的切点

图 4.1.6　捕捉切点 1

◆ 使用捕捉快捷菜单命令选项来捕捉圆的切点：按下 Shift 键不放，同时在绘图区右击，系统则弹出“对象捕捉”快捷菜单，在此快捷菜单中选择 切点(G) 命令，然后把鼠标光标移到圆附近，当出现黄色小圆的捕捉标记和“递延切点”提示时，单击即可。

◆ 使用捕捉命令的字符来捕捉圆的切点：在命令行输入 TAN 命令字符并按 Enter 键，然后把鼠标光标移到圆附近，当出现黄色小圆的捕捉标记和“递延切点”提示时，单击即可。

◆ 使用自动捕捉功能来捕捉圆的切点：将鼠标光标移至状态栏中的（对象捕捉）按钮上右击，从弹出的快捷菜单中选择 设置(S)... 命令，此时系统弹出图 4.1.4 所示的“草图设置”对话框。单击 全部清除 按钮，然后选中 ☑ 切点(N) 复选框，选中 ☑ 启用对象捕捉 (F3)(O) 复选框，单击对话框中的 确定 按钮，系统返回到绘图区，然后把鼠标光标移到圆附近，当出现黄色小圆的捕捉标记和“递延切点”提示时，单击即可。

步骤04 在命令行 指定下一点或 [放弃(U)]: 的提示下，捕捉另一圆的切点并将其作为直线的终点，按 Enter 键结束直线命令，效果如图 4.1.7 所示。

步骤05 参照 步骤02、步骤03 与 步骤04 的步骤，创建图 4.1.8 所示的直线 2。

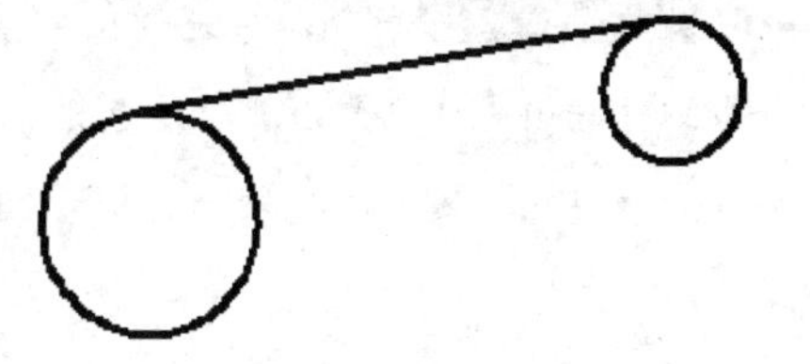

图 4.1.7　捕捉切点 2

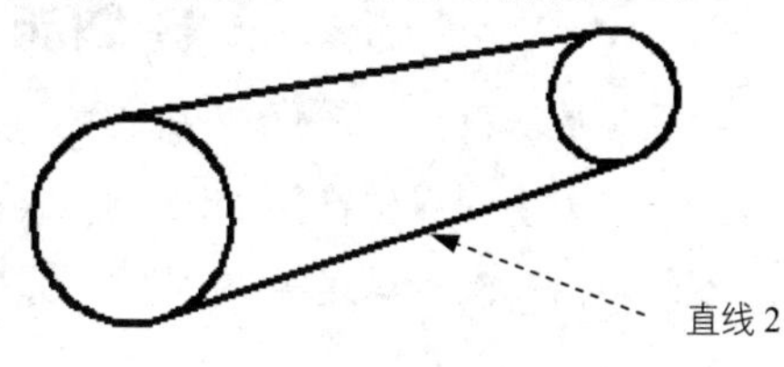

图 4.1.8　绘制直线 2

4.2 使用捕捉、栅格和正交

4.2.1 使用捕捉和栅格

在 AutoCAD 绘图中，使用捕捉模式和栅格功能，就像使用坐标纸一样，可以采用直观的距离和位置参照进行图形的绘制，从而提高绘图效率。栅格的间距和捕捉的间距可以独立地设置，但它们的值通常是有关联的。

- 捕捉模式：用于设定鼠标光标一次移动的间距。
- 栅格：由规则的点阵图案组成，使用这些栅格类似于在一张坐标纸上绘图。虽然参照栅格在屏幕上可见，但不会作为图形的一部分被打印出来。栅格点只分布在图形界限内，有助于将图形边界可视化、对齐对象，以及使对象之间的距离可视化。用户可根据需要打开和关闭栅格，也可在任何时候修改栅格的间距。

要注意本节中的“捕捉模式”与上节中的“对象捕捉”的区别。这是两个不同的概念，本节中的“捕捉模式”是控制鼠标光标在屏幕上移动的间距，使鼠标光标只能按设定的间距跳跃着移动；而“对象捕捉”是指捕捉对象的中点、端点和圆心等特征点。

在使用捕捉模式和栅格功能前，有必要先对一些相关的选项进行设置。当选择下拉菜单 工具(T) → 绘图设置(F)... 命令时，系统会弹出“草图设置”对话框，在该对话框的 捕捉和栅格 选项卡中可以对相关选项进行设置。

1. 使用捕捉

打开或关闭捕捉功能的操作方法是：单击屏幕下部状态栏中的 （捕捉模式）按钮。

（捕捉模式）按钮显亮时，为捕捉模式打开状态，即该模式起作用的状态，此时如果移动鼠标光标，光标不会连续平滑地移动，而是跳跃着移动。

打开或关闭“捕捉”功能还有四种方法。

方法一：按 F9 键。

方法二：按 Ctrl + B 快捷键。

方法三：选择下拉菜单 工具(T) → 绘图设置(F)... 命令，系统弹出“草图设置”对话框，在 捕捉和栅格 选项卡中选择或取消选中 □ 启用捕捉 (F9)(S) 复选框。

方法四：在命令行中输入 SNAP 命令后按 Enter 键，系统命令行提示图 4.2.1 所示的信息，选择其中的 [开(ON)或 关(OFF)选项。

命令: SNAP
SNAP 指定捕捉间距或 [打开(ON) 关闭(OFF) 纵横向间距(A) 传统(L) 样式(S) 类型(T)] <10.0000>:

图 4.2.1 命令行提示

2. 使用栅格

打开或关闭栅格功能的操作方法是：单击屏幕下部状态栏中的 (栅格显示) 按钮使其显亮，便可看到屏幕上的图形界限内布满栅格点；如果看不见栅格点，可将视图放大，或将捕捉和栅格选项卡的栅格 X 轴间距(N):和栅格 Y 轴间距(I):文本框中的值调大一些。

打开或关闭“栅格”功能还有四种方法。

方法一：按 F7 键。

方法二：按 Ctrl + G 快捷键。

方法三：选择下拉菜单 工具(T) → 绘图设置(F)... 命令，系统弹出“草图设置”对话框，在捕捉和栅格选项卡中选择或取消选中 启用栅格 (F7)(G) 复选框。

方法四：在命令行中输入 GRID 命令后按 Enter 键，选择其中的 [开(ON) 或 关(OFF) 选项。

4.2.2 使用正交模式

在绘图过程中，有时需要只允许鼠标光标在当前的水平或竖直方向上移动，以便快速、准确地绘制图形中的水平线和竖直线。在这种情况下，可以使用正交模式。在正交模式下，只能绘制水平或垂直方向的直线。

打开或关闭正交模式的操作方法是：单击屏幕下部状态栏中的 (正交模式) 按钮， 按钮显亮时，为正交模式打开状态，即该模式起作用的状态。

打开或关闭“正交”功能还有三种方法。

方法一：按 F8 键。

方法二：按 Ctrl + L 快捷键。

方法三：在命令行中输入 ORTHO 命令后按 Enter 键。

注意：在“正交”模式下，如果在命令行中输入坐标或使用对象捕捉，系统将忽略正交设置。当启用等轴测捕捉和栅格后，光标的移动将限制于当前等轴测平面内和正交等同的方向上。

4.3 使用自动追踪

4.3.1 设置自动追踪选项

使用自动追踪功能可以帮助用户通过与前一点或与其他对象的特定关系来创建对象，从而快速、精确地绘制图形。自动追踪功能包括极轴追踪和对象捕捉追踪。

使用自动追踪功能前，需对相关的选项进行设置。选择下拉菜单 工具(T) → 选项(N)... 命令后，系统弹出图 4.3.1 所示的“选项”对话框，在该对话框的 绘图 选项卡的 AutoTrack 设置 选项组中可进行设置。

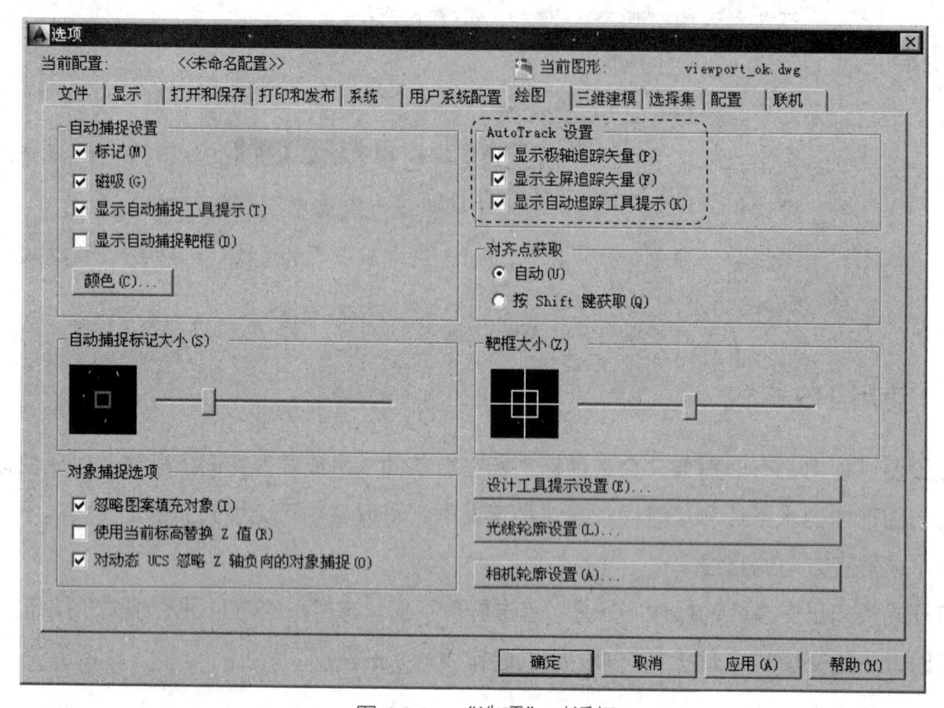

图 4.3.1 “选项”对话框

图 4.3.1 所示的“选项”对话框的 AutoTrack 设置 选项组中的选项说明如下。

- ☑ 显示极轴追踪矢量(P) 复选框：用于设置是否显示极轴追踪的矢量，追踪矢量是一条无限长的辅助线。
- ☑ 显示全屏追踪矢量(F) 复选框：用于设置是否显示全屏追踪的矢量。
- ☑ 显示自动追踪工具栏提示(K) 复选框：用于设置在追踪特征点时是否显示提示文字。

4.3.2 使用极轴追踪

1. 极轴追踪的概念及设置

当绘制或编辑对象时，极轴追踪有助于按相对于前一点的特定距离和角度增量来确定点的位置。打开极轴追踪后，当命令行提示指定第一个点时，在绘图区指定一点；当命令行提示指定下一点时，绕前一点转动光标，即可按预先设置的角度增量显示出经过该点且与 X 轴成特定角度的无限长的辅助线（这是一条虚线），此时就可以沿辅助线追踪得到所需的点。打开极轴追踪功能的操作方法是单击屏幕下部状态栏中的 （极轴追踪）按钮，使其显亮。

打开“极轴追踪”功能还有三种方法。

方法一：按 F10 键进行切换。

方法二：在“草图设置”对话框的极轴追踪选项卡中，选中 ☑ 启用极轴追踪 (F10)(P) 复选框。

方法三：利用系统变量进行设置，设置系统变量 AUTOSNAP 的值为 8，其操作方法是在命令行输入 AUTOSNAP 并按 Enter 键，然后输入值 8 再按 Enter 键。

当系统变量 AUTOSNAP 设置的值为 0 时，关闭自动捕捉标记、工具栏提示和磁吸，当然也关闭极轴追踪、对象捕捉追踪以及极轴和物体捕捉追踪工具栏提示；值为 1 时，打开自动捕捉标记；值为 2 时，打开自动捕捉工具栏提示；值为 4 时，打开自动捕捉磁吸；值为 8 时，打开极轴追踪；值为 16 时，打开对象捕捉追踪；值为 32 时，打开极轴追踪和对象捕捉追踪工具栏提示。

AutoCAD 有很多系统变量可以对系统进行相应的设置，其他系统变量的设置方法与系统变量 AUTOSNAP 的设置方法相类似。

如果要设置极轴追踪的相关参数，可在状态栏中的 （极轴追踪）按钮上右击，从快捷菜单中选择 **正在追踪设置...** 命令，系统弹出“草图设置”对话框，在该对话框的极轴追踪选项卡中进行设置，如图 4.3.2 所示。

“正交模式”和“极轴追踪”不可同时使用。如果 （极轴追踪）按钮显亮，则 （正交模式）按钮自动关闭。如果又将 （正交模式）按钮显亮，则 （极轴追踪）按钮自动关闭。另外，如果用户要沿着特定的角度只追踪一次，可在命令行提示指定下一点时，输入由左尖括号“<”引导的角度值。此时光标将锁定在该角度线上，用户可指定该角度线上的任何点，在指定点后，光标可任意移动。

图 4.3.2 所示的极轴追踪选项卡中的主要选项功能说明如下。

◆ ☑ 启用极轴追踪 (F10)(P) 复选框：打开/关闭极轴追踪。

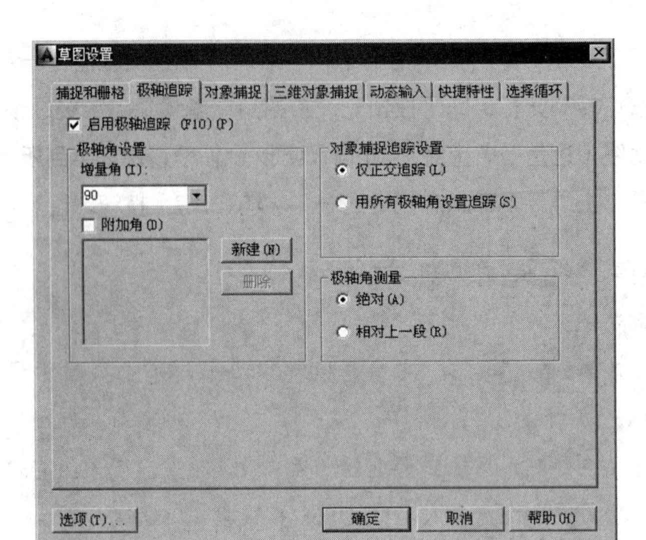

图 4.3.2 “极轴追踪”选项卡

◆ 极轴角设置选项组：用于设置极轴角度。

- 增量角(I):下拉列表：指定角度增量值。
- 附加角(D)复选框：在系统预设的角度不能满足需要的情况下，设置附加角度值。
- 新建(N)按钮：在“附加角”列表中增加新角度。可按用户的需要添加任意数量的附加角度。系统将只是沿着特定的附加角度进行追踪，而不是按照该角度的附加增量追踪。

如果输入负角度，则通过 360°加这个负角度将其转换为 0°~360°范围内的正角度。

- 删除按钮：在“附加角”列表中删除已有的角度。

◆ 极轴角测量选项组：用于设置极轴追踪对齐角度的测量基准。

- 绝对(A)单选项：基于当前 UCS 确定极轴追踪角度。
- 相对上一段(R)单选项：在绘制直线或多段线时，可基于所绘制的上一线段确定极轴追踪角度。

◆ 对象捕捉追踪设置选项组：用于设置对象捕捉追踪选项，详见 4.1.1 节。

2. 极轴追踪举例说明

建议先打开随书光盘文件 D:\cad1701\work\ch04.03\ploar.dwg。

现在要创建图 4.3.3 所示的一条直线，先确认（极轴追踪）按钮被显亮。选择绘图(D) → 直线(L)命令并指定第一点后，在系统提示输入直线的下一点时，将“皮筋线”移动至水平线附近，系统便追踪到 0°位置并显示一条极轴追踪虚线，同时显示当前光标位置点与前一点的关系提示范围: 86.8685 < 0°。该提示的含义是当前光标位置点与 A 点间的距离为 86.8685，光标位置点和A点的连线与X轴的夹角为0°，如图4.3.3所示。由于图4.3.2中的增量角(I):值默认为 90°，所以如果继续移动“皮筋线”，系统还可以捕捉到参考角为 90°倍数的位置线，如 90°、180°、270°等。在所需的极轴追踪虚线上的某位置点单击，便可选择该点。

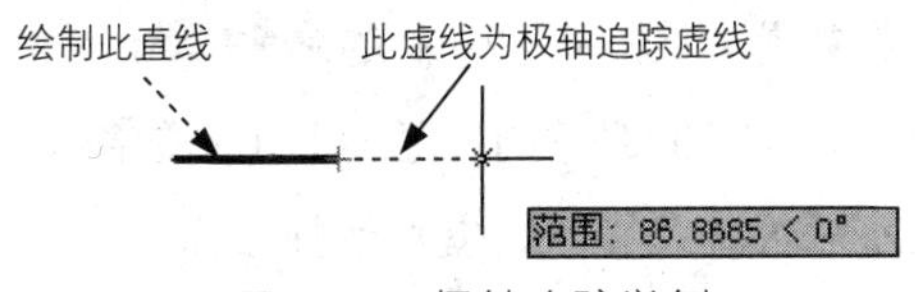

图 4.3.3 极轴追踪举例

4.3.3 使用对象捕捉追踪

1. 对象捕捉追踪的概念及设置

对象捕捉追踪是指按与对象的某种特定关系来追踪点。一旦启用了对象捕捉追踪，并设置了一个或多个对象捕捉模式（如圆心、中点等），当命令行提示指定一个点时，将光标移至要追踪的对象上的特征点（如圆心、中点等）附近并停留片刻（不要单击），便会显示特征点的捕捉标记和提示，绕特征点移动光标，系统会显示追踪路径，可在路径上选择一点。

打开或关闭“对象捕捉追踪”功能的操作方法是：单击屏幕下部状态栏中的∠（对象捕捉追踪）按钮，该按钮显亮时，则“对象捕捉追踪”功能为“打开”状态。

打开“对象捕捉追踪”功能还有三种方法。

方法一：按 F11 键可以切换此功能的“开”和“关”状态。

方法二：将 AUTOSNAP 的系统变量值设置为 16。

方法三：在“草图设置”对话框的对象捕捉选项卡中，选择 ☑ 启用对象捕捉追踪 (F11)(K)复选框。

在“草图设置”对话框的极轴追踪选项卡中，对象捕捉追踪设置选项组的各选项意义如下：

◆ ⊙ 仅正交追踪(L)单选项：可在启用对象捕捉追踪时，只显示获取的对象捕捉点的正交（水平/垂直）对象捕捉追踪路径，即 90°、180°、270°、360°方向的追踪路径。

◆ ⊙ 用所有极轴角设置追踪(S)单选项：可以将极轴追踪设置应用到对象捕捉追踪，即系统将按获取的对象捕捉点的极轴对齐角度进行追踪。

2. 对象捕捉追踪举例说明

建议先打开随书光盘文件 D:\cad1701\work\ch04.03\track.dwg。

首先将（对象捕捉）和（对象捕捉追踪）按钮都显亮。在图 4.3.4 中已提前创建了一个圆弧，如果要创建一条直线，输入直线命令后，在系统提示指定第一点时，将鼠标光标移至圆对象的端点附近等待片刻，当显示“端点”提示时，表示端点已被自动捕捉到，此时再慢慢地向右水平移动鼠标光标，系统即显示一条对象捕捉追踪虚线，并同时显示当前光标位置点与圆对象之间的特定关系 端点: 67.4930 < 0° ，即光标点和圆心的连线与 X 轴的角度为 0°，且光标点与圆心间的距离为 67.4930。如果将图 4.3.2 中的 增量角(I): 的值修改为 15°，并且选中 ⊙ 用所有极轴角设置追踪(S) 单选项，则对象捕捉追踪的参考角为 15°的倍数，如 15°、30°、45°、60°等。沿某一追踪路径移动光标并在所需位置点单击，便可选择该点。

- 对象捕捉追踪是追踪当前光标位置点与某个对象的特定关系，而极轴追踪是追踪当前光标位置点与前一个已经指定的点的关系。
- 对象捕捉追踪可以同时追踪当前光标位置点与多个对象的关系。
- 对象捕捉追踪和极轴追踪可以同时使用。

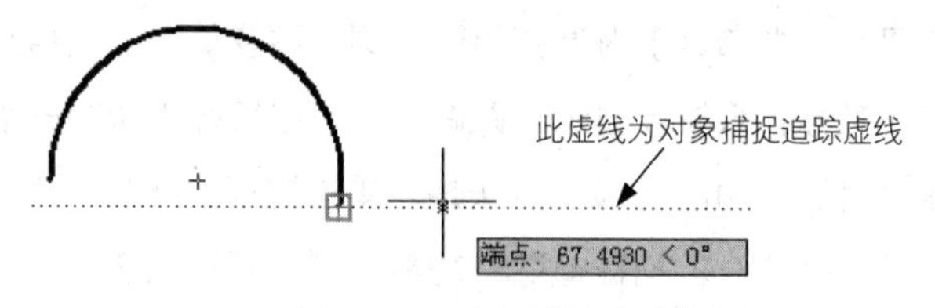

图 4.3.4 对象捕捉追踪举例

第 5 章　图形的编辑

5.1　选择对象

在 AutoCAD 中，我们可以对绘制的图元（包括文本）进行移动、复制和旋转等编辑操作。在编辑操作之前，首先需要选取所要编辑的对象，系统会用虚线亮显所选的对象，而这些对象也就构成了选择集。选择集可以包含单个或多个对象，也可以包含更复杂的对象编组。选择对象的方法非常灵活，可以在选择编辑命令前先选取对象，也可以在选择编辑命令后选取对象，还可以在选择编辑命令前使用 SELECT 命令选取对象。

5.1.1　直接选取对象

对于简单对象（包括图元、文本等）的编辑，我们常常可以先选择对象，然后再选择如何编辑它们。选择对象时，可以用鼠标单击选取单个对象或者使用窗口（或交叉窗口）选取多个对象。当选中某个对象时，它会被高亮显示，同时称为“夹点”的小方框会出现在被选对象的要点上。被选择对象的类型不同，夹点的位置也不相同。例如，夹点出现在一条直线的端点和中点、一个圆的象限点和圆心或一个圆弧的端点、中点和圆心上。

1. 单击选取

操作方法：将鼠标光标置于要选取的对象的边线上并单击，该对象就被选取了，如图 5.1.1 所示。还可以继续单击选择其他的对象。

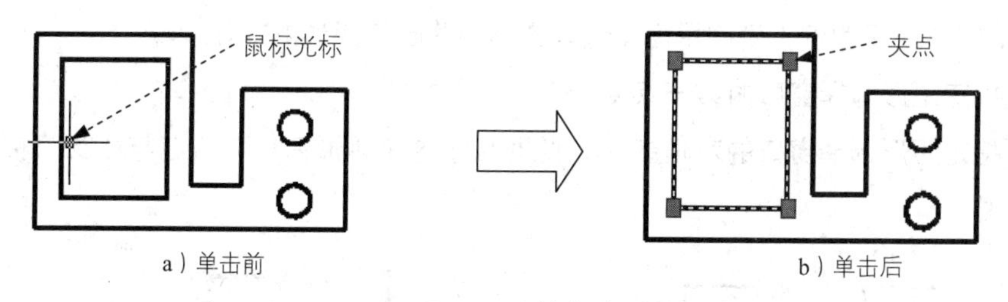

图 5.1.1　单击选取对象

优点：选取对象操作方便、直观。

缺点：效率不高，精确度低。因为使用单击选取的方法一次只能选取一个对象，若要选取的对象很多，则操作就非常繁琐；如果在排列密集、凌乱的图形中选取需要的对象，很容易将对象错选或多选。

2. 窗口选取

在绘图区某处单击，从左至右移动鼠标，即产生一个临时的矩形选择窗口（以实线方式显示），在矩形选择窗口的另一对角点单击，此时便选中了矩形窗口中的对象。

下面以图 5.1.2 所示为例，说明用窗口选择图形中圆的操作方法。

步骤 01 指定矩形选择窗口的第一点。在绘图区中，将光标移至图中的 A 点处并单击。

步骤 02 指定矩形选择窗口的对角点。在命令行指定对角点:的提示下，将光标向右移至图形中的 B 点处并单击，此时便选中了矩形窗口中的圆，不在该窗口中或者只有部分在该窗口中的圆则没有被选中。

当进行“窗口”选取时，矩形窗口中的颜色为紫色，边线为实线。

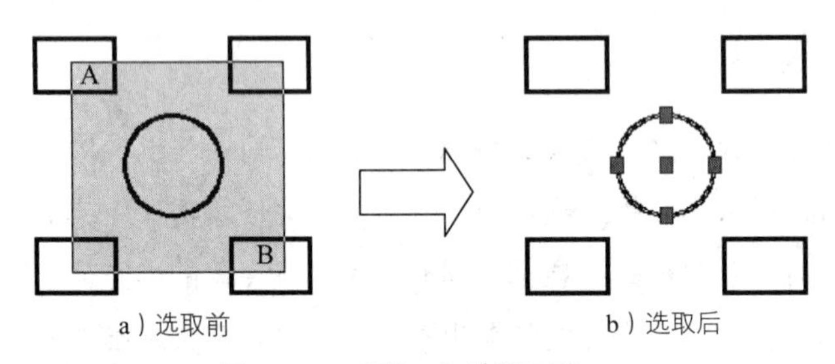

a）选取前　　b）选取后

图 5.1.2　“窗口”选取对象

3. 窗口交叉选取（窗交选取）

用鼠标在绘图区某处单击，从右至左移动鼠标，即可产生一个临时的矩形选择窗口（以虚线方式显示），在此窗口的另一对角点单击，便选中了该窗口中的对象及与该窗口相交的对象。

下面以图 5.1.3 所示为例，说明用窗交选取图形中的圆与矩形的操作步骤。

步骤 01 指定矩形选择窗口的第一点 A。

步骤 02 指定矩形选择窗口的对角点 B，此时位于这个矩形窗口内或者与该窗口相交的所有元素均被选中。

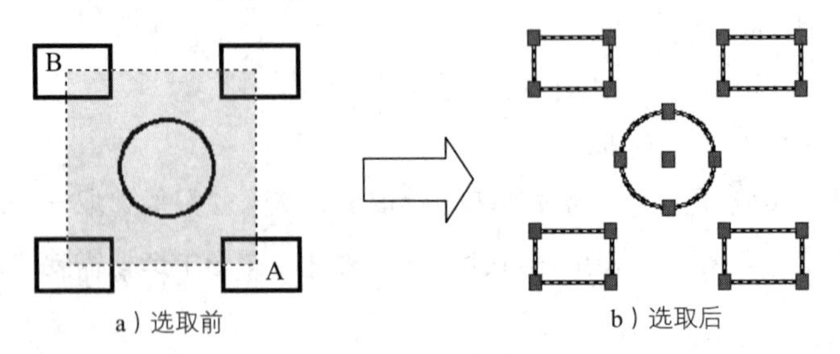

a）选取前　　b）选取后

图 5.1.3　“窗交”选取对象

当进行“窗交”选取时，矩形窗口中的颜色为绿色，边线为虚线。

5.1.2　在使用编辑命令后选取对象

在选择某个编辑命令后，系统会提示选择对象，此时可以选择单个对象或者使用其他的对象选择方法（如用“窗口”或“窗交”的方式）来选择多个对象。在选择对象时，即把它们添加到当前选择集中。当选择了至少一个对象之后，还可以将对象从选择集中去掉。若要结束添加对象到选择集的操作，可按 Enter 键继续执行命令。一般情况下，编辑命令将作用于整个选择集。下面以 MOVE（移动）命令为例，分别说明各种选取方式。

当输入编辑命令 MOVE 后，系统会提示选择对象：，输入符号“?”，然后按 Enter 键，系统命令行提示图 5.1.4 所示的信息，其中的选项是选取对象的各种方法。

```
需要点或窗口(W)/上一个(L)/窗交(C)/框(BOX)/全部(ALL)/栏选(F)/圈围(WP)/圈交(CP)/编组(G)/添加(A)/删除(R)/多个(M
)/前一个(P)/放弃(U)/自动(AU)/单个(SI)/子对象(SU)/对象(O)
选择对象:
```

图 5.1.4　命令行提示

1. 单击选取方式

单击选取方式的操作步骤如下。

步骤 01　在命令行中输入 MOVE 命令后按 Enter 键。

步骤 02　在命令行选择对象：的提示下，将鼠标光标置于要选取的对象的边线上并单击，该对象就被选取了。此时该对象以高亮方式显示，表示已被选中。

2. 窗口方式

当系统要求用户选择对象时，可采用绘制一个矩形窗口的方法来选择对象。下面以图 5.1.5 所示为例，说明用窗口方式选取图形中的圆的操作步骤。

步骤 01　在命令行中输入 MOVE 命令后按 Enter 键；在命令行中输入字母 W 后按 Enter 键。

步骤 02　在命令行指定第一个角点：的提示下，在图形中的 A 点处单击。

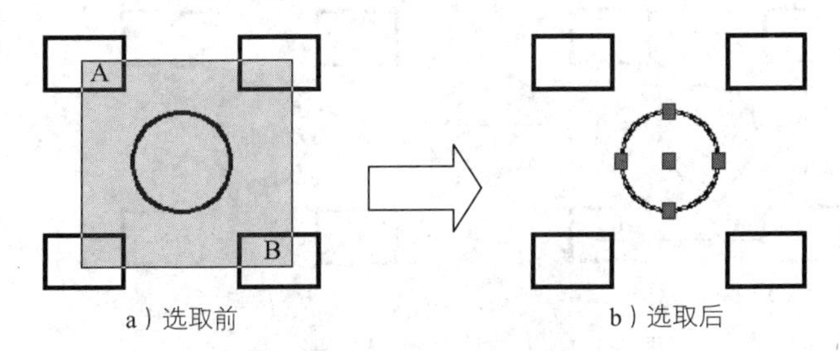

a）选取前　　b）选取后

图 5.1.5　“窗口”选取对象

步骤 03 在命令行 指定对角点: 的提示下，在图形中的 B 点处单击，此时位于这个矩形窗口内的圆被选中，不在该窗口内或者只有部分在该窗口内的矩形则不被选中。

3. 最后方式

选取绘图区内可见元素中最后绘制的对象。例如，在绘图区先绘制圆形，后绘制矩形；在命令行中输入 MOVE 命令后按 Enter 键；再输入字母 L 后按 Enter 键，系统则自动选择最后绘出的那个对象——矩形。

4. 窗交方式

在定义矩形窗口时，以虚线方式显示矩形，并且所有位于虚线窗口之内或者与窗口边界相交的对象都将被选中。其操作步骤为：在命令行中输入 MOVE 命令后按 Enter 键；再输入字母 C 后按 Enter 键，分别在图 5.1.6 所示的 A 点、B 点处单击，此时位于这个矩形窗口内或者与窗口边界相交的所有对象都被选中。

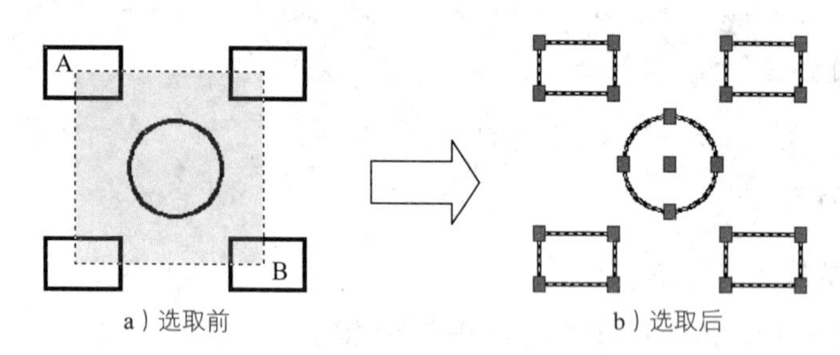

a）选取前　　b）选取后

图 5.1.6 “窗交”选取对象

5. 框选方式

该选项涵盖了“窗口”和“窗交”两种选取方式。其操作方法为：在命令行中输入编辑命令（如 MOVE 命令）后按 Enter 键；输入字母 BOX 并按 Enter 键；如果从左向右绘制矩形窗口，则执行窗口选取方式，如图 5.1.7 所示；如果从右向左绘制矩形窗口，则执行窗交选取方式，如图 5.1.8 所示。

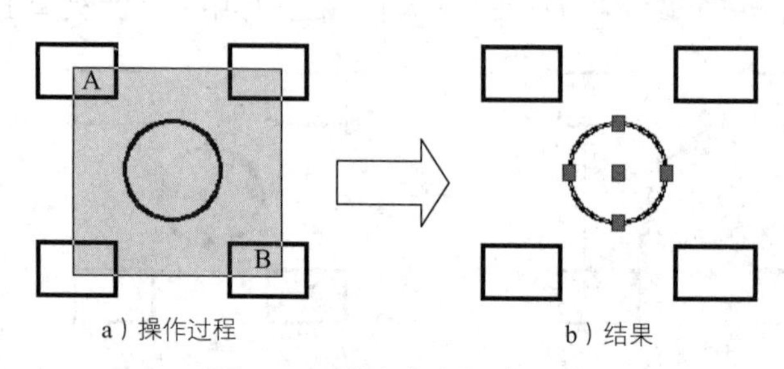

a）操作过程　　b）结果

图 5.1.7 从左向右框选图形

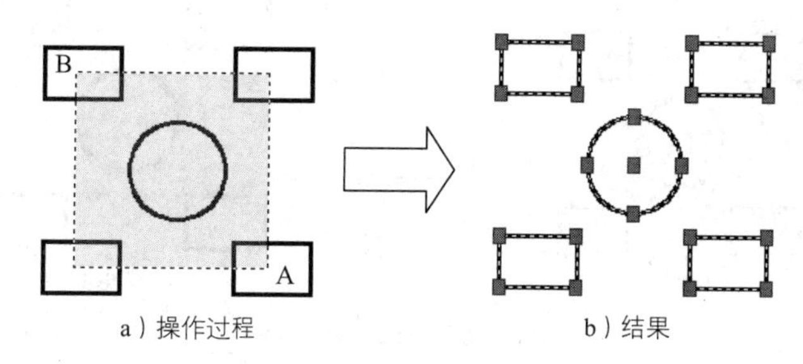

a）操作过程　　b）结果

图 5.1.8　从右向左框选图形

6. 全部方式

选取所有对象（除了在冻结图层或锁定图层上的对象以外），有些在屏幕上不可见的对象（它们可能在显示区之外或在关闭的图层上）也将被选取。因此使用该选项时，要考虑到当前不可见的对象是否要被选取。其操作方法为：在命令行中输入 MOVE 命令并按 Enter 键；输入字母 ALL 并按 Enter 键，此时图形中的所有对象都被选中（假设在图层上没有设置锁定或冻结的操作）。

7. 栏选（围线）方式

通过构建一条开放的多点栅栏（多段直线）来选择对象，执行操作后，所有与栅栏线相接触的对象都被选中。“栏选方式”定义的多段直线可以自身相交。其操作方法为：在命令行中输入 MOVE 命令并按 Enter 键；在命令行中输入字母 F 后按 Enter 键；依次确定图 5.1.9 所示多段直线的 A、B、C、D 四个位置点，按 Enter 键后与多段直线相交的矩形都被选中。

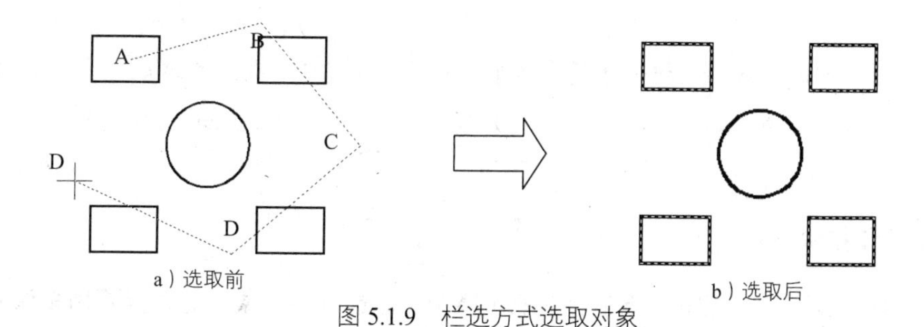

a）选取前　　b）选取后

图 5.1.9　栏选方式选取对象

8. 圈围方式

通过构建一个封闭多边形并将它作为选择窗口来选取对象，完全包围在多边形中的对象将被选中。多边形可以是任意形状，但不能自身相交。其操作方法为：在命令行中输入 MOVE 命令并按 Enter 键；输入字母 WP 后按 Enter 键；依次指定多边形的各位置点（图 5.1.10a 所示的 A、B、C、D、E 五个点），系统将产生一个多边形，按 Enter 键后完全包围在多边形中的元素都被选中，如图 5.1.10b 所示。

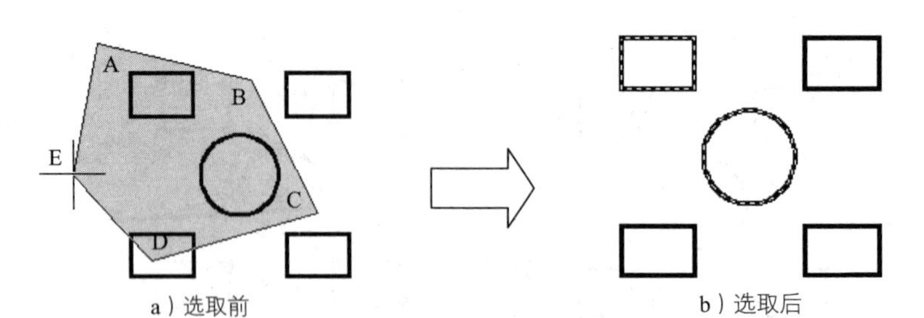

图 5.1.10　圈围方式选取对象

9. 圈交方式

通过绘制一个封闭多边形并将它作为交叉窗口来选取对象，位于多边形内或与多边形相交的对象都将被选中。其操作方法为：在命令行中输入 MOVE 命令并按 Enter 键；在命令行中输入字母 CP 后按 Enter 键；依次指定多边形的各位置点（图 5.1.11a 所示的 A、B、C、D 四个点），按 Enter 键后所有在多边形内或与多边形相交的对象都被选中。

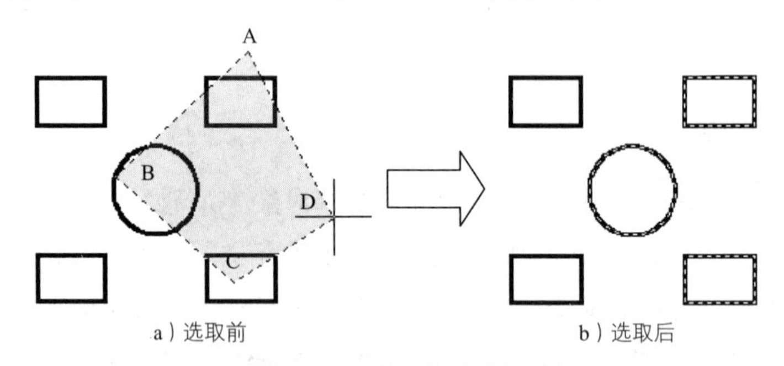

图 5.1.11　圈交方式选取对象

圈围方式是通过封闭的多边形窗口选取，窗口方式是通过矩形窗口选取；圈交方式是通过封闭的多边形窗交选取，窗交方式是通过矩形窗交选取。

10. 加入和扣除方式

在选择对象的过程中，经常会不小心选取了某个不想选取的对象，此时就要用扣除方式将不想选取的对象取消选择，而当在选择集中还有某些对象未被选取时，则可以使用加入方式继续进行选择。下面以图 5.1.12 为例，说明其操作步骤。

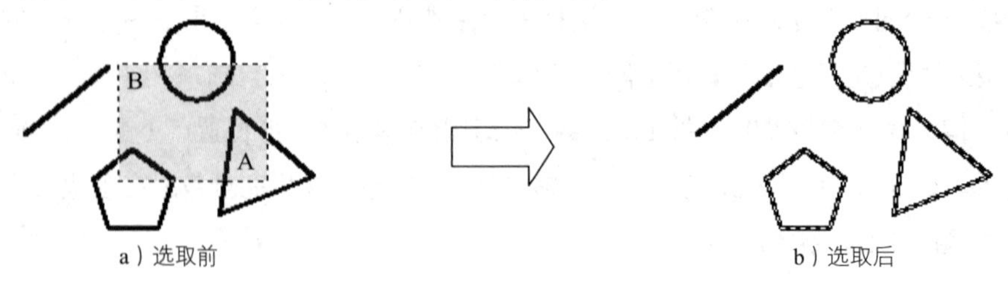

图 5.1.12　框选方式选取对象

步骤 01 在命令行中输入 MOVE 命令后，按 Enter 键。

步骤 02 使用框选方式选取对象。单击 A 点，然后从右向左定义矩形窗口并单击 B 点，此时位于矩形窗口内或者与窗口边界相交的对象都被选中。

步骤 03 使用扣除方式选取对象（假设此时图 5.1.12b 中的正五边形被误选）。

（1）在命令行中输入字母 R 后按 Enter 键，这表示转换到从选择集中删除对象的模式。

（2）命令行提示删除对象:，在此提示下单击正五边形的边线。

还可以不转换到删除模式而直接从选择集中扣除对象，就是按 Shift 键再选取需扣除的对象。

步骤 04 使用加入方式选取对象（假设还要选取图 5.1.13b 中的直线）。

（1）在命令行中输入字母 A 后按 Enter 键，这表示转换到向选择集中添加对象的模式。

（2）选取直线为加入对象。

11. 多选方式

指定多次选择而不高亮显示对象，可以加快对复杂对象的选择过程。操作要领：在选择对象:提示下输入 M，然后按 Enter 键。

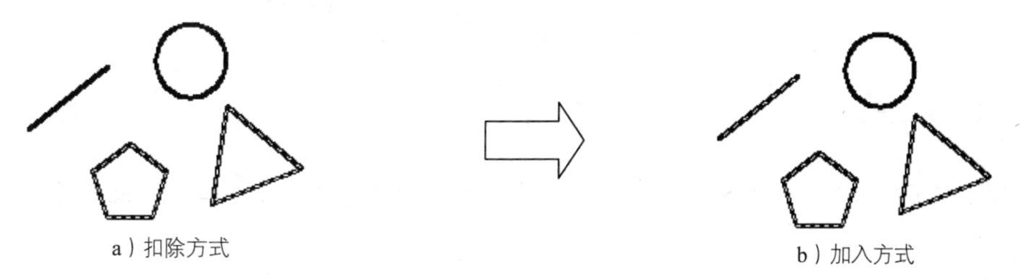

a）扣除方式　　b）加入方式

图 5.1.13　加入和扣除方式选取对象

12. 前一方式

选择最近一次创建过的选择集。操作要领：在选择对象:提示下输入 P，按 Enter 键。

13. 自动方式

实际上是默认模式，单击一个对象的边线即可选择该对象；指向对象边线的外部或者绘图区的空白位置，则自动转换到框选的方法，以定义选择框的第一个角点。操作要领：在选择对象:提示下输入 AU，然后按 Enter 键。

选择下拉菜单 工具(T) → 选项(N)... 命令，在系统弹出的“选项”对话框中单击 选择 标签，在 选择模式 选项组中选中 ☑ 隐含窗口(I) 复选框，则“自动”模式始终有效。

14. 单个方式

在选择了第一个对象时，对象选取工作就会自动结束。操作要领：在选择对象：提示下输入 SI，然后按 Enter 键。

15. 交替方式

在一个密集的图形中选取某对象时，如果该对象与其他对象的距离很近或者相互交叉，就很难准确地选择到该对象，此时则可使用交替方式来选取。其操作方法为：在命令行中输入 MOVE 命令后按 Enter 键；将光标移至图 5.1.14 所示的圆形、三角形和直线的交点处；按住 Shift 键不放，连续按空格键，被预选的对象在圆、三角形和直线三者间循环切换，当图中的圆以高亮方式显示时，表示它此时正被系统预选。

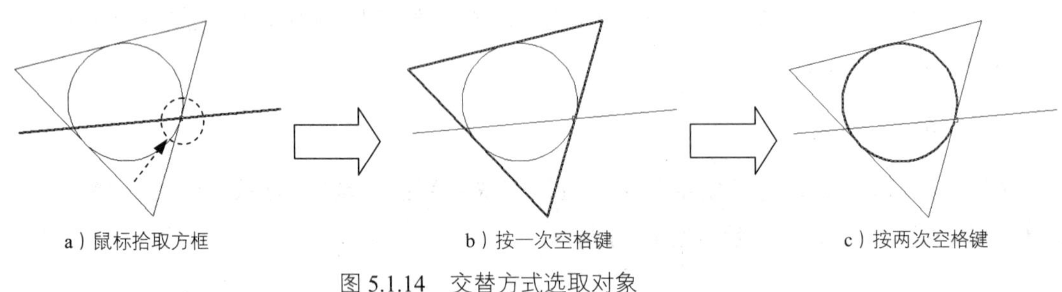

a）鼠标拾取方框　　b）按一次空格键　　c）按两次空格键

图 5.1.14　交替方式选取对象

5.1.3　使用 SELECT 命令选取对象

使用 SELECT 命令可创建一个选择集，并将获得的选择集用于后续的编辑命令中。其操作步骤如下。

步骤 01 在命令行中输入 SELECT 命令后，按 Enter 键。

步骤 02 查看命令的多个选项。此时如要查看此命令的所有选项，请在命令行中输入符号“?”并按 Enter 键，系统将在命令行列出选取对象的各种方法。

步骤 03 选取对象。被选中的对象均以高亮方式显示，按 Enter 键结束选取。此时即创建了一个选择集。

步骤 04 验证选择集：在命令行中输入 MOVE 命令后，按 Enter 键；在命令行中输入字母 P 后，按 Enter 键。此时刚才选取的对象又以高亮方式显示，表示已经被选中。

5.1.4　全部选择

选择下拉菜单 编辑(E) → 全部选择(L) 命令，可选择屏幕中的所有可见和不可见的对象，例外的是，当对象在冻结或锁定层上则不能用该命令选取。

5.1.5 快速选择

1. 概述

用户可以选择与一个特殊特性集合相匹配的对象，比如选取在某个图层上的所有对象或者以某种颜色绘制的对象。

选择下拉菜单 工具(T) → 快速选择(K)... 命令（也可以在绘图区空白处右击，然后从弹出的快捷菜单中选择 快速选择(K)... 命令），系统弹出图 5.1.15 所示的“快速选择”对话框，在该对话框中，用户可设置要选取对象的某些特性和类型（如图层、线型、颜色和图案填充等），以创建选择集。

图 5.1.15 所示的“快速选择”对话框中各选项的功能介绍如下。

- 应用到(Y): 下拉列表：指定用户设定过滤条件的应用范围，可以将其应用于“整个图形”或“当前选择集”。如果有当前选择集，则 当前选择 选项为默认选项；如果没有当前选择集，则 整个图形 选项为默认选项。
- 按钮：这是选择对象按钮，单击该按钮，系统切换到绘图窗口中，用户可以选择对象。按 Enter 键结束选择，系统返回到“快速选择”对话框中，同时自动将 应用到(Y): 下拉列表中的选项设置为“当前选择”。选中 包括在新选择集中(I) 单选项，并取消选中 附加到当前选择集(A) 复选框时，此按钮才有效。
- 对象类型(B): 下拉列表：用于指定要过滤的对象类型。如果当前没有选择集，在该下拉列表中列出当前所有可用的对象类型；如果已有一个选择集，则列出选择集中的对象类型。
- 特性(P): 列表框：设置欲过滤对象的特性。

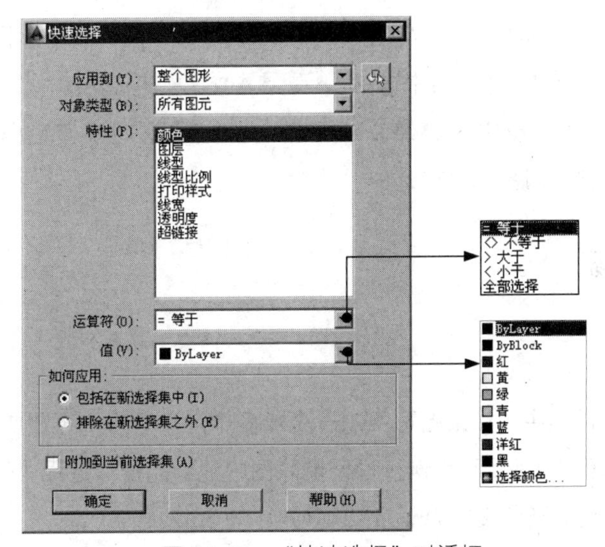

图 5.1.15 “快速选择”对话框

◆ 运算符(O): 下拉列表和值(V): 文本框：设置所选择特性的取值范围。运算符如图 5.1.15 所示，其中有些操作符（如 “>” 和 “<” 等）对某些对象特性是不可用的。

◆ 如何应用: 选项组：包含两个单选项。

- ⊙ 包括在新选择集中(I) 单选项：表示满足过滤条件的对象构成选择集。
- ○ 排除在新选择集之外(E) 单选项：表示不满足过滤条件的对象构成选择集。

◆ □ 附加到当前选择集(A) 复选框：将过滤出的符合条件的选择集加入到当前选择集中。

2. 应用举例

下面以图 5.1.16 为例，说明用快速选择方式选取图形中直径小于 200 的圆的操作过程。

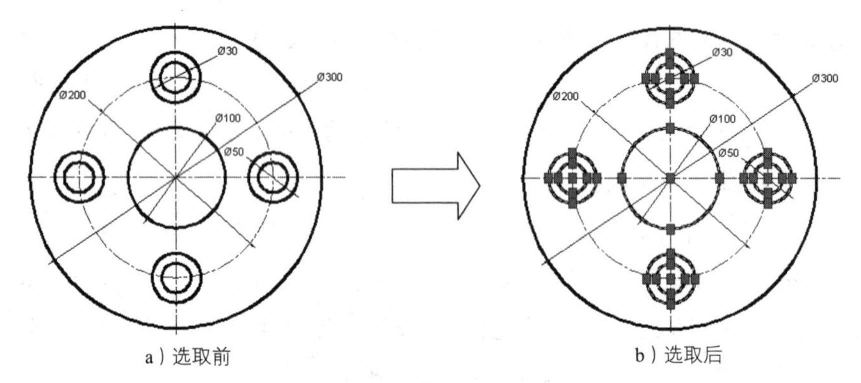

图 5.1.16 用快速选择的方法选取对象

步骤 01 打开随书光盘文件 D:\cad1701\work\ch05.01\select5.dwg。

步骤 02 选择下拉菜单 工具(T) → 快速选择(K)... 命令，系统弹出 “快速选择” 对话框。

步骤 03 设置选取对象的类型和特性。

（1）在该对话框的 对象类型(B): 下拉列表中选择 “圆”。

（2）在 特性(P): 列表框中选择 “直径”；在 运算符(O): 下拉列表中选择 “<”；在 值(V): 文本框中输入值 200；在 如何应用: 选项组中选中 ⊙ 包括在新选择集中(I) 单选项。

步骤 04 单击该对话框中的 确定 按钮，此时在绘图区中直径小于 200 的圆以高亮方式显示，表示符合条件的对象均已被选中。

5.2 调整对象

5.2.1 删除

在编辑图形的过程中，如果图形中的一个或多个对象已经不再需要了，就可以用删除命令将其删除。下面以图 5.2.1 所示为例，说明删除图中的圆的操作过程。

步骤 01 打开随书光盘文件 D:\cad1701\work\ch05.02\erase.dwg。

步骤02 选择下拉菜单 修改(M) → 删除(E) 命令。

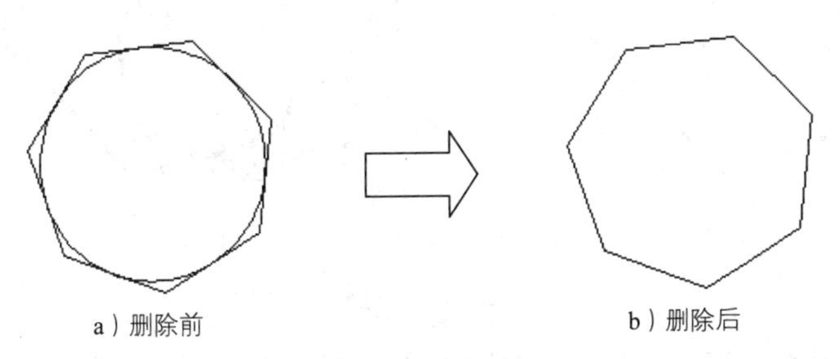

图 5.2.1 删除对象

或者在命令行中输入命令 ERASE 或 E；或者在 默认 选项卡下的 修改 面板中单击“删除”按钮。

步骤03 选择图 5.2.1a 中的圆。

步骤04 系统命令行继续提示选择对象：，在此提示下可继续选取其他要删除的对象。在本例中直接按 Enter 键可结束选取，此时图中的圆已被删除。

说明：在选择删除对象时，鼠标移动到的对象上会直观地显示符号，表示此对象选中后会被删除。

在命令行中输入 OOPS 命令可以恢复最近删除的选择集。即使删除一些对象之后对图形做了其他的操作，OOPS 命令也能够代替 UNDO 命令来恢复删除的对象，但不会恢复其他的修改。

5.2.2 移动

在绘图过程中，经常要将一个或多个对象同时移动到指定的位置，此时就要用到移动命令。下面以图 5.2.2 所示为例，说明其操作过程。

步骤01 打开随书光盘文件 D:\cad1701\work\ch05.02\move.dwg。

步骤02 选择下拉菜单 修改(M) → 移动(V) 命令。

或者在命令行中输入 MOVE 或 M 后按 Enter 键；或者在 默认 选项卡下的 修改 面板中单击“移动”按钮。

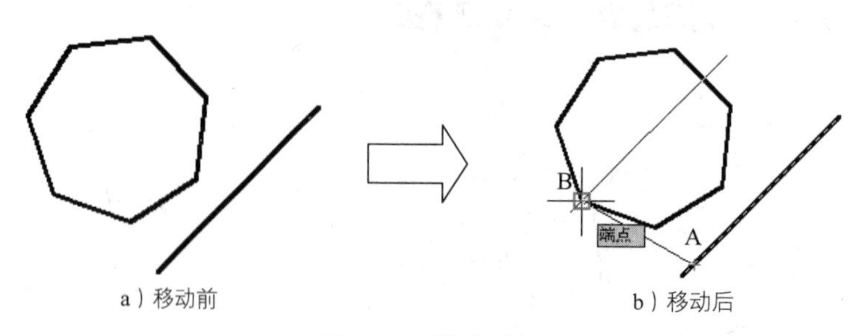

a）移动前　　b）移动后

图 5.2.2　移动对象

步骤 03 选择直线为要移动的对象，按 Enter 键结束对象的选取。如果框选整个图形，则整个图形为要移动的对象。

步骤 04 移动对象。命令行提示指定基点或 [位移(D)] <位移>:，选择某一点 A 为基点；命令行提示 指定第二个点或 <使用第一个点作为位移>:，指定 B 点。此时直线便以 A 点为基点，以 A、B 两点的连线为移动矢量进行移动。

在系统提示 指定第二个点或 <使用第一个点作为位移>: 时，建议使用相对极坐标给出移动的方向和距离，如输入（@50<0）并按 Enter 键。

5.2.3　旋转

旋转对象就是使一个或多个对象以一个指定点为中心，按指定的旋转角度或一个相对于基础参考角的角度来旋转。下面以图 5.2.3 所示为例，说明图中椭圆的旋转操作过程。

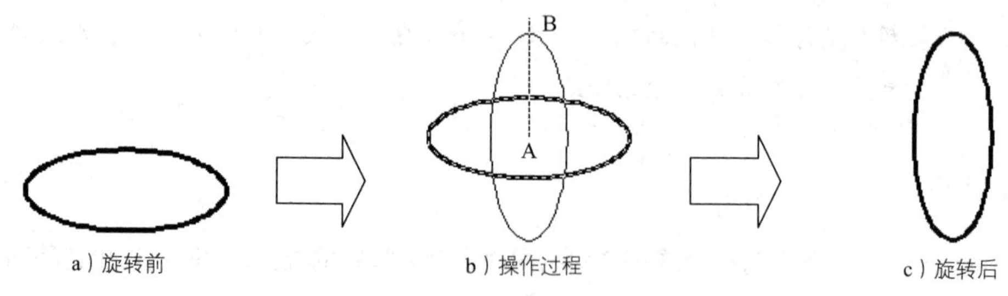

a）旋转前　　b）操作过程　　c）旋转后

图 5.2.3　旋转对象

步骤 01 打开随书光盘文件 D:\cad1701\work\ch05.02\rotate1.dwg。

步骤 02 选择下拉菜单 修改(M) → 旋转(R) 命令；或者在命令行中输入 ROTATE 或 RO；或者在 默认 选项卡下的 修改 面板中单击“旋转”按钮。

此时系统命令行提示图 5.2.4 所示的信息，提示的第一行说明当前的正角度方向为逆时针方向，零角度方向与 X 轴正方向的夹角为 0°，即 X 轴正方向为零角度方向。

步骤 03　选择椭圆，按 Enter 键结束对象的选取。

步骤 04　在命令行指定基点：的提示下，选择任意一点 A 为基点，如图 5.2.3b 所示。

步骤 05　此时命令行提示指定旋转角度，或 [复制(C)/参照(R)] <0>:，绕 A 点转动皮筋线，所选的椭圆对象也会随着光标的移动绕 A 点进行转动，当将皮筋线转至图 5.2.3b 中的 B 点时（此时状态栏中显示的皮筋线与 X 轴夹角即为椭圆的旋转角度），单击结束命令。

也可以在命令行中输入一个角度值后按 Enter 键，系统即将该椭圆绕 A 点转动指定的角度。如果输入的角度值为正值，按逆时针的方向旋转；如果角度值为负值，则按顺时针方向旋转。

```
命令: _rotate
UCS 当前的正角方向:  ANGDIR=逆时针   ANGBASE=0
ROTATE 选择对象:
```

图 5.2.4　命令行提示

选项说明：提示指定旋转角度，或 [复制(C)/参照(R)] <0>:中的“参照（R）”选项用于以参照方式确定旋转角度，这种方式可以将对象与图形中的几何特征对齐。例如，在图 5.2.5 中可将三角形的 AB 边与三角形斜边 AC 对齐，下面说明其操作方法。

步骤 01　在命令行中输入 ROTATE 并按 Enter 键，选择小三角形为旋转对象，A 点为旋转基点。

步骤 02　在命令行中输入字母 R 后，按 Enter 键。

步骤 03　在命令行指定参照角 <0>:的提示下，输入参照方向角度值后按 Enter 键。本例中可用捕捉方式捕捉点 A、点 B 来确定参照方向角度。

步骤 04　在命令行指定新角度或 [点(P)] <0>:的提示下，输入新的角度值后按 Enter 键。本例中可单击点 C 以确定新的角度。至此完成三角形的旋转，三角形实际的旋转角度为：新角度减去参照方向角度的差。

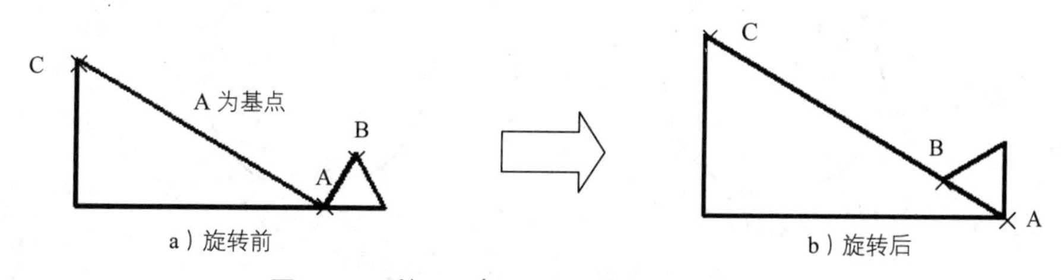

图 5.2.5　利用“参照（R）”选项旋转对象

5.3 创建对象副本

5.3.1 复制

在绘制图形时，如果要绘制几个完全相同的对象，通常更快捷、简便的方法是：绘制了第一个对象后，再用复制的方法创建它的一个或多个副本。复制的操作方法灵活多样，下面分别介绍。

1. 利用 Windows 剪贴板进行复制

可以使用 Windows 剪贴板来剪切或复制对象，可以从一个图形到另一个图形、从图纸空间到模型空间（反之亦然），或者在 AutoCAD 和其他应用程序之间复制对象。用 Windows 剪贴板进行复制，一次只能复制出一个相同的被选定对象。下面以图 5.3.1 所示为例，说明复制图中的圆的操作过程。

方法一：不指定基点复制。

步骤 01 打开随书光盘文件 D:\cad1701\work\ch05.03\copy01.dwg。

步骤 02 选择图 5.3.1a 中的圆形。

步骤 03 选择下拉菜单 编辑(E) → 复制(C) 命令（这不同于 修改(M) 下拉菜单中的 复制(Y) 命令）。

还有三种选择该命令的方法：即按下键盘上的 Ctrl + C 快捷键；将鼠标移至图中的空白处右击，从弹出的快捷菜单中选择 剪贴板 → 复制(C) 命令；在命令行中输入 COPYCLIP 后按 Enter 键。

步骤 04 粘贴对象。

（1）选择下拉菜单 编辑(E) → 粘贴(P) 命令。

（2）在命令行 _pasteclip 指定插入点: 的提示下，在图中某位置点单击，此时系统便在该位置复制出相同大小的圆。

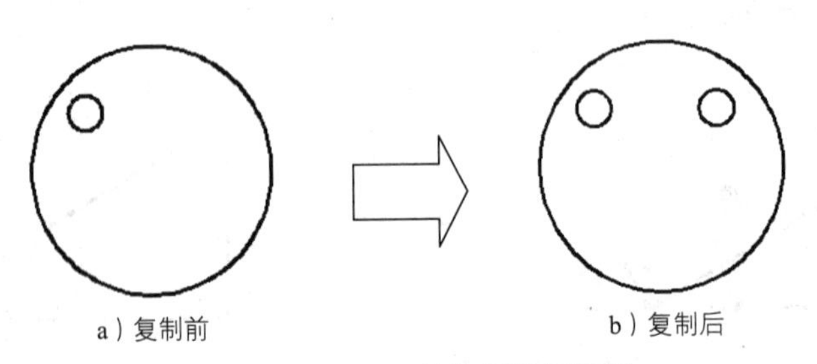

图 5.3.1 用 Windows 剪贴板进行复制

方法二：指定基点复制。

使用 COPYCLIP 或 CUTCLIP 将对象复制或剪切到剪贴板后，很难把这些对象粘贴到另一个图形中准确的位置点上，但基点复制的方法可以解决这个问题。其具体操作为：选择下拉菜单 编辑(E) → 带基点复制(B) 命令（或者在命令行中输入 COPYBASE 命令，或者在图形区右击并从弹出的快捷菜单中选择 剪贴板 → 带基点复制(B) 命令）；在 COPYBASE 指定基点：的提示下，指定复制的基点；选择要复制的对象；粘贴对象（粘贴后，指定的基点将位于插入点处）。

2. 利用 AutoCAD 命令进行复制

用 AutoCAD 命令进行复制，一次可以复制出一个或多个相同的被选定对象。下面以图 5.3.2 和图 5.3.3 所示为例，说明复制图中两个圆的操作过程。

步骤 01 打开随书光盘文件 D:\cad1701\work\ch05.03\copy02.dwg。

步骤 02 选择下拉菜单 修改(M) → 复制(Y) 命令。

或者在命令行中输入 COPY 或 CO 后按 Enter 键；或者单击"复制"按钮。

步骤 03 选择对象。在选择对象：的提示下，选择图中的两个圆并按 Enter 键以结束选取。

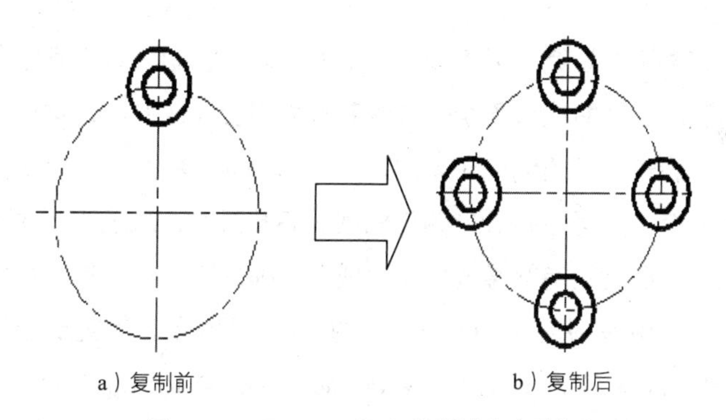
a）复制前　　b）复制后

图 5.3.2 用 AutoCAD 命令进行复制

步骤 04 复制对象。在命令行指定基点或 [位移(D)/模式(O)] <位移>：的提示下，指定图 5.3.3a 中的任意一点 A 作为基点；在指定第二个点或 [阵列(A)] <使用第一个点作为位移>：的提示下，指定图中的 B 点作为位移的第二点（此时系统便在 B 点处复制出相同的圆）；在命令行指定第二个点或 [阵列(A) 退出(E) 放弃(U)] <退出>：的提示下，指定 C 点作为位移的另一点（此时在 C 点又复制出相同的圆）；在命令行指定第二个点或 [阵列(A) 退出(E) 放弃(U)] <退出>：的提示下，指定 D 点作为位移的另一点（此时在 D 点又复制出相同的圆）；在命令行的提示下可继续确定点，按 Enter 键结束复制。

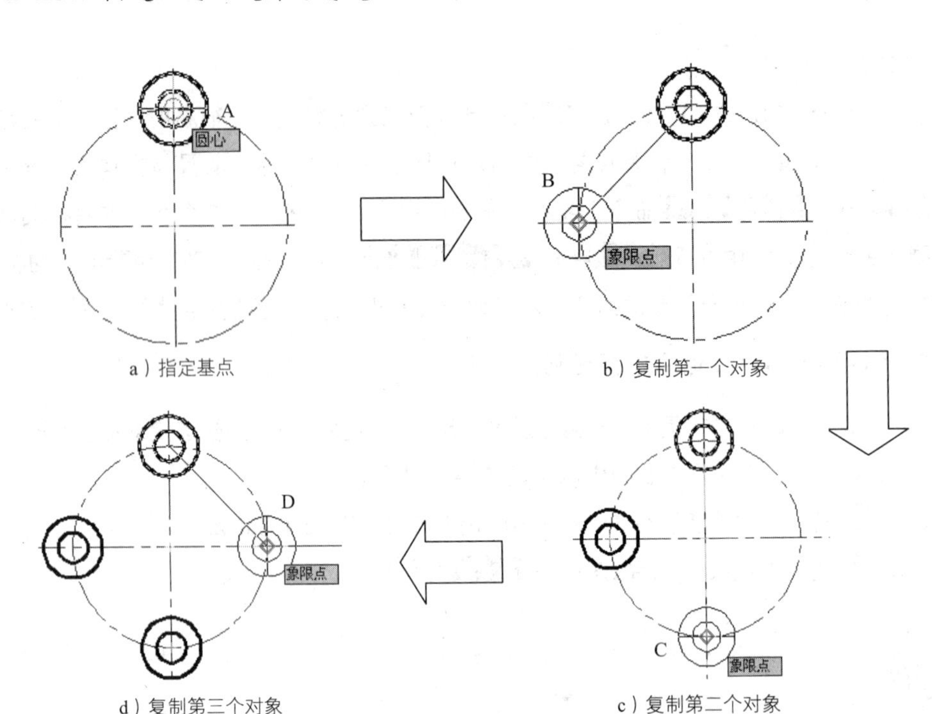

a）指定基点
b）复制第一个对象
c）复制第二个对象
d）复制第三个对象

图 5.3.3 操作过程

5.3.2 偏移

偏移复制是对选定图元（如线、圆弧和圆等）进行同心复制。对于直线而言，其圆心为无穷远，因此是平行复制。偏移曲线对象所生成的新对象将变大或变小，这取决于将其放置在源对象的哪一边。例如，将一个圆的偏移对象放置在圆的外面，将生成一个更大的同心圆；向圆的内部偏移，将生成一个小的同心圆。当偏移椭圆和椭圆弧时，系统实际生成的新曲线将被作为样条对象，因为从一个已有的椭圆通过偏移生成一个椭圆在数学上是不可能的。

下面以图 5.3.4 所示为例，说明如何用偏移复制的方法将图中的直线复制至多段线圆弧的圆心。

步骤 01 打开随书光盘文件 D:\cad1701\work\ch05.03\offset1.dwg。

步骤 02 选择下拉菜单 修改(M) → 偏移(S) 命令。

或者在命令行中输入 OFFSET 或 O 后按 Enter 键；或者单击“偏移”按钮。

步骤 03 指定偏移距离。在 指定偏移距离或 [通过(T)/删除(E)/图层(L)] <通过>: 的提示下，输入偏移距离值为 15，然后按 Enter 键。

步骤 04 在命令行 选择要偏移的对象，或 [退出(E)/放弃(U)] <退出>: 的提示下选择直线，系统提示 指定要偏移的那一侧上的点，或 [退出(E)/多个(M)/放弃(U)] <退出>:，单击直线的上方，此时直线偏移复制到直线上方 15mm 的位置，结果如图 5.3.4b 所示。

步骤05 按 Enter 键结束操作。

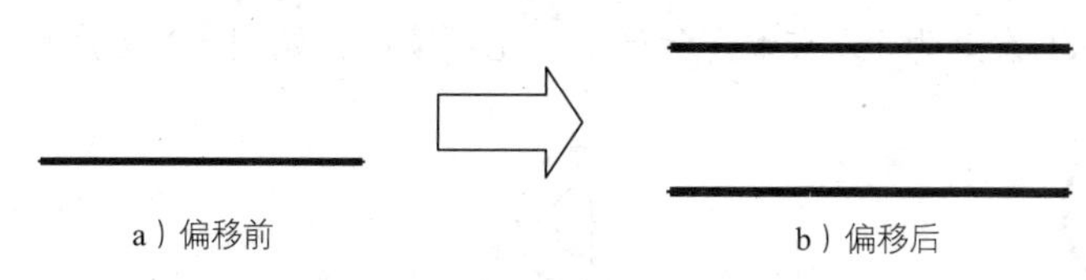

图 5.3.4 指定偏移距离

选项说明：提示指定偏移距离或 [通过(T)/删除(E)/图层(L)] <通过>: 中的“通过(T)”用于指定偏移复制的通过点。这里以图 5.3.5 为例，来介绍如何用该选项将图中的直线复制到圆弧的圆心：选择 修改(M) → 偏移(S) 命令；输入字母 T 后按 Enter 键；选取图 5.3.5a 所示的直线为要偏移的对象；在指定通过点或 [退出(E)/多个(M)/放弃(U)] <退出>: 的提示下，用捕捉的方法选择圆弧的圆心 A 点；按 Enter 键结束操作。

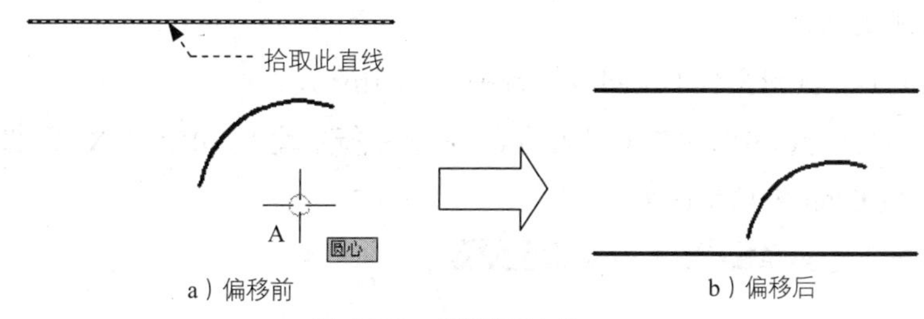

图 5.3.5 指定通过点

在偏移复制对象时，还需注意以下几点。

- 只能以单击选取的方式选择要偏移的对象。
- 如果用给定偏移距离的方式偏移对象，距离值必须大于零。
- 如果给定的距离值或要通过的点的位置不合适，或指定的对象不能由“偏移”命令确认，系统会给出相应提示。
- 当偏移多段线时，OFFSETGAPTYPE 系统变量决定如何处理偏移后的多段线各段之间产生的间隙，这个系统变量可以有以下的值。
  - 如果值为 0，延伸线段填补间隙。
  - 如果值为 1，用一个圆弧填补间隙，圆弧的半径等于偏移距离。
  - 如果值为 2，用一个倒角线段填补间隙。

5.3.3 镜像

通常在绘制一个对称图形时，可以先绘制图形一半的部分，然后通过指定一条镜像线，用镜像的方法来创建图形的另外一部分，这样可以快速地绘制出需要的图形。

如果要镜像的对象中包含文本，可以通过设置系统变量 MIRRTEXT 来实现不同的结果。当系统变量 MIRRTEXT 设置为 0 时，保持文本原始方向，使文本具有可读性，如图 5.3.6b 所示；如果将 MIRRTEXT 设置为 1，文本完全镜像，无可读性，如图 5.3.6c 所示。

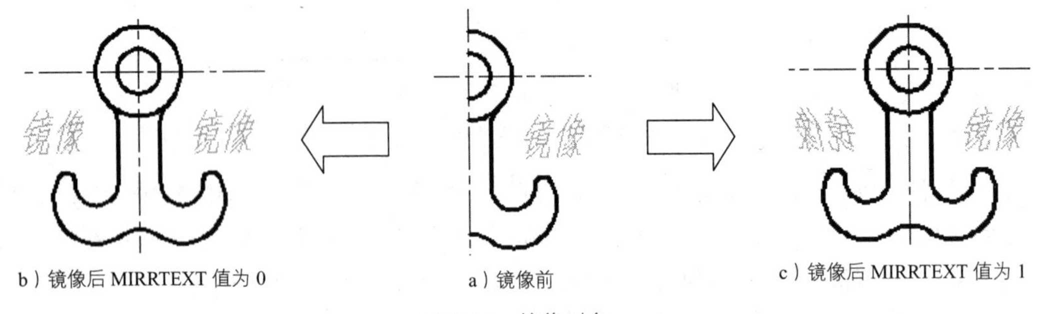

b）镜像后 MIRRTEXT 值为 0　　a）镜像前　　c）镜像后 MIRRTEXT 值为 1

图 5.3.6　镜像对象

下面以图 5.3.7 所示为例，说明如何用镜像的方法绘制图中对象的左边一部分，并且镜像后的文字保持它的原始方向。

步骤 01 打开随书光盘文件 D:\cad1701\ch05.03\mirror.dwg。

步骤 02 将系统变量 MIRRTEXT 设置为 0。在命令行中输入 MIRRTEXT 后按 Enter 键，输入其新值 0 后，按 Enter 键结束设置。

步骤 03 选择下拉菜单 修改(M) → 镜像(I) 命令。

或者在命令行中输入 MIRROR 或 MI，或者单击“镜像”按钮。

步骤 04 选择图中的多段线对象和文字对象，按 Enter 键结束选取。

步骤 05 指定镜像线的第一点 A 和第二点 B。

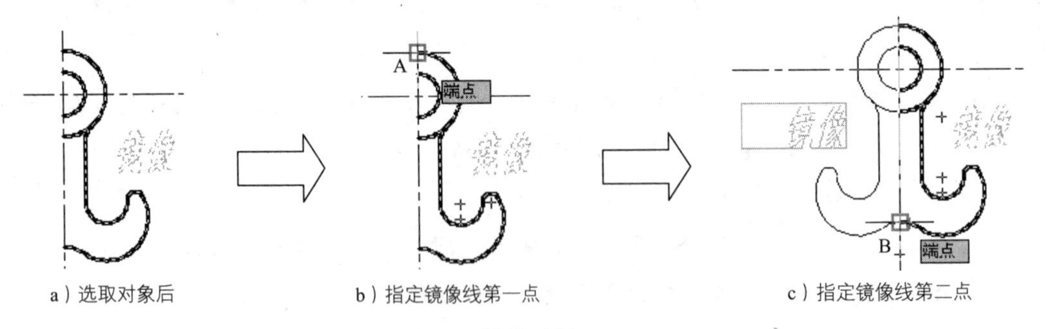

a）选取对象后　　b）指定镜像线第一点　　c）指定镜像线第二点

图 5.3.7　操作过程

步骤 06 在 要删除源对象吗？ [是(Y)/否(N)] <N>: 的提示下，直接按 Enter 键（执行默认项），保留源对象；如果在此提示下输入字母 Y，则表示删除源对象。

当镜像对象时，经常需要打开“正交”模式，这样可使副本被垂直或水平镜像。

5.3.4　阵列

阵列复制对象就是以矩形或环形方式多重复制对象。对于矩形阵列，可以通过指定行和列的数目以及它们之间的距离来控制阵列后的效果；而对于环形阵列，则需要确定组成阵列的副本数量，以及是否旋转副本等。

1．矩形阵列

下面以图 5.3.8 所示为例，说明将图中的圆形进行矩形阵列的操作步骤。

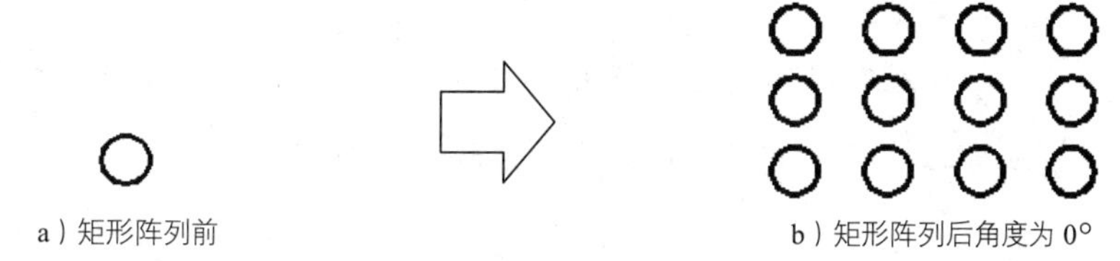

a）矩形阵列前　　b）矩形阵列后角度为 0°

图 5.3.8　矩形阵列对象

步骤 01　打开随书光盘文件 D:\cad1701\work\ch05.03\array1.dwg。

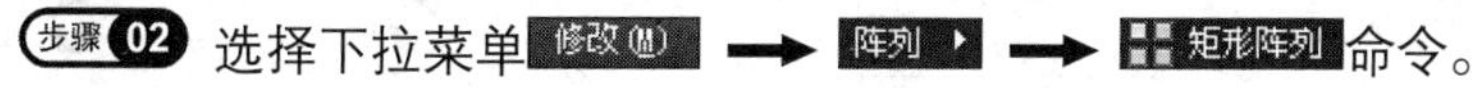

步骤 02　选择下拉菜单 修改(M) → 阵列 → 矩形阵列 命令。

或者在命令行中输入命令 ARRAY 或字母 AR，或者在“修改”面板中单击“矩形阵列”按钮 矩形阵列。

步骤 03　选择对象。在命令行 选择对象: 的提示下，选取图中的圆并按 Enter 键以结束选取。

步骤 04　定义行参数。在 阵列创建 选项卡 行 区域的 行数: 文本框中输入 3，在 介于: 文本框中输入 150。

步骤 05　定义列参数。在 阵列创建 选项卡 列 区域的 列数: 文本框中输入 4，在 介于: 文本框中输入 200。

步骤 06　单击 按钮，完成阵列的创建。

2．环形阵列

下面以图 5.3.9 所示为例，说明环形阵列的操作步骤。

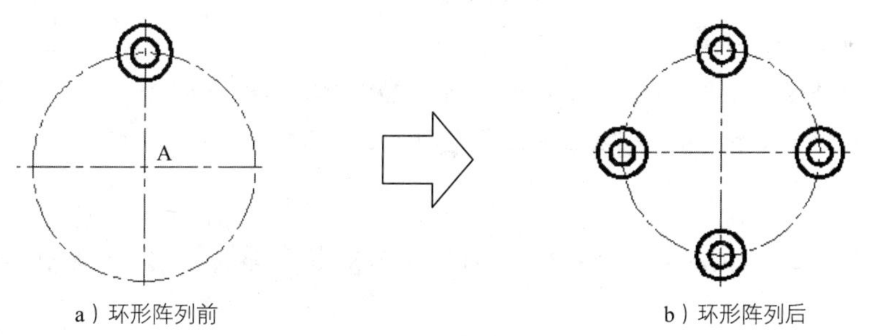

a）环形阵列前　　b）环形阵列后

图 5.3.9　环形阵列对象

步骤 01 打开随书光盘文件 D:\cad1701\work\ch05.03\array2.dwg。

步骤 02 选择下拉菜单 修改(M) → 阵列 ▸ → 环形阵列 命令。

步骤 03 选择对象。在选择对象：的提示下，选取图中的两个圆并按 Enter 键以结束选取。

步骤 04 设置环形阵列相关参数。

（1）指定阵列中心点。在命令行指定阵列的中心点或 [基点(B)/旋转轴(A)]：的提示下，选取点 A 作为环形阵列的中心点。

（2）定义阵列参数。在 阵列创建 选项卡 项目 区域的 项目数：文本框中输入 4，在 填充：文本框中输入 360。

如果实现阵列后的效果如图 5.3.10c 所示，只需要将 阵列创建 选项卡 特性 区域的“旋转项目”按钮处于弹起的状态即可。

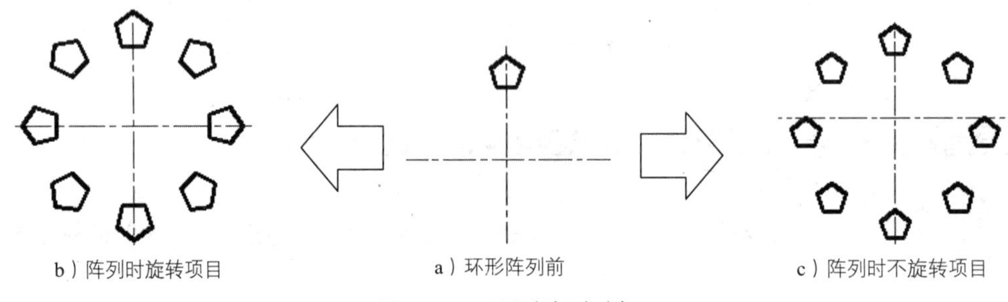

b）阵列时旋转项目　　a）环形阵列前　　c）阵列时不旋转项目

图 5.3.10　环形阵列对象 2

5.4　修改对象的形状及大小

5.4.1　缩放

缩放就是将对象按指定的比例因子相对于基点真实地放大或缩小，通常有以下两种方式。

1. 指定缩放的比例因子

“指定比例因子”选项为默认项。输入比例因子值后，系统将根据该值相对于基点缩放对象。当比例因子在 0～1 之间时，将缩小对象；当比例因子大于 1 时，则放大对象。下面以图 5.4.1 所示为例，说明其操作步骤。

步骤 01 打开随书光盘文件 D:\cad1701\work\ch05.04\scale1.dwg。

步骤 02 选择下拉菜单 修改(M) → 缩放(L) 命令。

或者在命令行中输入 SCALE 或 SC；或者单击“缩放”按钮。

步骤 03 缩放对象。在命令行选择对象：的提示下，选取图中的六边形为缩放对象，并按 Enter 键结束选取；在命令行指定基点：提示下，选取图 5.4.2 中的 A 点为缩放基点；在指定比例因子或 [复制(C) 参照(R)]:的提示下，可指定比例因子。

如果输入的比例因子值小于 1，结果如图 5.4.1b 所示，矩形被缩小；如果输入的比例因子值大于 1，结果如图 5.4.1c 所示，则矩形被放大。

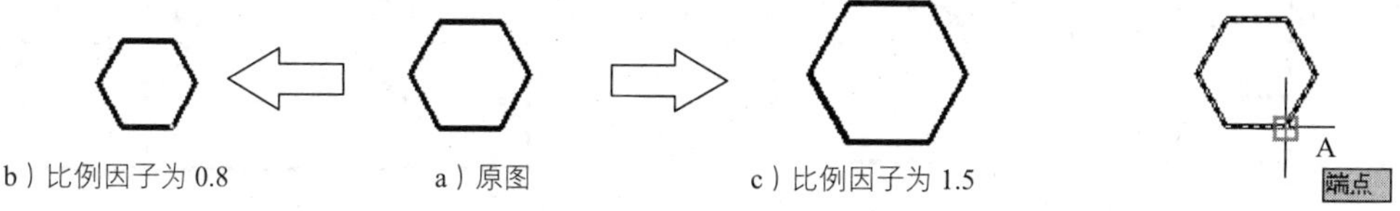

图 5.4.1 指定比例因子缩放对象　　图 5.4.2 操作过程

2. 指定参照

在某些情况下，相对于另一个对象来缩放对象比指定一个比例因子更容易。例如，当想要改变一个对象的大小，使它与另一个对象上的一个尺寸相匹配时，此时可选取“参照（R）”选项，然后指定参照长度和新长度的值，系统将根据这两个值对对象进行缩放，缩放比例因子为：新长度值／参考长度值。下面以图 5.4.3 所示为例来进行说明。

步骤 01 打开随书光盘文件 D:\cad1701\work\ch05.04\scale2.dwg。

步骤 02 选择下拉菜单 修改(M) → 缩放(L) 命令。

步骤 03 缩放对象。选取图中的圆与正五边形，并按 Enter 键结束选取；捕捉圆的圆心 A 作为基点（图 5.4.4）；在命令行指定比例因子或 [复制(C) 参照(R)]:的提示下，输入字母 R 后按 Enter 键；在指定参照长度 <1.0000>:的提示下，输入参照的长度值 10 后按 Enter 键；在指定新的长度或 [点(P)] <1.0000>:的提示下，输入新长度值 13 后按 Enter 键。

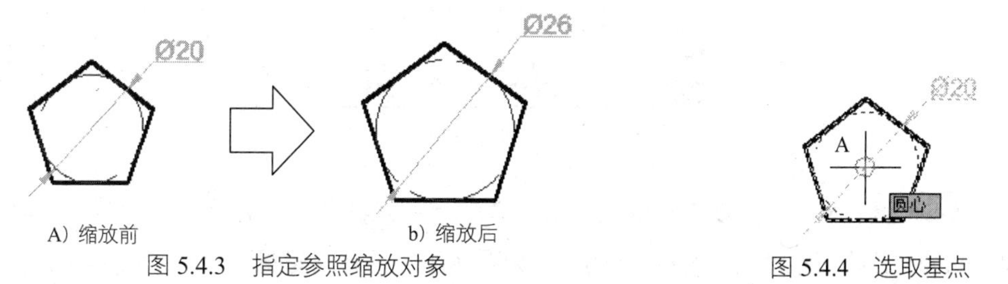

图 5.4.3 指定参照缩放对象　　图 5.4.4 选取基点

5.4.2 修剪

修剪对象就是指沿着给定的剪切边界来断开对象，并删除该对象位于剪切边某一侧的部分。如果修剪对象没有与剪切边相交，则可以延伸修剪对象，使其与剪切边相交。

圆弧、圆、椭圆、椭圆弧、直线、二维和三维多段线、射线、样条曲线以及构造线都可以被剪裁。有效的边界对象包括圆弧、块、圆、椭圆、椭圆弧、浮动的视口边界、直线、二维和三维多段线、射线、面域、样条曲线、文本以及构造线。

1. 修剪相交的对象

下面以图 5.4.5 所示为例，说明其操作步骤。

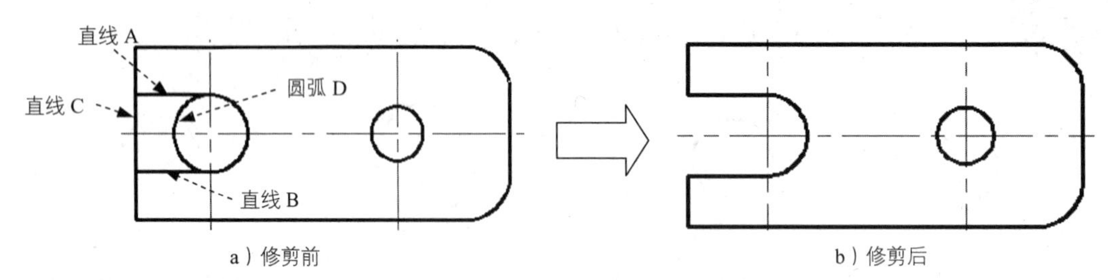

图 5.4.5 修剪相交的对象

步骤 01 打开随书光盘文件 D:\cad1701\work\ch05.04\trim1.dwg。

步骤 02 选择下拉菜单 修改(M) → 修剪(T) 命令。

说明：或者在命令行中输入 TRIM 或 TR，或者单击“修剪”按钮。

步骤 03 选择修剪边。系统命令行提示的信息如图 5.4.6 所示，在此提示下选择直线 A 与直线 B 为剪切边，按 Enter 键结束选取。

注意：图 5.4.6 所示的命令行提示信息中，第一行说明当前的修剪模式。命令行中的选择对象或 <全部选择>: 提示用户选择作为剪切边的对象，选择后按 Enter 键。

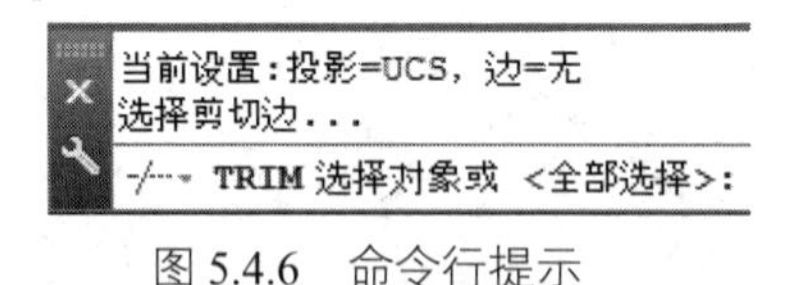

图 5.4.6 命令行提示

步骤 04 修剪对象。选取修剪边后，系统命令行提示如图 5.4.7 所示，在此提示下单击直线 C 和圆弧 D（位于直线 A 与直线 B 之间）作为要修剪的部分，如图 5.4.8 所示。按 Enter 键结束剪切操作。

说明：图 5.4.7 所示的提示中的第一行的含义是，如果该对象与剪切边交叉，则需选取要剪掉的多余部分；如果修剪对象没有与剪切边相交，则需按 Shift 键并选取该对象，系统会将它延伸到剪切边。

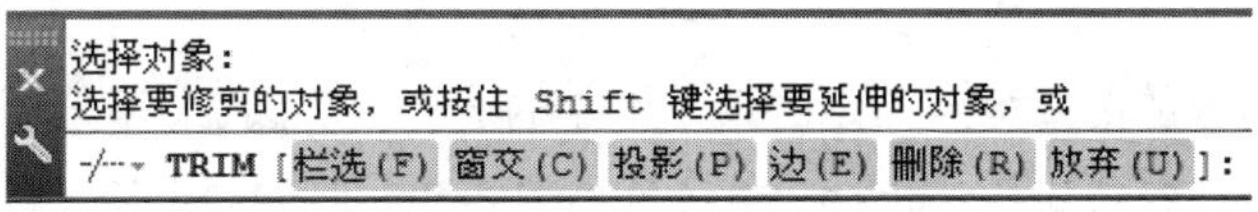

选择对象：
选择要修剪的对象，或按住 Shift 键选择要延伸的对象，或
-/--- TRIM [栏选(F) 窗交(C) 投影(P) 边(E) 删除(R) 放弃(U)]：

图 5.4.7　命令行提示

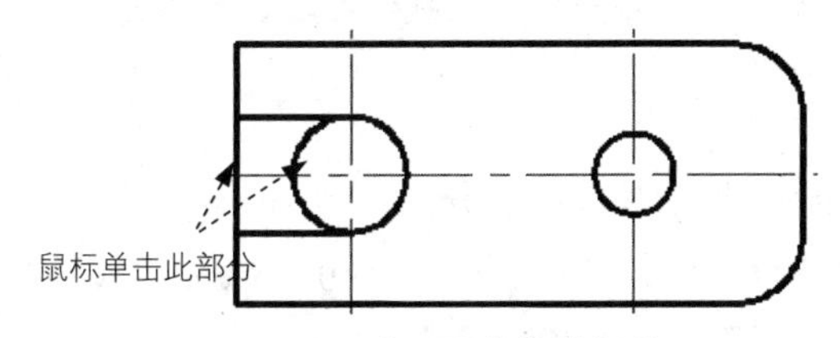

图 5.4.8　选取要修剪的部分

2. 修剪不相交的对象

在图 5.4.7 所示的提示信息中，边(E)（“边模式”）选项可控制是否将剪切边延伸来修剪对象。下面以图 5.4.9 所示为例，说明其操作步骤。

步骤 01 打开随书光盘文件 D:\cad1701\work\ch05.04\trim2.dwg。

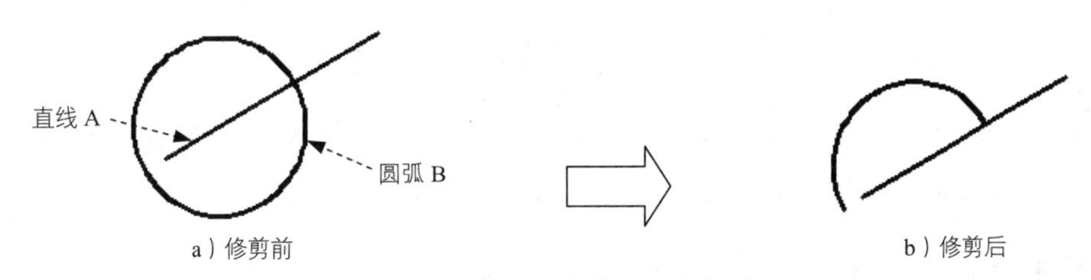

图 5.4.9　修剪不相交的对象

步骤 02 选择下拉菜单 修改(M) → 修剪(T) 命令。

步骤 03 选择修剪边。选择图 5.4.9a 中的直线 A 为剪切边，按 Enter 键结束选取。

步骤 04 修剪对象。在命令行中输入字母 E 并按 Enter 键；在命令行 输入隐含边延伸模式 [延伸(E)/不延伸(N)] <不延伸>: 的提示下，输入字母 E 后按 Enter 键；在圆弧 B 上单击位于直线 A 右下侧的部分，如图 5.4.10 所示，按 Enter 键完成操作。

输入隐含边延伸模式 [延伸(E)/不延伸(N)] <不延伸>: 中的两个选项说明如下。

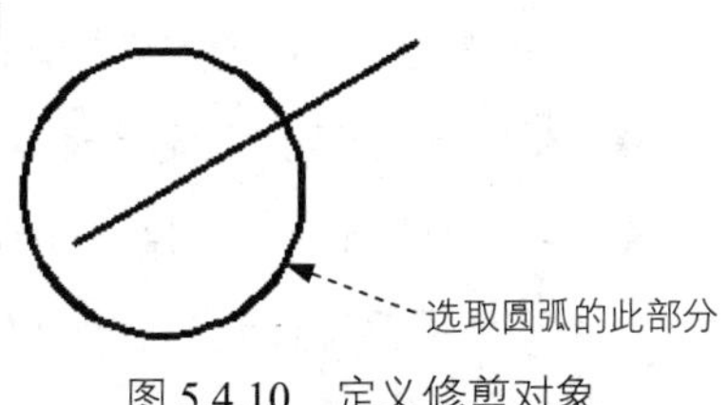

图 5.4.10　定义修剪对象

- 延伸(E)选项：按延伸方式实现修剪。即如果修剪边太短，没有与被剪边相交，那么系统会假想地将修剪边延长，然后再进行修剪。
- 不延伸(N)选项：只按边的实际相交情况修剪，即如果修剪边太短，没有与被剪边相交，则不进行修剪。

5.4.3 延伸

延伸对象就是使对象的终点落到指定的某个对象的边界上。圆弧、椭圆弧、直线、开放的二维和三维多段线以及射线都可以被延伸。有效的边界对象包括圆弧、块、圆、椭圆、椭圆弧、浮动的视口边界、直线、二维和三维多段线、射线、面域、样条曲线、文本以及构造线。

1. 延伸相交的对象

下面以图 5.4.11 所示为例，说明其操作步骤。

步骤 01 打开随书光盘文件 D:\cad1701\work\ch05.04\extend1.dwg。

步骤 02 选择下拉菜单 修改(M) → 延伸(D) 命令。

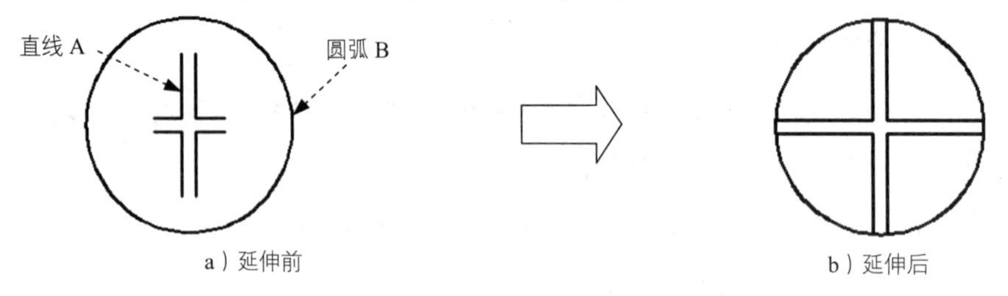

图 5.4.11　延伸相交的对象

说明：或者在命令行中输入 EXTEND 或 EX，或者单击“修改”工具选项板后的按钮，在系统弹出的下拉列表中单击“延伸”命令按钮。

步骤 03 选择图 5.4.11a 中的圆弧 B 为边界边，按 Enter 键结束选取。

步骤 04 选择要延伸的对象（直线 A）。在直线 A 上靠近圆弧 B 的一端单击，表示将直线 A 向该方向延伸。

步骤 05 参照上一步操作，将其余直线均延伸至圆弧 B，完成效果如图 5.4.11b 所示。

各选项意义说明如下。

- 选择要延伸的对象，或按住 Shift 键选择要修剪的对象选项：选取要延伸的对象，系统会把该对象延长到指定的边界边。如果延伸对象与边界边交叉，则需按 Shift 键，同时选取该对象上要剪掉的部分。
- 投影(P)选项：指定系统延伸对象时所使用的投影方式。
- 边(E)选项：可以控制对象延伸到一个实际边界还是一个隐含边界，即控制边界边是否可假想地延长。

注意：如果选择多个边界，延伸对象先延伸到最近边界，再次选择这个对象，它将延伸到下一个边界。如果一个对象可以沿多个方向延伸，则由选择点的位置决定延伸方向。例如，在靠近左边端点的位置单击，则向左延伸；在靠近右边端点的位置单击，则向右延伸。

2. 延伸不相交的对象

下面以图 5.4.12 所示的图形为例，说明不相交对象的延伸操作步骤。

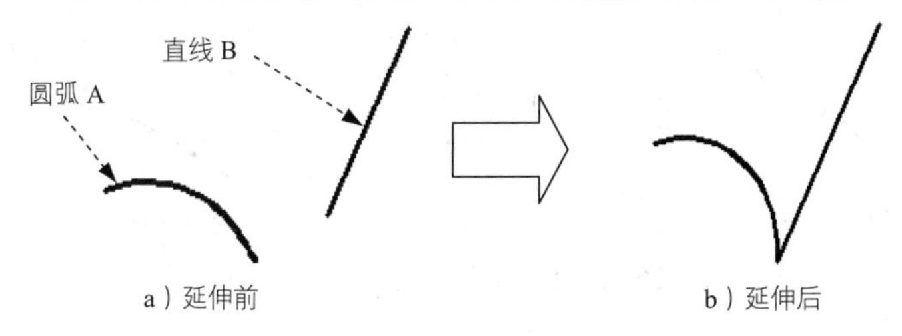

图 5.4.12 延伸不相交的对象

步骤 01 打开随书光盘文件 D:\cad1701\work\ch05.04\extend2.dwg。

步骤 02 选择下拉菜单 修改(M) → 延伸(D) 命令。

步骤 03 选择边界边。选择图 5.4.12a 中的圆弧 A 为边界边，按 Enter 键结束选取。

步骤 04 延伸对象。在命令行中输入 E 后按 Enter 键（进入“边模式”）。在命令行 输入隐含边延伸模式 [延伸(E)/不延伸(N)] <不延伸>: 的提示下，输入字母 E 后按 Enter 键；选取直线 B 作为延伸对象，按 Enter 键，完成如图 5.4.13 所示。

步骤 05 创建图 5.4.14 所示的延伸，具体操作可参照步骤 02、步骤 03 与步骤 04。

图 5.4.13 延伸 1　　　图 5.4.14 延伸 2

输入隐含边延伸模式 [延伸(E)/不延伸(N)] <不延伸>: 中的两个选项说明如下。

- 延伸(E)选项：如果边界边太短，延伸边延伸后不能与其相交，系统会假想地将边界边延长，使延伸边伸长到与其相交的位置。
- 不延伸(N)选项：不将边界边假想地延长，如果延伸对象延伸后不能与其相交，则不进行延伸。

5.4.4 拉长

可以使用拉长的方法改变圆弧、直线、椭圆弧、开放多段线以及开放样条曲线的长度。拉长的方向由鼠标在对象上单击的位置来决定。如果在靠近左边端点的位置单击，则向左边拉长；如果在靠近右边端点的位置单击，则向右边拉长。拉长的方法有多种，分别介绍如下。

1. 设置增量

即通过给出增量值来拉长对象。下面以图 5.4.15 所示为例，说明其操作步骤。

步骤 01 打开随书光盘文件 D:\cad1701\work\ch05.04\lengthen1.dwg。

步骤 02 选择下拉菜单 修改(M) → 拉长(G) 命令。

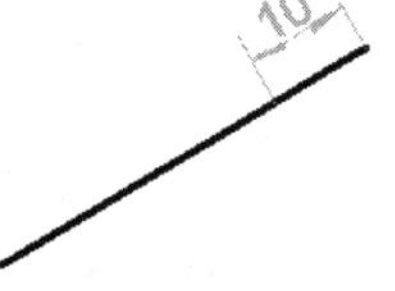

a）拉长前　　b）拉长的长度增量为 10

图 5.4.15　设置长度增量

或者在命令行中输入 LENGTHEN 或 LEN 命令后按 Enter 键。

步骤 03 设置长度增量。在命令行中输入字母 DE 后按 Enter 键；在命令行 输入长度增量或 [角度(A)] <0.0000>: 的提示下，输入长度增量值 10 后按 Enter 键；在 选择要修改的对象或 [放弃(U)]: 的提示下，选择图 5.4.15a 中的直线，按 Enter 键完成操作。

如果拉长的对象为圆弧，则在 输入长度增量或 [角度(A)] <0.0000>: 的提示下，应选择“角度（A）”选项。下面以图 5.4.16 所示为例，说明其操作步骤。

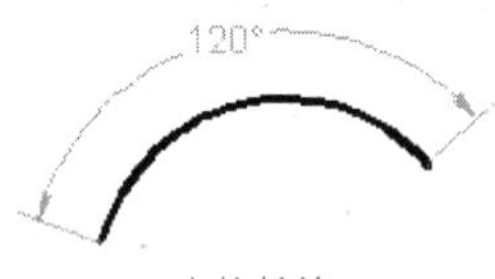

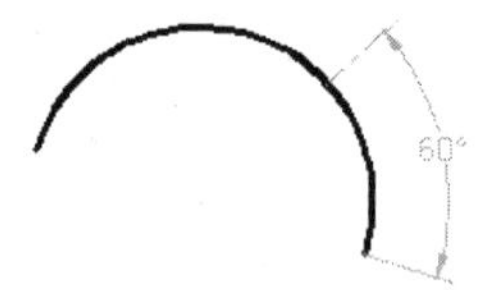

a）拉长前　　b）拉长的角度增量为 60°

图 5.4.16　设置角度增量

步骤 01 选择下拉菜单 修改(M) → 拉长(G) 命令。

步骤 02 设置角度增量。

（1）在命令行提示下，输入字母 DE 后，按 Enter 键；在命令行输入字母 A 后，按 Enter 键；在命令行 输入角度增量 <0>: 的提示下，输入角度增量值 60 后，按 Enter 键。

输入正值时，圆弧变长；输入负值时，圆弧变短。

（2）选择图中的圆弧，按 Enter 键完成操作。

2. 设置百分数

即通过设置拉长后的总长度相对于原长度的百分数来进行对象的拉长。下面以图 5.4.17 所示为例进行说明。

步骤01 打开随书光盘文件 D:\cad1701\work\ch05.04\lengthen3.dwg。

步骤02 选择下拉菜单 修改(M) → 拉长(G) 命令。

步骤03 在命令行中输入字母 P 后按 Enter 键。

步骤04 在输入长度百分数 <100.0000>: 的提示下，输入百分数值 200 后按 Enter 键。

步骤05 选择图 5.4.17a 中的直线，按 Enter 键完成操作。

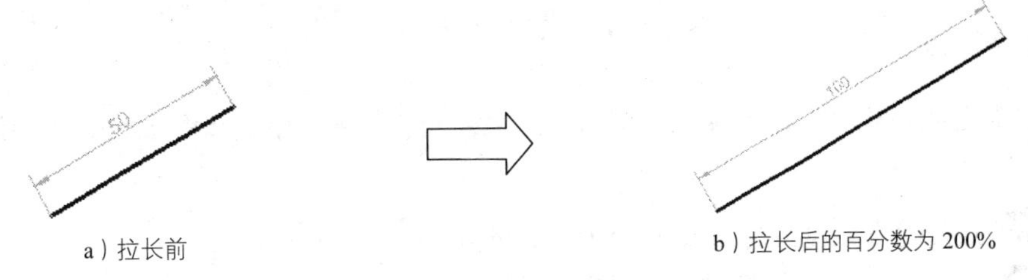

a）拉长前　　b）拉长后的百分数为 200%

图 5.4.17　设置百分数

3. 设置全部

即通过设置直线或圆弧拉长后的总长度或圆弧总的包含角来进行对象的拉长。这里以图 5.4.18 所示为例，说明其操作方法。

步骤01 打开随书光盘文件 D:\cad1701\work\ch05.04\lengthen4.dwg。

步骤02 选择下拉菜单 修改(M) → 拉长(G) 命令。

步骤03 在命令行中输入字母 T 后按 Enter 键；在指定总长度或 [角度(A)] <1.0000>: 的提示下，输入总长度值 80 后按 Enter 键；选择图 5.4.18a 中的直线，按 Enter 键完成操作。

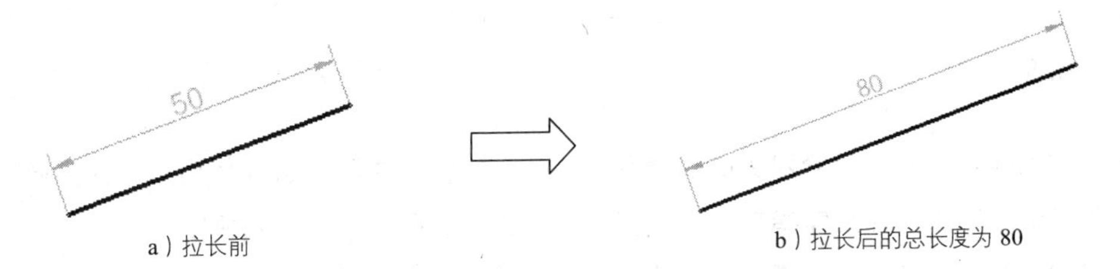

a）拉长前　　b）拉长后的总长度为 80

图 5.4.18　设置总长度

如果拉长的对象为圆弧，则在指定总长度或 [角度(A)] <1.0000>: 的提示下，应选择“角度（A）”选项。这里以图 5.4.19 所示为例，说明其操作方法：选择下拉菜单 修改(M) → 拉长(G) 命令；输入字母 T 后按 Enter 键；输入字母 A 后按 Enter 键；在指定总角度 的提示下，输入总角度值 90 后按 Enter 键；选择图 5.4.19a 中的圆弧，按 Enter 键完成操作。

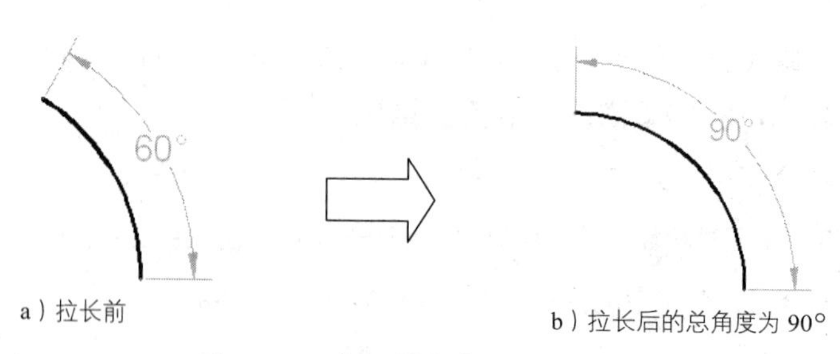

a）拉长前　　b）拉长后的总角度为 90°

图 5.4.19　设置总角度

4. 动态设置

即通过确定圆弧或线段的新端点位置来动态地改变其长度。下面以图 5.4.20 所示为例进行说明。

步骤 01 打开随书光盘文件 D:\cad1701\work\ch05.04\lengthen6.dwg。

步骤 02 选择下拉菜单 修改(M) → 拉长(G) 命令。

步骤 03 在命令行中输入字母 DY 后按 Enter 键；在 选择要修改的对象或 [放弃(U)]: 的提示下，在直线上的右端某处单击；在 指定新端点: 的提示下，在直线右端外部任意一点处单击，这样直线的右端点被拉长至单击位置点处。

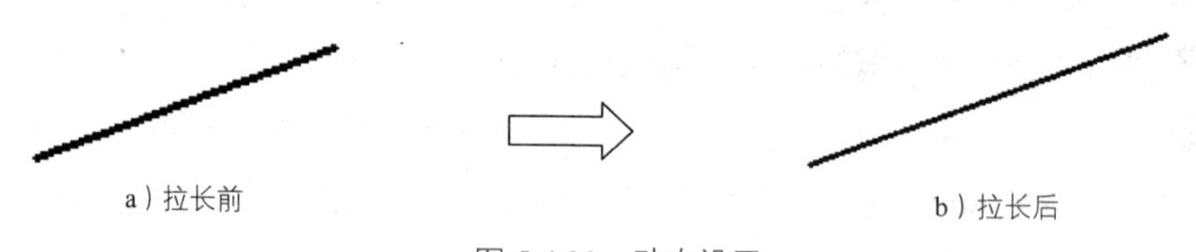

a）拉长前　　b）拉长后

图 5.4.20　动态设置

5.4.5　拉伸

可以使用拉伸命令来改变对象的形状及大小。在拉伸对象时，必须使用一个交叉窗口或交叉多边形来选取对象，然后需指定一个放置距离，或者选择一个基点和放置点。

由直线、圆弧、区域填充（SOLID 命令）和多段线等命令绘制的对象，可以通过拉伸来改变其形状和大小。在选取对象时，若整个对象均在选择窗口内，则对其进行移动；若其一端在选择窗口内，另一端在选择窗口外，则根据对象的类型，按以下规则进行拉伸。

- 直线对象：位于窗口外的端点不动，而位于窗口内的端点移动，直线由此而改变。
- 圆弧对象：与直线类似，但在圆弧改变的过程中，其弦高保持不变，同时由此来调整圆心的位置和圆弧起始角、终止角的值。
- 区域填充对象：位于窗口外的端点不动，位于窗口内的端点移动，由此来改变图形。
- 多段线对象：与直线或圆弧相似，但多段线两端的宽度、切线方向以及曲线拟合信息均不改变。

对于其他不可以通过拉伸来改变其形状和大小的对象，如果在选取时其定义点位于选择窗口内，则对象发生移动，否则不发生移动。其中，圆对象的定义点为圆心，图形和图块对象的定义点为插入点，文字和属性的定义点为字符串基线的左端点。下面以图 5.4.21 所示为例来进行说明。

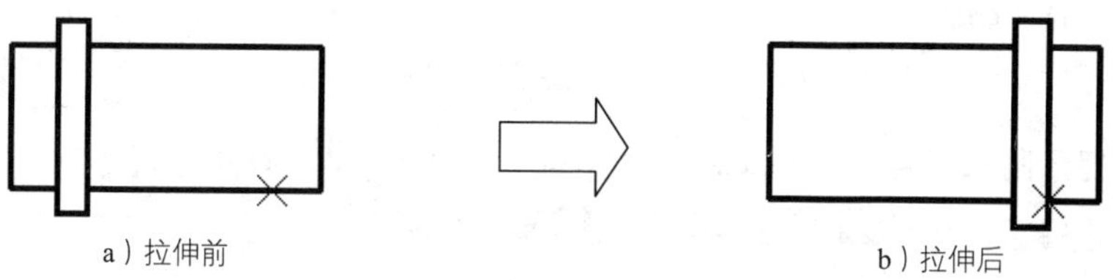

a）拉伸前　　b）拉伸后

图 5.4.21　拉伸对象

步骤 01 打开随书光盘文件 D:\cad1701\work\ch05.04\stretch.dwg。

步骤 02 选择下拉菜单 修改(M) → 拉伸(H) 命令。

说明：或者在命令行中输入 STRETCH 或 S；或者单击“拉伸”按钮。

步骤 03 拉伸对象。用窗交的方法选取图 5.4.22a 中的矩形；在命令行 指定基点或 [位移(D)] <位移>: 的提示下，选择图 5.4.22b 中的端点 B 作为基点；在 指定第二个点或 <使用第一个点作为位移>: 的提示下，在图中的点 A 处单击。

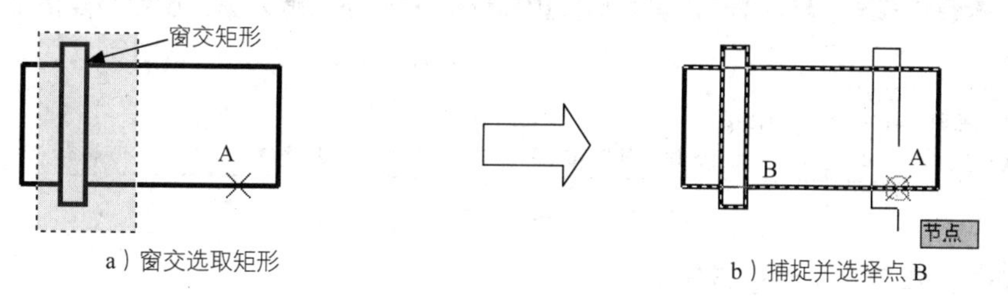

a）窗交选取矩形　　b）捕捉并选择点 B

图 5.4.22　操作过程

5.5　拆分及修饰对象

5.5.1　倒角

在绘图的过程中，经常需要为某些对象设置倒角，这时就要用到倒角（CHAMFER）命令。倒角命令可以修剪或延伸两个不平行的对象，并创建倾斜边连接这两个对象。可以对成对的直线线段、多段线、射线和构造线进行倒角，还可以对整个多段线进行倒角。

1．创建倒角的一般操作过程

创建倒角时，一般首先应设置倒角距离，即从两条线的交点到两条线的修剪位置的距离，然后分别选取倒角的两条边。下面以图 5.5.1 所示为例，说明其操作步骤。

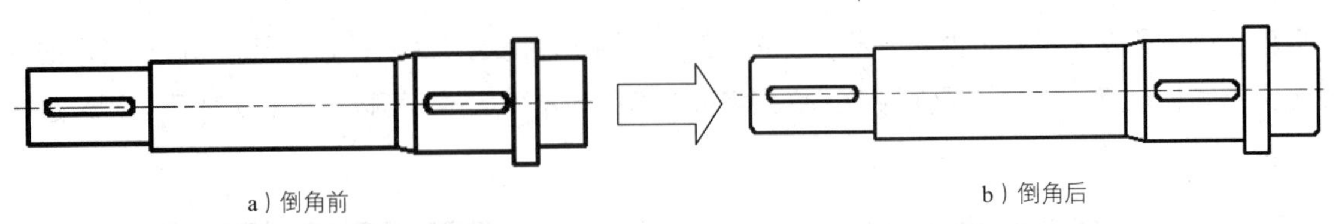

a）倒角前　　b）倒角后

图 5.5.1　创建倒角

步骤 01 打开随书光盘文件 D:\cad1701\work\ch05.05\chamfer1.dwg。

步骤 02 选择下拉菜单 修改(M) → 倒角(C) 命令。

说明：或者在命令行中输入 CHAMFER 或 CHA，或者单击“倒角”按钮。

步骤 03 设置倒角距离。

（1）在命令行中输入 D，即选择“距离（D）”选项，并按 Enter 键。

注意：图 5.5.2 所示的提示信息的第一行提示用户当前的两个倒角距离值为 0，修剪模式为“不修剪”，第二行是倒角的一些选项。

（2）在指定第一个倒角距离 <0.0000>的提示下，输入第一倒角距离值 2 按 Enter 键。

（3）在指定第二个倒角距离 <5.0000>的提示下，输入第二倒角距离值 2 按 Enter 键。

```
命令: CHAMFER
("修剪"模式) 当前倒角距离 1 = 0.0000, 距离 2 = 0.0000
CHAMFER 选择第一条直线或 [放弃(U) 多段线(P) 距离(D) 角度(A) 修剪(T) 方式(E) 多个(M)]:
```

图 5.5.2　命令行提示

步骤 04 选择倒角边线进行倒角。

（1）在图 5.5.2 所示的第二行信息提示下，单击图 5.5.3 所示的第一条直线，即第一倒角边线。

（2）在选择第二条直线，或按住 Shift 键选择直线以应用角点或 [距离(D)/角度(A)/方法(M)]:的提示下，单击图 5.5.3 所示的第二条直线，即第二倒角边线。

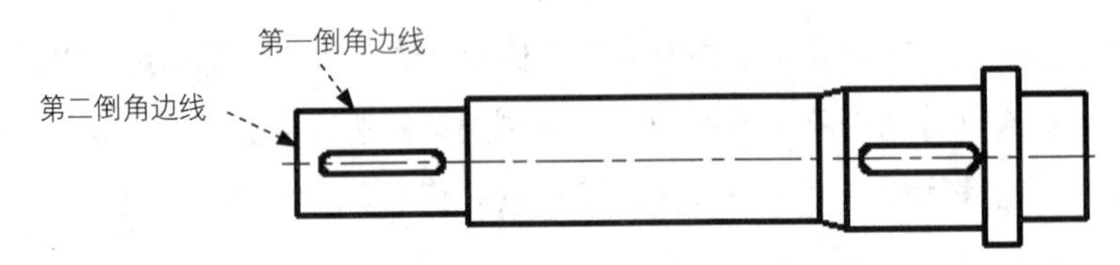

图 5.5.3　指定倒角边线

步骤 05 创建其余的倒角，具体操作可参照步骤 02、步骤 03 与步骤 04，完成后如图 5.5.1 所示。

(1)如果不设置倒角距离而直接选取倒角的两条直线，那么系统便按图 5.5.2 提示的当前倒角距离进行倒角（当前倒角距离即上一次设置倒角时指定的距离值）。

(2)如果倒角的两个距离为零，那么使用倒角命令后，系统将延长或修剪相应的两条线，使二者相交于一点，如图 5.5.4 和图 5.5.5 所示。

(3)倒角时，若设置的倒角距离太大或倒角角度无效，系统会分别给出提示。

(4)如果因两条直线平行、发散等原因不能倒角，系统也会给出提示。

(5)对交叉边倒角且倒角后修剪倒角边时，系统总是保留单击处一侧的那部分对象。

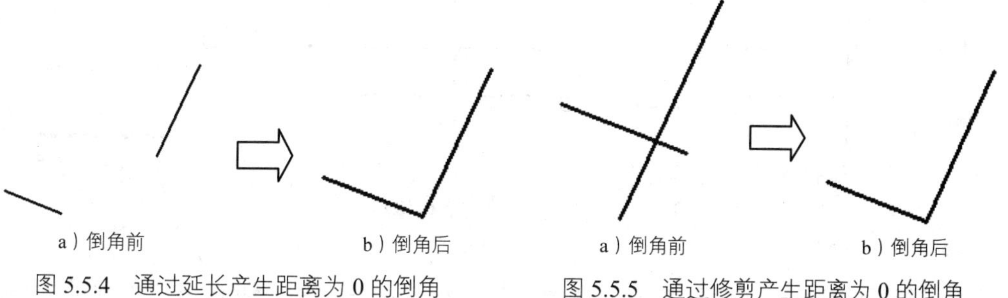

图 5.5.4　通过延长产生距离为 0 的倒角　　图 5.5.5　通过修剪产生距离为 0 的倒角

2. 选项说明

◆ 多段线（P）

多段线(P)选项可以在单一的步骤中对整个二维多段线进行倒角。系统将提示选择二维多段线，在选择多段线后，系统在此多段线的各闭合的顶点处设置倒角，如图 5.5.6 所示。

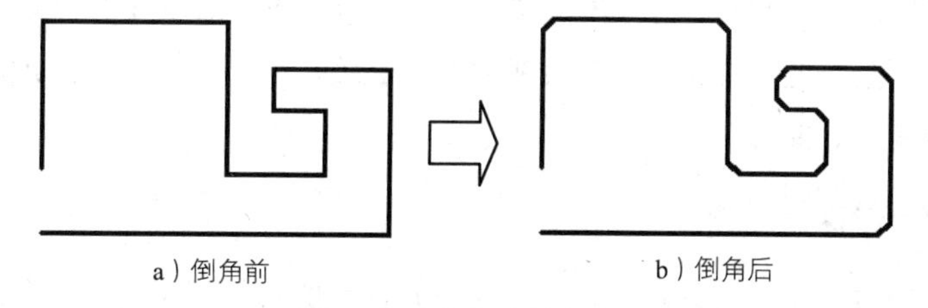

图 5.5.6　多段线的倒角

◆ 角度（A）

角度(A)选项可以通过设置第一条线的倒角的距离和倒角角度来进行倒角，如图 5.5.7 所示。

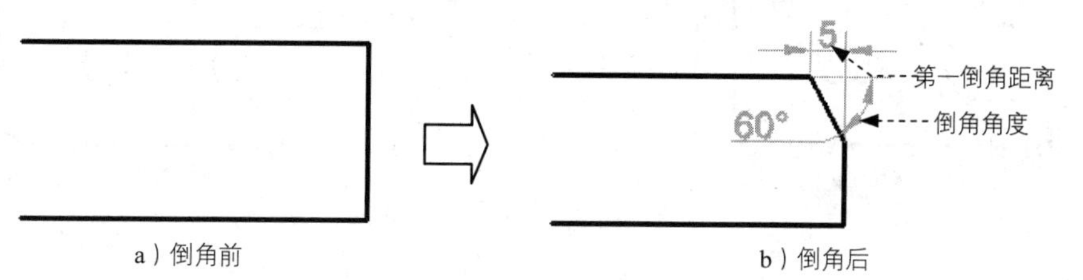

图 5.5.7　设置倒角角度

◆ 修剪（T）

修剪(T)选项用于确定倒角操作的修剪模式，即确定倒角后是否对相应的倒角边进行修剪，如图 5.5.8 所示。在命令行的主提示下，输入字母 T（选择修剪(T)选项），然后按 Enter 键，命令行提示输入修剪模式选项 [修剪(T)/不修剪(N)] <修剪>:，如果选择修剪(T)选项，则倒角后要修剪倒角边；如果选择不修剪(N)选项，则倒角后不进行修剪。

◆ 方式（E）

方式(E)选项可以确定按什么方法倒角对象。执行该选项后，系统提示：输入修剪方法 [距离(D)/角度(A)] <角度>:，选取某一选项，再选择要倒角的边线，则系统自动以上一次设置倒角时对该选项输入的值来创建倒角。

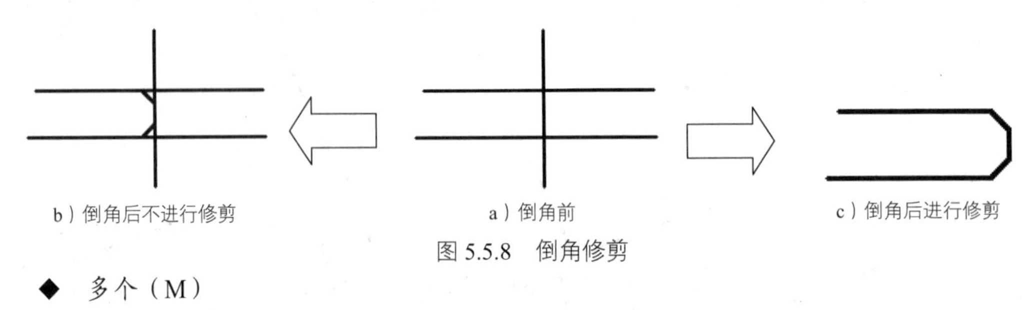

图 5.5.8　倒角修剪

◆ 多个（M）

多个(M)选项用于对多个对象进行倒角。执行该选项后，用户可在依次出现的主提示和选择第二条直线，或按住 Shift 键选择要应用角点的直线:的提示下连续选择直线，直到按 Enter 键为止。

5.5.2　倒圆角

倒圆角就是用指定半径的圆弧连接两个对象。可以对成对的直线线段、多段线、圆弧、圆、射线或构造线进行倒圆角处理；也可以对互相平行的直线、构造线和射线添加圆角；还可以对整个多段线进行倒圆角处理。

1. 倒圆角的一般操作过程

倒圆角时，一般首先应设置圆角半径，然后分别选取圆角的两条边，圆角的边可以是直线或者圆弧。下面以图 5.5.9 所示为例来说明其操作步骤。

图 5.5.9　倒圆角

步骤01 打开随书光盘文件 D:\cad1701\work\ch05.05\fillet1.dwg。

步骤02 选择下拉菜单 修改(M) → 圆角(F) 命令。

或者在命令行中输入 FILLET 或 F，或者单击“倒角”按钮。

步骤03 设置圆角半径。在图 5.5.10 所示的命令行提示下，输入 R（选择“半径”选项），按 Enter 键；在指定圆角半径 <0.0000>: 的提示下，输入圆角半径值 10 后按 Enter 键。

步骤04 选择圆角边线进行倒圆角。在图 5.5.10 所示的提示下，单击第一对象（图 5.5.11 中的水平边线）；在选择第二个对象，或按住 Shift 键选择要应用角点的对象: 的提示下，单击第二对象（图 5.5.11 中的竖直边线），完成后如图 5.5.11 所示。

步骤05 创建其余圆角特征，具体操作可参照步骤02、步骤03与步骤04，完成后如图 5.5.9b 所示。

```
命令: _fillet
当前设置: 模式 = 修剪, 半径 = 0.0000
FILLET 选择第一个对象或 [放弃(U) 多段线(P) 半径(R) 修剪(T) 多个(M)]:
```

图 5.5.10 命令行提示

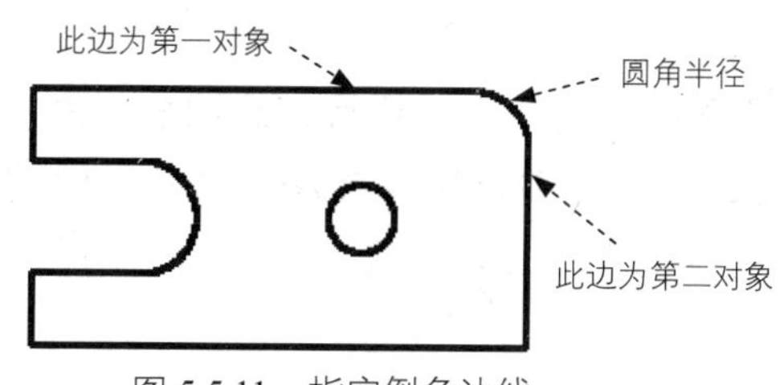

图 5.5.11 指定倒角边线

- 若圆角半径设置太大，倒不出圆角，系统会给出提示。
- 如果圆角半径为零，那么使用圆角命令后，系统将延长或修剪相应的两条线，使二者相交于一点，不产生圆角。
- 系统允许对两条平行线倒圆角，系统自动设圆角半径为两条平行线距离的一半。

2. 选项说明

◆ 多段线（P）

多段线(P)选项可以实现在单一的步骤中对整个二维多段线进行倒圆角。系统将提示选择二维多段线，在选择多段线后，系统在此多段线的各闭合的顶点处设置倒圆角，如图 5.5.12 所示。

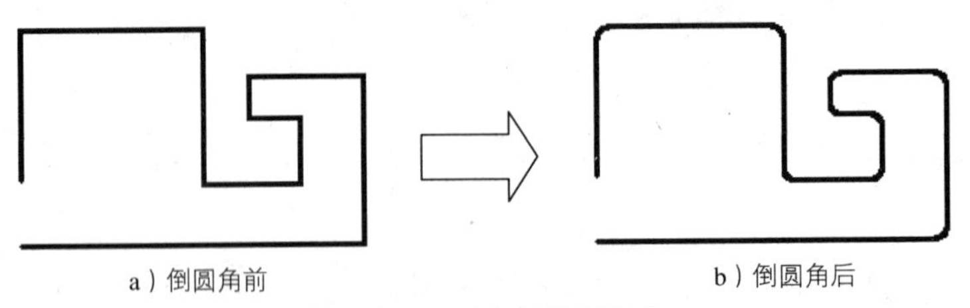

a）倒圆角前　　b）倒圆角后

图 5.5.12　对多段线倒圆角

◆　修剪（T）

修剪(T)选项用于确定倒圆角操作的修剪模式。“修剪（T）”选项表示在倒圆角的同时对相应的两个对象进行修剪，“不修剪（N）”选项则表示在倒圆角的同时不对相应的两个对象进行修剪，如图 5.5.13 所示。

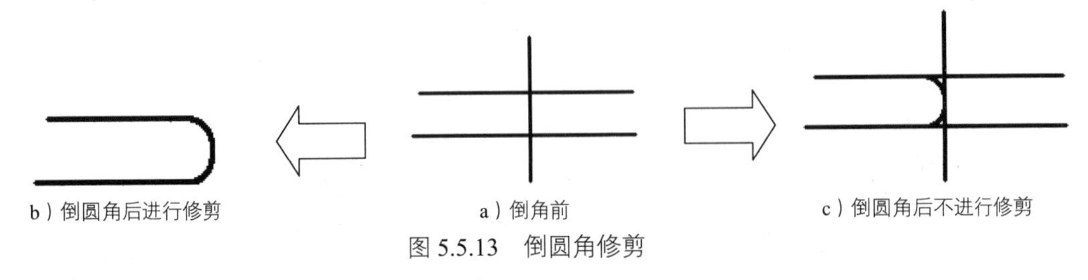

b）倒圆角后进行修剪　　a）倒角前　　c）倒圆角后不进行修剪

图 5.5.13　倒圆角修剪

◆　多个（M）

多个(M)选项用于对多个对象倒圆角。执行该选项后，用户可在依次出现的主提示和选择第二个对象，或按住 Shift 键选择要应用角点的对象：的提示下连续选择对象，直到按 Enter 键为止。

5.5.3　打断

使用“打断”命令可以将一个对象断开，或将其截掉一部分。打断的对象可以为直线线段、多段线、圆弧、圆、射线或构造线等。执行打断前需要指定打断点，系统在默认情况下将选取对象时单击处的点作为第一个打断点。下面以图 5.5.14 所示为例，说明打断的一般操作过程。

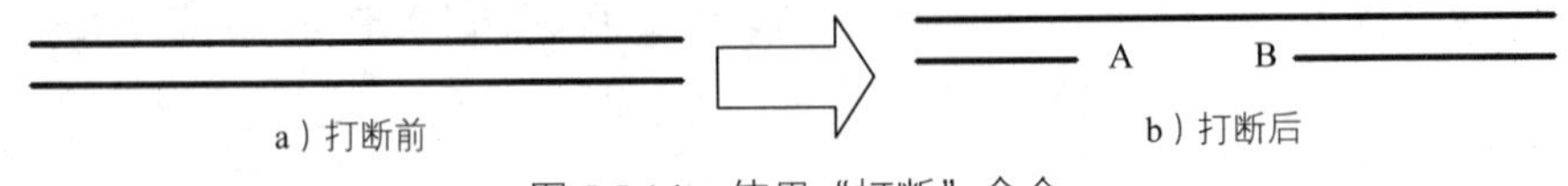

a）打断前　　b）打断后

图 5.5.14　使用“打断”命令

步骤 01　打开随书光盘文件 D:\cad1701\work\ch05.05\break.dwg。

步骤 02　选择下拉菜单 修改(M) → 打断(K) 命令。

或者在命令行中输入 BREAK 或 BR，或者单击 默认 选项卡下“修改”面板下侧的 修改 ▾ 按钮，在展开的工具栏中单击“打断”命令按钮。

步骤 03 在命令行命令：_break 选择对象：的提示下，将鼠标光标移至图 5.5.14 所示的 A 点处并单击，这样便选取了打断对象——直线，同时直线上的 A 点也是第一个打断点。

步骤 04 在命令行指定第二个打断点 或 [第一点(F)]：的提示下，在直线上 B 点处单击，这样 B 点便是第二个打断点，此时系统将 A 点和 B 点之间的线段删除。

- 如果选择提示指定第二个打断点 或 [第一点(F)]：中的“第一点（F）”选项，
- 在系统命令：_break 选择对象：的提示下，通过选择该对象并在其上某处单击，然后在指定第二个打断点 或 [第一点(F)]：的提示下，输入@并按 Enter 键，则系统便在单击处将对象断开，由于只选取了一个点，所以断开处没有缺口。
- 如果第二点是在对象外选取的，系统会将该对象位于两个点之间的部分删除。
- 选择“打断于点”按钮，可将对象在一点处断开成两个对象，该命令是从 打断(K) 命令派生出来的。使用该命令时，应先选取要被打断的对象，然后指定打断点，系统便可在该断点处将对象打断成相连的两部分。
- 对圆的打断，系统按逆时针方向将第一个断点到第二个断点之间的那段圆弧删除掉。

5.5.4 分解

分解对象就是将一个整体的复杂对象（如多段线、块）转换成一个个单一组成的对象。分解多段线、矩形、圆环和多边形，可以把它们简化成多条简单的直线段和圆弧对象，然后就可以分别进行修改。下面以图 5.5.15 所示为例，说明对象的分解。

步骤 01 打开随书光盘文件 D:\cad1701\work\ch05.05\explode.dwg。

步骤 02 选择下拉菜单 修改(M) → 分解(X) 命令。

或者输入命令 EXPLODE 后按 Enter 键；或者单击“分解”按钮。

步骤 03 选择多段线为分解对象，并按 Enter 键。

步骤 04 验证结果。完成分解后，再次单击图形中的某个边线，此时只有这条边线加亮，如图 5.5.15b 所示，这说明多段线已被分解。

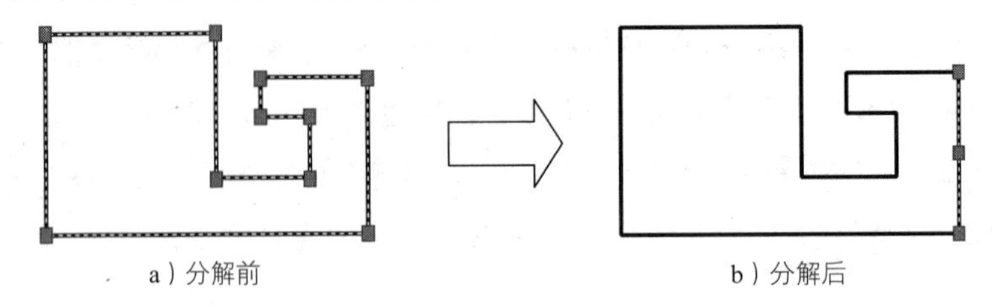

a）分解前　　　　b）分解后

图 5.5.15　分解对象

将对象分解后，将出现以下几种情况。

- 如果原始的多段线具有宽度，在分解后将丢失宽度信息。
- 如果分解包含有属性的块，将丢失属性信息，但属性定义被保留下来。
- 在分解对象后，原来配置成 By Block（随块）的颜色和线型的显示，将有可能发生改变。
- 如果分解面域，则面域转换成单独的线和圆等对象。
- 某些对象，如文字、外部参照以及用 MINSERT 命令插入的块，不能分解。

5.5.5　合并

合并对象就是将相似的对象合并为一个对象，可以用来合并的对象包括圆弧、椭圆弧、直线、多段线和样条曲线等。下面以图 5.5.16 所示为例，说明对象的合并。

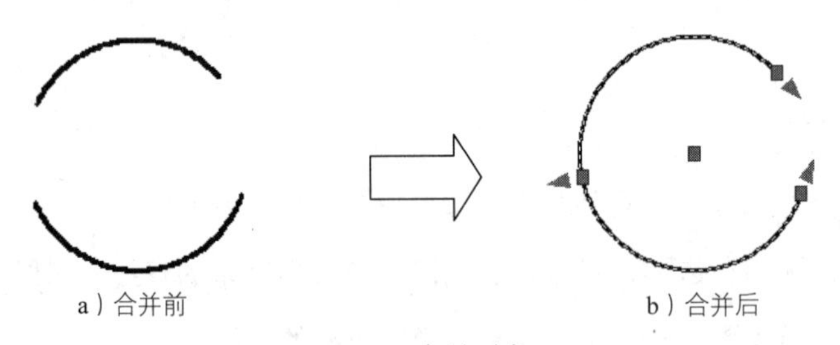

a）合并前　　　　b）合并后

图 5.5.16　合并对象

步骤 01 打开随书光盘文件 D:\cad1701\work\ch05.05\join.dwg。

步骤 02 选择下拉菜单 修改(M) → 合并(J) 命令。

说明：或者输入命令 JOIN 后按 Enter 键；或者单击“合并”按钮。

步骤 03 选择合并对象。在绘图区域选取图 5.5.16a 中的两段圆弧为要合并的对象，并按 Enter 键。

步骤 04 验证结果。完成合并后，再次单击图形中的某个边线，此时整个对象均加亮，如图 5.5.16b 所示，这说明两段圆弧已被合并。

当用合并命令去合并两段圆弧时，合并将从源对象沿逆时针的方向合并圆弧。

5.6 使用夹点编辑图形

5.6.1 关于夹点

1. 认识夹点

夹点是指对象上的控制点。当选择对象时，在对象上会显示出若干个蓝色的小方框，这些小方框就是用来标记被选中对象的夹点，如图 5.6.1 所示。对于不同的对象，用来控制其特征的夹点的位置和数量也不相同。

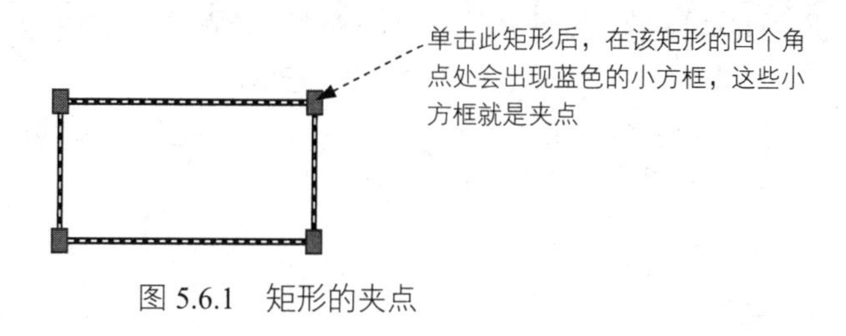

图 5.6.1 矩形的夹点

2. 控制夹点显示

选择下拉菜单 工具(T) → 选项(N)... 命令，系统弹出“选项”对话框，通过该对话框的 选择集 选项卡可对夹点的显示进行设置。相关选项说明如下。

- ◆ 夹点尺寸(Z) 区域：控制夹点的显示大小。该项对应 GRIPSIZE 系统变量。
- ◆ 未选中夹点颜色(U): 下拉列表：确定未选中的夹点的颜色。如果从颜色列表中选择了“选择颜色”，系统弹出“选择颜色”对话框。该项对应 GRIPCOLOR 系统变量。
- ◆ 选中夹点颜色(C): 下拉列表：确定选中的夹点的颜色。
- ◆ 悬停夹点颜色(R): 下拉列表：决定光标在夹点上停留时夹点显示的颜色。该项对应 GRIPHOVER 系统变量。
- ◆ ☑ 显示夹点(R) 复选框：选中该项后，选择对象时在对象上显示夹点。通过选择夹点和使用快捷菜单，可以用夹点来编辑对象。但在图形中显示夹点会明显降低性能，清除此选项可优化性能。

◆ 在块中显示夹点(B)复选框：如果选择此选项，系统将显示块中每个对象的所有夹点。如果不选择此选项，则将在块的插入点位置显示一个夹点。

◆ 显示夹点提示(T)复选框：选中该项后，当光标悬停在自定义对象的夹点上时，显示夹点的特定提示。该选项在标准 AutoCAD 对象上无效。

◆ 选择对象时限制显示的夹点数(M)文本框：当初始选择集包括多于指定数目的对象时，抑制夹点的显示。有效值的范围为 1 ~ 32767，默认值是 100。

5.6.2 使用夹点编辑对象

1. 拉伸模式

当单击对象上的夹点时，系统便直接进入“拉伸”模式，此时可直接对对象进行拉伸、旋转、移动或缩放。在“拉伸”模式时，系统命令行提示图 5.6.2 所示的信息。

下面仅以直线、圆弧和圆进行说明。

◆ 直线对象：使用直线对象上的夹点，可以移动、拉伸和旋转直线，如图 5.6.3 所示。

图 5.6.2 命令行提示

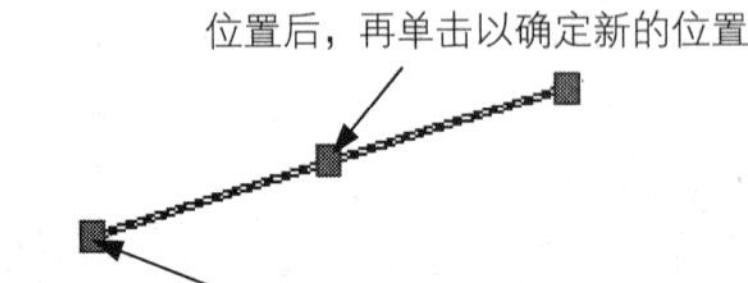

图 5.6.3 通过夹点直接编辑直线对象

◆ 圆弧对象：使用圆弧对象上的夹点，可以实现对圆弧的拉伸，如图 5.6.4 所示。

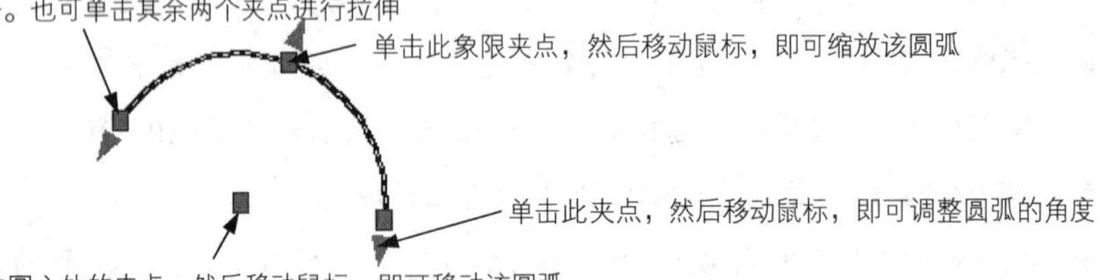

图 5.6.4 通过夹点直接编辑圆弧对象

◆ 圆对象：使用圆对象上的夹点，可以实现对圆的缩放和移动，如图 5.6.5 所示。

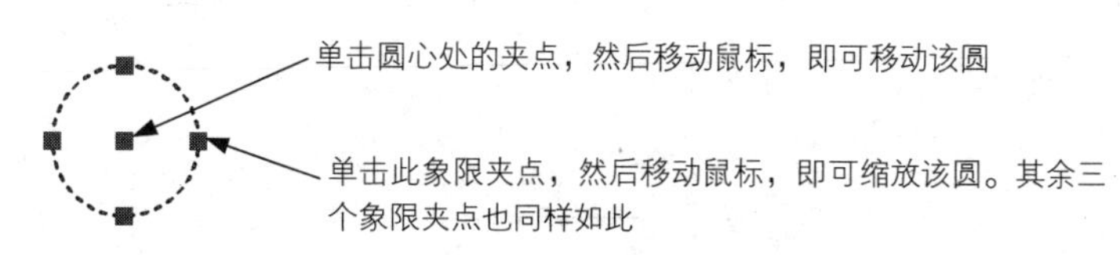

图 5.6.5 通过夹点直接编辑圆对象

2. 移动模式

单击对象上的夹点，在命令行的提示下，直接按 Enter 键或输入 MO 后按 Enter 键，系统便进入“移动”模式，此时可对对象进行移动。

3. 旋转模式

单击对象上的夹点，在命令行的提示下，连续按两次 Enter 键或输入 RO 后按 Enter 键，便进入“旋转”模式。此时，可以把对象绕操作点或新的基点旋转。

4. 缩放模式

单击对象上的夹点，连续按三次 Enter 键或输入 SC 后按 Enter 键，便进入“缩放”模式，此时可以把对象相对于操作点或基点进行缩放。

5. 镜像模式

单击对象上的夹点，连续按四次 Enter 键或输入 MI 后按 Enter 键，便进入“镜像”模式，此时可以将对象进行镜像。

单击夹点，然后右击，通过系统弹出的快捷菜单也可以进入各编辑模式。

5.7 修改对象的特性

在默认的情况下，在某层中绘制的对象，其颜色、线型和线宽等特性都与该层属性设置一致，即对象的特性类型为 By Layer（随层）。在实际工作中，经常需要修改对象的特性，这就要求大家应该熟练、灵活地掌握对象特性修改的工具及命令。AutoCAD 2017 提供了以下工具和命令用于修改对象的特性。

5.7.1 使用“特性”面板

处于浮动状态时的“特性”面板如图 5.7.1 所示，用它可以修改所有对象的通用特性，如图层、颜色、线型、线宽和打印样式。当选择多个对象时，面板上的控制项将显示所选择的对象都具有的相同特性（如相同的颜色或线型）。如果这些对象所具有的特性不相同，则相应的控制项为空白。

图 5.7.1　“特性”面板

当只选择一个对象时，则面板上的控制项将显示这个对象的相应特性。

当没有选择对象时，面板上的控制项将显示当前图层的特性，包括图层的颜色、线型、线宽和打印样式。

如要修改某特性，只需在相应的控制项中选择新的选项即可。

5.7.2　使用“特性”窗口

“特性”窗口如图 5.7.2 所示，用它可以修改任何对象的任一特性。选择的对象不同，“特性”窗口中显示的内容和项目也不同。“特性”窗口在绘图过程中可以处于打开状态。

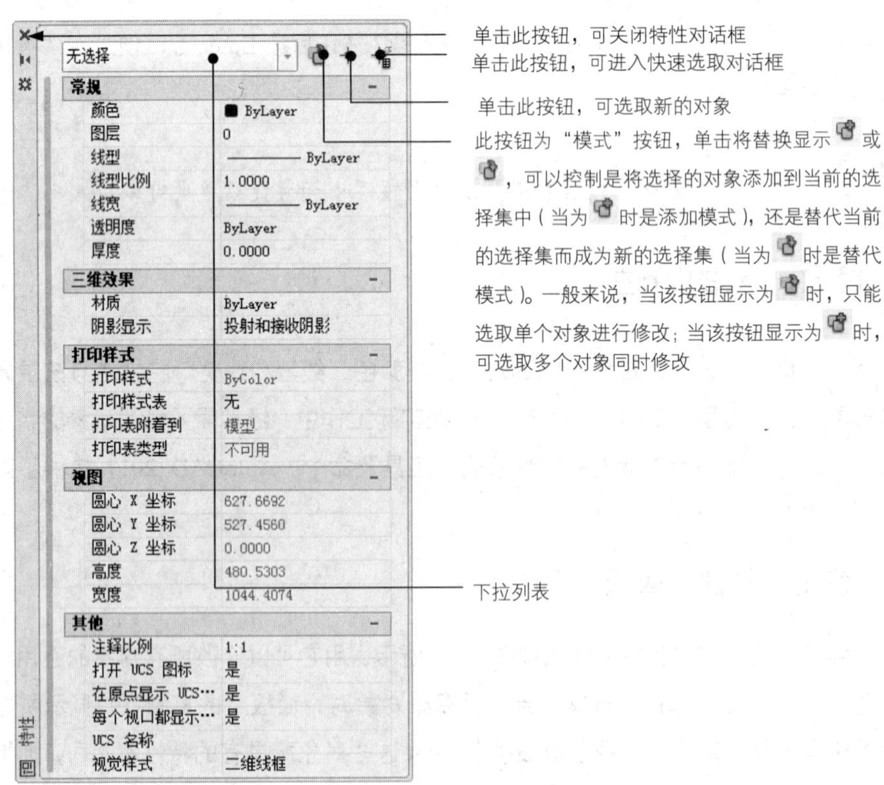

图 5.7.2　“特性”窗口

要显示“特性”窗口，可以双击某对象或选择下拉菜单 修改(M) → 特性(P) 命令（或者在命令行中输入 PROPERTIES 命令后按 Enter 键）。

当没有选择对象时，“特性”窗口将显示当前状态的特性，包括当前的图层、颜色、线型、线宽和打印样式等设置。

当选择一个对象时，“特性”窗口将显示选定对象的特性。

当选择多个对象时，“特性”窗口将只显示这些对象的共有特性，此时可以在“特性”窗口顶部的下拉列表中选择一个特定类型的对象，在这个列表中还显示出当前所选择的每一种类型的对象的数量。

在“特性”窗口中，修改某个特性的方法取决于所要修改的特性的类型。归纳起来，可以使用以下几种方法之一修改特性。

- 直接输入新值：对于带有数值的特性，如厚度、坐标值、半径和面积等，可以通过输入一个新的值来修改对象的相应特性。
- 从下拉列表中选择一个新值：对于可以从下拉列表中选择的特性，如图层、线型和打印样式等，可从该特性对应的下拉列表中选择一个新值来修改对象的特性。
- 用对话框修改特性值：对于通常需要用对话框设置和编辑的特性，如超级链接、填充图案的名称或文本字符串的内容，可选择该特性并单击后部出现的省略号按钮 ···，在显示出来的对象编辑对话框中修改对象的特性。
- 使用拾取点按钮修改坐标值：对于表示位置的特性（如起点坐标），可选择该特性并单击后部所出现的拾取点按钮，然后在图形中某位置单击以指定一个新的位置。

下面举例来说明“特性”窗口的操作。

如图 5.7.3 所示，通过“特性”窗口将大圆的颜色改为“红色”，将小圆圆心端点的坐标改为（1000，800），将大圆圆心坐标也改为（1000，800），操作步骤如下。

步骤 01 打开随书光盘文件 D:\cad1701\work\ch05.07\drawing1.dwg。

步骤 02 选择下拉菜单 修改(M) → 特性(P) 命令，系统弹出“特性”窗口，确认“特性”窗口顶部的“模式”按钮显示为，选择图 5.7.3a 中的大圆对象，此时的“特性”窗口便显示该大圆的特性，如图 5.7.4a 所示。

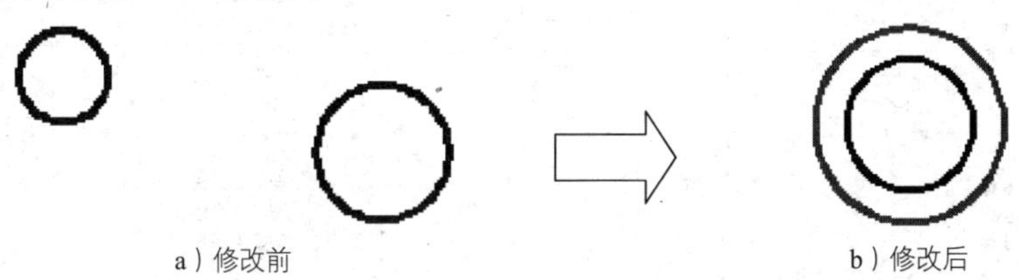

a）修改前　　b）修改后

图 5.7.3 通过“特性”窗口修改对象

说明：步骤 02 的操作可采用另一种简便的方法，只需双击圆对象即可。

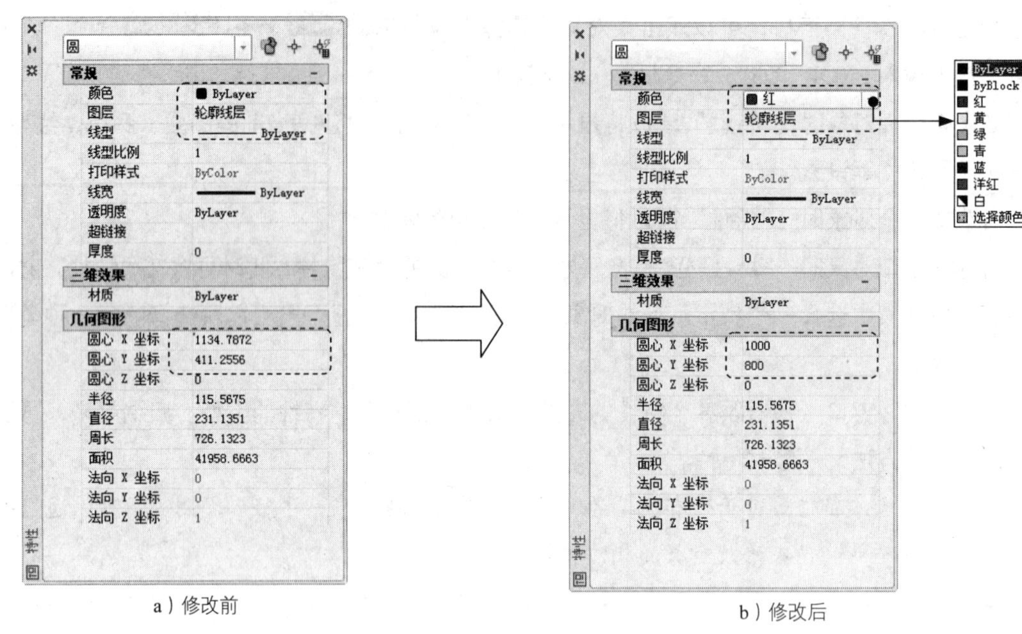

a）修改前　　　　b）修改后

图 5.7.4　修改大圆的特性

步骤 03 修改特性值。单击“特性”窗口中的“颜色”项，单击下三角按钮，在下拉列表中选取“红”；在**几何图形**部分，单击“圆心 X 坐标”项后的文本框，将其值修改为 1000；单击“圆心 Y 坐标”项后的文本框，将其值修改为 800，修改后的“特性”窗口如图 5.7.4b 所示。

步骤 04 选择另一修改对象——小圆，此时“特性”窗口便显示该圆的特性，如图 5.7.5 所示。

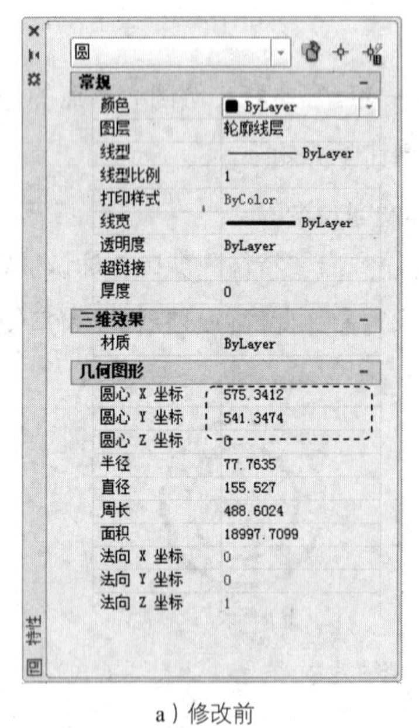

a）修改前

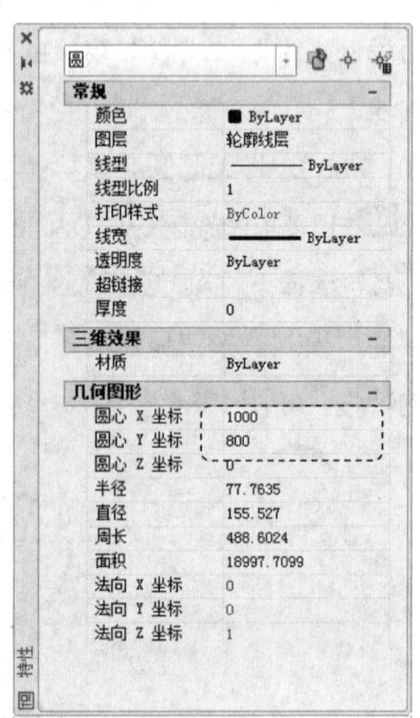

b）修改后

图 5.7.5　修改小圆的特性

步骤 05 修改其特性值。在几何图形部分，单击“圆心 X 坐标”项后的文本框，将其值修改为 1000；单击“圆心 Y 坐标”项后的文本框，将其值修改为 800，最后结果如图 5.7.3b 所示。

5.7.3 使用 CHANGE 和 CHPROP 命令

在命令行中输入 CHANGE 和 CHPROP 命令也可以修改对象的特性。用 CHPROP 命令可修改一个或多个对象的颜色、图层、线型、线型比例、线宽或厚度，而用 CHANGE 命令还可以修改对象的标高、文字和属性定义（包括文字样式、高度、旋转角度和文本字符串）以及块的插入点和旋转角度、直线的端点和圆的半径等。

5.7.4 匹配对象特性

匹配对象特性就是将图形中某对象的特性和另外的对象相匹配，即将一个对象的某些或所有特性复制到一个或多个对象上，使它们在特性上保持一致。例如，绘制完一条直线，我们要求它与另外一个对象保持相同的颜色和线型，这时就可以使用特性匹配工具来完成。

如图 5.7.6 所示，可以将直线的线型及线宽修改为与圆相同的样式，下面介绍其方法。

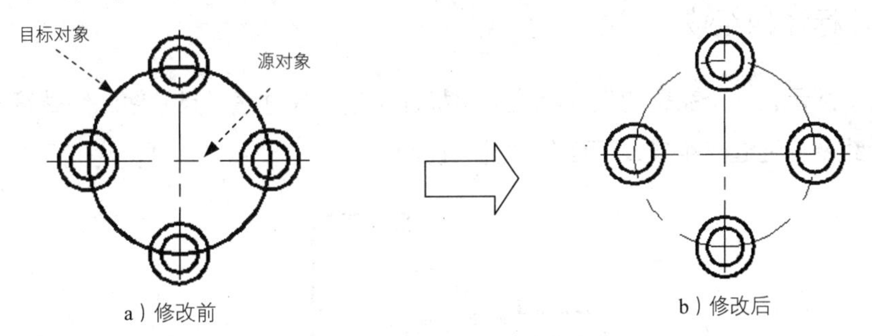

图 5.7.6 匹配对象特性举例

步骤 01 打开随书光盘文件 D:\cad1701\work\ch05.07\drawing2.dwg。

步骤 02 选择下拉菜单 修改(M) → 特性匹配(M) 命令。

也可以在命令行中输入 MATCHPROP 命令后按 Enter 键。

步骤 03 选择匹配源对象。在系统选择源对象：的提示下，选择图 5.7.6a 所示的直线作为参照的源对象。

步骤 04 选择目标对象。在系统选择目标对象或 [设置(S)]：的提示下，选择图 5.7.6a 所示的圆作为目标对象，并按 Enter 键，结果如图 5.7.6b 所示。

第 6 章　标注图形尺寸

6.1　尺寸标注

6.1.1　尺寸标注概述

在 AutoCAD 系统中，尺寸标注用于标明图元的大小或图元间的相互位置，以及为图形添加公差符号、注释等，尺寸标注包括线性标注、角度标注、多重引线标注、半径标注、直径标注和坐标标注等几种类型。

标注样式也就是尺寸标注的外观，比如标注文字的样式、箭头类型、颜色等都属于标注样式。尺寸标注样式由系统提供的多种尺寸变量来控制，用户可以根据需要对其进行设置并保存，以便重复使用此样式，这样就可以提高软件的使用效率。

6.1.2　尺寸标注的组成

如图 6.1.1 所示，一个完整的尺寸标注应由标注文字、尺寸线、尺寸线的终端符号（标注箭头）、尺寸界线及标注起点组成，下面分别进行说明。

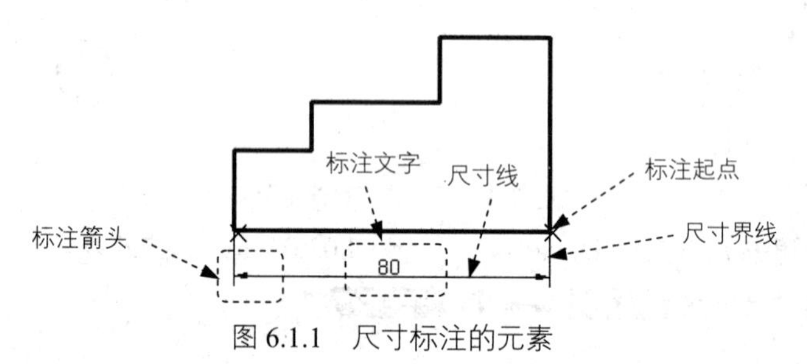

图 6.1.1　尺寸标注的元素

◆ 标注文字：用于表明图形大小的数值，标注文字除了包含一个基本的数值外，还可以包含前缀、后缀、公差和其他的任何文字。在创建尺寸标注时，可以控制标注文字字体以及其位置和方向。

◆ 尺寸线：标注尺寸线，简称尺寸线，一般是一条两端带有箭头的线段，用于表明标注的范围。尺寸线通常放置在测量区域中，如果空间不足，则将尺寸线或文字移到测量区域的外部，这取决于标注样式中的放置规则。对于角度标注，尺寸线是一段圆弧。尺寸线应该使用细实线。

◆ 标注箭头：标注箭头位于尺寸线的两端，用于指出测量的开始和结束位置。系统默认使用闭合的填充箭头符号，此外还提供了多种箭头符号，如建筑标记、小斜线箭头、点和斜杠等，以满足用户的不同需求。

- 标注起点：标注起点是所标注对象的起始点，系统测量的数据均以起点为计算点。标注起点通常与尺寸界线的起点重合，也可以利用尺寸变量，使标注起点与尺寸界线的起点之间有一小段距离。
- 尺寸界线：尺寸界线是标明标注范围的直线，可用于控制尺寸线的位置。尺寸界线也应该使用细实线。

6.1.3 尺寸标注的注意事项

尺寸标注的注意事项如下。

- 在创建一个尺寸标注时，系统将尺寸标注绘制在当前图层上，并使用当前标注样式。用户可以通过修改尺寸变量的值来改变已经存在的尺寸标注样式。
- 在默认状态下，AutoCAD 创建的是关联尺寸标注，即尺寸的组成元素（尺寸线、尺寸界线、标注箭头和标注文字）是作为一个单一的对象处理的，并同测量的对象连接在一起。如果修改对象的尺寸，则尺寸标注将会自动更新以反映出所做的修改。EXPLODE 命令可以把关联尺寸标注转换成分解的尺寸标注，一旦分解后就不能再重新把对象同标注相关联了。
- 物体的真实大小应以图样上所标注的尺寸数值为依据，与图形的大小及绘图的准确度无关。
- 图样中的尺寸以 mm 为单位时，不需要标注计量单位的代号或名称。如采用其他单位，则必须注明相应计量单位的代号或名称，如 m、cm 等。

6.2 创建尺寸标注的准备工作

6.2.1 新建标注样式

在默认情况下，为图形对象添加尺寸标注时，系统将采用 STANDARD 标注样式，该样式保存了默认的尺寸标注变量的设置。STANDARD 样式是根据美国国家标准协会（ANSI）标注标准设计的，但是又不完全遵循该协会的设计。如果在开始绘制新图形时选择了米制单位，则 AutoCAD 将使用 ISO-25（国际标准化组织）的标注样式。德国工业标准（DIN）和日本工业标准（JIS）样式分别由 AutoCAD 的 DIN 和 JIS 图形样板提供。

用户可以根据已经存在的标注样式定义新的标注样式，这样有利于创建一组相关的标注样式。对于已经存在的标注样式，还可以为其创建一个子样式，子样式中的设置仅用于特定类型的尺寸标注。例如，在一个已经存在的样式中，可以指定一个不同类型的箭头用于角度标注，或一个不同的标注文字颜色用于坐标标注。创建新的标注样式的操作步骤为：选择下拉菜单 格式(O) → 标注样式(D)... 命令，系统弹出图 6.2.1 所示的“标注样式管理器”对话框；单击该对话框中的 新建(N)... 按钮，在弹出的“创建新标注样式”对话框中，输入新标注样式的名称并选择基础样式和适用范围；在“创建新标注样式”对话框中单击 继续 按钮，系统弹出图 6.2.2 所示的“新建标注样式”对话框，在其中可设置新标注样式的各项要素。

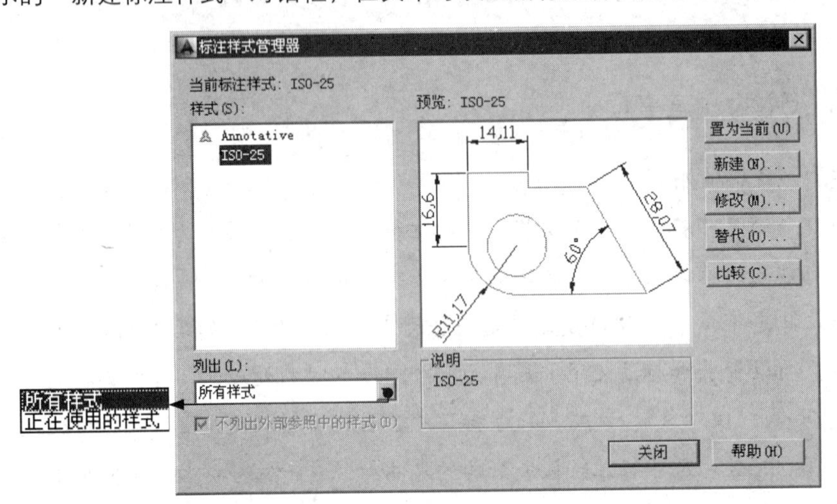

图 6.2.1 “标注样式管理器”对话框

图 6.2.1 所示的“标注样式管理器”对话框中的各选项说明如下。

- 置为当前(U) 按钮：将 样式(S): 列表中的某个标注样式设置为当前使用的样式。
- 新建(N)... 按钮：创建一个新的标注样式。

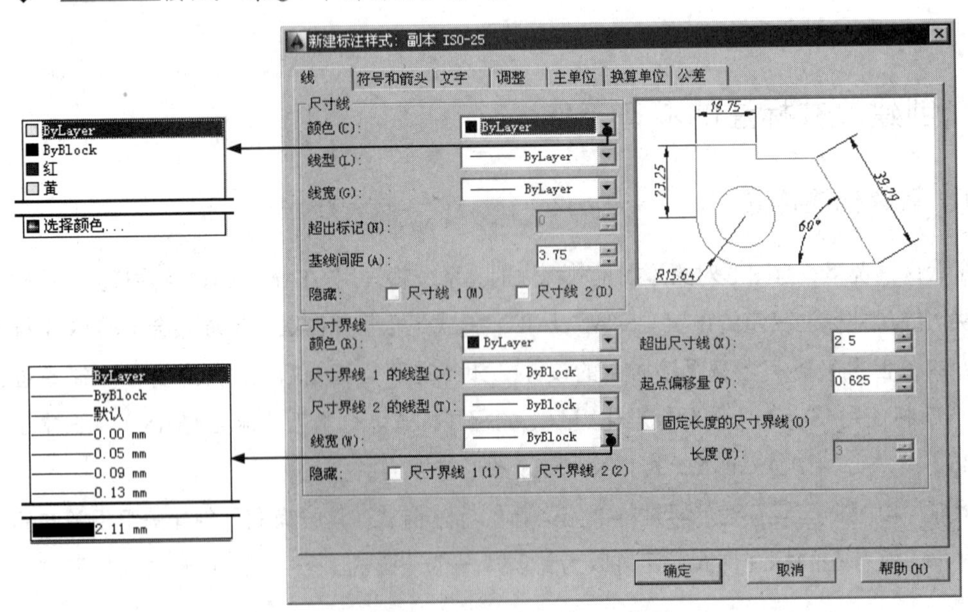

图 6.2.2 “新建标注样式”对话框

◆ 修改(M)... 按钮：修改已有的某个标注样式。

◆ 替代(O)... 按钮：创建当前标注样式的替代样式。

◆ 比较(C)... 按钮：比较两个不同的标注样式。

6.2.2 设置尺寸线与尺寸界线

在图 6.2.2 所示的“新建标注样式”对话框中，使用 线 选项卡，可以设置尺寸标注的尺寸线与尺寸界线的颜色、线型和线宽等。对于任何设置进行的修改，都可在预览区域立即看到更新的结果。

1. 设置尺寸线

在 尺寸线 选项组中，可以进行下列设置。

◆ 颜色(C): 下拉列表：用于设置尺寸线的颜色，默认情况下，尺寸线的颜色随块。另外，也可以使用变量 DIMCLRD 设置尺寸线的颜色。

◆ 线型(L): 下拉列表：用于设置尺寸线的线型，默认情况下，尺寸线的线型随块。

◆ 线宽(G): 下拉列表：用于设置尺寸线的宽度，默认情况下，尺寸线的线宽也随块。另外，也可以使用变量 DIMLWD 设置尺寸线的宽度。

◆ 超出标记(N): 文本框：当尺寸线的箭头采用倾斜、建筑标记、小点、积分或无标记等样式时，在该文本框中可以设置尺寸线超出尺寸界线的长度。例如，将箭头设置为建筑常用的斜杠标记时，超出标记值为 0 和不为 0 时的效果如图 6.2.3 所示。另外，也可以使用系统变量 DIMDLE 设置该项。

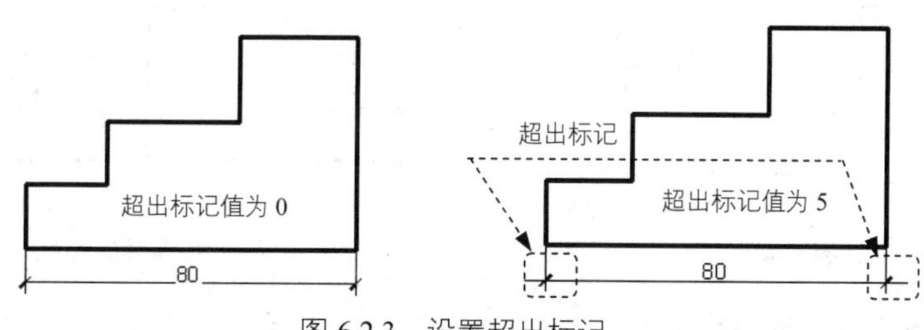

图 6.2.3 设置超出标记

◆ 基线间距(A): 文本框：创建基线标注时，可在此设置各尺寸线之间的距离，如图 6.2.4 所示。另外，也可以用变量 DIMDLI 设置该项。

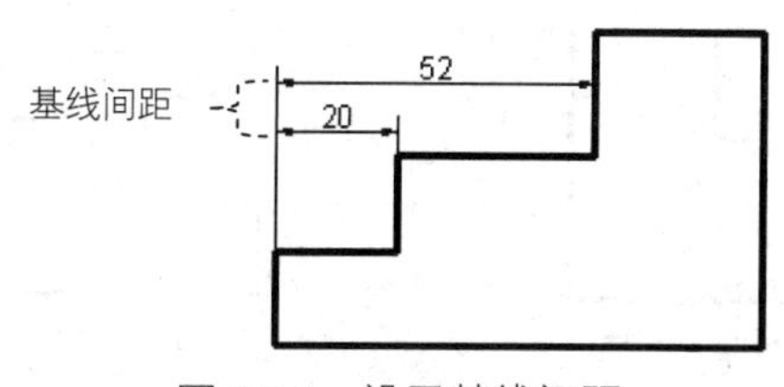

图 6.2.4 设置基线间距

◆ 隐藏: 选项组：通过选中☑尺寸线 1(M)或☑尺寸线 2(D)复选框，可以隐藏第一段或第二段尺寸线及其相应的箭头，如图 6.2.5 所示。另外，也可以使用变量 DIMSDl 和 DIMSD2 设置该项。

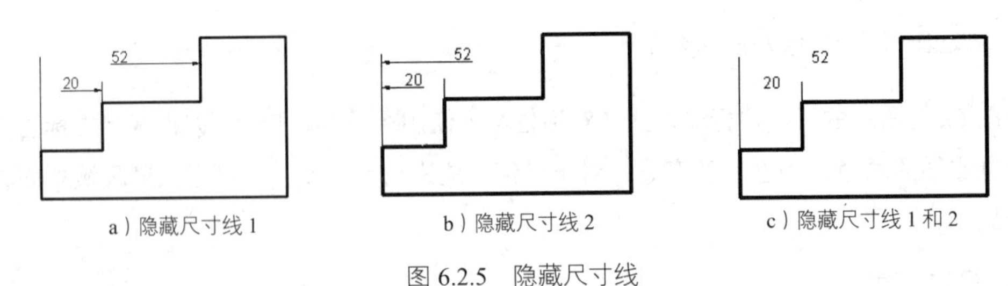

a）隐藏尺寸线 1　b）隐藏尺寸线 2　c）隐藏尺寸线 1 和 2

图 6.2.5　隐藏尺寸线

2. 设置尺寸界线

在尺寸界线选项组中，可以进行下列设置。

◆ 颜色(R): 下拉列表：用于设置尺寸界线的颜色。

◆ 尺寸界线 1 的线型(I): 和尺寸界线 2 的线型(T): 下拉列表：用于设置尺寸界线 1 和尺寸界线 2 的线型。

◆ 线宽(W): 下拉列表：用于设置尺寸界线的宽度。

◆ 超出尺寸线(X): 文本框：用于设置尺寸界线超出尺寸线的距离，如图 6.2.6 所示。

◆ 起点偏移量(F): 文本框：用于设置尺寸界线的起点与标注起点的距离，如图 6.2.7 所示。

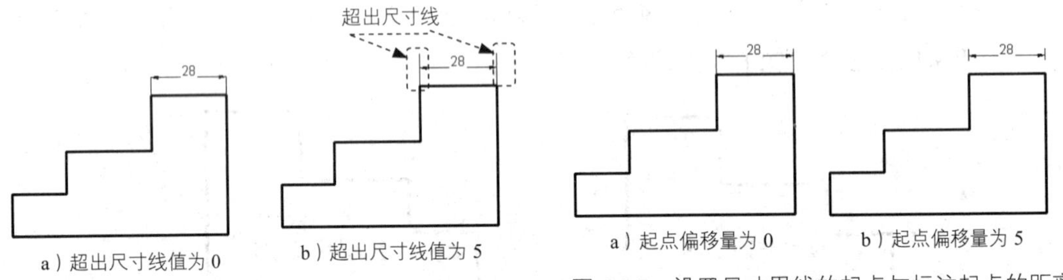

a）超出尺寸线值为 0　b）超出尺寸线值为 5

图 6.2.6　设置尺寸界线超出尺寸线的距离

a）起点偏移量为 0　b）起点偏移量为 5

图 6.2.7　设置尺寸界线的起点与标注起点的距离

◆ ☐ 固定长度的尺寸界线(O): 设置尺寸界线从尺寸线开始到标注原点的总长度。

◆ 隐藏: 选项组：通过选中☑尺寸界线 1(1)或☑尺寸界线 2(2)复选框，可以隐藏尺寸界线，如图 6.2.8 所示。

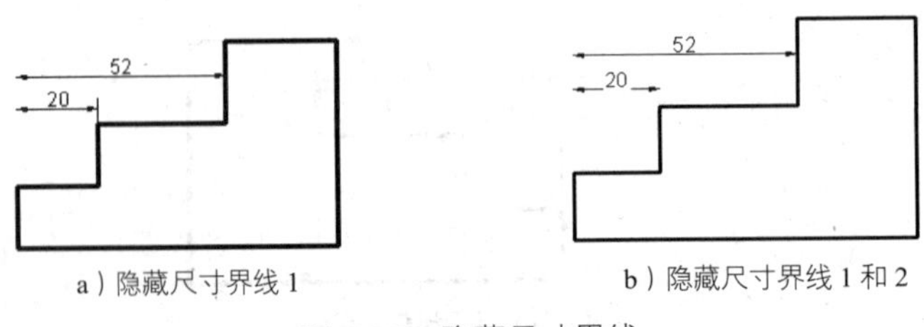

a）隐藏尺寸界线 1　b）隐藏尺寸界线 1 和 2

图 6.2.8　隐藏尺寸界线

6.2.3 设置符号和箭头

在“新建标注样式”对话框中，使用符号和箭头选项卡，可以设置标注文字的箭头大小及圆心标记的格式和位置等，如图 6.2.9 所示。

1. 设置箭头

在图 6.2.9 所示的箭头选项组中，可以设置标注箭头的外观样式及尺寸。为了满足不同类型的图形标注需要，系统提供了 20 多种箭头样式，可以从对应的下拉列表中选择某种样式，并在箭头大小(I):文本框中设置其大小。

此外，用户也可以使用自定义箭头。可在选择箭头的下拉列表中选择用户箭头...选项，系统弹出“选择自定义箭头块”对话框，在从图形块中选择:文本框中输入当前图形中已有的块名，然后单击确定按钮，此时系统即以该块作为尺寸线的箭头样式，块的基点与尺寸线的端点重合。

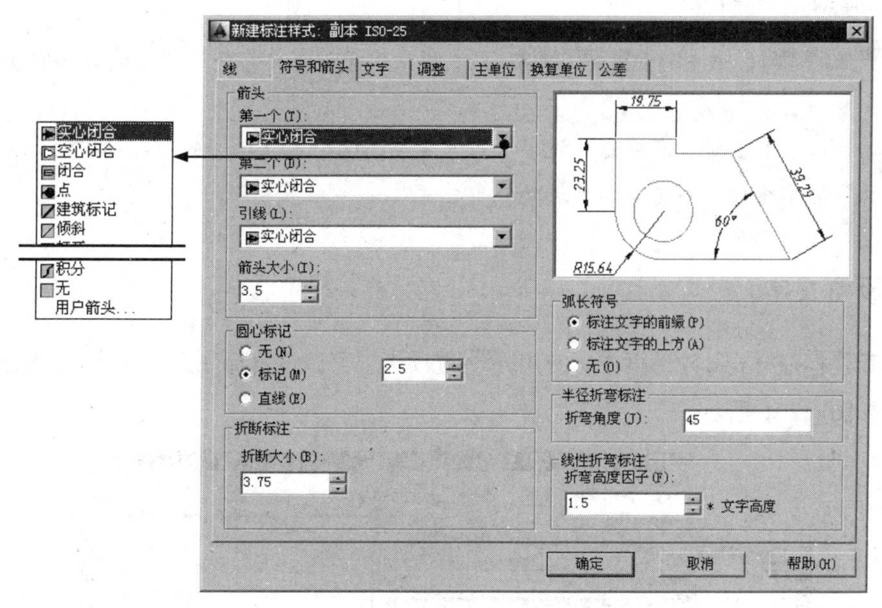

图 6.2.9 “符号和箭头”选项卡

2. 设置圆心标记

在圆心标记选项组中，可以设置圆心标记的类型和大小。

◆ 无(N)、标记(M)和直线(E)单选项：用于设置圆或圆弧的圆心标记类型。其中，选中标记(M)单选项，对圆或圆弧绘制圆心标记；选中直线(E)单选项，对圆或圆弧绘制中心线；选中无(N)单选项，则不做任何标记。

3. 设置折断标注

- ◆ 折断标注 区域中的 折断大小(B): 文本框：用于设置折断标注的间距大小。

4. 设置弧长符号

在 弧长符号 选项组中，可以设置弧长符号。

- ◆ 标注文字的前缀(P) 单选项：将弧长符号放在标注文字的前面。
- ◆ 标注文字的上方(A) 单选项：将弧长符号放在标注文字的上方。
- ◆ 无(O) 单选项：不显示弧长符号。

5. 设置半径折弯标注

- ◆ 半径折弯标注 区域中的 折弯角度(J): 文本框：确定用于连接半径标注的尺寸界线和尺寸线的横向直线的角度。

6. 设置线性折弯标注

- ◆ 线性折弯标注 区域中的 折弯高度因子(F): 文本框：用于设置文字折弯高度的比例因子。

线性折弯高度是通过形成折弯角度的两个定点之间的距离确定的，其值为折弯高度因子与文字高度之积。

6.2.4 设置文字

在“新建标注样式”对话框中，使用 文字 选项卡，可以设置标注文字的外观、位置和对齐方式等，如图 6.2.10 所示。

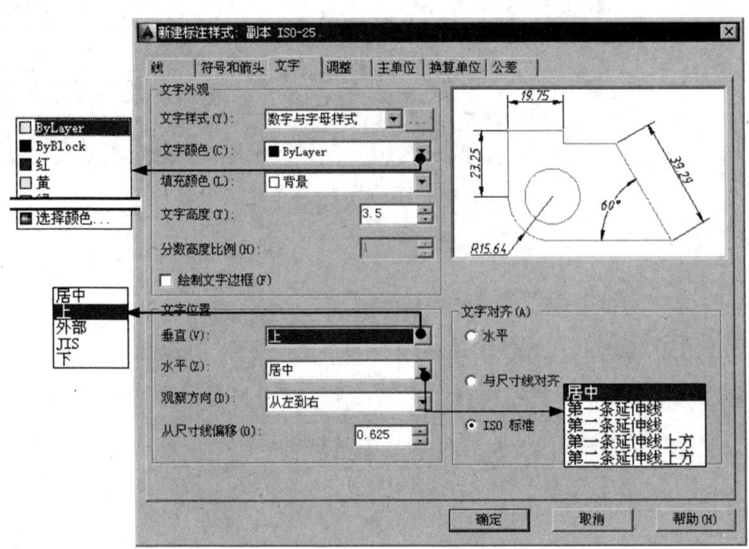

图 6.2.10 “文字”选项卡

1. 设置文字外观

在 文字外观 选项组中，用户可以进行如下设置。

- ◆ 文字样式(Y): 下拉列表：用于选择标注的文字样式，也可以单击其后的 ... 按钮，在弹出的“文字样式”对话框中新建或修改文字样式。
- ◆ 文字颜色(C): 下拉列表：用于设置标注文字的颜色。
- ◆ 填充颜色(L): 下拉列表：用于设置标注中文字背景的颜色。
- ◆ 文字高度(T): 文本框：用于设置标注文字的高度。
- ◆ 分数高度比例(H): 文本框：用于设置标注文字中的分数相对于其他标注文字的比例，系统以该比例值与标注文字高度的乘积作为分数的高度。
- ◆ ☑ 绘制文字边框(F) 复选框：用于设置是否给标注文字加边框，如图 6.2.11 所示。

2. 文字位置

在 文字位置 选项组中，用户可以进行如下设置。

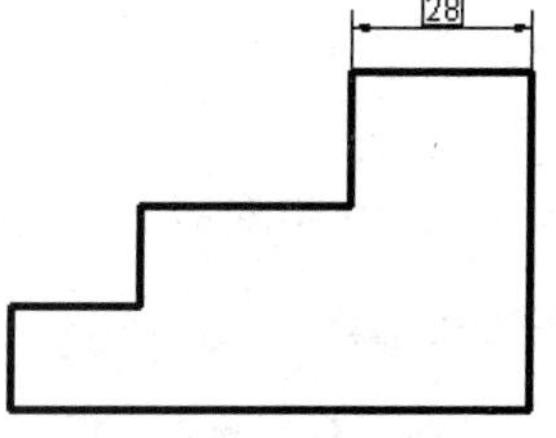

图 6.2.11 加边框

- ◆ 垂直(V): 下拉列表：用于设置标注文字相对于尺寸线在垂直方向的位置。其中，选择“居中”选项，可以把标注文字放在尺寸线中间；选择“上”选项，将把标注文字放在尺寸线的上方；选择“外部”选项，可以把标注文字放在尺寸线上远离标注起点的一侧；选择“JIS”选项，则按照日本工业标准（JIS）规则放置标注文字；选择“下”选项，将把标注文字放在尺寸线的下方，如图 6.2.12 所示。

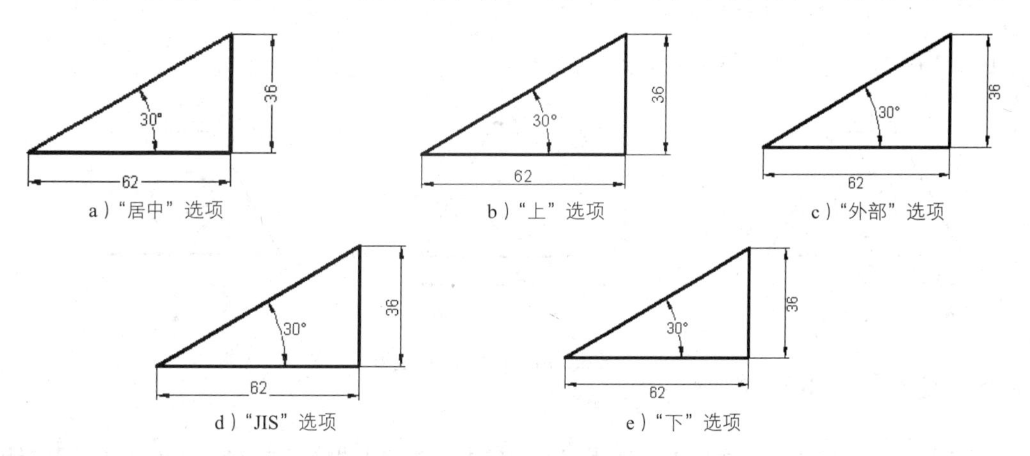

图 6.2.12 设置文字垂直位置

- ◆ 水平(Z): 下拉列表：用于设置标注文字相对于尺寸线和尺寸界线在水平方向的位置，其中有“居中”、“第一条延伸线”、“第二条延伸线”、“第一条延伸线上方”及“第二条延伸线上方”选项。图 6.2.13 显示了上述各位置的情况。

◆ 从尺寸线偏移(O): 文本框：用于设置标注文字与尺寸线之间的距离。如果标注文字在垂直方向位于尺寸线的中间，则表示尺寸线断开处的端点与尺寸文字的间距。若标注文字带有边框，则可以控制文字边框与其中文字的距离。

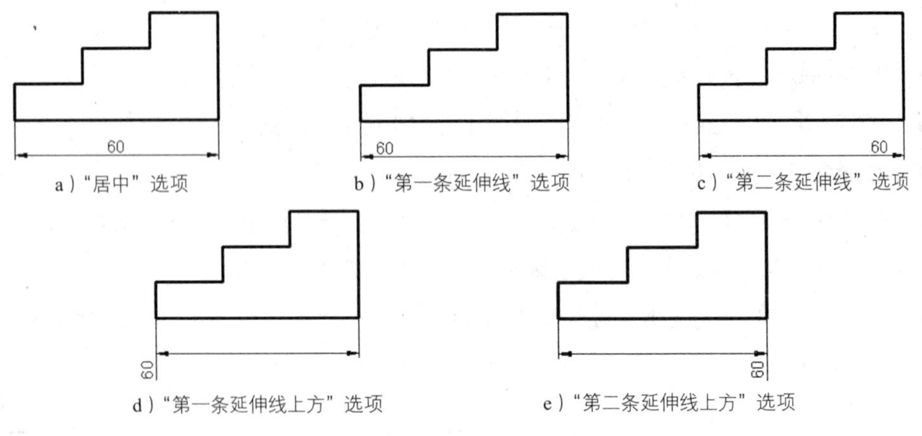

a）“居中”选项　b）“第一条延伸线”选项　c）“第二条延伸线”选项

d）“第一条延伸线上方”选项　e）“第二条延伸线上方”选项

图 6.2.13　设置文字水平位置

3. 文字对齐

在 文字对齐(A) 选项组中，用户可以设置标注文字是保持水平还是与尺寸线平行。

◆ 水平 单选项：使标注文字水平放置。

◆ 与尺寸线对齐 单选项：使标注文字方向与尺寸线方向一致。

◆ ISO 标准 单选项：使标注文字按 ISO 标准放置，即当标注文字在尺寸界线之内时，它的方向与尺寸线方向一致，而在尺寸界线之外时将水平放置。

图 6.2.14 显示了上述三种文字对齐方式。

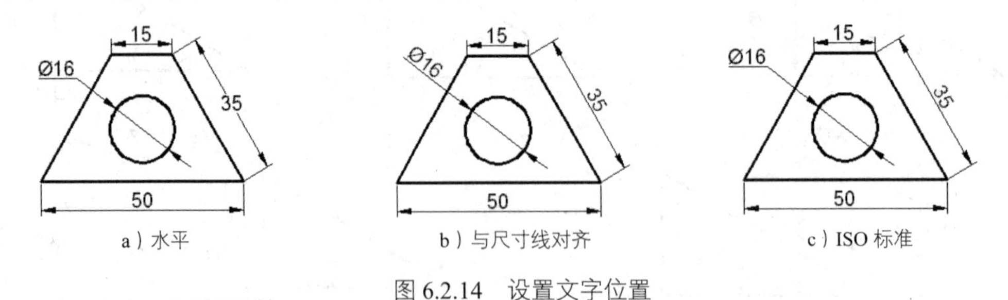

a）水平　b）与尺寸线对齐　c）ISO 标准

图 6.2.14　设置文字位置

6.2.5　设置尺寸的调整

在“新建标注样式”对话框中，使用 调整 选项卡，可以调整标注文字、尺寸线、尺寸箭头的位置，如图 6.2.15 所示。在 AutoCAD 系统中，当尺寸界线间有足够的空间时，文字和箭头将始终位于尺寸界线之间；否则将按 调整 选项卡中的设置来放置。

1. 调整选项

当尺寸界线之间没有足够的空间来同时放置标注文字和箭头时，通过调整选项(F)选项组中的各选项，可以设定如何从尺寸界线之间移出文字或箭头对象，各选项说明如下。

- ◆ 文字或箭头（最佳效果）单选项：由系统按最佳效果自动移出文字或箭头。
- ◆ 箭头单选项：首先将箭头移出，如图 6.2.16a 所示。
- ◆ 文字单选项：首先将文字移出，如图 6.2.16b 所示。
- ◆ 文字和箭头单选项：将文字和箭头都移出，如图 6.2.16c 所示。
- ◆ 文字始终保持在尺寸界线之间单选项：将文本始终保持在尺寸界线内，箭头可在尺寸界线内，也可在尺寸界线之外。
- ◆ 若箭头不能放在尺寸界线内，则将其消除复选框：选中该复选框，系统将抑制箭头显示，如图 6.2.16d 所示。

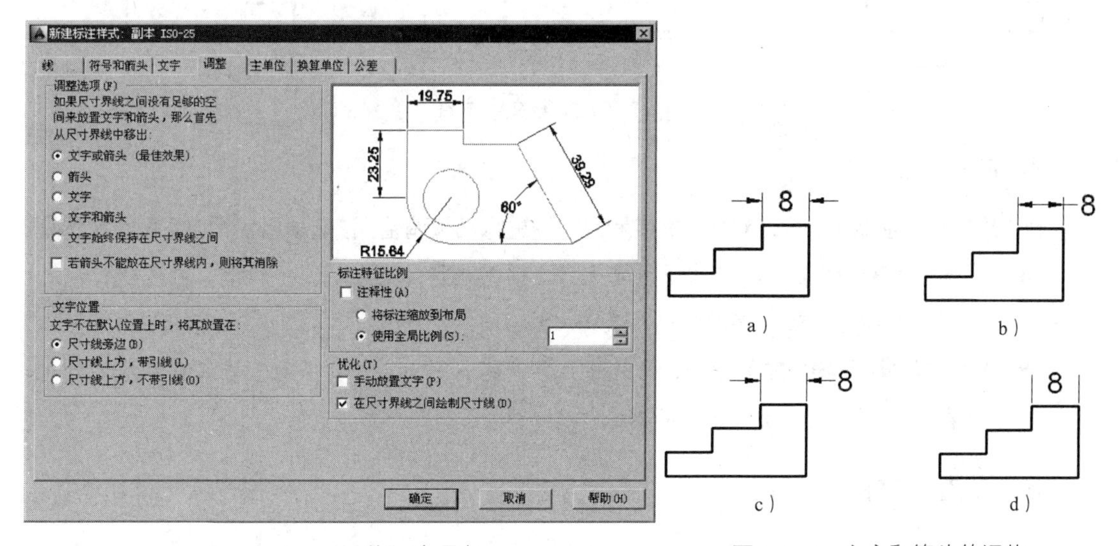

图 6.2.15 “调整”选项卡　　　　图 6.2.16 文字和箭头的调整

2. 文字位置

在文字位置选项组中，可以设置将文字从尺寸界线之间移出时，文字放置的位置。图 6.2.17 显示了当文字不在默认位置时的各种设置效果。

- ◆ 尺寸线旁边(B)单选项：将标注文字放在尺寸线旁边，如图 6.2.17a 所示。
- ◆ 尺寸线上方，带引线(L)单选项：将标注文字放在尺寸线的上方并且加上引线，如图 6.2.17b 所示。
- ◆ 尺寸线上方，不带引线(O)单选项：将标注文字放在尺寸线的上方但不加引线，如图 6.2.17c 所示。

3. 标注特征比例

标注特征比例选项组的各选项说明如下。

- ◆ 使用全局比例(S): 单选项：对所有标注样式设置缩放比例，该比例并不改变尺寸的测量值。
- ◆ 将标注缩放到布局 单选项：根据当前模型空间视口与图纸空间之间的缩放关系设置比例。

当选中 ☑ 注释性(A) ⓘ 复选框时，此标注为注释性标注，使用全局比例(S): 和 将标注缩放到布局 选项不亮显。

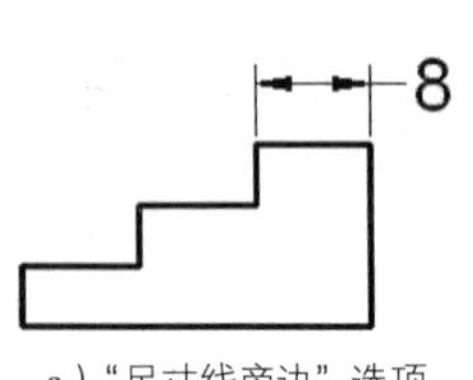

a）“尺寸线旁边”选项

b）“尺寸线上方，带引线”选项

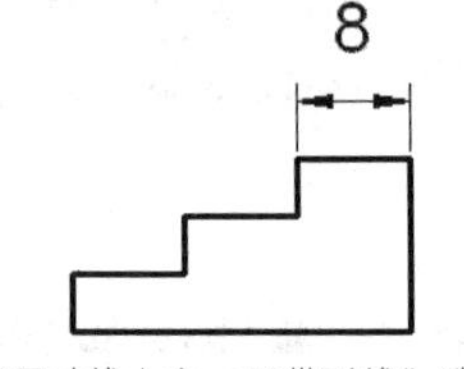

c）“尺寸线上方，不带引线”选项

图 6.2.17 调整文字位置

4. 优化

在 优化(T) 选项组中，可以对标注文字和尺寸线进行细微调整，该选项组包括以下两个复选框。

- ◆ 手动放置文字(P) 复选框：选中该复选框，则忽略标注文字的水平设置，在创建标注时，用户可以指定标注文字放置的位置。
- ◆ ☑ 在尺寸界线之间绘制尺寸线(D) 复选框：选中该复选框，则当尺寸箭头放置在尺寸界线之外时，也在尺寸界线之内绘制出尺寸线。

6.2.6 设置尺寸的主单位

在“新建标注样式”对话框中，使用主单位选项卡，用户可以设置主单位的格式与精度等属性，如图 6.2.18 所示。

1. 线性标注

在 线性标注 选项组中，用户可以设置线性标注的单位格式与精度，该选项组中各选项说明如下。

- ◆ 单位格式(U): 下拉列表：用于设置线性标注的尺寸单位格式，包括“科学”、“小数”、“工程”、“建筑”、“分数”及“Windows 桌面”选项，其中“Windows 桌面”表示使用 Windows 控制面板区域设置（Regional Settings）中的设置。
- ◆ 精度(P): 下拉列表：用于设置线性标注的尺寸的小数位数。

◆ 分数格式(M): 下拉列表：当单位格式是分数时，可以设置分数的格式，包括"水平"、"对角"和"非堆叠"三种方式。

◆ 小数分隔符(C): 下拉列表：用于设置小数的分隔符，包括"逗点"、"句点"和"空格"三种方式。

◆ 舍入(R): 文本框：用于设置线性尺寸测量值的舍入规则（小数点后的位数由 精度(P): 选项确定）。

◆ 前缀(X): 和 后缀(S): 文本框：用于设置标注文字的前缀和后缀，用户在相应的文本框中输入字符即可（如果输入了一个前缀，在创建半径或直径尺寸标注时，系统将用指定的前缀代替系统自动生成的半径符号或直径符号）。

◆ 测量单位比例 选项组：在 比例因子(E): 文本框中可以设置测量尺寸的缩放比例，标注的尺寸值将是测量值与该比例的积。例如，输入的比例因子为 5，系统将把 1 个单位的尺寸显示成 5 个单位。选中 ☑ 仅应用到布局标注 复选框，系统仅对在布局里创建的标注应用比例因子。

◆ 消零 选项组：选中此选项，则不显示尺寸标注中的前导和后续的零（如"0.5"变为".5"，"12.5000"变为"12.5"）。

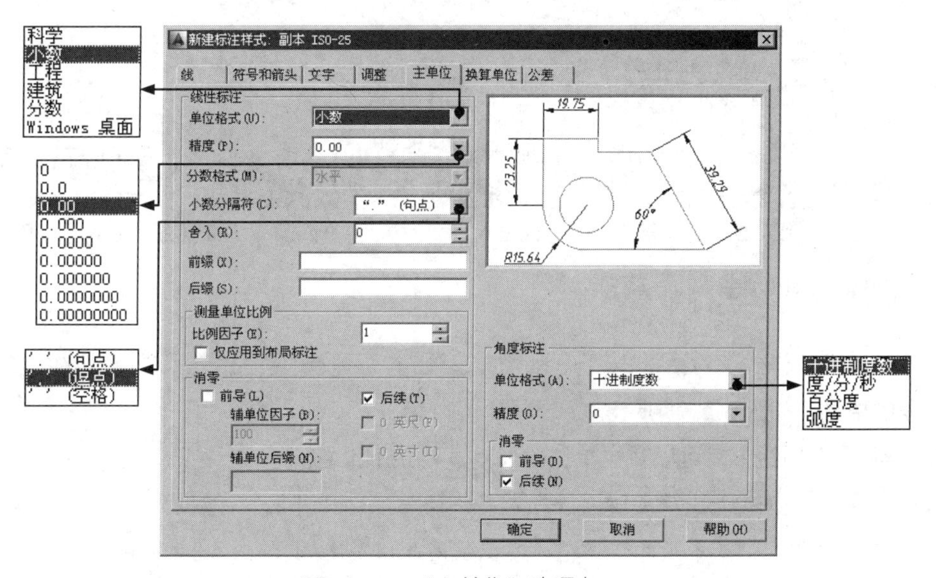

图 6.2.18 "主单位"选项卡

2. 角度标注

在 角度标注 选项组中，可以使用 单位格式(A): 下拉列表设置角度的单位格式；使用 精度(P): 下拉列表设置角度值的精度；在 消零 选项组中设置是否消除角度尺寸的前导和后续的零。

6.2.7 设置尺寸的单位换算

在“新建标注样式”对话框中，使用换算单位选项卡可以显示换算单位及设置换算单位的格式（图 6.2.19），通常是显示英制标注的等效米制标注，或米制标注的等效英制标注。

在换算单位选项卡中选中☑显示换算单位(D)复选框后，系统将在主单位旁边的方括号“[]”中显示换算单位，如图 6.2.20 所示。用户可以在换算单位选项组中设置换算单位的单位格式(U):、精度(P)、换算单位倍数(M):、舍入精度(R):、前缀(F):及后缀(X):项目，其设置方法和含义与主单位基本相同。

选项组用于控制换算单位的位置，包括⊙主值后(A)和○主值下(B)两种方式，分别表示将换算单位放置在主单位的后面或主单位的下面。

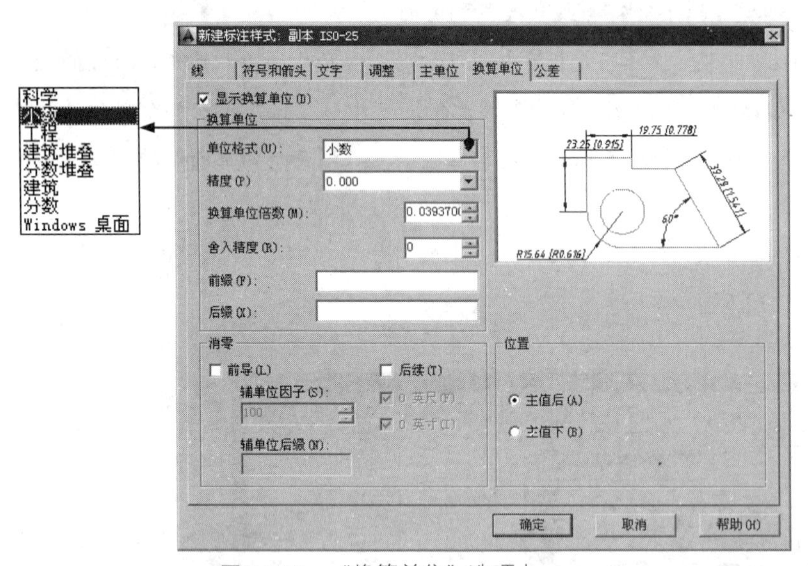

图 6.2.19 “换算单位”选项卡

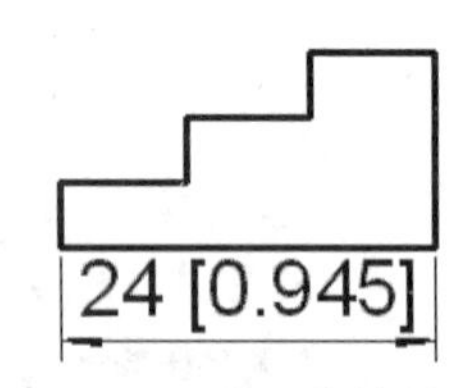

图 6.2.20 使用换算单位

6.2.8 设置尺寸公差

在“新建标注样式”对话框中，使用公差选项卡，可以设置是否在尺寸标注中显示公差及设置公差的格式，如图 6.2.21 所示。

在公差格式选项组中，可以对主单位的公差进行如下设置。

- 方式(M):下拉列表：确定以何种方式标注公差，包括“无”、“对称”、“极限偏差”、“极限尺寸”和“基本尺寸”选项（建议使用 Txt 字体），如图 6.2.22 所示。
- 精度(P):下拉列表：用于设置公差的精度，即小数点位数。
- 上偏差(V):、下偏差(W):文本框：用于设置尺寸的上偏差值、下偏差值。
- 高度比例(H):文本框：用于确定公差文字的高度比例因子，系统将该比例因子与主标注文字高度相乘作为公差文字的高度。
- 垂直位置(S):下拉列表：用于控制公差文字相对于尺寸文字的位置，包括“下”、“中”和

"上"三种方式。

◆ 在消零选项组中，用于设置是否消除公差值的前导或后续的零。

◆ 在公差对齐选项组中，可以设置公差的对齐方式 ⊙ 对齐运算符(G)（通过值的小数分隔符堆叠偏差值）和 ⊙ 对齐小数分隔符(A)（通过值的运算符堆叠偏差值）。

◆ 当标注换算单位时，用户可以在换算单位公差选项组中，设置换算单位公差的精度和是否消零。

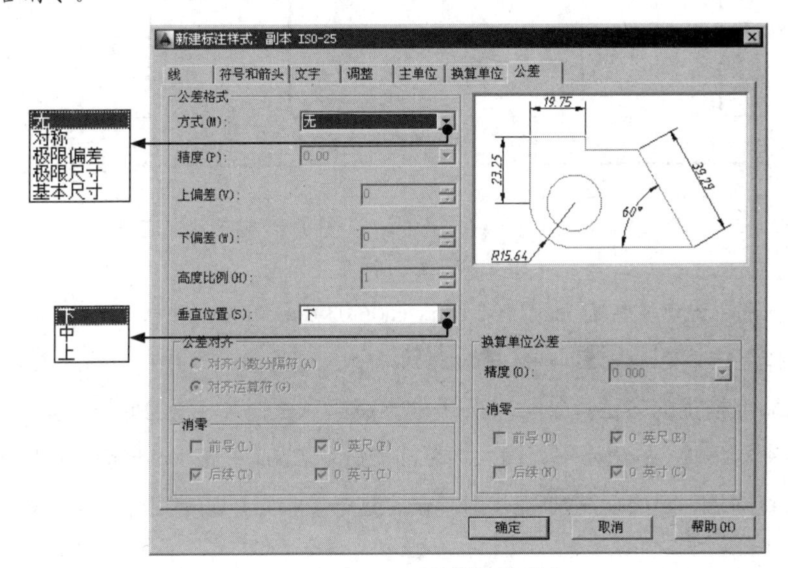

图 6.2.21 "公差"选项卡

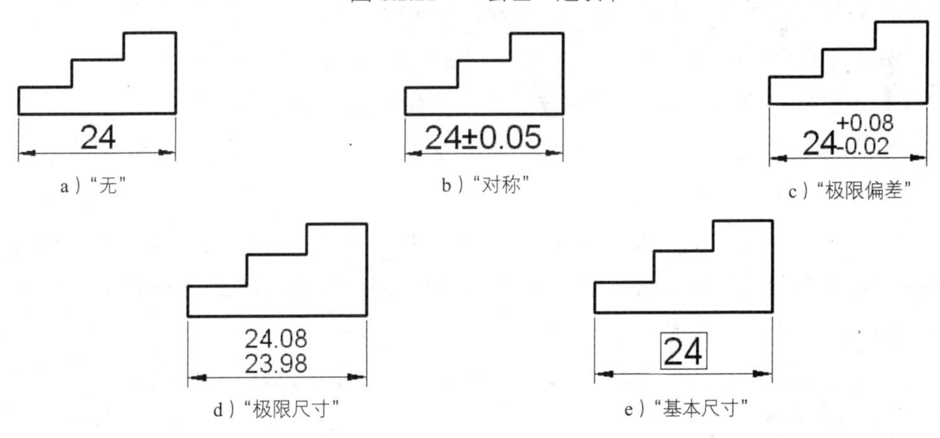

a）"无"　b）"对称"　c）"极限偏差"　d）"极限尺寸"　e）"基本尺寸"

图 6.2.22 设置公差格式

6.3 标注尺寸

6.3.1 线性标注

线性标注用于标注图形对象的线性距离或长度，包括"水平标注"、"垂直标注"和"旋转标注”三种类型。水平标注用于标注对象上的两点在水平方向的距离，尺寸线沿水平方向放置；垂直标注用于标注对象上的两点在垂直方向的距离，尺寸线沿垂直方向放置；旋转标注用于标注对象上的两点在指定方向的距离，尺寸线沿旋转角度方向放置。因此，“水平标注”、“垂直标注”并不只用于标注水平直线、垂直直线的长度。在创建一个线性尺寸标注后，还可为其添加“基线标注”或“连续标注”。下面以图 6.3.1 所示的边线为例，说明“线性标注”的操作过程。

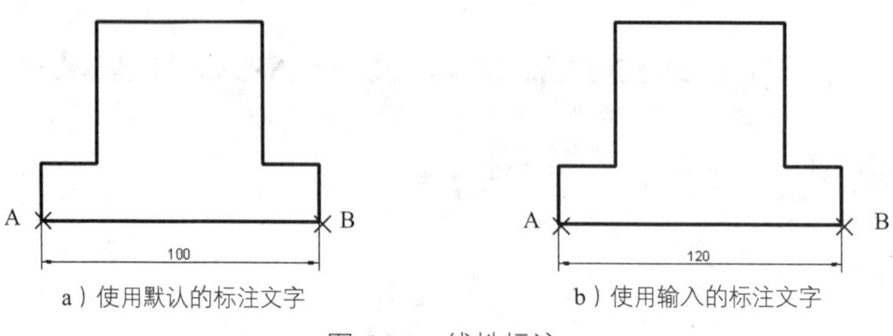

a）使用默认的标注文字　　b）使用输入的标注文字

图 6.3.1　线性标注

步骤 01 打开随书光盘文件 D:\cad1701\work\ch06.03\dimedit.dwg。

步骤 02 选择下拉菜单 标注(N) → 线性(L) 命令。

步骤 03 用端点捕捉的方法指定第一条尺寸界线起点——A 点。其操作方法为：在系统 指定第一个尺寸界线原点或 <选择对象>: 的提示下，输入端点捕捉命令 END 并按 Enter 键，然后将光标移至图 6.3.1 中的 A 点附近，当出现 端点 提示时单击，这样便指定了该端点作为第一条尺寸界线的起点。

步骤 04 指定第二条尺寸界线起点——B 点。在系统 指定第二条尺寸界线原点: 的提示下，捕捉图 6.3.1 所示的 B 点，此时系统命令行的提示如图 6.3.2 所示。

步骤 05 确定尺寸线的位置和标注文字，这里分如下两种情况。

情况一：如果尺寸文字采用系统测量值（即 100），可直接在边线的下方单击一点以确定尺寸线的位置，如图 6.3.1a 所示。

情况二：如果尺寸文字不采用系统测量值（即 100），可键入“T”字符并按 Enter 键，然后在系统 输入标注文字 <24>: 的提示下，输入值 120 并按 Enter 键，然后在边线的下方单击一点以确定尺寸线的位置，如图 6.3.1b 所示。

图 6.3.2　命令行提示

图 6.3.2 所示的命令行中的各选项说明如下。

◆ 指定尺寸线位置 选项：在某位置点处单击以确定尺寸线的位置。注意：当尺寸界线两个原点间的连线不位于水平或垂直方向时，可在指定尺寸界线原点后，将鼠标光标置于两个原点之间，此时上下拖动鼠标即可引出水平尺寸线，左右拖动鼠标则可引出垂直尺寸线。

- 多行文字(M)选项：执行该选项后，系统进入多行文字编辑模式，可以使用“文字格式”工具栏和文字输入窗口输入多行标注文字。注意：文字输入窗口中的尖括号“<>”中的数值表示系统测量的尺寸值。
- 文字(T)选项：执行该选项后，系统提示输入标注文字，在该提示下输入新的标注文字。
- 角度(A)选项：执行该选项后，系统提示指定标注文字的角度：，输入一个角度值后，所标注的文字将旋转该角度。
- 水平(H)选项：用于标注对象沿水平方向的尺寸。执行该选项后，系统接着提示指定尺寸线位置或 [多行文字(M)/文字(T)/角度(A)]:，在此提示下可直接确定尺寸线的位置；也可以先执行其他选项，确定标注文字及标注文字的旋转角度，然后再确定尺寸线位置。
- 垂直(V)选项：用于标注对象沿垂直方向的尺寸。
- 旋转(R)选项：用于标注对象沿指定方向的尺寸。

6.3.2 对齐标注

对齐标注属于线性尺寸标注，对齐标注的尺寸线与两尺寸界线原点的连线平行对齐。下面以图 6.3.3 所示为例，说明对齐标注的操作过程。

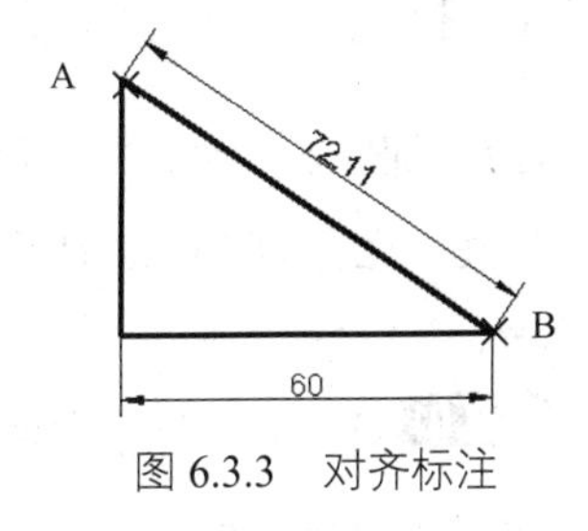

图 6.3.3 对齐标注

步骤 01 打开随书光盘文件 D:\cad1701\work\ch06.03\dimaligned.dwg。

步骤 02 选择下拉菜单 标注(N) → 对齐(G) 命令。

步骤 03 进行对齐标注。选择第一条尺寸界线原点——A 点；选择第二条尺寸界线原点——B 点；在斜边的右侧单击一点，以确定尺寸放置的位置。

在指定尺寸线的位置之前，可以编辑标注文字或修改它的方位角度。

6.3.3 半径标注

半径标注就是标注圆弧和圆的半径尺寸。在创建半径尺寸标注时，其标注外观将由圆弧或圆的大小、所指定的尺寸线的位置以及各种系统变量的设置来决定。例如，尺寸线可以放置在圆弧曲线的内部或外部，标注文字可以放置在圆弧曲线的内部或外部，还可让标注文字与尺寸线对齐。下面以图 6.3.4 所示为例，说明半径标注的一般创建过程。

步骤 01 打开随书光盘文件 D:\cad1701\work\ch06.03\dimradius.dwg。

步骤 02 选择 标注(N) → 半径(R) 命令（还可以单击工具栏中的 按钮，或者输入 DIMRADIUS 命令后按 Enter 键）。

步骤 03 在绘图区域中选取图 6.3.5 所示的圆弧作为要标注的圆弧；单击一点以确定尺寸线的位置（系统按实际测量值标注出圆弧或圆的半径）。

步骤 04 参照上一步操作，标注图 6.3.4 所示的其余半径尺寸。

利用 多行文字(M)、文字(T) 以及 角度(A) 选项可以改变标注文字及文字方向。当通过 多行文字(M) 或 文字(T) 选项重新确定尺寸文字时，只有给输入的尺寸文字加前缀“R”，才能使标出的半径尺寸有该符号，否则没有此符号。

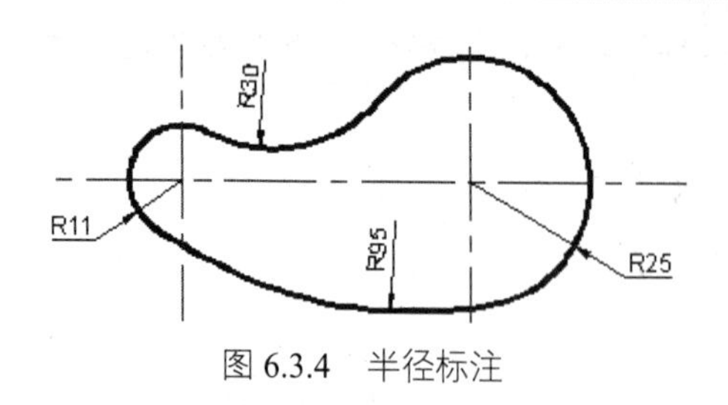

图 6.3.4　半径标注

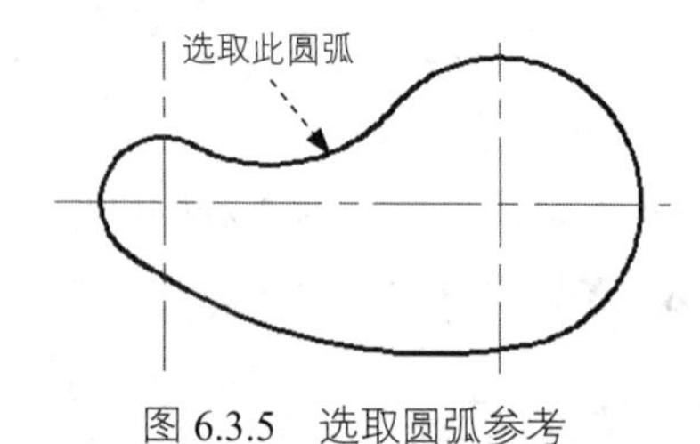

图 6.3.5　选取圆弧参考

6.3.4　折弯半径标注

圆弧或圆的中心位于布局之外并且无法在其实际位置显示时，使用 DIMCEN 命令创建折弯半径标注，也称为“缩放的半径标注”。下面以图 6.3.6 所示为例，说明折弯半径标注的一般创建过程。

步骤 01 打开随书光盘文件 D:\cad1701\work\ch06.03\dimjoggde.dwg。

步骤 02 选择下拉菜单 标注(N) → 折弯(J) 命令。

图 6.3.6　折弯半径标注

步骤 03 选择要标注的圆弧或圆。

步骤 04 单击一点以确定图示中心位置（圆或圆弧中心位置的替代）。

步骤 05 单击一点以确定尺寸线位置。另外，利用 多行文字(M)、文字(T) 以及 角度(A) 选项可以改变标注文字及其方向。

步骤 06 最后单击一点以确定折弯位置。

创建折弯半径标注后，通过编辑夹点可以修改折弯点及中心点的位置。

6.3.5 直径标注

直径标注就是标注圆弧和圆的直径尺寸，操作过程和方法与半径标注基本相同。下面以 6.3.7 所示为例，说明直径标注的一般创建过程。

步骤 01 打开随书光盘文件 D:\cad1701\work\ch06.03\dimdiameter.dwg。

步骤 02 选择下拉菜单 标注(N) → 直径(D) 命令（还可以在工具栏中单击按钮，或者输入 DIMDIAMETER 命令后按 Enter 键）。

步骤 03 在绘图区域中选取图 6.3.8 所示的圆作为要标注的圆；单击一点以确定尺寸线的位置（系统按实际测量值标注出圆弧或圆的直径）。

步骤 04 参照上一步，标注图 6.3.7 所示的其余直径尺寸。

利用多行文字(M)、文字(T)以及角度(A)选项可以改变标注文字及其方向。当通过多行文字(M)或文字(T)选项重新确定尺寸文字时，只有给输入的尺寸文字加前缀“%%C”，才能使标出的直径尺寸有直径符号 Ø，否则没有此符号。

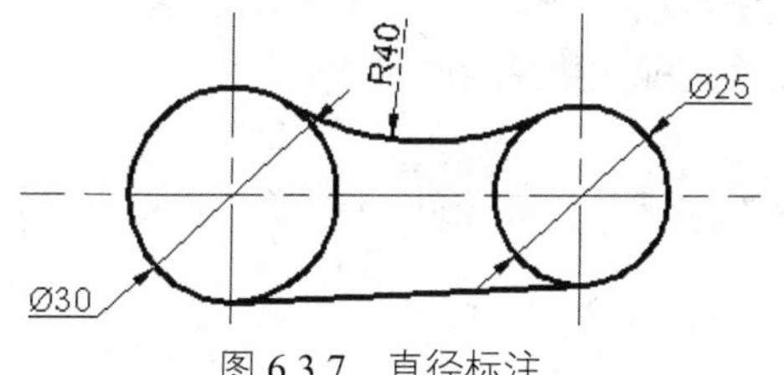

图 6.3.7 直径标注

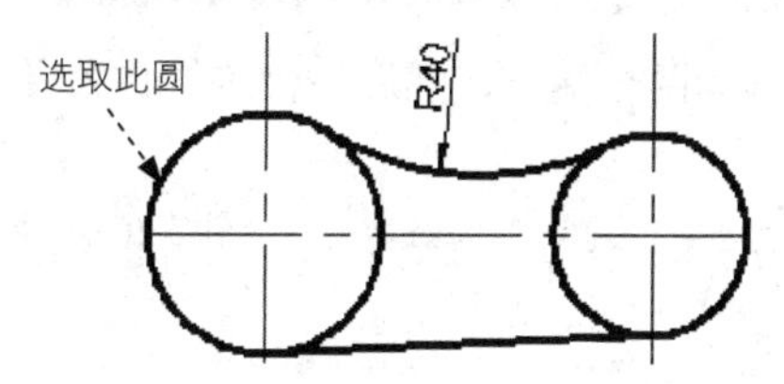

图 6.3.8 选取圆参考

6.3.6 角度标注

角度标注工具用于标注两条不平行直线间的角度、圆弧包容的角度及部分圆周的角度，也可以标注三个点（一个顶点和两个端点）的角度。在创建一个角度标注后，还可以添加基线尺寸标注或连续尺寸标注。

1. 标注两条不平行直线之间的角度（图 6.3.9）

步骤 01 打开随书光盘文件 D:\cad1701\work\ch06.03\dimangular.dwg。

步骤 02 选择下拉菜单 标注(N) → 角度(A) 命令。

步骤 03 在系统选择圆弧、圆、直线或 <指定顶点>:的提示下，选择一条直线。

步骤 04 在系统选择第二条直线:的提示下，选择另一条直线。

步骤 05 在系统指定标注弧线位置或 [多行文字(M)/文字(T)/角度(A)]:的提示下，单击一点以确定标注弧线的位置，系统按实际测量值标注出角度值。另外，可以利用多行文字(M)、文字(T)以及角度(A)选项改变标注文字及其方向（此时角的顶点为两条直线的交点）。

2. 标注圆弧的包含角（图 6.3.10）

选择下拉菜单 标注(N) → 角度(A) 命令；在选择圆弧、圆、直线或 <指定顶点>: 的提示下，选择要标注的圆弧；单击一点以确定标注弧线的位置。

此时角的顶点为圆弧的圆心点。

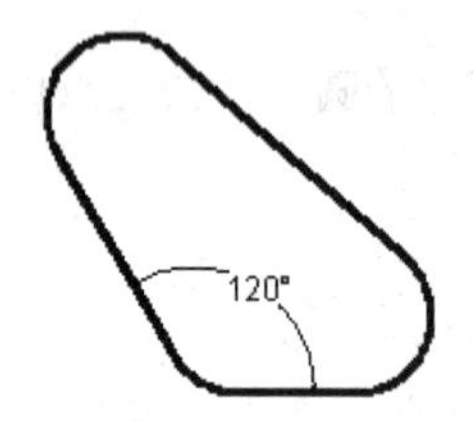

图 6.3.9　标注两条不平行直线之间的角度

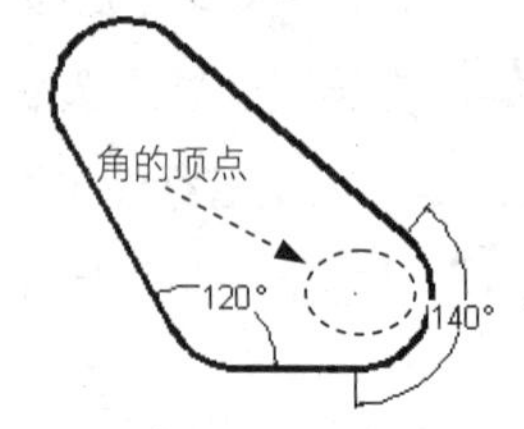

图 6.3.10　标注圆弧的包含角

3. 标注圆上某段圆弧的包含角（图 6.3.11）

根据命令行选择圆弧、圆、直线或 <指定顶点>: 与指定角的第二个端点: 的提示，依次在圆上选择两个端点，然后在相应的位置单击一点以确定标注弧线的位置。

系统按实际测量值标注出圆上两个端点间的包含角，此时角的顶点为圆的圆心点。

4. 根据三个点标注角度（图 6.3.12）

根据命令行指定角的顶点:、指定角的第一个端点: 与指定角的第二个端点: 的提示，在第一个提示下按 Enter 键，分别选择三点（图 6.3.12），然后在相应的位置单击一点以确定标注弧线的位置。

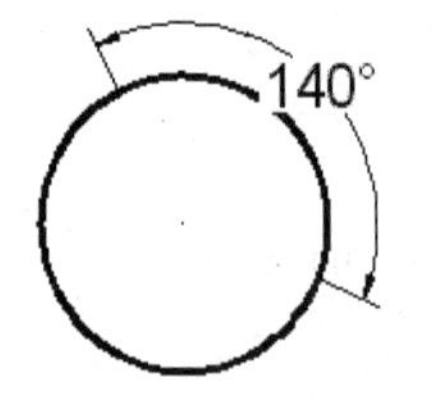

图 6.3.11　标注圆上某段圆弧的包含角

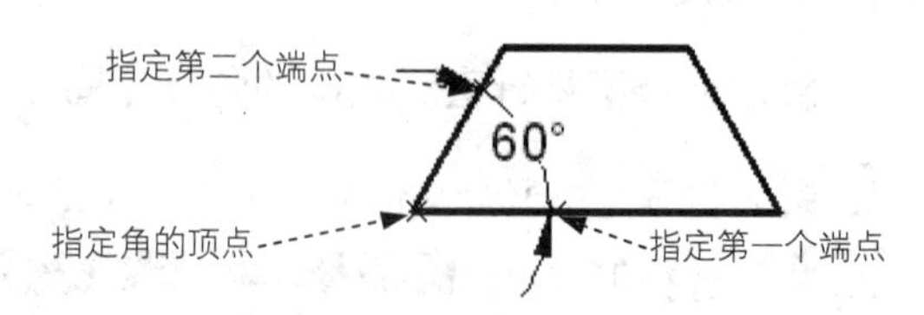

图 6.3.12　根据三个点标注角度

在以上的角度标注中，当通过多行文字(M)或文字(T)选项重新确定尺寸文字时，只有给新输入的尺寸文字加后缀“%%D”，才能使标注出的角度值有“°”符号。

6.3.7 绘制圆心标记

选择下拉菜单 标注(N) → 圆心标记(M) 命令（或者在工具栏中单击⊙按钮；或者输入 DIMCENTER 命令后按 Enter 键），可绘制圆心的标记。圆心的标记可以是短十字线，也可以是中心线（图 6.3.13），这取决于“标注样式管理器”对话框的 符号和箭头 选项卡中 圆心标记 的设置。

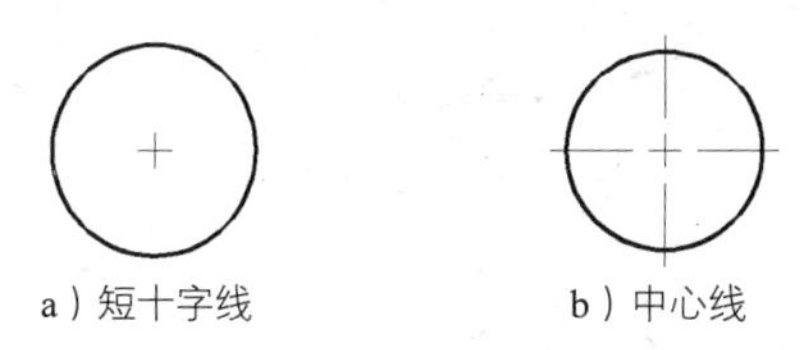

图 6.3.13 绘制圆心标记

6.3.8 坐标标注

使用坐标标注可以标明位置点相对于当前坐标系原点的坐标值，它由 X 坐标（或 Y 坐标）和引线组成。坐标标注常用于机械绘图中。

下面以图 6.3.14 所示的图形为例，说明坐标标注的操作过程。

步骤 01 打开随书光盘上的文件 D:\cad1701\work\ch06.03\dimordinate.dwg。

步骤 02 创建 A 点处的坐标标注。选择下拉菜单 标注(N) → 坐标(O) 命令（或者单击工具栏中的按钮；或者输入 DIMORDINATE 命令后按 Enter 键）；在系统 指定点坐标: 的提示下，选取 A 点；向上拖动鼠标，然后单击一点，即可创建 A 点处的 X 坐标标注。

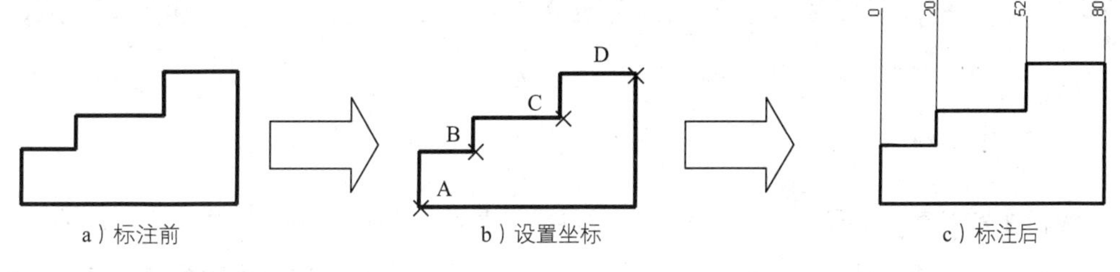

图 6.3.14 坐标标注

如果向左拖动鼠标，然后单击一点，即可创建 A 点处的 Y 坐标标注。

步骤 03 创建 B 点处的坐标标注。按 Enter 键以再次使用坐标标注命令；在系统 指定点坐标: 的提示下，选取 B 点；向左拖动鼠标，再往上拖动鼠标，然后单击一点以完成 B 点处的带拐角的 X 坐标标注的创建。

步骤 04 参考前面的操作步骤，创建 C 点和 D 点处的坐标标注。

6.3.9 弧长标注

弧长标注用于测量圆弧或多段线弧线段的长度。弧长标注的典型用法包括测量围绕凸轮的距离或表示电缆的长度。为区别它们是线性标注还是角度标注，默认情况下，弧长标注将显示一个圆弧符号。下面以图 6.3.15 所示为例，说明弧长标注的操作过程。

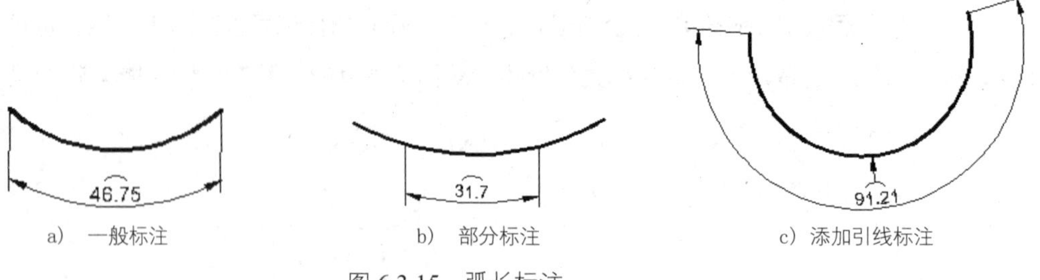

a） 一般标注　　b） 部分标注　　c）添加引线标注

图 6.3.15　弧长标注

步骤 01 打开随书光盘上的文件 D:\cad1701\work\ch06.03\dimarc.dwg。

步骤 02 选择下拉菜单 标注(N) → 弧长(H) 命令。

步骤 03 选择要标注的弧线段或多段线弧线段。

步骤 04 单击一点，以确定尺寸线的位置，系统则按实际测量值标注出弧长。另外，利用 多行文字(M)、文字(T) 以及 角度(A) 选项可以改变标注文字的内容及方向，部分(P) 选项可以标注部分弧线段的长度，用 引线(L) 选项添加引线对象，引线是按径向绘制的，指向所标注圆弧的圆心。

仅当圆弧(或弧线段)包含角大于 90° 时才会显示 引线(L)]: 选项，无引线(N) 选项可在创建引线之前取消 引线(L)]: 选项。要删除引线，必须删除弧长标注，然后重新创建不带引线选项的弧长标注。

6.3.10　基线标注

基线标注是以某一个尺寸标注的第一尺寸界线为基线，创建另一个尺寸标注。这种方式经常用于机械设计或建筑设计中。例如，在建筑设计中，可以用此方式来标明图中两点间线段的总长及其中各段的长度。注意：基线标注需以一个已有的尺寸标注为基准来创建。下面以图 6.3.16 所示为例，说明创建基线标注的一般过程。

步骤 01 打开随书光盘上的文件 D:\cad1701\work\ch06.03\dimbaseline.dwg。

步骤 02 首先创建一个线性标注“20”，标注的第一条尺寸界线原点为 A 点，第二条尺寸界线原点为 B 点。

步骤 03 创建基线标注。

（1）选择下拉菜单 标注(N) → 基线(B) 命令。

（2）在命令行 指定第二条尺寸界线原点或 [放弃(U) 选择(S)] <选择>: 的提示下，选择点 C，此时系统自动选取标注“20”的第一条尺寸界线为基线创建基线标注“52”。

如果要另外选取基线，可以输入 S 并按 Enter 键，在选择基准标注：的提示下，选取某个标注后，系统则以该标注的第一条尺寸界线为基线。

（3）系统继续提示指定第二条尺寸界线原点或 [放弃(U) 选择(S)] <选择>:，单击点 D，此时系统自动选取标注“20”的第一条尺寸界线为基线创建基线标注“80”。

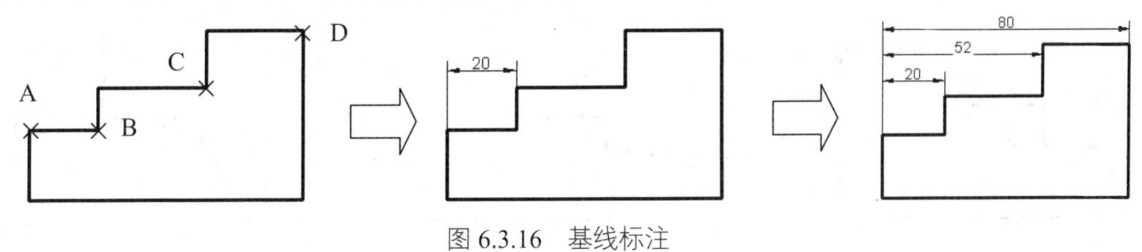

图 6.3.16 基线标注

（4）按两次 Enter 键结束基线标注。

- 根据基线标注的放置走向，AutoCAD 自动地将新建的尺寸文字放置在基线标注尺寸线的上方或下方。
- 基线标注的两条尺寸线之间的距离由系统变量 DIMDLI 设定；也可在“标注样式管理器”对话框的 线 选项卡中，设置 基线间距(A): 值。
- 常常可以用快速标注命令（选择下拉菜单 标注(N) → 快速标注(Q) 命令）快速创建基线标注。
- 角度基线标注的操作方法与上面介绍的线性尺寸的基线标注的操作方法基本相同。

6.3.11 连续标注

连续标注是在某一个尺寸标注的第二条尺寸界线处连续创建另一个尺寸标注，从而创建一个尺寸标注链。这种标注方式经常出现在建筑图中（例如，在一个建筑物中标注一系列墙的位置）。注意：连续标注需以一个已有的尺寸标注为基础来创建。下面以图 6.3.17 所示为例，说明创建连续标注的一般过程。

步骤 01 打开随书光盘上的文件 D:\cad1701\work\ch06.03\dimcontinue.dwg。

步骤 02 首先创建一个线性标注“20”，标注的第一条尺寸界线原点为 A 点，第二条尺寸界线原点为 B 点。

步骤 03 创建连续标注。选择下拉菜单 标注(N) → 连续(C) 命令；在命令行指定第二条尺寸界线原点或 [放弃(U) 选择(S)] <选择>: 的提示下，选择点 C，此时系统自动在标注“20”的第二条尺寸界线处连续标注一个线性尺寸“32”；系统继续提示指定第二条尺寸界线原点或 [放弃(U) 选择(S)] <选择>:，选择 D 点，此时系统自动在标注“32”的第二条尺寸界线处连续标注一个线性尺寸“28”；按两次 Enter 键结束连续标注。

用户也可以输入 S 并按 Enter 键，在系统选择连续标注：的提示下选取某个标注后，系统则在该尺寸的第二条尺寸界线处连续标注一个线性尺寸。

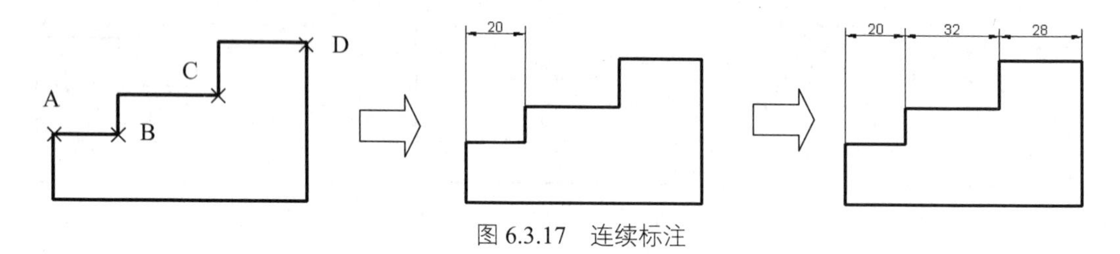

图 6.3.17　连续标注

- AutoCAD 自动地将新建的连续尺寸与前一尺寸对齐放置。
- 常常可以用快速标注命令（选择下拉菜单 标注(N) → 快速标注(Q) 命令）快速创建连续标注。
- 角度连续标注的操作方法与上面介绍的线性尺寸的连续标注的操作方法基本相同。

6.3.12　倾斜标注

线性尺寸标注的尺寸界线通常是垂直于尺寸线的，可以修改尺寸界线的角度，使它们相对于尺寸线产生倾斜，这就是倾斜标注。图 6.3.18 所示是一个线性尺寸的倾斜标注，这里以此为例，说明其一般创建过程：首先创建一个线性标注“100”；选择下拉菜单 标注(N) → 倾斜(Q) 命令（或输入 DIMEDIT 命令后按 Enter 键）；在命令行选择对象：的提示下，选择前面创建的线性标注“100”；系统继续提示选择对象：，按 Enter 键；在命令行输入倾斜角度 (按 ENTER 表示无)：的提示下，输入倾斜角度值 60 后按 Enter 键。

说明

倾斜角是以当前的坐标系为基准度量的。

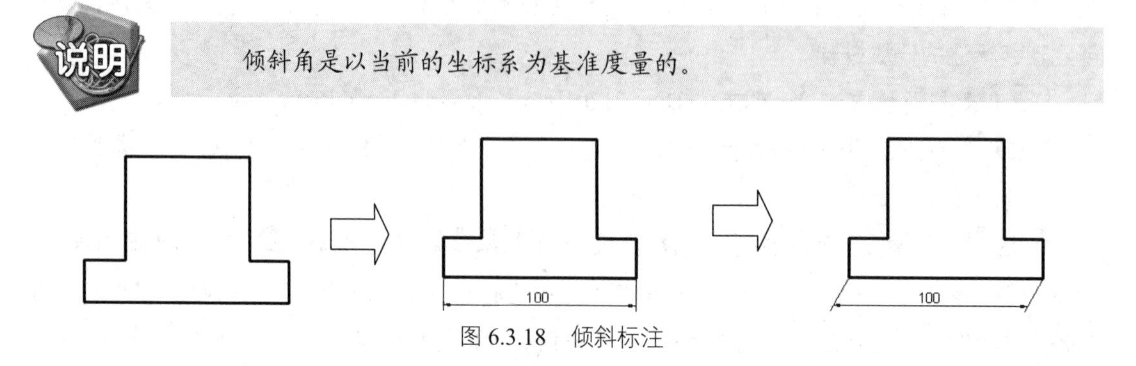

图 6.3.18　倾斜标注

6.3.13 快速标注

运用快速标注功能可以在一步操作中快速创建成组的基线、连续、阶梯和坐标标注，快速标注多个圆、圆弧的半径、直径以及编辑现有标注的布局。下面以图 6.3.19 所示的线性标注为例，说明快速标注的操作过程。

步骤 01 打开随书光盘上的文件 D:\cad1701\work\ch06.03\qdim.dwg。

步骤 02 选择下拉菜单 标注(N) → 快速标注(Q) 命令。

步骤 03 按住 Shift 键依次选择图 6.3.19a 中的直线 1、直线 2、圆、直线 3 和直线 4，按 Enter 键以结束选择。

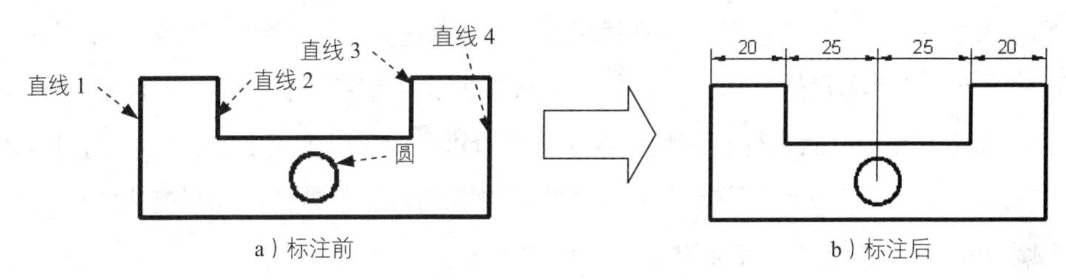

a）标注前　　b）标注后

图 6.3.19 快速标注

步骤 04 命令行提示图 6.3.20 所示的信息，在此提示下，在屏幕上单击一点以确定尺寸线的位置。由于提示后面的尖括号中的默认项为“连续”，所以系统同时标注图 6.3.19b 所示的四个连续尺寸。

图 6.3.20 所示的命令行提示中的各选项说明如下。

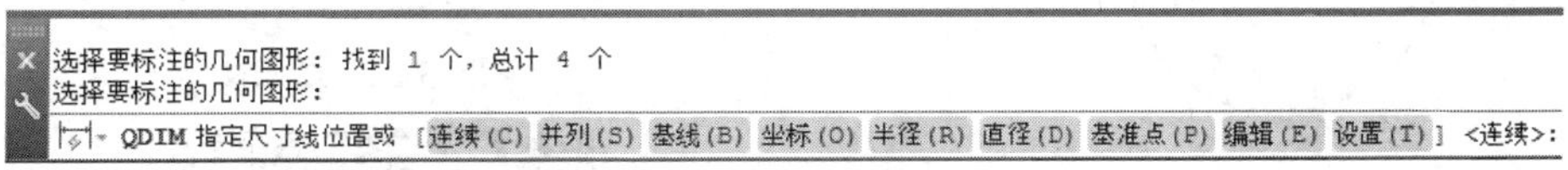

选择要标注的几何图形: 找到 1 个，总计 4 个
选择要标注的几何图形:
QDIM 指定尺寸线位置或 [连续(C) 并列(S) 基线(B) 坐标(O) 半径(R) 直径(D) 基准点(P) 编辑(E) 设置(T)] <连续>:

图 6.3.20 命令行提示

- 连续(C)选项：创建线性尺寸标注链（与连续标注相类似）。
- 并列(S)选项：创建一系列并列的线性尺寸标注。
- 基线(B)选项：从一个共同基点处创建一系列线性尺寸标注。
- 坐标(O)选项：创建一系列的坐标标注。
- 半径(R)选项：为所有选择的圆创建半径尺寸标注。
- 直径(D)选项：为所有选择的圆或圆弧创建直径尺寸标注。
- 基准点(P)选项：为基线和坐标标注设置新基准点。
- 编辑(E)选项：通过添加或清除尺寸标注点编辑一系列尺寸标注。
- 设置(T)选项：设置关联标注，优先级是“端点”或是“交点”。

6.3.14 公差标注

在机械设计中，经常要创建图 6.3.21 所示的极限偏差形式的尺寸标注，利用多行文字功能可以非常方便地创建这类尺寸标注。下面介绍其操作方法。

步骤 01 打开随书光盘上的文件 D:\cad1701\work\ch06.03\dimtol.dwg。

步骤 02 选择下拉菜单 标注(N) → 线性(L) 命令。

步骤 03 分别捕捉选择尺寸标注原点 A 点和 B 点，如图 6.3.21 所示。

步骤 04 创建标注文字。在命令行输入 M（选择 多行文字(M) 选项），并按 Enter 键；在弹出的文字输入窗口中输入文字字符 33+0.01^−0.02，此时文字输入窗口如图 6.3.22 所示（如果上偏差为 0，则输入主尺寸 33 后，必须空一格然后再输入上偏差 0）；选择全部文字，如图 6.3.23 所示；然后在 文字编辑器 工具栏的“样式”面板中将选取的文字字高设置为 3；选择图 6.3.24 所示的公差文字；单击右键，然后在弹出的快捷菜单中选择 堆叠 选项，并将公差文字字高设置为 2.5，如图 6.3.25 所示。单击 文字编辑器 工具栏中的“关闭文字编辑器”按钮 以完成操作。

步骤 05 在图形上方选择一点以确定尺寸线的位置。

步骤 06 如果要修改文字标注，可选择下拉菜单 修改(M) → 对象(O) → 文字(T) → 编辑(E)... 命令。

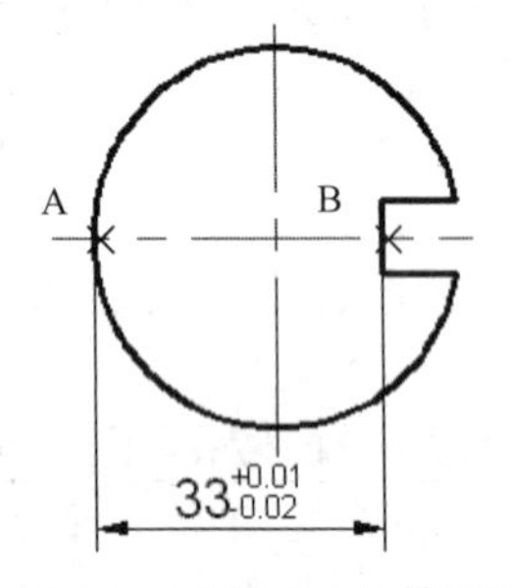

图 6.3.21 创建尺寸公差标注

33+0.01^-0.02

图 6.3.22 输入文字

图 6.3.23 选择全部文字

33+0.01^-0.02

图 6.3.24 选择公差文字

33 +0.01 -0.02

图 6.3.25 改变公差形式

6.3.15 多重引线标注

多重引线标注在创建图形中，主要用来标注制图的标准和说明等内容。通常在创建多重引线标注之前要先设置多重引线标注样式，这样便可控制引线的外观，同时可指定基线、引线、箭头和内容的格式。用户可以使用默认的多重引线样式 STANDARD，也可以创建新的多重引线样式。

1. 多重引线标注样式

选择下拉菜单 格式(O) → 多重引线样式(I) 命令，系统弹出图 6.3.26 所示的“多重引线样式管理器”对话框。该对话框中各选项的相关说明如下。

- ◆ 样式(S): 列表框：显示多重引线的列表，当前的样式高亮显示。
- ◆ 列出(L): 下拉列表：用于控制 样式(S): 列表的内容。
- ◆ 置为当前(U) 按钮：将“样式”列表中选定的多重引线样式设置为当前样式。
- ◆ 新建(N)... 按钮：单击此按钮，系统弹出图 6.3.27 所示的“创建新多重引线样式”对话框，选中此对话框中的 ☑ 注释性(A) 复选框则说明创建的是注释性的多重引线对象；单击“创建新多重引线样式”对话框中的 继续(O) 按钮，系统弹出图 6.3.28 所示的“修改多重引线样式”对话框，在该对话框中定义新的多重引线样式。

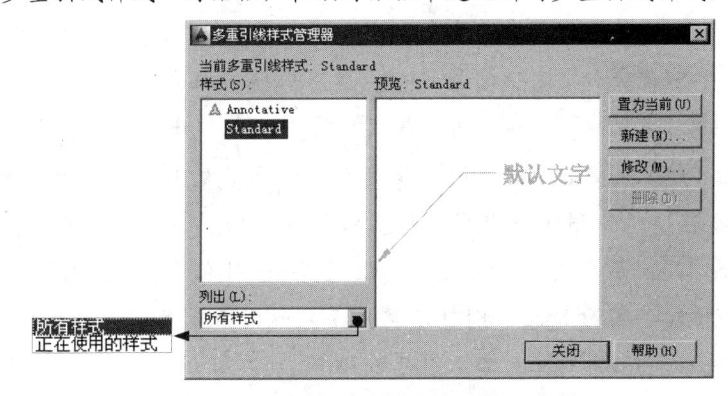

图 6.3.26 “多重引线样式管理器”对话框

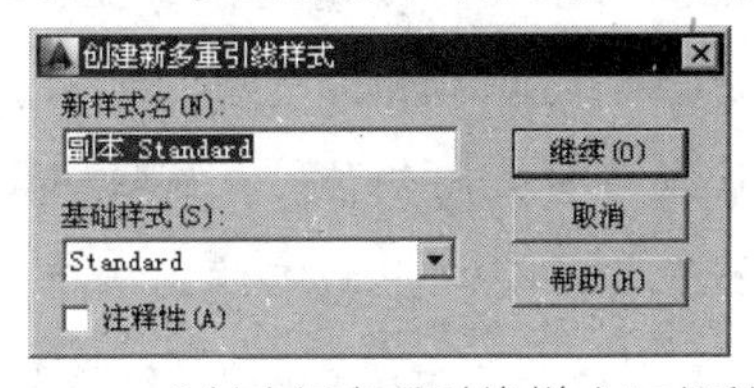

图 6.3.27 “创建新多重引线样式”对话框

- ◆ 修改(M)... 按钮：单击此按钮，系统弹出图 6.3.28 所示的“修改多重引线样式”对话框，在该对话框中可以重新设置已定义的多重引线样式。
- ◆ 删除(D) 按钮：单击此按钮，可以删除 样式(S): 列表中选定的多重引线样式，但是不能删除图形中正在使用的和已被使用的样式。

图 6.3.28 所示的“修改多重引线样式”对话框中各选项卡的相关说明如下。

- ◆ 引线格式 选项卡：该选项卡用于设置引线和箭头的格式，选项卡中各选项的功能如下。
  - ● 常规 选项组：用于控制多重引线的基本外观。
    - ☑ 类型(T): 下拉列表：用于设置引线的类型，可以选择为直引线、样条曲线或无引线。

☑ 颜色(C):下拉列表：用于设置引线的颜色。

☑ 线型(L):下拉列表：用于设置引线的线型。

☑ 线宽(I):下拉列表：用于设置引线的线宽。

● 箭头选项组：用于控制多重引线箭头的外观。

☑ 符号(S):下拉列表：用于设置多重引线的箭头符号。

☑ 大小(Z):文本框：用于设置多重引线箭头的大小。

● 引线打断选项组：用于控制将折断标注添加到多重引线时使用的设置。

☑ 打断大小(B):文本框：用于设置选择多重引线后用于标注打断命令的打断大小。

◆ 引线结构选项卡：用于控制多重引线的约束和基线的设置（图 6.3.29），该选项卡中各选项的功能如下。

● 约束选项组：用于控制多重引线的约束。

☑ ☑最大引线点数(M)复选框：用于指定多重引线的最大点数。

☑ ☑第一段角度(F)复选框：用于指定多重引线基线中第一个点的角度。

☑ ☑第二段角度(S)复选框：用于指定多重引线基线中第二个点的角度。

● 基线设置选项组：用于多重引线的基线设置。

☑ ☑设置基线距离(D)复选框：用于设置多重引线基线的固定距离。选中☑自动包含基线(A)复选框则可以将水平基线附着到多重引线内容。

● 比例选项组：用于控制多重引线的缩放。

☑ □注释性(A)复选框：用于指定多重引线为注释性。如果选中该复选框，则○将多重引线缩放到布局(L)和○指定比例(E):选项不可用。其中，⊙指定比例(E):单选项用于指定多重引线的缩放比例值，⊙将多重引线缩放到布局(L)单选项用于根据模型空间视口和图纸空间视口中的缩放比例确定多重引线的比例因子。

◆ 内容选项卡：用于设置多重引线类型和文字选项等内容（图 6.3.30），该选项卡中各选项的功能如下。

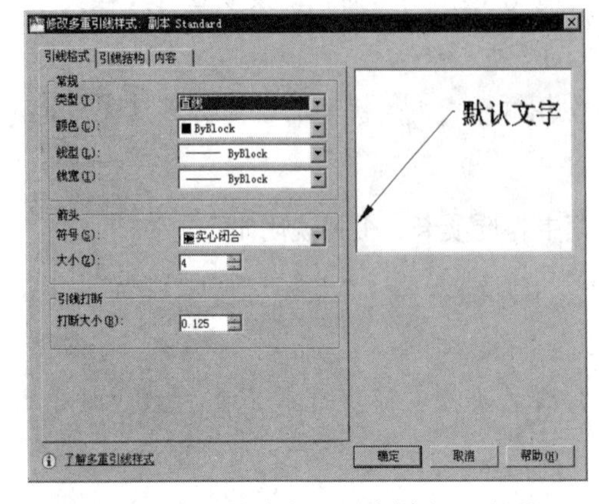

图 6.3.28　“修改多重引线样式”对话框

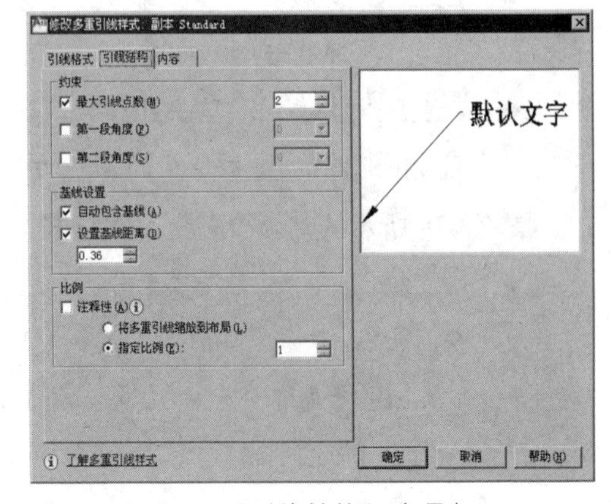

图 6.3.29　“引线结构”选项卡

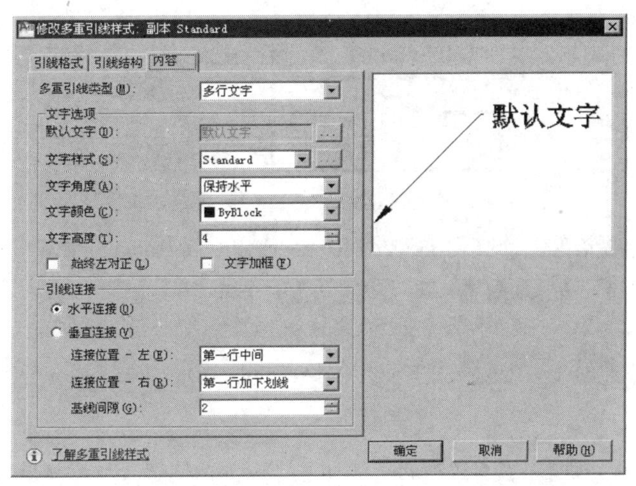

图 6.3.30 “内容”选项卡

- 文字选项选项组。
  - ☑ 始终左对正(L)复选框：使多重引线文字始终左对齐。
  - ☑ 文字加框(F)复选框：使用文本框对多重引线的文字内容加框。
  - ☑ 单击默认文字(D):选项后的...按钮，弹出图 6.3.31 所示的文字编辑器工具栏，可以对多行文字进行编辑。

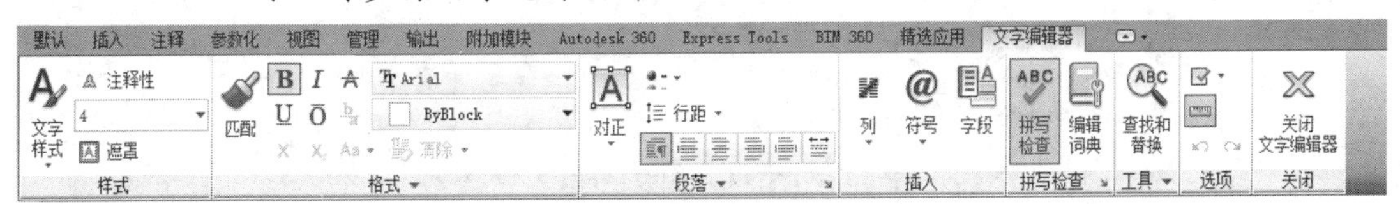

图 6.3.31 “文字编辑器”工具栏

  - ☑ 文字样式(S):下拉列表：用于指定属性文字的预定义样式。
  - ☑ 文字角度(A):下拉列表：用于指定多重引线文字的旋转角度。
  - ☑ 文字颜色(C):下拉列表：用于指定多重引线文字的颜色。
  - ☑ 文字高度(T):文本框：用于指定多重引线文字的高度。
- 引线连接选项组。
  - ☑ 连接位置 - 左:下拉列表：用于控制文字位于引线左侧时，基线连接到多重引线文字的方式。
  - ☑ 连接位置 - 右:下拉列表：用于控制文字位于引线右侧时，基线连接到多重引线文字的方式。
  - ☑ 基线间距(G):文本框：用于设置基线和多重引线文字之间的距离。

2. 多重引线标注

图 6.3.32 所示是一个利用多重引线标注的例子，来说明创建多重引线标注的一般过程。

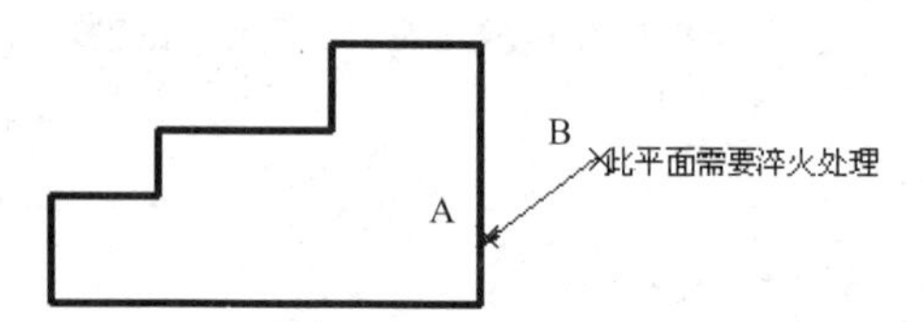

图 6.3.32 多重引线标注

步骤 01 打开随书光盘上的文件 D:\cad1701\work\ch06.03\qleader.dwg。

步骤 02 选择下拉菜单 标注(N) → 多重引线(E) 命令。

在命令行中输入 QLEADER 命令后按 Enter 键。

步骤 03 在系统 指定引线箭头的位置或 [引线基线优先(L)/内容优先(C)/选项(O)] <选项>: 的提示下，在绘图区选取图 6.3.32 中所示的 A 点。

在系统 指定引线箭头的位置或 [引线基线优先(L)/内容优先(C)/选项(O)] <选项>: 的提示下，输入字母 O 按 Enter 键，则出现图 6.3.33 所示的命令行提示，该命令行提示中的各选项说明如下。

- 引线类型(L)选项：用于选择需要的多重引线类型。
- 引线基线(A)选项：用于选择是否需要使用引线基线。
- 内容类型(C)选项：用于选择标注的内容类型。
- 最大节点数(M)选项：用于设置引线的最大节点数。
- 第一个角度(F)选项：用于设置引线中的第一个角度约束值。
- 第二个角度(S)选项：用于设置引线中的第二个角度约束值。
- 退出选项(X)选项：命令行显示第一个多重引线标注时的命令提示。

步骤 04 在系统 指定引线基线的位置: 的提示下，选取图 6.3.32 中所示的 B 点，此时系统弹出 文字编辑器 选项卡及文字的输入窗口，在文字输入窗口输入“此平面需要淬火处理”，然后单击 文字编辑器 选项卡中的 (关闭文字编辑器) 按钮以完成操作。

```
命令: _mleader
指定引线箭头的位置或 [引线基线优先(L)/内容优先(C)/选项(O)] <选项>: o
MLEADER 输入选项 [引线类型(L) 引线基线(A) 内容类型(C) 最大节点数(M) 第一个角度(F) 第二个角度(S) 退出选项(X)] <退出选项>:
```

图 6.3.33 命令行提示

6.4 标注形位公差

6.4.1 形位公差概述

在机械制造过程中，不可能制造出尺寸完全精确的零件，往往加工后的零件中的一些元素

（点、线、面等）与理想零件存在一定程度的差异，只要这些差异是在一个合理的范围内，我们就认为其合格。形位公差是标识实际零件与理想零件间差异范围的一个工具。图 6.4.1 所示是一个较为复杂的形位公差。由该图可以看出，形位公差信息是通过特征控制框（形位公差框格）来显示的，每个形位公差的特征控制框至少由两个矩形（方形）框格组成，第一个矩形（方形）框格内放置形位公差的类型符号，如位置度、平行度、垂直度等符号，这些符号都可从 GDT.SHX 字体的支持文件中获得；第二个矩形框格包含公差值，可根据需要在公差值的前面添加一个直径符号，也可在公差值的后面添加最大实体要求等附加符号。

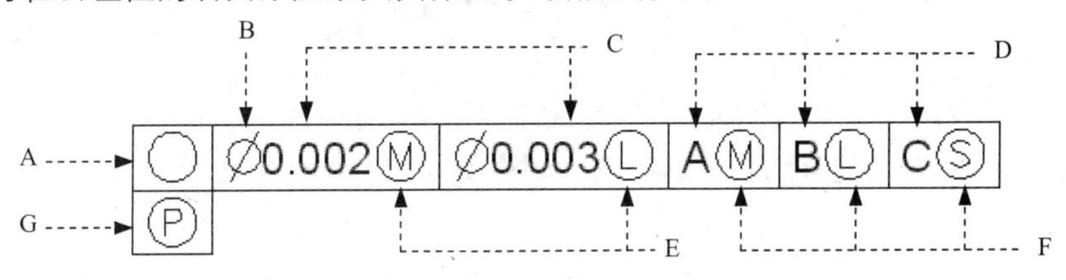

图 6.4.1　形位公差控制框

图 6.4.1 中各符号的说明如下。

A：形位公差的类型符号。各符号参见表 6.4.1。

表 6.4.1　形位公差中各符号的含义

符　号	含　义	符　号	含　义
⌖	位置度	⊥	垂直度
◎	同轴度	∠	角度
⌯	对称度	⌭	圆柱度
//	平行度	○	圆度
⏥	平面度	⌓	平面轮廓度
—	直线度	↗	端面圆跳动
⌒	直线轮廓度	⌰	端面全跳动
∅	直径符号	Ⓜ	最大包容条件（MMC）
Ⓛ	最小包容条件（LMC）	Ⓢ	不考虑特征尺寸（RFS）
Ⓟ	投影公差		

B：直径符号。用于指定一个圆形的公差带，并放于公差值前。

C：第一、第二公差值。一般指定一个公差值。

D：第一、第二和第三基准字母。基准的个数依实际情况而定。

E：公差的附加符号。

F：基准的附加符号。一般可以不指定基准的附加符号。

G：延伸公差带。指定延伸公差带可以使公差更加明确，一般可以不指定。

6.4.2 形位公差的标注

1. 不带引线的形位公差的标注

图 6.4.2 所示是一个不带引线的形位公差的标注，下面说明其创建过程。

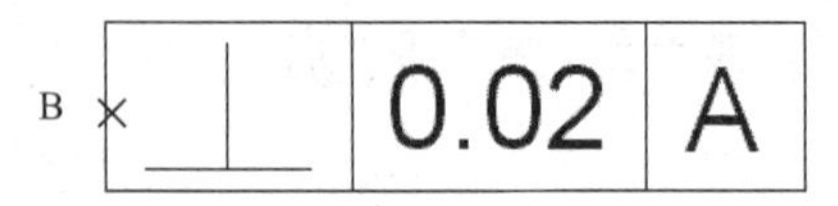

图 6.4.2 不带引线的形位公差标注

步骤 01 选择下拉菜单 标注(N) → 公差(T)... 命令。

说明：还可以输入 TOLERANCE 命令后按 Enter 键。

步骤 02 系统弹出图 6.4.3 所示的“形位公差”对话框，在该对话框中进行如下操作。

（1）在 符号 选项区域中单击小黑框■，系统弹出图 6.4.4 所示的“特征符号”对话框，通过该对话框选择形位公差符号⊥。

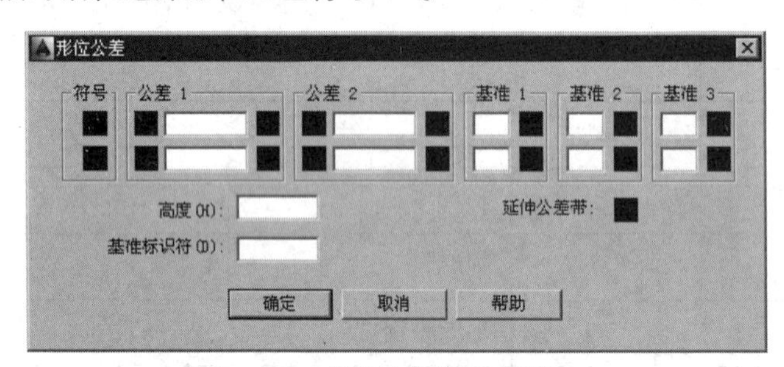

图 6.4.3 “形位公差”对话框

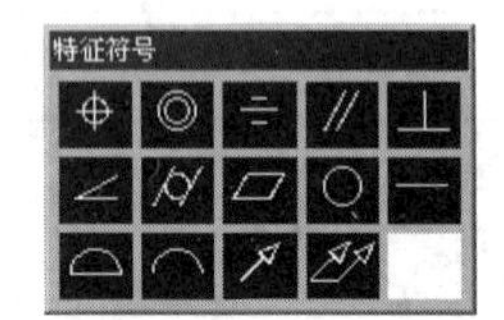

图 6.4.4 “特征符号”对话框

（2）在 公差 1 选项区域的文本框中，输入形位公差值 0.02。

（3）在 基准 1 选项区域的文本框中，输入基准符号 A。

（4）单击“形位公差”对话框中的 确定 按钮。

步骤 03 在系统 输入公差位置: 的提示下，单击一点 B，确定形位公差的放置位置。

图 6.4.3 所示的“形位公差”对话框中的各区域功能说明如下。

- 符号 选项区域：单击该选项区域中的小黑框■，系统弹出图 6.4.4 所示的“特征符号”对话框，在此对话框中可以设置第一个或第二个公差的形位公差符号。
- 公差 1 和 公差 2 选项区域：单击该选项区域中前面的小黑框■，可以插入一个直径符号∅，在文本框中，可以设置形位公差值；单击后面的小黑框■，系统弹出图 6.4.5 所示的“附加符号”对话框，在此对话框中可以设置公差的附加符号。

- 基准 1、基准 2 和基准 3 选项区域：在这些区域前面的文本框中，可以输入基准符号；单击这些选项区域中后面的小黑框■，系统弹出图 6.4.5 所示的“附加符号”对话框，在此对话框可以设置基准的附加符号。
- 高度(H): 文本框：用于设置延伸公差带公差值。延伸公差带控制固定垂直部分延伸区的高度变化，并以位置公差控制公差精度。
- 延伸公差带: 选项：单击该选项后的小黑框■，可在投影公差带值的后面插入投影公差符号Ⓟ。
- 基准标识符(D): 文本框：用于输入参照字母作为基准标识符号。

2. 带引线的形位公差的标注

图 6.4.6 所示是一个带引线的形位公差的标注，其创建的一般过程为：在命令行输入 QLEADER 命令后按 Enter 键；在指定第一个引线点或 [设置(S)] <设置>: 的提示下按 Enter 键；在弹出的“引线设置”对话框中，选中注释类型选项组中的○ 公差(T) 单选项，然后单击此对话框中的 确定 按钮；在指定第一个引线点或 [设置(S)] <设置>: 的提示下，选择引出点 A；在指定下一点: 的提示下，选择点 B；在指定下一点: 的提示下，选择点 C；在弹出的“形位公差”对话框中选择形位公差符号⊥，输入公差值 0.02，输入基准符号 A，然后单击 确定 按钮。

图 6.4.5 “附加符号”对话框

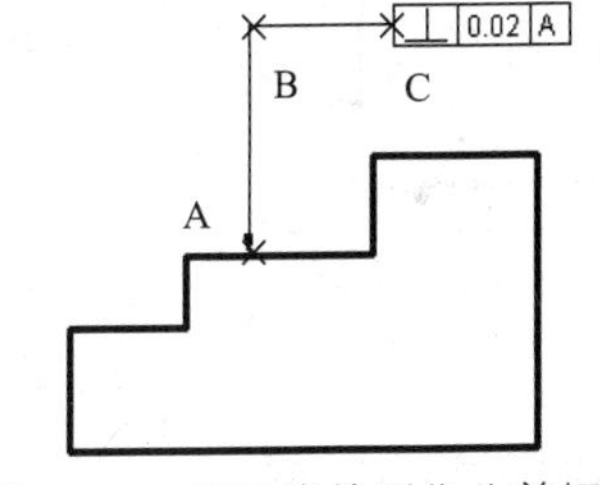

图 6.4.6 带引线的形位公差标注

6.5 编辑尺寸标注

6.5.1 修改尺寸标注文字的位置

输入 DIMTEDIT 命令，可以修改指定的尺寸标注文字的位置，执行该命令后，选取一个标注，系统显示图 6.5.1 所示的提示，该提示中的各选项说明如下。

```
命令: DIMTEDIT
选择标注:
DIMTEDIT 为标注文字指定新位置或 [左对齐(L) 右对齐(R) 居中(C) 默认(H) 角度(A)]:
```

图 6.5.1 执行 DIMTEDIT 命令后的系统提示

- 为标注文字指定新位置选项：移动鼠标可以将尺寸文字移至任意需要的位置，然后单击。效果如图 6.5.2a 所示。
- 左对齐(L)选项：使标注文字沿尺寸线左对齐，此选项仅对非角度标注起作用。效果如图 6.5.2b 所示。
- 右对齐(R)选项：使标注文字沿尺寸线右对齐，此选项仅对非角度标注起作用。效果如图 6.5.2c 所示。
- 居中(C)选项：使标注文字放在尺寸线的中间。效果如图 6.5.2d 所示。
- 默认(H)选项：系统按默认的位置、方向放置标注文字。效果如图 6.5.2e 所示。
- 角度(A)选项：使尺寸文字旋转某一角度。执行该选项后，输入角度值并按 Enter 键。效果如图 6.5.2f 所示。

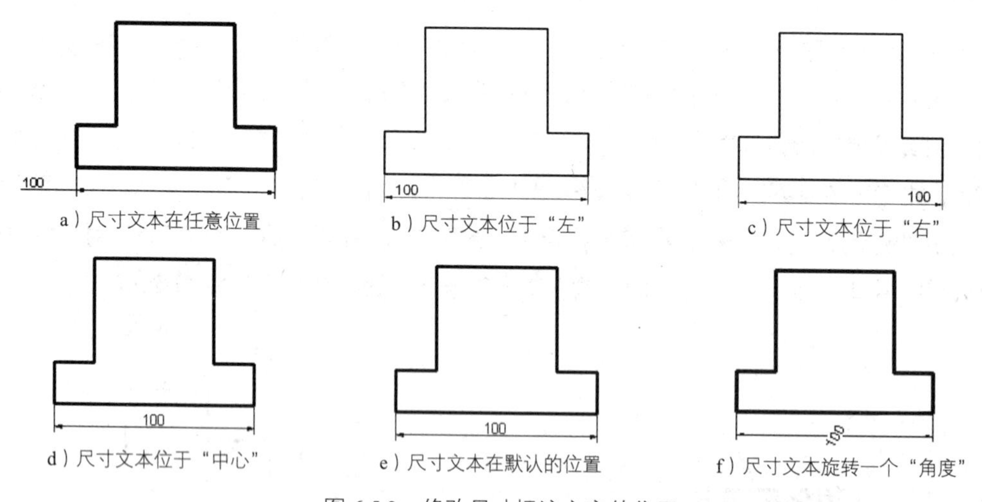

a）尺寸文本在任意位置　b）尺寸文本位于“左”　c）尺寸文本位于“右”

d）尺寸文本位于“中心”　e）尺寸文本在默认的位置　f）尺寸文本旋转一个“角度”

图 6.5.2　修改尺寸标注文字的位置

6.5.2　尺寸标注的编辑

输入 DIMEDIT 命令，可以对指定的尺寸标注进行编辑，执行该命令后，系统提示图 6.5.3 所示的信息，对其中的各选项说明如下。

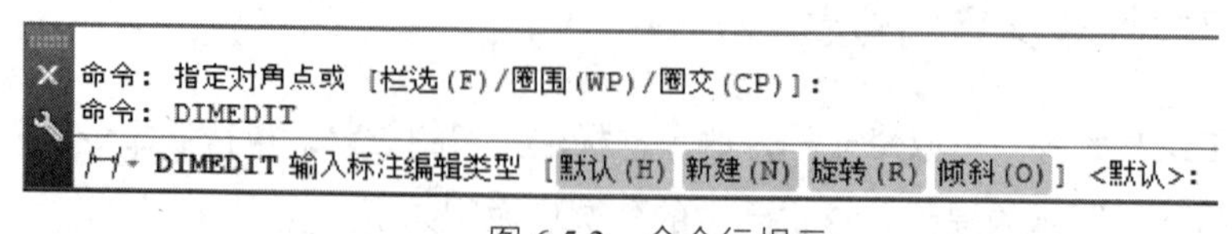

图 6.5.3　命令行提示

- 默认(H)选项：按默认的位置、方向放置尺寸文字。

  操作提示：输入 H 并按 Enter 键，当系统提示选择对象：时，选择某个尺寸标注对象并按 Enter 键。
- 新建(N)选项：修改标注文字的内容。

操作提示：输入 N 并按 Enter 键，系统弹出“文字格式”工具栏和文字输入窗口，在文字输入窗口中输入新的标注文字，然后单击“文字格式”工具栏中的确定按钮。当系统提示选择对象：时，选择某个尺寸标注对象并按 Enter 键。

◆ 旋转(R)选项：将尺寸标注文字旋转指定的角度。

操作提示：输入 R 并按 Enter 键，系统提示指定标注文字的角度：，输入文字要旋转的角度值并按 Enter 键，在系统选择对象：的提示下，选择某个尺寸标注对象并按 Enter 键。

◆ 倾斜(O)选项：使非角度标注的尺寸界线旋转一角度。

操作提示：输入 O 并按 Enter 键，系统提示选择对象：，选择某个尺寸标注对象，按 Enter 键，系统提示输入倾斜角度（按 ENTER 表示无）：，输入尺寸界线倾斜的角度值并按 Enter 键。

6.5.3 尺寸的替代

选择下拉菜单标注(N) → 替代(V)命令，可以临时修改尺寸标注的系统变量的值，从而修改指定的尺寸标注对象。这里以修改标注变量 DIMCLRD（该变量用于设置尺寸线的颜色）的值为例进行说明：选择下拉菜单标注(N) → 替代(V)命令；输入变量名 DIMCLRD 并按 Enter 键；在输入标注变量的新值 <BYLAYER>：的提示下，输入变量 DIMCLRD 的新值 RED 并按 Enter 键；在输入要替代的标注变量名：的提示下，按 Enter 键；在选择对象：的提示下，选择某个尺寸标注对象并按 Enter 键（此时系统将选中的尺寸标注对象的尺寸线变成红色）。

◆ 如果再次执行替代(V)命令，在输入要替代的标注变量名或 [清除替代(C)]：的提示下选择“清除替代（C）”，然后选择尺寸线变成红色（RED）的标注对象，则该标注对象的尺寸线又恢复为原来的颜色。这种替代方式只能修改指定的尺寸标注对象，修改完成后，系统仍将采用当前标注样式中的设置来创建新的尺寸标注。

◆ 采用替代(V)命令替代标注变量，需要记住 AutoCAD 中的 70 多个尺寸标注系统变量及它们的值，但这对于一般的用户比较困难。这里介绍一种更为实用的替代标注变量的方法，是通过标注样式管理器对话框来完成的，操作方法如下。

- 选择下拉菜单格式(O) → 标注样式(S)...命令，系统弹出“标注样式管理器”对话框。
- 单击该对话框中的替代(O)...按钮。

- 在弹出的替代当前样式:对话框中，修改有关的选项（系统变量）的值，如将尺寸线选项组中的颜色(C):选项（变量 DIMCLRD）设置为红色，然后单击确定按钮。
- 单击“标注样式管理器”对话框中的关闭按钮。
- 如果要将以前的某个标注对象的尺寸线颜色改为替代后的颜色(红色)，则可选择下拉菜单标注(N) → 更新(U)命令，然后选择该标注对象。

- ◆ 设置了替代样式后，新创建的尺寸标注都将采用此样式。如果在“标注样式管理器”对话框的样式(S):栏中选择“样式替代”字样并右击，从弹出的快捷菜单中选择“删除”命令将其删除，则系统仍采用原样式创建新的尺寸标注。
- ◆ 使用更新(U)命令，可以更新已有的尺寸标注，使其采用当前的标注样式。

6.5.4 使用夹点编辑尺寸

当选择尺寸对象时，尺寸对象上也会显示出若干个蓝色小方框，即夹点，可以通过夹点对标注对象进行编辑。例如，在图 6.5.4 中，可以通过夹点移动标注文字的位置。该方法是先单击尺寸文字上的夹点，使它成为操作点，然后把尺寸文字拖移到新的位置并单击。同样，选取尺寸线两端的夹点或尺寸界线起点处的夹点，可以对尺寸线或尺寸界线进行移动。

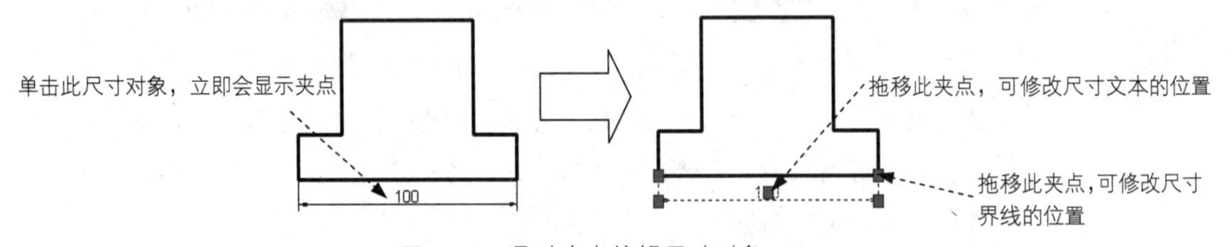

图 6.5.4 通过夹点编辑尺寸对象

6.5.5 使用“特性”窗口编辑尺寸

可以通过“特性”窗口来编辑尺寸，下面举例说明。

双击图 6.5.5a 中的尺寸 100（另一种操作方法是先选择该尺寸，然后选择下拉菜单修改(M) → 特性(P)命令），系统立即弹出该尺寸对象的“特性”窗口，通过该“特性”窗口可以编辑该尺寸对象的一些特性，如线型、颜色、线宽和箭头样式等。例如，如果要将图 6.5.5a 中尺寸的箭头 1 变成图 6.5.5b 所示的实心圆点，可单击“特性”窗口中的箭头 1项，并单击下三角按钮

▾，在下拉列表中选择 ● 点 项，如图 6.5.6 所示。

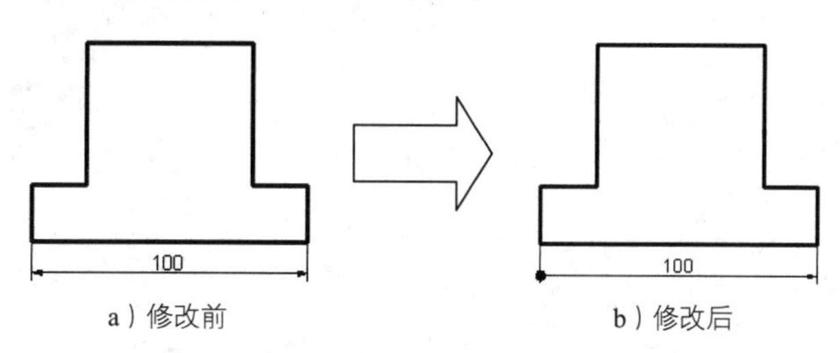

图 6.5.5 编辑尺寸

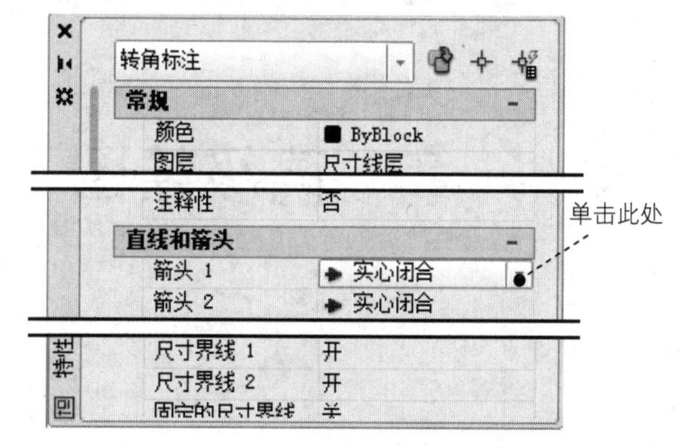

图 6.5.6 尺寸对象的“特性”窗口

第二篇

AutoCAD 2017 进阶

第 7 章　高级绘图

7.1　创建多段线

7.1.1　多段线的绘制

多段线是由一系列直线段、弧线段相互连接而形成的图元。多段线与其他对象（如单独的直线、圆弧和圆）不同，它是一个整体并且可以有一定的宽度，宽度值可以是一个常数，也可以沿着线段的长度方向进行变化。

系统为多段线提供了单个直线所没有的编辑功能，例如，用户可以使用 PEDIT 命令对其进行编辑，或者使用 EXPLODE 命令将其转换成单独的直线段和弧线段。

1. 绘制普通直线段多段线

下面以图 7.1.1 所示为例，说明绘制普通多段线的一般过程。

步骤 01 选择多段线命令。选择下拉菜单 绘图(D) → 多段线(P) 命令。

进入多段线的绘制命令还有两种方法，即单击“多段线”按钮或在命令行中输入 PLINE 命令后按 Enter 键。

步骤 02 指定多段线的第一点。在命令行指定起点：的提示下，将光标置于图 7.1.2 所示的第一位置点 A 处并单击。

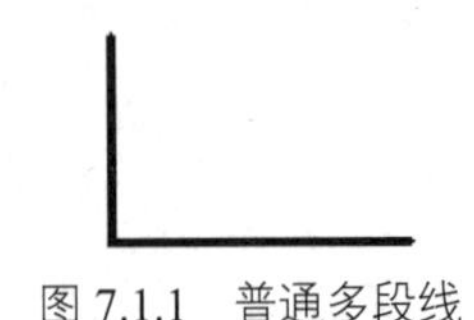

图 7.1.1　普通多段线

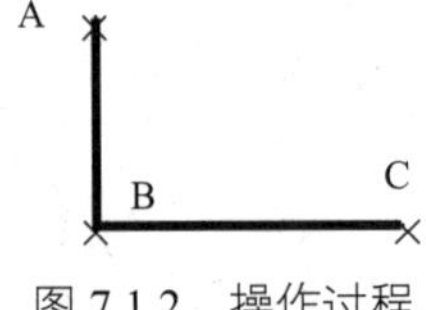

图 7.1.2　操作过程

步骤03 指定多段线的第二点。系统命令行提示图 7.1.3 所示的信息，将鼠标光标移至第二位置点 B 处，然后单击。

```
指定起点:
当前线宽为 0.0000
PLINE 指定下一个点或 [圆弧(A) 半宽(H) 长度(L) 放弃(U) 宽度(W)]:
```

图 7.1.3 命令行提示 1

图 7.1.3 中的第一行说明当前绘图宽度为 0.0000，该值为上次执行 PLINE 命令后设定的宽度值。

步骤04 指定多段线的第三点。系统命令行提示图 7.1.4 所示的信息，将鼠标光标移至第三位置点 C 处，然后单击。

```
当前线宽为 0.0000
指定下一个点或 [圆弧(A)/半宽(H)/长度(L)/放弃(U)/宽度(W)]:
PLINE 指定下一点或 [圆弧(A) 闭合(C) 半宽(H) 长度(L) 放弃(U) 宽度(W)]:
```

图 7.1.4 命令行提示 2

图 7.1.4 所示的命令行提示中的选项说明如下。

- 圆弧(A)选项：切换到多段线圆弧模式以绘制圆弧段。该命令提供了一系列与 ARC 命令相似的选项。
- 闭合(C)选项：系统将以当前模式绘制一条线段（从当前点到所绘制的第一条线段的起点）来封闭多段线。
- 半宽(H)选项：通过提示用户指定多段线的中线到其边沿的距离（半个线宽）来指定下一个线段的宽度。用户可分别设置起点处的线宽和端点处的线宽来创建一个线宽逐渐变化的多段线。此后，系统将使用上一个线段的末端点的宽度来绘制后面的线段，除非用户再次更改宽度。
- 长度(L)选项：绘制特定长度的线段，以上一个线段的角度方向继续绘制线段。
- 放弃(U)选项：删除多段线的上一段。
- 宽度(W)选项：与半宽(H)选项不同的是，要求指定下一个线段的整个宽度。

步骤05 按 Enter 键结束操作。至此完成图 7.1.1 所示的普通多段线绘制。

2. 绘制带圆弧的多段线

在绘制多段线过程中，当选取了圆弧(A)选项时，多段线命令将切换到圆弧模式，在该模式下，新的多段线的线段将按圆弧段来创建，圆弧的起点是上一线段的端点。在默认情况下，通过指定各弧段的端点来绘制圆弧段，并且绘制的每个后续圆弧段与上一个圆弧或线段相切。下面介绍几种常用的绘制方法。

方法一：指定端点绘制带圆弧的多段线。

下面说明图 7.1.5 所示的带圆弧多段线的绘制过程。

步骤 01 选择多段线命令。选择下拉菜单 绘图(D) → 多段线(P) 命令。

步骤 02 指定多段线的第一点 A；指定多段线的第二点 B；在命令行中输入字母 A 后按 Enter 键，再指定圆弧段的端点 C；在命令行中输入字母 L 后按 Enter 键，再指定直线段的端点 D；在命令行中输入字母 A 后按 Enter 键，再指定圆弧段的端点 A；按 Enter 键结束多段线绘制。

方法二：指定角度绘制带圆弧的多段线。

下面说明图 7.1.6 所示的利用角度绘制带圆弧多段线的操作过程。

步骤 01 选择下拉菜单 绘图(D) → 多段线(P) 命令。

步骤 02 指定多段线的第一点 A；指定多段线的第二点 B。

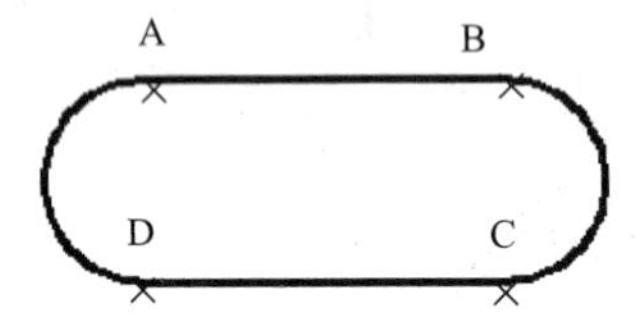

图 7.1.5　指定圆弧的端点

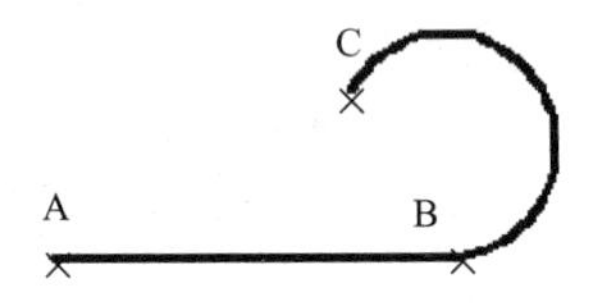

图 7.1.6　指定圆弧的角度

步骤 03 指定多段线的圆弧。

（1）在命令行中输入字母 A 后按 Enter 键；命令行提示图 7.1.7 所示的信息，输入字母 A 后按 Enter 键。

```
当前线宽为 0.0000
指定下一个点或 [圆弧(A)/半宽(H)/长度(L)/放弃(U)/宽度(W)]:
指定下一点或 [圆弧(A)/闭合(C)/半宽(H)/长度(L)/放弃(U)/宽度(W)]: a
指定圆弧的端点(按住 Ctrl 键以切换方向)或
PLINE [角度(A) 圆心(CE) 闭合(CL) 方向(D) 半宽(H) 直线(L) 半径(R) 第二个点(S) 放弃(U) 宽度(W)]:
```

图 7.1.7　命令行提示

图 7.1.7 所示命令行提示中各选项的说明如下。

- 角度(A)选项：指定包含角。
- 圆心(CE)选项：指定圆弧段的圆心。
- 闭合(CL)选项：通过绘制一个圆弧段来封闭多段线。
- 方向(D)选项：指定圆弧段与上一个线段相切的起始方向。
- 半宽(H)选项：指定半线宽。
- 直线(L)选项：切换到多段线直线模式，可以绘制直线段多段线。
- 半径(R)选项：指定圆弧段的半径。
- 第二个点(S)选项：指定圆弧将通过的另外两点。
- 放弃(U)选项：删除上一段多段线。
- 宽度(W)选项：指定多段线下一段的整个线宽。

（2）在命令行指定包含角：的提示下，输入角度值 240 后按 Enter 键；命令行提示指定圆弧的端点或 [圆心(CE)/半径(R)]：，可根据此提示中的不同选项进行操作。

- 执行指定圆弧的端点选项：直接将鼠标光标移至圆弧的端点处并单击。
- 执行圆心(CE)选项：输入 CE 并按 Enter 键，然后在命令行指定圆弧的圆心：的提示下，将鼠标光标移至图 7.1.8 中的圆心 C 处并单击。
- 执行半径(R)选项：输入 R 并按 Enter 键，然后在命令行指定圆弧的半径：的提示下输入圆弧的半径值，再在指定圆弧的弦方向 <0>：的提示下，将鼠标光标移至图 7.1.9 所示的方位并单击。

步骤 04 按 Enter 键结束操作，至此完成带圆弧的多段线绘制。

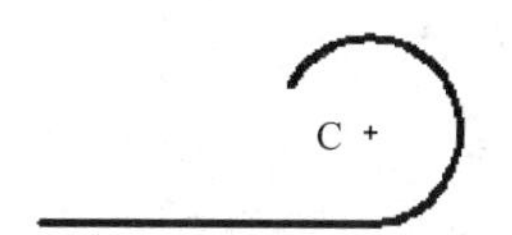

图 7.1.8　指定圆弧的圆心

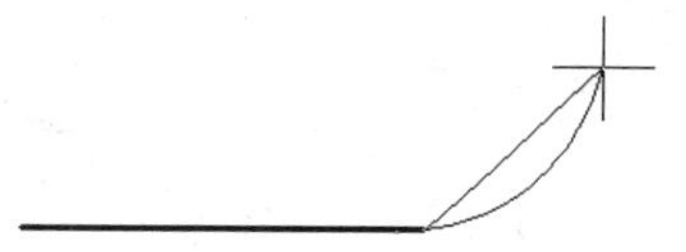
图 7.1.9　指定圆弧的弦方向

方法三：指定圆心绘制带圆弧的多段线。

此方法需先选取圆心(CE)选项，指定圆弧段的圆心，然后再指定圆弧的角度、弦长或端点。例如，在图 7.1.10 中是指定角度创建圆弧，在图 7.1.11 中是指定弦长创建圆弧。

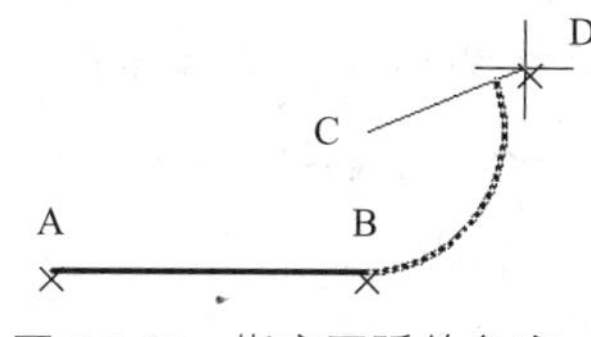

图 7.1.10　指定圆弧的角度

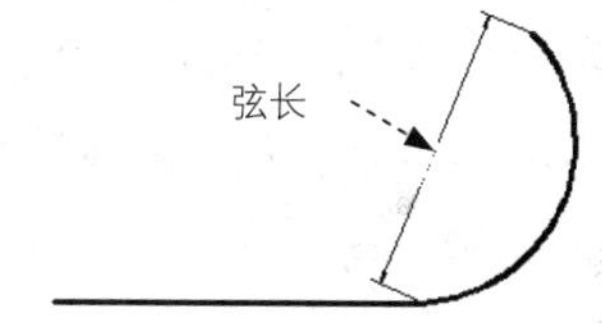

图 7.1.11　指定圆弧的弦长

方法四：绘制以圆弧闭合的多段线。

此方法需选取闭合(CL)选项，通过绘制一个圆弧段来封闭多段线。例如，图 7.1.12 中的封闭圆弧为 AC 段。

方法五：指定方向绘制带圆弧的多段线。

此方法先选取方向(D)选项，指定圆弧段与上一个线段相切的起始方向，然后再指定端点。例如，在图 7.1.13 中是指定方向 D 创建圆弧。

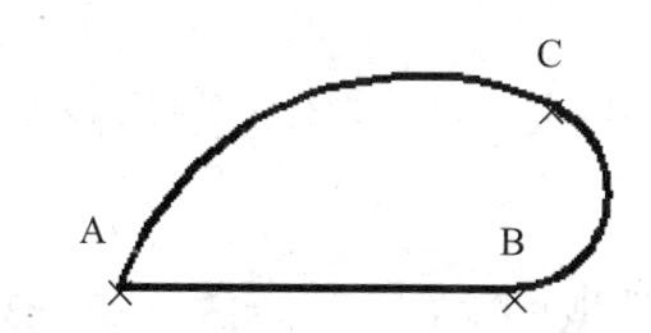

图 7.1.12　以圆弧闭合的多段线

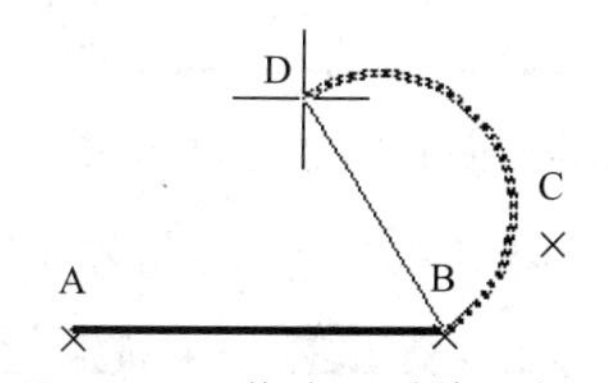

图 7.1.13　指定圆弧的方向

方法六：指定半宽绘制带圆弧的多段线。

即选取半宽(H)选项指定半线宽。下面以图 7.1.14 所示的多段线为例，说明其绘制过程。

步骤 01 选择下拉菜单 绘图(D) → 多段线(P) 命令。

步骤 02 指定多段线的第一点 A；在命令行中输入字母 H 后按 Enter 键。设置半宽会遇到下列两种情况。

情况一：等宽度。即起点和端点（末点）的宽度相同，如图 7.1.14 所示。

情况二：变宽度。即起点和端点（末点）的宽度不相同，如图 7.1.15 所示。

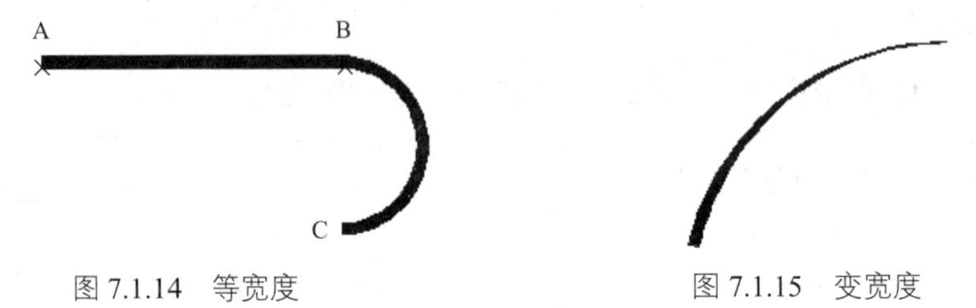

图 7.1.14　等宽度　　　　图 7.1.15　变宽度

方法七：指定半径绘制带圆弧的多段线。

下面以图 7.1.16 所示的多段线为例，说明其绘制过程。

步骤 01 选择下拉菜单 绘图(D) → 多段线(P) 命令。

步骤 02 指定多段线的第一点 A、第二点 B。

步骤 03 定义多段线的圆弧。在命令行中输入字母 A 后按 Enter 键；在命令行中输入字母 R 后按 Enter 键；在命令行指定圆弧的半径:的提示下输入半径值 20 后按 Enter 键；命令行提示指定圆弧的端点或 [角度(A)]:，根据此提示中的不同选项进行操作。

- 直接将鼠标光标移至圆弧的端点 C 处并单击，完成效果如图 7.1.16 所示。
- 输入 A 并按 Enter 键，然后在指定包含角:的提示下，输入角度值–270 后按 Enter 键，在指定圆弧的弦方向 <0>:的提示下，绕圆弧起点移动光标并在所需方位单击，完成效果如图 7.1.17 所示。

步骤 04 按 Enter 键结束操作。

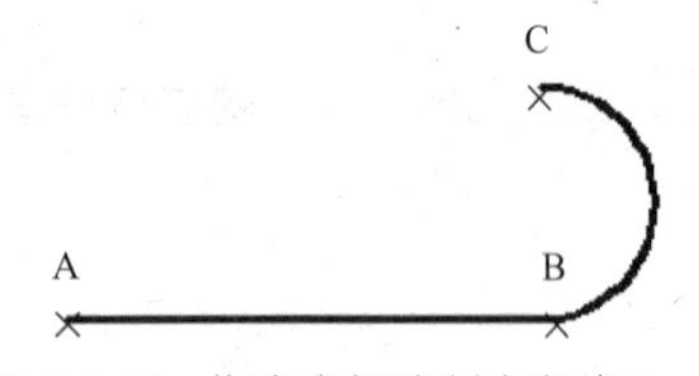

图 7.1.16　指定半径绘制多段线 1

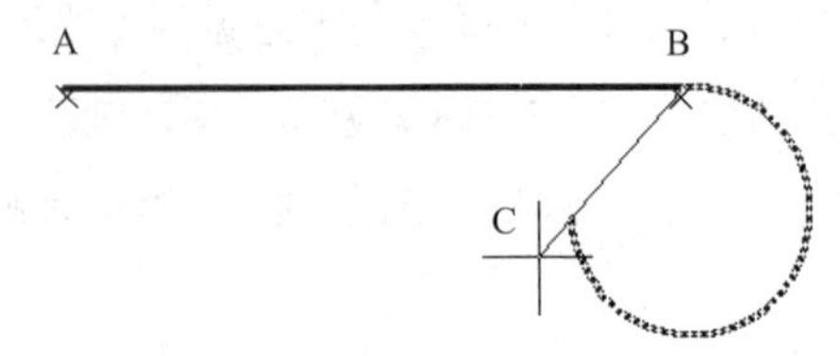

图 7.1.17　指定半径绘制多段线 2

方法八：指定第二点绘制带圆弧的多段线。

选择下拉菜单 绘图(D) → 多段线(P) 命令；依次选取图 7.1.18 所示的 A 点、B 点为多段线上的两点；在命令行中输入字母 A 后按 Enter 键，再输入字母 S 后按 Enter 键，选取点 C 为圆弧上的第二点，选取点 D 为圆弧端点；按 Enter 键结束命令。

方法九：指定宽度绘制带圆弧的多段线。操作方法参见“指定半宽绘制带圆弧的多段线”。

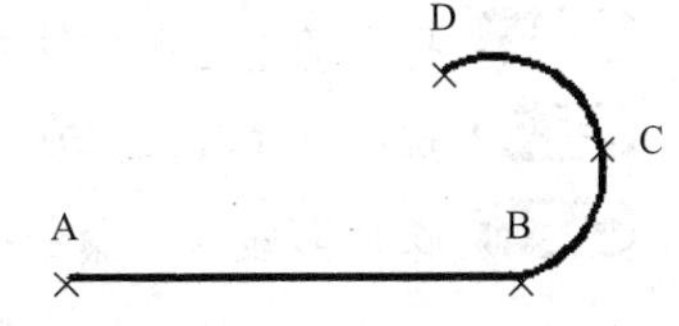

图 7.1.18　指定两点绘制多段线

3. 绘制闭合的多段线

图 7.1.19 所示的闭合的多段线的绘制过程为：选择下拉菜单 绘图(D) → 多段线(P) 命令，依次指定多段线的三个点 A、B、C，再输入字母 C 后按 Enter 键，系统将会自动闭合多段线。

4. 指定长度绘制多段线

图 7.1.20 所示的多段线的绘制过程为：选择下拉菜单 绘图(D) → 多段线(P) 命令；指定多段线的第一点 A；在命令行中输入字母 L 后按 Enter 键，在 指定直线的长度： 的提示下，输入长度值 20 后按 Enter 键（得到线段 AB）；在命令行中输入字母 L 后按 Enter 键，输入长度值 60 后按 Enter 键（得到线段 BC）；按 Enter 键结束操作。

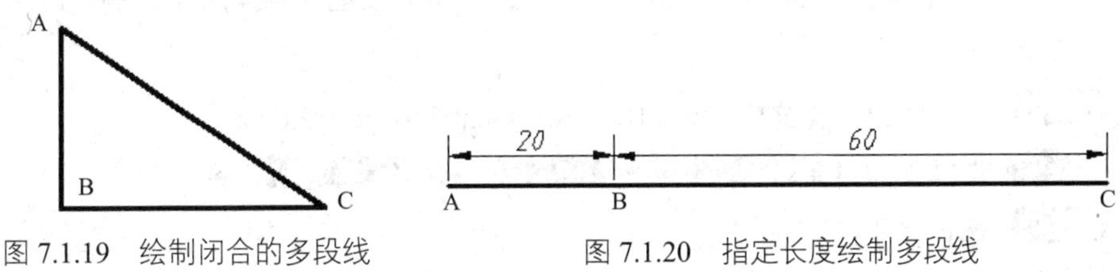

图 7.1.19　绘制闭合的多段线　　图 7.1.20　指定长度绘制多段线

5. 指定宽度绘制多段线

即指定多段线的宽度，如图 7.1.21 和图 7.1.22 所示。相关操作参见“指定半宽绘制带圆弧的多段线”。

图 7.1.21　等宽度　　图 7.1.22　变宽度

7.1.2　编辑多段线

用户可以用 PEDIT 命令对多段线进行各种形式的编辑，既可以编辑一条多段线，也可以同时编辑多条多段线，下面分别进行介绍。

1. 闭合多段线

闭合（C）多段线，即在多段线的起始端点到最后一个端点之间绘制一条多段线的线段。下面以图 7.1.23 所示为例，说明多段线闭合的操作过程。

步骤 01 打开随书光盘文件 D:\cad1701\work\ch07.01\pedit1.dwg。

步骤 02 选择下拉菜单 修改(M) → 对象(O) → 多段线(P) 命令。

步骤 03 选择多段线。命令行提示 选择多段线或 [多条(M)]:，用鼠标选取要编辑的多段线。

步骤 04 闭合多段线。在命令行中输入字母 C 后按 Enter 键。

步骤 05 按 Enter 键结束多段线的编辑操作。

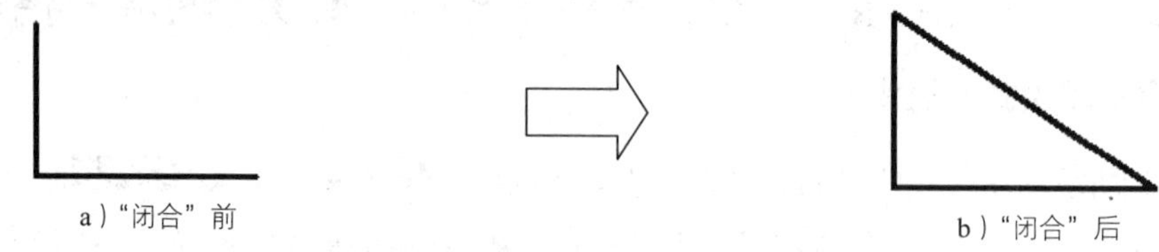

a）"闭合"前　　b）"闭合"后

图 7.1.23　闭合多段线

2. 打开多段线

打开（O）多段线，即删除多段线的闭合线段。下面以图 7.1.24 所示为例，说明将多段线打开的操作过程。

步骤 01 打开随书光盘文件 D:\cad1701\work\ch07.01\pedit2.dwg。

步骤 02 选择下拉菜单 修改(M) → 对象(O) → 多段线(P) 命令。

步骤 03 选择多段线。

步骤 04 在命令行中输入字母 O 后按 Enter 键；按 Enter 键结束操作。

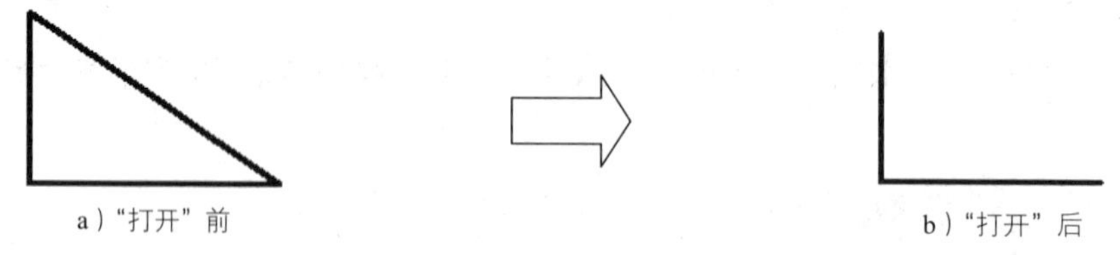

a）"打开"前　　b）"打开"后

图 7.1.24　打开多段线

3. 合并多段线

合并（J）多段线，即连接多段线、圆弧和直线以形成一条连续的二维多段线。注意所选的多段线必须是开放的多段线。假如要合并对象的端点与所选多段线的端点不重合，就要用多选的方法。此时，如果给定的模糊距离可以将端点包括在内，则可以将不相接的多段线合并。模糊距离是指两端点相距的最大距离，在此距离范围内的两端点可以连接。下面以图 7.1.25 和 7.1.26 所示为例，说明合并多段线的一般操作过程。

步骤 01 打开随书光盘文件 D:\cad1701\work\ch07.01\pedit3.dwg。

步骤 02 选择下拉菜单 修改(M) → 对象(O) → 多段线(P) 命令。

步骤 03 选择多段线。将鼠标光标移至图 7.1.25a 所示的多段线上并单击。

步骤 04 合并多段线。

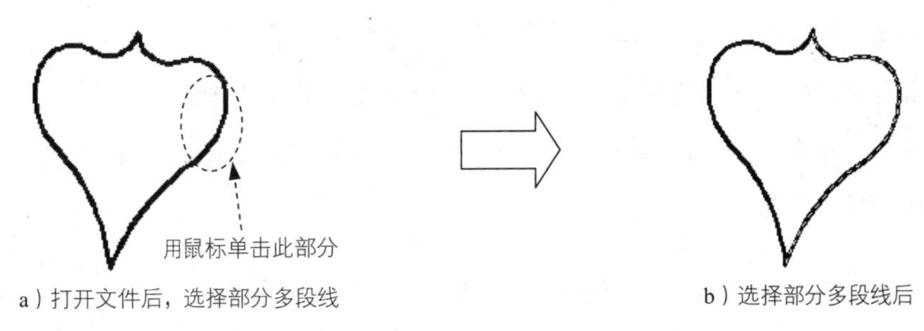

图 7.1.25 打开文件并选择部分多段线

（1）在命令行中输入字母 J 后按 Enter 键。

（2）在命令行选择对象：的提示下，将鼠标移至图 7.1.26a 所示的位置并单击，按 Enter 键结束选择。

步骤 05 按 Enter 键结束操作。

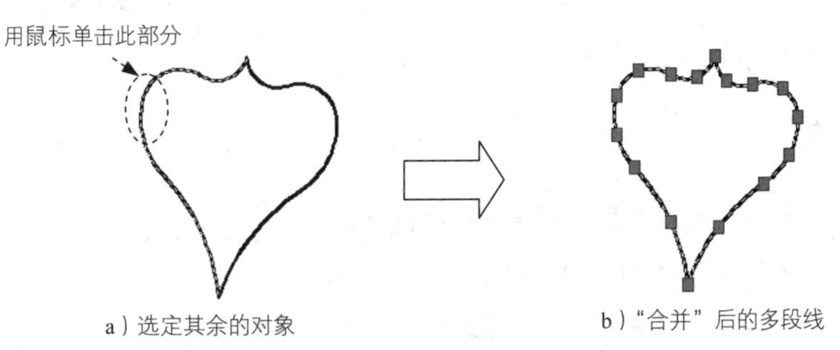

图 7.1.26 合并多段线

4. 多段线线型生成

对于以非连续线型绘制的多段线，可通过线型生成（L）选项来设置其顶点处的绘线方式。当该项设置为“关（OFF）”时，多段线的各线段将独立地采用此非连续线型，顶点处均为折线；而当该项设置为“开（ON）”时，则在整条多段线上连续采用该非连续线型，在顶点处也可能出现断点。下面以图 7.1.27 和图 7.1.28 所示多段线为例，说明多段线线型生成的操作过程。

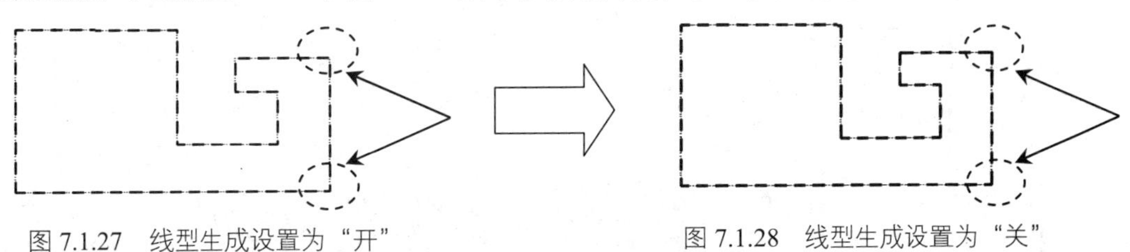

图 7.1.27 线型生成设置为“开”　　图 7.1.28 线型生成设置为“关”

步骤 01 打开随书光盘文件 D:\cad1701\work\ch07.01\pedit4.dwg。

说明：图 7.1.27 所示的多段线，线型为 ACAD_ISO12W100。

步骤 02 选择下拉菜单 修改(M) → 对象(O) ▸ → 多段线(P) 命令，选择多段线。

步骤 03 多段线线型生成。在命令行中输入字母 L（选取 线型生成(L) 选项）后按 Enter 键，然后在命令行 输入多段线线型生成选项 [开(ON)/关(OFF)] 的提示下，输入选项 OFF 后按 Enter 键，再次按 Enter 键结束操作。

线段在实线状态下无法观察到多段线的线型生成效果，因此必须将线段设置到虚线状态再察看设置效果。

7.2 创建多线

多线是一种复合线，由连续的直线段复合组成；它在建筑制图中是必不可少的工具。其显著特点就是可以一次性绘制多条线段。

7.2.1 绘制多线

下面以图 7.2.1 所示为例，说明绘制普通多线的一般过程。

步骤 01 打开随书光盘文件 D:\cad1701\ch07.02\mline.dwg。

步骤 02 选择多线命令。选择下拉菜单 绘图(D) → 多线(U) 命令。

进入多线的绘制命令还有一种方法，即在命令行中输入 MLINE 命令后按 Enter 键。

步骤 03 指定多线的第一点。系统命令行提示图 7.2.2 所示的信息，将光标置于图 7.2.3 所示的第一位置点 A 处并单击。

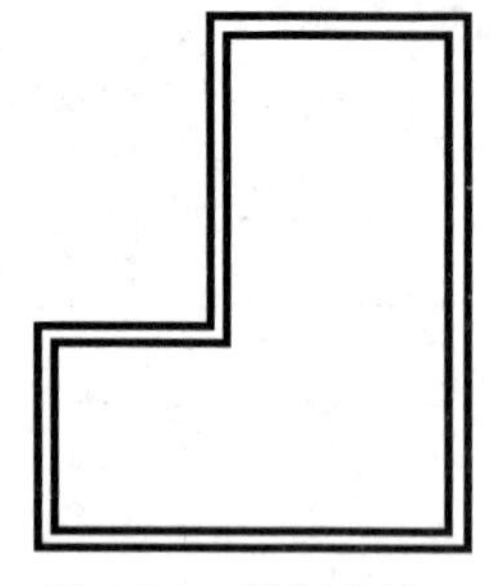

图 7.2.1 绘制多线

```
命令:
命令:
命令: _mline
当前设置: 对正 = 上, 比例 = 20.00, 样式 = STANDARD
MLINE 指定起点或 [对正(J) 比例(S) 样式(ST)]:
```

图 7.2.2 命令行提示

图 7.2.2 所示的提示信息的第一行提示用户当前多线的对正方式为上对正，相邻两条直线之间的距离为 20，多线的样式为 STANDARD。

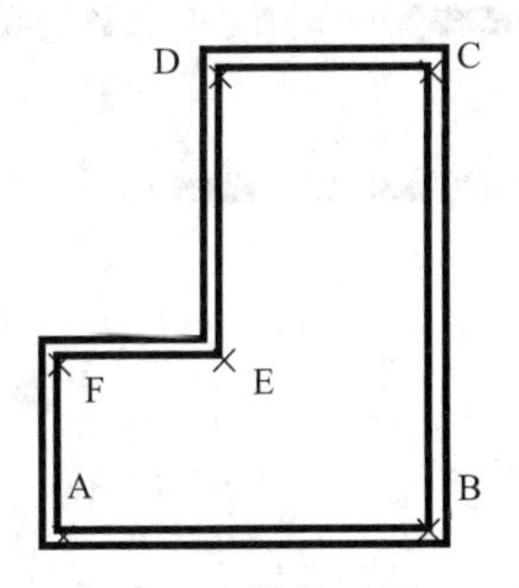

图 7.2.3 操作过程

步骤 04 指定多线的第二点。在系统命令行指定下一点或 [放弃(U)]: 的提示下，将鼠标光标移至第二位置点 B 处，然后单击。

步骤 05 参照上一步，依次指定多线的 C、D、E、F 点，如图 7.2.3 所示，然后在命令行中输入字母 C。

步骤 06 按 Enter 键结束操作。至此完成图 7.2.1 所示的多线绘制。

7.2.2 定义多线样式

在系统默认的情况下只有一种多线样式，宽 20mm。当定义比例后系统会默认使用上次使用过的比例样式绘图。除了在绘制时定义比例外，这种样式远远不能达到要求，所以我们就需要定义更多的多线样式存储在系统中，等需要时直接选择就可以使用。要创建新的多线，请按下面的操作步骤进行。

步骤 01 选择下拉菜单 格式(O) → 多线样式(M)... 命令，系统弹出图 7.2.4 所示的“多线样式”对话框。

进入“多线样式”对话框还有一种方法，即在命令行中输入 MLSTYLE 命令后按 Enter 键。

步骤 02 在“多线样式”对话框中单击 新建(N)... 按钮，系统弹出图 7.2.5 所示的“创建新的多线样式”对话框，输入样式名称 aaa，单击 继续 按钮。

样式的名称可以自行定义，它会在“多线样式”对话框中显示，一般我们不定义，它最多可以输入 255 个字符，在输入名称时起标示作用就可以。

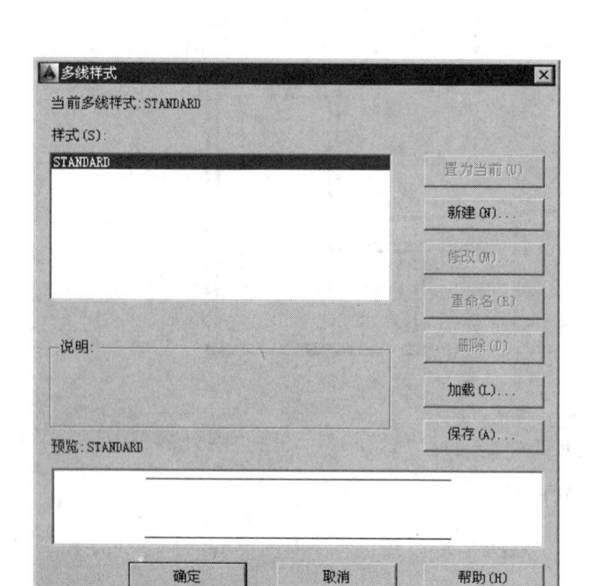

图 7.2.4 “多线样式”对话框

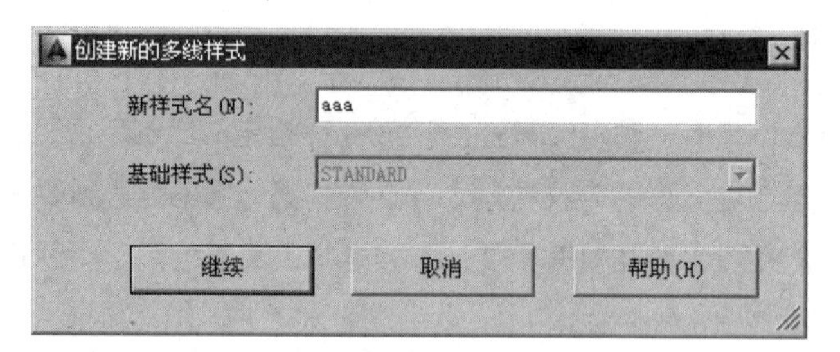

图 7.2.5 “创建新的多线样式”对话框

步骤 03 系统弹出图 7.2.6 所示的“新建多线样式：AAA”对话框，根据需要设置所需的参数。

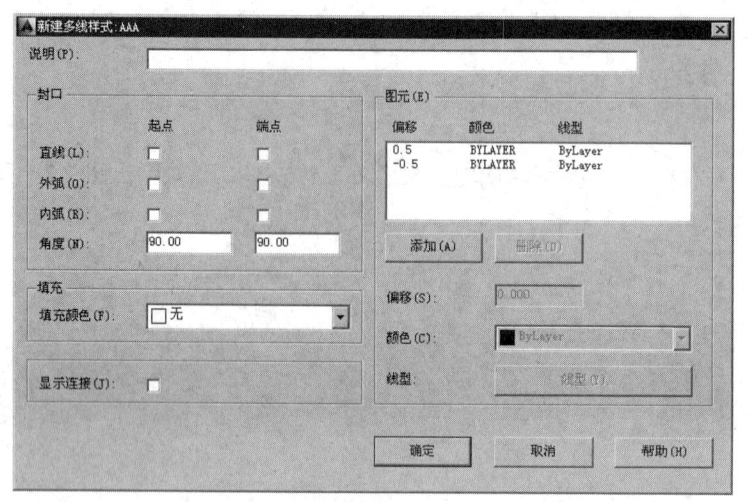

图 7.2.6 “新建多线样式：AAA”对话框

图 7.2.6 所示的“新建多线样式：AAA”对话框中的各选项意义如下：

- 说明(P): 文本框：用于为多线样式添加说明，做多可以输入 255 个字符。
- 封口 区域：用于控制多线的起点与终点的封口样式；封口样式包括直线（图 7.2.7）、外弧（图 7.2.8）与内弧（图 7.2.9）三种，

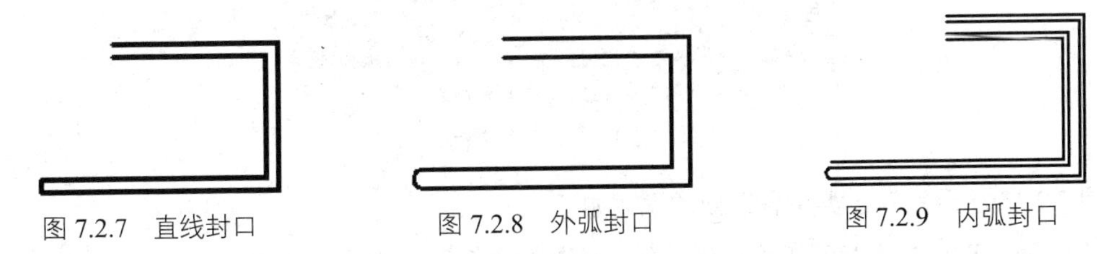

图 7.2.7 直线封口　　图 7.2.8 外弧封口　　图 7.2.9 内弧封口

说明：在使用内弧的时候必须有四条以上的线。原因就是如果有奇数时，则不连接中心线。

- 填充 区域：用于设置多线的背景色。效果如图 7.2.10 所示。
- 显示连接(J): ：用于控制多线各定点处连接线的显示。当选中时效果如图 7.2.11 所示，当不选中时效果如图 7.2.12 所示。

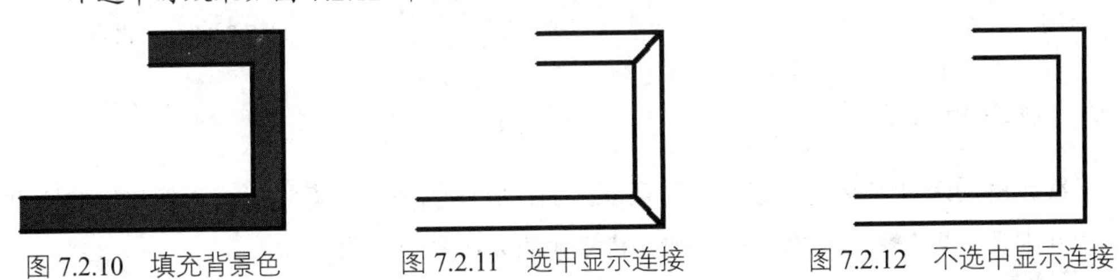

图 7.2.10 填充背景色　　图 7.2.11 选中显示连接　　图 7.2.12 不选中显示连接

- 图元(E) 区域：用于设置多线元素的特性。
- 偏移 颜色 线型 区域：用于设置当前所有元素中每一个元素相对于多线中心的位置、颜色、线型等。
- 添加(A) 按钮：用于添加新的多线元素。
- 删除(D) 按钮：用于删除已有的多线元素。
- 偏移(S): 文本框：用于为多线样式中的每个元素指定偏移值。
- 颜色(C): 文本框：用于设置多线样式中的每个元素的颜色。
- 线型: 按钮：用于设置多线样式中的每个元素的线型。

步骤 04 按钮 确定 按钮，完成多线样式的设置。

7.2.3 设置多线的对正方式

对正方式是指在绘制多线时多线基准的位置。在 AutoCAD 中有 3 种对正方式，分别为上对正、下对正与无对正。

步骤 01 选择多线命令。选择下拉菜单 绘图(D) → 多线(U) 命令。

步骤 02 设置对正方式。在系统命令行提示信息下输入 J 并按 Enter 键，系统命令行提示图 7.2.13 所示的信息。

```
命令:
命令:
命令: _mline
当前设置: 对正 = 上, 比例 = 20.00, 样式 = STANDARD
MLINE 指定起点或 [对正(J) 比例(S) 样式(ST)]:
```

图 7.2.13　命令行提示

图 7.2.13 所示的对正类型各选项的说明如下。

- 上（T）：在光标的下方绘制多线，效果如图 7.2.14 所示。
- 无（Z）：在光标的上下两个方向绘制多线，效果如图 7.2.15 所示。
- 下（B）：在光标的上方绘制多线，效果如图 7.2.16 所示。

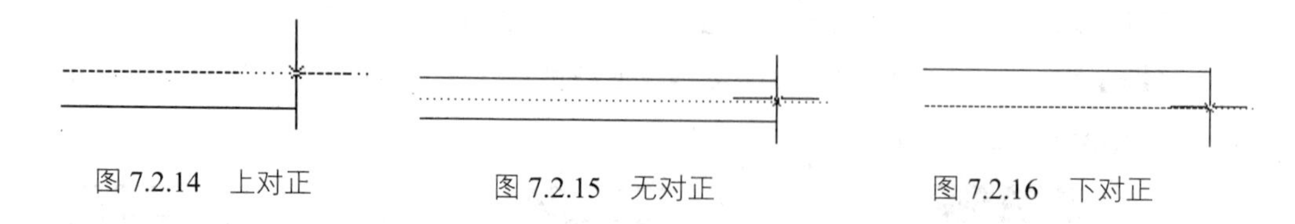

图 7.2.14　上对正　　图 7.2.15　无对正　　图 7.2.16　下对正

7.2.4　设置多线比例

多线比例用来设置平行多线之间的宽度比例，此比例为定义多线样式时偏移值的比例。若比例为 0 则多线重合，若比例小于 0 则会将多线的偏移方向反向。

步骤 01 选择多线命令。选择下拉菜单 绘图(D) → 多线(U) 命令。

步骤 02 设置多线比例。在系统命令行提示信息下输入 S 并按 Enter 键，系统命令行提示图 7.2.17 所示的信息。

```
命令:
命令: _mline
当前设置: 对正 = 上, 比例 = 20.00, 样式 = STANDARD
指定起点或 [对正(J)/比例(S)/样式(ST)]: s
MLINE 输入多线比例 <20.00>:
```

图 7.2.17　提示行信息

- 在命令行输入多线比例 <20.00>：的提示下输入 30，效果如图 7.2.18 所示。
- 在命令行输入多线比例 <20.00>：的提示下输入 0，效果如图 7.2.19 所示。
- 在命令行输入多线比例 <20.00>：的提示下输入-30，效果如图 7.2.20 所示。

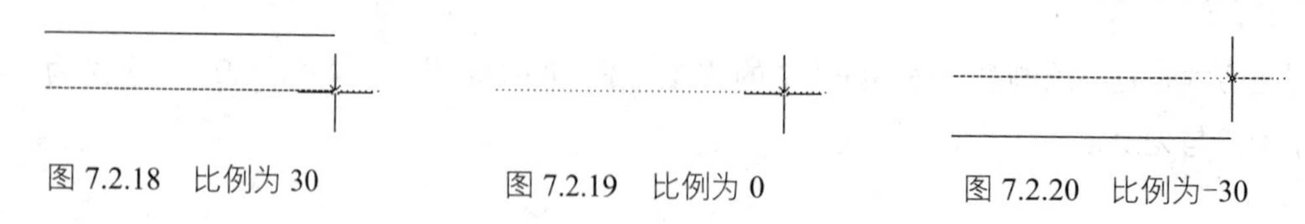

图 7.2.18　比例为 30　　图 7.2.19　比例为 0　　图 7.2.20　比例为-30

7.2.5 编辑多线

一次创建完多线后往往不能达到我们最终要求的效果。因而在创建图形后还需要对其进行编辑，已达到我们的要求。对多线进行编辑的方法有多种，下面将一一介绍。

1. 十字闭合

十字闭合是指在两条多线之间创建闭合的十字交点。在选取多线时，选取的第一条多线是被修剪的对象，第二条多线保持不变。下面以图 7.2.21 所示为例，说明十字闭合编辑的一般操作过程。

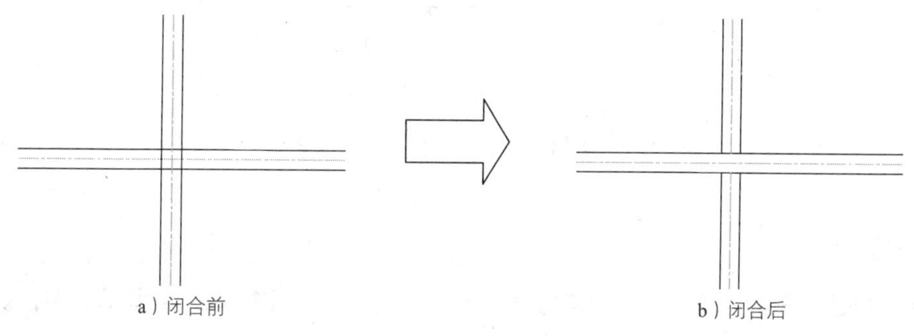

图 7.2.21 十字闭合

步骤 01 打开随书光盘文件 D:\cad1701\work\ch07.02\mline01.dwg。

步骤 02 选择命令。选择下拉菜单 修改(M) → 对象(O) → 多线(M)... 命令，系统弹出 7.2.22 所示的“多线编辑工具”对话框。

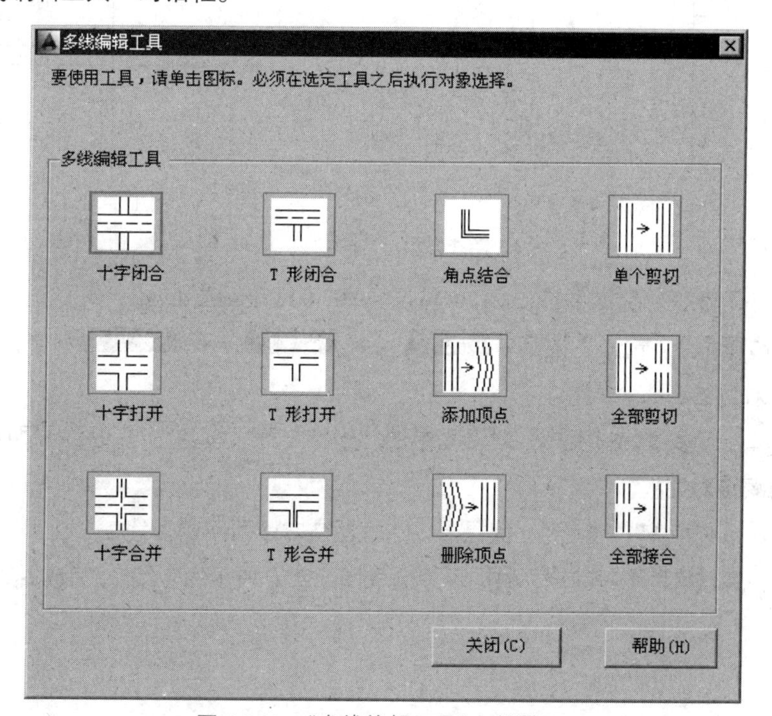

图 7.2.22 “多线编辑工具”对话框

步骤 03 单击“多线编辑工具”对话框中的“十字闭合”按钮，系统立即切换到绘图区中，并暂时隐藏该对话框。

步骤 04 在系统选择第一条多线：的提示下选取图 7.2.23 所示的多线 1。

步骤 05 在系统选择第二条多线：的提示下选取图 7.2.23 所示的多线 2，完成后如图 7.2.21 所示。

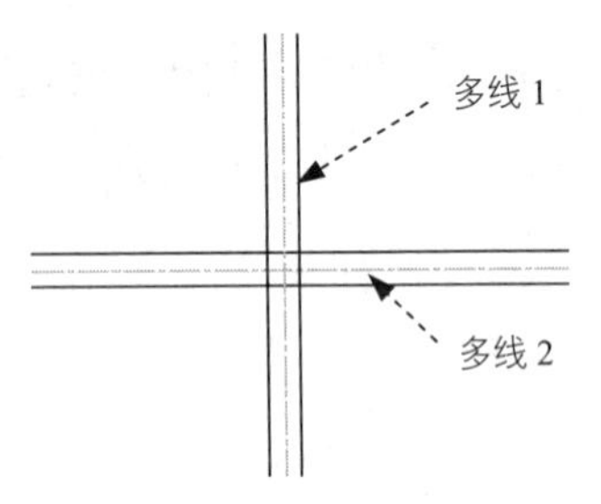

图 7.2.23　定义第一条与第二条多线

2. 十字打开

十字打开是指在两条多线之间创建打开的十字交点。下面以图 7.2.24 所示为例，说明十字打开编辑的一般操作过程。

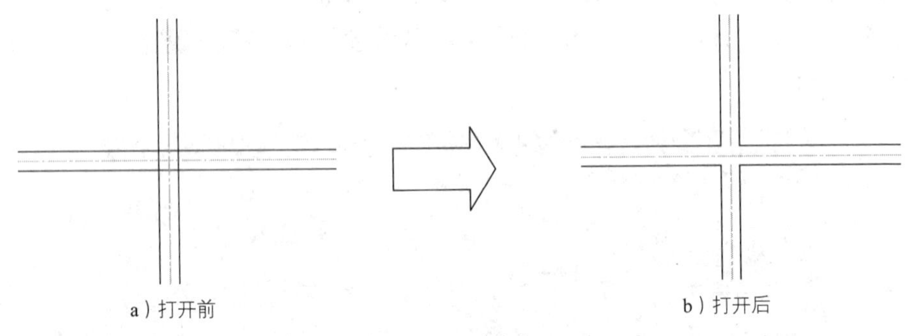

图 7.2.24　十字打开

步骤 01 打开随书光盘文件 D:\cad1701\work\ch07.02\mline02.dwg。

步骤 02 选择命令。选择下拉菜单 修改(M) → 对象(O) → 多线(M)... 命令，系统弹出“多线编辑工具”对话框。

步骤 03 单击“多线编辑工具”对话框中的“十字打开”按钮，系统立即切换到绘图区中，并暂时隐藏该对话框。

步骤 04 在系统选择第一条多线：的提示下选取图 7.2.25 所示的多线 1。

步骤 05 在系统选择第二条多线：的提示下选取图 7.2.25 所示的多线 2，完成后如图 7.2.24b 所示。

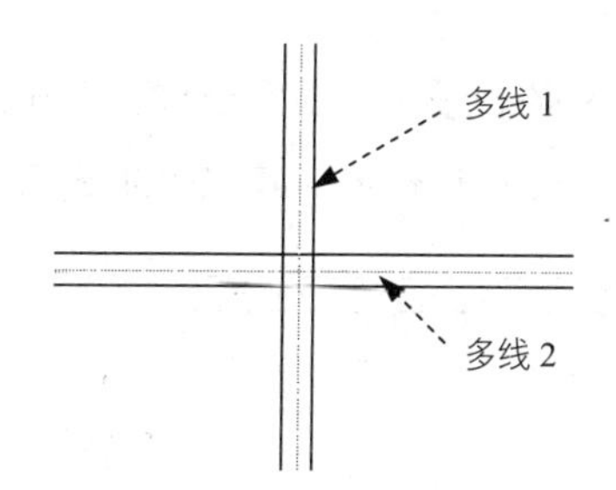

图 7.2.25 定义第一条与第二条多线

3. 十字合并

十字合并是指在两条多线之间创建合并的十字交点。下面以图 7.2.26 所示为例，说明十字合并编辑的一般操作过程。

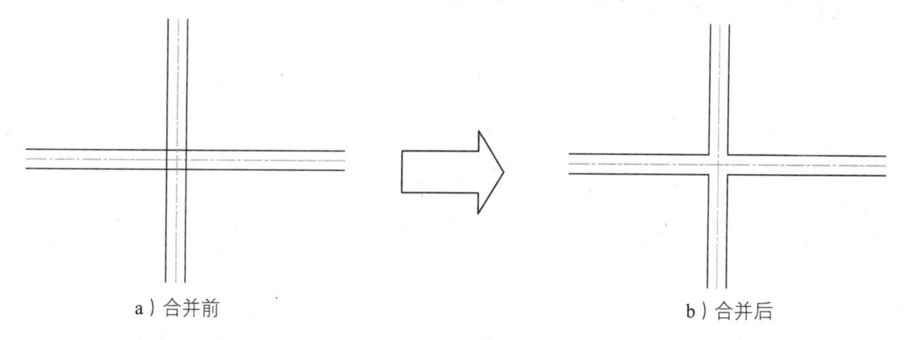

图 7.2.26 十字合并

步骤 01 打开随书光盘文件 D:\cad1701\work\ch07.02\mline03.dwg。

步骤 02 选择命令。选择下拉菜单 修改(M) → 对象(O) ▸ → 多线(M)... 命令，系统弹出“多线编辑工具”对话框。

步骤 03 单击“多线编辑工具”对话框中的“十字合并”按钮，系统立即切换到绘图区中，并暂时隐藏该对话框。

步骤 04 在系统选择第一条多线：的提示下选取图 7.2.27 所示的多线 1。

步骤 05 在系统选择第二条多线：的提示下选取图 7.2.27 所示的多线 2，完成后如图 7.2.26b 所示。

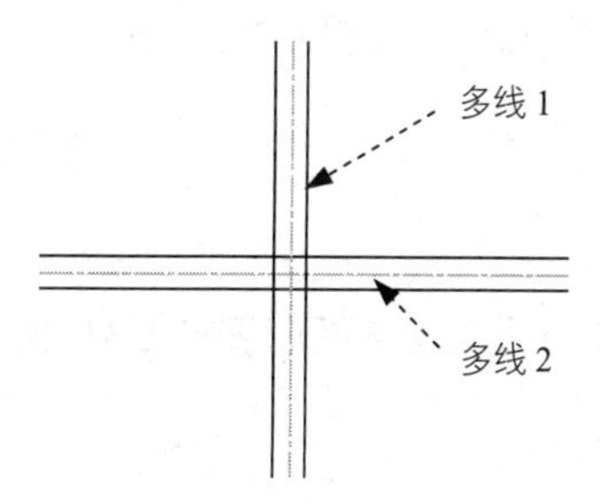

图 7.2.27 定义第一条与第二条多线

4. T 形闭合、打开、合并

T 形闭合、打开、合并是指在两条多线之间创建闭合、打开、合并的 T 字交点。由于其操作过程与前面十字编辑非常类似，此处不再赘述。其效果如图 7.2.28 所示。

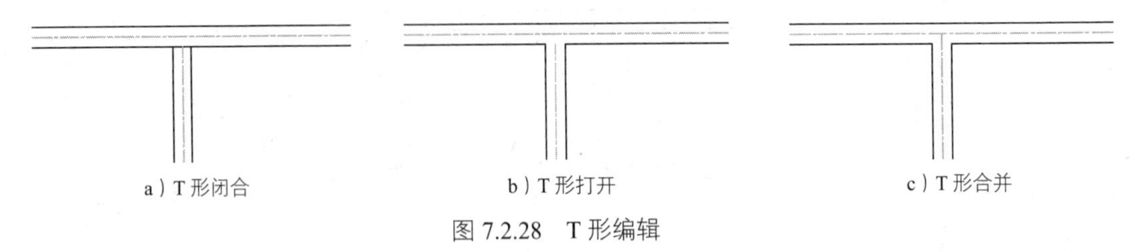

a）T 形闭合　　b）T 形打开　　c）T 形合并

图 7.2.28　T 形编辑

5. 角点结合

角点结合是指在两条多线之间创建角点结合，或者将多线修剪或延伸至交点处。下面以图 7.2.29 所示为例，说明角点结合编辑的一般操作过程。

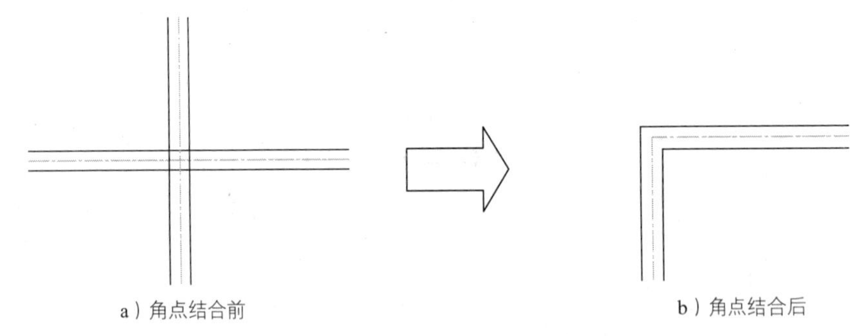

a）角点结合前　　b）角点结合后

图 7.2.29　角点结合

步骤 01　打开随书光盘文件 D:\cad1701\work\ch07.02\mline05.dwg。

步骤 02　选择命令。选择下拉菜单 修改(M) → 对象(O) → 多线(M)... 命令，系统弹出“多线编辑工具”对话框。

步骤 03　单击“多线编辑工具”对话框中的“角点结合”按钮，系统立即切换到绘图区中，并暂时隐藏该对话框。

步骤 04　在系统 选择第一条多线: 的提示下选取图 7.2.30 所示的多线 1。

步骤 05　在系统 选择第二条多线: 的提示下选取图 7.2.30 所示的多线 2，完成后如图 7.2.29b 所示。

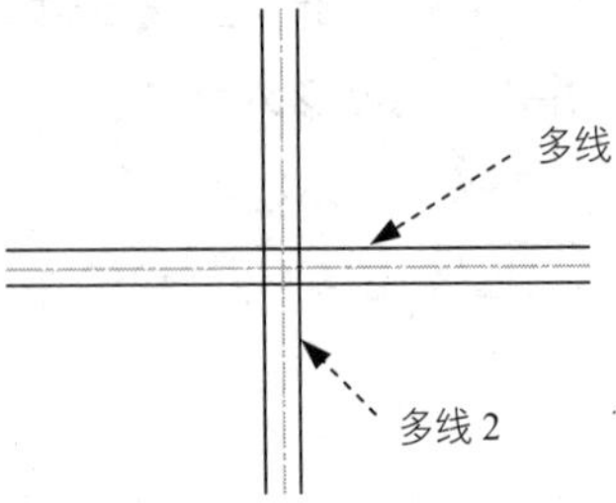

多线 1

多线 2

图 7.2.30　定义第一条与第二条多线

6. 添加顶点

添加顶点是指在多线上添加一个顶点。下面以图 7.2.31 所示为例，说明添加顶点编辑的一般操作过程。

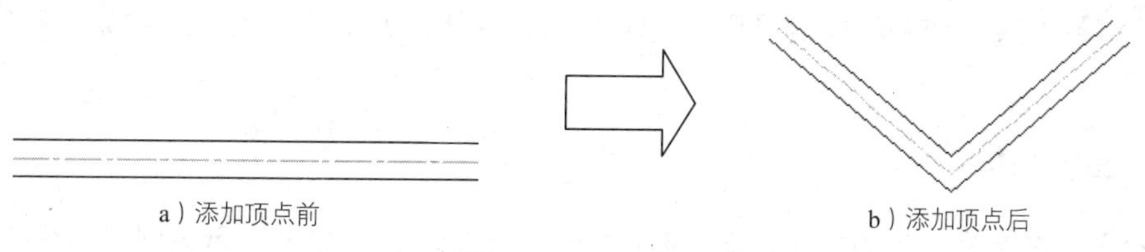

a）添加顶点前　　b）添加顶点后

图 7.2.31　添加顶点

步骤 01 打开随书光盘文件 D:\cad1701\work\ch07.02\mline06.dwg。

步骤 02 选择命令。选择下拉菜单 修改(M) → 对象(O) ▸ → 多线(M)... 命令，系统弹出“多线编辑工具”对话框。

步骤 03 单击“多线编辑工具”对话框中的“添加顶点”按钮，系统立即切换到绘图区中，并暂时隐藏该对话框。

步骤 04 在系统选择多线：的提示下，在图 7.2.32 所示的位置选取多线 1，按 Enter 键确认。

步骤 05 利用夹点编辑多线。在绘图区域中选取图 7.2.32 所示的多线，选取图 7.2.33 所示的夹点，将其移动至图 7.2.33 所示的 B 位置，完成效果如图 7.2.31b 所示。

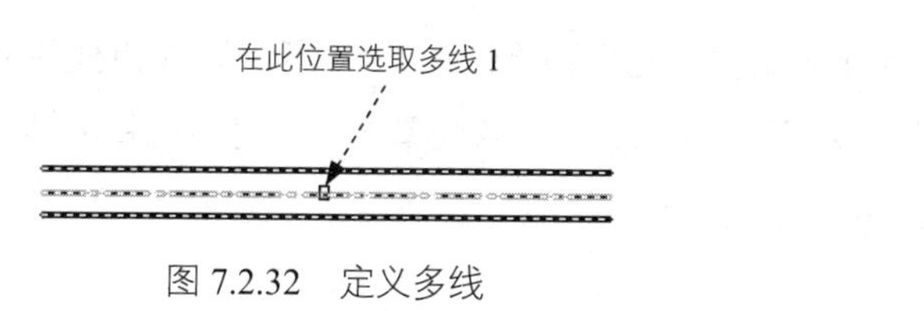

图 7.2.32　定义多线

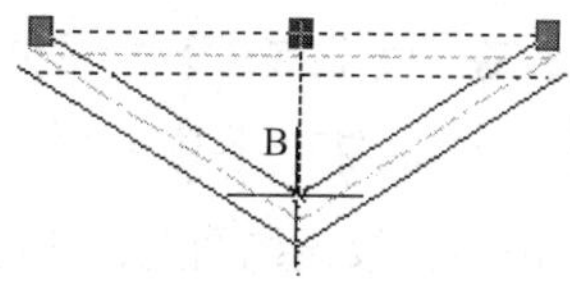

图 7.2.33　编辑夹点位置

7. 删除顶点

删除顶点是指在多线上删除一个顶点。下面以图 7.2.34 所示为例，说明删除顶点编辑的一般操作过程。

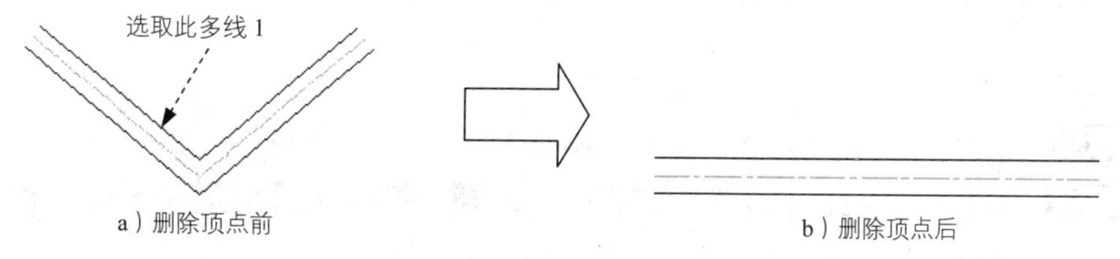

a）删除顶点前　　b）删除顶点后

图 7.2.34　删除顶点

步骤 01 打开随书光盘文件 D:\cad1701\work\ch07.02\mline07.dwg。

步骤 02 选择命令。选择下拉菜单 修改(M) → 对象(O) ▸ → 多线(M)... 命令，系统弹出“多线编辑工具”对话框。

步骤 03 单击“多线编辑工具”对话框中的“删除顶点”按钮，系统立即切换到绘图区中，并暂时隐藏该对话框。

步骤 04 在系统选择多线：的提示下选取图 7.2.34a 所示的多线 1，完成后效果如图 7.2.34b 所示。

8. 单个剪切

单个剪切是指在选定的多线元素上创建打断。下面以图 7.2.35 所示为例，说明单个剪切编辑的一般操作过程。

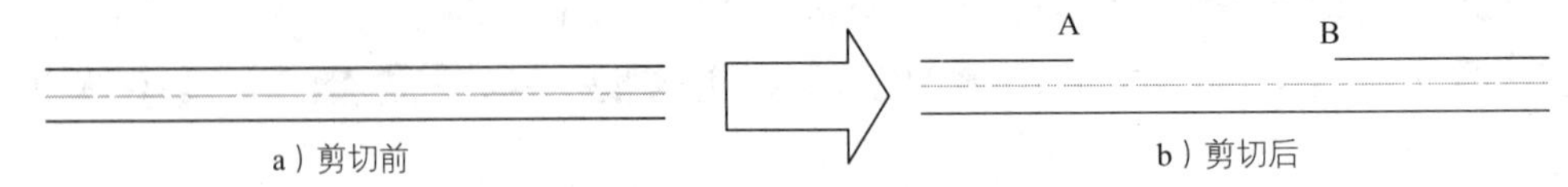

图 7.2.35 单个剪切

步骤 01 打开随书光盘文件 D:\cad1701\work\ch07.02\mline08.dwg。

步骤 02 选择命令。选择下拉菜单 修改(M) → 对象(O) ▸ → 多线(M)... 命令，系统弹出“多线编辑工具”对话框。

步骤 03 单击“多线编辑工具”对话框中的“单个剪切”按钮，系统立即切换到绘图区中，并暂时隐藏该对话框。

步骤 04 在命令行选择多线：的提示下，将鼠标光标移至图 7.2.35b 所示的 A 点处并单击。

步骤 05 在命令行选择第二个点：的提示下，在直线上 B 点处单击，此时系统将 A 点和 B 点之间的线段删除，效果如图 7.2.35b 所示。

9. 全部剪切

全部剪切用于创建穿过整个多线的打断。下面以图 7.2.36 所示为例，说明全部剪切编辑的一般操作过程。

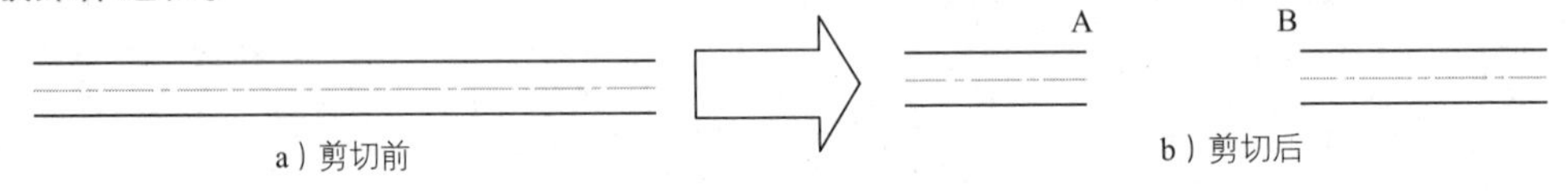

图 7.2.36 全部剪切

步骤 01 打开随书光盘文件 D:\cad1701\work\ch07.02\mline09.dwg。

步骤 02 选择命令。选择下拉菜单 修改(M) → 对象(O) ▸ → 多线(M)... 命令，系统弹出“多线编辑工具”对话框。

步骤 03 单击“多线编辑工具”对话框中的“全部剪切”按钮，系统立即切换到绘图区中，并暂时隐藏该对话框。

步骤 04 在命令行选择多线：的提示下，将鼠标光标移至图 7.2.36b 所示的 A 点处并单击。

步骤 05 在命令行选择第二个点：的提示下，在直线上 B 点处单击，此时系统将 A 点和 B 点之间的所有线段删除，效果如图 7.2.36b 所示。

10. 全部接合

全部接合是指将已经被剪切的多线重新连接起来。下面以图 7.2.37 所示为例，说明全部接合编辑的一般操作过程。

A　B

a）接合前　b）接合后

图 7.2.37　全部接合

步骤 01 打开随书光盘文件 D:\cad1701\work\ch07.02\mline10.dwg。

步骤 02 选择命令。选择下拉菜单 修改(M) → 对象(O) → 多线(M)... 命令，系统弹出“多线编辑工具”对话框。

步骤 03 单击“多线编辑工具”对话框中的“全部接合”按钮，系统立即切换到绘图区中，并暂时隐藏该对话框。

步骤 04 在命令行选择多线：的提示下，将鼠标光标移至图 7.2.37a 所示的 A 点处并单击。

步骤 05 在命令行选择第二个点：的提示下，在直线上 B 点处单击，此时系统将 A 点和 B 点之间的所有线段接合起来，效果如图 7.2.37b 所示。

7.3　创建样条曲线

7.3.1　样条曲线的绘制

样条曲线是由一组点定义的光滑曲线，是一种拟合曲线。在 AutoCAD 中，样条曲线的类型是非均匀有理 B 样条（NURBS）。这种类型的曲线适宜于表达具有不规则变化曲率半径的曲线，例如，船体和手机的轮廓曲线、机械图形的断面及地形外貌轮廓线等。绘制样条曲线常用的方法有如下几种。

1. 指定点创建样条曲线

用指定的点创建样条曲线。

方法一：创建“闭合”样条曲线。

下面以图 7.3.1 所示的样条曲线为例，说明绘制“闭合”样条曲线的创建过程。

步骤 01 选择样条曲线命令。选择下拉菜单 绘图(D) → 样条曲线(S) → 控制点(C) 命令。

进入样条曲线的绘制命令还有两种方法，即单击“样条曲线”按钮或输入 SPLINE 命令后按 Enter 键。

步骤 02 指定样条曲线的各点。依次指定 A、B、C、D 四个位置点。

步骤 03 闭合样条曲线。在输入下一个点或 [端点相切(T) 公差(L) 放弃(U) 闭合(C)]：的提示下输入字母 C 后按 Enter 键。

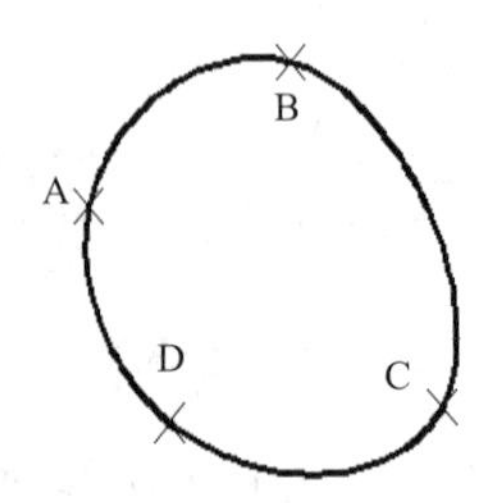

图 7.3.1 创建“闭合”样条曲线

方法二：设置拟合公差创建样条曲线。

即以现有点根据新公差重新定义样条曲线。如果公差值为 0，则样条曲线通过拟合点；如果公差值大于 0，则样条曲线将在指定的公差范围内通过拟合点。用户可以重复更改拟合公差。下面以图 7.3.2 和图 7.3.3 所示为例，说明其操作过程。

步骤 01 在 常用 选项卡下的 绘图 面板中单击“样条曲线拟合”按钮。

步骤 02 指定样条曲线的各点。依次选择 A、B、C、D 四个位置点。

步骤 03 设置拟合公差值。

（1）在命令行中输入字母 L 后按 Enter 键。

（2）命令行提示指定拟合公差<0.0000>:，此时依次输入公差值将会出现不同的情况。

情况一：拟合公差值为 0。在命令行中输入 0 后按 Enter 键，效果如图 7.3.2 所示。

情况二：拟合公差值大于 0。在命令行中输入的公差值大于 0，效果如图 7.3.3 所示。

步骤 04 完成样条曲线绘制。按两次 Enter 键或按两次空格键以结束操作。

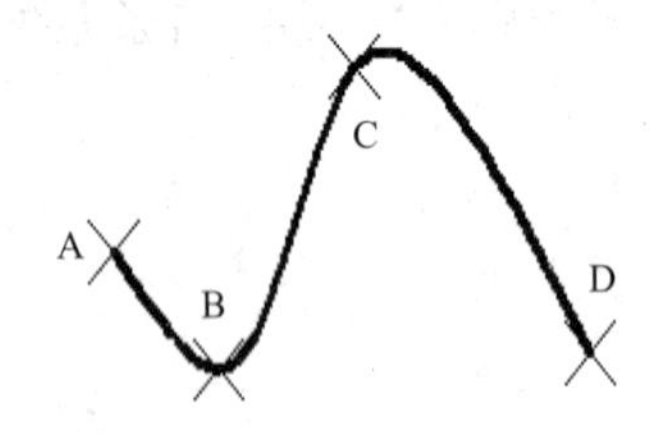

图 7.3.2 拟合公差值为 0

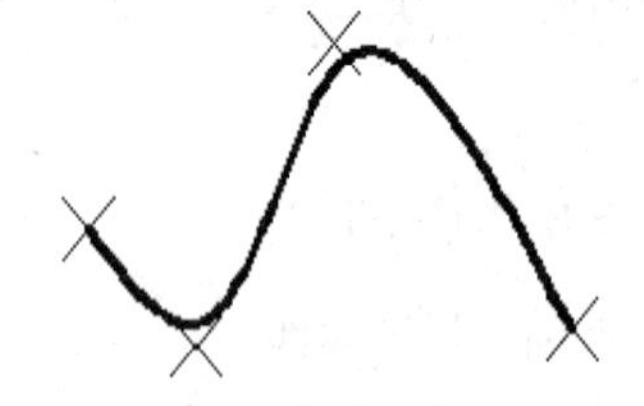

图 7.3.3 拟合公差值大于 0

方法三：指定端点切向创建样条曲线。

下面以图 7.3.4 为例，说明指定起点和端点创建样条曲线的操作过程。

步骤 01 在 常用 选项卡下的 绘图 面板中单击“样条曲线拟合”按钮。

步骤 02 指定样条曲线的各点。依次选择样条曲线的 A、B、C、D 四个位置点。

步骤 03 定义样条曲线的端点切向。在 输入下一个点或 [端点相切(T) 公差(L) 放弃(U) 闭合(C)]：的提示下，输入 T 后按 Enter 键，在图 7.3.4 中的 F 点处单击，至此完成操作。

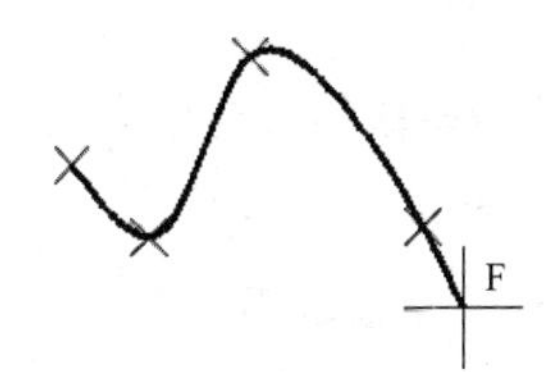

图 7.3.4　指定端点切向

2. 指定对象创建样条曲线

可以将二维或三维的二次或三次样条拟合多段线转换成等价的样条曲线。样条曲线与样条拟合多段线相比，具有如下优点。

① 样条曲线占用磁盘空间较小。

② 样条曲线比样条拟合多段线更精确。

下面以图 7.3.5 所示为例，说明用指定对象的方法创建样条曲线的操作过程。

步骤 01 打开随书光盘文件 D:\cad1701\work\ch07.03\spline4.dwg。此多段线已“拟合样条化”，如图 7.3.5a 所示。

步骤 02 在 默认 选项卡下的 绘图 面板中单击“样条曲线拟合”按钮。

步骤 03 将多段线转换成样条曲线。

将样条拟合多段线转换为样条曲线后，将丢失所有宽度信息。样条曲线对象不如多段线灵活多变，用户无法拉伸或分解样条曲线，或将两个样条曲线合并。

（1）在命令行中输入字母 O（执行 对象(O) 选项）后按 Enter 键。

（2）在命令行 选择样条曲线拟合多段线: 的提示下，单击选择多段线；按 Enter 键完成绘制。

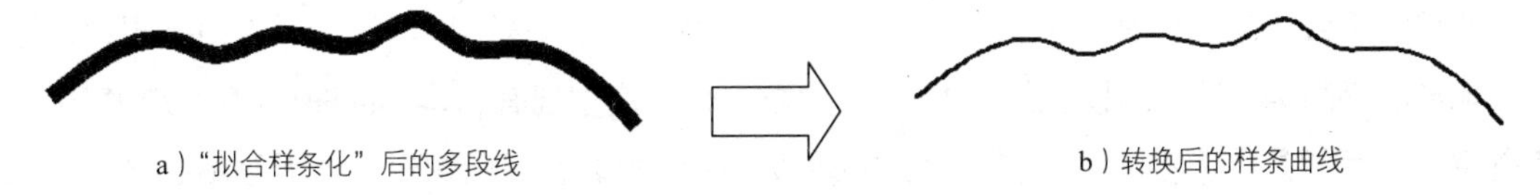

a）“拟合样条化”后的多段线　　b）转换后的样条曲线

图 7.3.5　指定对象创建样条曲线

7.3.2　样条曲线的编辑

在 AutoCAD 中，可以用标准的修改对象的命令对样条曲线进行如复制、旋转、拉伸、缩放、打断或修剪等一般的编辑操作，但是如果要修改已存在的样条曲线的形状，则需要使用 SPLINEDIT 命令，执行该命令后，系统命令行提示图 7.3.6 所示的信息。

选择样条曲线:

SPLINEDIT 输入选项 [闭合(C) 合并(J) 拟合数据(F) 编辑顶点(E) 转换为多段线(P) 反转(R) 放弃(U) 退出(X)] <退出>:

图 7.3.6　命令行提示

7.4 绘制圆环

圆环实际上是具有一定宽度的闭合多段线。圆环常用于在电路图中表示焊点或创建填充的实心圆。下面以图 7.4.1 所示为例，说明其绘制步骤。

步骤 01 选择下拉菜单 绘图(D) → 圆环(D) 命令。

步骤 02 设置圆环的内径和外径值。

如果输入圆环的内径值为 0，则圆环成为填充圆，如图 7.4.1b 所示。

（1）在指定圆环的内径 <0.5000>: 的提示下，输入圆环的内径值 15，然后按 Enter 键。

（2）在指定圆环的外径 <1.0000>: 的提示下，输入圆环的外径值 40，然后按 Enter 键。

步骤 03 命令行提示指定圆环的中心点或 <退出>: ，此时系统显示图 7.4.1c 所示的临时圆环，单击绘图区中的某一点，系统即以该点为中心点绘制出圆环。可以继续指定圆心，绘制多个圆环，直至按 Enter 键结束命令。

a）圆环的内径值不为 0

b）圆环的内径值为 0

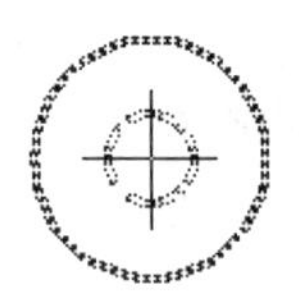

c）临时圆环

图 7.4.1 圆环的绘制

7.5 徒手绘制图形

7.5.1 创建徒手线

使用徒手线（SKETCH）功能可以轻松地徒手绘制形状非常不规则的图形（如不规则的边界或地形的等高线、轮廓线以及签名），在利用数字化仪追踪现有图样上的图形时，该功能也非常有用。徒手线是由许多单独的直线对象或多段线来创建的，线段越短，徒手线就越准确，但线段太短会大大增加图形文件的字节数，因此在开始创建徒手画线之前，有必要设置每个线段的长度或增量。

1. 绘制徒手线

下面以图 7.5.1 所示为例，说明绘制徒手线的步骤。

步骤 01 在命令行中输入 SKETCH 命令后按 Enter 键。

步骤 02 定义徒手线的增量。在命令行指定草图或 [类型(T) 增量(I) 公差(L)]: 提示下输入 I 后按 Enter 键，然后在 指定草图增量 <1.0000>: 提示下输入草图增量值后按 Enter 键。

也可以在屏幕上指定两个点，系统将计算这两点之间的距离作为增量距离。

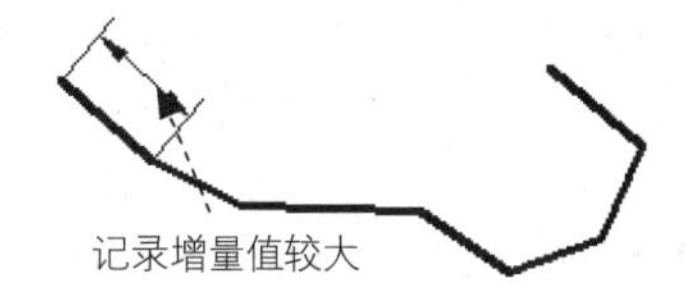

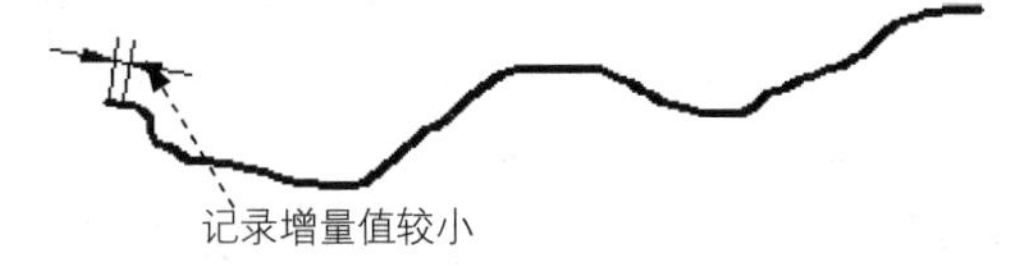

图 7.5.1 设置记录增量值

步骤 03 绘制徒手线。单击左键进行绘制，然后移动光标绘制临时的徒手线。再次单击便可停止画线。

步骤 04 按 Enter 键，完成徒手线。

2. 设置徒手线的线段组成

由于在默认情况下，系统是使用单独的比较短的直线段创建徒手线，所以对徒手线进行修改较为困难，而如果使用多段线创建徒手线，则将易于编辑徒手线。系统变量 SKPOLY 用于控制 AutoCAD 是用单个直线段还是用多段线来创建徒手线。在命令行输入 SKPOLY 命令后，系统提示“输入 SKPOLY 的新值”，如果输入值 1，表示使用多段线创建徒手线；如果输入值 0，则表示使用直线创建徒手线，如图 7.5.2 所示。

a）SKPOLY 值为 1

b）SKPOLY 值为 0

图 7.5.2 设置系统变量 SKPOLY

7.5.2 创建修订云线

修订云线是由一系列圆弧组成的多段线，绘制后的图形形状如云彩。在检查或用红线圈阅图形时，可用到修订云线功能。

1. 绘制修订云线

下面以图 7.5.3 所示的修订云线为例，说明其绘制步骤。

步骤 01 选择下拉菜单 绘图(D) → 修订云线(V) 命令。

进入修订云线的绘制命令还有两种方法，即单击“修订云线”按钮或输入 REVCLOUD 命令并按 Enter 键。

步骤 02 指定修订云线的起点。系统命令行提示图 7.5.4 所示的信息，在此提示下将鼠标移至图 7.5.3 所示的起点 A 处，然后单击。

步骤 03 指定修订云线的终点。指定修订云线的终点时，会遇到两种情况。

情况一：封闭的修订云线。在命令行沿云线路径引导十字光标...的提示下，移动鼠标光标至图 7.5.3 所示的起点 A 处，然后单击。绘制完成后的效果如图 7.5.3 所示。

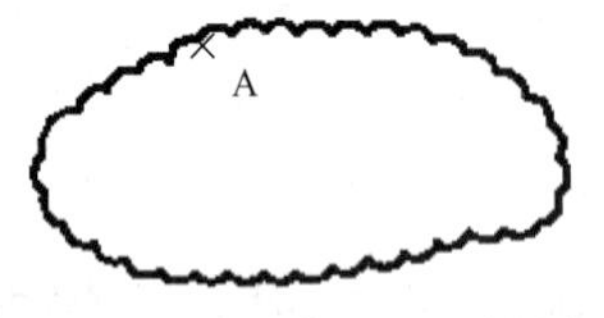

图 7.5.3　封闭的修订云线对象

命令：REVCLOUD
最小弧长：0.5　最大弧长：0.5　样式：普通
REVCLOUD 指定起点或 [弧长(A) 对象(O) 样式(S)] <对象>:

图 7.5.4　命令行提示

情况二：不封闭的修订云线。移动光标至图 7.5.5 所示的终点 B 并按 Enter 键，此时命令行提示反转方向 [是(Y)/否(N)] <否>:，按 Enter 键。绘制完成后的效果如图 7.5.5 所示。

2. 选项说明

◆ 弧长(A)选项

此选项用于指定云线中弧线的长度，执行该选项后，按系统提示分别输入最小弧长和最大弧长值即可，注意最大弧长不能大于最小弧长的三倍，不同的弧长值的效果，如图 7.5.6 所示。

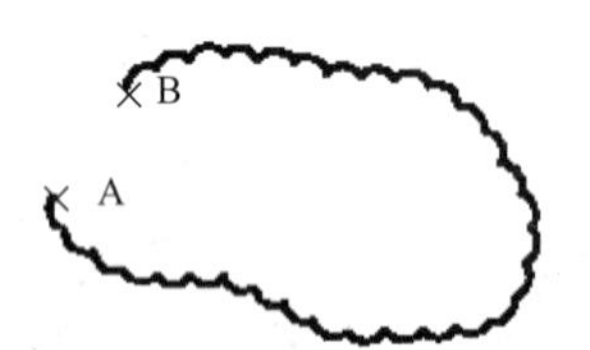

图 7.5.5　不封闭的修订云线对象

图 7.5.6　设置弧长值

◆ 对象(O)选项

此选项可以使用户选择任意图形，如直线、样条曲线、多段线、矩形、多边形、圆和圆弧等，并将其转换为云线路径，如图 7.5.7 所示。

◆ 样式(S)选项

此选项用于指定修订云线的样式是用普通方式还是用手绘方式，如图 7.5.8 所示。

绘制修订云线时，在完成操作前，命令行会提示反转方向 [是(Y)/否(N)] <否>:，选择不同的选项，云线圆弧的方向也不同，如图 7.5.7b、c 所示。

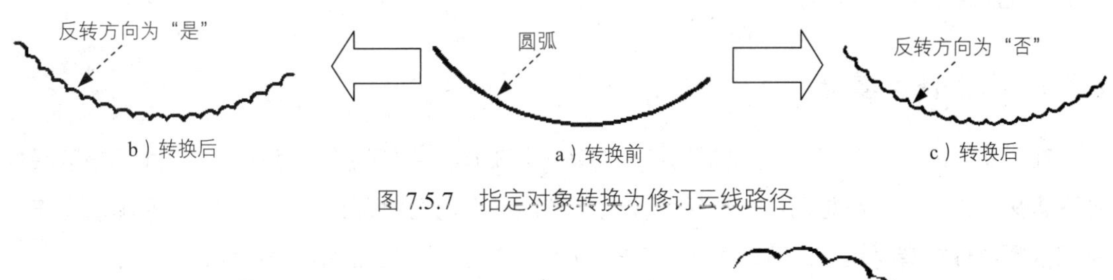

图 7.5.7 指定对象转换为修订云线路径

图 7.5.8 指定修订云线圆弧的样式

7.6 创建面域

面域是一种具有封闭线框的平面区域。面域总是以线框的形式显示，所以从外观来看，面域和一般的封闭线框没有区别，但从本质上看，面域是一种面对象，除了包括封闭线框外，还包括封闭线框内的平面，所以可以对面域进行交、并、差的布尔运算。

可以将封闭的线框转换为面域，这些封闭的线框可以是圆、椭圆、封闭的二维多段线或封闭的样条曲线等单个对象，也可以是由圆弧、直线、二维多段线、椭圆弧和样条曲线等对象构成的复合封闭对象。在创建面域时，如果将系统变量 DELOBJ 的值设置为 1，在完成面域后，系统会自动删除封闭线框；如果将其值设置为 0，在完成面域后，系统则不会删除封闭线框。

下面以图 7.6.1 所示为例，说明面域创建过程。在本例中，假设外面的五边形是用多段线命令（PLINE）绘制的封闭图形，长方形是用矩形命令（RECTANG）绘制的封闭图形，椭圆是使用椭圆命令（ellipse）绘制的封闭图形。

步骤 01 打开随书光盘文件 D:\cad1701\work\ch07.06\region.dwg。

步骤 02 选择下拉菜单 绘图(D) → 面域(N) 命令。

步骤 03 在命令行选择对象：的提示下，框选图 7.6.1 中的所有图元，按 Enter 键结束选取。系统在命令行提示已创建 4 个面域。，这表明系统已经将四个封闭的图形转化为四个面域了。

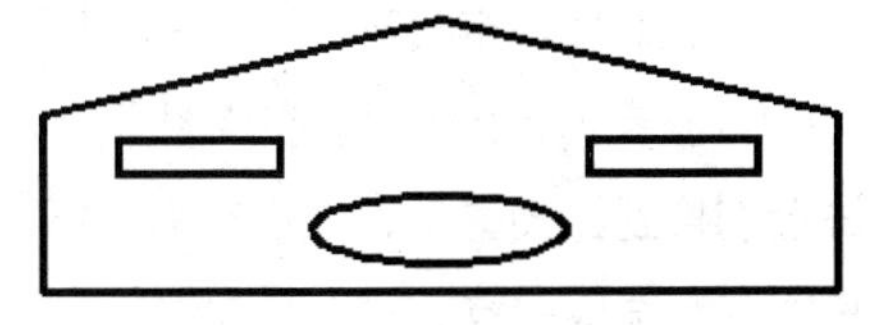

图 7.6.1 面域创建举例

进入面域的绘制命令还有两种方法，即单击"面域"按钮或在命令行中输入 REGION 命令并按 Enter 键。

7.7 创建图案填充

7.7.1 添加图案填充

在 AutoCAD 中，图案填充是指用某个图案来填充图形中的某个封闭区域，以表示该区域的特殊含义。例如，在机械图中，图案填充用于表达一个剖切的区域，并且不同的图案填充表示不同的零部件或者材料。下面以图 7.7.1 所示为例，说明创建图案填充的操作过程。

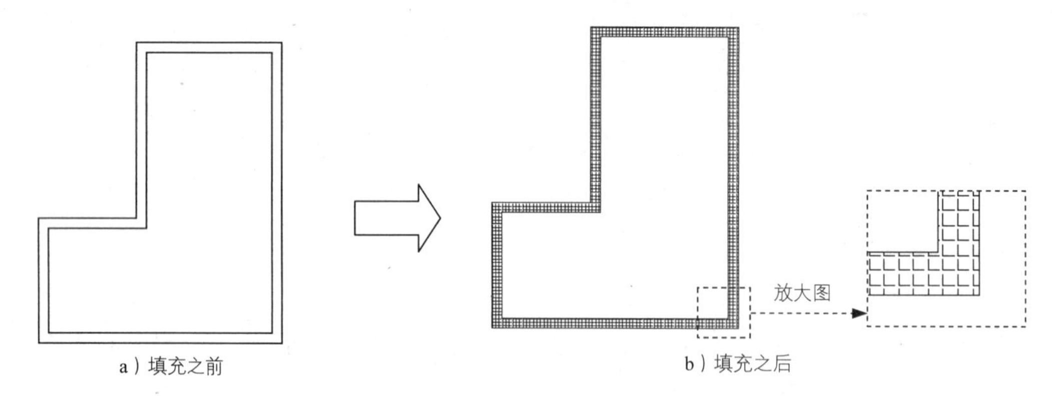

图 7.7.1 图案填充

步骤 01 打开随书光盘文件 D:\cad1701\work\ch07.07\bhatch1.dwg。

步骤 02 选择下拉菜单 绘图(D) → 图案填充(H)... 命令，系统弹出“图案填充创建”选项卡。

进入图案填充的绘制命令还有两种方法，即单击“图案填充”按钮或输入 BHATCH 命令后按 Enter 键。

步骤 03 进行图案填充。

（1）定义图案填充样例。在“图案填充创建”选项卡内单击 选项 ▾ 后的按钮（或在命令行中输入字母 T 并按 Enter 键），系统弹出图 7.7.2 所示的“图案填充和渐变色”对话框，接受系统默认的样例。

（2）定义填充图案比例。在 比例(S): 后的文本框中输入填充图案的比例值 1.0。

（3）定义填充边界。在“图案填充和渐变色”对话框 边界 区域中单击 添加:拾取点(K) 按钮，系统会切换到绘图区中，然后在命令行 拾取内部点或 [选择对象(S)/设置(T)]: 的提示下，在封闭多边形内任意选取一点。

（4）按 Enter 键结束填充边界的选取，完成图案填充。

图 7.7.2 所示的“图案填充和渐变色”对话框的功能说明如下。

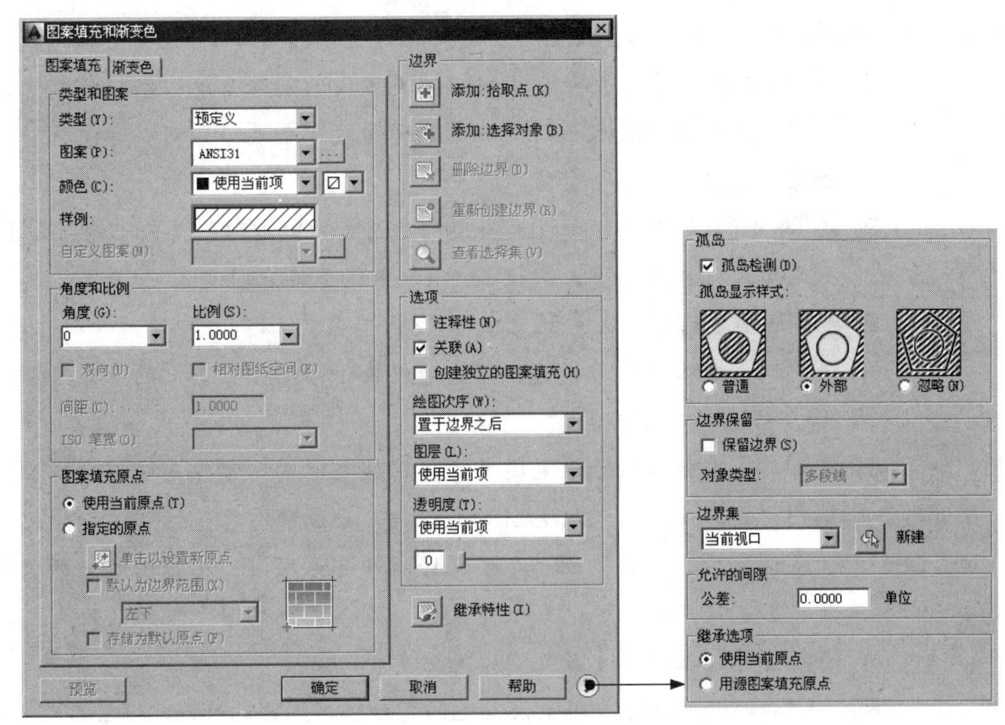

图 7.7.2 "图案填充和渐变色"对话框

◆ 图案填充选项卡：该选项卡用于设置填充图案的相关参数。

● 类型和图案选项组：用于设置填充图案的类型。

☑ 类型(Y):下拉列表：用于选择填充图案的类型。该下拉列表框有三种类型，分别是"预定义"、"用户定义"和"自定义"。可以在此下拉列表中选择"预定义"；选择"用户定义"类型，用户可以定义一组平行直线组成的填充图案（这种图案经常用于机械图中的剖面线）；选择"自定义"，则表示将用预先创建的图案进行填充。

☑ 图案(P):下拉列表：用于选择填充的具体图案。如果填充图案的名称以 ISO 开头，则该图案是针对米制图形所设计的填充图案。也可以单击相邻的 ... 按钮，系统弹出"填充图案选项板"对话框，从弹出的对话框中选择所需要的图案。

☑ 样例:预览框：用于显示当前的填充图案的样式。

☑ 自定义图案(M):下拉列表：用于确定用户自定义的填充图案。只有当类型(Y):下拉列表选用"自定义"的填充图案类型时，此下拉列表才有效。用户既可以在此选择自定义图案，也可单击相邻的 ... 按钮，从弹出的对话框中选择所需要的图案。

- 角度和比例选项组：用于设置填充图案的角度和比例因子。
  - ☑ 角度(G):下拉列表：用于设置当前填充图案的旋转角度，默认的旋转角度为零。注意系统是按逆时针方向测量角度，若要沿顺时针方向旋转填充图案，需要输入一个负值。
  - ☑ 比例(S):下拉列表：用于设置当前填充图案的比例因子。若比例值大于 1，则放大填充图案；若比例值小于 1，则缩小填充图案。
  - ☑ □ 双向(U)复选框：在图案填充选项卡的类型(Y):下拉列表中选择“用户定义”选项时，如果选中该复选框，则可以使用两组相互垂直的平行线填充图形，否则为一组平行线。
  - ☑ 间距(C):文本框：用于设置图案的平行线之间的距离。当类型(Y):下拉列表选用“用户定义”的填充图案类型时，该选项有效。注意：如果比例因子或间距数值太小，则整个填充区域就会像用实心填充图案一样进行填充；如果比例因子或间距数值太大，则图案中的图元之间的距离太远，可能会导致在图形中不显示填充图案。
  - ☑ ISO 笔宽(O):下拉列表：用于设置笔的宽度值，当填充图案采用 ISO 图案时，该选项可用。
- 图案填充原点选项组：用于设置图案填充原点。
  - ☑ ○ 使用当前原点(T)单选项：使用当前原点。
  - ☑ ⊙ 指定的原点单选项：使用指定的原点。
  - ☑ 单击以设置新原点按钮：设置新的原点。
  - ☑ ☑ 默认为边界范围(X)：边界范围有左下、右下、右上、左上和正中五种类型。
  - ☑ □ 存储为默认原点(F)：存储为默认原点。
- 边界选项组：用于设置图案填充边界。
  - ☑ 添加:拾取点按钮：单击该按钮，系统自动切换到图形界面，可在图形中的某封闭区域内单击任意一点，系统则自动找出包含此点的填充边界及边界内部的孤岛，继续在另外的封闭区域内单击，系统又自动找出相应的边界。
  - ☑ 添加:选择对象按钮：单击该按钮，系统自动切换到图形界面，可在图形中选取一个或多个封闭图元，系统将对其进行填充。采用这种方式填充时，系统不会自动检测内部对象，因此需同时选取填充边界及其内部对象，才能以指定样式填充孤岛。
  - ☑ 删除边界(D)按钮：用拾取点方式填充时，单击该按钮可以从边界定义中删除以前添加的任何对象。

☑ 重新创建边界(R) 按钮：单击该按钮将重新创建填充边界。

☑ 查看选择集(V) 按钮：单击该按钮将隐藏对话框，可以查看已定义的填充边界。

● 选项 选项组：用于设置填充对象的相对位置和边界的显示效果，当选中 ☑ 注释性(N) ⓘ 复选框时说明填充具有注释性。

☑ 继承特性 按钮：根据已有的图案填充对象，设置将要进行的图案填充方式。

● 孤岛 选项组：用于设置孤岛的填充方式。

以普通方式填充时，如果填充区域内有文字一类的特殊对象，并且在选择填充边界时也选择了它们，则在填充时，图案在这类对象处会自动断开，使得这些对象更加清晰，如图 7.7.3 所示。

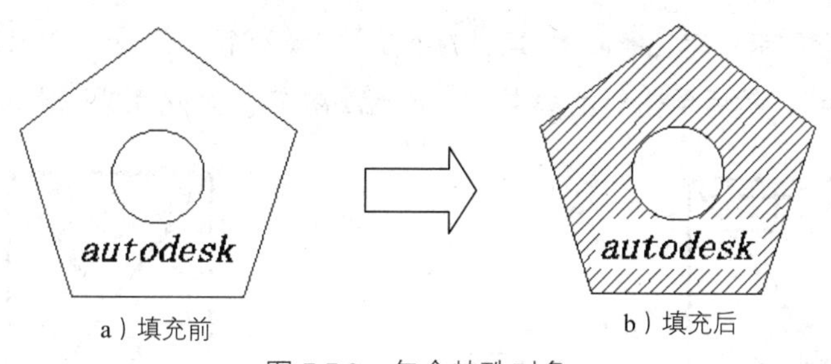

a）填充前　　b）填充后

图 7.7.3　包含特殊对象

● 边界保留 选项组：选中该选项组中的 ☑ 保留边界(S) 复选框，系统将填充边界以对象的形式保留，并可从 对象类型: 下拉列表选择保留对象的类型是多段线还是面域。

● 边界集 选项组：用于确定以拾取点方式填充图形时，系统将根据哪些对象来定义填充边界。默认时，系统是根据当前视口中的可见对象来确定填充边界的，也可单击该选项组中的“新建”按钮，切换到绘图区选择对象，则 边界集 下拉列表中将显示为“现有集合”。

● 允许的间隙 选项组：将几乎封闭的一个区域的一组对象视为闭合的边界来进行填充。

● 继承选项 选项组。

☑ ⊙ 使用当前原点：使用当前原点。

☑ ○ 用源图案填充原点：使用源图案填充原点。

● 预览 按钮：用于预览填充后的效果。

◆ 渐变色选项卡：利用该选项卡，可以使用一种或者两种颜色形成的渐变色来填充图形。

7.7.2 编辑图案填充

在创建图案填充后，可以根据需要随时修改填充图案或修改图案区域的边界（可通过单击边界，然后编辑其上的夹点来修改边界）。下面以图 7.7.4 所示为例，说明其操作步骤。

步骤 01 打开随书光盘文件 D:\cad1701\work\ch07.07\hatchedit.dwg。

步骤 02 选择下拉菜单 修改(M) → 对象(O) ▸ → 图案填充(H)... 命令。

还可以在命令行中输入 HATCHEDIT 命令后按 Enter 键，或双击图案填充对象。

步骤 03 编辑图案填充。

（1）在命令行选择图案填充对象：的提示下，将鼠标移至填充图案上并单击，系统弹出“图案填充编辑”对话框。

（2）在图案填充选项卡中单击图案(P):旁边的下拉列表▾按钮，选择 SOLID 选项，在样例:下拉列表中选择“黄色”，然后单击对话框中的确定按钮。至此完成图案填充的编辑。

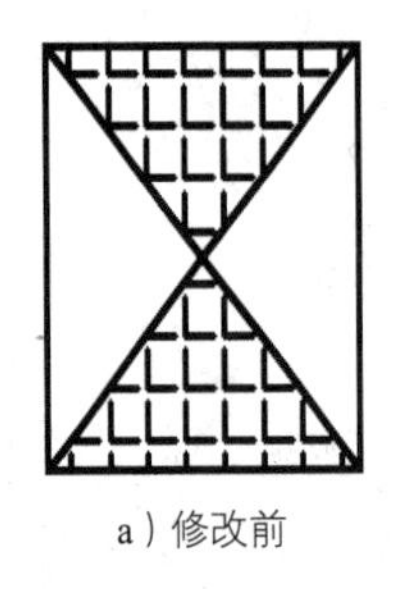

a）修改前

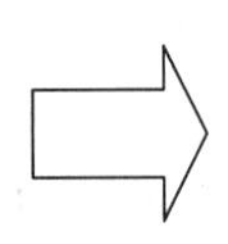

b）修改后

图 7.7.4 编辑图案填充

7.7.3 分解填充图案

在默认的情况下，完成后的填充图案是一个整体，它实际上是一种特殊的“匿名”块。有时为了特殊的需要，可以将整体的填充图案分解成一系列单独的对象。

在图 7.7.5 所示的例子中，选择下拉菜单 修改(M) → 分解(X) 命令，然后选取要分解的填充图案，系统便可将其分解。但需要注意的是，在使用“分解”命令将填充对象转换为单独直线的同时，也删除了填充边界的关联性，但这些单独的线条仍然保留在原来创建填充图案对象的图层上，并且保留原来指定给填充对象的线型和颜色设置。虽然在分解后仍可以修改组成填充图案的单独的直线，但是由于失去了关联性，单独编辑每一条直线是相当麻烦的。

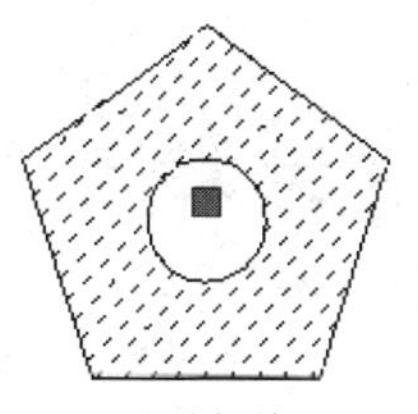
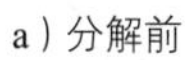
a）分解前

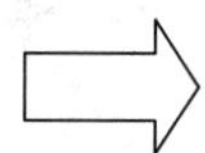

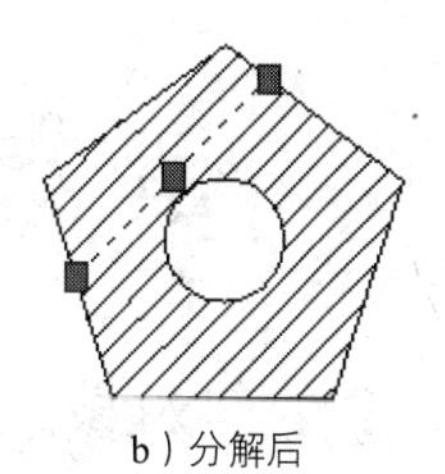
b）分解后

图 7.7.5　分解填充图案

第 8 章　创建文字与表格

8.1　创建文字对象

与一般的几何对象（如直线、圆和圆弧等）相比，文字对象是一种比较特殊的图元。文字功能是 AutoCAD 中的一项重要的功能，利用文字功能，用户可以在工程图中非常方便地创建一些文字注释，如机械工程图中的技术要求、装配说明以及建筑工程制图中的材料说明、施工要求等。

8.1.1　设置文字样式

文字样式决定了文字的特性，如字体、尺寸和角度等。在创建文字对象时，系统使用当前的文字样式，我们可以根据需要自定义文字样式和修改已有的文字样式。

选择下拉菜单 格式(O) → 文字样式(S)... 命令（或在命令行输入 STYLE 命令），系统弹出图 8.1.1 所示的“文字样式”对话框，在该对话框中可以定义和修改文字样式。

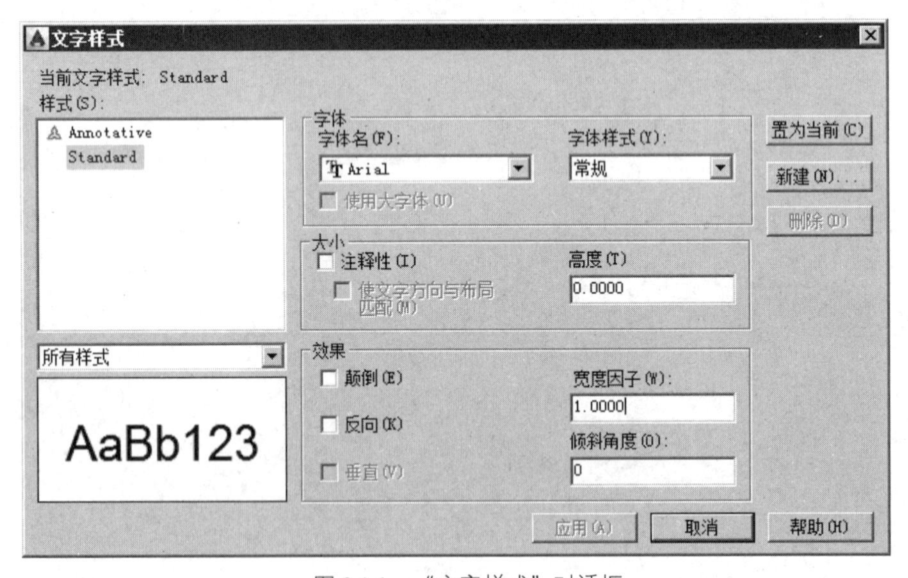

图 8.1.1　“文字样式”对话框

“文字样式”对话框主要可以实现以下功能。

1. 设置样式名称

在“文字样式”对话框的 样式(S): 列表框中，可以显示文字样式的名称、新建文字样式、重命名已有的文字样式以及删除文字样式。

◆ 样式名列表框：列出了图形中选定的文字样式，默认文字样式为 Standard（标准）。

◆ 样式列表过滤器下拉列表：用于指定样式名列表框中显示的是所有样式还是正在使用的样式。

◆ 新建(N)... 按钮：单击该按钮，系统弹出图 8.1.2 所示的"新建文字样式"对话框，在该对话框的 样式名: 文本框中输入新的文字样式名称，然后单击 确定 按钮，新文字样式名将显示在 样式(S): 列表框中。

◆ 删除(D) 按钮：从样式名列表框中选择某个样式名，然后单击 删除(D) 按钮，系统弹出图 8.1.3 所示的"acad 警告"对话框，单击 确定 按钮，删除所选择的文字样式。

如果需要重命名文字样式，可以先将此文字样式选中并右击，在弹出的快捷菜单中选择 重命名 命令。用户不能对默认的 Standard 文字样式进行重命名。

用户不能删除已经被使用了的文字样式和默认的 Standard 样式。

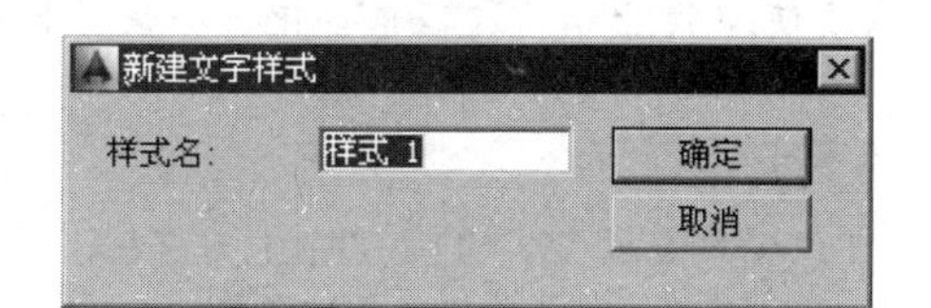

图 8.1.2 "新建文字样式"对话框

图 8.1.3 "acad 警告"对话框

2. 设置字体

在 AutoCAD 中，可以使用两种不同类型的字体文件：TrueType 字体和 AutoCAD 编译字体。TrueType 字体是大多数 Windows 应用程序使用的标准字体，Windows 中自带了很多的 TrueType 字体，并且在将其他的应用程序加载到计算机后，还可以得到其他的 TrueType 字体，AutoCAD 也自带了一组 TrueType 字体。TrueType 字体允许修改其样式，如粗体和斜体，但是在显示和打印时要花较长的时间。AutoCAD 编译字体（扩展名为.shx）是很有用的字体文件，这种字体在显示和打印时比较快，但是在外观上受到很多限制。

为了满足非英文版的 AutoCAD 可以使用更多字符的要求，AutoCAD 还支持 Unicode 字符编码标准，这种编码支持的字符最多可达 65535 个。另外，为了支持像汉字这样的字符，在 AutoCAD 字体中可以使用大字体（BigFonts）这种特殊类型的字体。

在"文字样式"对话框的 字体 选项组中，可以设置文字样式的字体。

- ◆ 在字体选项组中，当前文字样式的字体名称作为默认的设置在字体名(F):的下拉列表中显示出来，单击下拉列表中的下三角按钮▼，可看到所有加载到系统中的 AutoCAD 编译字体。要修改供当前样式使用的字体，可从列表中选择另外一种字体，如 iso.shx。当选中☑使用大字体(U)复选框时，原来的字体名(F):处变成SHX 字体(X):，原来的字体样式(Y):处变成大字体(B):，然后从大字体(B):下拉列表中选择所需的大字体类型。当取消选中☑使用大字体(U)复选框时，原来的SHX 字体(X):处变成字体名(F):，原来的大字体(B):处变成字体样式(Y):，字体名(F):下拉列表中显示所有加载到系统中的 AutoCAD 编译字体和 TrueType 字体（包括中文字体），从中可选取所需要的字体。如果选取的是 TrueType 字体，系统则自动激活字体样式(Y):下拉列表，从该列表中可以选择 TrueType 字体的不同样式，如粗体、斜体和常规等。如果选取的是 AutoCAD 编译字体，则该字体样式(Y):列表是不可用的。
- ◆ 在大小选项组中，可以设置文字的高度。在高度(T):文本框中可以设置文字的高度值。如果将文字的高度设为 0，在使用 TEXT 命令创建文字时，命令行将提示指定高度，要求用户指定文字的高度；如果在高度(T):文本框中输入了文字高度，则在使用 TEXT 命令创建文字时，不再提示指定高度。如果选中☑注释性(I) i复选框（图 8.1.4），则此文字样式主要用于创建注释性文字，以便使缩放注释的过程自动化，并使注释文字在图纸上以正确的大小打印。

当选取 TrueType 字体时，用户可以使用系统变量 TEXTFILL 和 TEXTQLTY，来设置所标注的文字是否填充和文字的光滑程度。其中，当 TEXTFILL 为 0（默认值）时不填充，为 1 时则进行填充；TEXTQLTY 的取值范围是 0～100，默认值为 50，其值越大，文字越光滑，图形输出时的时间也越长。

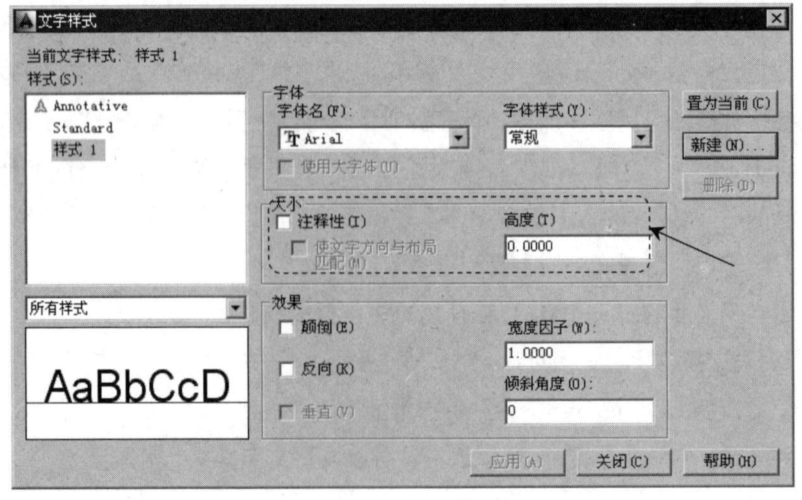

图 8.1.4　启用注释性功能

3. 设置文字效果

在“文字样式”对话框中的 效果 选项组，可以设置文字的显示效果。

◆ ☑ 颠倒(E) 复选框：用于设置是否将文字倒过来书写，效果如图 8.1.5 所示。

AutoCAD 快速入门、进阶与精通

a）颠倒前　　b）颠倒后

图 8.1.5　文字样式为颠倒

◆ ☑ 反向(K) 复选框：用于设置是否将文字反向书写，效果如图 8.1.6 所示。

AutoCAD 快速入门、进阶与精通

a）反向前　　b）反向后

图 8.1.6　文字样式为反向

◆ ☑ 垂直(V) 复选框：用于设置是否将文字垂直书写，效果如图 8.1.7 所示。但垂直效果对 TrueType 字体无效。

◆ 宽度因子(W): 文本框：用于设置文字字符的宽度和高度之比。当比例值为 1 时，将按默认的高宽比书写文字；当比例值小于 1 时，字符会变窄；当比例值大于 1 时，字符会变宽，效果如图 8.1.8 所示。

◆ 倾斜角度(O): 文本框：用于设置文字字符倾斜的角度。角度为 0° 时不倾斜，角度为正值时向右倾斜，为负值时向左倾斜，效果如图 8.1.9 所示。

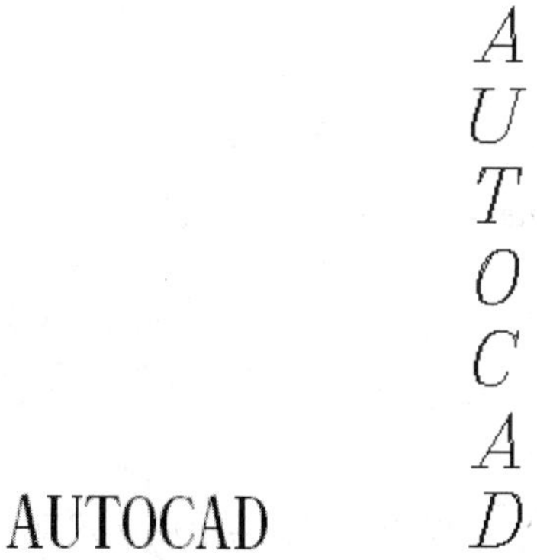

AUTOCAD　　A U T O C A D

a）垂直前　　b）垂直后

图 8.1.7　文字样式为垂直

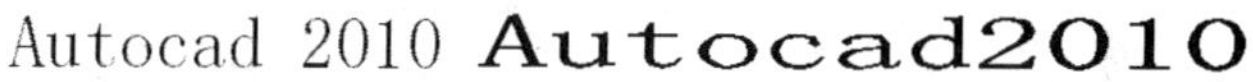

Autocad 2010　　Autocad2010

a）宽度比例为 1　　b）宽度比例为 2

图 8.1.8　文字样式为宽度比例

Autocad 2010　　*Autocad 2010*

a）倾斜角度为 0°　　b）倾斜角度为 45°

图 8.1.9　文字样式为倾斜

4. 预览与应用文字样式

“文字样式”对话框的“预览”区域用于显示选定的文字样式的效果，设置文字样式后，应该单击 应用(A) 按钮，这样以后在创建文字对象时，系统便使用该文字样式。

8.1.2 创建单行文字

单行文字可以由字母、单词或完整的句子组成。用这种方式创建的每一行文字都是一个单独的 AutoCAD 文字对象，可对每行文字单独进行编辑操作。

1. 创建单行文字的一般操作过程

下面以图 8.1.10 所示为例，说明用指定起点的方法创建单行文字的一般步骤。

步骤 01 选择下拉菜单 绘图(D) ➡ 文字(X) ➡ 单行文字(S) 命令，如图 8.1.11 所示。

或者在命令行中输入 DTEXT 或 DT。

AutoCAD 快速入门、进阶与精通

A

图 8.1.10 指定文字的起点

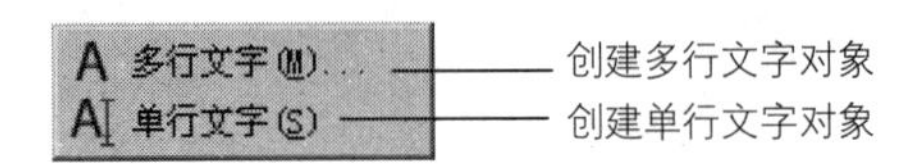

图 8.1.11 子菜单

步骤 02 指定文字的起点。在命令行 指定文字的起点或 [对正(J)/样式(S)]: 的提示下，在绘图区的任意一点 A 处单击，这样 A 点便是文字的起点。

步骤 03 指定文字高度。在命令行 指定高度 <2.5000>: 的提示下，输入文字高度值 10 后按 Enter 键。

或者在 指定高度 <2.5000>: 的提示下，选择一点 B，则线段 AB 的长度就是文字的高度。

步骤 04 指定文字的旋转角度。在命令行 指定文字的旋转角度 <0>: 的提示下，如果直接按 Enter 键，表示不对文字进行旋转。如果输入旋转角度值 30 后按 Enter 键，表示将文字旋转 30°。

或者在 指定文字的旋转角度 <0>: 的提示下，选择一点 C，则线段 AC 与 X 轴的角度就是文字的旋转角度。

步骤 05 如果创建的文字是英文字符，直接在此输入即可；如果创建的文字是中文汉字，则需先将输入方式切换到中文输入状态，然后输入文字。

步骤 06 结束命令。按两次 Enter 键结束操作。

2. 设置文字对正

在图 8.1.12 所示的命令行提示下，如果选择 对正(J)，则系统的提示信息如图 8.1.13 所示，选择其中一种选项，即可设置相应的对正方式，下面分别介绍各选项。

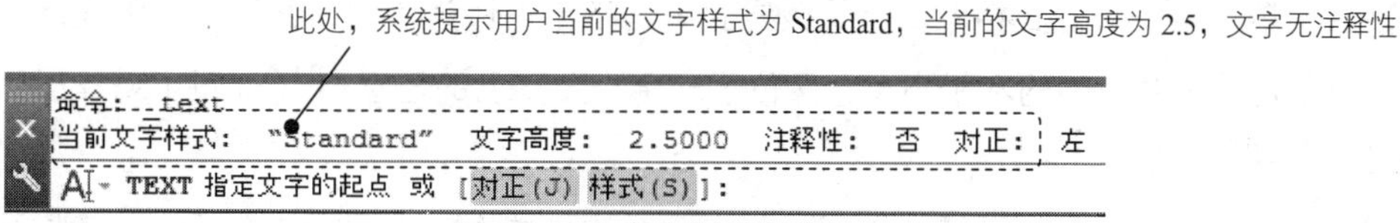

此处，系统提示用户当前的文字样式为 Standard，当前的文字高度为 2.5，文字无注释性

命令: _text
当前文字样式: "Standard" 文字高度: 2.5000 注释性: 否 对正: 左
TEXT 指定文字的起点 或 [对正(J) 样式(S)]:

图 8.1.12 命令行提示 1

◆ 对齐(A)选项

该选项要求确定所创建文字行基线的始点与终点位置，系统将会在这两点之间对齐文字。两点之间连线的角度决定文字的旋转角度；对于字高、字宽，根据两点间的距离与字符的多少，按设定的字符宽度比例自动确定。下面以图 8.1.14 所示为例，说明用对齐的方法创建单行文字的操作步骤。

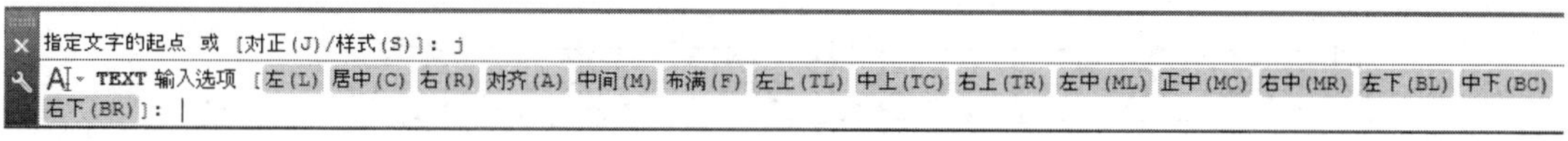

指定文字的起点 或 [对正(J)/样式(S)]: j
TEXT 输入选项 [左(L) 居中(C) 右(R) 对齐(A) 中间(M) 布满(F) 左上(TL) 中上(TC) 右上(TR) 左中(ML) 正中(MC) 右中(MR) 左下(BL) 中下(BC) 右下(BR)]:

图 8.1.13 命令行提示 2

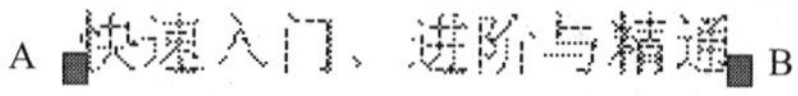

A 快速入门、进阶与精通 B

图 8.1.14 "对齐（A）"选项

步骤 01 选择下拉菜单 绘图(D) → 文字(X) → 单行文字(S) 命令。

步骤 02 设置文字对正方式。在图 8.1.12 所示的命令行提示下，输入字母 J 后按 Enter 键；输入字母 A 后按 Enter 键；在命令行 指定文字基线的第一个端点: 的提示下，单击 A 点；在 指定文字基线的第二个端点: 的提示下，单击 B 点。

步骤 03 输入要创建的文字。输入完文字后，按两次 Enter 键结束操作。

◆ 布满(F)选项

该选项提示指定两个点，在两点间对齐文字。与"对齐"方式不同的是，用户可以根据自己的需要指定文字高度，然后系统通过拉伸或压缩字符使指定高度的文字行位于两点之间，如 8.1.15 所示。

◆ 居中(C)选项

该方式要求指定一点，系统把该点作为所创建文字行基线的中点来对齐文字，如图 8.1.16 所示。

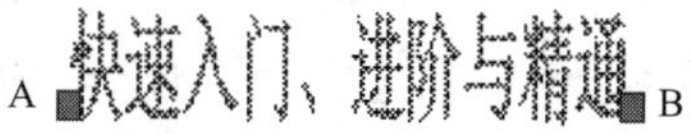

A 快速入门、进阶与精通 B

图 8.1.15 "布满（F）"选项

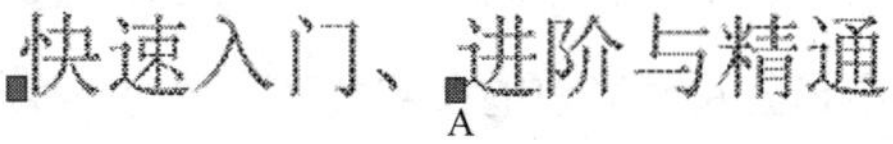

快速入门、进阶与精通
A

图 8.1.16 "居中（C）"选项

◆ 中间(M)选项

该方式与“居中”方式相似。但是该方式将把指定点作为所创建文字行的中间点，即该点既位于文字行沿基线方向的水平中点，又位于文字指定高度的垂直中点，如图 8.1.17 所示。

◆ 右(R)选项

该方式要求指定一点，系统将该点作为文字行的右端点。文字行向左延伸，其长度完全取决于输入的文字数目，如图 8.1.18 所示。

图 8.1.17　“中间（M）”选项

图 8.1.18　“右对齐（R）”选项

◆ 其他选项

假想单行文字上有图 8.1.19 所示的三条直线，即顶线、中线和底线，其他对正选项与这三条假想的直线有关。其他对齐样式如图 8.1.20 所示。

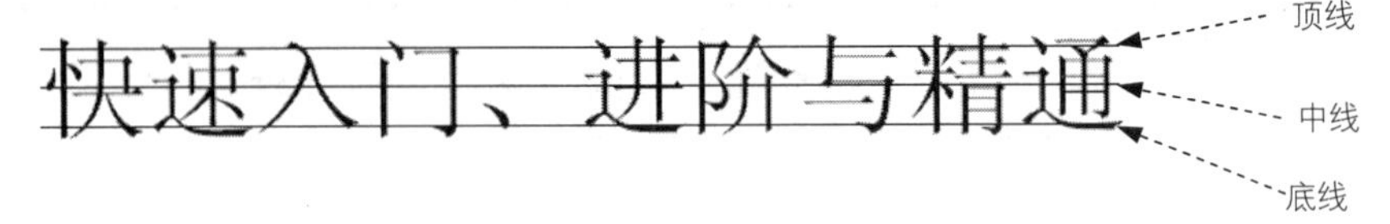

图 8.1.19　调整方式中参照的三条线

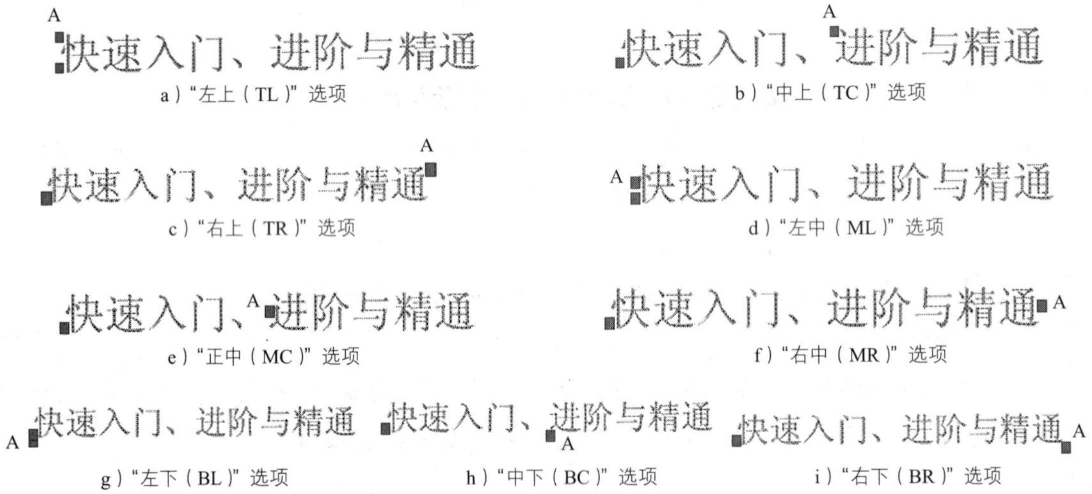

a）“左上（TL）”选项

b）“中上（TC）”选项

c）“右上（TR）”选项

d）“左中（ML）”选项

e）“正中（MC）”选项

f）“右中（MR）”选项

g）“左下（BL）”选项

h）“中下（BC）”选项

i）“右下（BR）”选项

图 8.1.20　其他对齐选项

3. 设置文字样式

在命令行指定文字的起点或 [对正(J)/样式(S)]:的提示下，输入 S 并按 Enter 键，则可以选择新的文字样式用于当前的文字。在命令行输入样式名或 [?] <Standard>:的提示下，此时可输入当前要使用的文字样式的名称；如果输入“?”后按两次 Enter 键，则显示当前所有的文字样式；若直接按 Enter 键，则使用默认样式。

4. 创建文字时的注意事项

在创建文字对象时，还应注意以下几点。

- 在输入文字的过程中，可随时在绘图区任意位置点单击，改变文字的位置点。
- 在输入文字时，如果发现输入有误，只需按一次 Backspace 键，就可以把该文字删除，同时小标记也回退一步。
- 在输入文字的过程中，不论采用哪种文字对正方式，在屏幕上动态显示的文字都临时沿基线左对齐排列。结束命令后，文字将按指定的排列方式重新生成。
- 如果需要标注一些特殊字符，比如在一段文字的上方或下方加画线，标注“°”（度）、“±”、“Ø”符号等，由于这些字符不能从键盘上直接输入，因此系统提供了相应的控制符以实现这些特殊标注要求。控制符由两个百分号（%%）和紧接其后的一个英文字符（不分大小写）构成，注意百分号（%）必须是英文环境中的百分号。常见的控制符列举如下。
  - %%D：标注“度”（°）的符号。例如，要创建文字“60°”，则须在命令行输入“60%%D”，其中英文字母 D 采用大小写均可。
  - %%P：标注“正负公差”（±）符号。例如，要创建文字“60±2”，则须输入“60%%P2”；要创建文字“60°±2°”，则须输入“60%%D%%P2%%D”。
  - %%C：标注“直径”（Ø）的符号。例如，要创建文字“Ø60.50”，则须输入“%%C60.50”。
  - %%%：标注“百分号”(%)符号。例如，要创建“60%”，则须输入“60%%%”。
  - %%U：打开或关闭文字下画线。例如，要创建文字“注意与说明”，则须输入“%%U注意%%U与%%U说明%%U”。
  - %%O：打开或关闭文字上画线。

%%O 和 %%U 分别是上画线、下画线的开关，即当第一次出现此符号时，表明开始画上画线或下画线；而当第二次出现对应的符号时，则结束画上画线或下画线。读者在运用这些控制符时，应注意创建的是单行文字还是多行文字。

下面以图 8.1.21 所示为例，说明输入特殊字符的方法。

步骤 01 选择下拉菜单 绘图(D) → 文字(X) → 单行文字(S) 命令。

步骤 02 指定文字的起点。在绘图区合适位置单击以确定文字的起点。

步骤 03 在命令行 `指定高度 <2.5000>:` 的提示下，输入文字高度值 20 后按 Enter 键。

步骤 04 命令行提示 `指定文字的旋转角度 <0>:` ，在此提示下直接按 Enter 键。

步骤 05 输入“%%U 直径值%%U 为%%C 60”后，按两次 Enter 键结束操作。

8.1.3 创建多行文字

多行文字是指在指定的文字边界内创建一行或多行文字或若干段落文字，系统将多行文字视为一个整体的对象，可对其进行整体的旋转、移动等编辑操作。在创建多行文字时，首先需要指定矩形的两个对角点以确定文字段边界。矩形的第一个角点决定多行文字默认的附着位置点，矩形的宽度决定一行文字的长度，超过此长度后文字会自动换行。下面以图 8.1.22 所示为例，说明创建多行文字的步骤。

步骤 01 选择下拉菜单 绘图(D) → 文字(X) → 多行文字(M)... 命令。

说明 或者在命令行中输入 MTEXT 或 MT，或者在工具栏中单击命令按钮 A。

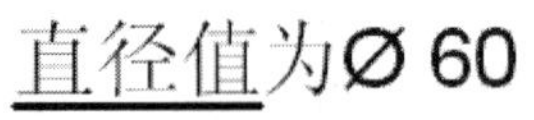

直径值为Ø 60

图 8.1.21 输入特殊字符

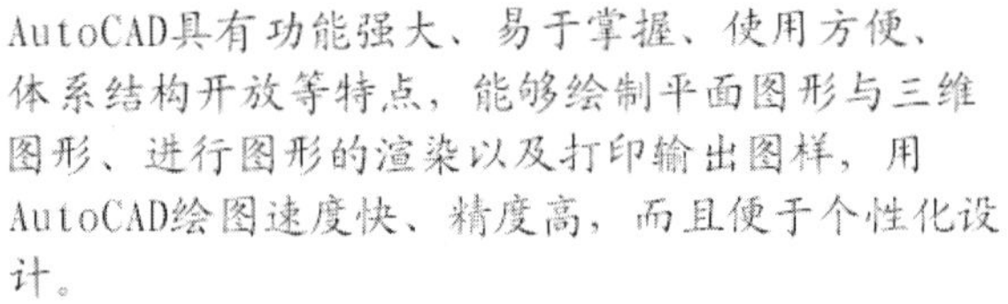

AutoCAD具有功能强大、易于掌握、使用方便、
体系结构开放等特点，能够绘制平面图形与三维
图形、进行图形的渲染以及打印输出图样，用
AutoCAD绘图速度快、精度高，而且便于个性化设
计。

图 8.1.22 多行文字

步骤 02 设置多行文字的矩形边界。

在绘图区中的某一点 A 处单击，以确定矩形框的第一角点，在另一点 B 处单击以确定矩形框的对角点，系统以该矩形框作为多行文字边界。此时系统弹出图 8.1.23 所示的“文字编辑器”工具栏和图 8.1.24 所示的文字输入窗口。

A G N C D E F H O1 O3 O2 Q R S T U V W X Z
文字样式
样式
匹配
Arial
ByLayer
对正
段落
列
符号
字段
拼写检查
编辑词典
查找和替换
关闭文字编辑器
插入
工具
选项
关闭
格式
P1 P2 P3 P4 P5 P6
Y1 Y2
B M L K J I

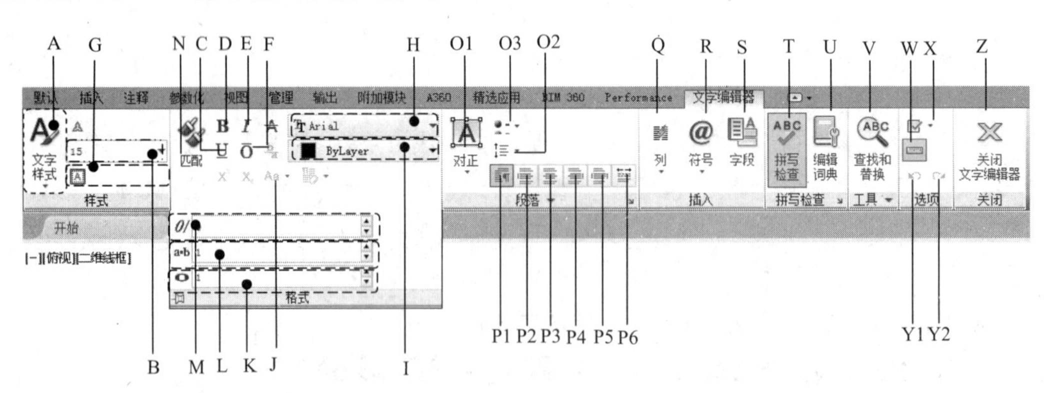

图 8.1.23 “文字编辑器”工具栏

命令行中各选项说明如下。

- 高度(H)选项：用于指定新的文字高度。
- 对正(J)选项：用于指定矩形边界中文字的对正方式和文字的走向。

- 行距(L)选项：用于指定行与行之间的距离。
- 旋转(R)选项：用于指定整个文字边界的旋转角度。
- 样式(S)选项：用于指定多行文字对象所使用的文字样式。
- 宽度(W)选项：通过输入或拾取图形中的点指定多行文字对象的宽度。
- 栏(C)选项：用于设置栏的类型和模式等。

图 8.1.23 所示“文字格式”工具栏中的各项说明如下。

A：选择文字样式　　B：选择或输入文字高度　　C：下画线
D：粗体　　E：斜体　　F：上画线
G：背景遮罩　　H：选择文字的字体　　I：选择文字的颜色
J：大小写　　K：宽度因子　　L：追踪
M：倾斜角度　　N：匹配　　O1：对正
O2：行距　　O3：项目符号和编号　　P1：段落
P2：左对齐　　P3：居中　　P4：右对齐
P5：对正　　P6：分散对齐　　Q：分栏
R：符号　　S：字段　　T：拼写检查
U：编辑词典　　V：查找和替换　　W：标尺
X：更多　　Y1：放弃　　Y2：重做
Z：关闭文字编辑器

步骤 03 输入文字。

（1）在字体下拉列表中选择字体“楷体_GB2312”；在文字高度下拉列表中输入值 20。

（2）切换到某种中文输入状态，在文字输入窗口中输入图 8.1.22 所示的文字，然后单击 文字编辑器 选项卡中的“关闭文字编辑器” 按钮以完成操作。注意：如果输入英文文本，单词之间必须有空格，否则不能自动换行。

在向文字窗口中输入文字的同时可以编辑文字，用户可使用鼠标或者键盘上的按键在窗口中移动文字光标，还可以使用标准的 Windows 控制键来编辑文字。通过“文字格式”工具栏可以实现文字样式、文字字体、文字高度、加粗和倾斜等的设置，通过文字输入窗口的滑块可以编辑多行文字的段落缩进、首行缩进、多行文字对象的宽度和高度等内容，用户可以单击标尺的任一位置自行设置制表符。

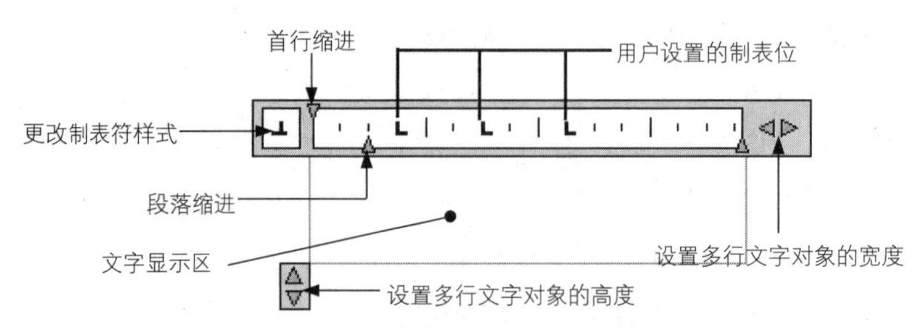

图 8.1.24　文字输入窗口

使用快捷菜单：在文字输入窗口的标尺上右击，即弹出图 8.1.25 所示的快捷菜单，如果选择其中的 段落... 命令（或者双击文字输入窗口的标尺），系统就弹出“段落”对话框（图 8.1.26），可以在该对话框中设置制表符、段落的对齐方式、段落的间距和行距以及段落的缩进等内容。

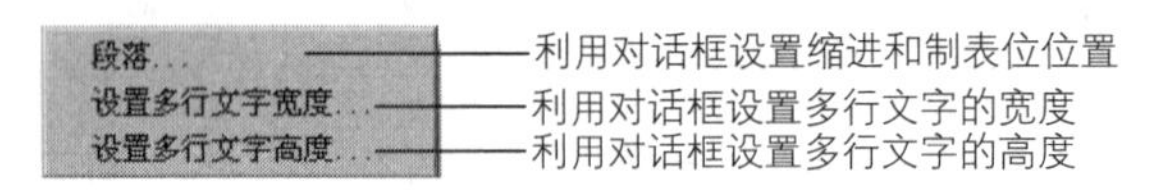

图 8.1.25　快捷菜单

图 8.1.26 所示的“段落”对话框中各选项的相关说明如下。

◆ 制表位 选项组：
- ● L 单选项：设置左对齐制表符。
- ○ ⊥ 单选项：设置居中对齐制表符。
- ○ ┘ 单选项：设置右对齐制表符。
- ○ ⊥ 单选项：设置小数点制表符，当选择此选项时，下拉列表亮显，可以将小数点设置为句点、逗号和空格样式。
- 添加(A) 按钮：在 制表位 选项组的文本框中输入 0 ~ 150000 之间的数，通过此按钮可以设置制表位的位置。
- 删除(D) 按钮：可以删除添加的制表位。

◆ 左缩进 选项组。
- 第一行(F): 文本框：用来设置第一行的左缩进值。
- 悬挂(H): 文本框：用来设置段落的悬挂缩进值。

◆ 右缩进 选项组：用来设定整个选定段落或当前段落的右缩进值。

◆ □ 段落对齐(P) 复选框：当选中此复选框时可以设置当前段落或选定段落的各种对齐方式。

◆ □ 段落间距(N) 复选框：当选中此复选框时可以设置当前段落或选定段落的前后间距。

◆ □ 段落行距(G) 复选框：当选中此复选框时可以设置当前段落或选定段落中各行的间距。

如果在图 8.1.25 所示的快捷菜单中选择 设置多行文字宽度... 命令，系统弹出“设置多行文字宽度”

对话框（图 8.1.27），在宽度:文本框中可以设置多行文字的宽度；如果在快捷菜单中选择设置多行文字高度命令，系统弹出“设置多行文字高度”对话框，在高度:文本框中可以设置多行文字的高度。

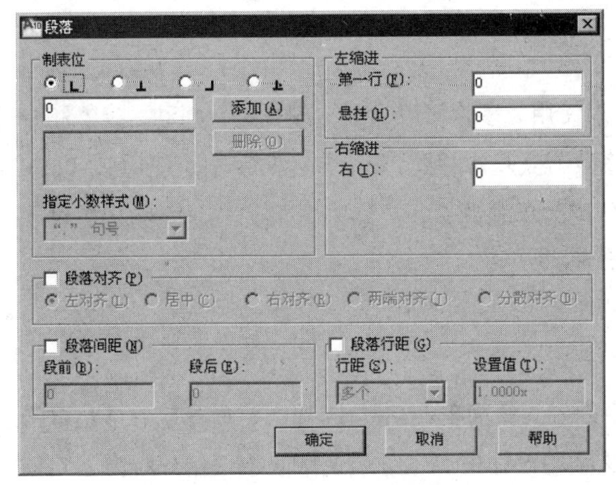

图 8.1.26 “段落”对话框

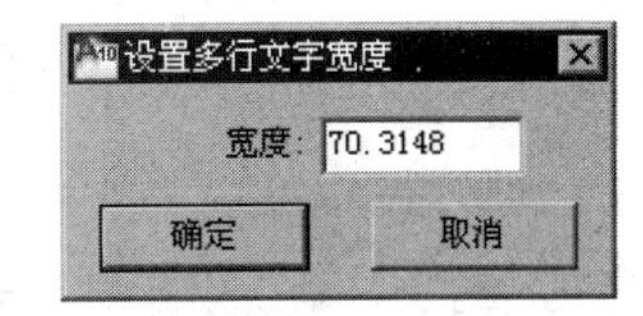

图 8.1.27 “设置多行文字宽度”对话框

8.1.4 插入外部文字

在 AutoCAD 系统中，除了可以直接创建文字对象外，还可以向图形中插入使用其他的字处理程序创建的 ASCII 或 RTF 文本文件。系统提供三种不同的方法插入外部的文字：多行文字编辑器的输入文字功能、拖放功能以及复制和粘贴功能。

1. 利用多行文字编辑器的输入文字功能

在文字输入窗口右击，从弹出的快捷菜单中选择输入文字(I)...命令，系统弹出“选择文件”对话框，在其中选择 ASCII 或 RTF 格式的文件，然后单击打开(O)按钮即可输入文字。

输入的文字将插入在文字窗口中当前光标位置处。除了 RTF 文件中的制表符转换为空格以及行距转换为单行以外，输入的文字将保留原有的字符格式和样式特性。

2. 拖动文字进行插入

就是利用 Windows 的拖放功能将其他软件中的文本文件插入到当前图形中。如果拖放扩展名为.TXT 的文件，AutoCAD 将把文件中的文字作为多行文字对象进行插入，并使用当前的文字样式和文字高度。如果拖放的文本文件具有其他的扩展名，则 AutoCAD 将把它作为 OLE 对象处理。

在文字窗口中放置对象的位置点即为其插入点。文字对象的最终宽度取决于原始文件的每一行的断点和换行位置。

3. 复制和粘贴文字

利用 Windows 的剪贴板功能，将外部文字进行复制，然后粘贴到当前图形中。

8.2 编辑文字

文字与其他的 AutoCAD 对象相似，可以使用大多数修改命令（如复制、移动、镜像和旋转等命令）进行编辑。单行文字和多行文字的修改方式基本相同，只是单行文字不能使用 EXPLODE 命令来分解，而用该命令可以将多行文字分解为单独的单行文字对象。另外，系统还提供了一些特殊的文字编辑功能，下面分别对这些功能进行介绍。

8.2.1 使用 DDEDIT 命令编辑文字

该命令可以编辑文字本身的特性及文字内容。最简单的启动 DDEDIT 命令的方法是双击想要编辑的文字对象，系统立即显示出编辑文字的对话框。也可以使用以下任何一种方法启动这个命令。

- 单击 注释 选项卡中 文字 面板上的“编辑文字”按钮。
- 选择下拉菜单 修改(M) → 对象(O) → 文字(T) → 编辑(E)... 命令。
- 在命令行中输入 DDEDIT（或 ED），然后按 Enter 键。

执行该命令时，系统首先提示选择一个文字对象。根据所选择对象的不同类型，DDEDIT 命令将显示不同的对话框。

选择下拉菜单 修改(M) → 对象(O) → 文字(T) 后，系统弹出图 8.2.1 所示的子菜单。

- 编辑单行文字

下面以编辑图 8.2.2 中所示的单行文字为例，说明其操作步骤。

步骤 01 打开随书光盘上的文件 D:\cad1701\work\ch08.02\ddedit.dwg。

步骤 02 选择下拉菜单 修改(M) → 对象(O) → 文字(T) → 编辑(E)... 命令。

步骤 03 编辑文字。

（1）在命令行 选择注释对象或 [放弃(U)]: 的提示下，选择要编辑的文字。

（2）将“计算机辅助设计”改成“Autocad”后，按两次 Enter 键结束操作。

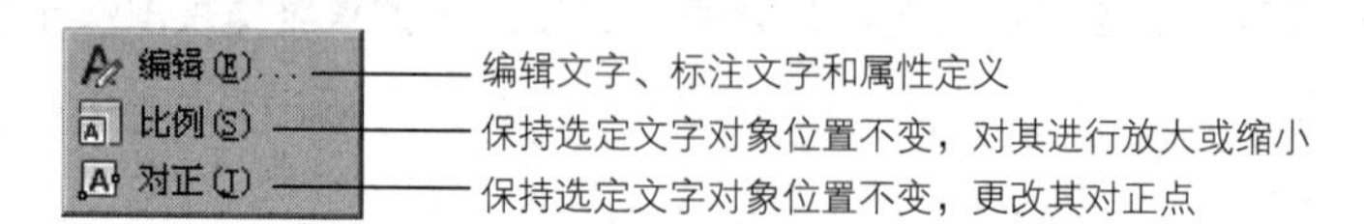

图 8.2.1　子菜单

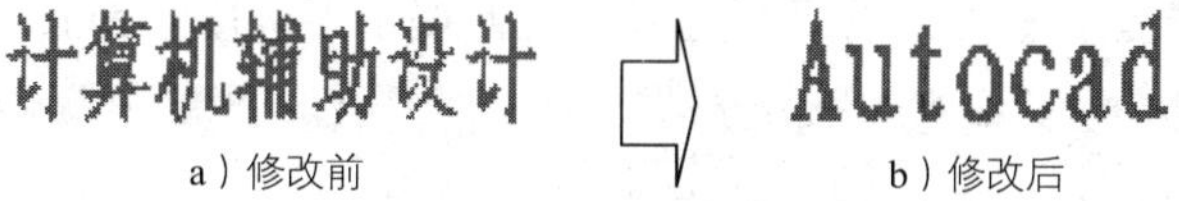

计算机辅助设计 Autocad

a）修改前 b）修改后

图 8.2.2 编辑单行文字

◆ 编辑多行文字

如果选择多行文字对象进行编辑，系统将显示与创建多行文字时相同的界面，用户可以在文字输入窗口中进行编辑和修改。如果要修改文字的大小或字体属性，须先选中要修改的文字，然后选取新的字体或输入新的字高值。

8.2.2 使用特性窗口编辑文字

单击要编辑的文字，然后右击，在弹出的快捷菜单中选择 特性(S) 命令，即可打开文字特性窗口。利用特性窗口除了可以修改文字内容以外，还可以修改文字的其他特性，如文字的颜色、图层、线型、线宽、高度、旋转角度、行距、线型比例、方向（水平和垂直显示）以及对正方式等。

如果要修改多行文字对象的文字内容，最好单击 内容 项中的按钮 ... （当选择内容区域时，此按钮才变成可见的），然后在创建文字时的界面中编辑文字。

8.2.3 缩放文字

如果使用 SCALE 命令缩放文字，在选取多个文字对象时，就很难保证每个文字对象都保持在原来的初始位置。SCALETEXT 命令就很好地解决了这一问题，它可以在一次操作中缩放一个或多个文字对象，并且使每个文字对象在比例缩放的同时，位置保持不变。下面以缩放图 8.2.3 所示的文字为例，说明其操作步骤。

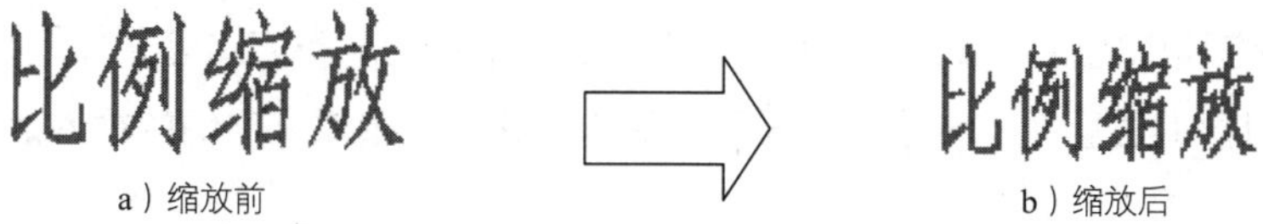

比例缩放

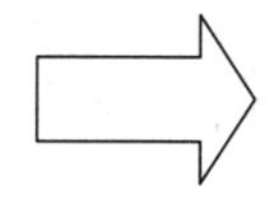

比例缩放

a）缩放前 b）缩放后

图 8.2.3 缩放文字

步骤 01 打开随书光盘上的文件 D:\cad1701\work\ch08.02\scaletext.dwg。

步骤 02 选择下拉菜单 修改(M) → 对象(O) → 文字(T) → 比例(S) 命令。

或者在命令行中输入 SCALETEXT。

步骤 03 系统命令行提示选择对象:，选取欲缩放的文字，按 Enter 键结束选取。

步骤 04 系统命令行提示图 8.2.4 所示的信息，在此提示下直接按 Enter 键。

步骤 05 在命令行指定新模型高度或 [图纸高度(P)/匹配对象(M)/比例因子(S)] <2.5>:的提示下，输入新高度值 10 后，按 Enter 键。至此完成缩放操作。

图 8.2.4 命令行提示

- 可以通过图 8.2.4 中的选项指定比例缩放文字的基点位置。指定的基点位置将分别应用到每个选择的文字对象上。例如，如果选择“中间（M）”选项，则分别对每个文字对象基于对象的中间点进行缩放。这不会改变文字对齐方式。如要基于原插入点缩放每个文字对象，可以选择“现有”选项。
- 如果选择指定新模型高度或 [图纸高度(P)/匹配对象(M)/比例因子(S)] <2.5>:提示中的“匹配对象（M）”选项，系统会提示“选择具有所需高度的文字对象”为目标对象，然后将所选文字对象的高度都匹配成目标文字的高度。如果选择“比例因子（S）”选项，则所选文字对象都将按相同的比例因子缩放。

8.2.4 对齐文字

对齐文字命令（JUSTIFYTEXT 命令）可以在不改变文字对象位置的情况下改变一个或多个文字对象的对齐方式。可以选择下面任何一种方法来启动该命令。

- 单击 注释 选项卡中 文字 面板上的“对正”按钮 对正。
- 选择下拉菜单 修改(M) → 对象(O) → 文字(T) → 对正(J) 命令。
- 在命令行中输入 JUSTIFYTEXT，并按 Enter 键。

可通过 15 种选项中的任何一种指定新的对齐方式。指定的对齐方式分别作用于每个选择的文字对象，文字对象的位置并不会改变，只是它们的对齐方式（以及它们的插入点）发生改变。

8.2.5 查找与替换文字

AutoCAD 系统提供了查找和替换文字的功能，可以在单行文字、多行文字、块的属性值、尺寸标注中的文字以及表格文字、超级链接说明和超级链接文字中进行查找和替换操作。查找和替换功能既可以定位模型空间中的文字，也可以定位图形中任何一个布局中的文字，还可以缩小查找范围在一个指定的选择集中查找。如果正在处理一个部分打开的图形，则该命令只考虑当前打开的这一部分图形。要使用查找和替换功能，可以选择以下任何一种方法。

- 终止所有活动命令，在绘图区域右击，然后选择 查找(F)... 命令。
- 选择下拉菜单 编辑(E) → 查找(F)... 命令。
- 在命令行中输入 FIND，然后按 Enter 键。

执行 FIND 命令后，系统将显示“查找和替换”对话框。在 查找内容(W): 文本框中输入要查找的文本，并且可以在 替换为(I): 文本框中输入要替换的文字。

在 查找位置(H): 下拉列表中，可以指定是在整个图形中查找还是在当前选择集中查找。单击“选择对象”按钮 可以定义一个新的选择集。此外，如果要进一步设置搜索的规则，可单击 选项(O)... 按钮以显示“查找和替换”对话框。

单击“查找和替换”对话框中的 查找(F) 按钮开始查找后，在绘图区将亮显所找到的匹配文字串以及周围的文字，可单击 替换(R) 按钮替换所找到的匹配文字，或者单击 全部替换(A) 按钮以替换所有匹配的文字。

8.3 表格

AutoCAD 2017 提供了自动创建表格的功能，这是一个非常实用的功能，其应用非常广泛，例如，可利用该功能创建机械图中的零件明细表、齿轮参数说明表等。

8.3.1 定义表格样式

表格样式决定了一个表格的外观，它控制着表格中的字体、颜色以及文本的高度、行距等特性。在创建表格时，可以使用系统默认的表格样式，也可以自定义表格样式。

1. 新建表格样式

选择下拉菜单 格式(O) → 表格样式(B)... 命令（或在命令行中输入 TABLESTYLE 命令后按 Enter 键），系统弹出“表格样式”对话框，在该对话框中单击 新建(N)... 按钮，系统弹出“创建表格样式”对话框，在该对话框的 新样式名(N): 文本框中输入新的表格样式名，在 基础样式(S): 下拉列表中选择一种基础样式作为模板，新样式将在该样式的基础上进行修改。单击 继续 按钮，系统弹出图 8.3.1 所示的对话框，可以通过该对话框设置单元格格式、表格方向、边框特性和文字样式等内容。

图 8.3.1 所示的“新建表格样式”对话框中的各选项说明如下。

- 起始表格 选项组：用户可以在图形中指定一个表格用作样例来设置此表格样式的格式。单击 选择起始表格(E): 区域后的 按钮，然后选择表格为表格样式的起始表格，这样就可指定要从该表格复制到表格样式的结构和内容；单击 选择起始表格(E): 区域后的 按钮，可以将表格从当前指定的表格样式中删除。

◆ 常规选项组：通过选择表格方向(D):下拉列表中的向上和向下选项来设置表格的方向。选择向上选项时，标题行和列表行位于表格底部，表格读取方向为自下而上；选择向下选项时，标题行和列表行位于表格顶部，表格读取方向为自上而下。

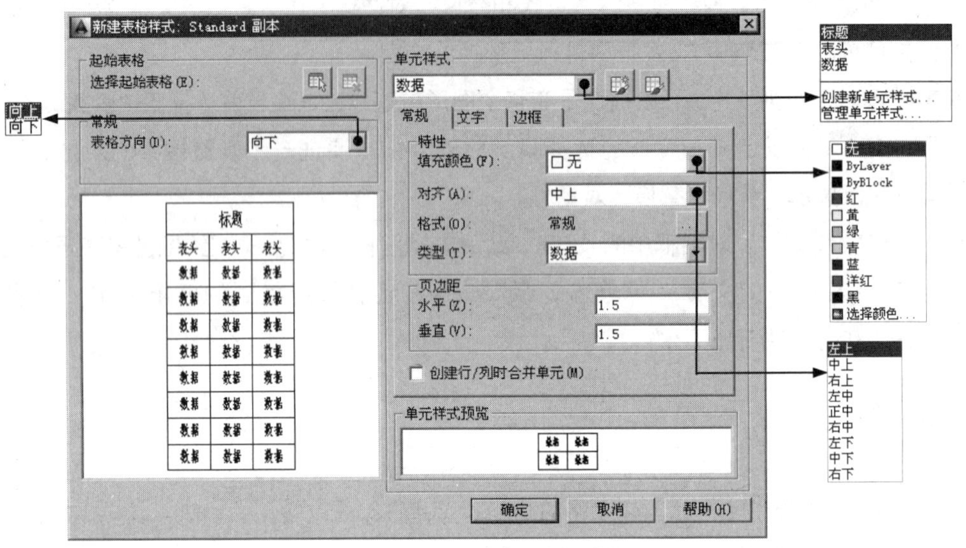

图 8.3.1 "新建表格样式"对话框

◆ 单元样式选项组：定义新的单元样式或修改现有单元样式，可创建任意数量的单元样式。单元样式下拉列表包括标题、表头、数据、管理单元样式...和创建新单元样式...选项，其中标题、表头、数据选项可以通过常规选项卡、文字选项卡和边框选项卡进行设置，可以通过单元样式预览区域进行预览。单元样式区域中的按钮用于创建新的单元样式，按钮用于管理单元样式。

◆ 常规选项卡（图 8.3.2）。

- 特性区域中填充颜色(F):下拉列表：用于设置单元格中的背景填充颜色。
- 特性区域中对齐(A):下拉列表：用于设置单元格中的文字对齐方式。
- 单击特性区域中格式(O):后的...按钮，从弹出的"表格单元格式"文本框中设置表格中的"数据"、"标题"或"表头"行的数据类型和格式。
- 特性区域中类型(T):下拉列表：用于指定单元样式为标签或数据。
- 在页边距区域的水平(Z):文本框中输入数据，以设置单元中的文字或块与左右单元边界之间的距离。
- 在页边距区域的垂直(V):文本框中输入数据，以设置单元中的文字或块与上下单元边界之间的距离。

◆ 文字选项卡（图 8.3.3）。

- 文字样式(S):下拉列表：用于选择表格内“数据”单元格中的文字样式。用户可以单击文字样式(S):后的...按钮，从弹出的“文字样式”对话框中设置文字的字体、效果等。
- 文字高度(I):文本框：用于设置单元格中的文字高度。
- 文字颜色(C):下拉列表：用于设置单元格中的文字颜色。
- 文字角度(G):文本框：用于设置单元格中的文字角度值，默认的文字角度值为 0。可以输入–359 ~ 359 之间的任意角度值。

◆ 边框选项卡（图 8.3.4）。

- 特性区域中线宽(L):下拉列表：用于设置应用于指定边界的线宽。
- 特性区域中线型(N):下拉列表：用于设置应用于指定边界的线型。
- 特性区域中颜色(C):下拉列表：用于设置应用于指定边界的颜色。
- 选中特性区域中的☑双线(U)复选框可以将表格边界设置为双线。在间距(P):文本框中输入值设置双线边界的间距，默认间距为 0.1800。
- 特性区域中的八个边界按钮用于控制单元边界的外观。

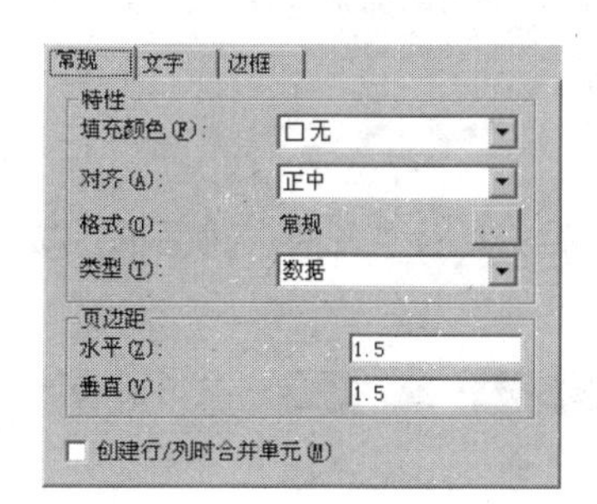

图 8.3.2 “常规”选项卡

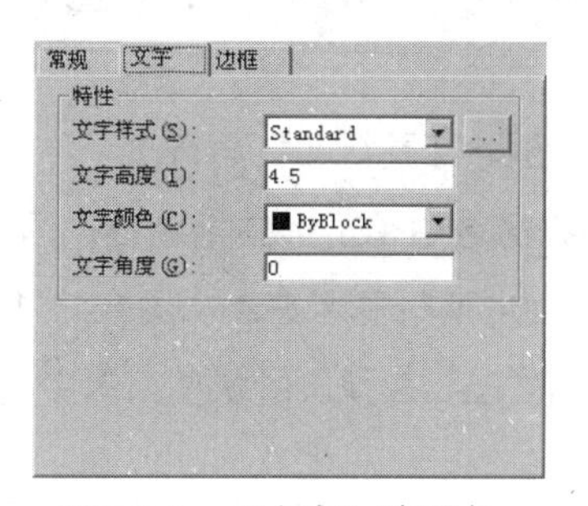

图 8.3.3 “文字”选项卡

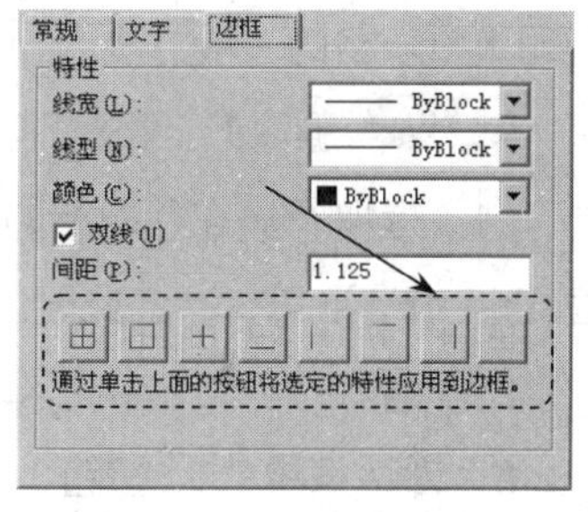

图 8.3.4 “边框”选项卡

2. 设置表格样式

在图 8.3.1 所示的“新建表格样式”对话框中，可以使用常规选项卡、文字选项卡、边框选项卡分别设置表格的数据、标题和表头对应的样式。设置完新的样式后，如果单击置为当前(U)按钮，那么在以后创建的表格中，新的样式成为默认的样式。

8.3.2 插入表格

下面通过对图 8.3.5 所示表格的创建，来说明在绘图区插入空白表格的一般方法。

步骤 01 选择样板文件。选择下拉菜单文件(F) → 新建(N)...命令，在弹出的“选择样板”对话框中找到文件 D:\ cad1701\system_file\part_temp_A3.dwg，然后单击打开(O)按钮。

步骤 02 选择下拉菜单绘图(D) → 表格...命令，系统弹出“插入表格”对话框。

步骤 03 设置表格。在表格样式设置选项区域中选择 Standard 表格样式；在插入方式选项组中

选中 ⊙ 指定插入点(I) 单选项；在 列和行设置 选项组的 列数(C): 文本框中输入值 7，在 列宽(D): 文本框中输入值 20，在 数据行数(R): 文本框中输入值 4，在 行高(G): 文本框中输入值 1；单击 确定 按钮。

步骤 04 确定表格放置位置。在命令行指定插入点: 的提示下，选择绘图区中合适的一点作为表格放置点。

步骤 05 系统弹出图 8.3.6 所示的 文字编辑器 选项卡，同时表格的标题单元加亮，文字光标在标题单元的中间。此时用户可输入标题文字，然后单击 文字编辑器 选项卡中的“关闭文字编辑器”按钮以完成操作。

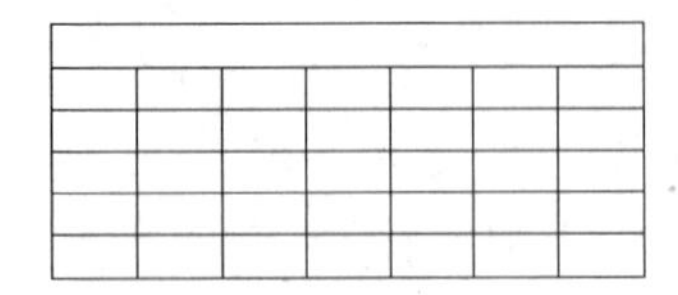

图 8.3.5 创建表格

图 8.3.6 “文字编辑器”选项卡

8.3.3 编辑表格

对插入的表格可以进行编辑，包括修改行宽、列宽、删除行、删除列、删除单元、合并单元以及编辑单元中的内容等。下面接上节创建的表格，通过对图 8.3.7 所示的标题栏的创建，来说明编辑表格的一般方法。

步骤 01 删除最上面的两行（删除标题行和页眉行）。

（1）选取行。在标题行的表格区域中单击选中标题行，同时系统弹出“表格”对话框，按住 Shift 键选取第二行，此时最上面的两行显示夹点（图 8.3.8）。

（2）删除行。在选中的区域内右击，在弹出的快捷菜单中选择 行 ▸ → 删除 命令（或单击“表格”对话框中的按钮）。

当在每行的数字上右击时，在弹出的快捷菜单中选择 删除行 命令；当在选中的区域内右击时，在弹出的快捷菜单中选择 行 ▸ → 删除 命令。

<table>
<tr><td colspan="3" rowspan="2">（图样名称）</td><td>比例</td><td>数量</td><td>材料</td><td>（图样代号）</td></tr>
<tr><td></td><td></td><td></td><td></td></tr>
<tr><td>制图</td><td></td><td></td><td colspan="4" rowspan="2">（公司名称）</td></tr>
<tr><td>审核</td><td></td><td></td></tr>
</table>

图 8.3.7 创建标题栏

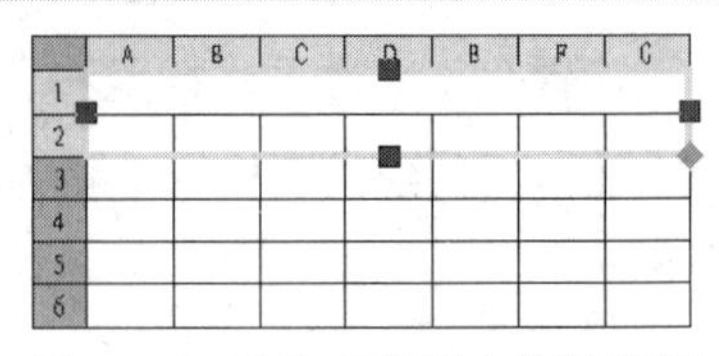

图 8.3.8 选取表格最上面的两行

步骤 02 按 Esc 键退出表格编辑。

步骤 03 统一修改表格中各单元的宽度。

（1）双击表格，弹出“特性”窗口。

（2）在绘图区域中通过选取图 8.3.9 所示的区域选取表格，然后在 水平单元边距 文本框中输入值 0.5 后按 Enter 键，在垂直单元边距文本框中输入值 0.5 后按 Enter 键（通过“窗口”方式选取后的表格如图 8.3.9 所示）。

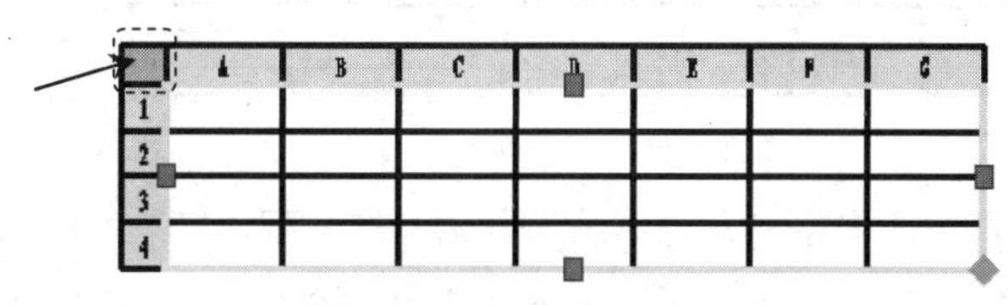

图 8.3.9 选取表格后

编辑表格有以下五种方法。

- 选中表格，右击，从弹出的快捷菜单中选择特性(S)命令，在“特性”窗口中修改表格属性。
- 双击表格，系统弹出“特性”窗口，在此窗口中修改表格。
- 双击表格某单元，可以在相应的单元中添加内容。
- 选中表格或其中的某单元，右击，从弹出的快捷菜单中选择相应的编辑操作命令。
- 选中表格，通过拖动夹点来修改表格尺寸或移动表格。

（3）框选整个表格后在“特性”窗口表格高度文本框中输入数值 28 后按 Enter 键。

步骤 04 编辑第一列的列宽。

（1）选取对象。选取第一列或第一列中的任意单元。

（2）设定宽度值。在“特性”窗口的单元宽度文本框中输入值 15 后按 Enter 键。

步骤 05 参照步骤 04的操作，完成其余列宽的修改，从左至右列宽值依次为 15、25、20、15、15、20 和 30。

步骤 06 合并单元。

（1）选取图 8.3.10 所示的单元。在左上角的单元中单击，按住 Shift 键不放，在欲选区域的右下角单元中单击。

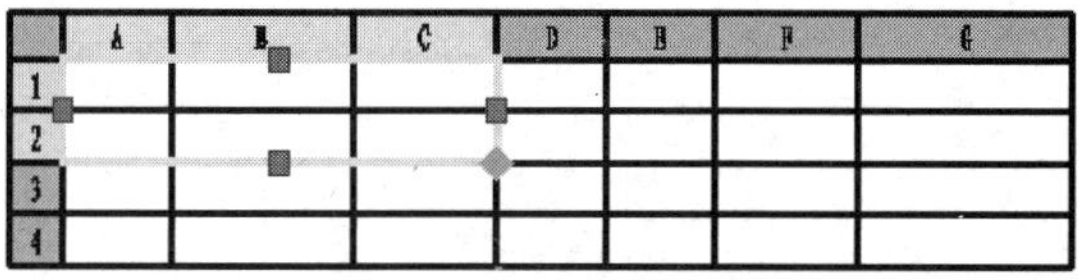

图 8.3.10 选取要合并的单元格

（2）右击，在弹出的快捷菜单中选择合并 ▸ → 全部命令（或单击合并单元按钮，选择下拉菜单的合并全部选项）。

（3）参照前面操作，完成图 8.3.11 所示的单元的合并。

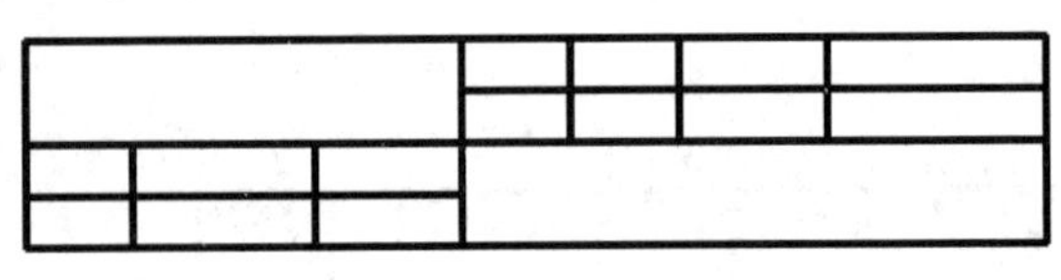

图 8.3.11　合并单元

步骤 07 填写标题栏。双击表格单元，然后输入相应的文字，结果如图 8.3.12 所示。

步骤 08 分解表格。选择下拉菜单 修改(M) → 分解(X) 命令，选择表格为分解对象，按 Enter 键结束命令。

步骤 09 转换线型。将标题栏中最外侧的线条所在的图层切换至“轮廓线层”，其余线条为“细实线层”。结果如图 8.3.12 所示。

(图样名称)			比例	数量	材料	(图样代号)
制图			(公司名称)			
审核						

图 8.3.12　填写标题栏

- 在选取整个表格时，可以单击表格任意位置处的线条，也可以采用“窗口”或“窗交”的方式进行选取。
- 选取表格单元时，在单元内部单击即可。
- 通过拖移夹点来编辑表格时，各夹点所对应的功能如图 8.3.13 所示。

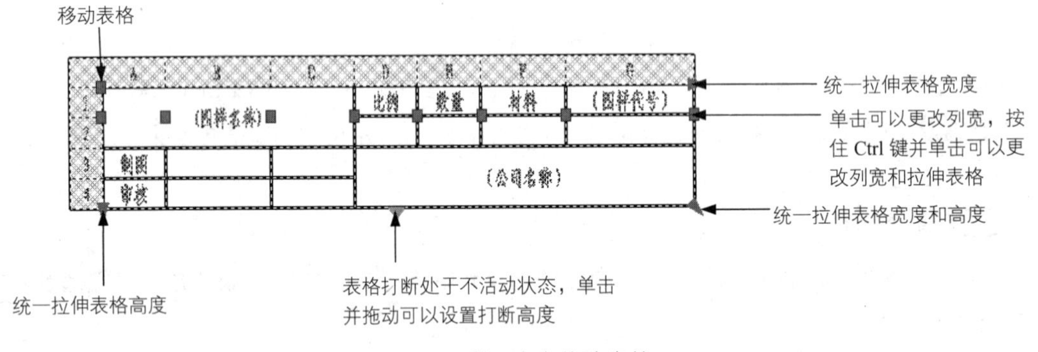

图 8.3.13　利用夹点修改表格

第 9 章 AutoCAD 的层功能

9.1 创建和设置图层

9.1.1 概述

图层是 AutoCAD 系统提供的一个管理工具，它的应用使得一个 AutoCAD 图形好像是由多张透明的图纸重叠在一起而组成的，用户可以通过图层来对图形中的对象进行归类处理。例如，在机械、建筑等工程制图中，图形中可能包括基准线、轮廓线、虚线、剖面线、尺寸标注以及文字说明等元素。如果用图层来管理它们，不仅能使图形的各种信息清晰、有序，便于观察，而且也会给图形的编辑、修改和输出带来方便。

AutoCAD 中的图层具有以下特点。

- 在一幅图中可创建任意个图层，并且每一图层上的对象数目也没有任何限制。
- 每个图层都有一个名称。开始绘制新图时，系统自动创建层名为 0 的图层。同时只要图中或块中有标注，系统就会出现设置标注点的 Defpoints 层，但是画在该层的图形只能在屏幕上显示，而不能打印。其余图层需由用户创建。
- 只能在当前图层上绘图。
- 各图层具有相同的坐标系、绘图界限及显示缩放比例。
- 可以对各图层进行不同的设置，以便对各图层上的对象同时进行编辑操作。
  - 对于每一个图层，可以设置其对应的线型和颜色等特性。
  - 可以对各图层进行打开、关闭、冻结、解冻、锁定与解锁等操作，以决定各图层的可见性与可操作性。
- 可以把图层指定成为“打印”或“不打印”图层。

9.1.2 创建新图层

在绘制一个新图时，系统会自动创建层名为 0 的图层，这也是系统的默认图层。如果用户要使用图层来组织自己的图形，就需要先创建新图层。

选择下拉菜单 格式(O) → 图层(L)... 命令（或者输入 LAYER 命令），系统弹出图 9.1.1 所示的“图层特性管理器”对话框。单击“新建图层”按钮，在图层列表中出现一个名称为 图层1 的新图层，默认情况下，新建图层与当前图层的状态、颜色、线型及线宽等设置相同。在创建了图层后，可以单击图层名，然后输入一个新的有意义的图层名称，输入的名称中不能包含<>

/\”:;?*|,、=等字符，另外也不能与其他图层重名。

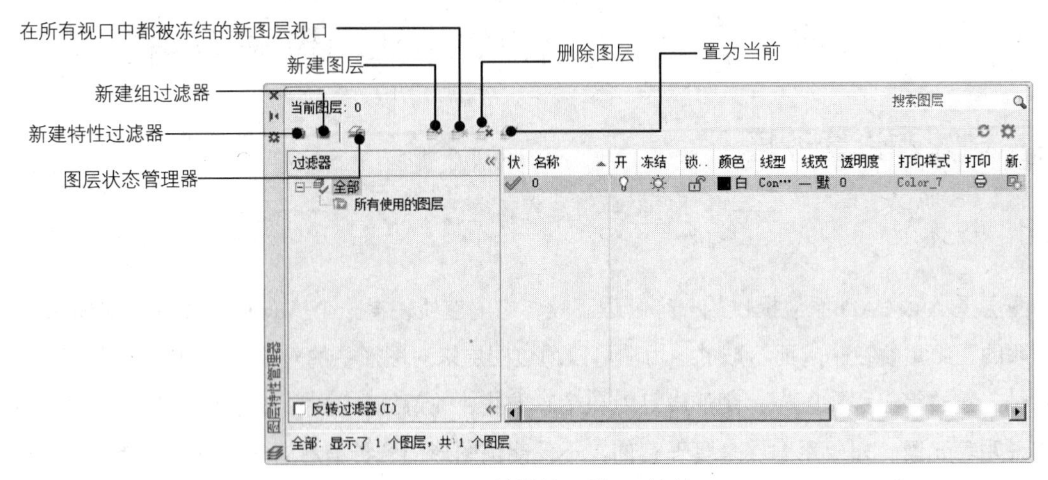

图 9.1.1 “图层特性管理器”对话框

9.1.3 设置颜色

设置图层的颜色实际上是设置图层中图形对象的颜色。可以对不同的图层设置不同的颜色（当然也可以设置相同的颜色），这样在绘制复杂的图形时，就可以通过不同的颜色来区分图形的每一个部分。

在默认情况下，新创建图层的颜色被设为 7 号颜色（7 号颜色为白色或黑色，这由背景色决定，如果背景色设置为白色，则图层颜色就为黑色；如果背景色设置为黑色，则图层颜色就为白色）。

如果要改变图层的颜色，可在“图层特性管理器”对话框中单击该图层的“颜色”列中的图标■，系统弹出“选择颜色”对话框，在该对话框中，可以使用索引颜色、真彩色和配色系统三个选项卡为图层选择颜色。

- 索引颜色选项卡：是指系统的标准颜色（ACI 颜色）。在 ACI 颜色表中包含 256 种颜色，每一种颜色用一个 ACI 编号（1 ~ 255 之间的整数）标识。
- 真彩色选项卡：真彩色使用 24 位颜色定义显示 16M 色彩。指定真彩色时，可以从“颜色模式”下拉列表中选取 RGB 或 HSL 模式。如果使用 RGB 颜色模式，可以指定颜色的红、绿、蓝组合；如果使用 HSL 颜色模式，则可以指定颜色的色调、饱和度及亮度要素。
- 配色系统选项卡：该选项卡中的配色系统(B):下拉列表提供了 11 种定义好的色库列表，从中选择一种色库后，就可以在下面的颜色条中选择需要的颜色。

9.1.4 设置线型

“图层线型”是指图层上图形对象的线型，如虚线、点画线、实线等。在使用 AutoCAD 系统进行工程制图时，可以使用不同的线型来绘制不同的对象以便于区分，还可以对各图层上的线型进行不同的设置。

1. 设置已加载线型

在默认情况下，图层的线型设置为 Continuous（实线）。要改变线型，可在图层列表中单击某个图层“线型”列中 Continuous 字符，系统弹出图 9.1.2 所示的“选择线型”对话框。在 已加载的线型 列表框中选择一种线型，然后单击 确定 按钮。

2. 加载线型

如果已加载的线型不能满足用户的需要，则可进行“加载”操作，将新线型添加到“已加载的线型”列表框中。此时需单击 加载(L)... 按钮，系统弹出图 9.1.3 所示的“加载或重载线型”对话框，从当前线型文件的线型列表中选择需要加载的线型，然后单击 确定 按钮。

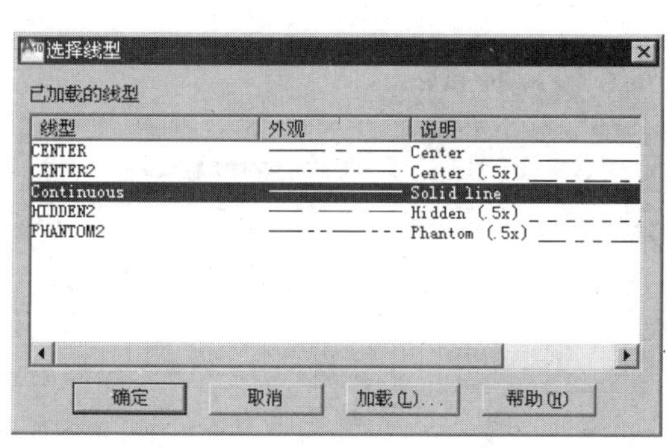

图 9.1.2 “选择线型”对话框

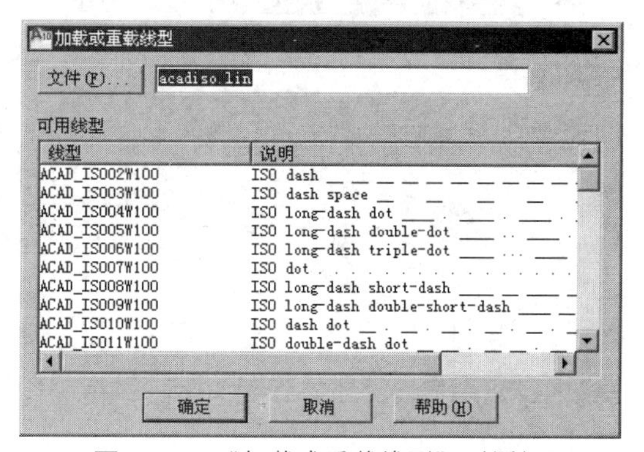

图 9.1.3 “加载或重载线型”对话框

AutoCAD 系统中的线型包含在线型库定义文件 acad.lin 和 acadiso.lin 中。在英制测量系统下，使用线型库定义文件 acad.lin；在米制测量系统下，使用线型库定义文件 acadiso.lin。如果需要，也可在“加载或重载线型”对话框中单击 文件(F)... 按钮，从弹出的“选择线型文件”对话框中选择合适的线型库定义文件。

3. 设置线型比例

对于非连续线型（如虚线、点画线、双点画线等），由于其受图形尺寸的影响较大，图形的尺寸不同，在图形中绘制的非连续线型外观也将不同，因此可以通过设置线型比例来改变非连续线型的外观。

选择下拉菜单 格式(O) → 线型(N)... 命令，系统弹出图 9.1.4 所示的“线型管理器”对话框，可从中设置图形中的线型比例。在对话框的线型列表中选择某一线型后，可单击显示细节(D)按钮，即可在展开的详细信息选项组中设置线型的全局比例因子(G):和当前对象缩放比例(O):，其中全局比例因子(G):用于设置图形中所有对象的线型比例，当前对象缩放比例(O):用于设置新建对象的线型比例。新建对象最终的线型比例将是全局比例和当前缩放比例的乘积。“线型管理器”对话框中其他的选项和按钮功能如下。

- 线型过滤器下拉列表：确定在线型列表中显示哪些线型。如果选中☑反转过滤器(I)复选框，则显示不符合过滤条件的线型。
- 加载(L)...按钮：单击该按钮，系统弹出“加载或重载线型”对话框，利用该对话框可以加载其他线型。
- 删除按钮：单击该按钮，可去除在线型列表中选中的线型。
- 当前(C)按钮：单击该按钮，可将选中的线型设置为当前线型。可以将当前线型设置为 ByLayer（随层），即采用为图层设置的线型来绘制图形对象；也可以选择其他的线型作为当前线型来绘制对象。
- 显示细节(D)或隐藏细节(D)按钮：单击该按钮，可显示或隐藏“线型管理器”对话框中的“详细信息”选项组。

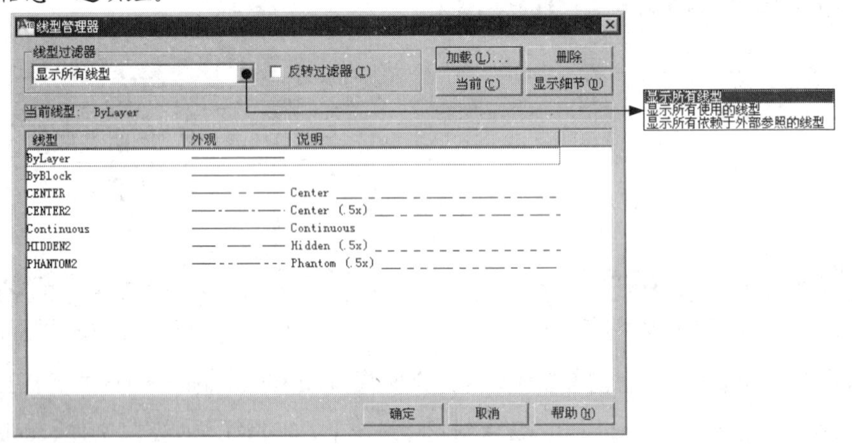

图 9.1.4　“线型管理器”对话框

9.1.5　设置线宽

在 AutoCAD 系统中，用户可以使用不同宽度的线条来表现不同的图形对象，还可以设置图层的线宽，即通过图层来控制对象的线宽。在“图层特性管理器”对话框的线宽列中单击某个图层对应的线宽——默认，系统即弹出图 9.1.5 所示的“线宽”对话框，可从中选择所需要的线宽。

另外，还可以选择下拉菜单格式(O) ➡ 线宽(W)...命令，系统弹出图 9.1.6 所示的“线宽设置”对话框。可在该对话框的线宽列表框中选择当前要使用的线宽，还可以设置线宽的单位和显示比例等参数，各选项的功能说明如下。

◆ 列出单位选项组：用于设置线条宽度的单位，可选中 ⊙ 毫米(mm)(M) 或 ○ 英寸(in)(I) 单选项。

◆ ☑ 显示线宽(D) 复选框：用于设置是否按照实际线宽来显示图形。也可以在绘图时单击屏幕下部的状态栏中的 + （显示/隐藏线宽）按钮来显示或关闭线宽。

◆ 默认下拉列表：用于设置默认线宽值，即取消选中 □ 显示线宽(D) 复选框后系统所显示的线宽。

◆ 调整显示比例选项区域：移动显示比例滑块，可调节设置的线宽在屏幕上的显示比例。

如果在设置了线宽的层中绘制对象，则默认情况下在该层中创建的对象就具有层中所设置的线宽。当在屏幕底部状态栏中单击 + （显示/隐藏线宽）按钮使其显亮，对象的线宽立即在屏幕上显示出来，如果不想在屏幕上显示对象的线宽，可再次单击 + （显示/隐藏线宽）按钮使其关闭。

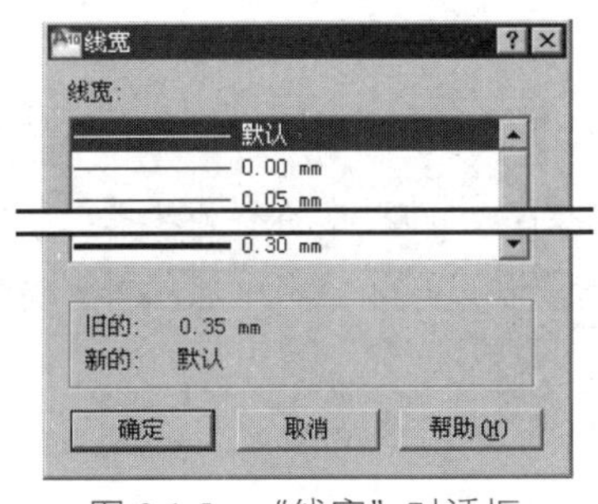

图 9.1.5 “线宽”对话框

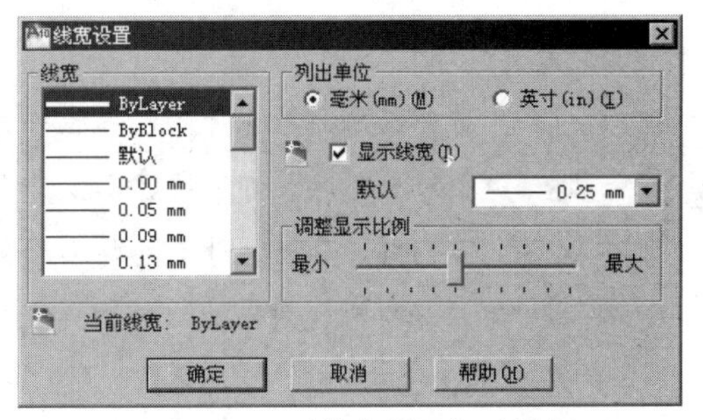

图 9.1.6 “线宽设置”对话框

9.1.6 设置图层状态

在“图层特性管理器”对话框中，除了可设置图层的颜色、线型和线宽以外，还可以设置图层的各种状态，如开/关、冻结/解冻、锁定/解锁和是否打印等，如图 9.1.7 所示。

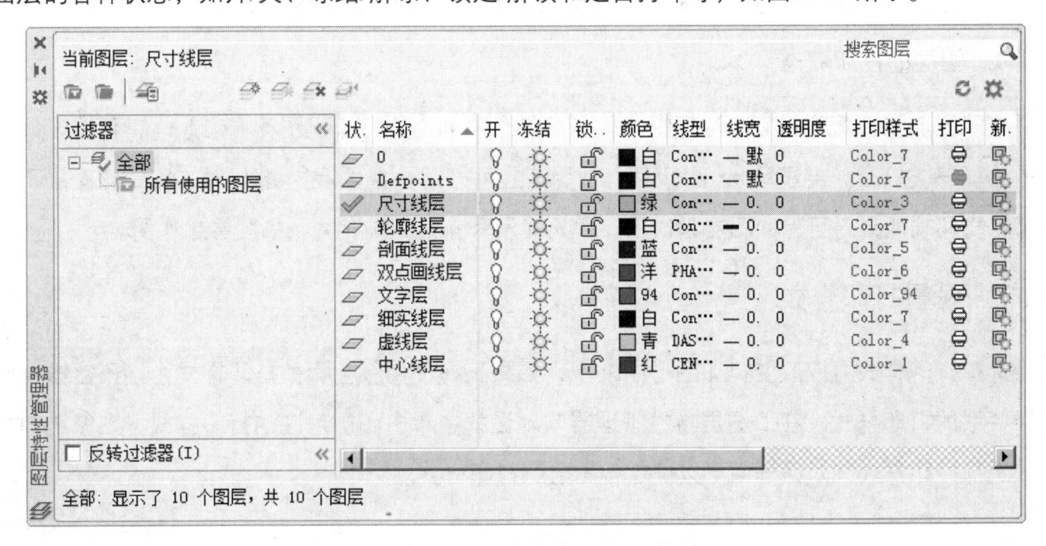

图 9.1.7 “图层特性管理器”对话框

1. 图层的打开/关闭状态

在“打开”状态下，该图层上的图形既可以在屏幕上显示，也可以在输出设备上打印；而在“关闭”状态下，图层上的图形则既不能显示，也不能打印输出。在“图层特性管理器”对话框中，单击某图层在“开”列中的小灯泡图标，可以打开或关闭该图层。灯泡的颜色为黄色，表示处于打开状态；灯泡的颜色为灰色，表示处于关闭状态。当要关闭当前的图层时，系统会显示一个消息对话框，警告正在关闭当前层。

2. 图层的冻结/解冻状态

“冻结”图层，就是使某图层上的图形对象不能被显示及打印输出，也不能编辑或修改。“解冻”图层则使该层恢复能显示、能打印、能编辑的状态。在“图层特性管理器”对话框中，单击“冻结”列中的太阳或雪花图标，可以冻结或解冻图层。

用户不能冻结当前层，也不能将冻结层设置为当前层。图层被冻结与被关闭时，其上的图形对象都不被显示出来，但冻结图层上的对象不参加处理过程中的运算，而关闭图层上的对象则要参加运算，所以在复杂的图形中冻结不需要的图层，可以加快系统重新生成图形时的速度。

3. 图层的锁定/解锁状态

“锁定”图层就是使图层上的对象不能被编辑，但这不影响该图层上图形对象的显示，用户还可以在锁定的图层上绘制新图形对象，以及使用查询命令和对象捕捉功能。在“图层特性管理器”对话框中，单击“锁定” 列中的关闭小锁或打开小锁图标，可以锁定或解锁图层。

4. 图层的打印状态

在“图层特性管理器”对话框中，单击“打印”列中的打印机图标或，可以设置图层是否能够被打印。当显示图标时，表示该层可打印；当显示图标时，表示该图层不能打印。打印功能只对可见的图层起作用，即只对没有冻结和没有关闭的图层起作用。

9.1.7 设置打印样式

选择打印样式可以改变打印图形的外观，如果正在使用颜色相关打印样式，则不能修改与图层关联的打印样式。在“图层特性管理器”对话框中单击图层对应的打印样式，在系统弹出的“选择打印样式”对话框中可以确定各图层的打印样式。

9.2 管理图层

9.2.1 图层管理工具栏介绍

在 AutoCAD 软件界面中，有两个与图层有关的工具栏，它们是图 9.2.1 所示的“图层”面板和图 9.2.2 所示的“特性”面板，这两个工具栏在默认时位于绘图区上部的工具栏固定区内。利用“图层”面板可以方便地进行图层的切换，利用“特性”面板可以方便地管理几何和文本等对象的属性，在本章的后面将结合具体的例子对这两个工具栏的作用进一步说明。

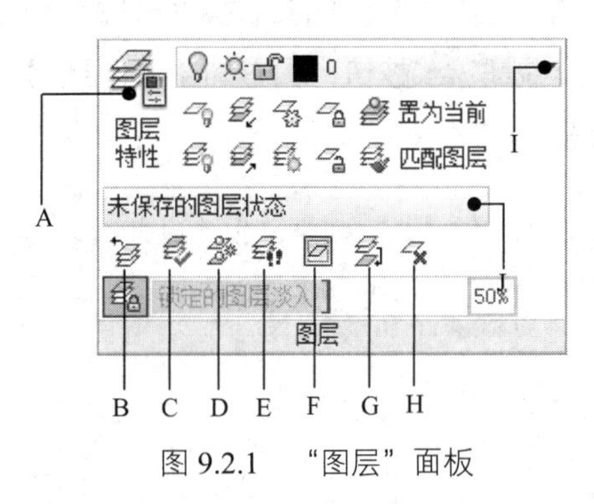

图 9.2.1 “图层”面板

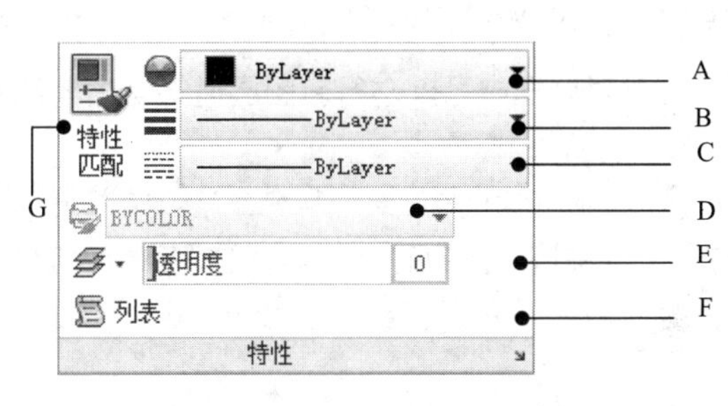

图 9.2.2 “特性”面板

图 9.2.1 所示“图层”面板中的各项说明如下。

A：图层特性　　B：上一个

C：将对象的图层设为当前图层　　D：将一个或多个对象复制到其他图层

E：显示选定图层上的对象，并隐藏所有其他图层上的对象　　F：冻结

G：合并　　H：删除

I：图层控制　　J：选择图层状态

图 9.2.2 所示“特性”面板中的各项说明如下。

A：选择颜色　　B：选择线宽

C：选择线型　　D：列表

E：设置层或块显示的透明度　　F：选择打印颜色

G：特性匹配

9.2.2 切换当前层

在 AutoCAD 系统中，新对象被绘制在当前图层上。要把新对象绘制在其他图层上，首先应把这个图层设置成当前图层。在“图层特性管理器”对话框的图层列表中选择某一图层，然后在该层的层名上双击，即可将该层设置为当前层，此时该层的状态列的图标变成。

在实际绘图时还有一种更为简单的操作方法，就是用户只需在“图层”工具栏的图层控制

下拉列表中选择要设置为当前层的图层名称，即可实现图层切换。

9.2.3 过滤图层

过滤图层就是根据给定的特性或条件筛选出想要的图层。当图形中包含大量图层时，这种方法是很有用的。在“图层特性管理器”对话框中单击“新特性过滤器”按钮，系统弹出“图层过滤器特性”对话框，在该对话框的“过滤器定义”列表框中，通过输入图层名及选择图层的各种特性来设置过滤条件后，便可在“过滤器预览”区域预览筛选出的图层。

如果在“图层特性管理器”中选中☑ 反转过滤器(I)复选框，则只筛选出不符合过滤条件的图层；在默认情况下，☑ 指示正在使用的图层(U)复选框被选中，单击 设置(E)... 按钮，系统弹出“图层设置”对话框，在此对话框中可以进行新图层通知等内容的设置。

当在“过滤器定义”列表框中输入图层名称、颜色、线宽、线型以及打印样式时，可使用“?”和“*”等通配符，其中“*”用来代替任意多个字符，“?”用来代替任意单个字符。

9.2.4 保存与恢复图层设置

图层设置包括设置图层的状态和特性，如图层是否打开、冻结、锁定、打印，以及设置图层的颜色、线型、线宽和打印样式等。用户可以将当前各图层的状态进行保存，这样当以后改变了图层设置后，还可以根据需要选择其中若干项设置恢复到原来的状态。

在 常用 选项卡下的 图层 面板中单击“图层状态管理器”按钮，系统弹出图 9.2.3 所示的“图层状态管理器”对话框。

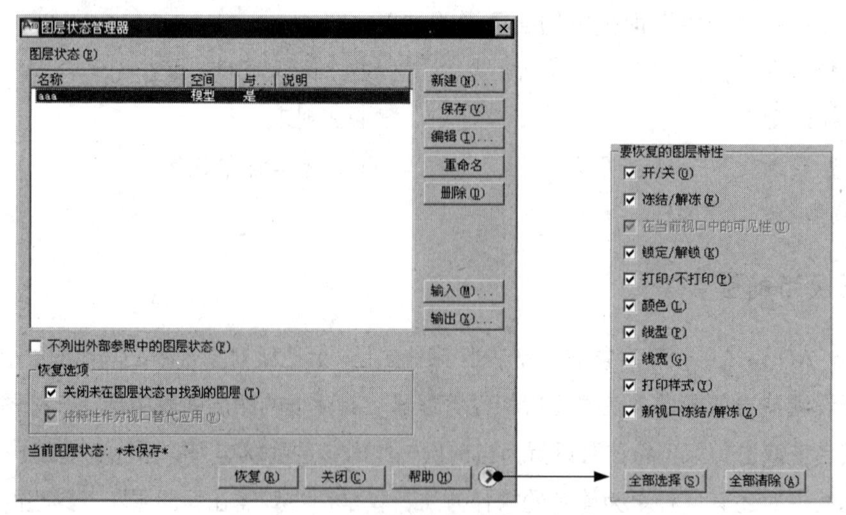

图 9.2.3 “图层状态管理器”对话框

下面介绍图9.2.3所示的“图层状态管理器”对话框中各选项的功能。

◆ 图层状态(E)列表框：显示当前图形中已保存下来的图层状态名称，以及从外部输入进来的图层状态名称。

◆ 新建(N)...按钮：单击该按钮，可在系统弹出的“要保存的新图层状态”对话框中创建新的图层状态。在图9.2.3所示的对话框中创建了图层状态aaa。

◆ 删除(D)按钮：单击该按钮，系统弹出“AutoCAD警告”对话框，单击该对话框中的是(Y)按钮，即可删除选中的图层状态。

◆ 输出(X)...按钮：单击该按钮，可在弹出的“输出图层状态”对话框中将当前图形指定的图层状态输出到一个扩展名为LAS的文件中。

◆ 输入(M)...按钮：单击该按钮，系统弹出“输入图层状态”对话框，可以将原先输出的图层状态（LAS）文件加载到当前图形。输入图层状态文件可能导致创建其他图层。

◆ 要恢复的图层特性选项组：可在该选项组中选择要恢复的图层设置。单击全部选择(S)按钮可以选择所有复选框，单击全部清除(A)按钮可以取消选中所有复选框。

◆ 恢复(R)按钮：单击该按钮，可以将选中的图层状态中的指定项设置相应地恢复到当前图形的各图层中。

1. 保存图层设置

如果要保存当前各图层的状态，可单击“图层状态管理器”对话框中的新建(N)...按钮，系统弹出“要保存的新图层状态”对话框，在新图层状态名(L):文本框中输入图层状态的名称，在说明(D)文本框中输入相关的图层状态说明文字，然后单击确定按钮返回到“图层状态管理器”对话框并单击关闭(C)按钮。

2. 恢复图层设置

如果图层的设置发生了改变，而我们又希望将它恢复到原来的状态，这时就可以通过“图层特性管理器”对话框恢复以前保存的图层状态。

在常用选项卡下的图层面板中单击“图层状态管理器”按钮，系统弹出“图层状态管理器”对话框，选择需要恢复的图层状态名称，然后在要恢复的图层特性选项组中选中有关的复选框，单击恢复(R)按钮，此时系统即将各图层中指定项的设置恢复到原来的状态。

9.2.5 转换图层

转换图层功能是为了实现图形的标准化和规范化而设置的。用户可以转换当前图形中的图层，使之与其他图形的图层结构或CAD标准文件相匹配。通过“图层转换器”可以实现图层的转换。选择下拉菜单工具(T) → CAD标准(S) → 图层转换器(L)...命令，如图9.2.4所示，系统会弹出图 9.2.5 所示的“图层转换器”对话框。

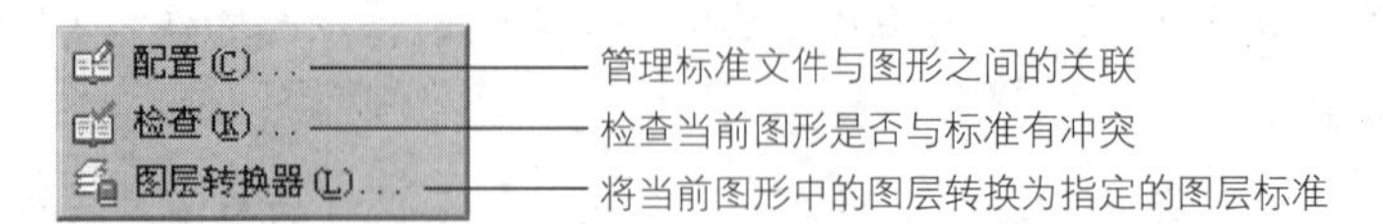

图 9.2.4 “CAD 标准”子菜单

图 9.2.5 所示的“图层转换器”对话框中的主要选项的功能说明如下。

◆ 转换自(F) 列表框：该列表框列出了当前图形中的所有图层，可以直接单击要被转换的图层，也可以通过“选择过滤器”来选择。

◆ 转换为(O) 列表框：该列表框显示了标准的图层名称或要转换成的图层名称。单击 加载(L)... 按钮，在系统弹出的“选择图形文件”对话框中，可以选择作为图层标准的图形文件，其图层结构会显示在 转换为(O) 列表框中；单击 新建(N)... 按钮，在系统弹出的图 9.2.6 所示的“新图层”对话框中，可以创建新的图层作为转换匹配图层，新建的图层也会显示在 转换为(O) 列表框中。

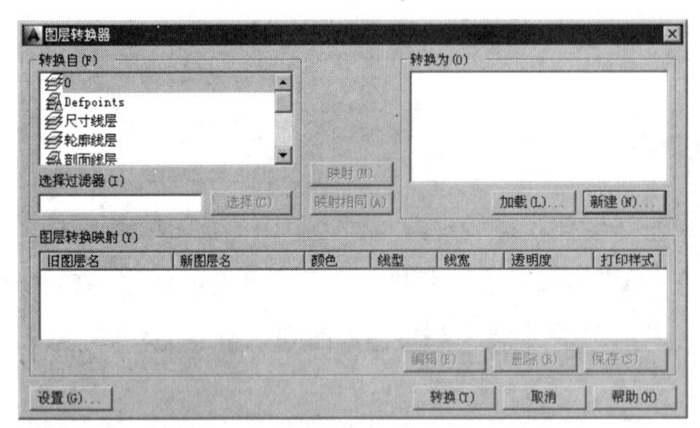

图 9.2.5 “图层转换器”对话框

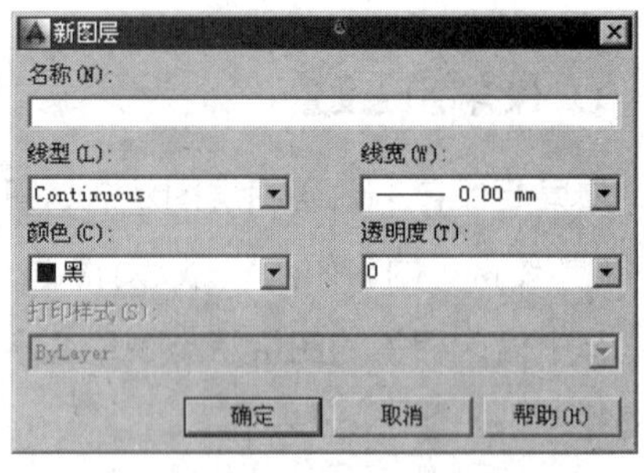

图 9.2.6 “新图层”对话框

◆ 映射(M) 按钮：单击该按钮，可以将在 转换自(F) 列表框中选中的图层映射到 转换为(O) 列表框中选中的图层，当图层被映射后，它将从 转换自(F) 列表框中删除。注意：只有在 转换自(F) 选项组和 转换为(O) 选项组中都选择了对应的转换图层后，映射(M) 按钮才可以使用。

◆ 映射相同(A) 按钮：用于将 转换自(F) 列表框和 转换为(O) 列表框中名称相同的图层进行转换映射。与 映射(M) 相比，映射相同(A) 可以提高转换效率。

◆ 图层转换映射(Y) 选项组：在该选项组的列表框中，显示了已经映射的图层名称及相关的特性值。选择其中一个图层并单击 编辑(E)... 按钮，在系统弹出的图 9.2.7 所示的“编辑图层”对话框中，可以进一步修改转换后的图层特性；单击 删除(R) 按钮，可以取消该图层的转换，该图层将重新显示在 转换自(F) 选项组中；单击 保存(S)... 按钮，在系统弹出的“保存图层映射”对话框中可以将图层转换关系保存到一个标准配置文件(*.dws)中。

◆ 设置(G)... 按钮：单击该按钮，在系统弹出的图 9.2.8 所示的“设置”对话框中，可以设置图层的转换规则。

◆ 转换(T) 按钮：单击该按钮后，系统开始图层的转换，转换完成后，系统自动关闭“图层转换器”对话框。

图 9.2.7 “编辑图层”对话框

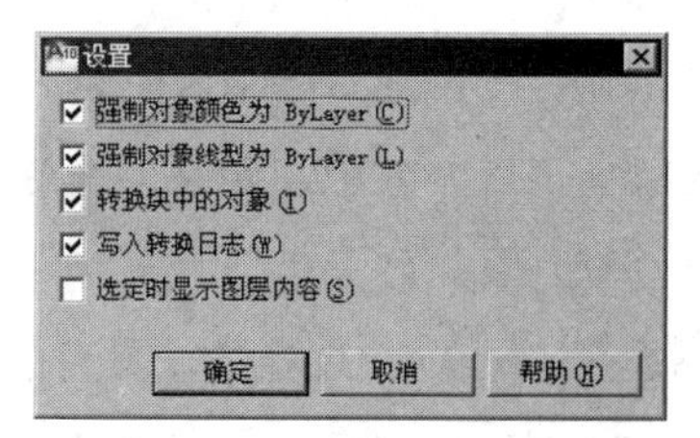

图 9.2.8 “设置”对话框

9.2.6 改变对象所在图层

当需要修改某一图元所在的图层时，可先选中该图元，然后在“图层”工具栏的图层控制下拉列表中选择一个层名，按 Esc 键结束操作。

9.2.7 删除图层

如果不需要某些图层，可以将它们删除。选择下拉菜单 格式(O) → 图层(L)... 命令，在“图层特性管理器”对话框的图层列表中选定要删除的图层(在选择的同时可按住 Shift 键或 Ctrl 键以选取多个层)，然后单击“删除”按钮即可。

◆ 0 图层、Defpoints 层、包含对象的图层和当前图层不能被删除。
◆ 依赖外部参照的图层不能被删除。
◆ 局部打开图形中的图层也不能被删除。

第 10 章 图块及其属性

10.1 使用块

10.1.1 块的概念

块一般由几个图形对象组合而成，AutoCAD 将块对象视为一个单独的对象。块对象可以由直线、圆弧、圆等对象以及定义的属性组成。系统会将块定义自动保存到图形文件中，另外用户也可以将块保存到硬盘上。

概括起来，AutoCAD 中的块具有以下几个特点。

- 可快速生成图形，提高工作效率：把一些常用的、重复出现的图形做成块保存起来，使用它们时就可以多次插入到当前图形中，从而避免了大量的重复性工作，提高了绘图效率。例如，在机械设计中，可以将表面粗糙度和基准符号做成块。
- 可减小图形文件大小，节省存储空间：当插入块时，事实上只是插入了原块定义的引用，AutoCAD 仅需要记住这个块对象的有关信息（如块名、插入点坐标及插入比例等），而不是块对象的本身。通过这种方法，可以明显减小整个图形文件的大小，这样既满足了绘图要求，又能节省磁盘空间。
- 便于修改图形，既快速又准确：在一张工程图中，只要对块进行重新定义，图中所有对该块引用的地方均进行相应的修改，不会出现任何遗漏。
- 可以添加属性，为数据分析提供原始的数据：在很多情况下，文字信息（如零件的编号和价格等）要作为块的一个组成部分引入到图形文件中，AutoCAD 允许用户为块创建这些文字属性，并可在插入的块中指定是否显示这些属性，还可以从图形中提取这些信息并将它们传送到数据库中，为数据分析提供原始的数据。

10.1.2 创建块

要创建块，应首先绘制所需的图形对象。下面说明创建块的一般过程。

步骤 01 打开随书光盘上的文件 D:\cad1701\work\ch10.01\block01.dwg。

步骤 02 选择下拉菜单 绘图(D) → 块(K) ▸ → 创建(M)... 命令，如图 10.1.1 所示。此时系统弹出图 10.1.2 所示的“块定义”对话框。

也可以在命令行中输入 BLOCK 命令后按 Enter 键。

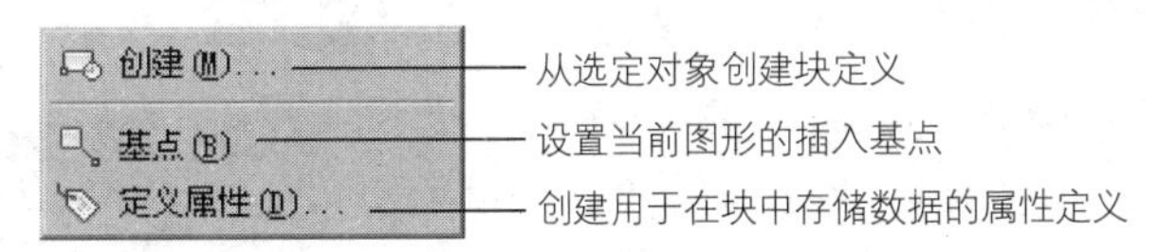

图 10.1.1 子菜单

步骤 03 命名块。在“块定义”对话框的 名称(N): 文本框中输入块的名称为五角星。

输入块的名称后不要按 Enter 键。

步骤 04 指定块的基点。在“块定义”对话框的 基点 选项组中，用户可以直接在 X: 、Y: 和 Z: 文本框中输入“基点”的坐标。注意：输入坐标值后不要按 Enter 键。用户也可以单击 拾取点(K) 左侧的按钮，切换到绘图区选择图 10.1.3 所示的点为基点。

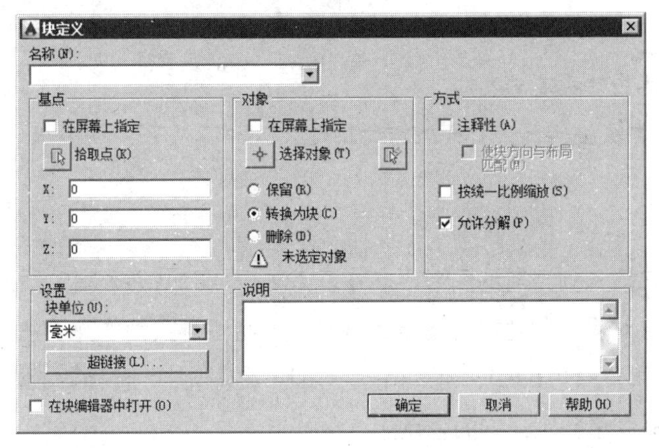

图 10.1.2 “块定义”对话框

图 10.1.3 定义块的基点

步骤 05 选择组成块的对象。在“块定义”对话框的 对象 选项组中，单击 选择对象(T) 旁边的按钮，可以切换到绘图区选择五角星作为组成块的对象；也可以单击“快速选择”按钮，使用系统弹出的图 10.1.4 所示的“快速选择”对话框，设置所选择对象的过滤条件。

步骤 06 单击对话框中的 确定 按钮，完成块的创建。

图 10.1.2 所示的“块定义”对话框的各选项说明如下。

◆ 对象 选项组。

- 保留(R) 单选项：表示在所选对象当前的位置上，仍将所选对象保留为单独的对象。
- 转换为块(C) 单选项：表示将所选对象转换为新块的一个实例。
- 删除(D) 单选项：表示创建块后，从图形中删除所选的对象。

◆ 方式 选项组。

- 注释性(A) 复选框：选中此复选框，使块方向与布局匹配(M) 选项会亮显。
- 按统一比例缩放(S) 复选框：指定块参照是否按统一比例缩放。
- 允许分解(P) 复选框：指定块参照是否可以被分解。

◆ 设置 选项组。

- 块单位(U): 下列列表：用于指定块参照插入单位。
- 说明 文本框：用于输入块的文字说明信息。
- 超链接(L)... 按钮：单击打开插入超链接对话框，可以使用该对话框将某个超链接与块定义相关联。

◆ 在块编辑器中打开(O) 复选框：单击"块定义"对话框中的 确定 按钮后，在块编辑器中打开当前的块定义。

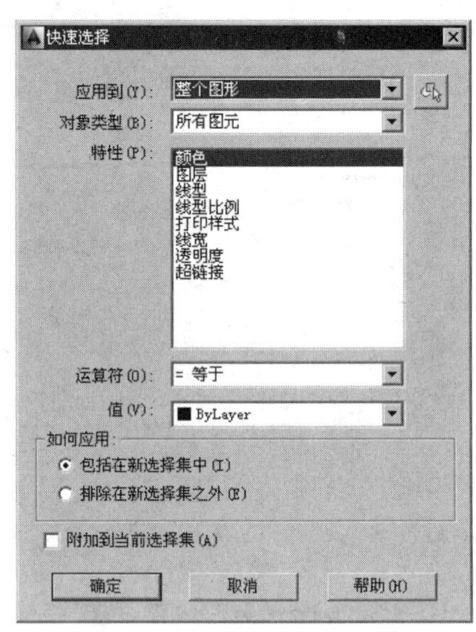

图 10.1.4 "快速选择"对话框

10.1.3 插入块

创建图块后，在需要时就可以将它插入到当前的图形中。在插入一个块时，必须指定插入点、缩放比例和旋转角度。块的插入点对应于创建块时指定的基点。当将图形文件作为块插入时，图形文件默认的基点是坐标原点（0,0,0），也可以打开原始图形，选择 绘图(D) → 块(K) → 基点(B)（BASE）命令重新定义它的基点。

下面介绍插入块的一般操作步骤。

步骤 01 打开随书光盘上的文件 D:\cad1701\work\ch10.01\block02.dwg。

步骤 02 选择下拉菜单 插入(I) → 块(B)... 命令，系统弹出图 10.1.5 所示的"插入"对话框。

也可以在命令行中输入 INSERT 命令后按 Enter 键。

步骤 03 选取或输入块的名称。在"插入"对话框的 名称(N): 下拉列表中选择或输入块名称，也可以单击其后的 浏览(B)... 按钮，从系统弹出的"选择图形文件"对话框中选择保存的块或图形文件。

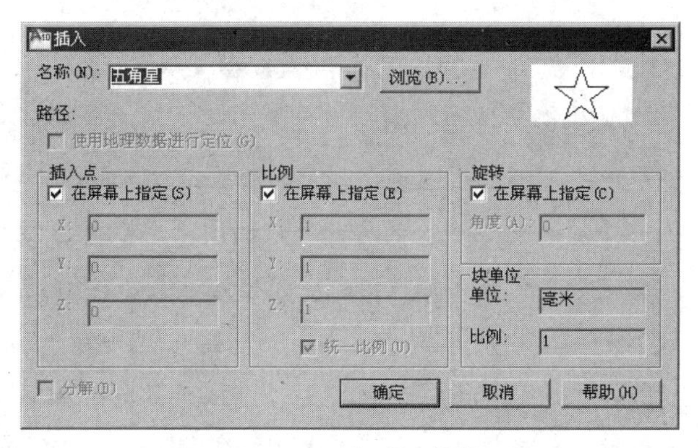

图 10.1.5 “插入”对话框

如果用户要插入当前图形中含有的块，应从名称(N):下拉列表中选取，当前图形中所有的块都会在该列表中列出；如果要插入保存在磁盘上的块，可单击浏览(B)...按钮在磁盘上选取。一旦保存在磁盘上的某个块插入到当前图形中后，当前图形就会包含该块，如果需要再次插入该块，就可以从名称(N):下拉列表中选取了。

步骤04 设置块的插入点。在“插入”对话框的插入点选项组中，可直接在X:、Y:和Z:文本框中输入点的坐标来给出插入点，注意输入坐标值后不要按 Enter 键；也可以通过选中☑在屏幕上指定(S)复选框，在屏幕上指定插入点位置。

步骤05 设置插入块的缩放比例。在“插入”对话框的比例选项组中，可直接在X:、Y:和Z:文本框中输入所插入的块在这三个方向上的缩放比例值（默认的均为 1），注意输入比例值后不要按 Enter 键；也可以通过选中☑在屏幕上指定(E)复选框，在屏幕上指定。此外，该选项组中的☐统一比例(U)复选框用于确定所插入块在 X、Y 和 Z 三个方向的插入比例是否相同，选中☑统一比例(U)复选框时表示比例相同，此时只需在X:文本框中输入比例值即可。

步骤06 设置插入块的旋转角度。在“插入”对话框的旋转选项组中，可在角度(A):文本框中输入插入块的旋转角度值，注意输入旋转角度值后不要按 Enter 键；也可以选中☑在屏幕上指定(C)复选框，在屏幕上指定旋转角度。

步骤07 确定是否分解块（此步为可选操作）。选中☑分解(D)复选框可以将插入的块分解成一个个单独的基本对象。

步骤08 在插入点选项组中如果选中☑在屏幕上指定(S)复选框，单击对话框中的确定按钮后，系统自动切换到绘图窗口，在绘图区某处单击指定块的插入点，至此便完成了块的插入操作。

◆ 使用 BLOCK 命令(选择下拉菜单 绘图(D) → 块(K) ▸ → 创建(M)... 命令)创建的块只能由块所在的图形使用，而不能由其他图形使用。如果希望在其他图形中也能够使用该块，则需要使用 WBLOCK 命令创建块。

◆ 在插入一个块时，组成块的原始对象的图层、颜色、线型和线宽将采用其创建时的定义。例如，如果组成块的原始对象是在 0 层上绘制的，并且颜色、线型和线宽均配置成 ByLayer（随层），当把块放置在当前图层——0 层上时，这些对象的相关特性将与当前图层的特性相同；而如果块的原始对象是在其他图层上绘制的，或者其颜色、线型和线宽的设置都是指定的，则当把块放置在当前图层——0 层上时，块将保留原来的设置。

◆ 如果要控制块插入时的颜色、线型和线宽，则在创建块时，须在图 10.1.4 所示的对话框内把组成块的原始对象的颜色、线型和线宽设置成为 ByBlock（随块），并在插入块时，再将“对象特性”选项板（可以选择对象后右击，从弹出的快捷菜单中选择 特性(P) 命令）中的颜色、线型和线宽设置成为 ByLayer（随层）。

10.1.4 写块

用 BLOCK 命令创建块时，块仅可以用于当前的图形中。但是在很多情况下，需要在其他图形中使用这些块的实例，WBLOCK（写块）命令即用于将图形中的全部或部分对象以文件的形式写入磁盘，并且可以像在图形内部定义的块一样，将一个图形文件插入图形中。写块的操作步骤如下。

步骤 01 打开随书光盘上的文件 D:\cad1701\work\ch10.01\block03.dwg。

步骤 02 在命令行输入 WBLOCK 命令并按 Enter 键，此时系统弹出“写块”对话框，如图 10.1.6 所示。

步骤 03 定义组成块的对象来源。在“写块”对话框的 源 选项组中，有以下三个单选项（○ 块(B):、○ 整个图形(E) 和 ⊙ 对象(O)）用来定义写入块的来源，根据实际情况选取其中之一。

定义写入块来源的三个选项说明如下。

◆ ○ 块(B): 单选项：选取某个用 BLOCK 命令创建的块作为写入块的来源。所有用 BLOCK 命令创建的块都会列在其后的下拉列表中。

◆ ○ 整个图形(E) 单选项：选取当前的全部图形作为写入块的来源。选择此选项后，系统自动选取全部图形。

◆ ⊙ 对象(O) 单选项：选取当前图形中的某些对象作为写入块的来源。选择此选项后，可根据需要使用基点选项组和对象选项组来设置块的插入基点和组成块的对象。

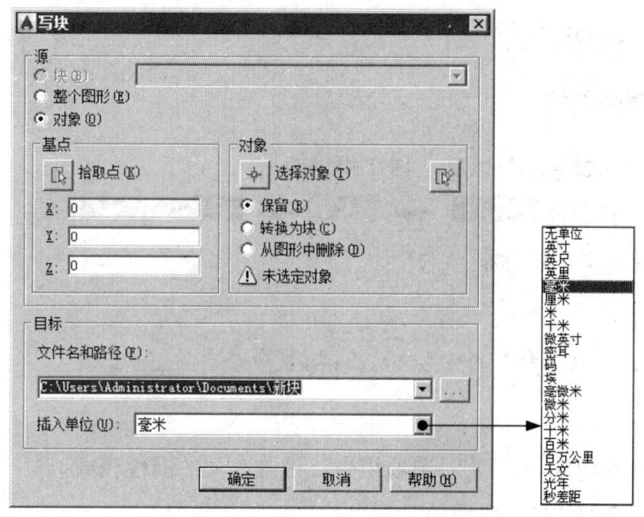

图 10.1.6　"写块"对话框

步骤 04 设定写入块的保存路径和文件名。在目标选项组的文件名和路径(F):下拉列表中，输入块文件的保存路径和名称；也可以单击下拉列表后面的按钮...，在弹出的"浏览图形文件"对话框中设定写入块的保存路径和文件名。

步骤 05 设置插入单位(此步为可选操作)。在插入单位(U):下拉列表中选择从 AutoCAD 设计中心拖动块时的缩放单位。

步骤 06 单击对话框中的确定按钮，完成块的写入操作。

10.2　使用块属性

10.2.1　块属性的特点

属性是一种特殊的对象类型，它由文字和数据组成。用户可以用属性来跟踪诸如零件材料和价格等数据。属性可以作为块的一部分保存在块中，块属性由属性标记名和属性值两部分组成，属性值既可以是变化的，也可以是不变的。在插入一个带有属性的块时，AutoCAD 将把固定的属性值随块添加到图形中，并提示输入哪些可变的属性值。

对于带有属性的块，可以提取属性信息，并将这些信息保存到一个单独的文件中，这样就能够在电子表格或数据库中使用这些信息进行数据分析，并可利用它们来快速生成如零件明细表或材料表等内容。

另外，属性值还可以设置成为可见或不可见。不可见属性就是不显示和不打印输出的属性，而可见属性就是可以看到的属性。不管使用哪种方式，属性值都一直保存在图形中，当提取它们时，都可以把它们写到一个文件中。

10.2.2 定义和编辑块属性

1. 定义带有属性的块

下面介绍如何定义带有属性的块，操作步骤如下。

步骤 01 选择下拉菜单 绘图(D) → 块(K)▸ → 定义属性(D)... 命令，此时系统将弹出图10.2.1所示的“属性定义”对话框。

也可以在命令行中输入 ATTDEF 命令后按 Enter 键。

步骤 02 定义属性模式。在 模式 选项组中，设置有关的属性模式。

模式 选项组中的各模式选项说明如下。

- ☑ 不可见(I) 复选框：选中此复选框表示插入块后不显示其属性值，即属性不可见。
- ☑ 固定(C) 复选框：选中此复选框，表示属性为定值，可在 属性 选项组的 默认(L): 文本框中指定该值，插入块时，该属性值随块添加到图形中。如果未选中该选项，表示该属性值是可变的，系统将在插入块时提示输入其值。
- ☑ 验证(V) 复选框：选中此复选框，当插入块时，系统将显示提示信息，让用户验证所输入的属性值是否正确。
- ☑ 预设(P) 复选框：选中此复选框，则在插入块时，系统将把 属性 选项组的 默认(L): 文本框中输入的默认值自动设置成实际属性值。但是与属性的固定值不同，预置的属性值在插入后还可以进行编辑。

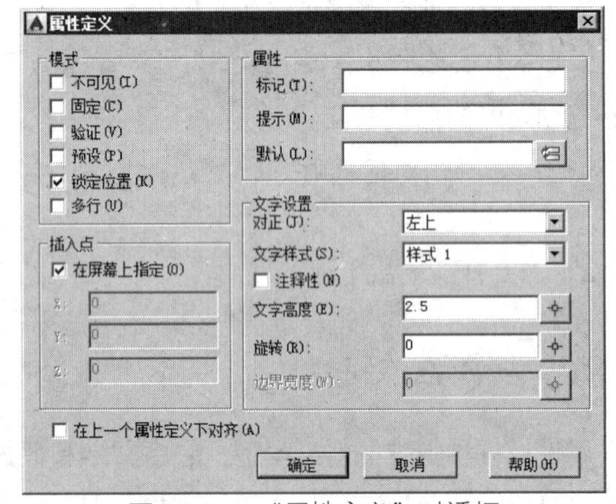

图 10.2.1 “属性定义”对话框

- ☑ 锁定位置(K) 复选框：选中此复选框后，块参照中属性的位置就被锁定。
- ☑ 多行(U) 复选框：选中此复选框，则 边界宽度(W): 文本框亮显，可以在此文本框中输入数值以设置文字的边界宽度；也可以单击该复选框后的 ⌖ 按钮，然后在绘图区中指定两点以确定文字的边界宽度。

步骤 03 定义属性内容。在 属性 选项组的 标记(T): 文本框中输入属性的标记；在 提示(M): 文本框中输入插入块时系统显示的提示信息；在 默认(L): 文本框中输入属性的值。

单击 默认(L): 文本框后的图标，系统弹出“字段”对话框，可将属性值设置为某一字段的值，这项功能可为设计的自动化提供极大的帮助。

步骤 04 定义属性文字的插入点。在 插入点 选项组中，可直接在 X:、Y: 和 Z: 文本框中输入点的坐标；也可以选中 ☑ 在屏幕上指定(O) 复选框，在绘图区中拾取一点作为插入点。确定插入点后，系统将以该点为参照点，按照在 文字设置 选项组中设定的文字特征来放置属性值。

步骤 05 定义属性文字的特征选项。在 文字设置 选项组中设置文字的放置特征。此外，在“属性定义”对话框中如果选中 ☑ 在上一个属性定义下对齐(A) 复选框，表示当前属性将采用上一个属性的文字样式、字高及旋转角度，且另起一行按上一个属性的对正方式排列；如果选中 ☑ 锁定位置(K) 复选框，则表示锁定块参照中属性的位置（注意：在动态块中，由于属性的位置包括在动作的选择集中，因此必须将其锁定）。

图 10.2.1 所示“属性定义”对话框的 文字设置 选项组中各选项的说明如下。

- 对正(J): 下拉列表：用于设置属性文字相对于参照点的排列形式。
- 文字样式(S): 下拉列表：用于设置属性文字的样式。
- 文字高度(E): 文本框：用于设置属性文字的高度。可以直接在文本框中输入高度值，也可以单击按钮，然后在绘图区中指定两点以确定文字高度。
- 旋转(R): 文本框：用于设置属性文本的旋转角度。可以直接在文本框中输入旋转角度值，也可以单击按钮，然后在绘图区中指定两点以确定角度。
- 边界宽度(W): 文本框：用于指定创建多行文字时的边界宽度。

步骤 06 单击对话框中的 确定 按钮，完成属性定义。

在创建带有附加属性的块时，需要同时选择块属性作为块的成员对象。

2. 编辑块属性

要编辑块的属性，可以参照如下的操作步骤。

此操作在随书光盘提供的样板文件上进行。

步骤 01 选择下拉菜单 修改(M) → 对象(O) → 属性(A) → 块属性管理器(B)... 命令（或者单击“块定义”选项卡中 属性 面板上的按钮），系统弹出图 10.2.2 所示的“块属性管理器”

对话框。

选择下拉菜单 修改(M) → 对象(O) → 属性(A) → 单个(S)... 命令（或者单击 块和参照 选项卡下 属性 面板中的 按钮），系统会弹出“增强属性编辑器”对话框，在此对话框中可以对单个块进行编辑。

步骤 02 单击“块属性管理器”对话框中的 编辑(E)... 按钮，系统弹出图 10.2.3 所示的“编辑属性”对话框。

步骤 03 在“块属性管理器”对话框中，编辑修改块的属性。

步骤 04 编辑完成后，单击对话框中的 确定 按钮。

图 10.2.2 所示的“块属性管理器”对话框中各选项的相关说明如下。

- 在属性列表区域显示被选中块的每个属性特性，在其中某个块的属性上双击，系统弹出“编辑属性”对话框，可在此修改其属性。
- 按钮：单击此按钮选择要编辑属性的块。
- 块(B): 下拉列表：在此列表框中可以选择要修改属性的块。
- 同步(Y) 按钮：更新具有当前定义的属性特性的选定块的全部实例，但不会改变每个块中属性的值。
- 上移(U) 按钮：在提示序列的早期阶段移动选定的属性标签，当块的属性被固定时，此按钮不亮显，该按钮不可用。
- 下移(D) 按钮：在提示序列的后期阶段移动选定的属性标签，当块的属性设定为常量时，此按钮不亮显，该按钮不可用。

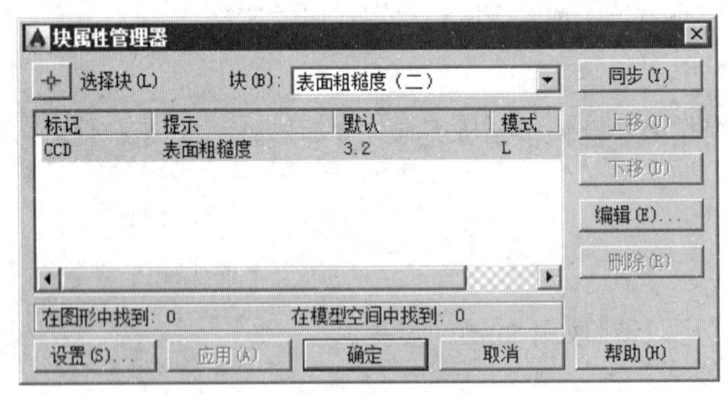

图 10.2.2 “块属性管理器”对话框

- 删除(R) 按钮：从块定义中删除选定的属性，只有一个属性的块不能被删除。
- 设置(S)... 按钮：单击此按钮，系统弹出图 10.2.4 所示的“块属性设置”对话框，在此对话框中可以进行块属性的设置。
- 编辑(E)... 按钮：单击此按钮，系统弹出图 10.2.3 所示的“编辑属性”对话框，在此对话框中可以编辑块的属性。

当定义的块中含有多个属性时，“块属性管理器”对话框中的 上移(U) 、 下移(D) 、 删除(R) 和 应用(A) 按钮才会亮显。

“编辑属性”对话框中各选项卡的相关说明如下。

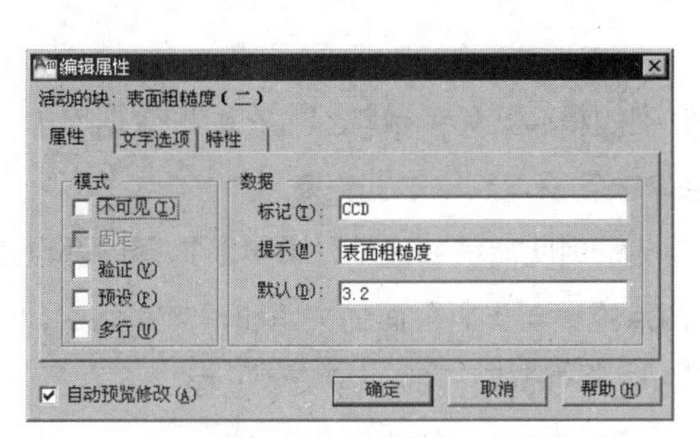

图 10.2.3 “编辑属性”对话框

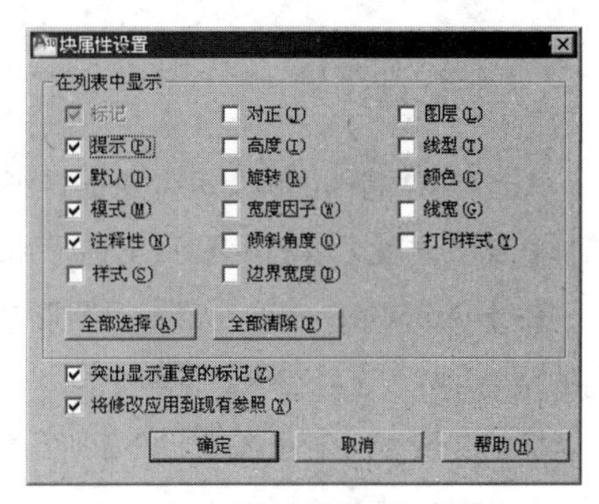

图 10.2.4 “块属性设置”对话框

- 属性 选项卡：用来定义块的属性。
- 文字选项 选项卡：用来设置属性文字的显示特性。
  - 文字样式(S): 下拉列表：用于设置属性文字的文字样式。
  - 对正(J): 下拉列表：用于设置属性文字的对正方式。
  - 反向(K) 复选框：用于设置是否反向显示文字。
  - 倒置(E) 复选框：用于设置是否倒置显示文字。
  - 高度(I): 文本框：用于设置属性文字的高度。
  - 宽度因子(W): 文本框：用于设置属性文字的字符间距，输入小于 1.0 的值将压缩文字，输入大于 1.0 的值则放大文字。
  - 旋转(R): 文本框：用于设置属性文字的旋转角度。
  - 倾斜角度(O): 文本框：用于设置属性文字相对其垂直轴线的倾斜角度。
- 特性 选项卡：用来设置属性所在的图层以及属性的颜色、线宽和线型。
  - 图层(L): 下拉列表：用于选择属性所在的图层。
  - 线型(T): 下拉列表：用于选择属性文字的线型。
  - 颜色(C): 下拉列表：用于选择属性文字的颜色。
  - 线宽(W): 下拉列表：用于选择属性文字的线宽。
  - 打印样式(S): 下拉列表：用于选择属性的打印样式。

第 11 章 使用辅助工具和命令

11.1 查询工具

11.1.1 查询距离

AutoCAD 将图形中所有对象的详细信息以及它们的精确几何参数都保存在图形数据库中，这样在需要时就可以利用图 11.1.1 所示的查询子菜单很容易地获取这些信息。

由于 AutoCAD 精确地记录了图形中对象的坐标值，因此能够快速地计算出所选择的两点之间的距离、两点连线在 XY 平面上与 X 轴的夹角、两点连线与 XY 平面的夹角和两点之间 X、Y、Z 坐标的增量值。下面以图 11.1.2 所示的图形为例，说明查询距离的一般操作过程。

图 11.1.1 查询子菜单

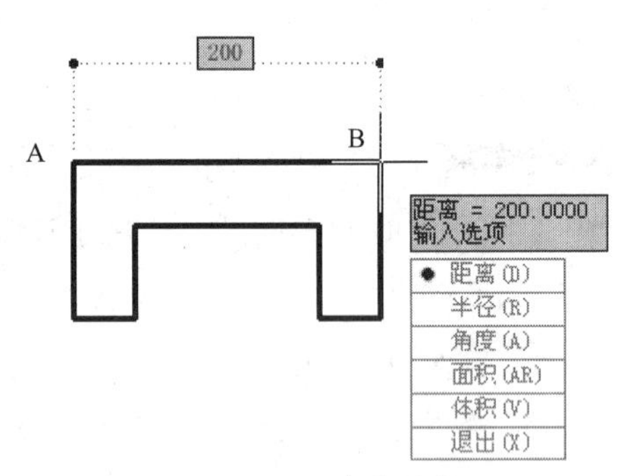

图 11.1.2 查询距离

步骤 01 打开随书光盘文件 D:\cad1701\work\ch11.01\area1.dwg。

步骤 02 选择下拉菜单 工具(T) → 查询(Q) ▸ → 距离(D) 命令。

也可以在命令行中输入 DIST 命令后按 Enter 键。

步骤 03 在系统指定第一点:的提示下，选取图 11.1.2 所示的 A 点。

步骤 04 系统将提示指定第二个点或 [多个点(M)]:，在绘图区用鼠标左键指定图 11.1.2 所示的第二点 B。指定第二点后，命令行显示两点间的距离等信息，效果如图 11.1.2 所示。

11.1.2 查询半径

下面以图 11.1.3 所示的图形为例，说明查询半径的一般操作过程。

步骤01 打开随书光盘文件 D:\cad1701\ch11.01\area2.dwg。

步骤02 选择下拉菜单 工具(T) → 查询(Q) → 半径(R) 命令。

步骤03 在系统选择圆弧或圆：的提示下，选取图 11.1.3 所示的圆弧；选取完成后命令行显示圆弧的半径等信息，效果如图 11.1.3 所示。

11.1.3 查询角度

下面以图 11.1.4 所示的图形为例，说明查询角度的一般操作过程。

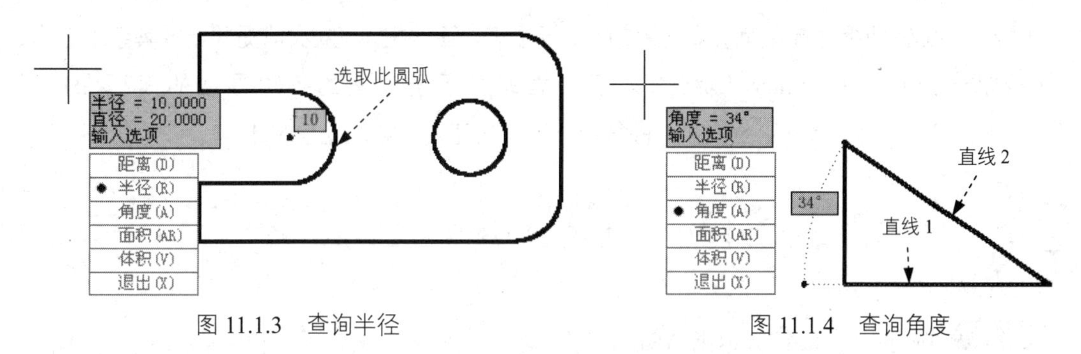

图 11.1.3 查询半径　　　　图 11.1.4 查询角度

步骤01 打开随书光盘文件 D:\cad1701\work\ch11.01\area3.dwg。

步骤02 选择下拉菜单 工具(T) → 查询(Q) → 角度(G) 命令。

步骤03 在系统选择圆弧、圆、直线或 <指定顶点>：的提示下，选取图 11.1.4 所示的直线 1。

步骤04 在系统选择第二条直线：的提示下，选取图 11.1.4 所示的直线 2，选取完成后命令行显示两直线间的角度信息，效果如图 11.1.4 所示。

11.1.4 查询面积

封闭对象的面积和周长信息是我们经常要查询的两个基本信息，可以采用以下方法进行查询。

1. 计算由指定点定义区域的面积

通过指定一系列点围成封闭的多边形区域，AutoCAD 可计算出该区域的面积和周长。

例如，要查询出图 11.1.5 所示的区域的面积，其步骤如下。

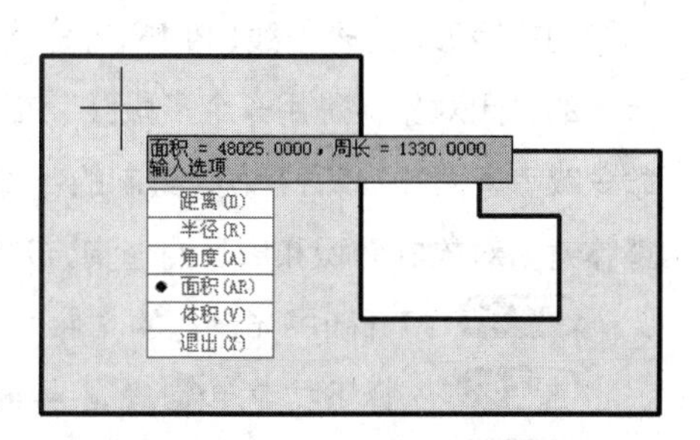

图 11.1.5 查询面积

步骤01 打开随书光盘的文件 D:\cad1701\work\ch11.01\area4.dwg。

步骤02 选择下拉菜单 工具(T) → 查询(Q) → 面积(A) 命令。

也可以在命令行中输入 AREA 命令后按 Enter 键。

步骤 03 指定第一点。在命令行指定第一个角点或 [对象(O)/增加面积(A)/减少面积(S)/退出(X)] <对象(O)>: 的提示下，在图 11.1.6 所示的位置捕捉并选择第一点。

步骤 04 指定其他点。在命令行指定下一个点或 [圆弧(A)/长度(L)/放弃(U)]: 的提示下，在图 11.1.6 所示的位置捕捉并选择第二点，系统命令行重复上面的提示，依次捕捉并选择其余的各点，在选择第十点后，按 Enter 键结束，系统立即显示所定义的各边围成的面积和周长面积 = 48025.0000，周长 = 1330.0000 （将命令行窗口拖宽才能看到此信息）。

不需要重复指定第一点来封闭多边形。

步骤 05 按两次 Enter 键，退出 AREA 命令。

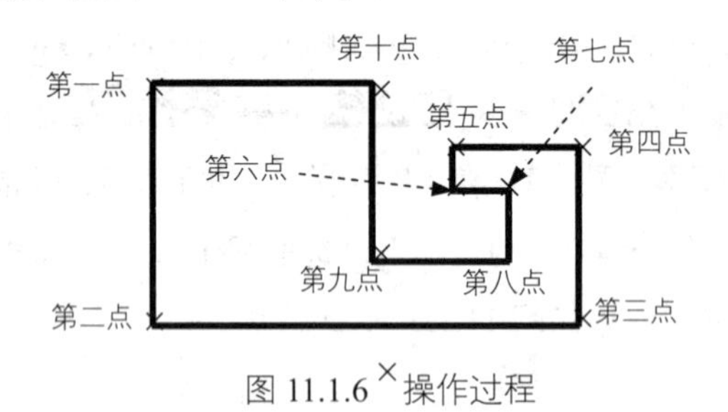

图 11.1.6 操作过程

2. 计算封闭对象的面积

在 AutoCAD 中，可以计算出任何整体封闭对象的面积和周长。这里要注意：整体封闭对象是指作为一个整体的封闭对象，包括用圆（CIRCLE）命令绘制的圆、用矩形（RECTANG）命令绘制的矩形、用多段线（PLINE）命令绘制的封闭图形以及面域和边界等。例如，如果图 11.1.7 所示的封闭对象不是用一个多段线（PLINE）命令绘制出来的图形，而是用多个多段线（PLINE）命令或者直线（LINE）命令绘制的，那么该图形就不能作为整体封闭对象来计算面积或周长。整体封闭对象的面积和周长的查询方法如下。

步骤 01 打开随书光盘上的文件 D:\cad1701\work\ch11.01\area5.dwg。

步骤 02 选择下拉菜单 工具(T) → 查询(Q) ▸ → 面积(A) 命令。

步骤 03 在命令行指定第一个角点或 [对象(O)/增加面积(A)/减少面积(S)/退出(X)] <对象(O)>: 的提示下，输入字母 O（选择对象(O)选项），按 Enter 键。

步骤 04 此时命令行提示选择对象：，选取图 11.1.7 所示的封闭对象，系统就立即显示出面积和周长的查询结果，效果如图 11.1.8 所示。

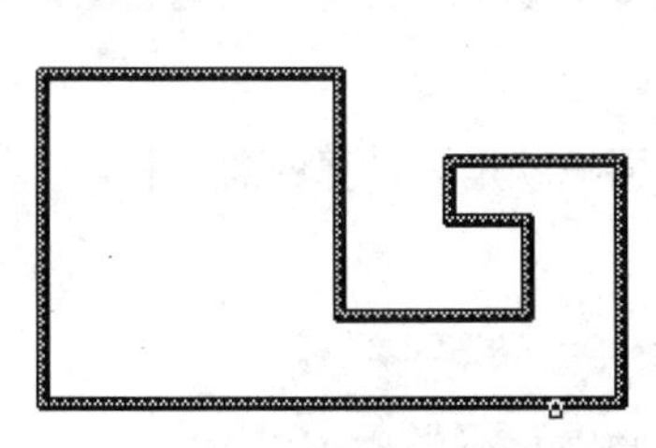
图 11.1.7 选取封闭对象

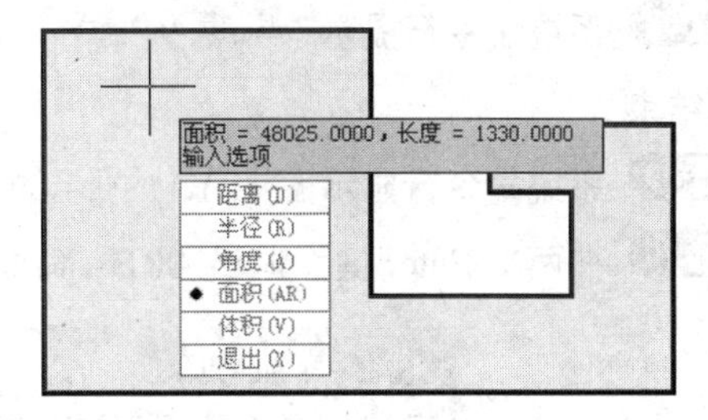

图 11.1.8 查询面积

3. 计算组合面积

可以使用“增加面积（A）”和“减少面积（S）”选项组合区域，这样就可以计算出复杂的图形面积。在进行区域面积的加减计算时，可以通过选择对象或指定点围成多边形来指定要计算的区域。

在计算组合区域时，选取增加面积(A)选项后就进入到“加”模式，选定的任何区域都做加运算；而当选取减少面积(S)选项后就进入到“减”模式，系统将从总和中减去所选的任何区域。下面通过一个例题来说明计算组合面积的方法。

步骤 01 打开随书光盘上的文件 D:\cad1701\work\ch11.01\area6.dwg，如图 11.1.9 所示，要计算图 11.1.10 所示阴影部分的面积。

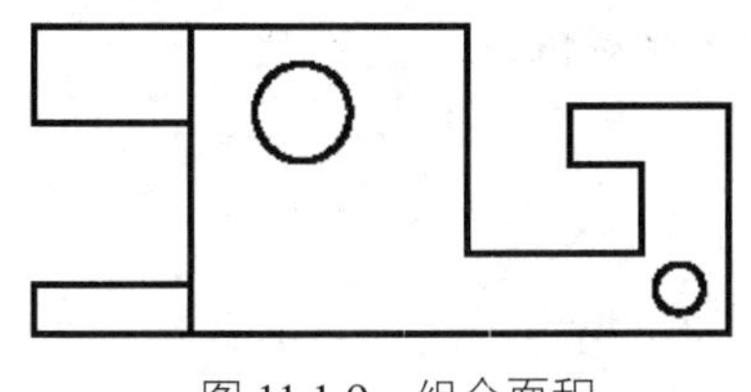
图 11.1.9 组合面积

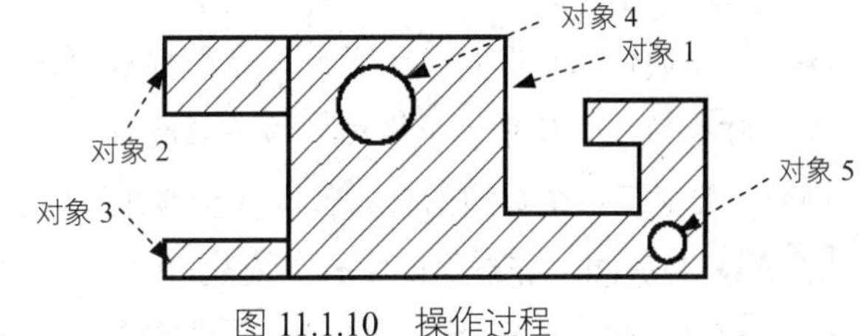

图 11.1.10 操作过程

步骤 02 选择下拉菜单 工具(T) → 查询(Q) → 面积(A) 命令。

步骤 03 命令行提示指定第一个角点或 [对象(O)/增加面积(A)/减少面积(S)/退出(X)] <对象(O)>：，在此提示下输入 A（选择增加面积(A)选项），并按 Enter 键。

步骤 04 系统命令行提示指定第一个角点或 [对象(O)/减少面积(S)/退出(X)]：，输入 O（选择对象(O)选项），并按 Enter 键。

步骤 05 系统命令行提示(“加”模式) 选择对象：，在此提示下分别选择对象 1、对象 2 和对象 3（图 11.1.10）；按 Enter 键，退出“加”模式。

步骤 06 系统命令行提示指定第一个角点或 [对象(O)/减少面积(S)/退出(X)]：，输入 S（减模式），并按 Enter 键。

步骤 07 系统命令行提示指定第一个角点或 [对象(O)/增加面积(A)/退出(X)]:，输入 O（对象），并按 Enter 键。

步骤 08 系统命令行提示("减"模式) 选择对象:，分别选取对象 4、对象 5（图 11.1.10），按 Enter 键结束。

步骤 09 系统命令行显示图 11.1.11 所示的信息，该总面积就是要计算的总面积。

步骤 10 按两次 Enter 键，退出 AREA 命令。

总面积 = 53490.7083
MEASUREGEOM 指定第一个角点或 [对象(O) 增加面积(A) 退出(X)]:

图 11.1.11 命令行提示

11.1.5 显示与图形有关的信息

1. 显示对象信息

AutoCAD 的 LIST 命令可以显示出所选对象的有关信息。所显示的信息根据选择对象的类型不同而不同，但都将显示如下信息。

- 对象的类型。
- 对象所在的图层。
- 对象所在的空间（模型空间和图纸空间）。
- 对象句柄，即系统配置给每个对象的唯一数字标识。
- 对象的位置，即相对于当前用户坐标系的 X、Y 和 Z 坐标值。
- 对象的大小尺寸（根据对象的类型而异）。

例如，要显示一个圆的信息，其操作步骤如下。

步骤 01 打开随书光盘上的文件 D:\cad1701\work\ch11.01\list.dwg，

步骤 02 选择下拉菜单 工具(T) → 查询(Q) → 列表(L) 命令。

也可以在命令行中输入 LIST 命令后按 Enter 键。

步骤 03 在系统提示选择对象:下，选择圆为查询对象（也可以选取多个对象），按 Enter 键结束选择，系统弹出 AutoCAD 的文本窗口，该窗口中显示了该圆的有关信息。

- 可以一次选择多个对象查询其信息。
- 图形对象的信息显示在 AutoCAD 的文本窗口中，要返回到图形区域，可按 F2 键进行切换。

2. 显示图形状态

当进行协同设计时，追踪图形的各种模式和设置状态是至关重要的，通过 STATUS 命令可以获取这些有用的信息，从而了解图形所占用的内存和硬盘所剩余的空间，还可以检查和设置各种模式和状态。

在 STATUS 命令显示的信息中包括：

- ◆ 当前图形的文件名。
- ◆ 当前图形中所有对象的数量。
- ◆ 当前图形的界限。
- ◆ 插入基点。
- ◆ 捕捉和栅格设置。
- ◆ 当前空间。
- ◆ 当前图层、颜色和线型。
- ◆ 当前标高和厚度。
- ◆ 当前各种模式的设置（填充、栅格、正交和捕捉等）。
- ◆ 当前对象捕捉模式。
- ◆ 计算机的可用磁盘空间和物理内存。

要显示图形的状态，可以进行如下操作：选择下拉菜单 工具(T) → 查询(Q) → 状态(S) 命令（或者在命令行中输入 STATUS 命令后按 Enter 键），系统立即弹出信息窗口，显示图形的状态。

3. 查询所用的时间

AutoCAD 可以记录编辑图形所用的总时间，而且还提供一个消耗计时器选项以记录时间，可以打开和关闭这个计时器，还可以将它重置为零。

查询时间信息及设置有关选项，必须使用 AutoCAD 提供的 TIME 命令，它将显示如下信息。

- ◆ 图形创建的日期和时间。
- ◆ 图形最近一次保存的日期和时间。
- ◆ 编辑图形所用的累计时间。
- ◆ 消耗时间计时器的开关状态，以及自最近一次重置计时器后所消耗的时间。
- ◆ 距下次自动保存备份所剩的时间。

要显示时间信息，可以进行如下操作：选择下拉菜单 工具(T) → 查询(Q) → 时间(T) 命令（或者在命令行中输入 TIME 命令后按 Enter 键），系统弹出“AutoCAD 文本窗口”，并在窗口中显示有关的时间信息，此时系统提示 输入选项 [显示(D)/开(ON)/关(OFF)/重置(R)]: ，按 Enter

键或 Esc 键结束该命令；或者输入与四个选项相对应的字母并按 Enter 键。

11.1.6 查看实体特性

在创建完实体模型后，可以利用 AutoCAD 提供的 MASSPROP 命令得到其有关的物理特性信息，如质量、体积和质心等，同时还可以将这些信息保存到文件中。要显示实体特性信息，可以进行如下操作。

选择下拉菜单 工具(T) → 查询(Q) → 面域/质量特性(M) 命令(在命令行中输入 MASSPROP 命令后按 Enter 键)，命令行提示选择对象:，选取要查看的实体对象并按 Enter 键，系统会弹出信息窗口，同时命令行提示 按 ENTER 键继续:，再按一次 Enter 键，命令行提示 是否将分析结果写入文件? [是(Y)/否(N)] <否>:。如果输入 Y，系统弹出“创建质量与面积特性文件”对话框，要求输入保存信息的文件名。

11.2 使用 AutoCAD 设计中心

11.2.1 AutoCAD 设计中心的界面

选择下拉菜单 工具(T) → 选项板 → 设计中心(D) 命令（或者在命令行中输入 ADCENTER 命令后按 Enter 键），系统弹出图 11.2.1 所示的“设计中心”窗口，该窗口由左侧的导航窗口（图中文件夹列表窗口）、树状视图和右侧的文件图标窗口及上部的命令工具栏组成。导航窗口的树状视图显示当前资源内容的层次表，内容窗口显示在树状视图中所选的源对象中的项目。选择不同的选项卡，右侧的内容窗口包括的内容也不同，例如，当选择默认的 文件夹 选项卡时，内容窗口包括文件图标窗口、文件预览窗口和说明窗口。

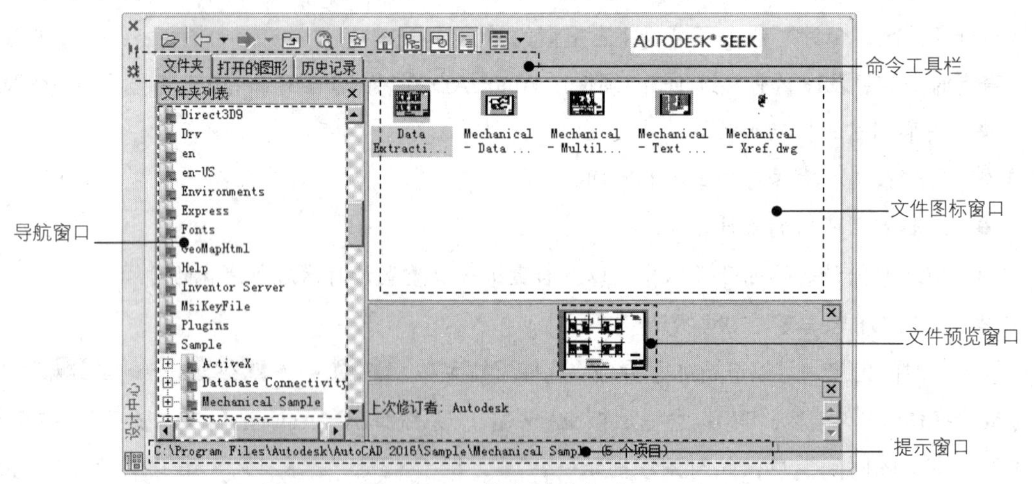

图 11.2.1 “设计中心”窗口

设计中心类似于 Windows 资源管理器，用户利用设计中心能够有效地查找和组织图形文件，并且可以查找出这些图形文件中所包含的对象。

用户还可以利用设计中心进行简单的拖放操作，将位于本地计算机、局域网或互联网上的块、图层、外部参照等内容插入到当前图形中。如果打开多个图形文件，在多个文件之间也可以通过简单的拖放操作实现图形、图层、线型及字体等内容的插入。

11.2.2 AutoCAD 设计中心的功能

1. 利用设计中心查看和组织图形信息

设计中心界面中包含一组工具按钮和选项卡，利用它们可以选择并查看图形信息。

- 文件夹选项卡：用于显示本地计算机或网上邻居中文件和文件夹的层次结构及资源信息，如图 11.2.1 所示。
- 打开的图形选项卡：用于显示在当前 AutoCAD 环境中打开的所有图形。如果双击某个图形文件，就可以看到该图形的相关设置，如标注样式、块、图层、文字样式及线型等。
- 历史记录选项卡：用于显示用户最近访问过的文件，包括这些文件的完整路径。

“设计中心”窗口中各主要按钮的功能说明如下。

- “加载”按钮：单击该按钮，系统弹出“加载”对话框，利用该对话框可以从本地和网络驱动器或通过 Internet 加载图形文件。
- “搜索”按钮：单击该按钮，系统弹出图 11.2.2 所示的“搜索”对话框，利用该对话框可以快速查找对象，如图形、块、图层及标注样式等图形内容或设置。
- “收藏夹”按钮：单击该按钮可以在“文件夹列表”中显示 Favorites\Autodesk 文件夹中的内容，此文件夹称为收藏夹。收藏夹包含要经常访问的项目的快捷方式，可以通过收藏夹来标记存放在本地硬盘、网络驱动器或 Internet 网页上常用的文件。要在收藏夹中添加项目，可以在内容区域或树状图中的项目上右击，然后在弹出的快捷菜单中选择“添加到收藏夹”命令。要删除收藏夹中的项目，可以选择快捷菜单中的“组织收藏夹”选项，删除后，使用该快捷菜单中的“刷新”选项。
- “树状图切换”按钮：单击该按钮，可以显示或隐藏树状视图。
- “预览”按钮：单击该按钮，可以显示或隐藏内容区域窗口中选定项目的预览。打开预览窗口后，单击内容窗口中的图形文件，如果该图形文件包含预览图像，则在预览窗口中显示该图像；如果不包含预览图像，则预览窗口为空。可以通过拖动鼠标的方式改变预览窗口的大小。
- “说明”按钮：单击该按钮，可以打开或关闭说明窗口。打开说明窗口后，单击内容窗口中的图形文件，如果该图形文件包含有文字描述信息，则在说明窗口中显示该描述信息。

◆ “视图”按钮 ：单击该按钮，用以确定内容窗口中所显示内容的显示格式，包括大图标、小图标、列表和详细信息。

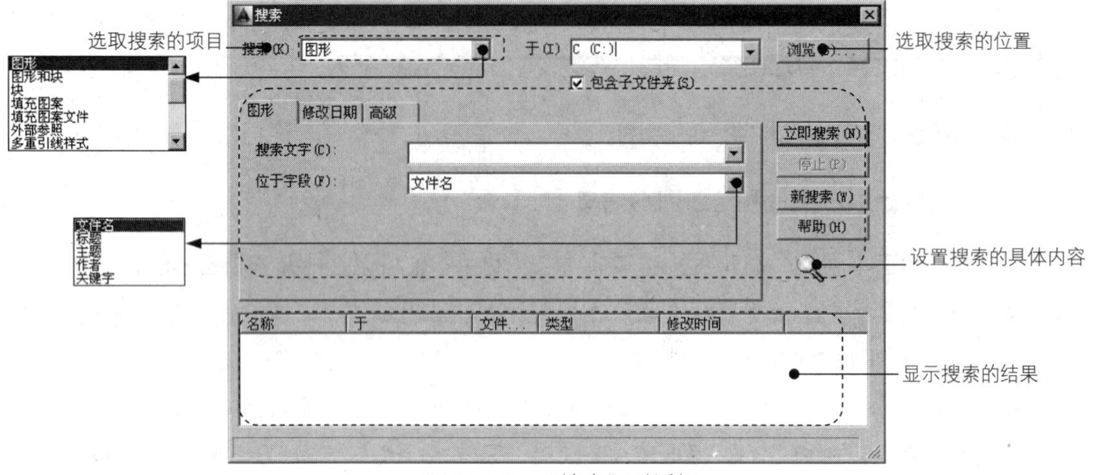

图 11.2.2　“搜索”对话框

2. 利用设计中心在文档中插入所选内容

利用 AutoCAD 设计中心可以很方便地找到所需要的内容，然后依据该内容的类型，将其添加（插入）到当前的 AutoCAD 图形中去，其操作方法主要有如下两种。

◆ 从内容窗口或“搜索”对话框中将内容拖放到打开的图形中。

◆ 从内容窗口或“搜索”对话框中复制内容到剪贴板上，然后把它粘贴到打开的图形中。

在当前图形中，如果用户还在进行其他 AutoCAD 命令（如移动命令 MOVE）的操作，则不能从设计中心添加任何内容到图形中，必须先结束当前激活的命令（如 MOVE 命令）。

下面介绍几种常用的向已打开的图形中添加对象的方法。

（1）插入保存在磁盘中的块。

利用 AutoCAD 设计中心向打开的图形中插入块有下面两种方法。

方法一：先在“设计中心”窗口左边的文件列表中，单击块所在的文件夹名称，此时该文件夹中的所有文件都会以图标的形式列在其右边的文件图标窗口中；从内容窗口中找到要插入的块，然后选中该块并按住鼠标左键将其拖到绘图区后释放，AutoCAD 将按在“选项”对话框的用户系统配置选项卡中确定的单位，自动转换插入比例，然后将该块在指定的插入点按照默认旋转角度插入。

利用此方法插入块容易造成块内尺寸错误。

方法二：采用指定插入点、插入比例和旋转角度的方式插入块。具体操作为：在设计中心窗口中选择要插入的块，用鼠标右键将该块拖到绘图区后释放，从弹出的快捷菜单中选择 插入为块(I)... 命令，系统弹出“插入”对话框，用户可在此对话框中指定该块的插入点、缩放比例和旋转角度值。

（2）加载外部参照。

先在“设计中心”窗口左边的文件列表中，单击外部参照文件所在的文件夹名称，然后再用鼠标右键将内容窗口中需要加载的外部参照文件拖到绘图窗口后释放，在弹出的快捷菜单中选择 附着为外部参照(A)... 命令，在系统弹出的“外部参照”对话框中，用户可以通过给定插入点、插入比例及旋转角度来加载外部参照。

（3）加载光栅图像。

先在“设计中心”窗口左边的文件列表中，单击光栅图像文件所在的文件夹名称，再用鼠标右键将内容窗口中需要加载的图像文件拖到绘图窗口后释放，在弹出的快捷菜单中选择 附着图像(A)... 命令，在系统弹出的“图像”对话框中，用户可以通过给定插入点、缩放比例及旋转角度来加载光栅图像。

AutoCAD 2017 支持图 11.2.3 中所列出的图像文件类型，即这些类型的文件可以作为光栅图像加载到 AutoCAD 中。

（4）复制文件中的对象。

利用 AutoCAD 设计中心，可以将某个图形中的图层、线型、文字样式、标注样式、布局及块等对象复制到新的图形文件中，这样既可以节省设置的时间，又保证了不同图形文件结构的统一性。操作方法为：如图 11.2.4 所示，先在“设计中心”窗口左边的文件列表中，选择某个图形文件，此时该文件中的标注样式、图层、线型等对象出现在右边的窗口中，单击其中的某个对象（可以使用 Shift 或 Ctrl 键一次选择多个对象），然后将它们拖到已打开的图形文件中后松开鼠标左键，即可将该对象复制到当前的文件中去。

BMP (*.bmp,*.rle,*.dib)
CALS1 (*.rst,*.gp4,*.mil,*.cal,*.cg4)
FLIC (*.flc,*.fli)
GEOSPOT (*.bil)
IG4 (*.ig4)
IGS (*.igs)
JFIF (*.jpg)
PCX (*.pcx)
PICT (*.pct)
PNG (*.png)
RLC (*.rlc)
TGA (*.tga)
TIFF (*.tif,*.tiff)

图 11.2.3 图像文件类型

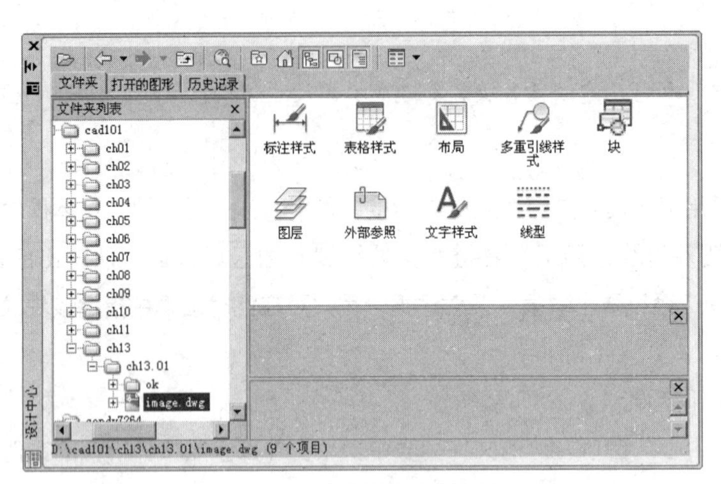

图 11.2.4　复制文件中的对象

11.3　工具选项板

11.3.1　工具选项板的界面

1. 工具选项板的打开

选择下拉菜单 工具(T) → 选项板 ▸ → 工具选项板(T) 命令（或者在命令行中输入 ToolPalettes 命令后按 Enter 键），系统弹出图 11.3.1 所示的“工具选项板”窗口，该窗口由左侧的选项卡与右侧的命令图标组成；选择不同的选项卡，右侧的内容窗口包括的内容也不同，例如，当选择默认的“建模”选项卡时，内容窗口包括圆柱形螺旋、二维螺旋、椭圆形圆柱体、平截面圆锥体、平截头棱锥体、UCS、上一个 UCS 和三维对齐。

工具选项板类似于 AutoCAD 界面中的功能区面板，用户可以在工具选项板中快速地执行某一个命令；还可以从工具选项板中拖动来放置块。

2. 工具选项板的相关操作

- 移动。将鼠标移动至图 11.3.1 所示的位置，然后拖动鼠标即可移动工具选项板。
- 缩放。将鼠标移动至图 11.3.2 所示的位置，当出现双向伸缩箭头的时候，拖动鼠标即可实现缩放的操作。
- 视图选项控制。将鼠标移动至图 11.3.3 所示的位置右击，在系统弹出的快捷菜单中选择 视图选项(V)... 命令，系统弹出图 11.3.4 所示的“视图选项”对话框，通过调整此对话框中的各个按钮来控制视图显示的样式与大小。
- 自动隐藏与显示。在工具选项板中单击图 11.3.3 所示的按钮，系统自动隐藏“工具选项板”窗口，当再次单击此按钮时便会自动显示出来。

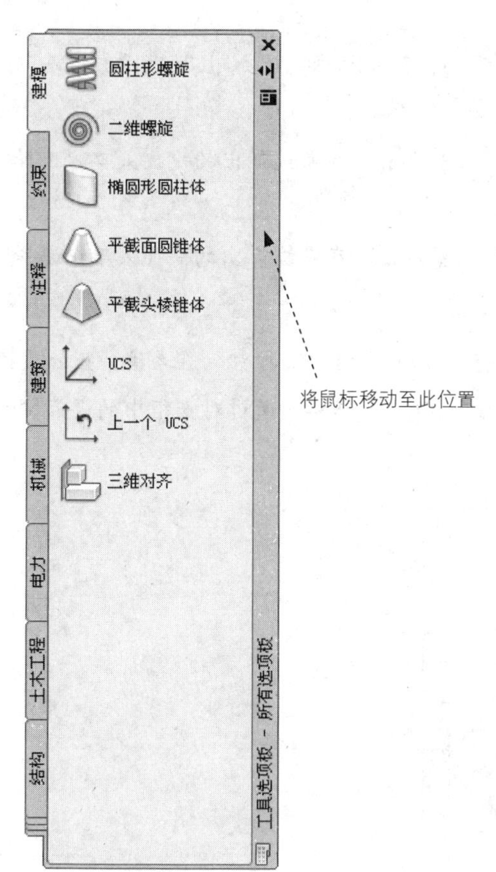

图 11.3.1 工具选项板

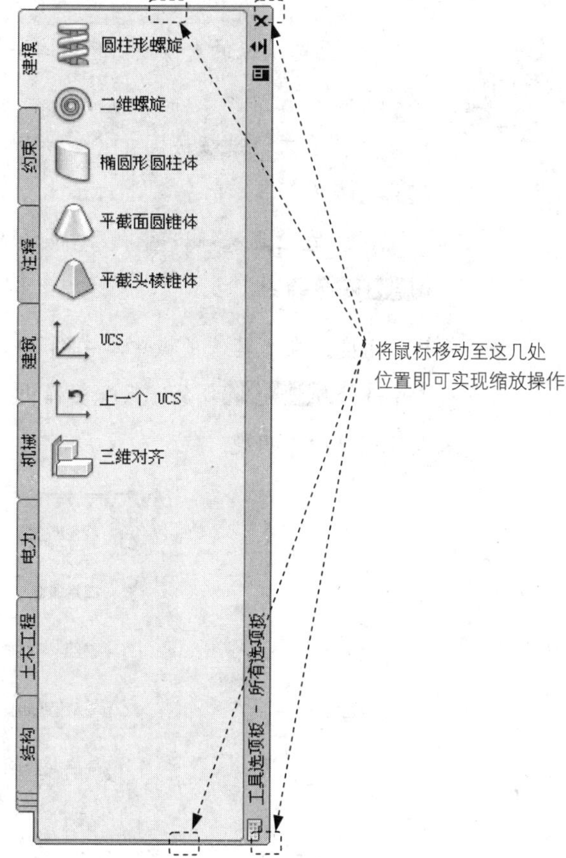

图 11.3.2 选取缩放的位置

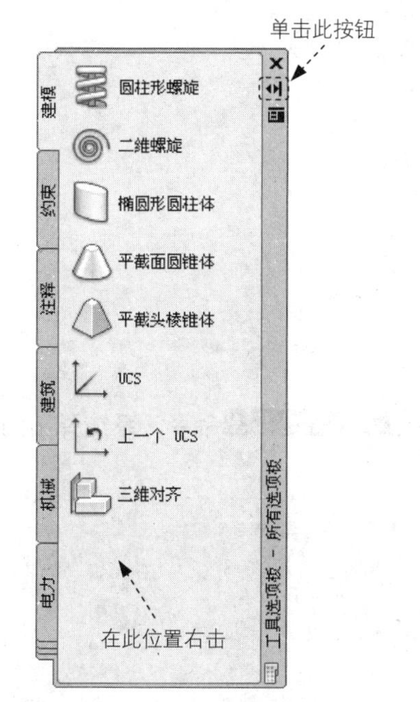

图 11.3.3 自动隐藏与显示

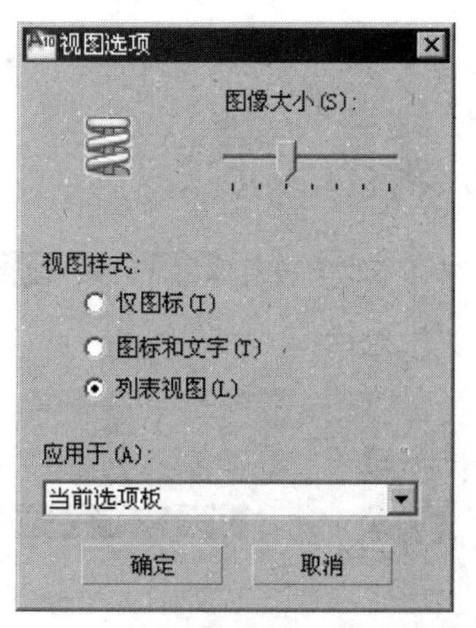

图 11.3.4 “视图选项”对话框

工具选项板的自动隐藏除了单击图 11.3.3 所示的按钮之外，还有两种方法可以实现。

① 在工具选项板图 11.3.1 所示的位置右击，在系统弹出的快捷菜单中选择 自动隐藏(A) 命令。

② 在工具选项板图 11.3.3 所示的位置右击，在系统弹出的快捷菜单中选择 自动隐藏(A) 命令。

◆ 调整透明度。在工具选项板中单击图 11.3.5 所示的“特性”按钮，在系统弹出的快捷菜单中选择 透明度(T)... 命令，系统会弹出“透明度”对话框，通过对话框中的调节按钮来调节窗口的透明度。

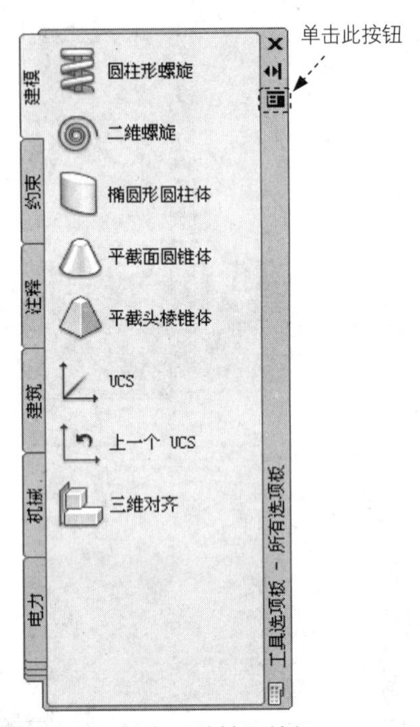

图 11.3.5 单击“特性”按钮

11.3.2 创建新的工具选项板

步骤 01 选择下拉菜单 工具(T) → 自定义(C) → 工具选项板(P)... 命令，系统弹出图 11.3.6 所示的“自定义”对话框。

进入“自定义”对话框还有一种方法，即在工具选项板中右击，在弹出的快捷菜单中选择 自定义选项板(Z)... 命令，如图 11.3.7 所示。

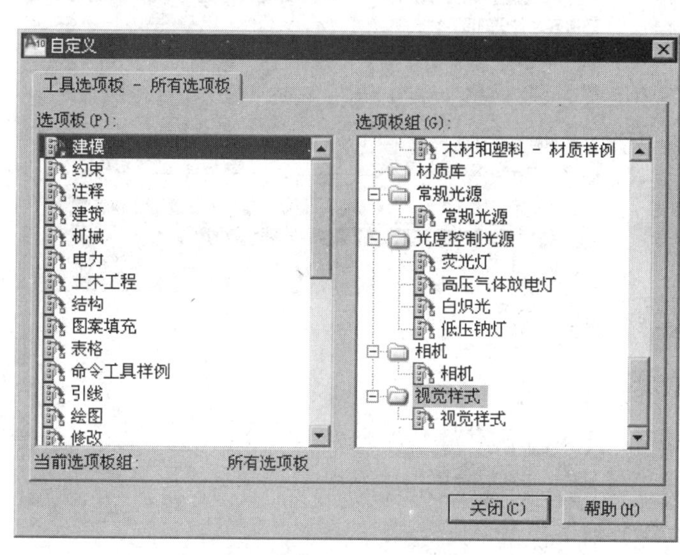

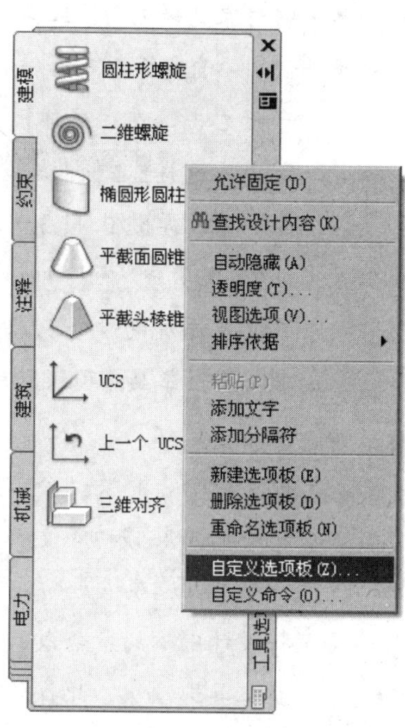

图 11.3.6 “自定义”对话框

图 11.3.7 工具选项板

步骤 02 在“自定义”对话框选项板(P):区域中右击，在弹出的快捷菜单中选择新建选项板(E)命令，采用系统默认的选项板名称，完成后如图 11.3.8 所示。

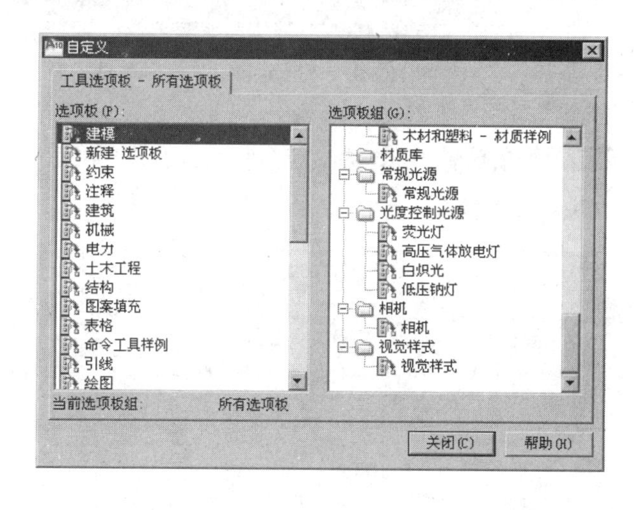

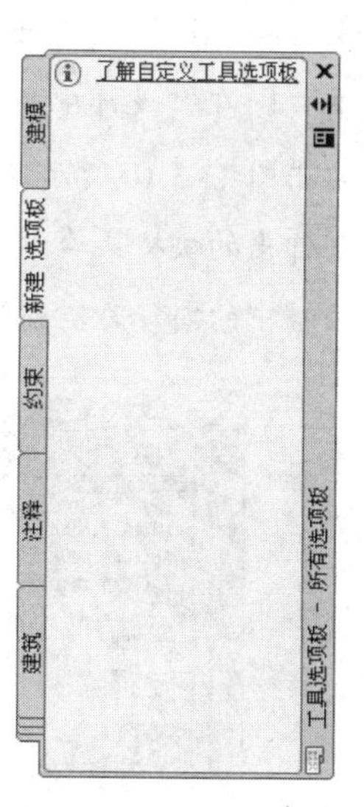

图 11.3.8 添加新的工具选项板后

11.3.3 在工具选项板中添加内容

在 AutoCAD 中可以通过多种方法在工具选项板中添加工具。

◆ 将对象直接拖动至工具选项板上。

◆ 使用“自定义”对话框将命令拖动至工具选项板。在工具选项板需要添加工具的选项卡上右击，在系统弹出的快捷菜单中选择 自定义命令(O)... 命令，系统弹出图 11.3.9 所示的“自定义用户界面”对话框，找到需要添加的命令或工具，将其拖动至工具选项板即可。

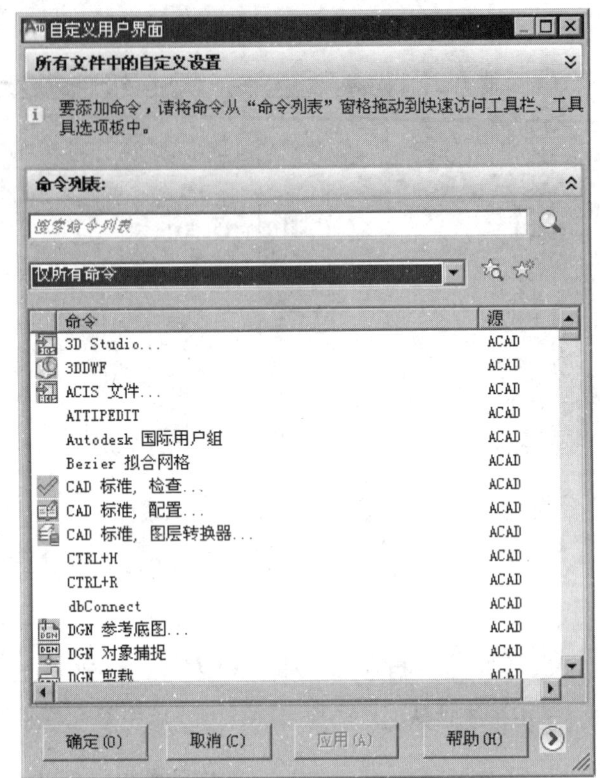

图 11.3.9 “自定义用户界面”对话框

◆ 使用“剪切”、“复制”和“粘贴”命令，将某一个工具选项板中的工具移动或复制到另外一个工具选项板。

◆ 将设计中心的命令或工具添加至工具选项板。此操作的一般过程为：选择下拉菜单 工具(T) → 选项板 → 设计中心(D) 命令，系统弹出图 11.3.10 所示的“设计中心”窗口；在“设计中心”窗口中右击图 11.3.10 所示的文件夹，在弹出的快捷菜单中选择 创建块的工具选项板 命令，完成后如图 11.3.11 所示。在使用此选项板中的内容时，图形将以块的形式插入。

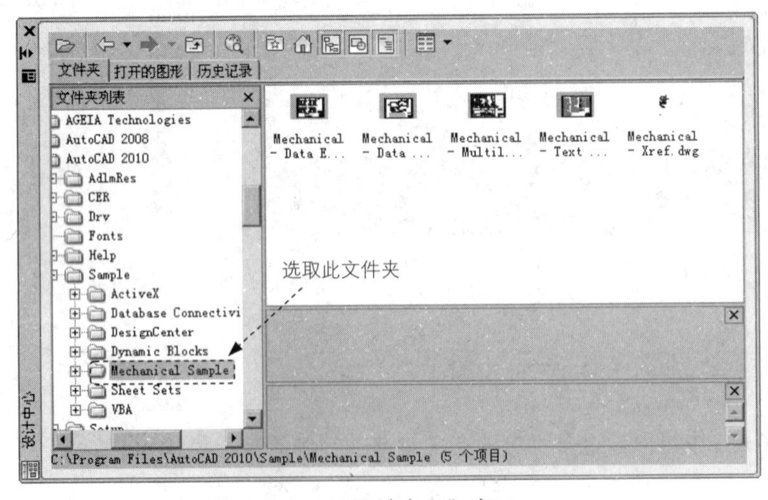

图 11.3.10 “设计中心”窗口

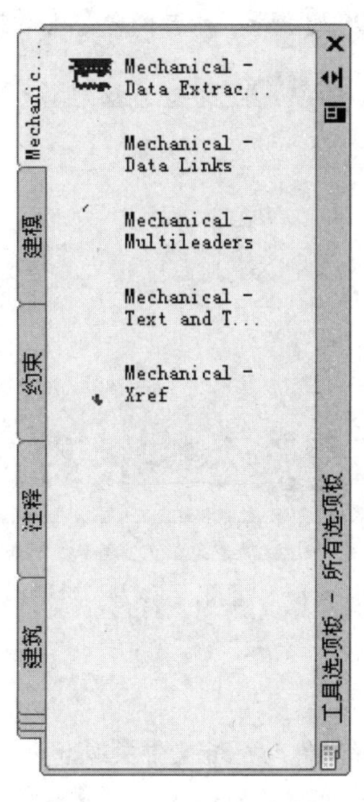

图 11.3.11　添加完成后

11.4　CAD 标准

CAD 标准可维护图形文件的一致性，可以创建标准文件以定义常用属性。标准为命名对象（如图层和文字样式）定义一组常用特性。为了增强一致性，用户或用户的 CAD 管理员可以创建、应用和核查图形中的标准。因为标准可使其他人容易对图形做出解释，在合作环境下，许多人都致力于创建一个图形，所以标准特别有用。

11.4.1　创建 CAD 标准文件

步骤 01 打开随书光盘上的文件 D:\cad1701\work\ch11.04\standard.dwg。

CAD 中可以创建标准的对象包括图层、文字样式、线型与标准样式；在打开的文件中，这些对象均已设置。

步骤 02 选择下拉菜单 文件(F) → 另存为(A)... 命令，打开图 11.4.1 所示的“图形另存为”对话框。

步骤 03 在“图形另存为”对话框的 文件类型(T): 下拉列表中选择 AutoCAD 图形标准 (*.dws) 选项。

步骤 04 单击 保存(S) 按钮，完成标准文件的创建。

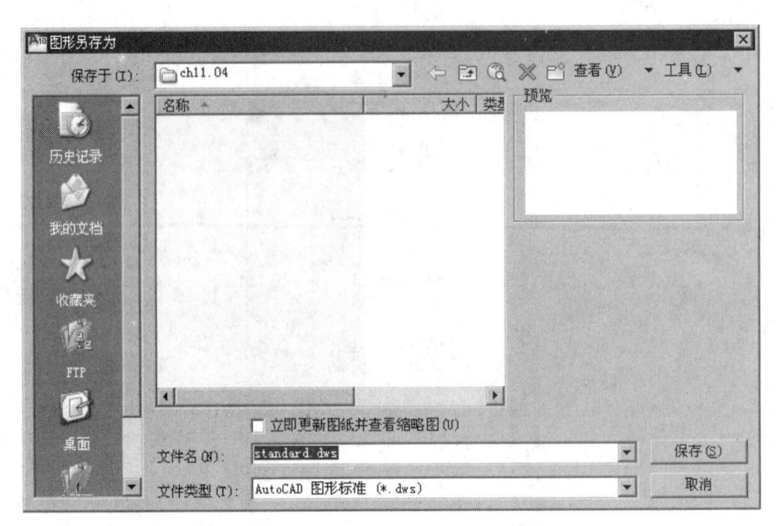

图 11.4.1 “图形另存为”对话框

11.4.2 建立关联标准文件

建立关联标准文件就是将图形文件与标准文件关联起来，以便检查当前文件是否符合标准。

步骤 01 打开随书光盘上的文件 D:\cad1701\work\ch11.04\standards.dwg。

步骤 02 选择下拉菜单 工具(T) → CAD 标准(S) → 配置(C)... 命令，系统弹出图 11.4.2 所示的“配置标准”对话框。

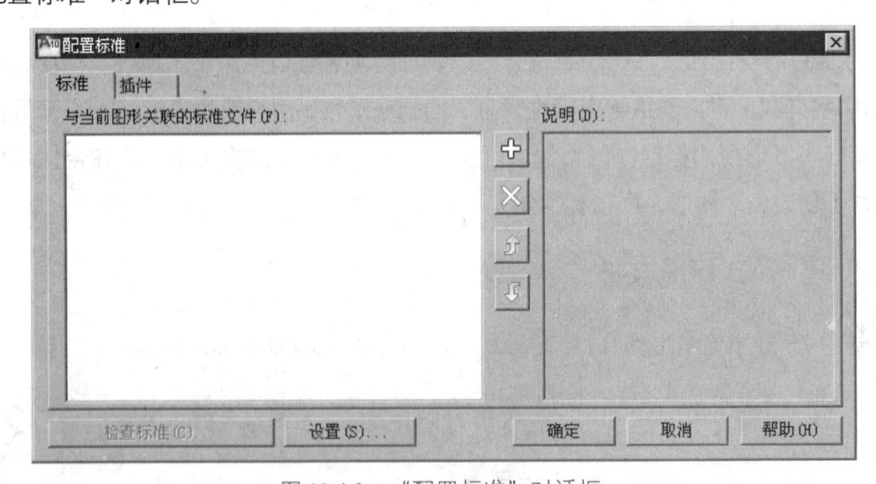

图 11.4.2 “配置标准”对话框

“配置标准”对话框中各主要选项的功能说明如下。

◆ 标准 选项卡：用于显示与当前图形相关联的标准文件。

- “添加标准文件”按钮：用于添加与当前文件相关联的标准文件。
- “删除标准文件”按钮：用于从列表中断开与当前文件相关联的标准文件。

● “上移”按钮：用于将列表中的某个标准文件上移一个位置。

● “下移”按钮：用于将列表中的某个标准文件下移一个位置。

● 说明(D):区域：用于提供列表中当前选定的标准文件的概要信息。

◆ 插件选项卡：用于列出并表述当前系统中安装的标准插件。

● 检查标准时使用的插件(P):区域：用于列出并描述当前系统上安装的标准插件。

● 说明(D):区域：用于提供列表中当前选定的标准插件的概要信息。

步骤 03 单击“配置标准”对话框中的按钮，系统弹出“选择标准文件”对话框，选择 D:\cad1701\ch11.04\standard.dws 文件作为标准文件，单击打开(O)按钮。

步骤 04 单击确定按钮，完成关联标准文件的添加。

11.4.3 使用 CAD 标准检查图形是否符合标准

步骤 01 打开随书光盘上的文件 D:\cad1701\work\ch11.04\ checkstandards.dwg。

步骤 02 选择下拉菜单工具(T) → CAD 标准(S) → 检查(K)...命令，系统弹出图 11.4.3 所示的“检查标准”对话框。

“检查标准”对话框中各主要选项的功能说明如下。

◆ 问题(P):区域：用于提供关于当前图形中非标准对象的说明。

◆ 替换为(R):区域：用于列出当前标准冲突的可能替换选项。

◆ 预览修改(V):区域：如果应用了“替换为”列表中当前选定的修复选项，则用于表示将被修改的非标准对象的特性。

◆ 将此问题标记为忽略(I)：用于表示是否将当前问题标记为忽略。

◆ 修复(F)按钮：用于使用“替换为”列表中当前选定的项目修复非标准对象，然后前进到当前图形中的下一个非标准对象。如果推荐的修复方案不存在或“替换为”列表中没有亮显项目，则此按钮不可用。

◆ 下一个(N)按钮：用于前进到当前图形中的下一个非标准对象而不应用修复。

◆ 设置(S)...按钮：用于显示“CAD

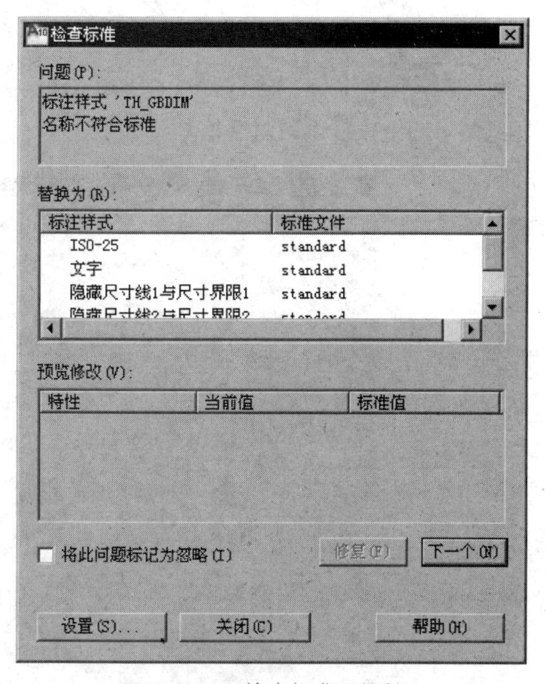

图 11.4.3 “检查标准”对话框

标准设置”对话框。

◆ 关闭(C): 用于关闭“检查标准”对话框而不将修复应用到“问题”区域中当前显示的标准冲突。

11.5 图纸集

图纸集管理器是 CAD 的一个管理工具，利用该工具可以在图纸集中为各个图纸自动创建布局。新建图纸集操作如下。

步骤 01 选择下拉菜单 文件(F) → 新建图纸集(N)... 命令，系统弹出图 11.5.1 所示的“创建图纸集——开始”对话框。

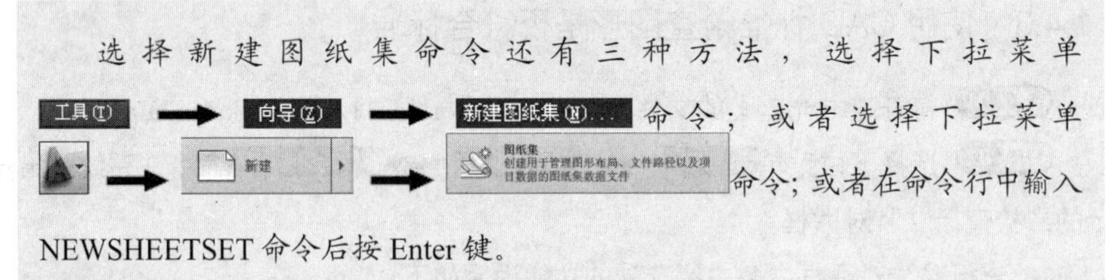

“创建图纸集—开始”对话框中各主要选项的功能说明如下。

◆ 样例图纸集(S) 单选项：用于以系统预设的图纸集作为创建工具。

◆ 现有图形(D) 单选项：用于以现有的图形作为创建工具。

步骤 02 选中 样例图纸集(S) 单选项，单击 下一步(N) > 按钮，系统弹出图 11.5.2 所示的“创建图纸集 – 图纸集样例”对话框。

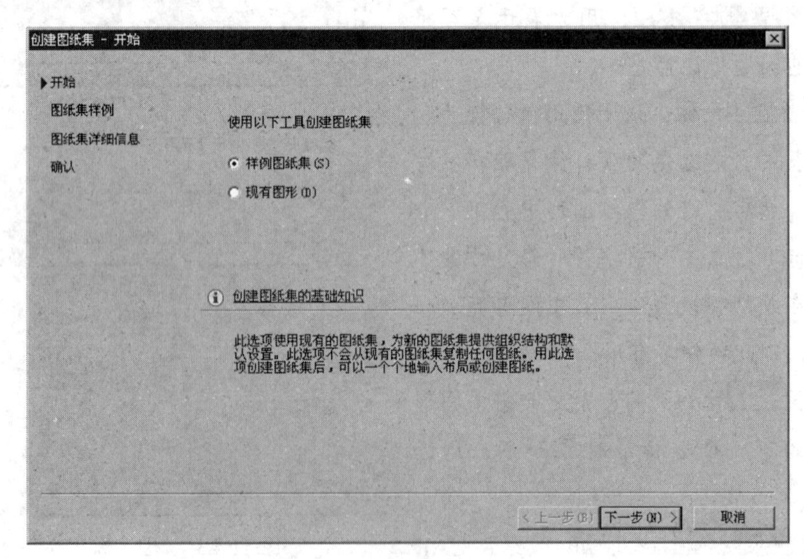

图 11.5.1　“创建图纸集-开始”对话框

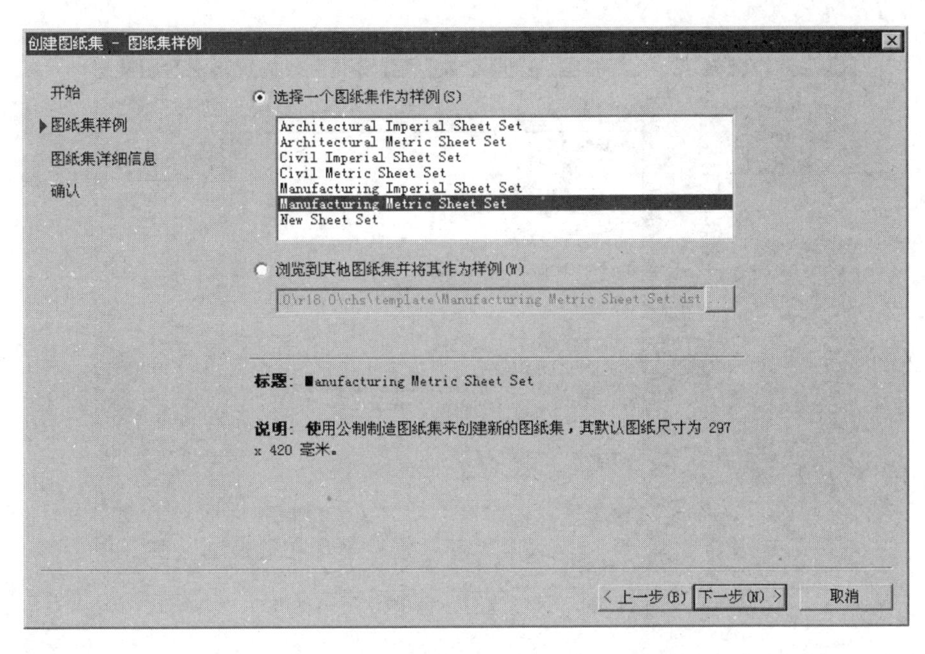

图 11.5.2 “创建图纸集-图纸集样例”对话框

步骤 03 选中 Manufacturing Metric Sheet Set 图纸集样例，单击 下一步(N) > 按钮，系统弹出图 11.5.3 所示的“创建图纸集-图纸集详细信息”对话框。

步骤 04 采用系统默认的图纸集名称，然后单击 下一步(N) > 按钮，系统弹出图 11.5.4 所示的“创建图纸集-确认”对话框，单击 完成 按钮，完成图纸集的添加。

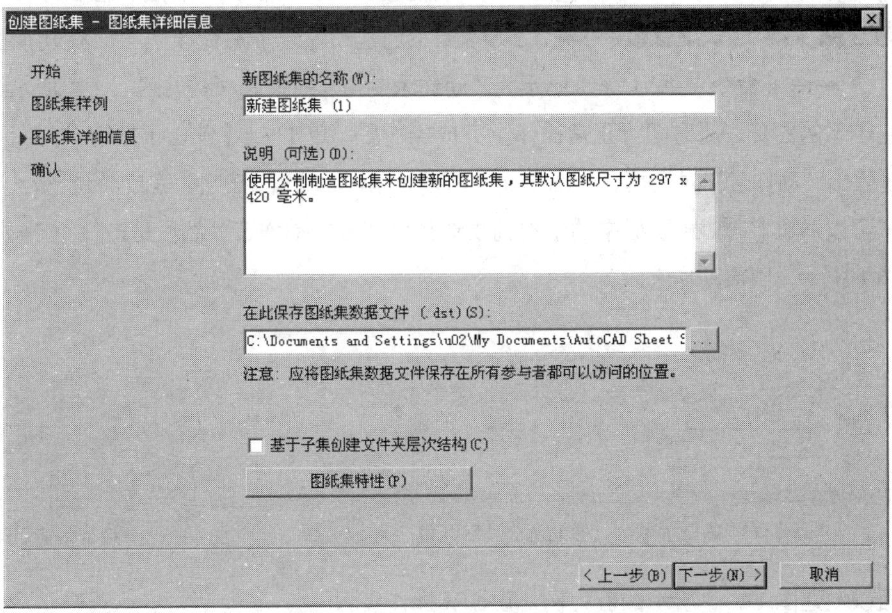

创建图纸集 - 图纸集详细信息
开始
图纸集样例
图纸集详细信息
确认
新图纸集的名称(W)：
新建图纸集 (1)
说明（可选）(D)：
使用公制制造图纸集来创建新的图纸集，其默认图纸尺寸为 297 x 420 毫米。
在此保存图纸集数据文件（.dst）(S)：
C:\Documents and Settings\u02\My Documents\AutoCAD Sheet S
注意：应将图纸集数据文件保存在所有参与者都可以访问的位置。
基于子集创建文件夹层次结构(C)
图纸集特性(P)
< 上一步(B)
下一步(N) >
取消

图 11.5.3 “创建图纸集-图纸集详细信息”对话框

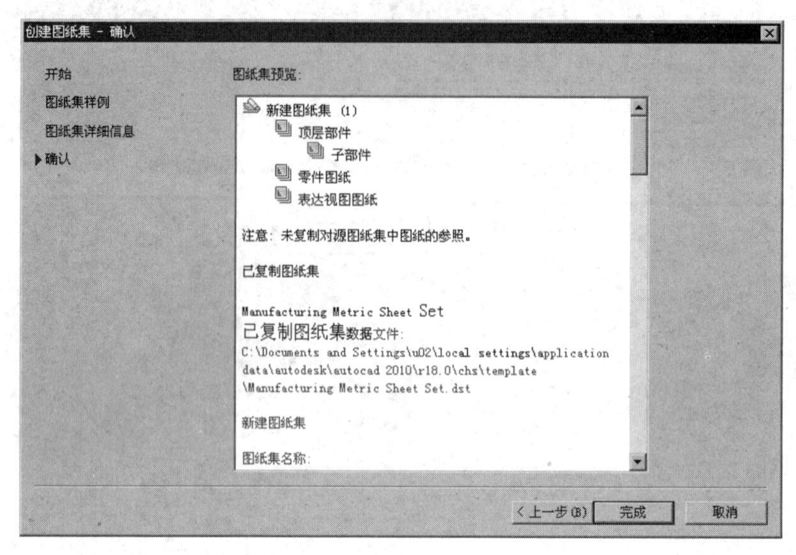

图 11.5.4 “创建图纸集-确认”对话框

11.6 动作录制器的功能

在创建和编辑图形的过程中，可使用“动作录制器”工具将整个操作过程全部录制为动作宏文件，还可以在录制过程中增加用户信息和用户请求，此过程不需要任何编程经验，从而体现极大的灵活性和智能化设计。

动作录制器可以录制命令行、下拉菜单、功能区面板、属性窗口和层属性管理器。选择下拉菜单 工具(T) → 动作录制器(T) → 记录(R)（创建动作宏）命令（也可以在功能区面板上选择 管理 → 命令），图 11.6.1 所示为“动作录制器”的控制面板，图 11.6.2 所示光标上将显示红色小球的图标，此时即可正常操作。完成操作后，单击（停止）按钮，如图 11.6.3 所示，系统弹出“动作宏”对话框，如图 11.6.4 所示，单击 确定 按钮，完成“动作宏”的保存。

用户可以通过 动作录制器 面板中的下拉列表选择要回放的动作宏，然后单击（播放）按钮，如图 11.6.1 所示，回放动作宏。

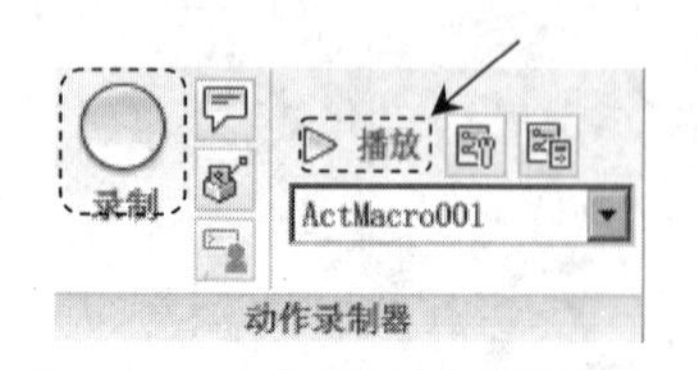

图 11.6.1 “动作录制器”面板

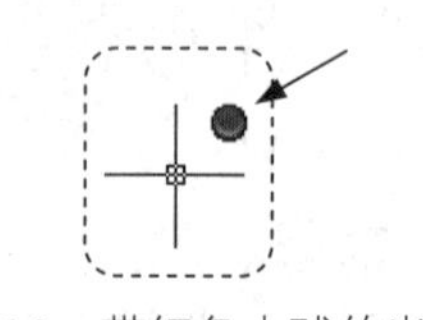

图 11.6.2 带红色小球的光标

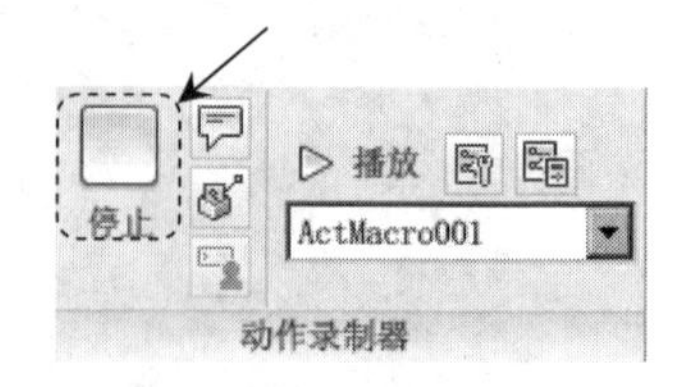

图 11.6.3 录制状态下的面板

下面以创建图 11.6.5 所示的宏为例，说明其操作步骤。

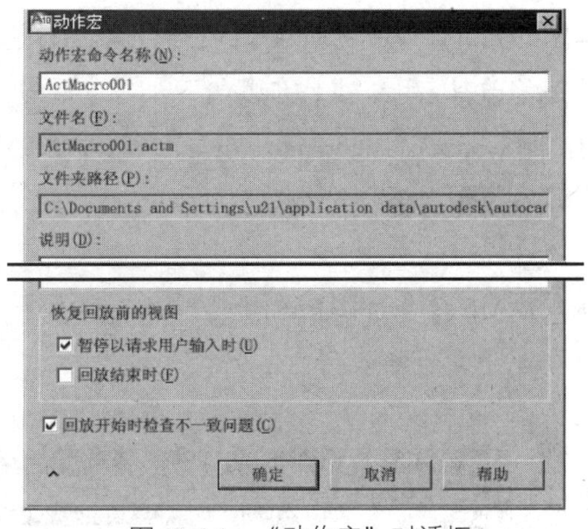

图 11.6.4 “动作宏”对话框

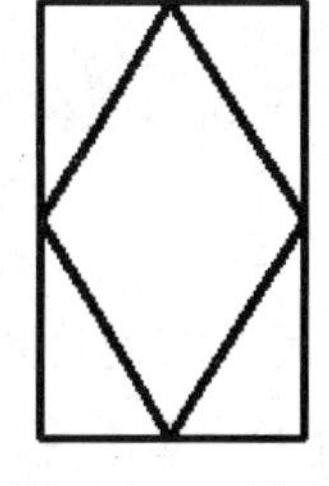

图 11.6.5 创建宏

步骤 01 使用随书光盘上提供的样板文件。选择下拉菜单 文件(F) → 新建(N)... 命令，在弹出的“选择样板”对话框中，找到样板文件 D:\cad1701\system_file\Part_temp_A3.dwg，然后单击 打开(O) 按钮。

步骤 02 开启“动作录制器”录制命令。选择下拉菜单 工具(T) → 动作录制器(T) → 记录(R) 命令（也可以在功能区面板上选择 管理 → 录制 命令），光标上显示红色小球的图标，此时动作录制器开始记录。

步骤 03 绘制图 11.6.5 所示的图形。

步骤 04 结束“动作录制器”录制命令。选择下拉菜单 工具(T) → 动作录制器(T) → 停止(S) 命令（或单击“工具”选项卡下“动作录制器”面板中的 按钮），在弹出的“动作宏”对话框 动作宏命令名称(N): 文本框中输入 ActMacro001，单击 确定 按钮，完成动作宏的录制。

步骤 05 将刚创建的图形删除。

此处将前一步创建的图形删除，是为了读者能更清晰地看到动作宏的回放。

步骤 06 播放动作宏。选择下拉菜单 工具(T) → 动作录制器(T) → 播放(P) → ActMacro001 命令（或在“工具”选项卡下“动作录制器”面板的下拉列表中选择“001”，然后单击 按钮），AutoCAD 将在原位置将上一步创建的图形重新绘制出来。

11.7 其他辅助功能

11.7.1 重新命名对象或元素

AutoCAD 中的许多对象和元素（如块、视口、视图、图层和线型等），在创建时都需要赋予

名称。在实际工作中常常会为了更好地管理图形元素，或者发现原来的图形元素名称拼写错误，使用 AutoCAD 的 RENAME（重命名）命令来修改其名称，操作步骤如下。

步骤 01 打开随书光盘上的文件 D:\cad1701\work\ch11.07\rename.dwg。

步骤 02 选择下拉菜单 格式(O) → 重命名(R)... 命令。

也可以在命令行中输入 RENAME 命令后按 Enter 键。

步骤 03 选取重命名的对象和元素，系统弹出图 11.7.1 所示的“重命名”对话框，在该对话框左边的 命名对象(N) 选项组中选取图形元素或对象类型（如“块”），在右边的 项目(I) 选项组中选取要重命名的具体项目的名称（如表面粗糙度（二））。

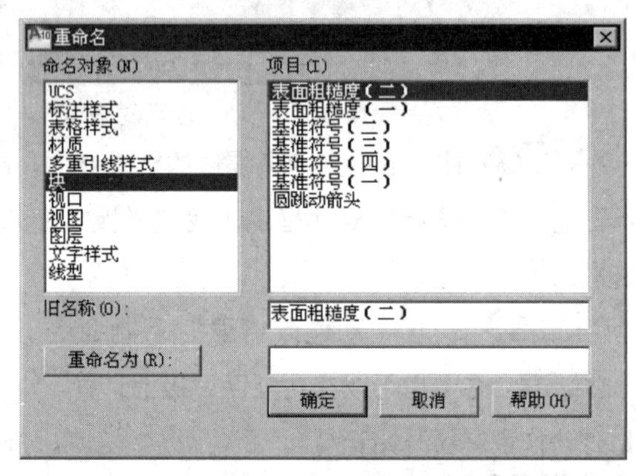

图 11.7.1 “重命名”对话框

步骤 04 重命名对象和元素。选取要重命名的具体项目名称，该名称即显示在 旧名称(O): 后的文本框中，可在 重命名为(R): 后的文本框中输入新的名称（如 bb2），按 Enter 键。

步骤 05 重命名所有的对象和元素后，单击 确定 按钮。

在 AutoCAD 中，不能重新命名一些标准图形元素，如 0 图层和连续线型。此外，也不能用这个工具重新命名某些特殊的命名对象，如形状和组。

11.7.2 删除无用的项目

当所创建的命名项目（如某图层或线型）在图形中已经失去使用价值时，我们可以利用“清理”对话框删除这些无用的项目。这样就可以减小图形的字节大小，加快系统的运行速度，操作步骤如下。

步骤 01 打开随书光盘上的文件 D:\cad1701\work\ch11.07\purge.dwg。

步骤 02 选择下拉菜单 文件(F) → 图形实用工具(U) ▸ → 清理(P)... 命令。

也可以在命令行中输入 PURGE 命令后按 Enter 键。

步骤 03 选取要清理的项目。此时系统弹出图 11.7.2 所示的“清理”对话框。单击相应项目前的加号“+”，选取要清理的项目（如圆跳动箭头）。

步骤 04 清理项目。选取要清理的目标后，单击 清理(P) 按钮（如果要从图形中清除所有命名项目，只需单击 全部清理(A) 按钮），此时如果选中了 ☑ 确认要清理的每个项目(C) 复选框，会弹出“确认清理”对话框，如图 11.7.3 所示，单击 清理此项目(P) 按钮。

步骤 05 单击“清理”对话框中的 关闭(O) 按钮。

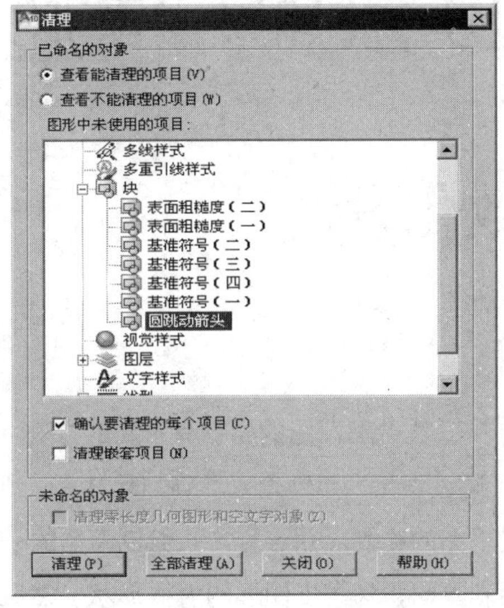

图 11.7.2 “清理”对话框

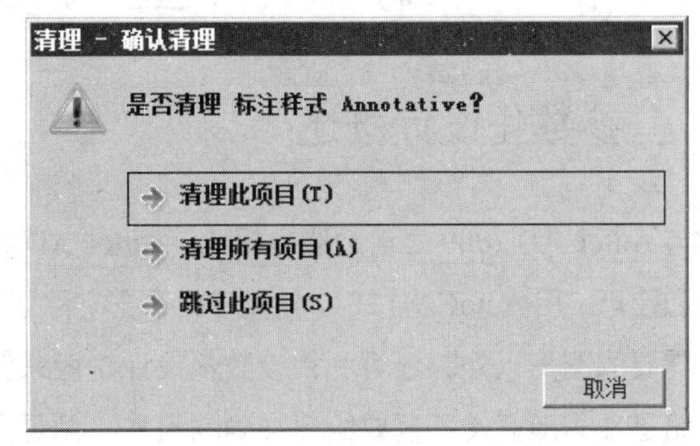

图 11.7.3 “确认清理”对话框

第三篇

AutoCAD 2017 精通

第 12 章 参数化设计

12.1 参数化设计概述

与 AutoCAD 2009 之前的版本相比，AutoCAD 2017 中二维截面草图的绘制有了新的方法、规律和技巧。用 AutoCAD 2017 绘制二维图形，除了可以通过一步一步地输入准确的尺寸，得到最终需要的图形以外，还可利用参数化设计功能来完成草图的绘制。用这种方法绘制草图的一般思路是：一般开始不需要给出准确的尺寸，而是先绘制草图，勾勒出图形的大概形状，然后对草图创建符合工程需要的尺寸布局，最后修改草图的尺寸，再修改并输入各尺寸的准确值（正确值）。由于 AutoCAD 2017 中参数化设计功能具有尺寸驱动功能，所以草图在修改尺寸后，图形的大小会随着尺寸的变化而变化。这样就不需要在绘制草图过程中输入准确的尺寸，从而节省时间，提高绘图效率。由此可见，使用 AutoCAD 2017 参数化设计“先绘草图、再改尺寸”的绘图方法是具有一定优势的。

12.2 几 何 约 束

按照工程技术人员的设计习惯，在草绘时或草绘后，希望对绘制的草图增加一些平行、相切、相等或对齐等约束来帮助定位几何。在 AutoCAD 系统的草图环境中，用户随时可以对草图进行约束。下面对约束进行详细介绍。

12.2.1 几何约束的种类

使用几何约束可以指定草图对象之间的相互关系，“几何约束”面板（在“参数化”选项 “几何”区域）如图 12.2.1 所示。

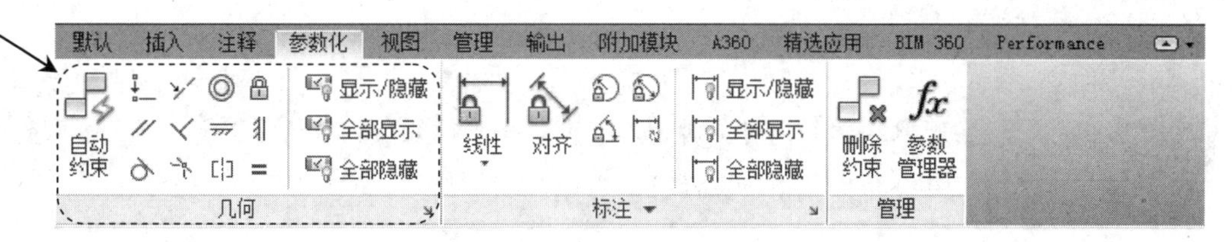

图 12.2.1 “几何约束”面板

用户根据设计意图手动建立各种约束，AutoCAD 中的几何约束种类见表 12.2.1。

表 12.2.1 “几何约束”种类

按 钮	约 束
	重合约束：可以使对象上的点与某个对象重合，也可以使它与另一对象上的点重合
	平行约束：使两条直线位于彼此平行的位置
	相切约束：使两对象（圆与圆、直线与圆等）相切
	共线约束：使两条或多条直线段沿同一直线方向
	垂直约束：使两条直线位于彼此垂直的位置
	平滑约束：将样条曲线约束为连续，并与其他样条曲线、直线、圆弧或多段线保持 G2 连续性
	同心约束：将两个圆弧、圆或椭圆约束到同一个中心点
	水平约束：使直线或点对位于与当前坐标系的 X 轴平行的位置
	对称约束：使选定对象受对称约束，相对于选定直线对称
	固定约束：约束一个点或一条曲线，使它固定在相对于世界坐标系的特定位置和方向
	竖直约束：使直线或点对位于与当前坐标系的 Y 轴平行的位置
	相等约束：将选定圆弧和圆的尺寸重新调整为半径相同，或将选定直线的尺寸重新调整为长度相同

12.2.2 添加几何约束

下面以图 12.2.2 所示的相切约束为例，介绍创建约束的步骤。

步骤 01 打开随书光盘文件 D:\cad1701\work\ch12.02.02\tangency.dwg。

步骤 02 在图 12.2.1 所示的“几何约束”面板中单击按钮。

步骤 03 选取相切约束对象。在系统命令行选择第一个对象:的提示下，选取图 12.2.2a 所示的大圆；然后在系统命令行选择第二个对象:的提示下，选取图 12.2.2a 所示的小圆，结果如

图 12.2.2b 所示。

在选取相切约束对象时，选取的第一个对象系统默认为固定，那么选取的第二个对象会向第一个对象的位置移动。

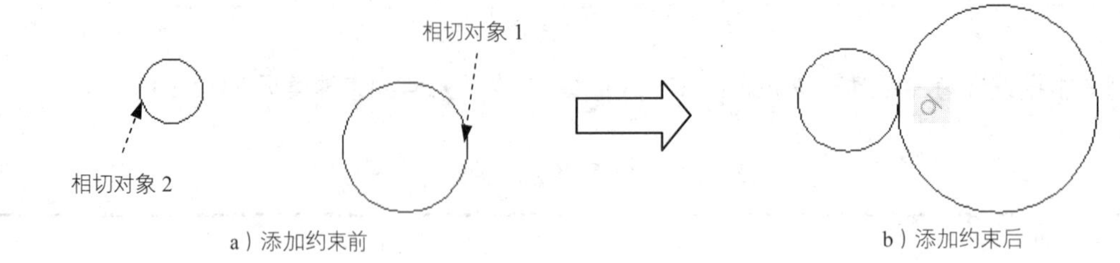

a）添加约束前　　b）添加约束后

图 12.2.2　相切约束

12.2.3　几何约束设置

在使用 AutoCAD 绘图时，可以单独或全局来控制几何约束符号（约束栏）的显示与隐藏。可以使用下面几种方法来操作。

方法一：通过“几何约束”面板

步骤 01 打开随书光盘文件 D:\cad1701\work\ch12.02.03\show.dwg，如图 12.2.3a 所示。

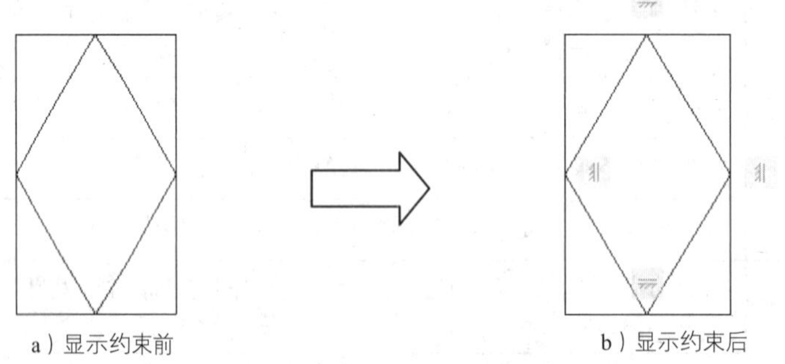

a）显示约束前　　b）显示约束后

图 12.2.3　设置约束

步骤 02 显示约束符号。在图 12.2.4 所示的“几何约束”面板中单击 全部显示 按钮，系统会将所有对象的几何约束类型显示出来，结果如图 12.2.3b 所示。

图 12.2.4　“几何约束”面板

步骤 03 隐藏单个对象约束符号。在绘图区域中选中图 12.2.5 所示的约束符号右击，在弹出的快捷菜单中选择 显示/隐藏 命令。

步骤 04 隐藏后的结果如图 12.2.5b 所示。

若单击图 12.2.4 所示的“几何约束”面板中的全部隐藏按钮，则又会返回至图 12.2.3a 所示的结果。

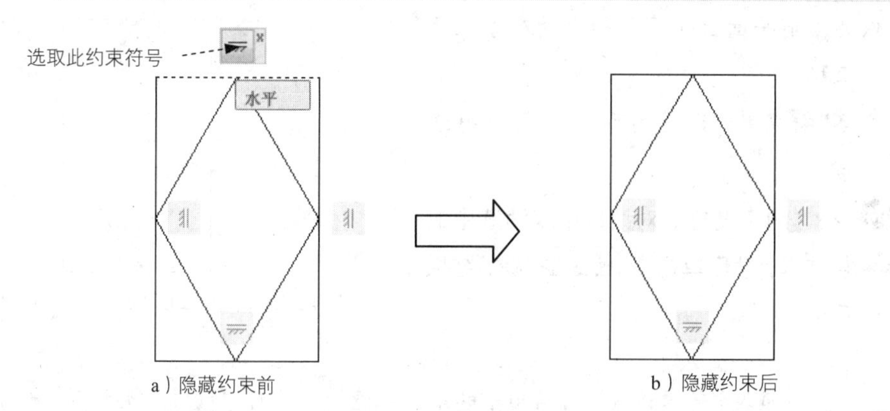

图 12.2.5 设置约束

方法二：通过“约束设置”对话框

步骤 01 打开随书光盘文件 D:\cad1701\work\ch12.02.03\hide.dwg，如图 12.2.3a 所示。

步骤 02 显示约束符号。在图 12.2.4 所示的“几何约束”面板中单击全部显示按钮，系统会将所有对象的几何约束类型显示出来，结果如图 12.2.6 所示。

步骤 03 选择命令。选择下拉菜单参数(P) → 约束设置(S)命令（或在命令行中输入命令 CONSTRAINTSETTINGS，然后按 Enter 键），此时系统弹出图 12.2.7 所示的“约束设置”对话框。

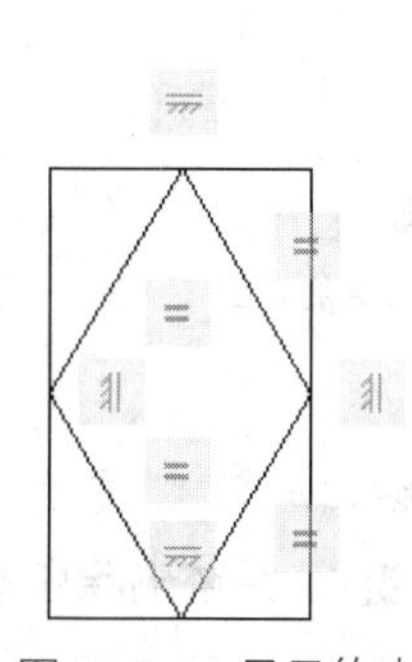

图 12.2.6 显示约束

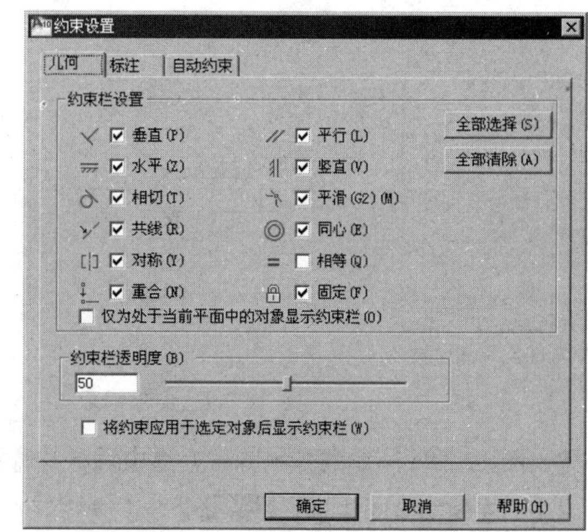

图 12.2.7 “约束设置”对话框

图 12.2.7 所示的“约束设置”对话框中的部分区域和按钮功能如下。

◆ 约束栏设置区域：控制图形编辑器中是否为对象显示约束栏或约束点标记。

◆ 全部选择(S)按钮：用于显示全部几何约束的类型。

◆ 全部清除(A)按钮：用于清除全部选定的几何约束的类型。

◆ ☑ 仅为处于当前平面中的对象显示约束栏(O)复选框：仅为当前平面上受几何约束的对象显示约束栏。

◆ 约束栏透明度(B)：设置图形中约束栏的透明度。

步骤 04 在“约束设置”对话框中取消选中的 = ☐ 相等(Q)复选框，然后单击 确定 按钮，结果如图 12.2.8 所示。

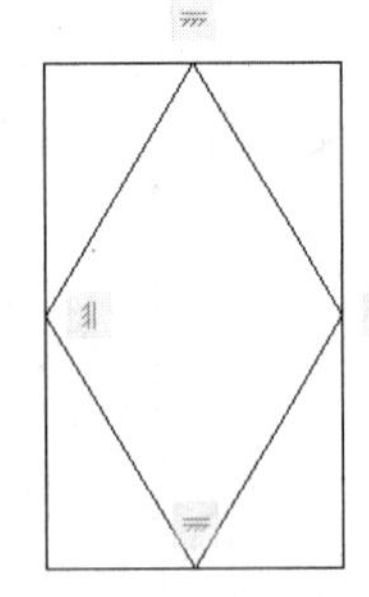

图 12.2.8　通过约束设置对话框隐藏约束

通过“约束设置”对话框中的约束栏隐藏某些对象的约束类型后，如果再单击“几何约束”面板中的 全部显示 按钮将其显示，那么此时仍然不显示；只有在“约束设置”对话框中重新选中相应的约束栏，才可以将隐藏的约束类型显示出来。

12.2.4　删除几何约束

步骤 01 打开随书光盘文件 D:\cad1701\work\ch12.02.04\delete.dwg。

步骤 02 显示约束符号。在“几何约束”面板中单击按钮 全部显示，系统会将所有对象的几何约束类型显示出来，结果如图 12.2.9a 所示。

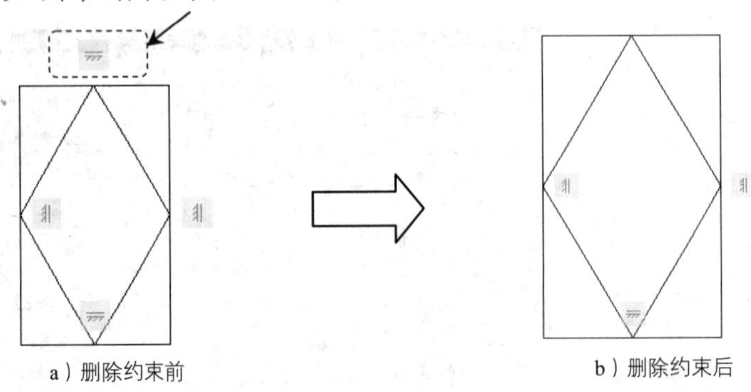

a）删除约束前　　b）删除约束后

图 12.2.9　删除约束

步骤 03 单击图 12.2.9a 所示的水平约束，选中后，约束符号颜色加亮。

步骤 04 右击，在快捷菜单中选择 删除 命令（或按下 Delete 键），系统删除所选中的约束，结果如图 12.2.9b 所示。

12.3 尺寸约束

一个完整的草图除了有图元的几何形状、几何约束外，还需要给定确切的尺寸值，也就是添加相应的尺寸约束。由于 AutoCAD 2017 中的参数化设计绘制的图形都是由尺寸驱动草图的大小决定的，所以在绘制图元的几何形状以及添加几何约束后，草图的形状其实还没有完全固定，当添加好尺寸约束后改变尺寸的大小，图形的几何形状的大小会因尺寸的大小而改变，也就是尺寸驱动草图。

12.3.1 尺寸约束的种类

使用尺寸约束可以限制几何对象的大小，“尺寸约束”面板（在“参数化”选项“标注”区域）如图 12.3.1 所示。

“尺寸约束”面板中各标注类型（图 12.3.1）说明如下。

- ：约束两点之间的水平或竖直距离。
- ：约束对象上的点或不同对象上两个点之间 *X* 方向上的距离。
- ：约束对象上的点或不同对象上两个点之间 *Y* 方向上的距离。
- ：约束不同对象上两个点之间的距离。
- ：约束圆或圆弧的半径。
- ：约束圆或圆弧的直径。
- ：约束直线段或多段线段之间的角度、由圆弧或多段线圆弧扫掠得到的角度，或对象上三个点之间的角度。
- ：将关联标注转换为标注约束。

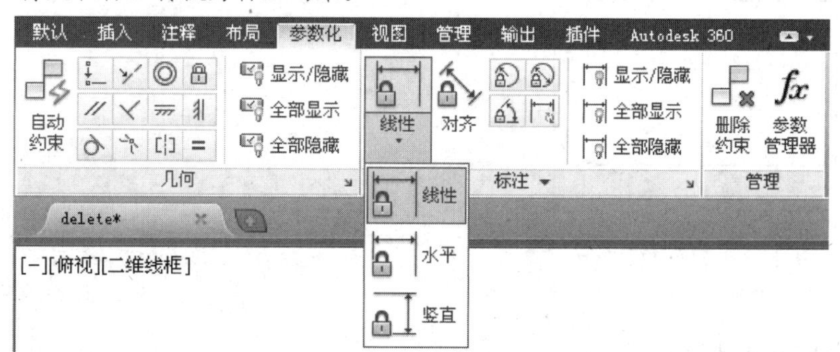

图 12.3.1 “尺寸约束”面板

12.3.2 添加尺寸约束

下面以图 12.3.2 所示的水平尺寸为例，介绍创建尺寸约束的步骤。

步骤 01 打开随书光盘文件 D:\cad1701\work\ch12.03\dimension_01.dwg。

步骤 02 在图 12.3.1 所示的“标注”面板中单击按钮。

步骤 03 选取水平尺寸约束对象。在系统命令行指定第一个约束点或 [对象(O)] <对象>：的提示下，选取图 12.3.2a 所示的点 1；在系统命令行指定第二个约束点：的提示下，选取图 12.3.2a 所示的点 2，在系统命令行指定尺寸线位置：的提示下，在合适的位置单击以放置尺寸，然后按 Enter 键，结果如图 12.3.2b 所示。

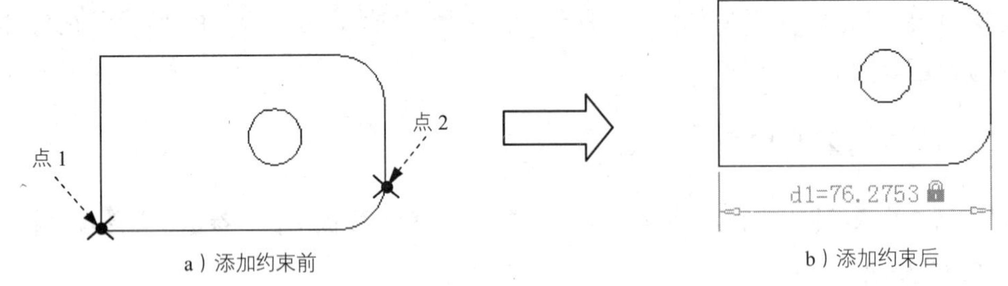

a）添加约束前　　b）添加约束后

图 12.3.2　水平尺寸约束

说明

在选择尺寸约束对象时，也可以在命令行指定第一个约束点或 [对象(O)] <对象>：的提示下输入字母 O，然后按 Enter 键；选取尺寸约束的对象，然后在合适的位置单击以放置尺寸；若按 Enter 键，也可以创建尺寸约束。

步骤 04 修改尺寸值。选中图 12.3.2b 所示的尺寸后双击，然后在激活的尺寸文本框中输入数值 80 并按 Enter 键，结果如图 12.3.3 所示。

步骤 05 参照步骤 02 ~ 步骤 04，创建图 12.3.4 所示的尺寸约束。

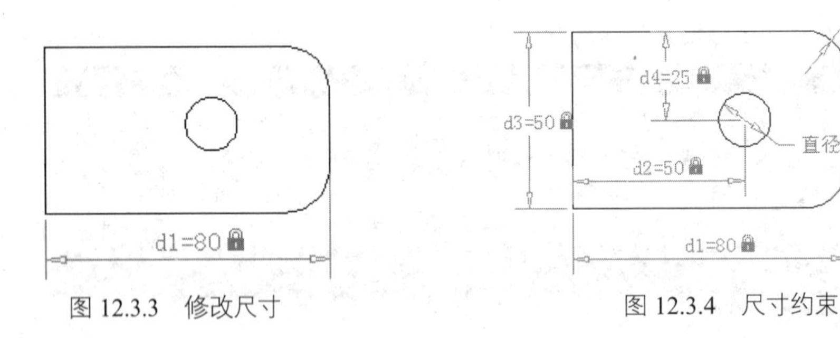

图 12.3.3　修改尺寸　　图 12.3.4　尺寸约束

12.3.3　设置尺寸约束

在使用 AutoCAD 绘图时，可以控制约束栏的显示，使用“约束设置”对话框内的“标注”选项卡，可控制显示标注约束时的系统配置。下面通过一个实例来介绍尺寸约束的设置。

步骤 01 打开随书光盘文件 D:\cad1701\work\ch12.03\dimension_02dwg，如图 12.3.5a 所示。

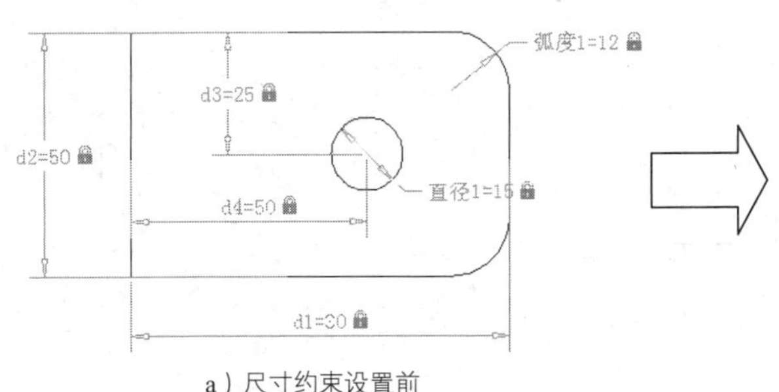

a）尺寸约束设置前　　b）尺寸约束设置后

图 12.3.5 尺寸约束设置

步骤 02 选择命令。选择下拉菜单 参数(P) → 约束设置(S) 命令（或在命令行中输入命令 CONSTRAINTSETTINGS，然后按 Enter 键），此时系统弹出“约束设置”对话框。

步骤 03 在“约束设置”对话框中单击 标注 选项卡。

步骤 04 在 标注约束格式 区域的 标注名称格式(N): 下拉列表中选择 值，然后单击 确定 按钮，结果如图 12.3.5b 所示。

“标注”选项卡各选项说明如下。

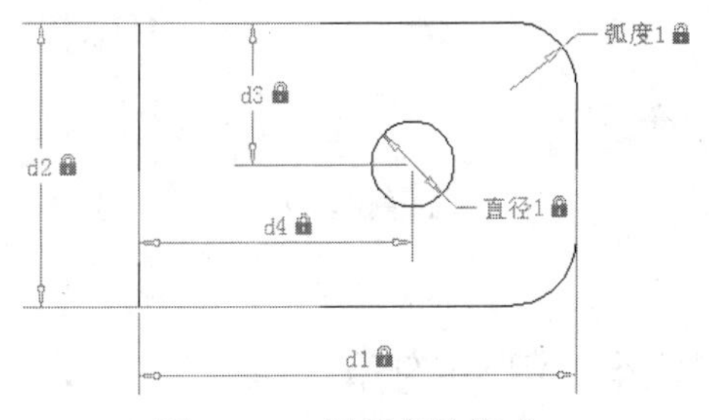

图 12.3.6 显示名称格式

◆ 标注约束格式 区域：可以设置标注名称格式和锁定图标的显示。

● 标注名称格式(N): 选项：该下拉列表选项可以为标注约束时显示文字指定格式，分为 名称、值 和 名称和表达式 三种形式，结果分别如图 12.3.6、图 12.3.5b 和图 12.3.5a 所示。

● ☑ 为注释性约束显示锁定图标 复选框：选中该复选框，可以对已标注的注释性约束的对象显示锁定图标。

◆ ☑ 为选定对象显示隐藏的动态约束(S)：显示选定时已设置为隐藏的动态约束。

12.3.4 删除尺寸约束

步骤 01 打开随书光盘文件 D:\cad1701\work\ch12.03\dimension_03.dwg。

步骤 02 单击图 12.3.7a 所示的半径，然后右击，在弹出的快捷菜单中选择 删除 命令（或按下 Delete 键），系统删除所选中的约束，结果如图 12.3.7b 所示。

◆ 在删除尺寸约束时也可以通过单击“参数化”选项组中的”删除约束”按钮 删除约束，然后单击所要删除的尺寸，按 Enter 键来实现。

◆ 单击“参数化”选项组中的“删除约束”按钮 删除约束，然后选择图形中的对象（图 12.3.8a 所示的圆弧），则系统会将该对象中的几何约束和尺寸约束同时删除，如图 12.3.8b 所示。

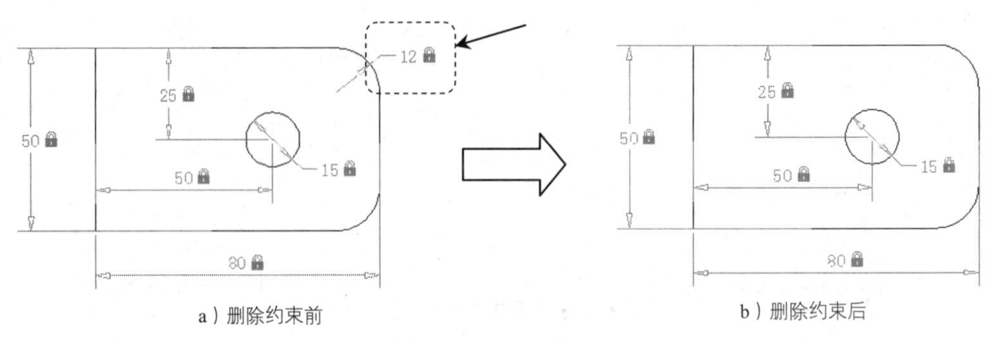

a）删除约束前 b）删除约束后

图 12.3.7 删除尺寸约束

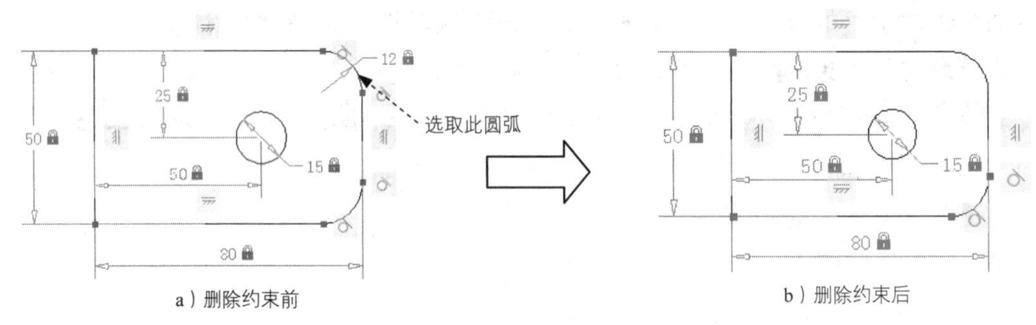

a）删除约束前 b）删除约束后

图 12.3.8 删除约束

12.4 自动约束

在使用 AutoCAD 绘图时，使用“约束设置”对话框内的“自动约束”选项卡，可将设定公差范围内的对象自动设置为相关约束。下面通过一个实例来介绍自动约束的设置。

步骤 01 打开随书光盘文件 D:\cad1701\work\ch12.04\self-motion.dwg。

步骤 02 显示约束符号。在“几何约束”面板中单击 全部显示 按钮，系统会将所有对象的几何约束类型显示出来。

步骤 03 选择命令。选择下拉菜单 参数(P) → 约束设置(S) 命令（或在命令行中输入命令 CONSTRAINTSETTINGS，然后按 Enter 键），此时系统弹出“约束设置”对话框。

步骤 04 在“约束设置”对话框中单击 自动约束 选项卡。

步骤 05 在 公差 区域 距离(I): 文本框中输入数值 1；在 角度(A): 文本框中输入数值 2，然后单击 确定 按钮。

“自动约束”选项卡各选项说明如下。

- 自动约束 区域：该列表中显示自动约束的类型及优先级。可以通过 上移(U) 和 下移(D) 按钮调整优先级的先后顺序；还可以单击✔符号选择或去掉某种约束类型。
- ☑ 相切对象必须共用同一交点(T) 复选框：选中该复选框，表示指定的两条曲线必须共用一个点

（在距离公差内指定）才能应用相切约束。

- ☑垂直对象必须共用同一交点(P) 复选框：选中该复选框，表示指定直线必须相交或者一条直线的端点必须与另一条直线上的某一点（或端点）重合（在距离公差内指定）。
- 公差 区域：设置距离和角度公差值以确定是否可以应用约束。
  - 距离(I): 文本框：设置范围在 0 ~ 1。
  - 角度(A): 文本框：设置范围在 0° ~ 5° 。

步骤 06 定义自动重合约束。单击“参数化”选项组中的“自动约束”按钮，然后在系统命令行选择对象或 [设置(S)]: 的提示下，按住 Shift 键选取图 12.4.1a 所示的两条边线，然后按 Enter 键，结果如图 12.4.1b 所示。

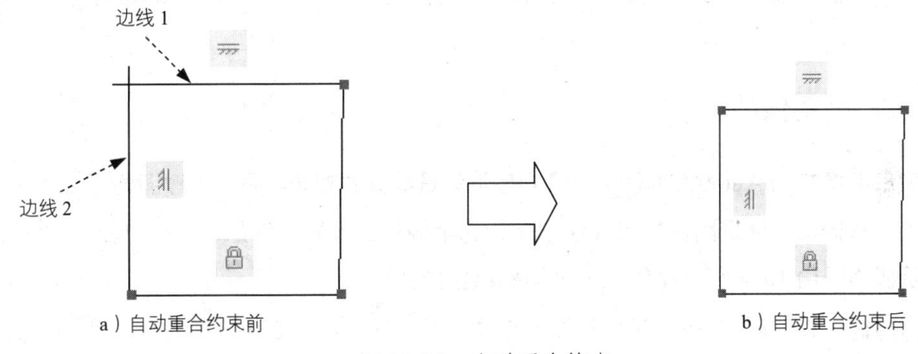

图 12.4.1 自动重合约束

步骤 07 定义自动垂直约束。单击“参数化”选项组中的“自动约束”按钮，然后在系统命令行选择对象或 [设置(S)]: 的提示下，按住 Shift 键选取图 12.4.2a 所示的两条边线，然后按 Enter 键，结果如图 12.4.2b 所示。

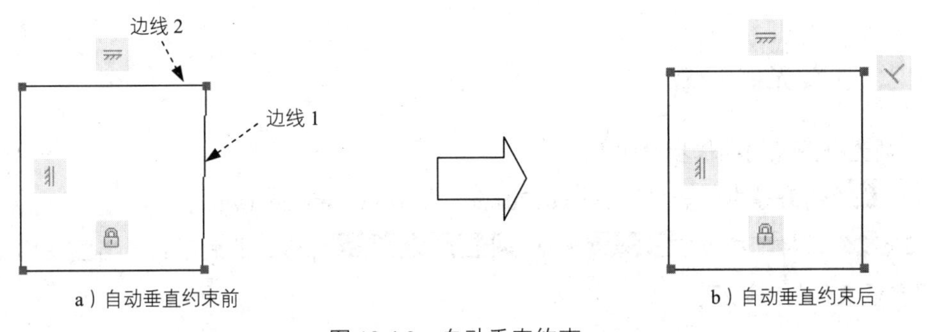

图 12.4.2 自动垂直约束

第 13 章　光栅图像

13.1　光栅图像概述

光栅图像的使用极大地扩充了 AutoCAD 的使用功能。例如，要将一张原先手绘的图形或一张丢失了电子图的图样转化成一张 AutoCAD 的图样，就可以将原图进行扫描，并利用 AutoCAD 的光栅图像功能进行加载、描绘，从而生成一张新的 AutoCAD 图样。

另外，还可以将渲染图像保存为光栅图像，然后将渲染图像加载到图形中。也可以在图形中加入用光栅图像表示的公司的徽标、照片或扫描的图像等，这样它们可作为图形的一部分打印输出。

13.1.1　光栅图像的特点

与矢量图像或由 AutoCAD 命令创建的基于矢量线段的对象不同，光栅图像是由若干个像素点组成的矩形栅格，光栅图像的尺寸通常是指这个栅格的尺寸。例如，一个 1024×768 的光栅图像表示栅格是由 1024 行、每行 768 个栅格点组成的。

光栅图像一旦加载到 AutoCAD 的图形中后，用户就可以对这些对象进行复制、移动、剪切、比例缩放等操作。

光栅图像显示在图形中，是采用文件链接的方式而不是将图像本身真正插入到当前图形中，因此，虽然光栅图像可能很大，但是图形文件的字节大小并没有增加很多。

这里要注意，光栅图像并不是图形中的一部分，在进行图形交换时，要确保将这些光栅图像也一并交换，必须管理好光栅图像的路径，因为 AutoCAD 会用这个路径来确定图像文件的位置。

13.1.2　加载光栅图像

加载光栅图像的操作步骤如下。

步骤 01　打开随书光盘文件 D:\cad1701\work\ch13.01\image.dwg。

步骤 02　选择下拉菜单 插入(I) → 光栅图像参照(I)... 命令，此时系统弹出图 13.1.1 所示的“选择参照文件”对话框。

也可以在命令行中输入 IMAGEATTACH 命令后按 Enter 键。

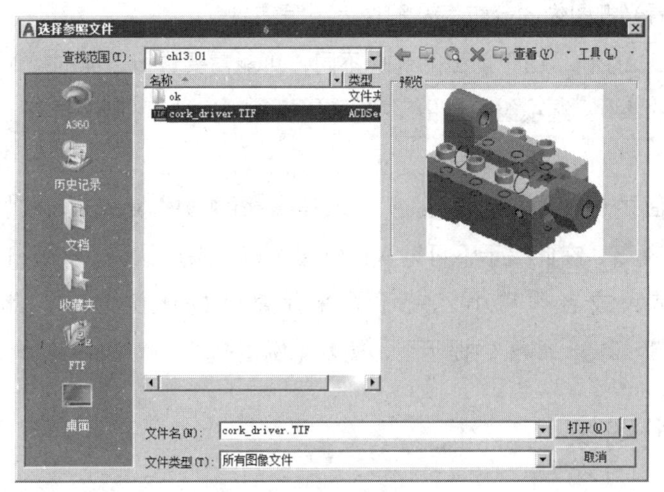

图 13.1.1 “选择参照文件”对话框

步骤 03 从“选择参照文件”对话框中选择所需的光栅图像文件 D:\cad1701\work\ch13.01\cork_driver.TIF，并单击 打开(O) 按钮，系统弹出图 13.1.2 所示的“附着图像”对话框，在该对话框中进行下面的操作。

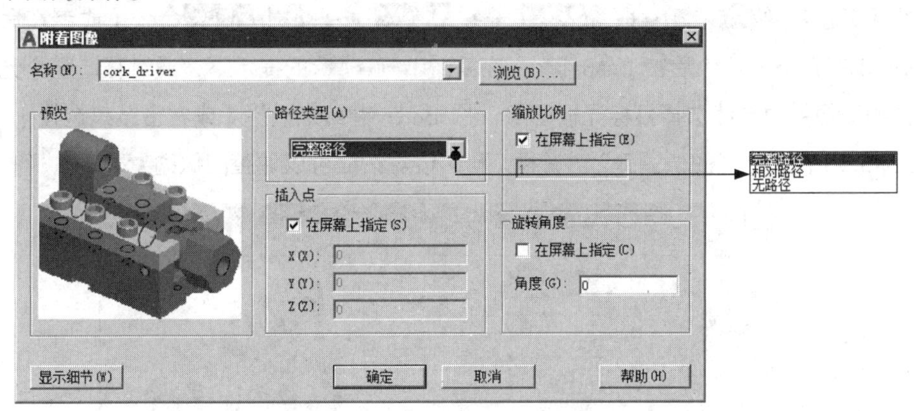

图 13.1.2 “附着图像”对话框

（1）选取保存光栅图像的路径类型。在 路径类型(A) 下拉列表中选择 完整路径 、 相对路径 或 无路径 选项。

（2）给出插入点。在 插入点 选项组，可通过直接在 X: 、 Y: 、 Z: 文本框中输入点的坐标来给出插入点，也可以通过选中 ☑ 在屏幕上指定(S) 复选框，在屏幕上指定插入点位置。

（3）给出插入时的缩放比例。在 缩放比例 选项组，可直接输入所插入的光栅图像的缩放比例值；也可以通过选中 ☑ 在屏幕上指定 复选框，在屏幕上指定。

（4）给出插入光栅图像的旋转角度。在 旋转角度 选项组，用户可在 角度: 文本框中输入光栅图像的旋转角度值；也可以选中 ☑ 在屏幕上指定 复选框，在屏幕上指定旋转角度。另外，单击显示细节(W)按钮可查看光栅图像的分辨率及图像大小等信息。

（5）单击确定按钮，由于前面的选择不同，可能需要进行下面的操作。

① 如果在前面的插入点选项组中选中了☑ 在屏幕上指定(S)复选框，则在屏幕上单击一点作为光栅图像的插入点。

② 如果在前面的缩放比例选项组选中了☑ 在屏幕上指定(E)复选框，此时系统则提示指定缩放比例因子 <1>:，在此提示下可输入比例值（也可采用默认比例值 1），然后按 Enter 键。如果图像非常大或者非常小，就不要采用默认的比例值 1，此时建议在系统指定缩放比例因子或 [单位(U)] <1>:的提示下，输入比例值 8。

13.2 调整光栅图像

13.2.1 调整亮度、对比度和淡入度

这里所介绍的调整只影响 AutoCAD 显示和打印图像的方式，并不影响原始光栅图像文件中的图像。通过调整图像的外观，可以提高显示或打印图像的质量。下面介绍其操作方法。

选择下拉菜单修改(M) → 对象(O) → 图像(I) → 调整(A)...命令（或者在命令行中输入 IMAGEADJUST 命令后按 Enter 键），在系统选择图像:的提示下，通过框选整个光栅图像或单击光栅图像的边界线选择目标光栅图像，按 Enter 键结束选择（或右击结束选择），接着系统弹出图 13.2.1 所示的“图像调整”对话框，利用该对话框可以调整图像的亮度、对比度和淡入度。

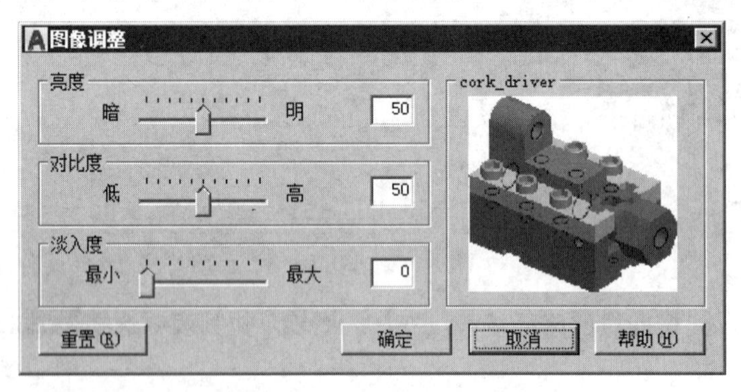

图 13.2.1 “图像调整”对话框

“图像调整”对话框的各项设置说明如下。

- ◆ 亮度区域：控制图像的亮度，取值 0 ~ 100。值越大，图像的亮度就越高（变成白色的像素点越多）。左移滑动条将减小该值，右移滑动条将增大该值，也可在文本框中直接输入亮度值。
- ◆ 对比度区域：控制图像的对比度，从而间接控制图像的褪色效果。取值 0 ~ 100。值越大，强制使用主要颜色或次要颜色的像素也就越多。调整图像的对比度可以看清本来

不清楚的图像。

◆ 淡入度区域：控制图像的褪色效果，取值 0~100。值越大，图像与当前背景色的混合程度越高。当值为 100 时，图像完全变成背景颜色。在显示带有背景的图像时，调整淡入度可以看清图像中的线条。

◆ 重置(R)按钮：将亮度、对比度和淡入度参数的值重置为默认设置，分别为 50、50 和 0。

13.2.2 调整显示质量

AutoCAD 提供了两种不同的控制图像显示质量的设置：草稿质量和高质量。当设置为草稿质量时，图像的质量较低，但显示的速度比较快；当设置为高质量时，图像的质量较高，但显示的速度较慢。修改图像的质量将影响当前图形中所有图像的显示。

要修改图像的显示质量，可以选择下拉菜单 修改(M) → 对象(O) → 图像(I) → 质量(Q) 命令（或者在命令行中输入 IMAGEQUALITY 命令后按 Enter 键）。命令执行后，系统提示输入图像质量设置 [高(H)/草稿(D)] <高>:，输入 H（高质量）或 D（草稿质量），然后按 Enter 键。

13.2.3 调整透明度

如果图像文件格式允许图像具有透明像素，则可以控制图像中的像素是透明的还是不透明的。如果是透明的，则被光栅图遮挡住的对象能够透过透明的像素显示出来。透明功能只对单个对象有效，不能进行全局透明度设置。

选择下拉菜单 修改(M) → 对象(O) → 图像(I) → 透明度(T) 命令（或者在命令行中输入 TRANSPARENCY 命令后按 Enter 键），在系统选择图像:的提示下，选取目标光栅图像后按 Enter 键，系统接着提示输入透明模式 [开(ON)/关(OFF)]，输入 ON（透明模式）或 OFF（不透明模式），然后按 Enter 键。

13.3 剪裁边界与边框显示

13.3.1 剪裁光栅图像

选择下拉菜单 修改(M) → 剪裁(C) → 图像(I) 命令（或者在命令行中输入 IMAGECLIP 命令后按 Enter 键），可以进行光栅图像的剪裁，通过该命令功能，用户可以定义一个剪裁边界来限制图像的显示与输出。要应用一个剪裁边界，图像边框必须是可见的。

剪裁边界既可以是一个矩形，也可以是一个多边形。剪裁边界只应用在单一的图像上，且不影响原始光栅图像文件中的图像。如果关闭剪裁边界，则整个图像将重新显示出来。如果移

动或复制剪裁图像，则剪裁边界也将随之移动、复制。

13.3.2 控制边框的显示

光栅图像的边框及剪裁的边界可以显示，也可以隐藏。在隐藏图像的边框后，就不能再通过单击图像而选择它，这项功能可以避免对图像的意外修改，同时在打印时避免打印边框。要打开和关闭图像边框，应按以下步骤进行。

步骤 01 选择下拉菜单 修改(M) → 对象(O) → 图像(I) → 边框(F) 命令（或者在命令行中输入 IMAGEFRAME 命令后按 Enter 键）。

步骤 02 命令行提示输入 IMAGEFRAME 的新值 <1>:，输入 0（或者 1、2），然后按 Enter 键。

- 0 表示不显示但打印图像边框；1 表示显示并打印图像边框；2 表示显示图像边框但不打印。
- 当设置图像边框不显示后，仍然可以使用除点选以外的其他选择方式进行光栅图像的选取。例如，可以按对象的类型或图层的名称进行过滤选择。

13.4 调整对象的显示顺序

选择下拉菜单 工具(T) → 绘图次序(D) 中的子命令（图 13.4.1），可以调整对象在图形中的显示顺序。调整对象的显示顺序是为了使对象在显示或打印时能够有一个正确的遮盖关系。可将对象调整到参照对象之上或之下，或者只是简单地调整到图形的最上层或最下层。如果选择 置于对象之上(A) 或 置于对象之下(U) 子命令，那么系统会在选择对象之后提示 选择参照对象:，用于选择在哪个对象之上或之下。

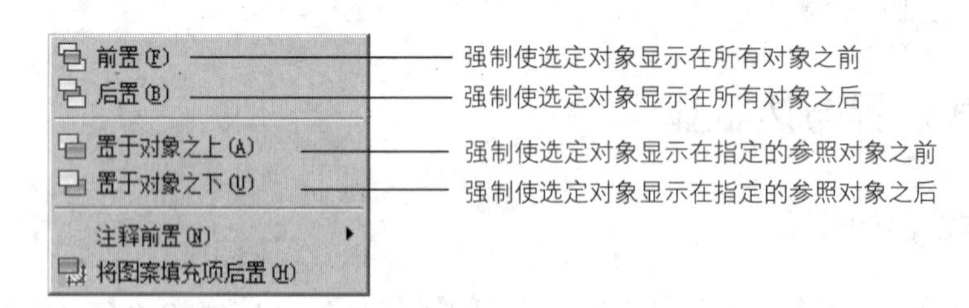

图 13.4.1 “绘图次序”子菜单

13.5 调整比例

在实际工作中，有时需要将扫描的图样以光栅图像的形式插入 AutoCAD 图形中，然后进行描图转化，使它与当前图形融为一体，成为一张真正的 AutoCAD 图样。

要想尽可能精确地描绘光栅图像中的线条，就需要使光栅图像的比例与AutoCAD图形匹配，这就要使用光栅图像的比例缩放功能，使用SCALE命令中的“参照（R）”选项可以进行图像的比例缩放。当在图中确定了相对应的参照长度后，就可精确地缩放扫描图像，进行描图。当然，描绘的图形的精度取决于原始图形的精度，因此可能需要做其他一些必要的调整。

13.6 光栅图像管理器

图像管理器为管理当前图形的所有图像提供了一个统一的界面。在命令行输入IMAGE命令或选择下拉菜单 插入(I) → 外部参照(N)... 命令（也可以单击功能区选项板中的 插入 按钮，然后单击 参照 ▾ 选项最右边的 ↘ 图标），系统弹出图13.6.1所示的“外部参照”选项板，通过该选项板可以对光栅图像进行打开、附着、拆离、重载和卸载等操作，还可以查看图像的有关信息。

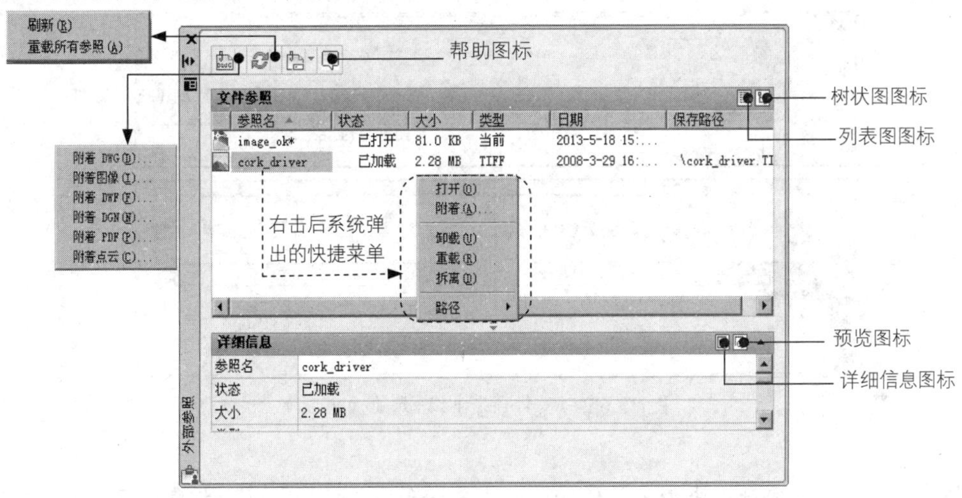

图13.6.1 “外部参照”选项板（一）

这个选项板提供观察图像文件的两种不同方式：列表视图和树状视图。图13.6.1中显示的是列表视图，在这个视图中显示附着到当前图形中的所有图像列表，该图像列表包含图像名、状态、大小、类型、日期和保存路径这六项内容。

选项板的树状视图以树状显示附着在当前图形中的所有图像，这种树状视图的优点是，可以显示图像在外部参照文件中的嵌套级数，直接附着在当前图形中的图像显示在视图的顶部，而包含在外部参照中的图像显示在下一级中。

图13.6.1所示“外部参照”选项板中的快捷菜单的功能说明如下。

- 打开(O)：在操作系统指定的应用程序中打开选定的文件参照。
- 附着(A)...：选择某个图像文件进行附着（插入光栅图像）。
- 卸载(U)：可从当前图形中卸载选定的图像，图像将不再显示，这样可以提高AutoCAD

的性能。卸载后的图像仍保持与当前图形的附着关系，用户可通过重载(R)命令重新显示这些图像。

- 重载(R)：将图像的最新版本加载到当前图形中。
- 拆离(D)：拆离选定的文件参照，即图像的所有实例将从图形中删除。

如果当前文件中的附着图像的源文件被移动或改名了，系统就会报告图像“未找到”（图 13.6.2），此时用户可以单击详细信息窗格中找到位置右边的…图标，然后在系统弹出的“选择图像文件”对话框中指定新的路径和源文件名，最后单击打开(O)按钮。新的路径显示出来后，如果单击保存路径(P)按钮，就可以重新建立图像源文件到当前文件的链接。

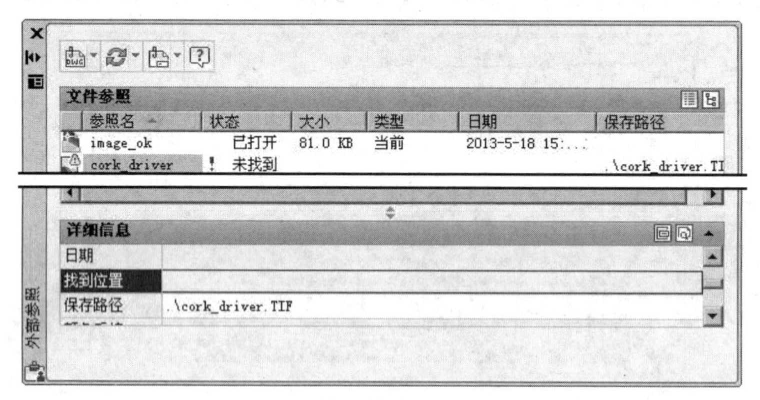

图 13.6.2 “外部参照”选项板（二）

打开含光栅图像的 AutoCAD 图形文件时，系统会搜索图形中附着的光栅图像文件。搜索时，系统总是首先在附着图像的路径下查找，然后再查找当前的目录，即查找当前图形所在的目录，最后再查找支持文件中指定的目录。

第 14 章　轴测图的绘制

14.1　概述

14.1.1　轴测图的基本概念

- 轴测图：将空间物体连同确定其位置的直角坐标系，沿不平行于任一坐标平面的方向，用平行投影法投射在选定的单一投影面上所得到的富有立体感的平面图形。
- 轴测轴：在轴测投影中，直角坐标轴（*OX*、*OY*、*OZ*）在轴测投影面上的投影。
- 轴向伸缩系数：轴测轴上的单位长度与相应直角坐标轴上单位长度的比值（*OX*、*OY*、*OZ* 的轴向伸缩系数分别用 p1、ql、rl 表示，简化伸缩系数分别用 p、q、r 表示）。
- 轴间角：两轴测轴之间的夹角。

14.1.2　轴测图的特点

由于轴测图是用平行投影法得到的，因此具有以下特点。

- 物体上相互平行的直线，它们的轴测投影仍相互平行；物体上平行于坐标轴的线段，在轴测图上仍平行于相应的轴测轴。
- 物体上平行于坐标轴的线段，其轴测投影与原线段长度之比，等于相应的轴向伸缩系数。
- 物体上不平行于坐标轴的线段，可以用坐标法确定其两个端点然后用连线画出。
- 物体上不平行于轴测投影面的平面图形，在轴测图中变成原图形的类似图形。如长方形的轴测投影为平行四边形，圆形的轴测投影为椭圆等。

14.1.3　轴测图的分类

轴测图根据投影方向与投影面垂直与否，分为正轴测图和斜轴测图两类；根据轴向伸缩系数的不同，又分为三类。

- 按照投影方向与轴测投影面的夹角的不同，轴测图分为：
  - 正轴测图——轴测投影方向与轴测投影面垂直时所得到的轴测图。
  - 斜轴测图——轴测投影方向与轴测投影面倾斜时所得到的轴测图。
- 按照轴向伸缩系数的不同，轴测图分为：
  - 正（或斜）等轴测图：简称正（或斜）等测，p1 = ql = rl。
  - 正（或斜）二等轴测图：简称正（或斜）二测，pl = rl ≠ ql。

● 正（或斜）三等轴测图：简称正（或斜）三测，p1≠ql≠rl。

14.2 轴测图绘制的一般方法

轴测图属于二维平面图形，其绘制方法与前面介绍的二维图形的绘制方法基本相同，利用简单的绘图命令，如绘制直线命令、绘制椭圆命令、绘制矩形命令等，并结合图形编辑命令，如修剪命令、复制命令、移动命令等，就可以完成轴测图的绘制。

绘制轴测图的一般过程如下。

- 设置绘图环境。在绘制轴测图之前，需要根据轴测图的大小及复杂程度，设置图形界限及图层。
- 启用等轴测捕捉模式，绘制并编辑轴测图。
- 对轴测图进行尺寸标注。
- 保存图形。

1. 选用样板文件

使用随书光盘上提供的样板文件。选择下拉菜单 文件(F) → 新建(N)... 命令，在弹出的“选择样板”对话框中，找到文件 D:\cad1701\work\ch14.02\Part_temp_A3.dwg，然后单击 打开(O) 按钮。

2. 绘制轴测图前的设置

步骤 01 选择下拉菜单 工具(T) → 绘图设置(F)... 命令，系统弹出“草图设置”对话框，单击 捕捉和栅格 选项卡；在 捕捉类型 选项组中选取 栅格捕捉(R) 中的 等轴测捕捉(M) 选项，单击 对象捕捉 选项卡，选中 启用对象捕捉 (F3)(O) 和 启用对象捕捉追踪 (F11)(K) 复选框；在 对象捕捉模式 选项组中选取 端点(E)、中点(M)、圆心(C)、象限点(Q)、交点(I)、切点(N)、最近点(R) 和 平行线(L) 选项，其余的全部不选，单击 确定 按钮以完成设置。

步骤 02 确认状态栏中的 （正交模式）按钮处于显亮状态（打开）。

步骤 03 按功能键 F5，可切换等轴测图平面 <等轴测平面 俯视>、<等轴测平面 右视> 与 <等轴测平面 左视>，其鼠标指针状态分别如图 14.2.1~图 14.2.3 所示。

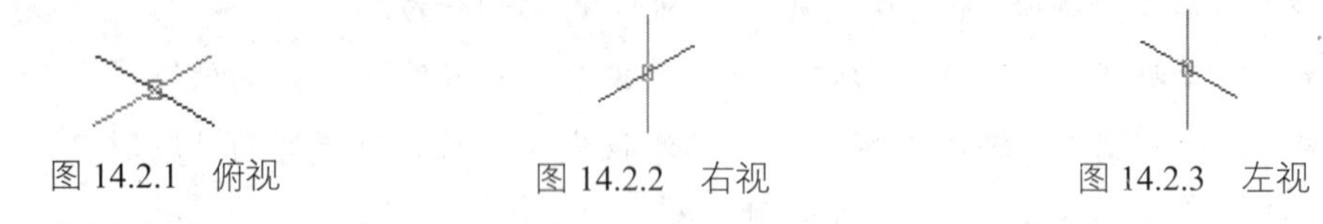

图 14.2.1 俯视　　图 14.2.2 右视　　图 14.2.3 左视

3. 绘制轴测图

下面以图 14.2.4 所示为例，说明绘制轴测图的一般方法与步骤。

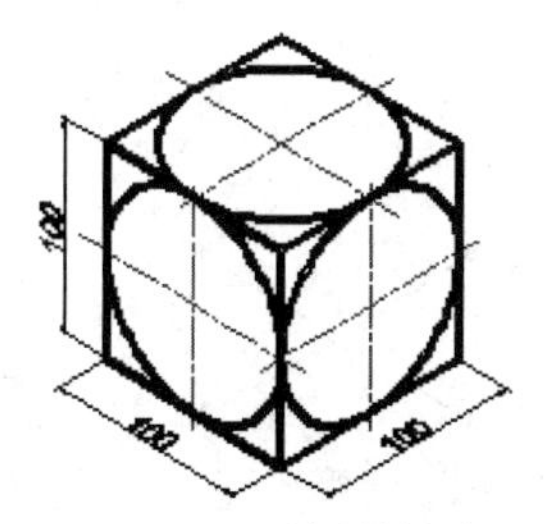

图 14.2.4 绘制轴测图

任务 01 绘制图 14.2.5 所示的正方体。

步骤 01 绘制图 14.2.6 所示的等轴测矩形 1。

（1）选择下拉菜单 绘图(D) → 直线(L) 命令，在绘图区单击一点（点 A）作为直线的起点。

（2）结合“正交”功能，绘制图 14.2.6 所示的直线 1，将光标向右上方移动，输入数值 100，按 Enter 键确认。

（3）绘制图 14.2.6 所示的直线 2，将光标向左上方移动，输入数值 100，按 Enter 键确认。

（4）绘制图 14.2.6 所示的直线 3，将光标向左下方移动，输入数值 100，按 Enter 键确认。

（5）绘制图 14.2.6 所示的直线 4，将光标移动至点 A 处单击，并按 Enter 键完成绘制。

若当前所处平面不为 <等轴测平面 俯视>（鼠标指针如图 14.2.2 所示的状态），则需通过 F5 键切换到俯视平面。

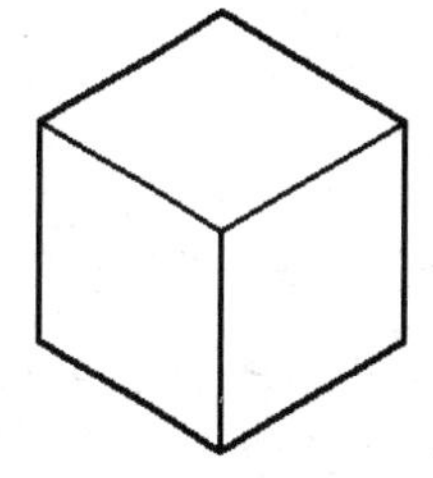

图 14.2.5 绘制正方体

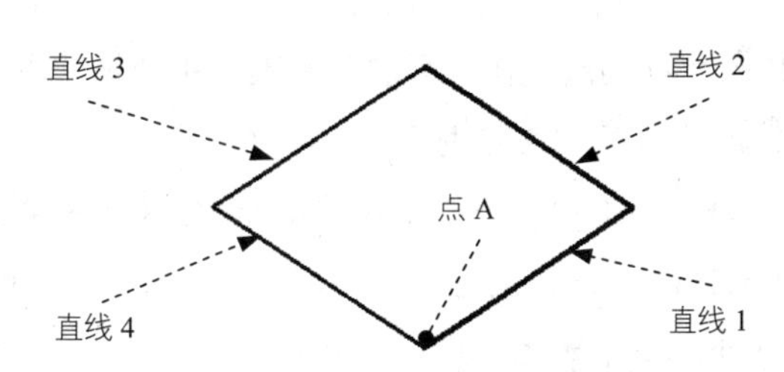

图 14.2.6 等轴测矩形 1

步骤 02 绘制图 14.27 所示的等轴测矩形 2。

复制图形，将等轴测平面切换到右视。选择下拉菜单 修改(M) → 复制(Y) 命令，选取图 14.2.6 所示的图形为复制对象并按 Enter 键，选取点 A 作为基点，结合正交命令，将光标向上方移动，并在命令行中输入值 100 后按两次 Enter 键结束复制命令，结果如图 14.2.7 所示。

等轴测矩形 2 与等轴测矩形 1 形状、大小相同，可直接采用复制的方法绘制。正交模式下，复制方向与当前鼠标指针所指方向一致（图 14.2.8），可通过 F5 键切换轴测图平面以达到所需要的方向。

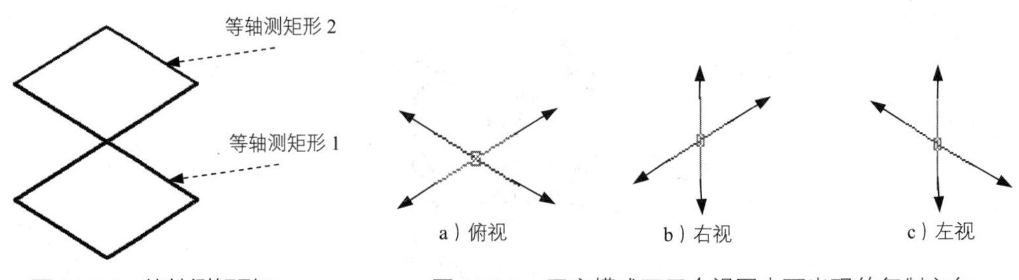

图 14.2.7　等轴测矩形 2　　图 14.2.8　正交模式下三个视图中可出现的复制方向

步骤 03 绘制三条直线，选择下拉菜单 绘图(D) → 直线(L) 命令，绘制图 14.2.9 所示的直线 1、直线 2 与直线 3。

步骤 04 删除图 14.2.10 所示的两条直线，完成正方体部分的绘制。

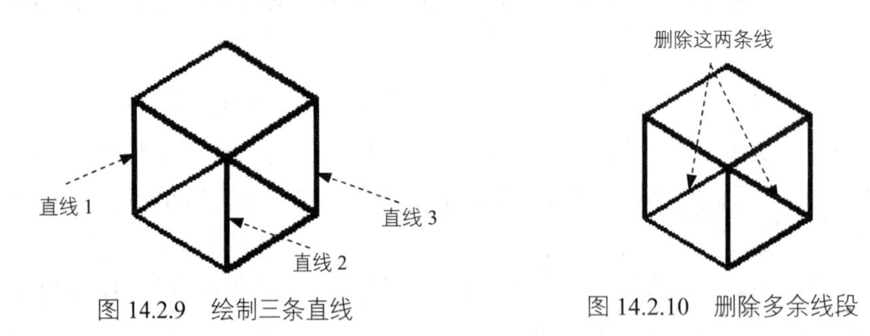

图 14.2.9　绘制三条直线　　图 14.2.10　删除多余线段

任务 02 绘制图 14.2.11 所示的中心线

步骤 01 切换图层。在“图层”工具栏中选择“中心线层”。

步骤 02 绘制图 14.2.12 所示的中心线。

（1）绘制中心线 1，选择下拉菜单 绘图(D) → 直线(L) 命令，结合“正交”功能，绘制图 14.2.13 所示的中心线 1，选取图 14.2.13 所示直线 1 的中点作为中心线 1 的起点，选取直线 2 的中点作为中心线 1 的终点。

图 14.2.11　中心线　　图 14.2.12　绘制中心线　　图 14.2.13　中心线 1

（2）绘制中心线 2，选择图 14.2.14 所示的点 A 作为中心线 2 的终点。

（3）绘制图 14.2.15 所示的中心线 3 与中心线 4。

（4）按 F5 键切换至<等轴测平面 左视>平面，绘制图 14.2.16 所示的中心线 5 与中心线 6。

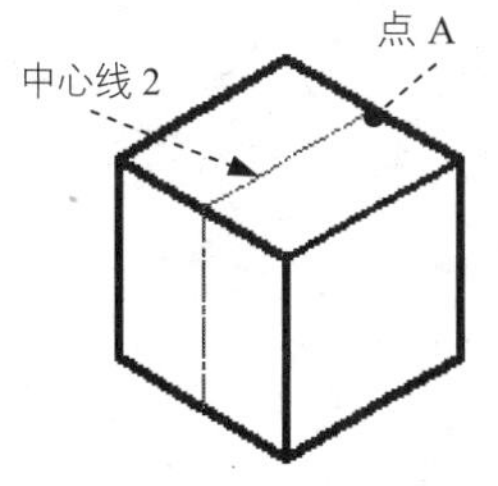

图 14.2.14 中心线 2

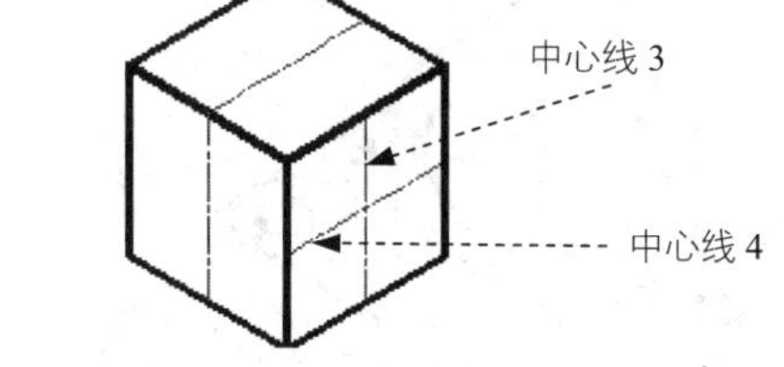

图 14.2.15 中心线 3 与中心线 4

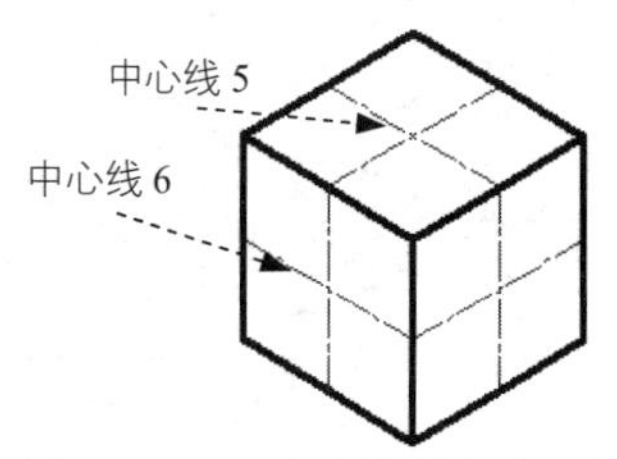

图 14.2.16 中心线 5 与中心线 6

步骤 03 拉长中心线，效果如图 14.2.17 所示。

拉长中心线时，注意通过 F5 键切换轴测图平面以便控制拉长方向。

任务 03 绘制图 14.2.17 所示的等轴测圆

步骤 01 切换图层。在“图层”工具栏中选择“轮廓线层”。

步骤 02 绘制等轴测圆。

（1）绘制图 14.2.17 所示等轴测圆 1。用 绘图(D) → 椭圆(E) → 轴、端点(E) 命令，在命令行中输入 I（选项中的 等轴测圆(I)]:）后按 Enter 键，以 A 点为圆心，绘制半径为 50 的等轴测圆 1。

（2）绘制图 14.2.17 所示等轴测圆 2。按 F5 键切换至<等轴测平面 俯视>平面，用 绘图(D) → 椭圆(E) → 轴、端点(E) 命令，在命令行中输入 I（选项中的 等轴测圆(I)]:）后按 Enter 键，以 B 点为圆心，绘制半径为 50 的等轴测圆 2。

（3）绘制图 14.2.17 所示等轴测圆 3。按 F5 键切换至<等轴测平面 右视>平面，用 绘图(D) → 椭圆(E) → 轴、端点(E) 命令，在命令行中输入 I（选项中的 等轴测圆(I)]:）后按 Enter 键，以 C 点为圆心，绘制半径为 50 的等轴测圆 3。

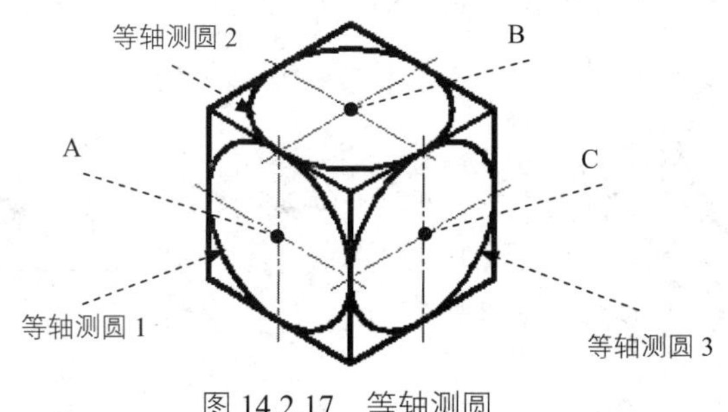

图 14.2.17 等轴测圆

14.3 轴测图标注的一般方法

下面以图 14.3.1 所示为例，说明标注轴测图的一般方法与步骤。

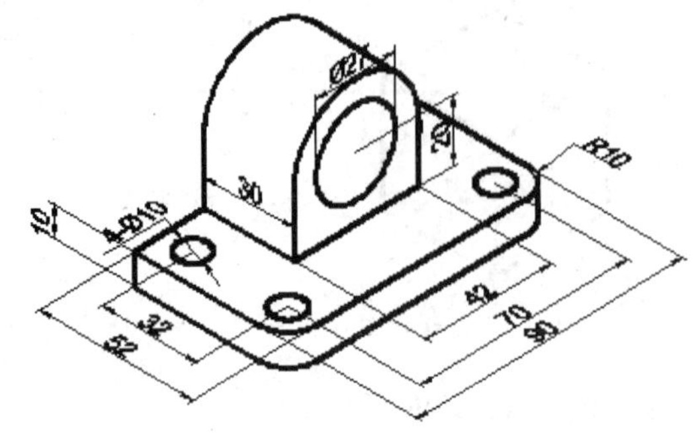

图 14.3.1 标注轴测图

任务 01 创建图 14.3.2 所示的尺寸标注

步骤 01 打开文件 D:\cad1701\work\ch14.03\轴测图标注. dwg。

步骤 02 创建图 14.3.2 所示的对齐标注。将图层切换至“尺寸线层”，选择下拉菜单 标注(N) → 对齐(G) 命令，选取图 14.3.3 所示的两个椭圆的圆心作为尺寸界限原点，在绘图区的空白区域中单击以确定尺寸放置的位置。

步骤 03 参见 **步骤 02** 的操作，创建其余的对齐标注（图 14.3.4）。

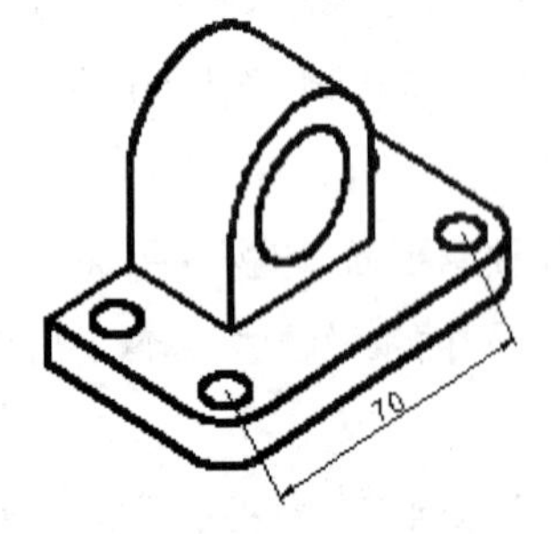

图 14.3.2 标注尺寸 1

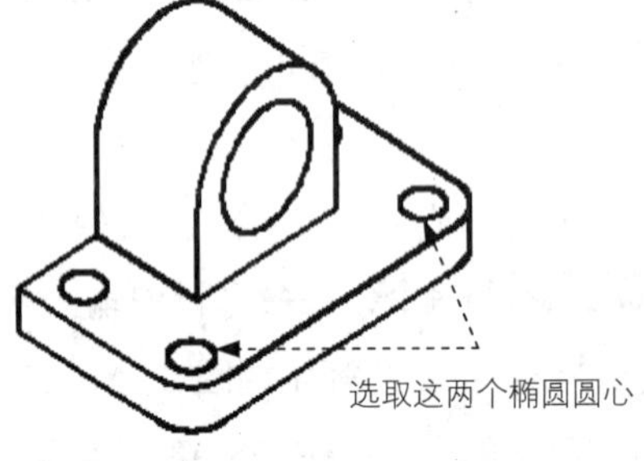

图 14.3.3 定义尺寸界限原点

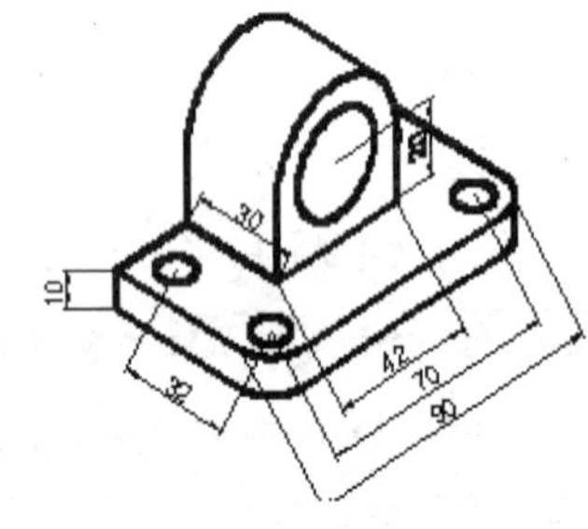

图 14.3.4 标注其余尺寸

任务 02 创建图 14.3.5 所示的尺寸标注

步骤 01 按 F5 键切换至 <等轴测平面 俯视> 平面，绘制图 14.3.6 所示的两条辅助线。

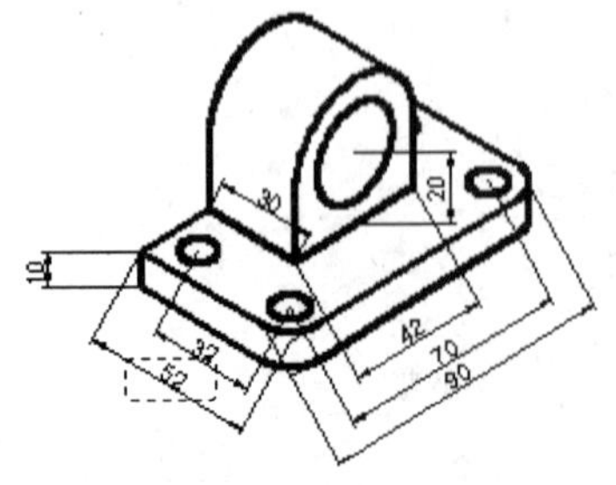

图 14.3.5 标注尺寸 2

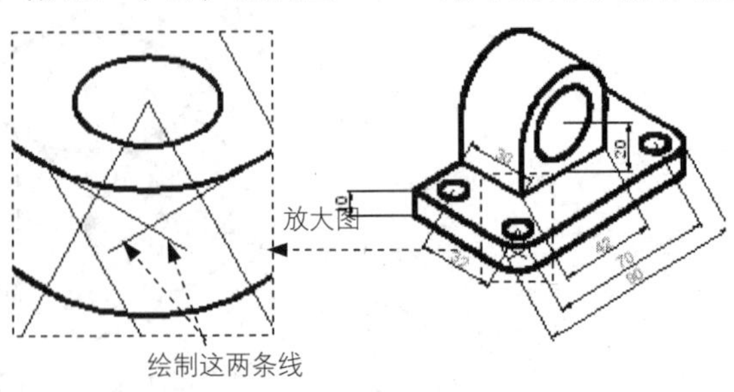

图 14.3.6 绘制辅助线

步骤02 创建对齐标注。选择下拉菜单 标注(N) → 对齐(G) 命令，选取图 14.3.7 所示两个点作为尺寸界限原点，在绘图区的空白区域中单击以确定尺寸放置的位置。

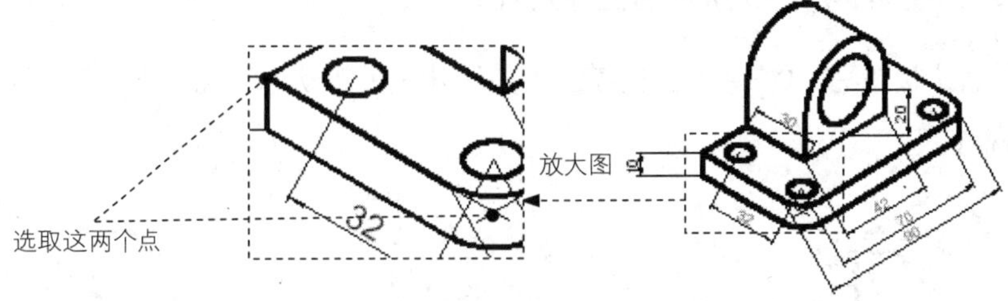

图 14.3.7 标注尺寸 3

步骤03 修剪辅助线，选择下拉菜单 修改(M) → 修剪(T) 命令，对多余的线段进行修剪，结果如图 14.3.8 所示。

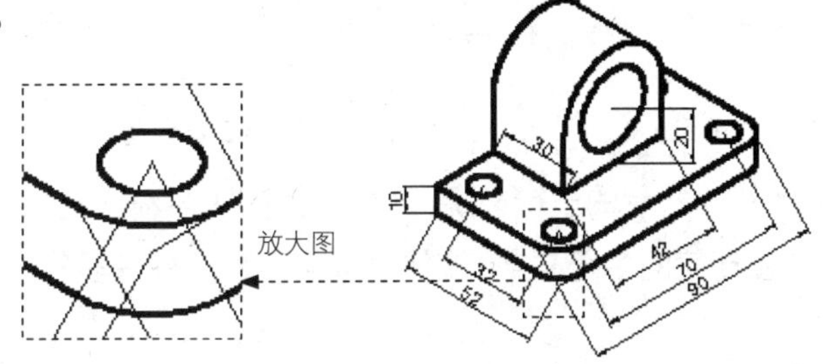

图 14.3.8 修剪多余线段

任务03 创建图 14.3.9 所示的直径尺寸

步骤01 绘制图 14.3.10 所示的两条辅助线。

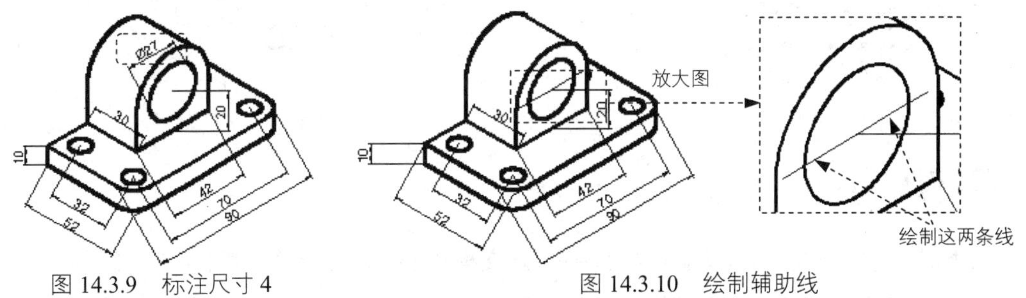

图 14.3.9 标注尺寸 4　　图 14.3.10 绘制辅助线

步骤02 创建直径标注。选择下拉菜单 标注(N) → 对齐(G) 命令，选取图 14.3.11 所示的两个点，在命令行输入 T（选择提示中的 文字(T) 选项）并按 Enter 键，输入%%C27 后按 Enter 键，在绘图区的空白区域单击以确定尺寸放置的位置。

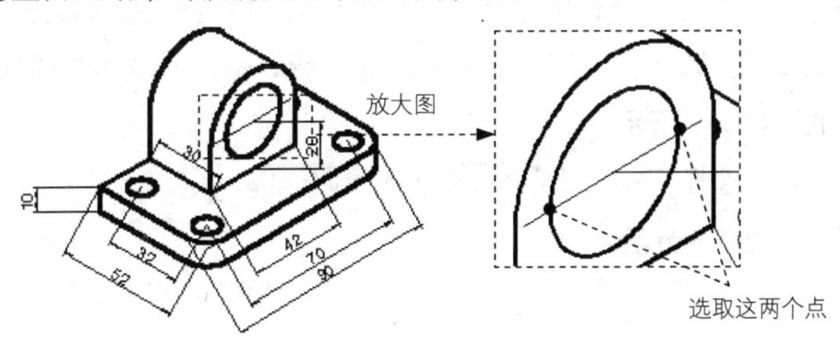

图 14.3.11 标注直径尺寸

步骤 03 删除两条辅助线。

任务 04 创建图 14.3.12 所示的直径尺寸

步骤 01 确认状态栏中的 (正交模式)按钮处于关闭状态。绘制图 14.3.13 所示的两条多段线(见视频)。

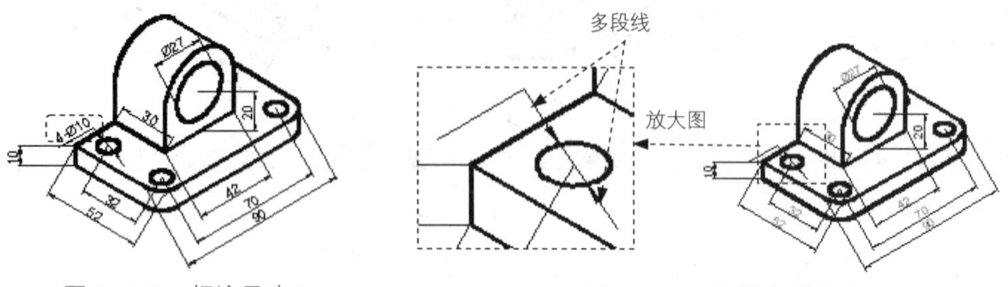

图 14.3.12　标注尺寸 5　　　　图 14.3.13　标注直径尺寸

步骤 02 创建图 14.3.14 所示的多行文字。输入文字“4-%%C10”，文字高度为 5.0。

步骤 03 旋转上一步创建的多行文字，旋转角度为-30°，并将多行文字移动至合适的位置，结果如图 14.3.15 所示。

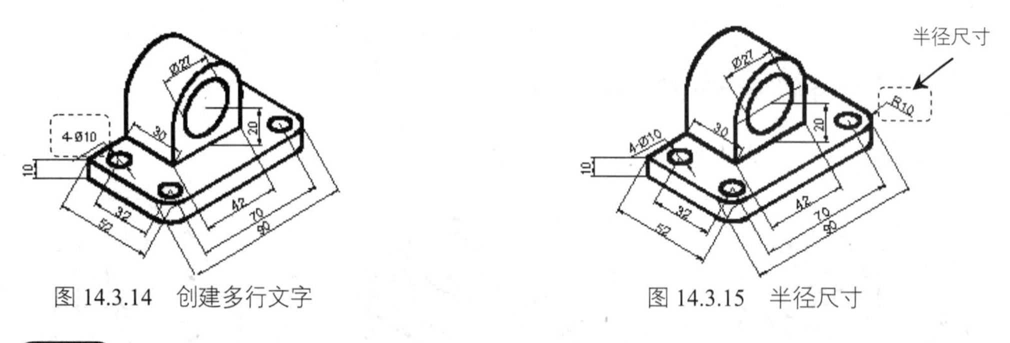

图 14.3.14　创建多行文字　　　　图 14.3.15　半径尺寸

任务 05 创建图 14.3.15 所示的半径尺寸

步骤 01 创建尺寸。确认状态栏中的 (正交模式)按钮处于关闭状态。

(1)设置引线样式。在命令行输入 QLEADER 后按 Enter 键；在命令行中输入 S 后按 Enter 键，系统弹出“引线设置”对话框，在 注释 选项卡的 注释类型 选项组中选取 ⊙ 多行文字(M) 选项，单击 确定 按钮。

(2)创建引线标注。选取图 14.3.16 所示的圆弧以确定引线的起点，将光标向右上方移动一定距离并单击；在命令行中输入文字高度 5.0 后按 Enter 键；输入 R10 后按两次 Enter 键，完成半径标注，结果如图 14.3. 17 所示。

步骤 02 分解引线。选择下拉菜单 修改(M) → 分解(X) 命令，选择图 14.3.17 所示的引线为分解对象，按 Enter 键完成分解。

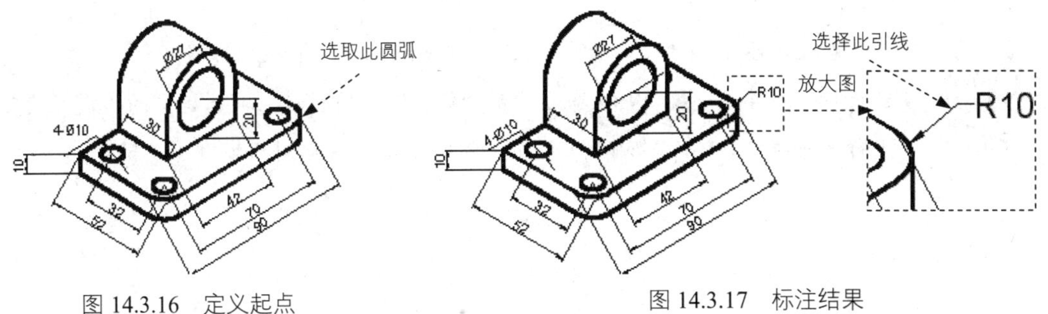

图 14.3.16　定义起点　　　　图 14.3.17　标注结果

步骤03 分解多段线。选择下拉菜单 修改(M) → 分解(X) 命令，选择图 14.3.18 所示的多段线为分解对象，按 Enter 键完成分解。

步骤04 编辑直线，选择图 14.3.19 所示的直线，再选择直线右端点，按 Tab 键，输入长度值 15，再按 Tab 键，输入角度值 30，按 Enter 键完成编辑。

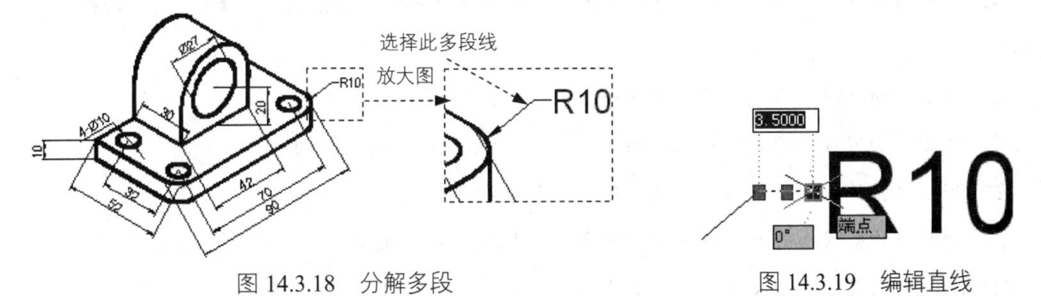

图 14.3.18　分解多段　　　　图 14.3.19　编辑直线

步骤05 旋转上一步创建的多行文字，旋转角度为-30°，并将多行文字移动至合适的位置，结果如图 14.3.15 所示。

移动时可单击状态栏中的正交模式按钮，将其关闭。

任务06 编辑尺寸线

步骤01 编辑顶轴测图中尺寸线与 *X* 轴平行的尺寸（图 14.3.20a 所示尺寸）。选择 标注(N) → 倾斜(Q) 命令，选取尺寸“42、70、90”为编辑对象并按 Enter 键，在命令行中输入倾斜角度-30 后按 Enter 键结束命令。结果如图 14.3.20b 所示。

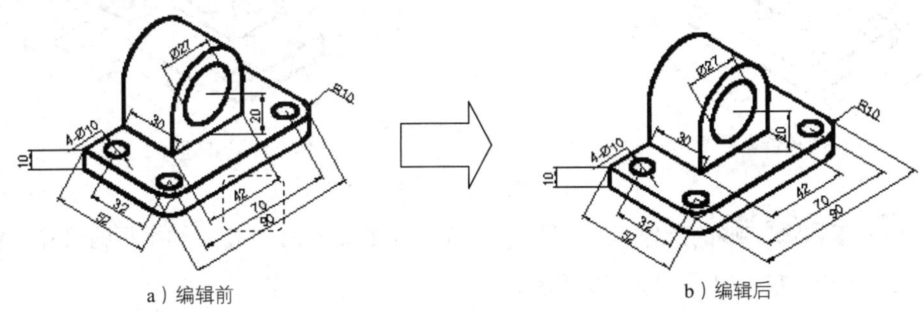

a）编辑前　　　　b）编辑后

图 14.3.20　编辑尺寸 1

在轴测图中创建尺寸时，为保证图形的立体感，标注时先使用对齐标注命令进行标注，再通过编辑标注命令中的“倾斜”选项将标注倾斜适当的角度，使其平行于轴线。在各个轴测面上进行标注时，尺寸的倾斜角度有以下规律。

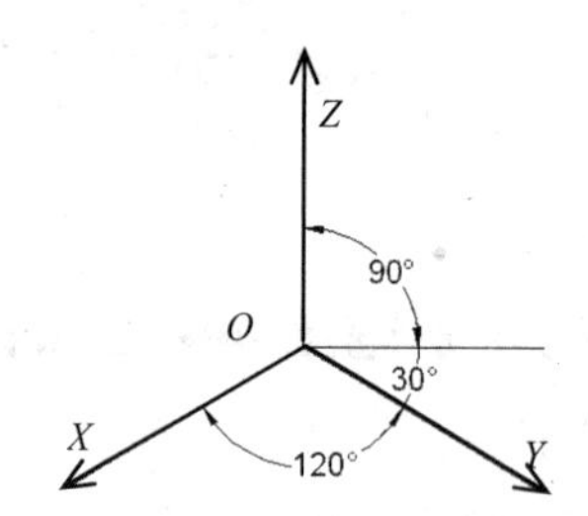

图 14.3.21　正等轴测轴坐标系

右轴测面内的标注，若尺寸线与 X 轴（正等轴测轴坐标系如图 14.3.21 所示）平行，则标注的倾斜角度为 90°。

左轴测面内的标注，若尺寸线与 Z 轴平行，则标注的倾斜角度为 30°。

顶轴测面内的标注，若尺寸线与 Z 轴平行，则标注的倾斜角度为 30°。

左轴测面内标注，若尺寸线与 Y 轴平行，则标注的倾斜角度为 30°。

右轴测面内的标注，若尺寸线与 Y 轴平行，则标注的倾斜角度为负 90°。

顶轴测面内的标注，若尺寸线与 X 轴平行，则标注的倾斜角度为负 30°。

故标注时，根据不同的情况，编辑尺寸。

利用 标注(N) → 倾斜(Q) 命令，同时按 F5 功能键切换到要标注的轴测面，可直接完成轴测图的标注，此方法需在“正交”模式下进行。

步骤 02 参照**步骤 01**的操作，选取图 14.3.22a 所示顶轴测面上与 Y 轴平行的尺寸，将倾斜角度值设置为 30。

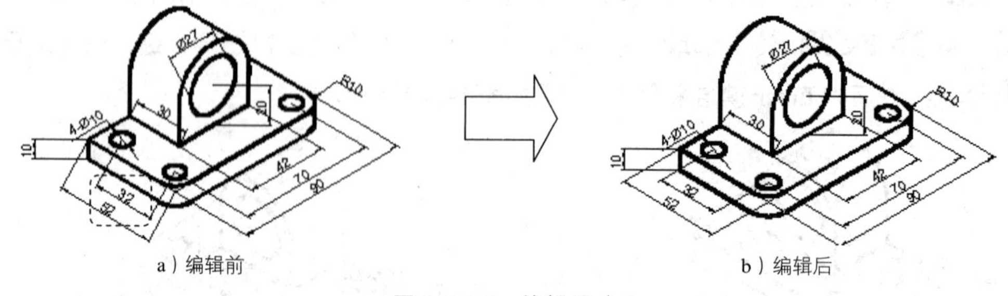

a）编辑前　　b）编辑后

图 14.3.22　编辑尺寸 2

步骤 03 参照**步骤 01**的操作，选取图 14.3.23 所示右轴测面上与 Z 轴平行的尺寸，将倾斜角度值设置为 30，结果如图 14.3.23b 所示。

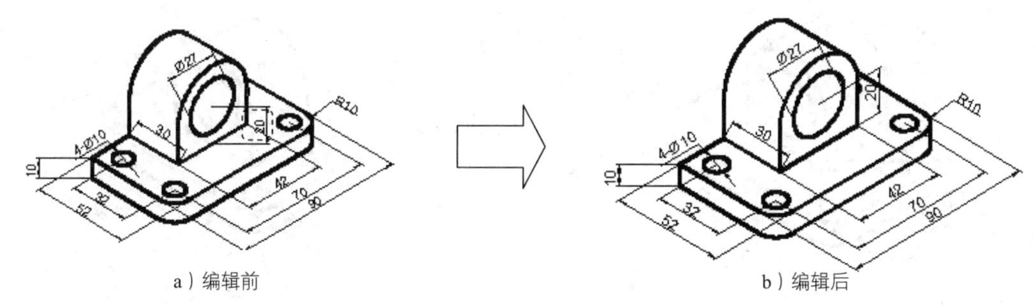

a）编辑前　　　　b）编辑后

图 14.3.23　编辑尺寸 3

步骤 04　参照步骤 01的操作，选取图 14.3.24a 所示右轴测面上与 *X* 轴平行的尺寸，将倾斜角度值设置为 90，结果如图 14.3.24b 所示。

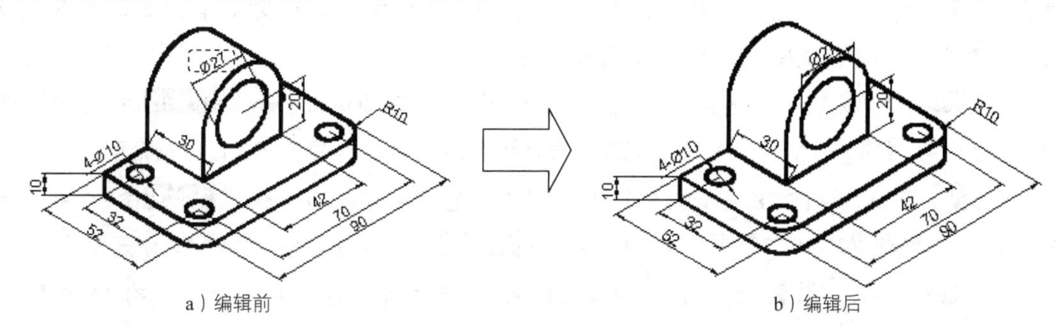

a）编辑前　　　　b）编辑后

图 14.3.24　编辑尺寸 4

步骤 05　参照步骤 01的操作，选取图 14.3.25a 所示左轴测面上与 *Y* 轴平行的尺寸，将倾斜角度值设置为-90，结果如图 14.3.25b 所示。

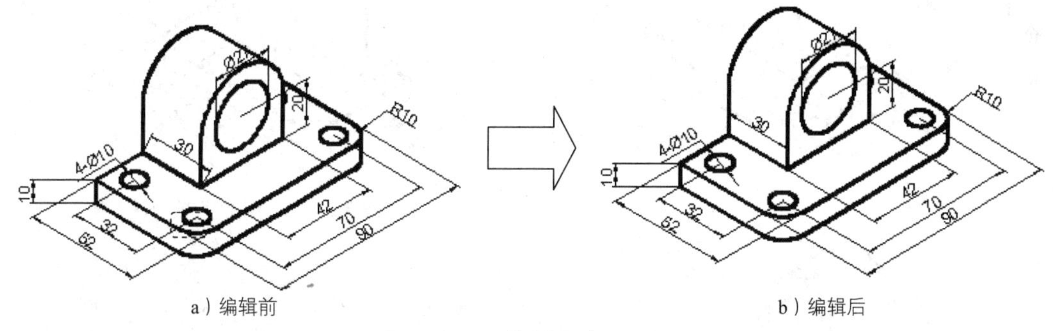

a）编辑前　　　　b）编辑后

图 14.3.25　编辑尺寸 5

步骤 06　参照步骤 01的操作，选取图 14.3.26a 所示左轴测面上与 *Y* 轴平行的尺寸，将倾斜角度值设置为-30，结果如图 14.3.26b 所示。

任务 07　调整尺寸文字方向

步骤 01　设置文字样式 1。选择下拉菜单 格式(O) → 文字样式(S)... 命令，系统弹出“文字样式”对话框，在对话框中单击 新建(N)... 按钮，输入样式名“正 30 度”，单击 确定 按钮，在 倾斜角度(O): 对话框中输入 30，单击 应用(A) 按钮。

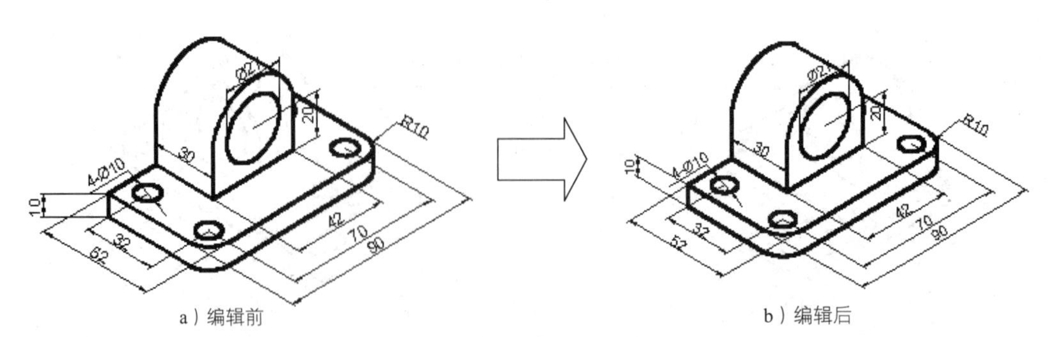

a）编辑前　　b）编辑后

图 14.3.26　编辑尺寸 6

步骤 02 设置文字样式 2。选择下拉菜单 格式(O) → 文字样式(S)... 命令，系统弹出“文字样式”对话框，在对话框中单击 新建(N)... 按钮，输入样式名“负 30 度”，单击 确定 按钮，在 倾斜角度(O): 对话框中输入-30，单击 应用(A) 按钮。

步骤 03 选取图 14.3.27 所示的 3 个尺寸，选择下拉菜单 修改(M) → 特性(P) 命令，在“特性”对话框的 文字 区域的 文字样式 下拉列表中选择 正30度 选项，结果如图 14.3.27 所示。

步骤 04 选取图 14.3.28 所示的 5 个尺寸，选择下拉菜单 修改(M) → 特性(P) 命令，在“特性”对话框的 文字 区域的 文字样式 下拉列表中选择 负30度 选项，结果如图 14.3.28 所示。

步骤 05 参照 步骤 04，将图 14.3.29 所示的两个多行文字，在图 14.3.30 所示的“特性”对话框的 样式 下拉列表中均选择 正30度 选项，结果如图 14.3.29 所示。

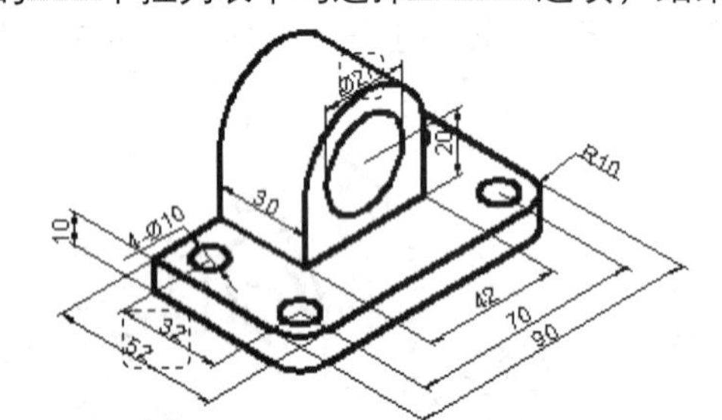

图 14.3.27　调整文字方向 1

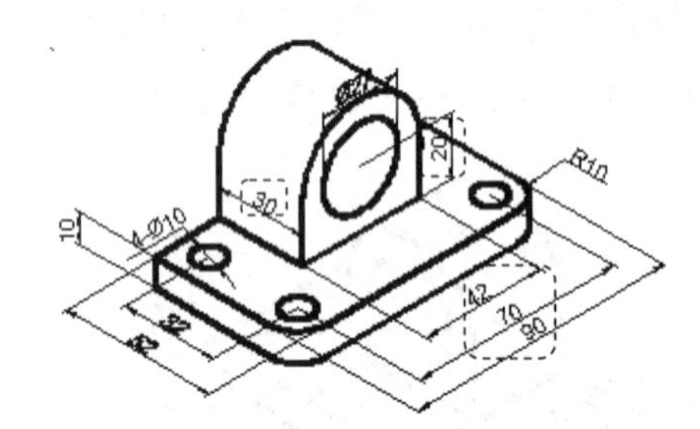

图 14.3.28　调整文字方向 2

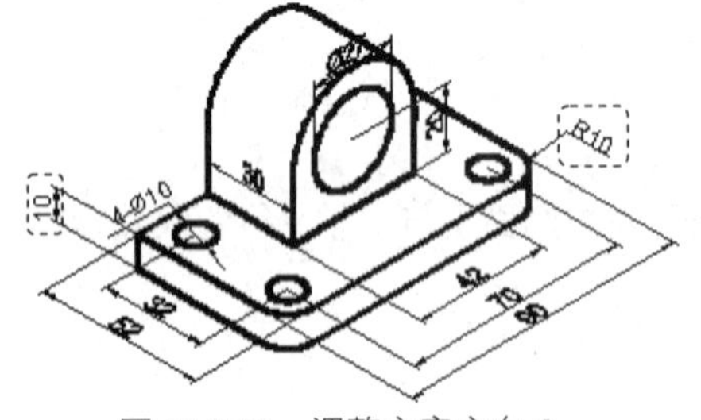

图 14.3.29　调整文字方向 3

图 14.3.30　“特性”对话框

步骤 06 选取图 14.3.31 所示的多行文字，在图 14.3.30 所示的“特性”对话框的下拉列表中选择 负30度 选项，结果如图 14.3.32 所示。

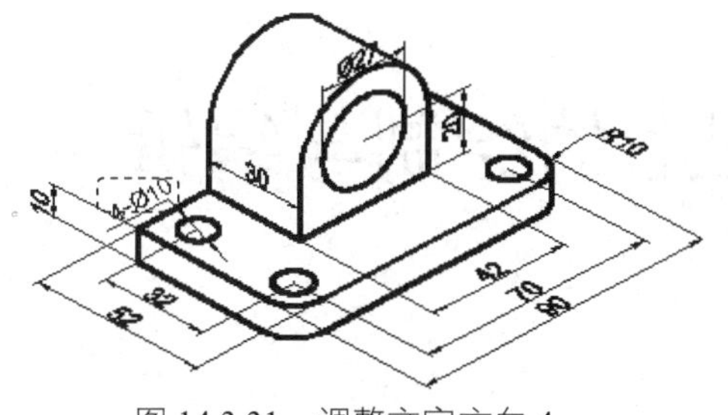

图 14.3.31 调整文字方向 4

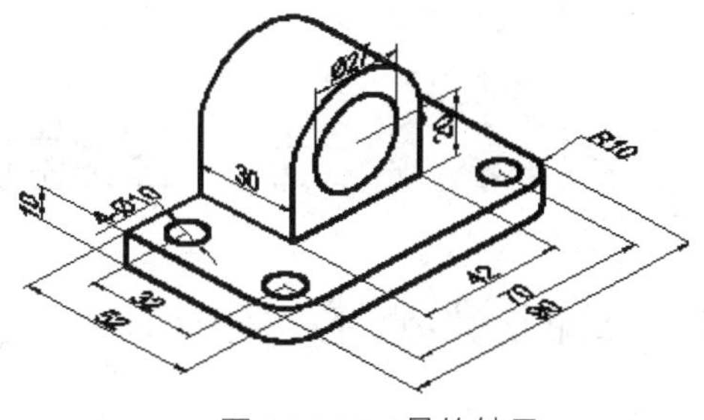

图 14.3.32 最终结果

14.4 轴测图圆角的绘制

轴测图的圆角是在两个相邻面之间生成一个圆滑的曲面。下面以图 14.4.1 所示的长方体为例，说明创建圆角的一般过程。

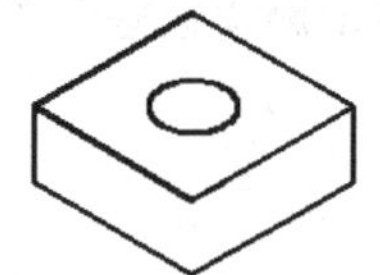

a）圆角前

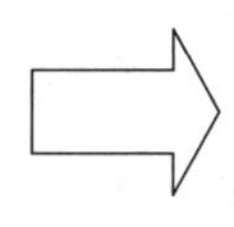

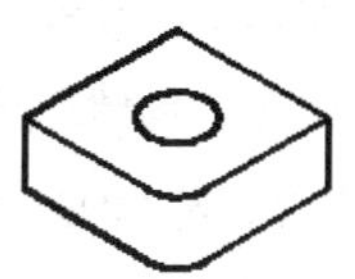

b）圆角后

图 14.4.1 创建圆角

步骤 01 打开文件 D:\cad1701\work\ch14.04\轴测图圆角. dwg。

步骤 02 创建圆角。

（1）绘制辅助直线。将等轴测平面切换到俯视轴测面。选择下拉菜单 绘图(D) → 直线(L) 命令；以图 14.4.2 所示的点 A 作为直线的起点，结合“正交”功能，将光标向右上方移动，输入数值 10 按 Enter 键；将光标向左上方移动，输入值 10 按 Enter 键。

（2）绘制等轴测圆。用 绘图(D) → 椭圆(E) → 轴、端点(E) 命令，以 B 点（图 14.4.3）为圆心，绘制半径值为 10 的等轴测圆，结果如图 14.4.3 所示。

（3）创建另一个等轴测圆。将等轴测平面切换到右视轴测面。选择下拉菜单 修改(M) → 复制(Y) 命令，选取步骤（2）中所绘制的圆为复制对象，向下移动光标，输入长方体的高度值 20，结果如图 14.4.4 所示。

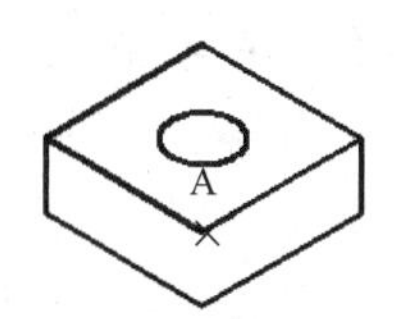

图 14.4.2 长方体

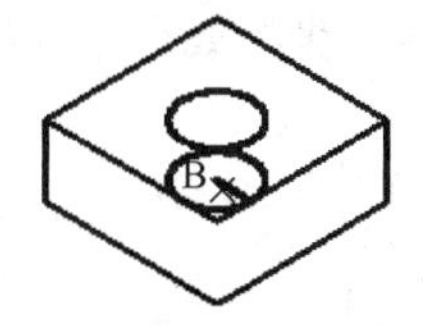

图 14.4.3 第一个圆角

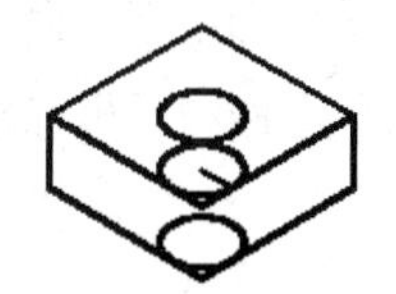

图 14.4.4 第二个圆角

（4）用 修改(M) → 修剪(T) 命令，对图 14.4.4 中多余的直线进行修剪。

（5）用 修改(M) → 删除(E) 命令，将多余的整条直线删除。结果如图 14.4.1b 所示。

步骤 03 保存文件。选择下拉菜单 文件(F) → 保存(S) 命令，将图形命名为“轴测图圆角.dwg”，单击 保存(S) 按钮。

第 15 章　三维图形的绘制与编辑

15.1　三维图形概述

15.1.1　三维绘图概述

在传统的绘图中，二维图形是一种常用的表示物体形状的方法。这种方法只有当绘图者和看图者都能理解图形中表示的信息时，才能获得真实物体的形状和形态。另外，三维对象的每个二维视图是分别创建的，由于缺乏内部的关联，发生错误的概率就会很高；特别在修改图形对象时，必须分别修改每一个视图。创建三维图形就能很好地解决这些问题，只是其创建过程要比二维图形复杂得多。创建三维图形有以下几个优点。

- 便于观察：可从空间中的任意位置、任意角度观察三维图形。
- 快速生成二维图形：可以自动地创建俯视图、主视图、侧视图和辅助视图。
- 渲染对象：经过渲染的三维图形更容易表达设计者的意图。
- 满足工程需求：根据生成的三维模型，可以进行三维干涉检查、工程分析并从三维模型中提取加工数据。

15.1.2　三维坐标系

三维模型需要在三维坐标系下进行创建，可以使用右手定则来直观地了解 AutoCAD 如何在三维空间中工作。伸出右手，想象拇指是 X 轴，食指是 Y 轴，中指是 Z 轴。按直角伸开拇指和食指，并让中指垂直于手掌，这三个手指现在正分别指向 X、Y 和 Z 的正方向，如图 15.1.1 所示。

还可以使用右手规则确定正的旋转方向，如图 15.1.1 所示。把拇指放到要绕其旋转的轴的正方向，向手掌内弯曲手的中指、无名指和小拇指，这些手指的弯曲方向就是正的旋转方向。

在三维坐标系下，同样可以使用直角坐标或极坐标来定义点。此外，在绘制三维图形时，还可使用柱坐标和球坐标来定义点。

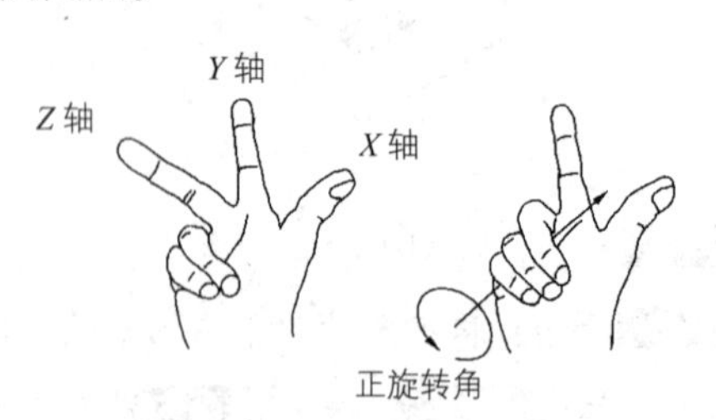

图 15.1.1　坐标轴的确定

1. 直角坐标

当工作于三维空间时，可以使用绝对坐标（相对于坐标系坐标原点）来指定点的 *X*、*Y*、*Z* 坐标。例如，要指定一个沿 *X* 轴正向 8 个单位、沿 *Y* 轴正向 6 个单位、沿 *Z* 轴正向 2 个单位的点，可以指定坐标为（8,6,2），也可以使用相对坐标（相对于最后的选择点）来指定坐标。

2. 柱坐标

柱坐标是通过定义某点在 *XY* 平面中距原点（绝对坐标）或前一点（相对坐标）的距离，在 *XY* 平面中与 *X* 轴的夹角以及 *Z* 坐标值来指定一个点，如图 15.1.2 所示。举例如下。

- 绝对柱坐标（20<45,50）的含义：在 *XY* 平面中与原点的距离为 20，在 *XY* 平面中与 *X* 轴的角度为 45°，*Z* 坐标为 50。
- 相对柱坐标（@20<45,50）的含义：在 *XY* 平面中与前一点的距离为 20，在 *XY* 平面中与 *X* 轴的角度为 45°，*Z* 坐标为 50。

3. 球坐标

点的球坐标具有三个参数：它相对于原点（绝对坐标）或前一点（相对坐标）的距离，在 *XY* 平面上与 *X* 轴的夹角，与 *XY* 平面的夹角（图 15.1.3），举例如下。

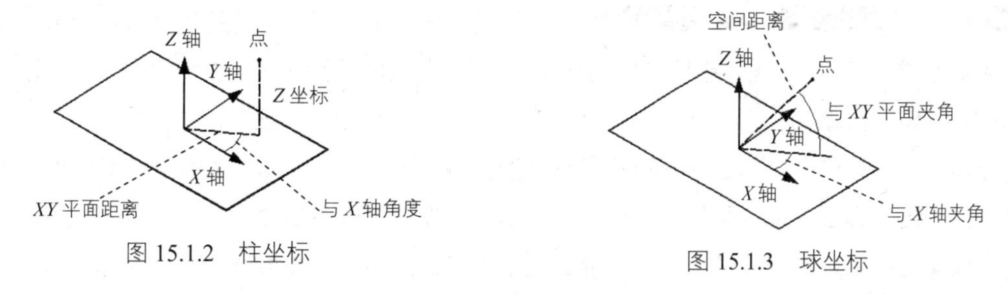

图 15.1.2　柱坐标

图 15.1.3　球坐标

- 绝对球坐标（20<45<50）的含义：相对于原点的距离为 20，在 *XY* 平面上与 *X* 轴的夹角为 45°，与 *XY* 平面的夹角为 50°。
- 相对球坐标（@20<45<50）的含义：相对于前一点的距离为 20，在 *XY* 平面上与 *X* 轴的夹角为 45°，与 *XY* 平面的夹角为 50°。

15.2　观察三维图形

15.2.1　设置视点进行观察

视点是指在三维空间中观察图形对象的方位。当在三维空间中观察图形对象时，往往需要从不同的方位来查看三维对象上不同的部位，因此变换观察的视点是必不可少的。

为了方便本节的学习，首先打开随书光盘上的文件 D:\cad1701\work\ch15.02\3d_view.dwg。

在 AutoCAD 中，用户可以在命令行输入 VPOINT 命令设置观察视点。执行 VPOINT 命令后，系统命令行提示图 15.2.1 所示的信息，在此提示下可以选择如下三种操作方法之一。

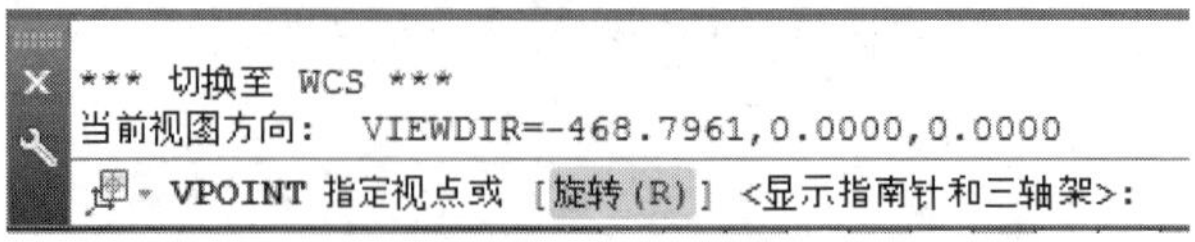

```
*** 切换至 WCS ***
当前视图方向:  VIEWDIR=-468.7961,0.0000,0.0000
VPOINT 指定视点或 [旋转(R)] <显示指南针和三轴架>:
```

图 15.2.1　命令行提示

◆　*操作方法一*

指定视点：输入一个三维点的坐标，如（1,1,1），然后按 Enter 键。此时系统即以该点与坐标原点的连线方向作为观察方向，并在屏幕上按该方向显示图形的投影。

◆　*操作方法二*

旋转（R）：输入 R 并按 Enter 键，在输入 XY 平面中与 X 轴的夹角的提示下，输入角度值（如 135）并按 Enter 键；接着在输入与 XY 平面的夹角的提示下，输入该角度值（如 75）并按 Enter 键，这样便可设置观察的方向。

◆　*操作方法三*

使用坐标球和三轴架：在图 15.2.1 所示的提示下，直接按 Enter 键（或选择下拉菜单 视图(V) → 三维视图(D) → 视点(V) 命令），系统将暂时清除屏幕上的图形，只显示图 15.2.2 所示的坐标球和三轴架，移动鼠标时，坐标球中的小光标也跟着移动。坐标球的圆心表示北极（0,0,1），内环是赤道（n,n,0），外环是南极（0,0,−1）。因此，当光标位于内环之内时，相当于视点在球体的上半球体，将从上向下观察三维模型，方向（东、北、西或南）由从圆心到光标的角度决定；当光标位于内环与外环之间时，表示视点在球体的下半球体，将从下向上观察三维模型；如果光标正好位于内环上，将从赤道向下观察三维模型；如果光标位于外环上，将从模型底部竖直向上观察模型。当移动坐标球中的光标时，三轴架的方向也随之改变，可以进一步协助设置当前的视点。

另外，用户还可以利用对话框来设置视点，其操作方法为：选择下拉菜单 视图(V) → 三维视图(D) → 视点预设(I)... 命令（或在命令行中输入 DDVPOINT 命令），系统弹出图 15.2.3 所示的“视点预设”对话框，利用该对话框，可以更加形象直观地设置视点。

在“视点预设”对话框中，绝对于 WCS(W) 和 相对于 UCS(U) 两个单选项用来确定新的观察角度是相对于世界坐标系还是相对于当前的用户坐标系。在左、右两个图像之中用实线指示出当前的视角，数值显示在其下面的文本框里。左边的图像用于设置 *XY* 平面内的观察角度，右边的图像用于设置相对于 *XY* 平面的观察角度，用户可以单击图像中的分隔线，将观察角度值设置为 45°的整数倍；也可以在 X 轴(A): 和 XY 平面(P): 文本框内输入相应的角度值。设置为平面视图(V) 按钮用于设置模型的平面视图。确定完视点后，单击 确定 按钮，系统即按该视点显示三维图形。

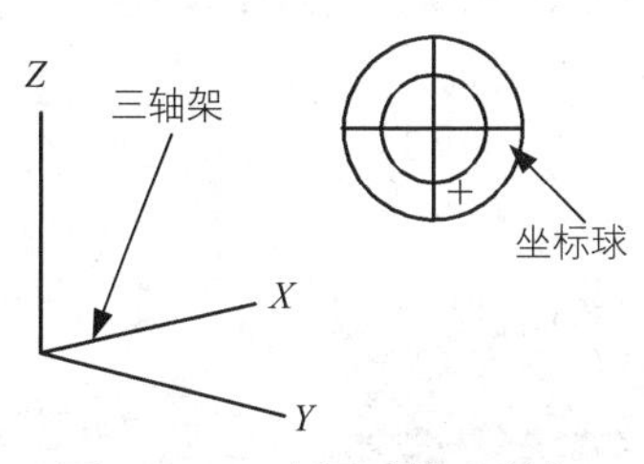

图 15.2.2 坐标球和三轴架

图 15.2.3 “视点预设”对话框

15.2.2 使用三维动态观察器

使用三维动态观察器可以在三维空间动态地观察三维对象。选择下拉菜单 视图(V) → 动态观察(B) → 自由动态观察(F) 命令后，系统将显示图 15.2.4 所示的观察球，在圆的四个象限点处带有四个小圆，就是三维动态观察器。

观察器的圆心点就是要观察的点（目标点），观察的出发点相当于相机的位置。查看时，目标点是固定不动的，通过移动鼠标可以使相机在目标点周围移动，从不同的视点动态地观察对象。结束命令后，三维图形将按新的视点方向重新定位。

在观察器中，光标的形状也将随着所处的位置而改变，可有以下几种情况。

- 当光标位于观察球的内部时，光标图标显示为。此时单击并拖动光标，可以自由地操作视图，在目标的周围移动视点。
- 当光标位于观察球以外区域时，光标图标显示为。此时单击并绕着观察球拖动光标，视图将围绕着一条穿过观察球球心且与屏幕正交的轴旋转。
- 当光标位于观察球左侧或右侧的小圆中时，光标图标显示为。单击并拖动光标，可以使视图围绕着通过观察球顶部和底部的假想的垂直轴旋转。
- 当光标位于观察球顶部或底部的小圆中时，光标图标显示为。单击并拖动光标，可以使视图围绕着通过观察球左边和右边假想的水平轴旋转。
- 在各种显示状态下，按住中键不放，可移动视图的显示位置。

在启用了三维导航工具时，按数字键 1、2、3、4 和 5 来切换三维动态的观察方式。

15.2.3 显示平面视图

当从默认的视点（0,0,1）观察图形时，就会得到模型的平面视图。要显示平面视图，可以使用以下方法。

选择下拉菜单 视图(V) → 三维视图(D) → 平面视图(P) 中的 当前 UCS(C) 子命令或者 世界 UCS(W) 子命令，如图 15.2.5 所示。

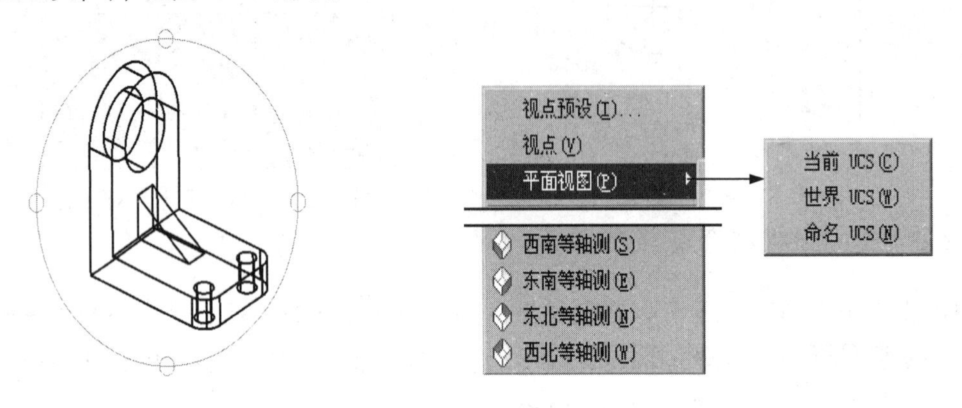

图 15.2.4 三维动态观察器　　　图 15.2.5 “平面视图”子菜单

图 15.2.5 所示的“平面视图”子菜单中各命令的说明如下。

- 当前 UCS(C)：显示指定的用户坐标系的平面视图。
- 世界 UCS(W)：显示世界坐标系的平面视图。
- 命名 UCS(N)：显示以前保存的用户坐标系的平面视图。

这三个命令不能用于图纸空间。

15.2.4 快速设置预定义的视点

AutoCAD 提供了十种预定义的视点：俯视、仰视、左视、右视、主视、后视、西南等轴测（S）、东南等轴测（E）、东北等轴测（N）和西北等轴测（W）。当选择下拉菜单 视图(V) → 三维视图(D) 下的子菜单中的各命令（图 15.2.6）时，可以快速地切换到某一个特殊的视点。

选择上面十种预定义的视点，均会引起用户坐标系（UCS）的改变。

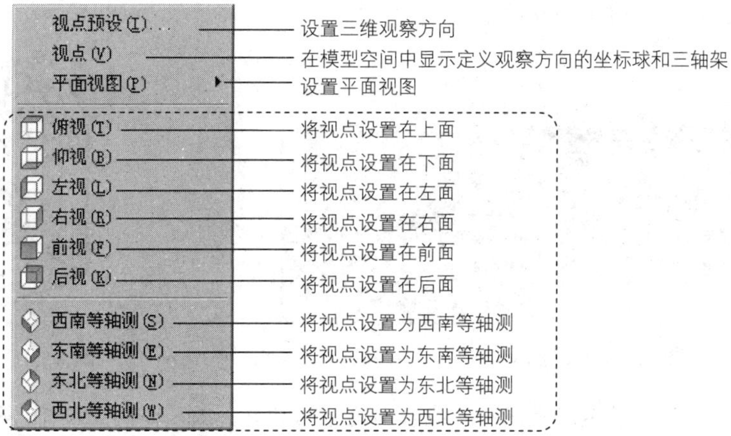

视点预设(I)... —— 设置三维观察方向
视点(V) —— 在模型空间中显示定义观察方向的坐标球和三轴架
平面视图(P) —— 设置平面视图
俯视(T) —— 将视点设置在上面
仰视(B) —— 将视点设置在下面
左视(L) —— 将视点设置在左面
右视(R) —— 将视点设置在右面
前视(F) —— 将视点设置在前面
后视(K) —— 将视点设置在后面
西南等轴测(S) —— 将视点设置为西南等轴测
东南等轴测(E) —— 将视点设置为东南等轴测
东北等轴测(N) —— 将视点设置为东北等轴测
西北等轴测(W) —— 将视点设置为西北等轴测

图 15.2.6 子菜单

15.2.5 显示样式

在 AutoCAD 中，三维实体的显示样式有很多种，主要包括消隐、三维线框、二维线框、概念与真实等。

1. 消隐

在默认状态下，系统是以线框方式显示对象的。消隐是指消除三维对象的线框图中隐藏在其他表面后的线条，增强三维对象的立体感。选择下拉菜单 视图(V) → 消隐(H) 命令（或在命令行中输入 HIDE 命令），可执行消隐操作，图 15.2.7 显示了图形消隐前后的效果。

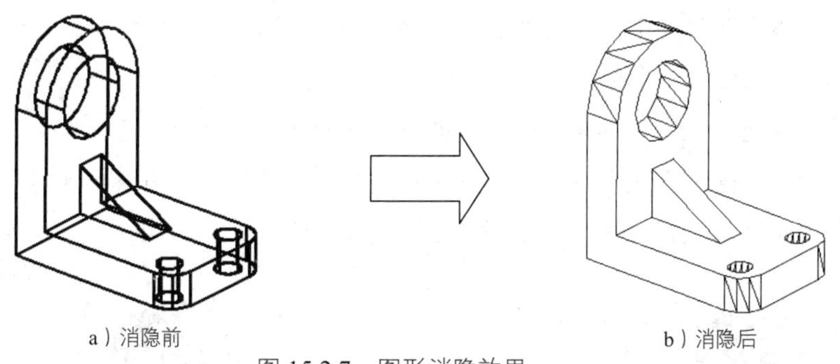

a）消隐前　　b）消隐后

图 15.2.7 图形消隐效果

2. 视觉样式

视觉样式是一组设置，用来控制边和面的显示。在默认情况下 AutoCAD 中系统提供了五种不同的视觉样式，选择下拉菜单 视图(V) → 视觉样式(S)（或在命令行中输入 VSCURRENT 命令），在系统弹出的图 15.2.8 所示的下拉菜单中选择一种合适的视觉样式即可。

◆ 二维线框。显示用直线和曲线表示边界的对象。光栅和 OLE 对象、线型和线宽均可见。效果如图 15.2.9 所示。

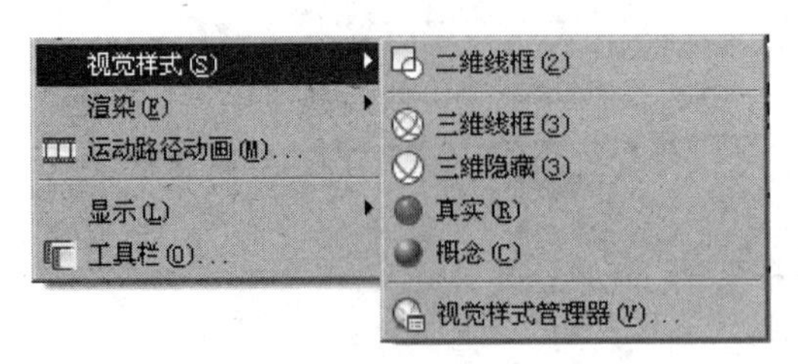

图 15.2.8 “视觉样式”子菜单

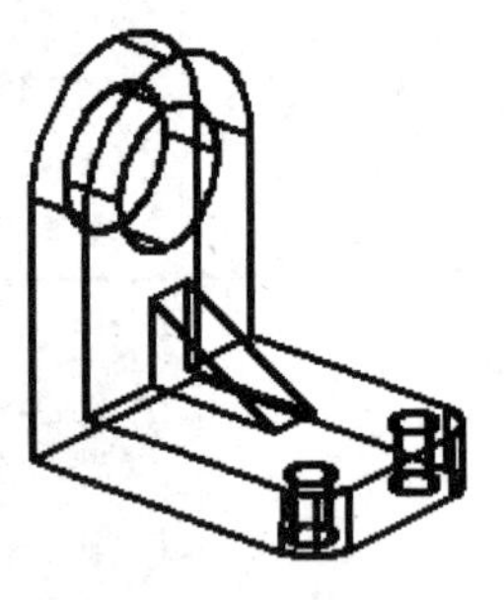

图 15.2.9 二维线框

- 三维线框。显示用直线和曲线表示边界的对象。效果如图 15.2.10 所示。
- 三维隐藏。显示用三维线框表示的对象并隐藏表示后向面的直线。效果如图 15.2.11 所示。

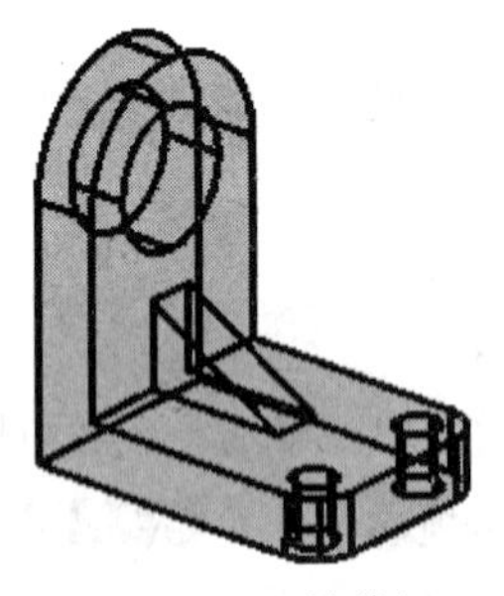

图 15.2.10 三维线框

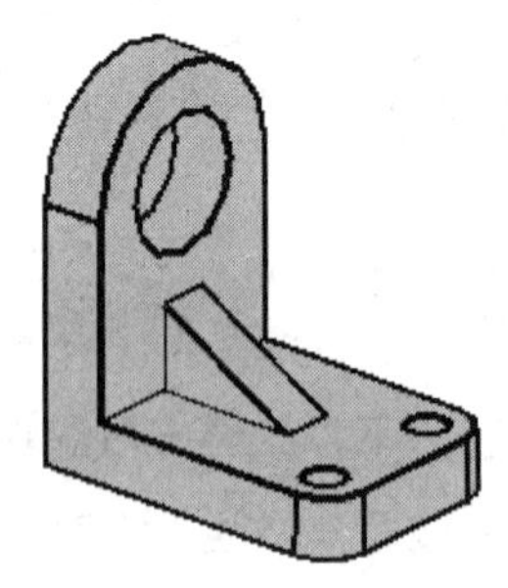

图 15.2.11 三维隐藏

- 真实。着色多边形平面间的对象，并使对象的边平滑化。将显示已附着到对象的材质。效果如图 15.2.12 所示。
- 概念。着色多边形平面间的对象，并使对象的边平滑化。着色使用古氏面样式，是一种冷色和暖色之间的转场而不是从深色到浅色的转场。效果缺乏真实感，但是可以更方便地查看模型的细节。效果如图 15.2.13 所示。

图 15.2.12 真实

图 15.2.13 概念

15.3 三维对象的分类

前面主要介绍了二维对象的创建和编辑，后面几章将主要介绍三维对象的创建、编辑和外观处理。这里有必要弄清三维对象的特点和分类。

在 AutoCAD 中，二维对象的创建、编辑、尺寸标注等都只能在三维坐标系的 *XY* 平面中进行，如果赋予二维对象一个 *Z* 轴方向的值，即可得到一个三维曲面对象，这是创建三维对象最简单的方法。当然创建三维对象还有许多方法，按照创建方法和结果的不同，可将三维模型分为线框模型、曲面模型和实体模型三种类型。

1. 线框模型

线框模型是通过线对象（直线和曲线）来表达三维形体模型的（图 15.3.1），它是对三维形体最简单的一种描述。如果要创建一个线框模型，就必须对线框模型中的每个线对象单独定位和绘制，因此这种建模方式最为耗时。另外，由于线框模型中包含的信息很少，只含有线的信息，不含面和体的信息，因此不仅不能对其进行消隐、着色和渲染处理，也不能对其进行剖切操作，而且线框模型中纵横交错的线很容易造成理解上的歧义，因而在实际应用中使用得比较少。

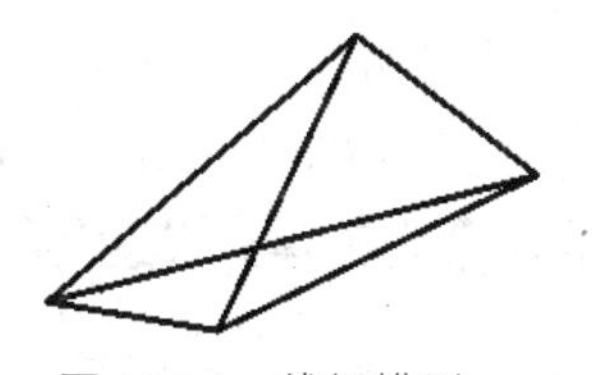

图 15.3.1 线框模型

2. 曲面模型

曲面模型是通过线对象和面对象来表达三维形体模型的（图 15.3.2），因为这种模型中含有面的信息，所以曲面模型具有一定的立体感。创建曲面模型，主要是定义面，有时还要定义边线。可以对曲面模型进行表面面积计算、表面布尔运算等操作，也可对其进行消隐、着色等外观处理，但曲面模型没有质量、重心等属性。因此它在产品造型设计、服装款式设计、建筑设计等领域有一定的应用。曲面模型可以用线框的形式进行显示。

3. 实体模型

实体模型是三种模型中最高级的一种模型类型。实体模型是由多个面围成的一个密闭的三维形体，并且该密闭的三维形体中充满了某种密度的材料（图 15.3.3），所以可以把实体模型想象为一个充满某种材料的封闭曲面模型。实体模型不仅具备曲面模型所有的特点，而且还具有体积、质量、重心、回转半径和惯性矩等属性特征。可以对实体模型进行渲染处理，实体模型也可以用线框的形式进行显示。由于实体模型包含的信息最多，在实际应用中非常广泛，本书将重点介绍实体模型的创建、编辑和渲染功能。

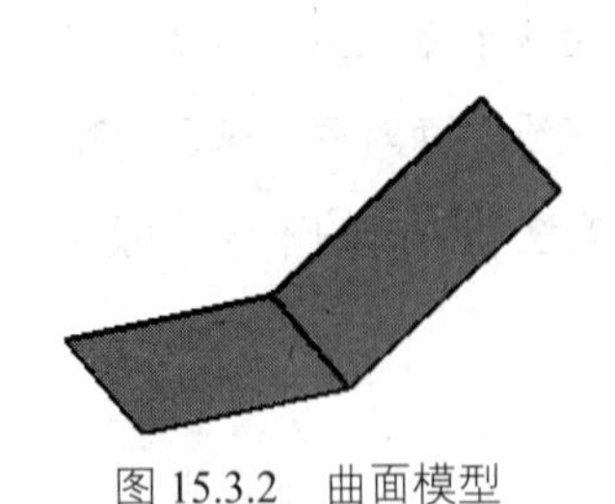

图 15.3.2　曲面模型

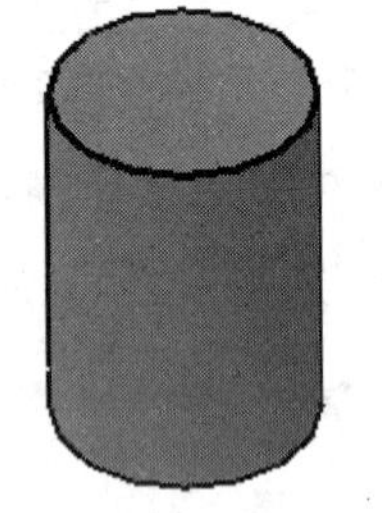

图 15.3.3　实体模型

15.4　创建三维基本元素

15.4.1　绘制点

点对象是三维图形里面最小的单元，在第 2 章中已经介绍了二维点的绘制，其实，三维点的绘制与二维点的绘制方法非常类似。下面以图 15.4.1 所示的图形为例，讲解三维点绘制的一般过程。

步骤 01　打开随书光盘上的文件 D:\cad1701\work\ch15.04.01\point01.dwg。

步骤 02　选择下拉菜单 绘图(D) → 点(O) → 单点(S) 命令，如图 15.4.2 所示。

说明：或者在命令行中输入 POINT 命令后按 Enter 键。

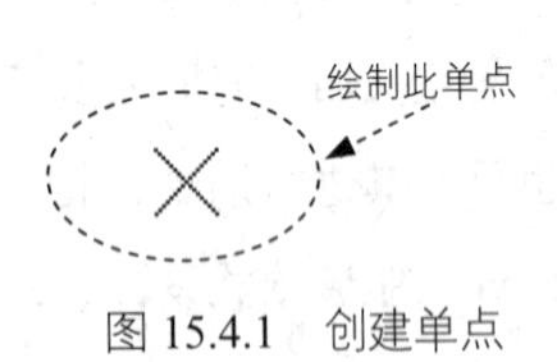

图 15.4.1　创建单点

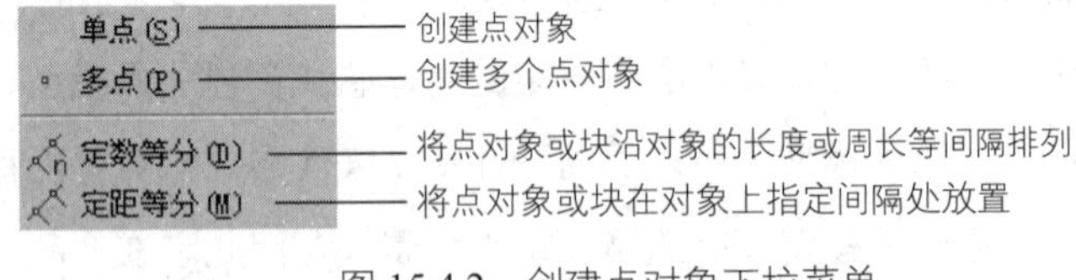

图 15.4.2　创建点对象下拉菜单

步骤 03　此时系统命令行提示图 15.4.3 所示的信息，在此提示下在绘图区某处单击（也可以在命令行输入点的坐标），系统便在指定位置绘制图 15.4.1 所示的点对象。

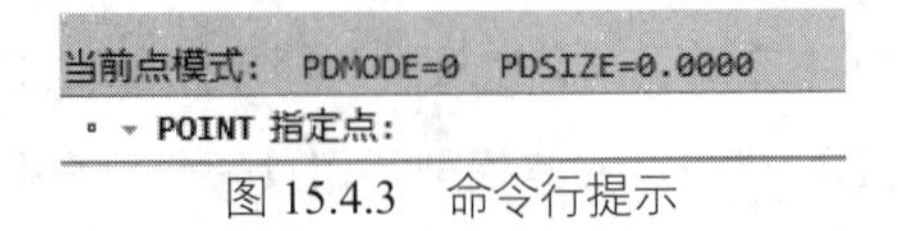

图 15.4.3　命令行提示

在三维图形中，由于其他点对象、线对象、多边形对象、圆弧类对象的绘制方法与二维基本相同，不再赘述。

15.4.2 绘制三维多段线

三维多段线在概念与组成上与二维多段线没有太大的区别，都可以创建直线段、圆弧段或者两个的组合线段。只是三维多段线是空间线，而二维多段线是在一个平面内的。下面以图 15.4.4 所示的图形为例，讲解三维多段线绘制的一般过程。

步骤 01 打开随书光盘上的文件 D:\cad1701\work\ch15.04.02\3dploy.dwg。

步骤 02 选择下拉菜单 绘图(D) → 三维多段线(3) 命令。

或者在命令行中输入 3DPLOY 命令后按 Enter 键。

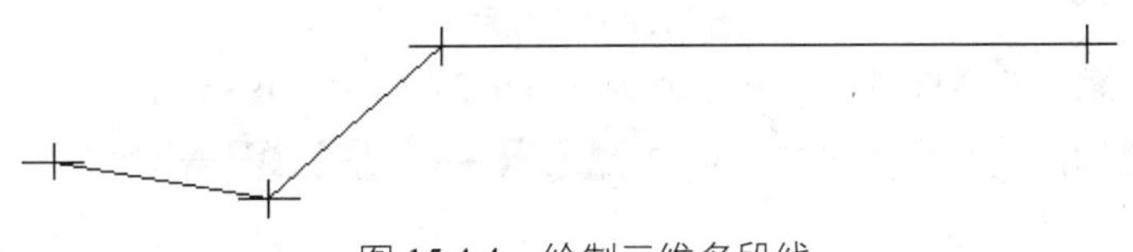

图 15.4.4 绘制三维多段线

步骤 03 指定三维多段线的第一点。在命令行 指定多段线的起点: 的提示下，将光标置于图 15.4.5 所示的第一位置点 A 处并单击。

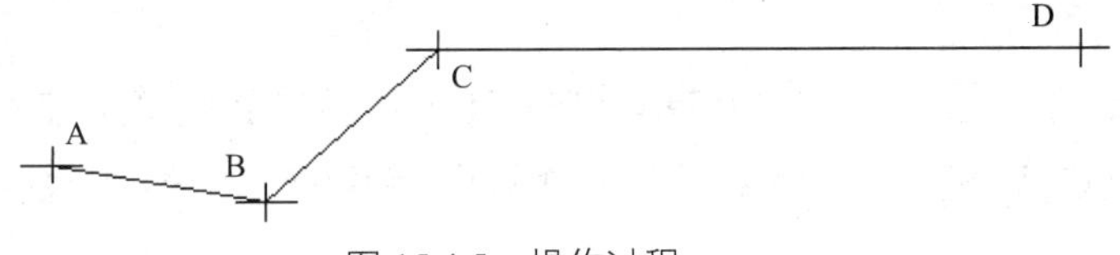

图 15.4.5 操作过程

步骤 04 指定三维多段线的第二点。系统命令行提示图 15.4.6 所示的信息，将鼠标光标移至第二位置点 B 处，然后单击。

步骤 05 指定三维多段线的第三点。系统命令行提示图 15.4.7 所示的信息，将鼠标光标移至第三位置点 C 处，然后单击。

指定多段线的起点:
3DPOLY 指定直线的端点或 [放弃(U)]:

图 15.4.6 命令行提示 1

指定直线的端点或 [放弃(U)]:
3DPOLY 指定直线的端点或 [放弃(U)]:

图 15.4.7 命令行提示 2

步骤 06 指定三维多段线的第四点。系统命令行提示图 15.4.8 所示的信息，将鼠标光标移至第四位置点 D 处，然后单击。

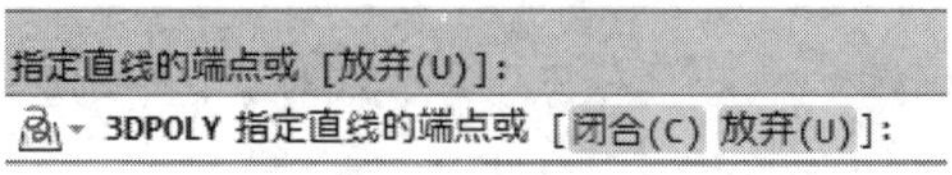

指定直线的端点或 [放弃(U)]:

3DPOLY 指定直线的端点或 [闭合(C) 放弃(U)]:

图 15.4.8 命令行提示 3

步骤 07 按 Enter 键结束操作。至此完成图 15.4.4 所示三维多段线的绘制。

15.4.3 绘制螺旋线

螺旋线是一种开口的二维或者三维螺旋线，在建模或者造型过程中会经常用到。下面以图 15.4.9 所示为例，说明绘制螺旋线的一般过程。

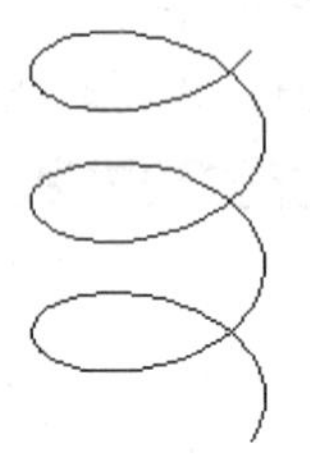

图 15.4.9 螺旋线

步骤 01 打开随书光盘文件 D:\cad1701\work\ch15.04.03\helix.dwg。

步骤 02 选择螺旋命令。选择下拉菜单 绘图(D) → 螺旋(I) 命令。

说明：进入螺旋命令还有两种方法，即单击工具选项板“建模”选项卡中的“圆柱形螺旋” 圆柱形螺旋 或者“二维螺旋”按钮 二维螺旋；或在命令行中输入 HELIX 命令后按 Enter 键。

步骤 03 定义底面中心点。在命令行指定底面的中心点：的提示下，输入点的坐标为(30,30,0)。

步骤 04 定义底面半径。在命令行指定底面半径或 [直径(D)] <46.5224>: 的提示下，输入底面半径值为 20。

步骤 05 定义顶面半径。在命令行指定顶面半径或 [直径(D)] <20.0000>: 的提示下，输入顶面半径值也为 20。

步骤 06 定义螺旋的圈数。系统命令行提示图 15.4.10 所示的信息，在命令行中输入 T，然后定义圈数为 3。

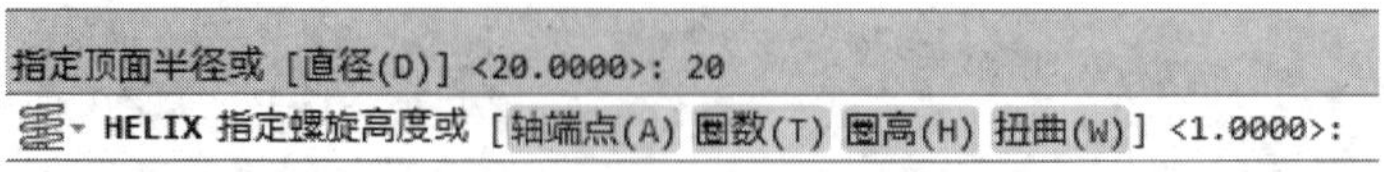

指定顶面半径或 [直径(D)] <20.0000>: 20

HELIX 指定螺旋高度或 [轴端点(A) 圈数(T) 圈高(H) 扭曲(W)] <1.0000>:

图 15.4.10 命令行提示

步骤 07 定义螺旋的高度。系统命令行提示图 15.4.10 所示的信息，在命令行中输入螺旋的高度值为 80。

图 15.4.10 所示的命令行提示中的选项说明如下。

- 轴端点(A)选项：用于指定螺旋轴的端点位置。轴端点可以是三维空间中的任意位置，该端点定义了螺旋的长度与方向。
- 圈数(T)选项：用于指定螺旋的圈数或者旋转数。在 AutoCAD 中系统能够创建的最大圈数为 500。
- 圈高(H)选项：用于指定螺旋的螺距。
- 扭曲(W)选项：用于指定螺旋线的旋向是顺时针还是逆时针。系统默认逆时针。

步骤 08 按 Enter 键结束操作。至此完成图 15.4.9 所示的螺旋线的绘制。

15.4.4 绘制三维面

三维面是指通过空间中任意的 3 个或者 4 个点来绘制一个面。下面以图 15.4.11 所示的图形为例，讲解绘制三维面的一般过程。

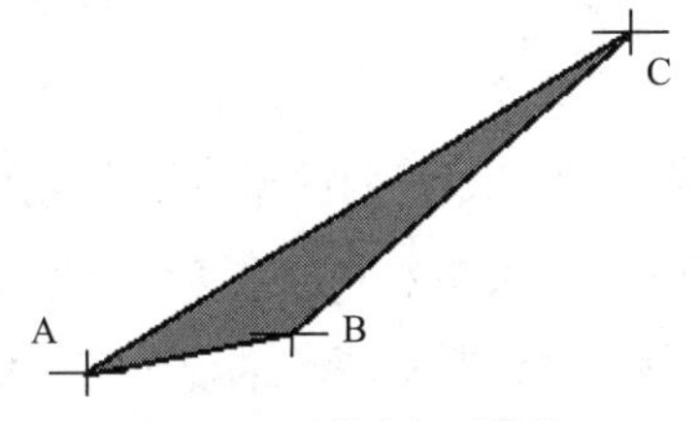

图 15.4.11 绘制三维面

步骤 01 打开随书光盘上的文件 D:\cad1701\work\ch15.04.04\3dface.dwg。

步骤 02 选择三维面命令。选择下拉菜单 绘图(D) → 建模(M) ▸ → 网格(M) → 三维面(F) 命令。

进入三维面命令还有一种方法，即在命令行中输入 3DFACE 命令后按 Enter 键。

步骤 03 定义第一点。在命令行 命令：_3dface 指定第一点或 [不可见(I)]：的提示下，选取图 15.4.11 所示的 A 点。

步骤 04 定义第二点。在命令行 指定第二点或 [不可见(I)]：的提示下，选取图 15.4.11 所示的 B 点。

步骤 05 定义第三点。在命令行 指定第三点或 [不可见(I)] <退出>：的提示下，选取图 15.4.11 所示的 C 点。

步骤 06 在系统 指定第四点或 [不可见(I)] <创建三侧面>：的提示下，按两次 Enter 键结束操作，至此完成三维面的绘制。

15.4.5 绘制多面网格

多面网格是指通过指定空间中的多个点来创建空间平面。下面以图 15.4.12 所示的图形为例，讲解绘制多面网格的一般过程。

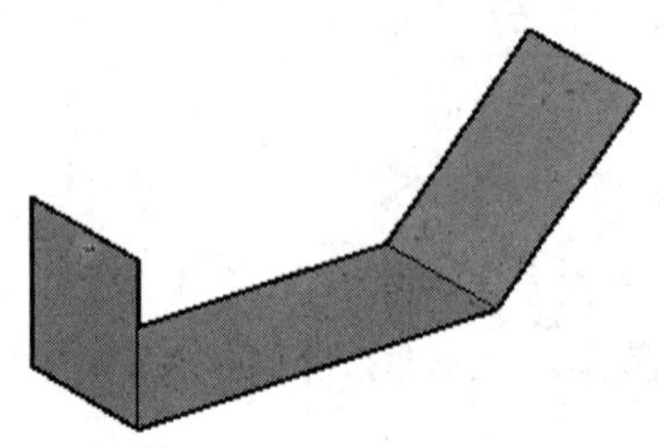

图 15.4.12 绘制多面网格

步骤 01 打开随书光盘上的文件 D:\cad1701\work\ch15.04.05\pface.dwg。

步骤 02 选择多面网格命令。在命令行中输入 PFACE 命令后按 Enter 键。

步骤 03 指定顶点 1 的位置。在命令行为顶点 1 指定位置：的提示下输入(0,0,0),然后按 Enter 键。

步骤 04 指定其余顶点的位置。在命令行的提示下依次输入顶点 2~顶点 8 的坐标，分别为 (20,0,0)、(20,50,0)、(0,50,0)、(0,0,20)、(20,0,20)、(0,70,20) 和 (20,70,20)。

步骤 05 在系统为顶点 9 或 <定义面> 指定位置：的提示下直接按 Enter 键结束顶点的输入。

步骤 06 定义面 1 上的顶点。在系统输入顶点编号或 [颜色(C)/图层(L)]：的提示下，输入 1 后按 Enter 键，在系统输入顶点编号或 [颜色(C)/图层(L)] <下一个面>：的提示下，输入 2 后按 Enter 键，然后输入 6 后按 Enter 键，最后输入 5 后按 Enter 键。

步骤 07 定义面 2 上的顶点。在系统输入顶点编号或 [颜色(C)/图层(L)] <下一个面>：的提示下直接按 Enter 键，然后参照上一步依次将 1、2、3、4 点作为面 2 上的点。

步骤 08 定义面 3 上的顶点。具体操作可参照上一步，顶点的加入顺序为 3、4、7、8。

步骤 09 按两次 Enter 键结束操作，至此完成多面网格的绘制。

15.4.6 绘制三维网格

三维网格是指通过指定空间中的多个点来创建三维网格，将这些点按照指定的顺序来确定三维网格曲面的空间位置。下面以图 15.4.13 所示的图形为例，讲解三维网格绘制的一般过程。

步骤 01 打开随书光盘上的文件 D:\cad1701\work\ch15.04.06\3dmesh.dwg。

步骤 02 选择三维网格命令。在命令行中输入 3DMESH 命令后按 Enter 键。

步骤 03 定义 M 方向上的网格数量。在命令行输入 M 方向上的网格数量：的提示下输入 M 方向上的网格数量为 4。

步骤 04 定义 N 方向上的网格数量。在命令行输入 N 方向上的网格数量：的提示下输入 N 方向上的网格数量为 3。

步骤 05 在系统为顶点 (0, 0) 指定位置：的提示下输入（10,5,5）后按 Enter 键。

步骤 06 参照上一步，为三维曲面创建其余顶点，各顶点的坐标可参照图 15.4.14 所示。

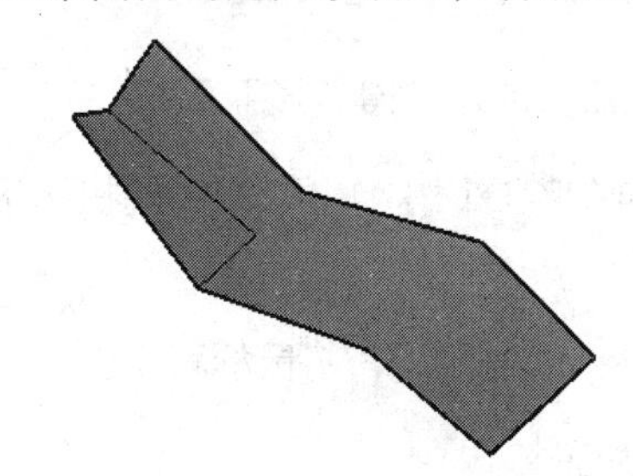

图 15.4.13 绘制三维网格

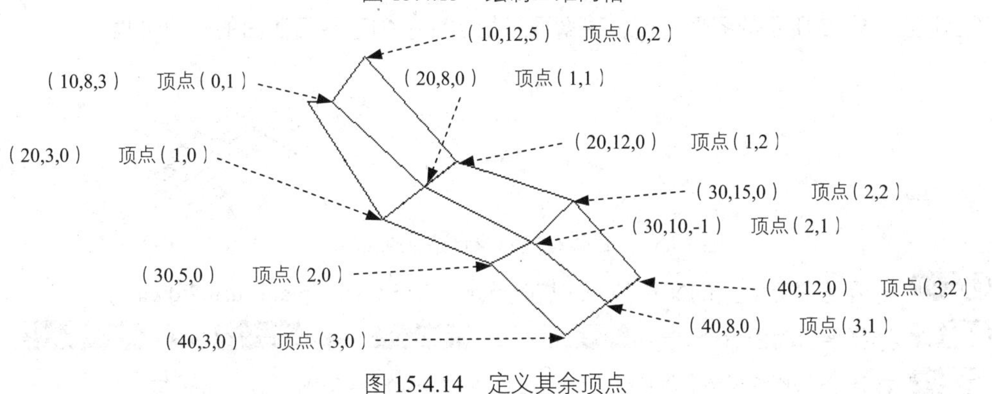

图 15.4.14 定义其余顶点

步骤 07 按 Enter 键结束操作，至此完成三维网格的绘制。

15.5 通过二维草图创建三维网格曲面

15.5.1 创建平面曲面

平面曲面是没有深度参数的二维平面。在创建平面曲面时，系统提供了两种创建平面曲面的方法，下面将分别介绍。

1. 创建矩形平面曲面

下面以图 15.5.1 所示的图形为例，讲解矩形平面曲面绘制的一般过程。

步骤 01 打开随书光盘上的文件 D:\cad1701\work\ch15.05.01\ planesurf01.dwg。

步骤 02 选择平面曲面命令。选择下拉菜单 绘图(D) → 建模(M) ▸ → 曲面(F) ▸ → 平面(L) 命令。

进入平面曲面命令还有一种方法，即在命令行中输入 PLANESURF 命令后按 Enter 键。

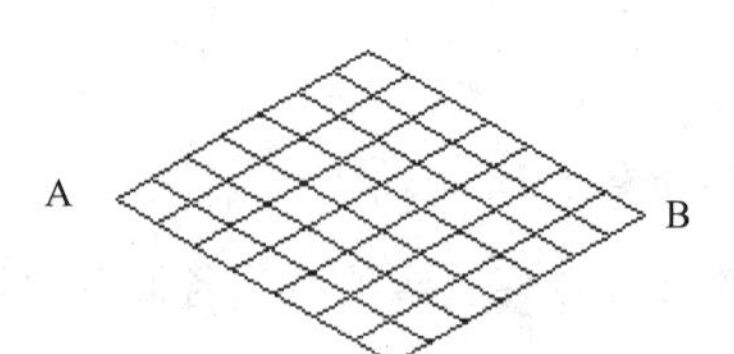

图 15.5.1 创建矩形平面曲面

步骤 03 在命令行指定第一个角点或 [对象(O)] <对象>: 的提示下，将鼠标移至图 15.5.1 所示 A 点的位置并单击。

步骤 04 在命令行指定其他角点: 的提示下，将鼠标移至图 15.5.1 所示 B 点的位置并单击。

2. 通过指定对象创建平面曲面

下面以图 15.5.2 所示的图形为例，讲解通过指定对象创建平面曲面的一般过程。

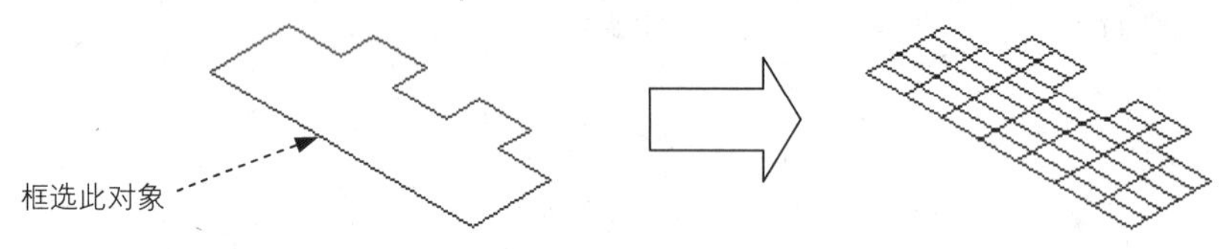

图 15.5.2 通过指定对象创建平面曲面

步骤 01 打开随书光盘上的文件 D:\cad1701\work\ch15.05.01\ planesurf02.dwg。

步骤 02 选择平面曲面命令。选择 绘图(D) → 建模(M) → 曲面(F) → 平面(L) 命令。

步骤 03 在命令行指定第一个角点或 [对象(O)] <对象>: 的提示下，按 Enter 键。

步骤 04 在命令行选择对象: 的提示下，选取图 15.5.2 所示的对象。

步骤 05 按 Enter 键结束操作，至此完成按照指定对象创建平面曲面的创建。

15.5.2 创建旋转网格

旋转网格是指将截面绕着一条中心轴旋转一定的角度来创建与旋转曲面近似的网格。下面以图 15.5.3 所示的图形为例，讲解创建旋转网格的一般过程。

步骤 01 打开随书光盘上的文件 D:\cad1701\work\ch15.05.02\ revsurf.dwg。

步骤 02 设定旋转方向上网格线的数量。将系统变量 SURFTAB1 的值设置为 30，将系统变量 SURFTAB2 的值设置为 6。

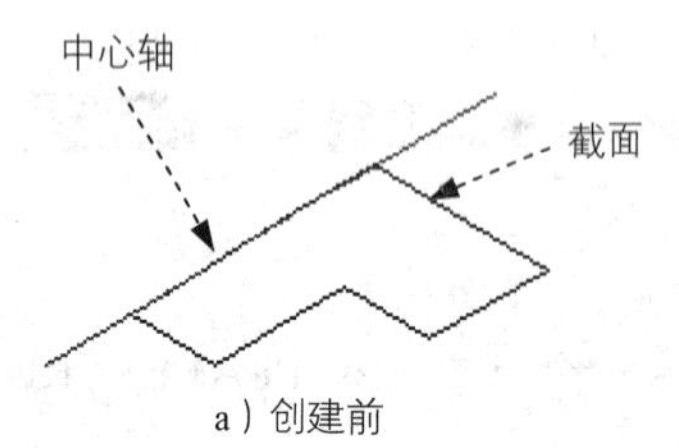

a）创建前

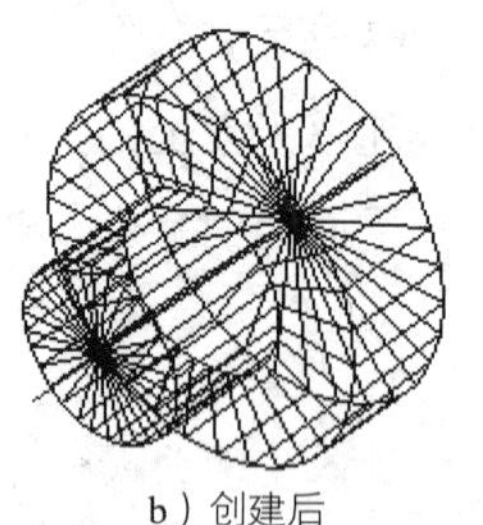

b）创建后

图 15.5.3 创建旋转网格

步骤 03 选择旋转网格命令。选择 绘图(D) → 建模(M) → 网格(M) → 旋转网格(M) 命令。

步骤 04 选择要旋转的对象。在命令行选择要旋转的对象：提示下选取图 15.5.3a 所示的截面。

步骤 05 选择旋转轴。在命令行选择定义旋转轴的对象：的提示下选取图 15.5.3a 所示的中心轴。

步骤 06 定义旋转的起始角与包含角。在命令行指定起点角度 <0>：的提示下按 Enter 键，在命令行指定包含角（+=逆时针，-=顺时针）<360>：的提示下按 Enter 键结束操作，至此完成旋转网格的绘制。

15.5.3 绘制平移网格

平移网格是指将截面轮廓沿着给定的方向路径扫掠来创建的网格。下面以图 15.5.4 所示的图形为例，讲解创建平移网格的一般过程。

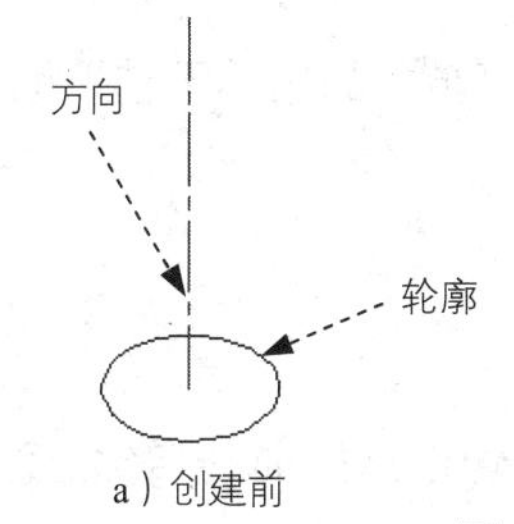

a）创建前

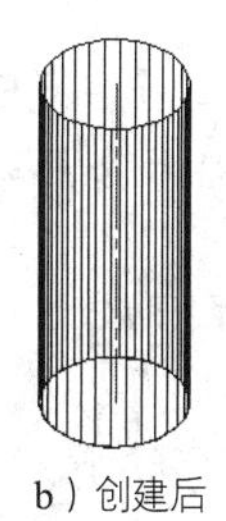
b）创建后

图 15.5.4　创建平移网格

步骤 01 打开随书光盘上的文件 D:\cad1701\work\ch15.05.03\tabsurf.dwg。

步骤 02 设定旋转方向上网格线的数量。将系统变量 SURFTAB1 的值设置为 30。

步骤 03 选择平移网格命令。选择 绘图(D) → 建模(M) → 网格(M) → 平移网格(T) 命令。

步骤 04 选择轮廓曲线。在命令行选择用作轮廓曲线的对象：的提示下选取图 15.5.4a 所示的轮廓。

步骤 05 选择方向矢量。在命令行选择用作方向矢量的对象：的提示下选取图 15.5.4a 所示的方向线（靠近下方选取），至此完成平移网格的绘制。

在定义方向矢量时，选取的位置不同拉伸的方向也会不同，当在靠近直线下方选取时，拉伸的方向向上；当靠近上方选取时，拉伸的方向向下。

15.5.4 绘制直纹网格

直纹网格可以理解为将两条曲线轮廓线（截面线串）用一系列直线连接而成的网格。下面以图 15.5.5 所示的图形为例，讲解创建直纹网格的一般过程。

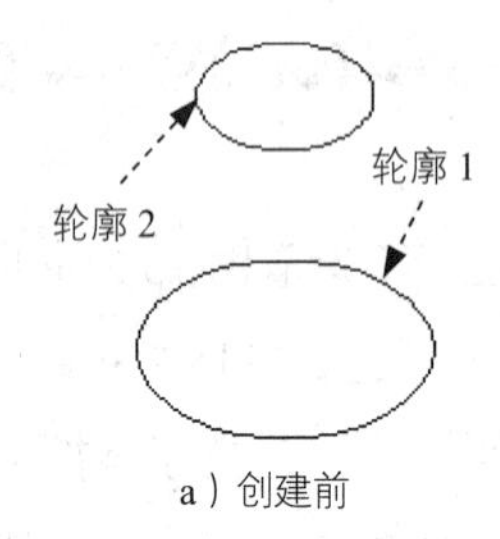

a）创建前

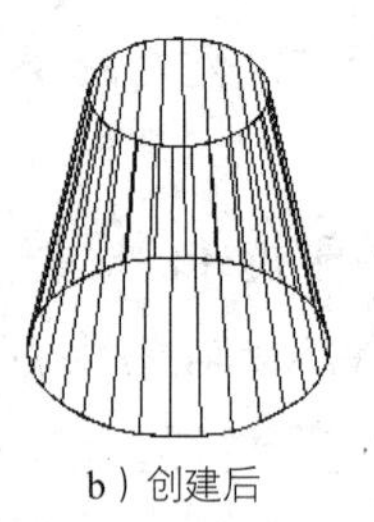

b）创建后

图 15.5.5　创建直纹网格

步骤 01 打开随书光盘上的文件 D:\cad1701\work\ch15.05.04\rulesurf.dwg。

步骤 02 设定旋转方向上网格线的数量。将系统变量 SURFTAB1 的值设置为 30。

步骤 03 选择直纹网格命令。选择 绘图(D) → 建模(M) → 网格(M) → 直纹网格(R) 命令。

步骤 04 选择第一条定义曲线。在命令行选择第一条定义曲线：的提示下选取图 15.5.5a 所示的轮廓 1。

步骤 05 选择第二条定义曲线。在命令行选择第二条定义曲线：的提示下选取图 15.5.5a 所示的轮廓 2，至此完成直纹网格的绘制。

15.5.5　绘制边界网格

边界网格是以四条边界对象为骨架进行形状控制，且通过这些曲线自然过渡生成的网格。下面以图 15.5.6 所示的图形为例，讲解创建边界网格的一般过程。

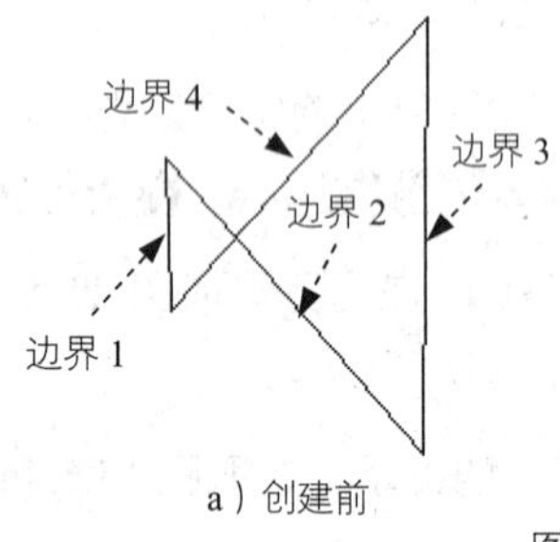

a）创建前

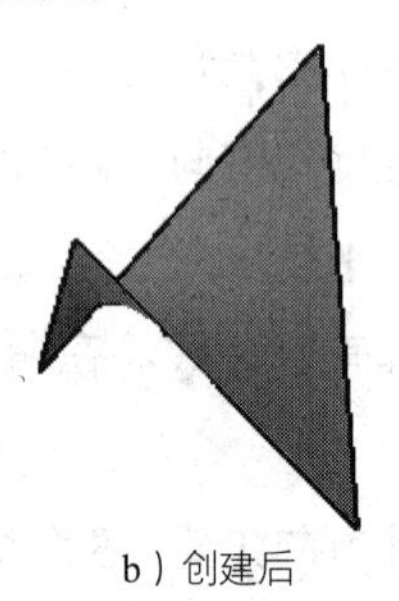

b）创建后

图 15.5.6　创建边界网格

步骤 01 打开随书光盘上的文件 D:\cad1701\work\ch15.05.05\edgesurf.dwg。

步骤 02 设定旋转方向上网格线的数量。将系统变量 SURFTAB1 的值设置为 30。

步骤 03 选择边界网格命令。选择 绘图(D) → 建模(M) → 网格(M) → 边界网格(D) 命令。

步骤 04 选择边界对象 1。在命令行选择用作曲面边界的对象 1：的提示下选取图 15.5.6a 所示的边界 1。

步骤 05 选择边界对象 2。在命令行选择用作曲面边界的对象 2：的提示下选取图 15.5.6a 所示的边界 2。

步骤 06 选择边界对象 3。在命令行选择用作曲面边界的对象 3:的提示下选取图 15.5.6a 所示的边界 3。

步骤 07 选择边界对象 4。在命令行选择用作曲面边界的对象 4:的提示下选取图 15.5.6a 所示的边界 4，至此完成边界网格的绘制。

15.6 创建基本的三维实体对象

1. 长方体

在 AutoCAD 中，我们可以创建实心的长方体，且长方体的底面与当前用户坐标系的 *XY* 平面平行。可以使用以下几种方法创建实心长方体。

- 指定长方体的中心点或一个角点，然后指定第二个角点和高度。
- 指定长方体的中心点或一个角点，然后选取立方体选项，再指定立方体的长度。
- 指定长方体的中心点或一个角点，然后指定长度、宽度和高度。

下面将采用第三种方法来创建图 15.6.1 所示的一个长、宽、高分别为 60、50、30 的长方体，操作过程如下。

步骤 01 选择下拉菜单 绘图(D) → 建模(M) → 长方体(B) 命令。

步骤 02 在指定第一个角点或 [中心(C)]:的提示下，在绘图区选择一点。

步骤 03 在指定其他角点或 [立方体(C)/长度(L)]:的提示下，输入字母 L 后按 Enter 键，即采用给定长、宽、高的方式来绘制长方体。

步骤 04 在指定长度: 的提示下，输入长度值 60，并按 Enter 键。

步骤 05 在指定宽度: 的提示下，输入宽度值 50，并按 Enter 键。

步骤 06 在指定高度或 [两点(2P)]:的提示下，输入高度值 30，并按 Enter 键。

步骤 07 调整视点观察图形。选择下拉菜单 视图(V) → 三维视图(D) → 西南等轴测(S) 命令，设置西南方向等轴测视点观察图形。

2. 圆柱体

在 AutoCAD 中，CYLINDER 命令用于创建以圆或椭圆作为底面的圆柱实体（图 15.6.2）。当创建一个圆柱体时，首先要指定圆或椭圆的尺寸（与绘制圆及椭圆的方法相同），然后需要指定圆柱体的高度。

输入的正值或负值既定义了圆柱体的高度，又定义了圆柱体的方向。

3. 圆锥体

选择下拉菜单 绘图(D) → 建模(M) → 圆锥体(O) 命令可以创建图 15.6.3 所示的圆锥体。当创建一个圆锥体时，首先要指定底面圆或椭圆的尺寸（与绘制圆及椭圆的方法相同），然后需要指定圆锥体的高度。

输入的正值或负值既定义了圆锥体的高度，又定义了圆锥体的方向。

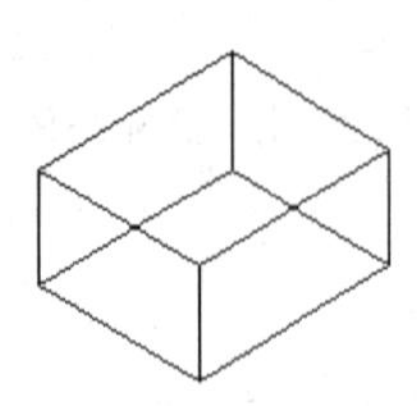

图 15.6.1　长方体

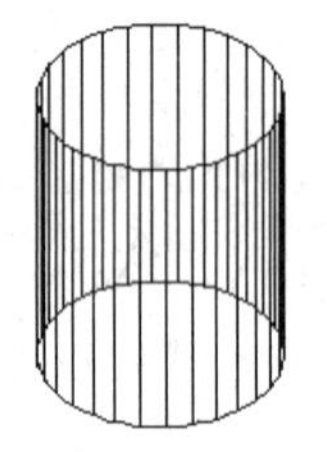

图 15.6.2　圆柱体

图 15.6.3　圆锥体

4. 球体

在 AutoCAD 中，SPHERE 命令用于创建一个球体，且球体的纬线平行于 *XY* 平面，中心轴平行于当前用户坐标系的 *Z* 轴。图 15.6.4 所示就是一个球体的例子，操作过程如下。

步骤 01 设定网格线数。在命令行中输入 ISOLINES 并按 Enter 键，输入值 30 后按 Enter 键。

系统变量 ISOLINES 用来确定对象每个面上的网格线数。

步骤 02 创建球体对象。选择下拉菜单 绘图(D) → 建模(M) → 球体(S) 命令；在 指定中心点或 [三点(3P)/两点(2P)/切点、切点、半径(T)]: 的提示下，在绘图区选择一点；在 指定半径或 [直径(D)]: 的提示下，输入球体的半径值 100 并按 Enter 键。

5. 棱锥体

选择下拉菜单 绘图(D) → 建模(M) → 棱锥体(Y) 命令可以创建图 15.6.5 所示的棱锥体。棱锥体的底面平行于当前用户坐标系的 *XY* 平面，当创建一个棱锥体时，首先要指定底面正多边形的尺寸（与绘制多边形的方法相同），然后需要指定棱锥体的高度。

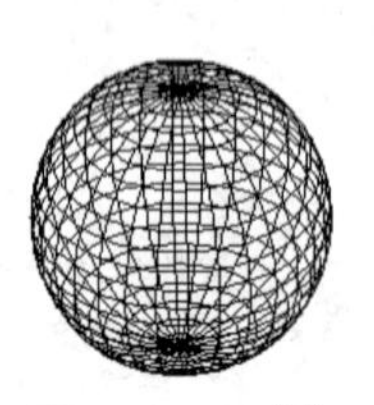

图 15.6.4　球体

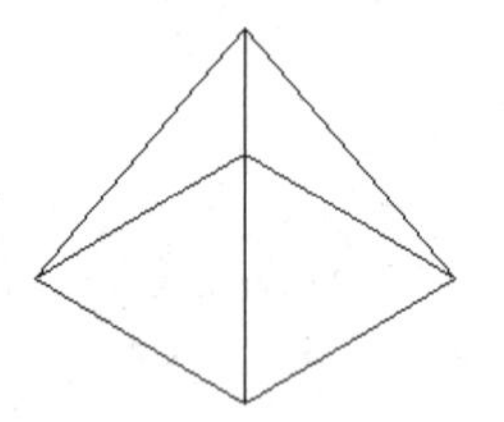

图 15.6.5　棱锥体

6. 楔体

选择下拉菜单 绘图(D) → 建模(M) → 楔体(W) 命令可以创建图 15.6.6 所示的楔体。楔体的底面平行于当前用户坐标系的 *XY* 平面，并沿 *X* 轴方向变细。楔体的高度是沿 Z 轴方向的高度，可以是正值也可以是负值。

7. 圆环体

选择下拉菜单 绘图(D) → 建模(M) → 圆环体(T) 命令可以创建图 15.6.7 所示的圆环体。圆环体由两个半径确定，一个半径是从圆环的中心到圆管的中心的距离，另一个半径是圆管的中心到外表面的距离。创建的圆环体平行于当前用户坐标系的 *XY* 面，且中心轴与 *Z* 轴平行。

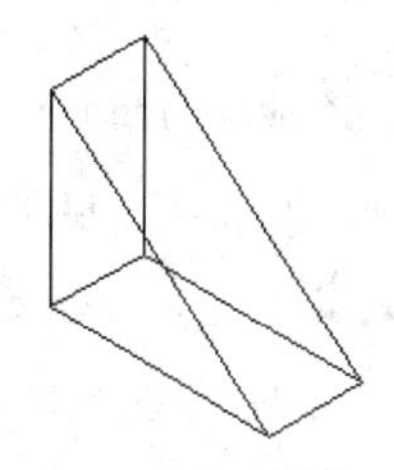

图 15.6.6 楔体

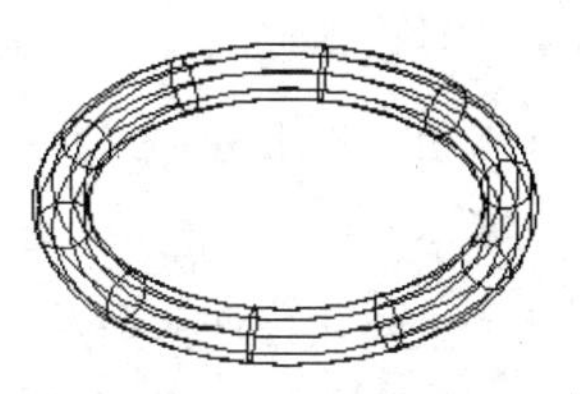

图 15.6.7 圆环体

15.7 由二维对象创建三维实体

15.7.1 拉伸

创建拉伸实体，就是将二维封闭的图形对象沿其所在平面的法线方向按指定的高度拉伸，或按指定的路径进行拉伸来绘制三维实体。拉伸的二维封闭图形可以是圆、椭圆、圆环、多边形、闭合的多段线、矩形、面域或闭合的样条曲线等。

1. 按指定的高度拉伸对象

下面以图 15.7.1 所示的实体为例，说明指定高度创建拉伸对象的操作方法。

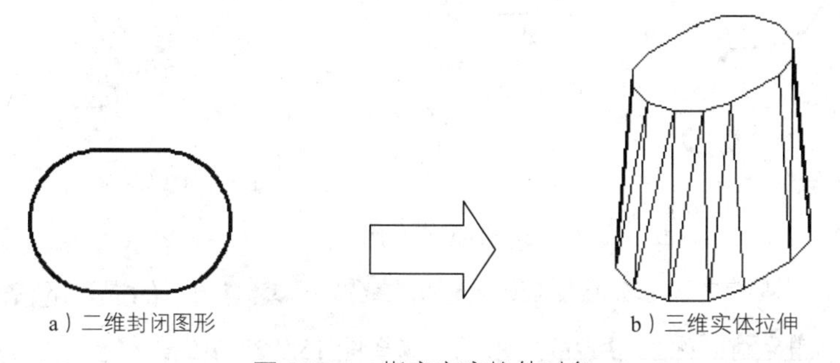

a）二维封闭图形　　b）三维实体拉伸

图 15.7.1 指定高度拉伸对象

步骤 01 打开随书光盘上的文件 D:\cad1701\work\ch15.07.01\extrud_2d.dwg。

步骤 02 选择下拉菜单 绘图(D) → 建模(M) → 拉伸(X) 命令。

步骤 03 在选择要拉伸的对象或 [模式(MO)]:的提示下，选择图 15.7.1a 中封闭的二维图形后按 Enter 键。

步骤 04 在 指定拉伸的高度或 [方向(D) 路径(P) 倾斜角(T) 表达式(E)]: 的提示下，输入 T。

步骤 05 在指定拉伸的倾斜角度或 [表达式(E)] <0>: 的提示下，输入拉伸角度值 5 并按 Enter 键。

步骤 06 在 指定拉伸的高度或 [方向(D) 路径(P) 倾斜角(T) 表达式(E)]: 的提示下，输入拉伸高度值 100 并按 Enter 键。

步骤 07 选择下拉菜单 视图(V) → 三维视图(D) ▸ → 西南等轴测(S) 命令。

步骤 08 为了方便查看，选择下拉菜单 视图(V) → 消隐(H) 命令进行消隐，消隐后可看到图 15.7.1b 所示的实体拉伸效果。

- 指定高度拉伸时，如果高度为正值，则沿着 +Z 轴方向拉伸；如果高度为负值，则沿着–Z 轴方向拉伸；在指定拉伸的倾斜角度时，角度允许的范围是 –90° ~ +90°。当采用默认值 0°时，表示生成实体的侧面垂直于 *XY* 平面，且没有锥度；如果输入正值，将产生内锥度；否则，将产生外锥度。
- 用直线 LINE 命令创建的封闭二维图形，必须用 REGION 命令转化为面域后，才能将其拉伸为实体。

2. 沿路径拉伸对象

下面介绍如何沿指定的路径创建图 15.7.2 所示的三维拉伸实体。

步骤 01 打开随书光盘上的文件 D:\cad1701\work\ch15.07.01\extrud_2d_path.dwg。

步骤 02 设定网格线数。将系统变量 ISOLINES 的值设置为 20。

步骤 03 选择下拉菜单 绘图(D) → 建模(M) ▸ → 拉伸(X) 命令，然后选择图 15.7.2a 中的椭圆为拉伸对象，按 Enter 键以结束选取对象。

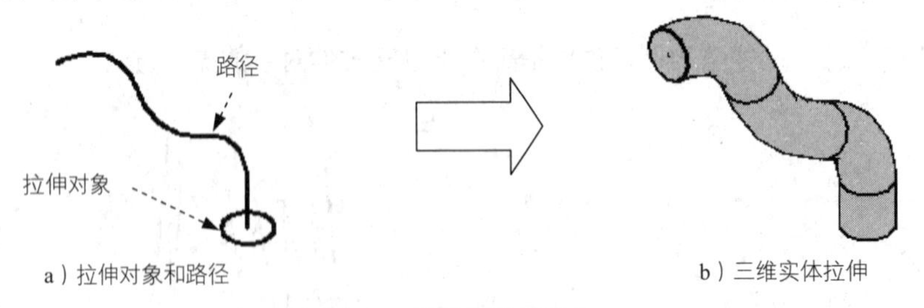

图 15.7.2　沿路径拉伸对象

步骤 04 在 指定拉伸的高度或 [方向(D) 路径(P) 倾斜角(T) 表达式(E)]: 的提示下，输入字母 *P* 后按 Enter 键，在选择拉伸路径或 [倾斜角(T)]:的提示下，选择图 15.7.2a 中的路径。

步骤 05 选择下拉菜单 视图(V) → 视觉样式(S) → 消隐(H) 命令更改图形的显示样式，结果如图 15.7.2b 所示。如果要使实体表面平滑，用户可通过增大系统变量 FACETRES 的值来实现。

◆ 拉伸路径可以是直线、圆、圆弧、椭圆、椭圆弧、多段线或样条曲线。拉伸路径可以是开放的，也可以是封闭的，但它不能与被拉伸的对象共面。如果路径中包含曲线，则该曲线不能带尖角（或半径太小的圆角），因为尖角曲线会使拉伸实体自相交，从而导致拉伸失败。

◆ 如果路径是开放的，则路径的起点应与被拉伸的对象在同一个平面内，否则拉伸时，系统会将路径移到拉伸对象所在平面的中心处。

◆ 如果路径是一条样条曲线，则样条曲线的一个端点切线应与拉伸对象所在平面垂直，否则，样条会被移到断面的中心，并且起始断面会旋转到与样条起点处垂直的位置。

15.7.2 旋转

三维实体旋转就是将一个闭合的二维图形绕着一个轴旋转一定的角度从而得到实体。旋转轴可以是当前用户坐标系的 *X* 轴或 *Y* 轴，也可以是一个已存在的直线对象，或是指定的两点间的连线。用于旋转的二维对象可以是封闭多段线、多边形、圆、椭圆、封闭样条曲线、圆环以及面域。在旋转实体时，三维对象、包含在块中的对象、有交叉或自干涉的多段线都不能被旋转。下面介绍图 15.7.3 所示的三维旋转实体的创建过程。

步骤 01 打开随书光盘上的文件 D:\cad1701\work\ch15.07.02\revol_2d.dwg。

步骤 02 设定网格线数。在命令行输入 ISOLINES 并按 Enter 键，然后在输入 ISOLINES 的新值的提示下输入值 30 并按 Enter 键。

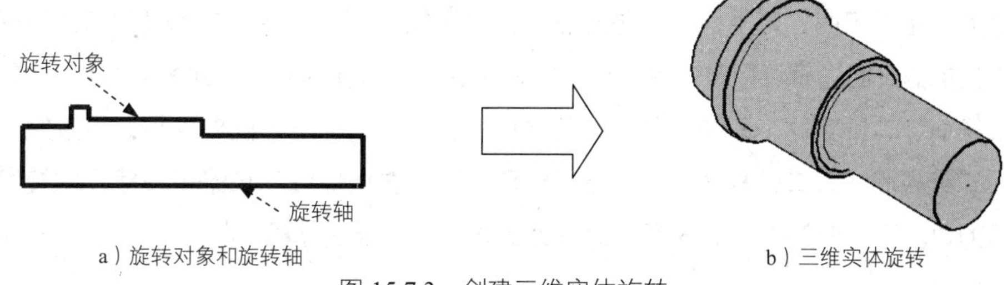

a）旋转对象和旋转轴　　b）三维实体旋转

图 15.7.3　创建三维实体旋转

步骤 03 选择下拉菜单 绘图(D) → 建模(M) ▸ → 旋转(R) 命令。

也可以在命令行中输入 REVOLVE 命令后按 Enter 键。

步骤 04 在选择要旋转的对象或 [模式(MO)]:的提示下，选择图 15.7.3a 中封闭的二维图形作为旋转对象。

步骤 05 当再次出现选择要旋转的对象或 [模式(MO)]:提示时，按 Enter 键结束选取对象。

步骤 06 系统命令行提示图 15.7.4 所示的信息，在此提示下，输入字母 *O* 后按 Enter 键（选取对象(O)选项）。

选择要旋转的对象或 [模式(MO)]:
REVOLVE 指定轴起点或根据以下选项之一定义轴 [对象(O) X Y Z] <对象>:

图 15.7.4　命令行提示

步骤 07 在选择对象：的提示下，选择图 15.7.3a 中的直线作为旋转轴。

步骤 08 在指定旋转角度或 [起点角度(ST)/反转(R)/表达式(EX)] <360>:的提示下，按 Enter 键，采用默认角度值 360。

步骤 09 选择下拉菜单 视图(V) → 三维视图(D) ▸ → 东南等轴测(E) 命令。

步骤 10 选择下拉菜单 视图(V) → 消隐(H) 命令进行消隐。

步骤 11 选择下拉菜单 视图(V) → 视觉样式(S) ▸ → 消隐(H) 命令，结果如图 15.7.3b 所示。

当将一个二维对象通过拉伸或旋转生成三维对象后，AutoCAD 通常要删除原来的二维对象。系统变量 DELOBJ 可用于控制原来的二维对象是否保留。

15.7.3　扫掠

三维实体扫掠就是通过将平面轮廓沿着给定的路径掠过从而生成实体。平面轮廓可以是开放的，也可以是封闭的，若平面轮廓是开放的，则生成曲面；若平面轮廓是封闭的，则生成实体。用于扫掠的平面轮廓可以是直线、圆弧、椭圆弧、二维多段线、二维样条曲线、圆、椭圆、平面的三维面、二维实体、面域以及实体的平面等；用于扫掠路径的对象可以是直线、圆弧、椭圆弧、二维多段线、二维样条曲线、圆、椭圆、二维样条曲线、三维多段线、螺旋线、实体以及曲面的边。下面介绍图 15.7.5 所示的三维实体扫掠的创建过程。

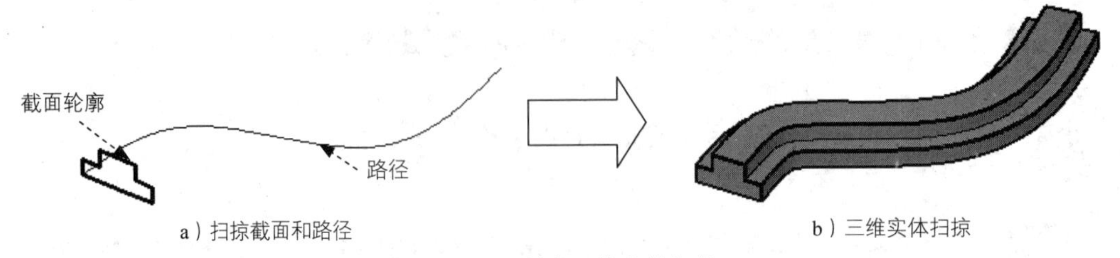

a）扫掠截面和路径　　b）三维实体扫掠

图 15.7.5　创建三维实体扫掠

步骤01 打开随书光盘上的文件 D:\cad1701\work\ch15.07.03\ sweep_2d.dwg。

步骤02 设定网格线数。在命令行输入 ISOLINES 命令并按 Enter 键，然后在输入 ISOLINES 的新值的提示下输入值 20 并按 Enter 键。

步骤03 选择下拉菜单 绘图(D) → 建模(M) ▸ → 扫掠(P) 命令。

也可以在命令行中输入 SWEEP 命令后按 Enter 键。

步骤04 在SWEEP 选择要扫掠的对象或 [模式(MO)]: 的提示下，选择图 15.7.5a 中封闭的截面轮廓作为扫掠对象。

步骤05 当再次出现SWEEP 选择要扫掠的对象或 [模式(MO)]: 提示时，按 Enter 键结束选取对象。

步骤06 在选择扫掠路径或 [对齐(A)/基点(B)/比例(S)/扭曲(T)]: 的提示下，选择图 15.7.5a 中的样条曲线作为路径。

步骤07 选择下拉菜单 视图(V) → 视觉样式(S) ▸ → 概念(C) 命令，结果如图 15.7.5b 所示。

15.7.4 放样

三维实体放样是将一组不同的截面沿其边线用过渡曲面连接形成一个连续的特征，放样特征至少需要两个截面，且不同截面应预先绘制在不同的平面上。在 AutoCAD 中放样有仅截面、导向与路径三种类型，下面分别介绍这三种类型的创建方法。

1. 仅截面放样

下面以图 15.7.6 所示的实体为例，说明创建仅截面放样的一般操作过程。

步骤01 打开随书光盘上的文件 D:\cad1701\work\ch15.07.04\ loft01_2d.dwg。

步骤02 选择下拉菜单 绘图(D) → 建模(M) ▸ → 放样(L) 命令。

也可以在命令行中输入 LOFT 命令后按 Enter 键。

步骤03 在按放样次序选择横截面或 [点(PO) 合并多条边(J) 模式(MO)]: 的提示下，依次选择图 15.7.6 所示的截面 1、截面 2 与截面 3。

步骤04 定义放样类型。完成截面的选取后按 Enter 键，在命令行输入选项 [导向(G) 路径(P) 仅横截面(C) 设置(S)] <仅横截面>: 的提示下，采用系统默认的<仅横截面>选项。

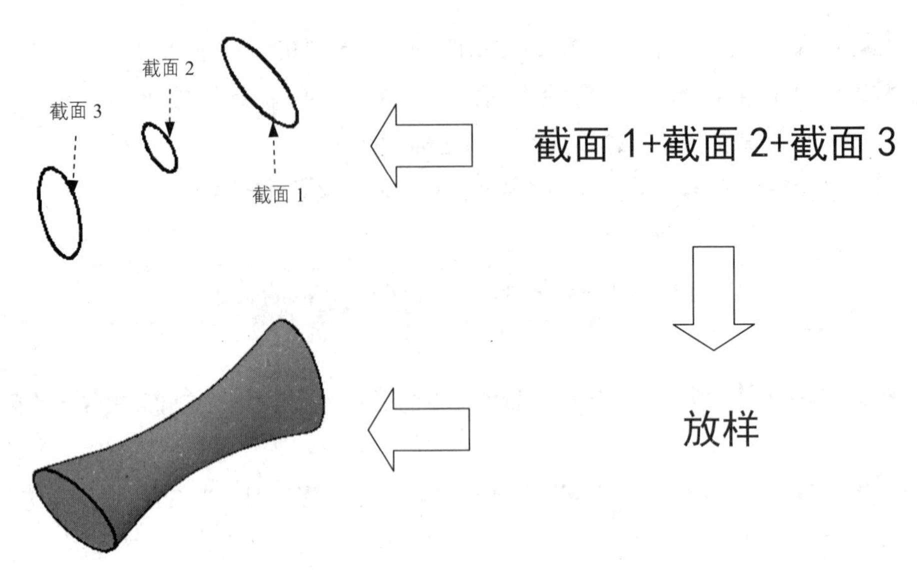

图 15.7.6　仅截面放样

步骤 05 在命令行 输入选项 [导向(G) 路径(P) 仅横截面(C) 设置(S)] <仅横截面>: 的提示下，输入 S 后按 Enter 键，系统弹出图 15.7.7 所示的“放样设置”对话框，采用系统默认的参数，单击 确定 按钮。

步骤 06 选择下拉菜单 视图(V) → 视觉样式(S) → 概念(C) 命令，结果如图 15.7.6 所示。

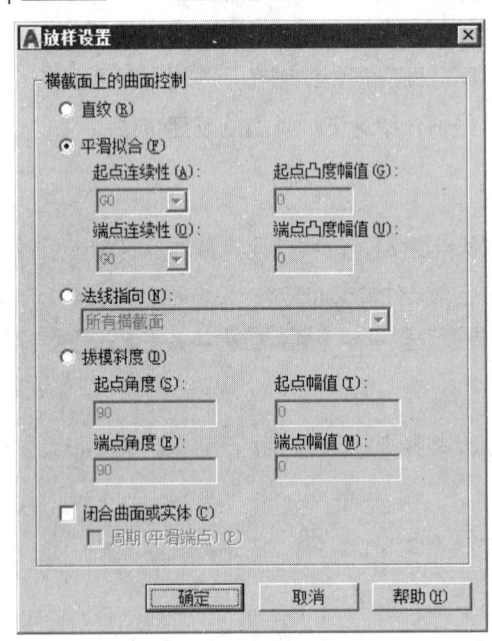

图 15.7.7　“放样设置”对话框

2. 导向放样

下面以图 15.7.8 所示的实体为例，说明创建导向放样的一般操作过程。

步骤 01 打开随书光盘上的文件 D:\cad1701\work\ch15.07.04\ loft02_2d.dwg。

步骤 02 选择下拉菜单 绘图(D) → 建模(M) ▸ → 放样(L) 命令。

步骤 03 在 按放样次序选择横截面或 [点(PO) 合并多条边(J) 模式(MO)]: 的提示下，依次选择图 15.7.8a 中所示的截面 1 与截面 2。

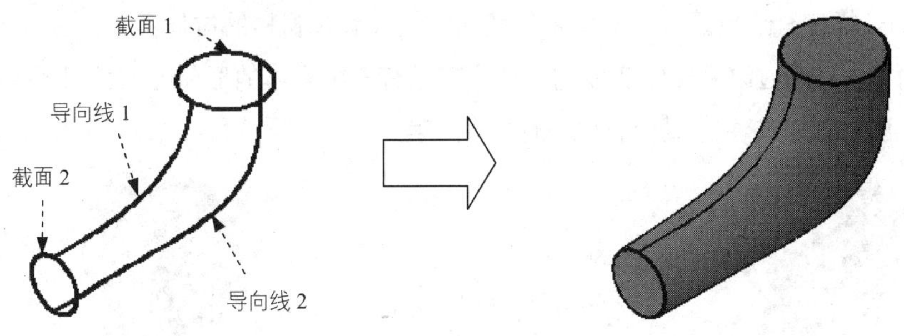

图 15.7.8 导向放样

步骤 04 定义放样类型。完成截面的选取后按 Enter 键，在命令行 输入选项 [导向(G) 路径(P) 仅横截面(C) 设置(S)] <仅横截面>: 的提示下，输入字母 G（选取 导向(G) 选项）后按 Enter 键。

步骤 05 在命令行 选择导向轮廓或 [合并多条边(J)]: 的提示下，选取图 15.7.8a 所示的导向线 1 与导向线 2，然后按 Enter 键，

步骤 06 选择下拉菜单 视图(V) → 视觉样式(S) ▸ → 概念(C) 命令，结果如图 15.7.8b 所示。

3. 路径放样

下面以图 15.7.9 所示的实体为例，说明创建路径放样的一般操作过程。

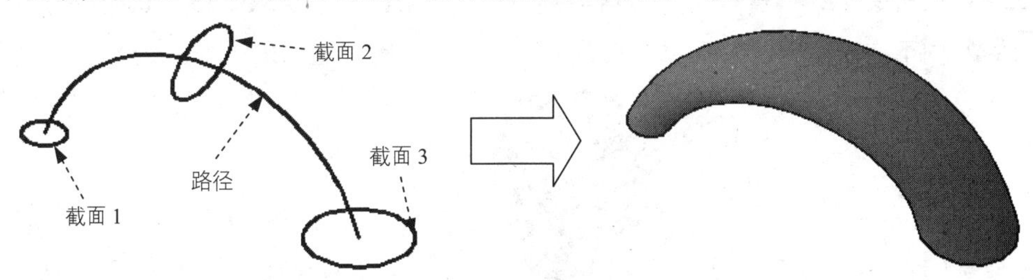

图 15.7.9 路径放样

步骤 01 打开随书光盘上的文件 D:\cad1701\work\ch15.07.04\loft03_2d.dwg。

步骤 02 选择下拉菜单 绘图(D) → 建模(M) ▸ → 放样(L) 命令。

步骤 03 在 按放样次序选择横截面或 [点(PO) 合并多条边(J) 模式(MO)]: 的提示下，按住 Shift 键依次选择图 15.7.9a 所示的截面 1、截面 2 与截面 3。

步骤 04 定义放样类型。完成截面的选取后按 Enter 键，在命令行 输入选项 [导向(G) 路径(P) 仅横截面(C) 设置(S)] <仅横截面>: 的提示下，输入字母 P（选取 路径(P) 选项）后按 Enter 键。

步骤 05 在命令行选择路径轮廓：的提示下选取图 15.7.9a 所示的路径。

步骤 06 选择下拉菜单 视图(V) → 视觉样式(S) ▸ → 概念(C) 命令，结果如图 15.7.9b 所示。

15.7.5 按住/拖动

按住/拖动是指在有边界区域的形状中创建加材料或者减材料的拉伸实体，也可以是一种三维实体对象的编辑，通过改变三维实体的夹点改变原有三维实体的形状。下面以图 15.7.10 所示的实体为例，说明创建按住/拖动特征的一般操作过程。

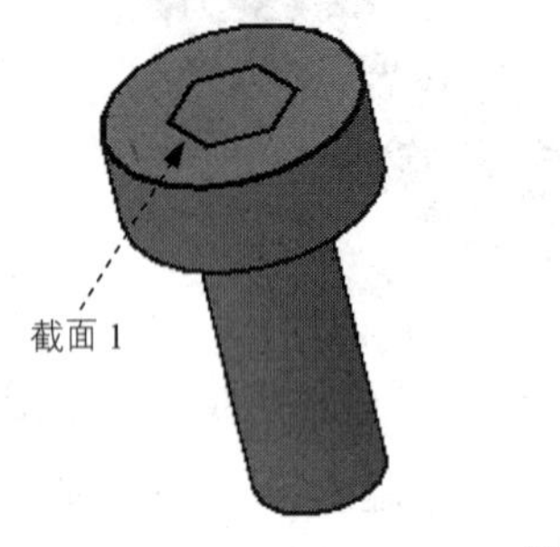

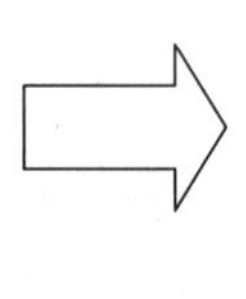

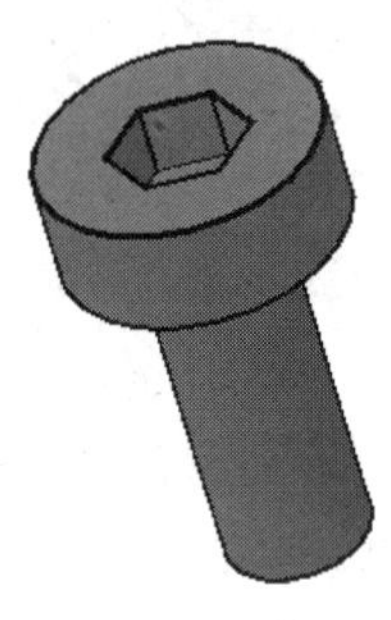

图 15.7.10 按住/拖动特征

步骤 01 打开随书光盘文件 D:\cad1701\work\ch15.07.05\Copyclip_2d.dwg。

步骤 02 单击“建模”工具栏中的“按住并拖动”按钮。

说明 也可以在命令行中输入 PRESSPULL 命令后按 Enter 键。

步骤 03 在命令行单击有限区域以进行按住或拖动操作。的提示下，选取图 15.7.10 所示的截面区域。

步骤 04 向下拖动鼠标，在图 15.7.11 所示的文本框中输入值-10 并按 Enter 键。

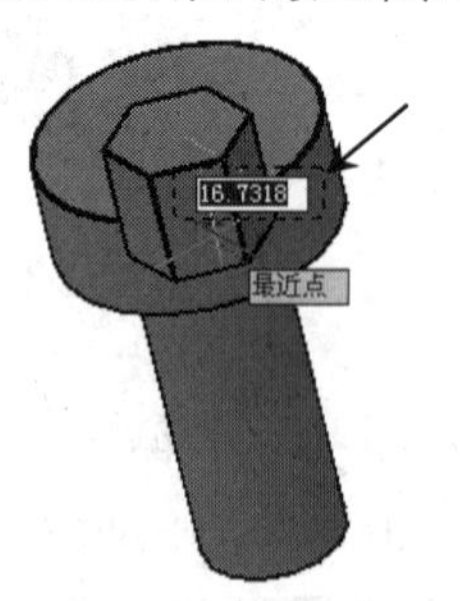

图 15.7.11 定义拖动距离

15.8 布尔运算

15.8.1 并集运算

并集运算是指将两个或多个实体（或面域）组合成一个新的复合实体。在图 15.8.1 中，球体和圆柱体相交，下面以此为例来说明并集运算操作。

步骤01 打开随书光盘上的文件 D:\cad1701\work\ch15.08\union.dwg。

步骤02 选择下拉菜单 修改(M) → 实体编辑(N) ▸ → 并集(U) 命令。

说明 也可以在命令行中输入 UNION 命令后按 Enter 键。

步骤03 在选择对象：的提示下，选择图 15.8.1a 中的正方体为第一个要组合的实体对象。

步骤04 在选择对象：的提示下，选择图 15.8.1a 中的球体为第二个要组合的实体对象。

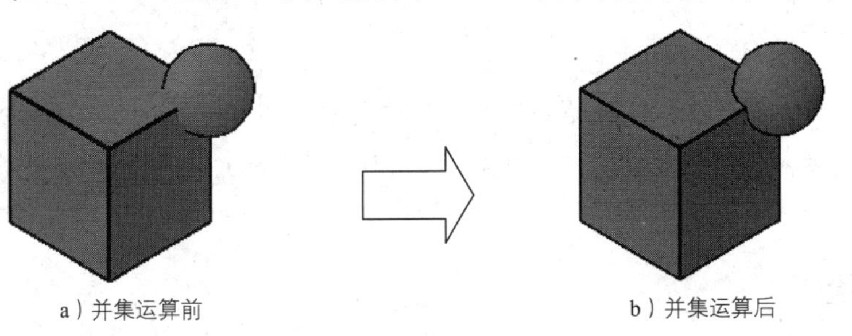

a）并集运算前　　b）并集运算后

图 15.8.1　并集运算

步骤05 按 Enter 键结束对象选择。系统开始进行并集运算，结果如图 15.8.1b 所示。

15.8.2　差集运算

差集运算是指从选定的实体中减去另一些实体，从而得到一个新实体。图 15.8.2 所示的差集运算的操作过程为：选择下拉菜单 修改(M) → 实体编辑(N) ▸ → 差集(S) 命令，选择图 15.8.2a 所示的正方体为要从中减去的实体对象，按 Enter 键，选择图 15.8.2a 所示的球体为要减去的实体对象，按 Enter 键结束此命令后，结果如图 15.8.2b 所示。

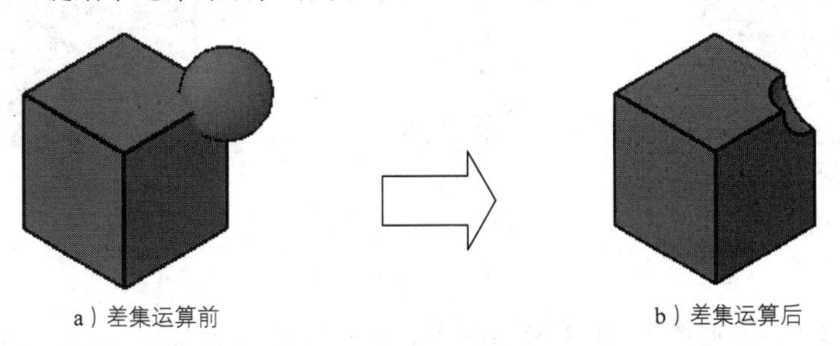

a）差集运算前　　b）差集运算后

图 15.8.2　差集运算

15.8.3　交集运算

交集运算是指创建一个由两个或多个相交实体的公共部分形成的实体。图 15.8.3 所示的交集运算的操作过程为：选择下拉菜单 修改(M) → 实体编辑(N) ▸ → 交集(I) 命令，选择图 15.8.3a

所示的正方体为第一个实体对象，择图 15.8.3a 中所示的球体为第二个实体对象，按 Enter 键结束命令，结果如图 15.8.3b 所示。

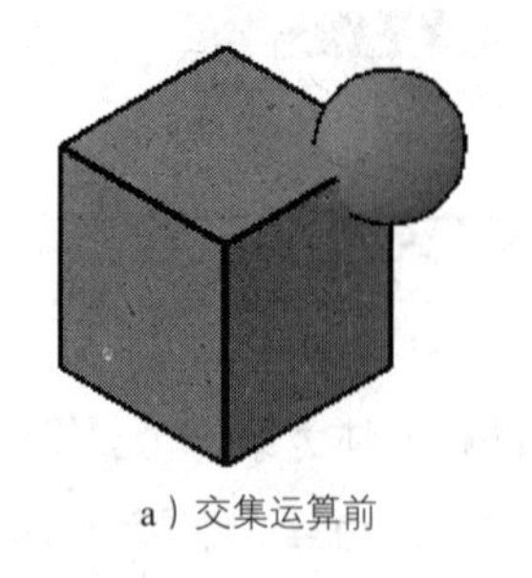

a）交集运算前

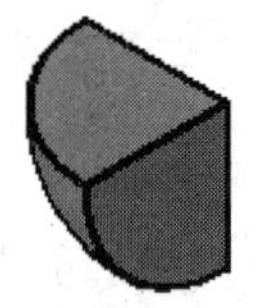

b）交集运算后

图 15.8.3　交集运算

如果对一些实际并不相交的对象使用 INTERSECT 交集运算命令，系统将删除这些对象而不会创建任何对象，但立即使用 UNDO 命令可以恢复被删除对象。

15.8.4　干涉检查

干涉检查是对两组对象或一对一地检查所有实体来检查实体模型中的干涉（三维实体相交或重叠的区域），可在实体相交处创建和亮显临时实体，如图 15.8.4 所示，其操作步骤如下。

步骤 01 选择下拉菜单 修改(M) → 三维操作(3) → 干涉检查(I) 命令。

也可以在命令行中输入 INTERFERE 命令后按 Enter 键。

a）干涉检查前

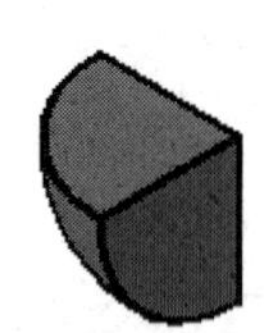

b）干涉检查后（移动干涉体）

c）干涉检查后（不移动干涉体）

图 15.8.4　干涉检查

步骤 02 命令行中出现 选择第一组对象或 [嵌套选择(N)/设置(S)]: 的提示，选择图 15.8.4a 所示的正方体为第一个实体对象，按 Enter 键结束选取。

步骤 03 在 选择第二组对象或 [嵌套选择(N)/检查第一组(K)] <检查>: 的提示下，选择图 15.8.4a 所示的球体为第二个实体对象，按 Enter 键结束选取，此时亮显图形中的干涉部分，系统弹出图 15.8.5 所示的“干涉检查”对话框。

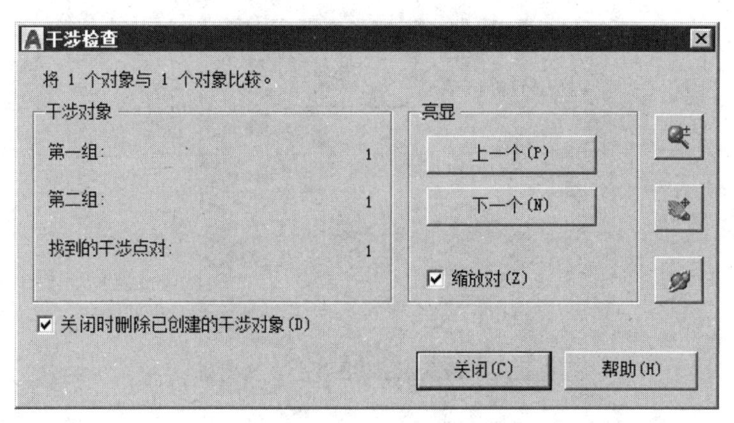

图 15.8.5　“干涉检查”对话框

步骤 04 对图形进行完干涉检查后，取消选中“关闭时删除已创建的干涉对象(D)”复选框，单击“干涉检查”对话框中的“关闭(C)”按钮。

步骤 05 选择下拉菜单“修改(M)”→“移动(V)”命令，分别将球体和正方体移动到绘图区的合适位置，结果如图 15.8.4b 所示。

如果此时干涉检查对象在屏幕上不显示，可选择“视图(V)”→“视觉样式(S)”下拉列表中的任一命令，图形就会以相应的视觉样式显示出来。

图 15.8.5 所示的“干涉检查”对话框中各选项的说明如下。

- ◆ “上一个(P)”按钮：加亮显示上一个干涉对象。
- ◆ “下一个(N)”按钮：加亮显示下一个干涉对象。
- ◆ “关闭时删除已创建的干涉对象(D)”复选框：在关闭对话框时删除干涉对象。
- ◆ “缩放对(Z)”复选框：在加亮显示上一个和下一个干涉对象时缩放对象。
- ◆ 按钮：关闭对话框并启动“缩放”命令，适时放大或缩小显示当前视口中对象的外观尺寸，其实际尺寸保持不变。
- ◆ 按钮：关闭对话框并启动“平移”命令，通过移动定点设备来动态地平移视图。
- ◆ 按钮：关闭对话框并启动“受约束的动态观察”命令，以便从不同视点动态地观察对象。

选择下拉菜单“修改(M)”→“三维操作(3)”→“干涉检查(I)”命令后，在命令行中输入 S，可以在系统弹出的“干涉设置”对话框中设置干涉对象的显示，如图 15.8.6 所示。

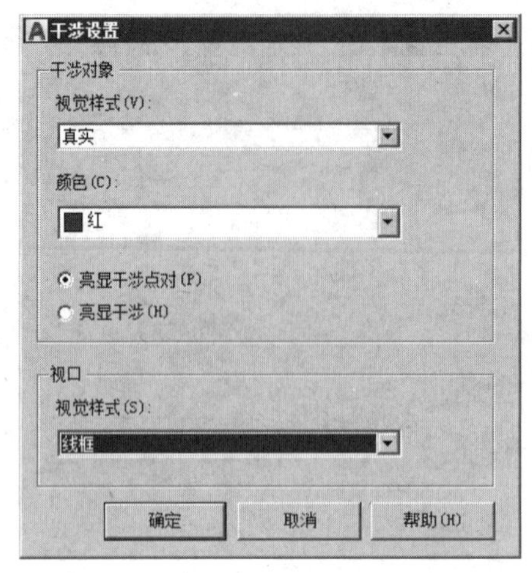

图 15.8.6 “干涉设置”对话框

15.9 三维对象的图形编辑

15.9.1 三维镜像

三维镜像是指将选择的对象在三维空间相对于某一平面进行镜像。图 15.9.1 所示为一个三维镜像的例子，其操作步骤如下。

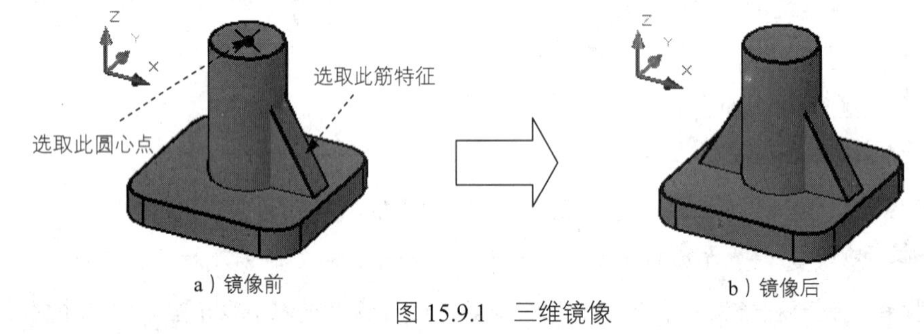

图 15.9.1 三维镜像

步骤 01 打开随书光盘上的文件 D:\cad1701\work\ch15.09.01\mirror-3d.dwg。

步骤 02 选择下拉菜单 修改(M) → 三维操作(3) → 三维镜像(D) 命令。

说明：也可以在命令行中输入 MIRROR3D 命令后按 Enter 键。

步骤 03 在选择对象：的提示下，选择图 15.9.1a 所示的筋特征为镜像对象。

步骤 04 在选择对象：的提示下，按 Enter 键结束选择。

步骤 05 系统命令行提示图 15.9.2 所示的信息，在此提示下输入字母 *YZ* 后按 Enter 键，即用与当前 UCS 的 *YZ* 平面平行的平面作为镜像平面。

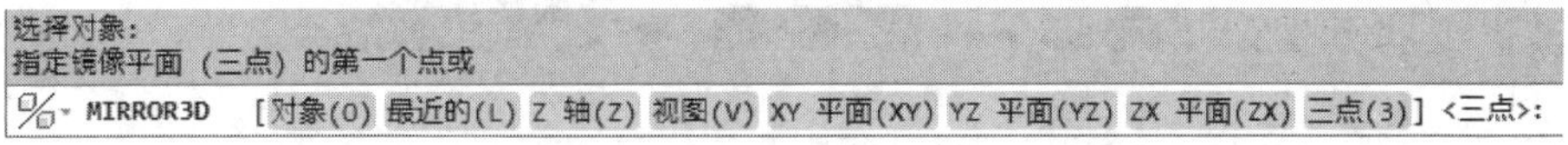

选择对象：
指定镜像平面 (三点) 的第一个点或
MIRROR3D [对象(O) 最近的(L) Z 轴(Z) 视图(V) XY 平面(XY) YZ 平面(YZ) ZX 平面(ZX) 三点(3)] <三点>:

图 15.9.2 命令行提示

步骤 06 在指定 XY 平面上的点 <0,0,0>: 的提示下，选取图 15.9.1a 所示的圆心点。

步骤 07 在是否删除源对象？[是(Y)/否(N)] <否>: 的提示下，按 Enter 键，即选取不删除源对象。此时系统进行镜像，结果如图 15.9.1b 所示。

步骤 08 选择下拉菜单 修改(M) → 实体编辑(N) ▸ → 并集(U) 命令，将四个单独的实体合并为一个整体，结果如图 15.9.3 所示。

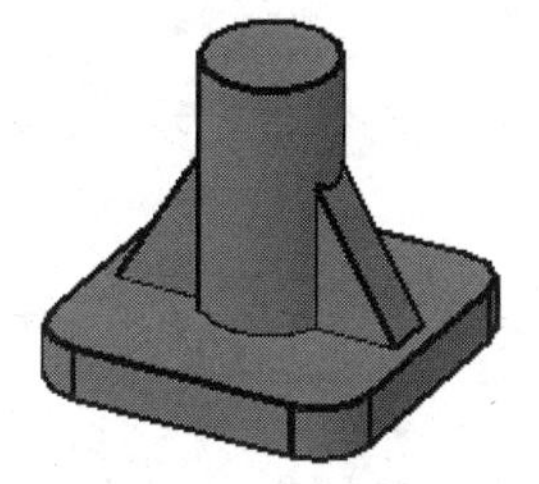

图 15.9.3 合并后

图 15.9.2 所示的命令行提示中各选项说明如下。

- 指定镜像平面 (三点) 的第一个点选项：通过三点确定镜像平面，此项为默认项。
- 对象(O)选项：指定某个二维对象所在的平面作为镜像平面。
- 最近的(L)选项：用最近一次使用过的镜像面作为当前镜像面。
- Z 轴(Z)选项：通过确定平面上的一点和该平面法线上的一点来定义镜像平面。
- 视图(V)选项：使用与当前视图平面平行的某个平面作为镜像平面。

15.9.2 对齐三维对象

对齐三维对象是以一个对象为基准，将另一个对象与该对象进行对齐。在对齐两个三维对象时，一般需要输入三对点，每对点中包括一个基点和一个目标点。完成三对点的定义后，系统会自动将三个基点定义的平面与三个目标点定义的平面对齐。图 15.9.4 所示就是一个三维对齐的例子，其操作步骤如下。

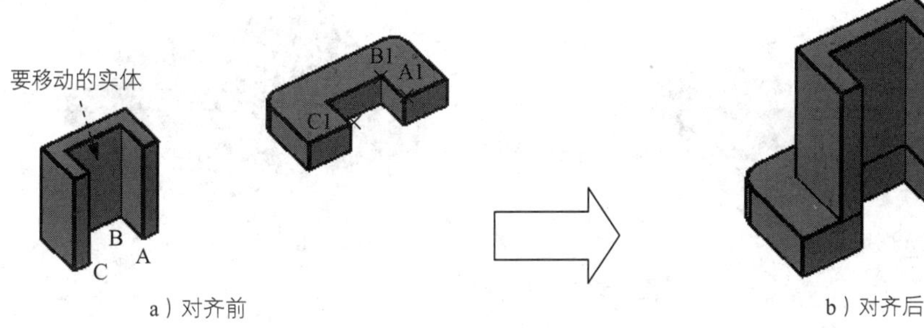

a）对齐前　　b）对齐后

图 15.9.4 对齐三维对象

步骤 01 打开随书光盘上的文件 D:\cad1701\work\ch15.09.02\align-3d.dwg。

步骤 02 选择下拉菜单 修改(M) → 三维操作(3) ▸ → 三维对齐(A) 命令。

说明 也可以在命令行中输入 ALIGN 命令后按 Enter 键。

步骤 03 在命令行选择对象：的提示下，选择图 15.9.4a 所示的实体为要移动的对象。

步骤 04 在命令行选择对象：的提示下，按 Enter 键结束选择。

步骤 05 在指定基点或 [复制(C)]：的提示下，在要移动的实体上用端点（END）捕捉的方法选择第一个点 A。

步骤 06 在指定第二个点或 [继续(C)] <C>： 的提示下，在要移动的实体上用端点（END）捕捉的方法选择第二个点 B。

步骤 07 在指定第三个点或 [继续(C)] <C>： 的提示下，在要移动的实体上用端点（END）捕捉的方法选择第三个点 C。

步骤 08 在指定第一个目标点： 的提示下，用端点（END）捕捉的方法选择第一个目标点 A1。

步骤 09 在指定第二个目标点或 [退出(X)] <X>：的提示下，用端点（END）捕捉的方法选择第二个目标点 B1。

步骤 10 在指定第三个目标点或 [退出(X)] <X>：的提示下，用端点（END）捕捉的方法选择第三个目标点 C1。

15.9.3 三维阵列

三维阵列与二维阵列非常相似，三维阵列也包括矩形阵列和环形阵列。对于矩形阵列，需要指定阵列的行数、列数、层数和对象相互之间的距离；对于环形阵列，需要指定阵列对象的旋转轴、要复制的对象的数目及阵列的包角。

1. 矩形阵列

下面介绍图 15.9.5 所示的三维矩形阵列的操作过程。

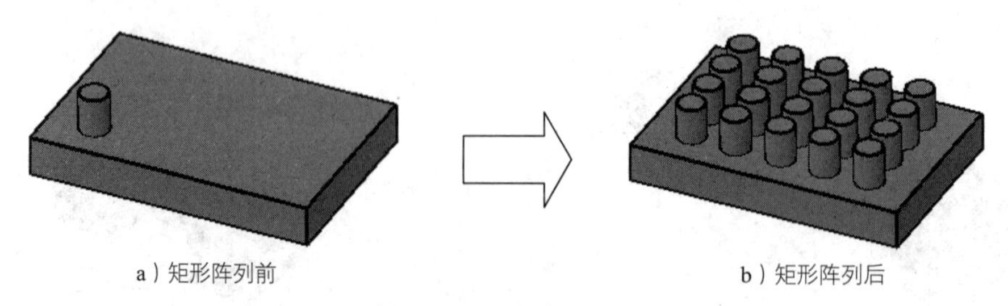

a）矩形阵列前　　b）矩形阵列后

图 15.9.5 矩形阵列

步骤01 打开随书光盘上的文件 D:\cad1701\work\ch15.09.03\array-r-3d.dwg。

步骤02 选择下拉菜单 修改(M) → 三维操作(3) → 三维阵列(3) 命令。

也可以在命令行中输入 3DARRAY 命令后按 Enter 键。

步骤03 在选择对象：的提示下，选择图 15.9.5a 中的圆柱体为阵列对象。

步骤04 在选择对象：的提示下，按 Enter 键结束选择。

步骤05 在输入阵列类型 [矩形(R)/环形(P)] <矩形>：的提示下，输入字母 R 后按 Enter 键，即选择矩形阵列方式。

步骤06 在输入行数 (---) <1>：的提示下，输入阵列的行数 4，并按 Enter 键。

步骤07 在输入列数 (|||) <1>：的提示下，输入阵列的列数 5，并按 Enter 键。

步骤08 在输入层数 (...) <1>：的提示下，输入阵列的层数 1，并按 Enter 键。

步骤09 在指定行间距 (---)：的提示下，输入行间距 80，并按 Enter 键。

步骤10 在指定列间距 (|||)：的提示下，输入列间距 100，并按 Enter 键，系统开始阵列，结果如图 15.9.5b 所示。

2. 环形阵列

下面介绍图 15.9.6 所示的三维环形阵列的操作过程。

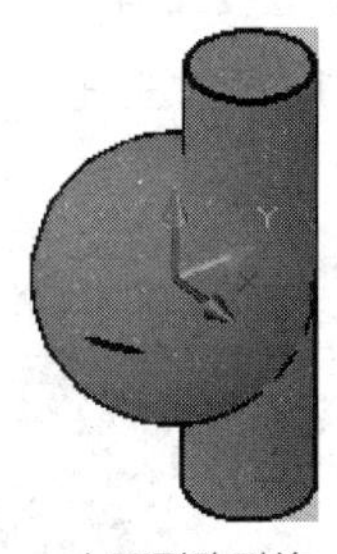

a）环形阵列前

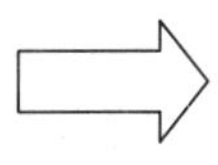
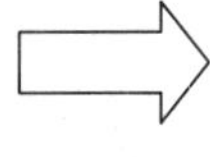

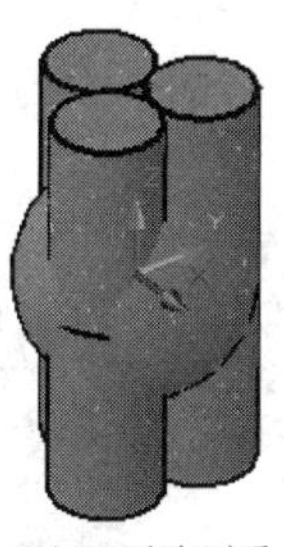

b）环形阵列后

图 15.9.6 环形阵列

步骤01 打开随书光盘上的文件 D:\cad1701\work\ch15.09.03\array-p-3d.dwg。

步骤02 选择下拉菜单 修改(M) → 三维操作(3) → 三维阵列(3) 命令。

步骤03 在选择对象：的提示下，选择图 15.9.6a 中的圆柱体为阵列对象。

步骤04 按 Enter 键结束选择。

步骤05 在输入阵列类型 [矩形(R)/环形(P)] <矩形>：的提示下，输入字母 P 后按 Enter 键，即选择环形阵列方式。

步骤06 在输入阵列中的项目数目：的提示下，输入阵列的个数 3 并按 Enter 键。

步骤 07 在指定要填充的角度（+=逆时针，-=顺时针）<360>:的提示下，按 Enter 键，即选取阵列的填充角度值为 360。

步骤 08 在旋转阵列对象？［是(Y)/否(N)］<Y>:的提示下按 Enter 键。

步骤 09 在指定阵列的中心点:的提示下，用捕捉的方法选择球心点。

步骤 10 在指定旋转轴上的第二点:的提示下，用捕捉的方法选择 Z 轴上的一点，此时系统便开始进行阵列，结果如图 15.9.6b 所示。

步骤 11 选择下拉菜单 修改(M) → 实体编辑(N) ▸ → 差集(S) 命令，选择图 15.9.6b 所示的球体为要从中减去的实体对象，按 Enter 键，按住 Shift 键选择图 15.9.6b 所示的三个圆柱体为要减去的实体对象，按 Enter 键结束此命令后，结果如图 15.9.7 所示。

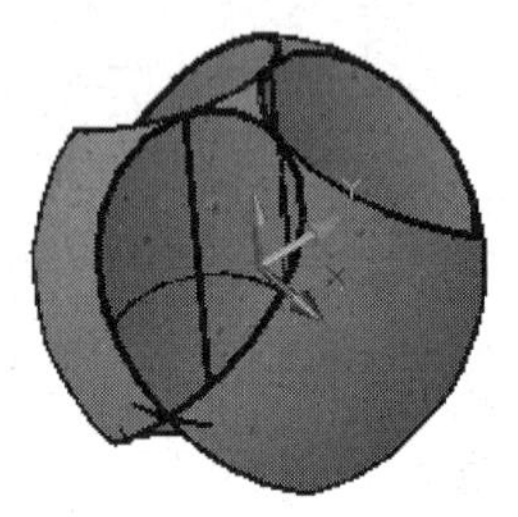

图 15.9.7　差集运算后

15.9.4　三维移动

三维移动是指将选定的对象自由移动至所需位置，也可以沿着给定的方向移动指定的距离。其操作方法与二维空间移动对象的方法类似，区别在于三维移动是在三维立体空间内进行操作的，而二维移动是在一个平面内进行操作的。下面介绍图 15.9.8 所示的三维移动的操作过程。

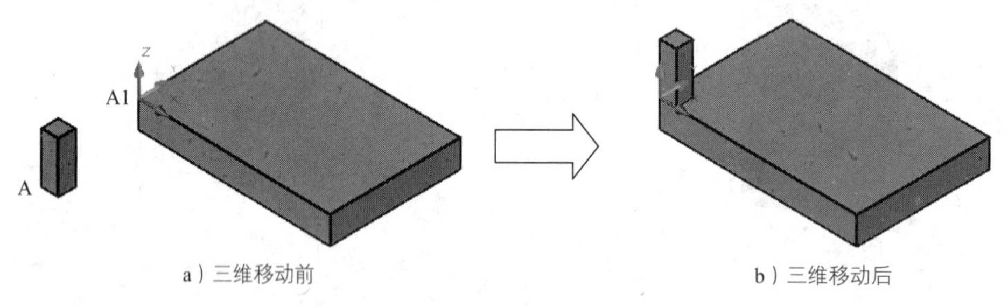

a）三维移动前　　b）三维移动后

图 15.9.8　三维移动

步骤 01 打开随书光盘上的文件 D:\cad1701\work\ch15.09.04\array-p-3d.dwg。

步骤 02 选择下拉菜单 修改(M) → 三维操作(3) ▸ → 三维移动(M) 命令。

也可以在命令行中输入 3DMOVE 命令后按 Enter 键。

步骤 03 在选择对象:的提示下，选择图 15.9.8a 所示的小长方体实体为要移动的实体。

步骤 04 在选择对象：的提示下，按 Enter 键结束选择。

步骤 05 在指定基点或 [位移(D)] <位移>：的提示下，在要移动的实体上用端点（END）捕捉的方法选择第一个点 A。

步骤 06 在指定基点或 [位移(D)] <位移>： 指定第二个点或 <使用第一个点作为位移>： 的提示下，用端点（END）捕捉的方法选择目标点 A1。

15.9.5 三维旋转

三维旋转是指将选定的对象绕空间轴旋转指定的角度。旋转轴可以基于一个已存在的对象，也可以是当前用户坐标系的任一轴，或是三维空间中任意两个点的连线。下面介绍图 15.9.9 所示的三维旋转的操作过程。

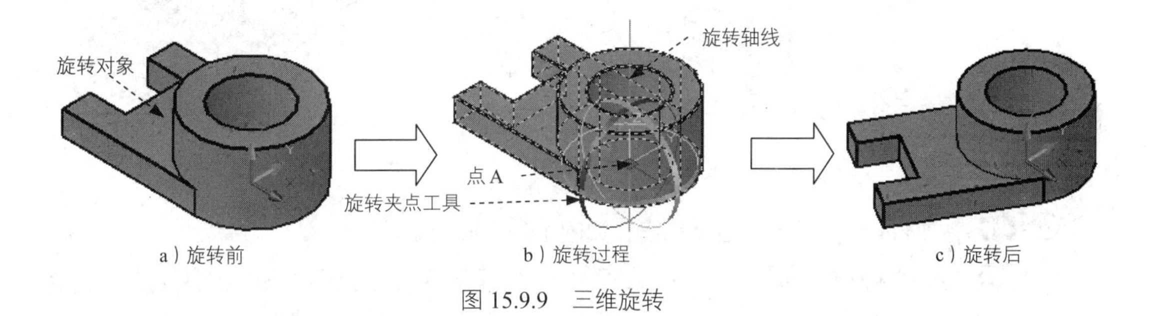

图 15.9.9 三维旋转

步骤 01 打开随书光盘上的文件 D:\cad1701\work\ch15.09.05\rotate-3d.dwg。

步骤 02 选择下拉菜单 修改(M) → 三维操作(3) → 三维旋转(R) 命令。

步骤 03 在选择对象：的提示下，选择图 15.9.9a 中的三维图形为旋转对象，按 Enter 键结束选择，此时在绘图区中会显示附着在光标上的旋转夹点工具。

步骤 04 在指定基点：的提示下，单击图 15.9.9b 所示的点 A 为移动的基点。

步骤 05 将光标悬停在夹点工具的轴控制柄上，直到屏幕上显示图 15.9.9b 所示的旋转轴线，然后单击。

步骤 06 在命令行中输入角度值 60，并按 Enter 键，结果如图 15.9.9c 所示。

15.9.6 三维实体倒角

三维实体倒角就是对实体的棱边创建倒角，从而在两相邻表面之间生成一个平坦的过渡面。下面介绍图 15.9.10 所示的实体倒角的操作过程。

步骤 01 打开随书光盘上的文件 D:\cad1701\work\ch15.09.06\chamfer.dwg。

步骤 02 选择下拉菜单 修改(M) → 倒角(C) 命令。

也可以在命令行中输入 CHAMFER 命令后按 Enter 键。

步骤 03 选取长方体的某条边以确定要对其进行倒角的基面，如图 15.9.10a 所示。

在系统提示输入曲面选择选项 [下一个(N)/当前(OK)] <当前(OK)>: 时，选择“下一个（N）”命令，可切换与选择边线相连的两个平面中的一个作为倒角基面，按 Enter 键结束选取。

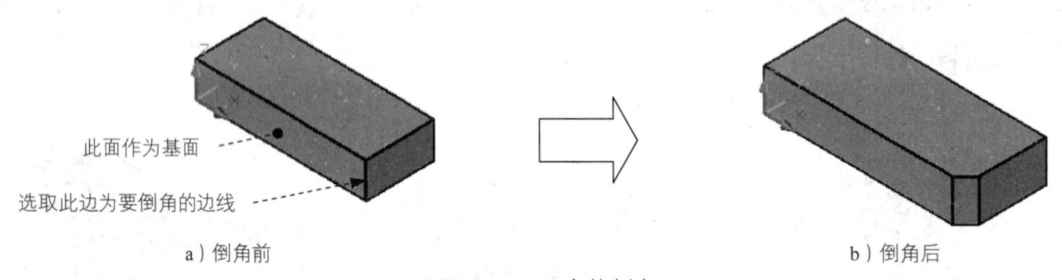

a）倒角前　　b）倒角后

图 15.9.10　实体倒角

步骤 04 按 Enter 键接受当前面为基面，如图 15.9.10a 所示。

步骤 05 在命令行指定基面倒角距离或 [表达式(E)] 的提示下，输入所要创建的倒角在基面的倒角距离值 20，并按 Enter 键。

步骤 06 在命令行指定其他曲面倒角距离或 [表达式(E)] 的提示下，输入在相邻面上的倒角距离值 20 后按 Enter 键。

步骤 07 在命令行选择边或 [环(L)]: 的提示下，选择在基面上要倒角的边线，如图 15.9.10a 所示，也可以连续选取基面上的其他边进行倒角，按 Enter 键结束选取，结果如图 15.9.10b 所示。

当选取环(L)选项时，系统将对基面上的各边同时进行倒角。

15.9.7　三维实体倒圆角

三维实体倒圆角是对实体的棱边倒圆角，从而使两个相邻面之间生成一个圆滑过渡的曲面。这里以图 15.9.11 所示的实体倒圆角为例，说明其创建的一般过程：选择下拉菜单 修改(M) → 圆角(F) 命令（或输入 FILLET 命令）；选择图 15.9.11a 所示的实体上的边线；输入圆角半径值 20 并按 Enter 键；在命令行选择边或 [链(C)/半径(R)]: 的提示下，直接按 Enter 键结束选择，结果如图 15.9.11b 所示。

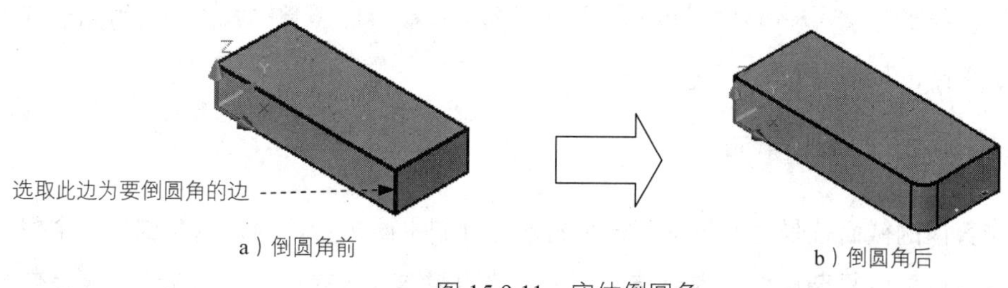

图 15.9.11　实体倒圆角

在命令行选择边或 [链(C)/半径(R)]: 的提示下，可继续选择该实体上需要倒圆角的边，按 Enter 键结束选择。

15.9.8　三维实体剖切

三维实体剖切命令可以将实体沿剖切平面完全切开，从而观察到实体内部的结构。剖切时，首先需要选择要剖切的三维对象，然后确定剖切平面的位置。当确定完剖切平面的位置后，还必须指明需要保留的实体部分。下面介绍图 15.9.12 所示实体剖切的操作过程。

步骤 01　打开随书光盘上的文件 D:\cad1701\work\ch15.09.08\revol-3d.dwg。

步骤 02　选择下拉菜单 修改(M) → 三维操作(3) → 剖切(S) 命令。

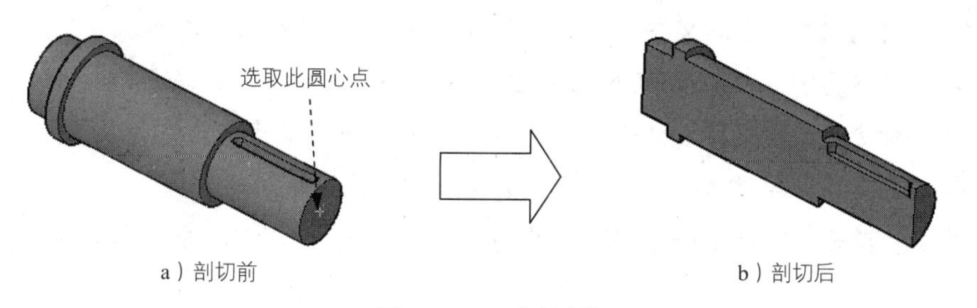

图 15.9.12　实体剖切

也可以在命令行中输入 SLICE 命令后按 Enter 键。

步骤 03　在命令行 选择要剖切的对象: 的提示下，选择图 15.9.12a 中的三维实体为剖切对象。

步骤 04　在命令行 选择要剖切的对象: 的提示下，按 Enter 键结束选取对象。

步骤 05　输入 ZX 字母后按 Enter 键，即将与当前 UCS 的 ZX 平面平行的某个平面作为剖切平面。

步骤 06　在命令行 指定 zx 平面上的点 <0,0,0>: 的提示下，选取图 15.9.12a 所示的圆心点，按 Enter 键采用默认值，即剖切平面平行于 ZX 平面且通过指定的点。

步骤 07 在命令行 在所需的侧面上指定点或 [保留两个侧面(B)] <保留两个侧面>: 的提示下，在要保留的一侧单击，其结果如图 15.9.12b 所示。

15.9.9 创建三维实体的截面

创建三维实体的截面就是将实体沿某一个特殊的分割平面进行切割，从而创建一个相交截面。这种方法可以显示复杂模型的内部结构。它与剖切实体方法的不同之处在于：创建截面命令将在切割截面的位置生成一个截面的面域，且该面域位于当前图层。截面面域是一个新创建的对象，因此创建截面命令不会以任何方式改变实体模型本身。对于创建的截面面域，可以非常方便地修改它的位置、添加填充图案、标注尺寸或在这个新对象的基础上拉伸生成一个新的实体。下面介绍图 15.9.13 所示的创建实体截面的操作过程。

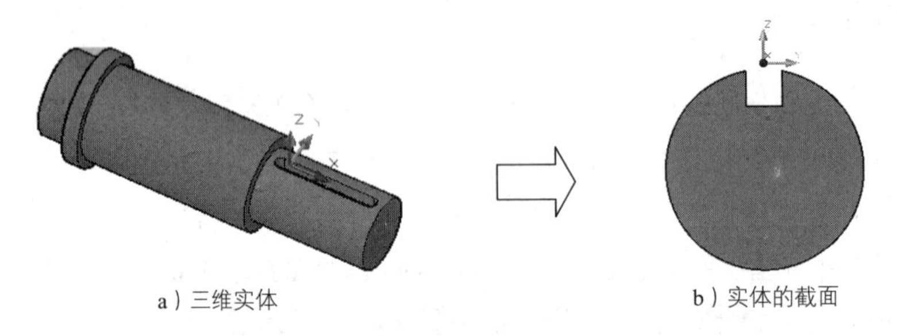

图 15.9.13 创建三维实体的截面

步骤 01 打开随书光盘上的文件 D:\cad1701\work\ch15.09.09\section.dwg。

步骤 02 在命令行中输入 SECTION 命令后按 Enter 键。

步骤 03 在命令行 选择对象: 的提示下，选择图 15.9.13a 中的实体。

步骤 04 在命令行 选择对象: 的提示下，按 Enter 键结束选取对象。

步骤 05 输入字母 YZ 后按 Enter 键，即将与当前 UCS 的 YZ 平面平行的某个平面作为剖切平面。

步骤 06 在命令行 指定 YZ 平面上的点 <0,0,0>: 的提示下按 Enter 键，采用默认值，即剖切平面平行于 YZ 平面且通过（0,0,0）点。

步骤 07 选择下拉菜单 修改(M) → 移动(V) 命令，将所生成的截面移动到实体的另一侧，如图 15.9.13b 所示。

15.9.10 加厚

加厚是以指定的厚度将三维曲面对象转换为三维的实体特征，这对于创建比较复杂的三维实体特征非常有用。对于这类特征，其创建的一般思路是这样的：首先需要创建一个曲面特征，然后将这个曲面特征转换为一定厚度的三维实体特征。下面介绍图 15.9.14 所示的创建加厚特征的一般操作过程。

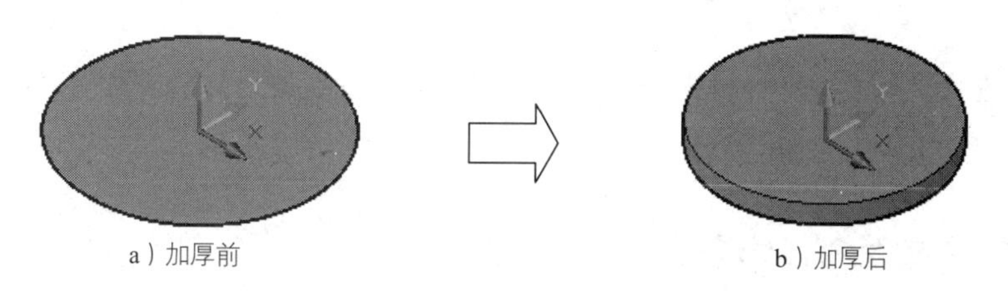

图 15.9.14　加厚

步骤 01　打开随书光盘上的文件 D:\cad1701\work\ch15.09.10\Thicken-3d.dwg。

步骤 02　选择下拉菜单 修改(M) → 三维操作(3) → 加厚(T) 命令。

说明：也可以在命令行中输入 THICKEN 命令后按 Enter 键。

步骤 03　在命令行选择要加厚的曲面：的提示下，选取图 15.9.14a 中的曲面为加厚的对象。

步骤 04　在命令行选择要加厚的曲面：的提示下，按 Enter 键结束选取对象。

步骤 05　在命令行指定厚度 <0.0000>：的提示下，输入加厚的厚度值 20 后按 Enter 键完成加厚的操作，完成后如图 15.9.14b 所示。

15.9.11　抽壳

抽壳是指将实体的一个或几个表面去除，然后掏空实体的内部，留下一定壁厚的壳。下面介绍图 15.9.15 所示的创建抽壳特征的一般操作过程。

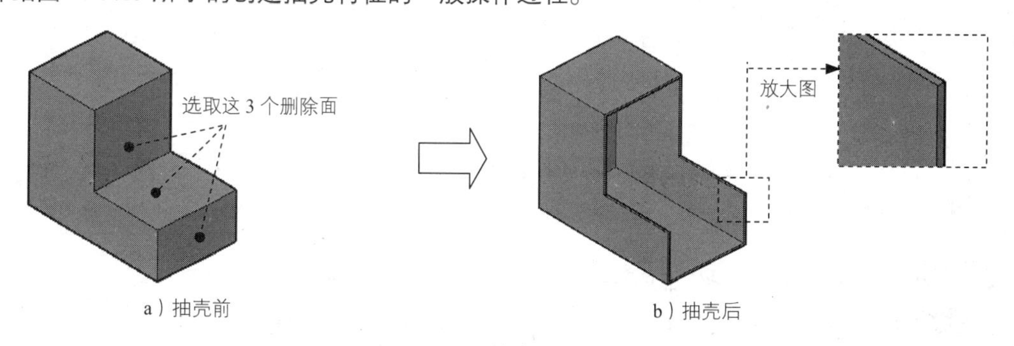

图 15.9.15　抽壳

步骤 01　打开随书光盘上的文件 D:\cad1701\work\ch15.09.11\solidedit-3d.dwg。

步骤 02　选择下拉菜单 修改(M) → 实体编辑(N) → 抽壳(H) 命令。

步骤 03　在命令行选择三维实体：的提示下，选取图 15.9.15a 中的实体为抽壳的对象。

步骤 04　在命令行删除面或 [放弃(U)/添加(A)/全部(ALL)]：的提示下，选取图 15.9.15a 所示的 3 个面为删除的面。

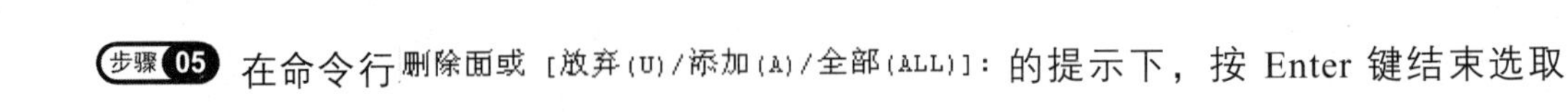

步骤 05 在命令行 删除面或 [放弃(U)/添加(A)/全部(ALL)]: 的提示下，按 Enter 键结束选取对象。

步骤 06 在命令行 输入抽壳偏移距离: 的提示下，输入抽壳的厚度值 2 后按 Enter 键完成抽壳的操作，完成后如图 15.9.15b 所示。

15.10 三维实体边的编辑

在创建实体后，有时不仅需要对三维对象进行编辑，也需要对三维实体边线进行提取、压印、着色和复制等操作，AutoCAD 2017 软件可以很方便地完成这些操作。下面就这些命令的操作过程分别进行介绍。

15.10.1 提取边

提取边是指从三维实体、曲面、网格、面域或子对象的边创建线框几何图形。下面以图 15.10.1 所示为例，说明提取边的一般操作过程。

步骤 01 打开随书光盘上的文件 D:\cad1701\work\ch15.10.01\xedges.dwg。

步骤 02 选择下拉菜单 修改(M) ➡ 三维操作(3) ➡ 提取边(E) 命令。

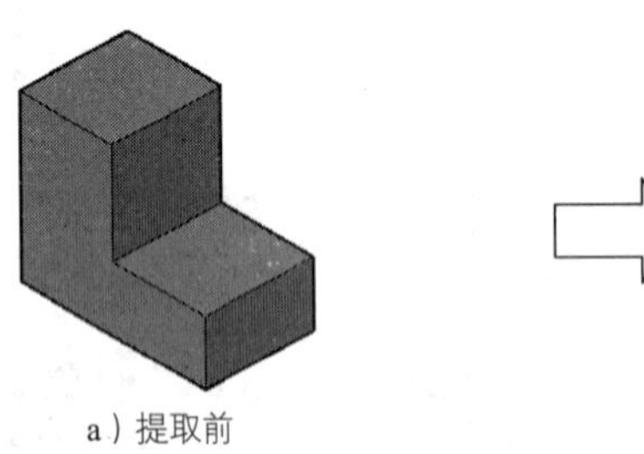

a）提取前

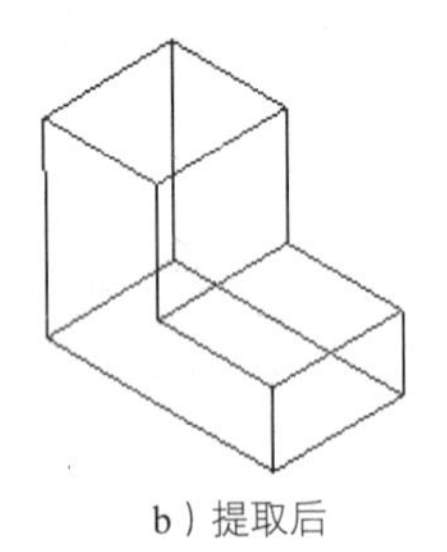

b）提取后

图 15.10.1 提取边

说明：也可以在命令行中输入 XEDGES 命令后按 Enter 键。

步骤 03 在命令行 选择对象: 的提示下，选择图 15.10.1a 中的实体。

步骤 04 在命令行 选择对象: 的提示下，按 Enter 键结束选取对象。

步骤 05 选择下拉菜单 修改(M) ➡ 移动(V) 命令，将所生成的截面与实体移开一定距离，如图 15.10.1b 所示。

15.10.2 压印边

压印边是指通过压印其他对象向三维实体和曲面添加可编辑的面。可以压印的对象包括直线、圆、圆弧、椭圆、样条曲线、多段线、面域、体及其他三维实体。下面以图 15.10.2 所示为例，说明压印边的一般操作过程。

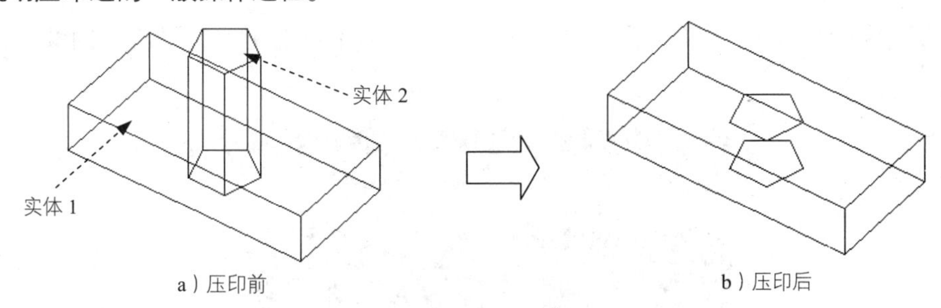

图 15.10.2 压印边

步骤 01 打开随书光盘上的文件 D:\cad1701\work\ch15.10.02\imprint.dwg。

步骤 02 选择下拉菜单 修改(M) → 实体编辑(N) ▸ → 压印边(I) 命令。

说明：也可以在命令行中输入 IMPRINT 命令后按 Enter 键。

步骤 03 在命令行选择三维实体或曲面：的提示下，选择图 15.10.2a 中的实体 1。

步骤 04 在命令行选择要压印的对象：的提示下，选择图 15.10.2a 中的实体 2。

步骤 05 在命令行是否删除源对象 [是(Y)/否(N)] <N>：的提示下，输入 Y 后按 Enter 键，即选取删除源对象。

步骤 06 按 Enter 键结束命令的执行，完成后如图 15.10.2b 所示。

15.10.3 着色边

着色边是指更改三维实体对象上各条边的颜色。下面以图 15.10.3 所示为例，说明着色边的一般操作过程。

步骤 01 打开随书光盘上的文件 D:\cad1701\work\ch15.10.03\solidedit.dwg。

步骤 02 选择下拉菜单 修改(M) → 实体编辑(N) ▸ → 着色边(L) 命令。

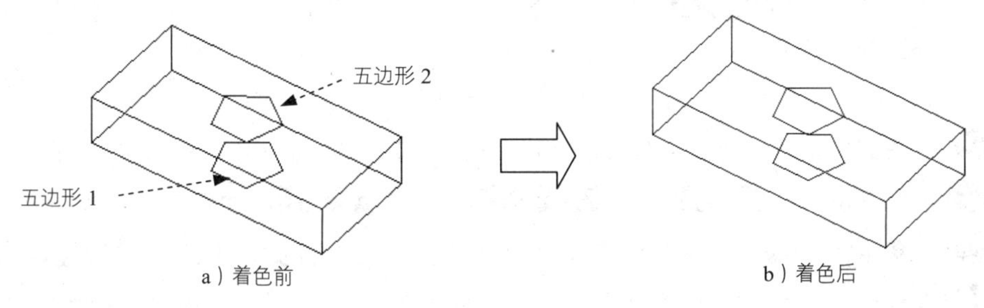

图 15.10.3 着色边

步骤 03 在命令行选择边或 [放弃(U)/删除(R)]：的提示下，选择图 15.10.3a 中的两个正五边形边线。

步骤 04 在命令行 选择边或 [放弃(U)/删除(R)]: 的提示下，按 Enter 键结束选取对象。

步骤 05 系统弹出图 15.10.4 所示的“选择颜色”对话框，选取图中所示的颜色，单击 确定 按钮。

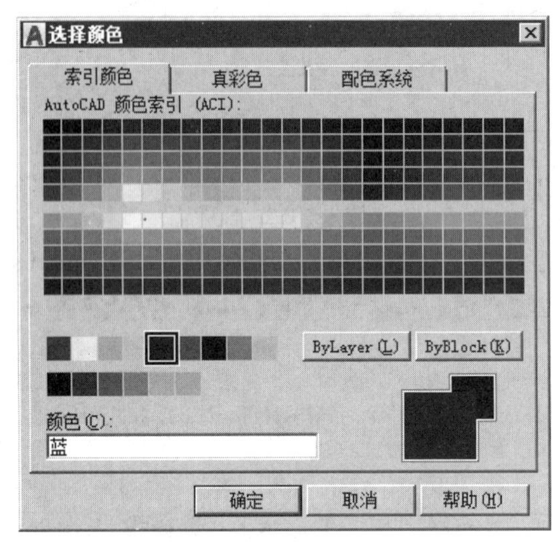

图 15.10.4 “选择颜色”对话框

步骤 06 按两次 Enter 键结束命令的执行。

15.10.4 复制边

复制边是指将三维实体上的指定边线复制为直线、圆、椭圆或样条曲线等。下面以图 15.10.5 所示为例，说明复制边的一般操作过程。

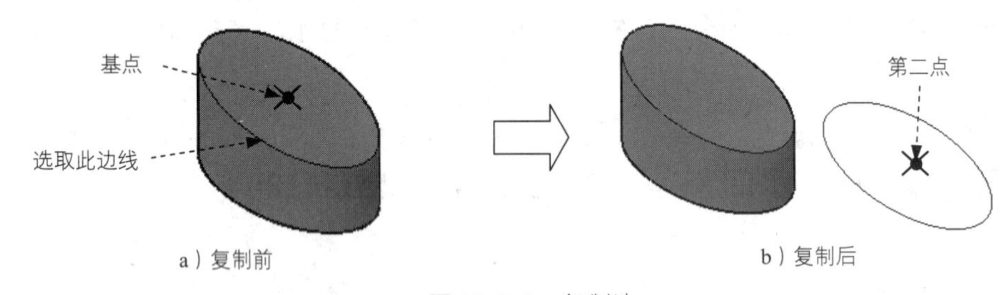

图 15.10.5 复制边

步骤 01 打开随书光盘上的文件 D:\cad1701\work\ch15.10.04\ copy.dwg。

步骤 02 选择下拉菜单 修改(M) → 实体编辑(N) ▸ → 复制边(G) 命令。

步骤 03 在命令行 选择边或 [放弃(U)/删除(R)]: 的提示下，选择图 15.10.5a 中的边线。

步骤 04 在命令行 选择边或 [放弃(U)/删除(R)]: 的提示下，按 Enter 键结束选取对象。

步骤 05 在命令行 指定基点或位移: 的提示下，选取图 15.10.5a 所示的点。

步骤 06 在命令行指定位移的第二点：的提示下，在绘图区域中选取图 15.10.5b 所示的点作为放置点。

步骤 07 按 Enter 键结束命令的执行，完成后如图 15.10.5b 所示。

15.11 三维实体面的编辑

在创建实体后，我们经常要对实体的某些面进行拉伸、移动、偏移、删除、旋转、倾斜、着色及复制等编辑工作，AutoCAD 2017 软件可以很方便地完成这些操作。下面就这些命令的操作过程分别进行介绍。

15.11.1 拉伸面

拉伸面就是将实体上的平面沿其法线方向按指定的高度或者沿指定的路径进行拉伸。下面以图 15.11.1 所示为例，说明拉伸面的一般操作过程。

步骤 01 打开随书光盘上的文件 D:\cad1701\work\ch15.11.01\faces-edit.dwg。

步骤 02 选择下拉菜单 修改(M) → 实体编辑(N) ▸ → 拉伸面(E) 命令。

步骤 03 在命令行选择面或 [放弃(U)/删除(R)]: 的提示下，选取图 15.11.1a 所示的顶平面为拉伸对象。

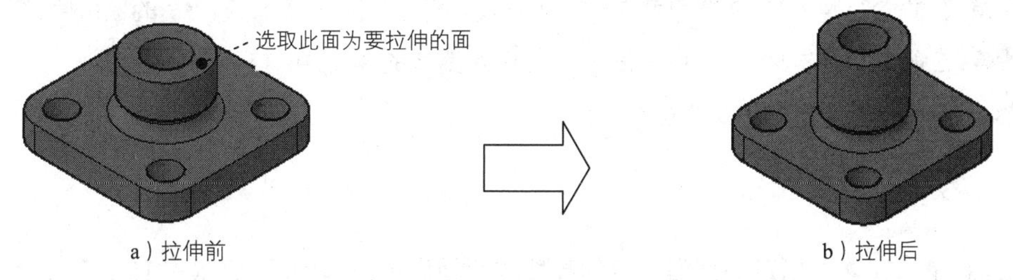

图 15.11.1 拉伸面

为了方便地选取顶平面，应先将视图放大到一定程度。

步骤 04 在命令行选择面或 [放弃(U)/删除(R)/全部(ALL)]的提示下，按 Enter 键结束选择。

步骤 05 在命令行指定拉伸高度或 [路径(P)]: 的提示下，输入拉伸高度值 15，并按 Enter 键。

步骤 06 在命令行指定拉伸的倾斜角度 <0>: 的提示下，按 Enter 键接受默认值，此时便得到图 15.11.1b 所示的拉伸面后的实体效果。

步骤 07 按两次 Enter 键结束命令的执行。

15.11.2 倾斜面

倾斜面就是将实体上指定的面按照一定的角度进行倾斜，倾斜的方向是由选取的基点与第二点的顺序来决定的。下面以图 15.11.2 所示为例，说明倾斜面的一般操作过程。

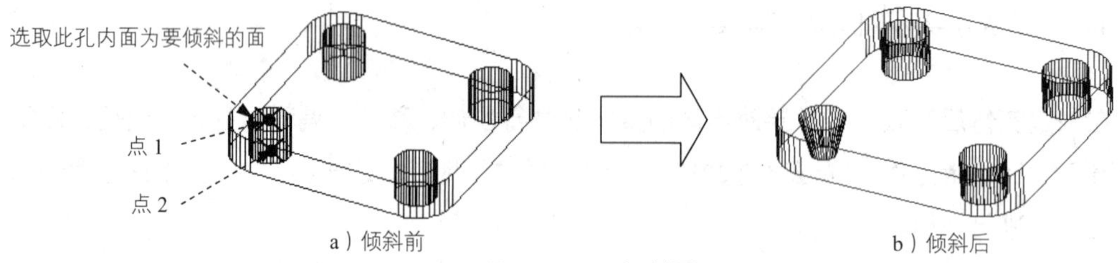

图 15.11.2 倾斜面

步骤 01 打开随书光盘上的文件 D:\cad1701\work\ch15.11.02\faces-edit.dwg。

步骤 02 选择下拉菜单 修改(M) → 实体编辑(N) ▸ → 倾斜面(T) 命令。

步骤 03 在命令行选择面或 [放弃(U)/删除(R)]: 的提示下，在图 15.11.2a 中的孔的内圆柱表面上单击，以选择此圆柱表面。

步骤 04 在命令行选择面或 [放弃(U)/删除(R)/全部(ALL)]: 的提示下，按 Enter 键结束选取对象。

步骤 05 在命令行指定基点: 的提示下，选取图 15.11.2a 所示的圆心点 1 为基点。

步骤 06 在命令行指定沿倾斜轴的另一个点: 的提示下，选取图 15.11.2 所示的圆心点 2。

步骤 07 在命令行指定倾斜角度: 的提示下，输入旋转的角度值-15。

步骤 08 按 Enter 键结束命令的执行。

15.11.3 移动面

移动面就是将实体上指定的面沿指定的高度或者距离进行移动。下面以图 15.11.3 所示为例，说明移动面的一般操作过程。

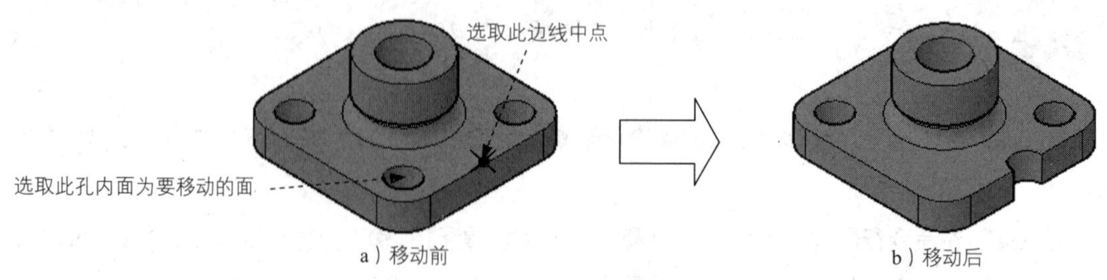

图 15.11.3 移动面

步骤 01 打开随书光盘上的文件 D:\cad1701\work\ch15.11.03\faces-edit.dwg。

步骤 02 选择下拉菜单 修改(M) → 实体编辑(N) ▸ → 移动面(M) 命令。

步骤 03 在图 15.11.3a 中的孔的内圆柱表面上单击，以选择此圆柱表面；按 Enter 键结束选择。

步骤 04 在命令行指定基点或位移：的提示下，选择孔的内圆柱表面上圆弧的圆心作为基点。

步骤 05 在命令行指定位移的第二点：的提示下，选取图 15.11.3a 所示的边线中点并按 Enter 键，此时便得到图 15.11.3b 所示的实体效果。

步骤 06 按两次 Enter 键结束命令的执行。

15.11.4 复制面

复制面就是将选定的面复制为面域或体，下面以图 15.11.4 所示为例，说明复制面的一般操作过程。

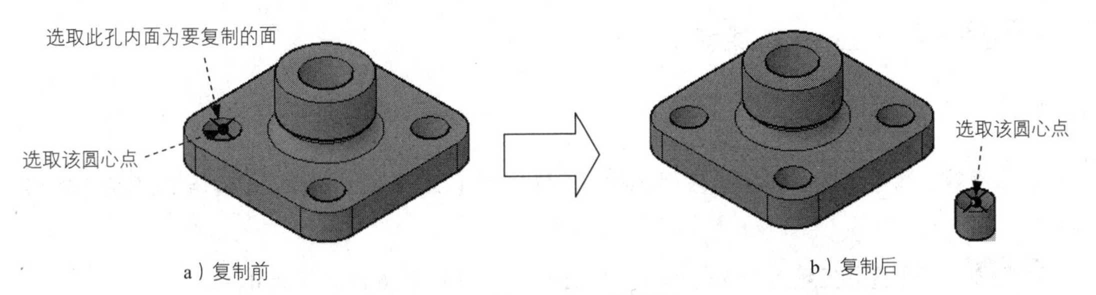

图 15.11.4 复制面

步骤 01 打开随书光盘上的文件 D:\cad1701\work\ch15.11.04\faces-edit.dwg。

步骤 02 选择下拉菜单 修改(M) → 实体编辑(N) → 复制面(F) 命令。

步骤 03 选择图 15.11.4a 中的孔的内表面，按 Enter 键结束选择。

步骤 04 在命令行指定基点或位移：的提示下，选取图 15.11.4a 所示的圆心点作为复制的基点。

步骤 05 在命令行指定位移的第二点：的提示下，选取图 15.11.4b 所示的点并按 Enter 键，此时便得到图 15.11.4b 所示的实体效果。

步骤 06 按两次 Enter 键结束操作。

15.11.5 偏移面

偏移面就是以相等的距离偏移实体的指定面。偏移距离可正可负，当输入的距离为正时，偏移后实体体积增大，反之，体积减小。例如，如果选择一个孔，正值将减小孔的尺寸，而负值将增大孔的尺寸。下面以图 15.11.5 所示为例，说明偏移面的一般操作过程。

步骤 01 打开随书光盘上的文件 D:\cad1701\work\ch15.11.05\faces-edit.dwg。

步骤 02 选择下拉菜单 修改(M) → 实体编辑(N) → 偏移面(O) 命令。

步骤 03 选择图 15.11.5a 中的孔的内表面，按 Enter 键结束选择。

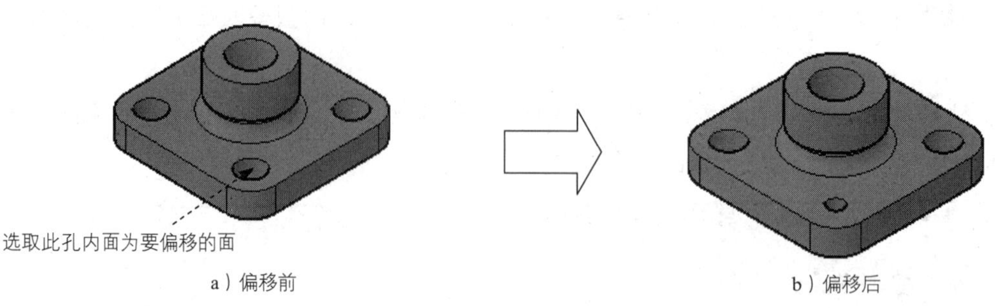

a）偏移前　　　　b）偏移后

图 15.11.5　偏移面

步骤 04 在命令行指定偏移距离：的提示下，输入值 3 并按 Enter 键，其结果如图 15.11.5b 所示。

步骤 05 按两次 Enter 键结束操作。

15.11.6　删除面

删除面就是将选定的三维模型表面删除。下面以图 15.11.6 所示为例，说明删除面的一般操作过程。

步骤 01 打开随书光盘上的文件 D:\cad1701\work\ch15.11.06\faces-edit.dwg。

步骤 02 选择下拉菜单 修改(M) → 实体编辑(N) → 删除面(D) 命令。

步骤 03 选择图 15.11.6a 中的孔的内表面，按 Enter 键结束选择。

步骤 04 按两次 Enter 键结束操作。

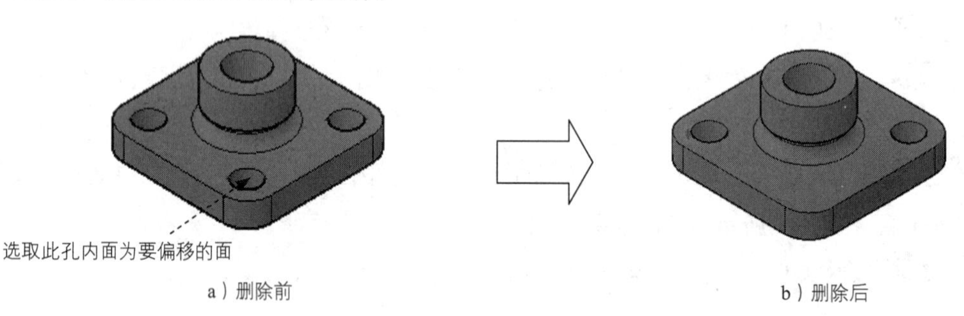

a）删除前　　　　b）删除后

图 15.11.6　删除面

15.11.7　旋转面

旋转面就是绕指定的轴旋转实体上的指定面。下面以图 15.11.7 所示为例，说明旋转面的一般操作过程。

步骤 01 打开随书光盘上的文件 D:\cad1701\work\ch15.11.07\faces-rol.dwg。

步骤 02 选择下拉菜单 修改(M) → 实体编辑(N) → 旋转面(A) 命令。

步骤 03 在命令行选择面或 [放弃(U)/删除(R)]: 的提示下，选择图 15.11.7a 中的实体侧面。

步骤 04 在命令行选择面或 [放弃(U)/删除(R)/全部(ALL)]的提示下，按 Enter 键结束选择。

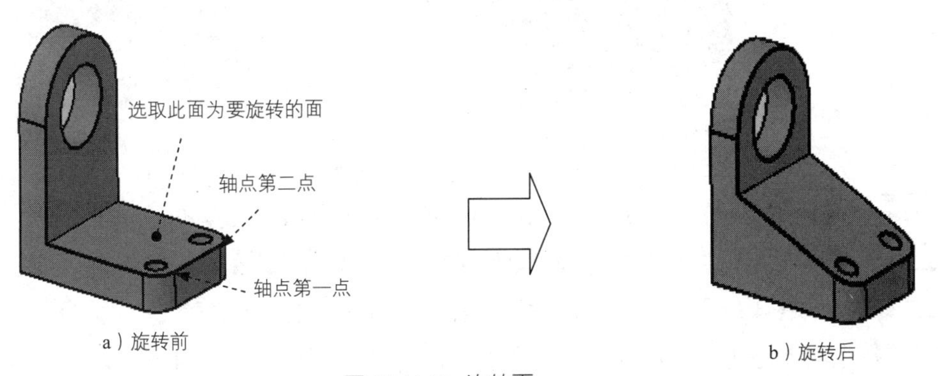

a）旋转前

b）旋转后

图 15.11.7 旋转面

步骤 05 用端点捕捉的方法选取轴点第一点，如图 15.11.7a 所示。

步骤 06 在命令行在旋转轴上指定第二个点：的提示下，用端点捕捉的方法选取轴上的第二点，如图 15.11.7a 所示。

步骤 07 在命令行指定旋转角度或 [参照(R)]：的提示下，输入旋转角度值 20，并按 Enter 键，此时便得到图 15.11.7b 所示的实体效果。

步骤 08 按两次 Enter 键结束操作。

命令行提示的各选项说明如下。

◆ 经过对象的轴(A)选项：选取某个对象来定义旋转轴时，用户可选择直线、圆、圆弧、椭圆、多段线或样条曲线等对象。如果选择直线对象，旋转轴与所选的直线重合；如果选择多段线或样条曲线对象，旋转轴为对象两个端点的连线；如果选择圆弧、圆或椭圆对象，则旋转轴是一条通过圆心且垂直于这些对象所在平面的直线。

◆ 视图(V)选项：旋转轴是一条通过指定点且垂直于当前视图平面的直线。

◆ X 轴(X)/Y 轴(Y)/Z 轴(Z)选项：旋转轴是一条通过指定点且与 X 轴（或 Y、Z 轴）平行的直线。

◆ <两点>选项：这是默认选项，旋转轴是一条通过指定的两个三维点的直线。

15.11.8 着色面

着色面是指更改三维实体对象上各个面的颜色。下面以图 15.11.8 所示为例，说明着色面的一般操作过程。

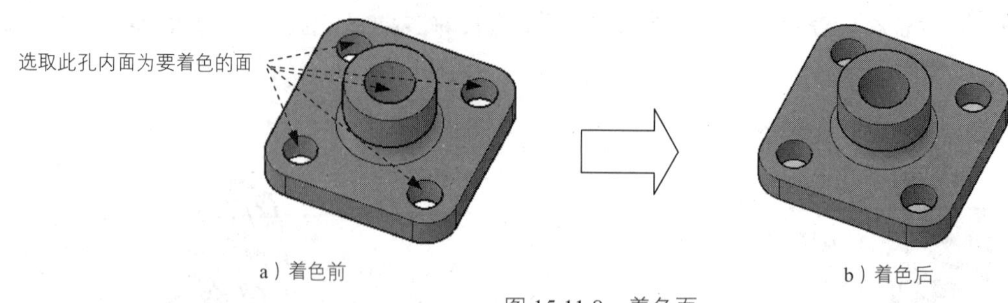

图 15.11.8　着色面

步骤 01 打开随书光盘上的文件 D:\cad1701\work\ch15.11.08\faces-edit.dwg。

步骤 02 选择下拉菜单 修改(M) → 实体编辑(N) → 着色面(C) 命令。

步骤 03 选择图 15.11.8a 中的 5 个孔的内表面，按 Enter 键结束选择。

步骤 04 系统弹出图 15.11.9 所示的“选择颜色”对话框，选取图中所示的颜色，单击 确定 按钮。

步骤 05 按两次 Enter 键结束操作。

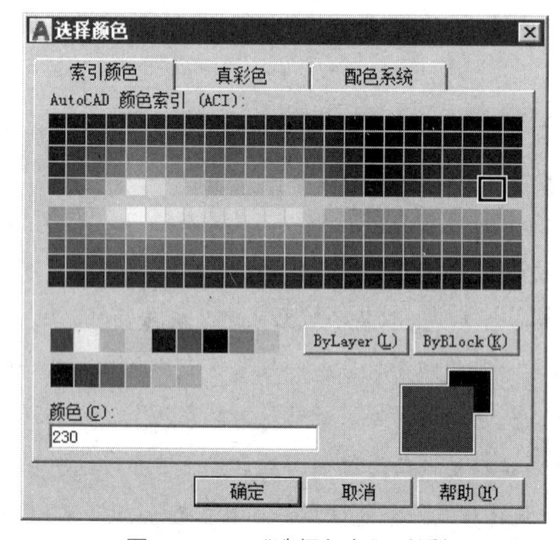

图 15.11.9　“选择颜色”对话框

15.12　三维实体的其他编辑

15.12.1　清除

清除就是用来删除共享边以及那些在边或者顶点具有相同表面或曲线定义的顶点。它可以用来删除多余的边、顶点以及不使用的集合图形，但是不能删除压印的边。

15.12.2　分割

分割就是用不相连的体或块将一个三维实体对象分割为几个独立的三维实体对象。在进行并集或者差集运算时可能导致生成一个由多个连续的体组成的三维实体，这时我们可以将这些体分割为独立的三维实体。下面以图 15.12.1 所示为例，说明分割的一般操作过程。

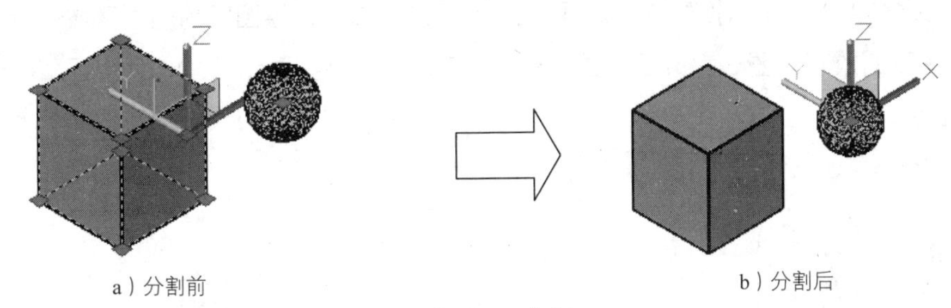

a）分割前　　b）分割后

图 15.12.1　分割

步骤 01 打开随书光盘上的文件 D:\cad1701\work\ch15.12.02\excision.dwg。

步骤 02 选择下拉菜单 修改(M) → 实体编辑(N) ▸ → 分割(S) 命令。

步骤 03 在命令行选择三维实体：的提示下选取图 15.12.1a 所示的实体。

步骤 04 按两次 Enter 键结束操作。

15.12.3 检查

检查就是用来检查或者验证所选实体是否为有效实体。下面介绍检查的一般操作过程。

步骤 01 打开随书光盘上的文件 D:\cad1701\work\ch15.12.03\excision.dwg。

步骤 02 选择下拉菜单 修改(M) → 实体编辑(N) ▸ → 检查(K) 命令。

步骤 03 在命令行 选择三维实体： 的提示下选取整个实体特征，系统提示 选择三维实体：此对象是有效的 ShapeManager 实体。，说明当前实体为有效的实体。

步骤 04 按两次 Enter 键结束操作。

15.13 三维对象的标注

在 AutoCAD 2017 中，使用“标注”命令不仅可以标注二维对象的尺寸，还可以标注三维对象的尺寸。由于所有对三维对象的操作（包括尺寸标注等）都只能在当前坐标系的 XY 平面中进行，因此，为了准确标注三维对象中各部分的尺寸，需要不断地变换坐标系。下面以图 15.13.1 所示为例，来说明三维对象的标注方法。

步骤 01 打开随书光盘上的文件 D:\cad1701\work\ch15.13\dim_3d.dwg。

步骤 02 在“图层”工具栏中选择“尺寸线层”。

步骤 03 创建尺寸标注 1。

（1）设置用户坐标系 1。选择下拉菜单 工具(T) → 新建 UCS(W) ▸ → 三点(3) 命令，用捕捉的方法依次选择图 15.13.2 中的 C 点为坐标系原点，D 点为正 X 轴上一点，A 点为正 Y 轴上一点。

（2）选择下拉菜单 标注(N) → 线性(L) 命令。

（3）用端点（END）捕捉的方法选择 A、B 两点，然后在绘图区的空白区域选择一点，作为尺寸标注 1 的放置位置，完成后如图 15.13.3 所示。如果不显示尺寸，可使用 视图(V) → 重生成(G) 命令。

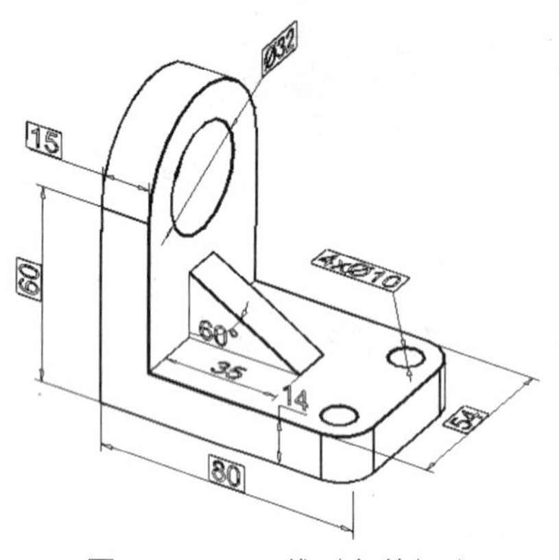

图 15.13.1　三维对象的标注

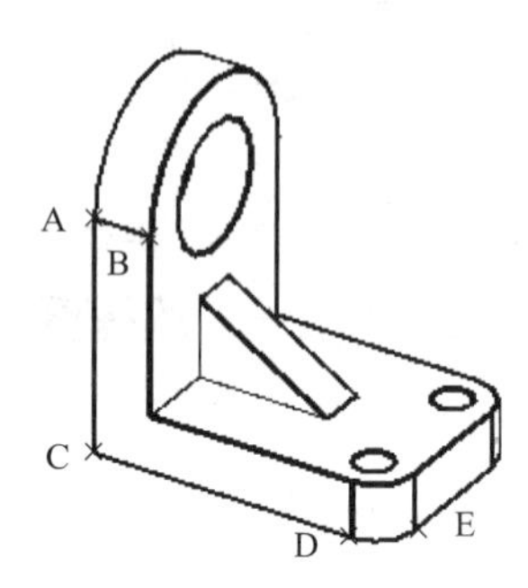

图 15.13.2　定义用户坐标系 1

步骤 04 创建尺寸标注 2。选择下拉菜单 标注(N) → 线性(L) 命令，分别选择 A、C 两点，然后在绘图区的空白区域单击，以确定尺寸标注 2 的放置位置，完成后如图 15.13.4 所示。

步骤 05 创建尺寸标注 3。选择下拉菜单 标注(N) → 线性(L) 命令，分别选择 C、E 两点，然后在绘图区的空白区域单击，以确定尺寸标注 3 的放置位置，完成后如图 15.13.5 所示。

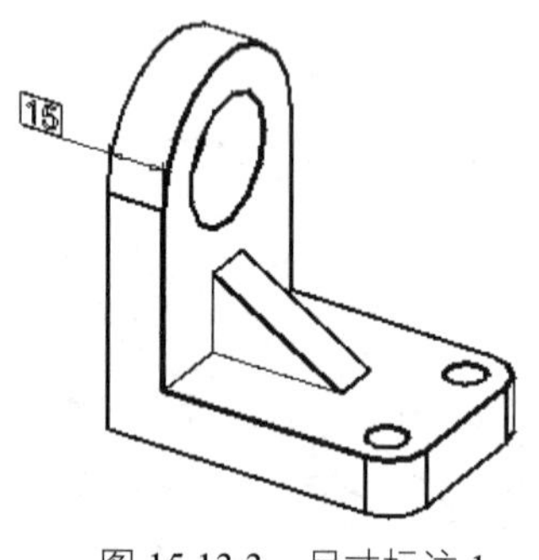

图 15.13.3　尺寸标注 1

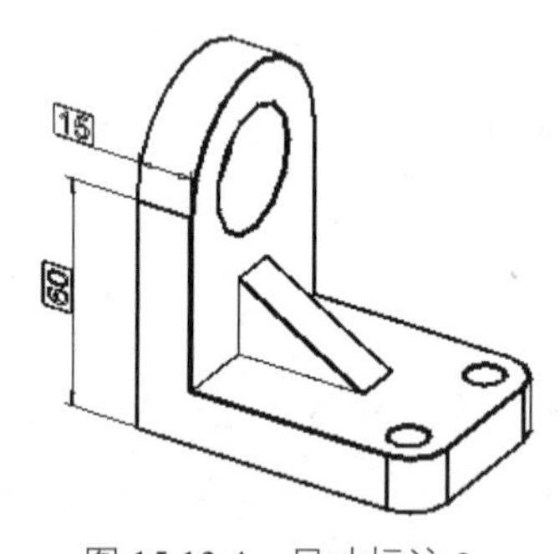

图 15.13.4　尺寸标注 2

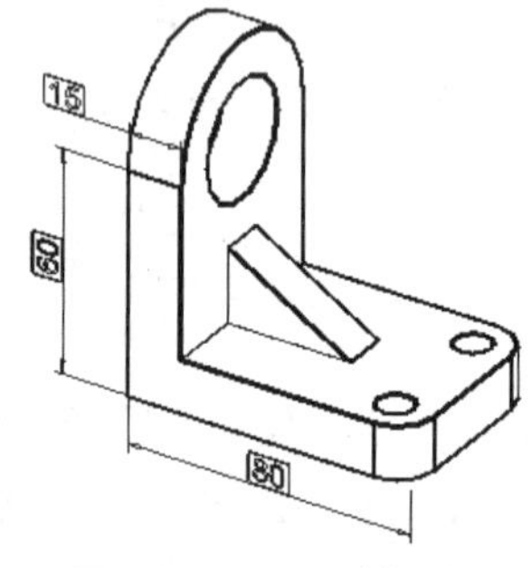

图 15.13.5　尺寸标注 3

步骤 06 创建尺寸标注 4。选择下拉菜单 标注(N) → 线性(L) 命令，分别选择 D、F 两点，然后在绘图区的空白区域单击，以确定尺寸标注 4 的放置位置，完成后如图 15.13.6 所示。

步骤 07 创建尺寸标注 5。

（1）设置用户坐标系 2。选择 工具(T) → 新建 UCS(W) → 三点(3) 命令，用捕捉的方法依次选择图 15.13.7 中的 G 点作为用户坐标系原点，F 点作为正 X 轴上一点，H 点作为正 Y 轴上一点。

如果坐标系 X、Y 的方向不对，会导致角度标注文本的方向不正确。

（2）选择下拉菜单 标注(N) → 线性(L) 命令，分别选择 F、I 两点，然后在绘图区的空白区域单击，以确定尺寸标注 5 的放置位置，完成后如图 15.13.8 所示。

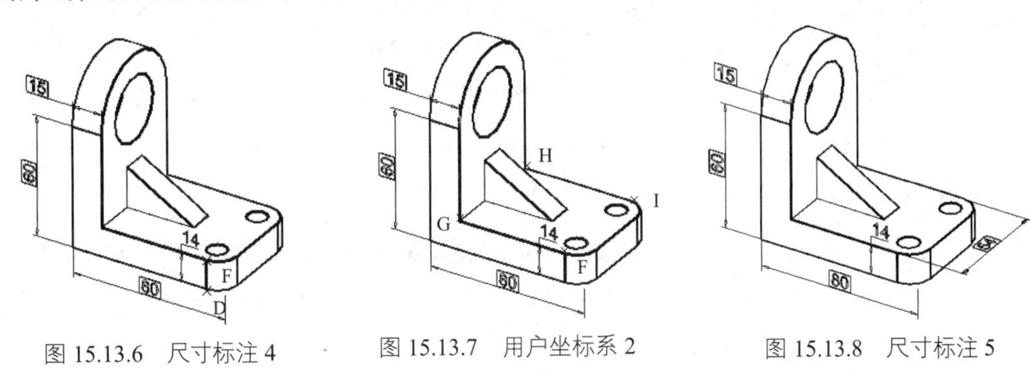

图 15.13.6　尺寸标注 4　　图 15.13.7　用户坐标系 2　　图 15.13.8　尺寸标注 5

步骤 08 创建尺寸标注 6。选择下拉菜单 标注(N) → 直径(D) 命令，选择图 15.13.9 所示的圆；在命令行指定尺寸线位置或 [多行文字(M)/文字(T)/角度(A)]: 的提示下，输入字母 T 后按 Enter 键；输入 4×%%C10 后按 Enter 键；在绘图区的空白区域单击，作为尺寸标注 6 的放置位置，完成后如图 15.13.10 所示。

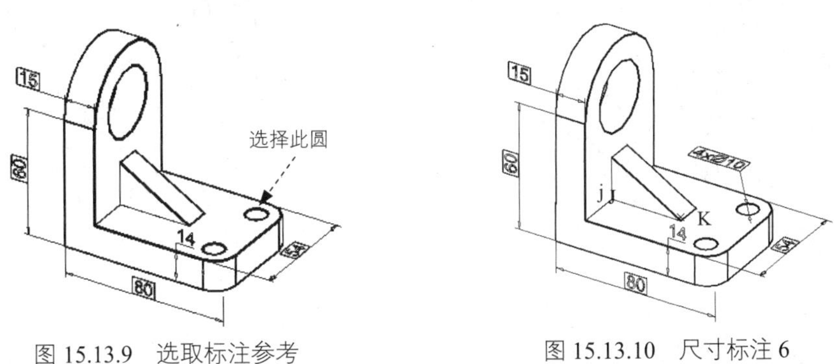

图 15.13.9　选取标注参考　　图 15.13.10　尺寸标注 6

步骤 09 创建尺寸标注 7。选择下拉菜单 标注(N) → 线性(L) 命令，分别选择 J、K 两点，然后在绘图区的空白区域单击，以确定尺寸标注 7 的放置位置，完成后如图 15.13.11 所示。

步骤 10 创建尺寸标注 8。

（1）设置用户坐标系 3。选择 工具(T) → 新建 UCS(W) → 三点(3) 命令，用捕捉的方法依次选择图 15.13.12 中的 G 点作为用户坐标系原点，H 点作为正 X 轴上一点，L 点作为正 Y 轴上一点。

（2）选择下拉菜单 标注(N) → 直径(D) 命令，选择图 15.13.12 所示的圆；然后在绘图区的空白区域单击，以确定尺寸标注 8 的放置位置，完成后如图 15.13.13 所示。

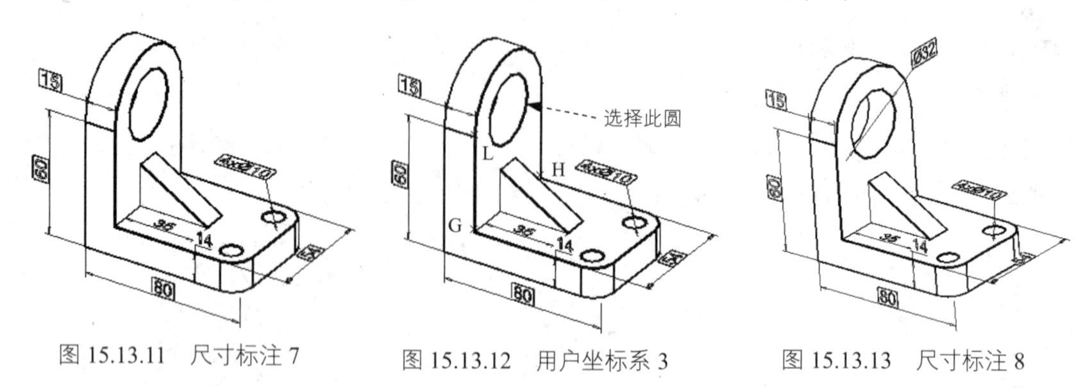

图 15.13.11 尺寸标注 7 图 15.13.12 用户坐标系 3 图 15.13.13 尺寸标注 8

步骤 11 创建尺寸标注 9。

（1）设置用户坐标系 4。选择 工具(T) → 新建 UCS(W) ▸ → 三点(3) 命令，用捕捉的方法依次选择图 15.13.14 中的 M 点作为用户坐标系原点，N 点作为正 X 轴上一点，O 点作为正 Y 轴上一点。

（2）选择下拉菜单 标注(N) → 角度(A) 命令，选择图 15.13.14 中的 OM 边线、ON 边线，然后在绘图区的空白区域单击，作为尺寸标注 9 的放置位置，完成后如图 15.13.15 所示。

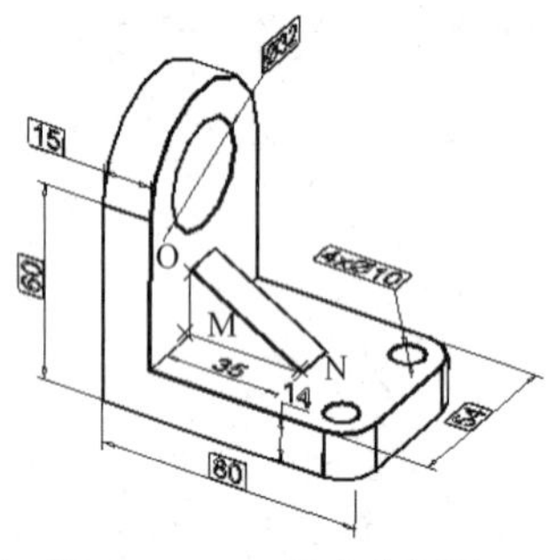

图 15.13.14 用户坐标系 4

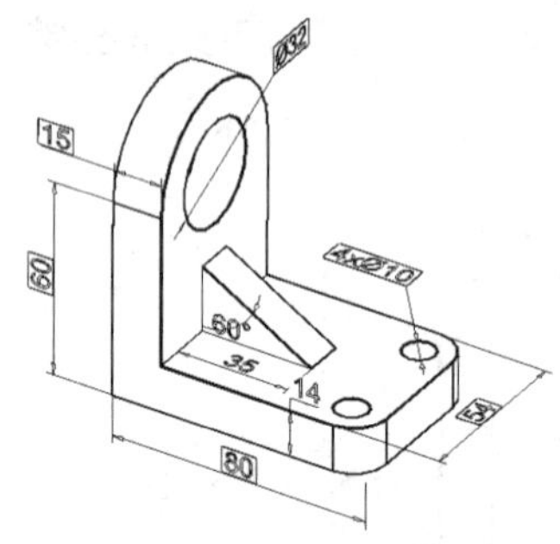

图 15.13.15 尺寸标注 9

第 16 章　AutoCAD 的渲染功能

16.1　材质的设置

材质的设定不仅可以体现表面的材料、纹理、透明度等效果，更能够增强物体的真实感。

16.1.1　使用系统材质

在 AutoCAD 2017 中，系统将常用的材质都放置在工具选项板中，下面介绍图 16.1.1 所示的系统材质的添加过程。

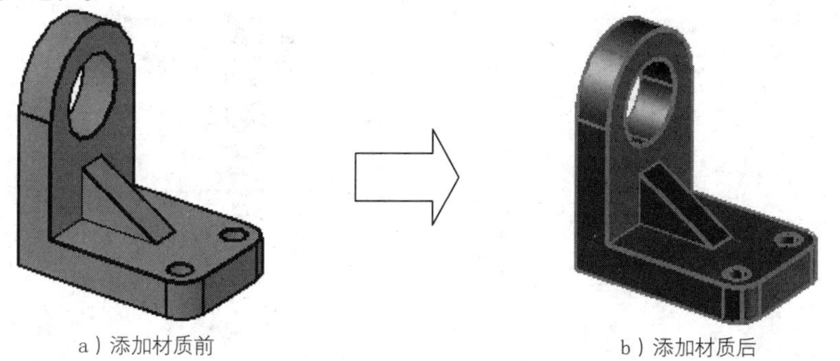

a）添加材质前　　b）添加材质后

图 16.1.1　添加材质

步骤 01　打开随书光盘上的文件 D:\cad1701\work\ch16.01.01\material.dwg。

步骤 02　打开工具选项板。选择下拉菜单 工具(T) → 选项板 ▸ → 工具选项板(T) 命令，系统弹出图 16.1.2 所示的“工具选项板”窗口。

步骤 03　打开金属选项卡。在“工具选项板”窗口中选择“金属-材质样式”选项卡，结果如图 16.1.3 所示。

步骤 04　在“工具选项板”窗口中右击 缎光 - 粉玫瑰红，在系统弹出的快捷菜单中选择 将材质应用到对象 命令，在绘图区域中选取整个实体对象。

步骤 05　将视觉样式调整至真实查看效果。选择下拉菜单 视图(V) → 视觉样式(S) → 真实(R) 命令查看真实渲染效果。

若用户打开“工具选项板”后没有“金属-材质样式”选项卡，用户可新建一选项卡，新建方法如下。

（1）在任一选项卡上右击，系统弹出快捷菜单，在快捷菜单中选择 新建选项板(E) 选项，系统新建一个空的选项板，将名称改为“金属-材质样式”，如图 16.1.4 所示。

（2）选择下拉菜单 视图(V) → 渲染(E) → 材质浏览器(B) 命令，系统弹出图 16.1.5 所示的“材质浏览器”对话框。

（3）在“材质浏览器”中选择 节点下的 Autodesk 库 选项，然后在 Autodesk 库 节点下选择 金属漆 选项。

（4）在“材质浏览器”列表中右击 缎光 - 粉玫瑰红 材质，在系统弹出的快捷菜单中依次选择 添加到 → 活动的工具选项板 选项，该材质即被添加到新建的“金属-材质样式”选项卡中，然后将“材质浏览器”关闭即可。

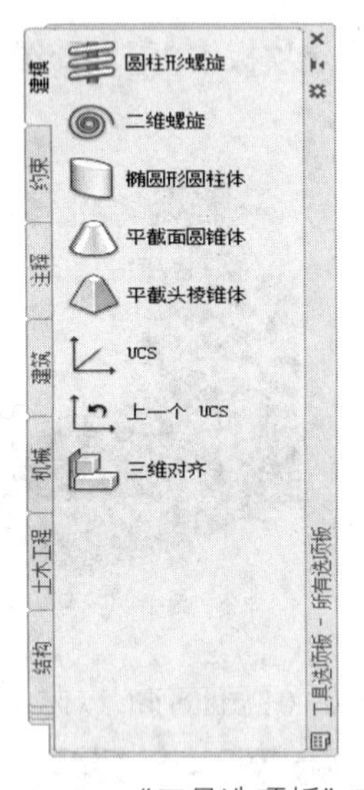

图 16.1.2 “工具选项板”窗口

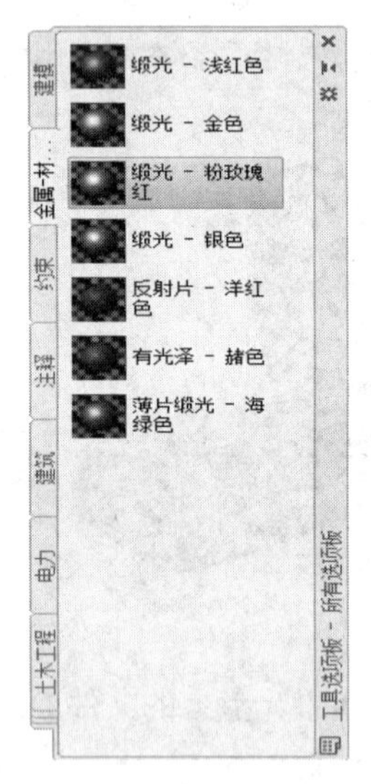

图 16.1.3 “金属-材质样式”选项卡

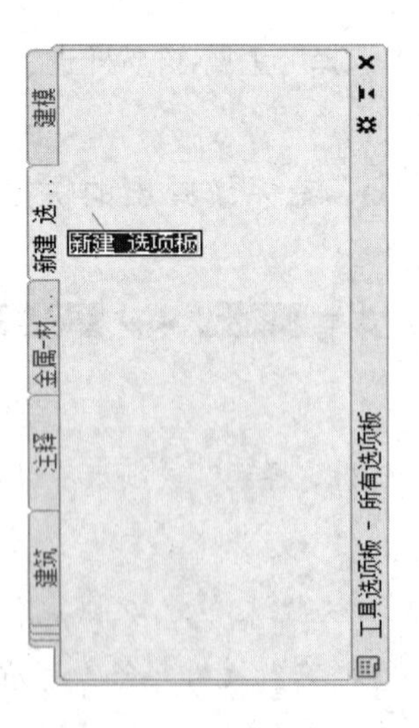

图 16.1.4 新建选项卡

图 16.1.5 “材质浏览器”对话框

16.1.2 添加新的材质

步骤 01 打开随书光盘上的文件 D:\cad1701\work\ch16.01.02\material.dwg。

步骤 02 设置材料属性。选择下拉菜单 视图(V) → 渲染(E) → 材质编辑器(M) 命令，系统弹出图 16.1.6 所示的“材质编辑器”对话框。

步骤 03 单击“材质编辑器”对话框中的“创建或复制材质”按钮，系统弹出下拉列表，在列表中选择 新建常规材质... 选项，系统即创建一个默认名称为“默认为常规”的材质，如图 16.1.7 所示。

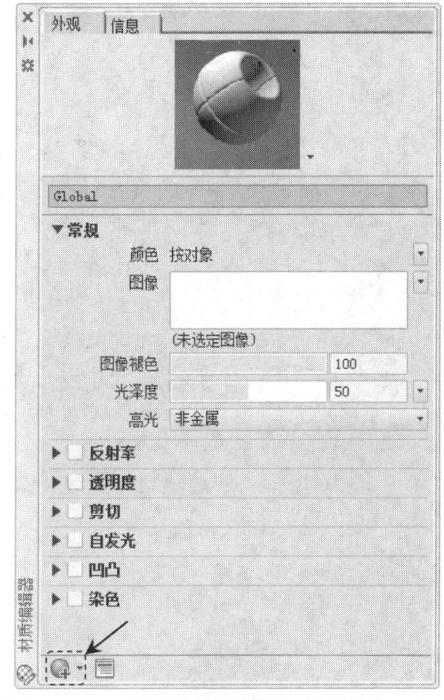

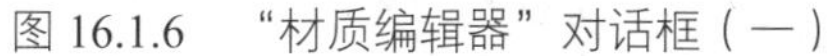

图 16.1.6 “材质编辑器”对话框（一）

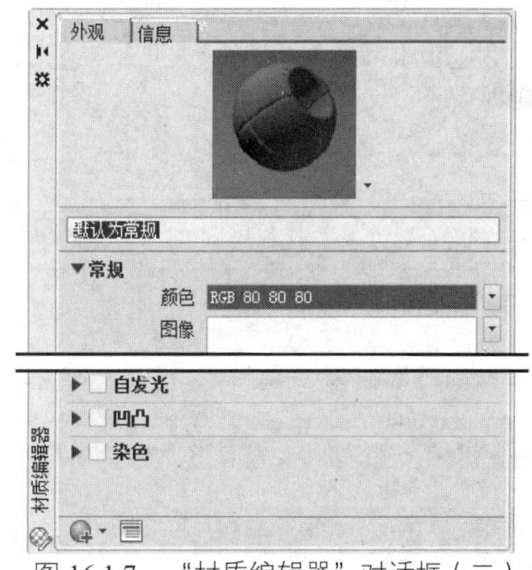

图 16.1.7 “材质编辑器”对话框（二）

步骤 04 将默认名称 默认为常规 改为“材质 1”；展开 ▼常规 区域，在展开的区域中单击 颜色: 右侧的 RGB 80 80 80 文本框，系统弹出图 16.1.8 所示的“选择颜色”对话框，选取图 16.1.8 所示的颜色，单击 确定 按钮，系统返回到“材质编辑器”对话框。

步骤 05 展开 ▼ ✓ 透明度 区域并勾选其复选框，在 半透明度 右侧的文本框中输入值 50，如图 16.1.9 所示。其余选项可根据具体要求进行设置，本例便不再进行设置。

步骤 06 将材质应用到实体。在“材质编辑器”对话框中单击“打开/关闭材质浏览器”按钮，系统弹出“材质浏览器”对话框。

步骤 07 在绘图区选取模型，然后在“材质浏览器”对话框的 文档材质: 列表中选择“材质 1”选项并右击，如图 16.1.10 所示，在弹出的快捷键中选择 指定给当前选择 选项，然后将“材质浏览器”和“材质编辑器”对话框关闭。

步骤 08 将视觉样式调整至真实查看效果。选择下拉菜单 视图(V) → 视觉样式(S) → 真实(R) 命令查看真实渲染效果，如图 16.1.11 所示。

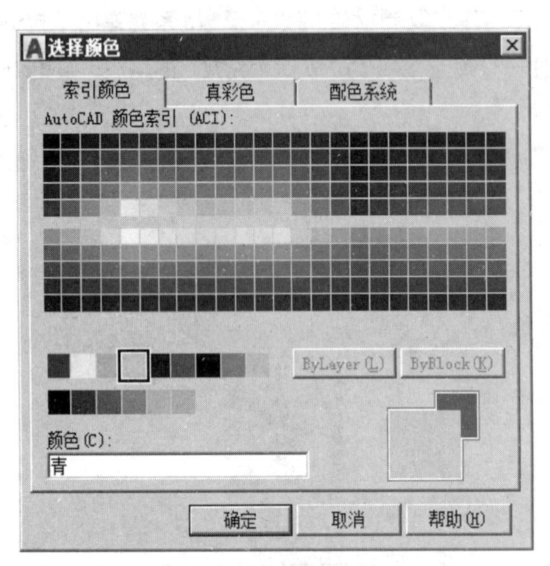

图 16.1.8 “选择颜色”对话框

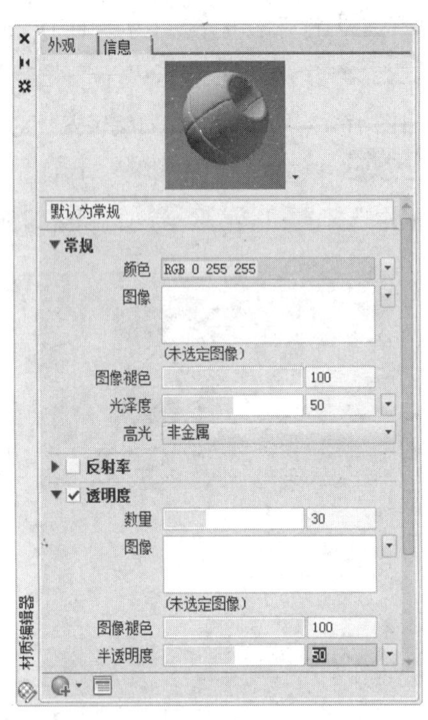

图 16.1.9 “创建新材质”对话框

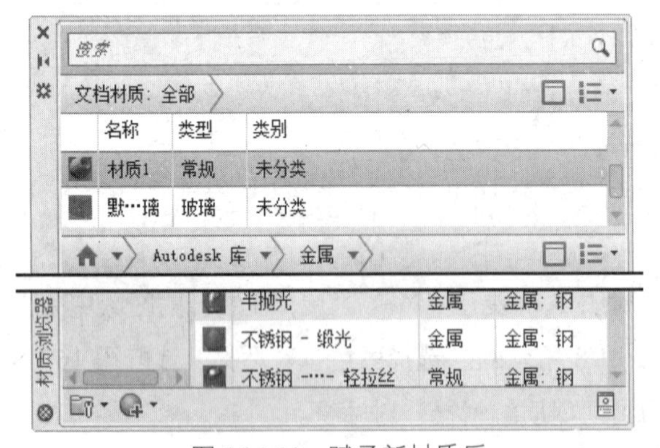

图 16.1.10 赋予新材质后

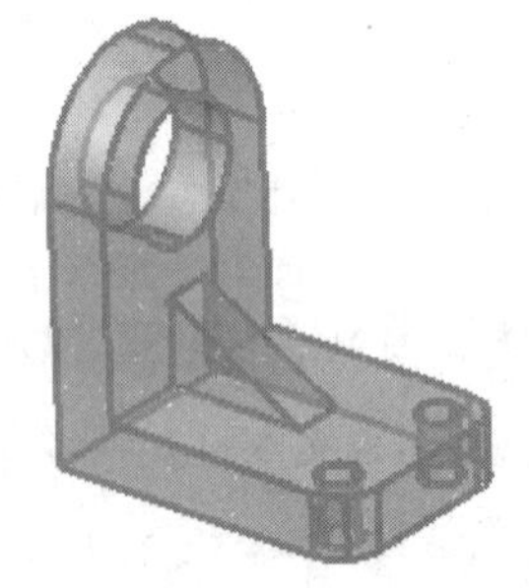

图 16.1.11 赋予新材质后

16.2 灯光的设置

16.2.1 点光源

点光源位于指定的坐标位置，是一个非常小的光源。点光源可向任意方向发射光线，下面讲解创建点光源的操作过程。

步骤 01 打开随书光盘上的文件 D:\cad1701\work\ch16.02.01\example.dwg。

步骤 02 选择下拉菜单 视图(V) → 渲染(E) → 光源(L) → 新建点光源(P) 命令。

进入新建点光源命令还有一种方法，即在命令行中输入 POINTLIGHT 命令后按 Enter 键。

步骤 03 在系统 指定源位置 <0,0,0>: 的提示下，输入点光源的位置坐标为（80,80,0）后按 Enter 键。

步骤 04 在命令行 输入要更改的选项 [名称(N) 强度(I) 状态(S) 阴影(W) 衰减(A) 颜色(C) 退出(X)] <退出>: 的提示下，直接按回车键，此时在绘图区会显示一个点光源。

步骤 05 在绘图区域双击上步创建的点光源，系统弹出“特性”对话框。设置图 16.2.1 所示的参数。

“特性”对话框各选项的说明如下。

- ◆ 名称：用于设置光源的名称。
- ◆ 类型：用于设置光源的类型。
- ◆ 开/关状态：用于设置在模型中光源的打开或关闭状态。
- ◆ 强度因子：用于设置光源的强度因子。
- ◆ 过滤颜色：用于设置光源的颜色。
- ◆ 打印轮廓：用于设置是否打印光线轮廓。
- ◆ 轮廓显示：用于设置是否在视口中显示光线轮廓。

步骤 06 选择下拉菜单 视图(V) → 视觉样式(S) → 真实(R) 命令查看真实渲染效果，结果如图 16.2.2 所示。

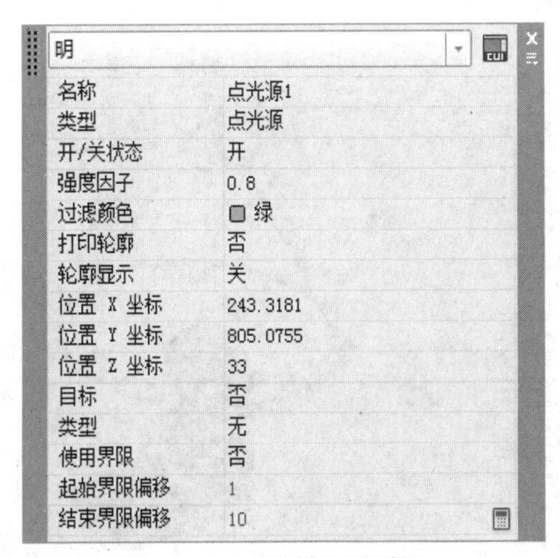

图 16.2.1 “特性”对话框

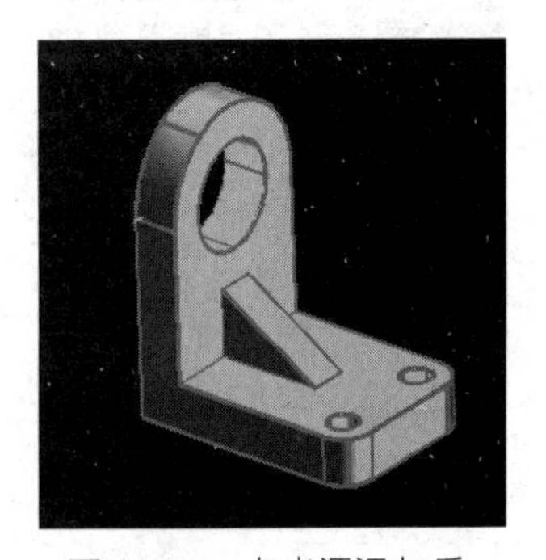

图 16.2.2 点光源添加后

16.2.2 聚光源

聚光源是一个中心位置为最亮点的锥形聚焦光源，可以按指定投射至模型区域，用户可修改聚光源的各种属性。下面讲解添加聚光源的操作过程。

步骤 01 打开随书光盘上的文件 D:\cad1701\work\ch16.02.02\example.dwg。

步骤 02 选择下拉菜单 视图(V) → 渲染(E) → 光源(L) → 新建聚光灯(S) 命令。

进入新建聚光源命令还有一种方法，即在命令行中输入 SPOTLIGHT 命令后按 Enter 键。

步骤 03 在系统指定源位置 <0,0,0>: 的提示下，输入聚光源的位置坐标为（0,200,0）后按 Enter 键。

步骤 04 在系统指定目标位置 <0,0,-10>: 的提示下，选取图 16.2.3 所示的中点作为目标点，

步骤 05 在系统的提示下，直接按 Enter 键，此时在绘图区会显示一个聚光源。

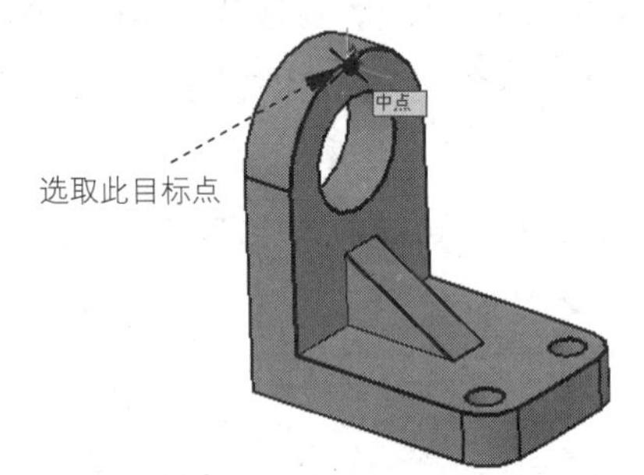

图 16.2.3 选取目标点

步骤 06 在绘图区域双击上步创建的聚光源，系统弹出“特性”对话框。设置图 16.2.4 所示的参数，设置完成后如图 16.2.5 所示。

步骤 07 选择下拉菜单 视图(V) → 视觉样式(S) → 真实(R) 命令查看真实渲染效果，结果如图 16.2.6 所示。

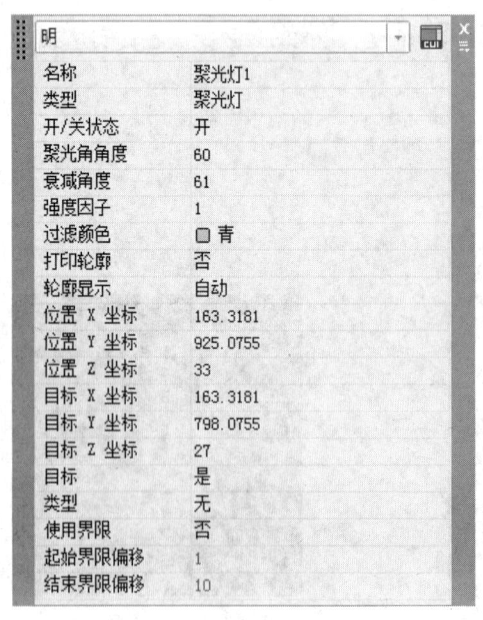

图 16.2.4 “特性”对话框

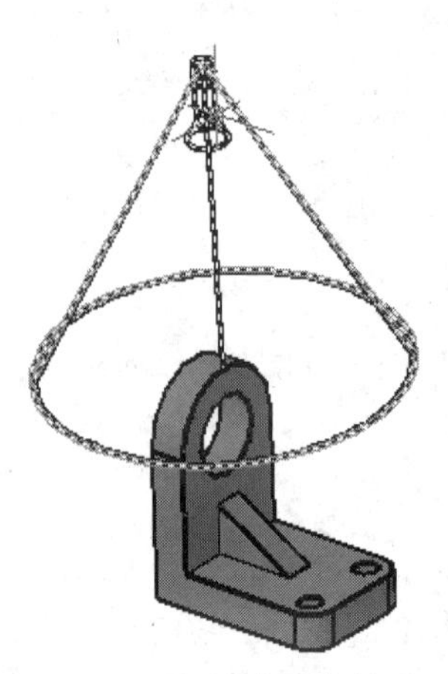

图 16.2.5 设置光源参数后

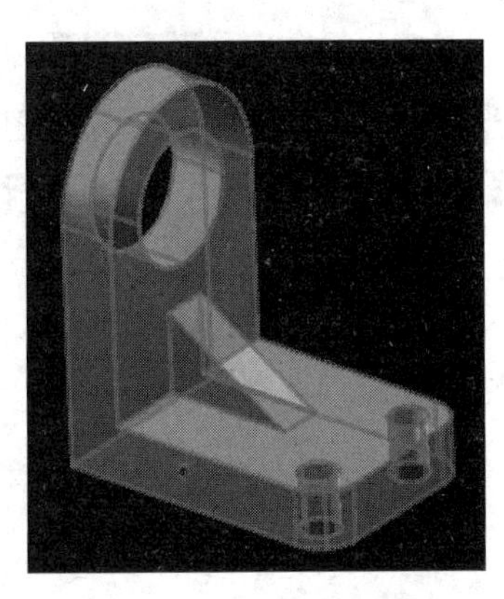

图 16.2.6 聚光源添加后

16.2.3 平行光源

平行光源是距离模型无限远的一束光柱。用户可以选择打开或关闭、添加或删除平行光源，也可以修改现有平行光源的强度、颜色及位置。下面讲解添加平行光源的操作过程。

步骤 01 打开随书光盘上的文件 D:\cad1701\work\ch16.02.03\example.dwg。

步骤 02 选择下拉菜单 视图(V) → 渲染(E) → 光源(L) → 新建平行光(D) 命令。

进入新建平行光源命令还有一种方法，即在命令行中输入 DISTANTLIGHT 命令后按 Enter 键。

步骤 03 在系统指定光源来向 <0,0,0> 或 [矢量(V)]: 的提示下，输入平行光源的位置坐标为(100,100,100)后按 Enter 键。

步骤 04 在系统指定光源去向 <1,1,1>: 的提示下，选取图 16.2.7 所示的圆心为目标点。

步骤 05 在系统的提示下，直接按 Enter 键。

步骤 06 选择下拉菜单 视图(V) → 渲染(E) → 光源(L) → 光源列表(L) 命令，系统弹出图 16.2.8 所示的“模型中的光源”对话框。

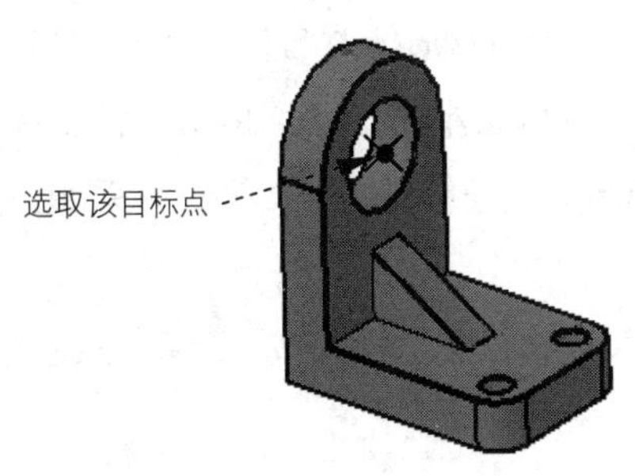

图 16.2.7 定义目标点

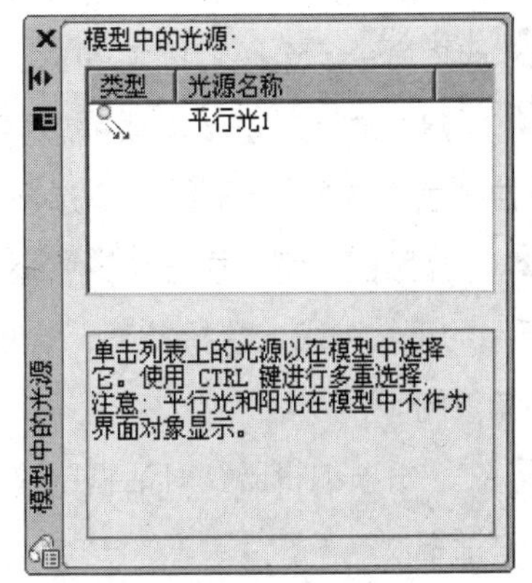

图 16.2.8 “模型中的光源”对话框

步骤 07 在“模型中的光源”对话框中右击 平行光1，在系统弹出的快捷菜单中选择 特性(S) 命令，系统弹出图 16.2.9 所示的“特性”对话框。设置图 16.2.9 所示的参数。

步骤 08 选择下拉菜单 视图(V) → 视觉样式(S) → 真实(R) 命令查看真实渲染效果，结果如图 16.2.10 所示。

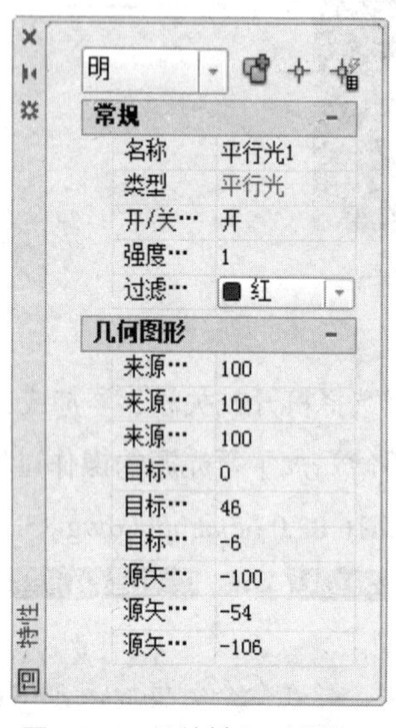

图 16.2.9 “特性”对话框

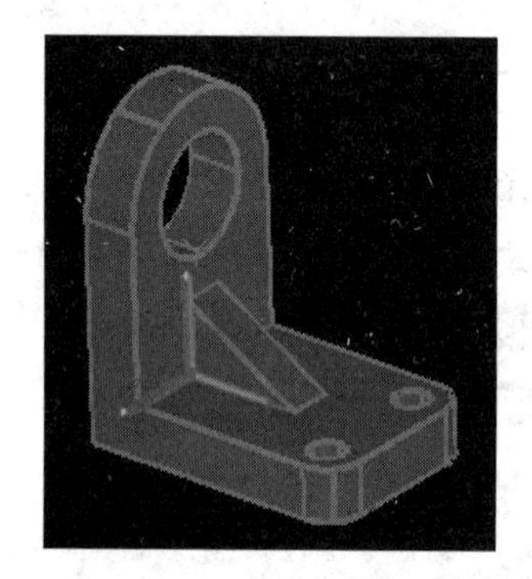

图 16.2.10 平行光源添加后

16.3 贴图的设置

贴图是利用现有的图像文件对模型进行渲染贴图。在 AutoCAD 中贴图的方式有漫射贴图、不透明贴图与凹凸贴图等。

16.3.1 漫射贴图

步骤 01 打开随书光盘上的文件 D:\cad1701\work\ch16.03\discount.dwg。

步骤 02 选择命令。选择下拉菜单 视图(V) → 渲染(E) → 材质编辑器(M) 命令。

步骤 03 新建材质。单击“材质编辑器”对话框中的“创建或复制材质”按钮，在系统弹出的下拉列表中选择 新建常规材质... 选项，将系统创建的新材质修改名称为“木材”。

步骤 04 选择贴图类型。展开 常规 区域，在展开的区域中右击 图像 的文本框，系统弹出图 16.3.1 所示的下拉列表，选择 木材 选项，系统弹出“纹理编辑器”对话框，采用系统默认的参数，将其关闭。

步骤 05 在“材质编辑器”对话框中单击“打开/关闭材质浏览器”按钮，系统弹出“材质浏览器”对话框。

步骤 06 将视觉样式调整至真实查看效果。选中模型，在“材质浏览器”对话框的 文档材质:

列表中选择新建的“木材”选项并右击，在弹出的快捷菜单中选择 指定给当前选择 选项。

步骤 07 选择下拉菜单 视图(V) → 视觉样式(S) → 真实(R) 命令查看真实渲染效果，结果如图 16.3.2 所示。

图 16.3.1 “渲染”对话框

图 16.3.2 漫射贴图效果

16.3.2 不透明贴图

不透明贴图可以创建不透明和透明的图案，在 AutoCAD 中，不透明贴图是根据二维图像的灰度来控制对象表面的透明程度的，也就是说在进行贴图的过程中，二维图像中白色部分对应的区域是不透明的，反之，黑色部分对应的区域是全透明的。不透明贴图的图片格式可以是 BMP、TIF、PNG、JPG、TGA 和 PCX 等。添加与设置不透明贴图的方法与设置漫射贴图的方法基本相同，这里不再赘述。

16.3.3 凹凸贴图

凹凸贴图也是根据贴图材质的颜色来自动控制对象表面的凹凸程度，从而去除表面的光滑度或创建凸雕的效果。在贴图时，白色部分对应的区域体现凸起的效果，黑色部分对应的区域体现凹陷的效果。添加与设置凹凸贴图的方法与设置漫射贴图的方法也基本相同，这里不再赘述。

第 17 章　图形的输入/输出以及 Internet 连接

17.1　图形的输入/输出

17.1.1　输入不同格式的图形

在 AutoCAD 中可以输入由其他应用程序生成的不同格式的文件。根据输入文件的类型，AutoCAD 将图形中的信息转换为 AutoCAD 图形对象，或者转换为一个单一的块对象。

利用“输入文件”对话框可实现输入操作。在命令行中输入命令 IMPORT，然后按 Enter 键，系统弹出图 17.1.1 所示的“输入文件”对话框。可利用该对话框输入以下格式的文件。

- 图元文件 (*.wmf)：Windows 的一种文件格式。
- ACIS (*.sat)：ACIS 实体对象的文件格式。
- 3D Studio (*.3ds)：3D Studio 的文件格式。
- MicroStation DGN (*.dgn)：MicroStation DGN 的文件格式。
- 所有 DGN 文件 (*.*)：输入所有 DGN 的文件格式。

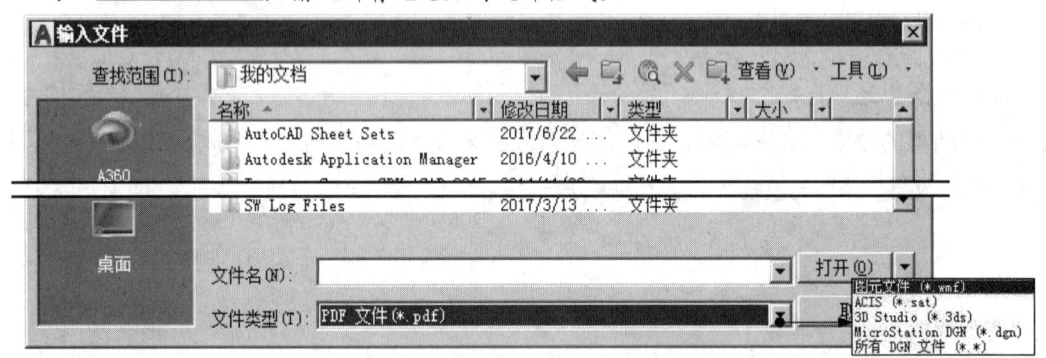

图 17.1.1　“输入文件”对话框

要输入一个指定类型的文件，可从 文件类型(T): 下拉列表中选择文件格式，然后在文件列表中选择要输入的文件，单击 打开(O) 按钮。

在 AutoCAD 2017 中可以通过选择下拉菜单 插入(I) → Windows 图元文件(W)... 命令（或在命令行输入 WMFIN 后按 Enter 键）、插入(I) → ACIS 文件(A)... 命令（或在命令行输入 ACISIN 后按 Enter 键）以及 插入(I) → 3D Studio(3)... 命令（或在命令行输入 3DSIN 后按 Enter 键），分别输入前三种格式的图形文件。

17.1.2 输入与输出 DXF 文件

DXF 格式（图形交换文件格式）是许多图形软件通用的格式，在 AutoCAD 中，可以把图形保存为 DXF 格式，也可以打开 DXF 格式的文件。

当要打开 DXF 格式的文件时，可选择下拉菜单 文件(F) → 打开(O)... 命令（或者在命令行中输入命令 DXFIN，然后按 Enter 键），系统弹出图 17.1.2 所示的“选择文件”对话框，在该对话框的 文件类型(T): 列表中选择 DXF (*.dxf)，在文件列表中选取一个 DXF 格式的文件，单击 打开(O) 按钮。

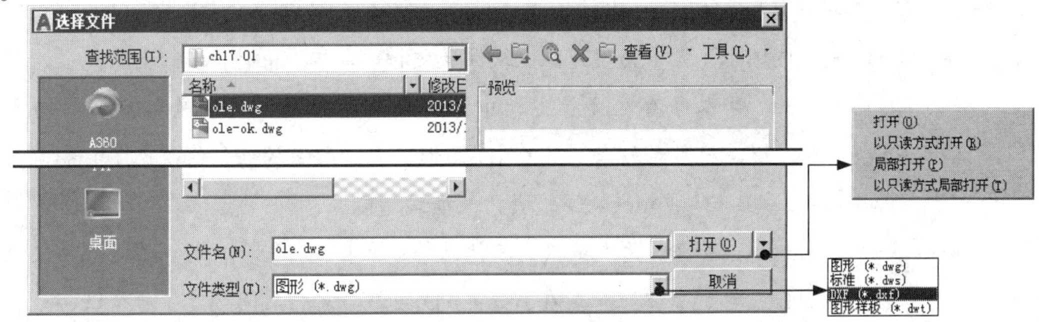

图 17.1.2 “选择文件”对话框

当要以 DXF 格式输出图形时，可选择下拉菜单 文件(F) → 保存(S) 命令或 文件(F) → 另存为(A)... 命令，系统弹出图 17.1.3 所示的“图形另存为”对话框；在该对话框的 文件类型(T): 下拉列表中选择 DXF 格式（在将图形保存为 DXF 格式时，可选择与 AutoCAD 2013、AutoCAD 2010/LT2010、AutoCAD 2007、AutoCAD 2004、AutoCAD 2000/LT2000、AutoCAD R12/LT2 版本相兼容的格式）；然后在对话框右上角选择 工具(L) → 选项(O)... 命令，此时系统弹出“另存为选项”对话框；在该对话框的 DXF 选项 选项卡中可设置保存格式。选中 ASCII 单选项可输出 ASCII 格式的文件，如果图形以 ASCII 格式保存，能够设置其精度；如果选中 二进制 单选项，则可输出二进制格式的文件。

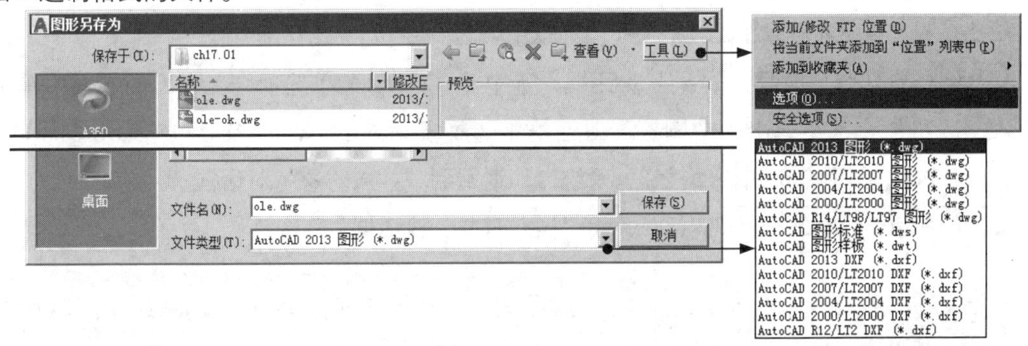

图 17.1.3 “图形另存为”对话框

二进制格式的 DXF 文件是一种更为紧凑的格式，AutoCAD 对它的读写速度会有很大的提高。此外，DXF 选项 选项卡中的 选择对象(O) 复选框，可确定在 DXF 文件中是否只保存图形中的指定对象。

17.1.3 插入 OLE 对象

对象连接与嵌入（Object Linking and Embedding，OLE）是在 Windows 环境下实现不同的 Windows 应用程序之间共享数据和程序功能的一种方法。

AutoCAD 具有支持 OLE 的功能，AutoCAD 的图形文件既可以作为源，又可以作为目标。

AutoCAD 图形作为源使用时，可以将 AutoCAD 的图形嵌入或链接到其他应用程序创建的文档中。嵌入与链接的区别如下。

- 当 AutoCAD 图形（源）嵌入到其他软件的文档（目标）中时，实际上只是嵌入了图形的一个副本。副本保存在目标文档中，对副本所做的任何修改都不会影响原来的 AutoCAD 图形，同时对原来 AutoCAD 图形（源）所做的任何修改也不会影响嵌入的副本。因此，嵌入与 AutoCAD 的块插入模式相似。
- 当一个 AutoCAD 图形（源）链接到其他软件的文档（目标）中时，不是在该文档中插入 AutoCAD 图形的副本，而是在 AutoCAD 图形与文档之间创建了一个链接或引用关系。如果修改了原来的 AutoCAD 图形（源），只要更新链接，则修改后的结果就会反映在文档（目标）中。因此，链接与使用外部参照相似。

AutoCAD 图形作为目标使用时，可以将其他软件的文档嵌入到 AutoCAD 图形（目标）中，如一个 Excel 电子表格文档（源）。电子表格的副本保存在 AutoCAD 图形（目标）中，对电子表格（源）所做的修改将不会影响原始的文件。但如果将电子表格（源）链接到 AutoCAD 图形（目标）中，并且以后在 Excel 中修改电子表格（源），则在更新链接后，修改后的结果就会反映在 AutoCAD 图形（目标）中。

下面举例说明在 AutoCAD 2017 中插入 Word 文件的操作过程。

步骤 01 打开随书光盘文件 D:\cad1701\work\ch17.01\ole.dwg。

步骤 02 选择下拉菜单 插入(I) → OLE 对象(O)... 命令。

步骤 03 系统弹出“插入对象”对话框，选中 ◉ 由文件创建(F) 单选项，在弹出的界面中单击 浏览(B)... 按钮，在系统弹出的“浏览”对话框中选择要插入的 Word 文件 D:\cad1701\work\ch17.01\ole.doc，然后单击 打开(O) 按钮，系统自动返回到“插入对象”对话框。

步骤 04 单击 确定 按钮，关闭“插入对象”对话框。

必须确认在当前的计算机操作系统中已安装了 Microsoft Word 软件，否则在绘图区中无法显示结果，插入 Word 文件后需要指定合适的缩放比例。

17.1.4 输出不同格式的图形

如果要将图形文件以指定格式输出，可选择下拉菜单 文件(F) → 输出(E)... 命令，系统会自动弹出“输出数据”对话框，在此对话框的 保存于(I): 下拉列表中设置文件输出的路径，在 文件类型(T): 下拉列表中选择文件的输出类型，如“图元文件”、“ACIS”、“平版印刷”、“封装 PS”、“DXX 提取”、“位图”、“3D DWF”及块等，在 文件名(N): 文本框中输入文件名称；然后单击对话框中的 保存(S) 按钮切换到绘图窗口中，在图形中选择要保存的对象。

17.2 布局与打印输出图形

17.2.1 模型空间和图纸空间

在学习本节之前，先打开随书光盘上的一个普通的文件 D:\cad1701\work\ch17.02\space.dwg。

AutoCAD 提供了两种图形的显示模式，即模型空间和图纸空间。其中模型空间主要用于创建（包括绘制、编辑）图形对象；图纸空间则主要用于设置视图的布局，布局是打印输出的图纸样式，所以创建布局是为图纸的打印输出做准备。在布局中，图形既可以处在图纸空间，又可以处在模型空间。

AutoCAD 允许用户在上述两种显示模式下工作，并且可以在两种模式之间进行切换。通过单击状态栏的“模型”按钮 模型，可以进行模型、图纸空间的切换，转换的方法和注意点详见图 17.2.1、图 17.2.2 和图 17.2.3 中的文字说明。

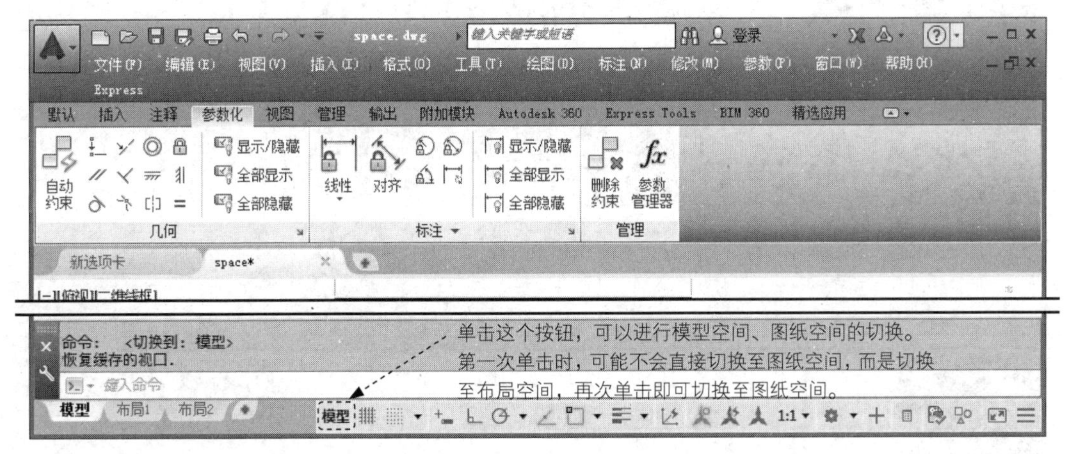

图 17.2.1 图形处在模型空间模式下

有关模型空间、图纸空间的说明如下。

◆ 当图形处在模型空间时，在命令行输入系统变量 TILEMODE 并按 Enter 键，再输入数字 0 按 Enter 键，可切换到图纸空间；当处在图纸空间时，TILEMODE 设为 1 可切换到模型空间。

- 在某个布局（“布局”选项卡）中，当图形处在模型空间时，在命令行输入 PSPACE 命令并按 Enter 键，可切换到图纸空间；当处在图纸空间时，通过 MSPACE 命令可切换到模型空间。
- 可以为一个图形创建多个布局，这些布局都会以标签的形式列在绘图区下部“模型”、“布局 1”标签的后面。
- 在某个布局中，当图形处在图纸空间时，滚动鼠标中键，则缩放整个布局；当图形处在模型空间时，滚动鼠标中键，则缩放布局中的图形。

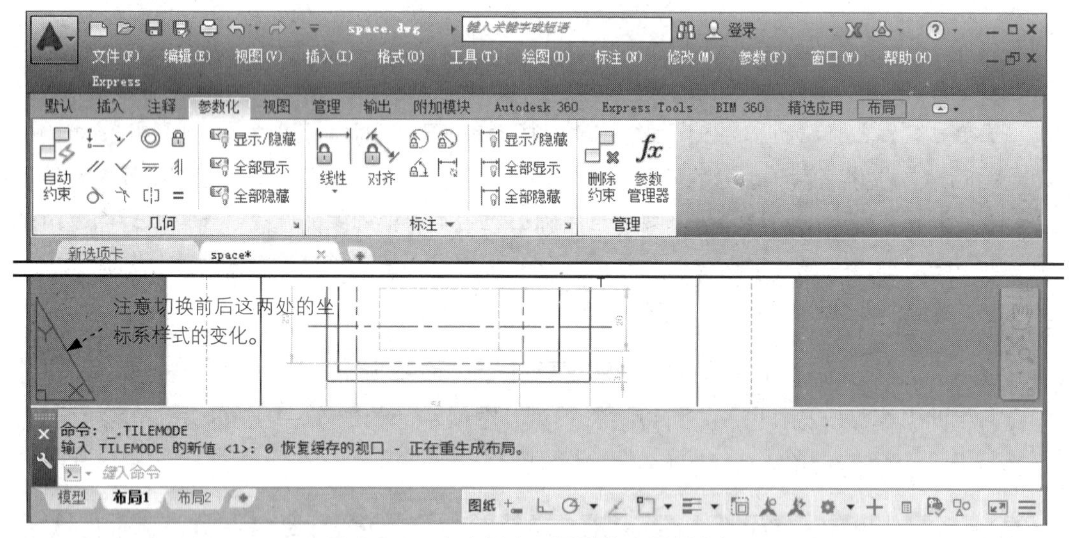

图 17.2.2　在布局中，图形处在图纸空间

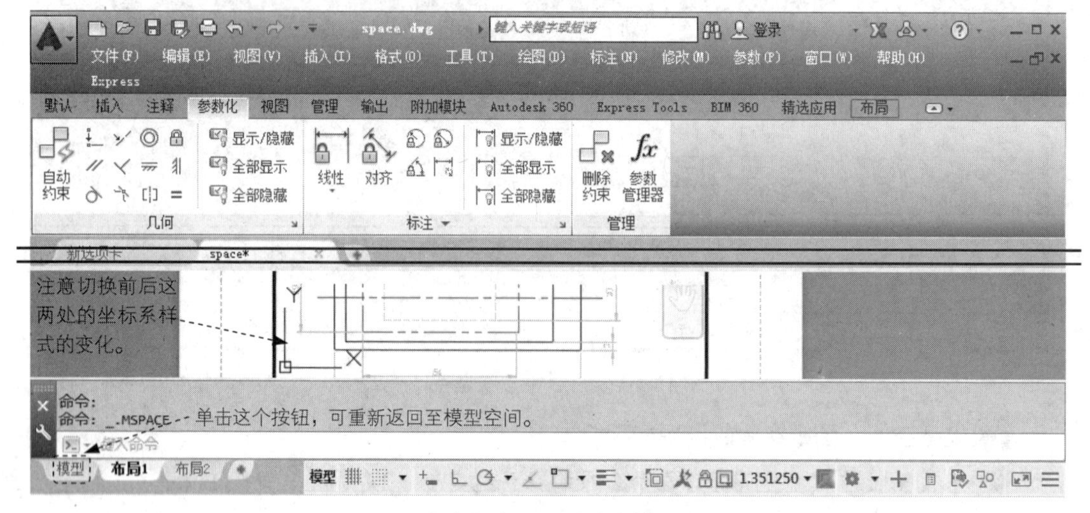

图 17.2.3　在布局中，图形处在模型空间

17.2.2 在图纸空间使用视口

1. 在图纸空间创建视口

在图形（包括二维和三维图形）的图纸空间同样可以创建视口，下面用一个三维图形为例，说明其创建过程。

步骤 01 打开随书光盘上的文件 D:\cad1701\work\ch17.02\psport.dwg。

步骤 02 单击状态栏中的“模型”按钮模型，图形进入图纸空间。

步骤 03 选择下拉菜单 视图(V) → 视口(V) ▸ → 新建视口(E)... 命令。

步骤 04 在“视口”对话框的 标准视口(V): 列表框中，选择 四个：相等 视口布局类型；在 设置(S): 列表框中选择 三维 选项；单击 确定 按钮以关闭“视口”对话框。

步骤 05 在命令行 指定第一个角点或 [布满(F)] <布满>: 的提示下，按 Enter 键。

2. 在图纸空间的视口的特点

在模型空间创建的视口是“固定”的，而在图纸空间创建的视口则是“浮动”的，即每个视口可以被移动、删除、比例缩放（指用 SCALE 命令），也可以通过拖动其夹点来调整视口大小，甚至各个视口可以交叉重叠，这些特点为图形的输出打印提供了极大的方便。

这里仅举例说明移动图纸空间的视口。选择下拉菜单 修改(M) → 移动(V) 命令，单击某个视口的边框以选择该视口，在指定基点和位移的第二点后，视口便完成移动，如图 17.2.4 所示。

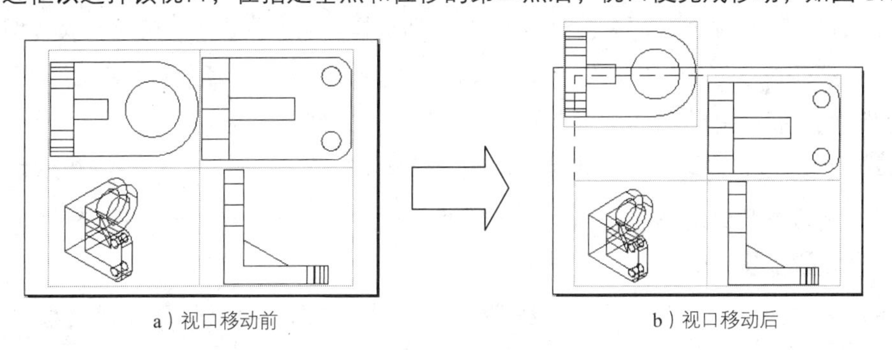

a）视口移动前　　b）视口移动后

图 17.2.4 移动图纸空间中创建的视口

17.2.3 新建布局

在中文版 AutoCAD 2017 中，可以迅速、灵活地创建多种布局。创建新的布局后，可以在其中创建浮动视口并添加图纸边框和标题栏。在布局中可以设置打印设备的类型、图纸尺寸、图形方向以及打印比例等，这些统称为页面设置。

可以选择下拉菜单 工具(T) → 向导(Z) ▸ → 创建布局(C)... 命令（或者在命令行中输入命令 LAYOUT，然后按 Enter 键）来创建布局，执行命令后，通过不同的选项可以用多种方式创建新布局，如从已有的模板开始创建、从已有的布局创建或直接从头开始创建。另外，还可用 LAYOUT

命令来管理已创建的布局，如删除、改名、保存以及设置等。

用创建向导来创建布局是一种很容易掌握的方式，下面举例说明布局的创建过程。

步骤 01 打开随书光盘上的文件 D:\cad1701\work\ch17.02\layout.dwg。

步骤 02 选择下拉菜单 工具(T) → 向导(Z) → 创建布局(C)... 命令，此时系统弹出“创建布局-开始”对话框，在该对话框的 输入新布局的名称(M): 文本框中输入新创建的布局的名称，如“新布局”。

步骤 03 单击 下一步(N) > 按钮，在系统弹出的“创建布局-打印机”对话框中，选择当前配置的打印机，如 Default Windows System Printer.pc3（必须连上打印机）。

如果在打印机列表中选择“无”，则先不指定打印机，以后打印时再重新指定。如果指定了某个具体的打印机，在下一步选择图纸大小的操作时，系统仅显示该打印机最大打印范围内的图纸规格。

步骤 04 单击 下一步(N) > 按钮，在系统弹出的“创建布局-图纸尺寸”对话框中，选择打印图纸的大小，如 A4，图形单位是毫米。

步骤 05 单击 下一步(N) > 按钮，在系统弹出的“创建布局-方向”对话框中，设置打印的方向，这里选中 横向(L) 单选项。

步骤 06 单击 下一步(N) > 按钮，在系统弹出的“创建布局-标题栏”对话框中，选择图纸的边框和标题栏的样式。此对话框的预览区域中给出了所选样式的预览图像。在 类型 选项组中，可以指定所选择的标题栏图形文件是作为 块(O) 还是作为 外部参照(X) 插入到当前图形中。在此，选取系统默认的标题栏路径 无 选项（可以通过样板文件来创建布局）。

步骤 07 单击 下一步(N) > 按钮，在系统弹出的“创建布局-定义视口”对话框中指定新创建布局的默认视口的设置和比例等。在 视口设置 选项区中选中 单个(S) 单选项，在 视口比例(V): 下拉列表框中选择 按图纸空间缩放 选项。

步骤 08 单击 下一步(N) > 按钮，在系统弹出的“创建布局-拾取位置”对话框中，单击 选择位置(L) < 按钮，在系统命令行 指定第一个角点: 的提示下，在图框的合适位置指定第一个角点，在系统命令行 指定对角点: 的提示下，指定对角点后，系统弹出图 17.2.5 所示的对话框。

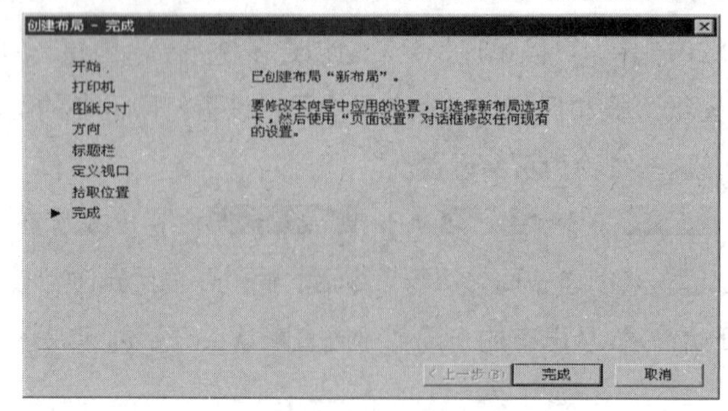

图 17.2.5　“创建布局-完成”对话框

步骤09 单击 下一步(N) > 按钮，再单击“创建布局-完成”对话框中的 完成 按钮，完成新布局及默认视口的创建，完成后的布局经放大后如图 17.2.6 所示。

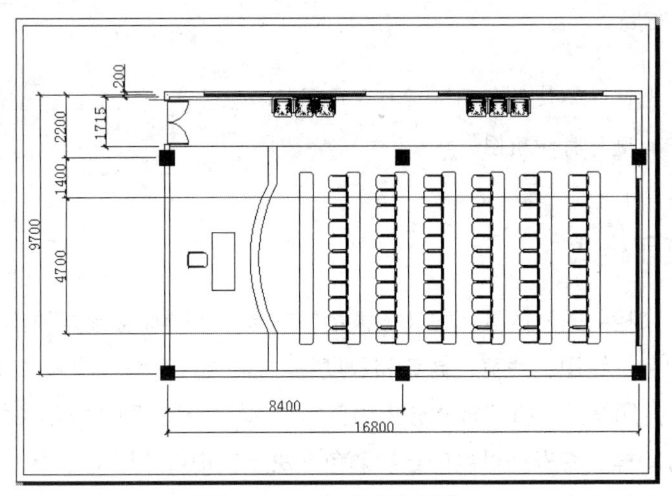

图 17.2.6 完成后的布局

17.2.4 管理布局

在创建完布局以后，AutoCAD 将按创建的页面设置显示布局。布局名称显示在“布局”选项卡上。我们可以在图 17.2.3 所示的 模型 按钮上右击，从系统弹出的图 17.2.7 所示的快捷菜单中选择相应的命令编辑布局。

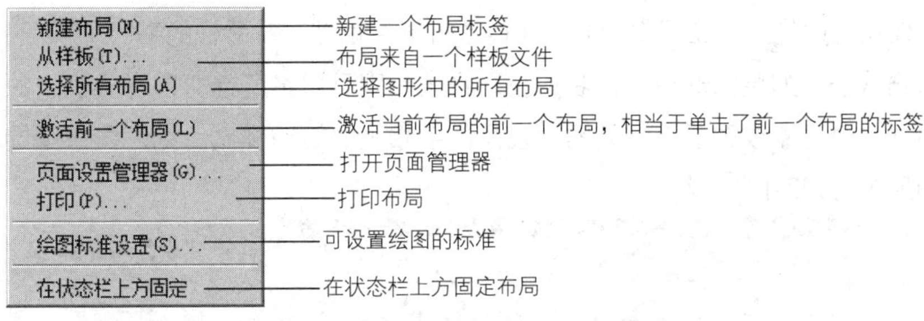

图 17.2.7 快捷菜单

17.2.5 使用布局进行打印出图

使用布局进行打印出图的一般过程如下。

步骤01 在模型空间创建图形。

步骤02 激活一个图纸空间布局。

步骤03 指定布局的页面设置，如打印设备、图纸尺寸、图形方向和打印比例等。

步骤04 添加布局的图纸边框和标题栏。

步骤05 在布局中创建并布置浮动视口。

步骤 06 设置每个浮动视口的比例。

步骤 07 在布局中添加其他必需的对象以及说明。

步骤 08 打印布局。

也可以不使用布局进行打印出图，而通过单击“模型”选项卡标签，进入模型空间进行打印出图。

17.2.6 使用打印样式

打印样式是用来控制图形的具体打印效果的，它是一系列参数设置的集合，这些参数包括图形对象的打印颜色、线型、线宽、封口和灰度等内容。打印样式保存在打印样式表中，每个表都可以包含多个打印样式。打印样式分为颜色相关的打印样式和样式相关的打印样式两种。

颜色相关的打印样式将根据对象的绘制颜色来决定它们打印时的外观，在颜色相关的打印过程中，系统以每种颜色来定义设置。例如，可以设置图形中绿色的对象实际打印为具有一定宽度的宽线，且宽线内填充交叉剖面线。颜色相关的打印样式表保存在扩展名为.CTB 的文件中。

样式相关的打印样式是基于每个对象或每个图层来控制打印对象的外观。在样式相关的打印中，每个打印样式表包含一种名为“普通”的默认打印样式，并按对象在图形中的显示进行打印。可以创建新的样式相关的打印样式表，其中的打印样式可以不限制数量。样式相关的打印样式表保存在扩展名为.STB 的文件中。

为了使用打印样式，在图 17.2.8 所示的“打印－模型”对话框的打印样式表(画笔指定)(G)选项组中选择打印样式表。如果图形使用命名的打印样式，则可以将所选打印样式表中的打印样式应用到图形中的单个对象或图层上。若图形使用颜色相关的打印样式，则对象或图层本身的颜色就决定了图形被打印时的外观。

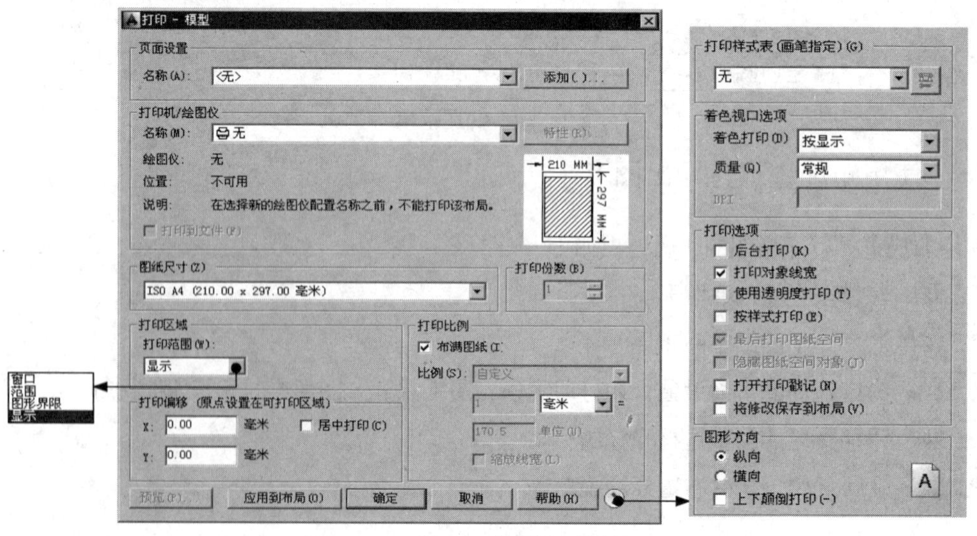

图 17.2.8 “打印–模型”对话框

是否使用打印样式是可以选择的。在默认状态下，AutoCAD 将不使用打印样式。

17.2.7 图样打印输出

1. 了解打印界面

打印是通过“打印”对话框来完成的。

选择下拉菜单 文件(F) → 打印(P)... 命令（或者在命令行中输入命令 PLOT，然后按 Enter 键），可实现图形的打印。执行 PLOT 命令后，系统弹出图 17.2.8 所示的“打印－模型”对话框，该对话框中各主要选项的功能如下。

- 页面设置 选项组：在该选项组中，选取图形中已命名或已保存的页面设置作为当前的页面设置，也可以在“打印”对话框中单击 添加(.)... 按钮，基于当前设置创建一个新的命名页面设置。
- 打印机/绘图仪 选项组：在该选项组的 名称(M): 下拉列表中选取一个当前已配置的打印设备。一旦确定了打印设备，AutoCAD 就会自动显示出与该设备有关的信息。用户可以通过单击 特性(R)... 按钮，浏览和修改当前打印设备的配置和属性。如果选中 ☑ 打印到文件(F) 复选框，可将图形输出到一个文件中，否则将图形输出到打印机或绘图仪中。
- 图纸尺寸(Z) 选项区域：在该选项区域指定图纸尺寸及纸张单位（该选项区域内容与选定的打印设备有关）。
- 打印份数(B) 选项区域：在该选项区域指定打印的数量。
- 打印区域 选项区域：在该选项区域确定要打印图形的范围，其下拉列表中包含下面几个选项。
  - 窗口 选项：选择此项，系统切换到绘图窗口，在指定要打印矩形区域的两个角点（或输入坐标值）后，系统将打印位于指定矩形窗口中的图形。
  - 范围 选项：选择此项，将打印整个图形上的所有对象。
  - 图形界限/布局 选项：如果从“模型”选项卡打印，下拉列表中将列出“图形界限”选项，选择此项，将打印由 LIMITS 命令设置的绘图图限内的全部图形。如果从某个布局（如“布局 2”）选项卡打印，则下拉列表中将列出“布局”选项，此时将打印指定图纸尺寸内的可打印区域所包含的内容，其原点从布局中的（0,0）点计算得出。
  - 显示 选项：选择此项，将只打印当前显示的图形对象。
- 打印偏移（原点设置在可打印区域） 选项组：在该选项组的 X 和 Y 文本框中输入偏移量，用以指定相对于可打印组左下角的偏移。如果选中 ☑ 居中打印(C) 复选框，则可以自动居中打印。

- 打印比例选项组：在该选项组的下拉列表中选择标准缩放比例，或者输入自定义值。布局空间的默认比例为 1:1。如果选中☑布满图纸(I)复选框，系统则自动确定一个打印比例，以布满所选图纸尺寸。如果要按打印比例缩放线宽，可选中☑缩放线宽(L)复选框。
- 打印样式表(画笔指定)(G)选项区域（位于延伸区域）：在该选项区域的“打印样式表”下拉列表中选择一个样式表，将它应用到当前“模型”或布局中。如果要添加新的打印样式表，可在“打印样式表”下拉列表中选择“新建”选项，使用“添加颜色相关打印样式表”向导创建新的打印样式表。还可以单击“编辑”按钮，系统将弹出“打印样式表编辑器”对话框，通过该对话框来编辑打印样式表。
- 着色视口选项选项组：在该选项组，可以指定着色和渲染视口的打印方式，并确定它们的分辨率及每英寸点数（DPI）。
- 打印选项选项组（位于延伸区域）：此选项组包括下面几个选项。
    - ☑打印对象线宽复选框：指定是否打印为对象或图层指定的线宽。
    - ☑按样式打印(E)复选框：指定是否在打印时将打印样式应用于对象和图层。如果选择该选项，则“打印对象线宽”也将自动被选择。
    - ☑打开打印戳记(N)复选框：打开绘图标记显示。在每个图形的指定角点放置打印戳记。打印戳记也可以保存到日志文件中。单击“打印戳记设置”按钮，系统弹出“打印戳记”对话框，在该对话框中可以设置“打印戳记”选项。
- 图形方向选项组（位于延伸区域）：在该选项组中，可以确定图纸的输出方向。选中⊙纵向单选项表示图纸的短边位于图形页面的顶部；选中○横向单选项表示图纸的长边位于图形页面的顶部；□上下颠倒打印(-)复选框用于确定是否将所绘图形反方向打印。

2. 打印预览及打印

在最终打印输出图形之前，可以利用打印预览功能，检查一下设置的正确性，如图形是否都在有效输出区域内等。选择下拉菜单文件(F) → 打印预览(V)命令（或者在命令行中输入命令 PREVIEW，然后按 Enter 键），可以预览输出结果，AutoCAD 将根据当前的页面设置、绘图设备的设置以及绘图样式表等内容在屏幕上显示出最终要输出的图纸样式。注意：在进行“打印预览”之前，必须指定绘图仪，否则系统命令行提示信息未指定绘图仪。请用“页面设置”给当前图层指定绘图仪。。

在预览窗口中，当光标变成了带有加号和减号的放大镜状时，向上拖动光标可以放大图像，向下拖动光标可以缩小图像，要结束全部的预览操作，可直接按 Esc 键。经过打印预览，确认打印设置正确后，可单击左上角的“打印”按钮，打印输出图形。

另外，在“打印”对话框中单击预览(P)...按钮也可以预览打印，确认正确后，单击“打印”对话框中的确定按钮，AutoCAD 即可输出图形。

17.3 AutoCAD 的 Internet 功能

17.3.1 输出 Web 图形

AutoCAD 2017 提供了以 Web 格式输出图形文件的方法，即将图形以 DWF 格式输出。DWF 文件是一种安全的、适用于 Internet 上发布的文件格式，它只包含了一张图形的智能图像，而不是图形文件自身，我们可以认为 DWF 文件是电子版本的打印文件。用户可以通过 Autodesk 公司提供的 WHIP！4.0 插件打开、浏览和打印 DWF 文件。此外，DWF 格式支持实时显示缩放、实时显示移动，同时还支持对图层、命名视图、嵌套超链接等方面的控制。

创建 DWF 格式文件的过程如下。

步骤 01 选择下拉菜单 文件(F) → 打印(P)... 命令，系统弹出“打印”对话框。

步骤 02 在“打印”对话框中进行其他输出设置后，在 打印机/绘图仪 选项组的 名称(M): 下拉列表框中选择 DWF6 ePlot.pc3 选项。

步骤 03 单击 确定 按钮，系统弹出“浏览打印文件”对话框。

步骤 04 输入 DWF 文件路径及名称，这样即可创建出电子格式的文件。

17.3.2 创建 Web 页

可以使用 AutoCAD 提供的网上发布向导来完成创建 Web 页。利用此向导，即使用户不熟悉网页的制作，也能够很容易地创建出一个规范的 Web 页，该 Web 页将包含 AutoCAD 图形的 DWF、PNG 或 JPG 格式的图像。Web 页创建完成后，就可以将其发布到 Internet 上，供位于世界各地的相关人员浏览。

创建 Web 页的过程如下。

步骤 01 选择下拉菜单 文件(F) → 网上发布(W)... 命令（或者在命令行中输入命令 PUTLISHTOWEB，然后按 Enter 键），此时系统弹出 “网上发布–开始”对话框，选中该对话框中的 ⊙ 创建新 Web 页(C) 单选项。

步骤 02 单击 下一步(N) > 按钮，系统弹出“网上发布–创建 Web 页”对话框，在 指定 Web 页的名称（不包括文件扩展名）(M)： 文本框中输入 Web 页的名称，如 Drawingweb，还可以指定文件的存放位置。

步骤 03 单击 下一步(N) > 按钮，系统弹出“网上发布–选择图像类型”对话框，在左面的下拉列表中选取 DWF 图像类型（另外的类型还有 DWFx、JPEG 和 PNG）。

步骤 04 单击 下一步(N) > 按钮，系统弹出“网上发布–选择样板”对话框，在 Web 页样板列表中选取 图形列表 选项。此时，在预览框中将显示出相应的样板示例。

步骤 05 单击 下一步(N) > 按钮，系统弹出“网上发布–应用主题”对话框，在下拉列表中选择主题，如经典主题选项，在预览框中将显示出相应的外观样式。

步骤 06 单击下一步(N) >按钮，系统弹出“网上发布-启用 i-drop”对话框。选中☑ 启用 i-drop(E)复选框创建 i-drop 有效的 Web 页。

如果选中☑ 启用 i-drop(E)复选框，系统会在 Web 页上随所生成的图像一起发送 DWG 文件的备份。利用此功能，访问 Web 页的用户可以将图形文件拖放到 AutoCAD 绘图环境中。

步骤 07 单击下一步(N) >按钮，系统弹出“网上发布-选择图形”对话框，选取在 Web 页要显示成图像的图形文件，也可从中提取一个布局，单击添加(A) ->按钮，添加到图像列表(I)框中。

步骤 08 单击下一步(N) >按钮，系统弹出“网上发布-生成图像”对话框，可以确定是重新生成已修改图形的图像还是重新生成所有图像。

步骤 09 单击下一步(N) >按钮，系统弹出“网上发布-预览并发布”对话框。单击预览(P)按钮，系统打开 Web 浏览器显示刚创建的 Web 页面，单击立即发布(N)按钮可立即发布新创建的 Web 页。

步骤 10 单击完成按钮。

17.3.3 建立超级链接

使用 AutoCAD 的超级链接功能，可以将 AutoCAD 图形对象与其他文档、数据表格等对象建立链接关系。下面用实例来说明其建立过程。

步骤 01 打开随书光盘上的文件 D:\cad1701\work\ch17.03\Hyperlink.dwg。

步骤 02 选择下拉菜单插入(I) → 块(B)...命令，系统弹出“插入”对话框，单击浏览(B)...按钮，将 D:\cad1701\work\ch17.03\中的“建筑平面示意图.dwg”（块）文件插入。

步骤 03 创建超级链接。

（1）选择下拉菜单插入(I) → 超链接(H)...命令。

还可以在命令行中输入命令 HYPERLINK，然后按 Enter 键。

（2）在选择对象：的提示下，选择要建立超链接的图形——刚插入的图形块，按 Enter 键，系统弹出“插入超链接”对话框。

（3）在该对话框的显示文字(T):文本框中输入“建筑平面示意图说明”。

（4）单击右侧浏览:选项组中的文件(F)...按钮，从打开的文件搜索界面中选取文件

D:\cad1701\work\ch17.03\建筑平面示意图说明.DOC。

“插入超链接”对话框中的链接至:选项组说明如下。

链接至:选项组用于确定要链接到的位置，该选项组中包括下面几个选项。

◆ “现有文件或 Web 页”按钮：用于给现有（当前）文件或 Web 页创建链接，此项为默认选项（本例采用的即是此选项）。在该界面中，可以在显示文字(T):的文本框中输入链接显示的文字；在键入文件或 Web 页名称(E):的文本框中直接输入要链接的文件名，或者 Web 页名称(带路径)，或者通过单击文件(F)...按钮检索要链接的文件名或者单击Web 页(W)...按钮检索要链接的 Web 页名称，或者单击“最近使用的文件”按钮，并从“或者从列表中选择”列表框中选择最近使用的文件名，单击“浏览的页面”按钮并在列表框中选择浏览过的页面名称，单击“插入的链接”按钮并在列表框中选择网站名称。此外，通过目标(G)...按钮可以确定要链接到图形中的确切位置。

◆ “此图形的视图”按钮：显示当前图形中命名视图的树状视图，可以在当前图形中确定要链接的命名视图并确定链接目标。

◆ “电子邮件地址”按钮：可以确定要链接到的电子邮件地址（包括邮件地址和邮件主题等内容）。

（5）单击确定按钮，完成超级链接的创建。

17.4 电子传递文件

在实际工作中，我们经常会把图形转移到其他的计算机上，但有时 AutoCAD 需要用到许多其他的文件，诸如字体文件和外部参照等，而这些文件并不是图形文件的组成部分，如果只将图形文件转移过去就会造成图形的不完整或字体的不匹配。AutoCAD 的“电子传递”功能就是解决这一问题的一个很好的工具，它能够创建图形文件及与其相关的所有文件的传送文件集。

如果要使用“电子传递”功能传递含外部参照、栅格图像等要素的 AutoCAD 图形文件，可按如下操作步骤进行。

步骤 01 选择下拉菜单文件(F) → 电子传递(T)...命令，弹出图 17.4.1 所示“创建传递”对话框。

“创建传递”对话框中的各选项说明如下。

◆ 当前图形:区域：该选项组包含文件树(F)和文件表(B)两个选项卡。文件树(F)选项卡以树状形式列出传递集中所包括的文件，文件表(B)选项卡则以列表的形式显示了图形文件具体的存储位置、版本、日期等信息。

◆ 添加文件(A)...按钮：单击该按钮，可向当前图形文件列表中添加需要传递的当前图形以外的其他文件。

◆ 查看报告(V) 按钮：单击该按钮，可以查看与传递集有关的日志信息，如所有打包文件的相关内容等。

◆ 输入要包含在此传递包中的说明 文本框：可在此文本框中输入传递注解。

◆ 选择一种传递设置 列表框：可从该列表框中选择某个传递设置，也可以单击 传递设置(T)... 按钮，创建一个新的传递设置。

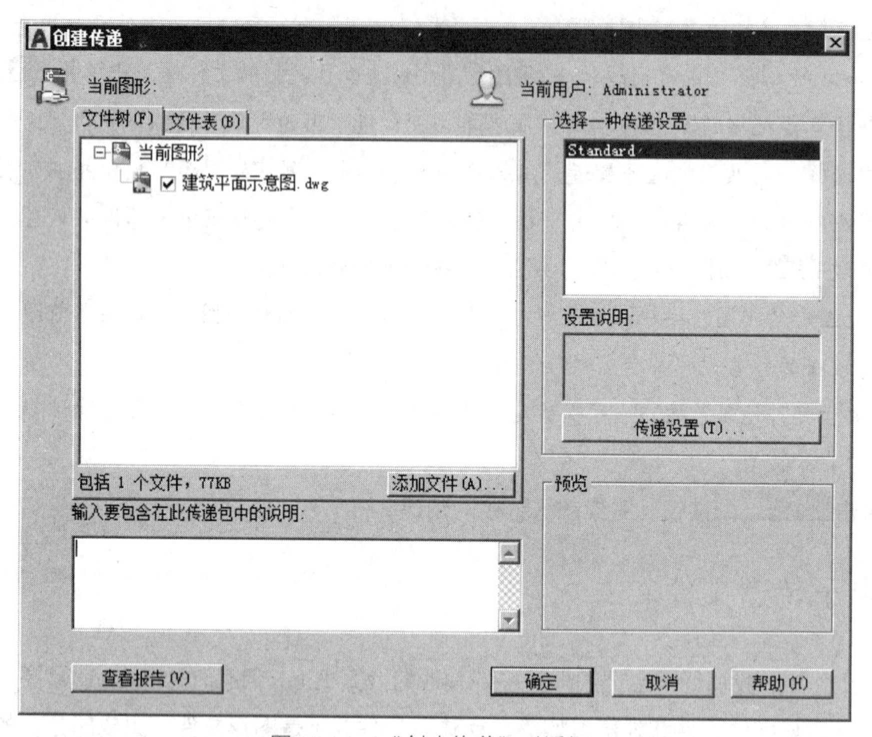

图 17.4.1 “创建传递”对话框

步骤 02 单击 传递设置(T)... 按钮，在弹出的“传递设置”对话框中单击 新建(N)... 按钮后，系统弹出“新传递设置”对话框，单击 继续 按钮。

步骤 03 系统弹出“修改传递设置”对话框，为了确保图形传送后，收件人在打开图形文件后，能够顺利看到图形中的块、外部参照、栅格图像和超链接文件等，建议选中对话框 路径选项 选项组中的 ⊙ 保留文件和文件夹的原有结构(K) 单选项，对话框中的其余各项均采用默认，单击“修改传递设置”对话框中的 确定 按钮，单击“传递设置”对话框中的 关闭 按钮。

“修改传递设置”对话框中的各选项说明如下。

◆ 传递类型和位置 选项组：用于设置传递包的类型、文件格式、传递文件夹和传递文件名等内容。

◆ 路径选项 选项组：用于设置传递选项，如是否将所有文件放入一个文件夹、是否包括字体、是否绑定外部参照以及是否提示输入密码等内容。

◆ 传递设置说明(U): 区域：用于输入传递设置说明信息。

步骤04 单击“创建传递”对话框中的 确定 按钮，在系统弹出的“指定 Zip 文件”对话框中输入文件名（email-test.zip），然后单击该对话框中的 保存(S) 按钮。

步骤05 打开电子邮箱，将生成的 email-test.zip 文件发给对方。

步骤06 对方将 email-test.zip 文件解压缩后，即可打开传送的 AutoCAD 图形文件，并可顺利看到图形文件中的外部参照、栅格图像等。

第四篇

AutoCAD 2017 核心功能实际应用案例

第 18 章 AutoCAD 基本绘图实际应用案例

18.1 案例 1——凹凸件轮廓

本节介绍图 18.1.1 所示凹凸件轮廓的详细操作过程。

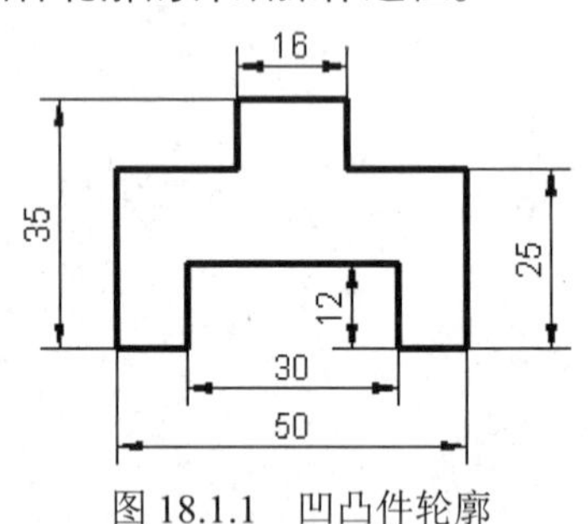

图 18.1.1 凹凸件轮廓

1. 选用样板文件

使用随书光盘上提供的样板文件。选择下拉菜单 文件(F) → 新建(N)... 命令，在弹出的“选择样板”对话框中，找到样板文件 D:\cad1701\system_file\ Part_temp_A4.dwg，然后单击 打开(O) 按钮。

2. 绘制图形

步骤 01 将图层切换至“轮廓线层”。

步骤 02 确认状态栏中 （极轴追踪）、 （对象捕捉）、 （显示/隐藏线宽）和 （对象捕捉追踪）按钮处于显亮状态。

步骤 03 绘制直线 1。选择下拉菜单 绘图(D) → 直线(L) 命令，在命令行 命令: _line 指定第一点: 的提示下，将鼠标光标移至绘图区中的某点——A 点处，向左移动鼠标捕捉到图 18.1.2 所示的水平虚线；在命令行 指定下一点或 [放弃(U)]: 的提示下输入 10，按 Enter 键，此时便绘制出长度为 10 且水平的直线；命令行继续提示 指定下一点或 [放弃(U)]:，按 Enter 键结束直线命令的操作，效果如图 18.1.3 所示。

步骤 04 绘制直线 2。选择下拉菜单 绘图(D) → 直线(L) 命令，选取图 18.1.3 所示的端点 B 为直线 2 的起点，然后向上移动鼠标捕捉到竖直的虚线，在命令行 指定下一点或 [放弃(U)]: 的提示下输入 25，按 Enter 键，此时便绘制出长度为 25 且竖直的直线，效果如图 18.1.4 所示。

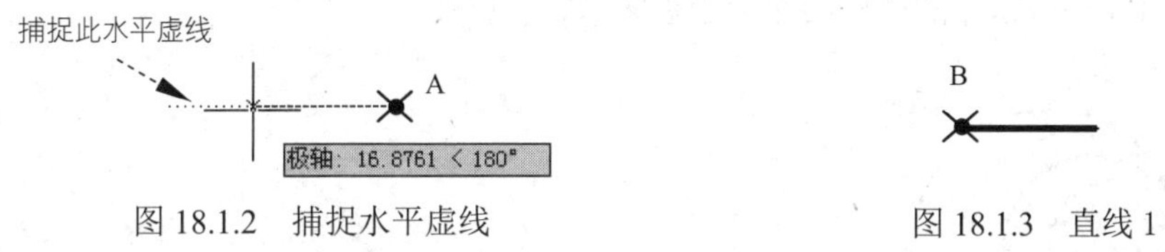

图 18.1.2 捕捉水平虚线　　图 18.1.3 直线 1

步骤 05 绘制直线 3。向右移动鼠标捕捉到水平虚线，在命令行 指定下一点或 [放弃(U)]: 的提示下输入 17，按 Enter 键，结果如图 18.1.5 所示。

步骤 06 参照上一步，创建其余直线，直线长度分别为 10、16、10、17、25、10、12、30、12，完成效果如图 18.1.6 所示。

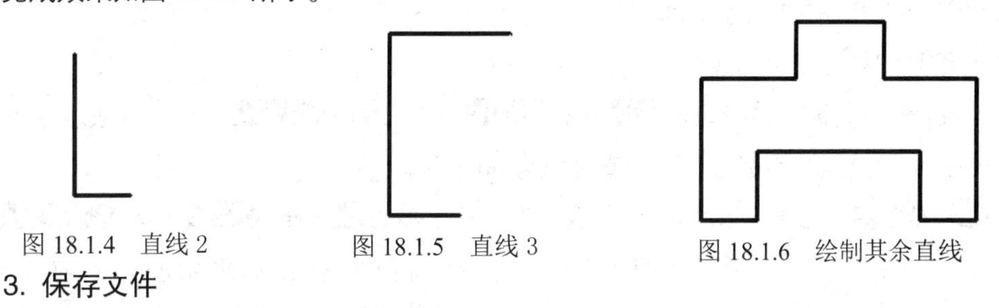

图 18.1.4 直线 2　　图 18.1.5 直线 3　　图 18.1.6 绘制其余直线

3. 保存文件

选择下拉菜单 文件(F) → 保存(S) 命令，将图形命名为“凹凸件轮廓.dwg”，单击 保存(S) 按钮。

18.2 案例 2——波浪线轮廓

本节介绍图 18.2.1 所示波浪线轮廓的详细操作过程。

1. 选用样板文件

使用随书光盘上提供的样板文件。选择下拉菜单 文件(F) → 新建(N)... 命令，在弹出的

“选择样板”对话框中，找到样板文件 D:\cad1701\system_file\ Part_temp_A3.dwg，然后单击 打开(O) 按钮。

2. 绘制图形

步骤 01 绘制两条中心线。

（1）绘制水平中心线。将图层切换到“中心线层”，确认状态栏中（正交模式）、（对象捕捉）、（显示/隐藏线宽）和（对象捕捉追踪）按钮处于显亮状态；选择下拉菜单 绘图(D) → 直线(L) 命令，绘制长度值为 60 的水平中心线。

（2）绘制垂直中心线。选择下拉菜单 绘图(D) → 直线(L) 命令，在命令行中输入 from 后按 Enter 键，单击水平中心线的中点，输入坐标值（@0，30）后按 Enter 键，输入坐标值（@0，–60）后按两次 Enter 键，完成效果如图 18.2.2 所示。

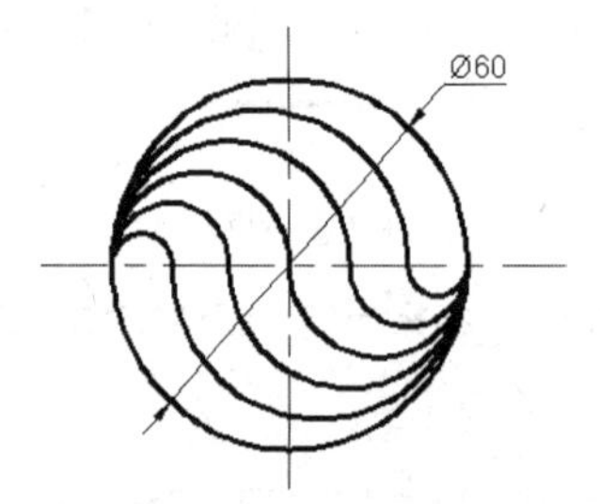

图 18.2.1　波浪线轮廓

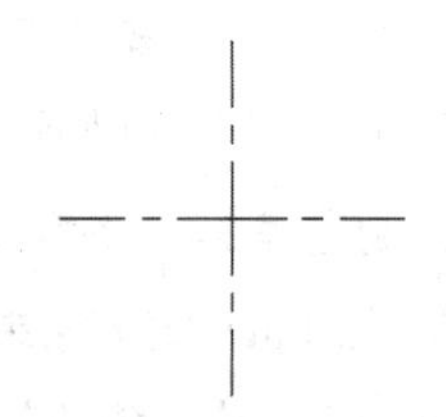
图 18.2.2　绘制两条中心线

步骤 02 绘制图 18.2.3 所示的圆。

（1）将图层切换至“轮廓线层”。

（2）绘制圆。选择下拉菜单 绘图(D) → 圆(C) → 圆心、直径(D) 命令，选取水平中心线和垂直中心线的“交点”为圆心，绘制直径值为 60 的圆。

步骤 03 绘制图 18.2.4 所示的等分点。选择下拉菜单 绘图(D) → 点(O) → 定数等分(D) 命令；在命令行提示 选择要定数等分的对象: 下选择前面创建的水平中心线；在命令行 输入线段数目或 [块(B)]: 的提示下输入等分线段数目为 6，按 Enter 键结束操作，结果如图 18.2.4 所示。

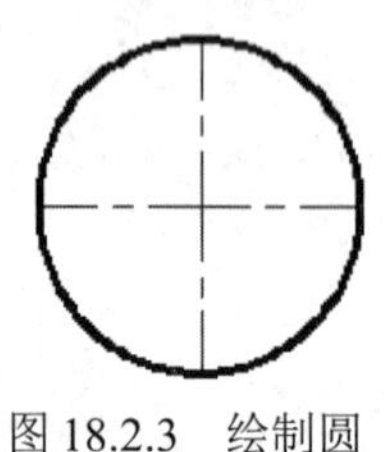
图 18.2.3　绘制圆

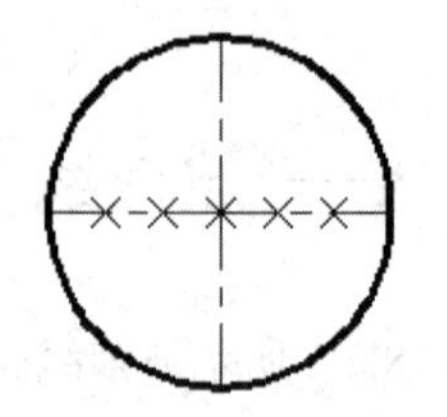
图 18.2.4　绘制等分点

点样式可通过“格式”菜单中的“点样式”命令进行修改。

步骤 04 绘制圆弧。

（1）绘制图 18.2.5 所示的圆弧 1。选择下拉菜单 绘图(D) → 圆弧(A) → 起点、端点、角度(N) 命令；选取图 18.2.6 所示的圆弧起点 A 和端点 B，在命令行中输入角度值 180，完成后如图 18.2.5 所示。

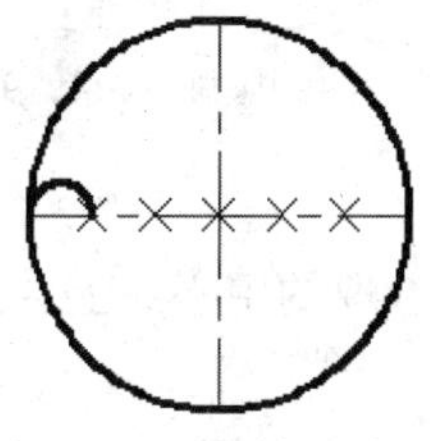

图 18.2.5 绘制圆弧 1

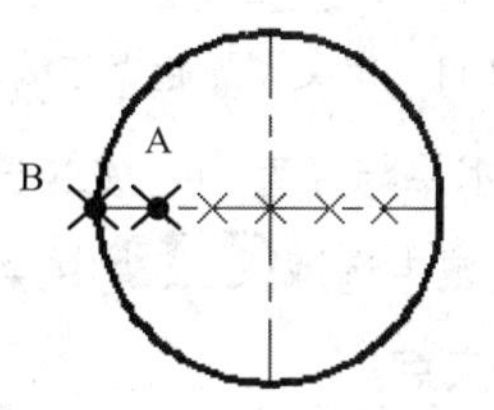

图 18.2.6 定义圆弧起点与端点 1

（2）绘制图 18.2.7 所示的圆弧 2。选择下拉菜单 绘图(D) → 圆弧(A) → 起点、端点、角度(N) 命令；选取图 18.2.8 所示的圆弧起点 A 和端点 B，在命令行中输入角度值 180，完成后如图 18.2.7 所示。

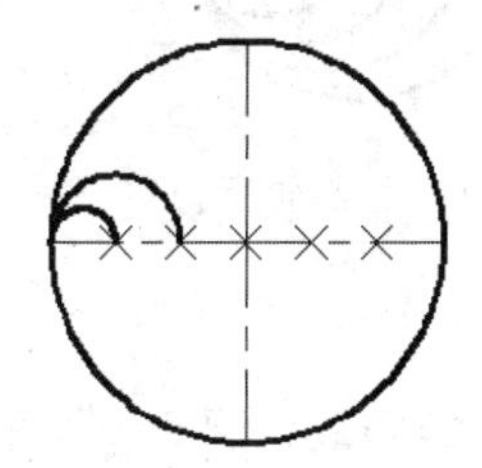

图 18.2.7 绘制圆弧 2

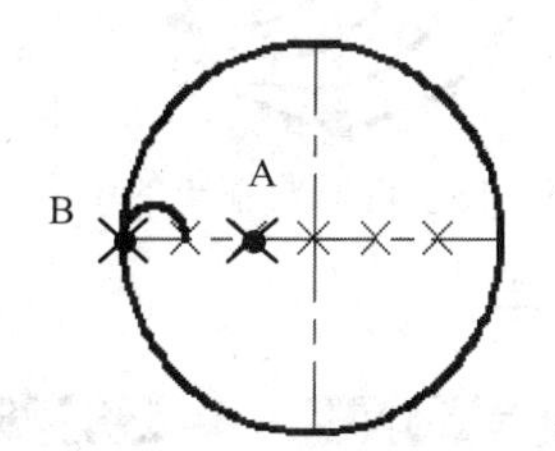

图 18.2.8 定义圆弧起点与端点 2

（3）绘制图 18.2.9 所示的圆弧 3、4、5。详细操作可参照上一步，圆弧角度均为 180°；完成后如图 18.2.9 所示。

（4）绘制图 18.2.10 所示的圆弧 6。选择下拉菜单 绘图(D) → 圆弧(A) → 起点、端点、角度(N) 命令；选取图 18.2.11 所示的圆弧起点 A 和端点 B，在命令行中输入角度值 180°，完成后如图 18.2.10 所示。

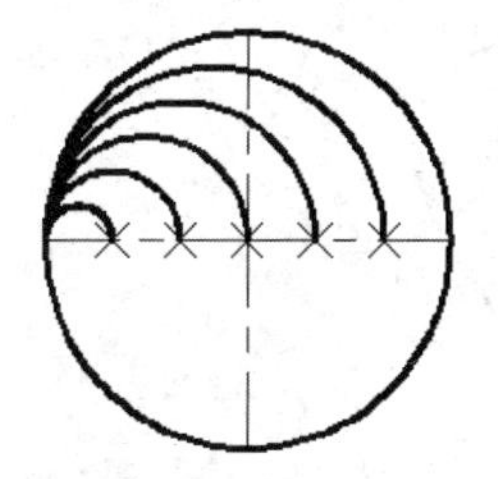

图 18.2.9 绘制圆弧 3、4、5

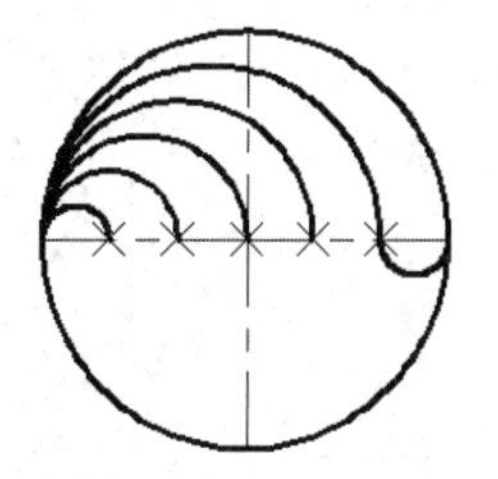

图 18.2.10 绘制圆弧 6

（5）绘制图 18.2.12 所示的圆弧 7、8、9、10。详细操作可参照上一步，圆弧角度均为 180°；完成后如图 18.2.12 所示。

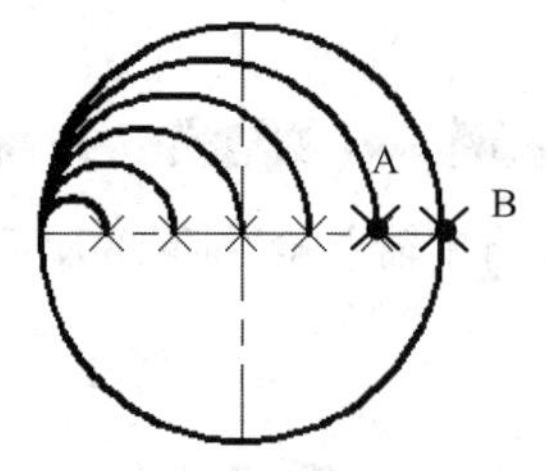

图 18.2.11　定义圆弧起点与端点 3

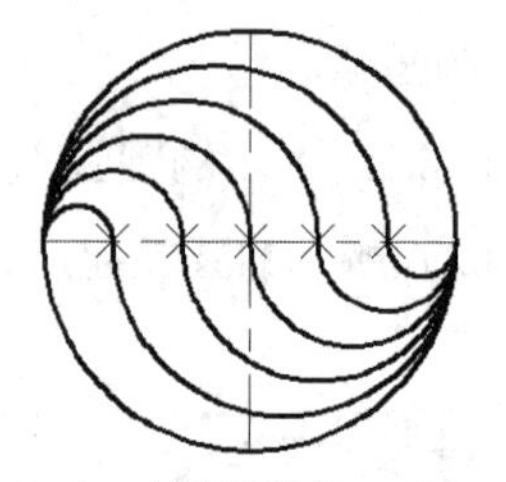

图 18.2.12　绘制圆弧 7、8、9、10

步骤 05 编辑水平与竖直中心线的长度。

（1）在绘图区域中选取步骤 01中绘制的两条中心线，在选取的中心线上会出现图 18.2.13 所示的 5 个蓝色的夹点。

（2）选取中心线两端的夹点，然后移动鼠标将其拉伸至图 18.2.14 所示的位置。

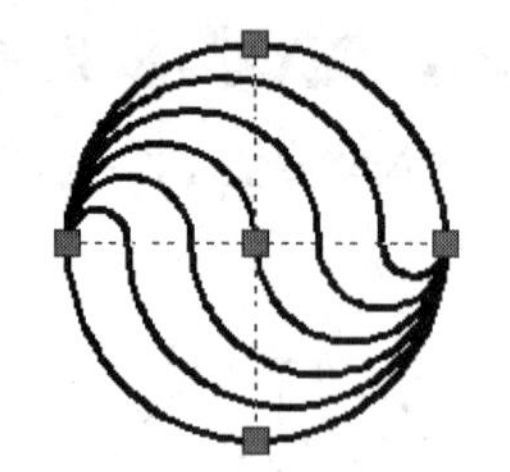

图 18.2.13　选取要编辑的中心线

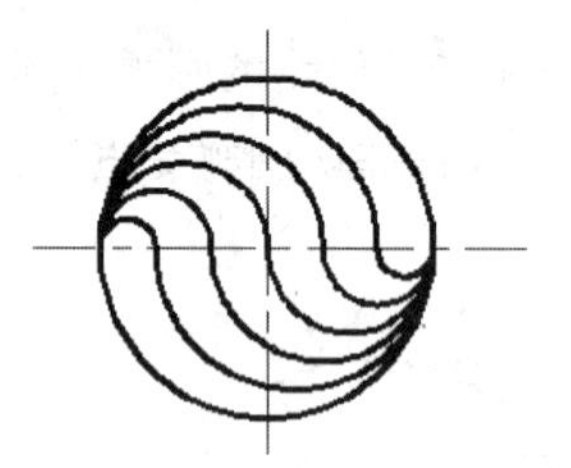

图 18.2.14　编辑后位置

3. 保存文件

选择下拉菜单 文件(F) → 保存(S) 命令，将图形命名为“波浪线轮廓.dwg”，单击 保存(S) 按钮。

18.3　案例 3——玩具面板轮廓

本节介绍图 18.3.1 所示玩具面板轮廓的详细操作过程。

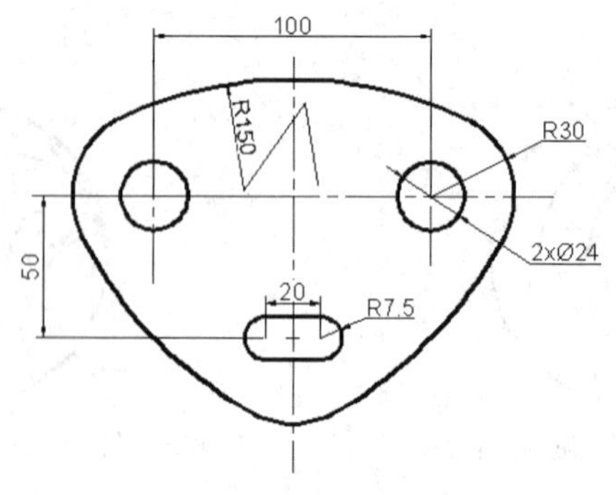

图 18.3.1　玩具面板轮廓

1. 选用样板文件

使用随书光盘上提供的样板文件。选择下拉菜单 文件(F) → 新建(N)... 命令，在弹出的“选择样板”对话框中，找到样板文件 D:\cad1701\system_file\ Part_temp_A3.dwg，然后单击 打开(O) 按钮。

2. 绘制图形

步骤 01 绘制两条中心线。

（1）绘制水平中心线。将图层切换到“中心线层”。确认状态栏中（正交模式）、（对象捕捉）、（显示/隐藏线宽）和（对象捕捉追踪）按钮处于显亮状态；选择下拉菜单 绘图(D) → 直线(L) 命令，绘制长度值为 190 的水平中心线。

（2）绘制垂直中心线。选择下拉菜单 绘图(D) → 直线(L) 命令，在命令行中输入 from 后按 Enter 键，单击水平中心线的中点，输入坐标值（@0，50）后按 Enter 键，输入坐标值（@0，−150）后按两次 Enter 键，完成效果如图 18.3.2 所示。

步骤 02 绘制构造线。

（1）绘制构造线 1。选择下拉菜单 绘图(D) → 构造线(T) 命令，在命令行中输入字母 O（选取 偏移(O) 选项）后按 Enter 键；在命令行 指定偏移距离或 [通过(T) 删除(E) 图层(L)] <通过>: 的提示下输入偏移值 50，按 Enter 键确认；在命令行 选择直线对象: 的提示下选取竖直中心线作为参照直线，在命令行 指定向哪侧偏移: 的提示下，选择参照直线左侧的某一点以指定偏移方向。此时系统便绘制出图 18.3.3 所示的偏移构造线。

（2）绘制构造线 2。具体操作可参照上一步。完成后如图 18.3.4 所示。

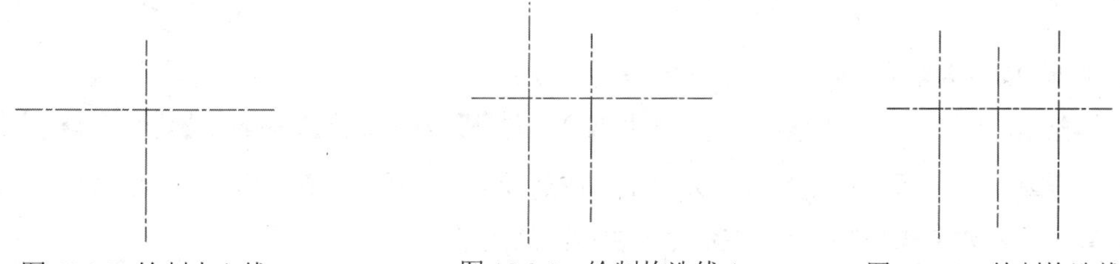

图 18.3.2 绘制中心线　　图 18.3.3 绘制构造线 1　　图 18.3.4 绘制构造线 2

（3）绘制构造线 3。选择下拉菜单 绘图(D) → 构造线(T) 命令，在命令行中输入字母 O（选取 偏移(O) 选项）后按 Enter 键；在命令行 指定偏移距离或 [通过(T)] <通过>: 的提示下输入偏移值 50，按 Enter 键确认；在命令行 选择直线对象: 的提示下选取水平中心线作为参照直线，在命令行 指定向哪侧偏移: 的提示下，选择参照直线下方的某一点以指定偏移方向。此时系统便绘制出图 18.3.5 所示的偏移构造线。

步骤 03 绘制圆。

（1）将图层切换至“轮廓线层”。

（2）绘制图 18.3.6 所示的圆 1。选择下拉菜单 绘图(D) → 圆(C) → 圆心、直径(D) 命令，选取水平中心线 1 和构造线 1 的“交点”为圆心，绘制直径值为 24 的圆。

（3）绘制图 18.3.7 所示的圆 2。选择下拉菜单 绘图(D) → 圆(C) → 圆心、直径(D) 命令，选取水平中心线 1 和构造线 1 的“交点”为圆心，绘制直径值为 60 的圆。

（4）绘制图 18.3.8 所示的圆 3。选择下拉菜单 绘图(D) → 圆(C) → 圆心、直径(D) 命令，选取水平中心线 1 和构造线 2 的“交点”为圆心，绘制直径值为 24 的圆。

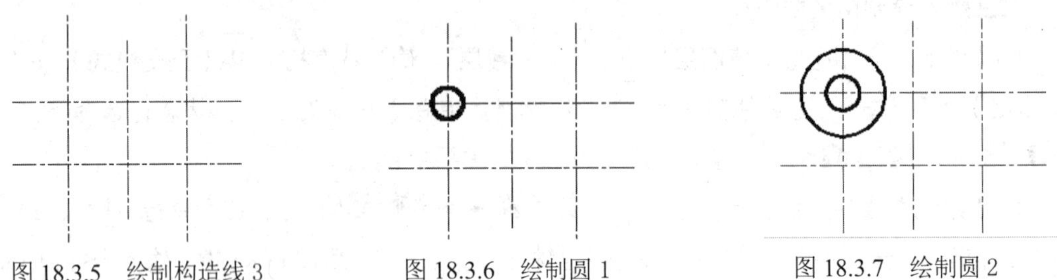

图 18.3.5　绘制构造线 3　　图 18.3.6　绘制圆 1　　图 18.3.7　绘制圆 2

（5）绘制图 18.3.9 所示的圆 4。选择下拉菜单 绘图(D) → 圆(C) → 圆心、直径(D) 命令，选取水平中心线 1 和构造线 2 的“交点”为圆心，绘制直径值为 60 的圆。

（6）绘制图 18.3.10 所示的圆 5。选择下拉菜单 绘图(D) → 圆(C) → 圆心、直径(D) 命令，选取竖直中心线和构造线 3 的“交点”为圆心，绘制直径值为 60 的圆。

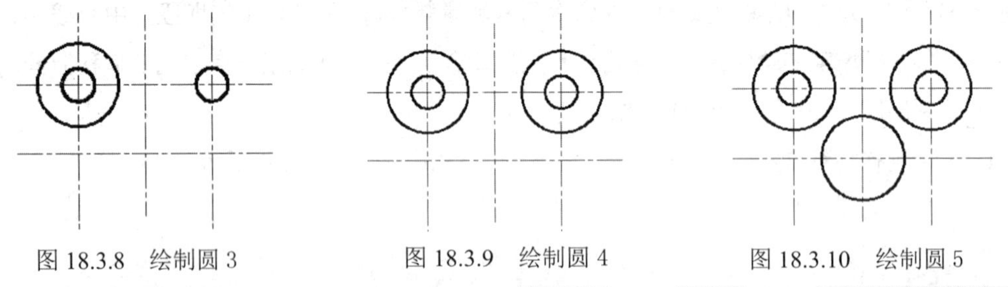

图 18.3.8　绘制圆 3　　图 18.3.9　绘制圆 4　　图 18.3.10　绘制圆 5

（7）绘制图 18.3.11 所示的圆 6。选择下拉菜单 绘图(D) → 圆(C) → 相切、相切、半径(T) 命令，在参考圆 2 上的某一点（A 点）处单击，以选择第一个切点；在参考圆 4 上的某一点（B 点）处单击，以选择第二个切点；在命令行中输入圆的半径值 150。

（8）绘制图 18.3.12 所示的圆 7。具体操作可参照上一步。

（9）绘制图 18.3.13 所示的圆 8。具体操作可参照上一步。

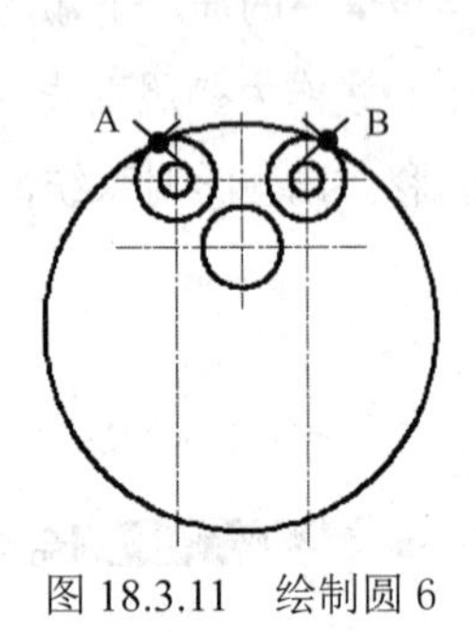

图 18.3.11　绘制圆 6

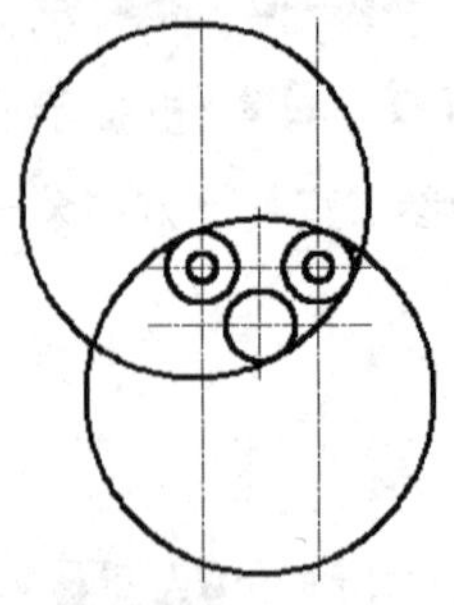

图 18.3.12　绘制圆 7

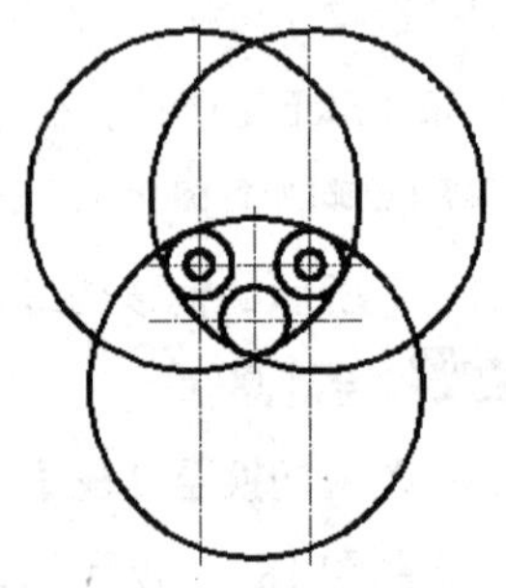

图 18.3.13　绘制圆 8

步骤04 修剪图形。选择下拉菜单 修改(M) → 修剪(T) 命令，在系统的提示下直接按 Enter 键，然后将需要修剪掉的圆弧段删除，完成后如图 18.3.14 所示。

步骤05 绘制构造线。

（1）将图层切换到“中心线层”。

（2）绘制构造线 4。选择下拉菜单 绘图(D) → 构造线(T) 命令，在命令行中输入字母 O（选取 偏移(O) 选项）后按 Enter 键；在命令行 指定偏移距离或 [通过(T)] <通过>: 的提示下输入偏移值 10，按 Enter 键确认；在命令行 选择直线对象: 的提示下选取竖直中心线作为参照直线，在命令行 指定向哪侧偏移: 的提示下，选择参照直线左侧的某一点以指定偏移方向。此时系统便绘制出图 18.3.15 所示的偏移构造线。

（3）绘制构造线 5。具体操作可参照上一步。完成后如图 18.3.16 所示。

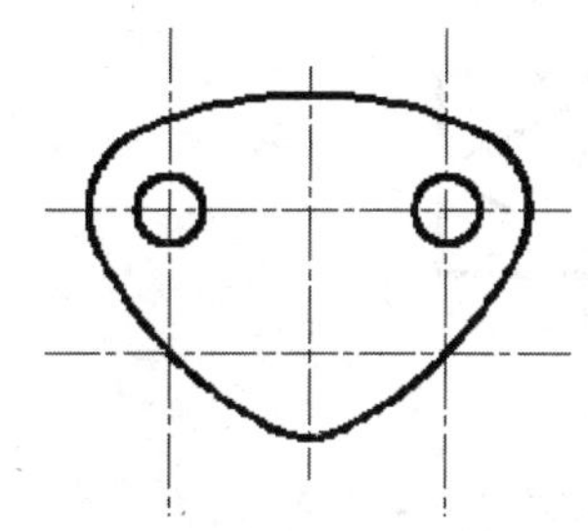
图 18.3.14 修剪图形

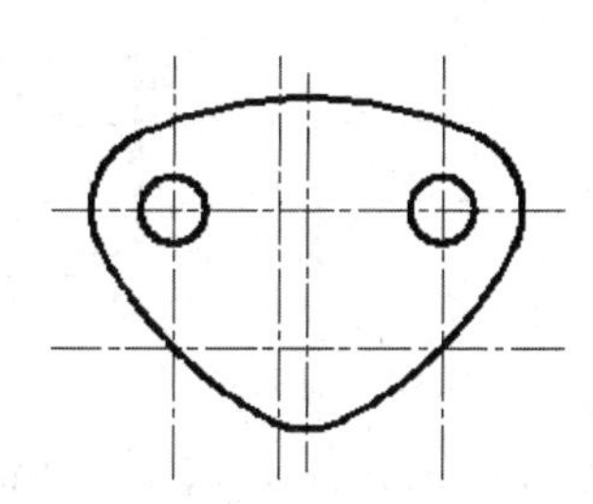
图 18.3.15 绘制构造线 4

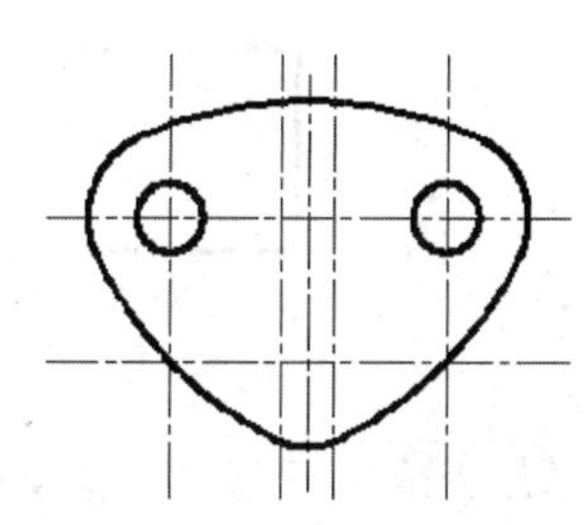
图 18.3.16 绘制构造线 5

步骤06 绘制圆。

（1）将图层切换至“轮廓线层”。

（2）绘制图 18.3.17 所示的圆 9。选择下拉菜单 绘图(D) → 圆(C) → 圆心、直径(D) 命令，选取构造线 3 和构造线 4 的“交点”为圆心，绘制直径值为 15 的圆。

（3）绘制图 18.3.18 所示的圆 10。选择下拉菜单 绘图(D) → 圆(C) → 圆心、直径(D) 命令，选取构造线 3 和构造线 5 的“交点”为圆心，绘制直径值为 15 的圆。

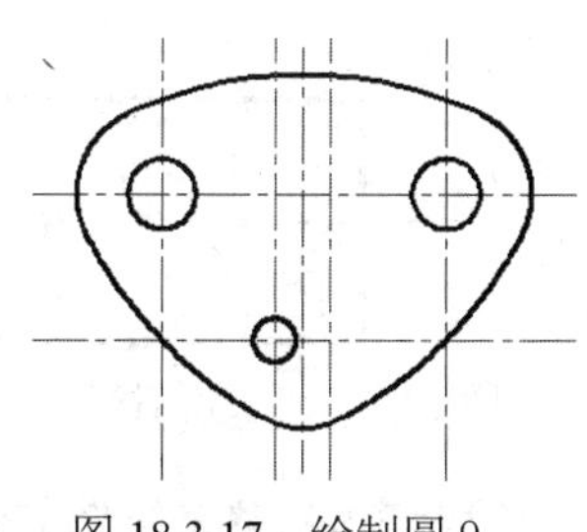
图 18.3.17 绘制圆 9

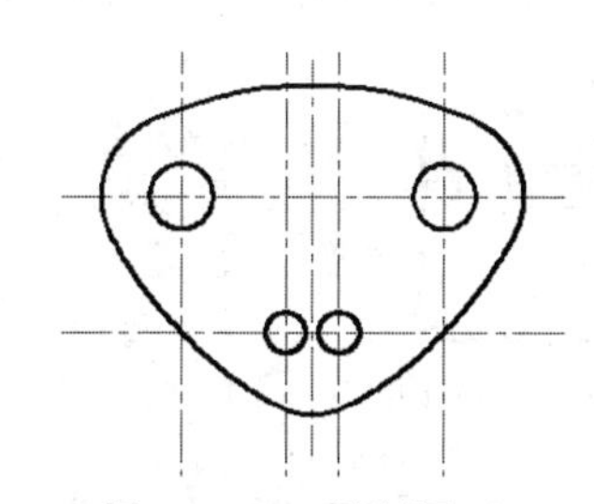
图 18.3.18 绘制圆 10

步骤07 后面的详细操作过程请参见随书光盘中 video\ch18\reference\文件下的语音视频讲解文件“玩具面板轮廓-r01.exe”。

第19章 AutoCAD精确高效绘图实际应用案例

19.1 案例1——捕捉中点的技巧

本案例要求在图19.1.1a中的图形中，通过矩形四条边线的中点创建一个菱形，如图19.1.1b所示。

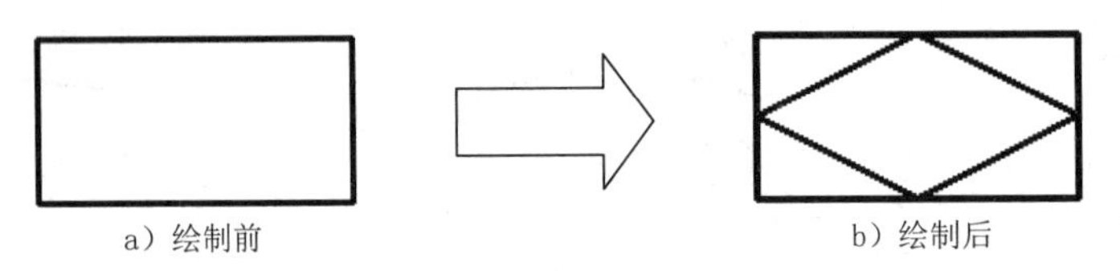

a）绘制前　　b）绘制后

图19.1.1　捕捉中点

步骤01 打开随书光盘上的文件D:\cad1701\work\ch19.01\instance1.dwg。

步骤02 在屏幕底部的状态栏中，单击（对象捕捉）按钮使其显亮，启用“自动捕捉”功能。

步骤03 选择下拉菜单 绘图(D) → 直线(L) 命令。

步骤04 在命令行 指定第一个点: 的提示下，将鼠标光标移至矩形上边线的中点附近，当鼠标光标附近出现“中点”提示时单击，如图19.1.2所示。

步骤05 在命令行 指定下一点或 [放弃(U)]: 的提示下，将鼠标光标移至矩形左侧边线的中点附近，当鼠标光标附近出现“中点”提示时单击，如图19.1.3所示。

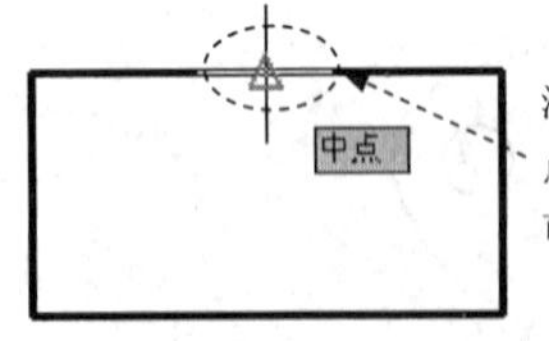

图19.1.2　自动捕捉第一个中点

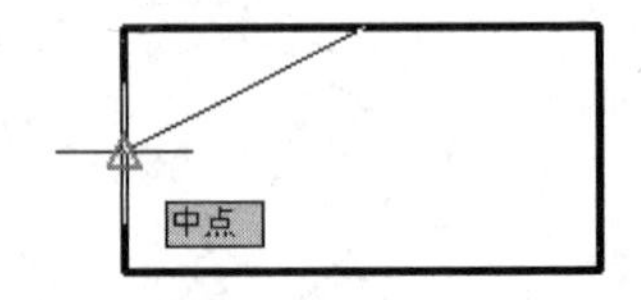

图19.1.3　自动捕捉第二个中点

步骤06 在命令行 指定下一点或 [放弃(U)]: 的提示下，将鼠标光标移至矩形下侧边线的中点附近，当鼠标光标附近出现“中点”提示时单击，如图19.1.4所示。

步骤07 在命令行 指定下一点或 [闭合(C) 放弃(U)]: 的提示下，将鼠标光标移至矩形右侧边线的中点附近，当鼠标光标附近出现“中点”提示时单击，如图19.1.5所示。

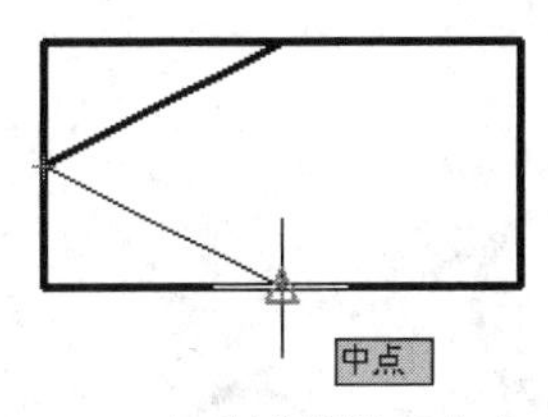

图 19.1.4　自动捕捉第三个中点

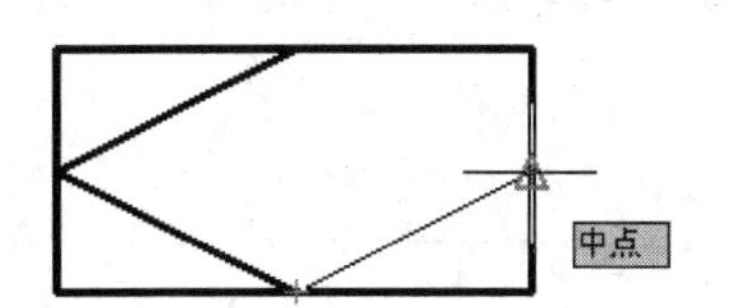

图 19.1.5　自动捕捉第四个中点

步骤 08 在命令行指定下一点或 [闭合(C) 放弃(U)]：的提示下，将鼠标光标移至图 19.1.6 所示的直线端点附近，当鼠标光标附近出现“端点”提示时单击，如图 19.1.6 所示。

步骤 09 在命令行指定下一点或 [闭合(C) 放弃(U)]：的提示下，按 Enter 键，结束操作。

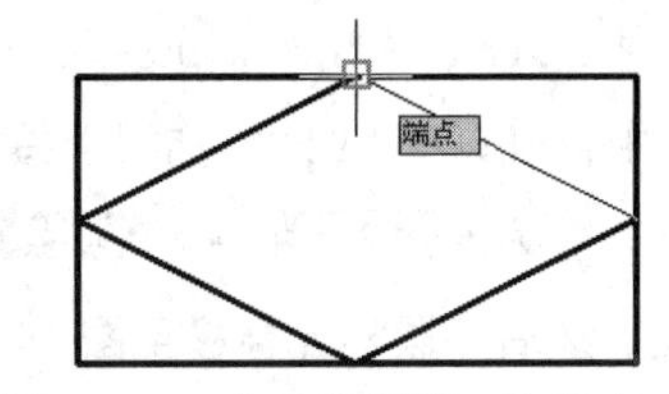

图 19.1.6　自动捕捉第一个端点

19.2　案例 2——捕捉交点的技巧

本案例要求利用点过滤器和对象捕捉功能，在图 19.2.1 所示图形的内部绘制一个圆。

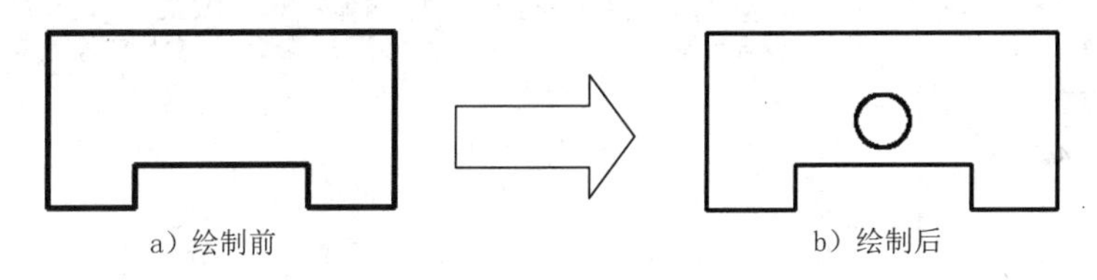
a）绘制前　　b）绘制后

图 19.2.1　捕捉交点

步骤 01 打开随书光盘上的文件 D:\cad1701\work\ch19.02\instance2.dwg。

步骤 02 选择下拉菜单 绘图(D) → 圆(C) ▸ → 圆心、半径(R) 命令。

步骤 03 使用点过滤器和对象捕捉功能。在命令行中输入.X 后按 Enter 键；在命令行中于的提示下，输入 MID（中点捕捉命令）后按 Enter 键；在命令行中于的提示下，将光标移至屏幕上矩形底部的水平边线的中点附近，当出现“中点”提示时单击；在于 (需要 YZ)：的提示下输入 MID；按 Enter 键，在于的提示下，将鼠标光标移至屏幕上矩形左边竖直边线的中点附近，当出现“中点”提示时单击；输入圆的半径值 6 后，按 Enter 键结束操作。

19.3　案例 3——捕捉切点的技巧

本案例要求在图 19.3.1a 所示的图形中，利用对象捕捉功能在两个交点处绘制两个圆，然后绘制两条直线与这两个圆相切。

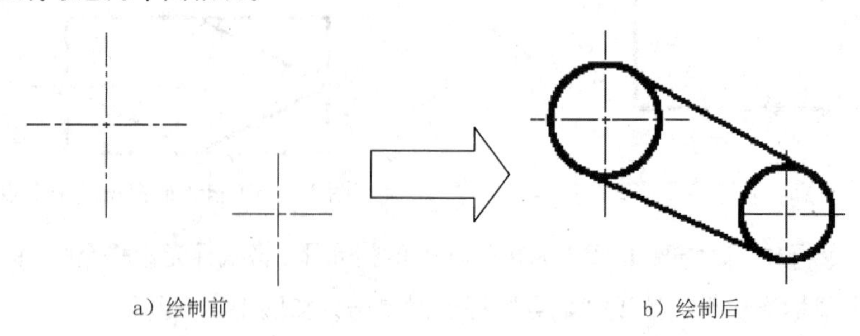

a）绘制前　　　　b）绘制后

图 19.3.1　捕捉切点

步骤 01 打开随书光盘上的文件 D:\cad1701\work\ch19.03\instance3.dwg。

步骤 02 在屏幕底部的状态栏中，确认 （对象捕捉）按钮已显亮。

步骤 03 绘制第一个圆。选择下拉菜单 绘图(D) → 圆(C) ▸ → 圆心、半径(R) 命令；输入 INT（交点捕捉命令）并按 Enter 键，然后将鼠标光标移至图 19.3.2 所示的两条中心线交点附近，在鼠标光标附近立即出现“交点”提示，选取该点；输入半径值 30 并按 Enter 键。

步骤 04 参照 步骤 01 的操作方法，绘制第二个圆，其半径值为 25，绘制完成后如图 19.3.3 所示。

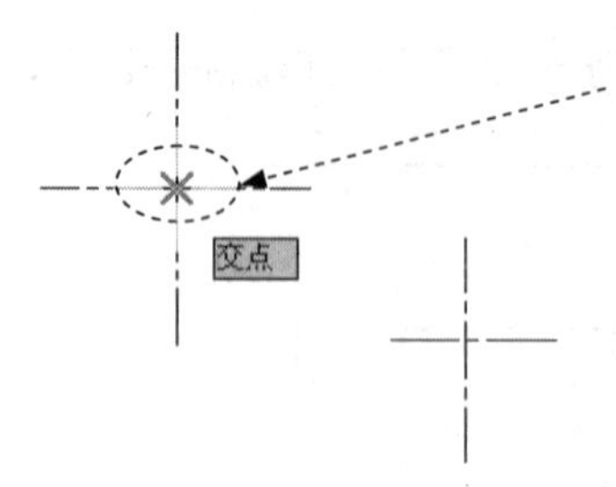

注意：此区域附近有两个特征点，第一个是两条线的交点，第二个是竖直中心线的中点， 这两个点并不重合。如果采用自动捕捉的方法选取交点，当光标移至此区域时，可能不太容易显示“交点”提示而比较容易显示“中点”提示，所以输入 INT 命令可更快获得交点

图 19.3.2　输入命令捕捉两条中心线的交点

步骤 05 绘制相切直线 1。选择下拉菜单 绘图(D) → 直线(L) 命令；输入 TAN（切点捕捉命令）并按 Enter 键，然后将鼠标光标移至图 19.3.4 所示的区域附近，当鼠标光标附近出现“切点”提示时，单击即可获取大圆上的切点；参照上述操作方法，获取小圆上的切点；按 Enter 键结束操作。

步骤 06 绘制相切直线 2。参照绘制相切直线 1 的方法。

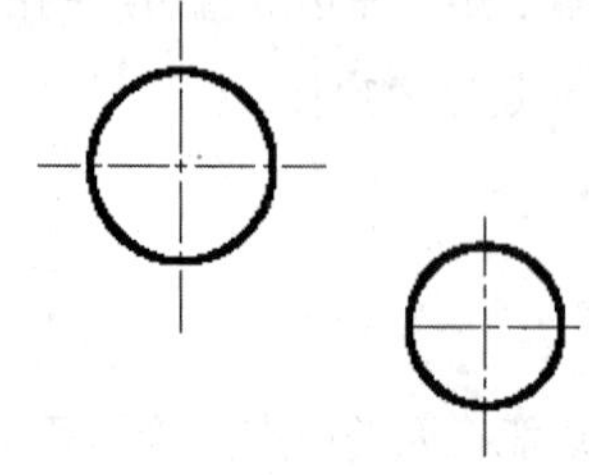

图 19.3.3　绘制两个圆

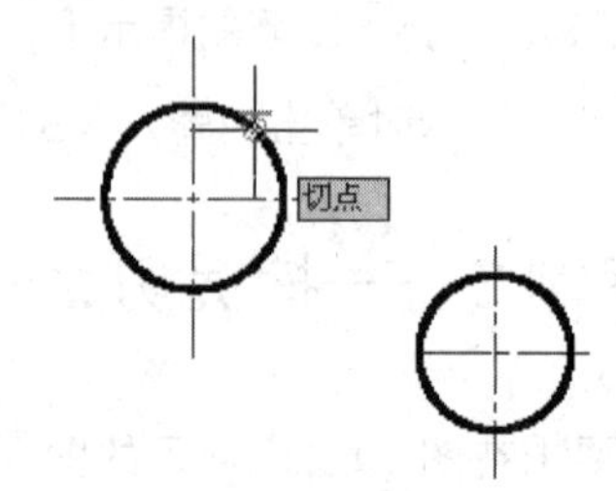

图 19.3.4　输入命令捕捉第一个圆的切点

19.4 案例4——定位圆心的技巧

本案例要求按照尺寸精确绘制图19.4.1所示的图形，其中圆心与矩形左边边线的中点是水平的关系。

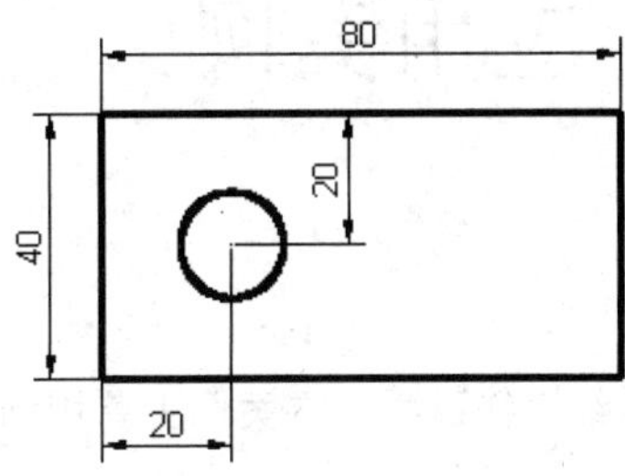

图19.4.1 定位圆心

步骤01 打开随书光盘上的文件D:\cad1701\work\ch19.04\instance4.dwg。

步骤02 绘制图19.4.2所示的矩形。选择下拉菜单 绘图(D) → 矩形(G) 命令；在绘图区选择矩形的第一顶点；然后在命令行输入坐标点（@80,40）并按Enter键（定义矩形的对角点）。

步骤03 确认状态栏中的 （对象捕捉）和 （对象捕捉追踪）按钮处于显亮状态。

步骤04 绘制图19.4.3所示的圆。选择下拉菜单 绘图(D) → 圆(C) → 圆心、半径(R) 命令；将鼠标光标移至图19.4.4所示的矩形竖直边线的中点附近，当出现“中点”提示时，慢慢地向左水平移动鼠标光标，此时即显示一条对象追踪虚线（此时称为“对象追踪”状态），并同时显示当前位置点与捕捉点之间的相对关系 中点: 15.3694 < 0° ，然后在命令行中输入20，在命令行指定圆的半径或 [直径(D)]: 的提示下输入8并按Enter键结束操作。

图19.4.2 绘制矩形

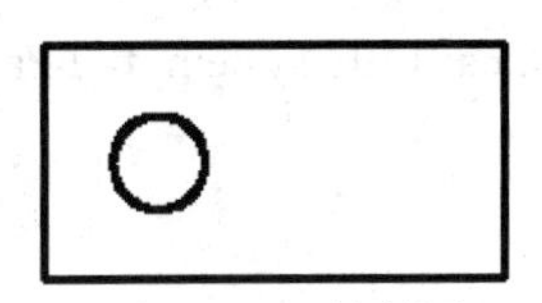

图19.4.3 绘制圆

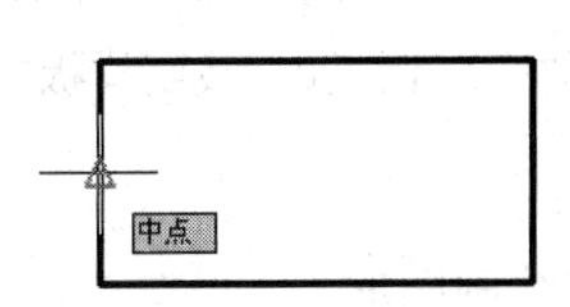

图19.4.4 捕捉边线中点

第 20 章　AutoCAD 图形编辑实际应用案例

20.1　案例 1——垫片

本节介绍图 20.1.1 所示垫片的详细操作过程。本案例主要用到的编辑命令包括偏移、修剪、镜像和倒圆角等。

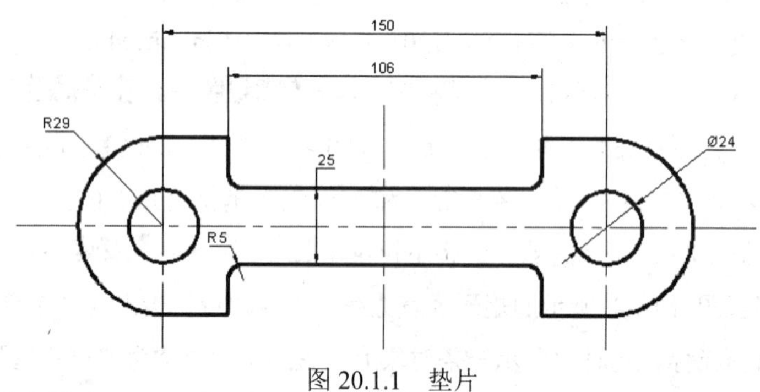

图 20.1.1　垫片

1. 选用样板文件

使用随书光盘上提供的样板文件。选择下拉菜单 文件(F) → 新建(N)... 命令，在弹出的"选择样板"对话框中，找到样板文件 D:\cad1701\system_file\Part_temp_A3.dwg，然后单击 打开(O) 按钮。

2. 绘制图形

步骤 01 绘制两条中心线。

（1）绘制水平中心线。将图层切换到"中心线层"，确认状态栏中（正交模式）、（对象捕捉）、（对象捕捉追踪）和（显示/隐藏线宽）按钮处于显亮状态，选择下拉菜单 绘图(D) → 直线(L) 命令，绘制长度值为 250 的水平中心线。

（2）绘制垂直中心线。选择下拉菜单 绘图(D) → 直线(L) 命令，在命令行中输入 from 后按 Enter 键，单击水平中心线的中点，输入坐标值（@0，40）后按 Enter 键，输入坐标值（@0，−80）后按两次 Enter 键，完成效果如图 20.1.2 所示。

步骤 02 创建图 20.1.3 所示的两条竖直中心线。

（1）创建图 20.1.3 所示的竖直中心线 1。选择下拉菜单 修改(M) → 偏移(S) 命令，在命令

行指定偏移距离或 [通过(T)/删除(E)/图层(L)] <通过>: 的提示下，输入偏移距离值为 75，然后按 Enter 键；在命令行选择要偏移的对象，或 [退出(E)/放弃(U)] <退出>: 的提示下选择要偏移的竖直中心线，然后在竖直中心线的左侧单击以确定偏移的方向，按 Enter 键结束操作。

（2）用相同的方法，将竖直中心线向右偏移 75。结果如图 20.1.3 所示。

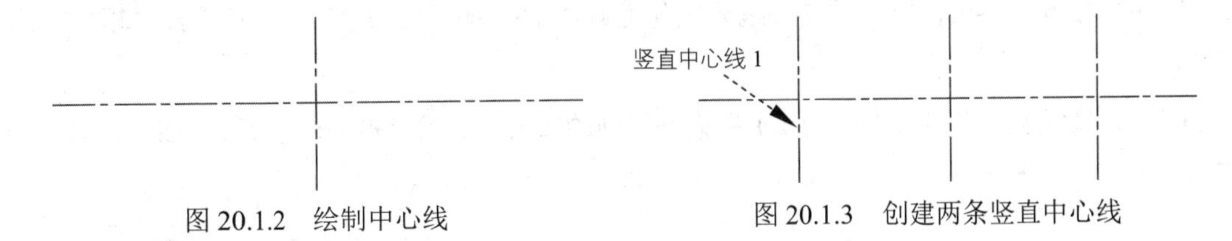

图 20.1.2 绘制中心线　　图 20.1.3 创建两条竖直中心线

步骤 03 绘制圆。

（1）将图层切换至“轮廓线层”。

（2）绘制图 20.1.4 所示的圆 1。选择下拉菜单 绘图(D) → 圆(C) → 圆心、直径(D) 命令，选取水平中心线和竖直中心线 1 的“交点”为圆心，绘制直径值为 24 的圆。

（3）绘制图 20.1.5 所示的圆 2。选择下拉菜单 绘图(D) → 圆(C) → 圆心、直径(D) 命令，选取水平中心线和竖直中心线 1 的“交点”为圆心，绘制直径值为 58 的圆。

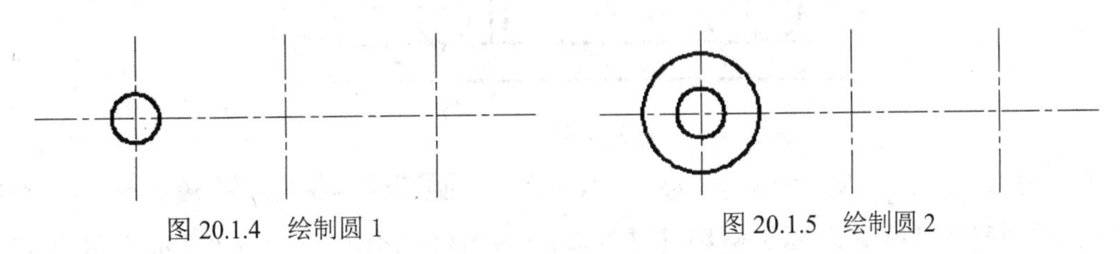

图 20.1.4 绘制圆 1　　图 20.1.5 绘制圆 2

步骤 04 镜像图形。选择下拉菜单 修改(M) → 镜像(I) 命令，选取图 20.1.6a 所示的图形为镜像对象，选取竖直中心线为镜像线，结果如图 20.1.6b 所示。

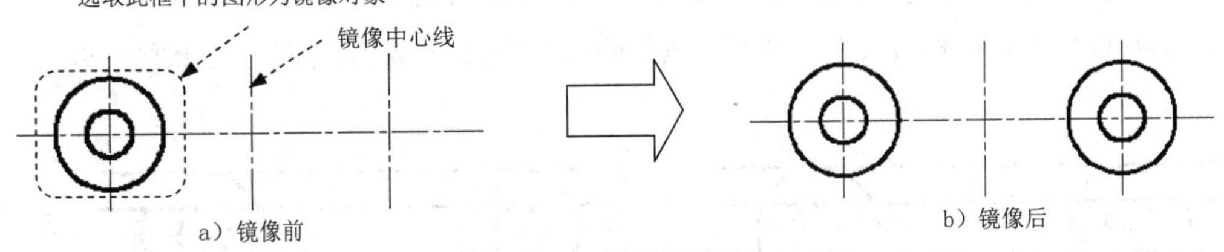

图 20.1.6 进行镜像操作

步骤 05 创建图 20.1.7 所示的四条水平直线。

图 20.1.7 创建四条水平直线

（1）创建图 20.1.8 所示的水平直线。选择下拉菜单 修改(M) → 偏移(S) 命令，在命令行 指定偏移距离或 [通过(T)/删除(E)/图层(L)] <通过>: 的提示下，输入偏移距离值为 12.5，然后按 Enter 键；在命令行 选择要偏移的对象，或 [退出(E)/放弃(U)] <退出>: 的提示下选择要偏移的水平中心线，然后在水平中心线的上方单击以确定偏移的方向，按 Enter 键结束操作。

（2）用相同的方法，将水平中心线分别向上偏移 29，向下偏移 12.5、29。结果如图 20.1.9 所示。

（3）转换线型。将步骤（1）、（2）中偏移得到的四条中心线转换为轮廓线，结果如图 20.1.7 所示。

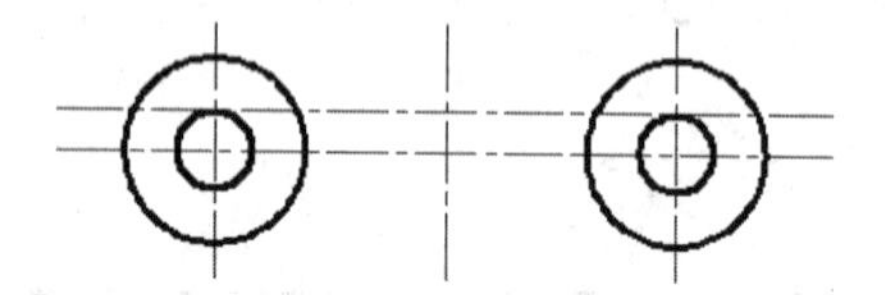

图 20.1.8　创建第一条水平线

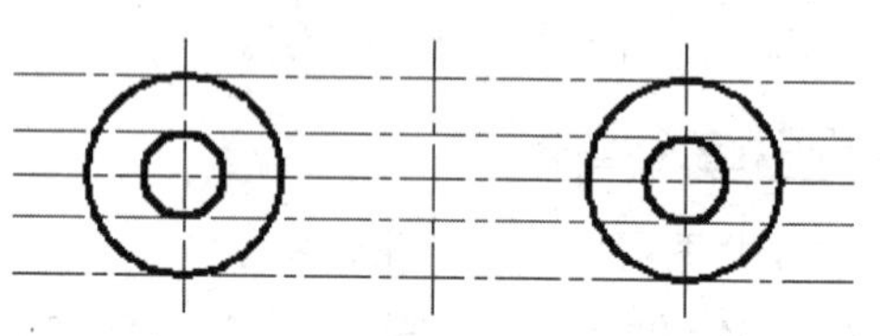

图 20.1.9　创建其余水平线

步骤 06 创建图 20.1.10 所示的两条竖直直线。

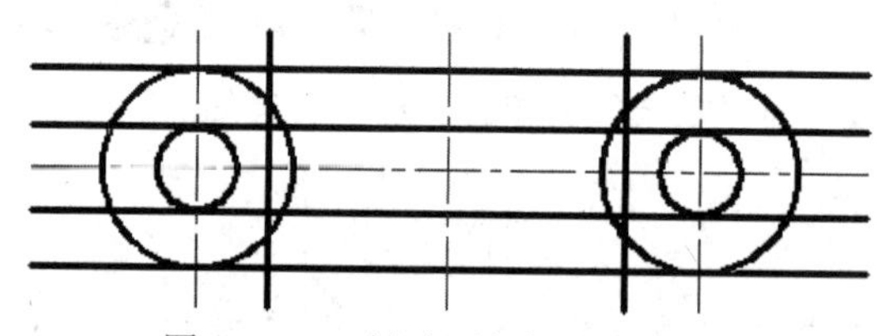

图 20.1.10　创建两条竖直直线

（1）创建图 20.1.11 所示的竖直直线。选择下拉菜单 修改(M) → 偏移(S) 命令，在命令行 指定偏移距离或 [通过(T)/删除(E)/图层(L)] <通过>: 的提示下，输入偏移距离值为 53，然后按 Enter 键；在命令行 选择要偏移的对象，或 [退出(E)/放弃(U)] <退出>: 的提示下选择要偏移的竖直中心线，然后在竖直中心线的左侧单击以确定偏移的方向，按 Enter 键结束操作。

（2）用相同的方法，将竖直中心线向右偏移 53。结果如图 20.1.12 所示。

（3）转换线型。将步骤（1）、（2）中偏移得到的两条中心线转换为轮廓线，结果如图 20.1.10 所示。

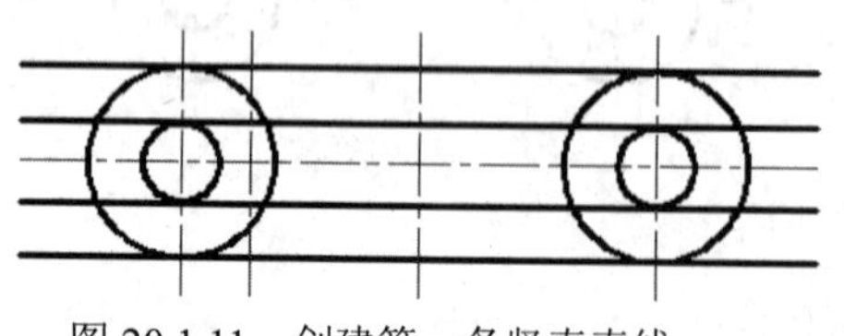

图 20.1.11　创建第一条竖直直线

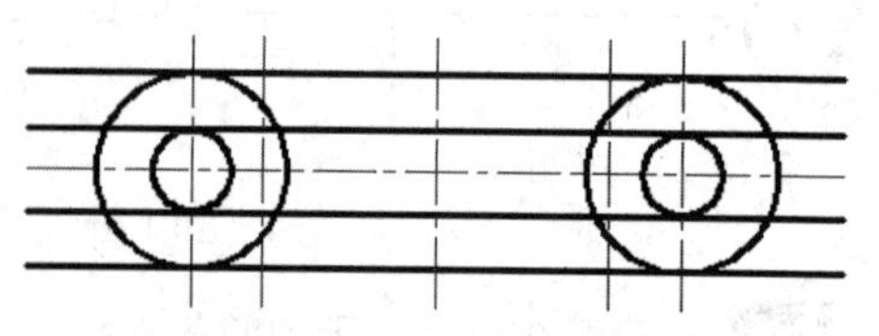

图 20.1.12　创建其余竖直直线

步骤 07 修剪图形。选择下拉菜单 修改(M) → 修剪(T) 命令，按 Enter 键，分别选取要修剪的直线和圆弧，然后结合删除命令将多余的线条去掉，最后按 Enter 键结束命令，结果如图 20.1.13 所示。

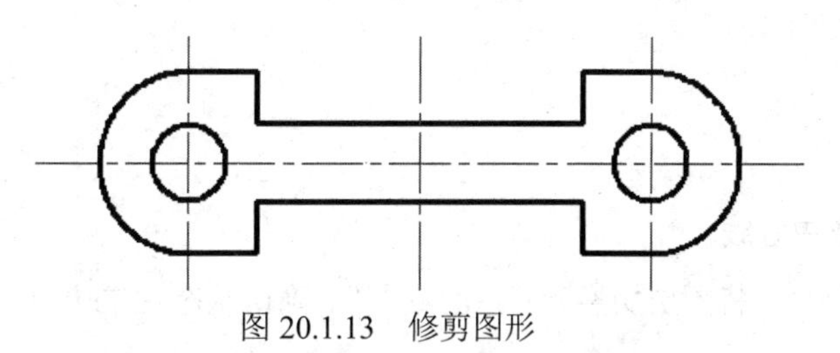

图 20.1.13 修剪图形

步骤 08 创建圆角。选择下拉菜单 修改(M) → 圆角(F) 命令，在命令行输入 R，按 Enter 键，输入 5 并按 Enter 键，再输入 M，按 Enter 键，依次选取要创建圆角的直线，结果如图 20.1.14 所示。

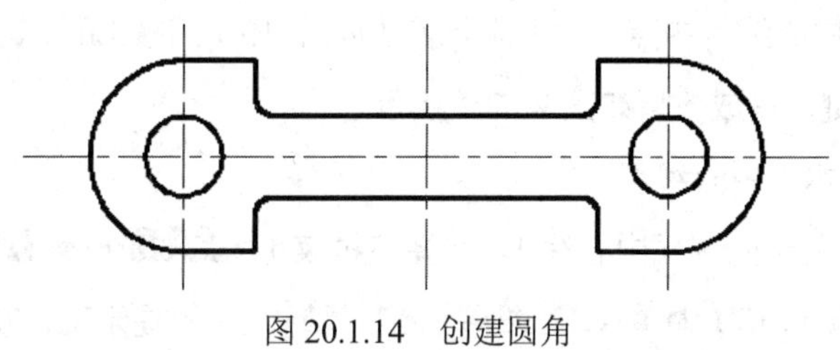

图 20.1.14 创建圆角

3. 保存文件

选择下拉菜单 文件(F) → 保存(S) 命令，将图形命名为“垫片.dwg”，单击 保存(S) 按钮。

20.2 案例 2——衣架挂钩

本节介绍图 20.2.1 所示挂钩二维图形的详细操作过程。本案例主要用到的编辑命令包括偏移、修剪、镜像等。

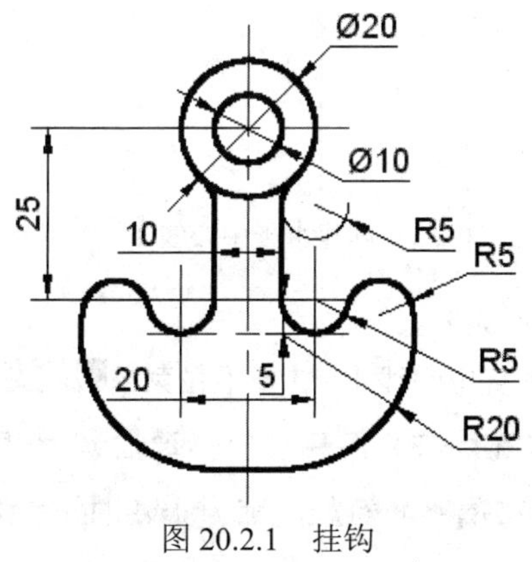

图 20.2.1 挂钩

1. 选用样板文件

使用随书光盘上提供的样板文件。选择下拉菜单 文件(F) → 新建(N)... 命令，在弹出的“选择样板”对话框中，找到样板文件 D:\cad1701\system_file\Part_temp_A4.dwg，然后单击 打开(O)

按钮。

2. 绘制图形

步骤 01 绘制两条中心线。

（1）绘制水平中心线。将图层切换到“中心线层”。确认状态栏中（正交模式）、（对象捕捉）、（对象捕捉追踪）和（显示/隐藏线宽）按钮处于显亮状态；选择下拉菜单 绘图(D) → 直线(L) 命令，绘制长度值为 30 的水平中心线。

（2）绘制垂直中心线。选择下拉菜单 绘图(D) → 直线(L) 命令，在命令行中输入 from 后按 Enter 键，单击水平中心线的中点，输入坐标值（@0，15）后按 Enter 键，输入坐标值（@0，–70）后按两次 Enter 键，完成效果如图 20.2.2 所示。

步骤 02 创建两条水平中心线。

（1）创建图 20.2.3 所示的水平中心线 1。选择下拉菜单 修改(M) → 偏移(S) 命令，在命令行 指定偏移距离或 [通过(T)/删除(E)/图层(L)] <通过>: 的提示下，输入偏移距离值为 25，然后按 Enter 键；在命令行 选择要偏移的对象，或 [退出(E)/放弃(U)] <退出>: 的提示下选择要偏移的水平中心线，然后在水平中心线的下方单击以确定偏移的方向，按 Enter 键结束操作。

（2）用相同的方法，将水平中心线向下偏移 30。结果如图 20.2.4 所示。

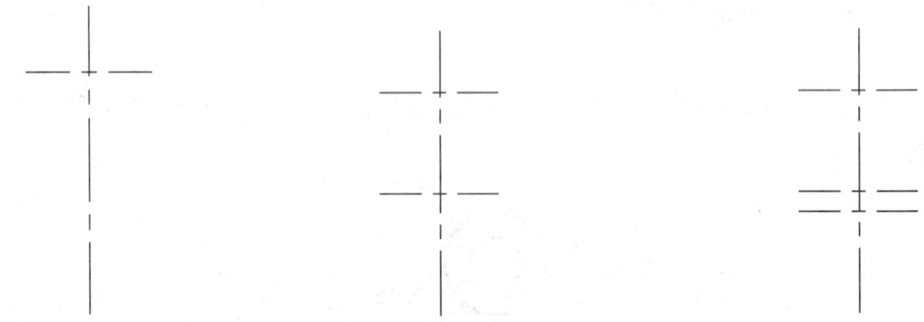

图 20.2.2　绘制两条中心线　　图 20.2.3　创建水平中心线 1　　图 20.2.4　创建水平中心线 2

步骤 03 创建四条垂直中心线。

（1）创建图 20.2.5 所示的垂直中心线 1。选择下拉菜单 修改(M) → 偏移(S) 命令，在命令行 指定偏移距离或 [通过(T)/删除(E)/图层(L)] <通过>: 的提示下，输入偏移距离值为 5，然后按 Enter 键；在命令行 选择要偏移的对象，或 [退出(E)/放弃(U)] <退出>: 的提示下选择要偏移的垂直中心线，然后在垂直中心线的右侧单击以确定偏移的方向，按 Enter 键结束操作。

（2）用相同的方法，将垂直中心线分别向右侧偏移 10，向左侧偏移 5、10。结果如图 20.2.6 所示。

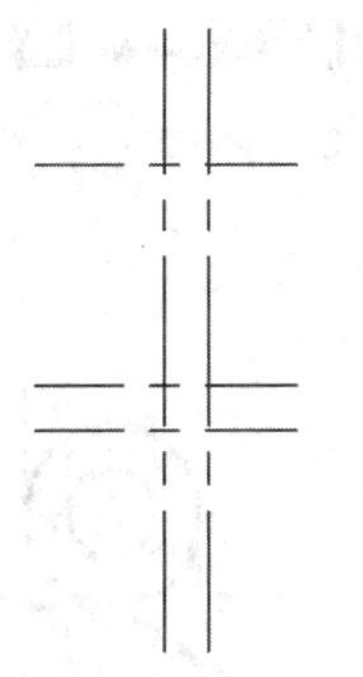

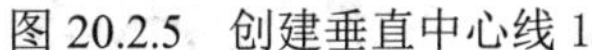

图 20.2.5 创建垂直中心线 1

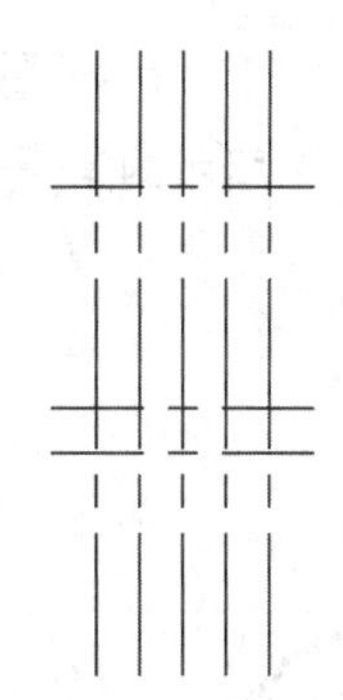

图 20.2.6 创建其余垂直中心线

步骤 04 绘制圆。

（1）将图层切换至“轮廓线层”。

（2）绘制图 20.2.7 所示的圆 1。选择下拉菜单 绘图(D) → 圆(C) → 圆心、直径(D) 命令，选取水平中心线和垂直中心线的“交点”为圆心，绘制直径值为 10 的圆。

（3）绘制图 20.2.8 所示的圆 2。具体操作可参照上一步，圆的直径值为 20。

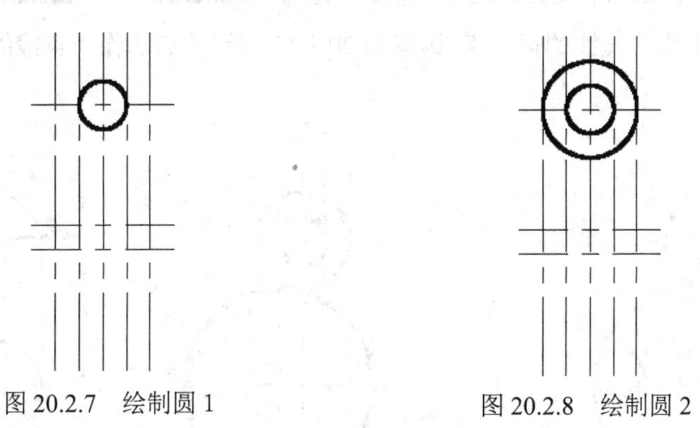

图 20.2.7 绘制圆 1

图 20.2.8 绘制圆 2

（4）绘制图 20.2.9 所示的圆 3。选择下拉菜单 绘图(D) → 圆(C) → 圆心、直径(D) 命令，选取图 20.2.9 所示的点为圆心，绘制直径值为 10 的圆。

（5）绘制图 20.2.10 所示的圆 4。选择下拉菜单 绘图(D) → 圆(C) → 圆心、直径(D) 命令，选取图 20.2.10 所示的点为圆心，绘制直径值为 40 的圆。

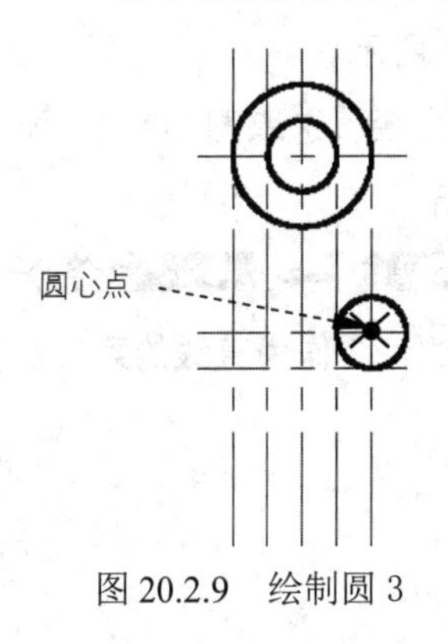

图 20.2.9 绘制圆 3

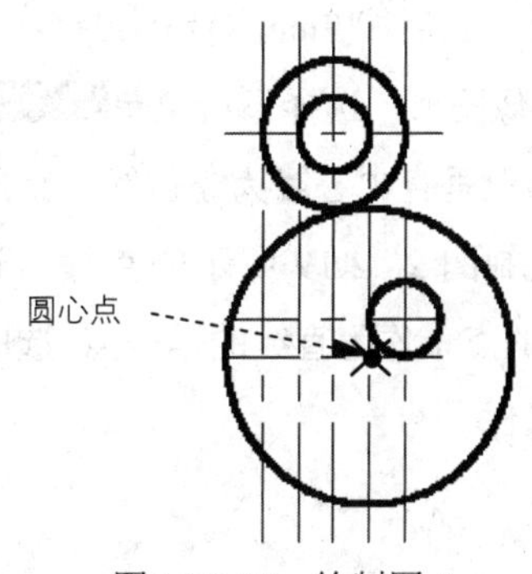

图 20.2.10 绘制圆 4

（6）绘制图 20.2.11 所示的圆 5。选择下拉菜单绘图(D) → 圆(C) → 相切、相切、半径(T)命令，选取图 20.2.12 所示的第一个切点，选取图 20.2.13 所示的第二个切点，然后输入圆的半径为 5。

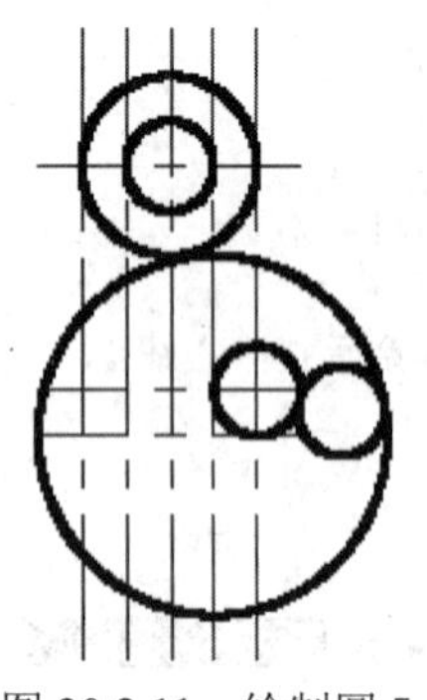

图 20.2.11　绘制圆 5

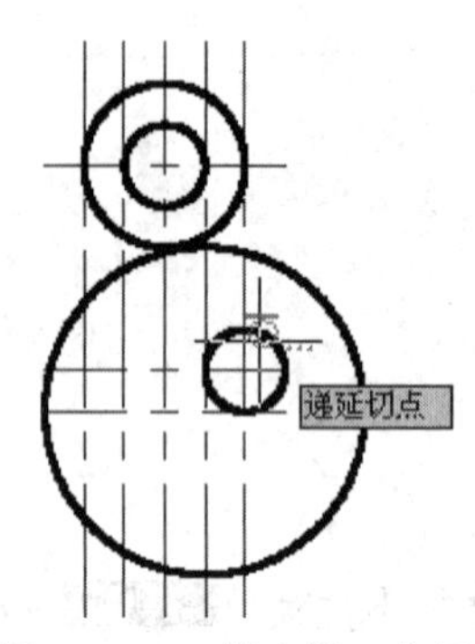

图 20.2.12　指定第一个切点

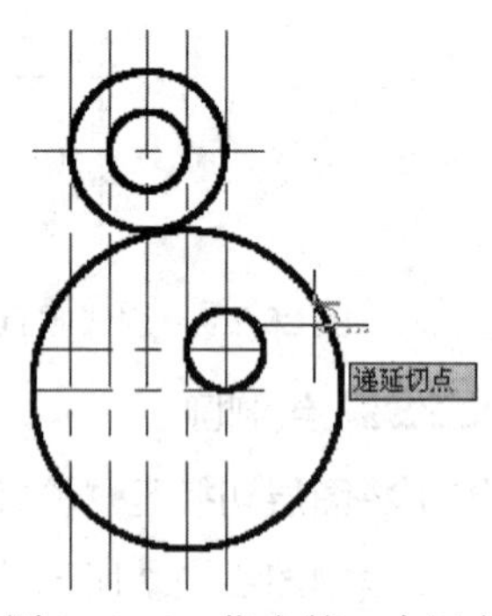

图 20.2.13　指定第二个切点

步骤 05　绘制图 20.2.14 所示的直线。选择下拉菜单 绘图(D) → 直线(L)命令，选取图 20.2.15 所示的点 1 作为直线的第一点，选取图 20.2.15 所示的点 2 作为直线的第二点，按 Enter 键结束直线的操作。

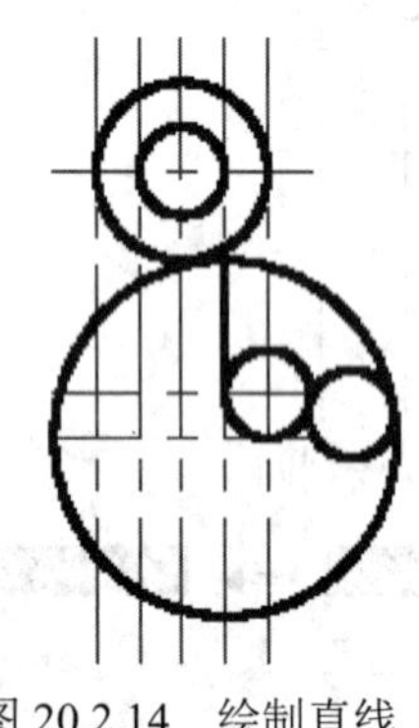
图 20.2.14　绘制直线

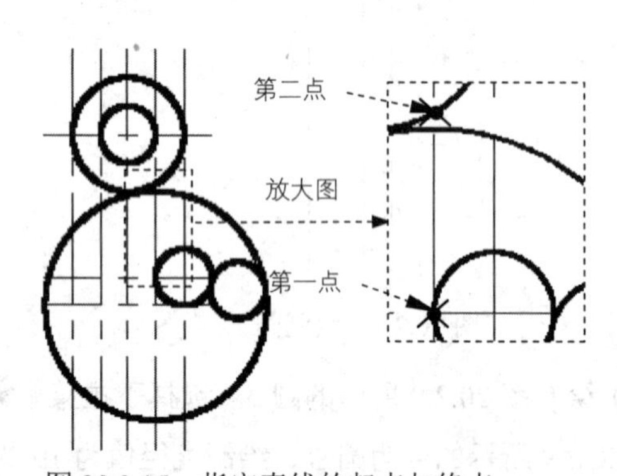

图 20.2.15　指定直线的起点与终点

步骤 06　修剪图形。选择下拉菜单 修改(M) → 修剪(T)命令，按 Enter 键，分别选取要修剪的直线和圆弧，最后按 Enter 键结束命令，结果如图 20.2.16 所示。

步骤 07　镜像图形。选择下拉菜单 修改(M) → 镜像(I)命令，选取图 20.2.17 所示的图形为镜像对象，选取垂直中心线为镜像线，结果如图 20.2.18 所示。

步骤 08　绘制图 20.2.19 所示的直线。选择下拉菜单 绘图(D) → 直线(L)命令，选取图 20.2.20 所示的点 1 作为直线的第一点，选取图 20.2.20 所示的点 2 作为直线的第二点，按 Enter 键结束直线的操作。

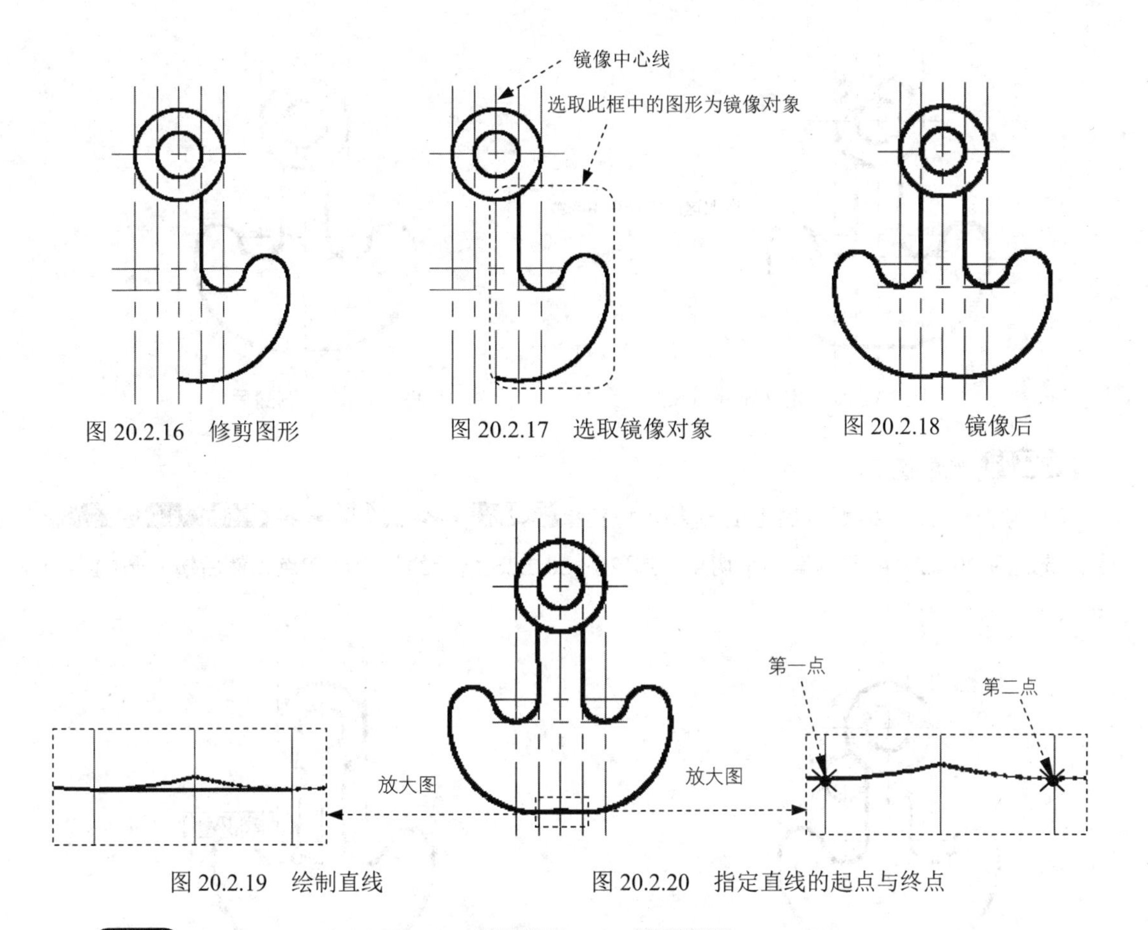

图 20.2.16 修剪图形　　图 20.2.17 选取镜像对象　　图 20.2.18 镜像后

图 20.2.19 绘制直线　　图 20.2.20 指定直线的起点与终点

步骤 09 修剪图形。选择下拉菜单 修改(M) → 修剪(T) 命令，按 Enter 键，分别选取要修剪的直线和圆弧，最后按 Enter 键结束命令，结果如图 20.2.21 所示。

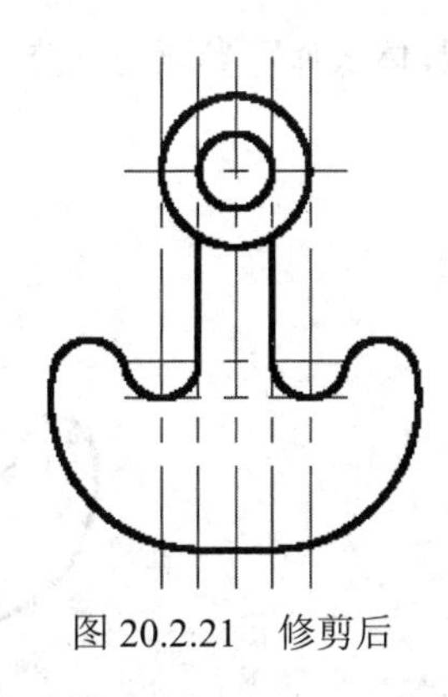

图 20.2.21 修剪后

步骤 10 删除图形。选择下拉菜单 修改(M) → 删除(E) 命令，选取图 20.2.22 所示的两条垂直中心线为要删除的对象，按 Enter 键结束操作，完成后如图 20.2.23 所示。

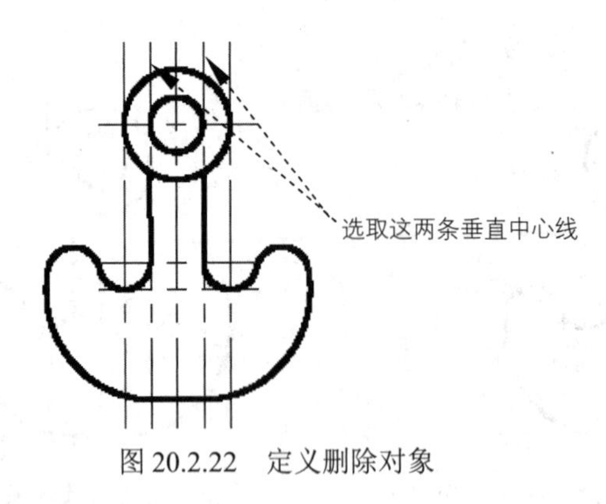

图 20.2.22　定义删除对象

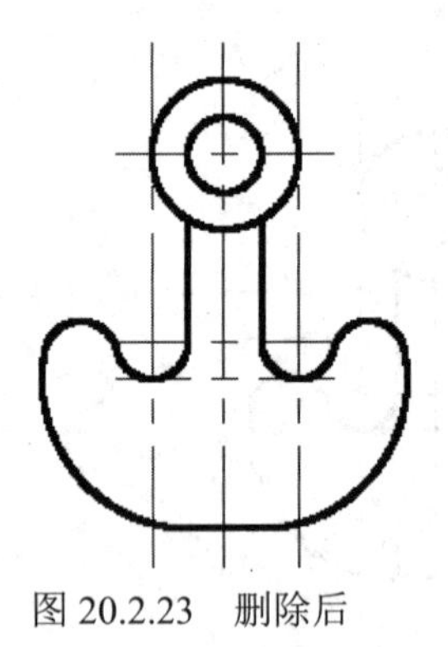

图 20.2.23　删除后

步骤 11 绘制圆。

（1）绘制图 20.2.24 所示的圆 1。选择下拉菜单 绘图(D) → 圆(C) → 相切、相切、半径(T) 命令，选取图 20.2.25 所示的第一个切点，选取图 20.2.26 所示的第二个切点，然后输入圆的半径为 5。

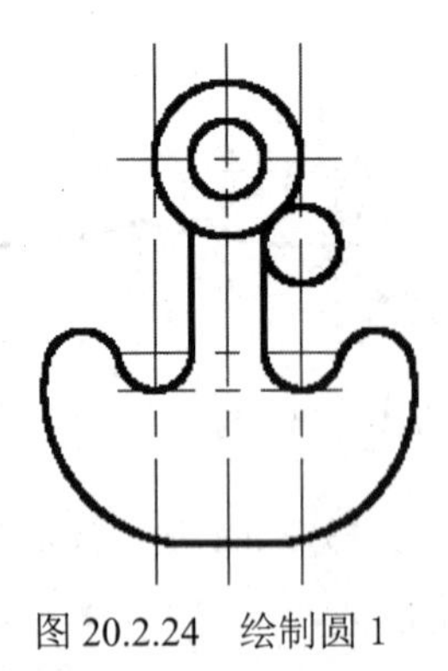

图 20.2.24　绘制圆 1

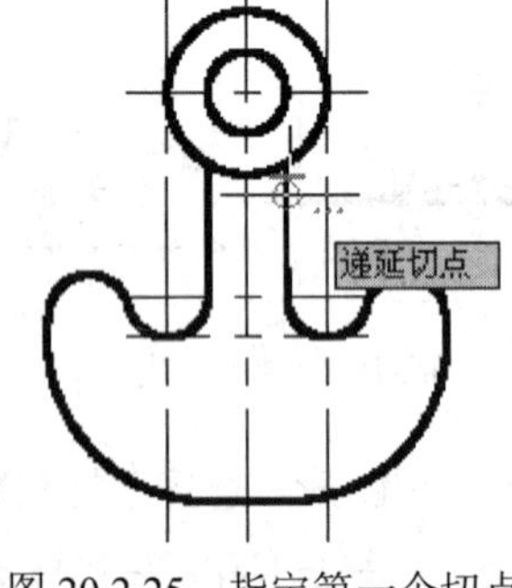

图 20.2.25　指定第一个切点

（2）绘制图 20.2.27 所示的圆 2。具体操作可参照上一步。

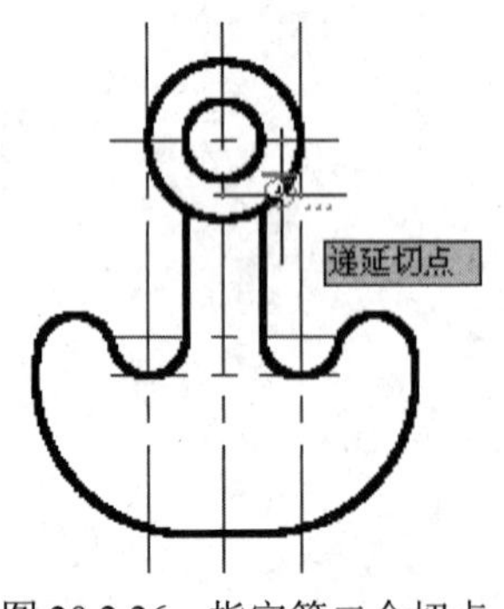

图 20.2.26　指定第二个切点

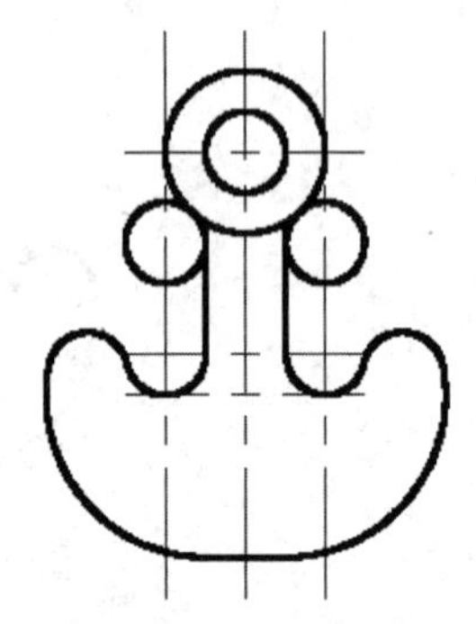

图 20.2.27　绘制圆 2

步骤 12 修剪图形。选择下拉菜单 修改(M) → 修剪(T) 命令，按 Enter 键，分别选取要修剪的直线和圆弧，最后按 Enter 键结束命令，结果如图 20.2.28 所示。

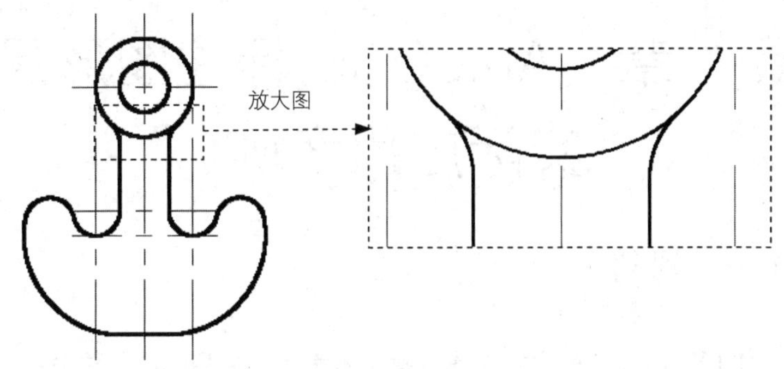

图 20.2.28　修剪图形

步骤 13 编辑构造线的长度。

（1）在绘图区域中选取图 20.2.29 所示的两条中心线，在选取的中心线上会出现 6 个蓝色的夹点。

（2）选取构造线两端的夹点，然后移动鼠标将其拉伸至图 20.2.30 所示的位置。

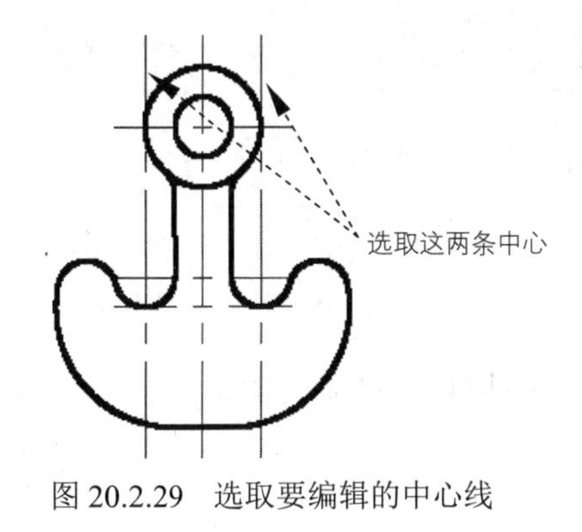

图 20.2.29　选取要编辑的中心线

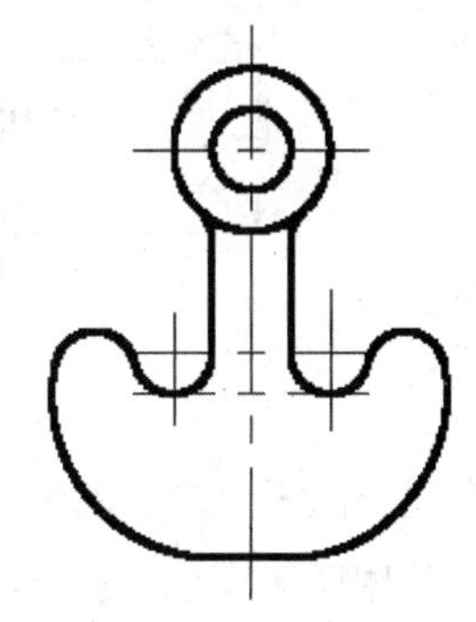

图 20.2.30 编辑后

3. 保存文件

选择下拉菜单 文件(F) → 保存(S) 命令，将图形命名为“挂钩.dwg”，单击 保存(S) 按钮。

第 21 章 AutoCAD 标注图形尺寸实际应用案例

21.1 案例 1——阀盖

本节介绍图 21.1.1 所示尺寸标注的操作过程。本案例主要用到的标注命令包括线性尺寸、基准尺寸、直径尺寸、公差尺寸和形位公差尺寸等。

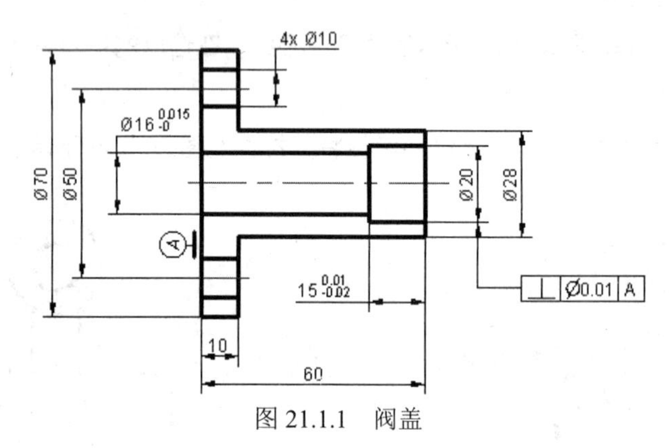

图 21.1.1 阀盖

步骤 01 打开随书光盘上的文件 D:\cad1701\work\ch21.01\阀盖.dwg。

步骤 02 将图层切换至“尺寸线层”。

步骤 03 创建图 21.1.2 所示的线性标注。

（1）创建线性标注 1。选择下拉菜单 标注(N) → 线性(L) 命令，分别单击图 21.1.3 所示的 A、B 两点，在绘图区的空白区域单击，以确定尺寸放置的位置。

（2）创建线性标注 2。选择下拉菜单 标注(N) → 线性(L) 命令，分别单击图 21.1.4 所示的 A、C 两点，在绘图区的空白区域单击，以确定尺寸放置的位置。

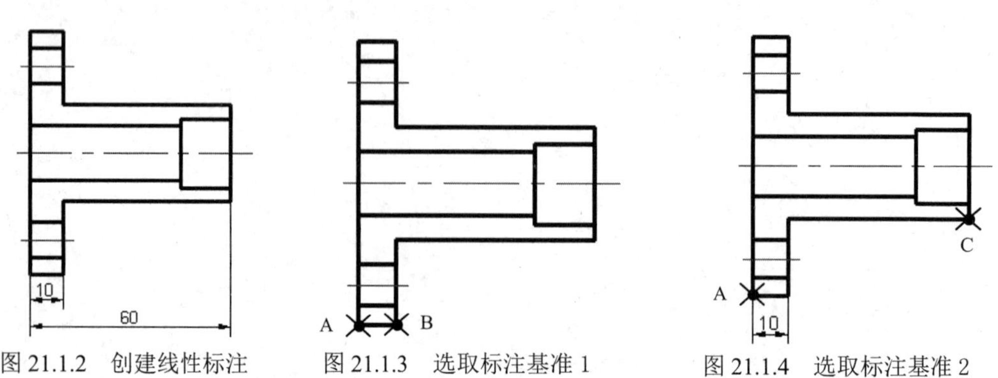

图 21.1.2 创建线性标注　　图 21.1.3 选取标注基准 1　　图 21.1.4 选取标注基准 2

步骤04 创建无公差的直径标注（图 21.1.5）。

（1）创建直径尺寸 1。选择下拉菜单 标注(N) → 线性(L) 命令，分别捕捉图 21.1.6 所示的 A、B 两点，在命令行输入 T 后按 Enter 键，在弹出的“文字格式”对话框中输入%%C20 后按 Enter 键，在绘图区的空白区域单击一点以确定尺寸的放置位置，结果如图 21.1.7 所示。

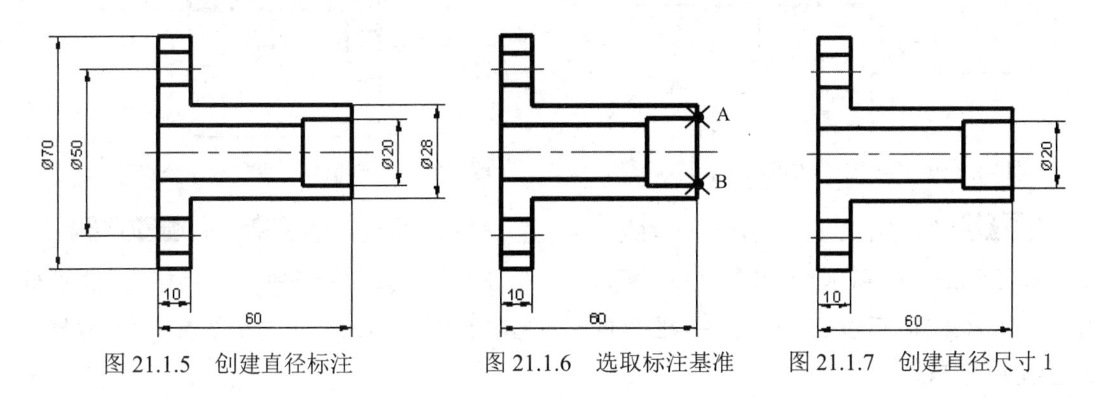

图 21.1.5　创建直径标注　　图 21.1.6　选取标注基准　　图 21.1.7　创建直径尺寸 1

（2）参照上一步，创建其余直径尺寸。

步骤05 创建图 21.1.8 所示带公差的线性标注。选择下拉菜单 标注(N) → 线性(L) 命令，分别捕捉并选取尺寸界线的两个点，如图 21.1.9 所示；在命令行输入 M 并按 Enter 键，在弹出的文字输入窗口中，输入文字字符 15 0.01^–0.02；选取公差文字 0.01^–0.02，单击鼠标右键，在弹出的快捷菜单中选择 堆叠 选项，再单击 文字编辑器 面板上的“关闭”按钮；在图形上选择一点以确定尺寸线的位置。

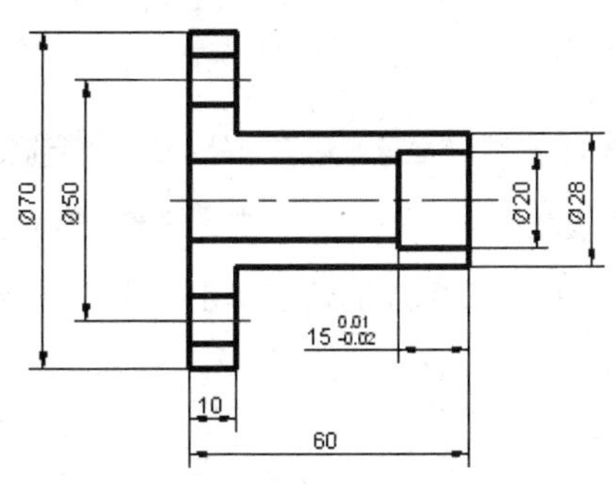

图 21.1.8　创建带公差的线性标注

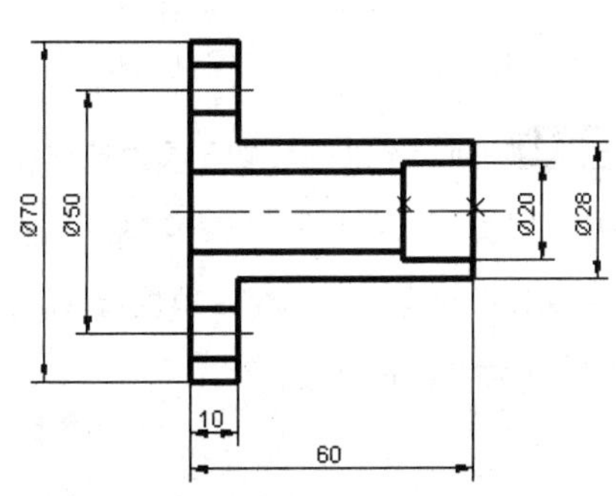

图 21.1.9　选取尺寸界线的两个点 1

步骤06 创建图 21.1.10 所示带公差的直径标注。选择下拉菜单 标注(N) → 线性(L) 命令，分别捕捉并选取尺寸界线的两个点，如图 21.1.11 所示；在命令行输入 M 并按 Enter 键，在弹出的文字输入窗口中，输入文字字符%%C16 0.015^–0；选取公差文字 0.015^–0，单击鼠标右键，在弹出的快捷菜单中选择 堆叠 选项，再单击 文字编辑器 面板上的“关闭”按钮；在图形上选择一点以确定尺寸线的位置。

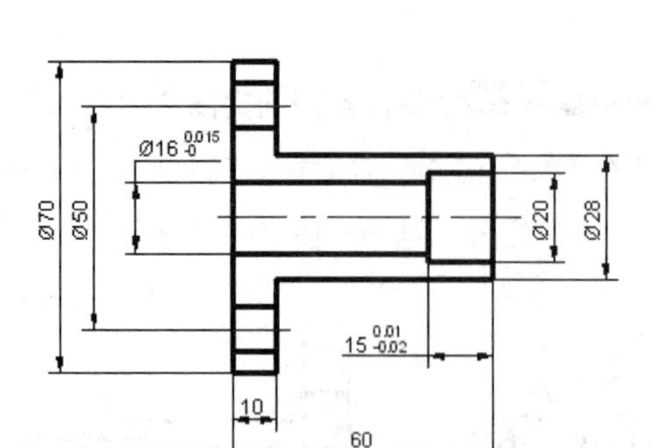

图 21.1.10　创建带公差的直径标注

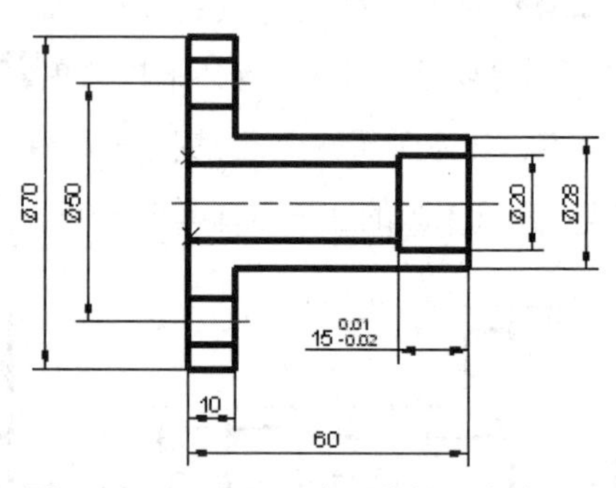

图 21.1.11　选取尺寸界线的两个点 2

步骤 07 创建图 21.1.12 所示无公差的直径标注。选择下拉菜单 标注(N) → 线性(L) 命令，分别捕捉图 21.1.13 所示的两点，在命令行输入 T 后按 Enter 键，在弹出的“文字格式”对话框中输入 4×%%C10 后按 Enter 键，在绘图区的空白区域单击一点以确定尺寸的放置位置，结果如图 21.1.12 所示。

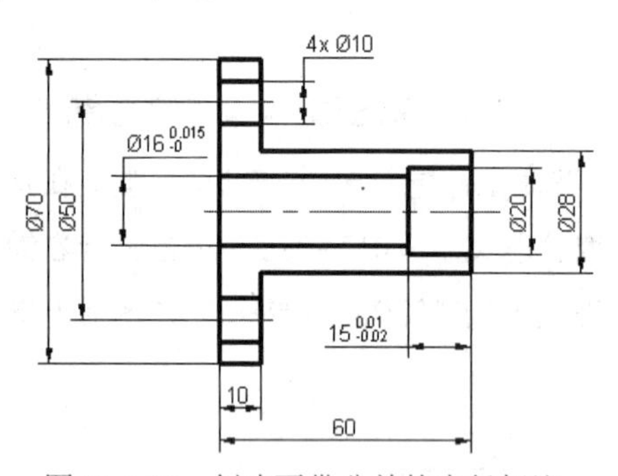

图 21.1.12　创建不带公差的直径标注

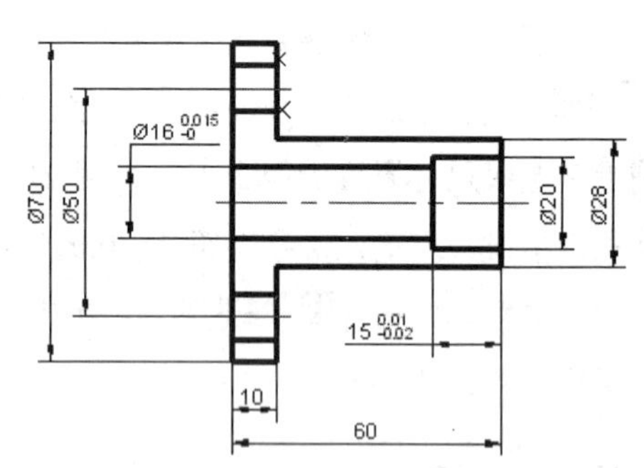

图 21.1.13　选取尺寸界线的两个点 3

步骤 08 创建图 21.1.14 所示的基准符号的标注。选择下拉菜单 插入(I) → 块(B)... 命令，系统弹出“插入”对话框，在 名称(N): 下拉列表中选取“基准符号 (—)”，单击 确定 按钮；输入 R 并按 Enter 键，输入旋转角度值 90 后按 Enter 键；在需要标注的位置单击一点，输入基准符号字母 A 后按 Enter 键。

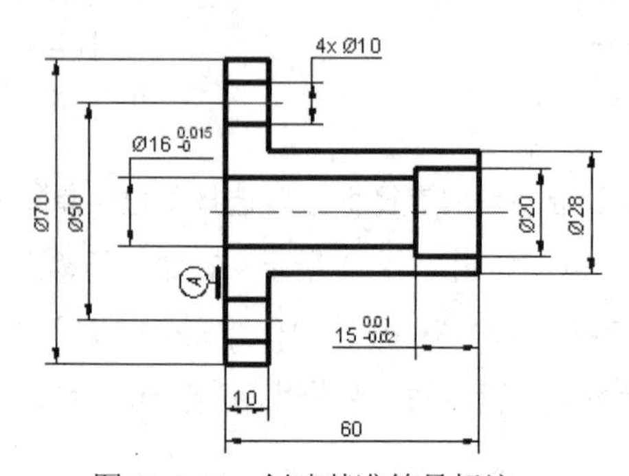

图 21.1.14　创建基准符号标注

步骤 09 创建图 21.1.15 所示的形位公差的标注。

（1）在命令行输入 QLEADER 后按 Enter 键，输入 S 并按 Enter 键，系统弹出“引线设置”对话框，在注释选项卡中选中 ⊙ 公差(T) 单选项，单击 确定 按钮。

（2）在图中选取图 21.1.15 所示的三点以确定引线的位置，系统将自动弹出“形位公差”对话框，在符号选项区域单击小黑框，系统弹出“特征符号”对话框，在该对话框中选择 ⊥；在公差 1 选项区域的文本框中单击小黑框，输入形位公差值 0.01；在基准 1 选项区域的文本框中输入基准符号 A，单击 确定 按钮。

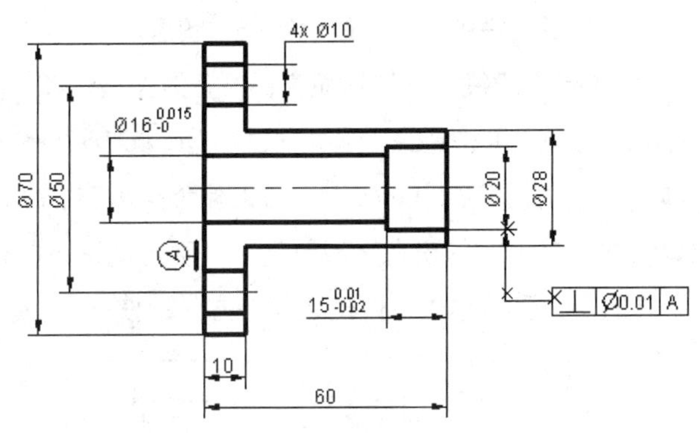

图 21.1.15 创建形位公差标注

步骤 10 选择下拉菜单 文件(F) → 另存为(A)... 命令，将图形命名为“阀盖.dwg”，单击 保存(S) 按钮。

21.2 案例 2——定位轴

本案例介绍图 21.2.1 所示定位轴零件绘制以及尺寸图中所有标注的创建。

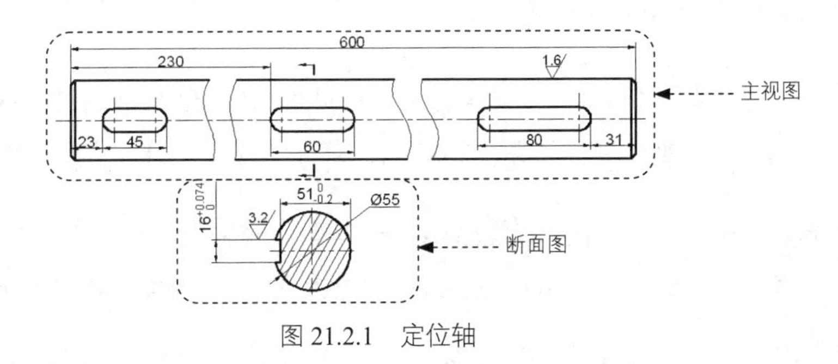

图 21.2.1 定位轴

1. 选用样板文件

使用随书光盘上提供的样板文件。选择下拉菜单 文件(F) → 新建(N)... 命令，在弹出的“选择样板”对话框中，找到文件 D:\cad1701\system_file\Part_temp_A2.dwg，然后单击 打开(O) 按钮。

2. 创建主视图

主视图显示零件的主体结构，它是由零件的前方往后投影得到的视图，如图 21.2.1 所示。

步骤 01 绘制图 21.2.2 所示的中心线。

（1）切换图层。在“图层”工具栏中选择“中心线层”图层。

（2）选择下拉菜单 绘图(D) → 直线(L) 命令，绘制图 21.2.2 所示的水平中心线，长度值为 415。

步骤 02 绘制图 21.2.3 所示的水平构造线。

（1）切换图层。在“图层”工具栏中选择“轮廓线层”图层。

（2）在状态栏中将 （显示/隐藏线宽）按钮显亮，打开线宽显示模式。

（3）创建图 21.2.3 所示的两条水平构造线。选择下拉菜单 绘图(D) → 构造线(T) 命令；在命令行中输入字母 O（“偏移”选项）并按 Enter 键，输入偏移距离值 27.5 后按 Enter 键；选取水平中心线作为偏移对象，并在其上方的空白区域单击，以确定偏移方向；再次选取水平中心线作为偏移对象，在其下方的空白区域单击，以确定偏移方向；按 Enter 键结束命令。

图 21.2.2 绘制水平中心线

图 21.2.3 绘制两条水平构造线

步骤 03 创建图 21.2.4 所示的垂直构造线。

（1）创建图 21.2.4 所示的垂直构造线 1。选择下拉菜单 绘图(D) → 构造线(T) 命令，在命令行中输入 V（“垂直”选项），在图 21.2.4 所示的 A 点处单击，按 Enter 键结束命令。

（2）创建图 21.2.4 所示的垂直构造线 2。选择下拉菜单 修改(M) → 偏移(S) 命令，在命令行中输入偏移距离值 400 后按 Enter 键，选取垂直构造线 1 为偏移对象，在其右侧的空白区域单击，以确定偏移方向，按 Enter 键结束命令。

基于定位轴的特点，本实例采用折断画法进行绘制，因此图中的长度值仅为参考，读者也可根据需要自己设定。

步骤 04 修剪图形。选择下拉菜单 修改(M) → 修剪(T) 命令，选取图 21.2.4 所示的四条构造线后按 Enter 键，单击要修剪的部位，按 Enter 键结束命令。结果如图 21.2.5 所示。

在选择修剪对象时，也可以通过“框选”方式选取要修剪的图形。

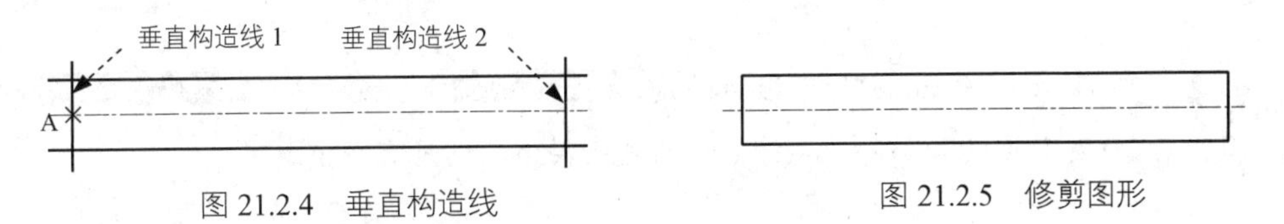

图 21.2.4 垂直构造线　　图 21.2.5 修剪图形

步骤 05 绘制图 21.2.6 所示的断面线。

（1）切换图层。在“图层”工具栏中选择“剖面线层”图层。

（2）确认状态栏中的“正交”按钮处于关闭状态。

（3）绘制图 21.2.7 所示的样条曲线。选择下拉菜单 绘图(D) → 样条曲线(S) 命令，选取样条曲线通过的点后，按三次 Enter 键结束命令，完成样条曲线 1 的绘制。选择下拉菜单 修改(M) → 复制(Y) 命令，选取样条曲线 1 为复制的对象，并按 Enter 键，水平移动光标至合适位置单击以确定样条曲线放置的位置；采用同样的方法，完成其余两条样条曲线的复制，结果如图 21.2.7 所示。

绘制样条曲线时，至少要选取三点。

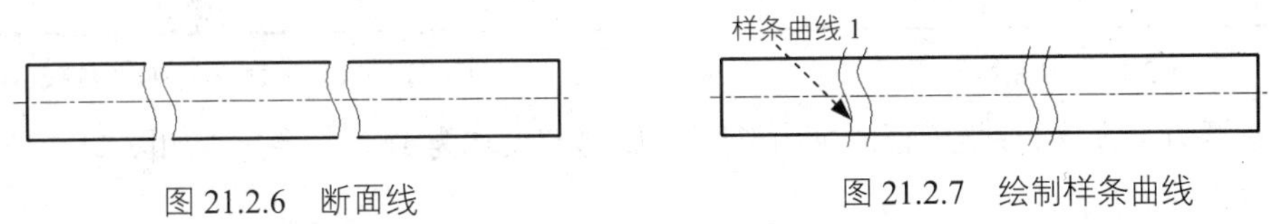

图 21.2.6 断面线　　图 21.2.7 绘制样条曲线

（4）修剪图形。选择下拉菜单 修改(M) → 修剪(T) 命令，对图 21.2.7 所示的图形进行修剪，修剪后的结果如图 21.2.6 所示。

步骤 06 创建图 21.2.8 所示的键槽。

（1）将图层切换至“中心线层”，确认状态栏中的“正交”按钮处于按下状态。

（2）绘制垂直中心线。选择下拉菜单 绘图(D) → 直线(L) 命令，在命令行中输入 from 并按 Enter 键，选取水平中心线与最左端直线的交点为基点，水平移动光标，输入直线起点的相对坐标值（@31，15）并按 Enter 键，向下移动光标，输入 30 后按两次 Enter 键。

（3）偏移垂直中心线。选择下拉菜单 修改(M) → 偏移(S) 命令，在命令行中输入 29 并按 Enter 键，选取步骤（2）中所绘制的垂直中心线为偏移对象，在其右侧的空白区域单击，以确定偏移方向，按 Enter 键结束命令，结果如图 21.2.9 所示。

（4）将图层切换至“轮廓线层”。

（5）绘制图 21.2.10 所示的两个圆。选择下拉菜单 绘图(D) → 圆(C) → 圆心、直径(D) 命令，选取图 21.2.9 所示的点 A 为圆心，输入直径值 16 后按 Enter 键；按 Enter 键以重复圆的绘制命令，选取图 21.2.9 中的点 B 为圆心，输入半径值 8 后按 Enter 键。

此处按 Enter 键，激活的是圆心、半径(R)命令，而不是圆心、直径(D)命令，故定义圆的大小时，直接输入的是半径值而不是直径值。

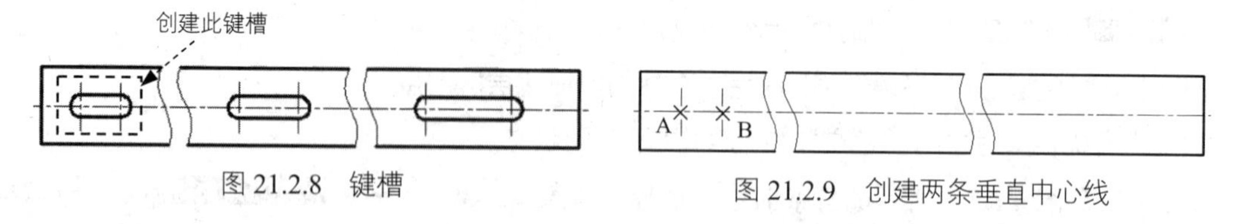

图 21.2.8　键槽

图 21.2.9　创建两条垂直中心线

（6）绘制图 21.2.11 所示的两条水平直线。选择下拉菜单 绘图(D) → 直线(L) 命令，分别选取两圆的上半圆与垂直中心线的交点，按 Enter 键结束直线的绘制；按 Enter 键以重复绘制直线命令，分别选取两圆的下半圆与垂直中心线的交点，按 Enter 键结束命令。

（7）修剪图形。选择下拉菜单 修改(M) → 修剪(T) 命令，对图 21.2.11 所示的图形进行修剪，修剪后的结果如图 21.2.8 所示。

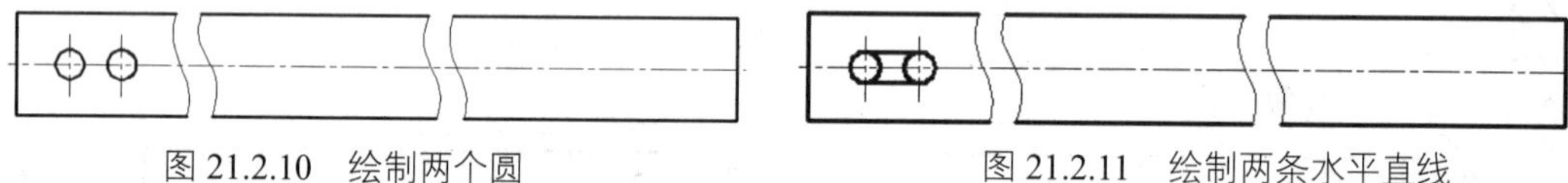

图 21.2.10　绘制两个圆

图 21.2.11　绘制两条水平直线

（8）参照以上步骤分别绘制另外两个键槽，键槽宽度均为 16，其余尺寸如图 21.2.12 所示。

由于本实例采用折断画法，故读者也可自己设定中间键槽在图形中的位置尺寸。

步骤 07 创建图 21.2.13 所示的倒角。

（1）选择下拉菜单 修改(M) → 倒角(C) 命令；在命令行中输入 D 并按 Enter 键，在 指定第一个倒角距离 <0.0000>: 的提示下，输入 2 并按 Enter 键；在 指定第二个倒角距离 <2.0000>: 的提示下，输入 2 并按 Enter 键（或直接按 Enter 键）；输入 T 并按 Enter 键，再次输入 T 后按 Enter 键（选取“修剪模式”），分别选取要进行倒角的边线。

（2）按 Enter 键以重复倒角命令，分别选取要进行倒角的两条直线。

（3）重复上述操作，完成图 21.2.13 所示倒角的创建。

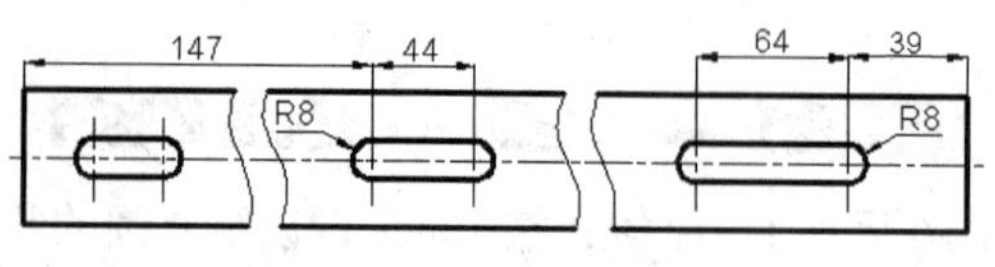

图 21.2.12　完成键槽的创建

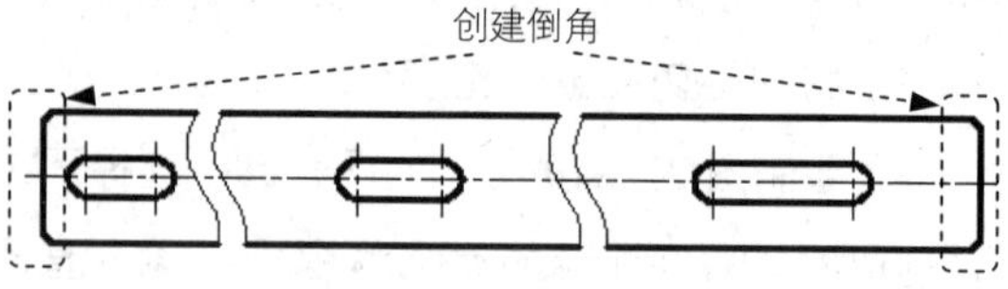

图 21.2.13　创建倒角

（4）绘制直线。选择下拉菜单 绘图(D) → 直线(L) 命令，分别选取图 21.2.14 所示的点 A 与点 B，按 Enter 键结束直线的绘制。

（5）参照以上步骤，完成右侧倒角处轮廓线的绘制。

3. 创建断面图

断面图是假想用剖切平面将机件在某处切断，只画出切断面形状的投影并画上规定的剖面符号的图形，参见图 21.2.1（不包含剖面线）。

步骤01 绘制图 21.2.15 所示的中心线。

（1）将图层切换至“中心线层”。

（2）确认状态栏中的（正交模式）和（对象捕捉）按钮处于高亮状态。

（3）绘制水平中心线。选择下拉菜单 绘图(D) → 直线(L) 命令，完成图 21.2.15 所示的水平中心线的绘制，长度值为 60。

（4）绘制垂直中心线。按 Enter 键以重复直线的绘制命令，在命令行中输入 from 并按 Enter 键，捕捉并选取步骤（3）中所绘制的水平中心线的左端点为基点，输入直线起点的相对坐标值（@30，30）并按 Enter 键，向下移动光标，输入 60 后按两次 Enter 键。

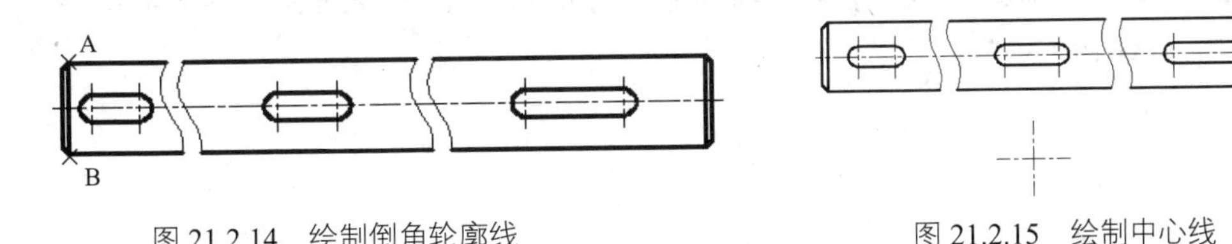

图 21.2.14 绘制倒角轮廓线

图 21.2.15 绘制中心线

步骤02 绘制图 21.2.16 所示的圆。

（1）将图层切换至“轮廓线层”。

（2）选择下拉菜单 绘图(D) → 圆(C) → 圆心、直径(D) 命令，选取步骤01中所绘制的两条中心线的交点为圆心，输入直径值 55 后按 Enter 键。

步骤03 创建图 21.2.17 所示的键槽。

（1）绘制图 21.2.18 所示的垂直构造线。选择下拉菜单 绘图(D) → 构造线(T) 命令，在命令行中输入字母 O（“偏移”选项）并按 Enter 键，输入偏移距离值 23.5 后按 Enter 键，选取步骤01所绘制的垂直中心线为偏移参照，在垂直中心线左侧的空白区域单击以确定偏移方向，按 Enter 键结束命令。

（2）绘制图 21.2.18 所示的两条水平构造线。选择下拉菜单 绘图(D) → 构造线(T) 命令，在命令行中输入字母 O 并按 Enter 键，输入偏移距离值 8 后按 Enter 键，选取水平中心线为偏移对象，在水平中心线上方的空白区域单击，以确定偏移方向；再次选取水平中心线为偏移对象，并在其下方单击，按 Enter 键结束命令。

（3）选择下拉菜单 修改(M) → 修剪(T) 命令，对图形进行修剪，修剪后的结果如图 21.2.17 所示。

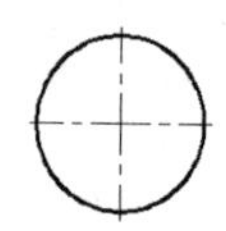

图 21.2.16　绘制圆

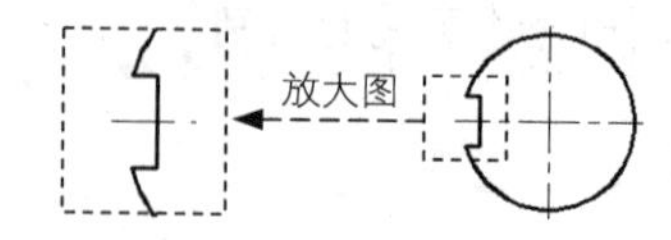

图 21.2.17　创建键槽

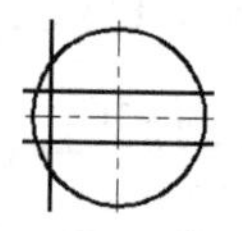

图 21.2.18　绘制构造线

步骤 04 对图 21.2.17 所示的图形进行图案填充。

（1）将图层切换至“剖面线层”。

（2）选择下拉菜单 绘图(D) → 图案填充(H)... 命令，在命令行 拾取内部点或 [选择对象(S) 放弃(U) 设置(T)]: 的提示下，输入 T 后按 Enter 键，系统弹出“图案填充和渐变色”对话框。在对话框的 类型(Y): 下拉列表中选择 用户定义 选项，在 角度(G): 下拉文本框中选择 45 选项，在 间距(C): 文本框中输入 1.5，然后单击 添加:拾取点 左边的 按钮，系统自动切换到绘图区，选取图 21.2.17 所示的封闭区域为要填充的区域，按 Enter 键结束选择，系统自动返回至“图案填充和渐变色”对话框，单击该对话框中的 确定 按钮。

步骤 05 后面的详细操作过程请参见随书光盘中 video\ch21.02\reference\文件下的语音视频讲解文件“定位轴-r01.exe”。

第 22 章　AutoCAD 高级绘图实际应用案例

22.1　案例 1——楼梯

本节介绍图 22.1.1 所示楼梯二维图形的详细操作过程。

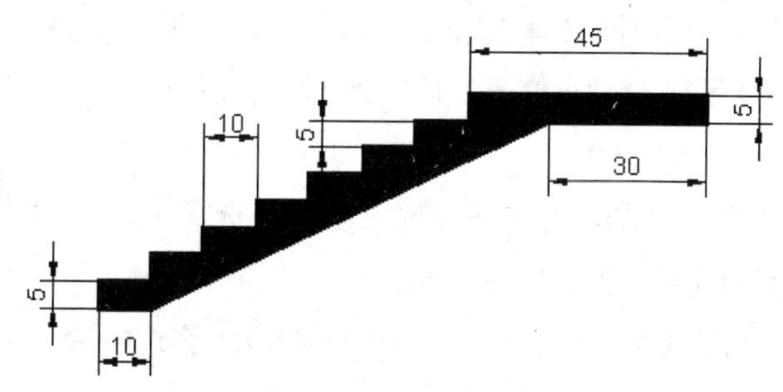

图 22.1.1　楼梯

步骤 01　使用随书光盘上提供的样板文件。选择下拉菜单 文件(F) → 新建(N)... 命令，在弹出的“选择样板”对话框中，找到样板文件 D:\cad1701\system_file\Part_temp_A4.dwg，然后单击 打开(O) 按钮。

步骤 02　绘制图 22.1.2 所示的多段线。

（1）选择多段线命令。选择下拉菜单 绘图(D) → 多段线(P) 命令。

（2）指定多段线的第一点。在命令行 指定起点: 的提示下，将光标置于图 22.1.2 所示的第一位置点 A 处并单击。

（3）指定多段线的第二点。在命令行提示图 22.1.3 所示的信息下，将鼠标水平向左移动，当捕捉到水平时输入 10 并按 Enter 键。

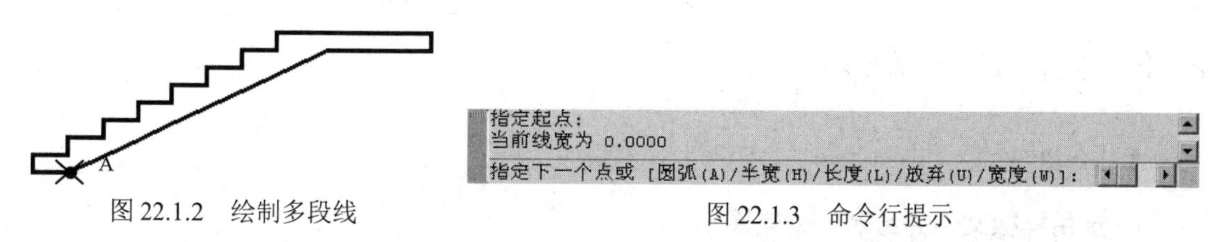

图 22.1.2　绘制多段线　　　　图 22.1.3　命令行提示

（4）指定多段线的第三点。将鼠标竖直向上移动，当捕捉到竖直时输入 5 并按 Enter 键。

（5）指定多段线的第四点。将鼠标水平向右移动，当捕捉到水平时输入 10 并按 Enter 键。

（6）参照步骤（4）、（5）中的操作，创建图 22.1.4 所示的多段线。

（7）将鼠标竖直向上移动，当捕捉到竖直时输入 5 并按 Enter 键。

（8）将鼠标水平向右移动，当捕捉到水平时输入 45 并按 Enter 键。

（9）将鼠标竖直向下移动，当捕捉到竖直时输入 5 并按 Enter 键。

（10）将鼠标水平向左移动，当捕捉到水平时输入 30 并按 Enter 键。

（11）在命令行指定下一点或 [圆弧(A)/闭合(C)/半宽(H)/长度(L)/放弃(U)/宽度(W)]：的提示下输入 C 并按 Enter 键，闭合多段线，完成后如图 22.1.2 所示。

步骤 03 创建图 22.1.5 所示的图案填充。

（1）选择下拉菜单 绘图(D) → 图案填充(H)... 命令。

（2）在“图案填充创建”选项卡内单击 选项 ▾ 后的 按钮，然后在“图案填充和渐变色”对话框中单击 图案填充 选项卡 图案(P): 后的 ... 按钮，系统弹出“图案填充选项板”对话框。

（3）在“图案填充选项板”对话框中单击 其他预定义 选项卡，选择“solid”选项 SOLID，单击 确定 按钮，系统返回到“图案填充和渐变色”对话框。

（4）单击“图案填充和渐变色”对话框右上方的 添加:拾取点 旁边的 按钮，系统立即切换到绘图区中，并暂时隐藏该对话框。

（5）在命令行 HATCH 拾取内部点或 [选择对象(S) 放弃(U) 设置(T)]：的提示下，在封闭多边形内任意拾取一点，按 Enter 键结束填充边界的选取，完成图案填充。

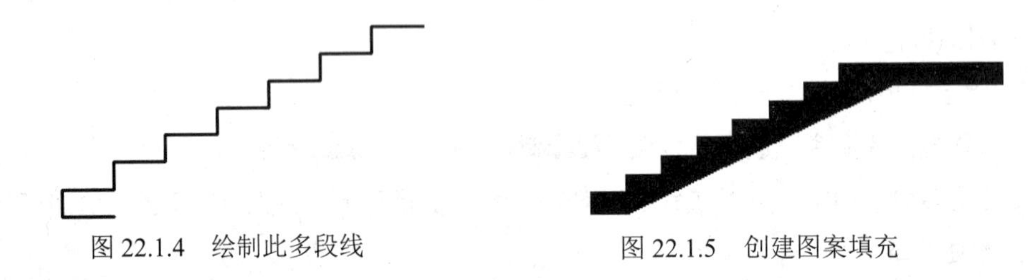

图 22.1.4 绘制此多段线　　　　图 22.1.5 创建图案填充

步骤 04 选择下拉菜单 文件(F) → 保存(S) 命令，将图形命名为“楼梯.dwg”，单击 保存(S) 按钮。

22.2 案例 2——轴套

本节介绍图 22.2.1 所示轴套二维图形的详细操作过程。

1. 选用样板文件并绘制和编辑图形

步骤 01 使用随书光盘上提供的样板文件。选择下拉菜单 文件(F) → 新建(N)... 命令，在弹出的“选择样板”对话框中，找到样板文件 D:\cad1701\system_file\ Part_temp_A3.dwg，然后

单击 打开(O) 按钮。

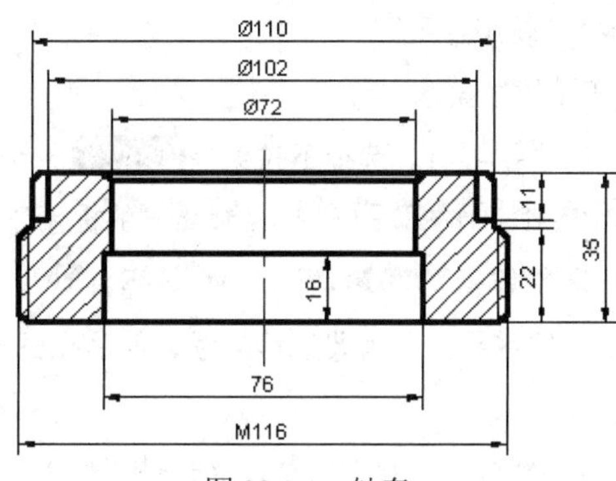

图 22.2.1 轴套

步骤 02 绘制直线段。将图层切换到“轮廓线层”。在“图层”面板中选择“轮廓线层”图层，选择下拉菜单 绘图(D) → 直线(L) 命令，选择点 A 作为直线的起点，在系统状态栏中按下 按钮，打开正交模式，完成后如图 22.2.2 所示（注：具体参数和操作参见随书光盘）。

步骤 03 绘制垂直中心线。将图层切换到“中心线层”。在“图层”面板中选择“中心线层”图层；选择下拉菜单 绘图(D) → 直线(L) 命令，捕捉到图 22.2.2 所示水平直线（上面的一条）的“中点”后，将鼠标竖直向上移动，当捕捉到竖直的虚线时在命令行输入 5 并按 Enter 键，然后在命令行中输入下一点的相对坐标值（@0,−50），按两次 Enter 键，完成后如图 22.2.3 所示。

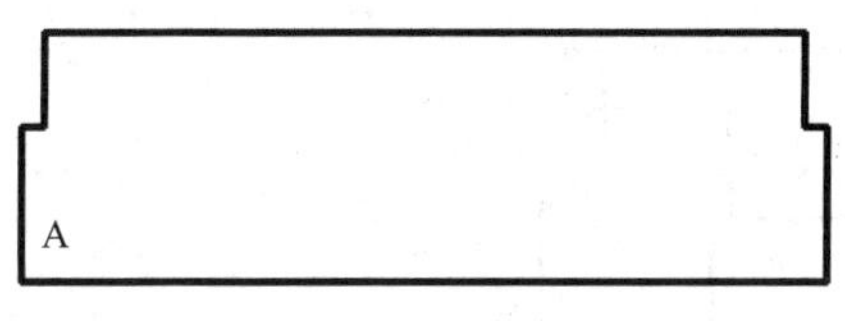

图 22.2.2 绘制直线段

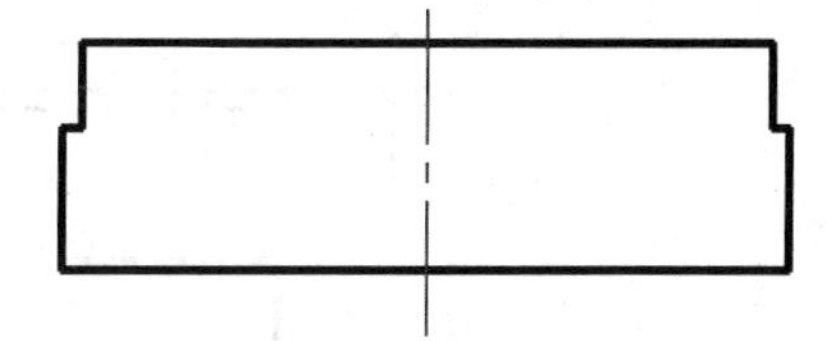

图 22.2.3 绘制垂直中心线

步骤 04 创建图 22.2.4 所示的 8 条竖直中心线。

（1）创建图 22.2.5 所示的竖直中心线 1。选择下拉菜单 修改(M) → 偏移(S) 命令，在命令行 指定偏移距离或 [通过(T)/删除(E)/图层(L)] <通过>: 的提示下，输入偏移距离值为 51，然后按 Enter 键；在命令行 选择要偏移的对象，或 [退出(E)/放弃(U)] <退出>: 的提示下选择要偏移的竖直中心线，然后在竖直中心线的左侧单击以确定偏移的方向，按 Enter 键结束操作。

（2）用相同的方法，将竖直中心线分别向左、向右偏移。结果如图 22.2.4 所示（注：具体参数和操作参见随书光盘）。

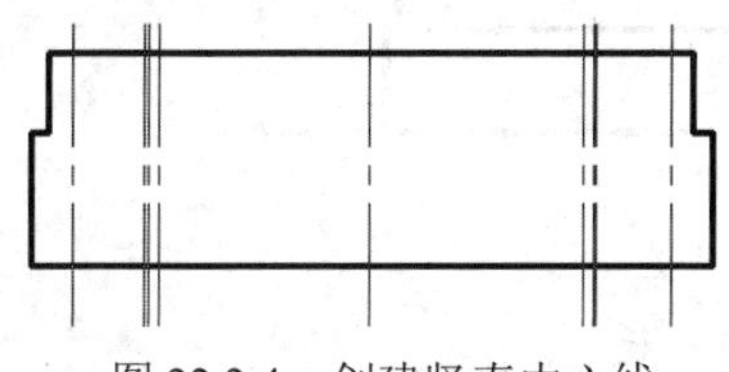

图 22.2.4 创建竖直中心线

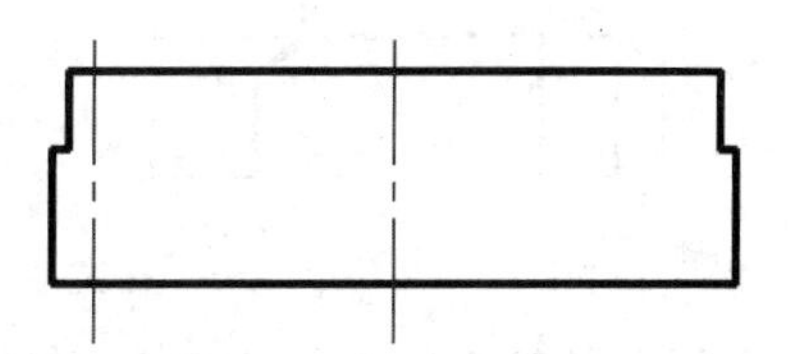

图 22.2.5 创建竖直中心线 1

步骤 05 将上一步通过偏移创建的中心线转换为轮廓线。首先选中上步创建的 8 条中心线，然后在“图层”工具栏中选择“轮廓线层”。

步骤 06 创建图 22.2.6 所示的 3 条水平线。

（1）创建图 22.2.7 所示的水平线 1。选择下拉菜单 修改(M) → 偏移(S) 命令，在命令行 指定偏移距离或 [通过(T)/删除(E)/图层(L)] <通过>: 的提示下，输入偏移距离值为 16，然后按 Enter 键；在命令行 选择要偏移的对象，或 [退出(E)/放弃(U)] <退出>: 的提示下选择图 22.2.7 所示的直线（底部的水平线）为要偏移的线，然后在图形的上方单击以确定偏移的方向，按 Enter 键结束操作。

（2）用相同的方法，将水平线向上偏移 24、33，结果如图 22.2.6 所示。

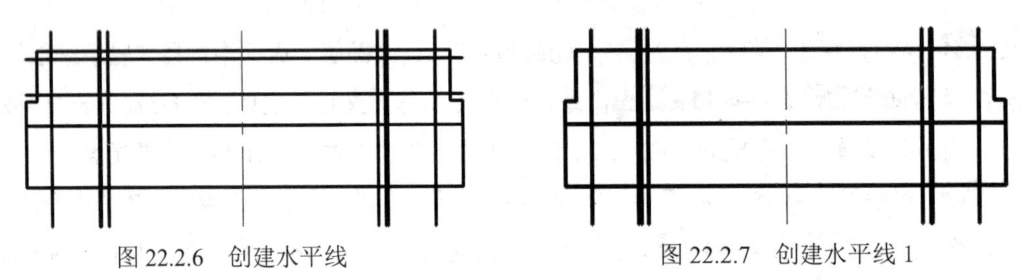

图 22.2.6　创建水平线　　　　图 22.2.7　创建水平线 1

步骤 07 修剪图形。选择下拉菜单 修改(M) → 修剪(T) 命令，按 Enter 键，分别选取要修剪的直线，最后按 Enter 键结束命令，结果如图 22.2.8 所示。

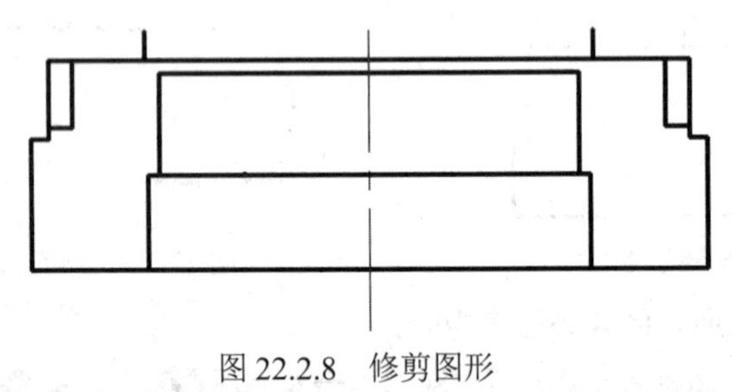

图 22.2.8　修剪图形

步骤 08 绘制直线段。

（1）将图层切换到“轮廓线层”。在“图层”面板中选择“轮廓线层”图层。

（2）选择下拉菜单 绘图(D) → 直线(L) 命令，选择图 22.2.9 所示的点 A 作为直线的起点，选中点 B 作为直线的终点，完成后如图 22.2.9 所示。

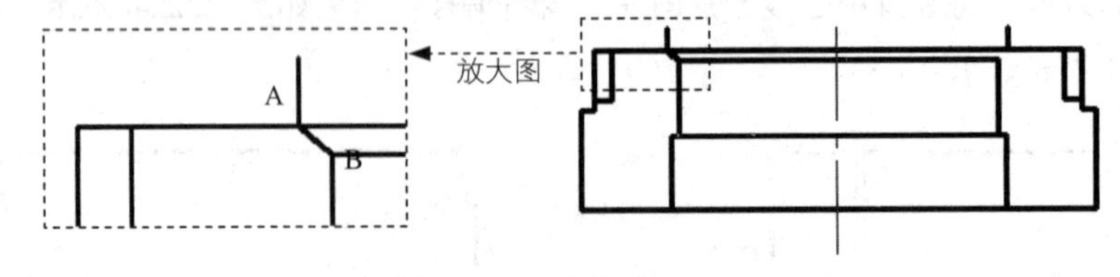

图 22.2.9　直线段 1

（3）创建图 22.2.10 所示的直线，具体操作可参照上一步。

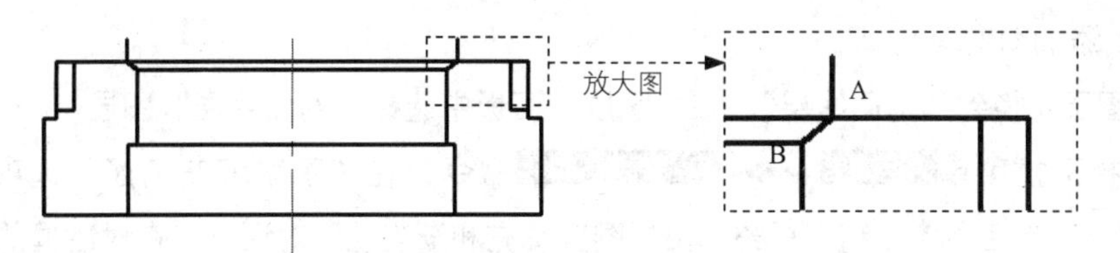

图 22.2.10 直线段 2

步骤 09 删除图形。选择下拉菜单 修改(M) → 删除(E) 命令，选取图 22.2.11 所示的两条垂直直线为要删除的对象，按 Enter 键结束操作，完成后如图 22.2.12 所示。

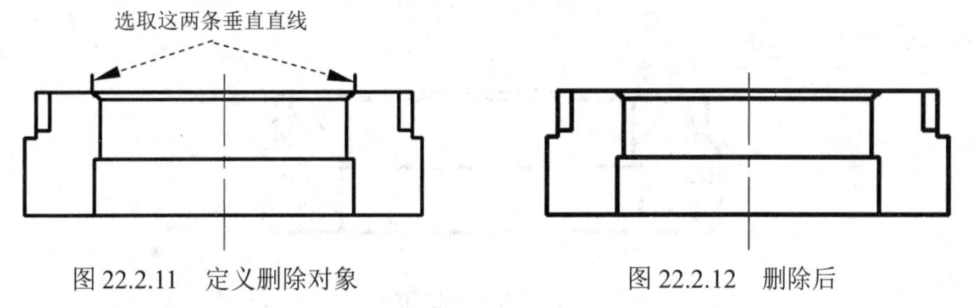

图 22.2.11 定义删除对象　　　　图 22.2.12 删除后

步骤 10 创建倒角。选择下拉菜单 修改(M) → 倒角(C) 命令，在命令行里输入 M（多个），按 Enter 键后再输入 D（距离）并按 Enter 键，输入第一倒角距离值 2 后按 Enter 键，输入第二倒角距离值 2 后按 Enter 键，依次选取要创建倒角的直线，完成后的图形如图 22.2.13 所示。

步骤 11 绘制直线段。

（1）将图层切换到“细实线层”。在“图层”面板中选择“细实线层”图层。

（2）选择下拉菜单 绘图(D) → 直线(L) 命令，选择图 22.2.14 所示的点 A 作为直线的起点，选中点 B 作为直线的终点，完成后如图 22.2.14 所示。

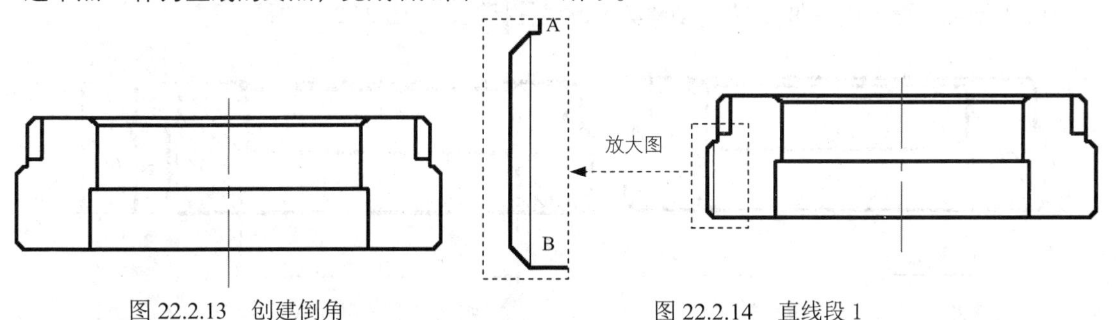

图 22.2.13 创建倒角　　　　图 22.2.14 直线段 1

（3）创建图 22.2.15 所示的直线，具体操作可参照上一步。

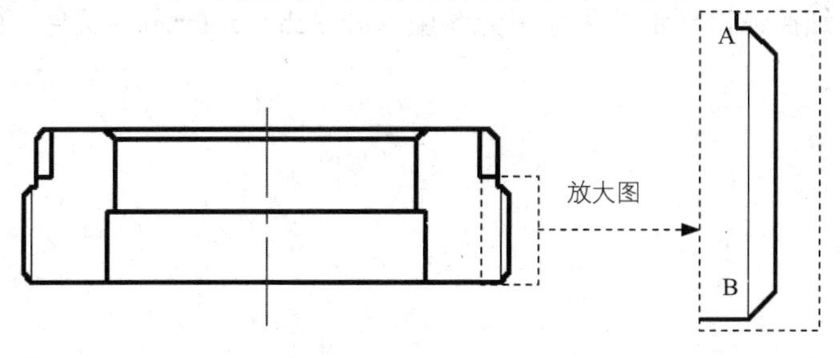

图 22.2.15 直线段 2

步骤 12 添加图案填充。

（1）将图层切换到“剖面线层”。在“图层”面板中选择“剖面线层”图层。

（2）选择下拉菜单 绘图(D) → 图案填充(H)... 命令，在“图案填充创建”选项卡内单击 选项 后的按钮，系统弹出“图案填充和渐变色”对话框，在对话框的 类型(Y): 下拉文本框中选择 用户定义，在 角度(G): 下拉文本框中选择 45，在 间距(C): 文本框中输入间距值 3，然后单击 添加:拾取点 左边的按钮，系统自动切换到绘图区，在需要进行图案填充的封闭区域中的任意位置分别单击，此时系统用加亮的虚线显示这些要填充的区域，按 Enter 键结束选择，完成后的图形如图 22.2.16 所示。

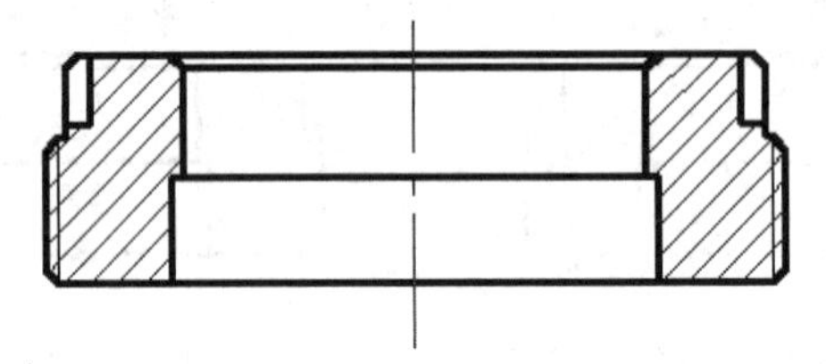

图 22.2.16 添加图案填充

2. 对图形进行尺寸标注

步骤 01 切换图层。在“图层”工具栏中选择“尺寸线层”图层。

步骤 02 创建线性标注。

（1）创建图 22.2.17 所示的第一个线性标注。选择下拉菜单 标注(N) → 线性(L) 命令，捕捉图 22.2.17 所示的边线的端点并单击，捕捉图 22.2.17 所示的边线的另一端点并单击，在绘图区的空白区域单击一点以确定尺寸放置的位置。

（2）参见步骤（1）中的选择，创建其余的线性标注，如图 22.2.18 所示。

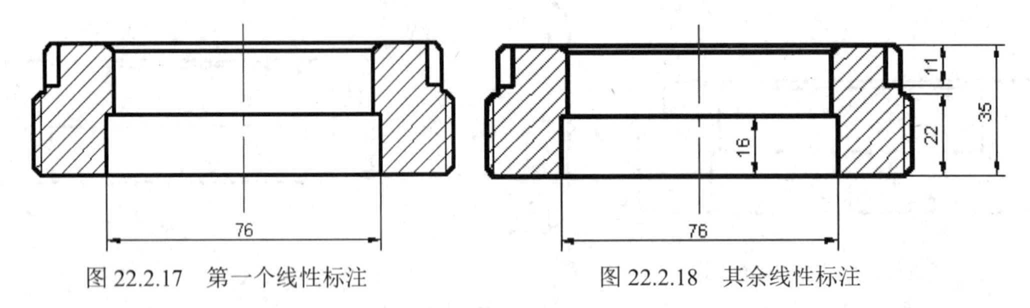

图 22.2.17 第一个线性标注　　图 22.2.18 其余线性标注

步骤 03 后面的详细操作过程请参见随书光盘中 video\ch22\reference\文件下的语音视频讲解文件“轴套-r01.exe”。

第 23 章 AutoCAD 创建文字与表格实际应用案例

本章介绍创建图 23.1.1 所示的标题栏的一般操作过程。

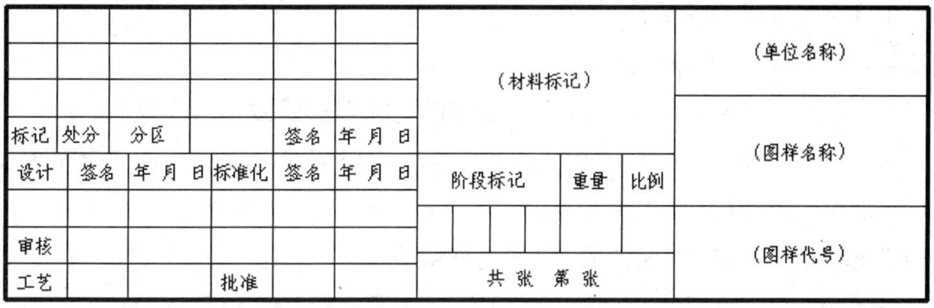

						(材料标记)			(单位名称)
标记	处分	分区		签名	年 月 日				(图样名称)
设计	签名	年 月 日	标准化	签名	年 月 日	阶段标记	重量	比例	
审核									(图样代号)
工艺			批准			共 张 第 张			

图 23.1.1 标题栏

1. 插入表格

步骤 01 使用随书光盘上提供的样板文件。选择下拉菜单 文件(F) → 新建(N)... 命令，在弹出的“选择样板”对话框中，找到样板文件 D:\cad1701\ch23.01\Part_temp_A1.dwg，然后单击 打开(O) 按钮。

步骤 02 将图层切换到“轮廓线层”。在“图层”面板中选择“轮廓线层”图层。

步骤 03 选择下拉菜单 绘图(D) → 表格... 命令，系统弹出“插入表格”对话框。

步骤 04 设置表格。在 表格样式 选项区域中，选择 Standard 表格样式；在 插入方式 选项组中，选中 ⊙ 指定插入点(I) 单选项；在 列和行设置 选项组的 列数(C): 文本框中输入值 16，在 列宽(D): 文本框中输入值 30，在 数据行数(R): 文本框中输入值 11，在 行高(G): 文本框中输入值 1；单击 确定 按钮。

步骤 05 确定表格放置位置。在命令行 指定插入点: 的提示下，选择绘图区中合适的一点作为表格放置点。

步骤 06 单击 文字编辑器 选项卡中的“关闭文字编辑器”按钮 ，完成操作。

2. 编辑表格

步骤 01 删除最上面的两行（删除标题行和页眉行）。

（1）选取行。在标题行的表格区域中单击，选中标题行，同时系统弹出“表格”选项卡，按住 Shift 键选取第二行，此时最上面两行显示夹点（图 23.1.2）。

（2）删除行。在选中的区域内右击，在弹出的快捷菜单中选择 行 → 删除 命令（或单击

“表格”选项卡中“行数”面板上的按钮)。

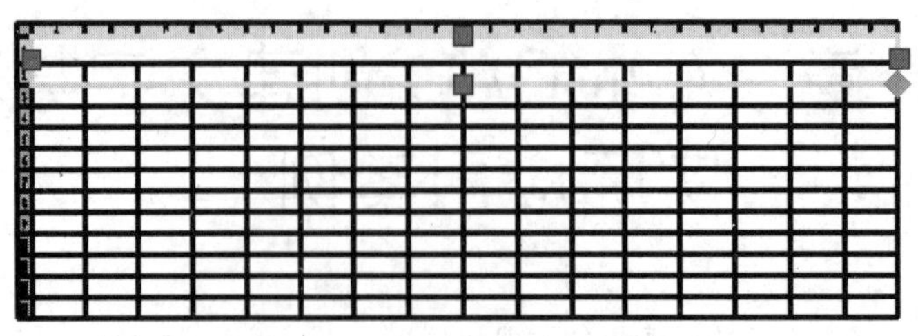

图 23.1.2 选取表格最上面的两行

(3)按 Esc 键退出表格编辑。

步骤 02 编辑第一列的列宽。

(1)双击表格，弹出“特性”窗口。在绘图区域中单击表格左上角的空格。

(2)在“特性”窗口的水平单元边距文本框中输入值 0.5 后按 Enter 键，在垂直单元边距文本框中输入值 0.5 后按 Enter 键。

(3)选取对象。选取第一列或第一列中的任意单元。

(4)设定宽度值。在“特性”窗口的单元宽度文本框中输入值 30 后按 Enter 键。

步骤 03 参照步骤 02 的操作，完成其余列宽的修改，从左至右列宽值依次为 6、24、12、36、12、36、36、48、21、21、21、21、36、30 和 150，完成后如图 23.1.3 所示。

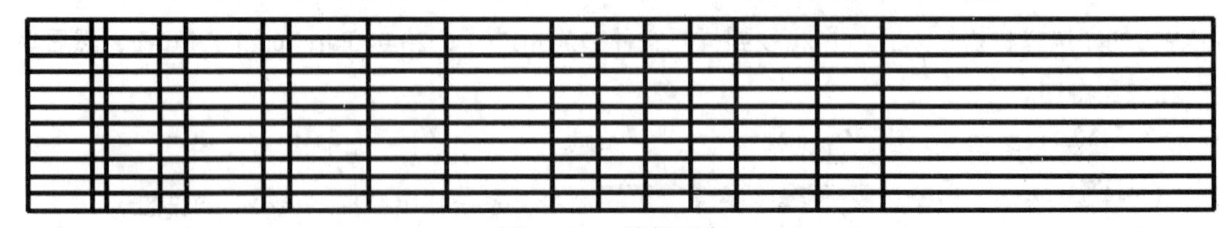

图 23.1.3 编辑列宽

步骤 04 编辑第一行的行高。

(1)选取对象。选取第一行或第一行中的任意单元。

(2)设定高度值。在“特性”窗口的单元高度文本框中输入值 21 后按 Enter 键。

步骤 05 参照步骤 04 的操作，完成其余行高的修改，从上至下行高值依次为 21、12、9、21、21、9、12、15、6 和 21，完成后如图 23.1.4 所示。

步骤 06 合并单元。

(1)选取图 23.1.5 所示的单元。按住鼠标框选右上角单元区域。

(2)右击，在弹出的快捷菜单中选择合并 ▸ → 全部命令(或单击合并单元按钮，选择下拉菜单的合并全部选项)。

(3)参照前面操作，完成图 23.1.6 所示的单元的合并。

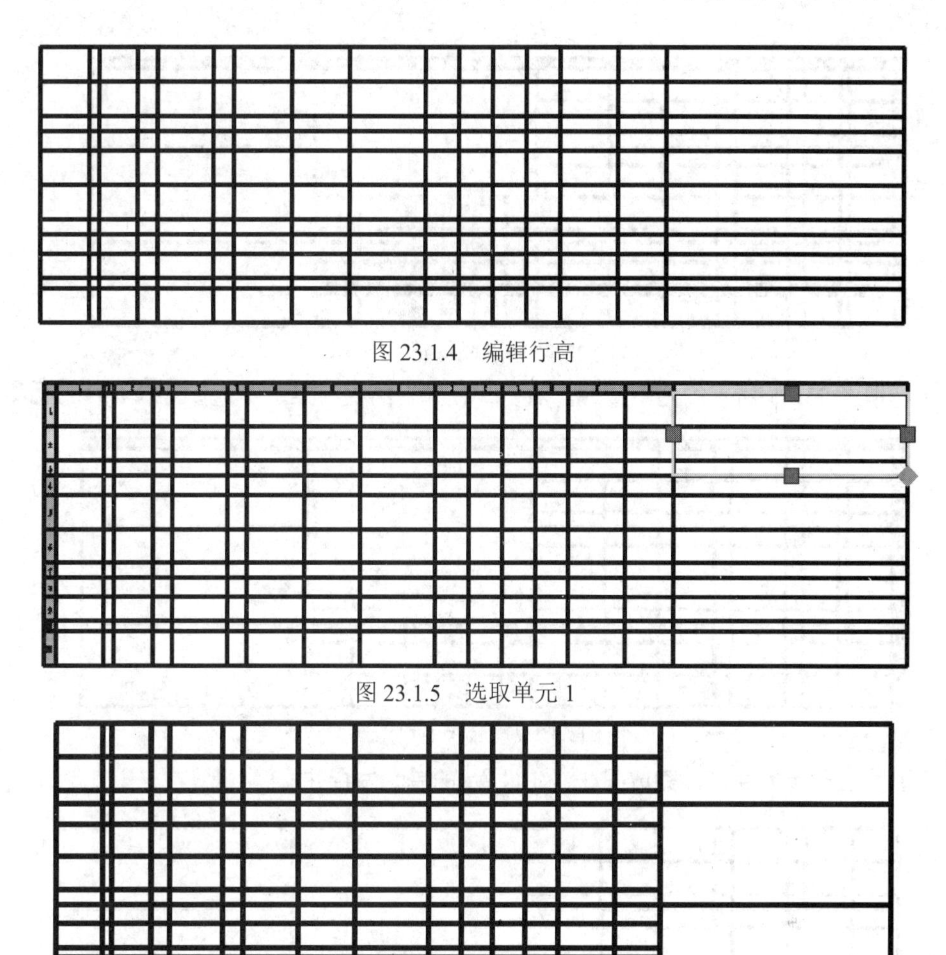

图 23.1.4 编辑行高

图 23.1.5 选取单元 1

图 23.1.6 合并单元 1

（4）选取图 23.1.7 所示的单元。在左上角的单元中单击，按住 Shift 键不放，在欲选区域的右下角单元中单击，右击，在弹出的快捷菜单中选择 合并 → 全部 命令。

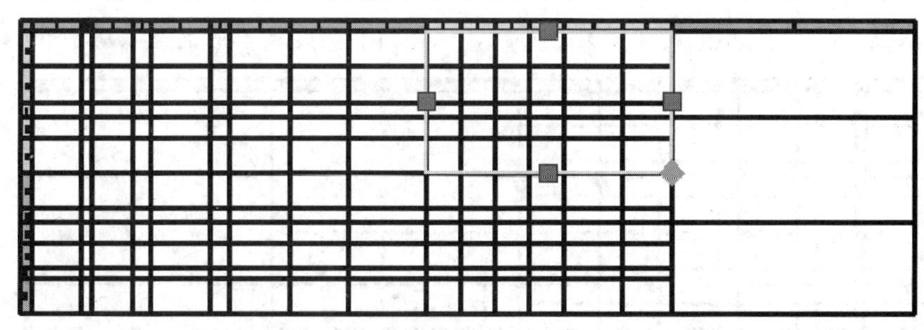

图 23.1.7 选取单元 2

（5）选取图 23.1.8 所示的单元。在左上角的单元中单击，按住 Shift 键不放，在欲选区域的右下角单元中单击，右击，在弹出的快捷菜单中选择 合并 → 全部 命令。

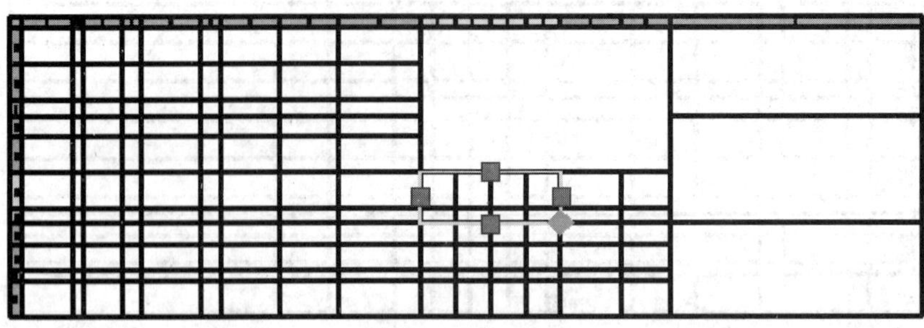
图 23.1.8　选取单元 3

（6）选取图 23.1.9 所示的两个单元。右击，在弹出的快捷菜单中选择合并 ▸ → 全部命令。

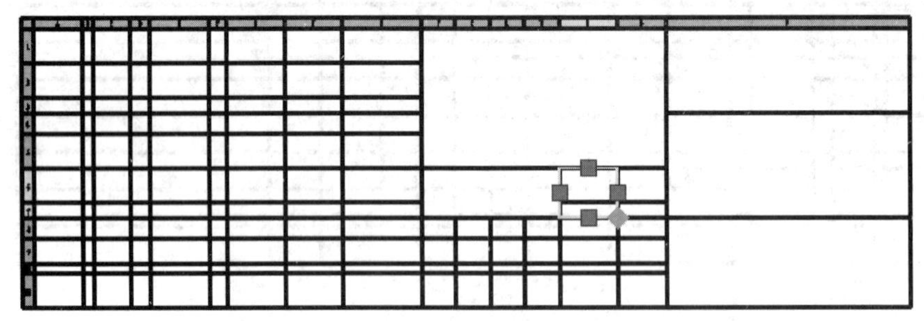
图 23.1.9　选取单元 4

（7）参照上一步的操作，完成图 23.1.10 所示的单元的合并。

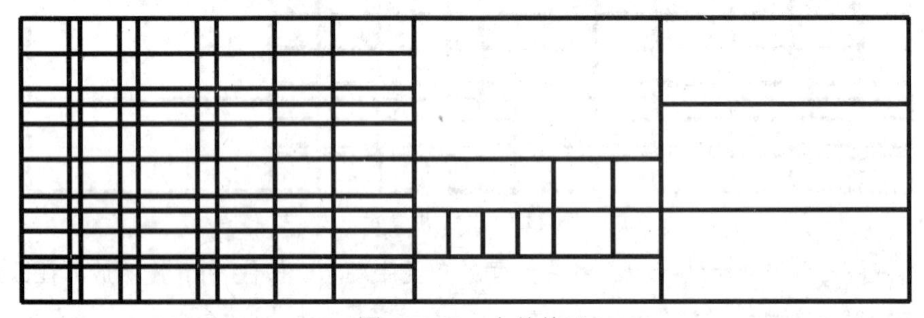
图 23.1.10　合并单元 2

（8）选取图 23.1.11 所示的两个单元。右击，在弹出的快捷菜单中选择合并 ▸ → 全部命令。

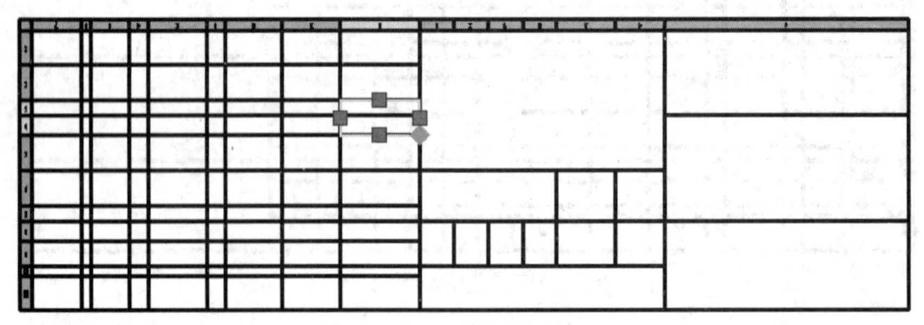
图 23.1.11　选取单元 5

（9）参照上一步的操作，完成图 23.1.12 所示的单元的合并。

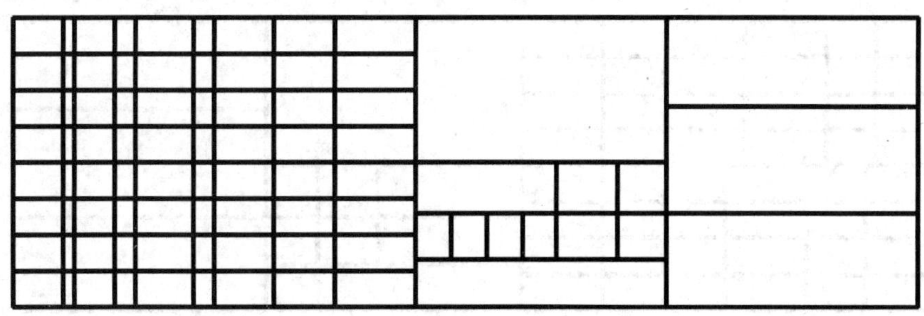

图 23.1.12 合并单元 3

(10)选取图 23.1.13 所示的两个单元。右击，在弹出的快捷菜单中选择合并 ➡ 全部命令。

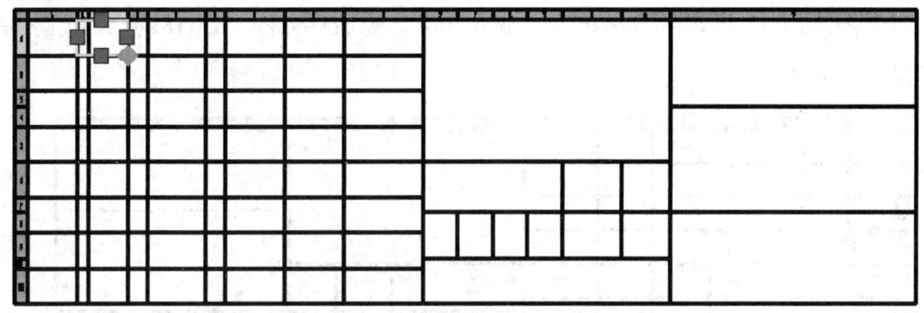

图 23.1.13 选取单元 6

(11) 参照上一步的操作，完成图 23.1.14 所示的单元的合并。

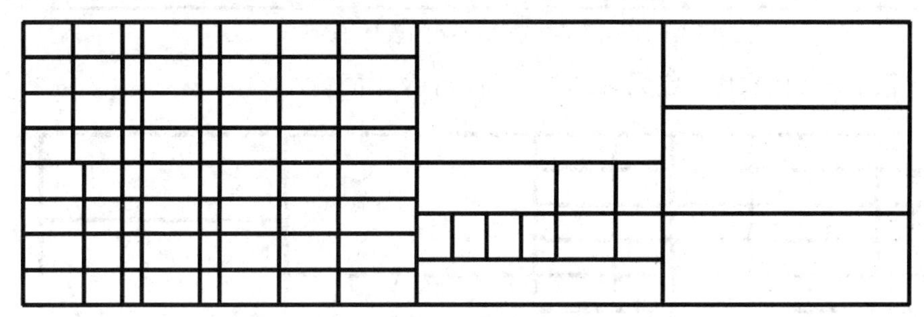

图 23.1.14 合并单元 4

(12)选取图 23.1.15 所示的两个单元。右击，在弹出的快捷菜单中选择合并 ➡ 全部命令。

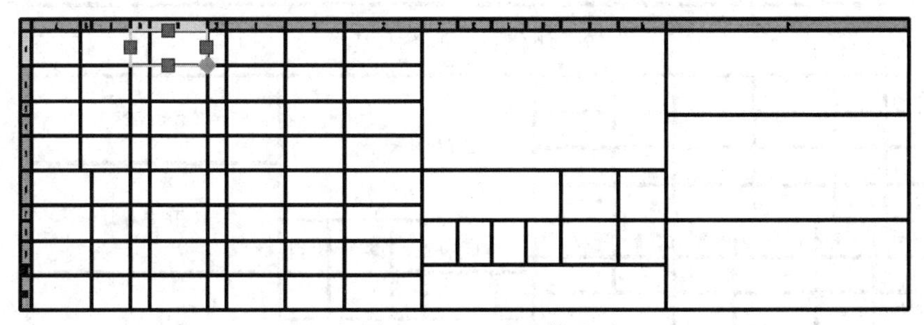

图 23.1.15 选取单元 7

(13) 参照上一步的操作，完成图 23.1.16 所示的单元的合并。

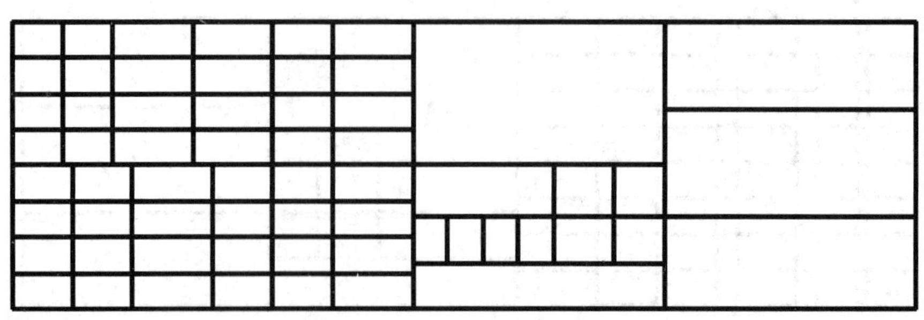

图 23.1.16　合并单元 5

步骤 07 填写标题栏。

（1）双击图 23.1.17 所示的表格单元，输入文字，完成后如图 23.1.18 所示（注：具体参数和操作参见随书光盘）。

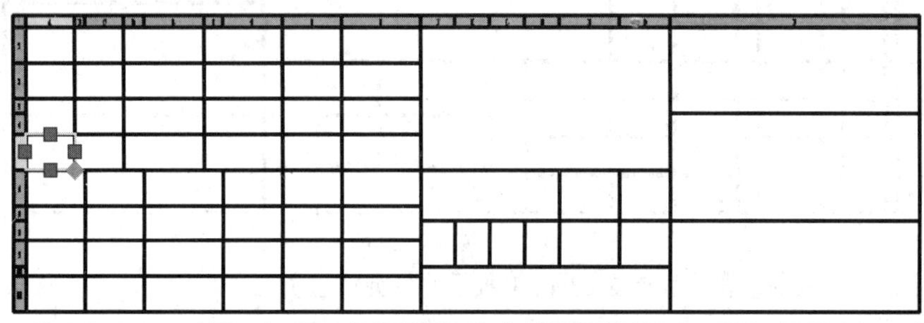

图 23.1.17　定义要输入文字的表格单元

（2）参照上一步的操作，完成图 23.1.19 所示的文本的输入。

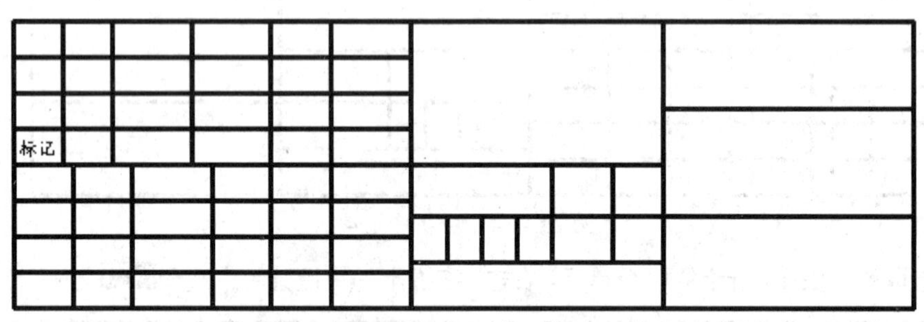

图 23.1.18　输入第一个文字后

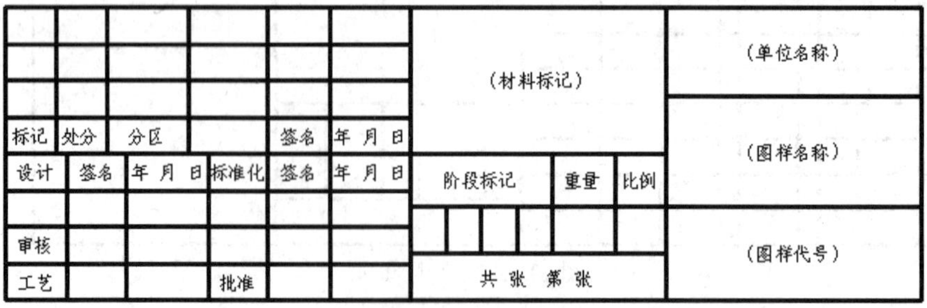

						（材料标记）			（单位名称）
标记	处分	分区		签名	年 月 日				
设计	签名	年 月 日	标准化	签名	年 月 日	阶段标记	重量	比例	（图样名称）
审核									（图样代号）
工艺			批准			共 张 第 张			

图 23.1.19　文字输入完成后

步骤 08 分解表格。选择下拉菜单 修改(M) → 分解(X) 命令，选择表格为分解对象，按 Enter 键结束命令。

步骤 09 转换线型。将标题栏中最外侧的线条所在的图层切换至“轮廓线层”，其余线条为“细实线层”，结果如图 23.1.20 所示。

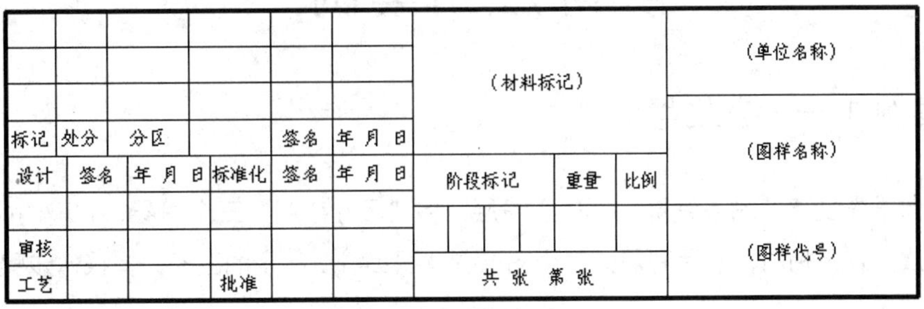

						（材料标记）			（单位名称）
									（图样名称）
标记	处分	分区		签名	年 月 日				
设计	签名	年 月 日	标准化	签名	年 月 日	阶段标记	重量	比例	
									（图样代号）
审核									
工艺			批准			共 张 第 张			

图 23.1.20 转换线型

第 24 章 AutoCAD 用图层组织图形实际应用案例

24.1 案例 1——法兰盘

本案例要求先创建“轮廓线层”、“中心线层”和“尺寸线层”三个图层，它们的颜色、线宽和线型等属性各不相同，然后利用这三个图层创建图 24.1.1 所示的图形。其操作步骤如下。

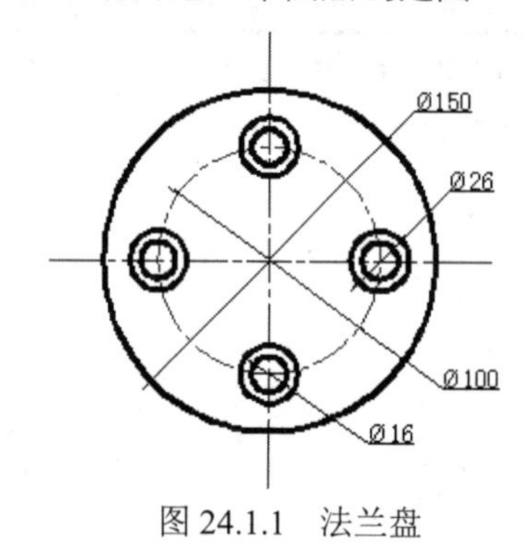

图 24.1.1 法兰盘

步骤 01 新建一个系统默认的样板文件。

步骤 02 分别创建三个图层。

（1）选择下拉菜单 格式(O) → 图层(L)... 命令，系统弹出“图层特性管理器”对话框。

（2）创建“轮廓线层”图层。

① 单击“图层特性管理器”对话框上部的“新建图层”按钮。

② 定义该图层的名称。将默认的“图层 1”改名为“轮廓线层”。

③ 设置该图层的颜色。采用默认的颜色，即黑色（但颜色名为“白”）。

由于 AutoCAD 绘图区背景颜色为黑色，所以绘图区中黑色的线显示为白色，因此在定义层的颜色时，黑色的颜色名为“白”。

④ 设置该图层的线型。采用默认的线型，即 Continuous（实线）。

⑤ 设置该图层的线宽。单击该层线宽列中的 —— 默认 字符，在弹出的“线宽”对话框中选择“0.35 毫米”规格的线宽，然后单击“线宽”对话框中的 确定 按钮。

（3）创建“中心线层”图层。

① 单击“新建图层”按钮，将图层命名为“中心线层”， 图层的颜色设置为红色。

② 设置该图层的线型。单击该层线型列中的Continuous字符；在系统弹出的“选择线型”对话框中单击加载(L)...按钮；在弹出的“加载或重载线型”对话框中选择线型 CENTER2，单击确定按钮；在“选择线型”对话框中选择线型 CENTER2，单击“选择线型”对话框中的确定按钮。

③ 设置该图层的线宽。线宽设置为“0.18 毫米”。

（4）创建“尺寸线层”图层。单击“新建图层”按钮，将新图层命名为“尺寸线层”，颜色设置为“绿色”，线型设置为 Continuous，线宽设置为“0.18 毫米”。

（5）完成三个图层的设置后，“图层特性管理器”对话框如图 24.1.2 所示。

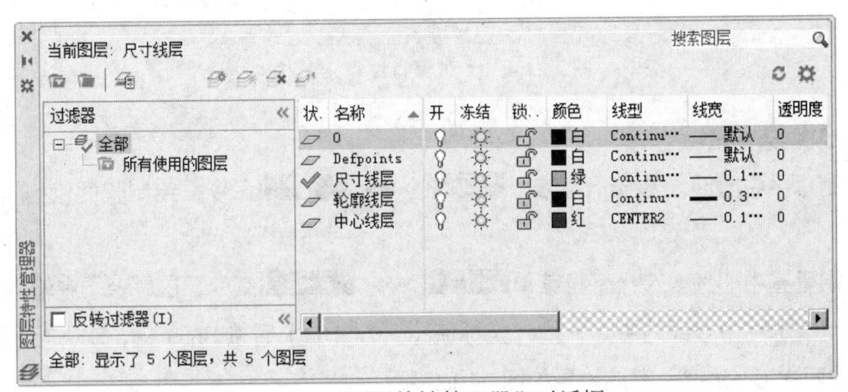

图 24.1.2 “图层特性管理器”对话框

步骤 03 在“中心线层”的图层中创建图形。

（1）切换图层。在图 24.1.3 所示的“图层”工具栏中，选择“中心线层”图层。

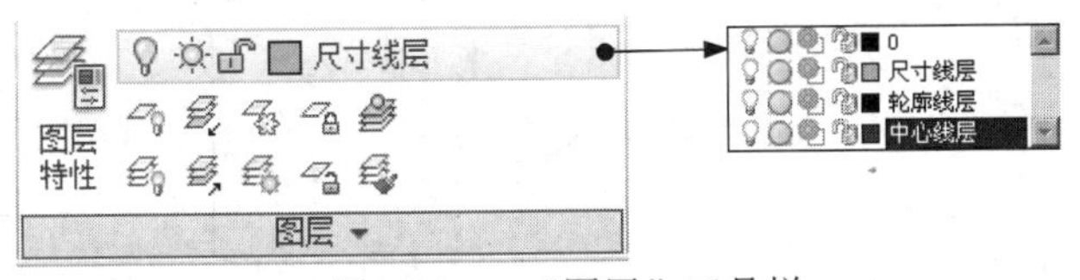

图 24.1.3 “图层”工具栏

当图层切换到“中心线层”图层后，图 24.1.4 所示的“对象特性”工具栏（如果该工具栏未显示，可在工具栏区右击，从弹出的快捷菜单中选择）中对象的颜色、线型和线宽三个特性控制区的当前设置为“ByLayer”，此项为默认设置，意即“随层”，也就是说在当前层中把要创建的所有几何（如直线和圆）、文字等对象的颜色、线型、线宽特性都与当前层设置一致。当然也可以从三个下拉列表中分别选择不同的设置。就本例来说，因为我们前面对“中心线层”的颜色、线型和线宽的设置是“红色”、“CENTER2（中心线）”和默认的线宽——细线，所以在默认情况下绘制的直线和圆将是红色的中心线（细线）。如果在颜色特性控制区的下拉列表中选择了蓝色，那么绘制的直线和圆将是蓝色的中心线（细线）。

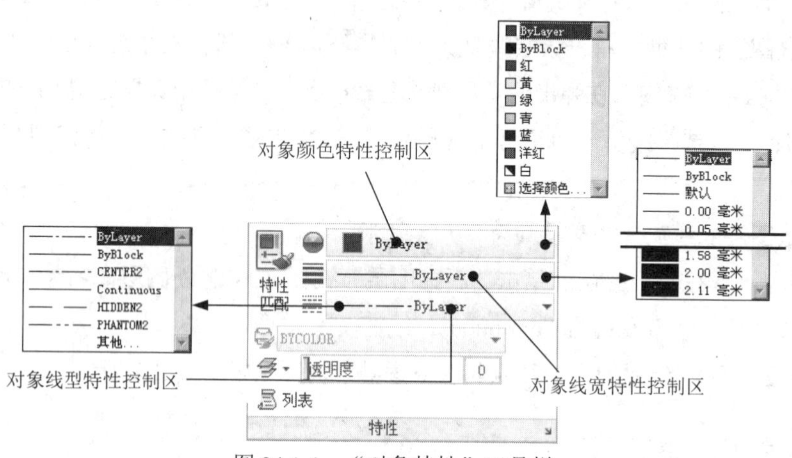

图 24.1.4 “对象特性”工具栏

（2）绘制两条中心线。

① 绘制水平中心线。选择下拉菜单 绘图(D) → 直线(L) 命令，绘制长度值为 200 的水平中心线。

② 绘制垂直中心线。选择下拉菜单 绘图(D) → 直线(L) 命令，在命令行中输入 from 后按 Enter 键，单击水平中心线的中点，输入坐标值（@0，100）后按 Enter 键，输入坐标值（@0，–200）后按两次 Enter 键，完成效果如图 24.1.5 所示。

（3）选择下拉菜单 绘图(D) → 圆(C) → 圆心、直径(D) 命令，选取水平中心线和垂直中心线的“交点”为圆心，绘制直径值为 100 的圆，完成后如图 24.1.6 所示。

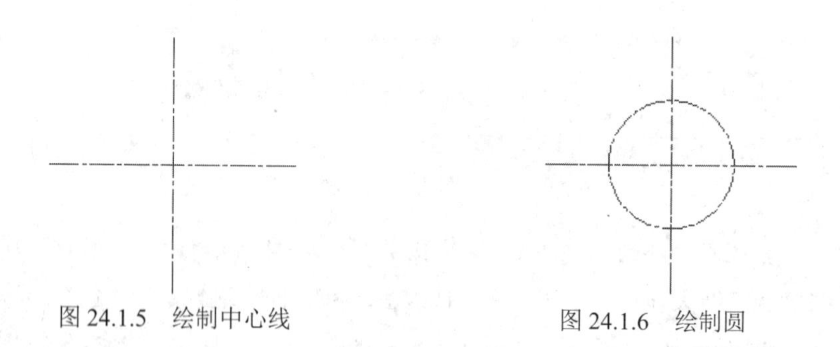

图 24.1.5 绘制中心线　　图 24.1.6 绘制圆

步骤 04 在“轮廓线层”的图层中创建图形。

（1）切换图层。在“图层”工具栏中，选择“轮廓线层”图层。

（2）选择下拉菜单 绘图(D) → 圆(C) → 圆心、直径(D) 命令，选取水平中心线和垂直中心线的“交点”为圆心，绘制直径值为 150 的圆，完成后如图 24.1.7 所示。

（3）参照上一步，创建图 24.1.8 所示的其余圆，圆的直径分别为 16 与 26。

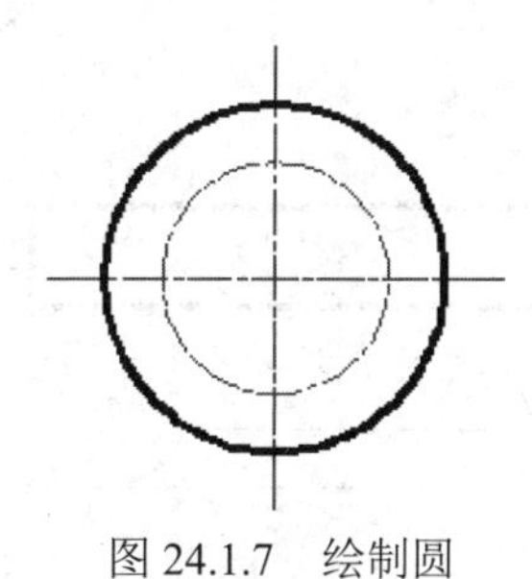

图 24.1.7 绘制圆

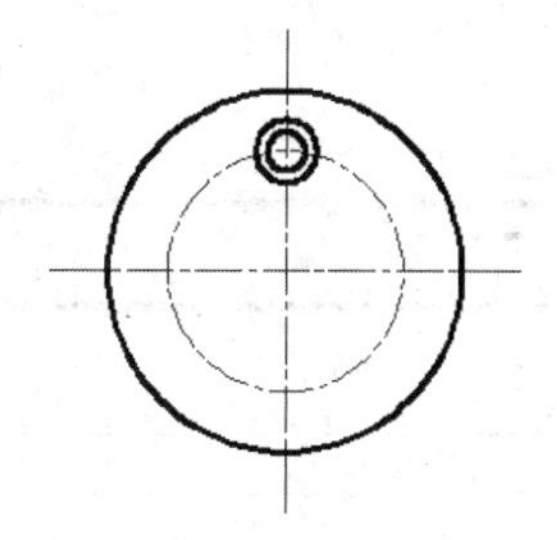

图 24.1.8 绘制其余圆

（4）选择下拉菜单 修改(M) → 阵列 → 环形阵列 命令，在命令行 选择对象: 提示下用鼠标拾取图中直径为 16 与 26 的圆后按 Enter 键结束选取，在命令行 指定阵列的中心点或 [基点(B) 旋转轴(A)]: 的提示下，选择水平中心线和垂直中心线的“交点”作为环形阵列的中心点；在命令行 选择夹点以编辑阵列或 [关联(AS) 基点(B) 项目(I) 项目间角度(A) 填充角度(F) 行(ROW) 层(L) 旋转项目(ROT) 退出(X)] <退出>: 的提示下输入 I 后按 Enter 键，在命令行 输入阵列中的项目数或 [表达式(E)] <6>: 的提示下输入值 4 后按 Enter 键，再次按 Enter 键以结束操作，完成后如图 24.1.9 所示。

步骤 05 在“尺寸线层”图层中，对图形进行尺寸标注。

（1）切换图层。在“图层”工具栏中，选择“尺寸线层”图层。

（2）使用 标注(N) → 直径(D) 命令，单击图 24.1.10 所示的圆，在绘图区的空白区域单击，以确定尺寸放置的位置。

（3）参照上一步创建图 24.1.11 所示的其余直径的标注。

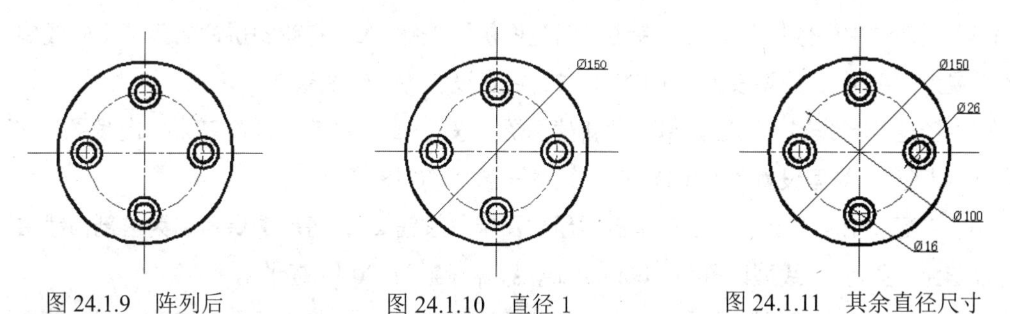

图 24.1.9 阵列后　　图 24.1.10 直径 1　　图 24.1.11 其余直径尺寸

步骤 06 选择下拉菜单 文件(F) → 另存为(A)... 命令，将图形命名为“法兰盘.dwg”，单击 保存(S) 按钮。

24.2 案例 2——定位板

本案例要求先创建“轮廓线层”、“细实线层”、“中心线层”、“虚线层”、“剖面线层”和“尺寸线层”六个图层，它们的颜色、线宽和线型等属性各不相同，然后利用这六个图层创建图 24.2.1

所示的图形。其操作步骤如下。

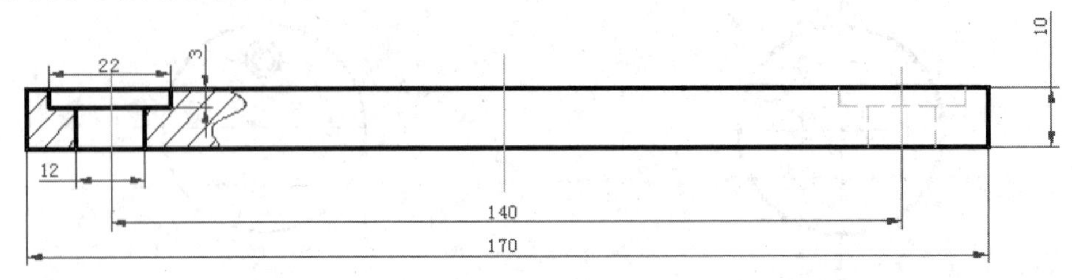

图 24.2.1 定位板

步骤 01 新建一个系统默认的样板文件。

步骤 02 分别创建六个图层。

(1) 选择下拉菜单 格式(O) → 图层(L)... 命令，系统弹出“图层特性管理器”对话框。

(2) 创建“轮廓线层”图层。

① 单击“图层特性管理器”对话框上部的“新建图层”按钮。

② 定义该图层的名称。将默认的“图层 1”改名为“轮廓线层”。

③ 设置该图层的颜色。采用默认的颜色，即黑色（但颜色名为“白”）。

④ 设置该图层的线型。采用默认的线型，即 Continuous（实线）。

⑤ 设置该图层的线宽。单击该层线宽列中的 —— 默认 字符，在弹出的“线宽”对话框中选择“0.35 毫米”规格的线宽，然后单击“线宽”对话框中的 确定 按钮。

(3) 创建“细实线层”图层。单击“新建图层”按钮，将新图层命名为“细实线层”，颜色设置为“红色”，线型设置为 Continuous，线宽设置为“0.18 毫米”。

(4) 创建“中心线层”图层。单击“新建图层”按钮，将新图层命名为“中心线层”，颜色设置为“绿色”，线型设置为 CENTER2，线宽设置为“0.18 毫米”。

(5) 创建“虚线层”图层。单击“新建图层”按钮，将新图层命名为“虚线层”，颜色设置为“青色”，线型设置为 HIDDEN2，线宽设置为“0.18 毫米”。

(6) 创建“剖面线层”图层。单击“新建图层”按钮，将新图层命名为“剖面线层”，颜色设置为“蓝色”，线型设置为 Continuous，线宽设置为“0.18 毫米”。

(7) 创建“尺寸线层”图层。单击“新建图层”按钮，将新图层命名为“尺寸线层”，颜色设置为“洋红色”，线型设置为 Continuous，线宽设置为“0.18 毫米”。

(8) 完成六个图层的设置后，“图层特性管理器”对话框如图 24.2.2 所示。

步骤 03 在“轮廓线层”的图层中创建图形。

(1) 切换图层。在“图层”工具栏中，选择“轮廓线层”图层。

(2) 选择下拉菜单 绘图(D) → 矩形(G) 命令，绘制图 24.2.3 所示的长度为 170，宽度为 10 的矩形。

（3）选择下拉菜单 绘图(D) → 直线(L) 命令，绘制图 24.2.4 所示的直线（具体尺寸如图 24.2.5 所示，详细操作过程可参照视频）。

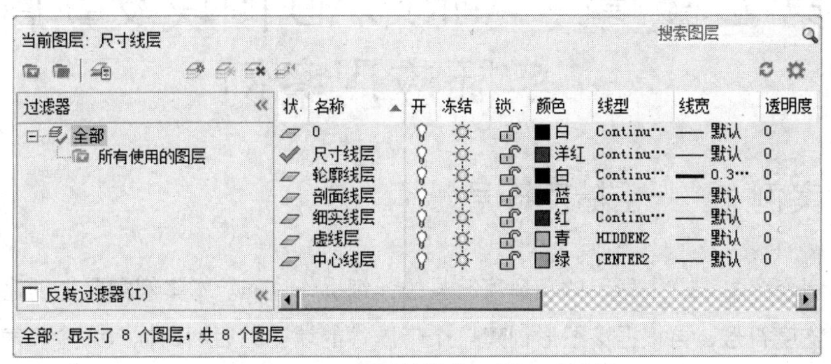

图 24.2.2 “图层特性管理器”对话框

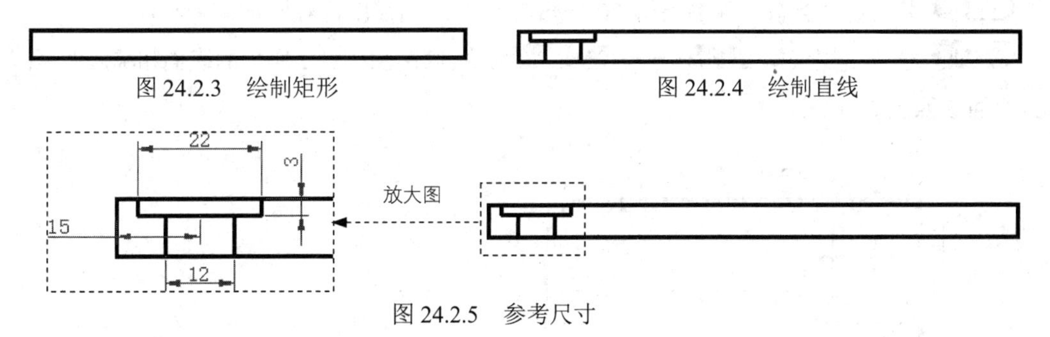

图 24.2.3 绘制矩形

图 24.2.4 绘制直线

图 24.2.5 参考尺寸

步骤 04 后面的详细操作过程请参见随书光盘中 video\ch24.02\reference\文件下的语音视频讲解文件“定位板-r01.exe”。

第 25 章　AutoCAD 图块及其属性实际应用案例

25.1　案例 1——粗糙度符号

本案例介绍图 25.1.1 所示的粗糙度符号的详细操作过程。本案例需要先创建图 25.1.2 所示的表面粗糙度符号，再根据该图形创建一个带属性的块，然后利用插入命令将表面粗糙度符号插入到图形中。

步骤 01　打开随书光盘文件 D:\cad1701\work\ch25.01\粗糙度符号.dwg。

步骤 02　选择下拉菜单 绘图(D) → 直线(L) 命令，绘制图 25.1.2 所示的表面粗糙度符号（具体尺寸可参照图 25.1.3）。

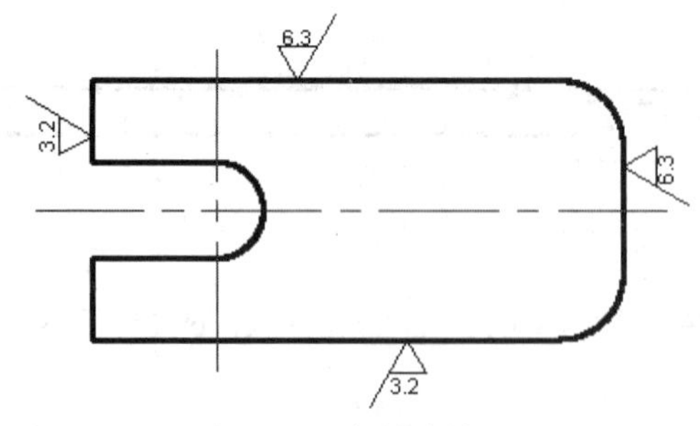

图 25.1.1　粗糙度符号

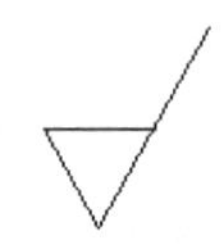

图 25.1.2　表面粗糙度符号

步骤 03　选择下拉菜单 绘图(D) → 块(K) → 定义属性(D)... 命令，此时系统将弹出“属性定义”对话框。

步骤 04　定义属性内容。在 属性 选项组的 标记(T): 文本框中输入 6.3；在 提示(M): 文本框中输入“请输入数值”；在 默认(L): 文本框中输入 6.3，完成后如图 25.1.4 所示。

步骤 05　单击 确定 按钮，将属性定义的内容放置到图 25.1.5 所示的位置。

步骤 06　选择下拉菜单 绘图(D) → 块(K) → 创建(M)... 命令，此时系统弹出“块定义”对话框。

步骤 07　命名块。在“块定义”对话框的 名称(N): 文本框中输入“粗糙度符号”。注意：输入块的名称后不要按 Enter 键。

步骤 08　指定块的基点。在“块定义”对话框中单击 拾取点(K) 旁边的 按钮，切换到绘图区，选择图 25.1.6 所示的点作为基点。

步骤 09 选择组成块的对象。在“块定义”对话框中的 对象 选项组，单击 选择对象(T) 旁边的 按钮，切换到绘图区，选择图 25.1.6 所示的所有对象。

步骤 10 按 Enter 键返回到“块定义”对话框中，区域参数参照图 25.1.7 进行设置，单击 确定 按钮，完成块的创建。

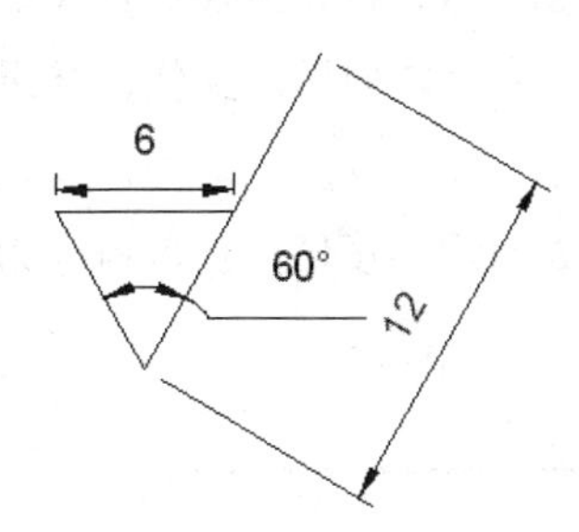

图 25.1.3 表面粗糙度符号尺寸

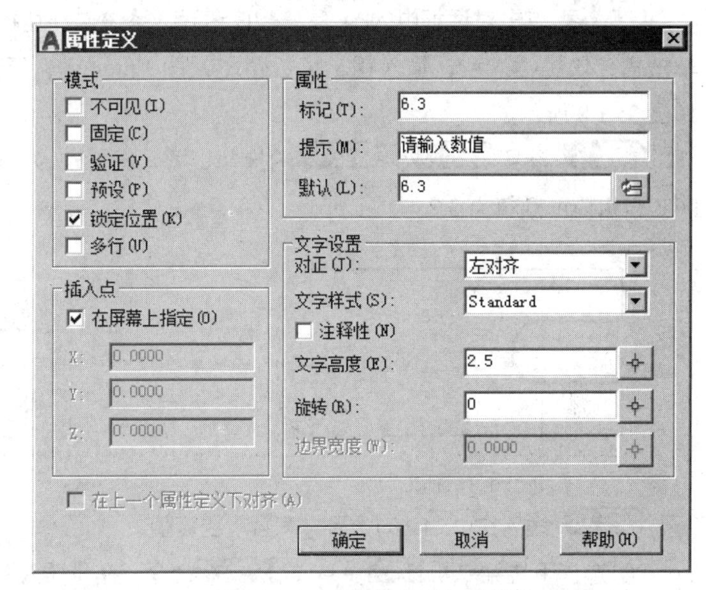

图 25.1.4 “属性定义”对话框

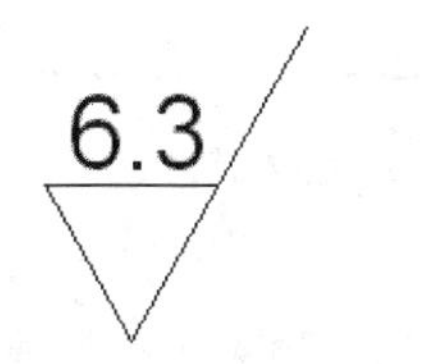

图 25.1.5 放置属性定义内容

图 25.1.7 “块定义”对话框

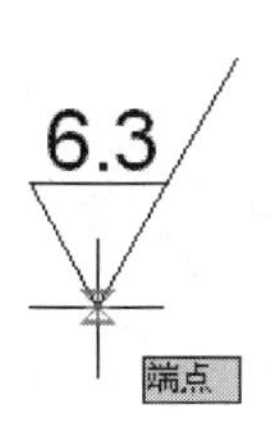

图 25.1.6 指定块的基点

步骤 11 选择下拉菜单 插入(I) → 块(B)... 命令，系统弹出“插入”对话框。

步骤 12 选取或输入块的名称。在“插入”对话框的 名称(N): 下拉列表中选择“粗糙度符号”。

步骤 13 设置块的插入点。在“插入”对话框的 插入点 选项组中，选中 ☑ 在屏幕上指定(S) 复选框。

步骤 14 设置插入块的缩放比例。在“插入”对话框的 比例 选项组中，在 X: 文本框中输入比例值为 1（注意输入比例值后不要按 Enter 键）。

步骤 15 设置插入块的旋转角度。在“插入”对话框的 旋转 选项组中，取消选中 □ 在屏幕上指定(C) 复选框，在 角度(A): 文本框中输入插入块的旋转角度值为 0。

步骤 16 单击对话框中的 确定 按钮后，系统自动切换到绘图窗口，在绘图区中的 A 点单击指定块的插入点，输入粗糙度数值 6.3 按 Enter 键，至此便完成了块的插入操作，结果如图 25.1.8 所示。

步骤 17 参照 步骤 11 ~ 步骤 16 的操作，插入图 25.1.9 所示的表面粗糙度值，旋转角度为 90°，粗糙度数值为 3.2。

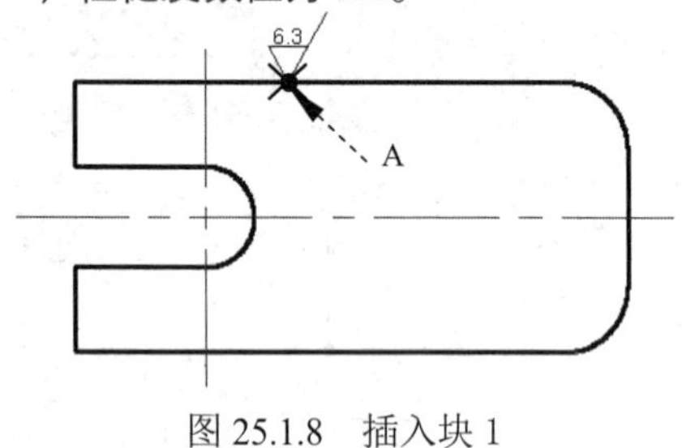

图 25.1.8 插入块 1

图 25.1.9 插入块 2

步骤 18 插入图 25.1.10 所示的表面粗糙度值。

① 选择下拉菜单 插入(I) → 块(B)... 命令，在“插入”对话框的 名称(N): 下拉列表中选择“粗糙度符号”。

② 在“插入”对话框的 插入点 选项组中，选中 ☑ 在屏幕上指定(S) 复选框，在 比例 选项组的 X: 文本框中输入比例值为 1。

③ 在“插入”对话框的 旋转 选项组中，取消选中 □ 在屏幕上指定(C) 复选框，在 角度(A): 文本框中输入插入块的旋转角度值为 180。

④ 单击对话框中的 确定 按钮，在绘图区中的 A 点单击指定块的插入点，输入粗糙度数值 3.2 按 Enter 键，至此便完成了块的插入操作，如图 25.1.11 所示。

⑤ 双击该表面粗糙度，系统弹出“增强属性编辑器”对话框。

⑥ 单击该对话框中的 文字选项 选项卡，将 旋转(R): 文本框中的值设置为 0（或者选中 ☑ 反向(K) 和 ☑ 倒置(D) 选项），在 对正(J): 下拉列表中选择 右上 来放置粗糙度值。

⑦ 单击 确定 按钮，完成后如图 25.1.10 所示。

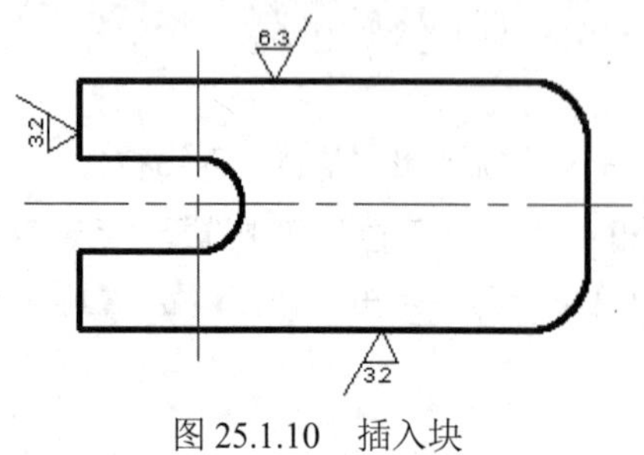

图 25.1.10 插入块

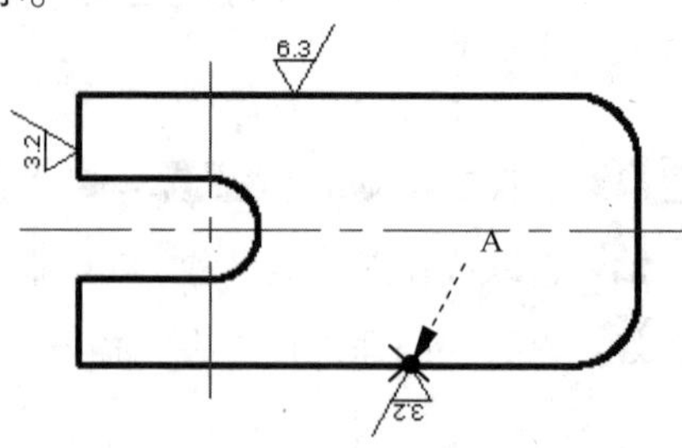

图 25.1.11 插入块 3

步骤 19 参照上一步创建图 25.1.12 所示的表面粗糙度值。粗糙度的旋转角度为 270°，粗糙度数值为 6.3，在“增强属性编辑器”对话框 文字选项 选项卡中将 旋转(R): 文本框中的值设置为 90，在 对正(J): 下拉列表中选择 右上 来放置粗糙度值。

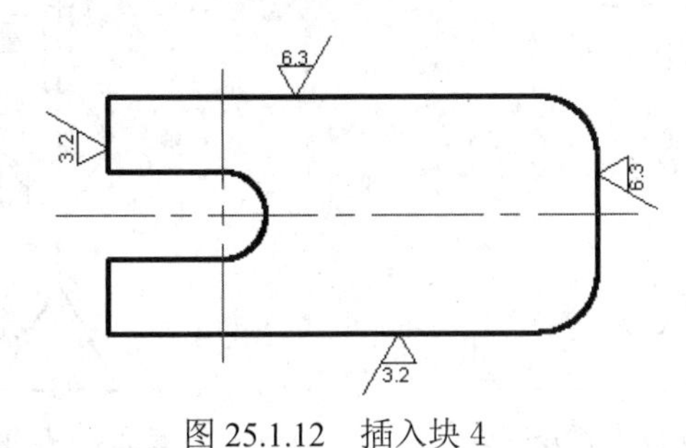

图 25.1.12 插入块 4

25.2 案例 2——电气图

本案例介绍图 25.2.1 所示的电气图的详细操作过程。

步骤 01 打开随书光盘文件 D:\cad1701\work\ch25.02\electric.dwg。

步骤 02 选择下拉菜单 绘图(D) → 块(K) → 定义属性(D)... 命令，此时系统将弹出“属性定义”对话框。

步骤 03 定义属性内容（注：本步的详细操作过程请参见随书光盘中 video\ch25\reference\文件下的语音视频讲解文件“electric-r01.exe”）。

步骤 04 单击 确定 按钮，将属性定义的内容放置到图 25.2.2 所示的位置。

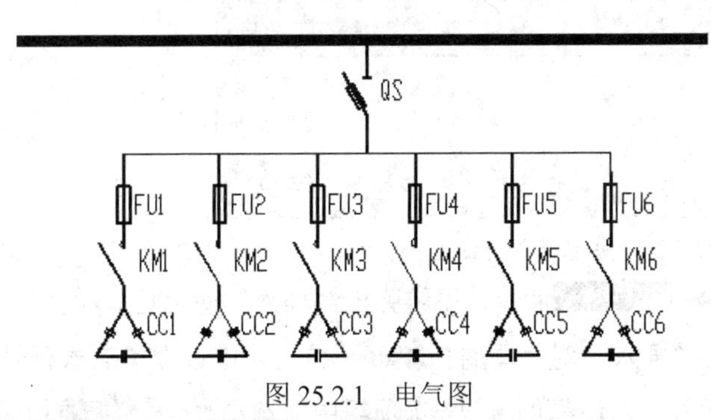

图 25.2.1 电气图

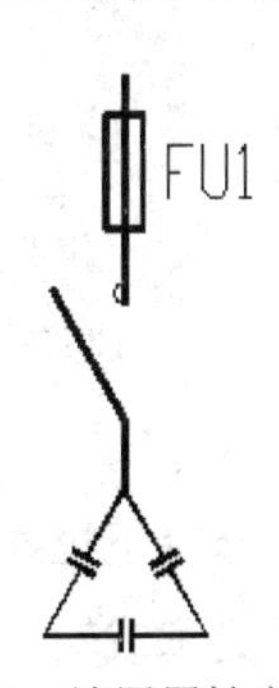

图 25.2.2 放置属性定义的内容

步骤 05 参照 步骤 02 ~ 步骤 04 的操作，添加图 25.2.3 所示的属性。

步骤 06 选择下拉菜单 绘图(D) → 块(K) → 创建(M)... 命令，此时系统弹出“块定义”对话框。

步骤 07 命名块。在“块定义”对话框的 名称(N): 文本框中输入“电气符号”。

输入块的名称后不要按 Enter 键。

步骤 08 指定块的基点。在“块定义”对话框中单击拾取点(K)旁边的按钮，切换到绘图区，选择图 25.2.4 所示的点作为基点。

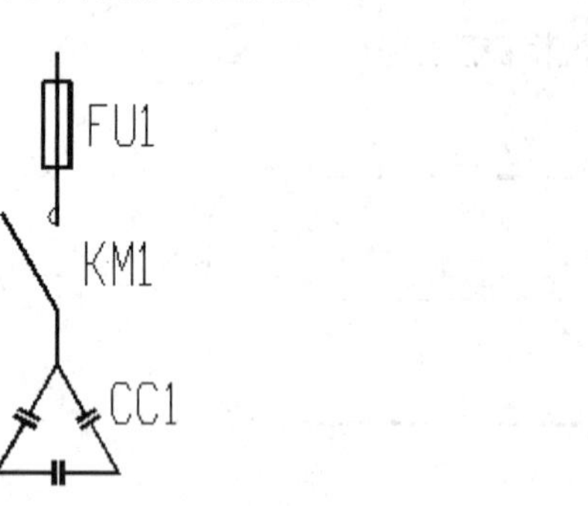

图 25.2.3 定义其余属性内容并放置

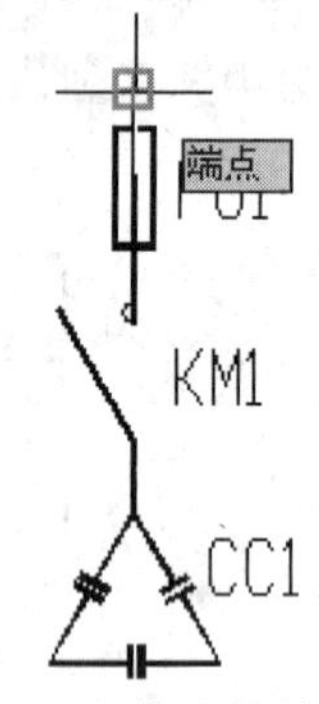

图 25.2.4 指定块的基点

步骤 09 选择组成块的对象。在“块定义”对话框中的对象选项组，单击选择对象(T)旁边的按钮，切换到绘图区，选择图 25.2.4 所示的所有对象。

步骤 10 按 Enter 键返回到“块定义”对话框中，其余参数参照图 25.2.5 进行设置，单击确定按钮，完成块的创建。

图 25.2.5 “块定义”对话框

步骤 11 选择下拉菜单插入(I) → 块(B)...命令，系统弹出“插入”对话框。

步骤 12 选取或输入块的名称。在“插入”对话框的名称(N):下拉列表中选择“电气符号”。

步骤 13 设置块的插入点。在“插入”对话框的插入点选项组中，选中☑ 在屏幕上指定(S)复选框。

步骤 14 设置插入块的缩放比例。在“插入”对话框的比例选项组中，在X:文本框中输入比例值为 1（注意输入比例值后不要按 Enter 键）。

步骤 15 设置插入块的旋转角度。在“插入”对话框的旋转选项组中，取消选中☐ 在屏幕上指定(C)复选框，在角度(A):文本框中输入插入块的旋转角度值为 0。

步骤 16 单击对话框中的 确定 按钮后，系统自动切换到绘图窗口，在绘图区中的 A 点单击指定块的插入点，依次输入属性值为 CC1、KM1、FU1，至此便完成了块的插入操作，如图 25.2.6 所示。

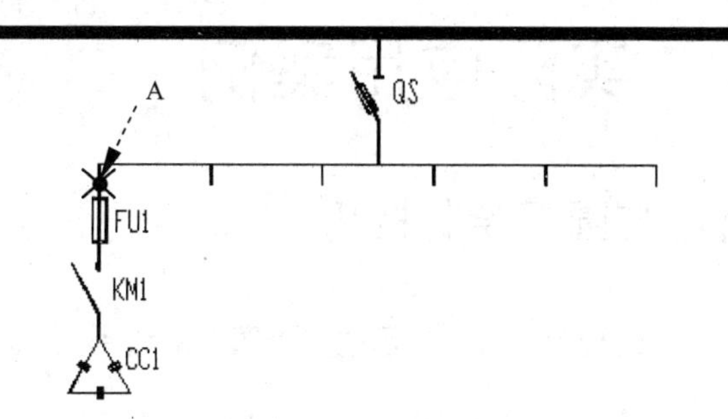

图 25.2.6 插入块

步骤 17 参照步骤 11 ~ 步骤 16的操作，插入图 25.2.7 所示的电气符号。

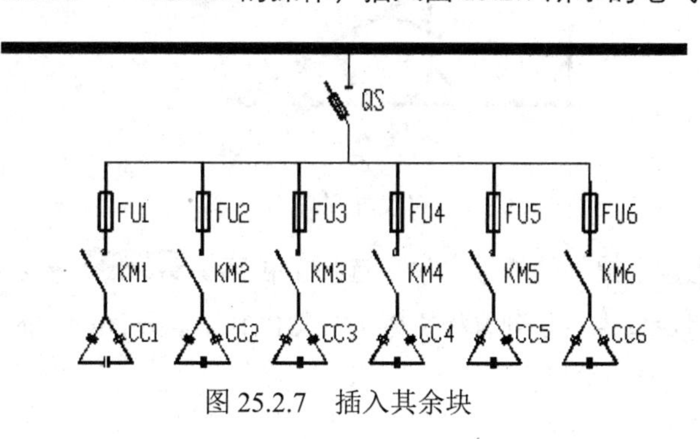

图 25.2.7 插入其余块

第 26 章　AutoCAD 参数化设计实际应用案例

26.1　案例 1——直线与圆弧绘制技巧

本案例介绍利用参数化命令进行图 26.1.1 所示的二维图形的绘制。

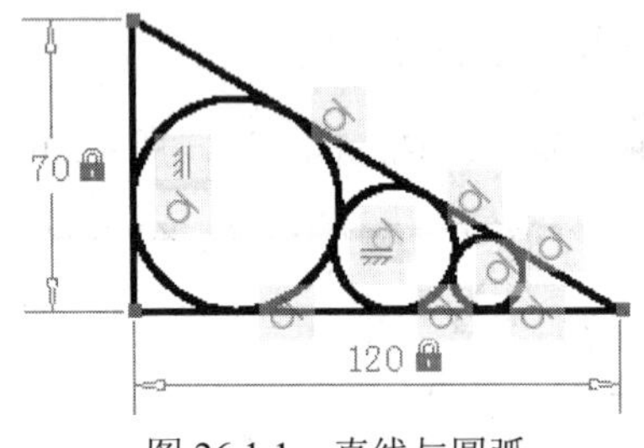

图 26.1.1　直线与圆弧

步骤 01 使用随书光盘上提供的样板文件。选择下拉菜单 文件(F) → 新建(N)... 命令，在弹出的“选择样板”对话框中，找到样板文件 D:\cad1701\system_file\ Part_temp_A4.dwg，然后单击 打开(O) 按钮。

步骤 02 绘制直线段（图 26.1.2）。

（1）将图层切换到“轮廓线层”。在“图层”面板中选择“轮廓线层”图层。

（2）选择下拉菜单 绘图(D) → 直线(L) 命令，选择点 A 作为直线的起点，选取点 B 作为直线的终点。

（3）参照上一步，创建图 26.1.3 所示的其余两条直线。

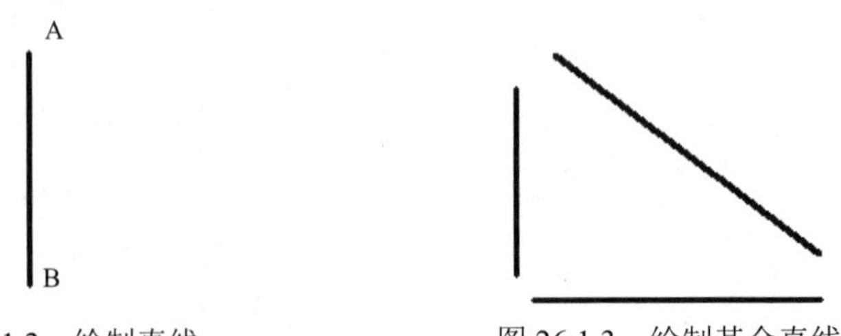

图 26.1.2　绘制直线　　图 26.1.3　绘制其余直线

步骤 03 绘制圆。

（1）绘制图 26.1.4 所示的圆 1。选择下拉菜单 绘图(D) → 圆(C) → 圆心、半径(R) 命令，选取点 1 为圆心，选取点 2 为圆上的点。

（2）参照上一步，创建图 26.1.5 所示的其余两个圆。

步骤 04　添加几何约束。

（1）单击 参数化 面板中的“水平”按钮。

（2）在系统命令行选择对象或 [两点(2P)] <两点>: 的提示下，选取图 26.1.6 所示的线 1。

（3）单击 参数化 面板中的“竖直”按钮。

（4）在系统命令行选择对象或 [两点(2P)] <两点>: 的提示下，选取图 26.1.6 所示的线 2。

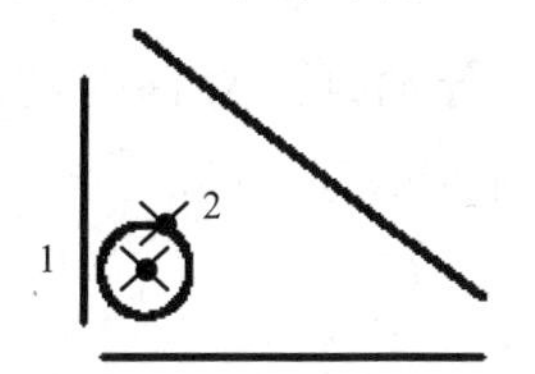

图 26.1.4　绘制圆 1

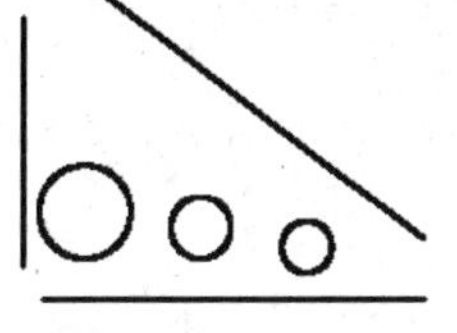

图 26.1.5　绘制其余圆

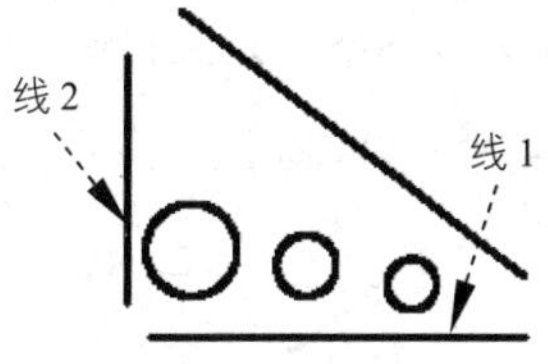

图 26.1.6　定义约束参考

（5）单击 参数化 面板中的“重合”按钮。

（6）在系统命令行选择第一个点或 [对象(O)/自动约束(A)] <对象>: 的提示下，选取图 26.1.7a 所示的点 1；然后在系统命令行选择第二个点或 [对象(O)] <对象>: 的提示下，选取图 26.1.7a 所示的点 2，结果如图 26.1.7b 所示。

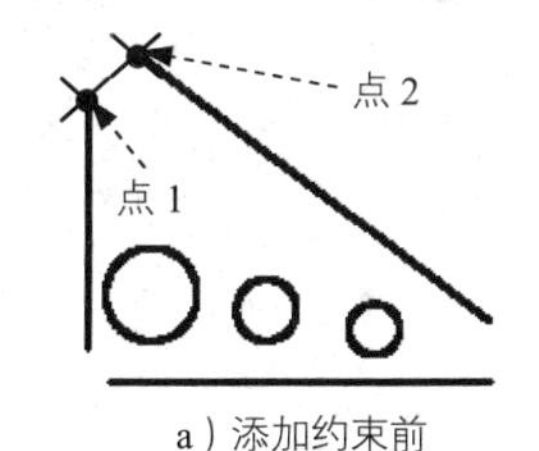

a）添加约束前

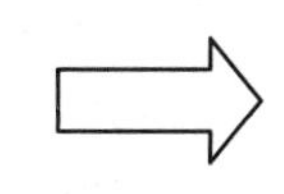

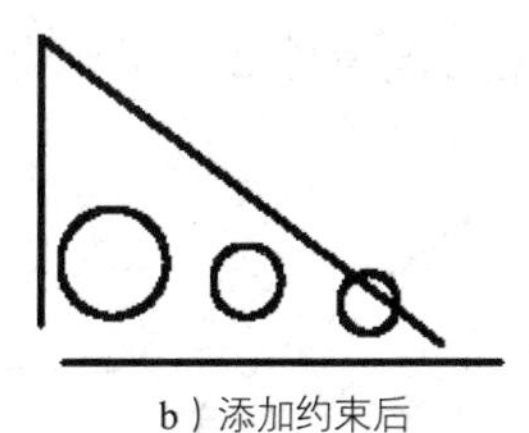

b）添加约束后

图 26.1.7　重合约束 1

（7）参照上两步，创建图 26.1.8a 所示的点 1 与点 2、点 3 与点 4 的两个重合约束，完成后如图 26.1.8b 所示。

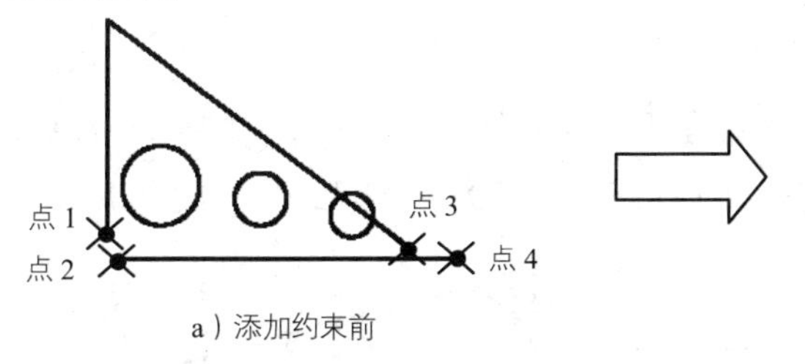

a）添加约束前

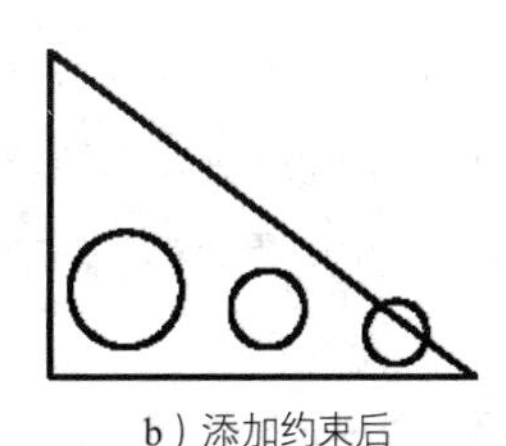

b）添加约束后

图 26.1.8　重合约束 2

（8）单击 参数化 面板中的“相切”按钮。

（9）在系统命令行选择第一个对象:的提示下，选取图 26.1.9a 所示的圆；然后在系统命令行选择第二个对象:的提示下，选取图 26.1.9a 所示的直线，结果如图 26.1.9b 所示。

（10）单击 参数化 面板中的“相切”按钮。

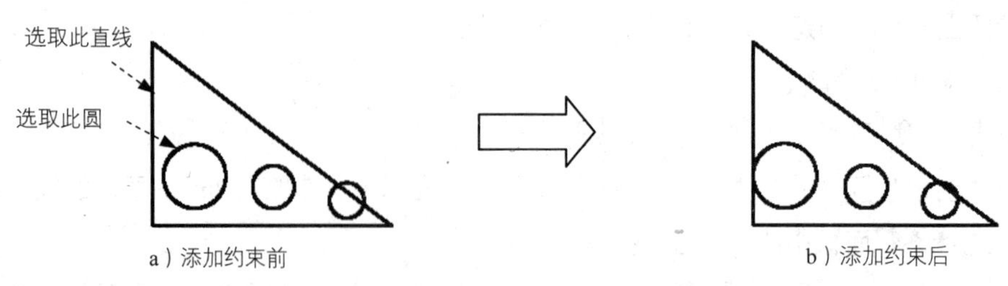

图 26.1.9　相切约束 1

（11）在系统命令行选择第一个对象：的提示下，选取图 26.1.10a 所示的圆；然后在系统命令行选择第二个对象：的提示下，选取图 26.1.10a 所示的直线，结果如图 26.1.10b 所示。

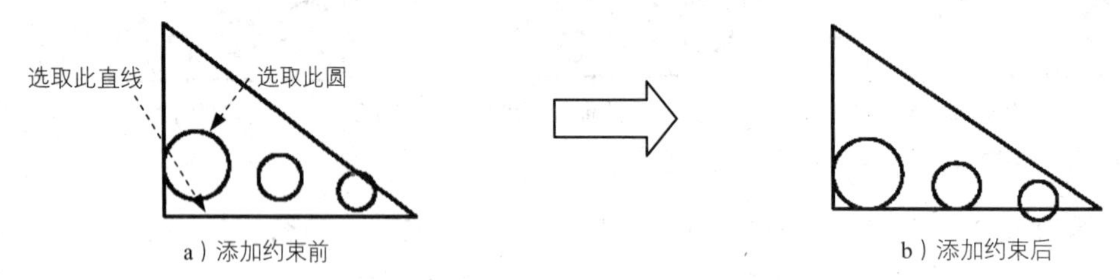

图 26.1.10　相切约束 2

（12）参照上两步，创建图 26.1.11 所示圆 2 与直线 1、圆 3 与直线 1、圆 3 与直线 2、圆 2 与直线 2、圆 1 与直线 2 的相切约束。

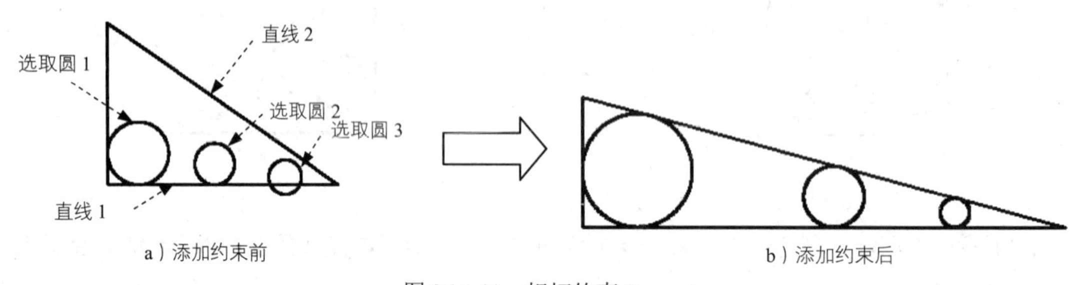

图 26.1.11　相切约束 3

（13）单击 参数化 面板中的“相切”按钮。

（14）在系统命令行选择第一个对象：的提示下，选取图 26.1.12a 所示的圆 1；然后在系统命令行选择第二个对象：的提示下，选取图 26.1.12a 所示的圆 2，结果如图 26.1.12b 所示。

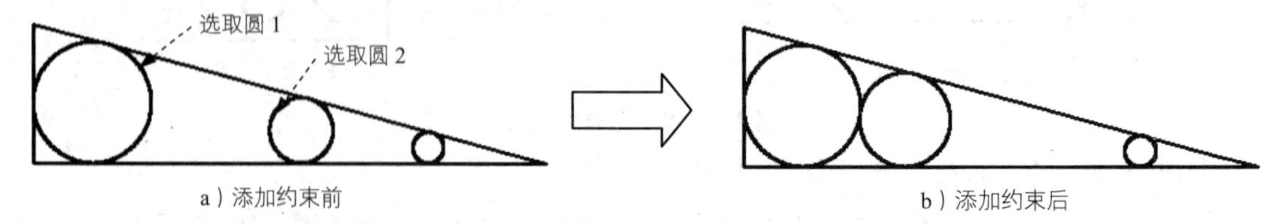

图 26.1.12　相切约束 4

（15）单击 参数化 面板中的“相切”按钮。

（16）在系统命令行选择第一个对象：的提示下，选取图 26.1.13a 所示的圆 2；然后在系统命令令行选择第二个对象:的提示下，选取图 26.1.13a 所示的圆 3，结果如图 26.1.13b 所示。

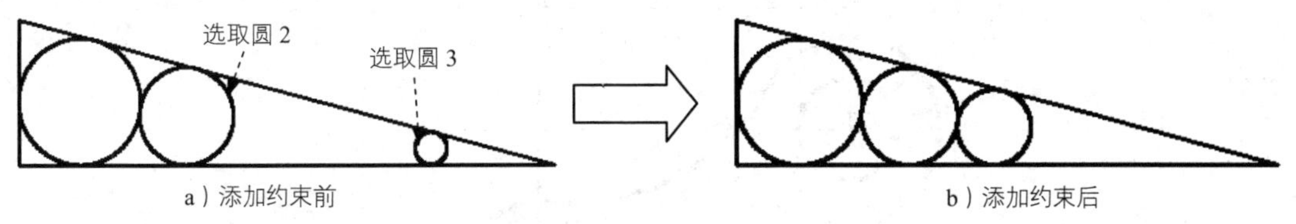

a）添加约束前　　b）添加约束后

图 26.1.13　相切约束 5

步骤 05 添加尺寸约束。

（1）在“标注”面板中单击“水平”按钮。

（2）在系统命令行指定第一个约束点或 [对象(O)] <对象>:的提示下，选取图 26.1.14a 所示的点 1；在系统命令行指定第二个约束点:的提示下，选取图 26.1.14a 所示的点 2；在系统命令行指定尺寸线位置:的提示下，在合适的位置单击以放置尺寸，然后按 Enter 键，结果如图 26.1.14 所示。

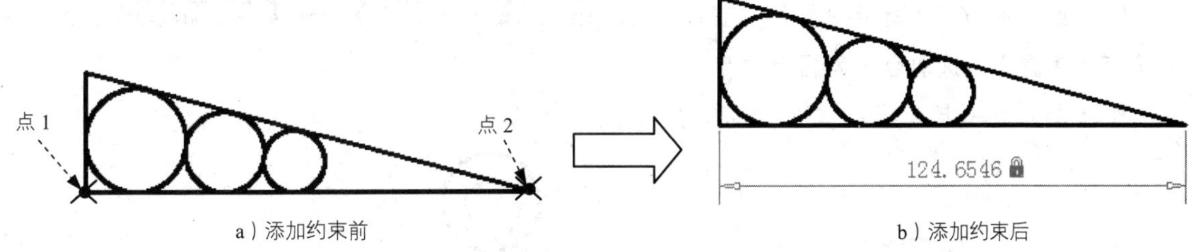

a）添加约束前　　b）添加约束后

图 26.1.14　水平尺寸约束

（3）选中图 26.1.14b 所示的尺寸后双击，然后在激活的尺寸文本框中输入数值 120 并按 Enter 键，结果如图 26.1.15 所示。

（4）参照前几步，创建图 26.1.16 所示的尺寸约束。

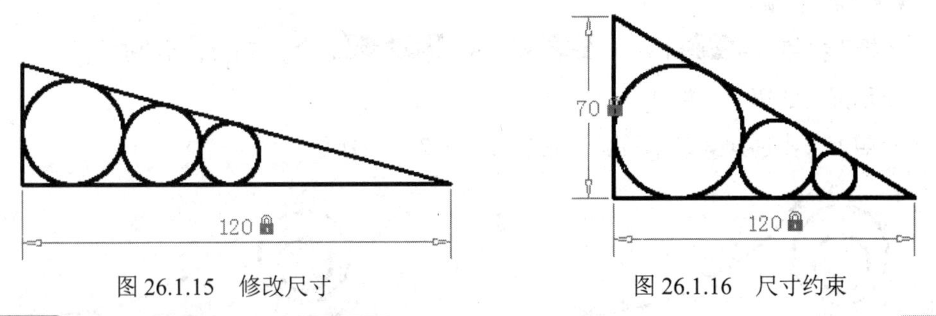

图 26.1.15　修改尺寸　　图 26.1.16　尺寸约束

步骤 06 选择 文件(F) → 保存(S) 命令，将图形命名为“直线与圆弧.dwg”，单击 保存(S) 按钮。

26.2　案例 2——圆弧与圆弧绘制技巧

本案例介绍利用参数化命令进行图 26.2.1 所示的二维图形的绘制。

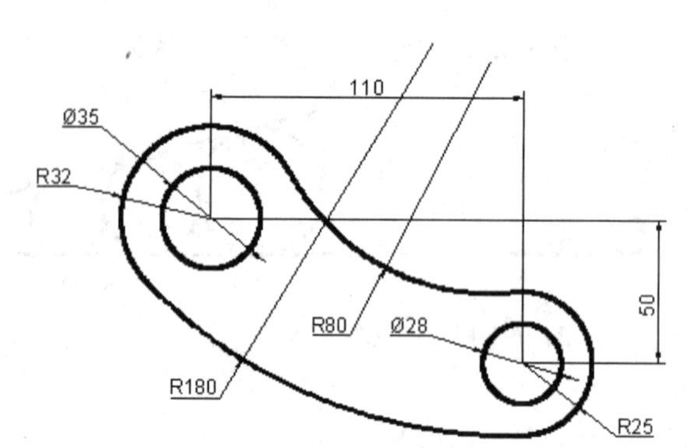

图 26.2.1　圆弧与圆弧

步骤 01 打开随书光盘文件 D:\cad1701\work\ch26.02\圆弧与圆弧.dwg。

步骤 02 绘制圆。

（1）将图层切换到“轮廓线层”。在“图层”面板中选择“轮廓线层”图层。

（2）绘制图 26.2.2 所示的圆 1。选择下拉菜单 绘图(D) → 圆(C)▸ → 圆心、半径(R) 命令，选取点 1 为圆心，选取点 2 为圆上的点。

（3）参照上一步，创建图 26.2.3 所示的其余三个圆。

图 26.2.2　绘制圆 1　　图 26.2.3　绘制其余圆

步骤 03 绘制圆弧。

（1）选择下拉菜单 绘图(D) → 圆弧(A)▸ → 三点(P) 命令，在命令行的提示下，分别指定图 26.2.4 所示圆弧的第一个点 A、第二个点 B、第三个点 C。

（2）参照上一步创建第二个圆弧，完成后如图 26.2.5 所示。

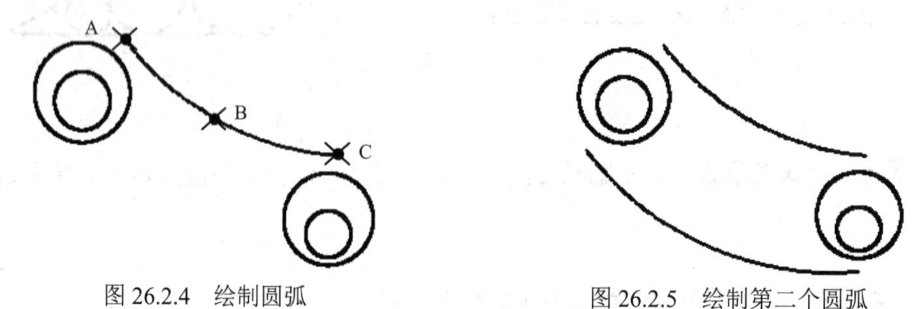

图 26.2.4　绘制圆弧　　图 26.2.5　绘制第二个圆弧

步骤 04 添加几何约束。

（1）单击 参数化 面板中的“同心”按钮。

（2）在系统命令行选择第一个对象：的提示下，选取图 26.2.6a 所示的圆 1，然后在命令行选择第二个对象：的提示下，选取图 26.2.6a 所示的圆 2，结果如图 26.2.6b 所示。

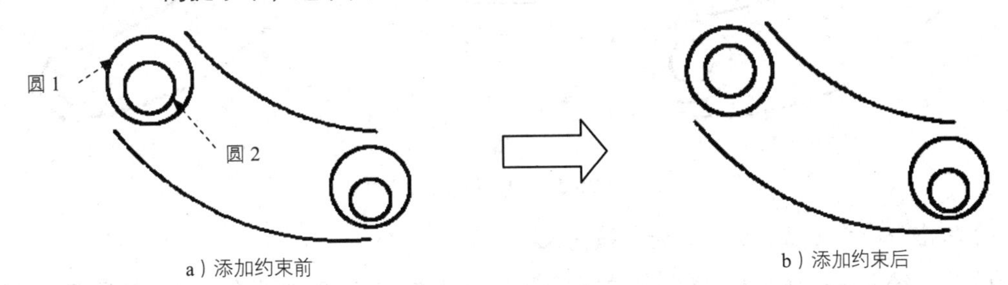

图 26.2.6　同心约束 1

（3）单击 参数化 面板中的“同心”按钮。

（4）在系统命令行选择第一个对象：的提示下，选取图 26.2.7a 所示的圆 1，然后在命令行选择第二个对象：的提示下，选取图 26.2.7a 所示的圆 2，结果如图 26.2.7b 所示。

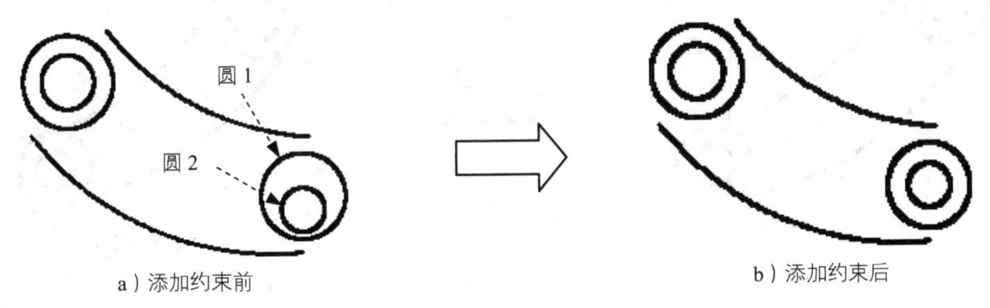

图 26.2.7　同心约束 2

（5）单击 参数化 面板中的“相切”按钮。

（6）在系统命令行选择第一个对象:的提示下，选取图 26.2.8a 所示的圆 1；然后在系统命令行选择第二个对象:的提示下，选取图 26.2.8a 所示的圆弧 1，结果如图 26.2.8b 所示。

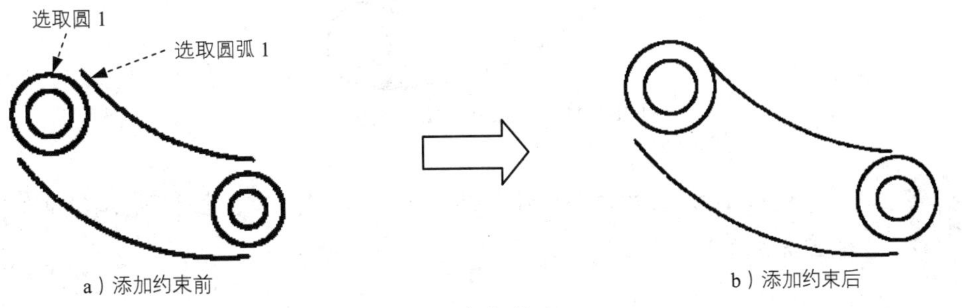

图 26.2.8　相切约束 1

（7）参照步骤（5）、（6）创建图 26.2.9a 所示的圆 1 与圆弧 2、圆 2 与圆弧 1、圆 2 与圆弧 2 的相切约束，完成后如图 26.2.9b 所示。

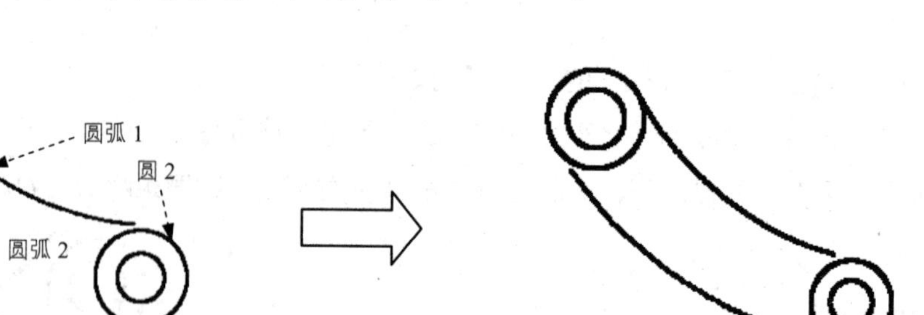

图 26.2.9 相切约束 2

（8）单击 参数化 面板中的“重合”按钮。

（9）在系统命令行选择第一个对象:的提示下，选取图 26.2.10a 所示的点 1；然后在命令行选择第二个点或 [对象(O)] <对象>: 的提示下输入 O 并按 Enter 键，在系统命令行选择对象:的提示下选取图 26.2.10a 所示的圆 1，结果如图 26.2.10b 所示。

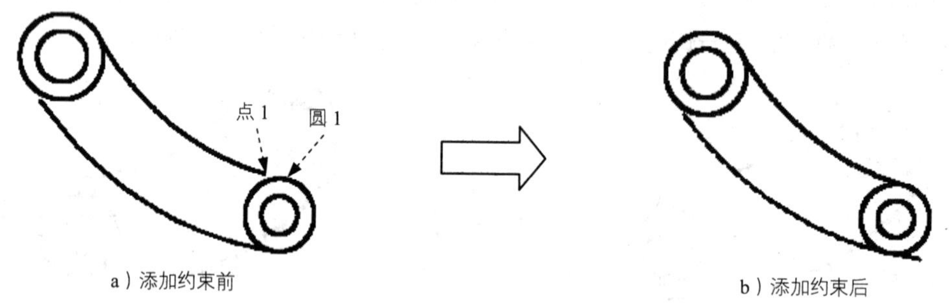

图 26.2.10 重合约束

（10）参照步骤（8）、（9）创建图 26.2.11 所示的其余重合约束。

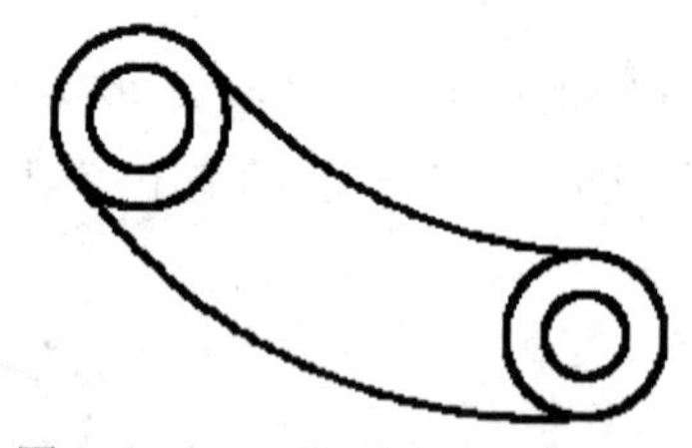

图 26.2.11 添加其余重合约束

若在进行几何约束的过程中图形变化比较大，可通过图形的编辑命令将其编辑至合适的方位。

步骤 05 后面的详细操作过程请参见随书光盘中 video\ch26.02\reference\文件下的语音视频讲解文件“圆弧与圆弧绘制技巧-r01.exe”。

第 27 章 AutoCAD 轴测图的绘制实际应用案例

本案例介绍绘制图 27.1.1 所示基座等轴测图的详细操作过程。

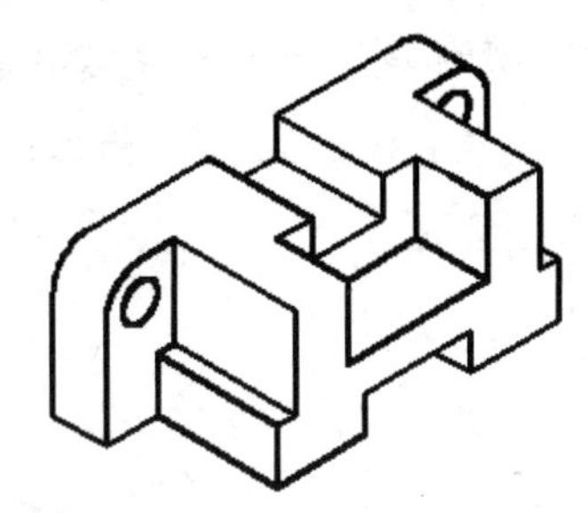

图 27.1.1 基座等轴测图

1. 选用样板文件

使用随书光盘上提供的样板文件。选择下拉菜单 文件(F) → 新建(N)... 命令，在弹出的“选择样板”对话框中，找到文件 D:\cad1701\\system_file\ Part_temp_A3.dwg，然后单击 打开(O) 按钮。

2. 绘制轴测图前的设置

步骤 01 选择下拉菜单 工具(T) → 绘图设置(F)... 命令，系统弹出“草图设置”对话框，单击 捕捉和栅格 选项卡；在 捕捉类型 选项组中选取 ⊙ 栅格捕捉(R) 中的 ⊙ 等轴测捕捉(M) 选项，单击 对象捕捉 选项卡，选中 ☑ 启用对象捕捉 (F3)(O) 和 ☑ 启用对象捕捉追踪 (F11)(K) 复选框；在 对象捕捉模式 选项组中选取 □ ☑ 端点(E)、△ ☑ 中点(M)、○ ☑ 圆心(C)、◇ ☑ 象限点(Q)、× ☑ 交点(I)、ㅎ ☑ 切点(N)、⧖ ☑ 最近点(R) 和 ∥ ☑ 平行线(L) 选项，其余的全部不选，单击 确定 按钮以完成设置。

步骤 02 确认状态栏中的 ∟ (正交模式) 按钮处于显亮状态。

步骤 03 按功能键 F5，可切换等轴测图平面 <等轴测平面 俯视>、<等轴测平面 右视> 与 <等轴测平面 左视>。

3. 绘制轴测图

步骤 01 绘制图 27.1.2 所示的等轴测矩形 1。

(1) 切换图层。在“图层”工具栏中选择“轮廓线层”。

(2) 将等轴测平面切换到右视轴测面。

(3) 选择下拉菜单 绘图(D) → 直线(L) 命令，在绘图区单击一点（点 A）作为直线的起点。

（4）结合“正交”功能，绘制图 27.1.2 所示的直线 1，将光标向右上方移动，在命令行中输入位移值 110，按 Enter 键确认。

（5）绘制图 27.1.2 所示的直线 2，将光标向上方移动，在命令行中输入位移值 40，按 Enter 键确认。

（6）绘制图 27.1.2 所示的直线 3，将光标向左下方移动，在命令行中输入位移值 110，按 Enter 键确认。

（7）绘制图 27.1.2 所示的直线 4，将光标移动至点 A 处单击，并按 Enter 键完成绘制。

步骤 02 绘制图 27.1.3 所示的等轴测矩形 2。选择下拉菜单 修改(M) → 复制(Y) 命令，选取上一步创建的等轴测矩形 1 为复制对象并按 Enter 键，选取点 A 作为基点，结果如图 27.1.3 所示（注：具体参数和操作参见随书光盘）。

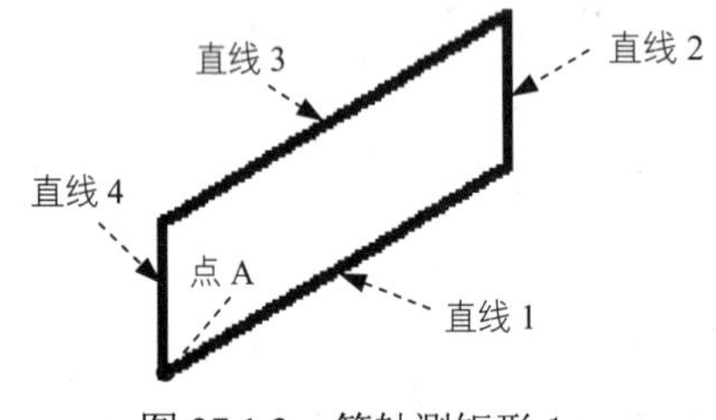

图 27.1.2　等轴测矩形 1

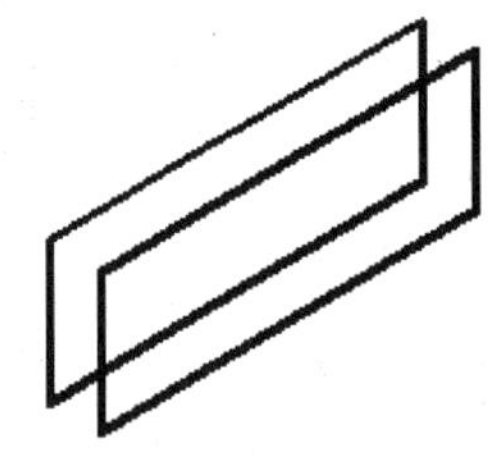

图 27.1.3　等轴测矩形 2

步骤 03 绘制图 27.1.4 所示的直线。

（1）将等轴测平面切换到俯视轴测面。

（2）选择下拉菜单 绘图(D) → 直线(L) 命令，在绘图区域中选取图 27.1.4 所示的点 A 作为直线的起点，将光标向右上方移动，并在命令行中输入 15 后按 Enter 键确认。

（3）将鼠标向右下方移动，在命令行中输入位移值 35，按 Enter 键确认。

（4）将鼠标向右上方移动，在命令行中输入位移值 80，按 Enter 键确认。

（5）将鼠标向左上方移动，在命令行中输入位移值 35，按两次 Enter 键结束命令。

步骤 04 选择下拉菜单 修改(M) → 复制(Y) 命令，选取图 27.1.4 所示的直线 2、直线 3 与直线 4 为复制对象并按 Enter 键，选取点 A 作为基点，按 F5 键切换至 <等轴测平面 右视> 平面，结合正交命令，将光标向上方移动，并在命令行中输入 15 后按两次 Enter 键结束复制命令，结果如图 27.1.5 所示。

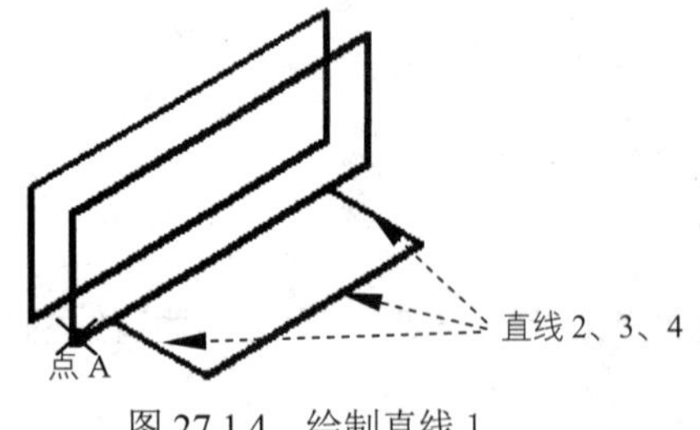

图 27.1.4　绘制直线 1

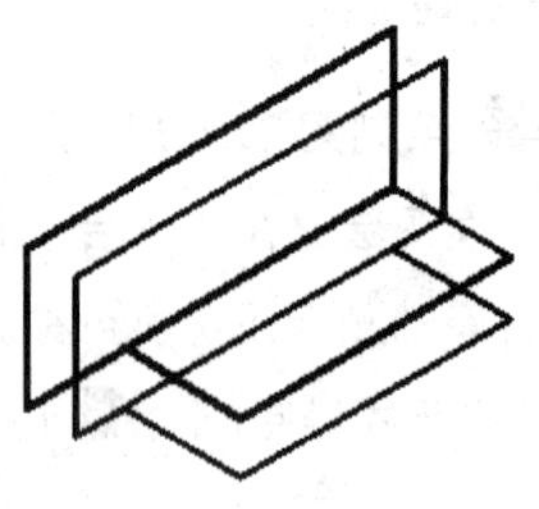

图 27.1.5　复制图形 1

步骤05 绘制图27.1.6所示的直线。

（1）将等轴测平面切换到俯视轴测面。

（2）选择下拉菜单 绘图(D) → 直线(L) 命令，在绘图区域中选取图27.1.6所示的点A作为直线的起点，将光标向右上方移动，并在命令行中输入5后按Enter键确认。

（3）将鼠标向左上方移动，在命令行中输入位移值35后按Enter键确认。

（4）将等轴测平面切换到右视轴测面。

（5）将鼠标向上方移动，在命令行中输入位移值25后按Enter键确认。

（6）将等轴测平面切换到左视轴测面。

（7）将鼠标向右下方移动，在命令行中输入位移值35后按Enter键确认。

（8）将鼠标向下方移动，在命令行中输入位移值25后按两次Enter键结束命令。

步骤06 选择下拉菜单 修改(M) → 复制(Y) 命令，选取上步创建的直线为复制对象并按Enter键，选取点A作为基点，按F5键切换至<等轴测平面 俯视>平面，结合正交命令，将光标向右上方移动，并在命令行中输入70后按两次Enter键结束复制命令，结果如图27.1.7所示。

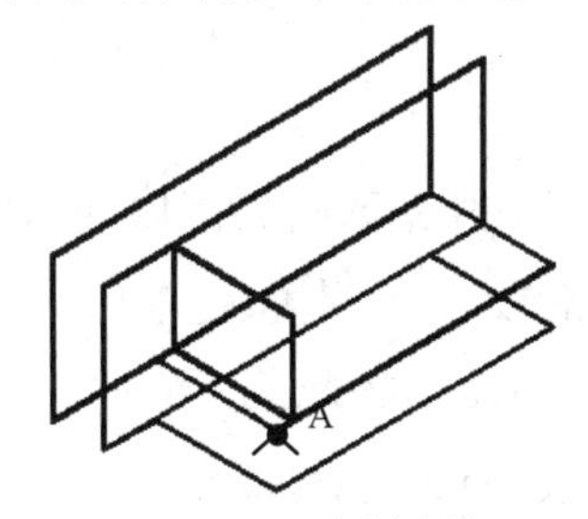

图27.1.6 绘制直线2

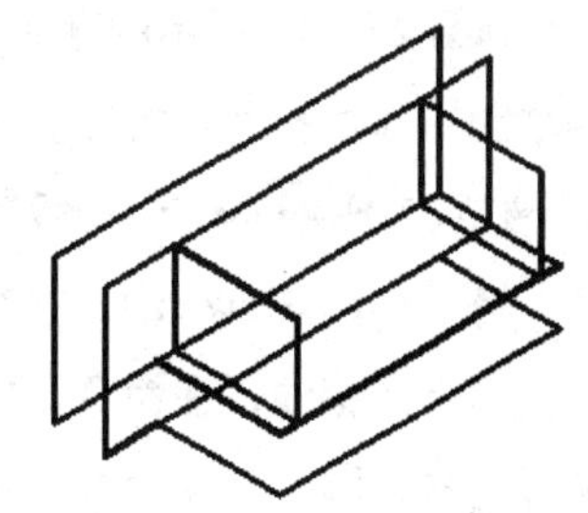
图27.1.7 复制图形2

步骤07 选择下拉菜单 绘图(D) → 直线(L) 命令，绘制图27.1.8所示的直线。

步骤08 用 修改(M) → 修剪(T) 命令对图形进行修剪，结果如图27.1.9所示。

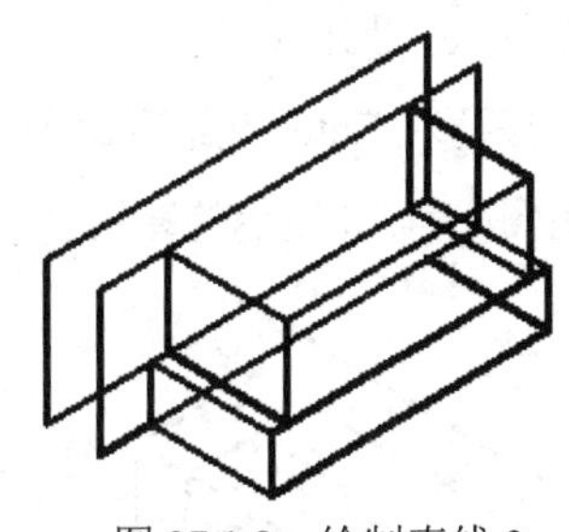
图27.1.8 绘制直线3

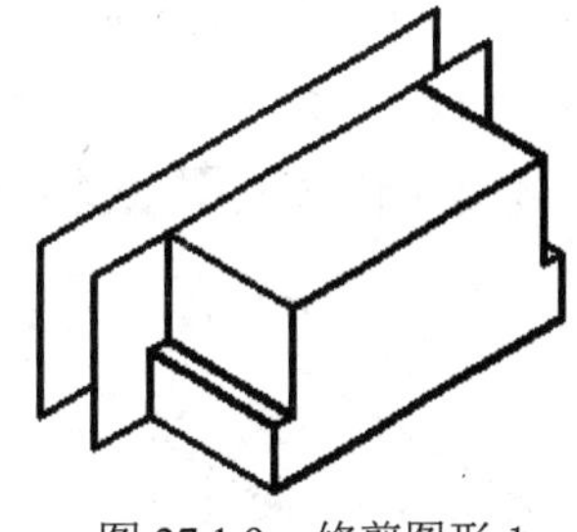
图27.1.9 修剪图形1

步骤09 绘制图27.1.10所示的直线。

（1）选择下拉菜单 绘图(D) → 直线(L) 命令，在绘图区域中选取图27.1.10所示的点A作为直线的起点，将光标向右上方移动，并在命令行中输入25后按Enter键确认。

（2）将等轴测平面切换到右视轴测面。

（3）将鼠标向上方移动，在命令行中输入位移值 10 后按 Enter 键确认。

（4）将鼠标向右方移动，在命令行中输入位移值 30 后按 Enter 键确认。

（5）将鼠标向下方移动，在命令行中输入位移值 10 后按 Enter 键确认。

（6）将等轴测平面切换到左视轴测面。

（7）将鼠标向左上方移动，在命令行中输入位移值 20 后按两次 Enter 键结束命令。

步骤 10 用 修改(M) → 修剪(T) 命令对图形进行修剪，结果如图 27.1.11 所示。

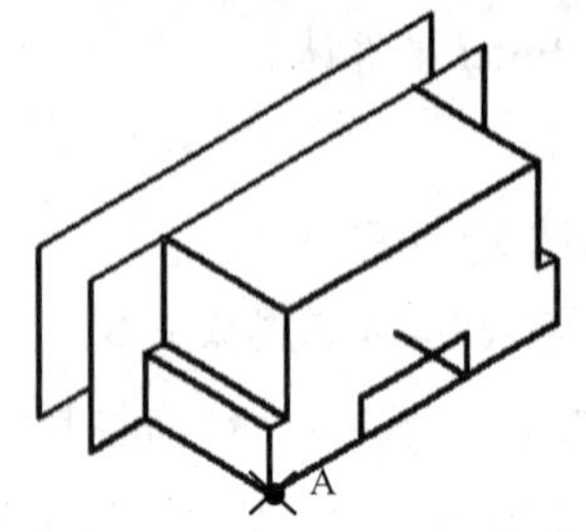

图 27.1.10　绘制直线 4

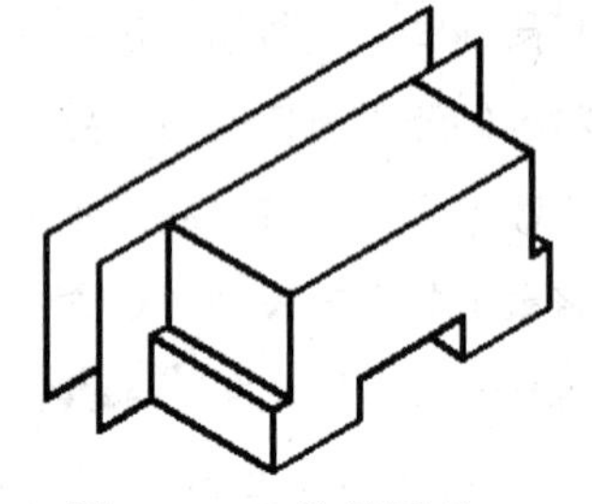

图 27.1.11　修剪图形 2

步骤 11 绘制图 27.1.12 所示的直线。

（1）将等轴测平面切换到右视轴测面。

（2）选择下拉菜单 绘图(D) → 直线(L) 命令，在绘图区域中选取图 27.1.12 所示的点 A 作为直线的起点，将光标向右方移动，并在命令行中输入 15 后按 Enter 键确认。

（3）将鼠标向下方移动，在命令行中输入位移值 20 后按 Enter 键确认。

（4）将鼠标向右方移动，在命令行中输入位移值 40 后按 Enter 键确认。

（5）将鼠标向上方移动，在命令行中输入位移值 20 后按 Enter 键确认。

（6）将等轴测平面切换到左视轴测面。

（7）将鼠标向左上方移动，在命令行中输入位移值 20 后按 Enter 键确认。

（8）将鼠标向下方移动，在命令行中输入位移值 20 后按 Enter 键确认。

（9）将鼠标向右下方移动，在命令行中输入位移值 20 后按两次 Enter 键结束命令。

步骤 12 选择下拉菜单 绘图(D) → 直线(L) 命令，绘制图 27.1.13 所示的直线。

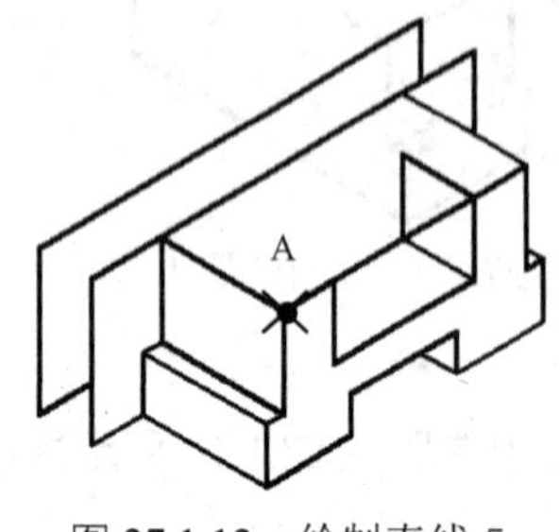

图 27.1.12　绘制直线 5

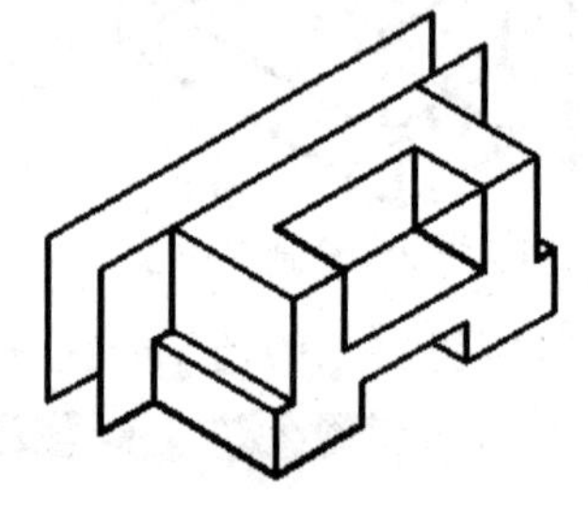

图 27.1.13　绘制直线 6

步骤 13 绘制图 27.1.14 所示的直线。

（1）将等轴测平面切换到右视轴测面。

（2）选择下拉菜单 绘图(D) → 直线(L) 命令，在绘图区域中选取图 27.1.14 所示的点 A 作为直线的起点，将光标向右方移动，并在命令行中输入 10 后按 Enter 键确认。

（3）将鼠标向下方移动，在命令行中输入位移值 10 后按 Enter 键确认。

（4）将鼠标向右方移动，在命令行中输入位移值 20 后按 Enter 键确认。

（5）将等轴测平面切换到左视轴测面。

（6）将鼠标向左上方移动，在命令行中输入位移值 30 后按 Enter 键确认。

（7）将鼠标向上方移动，在命令行中输入位移值 10 后按 Enter 键确认。

（8）将鼠标向右方移动，在命令行中输入位移值 30 后按 Enter 键确认。

（9）将鼠标向下方移动，在命令行中输入位移值 10 后按两次 Enter 键结束命令。

步骤 14 选择下拉菜单 绘图(D) → 直线(L) 命令，绘制图 27.1.15 所示的直线。

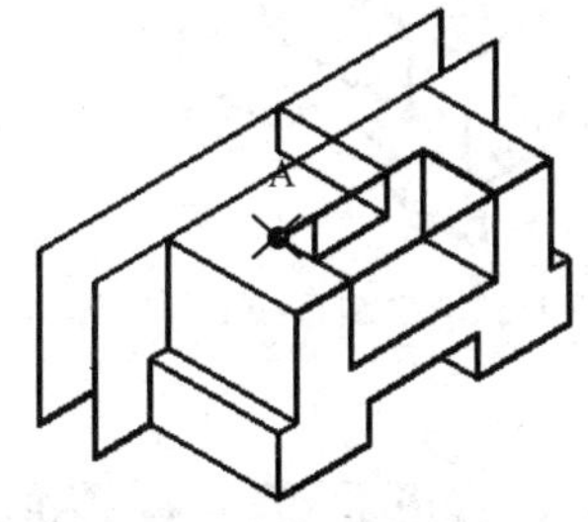

图 27.1.14 绘制直线 7

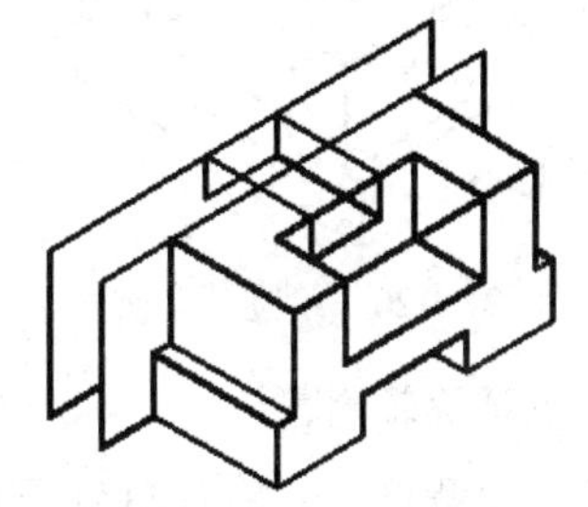
图 27.1.15 绘制直线 8

步骤 15 用 修改(M) → 修剪(T) 命令对图形进行修剪，结果如图 27.1.16 所示。

步骤 16 创建图 27.1.17 所示的圆角。

（1）绘制图 27.1.18 所示的辅助直线。将等轴测平面切换到右视轴测面，选择下拉菜单 绘图(D) → 直线(L) 命令；以图 27.1.18 所示的点 A 为直线的起点，结合“正交”功能，将光标向右移动，输入 10；将光标向下移动，输入 10。

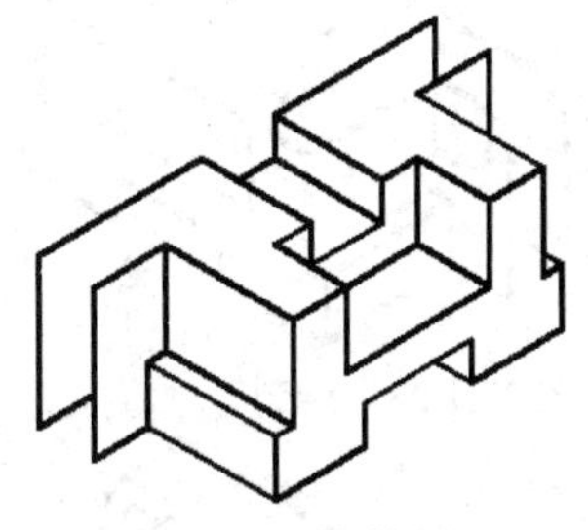
图 27.1.16 修剪图形 3

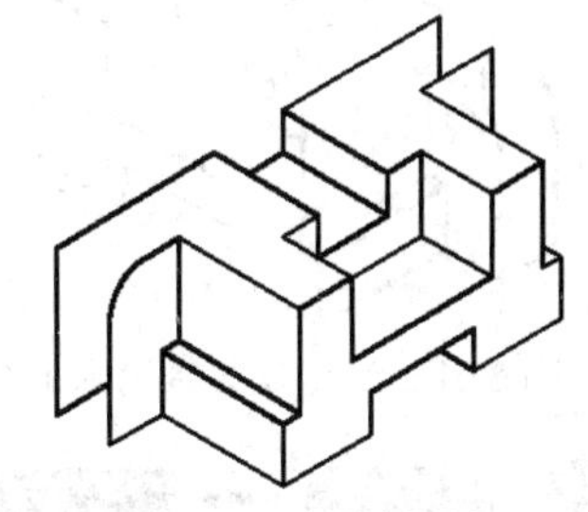
图 27.1.17 绘制圆角

（2）绘制等轴测圆。用 绘图(D) → 椭圆(E) → 轴、端点(E) 命令，以 B 点（图 27.1.18）为圆心，绘制半径为 10 的等轴测圆，结果如图 27.1.19 所示。

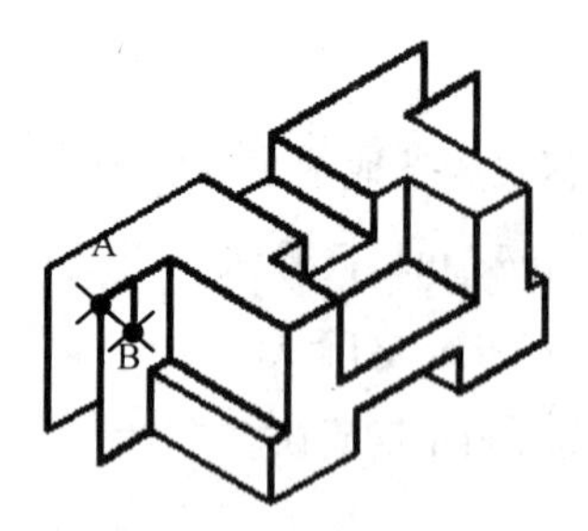

图 27.1.18 绘制辅助直线

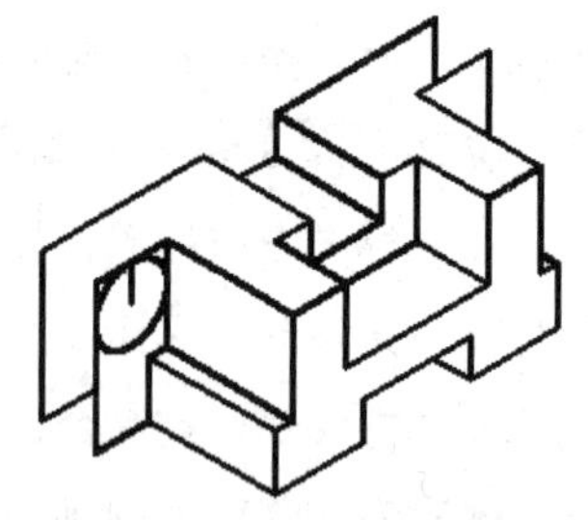

图 27.1.19 绘制等轴测圆

步骤 17 参照上一步，创建图 27.1.20 所示的其余 3 个圆角，并将多余的线进行修剪。

步骤 18 选择下拉菜单 绘图(D) → 直线(L) 命令，绘制图 27.1.21 所示的直线。

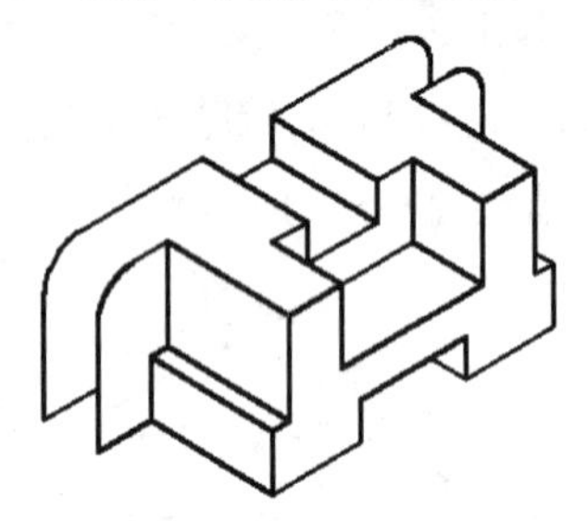

图 27.1.20 绘制其余圆角

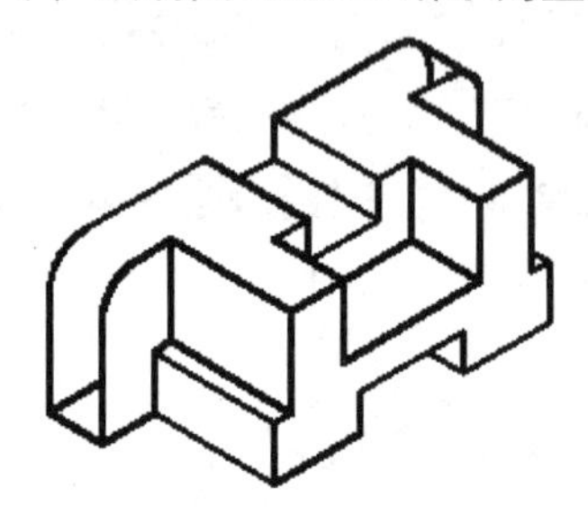

图 27.1.21 绘制直线 9

步骤 19 创建等轴测圆。

（1）绘制等轴测圆 1。将等轴测平面切换到右视轴测面，用 绘图(D) → 椭圆(E) → 轴、端点(E) 命令，以图 27.1.22 所示圆弧的圆心点为圆心，绘制半径为 5 的等轴测圆，结果如图 27.1.22 所示。

（2）绘制等轴测圆 2。用 绘图(D) → 椭圆(E) → 轴、端点(E) 命令，以图 27.1.23 所示圆弧的圆心点为圆心，绘制半径为 5 的等轴测圆，结果如图 27.1.23 所示。

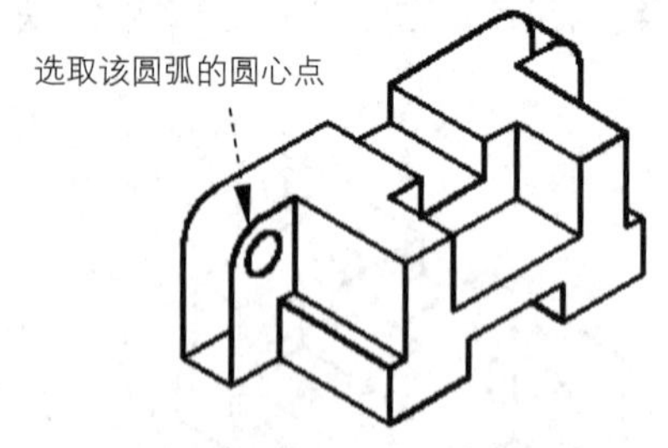

图 27.1.22 绘制等轴测圆 1

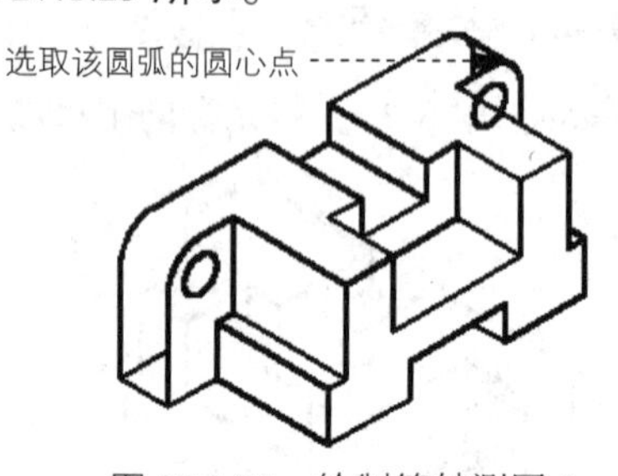

图 27.1.23 绘制等轴测圆 2

步骤 20 用 修改(M) → 修剪(T) 命令对图形进行修剪，结果如图 27.1.24 所示。

步骤 21 选择下拉菜单 文件(F) → 另存为(A)... 命令，将图形命名为“基座.dwg”，单击 保存(S) 按钮。

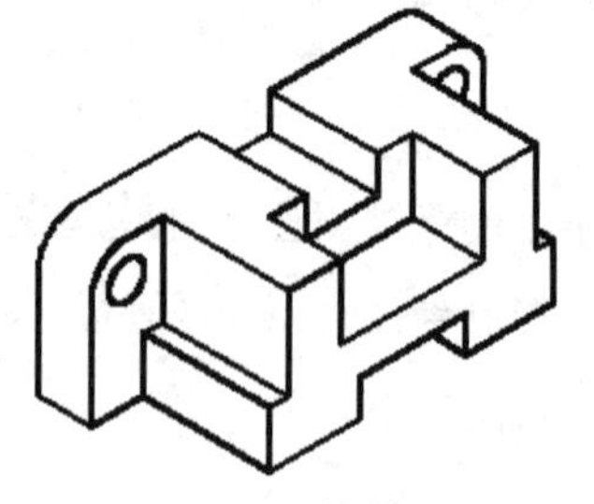

图 27.1.24 修剪图形 4

第 28 章　AutoCAD 三维图形的绘制实际应用案例

28.1　案例 1——基座

下面以图 28.1.1 所示的三维模型为例，介绍其创建的一般操作步骤。

步骤 01 进入 AutoCAD 默认样板文件环境。

步骤 02 创建图 28.1.2 所示的三维实体拉伸对象。

（1）确认状态栏中的（正交模式）和（对象捕捉）按钮处于显亮状态。

（2）绘制图 28.1.3 所示的封闭的二维图形。选择下拉菜单 绘图(D) → 矩形(G) 命令，绘制图 28.1.3 所示的封闭的二维图形。

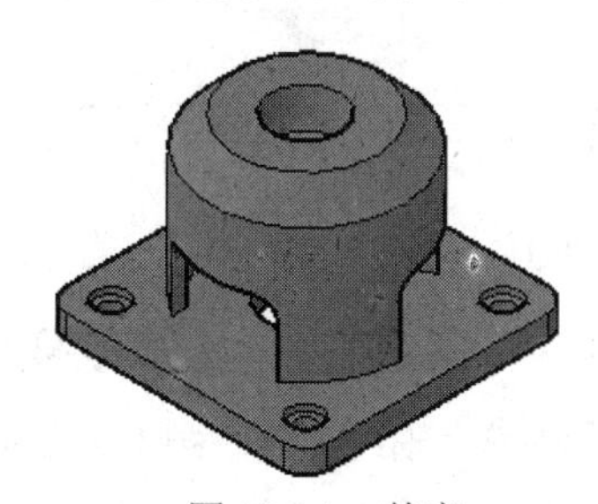

图 28.1.1　基座

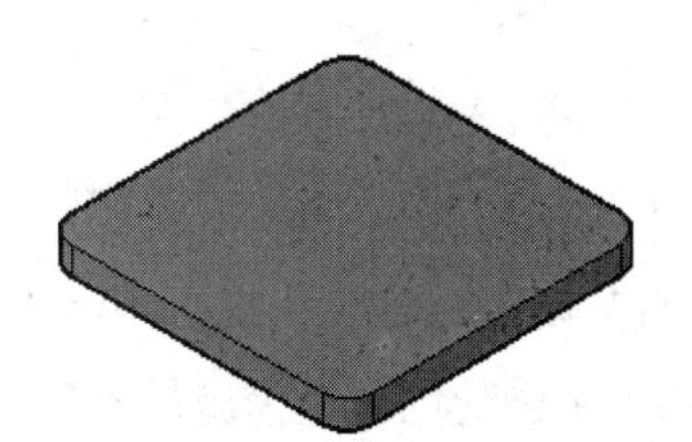

图 28.1.2　三维实体拉伸对象 1

（3）将封闭的二维图形拉伸为实体。选择下拉菜单 绘图(D) → 建模(M) ▸ → 拉伸(X) 命令，选取步骤（2）中创建的二维图形为拉伸对象，指定拉伸高度为 10。

（4）启动三维动态观察器查看并旋转三维实体。选择下拉菜单 视图(V) → 动态观察(B) ▸ → 自由动态观察(F) 命令，系统进入三维观察模式；按住左键不放，随意拖动光标，就可以对图形进行任意角度的动态观察；将三维实体调整到图 28.1.2 所示的方位；按 Enter 键或 Esc 键退出三维动态观察器。

在启用了三维导航工具中的任一种时，按数字键 1、2、3、4、5 可以切换三维动态的观察方式。

步骤 03 创建图 28.1.4 所示的三维实体旋转对象。

（1）选择下拉菜单 视图(V) → 三维视图(D) ▸ → 前视(F) 命令将视图方位调整至前视。

（2）绘制图 28.1.5 所示的封闭的二维图形。选择下拉菜单 绘图(D) → 直线(L) 命令，绘制图 28.1.6 所示的封闭的二维图形。

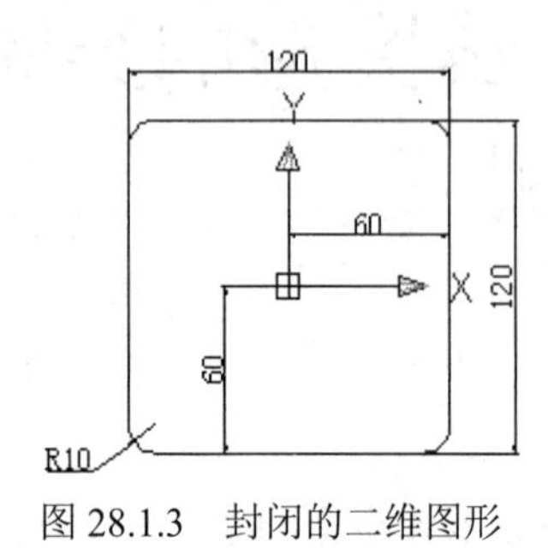

图 28.1.3　封闭的二维图形

图 28.1.4　三维实体旋转对象 1

（3）将封闭的二维图形转换为面域。选择下拉菜单 绘图(D) → 面域(N) 命令，选取步骤（2）中创建的二维图形为转换对象，按 Enter 键结束操作。

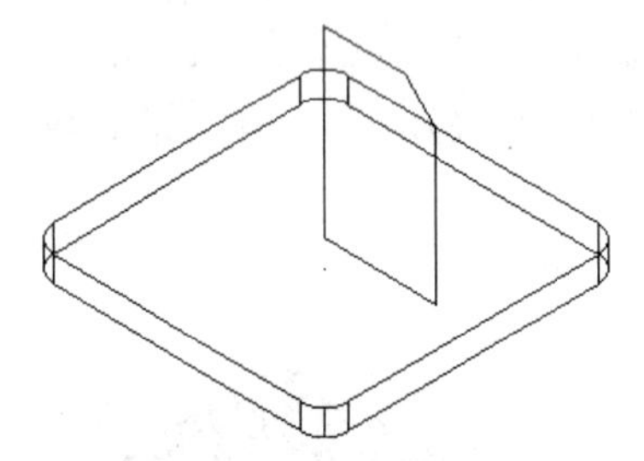

图 28.1.5　二维截面图形（等轴测）1

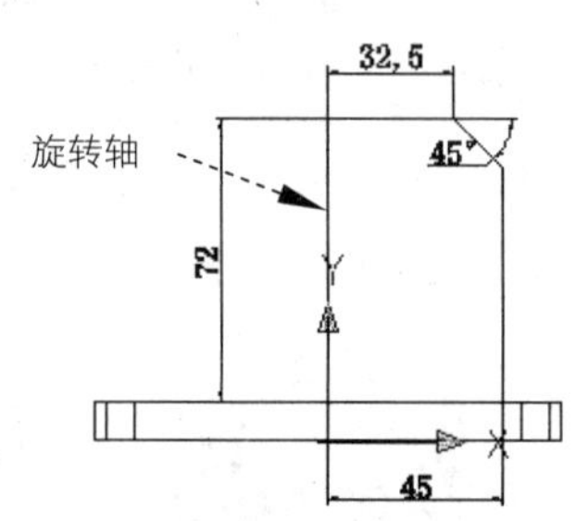

图 28.1.6　二维截面图形（平面）1

（4）将封闭区域旋转为实体。选择下拉菜单 绘图(D) → 建模(M) ▸ → 旋转(R) 命令，选取步骤（3）中创建的面域为旋转对象，选取图 28.1.6 所示的中心轴线，旋转角度为 360°，结果如图 28.1.4 所示。

（5）选择下拉菜单 视图(V) → 动态观察(B) ▸ → 自由动态观察(F) 命令，查看模型的三维状态，查看完成后按 Enter 键或 Esc 键退出三维动态观察器。

步骤 04 创建图 28.1.7 所示的三维实体旋转对象。

（1）选择下拉菜单 视图(V) → 三维视图(D) ▸ → 前视(F) 命令将视图方位调整至前视。

（2）绘制图 28.1.8 所示的封闭的二维图形。选择下拉菜单 绘图(D) → 直线(L) 命令，绘制图 28.1.9 所示的封闭的二维图形。

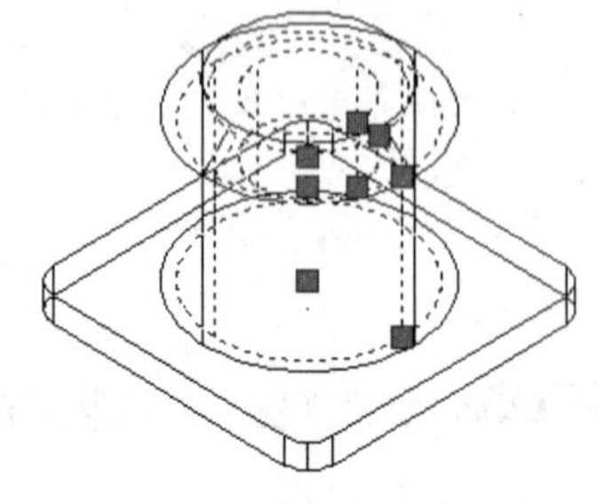

图 28.1.7　三维实体旋转对象 2

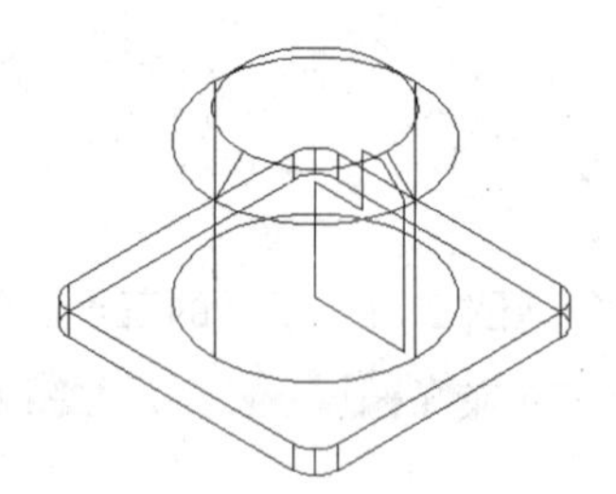

图 28.1.8　二维截面图形（等轴测）2

（3）将封闭的二维图形转换为面域。选择下拉菜单 绘图(D) → 面域(N) 命令，选取步骤（2）中创建的二维图形为转换对象，按 Enter 键结束操作。

（4）将封闭区域旋转为实体。选择下拉菜单 绘图(D) → 建模(M) → 旋转(R) 命令，选取步骤（3）中创建的面域为旋转对象，选取图 28.1.9 所示的中心轴线，旋转角度为 360°，结果如图 28.1.7 所示。

（5）选择下拉菜单 视图(V) → 动态观察(B) → 自由动态观察(F) 命令，查看模型的三维状态，查看完成后按 Enter 键或 Esc 键退出三维动态观察器。

步骤 05 创建图 28.1.10 所示的三维实体拉伸对象。

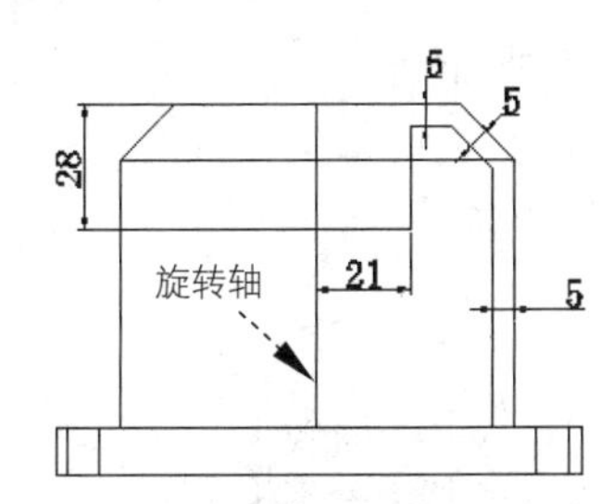

图 28.1.9 二维截面图形（平面）2

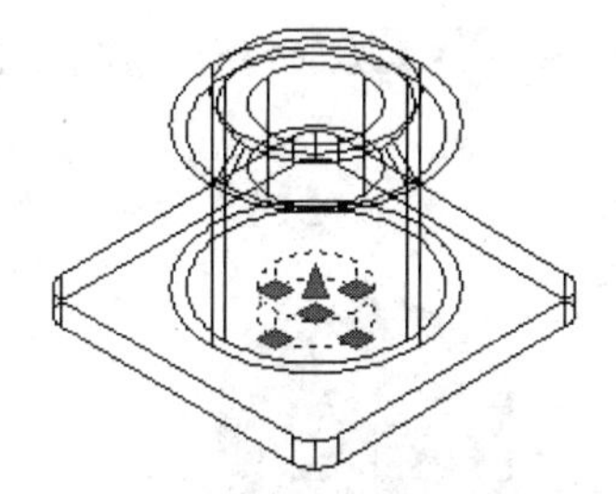
图 28.1.10 三维实体拉伸对象 2

（1）选择下拉菜单 视图(V) → 三维视图(D) → 俯视(T) 命令将视图方位调整至俯视。

（2）绘制图 28.1.11 所示的封闭的二维图形。选择 绘图(D) → 圆(C) → 圆心、半径(R) 命令，绘制图 28.1.12 所示的封闭的二维图形。

此圆的圆心坐标为（0,0）点。

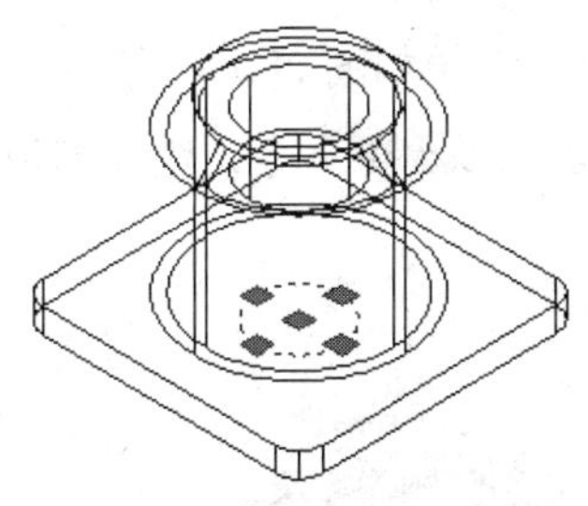
图 28.1.11 二维截面图形（等轴测）3

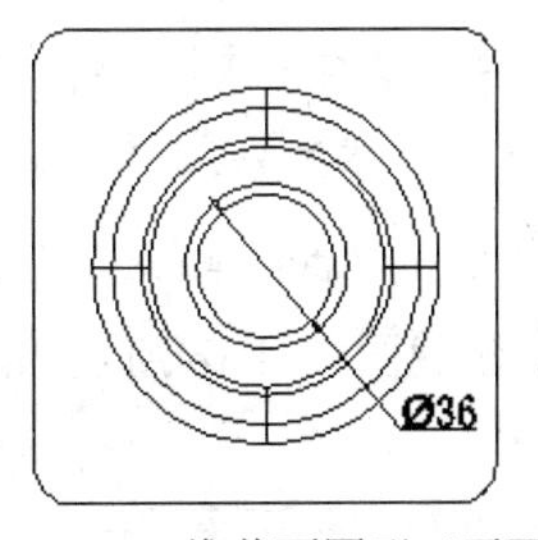

图 28.1.12 二维截面图形（平面）3

（3）将封闭区域拉伸为实体。选择下拉菜单 绘图(D) → 建模(M) → 拉伸(X) 命令，选取步骤（2）中创建的二维图形为拉伸对象，指定拉伸高度为 10，结果如图 28.1.10 所示。

（4）选择下拉菜单 视图(V) → 动态观察(B) → 自由动态观察(F) 命令，查看模型的三维状态，查看完成后按 Enter 键或 Esc 键退出三维动态观察器。

步骤 06 对图形进行布尔并集运算。选择下拉菜单 修改(M) → 实体编辑(N) → 并集(U) 命令，分别选取 步骤 02 所创建的三维拉伸实体以及 步骤 03 所创建的三维旋转实体，按 Enter 键结

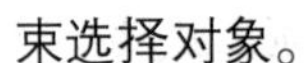

束选择对象。

步骤07 对图形进行布尔差集运算。选择下拉菜单 修改(M) → 实体编辑(N) → 差集(S) 命令，选取步骤06所创建的整个实体作为要从中减去的实体，按 Enter 键结束选择；选取步骤04所创建的三维旋转实体以及步骤05所创建的三维拉伸实体为要减去的实体，按 Enter 键结束操作。

步骤08 创建图 28.1.13 所示的三维实体拉伸对象。

（1）选择下拉菜单 视图(V) → 三维视图(D) → 前视(F) 命令将视图方位调整至前视。

（2）绘制图 28.1.14 所示的封闭的二维图形。选择下拉菜单 绘图(D) → 直线(L) 与 修改(M) → 圆角(F) 命令，绘制图 28.1.15 所示的封闭的二维图形。

注意：在绘制此封闭二维图形时需注意草绘绘制的位置。

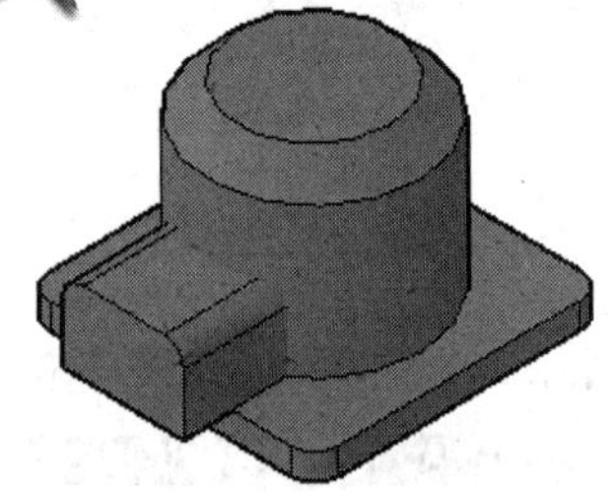

图 28.1.13 三维实体拉伸对象 3

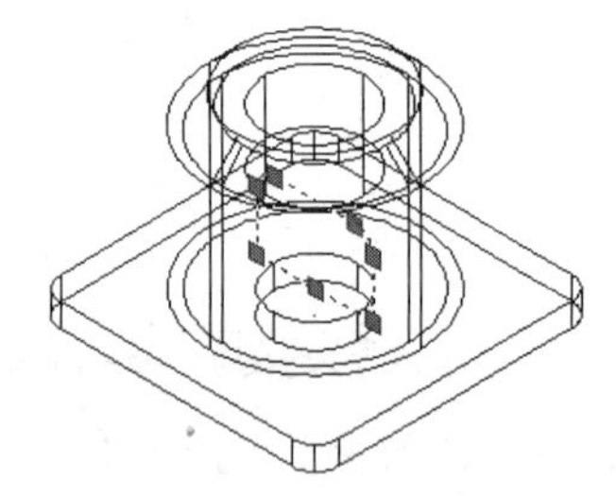

图 28.1.14 二维截面图形（等轴测）4

（3）将封闭的二维图形转换为面域。选择下拉菜单 绘图(D) → 面域(N) 命令，选取步骤（2）中创建的二维图形为转换对象，按 Enter 键结束操作。

（4）将封闭区域拉伸为实体。选择下拉菜单 绘图(D) → 建模(M) → 拉伸(X) 命令，选取步骤（3）中创建的面域为拉伸对象，指定拉伸高度为 80，结果如图 28.1.13 所示。

（5）选择下拉菜单 视图(V) → 动态观察(B) → 自由动态观察(F) 命令，查看模型的三维状态，查看完成后按 Enter 键或 Esc 键退出三维动态观察器。

步骤09 创建图 28.1.16 所示的阵列特征。

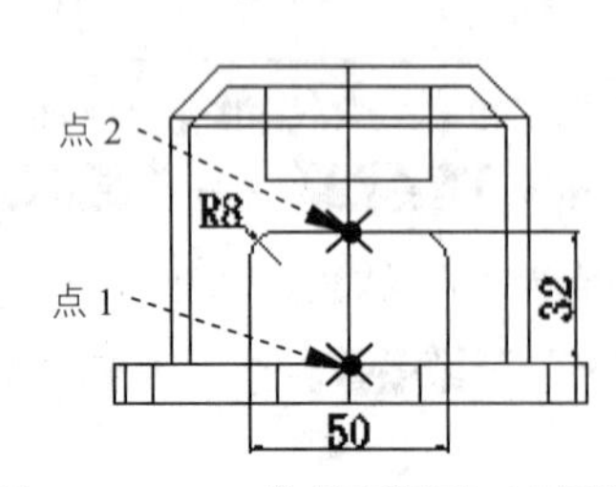

图 28.1.15 二维截面图形（平面）4

图 28.1.16 阵列特征

（1）选择下拉菜单 修改(M) → 三维操作(3) → 三维阵列(3) 命令。

（2）在选择对象：的提示下，选择步骤 08 中所创建的三维拉伸实体为阵列对象，按 Enter 键结束选择。

（3）在输入阵列类型 [矩形(R)/环形(P)] <矩形>：的提示下，输入字母 P 后按 Enter 键，即选择环形阵列方式。

（4）在输入阵列中的项目数目：的提示下，输入阵列的个数 3 并按 Enter 键。

（5）在指定要填充的角度（+=逆时针，-=顺时针）<360>：的提示下，按 Enter 键，即选取阵列的填充角度值为 360。

（6）在旋转阵列对象？ [是(Y)/否(N)] <Y>：的提示下按 Enter 键。

（7）在指定阵列的中心点：的提示下，选取图 28.1.15 所示的点 1，在指定旋转轴上的第二点：的提示下，选取图 28.1.15 所示的点 2，此时系统便开始进行阵列，完成后如图 28.1.16 所示。

图 28.1.15 所示的点 1 与点 2 分别为此二维草图水平边线的中点。

步骤 10 对图形进行布尔差集运算。选择下拉菜单 修改(M) → 实体编辑(N) → 差集(S) 命令，选取步骤 07 所创建的整个实体作为要从中减去的实体，按 Enter 键结束选择；选取步骤 08 所创建的三维拉伸实体以及步骤 09 阵列得到的实体为要减去的实体，按 Enter 键结束操作，效果如图 28.1.17 所示。

步骤 11 创建图 28.1.18 所示的三维实体旋转对象。

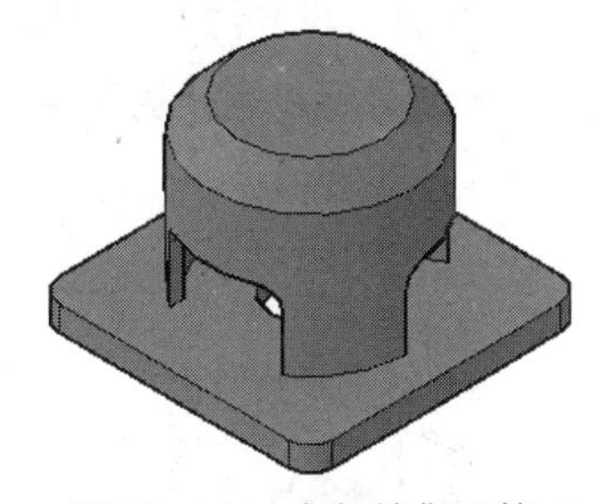

图 28.1.17 布尔差集运算 1

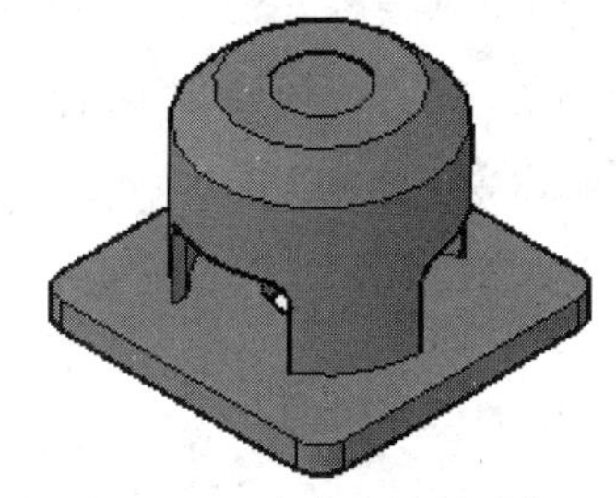

图 28.1.18 三维实体旋转对象 3

（1）选择下拉菜单 视图(V) → 三维视图(D) → 前视(F) 命令将视图方位调整至前视。

（2）绘制图 28.1.19 所示的封闭的二维图形。选择下拉菜单 绘图(D) → 直线(L) 命令，绘制图 28.1.20 所示的封闭的二维图形。

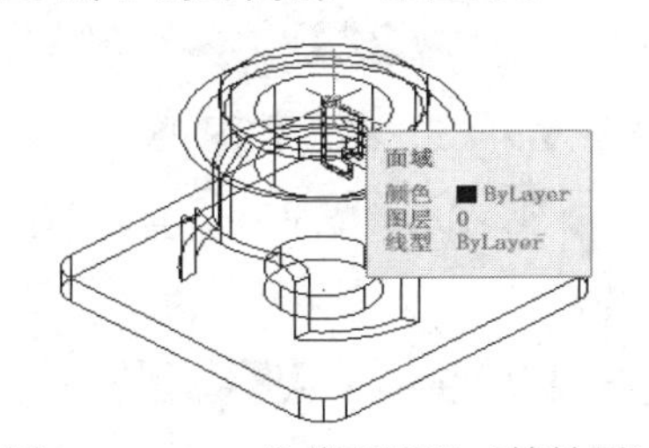

图 28.1.19 二维截面图形（等轴测）5

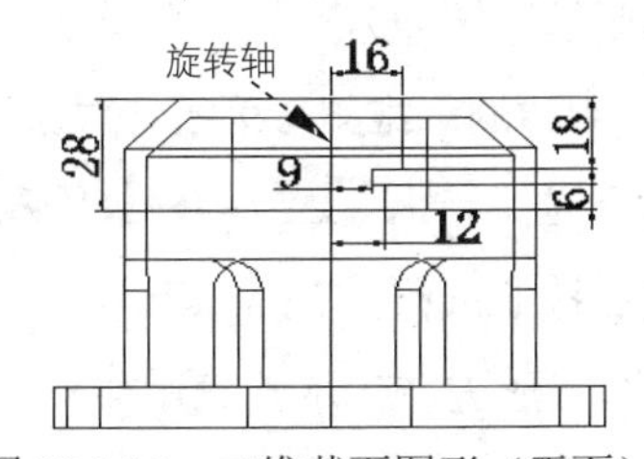

图 28.1.20 二维截面图形（平面）5

（3）将封闭的二维图形转换为面域。选择下拉菜单 绘图(D) → 面域(N) 命令，选取步骤（2）中创建的二维图形为转换对象，按 Enter 键结束操作。

（4）将封闭区域旋转为实体。选择下拉菜单 绘图(D) → 建模(M) → 旋转(R) 命令，选取步骤（3）中创建的面域为旋转对象，选取图 28.1.20 所示的中心轴线，旋转角度为 360°，结果如图 28.1.18 所示。

（5）选择下拉菜单 视图(V) → 动态观察(B) → 自由动态观察(F) 命令，查看模型的三维状态，查看完成后按 Enter 键或 Esc 键退出三维动态观察器。

步骤 12 对图形进行布尔差集运算。选择下拉菜单 修改(M) → 实体编辑(N) → 差集(S) 命令，选取步骤 10 所创建的整个实体作为要从中减去的实体，按 Enter 键结束选择；选取步骤 11 所创建的三维旋转实体为要减去的实体，按 Enter 键结束操作，效果如图 28.1.21 所示。

步骤 13 创建图 28.1.22 所示的三维实体拉伸对象。

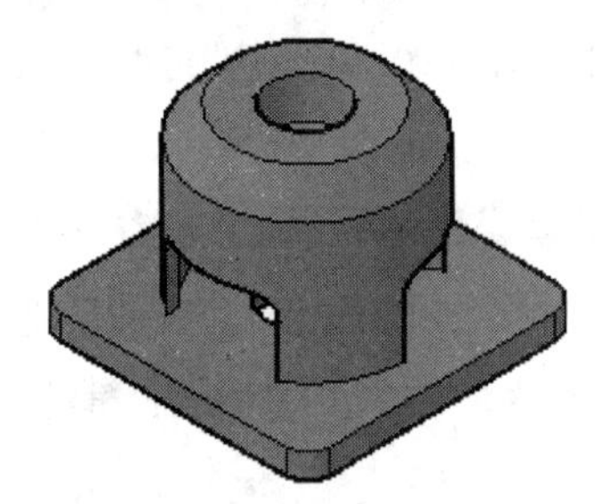

图 28.1.21　布尔差集运算 2

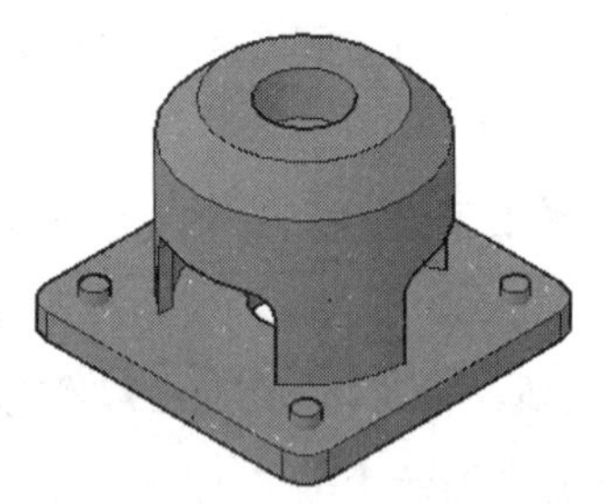

图 28.1.22　三维实体拉伸对象 4

（1）选择下拉菜单 视图(V) → 三维视图(D) → 俯视(T) 命令将视图方位调整至俯视。

（2）绘制图 28.1.23 所示的封闭的二维图形。选择下拉菜单 绘图(D) → 圆(C) → 圆心、半径(R) 命令，绘制图 28.1.24 所示的 4 个直径为 9 的圆。

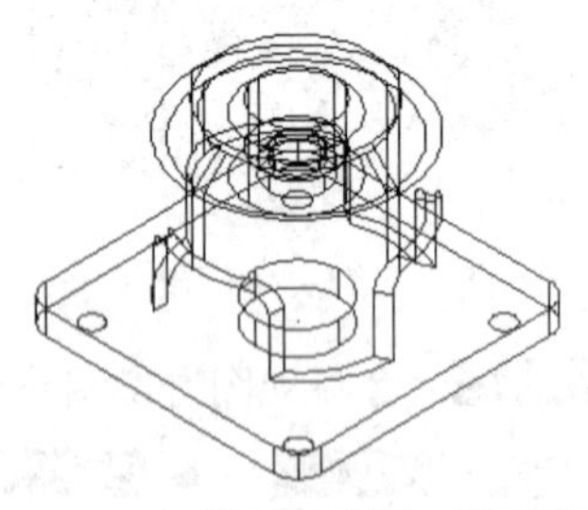

图 28.1.23　二维截面图形（等轴测）6

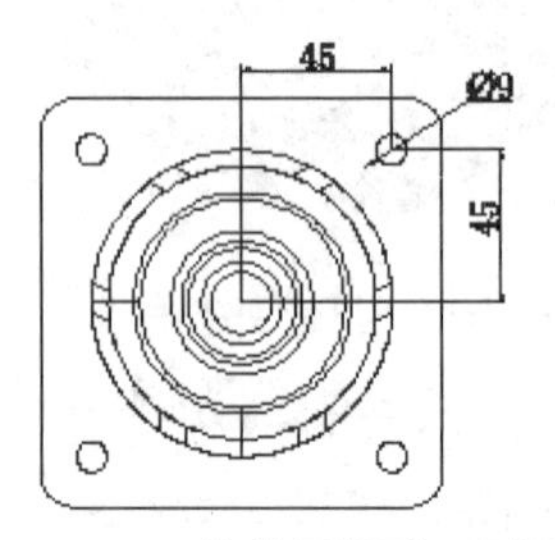

图 28.1.24　二维截面图形（平面）6

（3）将封闭区域拉伸为实体。选择下拉菜单 绘图(D) → 建模(M) → 拉伸(X) 命令，选取步骤（2）中创建的二维图形为拉伸对象，指定拉伸高度为 15，结果如图 28.1.22 所示。

（4）选择下拉菜单 视图(V) → 动态观察(B) → 自由动态观察(F) 命令，查看模型的三维状态，查看完成后按 Enter 键或 Esc 键退出三维动态观察器。

步骤 14 对图形进行布尔差集运算。选择下拉菜单 修改(M) → 实体编辑(N) → 差集(S)

命令，选取步骤 12 所创建的整个实体作为要从中减去的实体，按 Enter 键结束选择；选取步骤 13 所创建的三维拉伸实体为要减去的实体，按 Enter 键结束操作，效果如图 28.1.25 所示。

步骤 15 创建图 28.1.26 所示的三维实体拉伸对象。

（1）选择下拉菜单 视图(V) → 三维视图(D) → 俯视(T) 命令将视图方位调整至俯视。

（2）绘制图 28.1.27 所示的封闭的二维图形。选择 绘图(D) → 圆(C) → 圆心、半径(R) 命令，绘制图 28.1.28 所示的 4 个直径为 15 的圆。

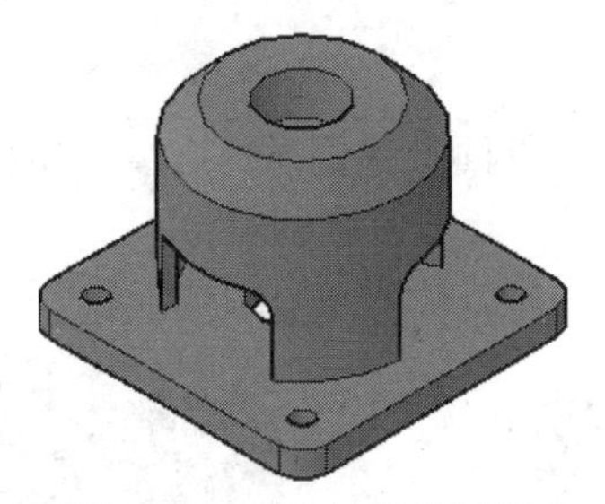

图 28.1.25 布尔差集运算 3

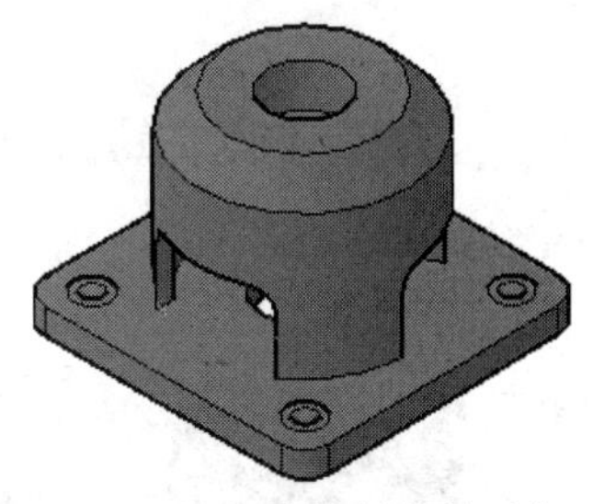

图 28.1.26 三维实体拉伸对象 5

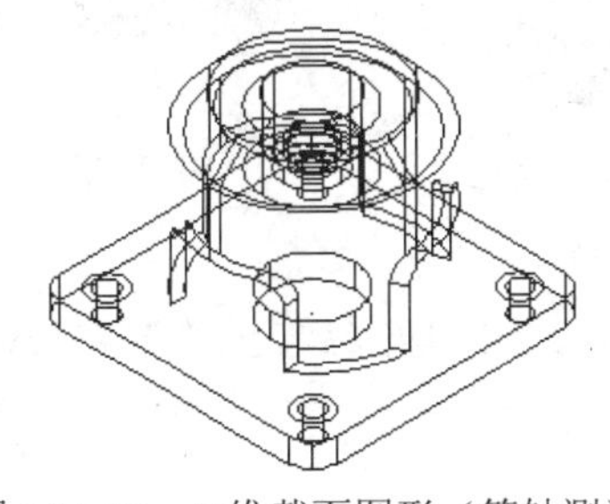

图 28.1.27 二维截面图形（等轴测）7

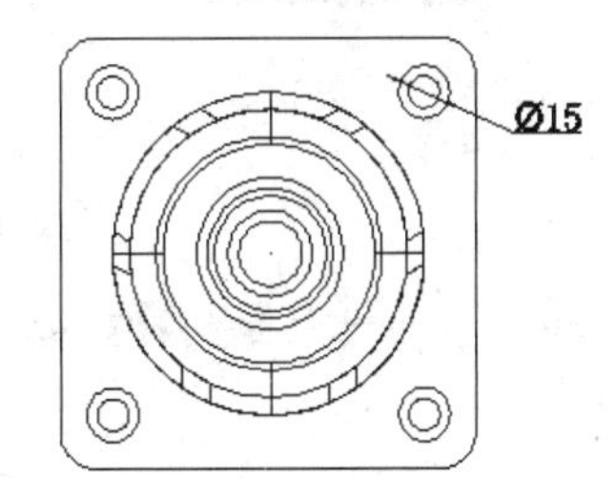

图 28.1.28 二维截面图形（平面）7

（3）将封闭区域拉伸为实体。选择下拉菜单 绘图(D) → 建模(M) → 拉伸(X) 命令，选取步骤（2）中创建的二维图形为拉伸对象，指定拉伸高度为–3，结果如图 28.1.26 所示。

（4）选择下拉菜单 视图(V) → 动态观察(B) → 自由动态观察(F) 命令，查看模型的三维状态，查看完成后按 Enter 键或 Esc 键退出三维动态观察器。

步骤 16 对图形进行布尔差集运算。选择下拉菜单 修改(M) → 实体编辑(N) → 差集(S) 命令，选取步骤 14 所创建的整个实体作为要从中减去的实体，按 Enter 键结束选择；选取步骤 15 所创建的三维拉伸实体为要减去的实体，按 Enter 键结束操作。选择下拉菜单 视图(V) → 视觉样式(S) → 概念(C) 命令更改视图的显示样式，效果如图 28.1.29 所示。

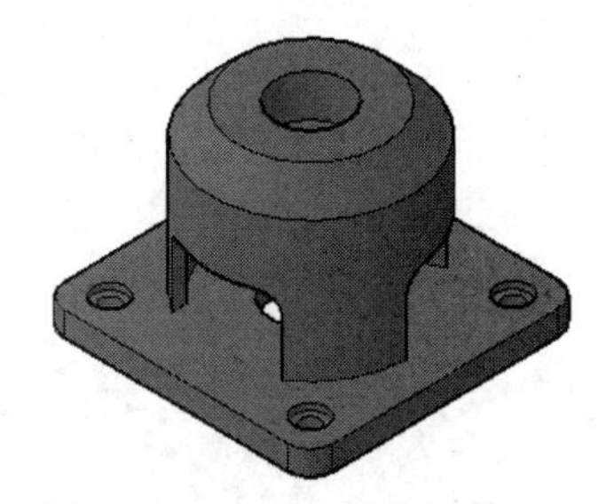

图 28.1.29 布尔差集运算 4

步骤 17 创建图 28.1.30b 所示的倒角特征。

（1）选择下拉菜单 修改(M) → 倒角(C) 命令。

（2）选取图 28.1.30a 所示的面作为倒角的基面，按 Enter 键接受当前面为基面。

（3）在命令行 指定基面的倒角距离: 的提示下，输入所要创建的倒角在基面的倒角距离值 1，并按 Enter 键。

（4）在命令行 指定其他曲面的倒角距离 的提示下，输入在相邻面上的倒角距离值 1 后按 Enter 键。

（5）在命令行 选择边或 [环(L)]: 的提示下，选择在基面上要倒角的边线，如图 28.1.30a 所示，按 Enter 键结束选取。

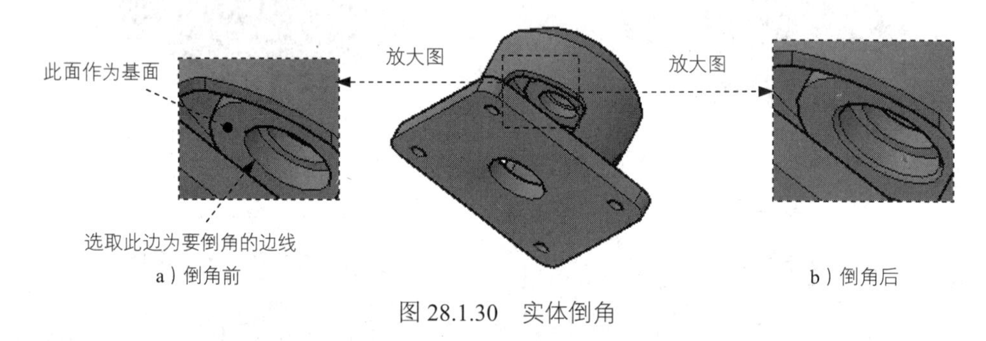

图 28.1.30 实体倒角

步骤 18 选择下拉菜单 文件(F) → 保存(S) 命令，将图形命名为“基座.dwg”，单击 保存(S) 按钮。

28.2 案例 2——支架

图 28.2.1 所示的是一个支架的三维实体模型，本节主要介绍其创建过程、尺寸标注过程以及实体着色的有关内容。

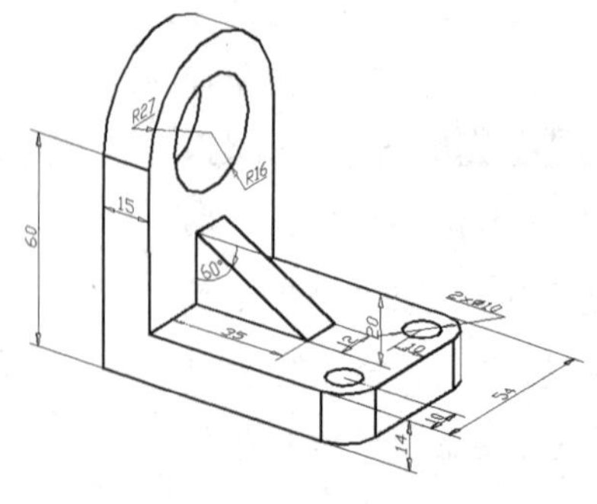

图 28.2.1 支架

使用随书光盘中提供的样板文件。选择下拉菜单 文件(F) → 新建(N)... 命令，在系统弹出的“选择样板”对话框中，找到文件 D:\cad1701\system_file\Part_temp_A3.dwg，然后单击打开(O)按钮。

后面的详细操作过程请参见随书光盘中 video\ch28.02\reference\文件下的语音视频讲解文件“支架-r01.exe”。

第 29 章　AutoCAD 渲染功能实际应用案例

29.1　案例 1——水杯的渲染

本节介绍将图 29.1.1 所示水杯模型渲染成玻璃效果的详细操作过程。

图 29.1.1　水杯的渲染

步骤 01　打开随书光盘文件 D:\cad1701\work\ch29.01\cup.dwg。

步骤 02　创建新的材质 1。

（1）选择下拉菜单 视图(V) → 渲染(E) → 材质编辑器(M) 命令，系统弹出“材质编辑器”对话框。

（2）单击“材质编辑器”对话框中的“创建或复制材质”按钮，在系统弹出的下拉列表中选择 新建常规材质... 选项，系统创建出默认名称为“默认为常规”的新材质。

（3）将默认名称 默认为常规 改为“水杯壁”，展开 ▼常规 区域，在展开的区域中单击 颜色: 右侧的 RGB 80 80 80 文本框，系统弹出“选择颜色”对话框，选取索引颜色为 150 的颜色（图 29.1.2），单击 确定 按钮，系统返回到“材质编辑器”对话框。

（4）在“材质编辑器”对话框中设置图 29.1.3 所示的参数。

步骤 03　将材质应用到实体。在“材质编辑器”对话框中单击“打开/关闭材质浏览器”按钮，系统弹出“材质浏览器”对话框。

步骤 04　将视觉样式调整至真实查看效果。完成后如图 29.1.4 所示（注：具体操作参见随书光盘）。

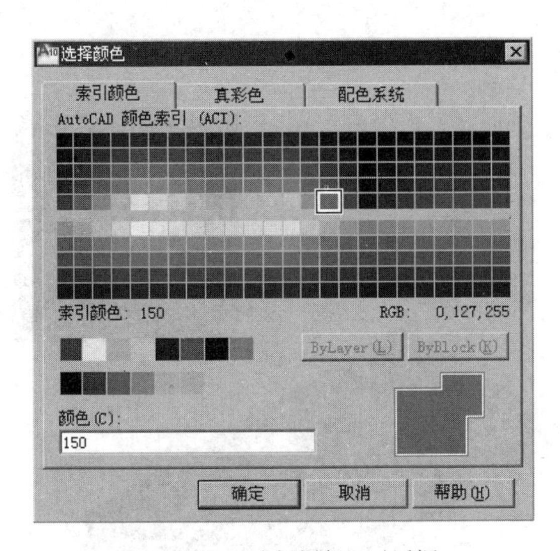

图 29.1.2 “选择颜色”对话框

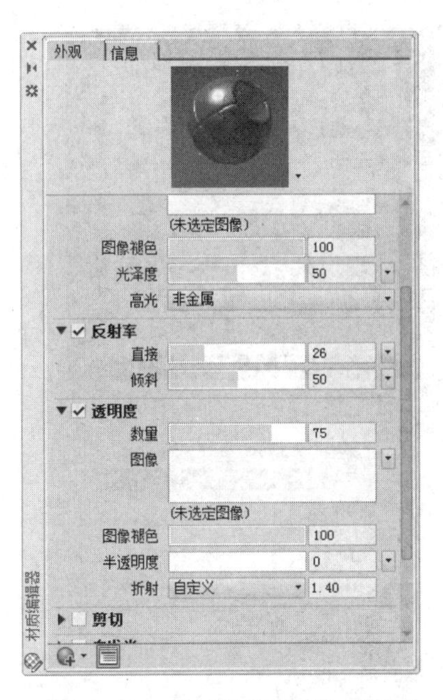

图 29.1.3 “材质编辑器”对话框

图 29.1.4 查看渲染效果

步骤 05 创建新的材质 2。单击“材质编辑器”对话框中的“创建或复制材质”按钮，选择木材选项，在“材质编辑器”对话框中输入名称“地板”。

步骤 06 单击图像右侧的“展开列表”按钮，在下拉列表中选择木材选项，系统弹出“纹理编辑器-IMAGE”对话框；将颗粒密度改为 5，如图 29.1.5 所示，然后关闭“纹理编辑器-IMAGE”对话框。

步骤 07 将视觉样式调整至真实查看效果。选中图 29.1.6 所示的地板，在“材质编辑器”对话框的文档材质：列表中选择新建的“地板”选项并右击，在弹出的快捷键中选择指定给当前选择选项，如图 29.1.6 所示。

步骤 08 选择下拉菜单文件(F) → 另存为(A)...命令，将图形命名为“cup_ok.dwg”，单击保存(S)按钮。

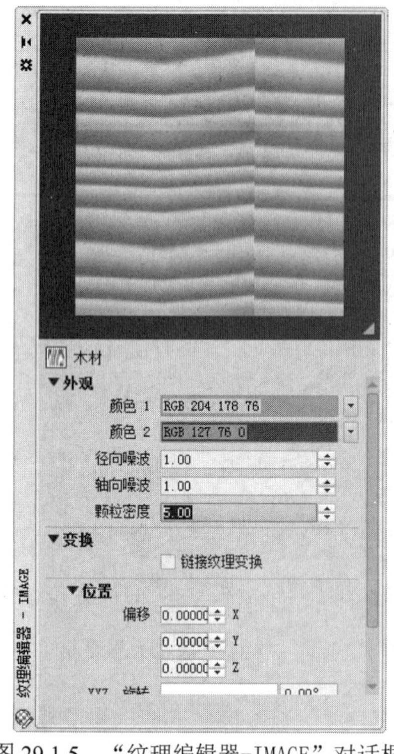

图 29.1.5 “纹理编辑器-IMAGE”对话框

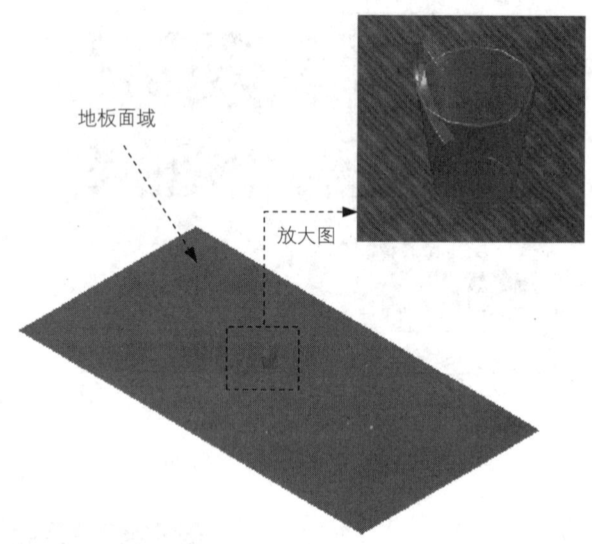

图 29.1.6 渲染效果

29.2 案例 2——螺钉旋具的渲染

本节介绍在模型上添加材质并通过贴图创建地板效果的详细操作过程，完成后如图 29.2.1 所示。

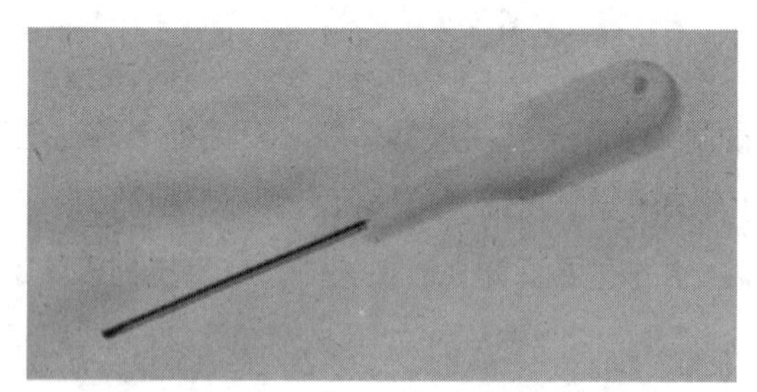

图 29.2.1 螺钉旋具的渲染

步骤 01 打开随书光盘文件 D:\cad1701\work\ch29.02\straight screwdriver.dwg。

步骤 02 创建新的材质 1。

（1）选择下拉菜单 视图(V) → 渲染(E) → 材质编辑器(M) 命令，系统弹出“材质编辑器”对话框。

（2）单击“材质编辑器”对话框中的“创建或复制材质”按钮，在系统弹出的下拉列表中选择新建常规材质...选项，系统创建出默认名称为“默认为常规” 的新材质。

（3）将默认名称默认为常规改为“手柄”， 展开▼常规区域，在展开的区域中单击颜色:右侧的RGB 80 80 80文本框，系统弹出“选择颜色”对话框，设置图 29.2.2 所示的颜色，单击确定按钮，系统再次返回到“材质编辑器”对话框。

（4）在“材质编辑器”对话框中设置图 29.2.3 所示的参数。

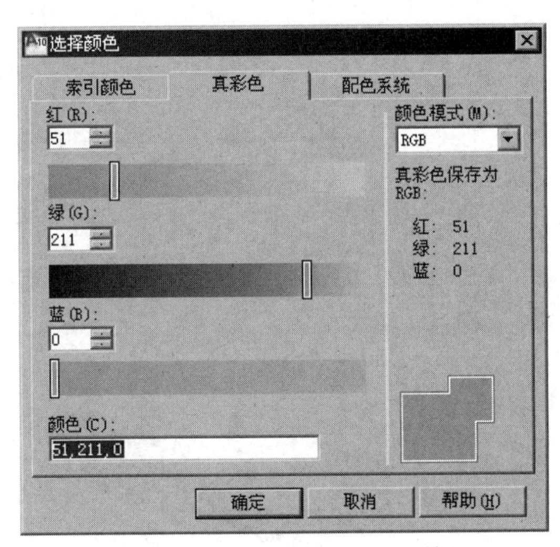

图 29.2.2 “选择颜色”对话框

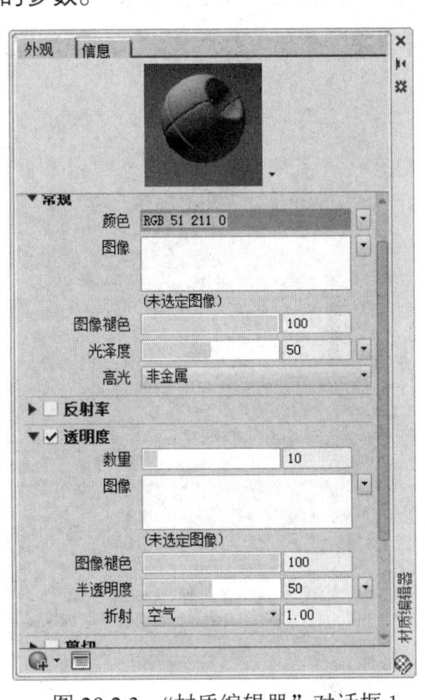

图 29.2.3 “材质编辑器”对话框 1

步骤 03 将材质应用到实体。在“材质编辑器”对话框中单击“打开/关闭材质浏览器”按钮，系统弹出“材质浏览器”对话框；在绘图区域中选取图 29.2.4 所示的手柄实体，并应用新建的“手柄”材质，然后关闭“材质浏览器”对话框。

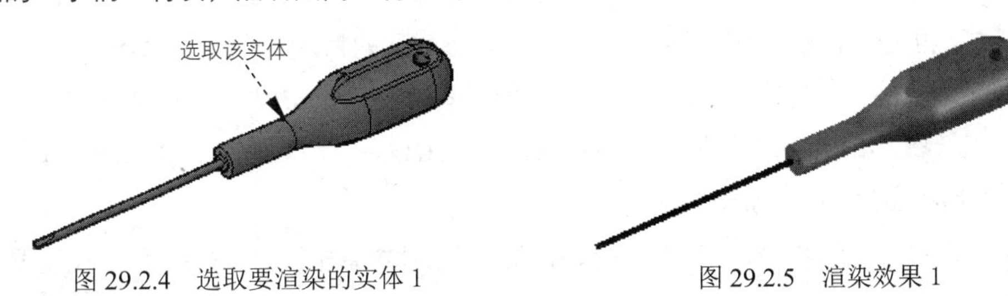

图 29.2.4 选取要渲染的实体 1　　图 29.2.5 渲染效果 1

步骤 04 将视觉样式调整至真实查看效果。完成后如图 29.2.5 所示（注：具体参数和操作参见随书光盘）。

步骤 05 创建新的材质 2。单击“创建或复制材质”按钮，在系统弹出的下拉列表中选择 金属 选项；将新建的材质默认名称改为“金属”；勾选 ▼✓染色 复选框，并单击 染色 右侧的 RGB 80 80 80 文本框，采用系统默认的颜色；在“材质编辑器”对话框中设置图 29.2.6 所示的参数。

步骤 06 将材质应用到实体。在“材质编辑器”对话框中单击“打开/关闭材质浏览器”按钮，系统弹出“材质浏览器”对话框。在绘图区域中选取图 29.2.7 所示的实体，并应用新建的“金属”材质，然后关闭“材质浏览器”对话框，完成后如图 29.2.7 所示。

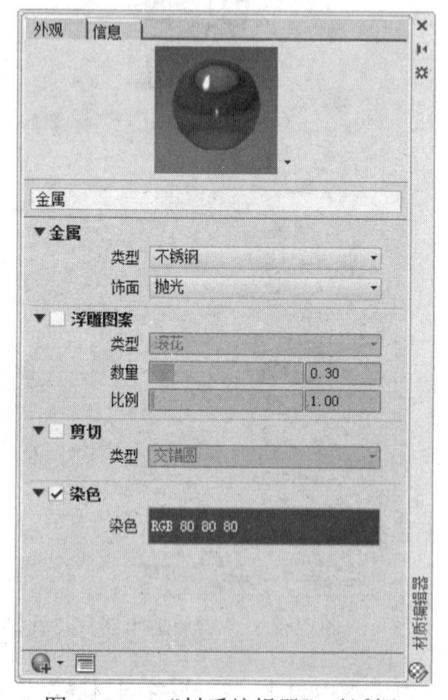

图 29.2.6 “材质编辑器”对话框 2

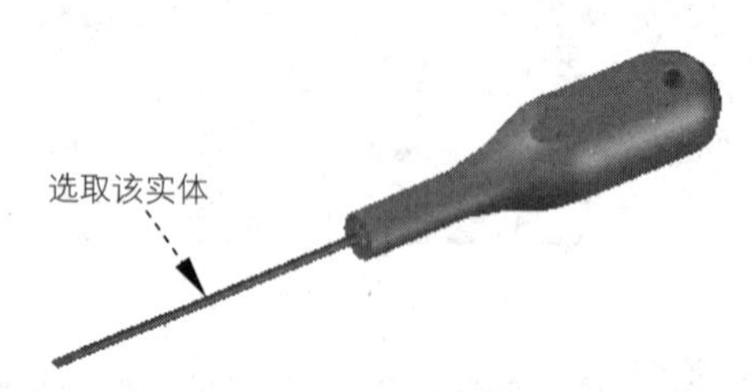

图 29.2.7 选取要渲染的实体 2

步骤 07 创建新的材质 3。单击“材质编辑器”对话框中的“创建或复制材质”按钮，，在系统弹出的下拉列表中选择 新建常规材质... 选项；将新建材质的默认名称改为“底板”，单击 图像 右侧的文本框，系统弹出“材质编辑器打开文件”对话框，选择 D:\cad1701\work\ch29.02\底板.jpg 文件，单击 打开(O) 按钮；系统弹出“纹理编辑器-COLOR”对话框，将其关闭，此时“材质编辑器”对话框如图 29.2.8 所示。

步骤 08 将材质应用到实体。在“材质编辑器”对话框中单击“打开/关闭材质浏览器”按钮，系统弹出“材质浏览器”对话框；在绘图区域中选取图 29.2.9 所示的地板面域，并应用新建的“底板”材质，然后关闭“材质浏览器”对话框。

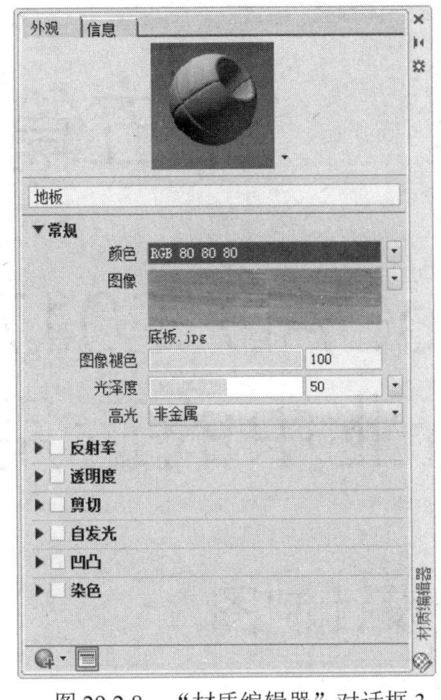

图 29.2.8 “材质编辑器”对话框 3

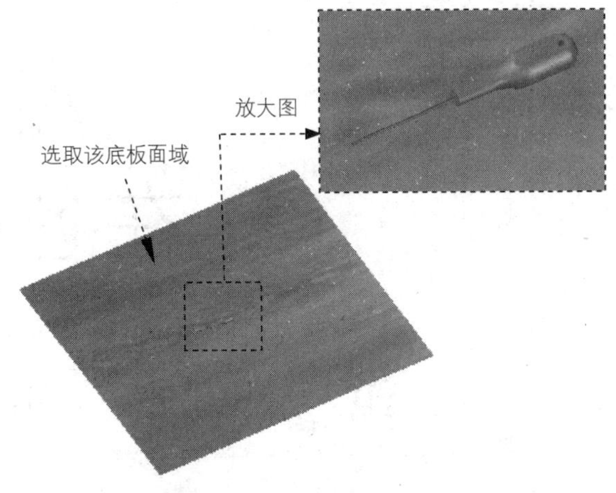

图 29.2.9 渲染效果 2

步骤 09 查看最终渲染效果。选择下拉菜单 视图(V) → 视觉样式(S) → 真实(R) 命令查看真实渲染效果，结果如图 29.2.10 所示。

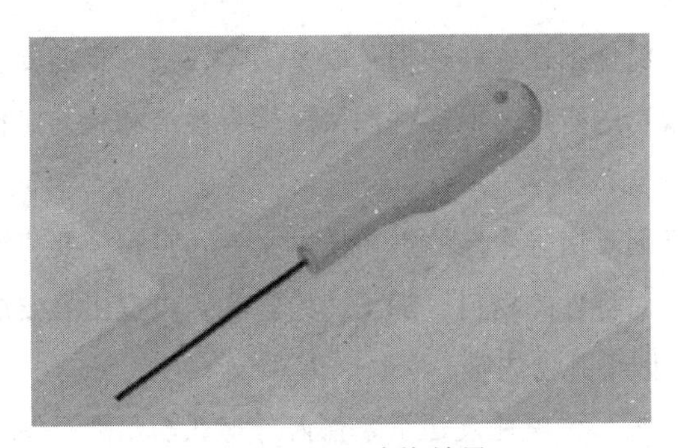

图 29.2.10 渲染效果 3

步骤 10 选择下拉菜单 文件(F) → 另存为(A)... 命令，将图形命名为“straight screwdriver_ok.dwg”，单击 保存(S) 按钮。

第五篇

AutoCAD 2017 在各行业中的运用

第 30 章 机械设计制图

30.1 零件图概述

30.1.1 零件图的内容

在机械工程中，产品或部件都是由许多相互联系的零件按一定的要求装配而成的，制造产品或部件必须首先制造组成它的零件，而零件图又是指导生产和检验零件的主要图样，其中包含了制造和检验零件的全部技术资料。

零件图是反映设计者意图及指导生产的重要技术文件，它除了要将零件的内、外结构形状和大小表达清楚之外，还要对零件的材料、加工、检验和测量提出必要的技术要求。因此，一张完整的零件图一般应包括以下几项内容。

- 一组视图。能够清晰、完整地表达出零件内外形状和结构的视图，包括主视图、俯视图、剖视图、剖面图、断面图和局部放大图等。
- 完整的尺寸。零件图中应正确、完整、清晰和合理地标注出制造零件所需的全部尺寸。
- 技术要求。零件图中必须用规定的代号、数字、文字注释与字母来说明制造和检验零件时在技术指标上应达到的要求，如表面粗糙度、尺寸公差、形状和位置公差以及表面处理和材料热处理等。技术要求的文字一般写在标题栏上方图纸空白处。
- 标题栏。位于零件图的右下角，用于填写零件的序号、代号、名称、数量、材料和备注等内容。标题栏的尺寸和格式已经标准化，具体标准可参见相关手册。

30.1.2 绘制零件图的一般步骤

在绘制零件图时，必须遵守机械制图国家标准的规定。下面是零件图的一般绘制过程以及需要注意的一些问题。

- 创建零件图模板。在绘制零件图之前，应根据图纸幅面大小和格式的不同，分别创建符合机械制图国家标准的机械图样模板，其中包括图纸幅面、图层、使用文字的一般样式和尺寸标注的一般样式等。这样在绘制零件图时，就可以直接调用创建好的模板进行绘图，有利于提高工作效率。
- 绘制零件图。在绘制过程中，应根据结构的对称性、重复性等特征，灵活运用镜像、阵列、复制等编辑命令，以避免重复劳动，从而提高绘图效率，同时还要利用正交、捕捉功能等命令，以保证绘图的精确性。
- 添加工程标注。可以首先添加一些操作比较简单的尺寸标注，如线性标注、角度标注、直径和半径标注等；然后添加复杂的标注，如尺寸公差标注、形位公差标注及表面粗糙度标注等；最后注写技术要求。
- 填写标题栏。
- 保存图形文件。

30.1.3 绘制零件图的方法

如前所述，零件图中应包括一组视图，因此绘制零件图就是绘制零件图的各视图。绘制零件图时还要保证视图布局匀称、美观且符合投影规律，即“长对正，高平齐，宽相等”的原则。

用 AutoCAD 绘制零件图的方法有坐标定位法、辅助线法和对象捕捉追踪法，下面分别对其进行介绍。

- 坐标定位法。在绘制一些大而复杂的零件图时，为了满足图面布局及投影关系的需要，经常通过给定视图中各点的精确坐标值来绘制作图基准线，以确定各个视图的位置，然后再综合运用其他方法完成图形的绘制。该方法的优点是绘制图形比较准确，然而计算各点的精确坐标值比较费时。
- 辅助线法。通过构造线命令，绘制一系列的水平与垂直辅助线，以保证视图之间的投影关系，并利用图形的绘制与编辑命令完成零件图。
- 对象捕捉追踪法。利用 AutoCAD 提供的对象捕捉与对象追踪功能，来保证视图之间的投影关系，并利用图形的绘制与编辑命令完成零件图。

30.2 零件图的标注

30.2.1 尺寸标注中应注意的问题

零件上各部分的大小是按照图样上所标注的尺寸进行制造和检验的。零件图中的尺寸不但要按前面的要求标注得正确、完整、清晰，而且必须标注得合理（所注的尺寸既要符合零件的设计要求，又要满足工艺要求）。为了合理地标注尺寸，必须对零件进行结构分析，根据分析先确定尺寸基准，然后选择合理的标注形式，结合零件的具体情况标注尺寸。

尺寸标注中应注意的问题如下。

◆ 结构上的重要尺寸必须标出。重要尺寸是指零件上与产品或部件的性能和装配质量有关系的尺寸，这类尺寸应从设计基准直接注出（图 30.2.1）。

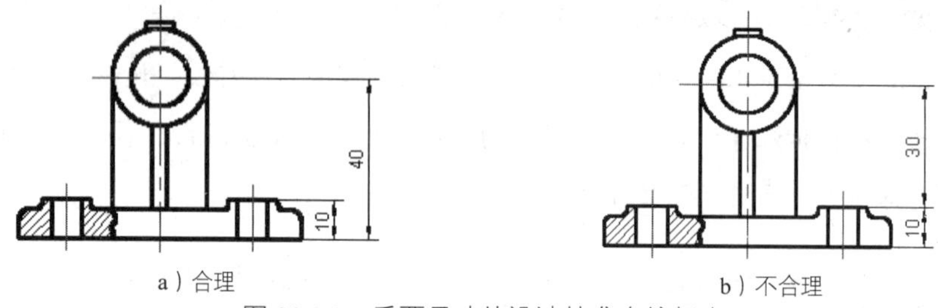

a）合理　　b）不合理

图 30.2.1　重要尺寸从设计基准直接标出

◆ 避免出现封闭的尺寸链。封闭的尺寸链是指一个零件同一方向上的尺寸像链条一样，首尾相连，成为封闭形状的情况，如图 30.2.2 所示。在机械生产中这是不允许的，因为各段尺寸加工不可能绝对准确，总有一定的尺寸误差，而各段尺寸误差之和不可能正好等于总体尺寸的误差。故在进行尺寸标注时，应选择次要的尺寸不标注。这样，其他各段加工的误差都累积至这个不要求检验的尺寸上，而全长及主要尺寸都能得到保证。

◆ 考虑零件加工、测量和制造的要求。

- 考虑加工读图方便。不同加工方法所用的尺寸应分开标注，以便于读图和加工（图 30.2.3），车削尺寸放在下边，铣削尺寸放在上边。
- 考虑测量方便。尺寸标注有多种方案，但要注意所注尺寸是否便于测量，不便于测量的尺寸同样是不合理的，如图 30.2.4 所示。

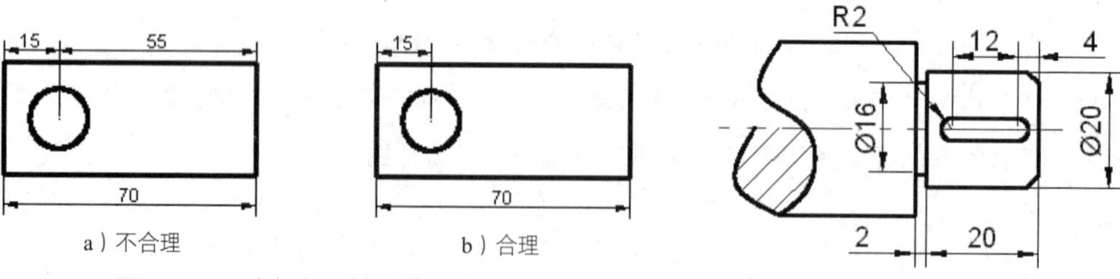

a）不合理　　b）合理

图 30.2.2　避免出现封闭的尺寸链

图 30.2.3　考虑加工读图方便标注尺寸

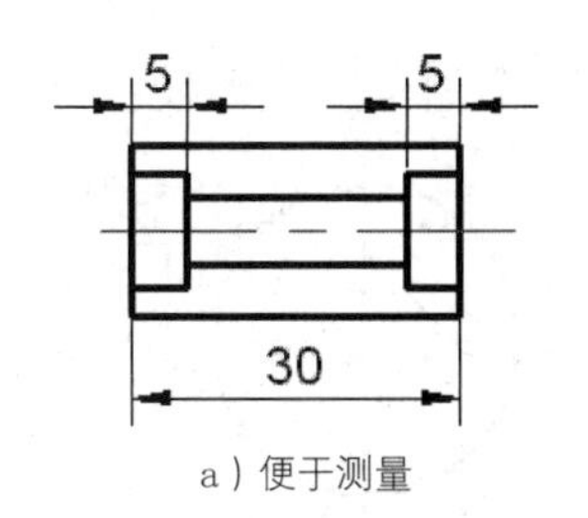

a）便于测量

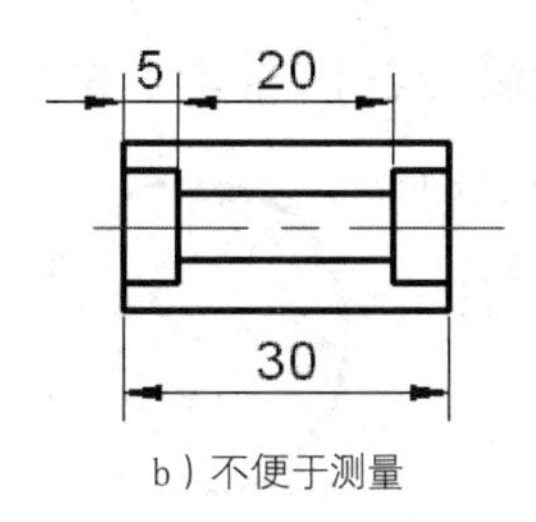

b）不便于测量

图 30.2.4 考虑测量方便标注尺寸

30.2.2 尺寸公差的标注

零件图中有许多尺寸需要标注尺寸公差，如果在设置尺寸标注样式时，在“标注样式管理器”对话框的公差选项卡中选择了公差的方式，则标注的所有尺寸均含有偏差数值。因此在创建模板文件时，应将标注样式中的公差方式设置为“无”。为了标注出带有公差的尺寸，下面介绍尺寸公差标注的四种常用方法。

1. 直接输入尺寸公差

步骤 01 打开随书光盘上的文件 D:\cad1701\work\ch30.02\dimtol.dwg，显示图 30.2.5a 所示的图形。

步骤 02 选择下拉菜单 标注(N) → 线性(L) 命令。

步骤 03 在图形区域中分别选取图 30.2.5a 所示的边线为尺寸界线的原点。

步骤 04 在命令行[多行文字(M)/文字(T)/角度(A)/水平(H)/垂直(V)/旋转(R)]: 的提示下，输入字母 M（多行文字(M)选项），并按 Enter 键，系统弹出“文字编辑器”选项板。

步骤 05 输入“6+0.01^−0.02”后选取公差文字“+0.01^−0.02”，右击，在弹出的快捷菜单中选择堆叠选项，再单击文字编辑器面板上的“关闭”按钮。

步骤 06 移动光标在绘图区的合适位置单击，以确定尺寸的放置位置。结果如图 30.2.5b 所示。

在修改尺寸标注文字时，也可以输入字母“T”（选取文字(T)选项），系统提示输入标注文字 <28>:，此时输入“6\H0.7x\S+0.01^−0.02”，其中 H0.7x 表示公差字高，比例系数为 0.7（x 为大、小写均可以）。由于这种方法标注出来的尺寸为非关联尺寸，不便于以后对尺寸进行编辑修改，因此一般不使用该方法进行尺寸公差标注。

2. 通过设置标注样式创建尺寸公差

步骤 01 打开随书光盘上的文件 D:\cad1701\ work\ch30.02\dimtol.dwg。

步骤 02 选择命令。选择下拉菜单 格式(O) → 标注样式(D)... 命令（或选择下拉菜单 标注(N)

→ 标注样式(D)...命令)，系统弹出“标注样式管理器”对话框。

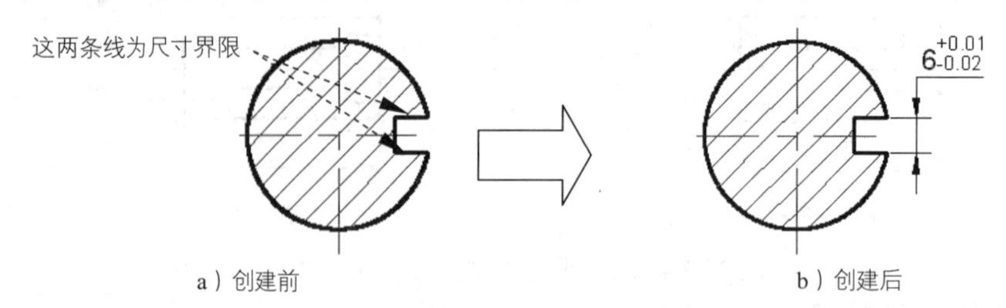

图 30.2.5 创建尺寸公差标注 1

步骤 03 设置标注样式。单击 替代(O)... 按钮，系统弹出“替代当前样式”对话框，单击 公差 选项卡，在 公差格式 选项组的 方式(M): 下拉列表中选择 极限偏差 选项；在 精度(P): 下拉列表中选择 0.00U 选项；在 上偏差(V): 文本框中输入值 0.01；在 下偏差(W): 文本框中输入值 0.02；在 垂直位置(S): 下拉列表中选择 中 选项；将 高度比例(H): 设置为 0.7，完成后单击 确定 按钮，最后单击“标注样式管理器”对话框中的 关闭 按钮。

步骤 04 创建尺寸公差标注。选择下拉菜单 标注(N) → 线性(L) 命令；选取图 30.2.5a 所示的边线为尺寸界线的原点；在绘图区单击后即可创建出尺寸公差的标注。

此时得到的尺寸公差标注与期望的并不一样，因此需要对其进行编辑修改。

步骤 05 分解尺寸公差。选择下拉菜单 修改(M) → 分解(X) 命令，将标注的尺寸分解。

步骤 06 修改尺寸公差。选择下拉菜单 修改(M) → 对象(O) ▸ → 文字(T) → 编辑(E)... 命令，选取被分解的尺寸，在弹出的 文字编辑器 选项板中按图 30.2.5b 所示的标注进行修改，再单击 文字编辑器 面板上的“关闭”按钮。

3. 使用“特性”窗口添加尺寸公差

步骤 01 打开随书光盘上的文件 D:\cad1701\work\ch30.02\dimtol.dwg。

步骤 02 用 标注(N) → 线性(L) 命令，添加图 30.2.6b 所示的线性标注。

步骤 03 添加尺寸公差的标注。选择下拉菜单 修改(M) → 特性(P) 命令（或者双击标注的尺寸），系统弹出“特性”窗口，选中图 30.2.6b 中的线性标注，在 公差 栏的 显示公差 下拉列表中选择 极限偏差；在 公差上偏差 文本框中输入值 0.01；在 公差下偏差 文本框中输入值 0.02；在 水平放置公差 下拉列表中选择 中；在 公差精度 下拉列表中选择 0.00U，在 公差消去后续零 下拉列表中选择 是，在 公差文字高度 文本框中输入值 0.7，标注结果如图 30.2.6c 所示。

只有尺寸值不是输入的且没有被修改过（标注尺寸的“特性”窗口中的 文字替代 文本框为空），才能用此方法添加尺寸公差的标注。

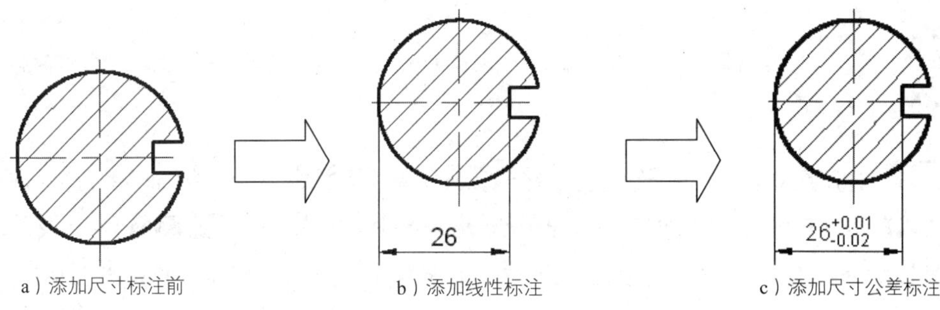

a）添加尺寸标注前　　b）添加线性标注　　c）添加尺寸公差标注

图 30.2.6　创建尺寸公差标注 2

4. 使用“替代”命令添加尺寸公差

步骤 01 打开随书光盘上的文件 D:\cad1701\work\ch30.02\dimtol.dwg。

步骤 02 用 标注(N) → 线性(L) 命令添加图 30.2.6b 所示的线性标注。

步骤 03 添加尺寸公差的标注。

（1）选择命令。选择下拉菜单 标注(N) → 替代(V) 命令。

（2）更改控制偏差的系统变量 DIMTOL 值。在输入要替代的标注变量名或 [清除替代(C)]:的提示下，输入 DIMTOL。

（3）打开偏差输入模式。在输入标注变量的新值 <关>:的提示下输入值 1。

（4）修改偏差精度。在输入要替代的标注变量名:的提示下，输入 DIMTDEC。

（5）设置偏差精度。在输入标注变量的新值 <0>:的提示下，输入值 2（精确到小数点后第二位）。

（6）修改偏差文字高度比例系数。在输入要替代的标注变量名:的提示下，输入 DIMTFAC。

（7）设置高度比例系数。在输入标注变量的新值 <1.0000>:的提示下，输入值 0.7（高度比例系数为 0.7）。

（8）输入上偏差值。在输入要替代的标注变量名:的提示下，输入 DIMTP（更改上偏差值）；输入上偏差值 0.01。

（9）输入下偏差值。在输入要替代的标注变量名:的提示下，输入 DIMTM（更改下偏差）；在输入标注变量的新值 <1.0000>:的提示下，输入值 0.02（输入下偏差值为−0.02，要注意的是，下偏差默认值为负数，如果要标注正数值，只要在数值前加一个负号即可，如输入值−0.03，显示为＋0.03）。

（10）结束公差设置。在系统输入要替代的标注变量名:的提示下直接按 Enter 键。

（11）选择要添加公差的尺寸标注。根据系统选择对象:提示（选择新的标注样式应用的对象），选取标注的线性尺寸 26。

（12）按 Enter 键结束尺寸公差的标注。

此时得到的尺寸公差标注与期望的并不一样，因此需要对其进行编辑修改。

步骤 04 分解尺寸公差。选择下拉菜单 修改(M) → 分解(X) 命令，将标注的尺寸分解。

步骤 05 修改尺寸公差。选择下拉菜单 修改(M) → 对象(O) ▸ → 文字(T) → 编辑(E)... 命令，选取被分解的尺寸，在弹出的 文字编辑器 选项板中按图 30.2.6c 所示的标注进行修改，再单击 文字编辑器 面板上的“关闭”按钮。

只有尺寸值不是输入的且没有被修改过（标注尺寸的“特性”窗口中的 文字替代 文本框为空），才能用此方法添加尺寸公差的标注。

30.2.3 表面粗糙度的标注

我国《机械制图》标准规定了九种表面粗糙度符号（图 30.2.7），但在 AutoCAD 中并没有提供这些符号，因此在进行表面粗糙度标注之前，必须先对其进行创建。下面介绍创建表面粗糙度标注的两种方法。

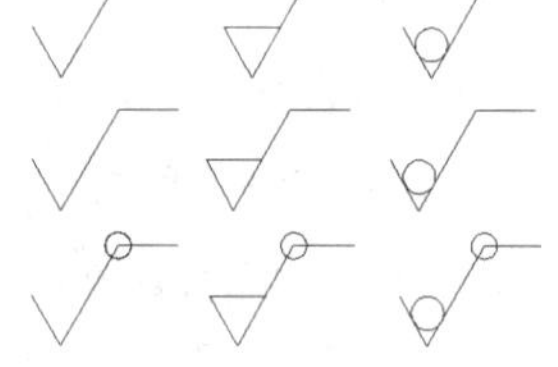

图 30.2.7 表面粗糙度符号

1. 将表面粗糙度符号定义为带有属性的块并进行标注

步骤 01 打开随书光盘上的文件 D:\cad1701\work\ch30.02\01rough.dwg。

步骤 02 定义表面粗糙度符号的属性。选择下拉菜单 绘图(D) → 块(K) → 定义属性(D)... 命令，系统弹出“属性定义”对话框，在 属性 选项组的 标记(T): 文本框中输入属性的标记为 CCDSZ；在 提示(M): 文本框中输入“请输入数值”；在 默认(L): 文本框中输入属性的值为 6.3；在 文字设置 选项组中设置文字高度值为 7，单击 确定 按钮，将“CCDSZ”放置到“表面粗糙度符号”的上方合适位置。

步骤 03 创建块。选择下拉菜单 绘图(D) → 块(K) → 创建(M)... 命令，系统弹出“块定义”对话框，在 名称(N): 文本框中输入要创建的块的名称“表面粗糙度”；单击 拾取点(K) 左侧的按钮，捕捉表面粗糙度符号的最低点为插入基点；单击 选择对象(T) 左侧的按钮，选择表面粗糙度符号（包括 CCDSZ）为块定义的对象；完成后，单击 确定 按钮，结果如图 30.2.8 所示。

步骤 04 使用创建的块。选择下拉菜单 插入(I) → 块(B)... 命令，系统弹出“插入”对话框，在 名称(N): 下拉列表中选择“表面粗糙度”，单击 确定 按钮，在需要标注的位置单击一点，根据系统 指定插入点或 [基点(B) 比例(S) X Y Z 旋转(R)]: 的提示，指定插入点，再根据命令行

输入属性值 的提示，输入要标注的表面粗糙度值。

2. 通过写块创建表面粗糙度符号并进行标注

步骤01 打开随书光盘上的文件 D:\cad1701\ work\ch30.02\02rough.dwg。

步骤02 写块。在命令行中输入 WBLOCK 并按 Enter 键，弹出图 30.2.9 所示的“写块”对话框，在 文件名和路径(F): 栏中输入图块名称及路径；单击 拾取点(K) 左侧的按钮，选取表面粗糙度符号的最低点并单击；单击 选择对象(T) 左侧的按钮，选择绘制的粗糙度符号及其属性值并按 Enter 键；完成设置后，单击 确定 按钮，则创建了一个带有属性的表面粗糙度图块。

步骤03 创建图 30.2.10 所示的表面粗糙度标注。

（1）标注上表面粗糙度值。选择下拉菜单 插入(I) → 块(B)... 命令，系统弹出“插入”对话框，单击 浏览(B)... 按钮；在打开的“选择图形文件”对话框中选择前面存储的块，单击 打开(O) 按钮；在“插入”对话框中单击 确定 按钮，在命令行 指定插入点或 [基点(B) 比例(S) X Y Z 旋转(R)]: 的提示下，在图形上表面要标注表面粗糙度的位置单击；在命令行 指定旋转角度 <0>: 的提示下，输入旋转角度值 0，再输入表面粗糙度值 3.2（注意：如果表面粗糙度符号不在期望的位置，可以通过 修改(M) → 移动(V) 命令进行移动）。

（2）标注左表面粗糙度值。在命令行 指定插入点或 [基点(B) 比例(S) X Y Z 旋转(R)]: 的提示下，在图形在表面要标注表面粗糙度的位置单击；在命令行 指定旋转角度 <0>: 的提示下，输入旋转角度值 90（插入的表面粗糙度符号相对于水平插入时逆时针旋转了 90°），再输入表面粗糙度值 1.6。

在插入块时，还可以通过以下三种方法改变表面粗糙度符号的摆放角度。

方法一：通过捕捉系统提示信息输入旋转角度值。在插入创建的块的过程中，当系统提示 指定插入点或 [基点(B) 比例(S) X Y Z 旋转(R)]: 时，输入字母 R（旋转(R)]: 选项）；根据命令行 指定旋转角度 <0>: 的提示，输入相应的旋转角度值。

方法二：在“插入”对话框中设置旋转角度值。在“插入”对话框的 旋转 选项组中，选择 ☑ 在屏幕上指定(C)，指定插入点后，根据命令行 指定旋转角度 <0>: 的提示，可根据不同的需要输入相应的旋转角度值。

方法三：用“旋转”命令进行旋转。选择下拉菜单 修改(M) → 旋转(R) 命令，选取表面粗糙度符号（包括表面粗糙度值）作为旋转对象；指定基点后，根据命令行 指定旋转角度，或 [复制(C)/参照(R)] <0>: 的提示，输入相应的旋转角度值。

图 30.2.8 定义属性的表面粗糙度符号

图 30.2.10 标注表面粗糙度

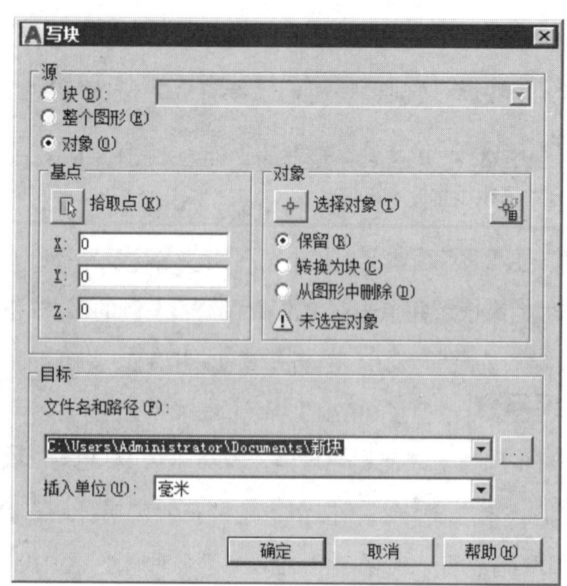

图 30.2.9 “写块”对话框

（3）标注下表面粗糙度值。

① 在命令行指定插入点或 [基点(B) 比例(S) X Y Z 旋转(R)]: 的提示下，在图形下表面要标注表面粗糙度的位置单击；在命令行指定旋转角度 <0>: 的提示下，输入旋转角度值 180，再输入表面粗糙度值 3.2。

② 调整表面粗糙度值 3.2 的方向。双击该表面粗糙度，系统弹出图 30.2.11 所示的“增强属性编辑器”对话框，单击该对话框中的文字选项选项卡（图 30.2.12），将旋转(R): 文本框中的值设置为 0（或者选中☑反向(K)和☑倒置(D)选项），在对正(J): 下拉列表中选择合适的位置来放置粗糙度值，然后单击确定按钮。

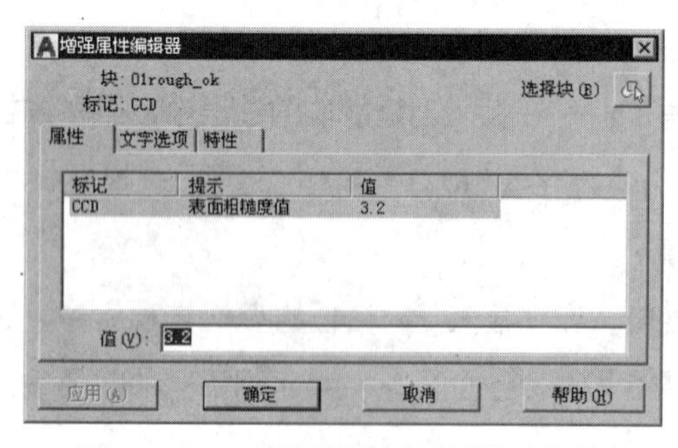

图 30.2.11 “增强属性编辑器”对话框

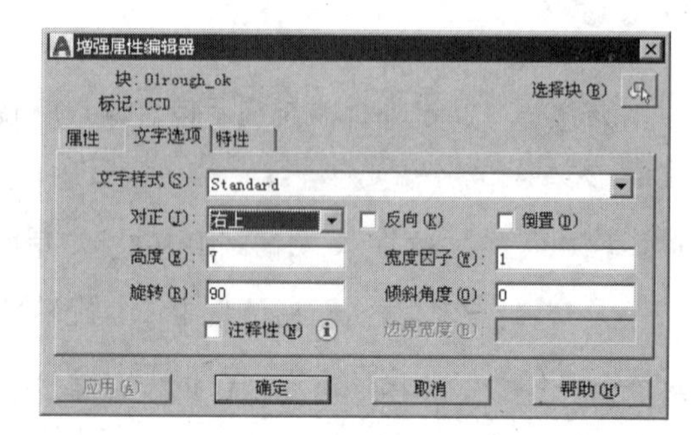

图 30.2.12 “文字选项”选项卡

（4）标注右表面粗糙度值。

① 在命令行指定插入点或 [基点(B) 比例(S) X Y Z 旋转(R)]: 的提示下，在图形右表面要标注表面粗糙度的位置单击；在命令行指定旋转角度 <0>: 的提示下，输入旋转角度值 270，再输入表

面粗糙度值6.3。

② 调整表面粗糙度值6.3的方向。双击该表面粗糙度，系统弹出“增强属性编辑器”对话框，将文字选项选项卡的旋转(R):文本框中的值设置为90（或者选中☑反向(K)和☑倒置(D)选项），在对正(J):下拉列表中选择合适的位置来放置粗糙度值，然后单击确定按钮。

30.2.4 基准符号与形位公差的创建

1. 创建基准符号的标注

在零件图的工程标注中还有形位公差的基准符号，因此可以参照标注表面粗糙度符号的方法，将其创建为一个带属性的图块，以后使用时调用即可。下面以图30.2.13所示为例，介绍形位公差基准符号的创建及标注方法。

图30.2.13 定义属性的基准符号

步骤01 打开随书光盘上的文件 D:\cad1701\work\ch30.02\norm.dwg。

步骤02 创建基准符号图块。选择下拉菜单绘图(D) → 块(K) → 定义属性(D)...命令，系统弹出“属性定义”对话框，在属性选项组的标记(T):文本框中输入属性的标记为A；在提示(M):文本框中输入插入块时系统的提示信息“输入基准符号”；在默认(L):文本框中输入属性的值为A；在文字设置选项组中设置文字高度值为7，在插入点选项区域中选取☑在屏幕上指定(O)；在文字设置选项组的对正(J):下拉列表中选择正中选项，单击确定按钮，将“A”放置到合适位置。

步骤03 写块。在命令行中输入WBLOCK并按Enter键，系统弹出“写块”对话框，在源选项组中选中⊙对象(O)选项，在文件名和路径(F):下拉列表中输入图块的名称及路径；单击选择对象(T)左侧的按钮，选择绘制的基准符号及其属性值；单击拾取点(K)左侧的按钮，选取基准符号水平线的中点为插入基点；完成设置后，单击确定按钮。

步骤04 插入定义的基准符号图块。选择下拉菜单插入(I) → 块(B)...命令，弹出“插入”对话框，单击浏览(B)...按钮，在打开的“选择图形文件”对话框中选择步骤03存储的块，单击确定按钮。根据命令行指定插入点或 [基点(B) 比例(S) X Y Z 旋转(R)]：的提示，在图形上需要标注基准符号的位置处单击，输入基准符号A。

如果基准符号不在期望的位置上，可以通过“移动”命令进行移动。

2. 创建形位公差的标注

零件图中形位公差的标注分两种情况：带引线的形位公差标注与不带引线的形位公差标注。

下面以实例的形式分别进行介绍。

◆ 带引线的形位公差的标注

下面以图 30.2.14 所示为例，说明创建带引线的形位公差标注的一般方法。

步骤 01 打开随书光盘上的文件 D:\cad1701\ work\ch30.02\dimtol_1.dwg。

步骤 02 设置引线样式。在命令行输入 QLEADER 命令后按 Enter 键，在系统命令行 指定第一个引线点或 [设置(S)] <设置>: 的提示下，按 Enter 键；在系统弹出的“引线设置”对话框中，选择 注释类型 选项组中的 ⊙ 公差(T) 选项，然后单击对话框中的 确定 按钮。

步骤 03 创建带引线的形位公差的标注。在系统 指定第一个引线点或 [设置(S)] <设置>: 的提示下，选择引出点 A；在系统 指定下一点: 的提示下，选择点 B；在系统 指定下一点: 的提示下，选择点 C；在系统弹出的“形位公差”对话框中，选择形位公差符号 //，输入公差值 0.01，再输入基准符号 A，然后单击 确定 按钮，结果如图 30.2.14b 所示。

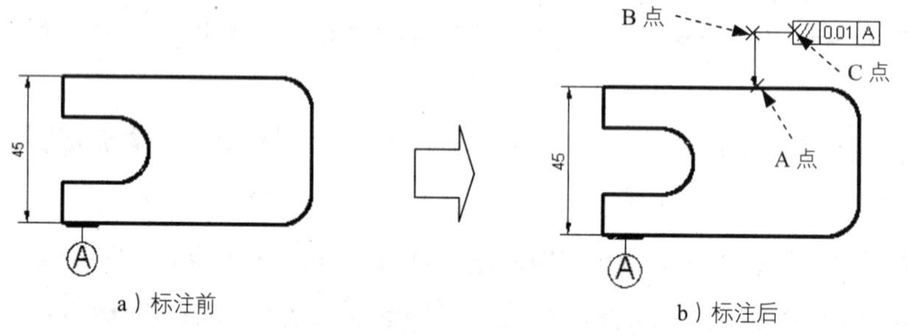

图 30.2.14　带引线的形位公差标注

◆ 不带引线的形位公差的标注

下面以图 30.2.15 所示为例，说明创建不带引线的形位公差标注的一般方法。

步骤 01 选择命令。选择下拉菜单 标注(N) → 公差(T)... 命令。

步骤 02 创建形位公差标注。系统弹出“形位公差”对话框，在 符号 选项区域单击小黑框■，系统弹出“特征符号”对话框，在该对话框中选择形位公差符号 //；在 公差 1 选项区域中间的文本框中，输入形位公差值 0.01；在 基准 1 选项区域前面的文本框中，输入基准符号 A；单击“形位公差”对话框中的 确定 按钮；移动光标在合适的位置单击，便可完成形位公差标注。

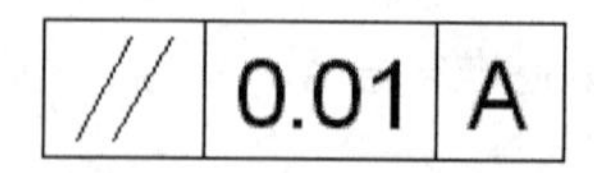

图 30.2.15　不带引线的形位公差标注

30.3　机械设计制图实际综合应用案例

30.3.1　基架

轴承的功用是支撑轴与轴上的零件，保持轴的旋转精度，减少轴与支撑之间的摩擦和磨损。

而基架又是支撑轴承工作的主要零部件，是实现轴承正常运转的重要单元之一，故其设计也是相当重要的。在本案例中，将通过创建基架的三个视图（图 30.3.1）来讲述基架绘制的一般过程。

1. 选用样板文件

使用随书光盘上提供的样板文件。选择下拉菜单 文件(F) → 新建(N)... 命令，在弹出的“选择样板”对话框中，找到文件 D:\cad1701\system_file\Part_temp_A3.dwg，然后单击 打开(O) 按钮。

2. 创建主视图

步骤 01 绘制中心线。

（1）切换图层。将图层切换至“中心线层”。

（2）确认状态栏中的（正交模式）和（对象捕捉）按钮处于按下状态。

（3）绘制中心线。用 绘图(D) → 直线(L) 命令，绘制长度值为 80 的垂直中心线。

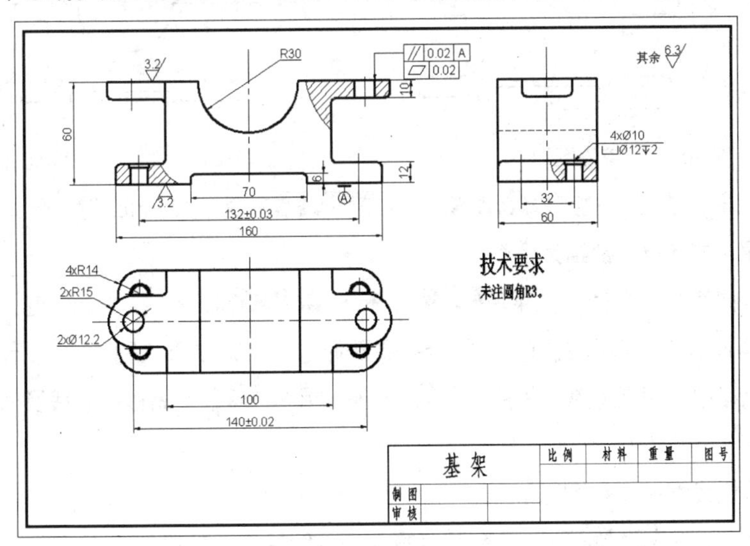

图 30.3.1 基架

步骤 02 偏移图 30.3.2 所示的中心线。选择下拉菜单 修改(M) → 偏移(S) 命令，将垂直中心线向左偏移，偏移距离值为 66；用同样的方法，将垂直中心线向左偏移 70。

步骤 03 绘制直线。将图层切换至“轮廓线层”，确认（显示/隐藏线宽）按钮处于显亮状态，使用 绘图(D) → 直线(L) 命令，绘制图 30.3.2 所示的直线。

步骤 04 创建圆角。选择下拉菜单 修改(M) → 圆角(F) 命令，在命令行输入 R，按 Enter 键，输入 3 并按 Enter 键，再输入 M，按 Enter 键，依次选取要创建圆角的直线，结果如图 30.3.3 所示。

步骤 05 打断图 30.3.4 所示的中心线。选择下拉菜单 修改(M) → 打断(K) 命令，在 A、B、

C、D 四点将中心线打断。

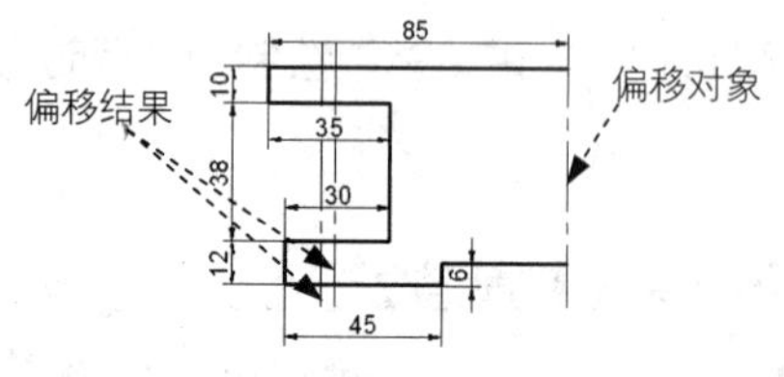

图 30.3.2　偏移和绘制直线

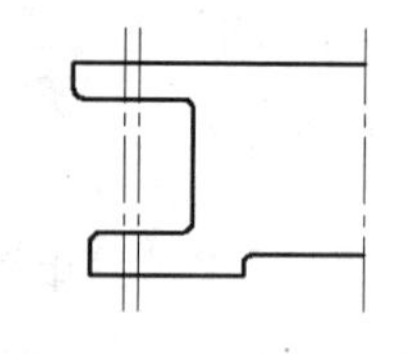

图 30.3.3　创建圆角

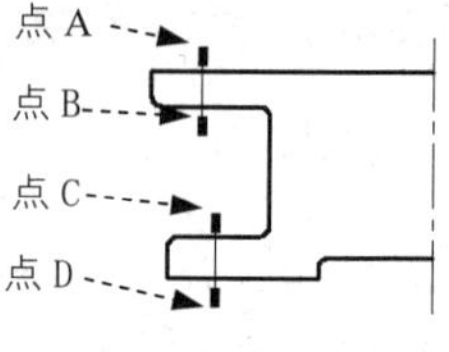

图 30.3.4　打断中心线

步骤 06 镜像图形。选择下拉菜单 修改(M) → 镜像(I) 命令，选取图 30.3.5 所示的图形为镜像对象，选取图 30.3.5 所示的镜像线并按 Enter 键结束命令。

步骤 07 绘制圆并修剪图形，结果如图 30.3.6 所示。

（1）绘制圆。选择下拉菜单 绘图(D) → 圆(C) → 圆心、直径(D) 命令，捕捉水平直线和垂直中心线的“交点”并单击，输入直径值 60 后按 Enter 键。

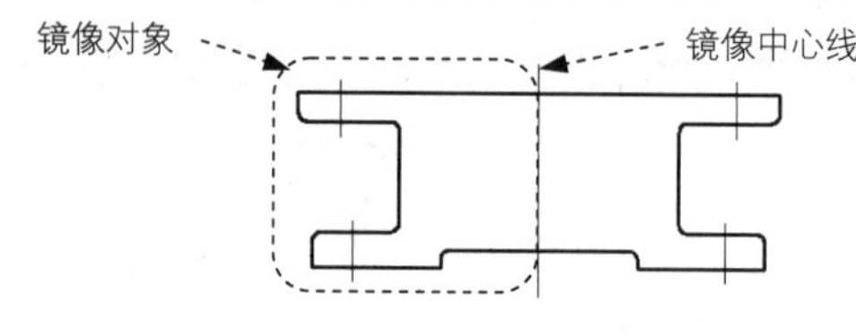

图 30.3.5　镜像图形

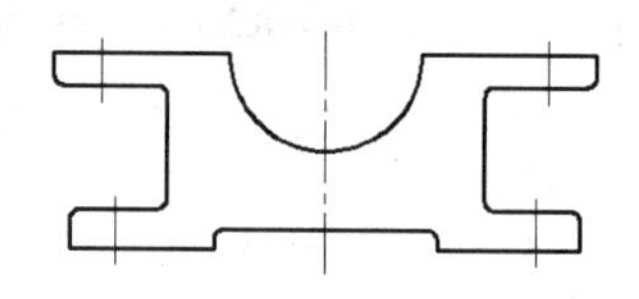

图 30.3.6　绘制圆并修剪图形

（2）修剪图形。选择下拉菜单 修改(M) → 修剪(T) 命令，按 Enter 键，分别选取要修剪的直线和圆弧，最后按 Enter 键结束命令。

步骤 08 延伸直线。选择下拉菜单 修改(M) → 修剪(T) 命令，按 Enter 键，选取图 30.3.7 所示的边线为延伸边界，选取图 30.3.7 所示的要延伸的对象，结果如图 30.3.7 所示。

步骤 09 偏移中心线及直线。使用 修改(M) → 偏移(S) 命令偏移中心线及直线，偏移值如图 30.3.8 所示。

步骤 10 转换线型并修剪图形。

（1）转换线型。将 步骤 09 通过偏移得到的六条直线转换为轮廓线。

（2）修剪图形。用 修改(M) → 修剪(T) 命令，对图 30.3.9 所示的图形进行修剪，结果如图 30.3.9 所示。

完成此命令后，删除多余线段。

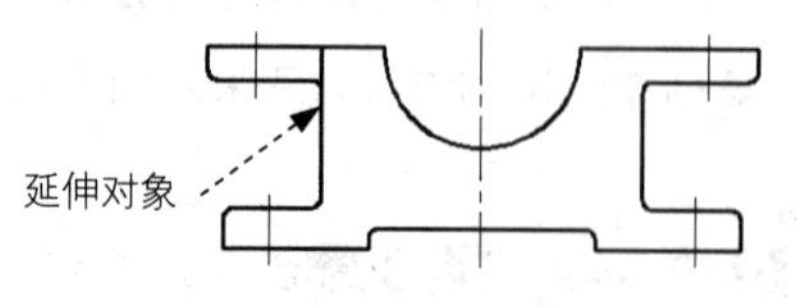

图 30.3.7　延伸直线

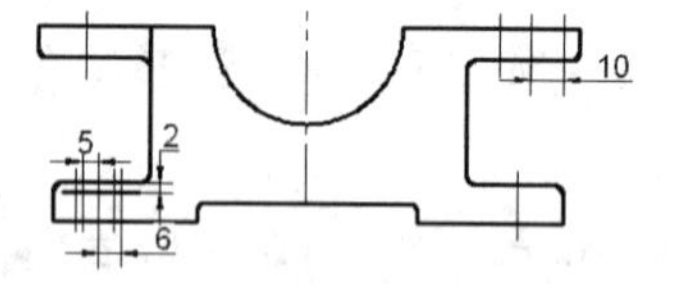

图 30.3.8　偏移中心线及直线

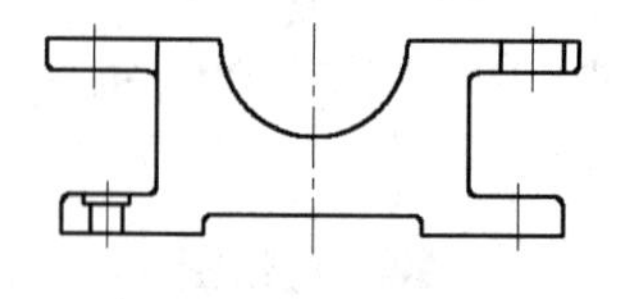

图 30.3.9　修剪图形

步骤 11 绘制样条曲线。

（1）切换图层。在“图层”工具栏中选择“剖面线层”。

（2）确认状态栏中的 （正交模式）按钮处于关闭状态。

（3）绘制样条曲线。选择下拉菜单 绘图(D) → 样条曲线(S) 命令，绘制图 30.3.10 所示的两条样条曲线。

步骤 12 添加图案填充。选择 绘图(D) → 图案填充(H)... 命令，创建图 30.3.11 所示的图案填充。其中，填充类型为 预定义，填充图案为 ANSI31。

3. 创建左视图

步骤 01 偏移并打断图 30.3.12 所示的中心线。

（1）偏移中心线。用 修改(M) → 偏移(S) 命令，将主视图中的垂直中心线向右偏移，偏移距离值为 180。

（2）用同样的方法，将步骤（1）中通过偏移得到的垂直中心线分别向左、右偏移，偏移距离值均为 16。

（3）打断中心线。用 修改(M) → 打断(K) 命令，将步骤（2）中通过偏移得到的中心线打断。

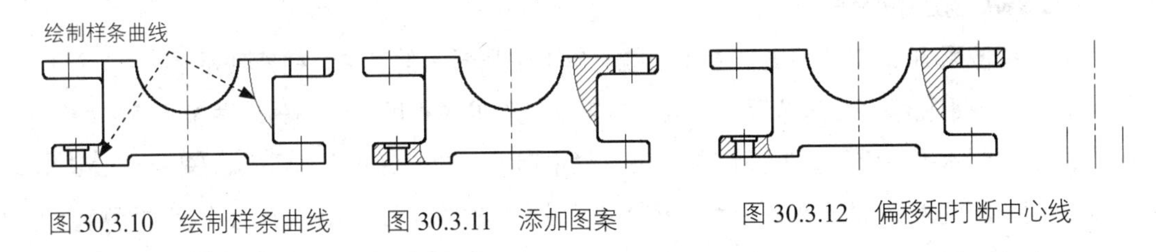

图 30.3.10 绘制样条曲线　　图 30.3.11 添加图案　　图 30.3.12 偏移和打断中心线

步骤 02 绘制直线。将图层切换至“轮廓线层”，用 绘图(D) → 直线(L) 命令绘制图 30.3.13 所示的直线。

步骤 03 创建圆角。选择下拉菜单 修改(M) → 圆角(F) 命令，在命令行中输入 R，按 Enter 键，输入 3，按 Enter 键；输入 T 并按 Enter 键，输入 N 后按 Enter 键，输入 M 后按 Enter 键，依次选取要创建圆角的直线。

步骤 04 修剪图形。用 修改(M) → 修剪(T) 命令修剪图形，结果如图 30.3.14 所示。

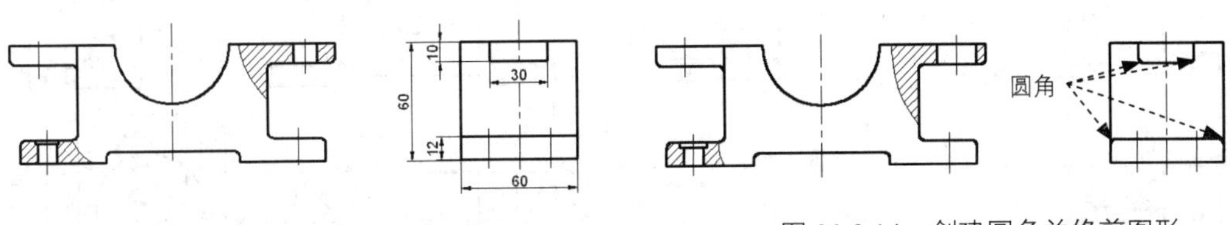

图 30.3.13 绘制直线　　图 30.3.14 创建圆角并修剪图形

步骤 05 创建沉头孔。参照 2 中的 步骤 09、步骤 10，创建图 30.3.15 所示的沉头孔。

步骤 06 绘制样条曲线并添加图案填充。

（1）切换图层。将图层切换至“剖面线层”。

（2）用 绘图(D) → 样条曲线(S) 命令，绘制图 30.3.16 所示的样条曲线。

（3）添加图案填充。参照 2 中的 步骤 12，添加图 30.3.16 所示的图案填充。

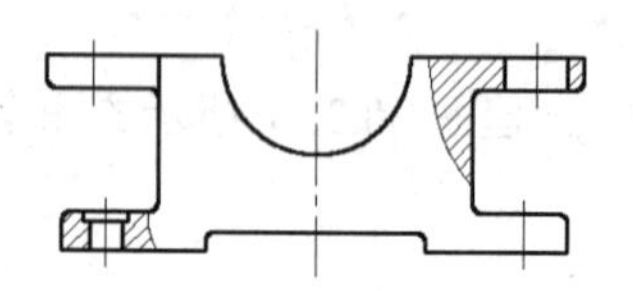
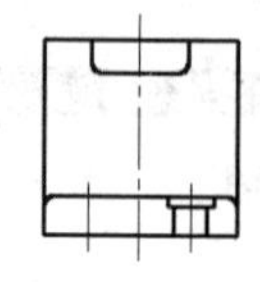

图 30.3.15　创建沉头孔

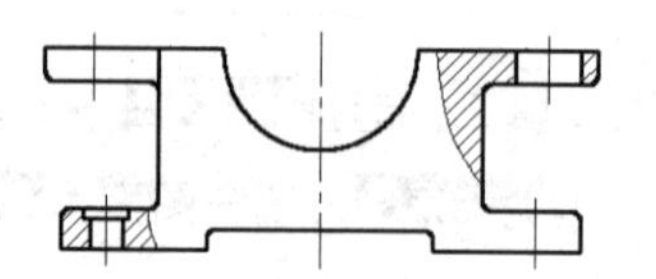
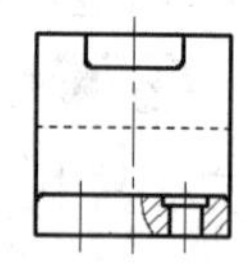

图 30.3.16　绘制样条曲线并添加图案填充

步骤 07 创建虚线并转换线型（图 30.3.16）。

（1）偏移直线。用 修改(M) → 偏移(S) 命令，以左视图最上面的轮廓线为偏移对象，向下偏移，偏移距离值为 30。

（2）转换线型。将步骤（1）中通过偏移得到的直线转换为虚线。

4. 创建俯视图

步骤 01 创建中心线。

（1）拉伸图 30.3.17 所示的垂直中心线。单击主视图的垂直中心线使其显示夹点，选取下端夹点，垂直向下拖移至合适位置；用同样的方法，拉伸主视图左侧的另外两条垂直中心线。

（2）绘制水平中心线。在“图层”工具栏中选择“中心线层”；用 绘图(D) → 直线(L) 命令，绘制长度值为 95 的水平中心线。该水平中心线与主视图最下侧轮廓线之间的距离值为 80。

（3）偏移图 30.3.17 所示的俯视图水平中心线。选择 修改(M) → 偏移(S) 命令，以步骤（2）中通过绘制得到的水平中心线为偏移对象，偏移方向为上、下，偏移距离值均为 16。

步骤 02 绘制轮廓线。

（1）切换图层。将图层切换至“轮廓线层”。

（2）用 绘图(D) → 直线(L) 命令，绘制图 30.3.17 所示的直线。

步骤 03 绘制图 30.3.18 所示的圆。

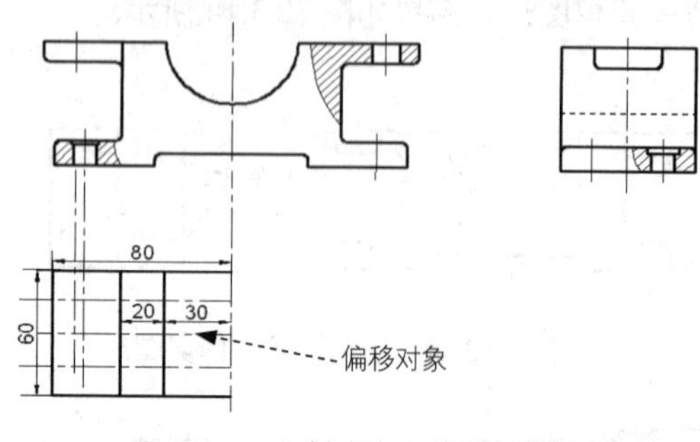

图 30.3.17　创建中心线并绘制直线

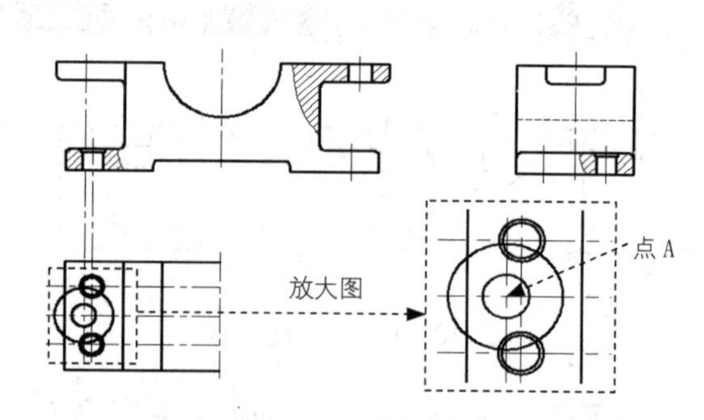

图 30.3.18　绘制圆

（1）选择下拉菜单 绘图(D) → 圆(C) → 圆心、半径(R) 命令，选取点 A 为圆心，输入半径值 15 后按 Enter 键。

（2）用同样的方法绘制其余的 5 个圆，半径值分别为 6.1、5、6、5、6。

步骤 04 偏移直线并转换线型。

（1）偏移水平中心线。选择 修改(M) → 偏移(S) 命令，以图 30.3.19 所示的水平中心线为偏移对象，向上、下两侧偏移，偏移距离值均为 15。

（2）转换线型。将步骤（1）中通过偏移得到的两条中心线转换为轮廓线。

步骤 05 修剪图形。选择 修改(M) → 修剪(T) 命令，对图形进行修剪，结果如图 30.3.19 所示。

步骤 06 打断中心线。选择 修改(M) → 打断(K) 命令，打断还未修剪完的中心线。

步骤 07 创建图 30.3.20 所示的圆角。

（1）创建半径值为 14 的两个圆角。选择下拉菜单 修改(M) → 圆角(F) 命令；在命令行中输入 R，按 Enter 键，输入半径值 14 并按 Enter 键；再输入 M，按 Enter 键；输入 T 后按 Enter 键，再次输入 T 后按 Enter 键；然后依次选取要倒圆角的两条直线，按 Enter 键结束操作。

（2）用同样的方法创建半径值为 3 的两个圆角。

步骤 08 镜像图形（图 30.3.21）。用 修改(M) → 镜像(I) 命令镜像图形。

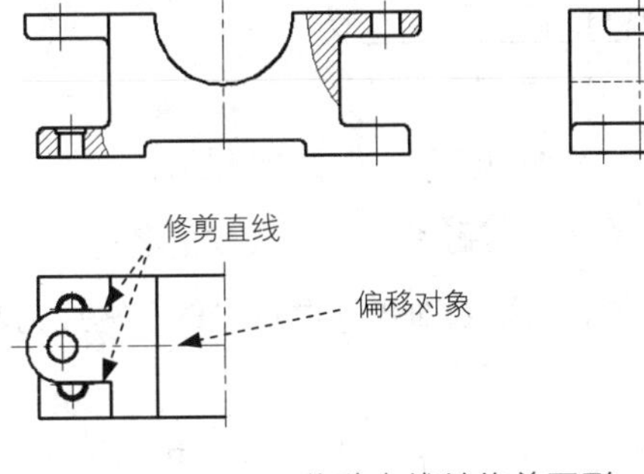

图 30.3.19 偏移直线并修剪图形

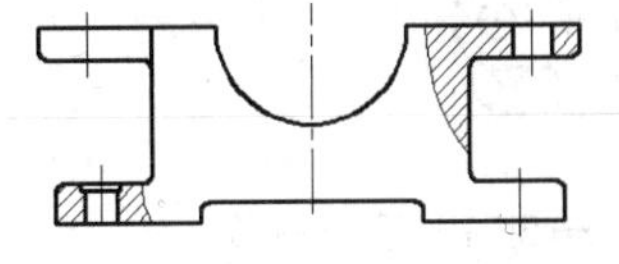

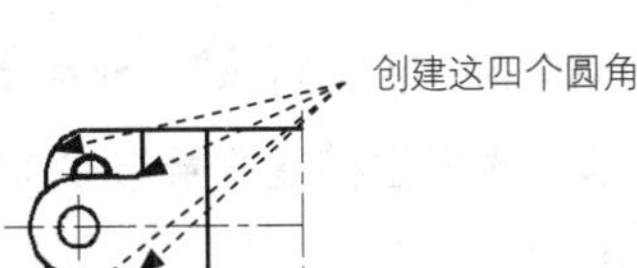

图 30.3.20 创建圆角

5. 对图形进行尺寸标注

步骤 01 将图层切换至“尺寸线层”。

步骤 02 创建图 30.3.22 所示的线性标注。

（1）创建无公差的线性标注。选择下拉菜单 标注(N) → 线性(L) 命令，捕捉要进行标注的边线的两端点并单击，在绘图区的空白处单击一点以确定尺寸放置的位置；用同样的方法，创建其余无公差的线性标注。

（2）创建有公差的线性标注。下面以标注“132 ± 0.03”为例进行说明。选择下拉菜单 标注(N) → 线性(L) 命令，捕捉并选取要进行标注的边线的两端点，在命令行中输入 M 并按

Enter 键，输入 132%%P0.03 按 Enter 键，移动光标在绘图区的空白处单击以确定尺寸放置的位置；用同样的方法创建其余有公差的线性标注（如 140 ± 0.02）。

步骤 03 创建半径标注。用 标注(N) → 半径(R) 命令，创建图 30.3.23 所示的半径标注。

步骤 04 创建直径标注。用 标注(N) → 直径(D) 命令，创建图 30.3.23 所示的直径标注。

步骤 05 创建引线标注。用 QLEADER 命令，创建图 30.3.23 所示的引线标注。

步骤 06 创建图 30.3.23 所示的表面粗糙度标注。

（1）在绘图区绘制粗糙度符号。

（2）定义块属性。绘制表面粗糙度符号，然后选择 绘图(D) → 块(K) → 定义属性(D)... 命令，系统弹出“属性定义”对话框，在 属性 选项组的 标记(T): 文本框中输入属性的标记为 CCD；在 提示(M): 文本框输入插入块时，系统显示提示信息“表面粗糙度值”；在 默认(L): 文本框中输入属性的值为 3.2；在 对正(J): 下拉列表中选择 正中 选项，在 文字设置 选项组中设置文字高度值为 2.5。

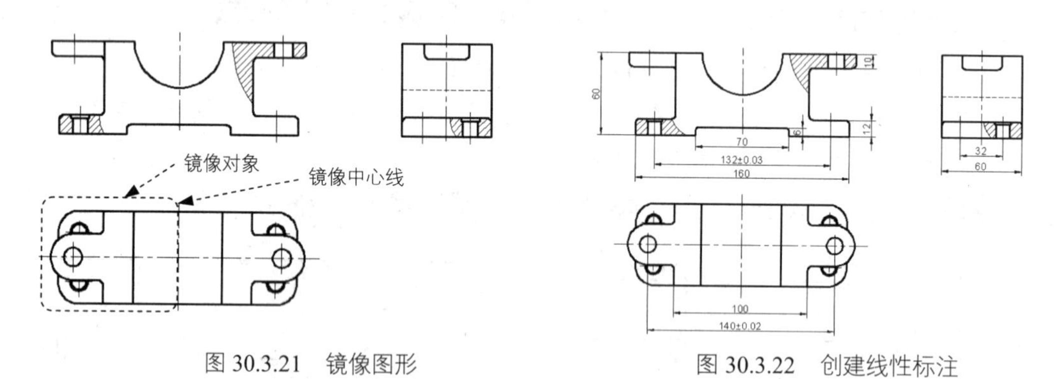

图 30.3.21　镜像图形　　　　图 30.3.22　创建线性标注

（3）创建块。选择下拉菜单 绘图(D) → 块(K) → 创建(M)... 命令，定义块的名称为“表面粗糙度（一）”，选取表面粗糙度符号与 CCD 为块的对象，选取表面粗糙度符号的下端点为基点，单击 确定 按钮。

（4）插入块。选择 插入(I) → 块(B)... 命令，在系统弹出的“插入”对话框中，选择“表面粗糙度（一）”，在 旋转 选项组中选中 ☑ 在屏幕上指定(S) 复选框，单击 确定 按钮，选取一点以确定表面粗糙度符号的放置位置并单击，输入旋转角度值，按 Enter 键，输入属性值（表面粗糙度值），按 Enter 键。

为了方便起见，本书提供的样板文件已经创建好了可能用到的块，读者可直接通过插入块来进行表面粗糙度的标注，以及后面的基准标注。

步骤 07 参照 步骤 06，创建图 30.3.24 所示的基准标注。

步骤 08 创建形位公差标注。创建图 30.3.24 所示的形位公差标注（注：具体参数和操作参见随书光盘）。

步骤09 创建多行文字。在“图层”工具栏中选择“文字层”；用 绘图(D) → 文字(X) → 多行文字(M)... 命令，创建图 30.3.24 所示的多行文字；创建其余的多行文字。

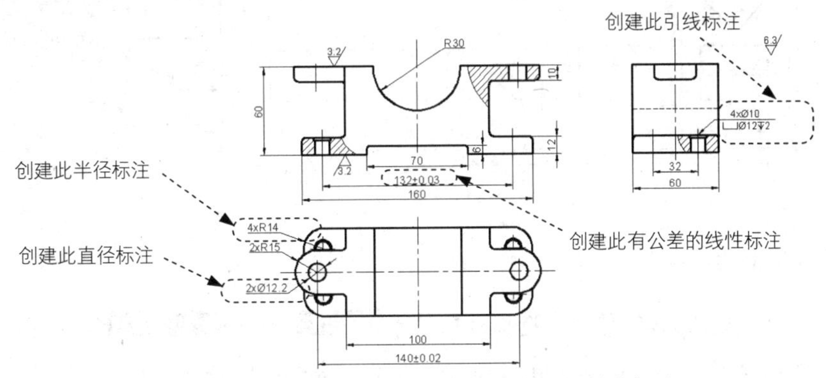

图 30.3.23 创建半径、直径、引线与表面粗糙度标注

6. 填写标题栏并保存文件

步骤01 切换图层。在“图层”工具栏中选择“文字层”图层。

步骤02 添加文字。选择下拉菜单 绘图(D) → 文字(X) → 多行文字(M)... 命令，在标题栏指定区域选取两点以指定输入文字的范围，字体格式为 汉字文本样式，输入“基架”，单击 确定 按钮。

步骤03 选择 文件(F) → 保存(S) 命令，将图形命名为“基架.dwg”，单击 保存(S) 按钮。

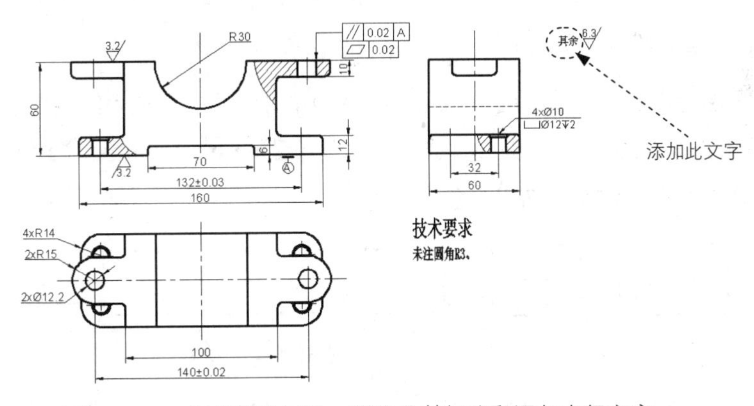

图 30.3.24 创建基准标注、形位公差标注和添加多行文字

30.3.2 螺杆

本案例将介绍螺杆的创建过程（图 30.3.25），主要用到了镜像、分解、延伸、倒角、图案填充、插入块、文字注释及尺寸标注等命令。

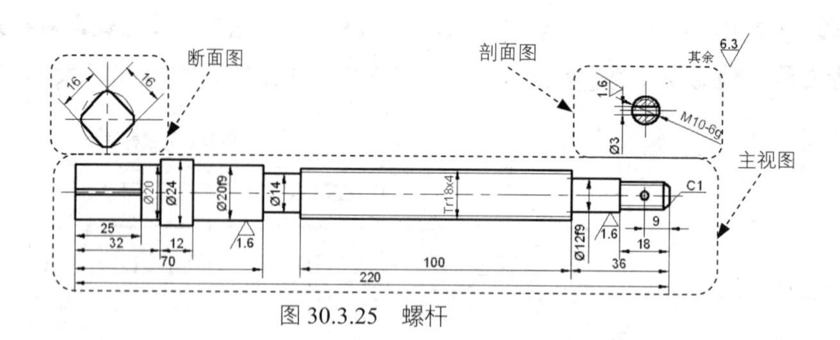

图 30.3.25　螺杆

1. 选用样板文件

使用随书光盘上提供的样板文件。选择下拉菜单 文件(F) → 新建(N)... 命令，在弹出的“选择样板”对话框中，找到文件 D:\cad1701\system_file\Part_temp_A3.dwg，然后单击 打开(O) 按钮。

2. 创建螺杆主视图

下面介绍图 30.3.25 中主视图的创建方法与步骤。

步骤 01 绘制图 30.3.26 所示的中心线。将图层切换到“中心线层”，确认状态栏中的 (正交模式)和 (对象捕捉)按钮处于显亮状态，用 绘图(D) → 直线(L) 命令，绘制图 30.3.26 所示的水平中心线，其长度值为 230。

图 30.3.26　绘制中心线

步骤 02 创建螺杆的主体结构，如图 30.3.27 所示。

(1) 将图层切换到“轮廓线层”，确认状态栏中的 (显示/隐藏线宽)按钮处于显亮状态。

(2) 绘制图 30.3.28 所示的直线。选择下拉菜单 绘图(D) → 直线(L) 命令，完成直线的绘制（注：具体参数和操作参见随书光盘）。

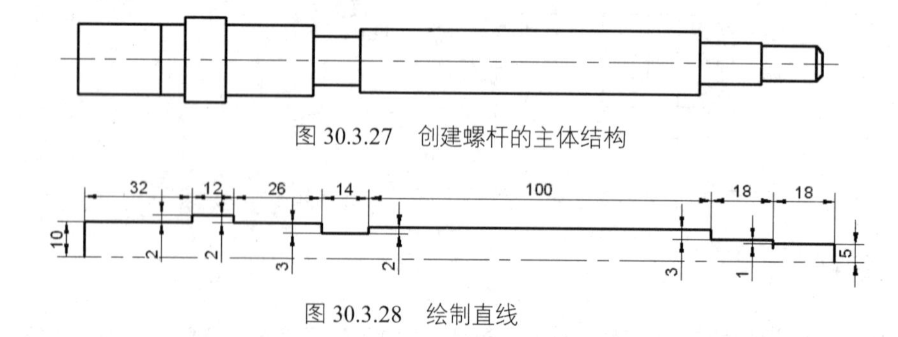

图 30.3.27　创建螺杆的主体结构

图 30.3.28　绘制直线

(3) 创建图 30.3.29 所示的倒角。选择下拉菜单 修改(M) → 倒角(C) 命令，在命令行中输入 D，在 指定第一个倒角距离 <0.0000>: 的提示下，输入 1 并按 Enter 键；在指定第二个倒角距离 <1.0000>: 的提示下，输入 1 并按 Enter 键；输入 T 并按 Enter 键，再次输入 T 后按 Enter 键（选取“修剪模式”）；分别选取图 30.3.30 所示的两条直线为要进行倒角的边线。

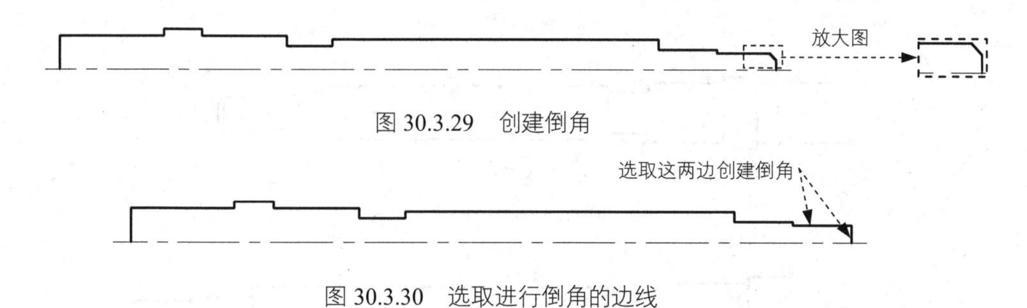

图 30.3.29 创建倒角

图 30.3.30 选取进行倒角的边线

（4）延伸图 30.3.31 所示的直线。选择下拉菜单 修改(M) → 延伸(D) 命令，选取水平中心线为延伸的边界并按 Enter 键，分别单击需要延伸的直线，按 Enter 键结束操作。

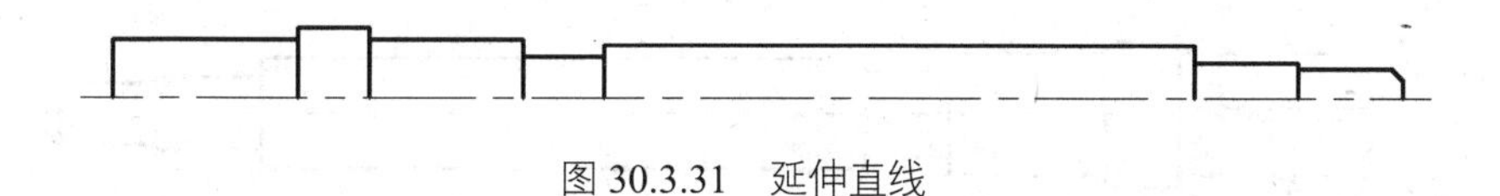

图 30.3.31 延伸直线

（5）绘制图 30.3.32 所示的直线。

① 绘制直线 1。选择下拉菜单 绘图(D) → 直线(L) 命令，在命令行中输入 from 并按 Enter 键，指定点 A 为直线的基点，输入距离值 25 并按 Enter 键，向下移动光标，在命令行中输入 10 后按两次 Enter 键（或选择下拉菜单 修改(M) → 偏移(S) 命令进行直线 1 的绘制）。

② 按 Enter 键重复直线命令，完成直线 2 的绘制。

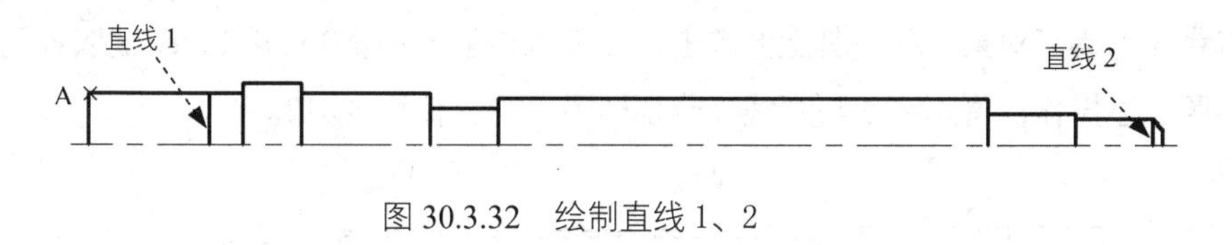

图 30.3.32 绘制直线 1、2

（6）镜像图形（图 30.3.33）。选择下拉菜单 修改(M) → 镜像(I) 命令，选取图 30.3.33a 所示的图形为镜像对象，按 Enter 键结束选择；选取水平中心线上一点为镜像线的第一点，然后在该中心线上选择另一点作为镜像线的第二点；在命令行中输入字母 N 后按 Enter 键，结果如图 30.3.33b 所示。

步骤 03 添加螺杆的细节结构，如图 30.3.34 所示。

（1）偏移直线（图 30.3.35）。选择下拉菜单 修改(M) → 偏移(S) 命令，输入偏移距离值 9 后按 Enter 键；选择直线 1 为偏移对象，在直线 1 的下方单击以确定偏移方向；再选取直线 2 为偏移对象，在直线 2 的上方单击，按 Enter 键结束操作。

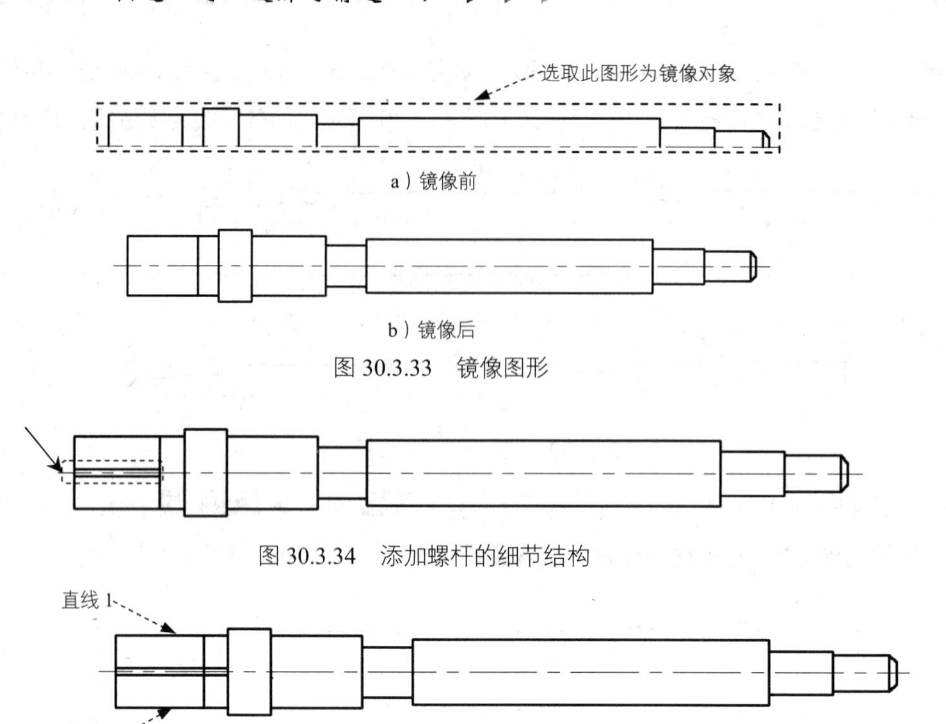

a）镜像前

b）镜像后

图 30.3.33　镜像图形

图 30.3.34　添加螺杆的细节结构

图 30.3.35　偏移直线 1、2

（2）修剪直线。选择下拉菜单 修改(M) → 修剪(T) 命令，按 Enter 键，单击图上要剪去的部分，按 Enter 键结束操作，结果如图 30.3.35 所示。

（3）偏移直线（图 30.3.36）。选择下拉菜单 修改(M) → 偏移(S) 命令，在命令行中输入偏移距离值 1.25 后按 Enter 键；选择直线 3 为偏移对象，在直线 3 的下方单击以确定偏移方向；再选取直线 4 为偏移对象，并在其上方单击，按 Enter 键结束命令；按 Enter 键以重复“偏移”命令。参照上述操作，将直线 5 与直线 6 分别向下、向上偏移 0.812。

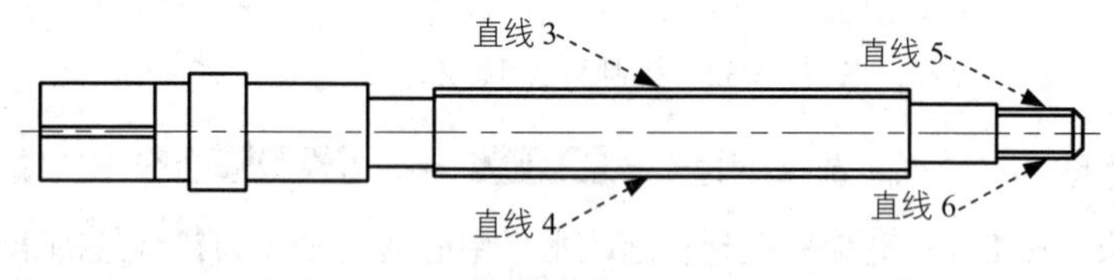

图 30.3.36　偏移直线 3、4、5、6

步骤 04 转换线型。选取图 30.3.37 所示的四条直线，然后在“图层”工具栏中选择“细实线层”。

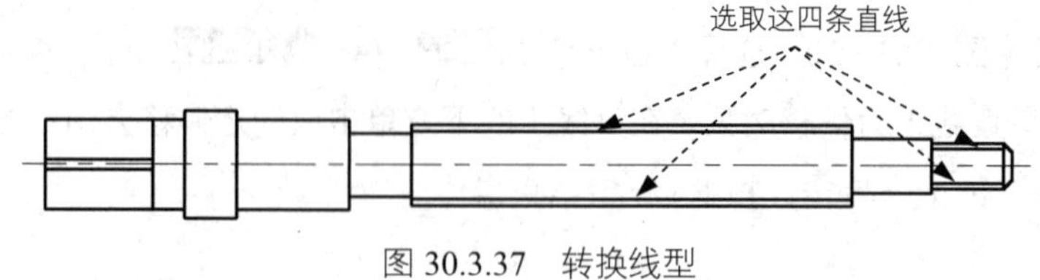

图 30.3.37　转换线型

步骤05 绘制图 30.3.38 所示的中心线与圆。

（1）将图层切换至“中心线层”。

（2）选择下拉菜单 绘图(D) → 直线(L) 命令，在命令行中输入 from 后按 Enter 键，选取最右侧直线与中心线的交点为基点，输入（@-9，3）并按 Enter 键，输入（@0，-6），按 Enter 键完成长度值为 6 的垂直中心线的绘制。

（3）将图层切换至“轮廓线层”。

（4）绘制圆。选择下拉菜单 绘图(D) → 圆(C) → 圆心、半径(R) 命令，选取步骤（2）中所绘制的垂直中心线与水平中心线的交点为圆心，输入半径值 1.5 后按 Enter 键。

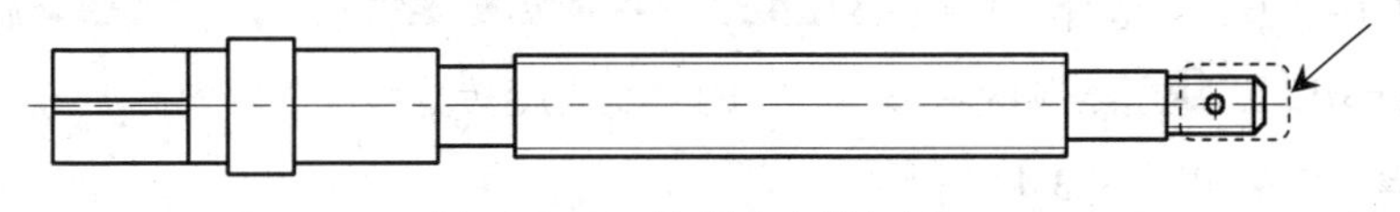

图 30.3.38 绘制中心线与圆

3. 创建断面图

下面介绍图 30.3.25 所示的断面图的创建方法。

步骤01 绘制图 30.3.39 所示的水平中心线与垂直中心线。将图层切换至“中心线层”，用 绘图(D) → 直线(L) 命令在图形左上方位置绘制长度值为 30 的水平中心线，按 Enter 键以重复“直线”命令，在水平中心线的中点处绘制长度值为 30 的垂直中心线。

步骤02 绘制图 30.3.39 所示的圆。将图层切换至“双点画线层”，选择 绘图(D) → 圆(C) → 圆心、半径(R) 命令，以步骤01所绘制的两条中心线的交点为圆心，半径值为 10，完成图 30.3.39 所示的圆的绘制。

步骤03 绘制垂直直线。将图层切换至“轮廓线层”，选择 绘图(D) → 直线(L) 命令，分别以圆与垂直中心线的两个交点为端点绘制直线，结果如图 30.3.39 所示。

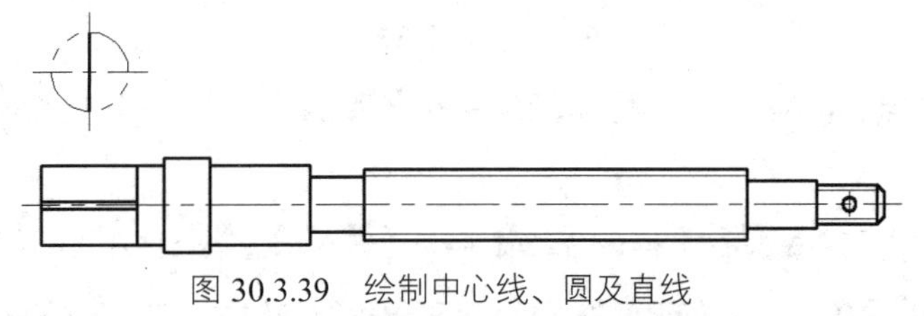

图 30.3.39 绘制中心线、圆及直线

步骤04 旋转直线。选择下拉菜单 修改(M) → 旋转(R) 命令，选取步骤03所绘制的直线为旋转对象并按 Enter 键，选取此直线中点为基点，并在命令行中输入旋转角度值 45 后按 Enter 键，结果如图 30.3.40 所示。

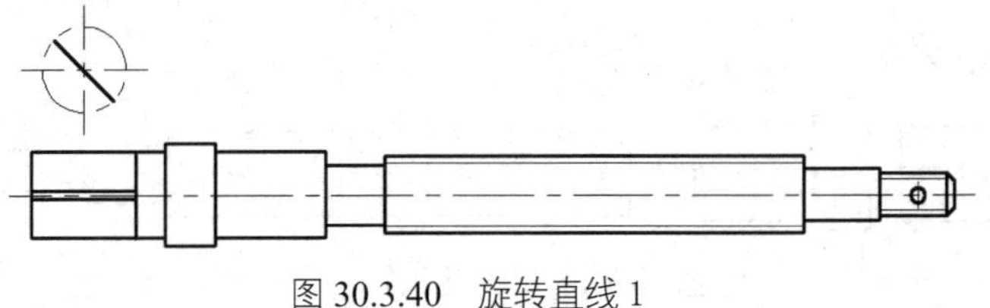

图 30.3.40 旋转直线 1

步骤 05 偏移直线。选择下拉菜单 修改(M) → 偏移(S) 命令，在命令行中输入偏移距离值 8 后按 Enter 键，选取步骤 04 旋转后的直线为偏移对象，分别在其右上方和左下方单击，按 Enter 键结束命令，结果如图 30.3.41 所示。

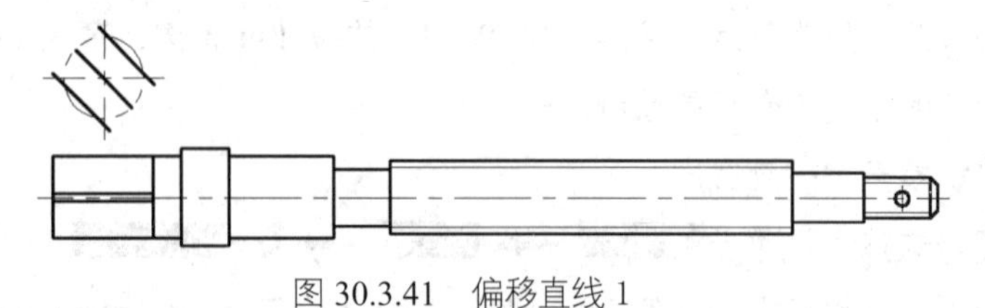

图 30.3.41　偏移直线 1

步骤 06 旋转直线。选择下拉菜单 修改(M) → 旋转(R) 命令，选取步骤 04 旋转后的直线为旋转对象，选取步骤 01 所绘制的两条中心线的交点为旋转基点，在命令行中输入旋转角度值 90 并按 Enter 键，结果如图 30.3.42 所示。

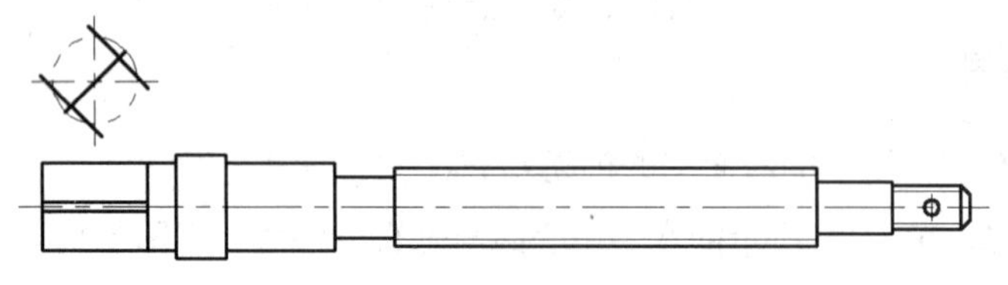

图 30.3.42　旋转直线

步骤 07 偏移直线。参照上述操作，将步骤 06 所旋转的直线分别向左上方与右下方进行偏移，偏移距离值均为 8，结果如图 30.3.43 所示。

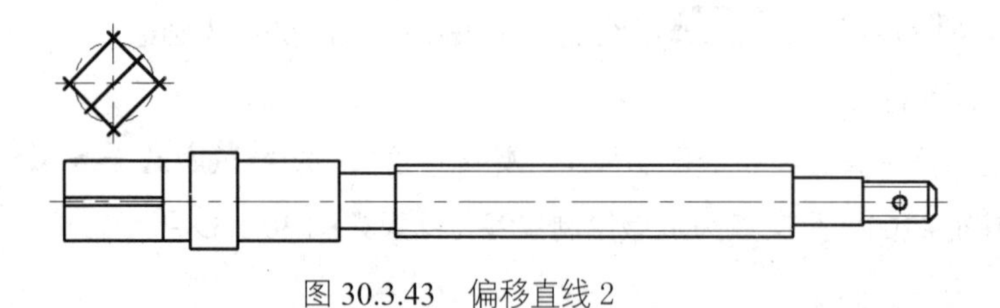

图 30.3.43　偏移直线 2

步骤 08 删除直线。选择下拉菜单 修改(M) → 删除(E) 命令，选取步骤 06 旋转后的直线，按 Enter 键结束命令。

步骤 09 选择下拉菜单 绘图(D) → 圆(C) → 圆心、半径(R) 命令，结合“对象捕捉”命令，选取步骤 01 所绘制的两条中心线的交点为圆心，在命令行中输入半径值 10 后按 Enter 键。

步骤 10 修剪图形。选择下拉菜单 修改(M) → 修剪(T) 命令，按 Enter 键，单击要修剪的直线与圆弧，按 Enter 键结束操作，结果如图 30.3. 44 所示。

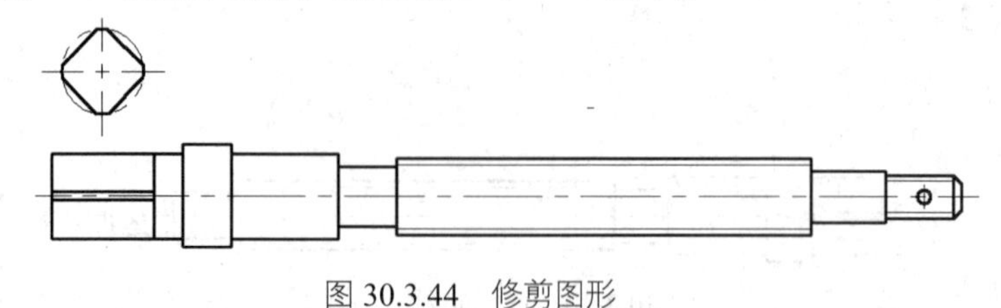

图 30.3.44　修剪图形

4. 创建剖面图（不含剖面线）

下面介绍图30.3.25所示的剖面图的创建方法。

步骤01 绘制图30.3.45所示的中心线。将图层切换至“中心线层”，选择 绘图(D) → 直线(L) 命令，在图形右上方绘制长度值均为20的水平中心线与垂直中心线。

步骤02 绘制图30.3.45所示的圆。将图层切换至“轮廓线层”，选择 绘图(D) → 圆(C) → 圆心、半径(R) 命令，以步骤01所绘制的两条中心线的交点为圆心，绘制半径值为5的圆。

步骤03 创建图30.3.46所示的直线。

（1）选择 绘图(D) → 直线(L) 命令，以水平中心线与圆的交点为起点，绘制长为10的水平直线。

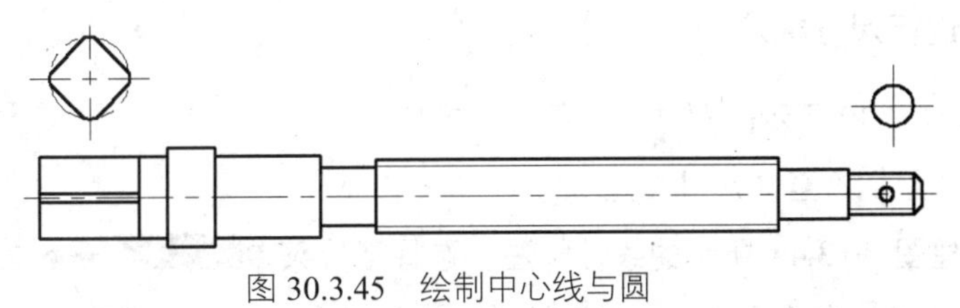

图30.3.45 绘制中心线与圆

（2）偏移直线。选择 修改(M) → 偏移(S) 命令，在命令行中输入偏移距离值1.5后按Enter键，选取步骤（1）中所绘制的直线为偏移对象，分别在其上、下方单击，按Enter键结束命令。

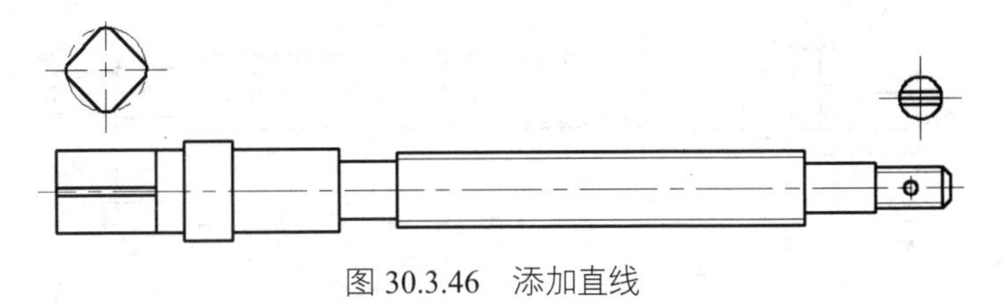

图30.3.46 添加直线

步骤04 绘制图30.3.47所示的圆。将图层切换至“细实线层”，选择 绘图(D) → 圆(C) → 圆心、直径(D) 命令，选取步骤01所绘制的两条中心线的交点为圆心，在命令行中输入直径值8.376后按Enter键。

步骤05 修改图形。选择下拉菜单 修改(M) → 删除(E) 命令，选取步骤03（1）中所绘制的直线，按Enter键结束命令。选择下拉菜单 修改(M) → 修剪(T) 命令，按Enter键，单击要修剪的线条，按Enter键结束操作，结果如图30.3.47所示。

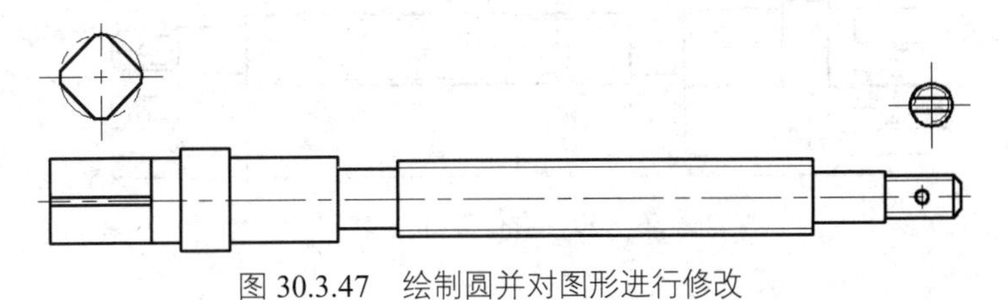

图30.3.47 绘制圆并对图形进行修改

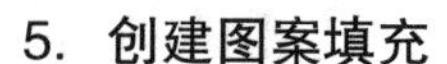

5. 创建图案填充

下面以图 30.3.48 所示为例，介绍创建图案填充的方法及步骤。

步骤 01 将图层切换至“剖面线层”。

步骤 02 选择 绘图(D) → 图案填充(H)... 命令，创建图 30.3.48 所示的图案填充。单击 确定 按钮完成图案填充的创建，结果如图 30.3.48 所示（注：具体参数和操作参见随书光盘）。

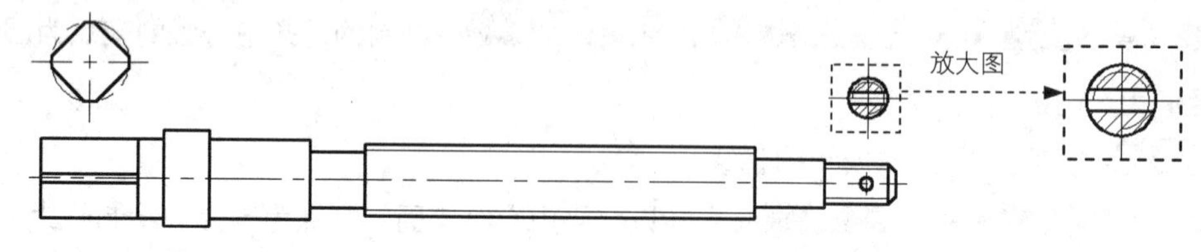

图 30.3.48 创建图案填充

6. 对图形进行尺寸标注

下面介绍图 30.3.49 所示的尺寸标注的创建方法。

步骤 01 将图层切换至“尺寸线层”。

步骤 02 创建图 30.3.49 所示的线性标注。选择下拉菜单 标注(N) → 对齐(G) 命令，分别选取直线的两个端点，在绘图区的空白区域单击，以确定尺寸的放置位置。

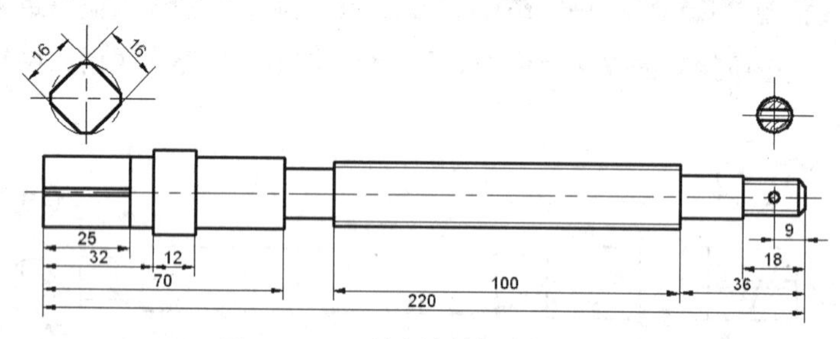

图 30.3.49 创建线性标注

步骤 03 创建图 30.3.50 所示的直径的标注。

（1）选择下拉菜单 标注(N) → 直径(D) 命令，单击图中所示的圆，在命令行中输入 T 并按 Enter 键，在命令行中输入 M10－6g 并按 Enter 键，在绘图区的空白区域单击，以确定尺寸放置的位置。

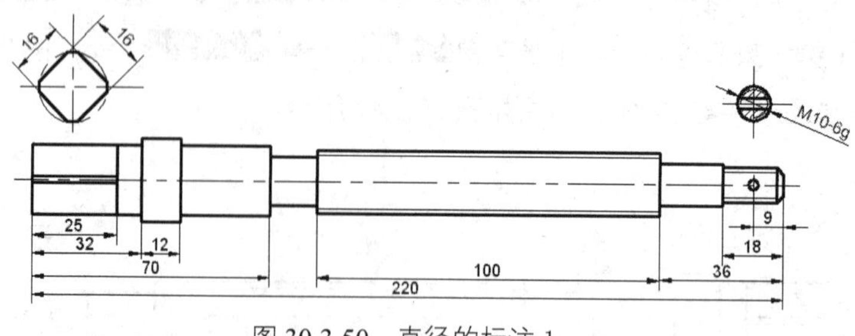

图 30.3.50 直径的标注 1

（2）创建图 30.3.51 所示的直径的标注。选择下拉菜单 标注(N) → 线性(L) 命令，分别捕捉直线的起点与终点，输入 T 并按 Enter 键，输入%%C20 后按 Enter 键，在绘图区的空白区域单击，以确定尺寸的放置位置。

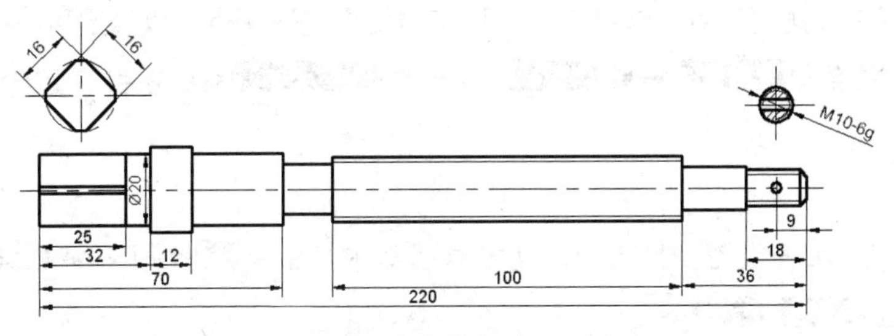

图 30.3.51　直径的标注 2

（3）参照以上操作，创建其余直径的标注，结果如图 30.3.52 所示。

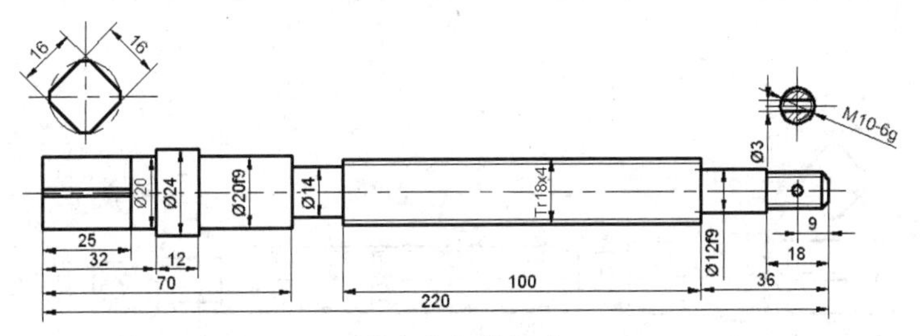

图 30.3.52　其余直径的标注

步骤 04 创建图 30.3.53 所示的表面粗糙度标注。

（1）选择下拉菜单 插入(I) → 块(B)... 命令，在“插入”对话框的 名称(N): 下拉列表中选择“表面粗糙度（一）”，单击 确定 按钮，在命令行中输入 R 并按 Enter 键，输入旋转角度值 90 后按 Enter 键；选取图 30.3.53 所示的点 A 为插入点，输入表面粗糙度值 3.2 并按 Enter 键。

（2）参照步骤（1）中的操作，创建图 30.3.53 中其余的表面粗糙度的标注。

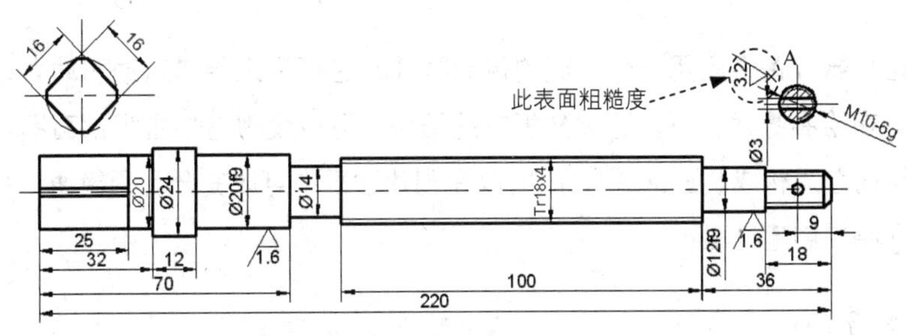

图 30.3.53　创建表面粗糙度标注

步骤 05 创建图 30.3.54 所示的倒角的标注。

（1）设置引线样式。在命令行输入 QLEADER 后按 Enter 键，在命令行的提示下输入 S 按 Enter 键；在弹出的“引线设置”对话框中选择 注释 选项卡，在 注释类型 选项组中选中 ⊙ 无(O) 单选项；选择引线和箭头选项卡，在引线选项组中选中⊙直线(S)单选项，在箭头下拉列表中选择□无选项；将点数选项组中的最大值设置为 3，在角度约束选项组的第一段:下拉列表中选取45°选项，在第二段:下拉列表中选取水平选项，单击确定按钮。

（2）选取图中倒角的端点为起点，在图形空白处再选取两点，以确定引线的位置。

（3）选择下拉菜单绘图(D) → 文字(X)▸ → A 多行文字(M)...命令在引线上方添加文字 C1，如图 30.3.54 所示。

在进行文字标注时，也可以选择下拉菜单绘图(D) → 文字(X)▸ → A 多行文字(M)...命令。

步骤 06 参照前面的操作，在图形右上方添加表面粗糙度符号并进行文字说明，结果如图 30.3.54 所示。

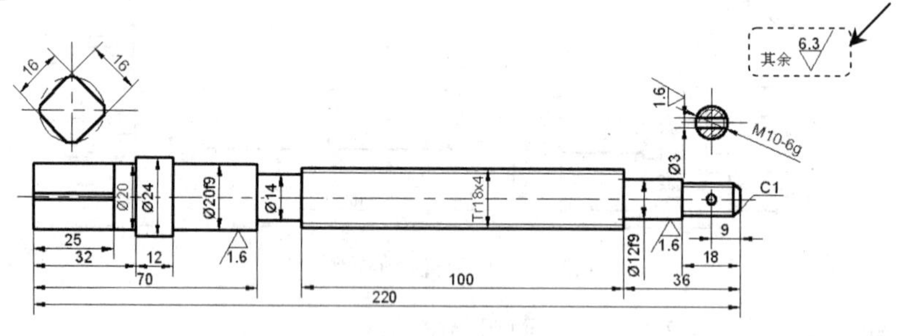

图 30.3.54　创建倒角的标注并完成图形

7. 保存文件

选择下拉菜单文件(F) → 保存(S)命令，将图形命名为“螺杆.dwg”，单击保存(S)按钮。

30.3.3　圆柱齿轮

圆柱齿轮是机器设备中应用十分广泛的传动零件，它可用来传递运动和动力，可以改变轴的旋向和转速。在绘制零件图时，通过分析它的结构，可以发现它的主视剖面图呈对称形状，左视图则由一组同心圆构成（图 30.3.55），所以在创建过程中可以充分利用镜像命令完成零件图的绘制，下面介绍其创建过程。

1. 选用样板文件

使用随书光盘上提供的样板文件。选择下拉菜单文件(F) → 新建(N)...命令，在弹出的“选择样板”对话框中，找到文件 D:\cad1701\system_file\Part_temp_A2.dwg，然后单击打开(O)按钮。

2. 创建左视图

后面的详细操作过程请参见随书光盘中 video\ch30.03.03\reference\文件下的语音视频讲解文件“圆柱齿轮-r01.exe”。

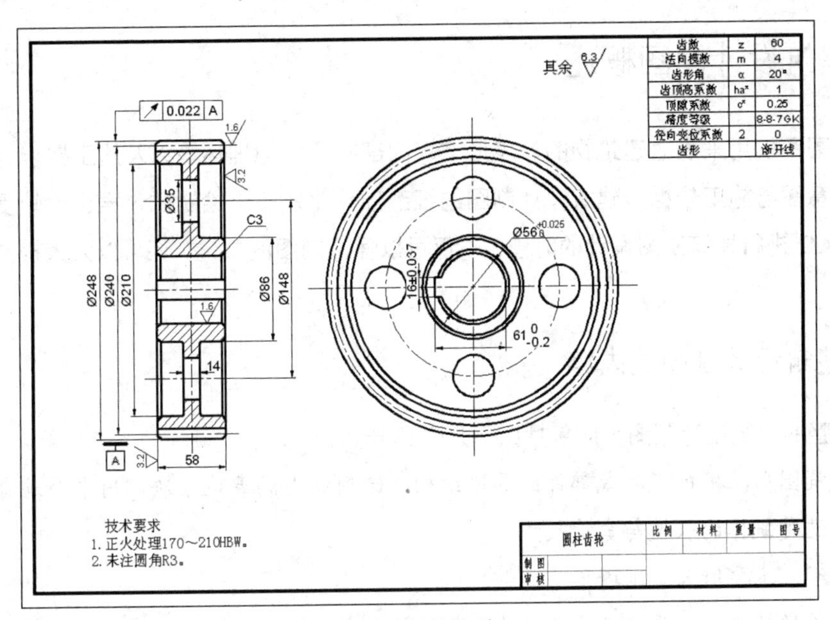

图 30.3.55　圆柱齿轮

第 31 章　建筑设计制图

31.1　建筑设计制图概述

建筑制图不仅用来表达建筑物的外表形态、内部布置、地理环境以及施工要求，还可以用来反映设计意图与施工依据。建筑设计制图的细节部分比较多，绘制的过程也比较复杂，当我们用 AutoCAD 进行建筑制图设计的时候，不仅可以保证制图的质量，还可以大大提高制图的效率。

31.1.1　建筑设计制图的内容

一幅完整的建筑设计制图，应包括以下几个部分。

- 建筑图形。根据产品或部件的具体结构，选用适当的表达方法，用平面或者立体图来表达建筑体的长度与宽度尺寸。
- 多线。主要用来绘制墙体。
- 必要的尺寸。必要的尺寸包括墙线尺寸、门窗尺寸、楼梯尺寸等设施尺寸。
- 技术要求。主要用来对图形中各图形元素的名称、使用方法、注意事项等进行说明。
- 块。在建筑制图中，块的使用非常普遍，比如建筑制图中的门、窗、花草等都可以以块的形式插入到建筑制图当中。

31.1.2　建筑设计制图的一般流程

步骤 01 了解项目的名称、地点、规模以及周围的环境。

步骤 02 了解所绘制的建筑图是平面的还是立体的。

步骤 03 根据前面的了解，大概确定设计方案。包括所绘制建筑制图的总面积、分享建筑面积、建筑占地面积、建筑覆盖率和绿化覆盖率等。

步骤 04 使用 AutoCAD 中的命令将图形绘制出来，然后进行尺寸的标注、添加文字说明等。

步骤 05 绘制完成后，检查是否满足最终的建筑要求，如果满足即可打印出图，若不满足则返回第四步进行修改。

31.2　建筑设计制图实际综合应用案例

在案例中，将逐步介绍使用 AutoCAD 设计并绘制建筑设计图样的方法与过程。在绘制建筑平面图之前，应养成创建符合我国建筑设计制图标准的样板图形的习惯。下面介绍图 31.2.1 的设计过程。

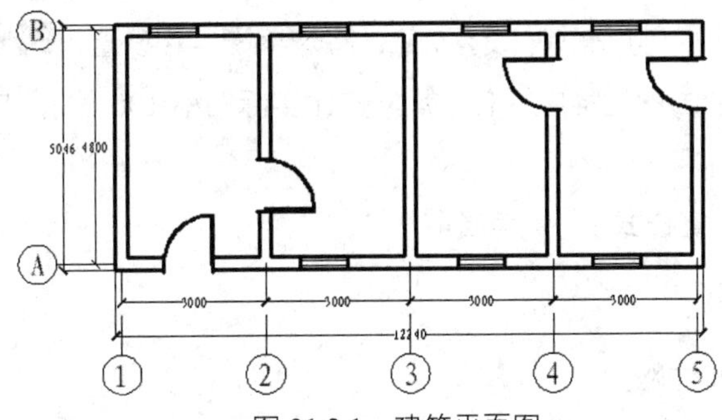

图 31.2.1 建筑平面图

1. 创建样板图形

步骤 01 使用随书光盘上提供的样板文件。选择下拉菜单 文件(F) → 新建(N)... 命令，在弹出的“选择样板”对话框中，找到样板文件 D:\cad1701\work\ch31.02\ building.dwg，然后单击 打开(O) 按钮。

步骤 02 创建建筑图层。

(1) 选择下拉菜单 格式(O) → 图层(L)... 命令。

(2) 创建“尺寸和文本”层。在“图层特性管理器”对话框中单击“新建图层”按钮，将新图层命名为“尺寸和文本”层，颜色设置为“青色”，线型设置为 Continuous，线宽设置为“0.09 毫米”。

(3) 创建“门窗”层。颜色设置为“绿色”，线型设置为 Continuous，线宽设置为“0.09 毫米”。

(4) 创建“墙体”层。颜色设置为“蓝色”，线型设置为 Continuous，线宽设置为“0.30 毫米”。

(5) 创建“网轴线”层。颜色设置为“红色”，线型设置为 CENTER，线宽设置为“0.09 毫米”。

步骤 03 创建文字样式和尺寸标注样式。

(1) 创建新的文字样式（注：具体参数和操作参见随书光盘）。

(2) 创建新的尺寸样式。

① 选择下拉菜单 格式(O) → 标注样式(D)... 命令，在“标注样式管理器”对话框中单击 新建(N)... 按钮，在“创建新标注样式”对话框的 新样式名(N): 文本框中，输入“建筑样式 1”，然后单击 继续 按钮。

② 在 符号和箭头 选项卡的 箭头 选项区域中，将箭头样式设置为 建筑标记，将 箭头大小(I): 设置为 1.5，将 圆心标记 设置为 标记(M)，在 标记(M) 文本框中输入值 1，其他的参数接受系统的默认值。

③ 在文字选项卡中，将文字样式(Y):设置为样式 1，将文字高度(T):设置为 2，其他的参数接受系统的默认值。

④ 在主单位选项卡中，将精度(P):设置为0，将小数分隔符(C):设置为“.”(句点)，将比例因子(E):设置为 100（因此在后面的画图过程中，各个尺寸应比实际缩小 100 倍），其他的参数接受系统的默认值。

⑤ 将新创建的“建筑样式 1”置为当前。

2. 绘制建筑平面图

步骤 01 绘制轴线和柱网。

（1）切换图层。在“图层”工具栏中选择“网轴线”图层。

（2）选择下拉菜单绘图(D) → 直线(L)命令，绘制图 31.2.2 所示的水平和垂直方向的“轴线 A”和“轴线 1”，其长度应略大于建筑的总体长度和宽度，在两条线之间的起点位置部分交叉（水平方向的轴线长度大约为 130，垂直方向的轴线长度大约为 70）。

（3）绘制建筑平面图基本的轴线网格。

① 绘制四条垂直方向的轴线。

a）用“偏移”的方法绘制第一条垂直方向的轴线。选择下拉菜单修改(M) → 偏移(S)命令，输入偏移距离值 30，选择图 31.2.2 中的“轴线 1”为偏移的对象，然后在“轴线 1”的右侧单击一点。

b）用同样的方法绘制其余三条垂直方向的轴线，偏移距离分别为 60、90 和 120。

② 绘制第二条水平方向的轴线。用同样的方法选择“轴线 A”为偏移对象，偏移距离为 48（图 31.2.3）。

（4）创建图 31.2.4 所示的轴线注记符号。

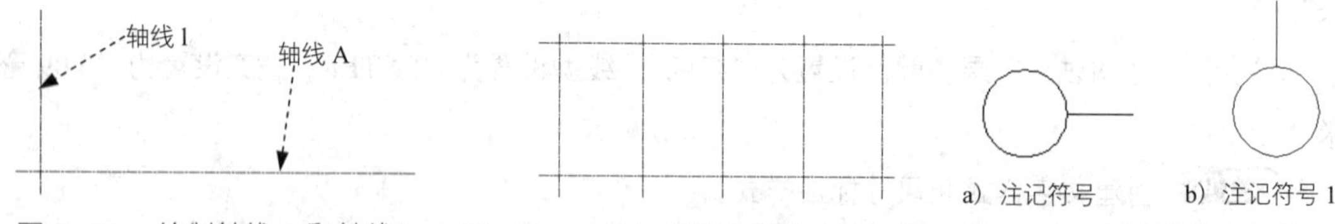

图 31.2.2 绘制轴线 A 和轴线 1　图 31.2.3 添加建筑基本的轴线网格　图 31.2.4 创建轴线注记符号

① 将图层切换至“尺寸和文本”图层，运用绘图(D) → 直线(L)命令和绘图(D) → 圆(C) → 圆心、直径(D)命令完成轴线注记符号的创建，圆的直径值为 8，直线长度值为 8。

② 用绘图(D) → 块(K) → 定义属性(D)...命令，在标记(T):文本框中输入属性的标记为 A，在默认(L):文本框中输入属性的值为 A；用绘图(D) → 块(K) → 创建(M)...命令创建带属性的块，将块的名称(N):设置为“注记符号”。

③ 用绘图(D) → 块(K) → 定义属性(D)...命令，在标记(T):文本框中输入属性的标记为

1，在默认(L):文本框中输入属性的值为 1；用绘图(D) → 块(K) → 创建(M)...命令创建带属性的块，将块的名称(N):设置为“注记符号 1”。

④ 用插入(I) → 块(B)...命令将轴线注记符号设置到相关轴线端部，纵向为 1、2、3、4、5，横向为 A、B，完成后的结果如图 31.2.5 所示。

步骤 02 绘制墙体。

（1）设置多线样式（注：具体参数和操作参见随书光盘）。

（2）选择下拉菜单绘图(D) → 多线(U)命令，在系统指定起点或 [对正(J)/比例(S)/样式(ST)]:的提示下输入 J 按 Enter 键，选择对正类型为无(Z)选项，用交点捕捉的方法，开始沿轴线绘制多线。选择下拉菜单修改(M) → 对象(O) → 多线(M)...命令，在系统弹出的“多线编辑工具”对话框中，选择适当的多线相交编辑方式对墙角进行修整，完成后的图形如图 31.2.6 所示。

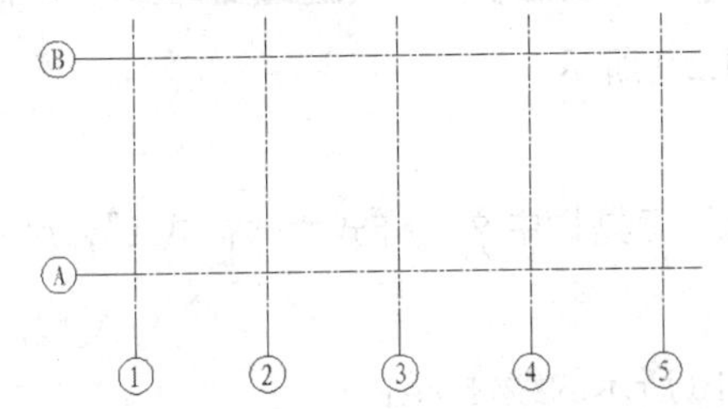

图 31.2.5　标注轴线注记符号的轴线网格

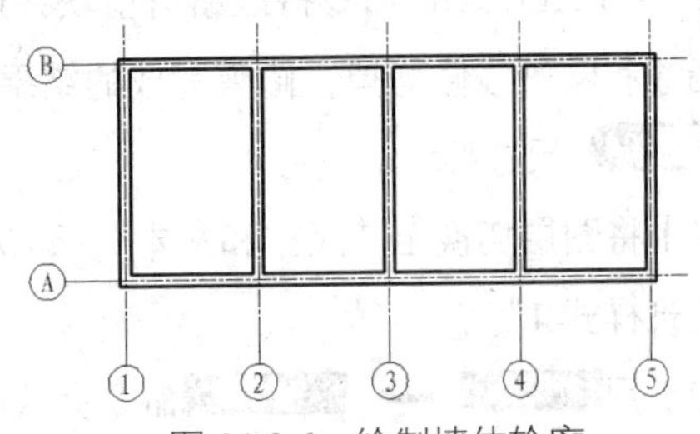

图 31.2.6　绘制墙体轮廓

步骤 03 绘制门窗。

（1）创建图 31.2.7 所示的门图块。

① 将图层切换至“门窗”图层，选择下拉菜单绘图(D) → 矩形(G)命令，绘制宽度值为 10、长度值为 0.4 的矩形作为门扇；确认（“极轴追踪”）和（“对象捕捉”）按钮处于显亮状态，捕捉矩形左上端点和矩形的下水平边，用绘图(D) → 圆弧(A) → 起点、端点、半径(R)命令绘制半径值为 10 的圆弧。

② 选择下拉菜单绘图(D) → 直线(L)命令，以矩形右下端点为中心点绘制长度值为 3.5 的竖直线，用 CHPROP 命令将此线改为“墙体”图层。用复制的方法得到另一条竖直线，其中点位于圆弧的下端点上。

③ 选择下拉菜单绘图(D) → 块(K) → 创建(M)...命令，以 A 点为插入点，建立名为“门”的单元图块。

（2）创建图 31.2.8 所示的窗图块。

① 将图层切换至“门窗”图层，用绘图(D) → 直线(L)命令绘制长度值为 10 的水平直线。

② 用修改(M) → 偏移(S)命令偏移复制第二条直线，偏移距离值为 0.8。然后用相同的方法偏移其余的两条直线。

③ 用绘图(D) → 直线(L)命令绘制两条垂直直线将两端封闭，用 CHPROP 命令将短线改

为“墙体”图层。

④ 选择下拉菜单 绘图(D) → 块(K) ▸ → 创建(M)... 命令，以窗平面上面一边中点为插入点，建立名为“窗”的单元图块。

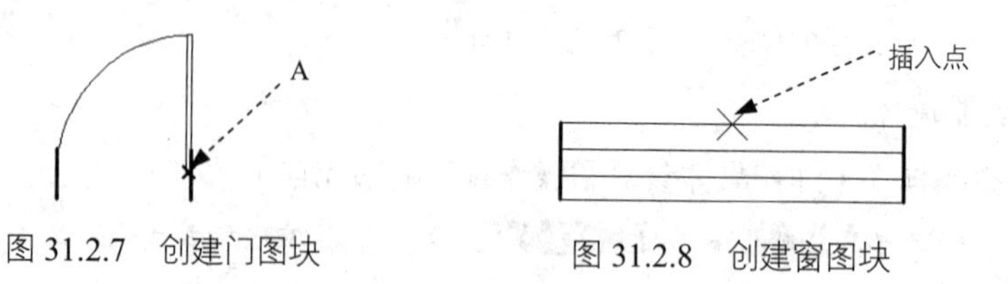

图 31.2.7　创建门图块　　　图 31.2.8　创建窗图块

（3）插入门、窗图块。

① 用 插入(I) → 块(B)... 命令将各个门、窗插入到合适的位置。

② 用 EXPLODE 命令打散所有窗块，选择下拉菜单 修改(M) → 修剪(T) 命令，将所有多余的墙线和网轴线修剪掉，修剪完成的结果如图 31.2.9 所示。

步骤 04 尺寸标注。

（1）将图层切换至“尺寸和文本”，确认“样式”工具栏中文字样式为“样式 1”，尺寸样式为“建筑样式 1”。

（2）用 标注(N) → 线性(L) 命令完成图 31.2.10 所示的线性标注。

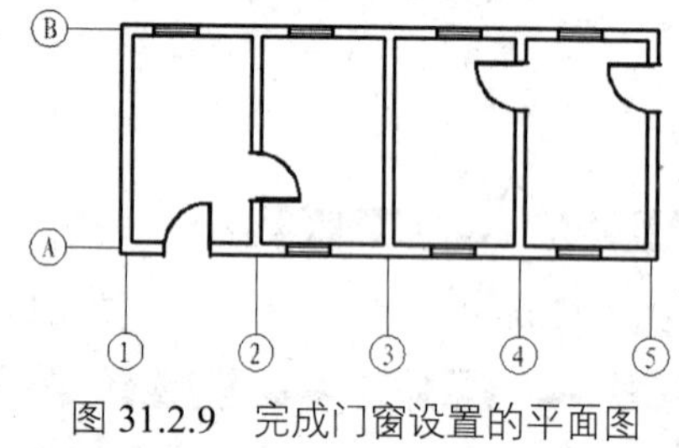

图 31.2.9　完成门窗设置的平面图

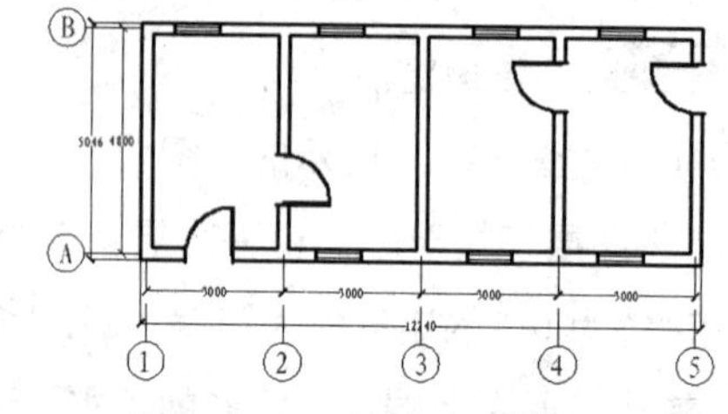

图 31.2.10　标注尺寸的建筑图

3. 保存文件

选择下拉菜单 文件(F) → 保存(S) 命令，将此图形命名为“建筑平面图的设计.dwg”，单击 保存(S) 按钮。

第 32 章　室内装潢设计制图

32.1　室内设计概述

室内制图是根据建筑物内部空间的使用性质和所处环境，运用物质技术及艺术手段创造出功能合理、舒适美观，符合人的生理、心理需求，让使用者心情愉快，同时便于生活、工作、学习的理想场所。室内制图就是表达这种设计意图的图样。

32.2　室内装潢设计的一般流程

步骤 01 设计平面功能布局图。主要包括平面的功能分区、家具位置、陈设装饰与设备安装等。

步骤 02 设计形象构思图。主要用于构思空间形式、流行趋势、艺术风格、建筑构件与装饰手法等。

步骤 03 设计概念方案图。主要包括空间效果图、材料样板图与简要的设计说明。

步骤 04 确定施工方案。

步骤 05 绘制施工图。主要包括立面图、剖面图与节点图。

32.3　室内装潢设计实际综合应用案例

图 32.3.1 所示是一个简单的报告厅室内设计方案，下面介绍其创建的一般操作步骤。

1. 绘制网轴线

步骤 01 使用随书光盘上提供的样板文件。选择下拉菜单 文件(F) → 新建(N)... 命令，在弹出的“选择样板”对话框中，找到样板文件 D:\cad1701\work\ch32.03\报告厅装饰平面图.dwg，然后单击 打开(O) 按钮。

步骤 02 绘制两条基础网轴线。

（1）切换图层。在“图层”面板中选择“网轴线”图层。

（2）选择下拉菜单 绘图(D) → 直线(L) 命令，在状态栏中将“正交”打开，绘制长度为 16800 的水平网轴线、高度为 12000 的竖直网轴线，绘制完成后如图 32.3.2 所示。

（3）选中上步创建的两条直线，右击，在弹出的快捷菜单中选中“特性”命令，打开“特性”对话框，将线性比例修改为 40，结果如图 32.3.3 所示。

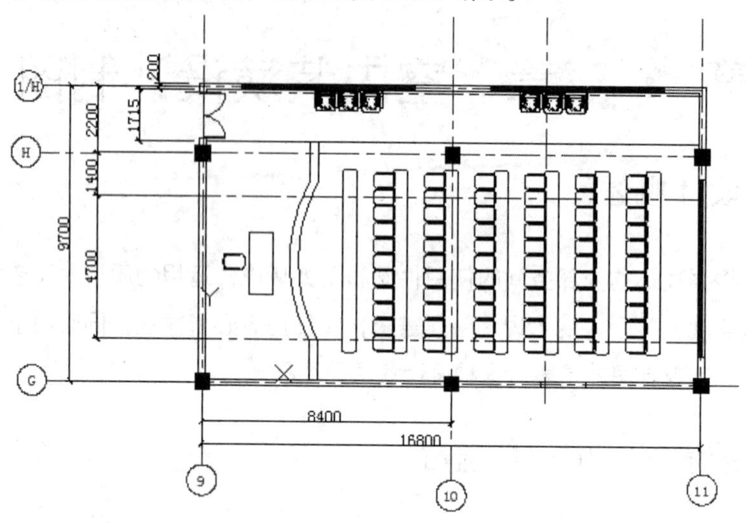

图 32.3.1　室内装潢设计综合应用案例

图 32.3.2　绘制水平与竖直的网轴线　　图 32.3.3　修改线性比例

步骤 03 偏移网轴线。

（1）偏移竖直网轴线 1。选择 修改(M) → 偏移(S) 命令，将上步创建的竖直网轴线向右偏移 8400，完成后如图 32.3.4 所示。

（2）参照上一步，将竖直网轴线向右依次偏移 3150、5250，将水平轴线向上依次偏移 1400、4700、1400、2000、200，完成后如图 32.3.5 所示。

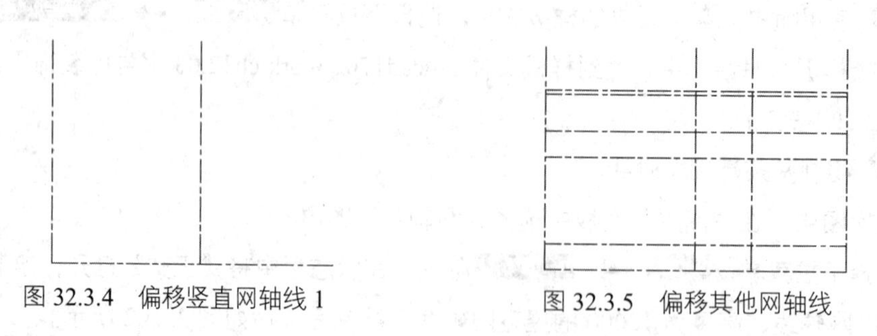

图 32.3.4　偏移竖直网轴线 1　　图 32.3.5　偏移其他网轴线

步骤 04 分别选中 **步骤 02** 中创建的两条网轴线及偏移的网轴线，将其拉长至合适的位置，完成后如图 32.3.6 所示。

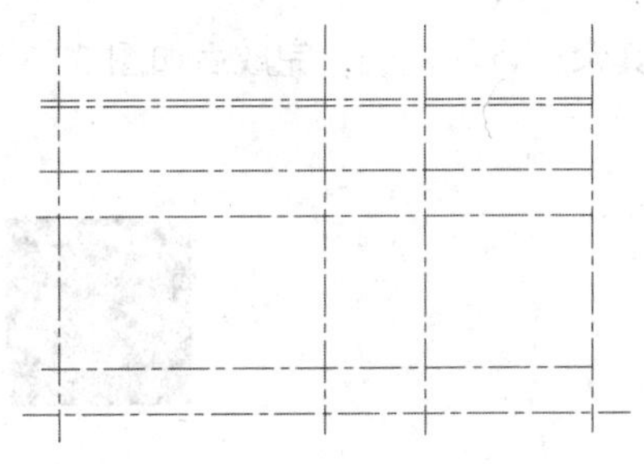

图 32.3.6 修改基础网轴线

步骤 05 插入轴号块 1。选择下拉菜单 插入(I) → 块(B)... 命令，在“插入”对话框的 名称(N): 下拉列表中选择轴号，在 插入点 选项组中选中 ☑ 在屏幕上指定(S) 复选框；在 比例 选项组中选中 ☑ 统一比例(U) 复选框，并在 X: 文本框中输入数值 1.0；在 旋转 选项组的 角度(A): 文本框中，输入插入块的旋转角度值 0；单击对话框中的 确定 按钮，将轴号块放置在图 32.3.7 所示的位置，输入轴号为 9，然后单击 确定 按钮。

步骤 06 参照上一步插入其余轴号块，完成后如图 32.3.8 所示。

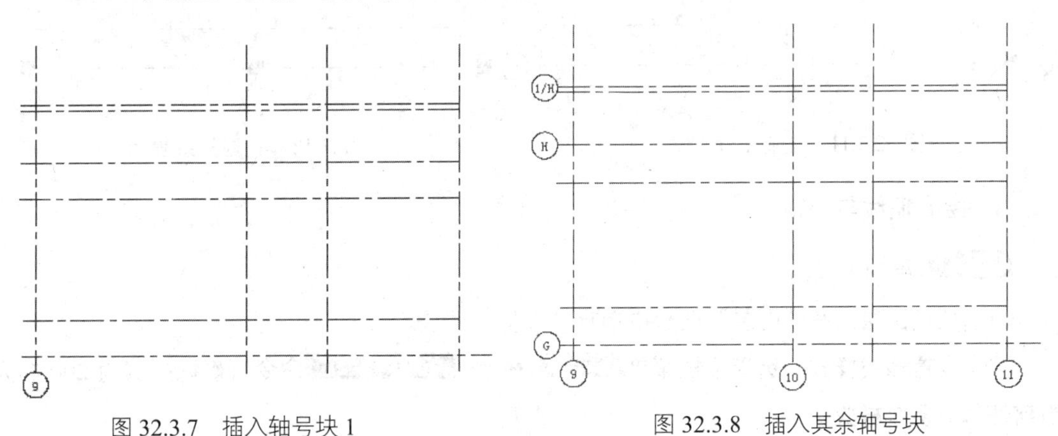

图 32.3.7 插入轴号块 1

图 32.3.8 插入其余轴号块

2. 绘制柱子

步骤 01 绘制矩形。

(1) 切换图层。在“图层”面板中，选择“柱子”图层。

(2) 选择下拉菜单 绘图(D) → 矩形(G) 命令，在空白区域绘制长度为 500、宽度也为 500 的矩形，如图 32.3.9 所示。

步骤 02 创建图 32.3.10 所示的图案填充。选择下拉菜单 绘图(D) → 图案填充(H)... 命令，采用系统的默认选项，将鼠标移动至上步创建的矩形区域中单击，单击“关闭图案填充创建”按钮 关闭图案填充创建 完成操作。

步骤 03 选择下拉菜单 修改(M) → 复制(Y) 命令，选取 步骤 01 与 步骤 02 中创建的特征为要复制的元素，选取矩形区域中的任意一点为基点，将其复制到图 32.3.11 所示的点处。

步骤 04 参照上一步，复制其余位置的柱子，完成后如图 32.3.12 所示。然后将原始的柱子删除。

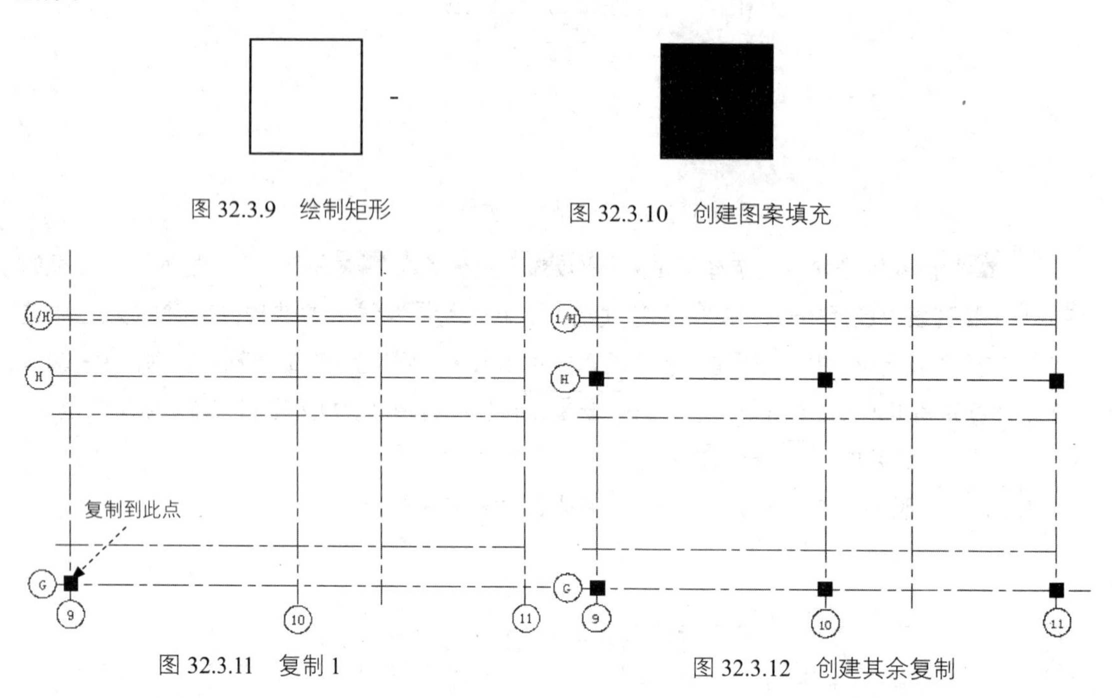

图 32.3.9　绘制矩形

图 32.3.10　创建图案填充

图 32.3.11　复制 1

图 32.3.12　创建其余复制

3. 绘制墙线与门窗

步骤 01 绘制多线。

（1）切换图层。在“图层”面板中选择“墙体”图层。

（2）设置多线样式。选择下拉菜单 格式(O) → 多线样式(M)... 命令，确认样式为 200 的为当前使用的多线样式。

（3）选择下拉菜单 绘图(D) → 多线(U) 命令，选取图 32.3.13 所示的点 A 作为多线的起点，选取点 B 为多线的终点，按 Enter 键完成多线 1 的创建，如图 32.3.13 所示。

（4）参照上一步创建其余多线，完成后如图 32.3.14 所示。

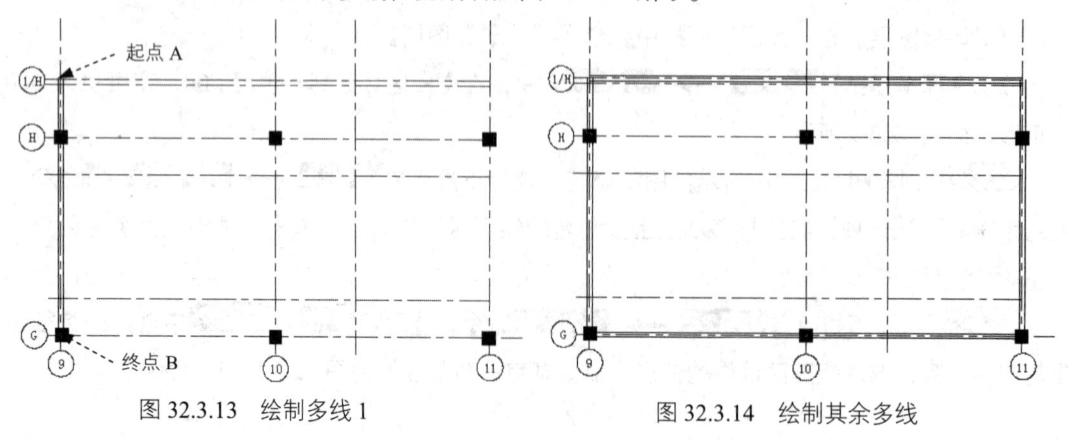

图 32.3.13　绘制多线 1

图 32.3.14　绘制其余多线

在绘制多线前需确认多线样式的对正类型为无，比例为1。

步骤02 编辑多线。

（1）选择下拉菜单 修改(M) → 对象(O) → 多线(M)... 命令，在系统弹出的对话框中单击“角点结合”按钮，选取图32.3.15所示的多线1与多线2为要编辑的多线，按下Enter键完成编辑。

（2）参照上一步完成其余3个多线角点结合的操作，完成后如图32.3.16所示。

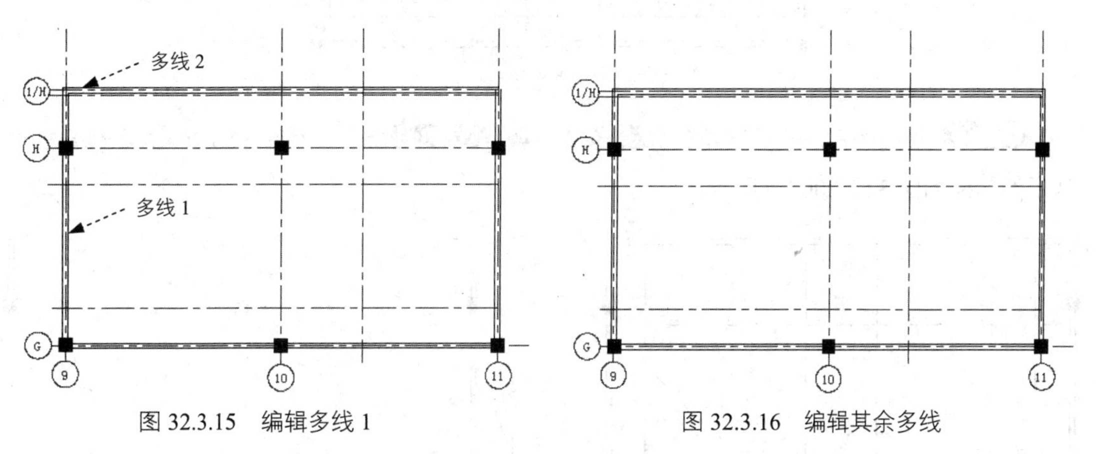

图32.3.15 编辑多线1　　图32.3.16 编辑其余多线

步骤03 分解多线。选择下拉菜单 修改(M) → 分解(X) 命令，选取步骤01中创建的4条多线为要分解对象并按Enter键。

步骤04 偏移墙线。

（1）在“图层”面板中选择“门窗”图层，将“网轴线”图层关闭。

（2）选择 修改(M) → 偏移(S) 命令，选取上步创建的竖直网轴线向右偏移1200，完成后如图32.3.17所示。

（3）参照上一步创建其余偏移，偏移距离分别为5800、2600、5800。选取图32.3.18所示的边线，向上偏移距离分别为850、5800。

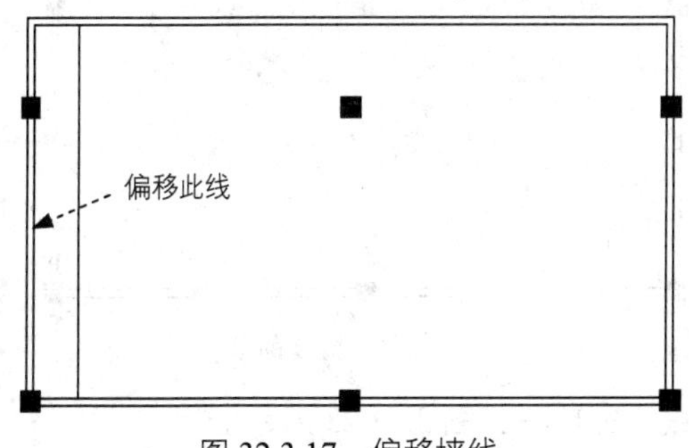

图32.3.17 偏移墙线

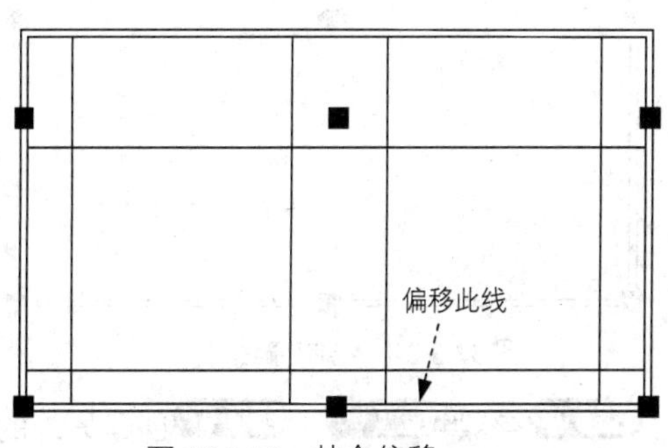

图32.3.18 其余偏移

（4）将偏移出的直线图层切换到“门窗”图层。首先将创建出来的偏移直线全部选中，然后在“图层”面板中选择“门窗”图层。

（5）选中偏移的直线，将直线的长度调整至图 32.3.19 所示的大概长短。

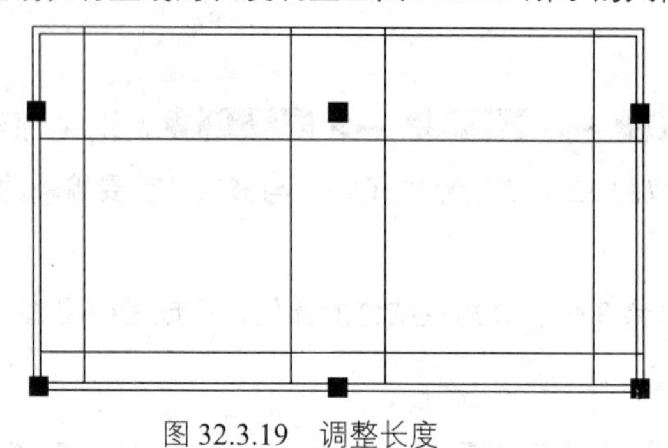

图 32.3.19　调整长度

步骤 05 编辑图形。选择下拉菜单 修改(M) → 修剪(T) 命令，对图 32.3.20a 进行修剪，修剪后的结果如图 32.3.20b 所示。

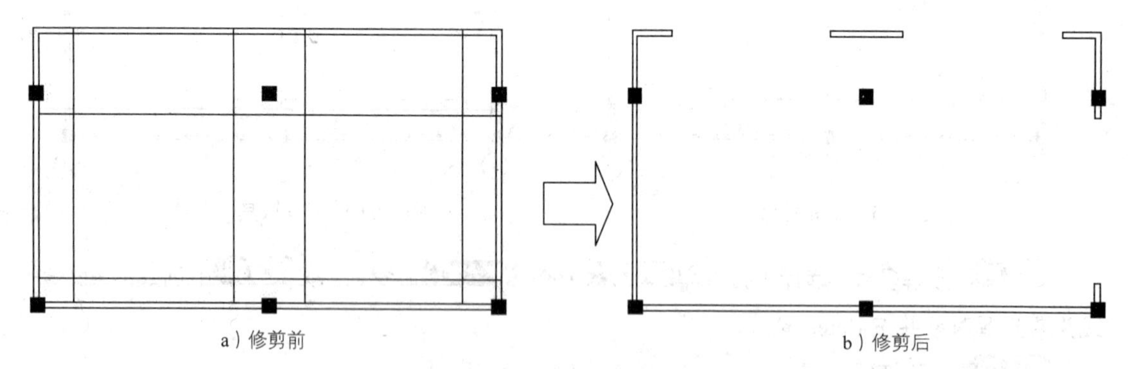

a）修剪前

b）修剪后

图 32.3.20　进行修剪操作

步骤 06 绘制窗线。选择下拉菜单 绘图(D) → 直线(L) 命令，绘制图 32.3.21 所示的直线。

步骤 07 偏移窗线。选择 修改(M) → 偏移(S) 命令，选取上步创建的窗线为要偏移的直线，向下偏移距离分别为 80、40、40、40，完成后如图 32.3.22 所示。

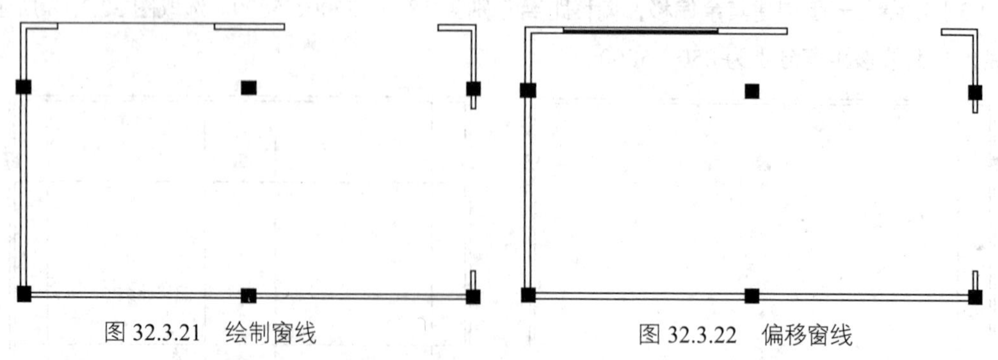

图 32.3.21　绘制窗线

图 32.3.22　偏移窗线

步骤 08 参照 步骤 06、步骤 07 创建另外的窗线，完成后如图 32.3.23 所示。

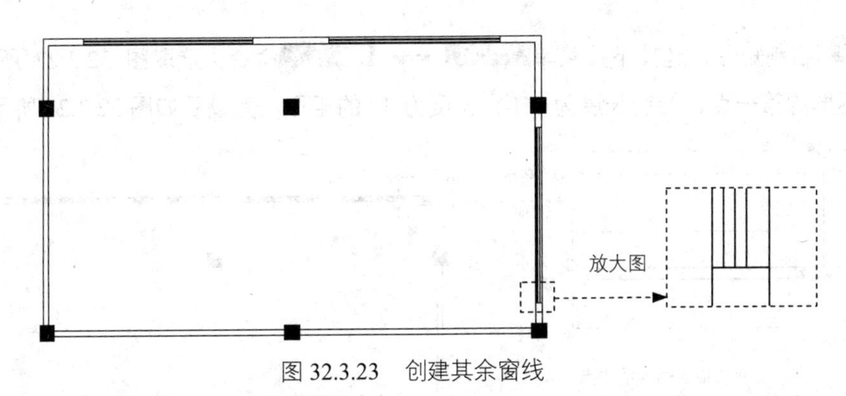

图 32.3.23 创建其余窗线

步骤 09 选择 修改(M) → 偏移(S) 命令，选取图 32.3.24 所示的边线 1 为要偏移的直线 1，向下偏移的距离依次为 125、1500。选取图 32.3.24 所示的边线 2 为要偏移的直线 2，向左偏移的距离依次为 3750、1500，完成后如图 32.3.24 所示。

步骤 10 分别选中步骤 09中创建的偏移直线，将其拉长至合适的位置，完成后如图 32.3.25 所示。

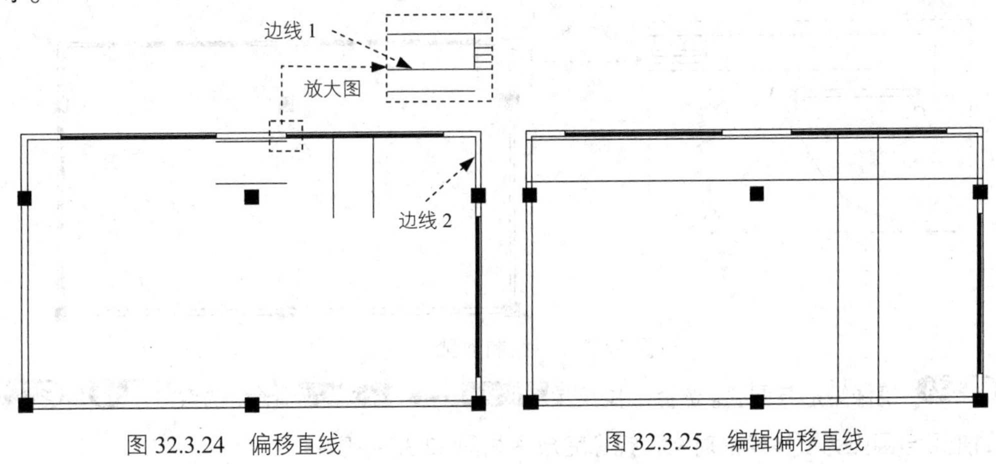

图 32.3.24 偏移直线　　图 32.3.25 编辑偏移直线

步骤 11 编辑图形。选择下拉菜单 修改(M) → 修剪(T) 命令，对图 32.3.26a 进行修剪，修剪后的结果如图 32.3.26b 所示。

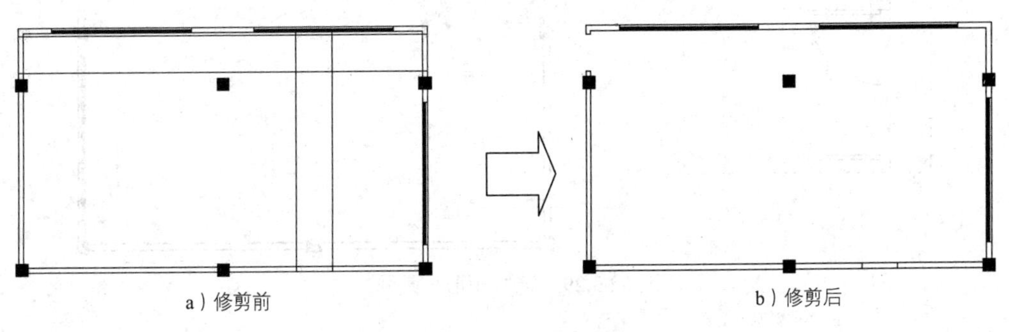

a）修剪前　　b）修剪后

图 32.3.26 进行修剪操作

步骤 12 绘制矩形，选择下拉菜单 绘图(D) → 矩形(G) 命令，选取图 32.3.27 所示的边线的中点为矩形的第一点，绘制长度为 750、宽度为 40 的矩形，完成后如图 32.3.27 所示。

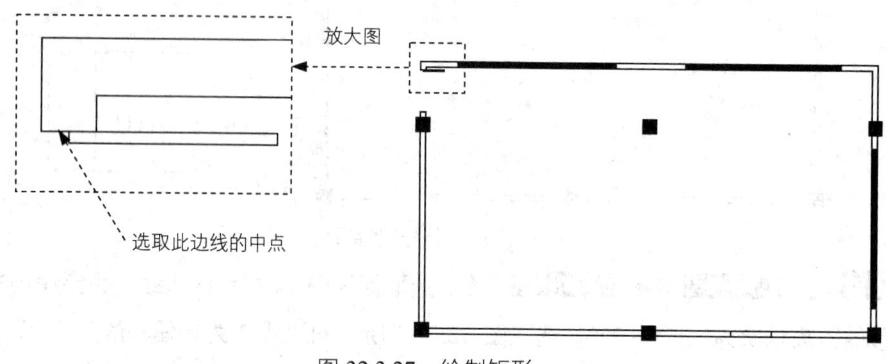

图 32.3.27　绘制矩形

步骤 13 绘制圆弧，选择下拉菜单 绘图(D) → 圆弧(A) → 起点、圆心、角度(T) 命令，分别选取图 32.3.28 所示的起点 A 和圆心 C，在命令行中输入包含角度值−90 并按 Enter 键。

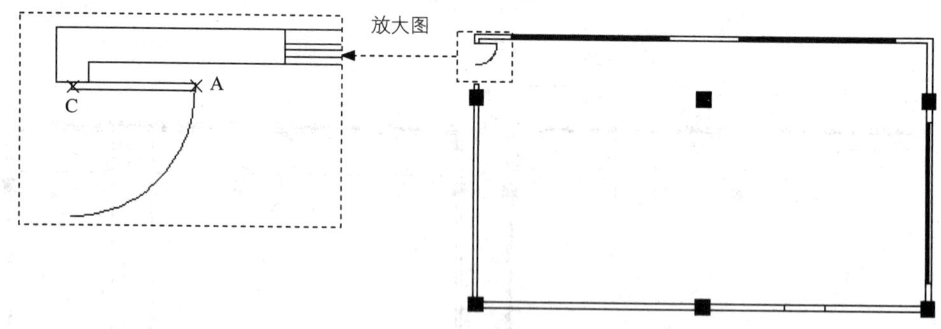

图 32.3.28　绘制圆弧

步骤 14 镜像矩形与圆弧。选择下拉菜单 修改(M) → 镜像(I) 命令，选取 步骤 12 与 步骤 13 创建的矩形与圆弧为要镜像的对象，镜像完成后如图 32.3.29 所示。

步骤 15 绘制直线。选择 绘图(D) → 直线(L) 命令，绘制图 32.3.30 所示的直线。

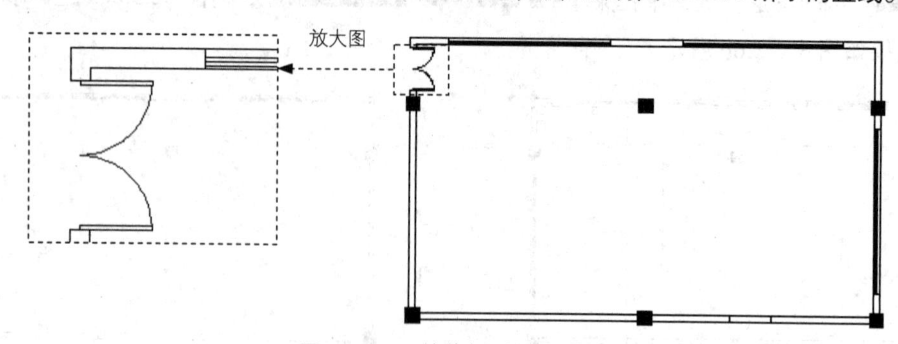

图 32.3.29　镜像矩形与圆弧

4. 报告厅内部布局设计

步骤 01 选择 修改(M) → 偏移(S) 命令，选取图 32.3.31 所示的边线 1 为要偏移的直线 1，向下偏移的距离为 1715，通过编辑命令将偏移出的直线拉长至合适的位置，完成后如图 32.3.31 所示，

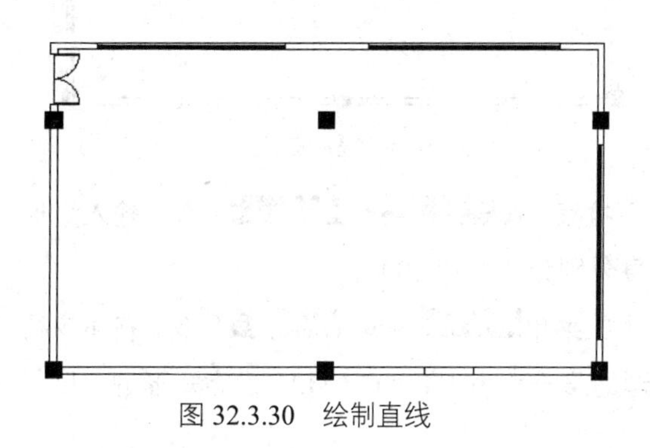

图 32.3.30 绘制直线

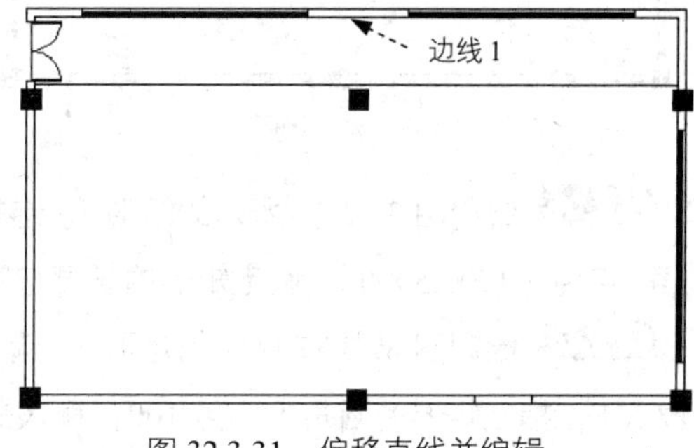

图 32.3.31 偏移直线并编辑

步骤 02 绘制直线 1。

（1）定义用户坐标系（UCS）（注：具体参数和操作参见随书光盘）。

（2）切换图层。在“图层”工具栏中选择“室内台阶”图层。

（3）选择下拉菜单 绘图(D) → 直线(L) 命令，输入坐标值（4000,200）后按 Enter 键，输入坐标值（@1300<90）后按两次 Enter 键，完成后如图 32.3.32 所示。

步骤 03 参照上一步创建直线 2，完成后如图 32.3.33 所示。

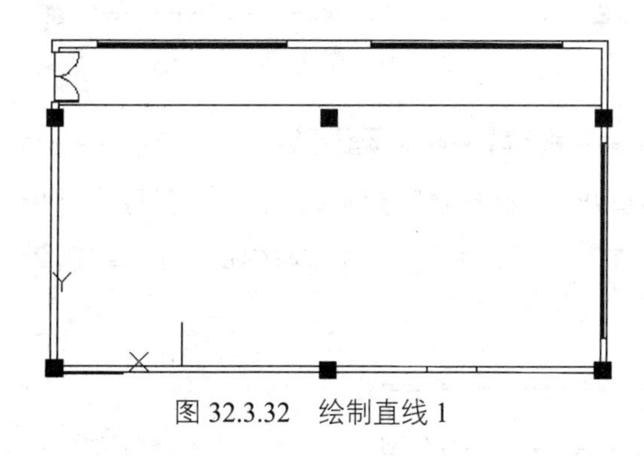

图 32.3.32 绘制直线 1

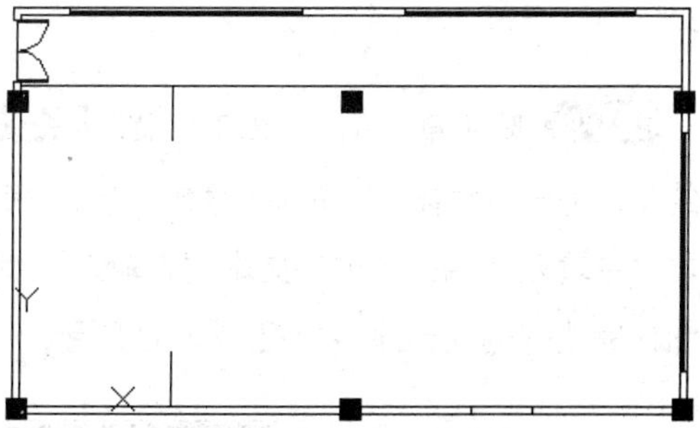

图 32.3.33 绘制直线 2

步骤 04 绘制圆弧。选择下拉菜单 绘图(D) → 圆弧(A) → 起点、端点、半径(R) 命令，选取图 32.3.34 所示的点 A 为起点，选取点 B 为终点，圆弧半径为 5500。

步骤 05 选择下拉菜单 修改(M) → 复制(Y) 命令，选取 步骤 02 ~ 步骤 04 中绘制的两条直线与一段圆弧为复制的对象，在绘图区域中选取任意一点作为基点，在系统 指定第二个点或 [阵列(A)] 的提示下输入（@300<180）后按两次 Enter 键，完成后如图 32.3.35 所示。

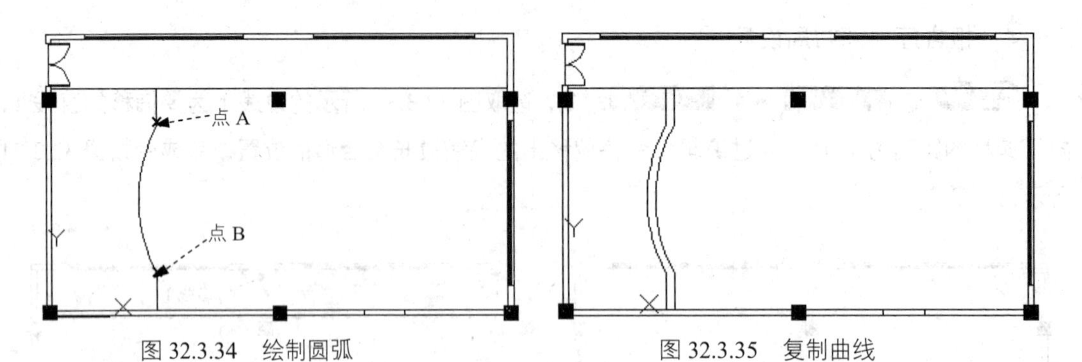

图 32.3.34　绘制圆弧　　　　图 32.3.35　复制曲线

步骤 06 绘制图 32.3.36 所示的矩形 1。选择下拉菜单 绘图(D) → 矩形(G) 命令，输入矩形的第一点为（1700,5000），设定矩形的长度与宽度分别为 800 和 2000。

步骤 07 绘制图 32.3.37 所示的矩形 2。选择下拉菜单 绘图(D) → 矩形(G) 命令，在命令行中输入 F，指定矩形的圆角大小为 100，输入矩形的第一点为（4800,7100），设定矩形的长度与宽度分别为 500 和 6000。

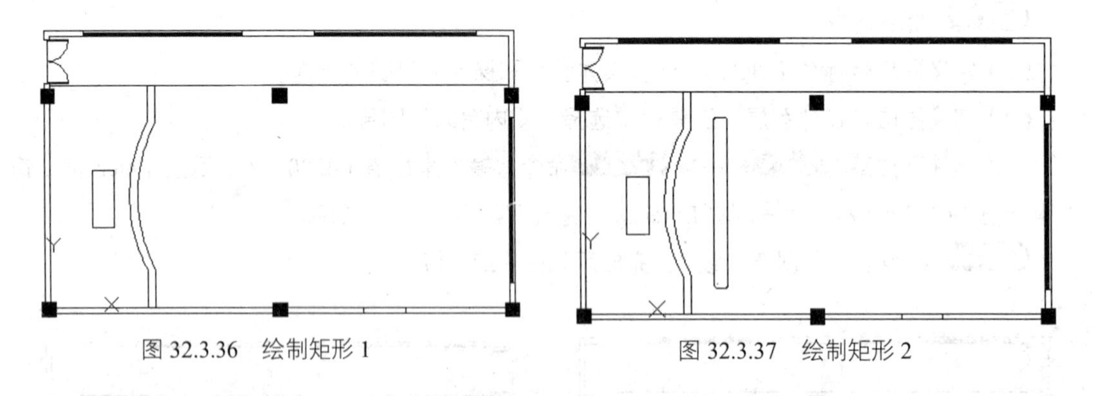

图 32.3.36　绘制矩形 1　　　　图 32.3.37　绘制矩形 2

步骤 08 阵列草图 1。选择下拉菜单 修改(M) → 阵列 → 矩形阵列 命令，选取上一步创建的矩形为阵列对象，按 Enter 键结束选取，系统弹出“阵列创建”选项卡，在 列 区域的 列数: 文本框中输入 7，在 介于: 文本框中输入 1700，在 行 区域的 行数: 文本框中输入 1，单击 关闭阵列 按钮，完成阵列的创建，如图 32.3.38 所示。

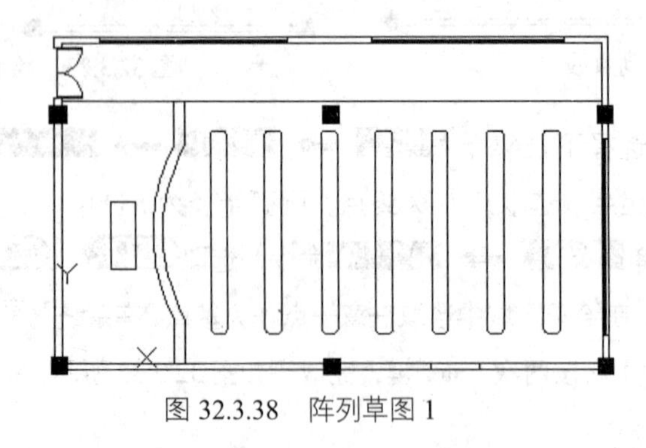

图 32.3.38　阵列草图 1

步骤 09 插入座椅 1。选择下拉菜单 插入(I) → 块(B)... 命令，选择“座椅”为插入对象，单击 确定 按钮，选取图 32.3.39 所示的点为块的插入点，完成后如图 32.3.39 所示。

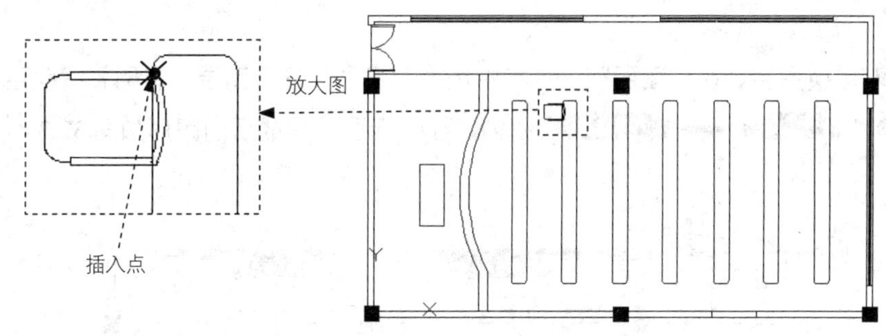

图 32.3.39 插入座椅 1

步骤 10 阵列座椅。选择下拉菜单 修改(M) → 阵列(A)... 命令，选取上步创建的矩形为阵列对象，按 Enter 键结束选取，单击对话框中的 确定 按钮以结束操作，如图 32.3.40 所示（注：具体参数和操作参见随书光盘）。

步骤 11 插入座椅 2。选择下拉菜单 插入(I) → 块(B)... 命令，选择“座椅”为插入对象，在 角度(A): 文本框中输入 180，单击 确定 按钮，选取图形区域合适的位置单击以确定块的插入位置，完成后如图 32.3.41 所示。

步骤 12 插入沙发 1。选择下拉菜单 插入(I) → 块(B)... 命令，选择“沙发”为插入对象，单击 确定 按钮，在绘图区域合适的位置放置，完成后如图 32.3.42 所示。

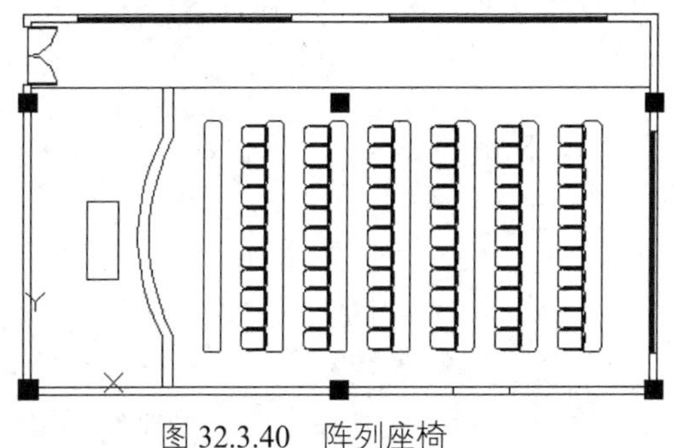

图 32.3.40 阵列座椅

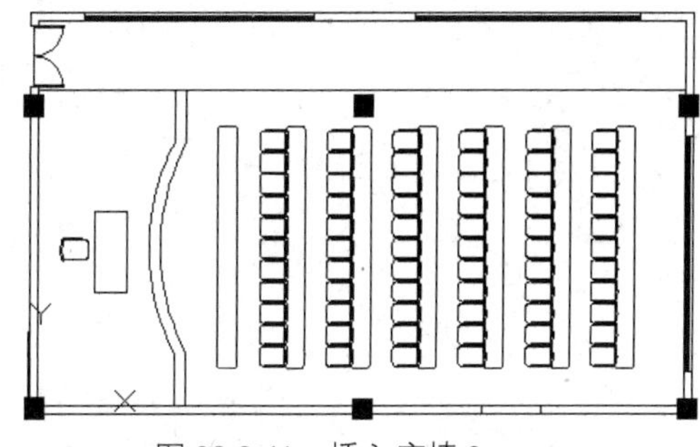

图 32.3.41 插入座椅 2

步骤 13 参照上一步，插入其余沙发，完成后如图 32.3.43 所示。

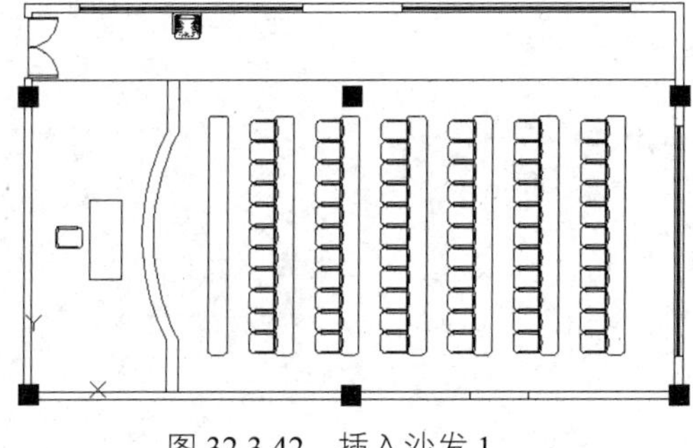

图 32.3.42 插入沙发 1

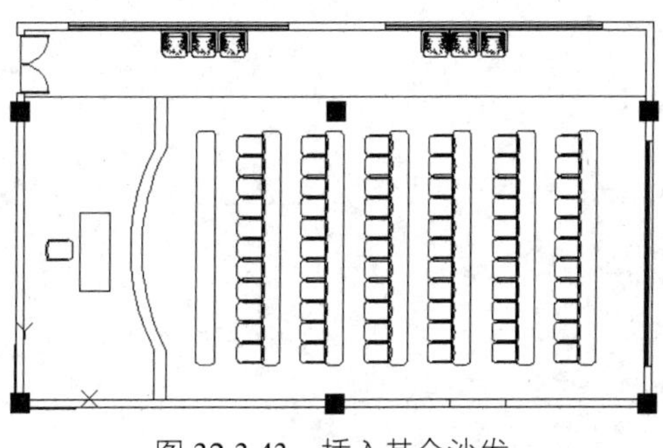

图 32.3.43 插入其余沙发

5. 对图形进行尺寸标注

步骤 01 设置标注样式。选择下拉菜单 格式(O) → 标注样式(D)... 命令，将“建筑样式”设置为当前标注样式。

步骤 02 切换图层。在“图层”工具栏中选择“尺寸标注”图层，将网轴线图层打开。

步骤 03 用 标注(N) → 线性(L) 命令创建线性标注，完成后的图形如图 32.3.44 所示。

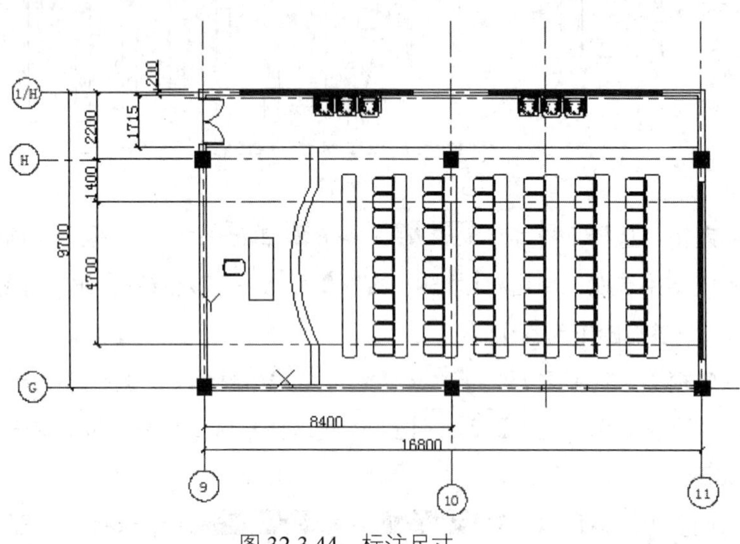

图 32.3.44　标注尺寸

第 33 章　电气设计制图

33.1　电气图概述

33.1.1　基本概念

◆ 电气图：电气图是用各种电气符号、带注释的围框、简化的外形来表示系统、设备、装置和元件等之间的相互关系和连接关系的一种简图。电气图一般由电路图、技术说明和标题栏三部分组成。

◆ 电路图：用导线将电源和负载以及相关的控制元件按一定要求连接起来构成闭合回路，以实现电气设备的预定功能，这种电气回路称为电路。

◆ 技术资料：电气图中的文字说明和元件明细表等总称为技术资料。

◆ 标题栏：标题栏一般出现在电路图的右下角，其中注明工程名称、图名、图号、设计人、制图人、审核人的签名和日期等。

◆ 电气符号：电气符号包括图形符号、文字符号和回路标号等，它们相互关联、互为补充，以图形和文字的形式从不同角度为电气图提供各种信息。

◆ 图形符号：一般由符号要素、一般符号和限定符号组成。

◆ 文字符号：表示电气设备，装置，电气元件的名称、状态和特征的字符代码，它一般标注在电气设备、装置和电气元件的图形符号上或其近旁。

◆ 回路标号：回路种类、特征的文字和数字标号称为回路标号，也称为回路线号，其作用是便于实际接线和在有故障时便于线路的检查。

33.1.2　常用电气符号

◆ 刀开关：刀开关（Knife Switch）是一种最简单的手动电器，它由静插座、手柄、触刀、铰链支座和绝缘底板组成。按极数不同，刀开关分单极（单刀）、双极（双刀）和三极（三刀）三种，在电气图中图形符号如图 33.1.1 所示。

◆ 断路器（空气开关）：低压断路器又叫自动空气开关，是既有手动开关作用，又能自动进行失压、欠压过载和短路保护的电器。可用来分配电能，不频繁地起动异步电动机，对电源线路及电动机等实行保护，当它们发生严重的过载或短路及欠电压等故障时能自动切断电路。在电气图中文字符号为 QF，图形符号如图 33.1.2 所示。

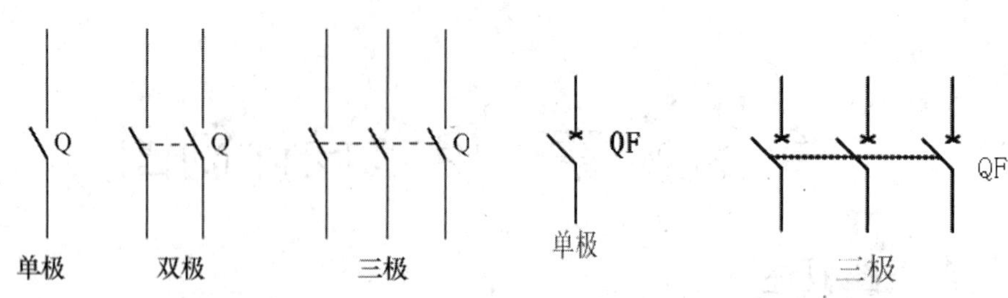

图 33.1.1　刀开关　　　　图 33.1.2　断路器

◆ 交流接触器：交流接触器主要由电磁机构与触头系统组成；电磁机构又由线圈、动铁心与静铁心组成；触头系统由主触头和辅助触头组成，主触头用于通断主电路，辅助触头主要用于控制电路中。在电气图中文字符号为 KM，图形符号如图 33.1.3 所示。

◆ 热继电器：热继电器是利用电流通过元件所产生的热效应原理而反时限动作的继电器。在电气图中文字符号为 FR，图形符号如图 33.1.4 所示。

图 33.1.3　交流接触器　　　　图 33.1.4　热继电器

◆ 中间继电器：中间继电器的原理是将一个输入信号变成多个输出信号或将信号放大（即增大触头容量）。其实质是电压继电器，但它的触头数量较多（可达 8 对），触头容量较大（5～10A），动作灵敏。在电气图中文字符号为 KA，图形符号如图 33.1.5 所示。

◆ 按钮：按钮通常用于发出操作信号，接通或断开电流较小的控制电路，以控制电流较大的电动机或其他电气设备的运行。按钮由按钮帽、动触点、静触点和复位弹簧等构成。在电气图中文字符号为 SB，图形符号如图 33.1.6 所示。

◆ 指示灯：红绿指示灯的作用有三，一是指示电气设备的运行与停止状态；二是监视控制电路的电源是否正常；三是利用红灯监视跳闸回路是否正常，利用绿灯监视合闸回路是否正常。

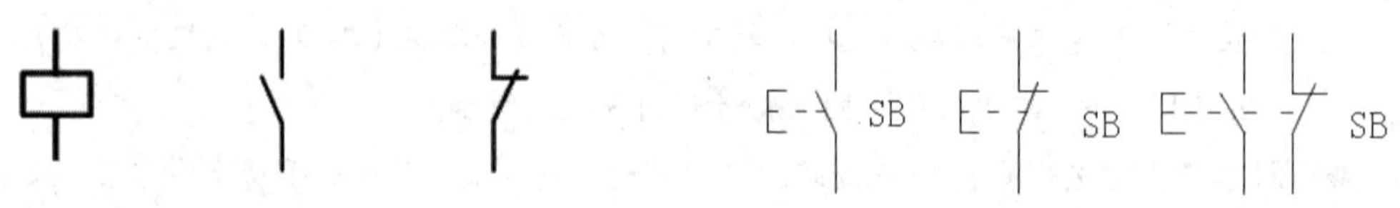

图 33.1.5　中间继电器　　　　图 33.1.6　按钮

◆ 转换开关：万能转换开关由操作机构、面板、手柄及数个触头座等主要部件组成。在电气图中文字符号为 SA，图形符号如图 33.1.7 所示。

◆ 行程开关：位置开关（又称限位开关）的一种，是一种常用的小电流主令电器。利用生产机械运动部件的碰撞使其触头动作来实现接通或分断控制电路，达到一定的控制目的。通常，这类开关被用来限制机械运动的位置或行程，使运动机械按一定位置或行程自动停止、反向运动、变速运动或自动往返运动等。在电气图中文字符号为SQ，图形符号如图33.1.8所示。

◆ 熔断器：熔断器也称为保险丝，它是一种安装在电路中，保证电路安全运行的电气元件。熔断器其实就是一种短路保护器，广泛用于配电系统和控制系统，主要进行短路保护或严重过载保护。在电气图中文字符号为FU，图形符号如图33.1.9所示。

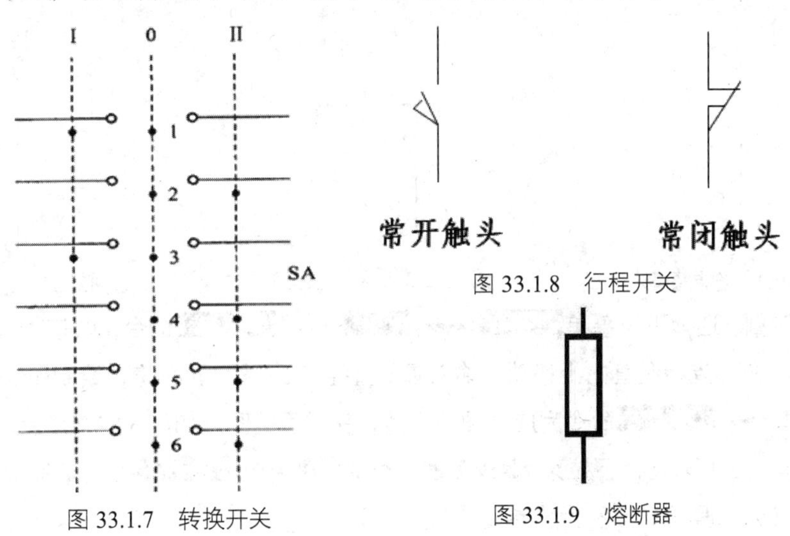

图33.1.7 转换开关

图33.1.8 行程开关

图33.1.9 熔断器

33.2 电动机控制电路设计

图 33.2.1 所示为电动机控制电路设计图，下面介绍其创建的一般操作过程。

步骤 01 使用随书光盘上提供的样板文件。选择下拉菜单 文件(F) → 新建(N)... 命令，在系统弹出的“选择样板”对话框中，找到文件D:\cad1701\system_file\Part_temp_A2.dwg，然后单击 打开(O) 按钮。

步骤 02 绘制图33.2.2所示的图形。

（1）绘制图33.2.3所示的直线AB。将图层切换到“轮廓线层”，选择下拉菜单 绘图(D) → 直线(L) 命令，选取点A作为直线的起点，在系统状态栏中将

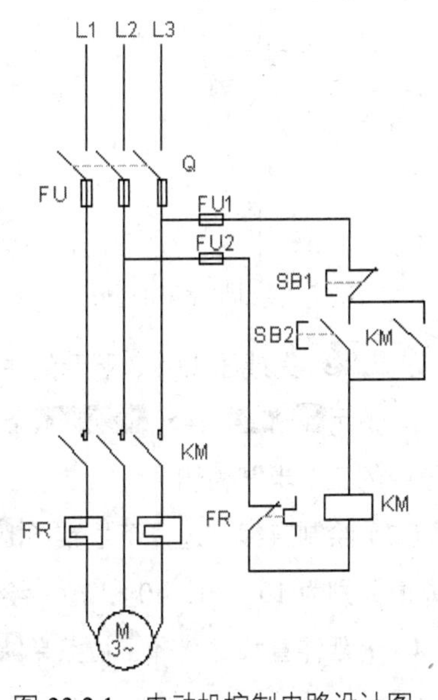

图33.2.1 电动机控制电路设计图

（“正交模式”）按钮高亮显示，然后在命令行中输入长度值 100，按两次 Enter 键。

（2）绘制图 33.2.4 所示的矩形。用 绘图(D) → 矩形(G) 命令绘制矩形，设定矩形长度和宽度值分别为 4 和 10；选择下拉菜单 修改(M) → 移动(V) 命令，选择矩形顶边中点为基点，利用捕捉命令，使基点与直线 AB 的 A 点重合（图 33.2.5）。

由于电动机控制图主要注重其控制原理，与图中控制元件的具体尺寸没有关系，所以在绘制此图时，有些尺寸并未详细给出，读者在练习过程中可以自己设定。

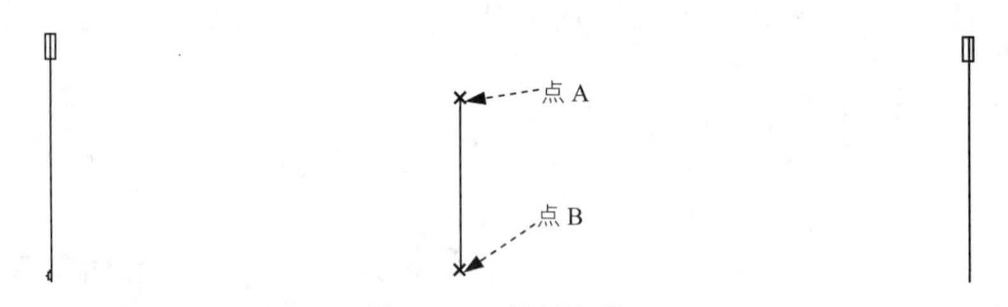

图 33.2.2　绘制图形　　图 33.2.3　绘制直线 AB　　图 33.2.4　绘制矩形 1

（3）绘制半圆。选择下拉菜单 绘图(D) → 圆(C) → 两点(2) 命令，以直线 AB 的端点 B 作为圆上一点，鼠标光标竖直向上移动，输入圆的直径值 3，按 Enter 键；绘制图 33.2.6 所示的圆，用 修改(M) → 修剪(T) 命令完成对圆的修剪，完成后的图形如图 33.2.2 所示。

步骤 03 阵列图形。选择下拉菜单 修改(M) → 阵列 → 矩形阵列 命令，完成后的图形如图 33.2.7 所示（注：具体参数和操作参见随书光盘）。

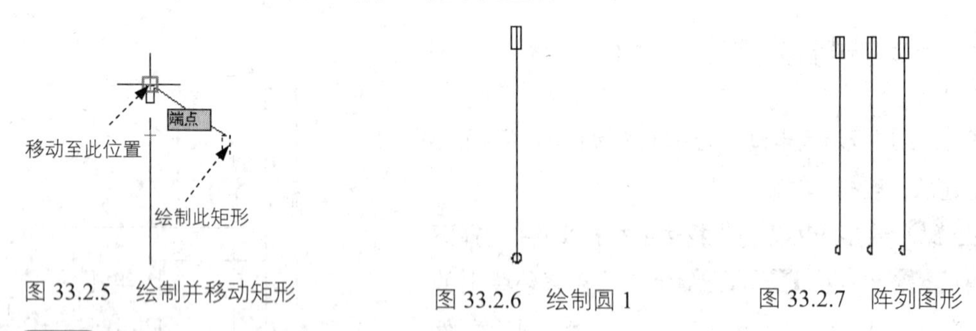

图 33.2.5　绘制并移动矩形　　图 33.2.6　绘制圆 1　　图 33.2.7　阵列图形

步骤 04 完成图 33.2.8 所示的主电路图的绘制。

（1）用 绘图(D) → 直线(L) 命令绘制图 33.2.9 所示的直线（大致长度即可），并使直线与图形中的三个半圆相切。

（2）绘制直线。选择下拉菜单 修改(M) → 偏移(S) 命令，选取直线 1 为偏移对象，偏移距离值分别为 10、30、40 和 70，绘制图 33.2.9 所示的水平线。

（3）延伸直线。选择下拉菜单 修改(M) → 延伸(D) 命令，选取图 33.2.10 所示的直线 2 作为延伸的边界边，按 Enter 键结束选取；选取直线 3、直线 4 和直线 5 作为延伸的对象，按 Enter 键完成操作。

（4）修剪与绘制直线。

① 用 修改(M) → 修剪(T) 命令完成对直线的修剪，完成后并删除多余的水平线至图 33.2.11 所示的图形。

② 用 绘图(D) → 直线(L) 命令绘制两条竖直线，将图 33.2.12 所示的中间部分封闭起来。

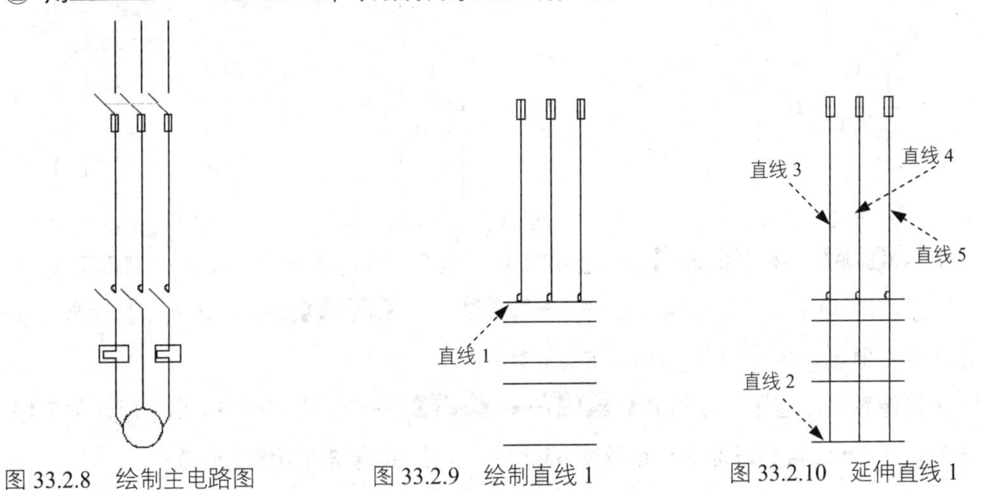

图 33.2.8　绘制主电路图　　图 33.2.9　绘制直线 1　　图 33.2.10　延伸直线 1

③ 绘制图 33.2.12 所示的斜线。选择下拉菜单 绘图(D) → 直线(L) 命令，选取点 1 为直线的起点，输入坐标值（@16<135）后按两次 Enter 键，完成图中斜线的绘制。

④ 用 修改(M) → 阵列 → 矩形阵列 命令完成直线的阵列，其中行数设置为 1，列数设置为 3， 间距值均为 15。完成后的图形如图 33.2.13 所示。

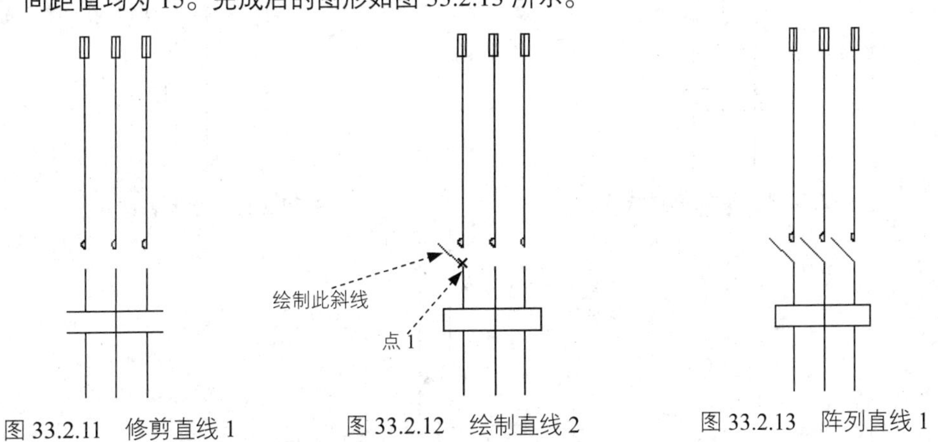

图 33.2.11　修剪直线 1　　图 33.2.12　绘制直线 2　　图 33.2.13　阵列直线 1

⑤ 选择下拉菜单 修改(M) → 偏移(S) 命令，选取直线 1 为偏移对象，偏移距离值为 17，绘制图 33.2.14 所示的竖直线。

⑥ 参照上一步，以矩形的另一条竖直边线为参考，创建图 33.2.15 所示的偏移直线，偏移

距离为 15。

⑦ 用修改(M) → 修剪(T)命令完成对直线的修剪，完成后的图形如图 33.2.16 所示。

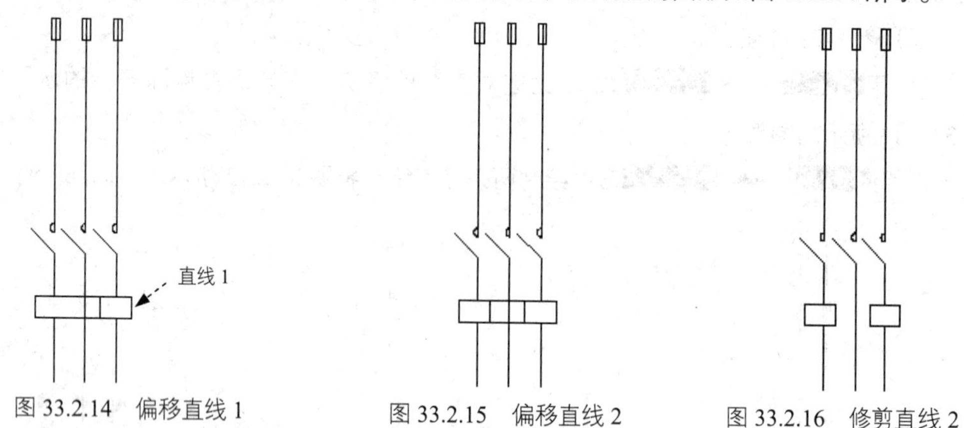

图 33.2.14　偏移直线 1　　图 33.2.15　偏移直线 2　　图 33.2.16　修剪直线 2

（5）用绘图(D) → 直线(L)命令绘制图 33.2.17 所示的多条直线（大致形状即可）。

（6）绘制图 33.2.18 所示的直线。选择绘图(D) → 直线(L)命令，选取点 2 作为直线的起点，输入坐标值（@8<300）后按两次 Enter 键。

（7）镜像直线。选择下拉菜单修改(M) → 镜像(I)命令；选取图 33.2.19 所示的直线作为镜像对象，按 Enter 键结束选取；选取图 33.2.19 所示的直线作为镜像中心线。

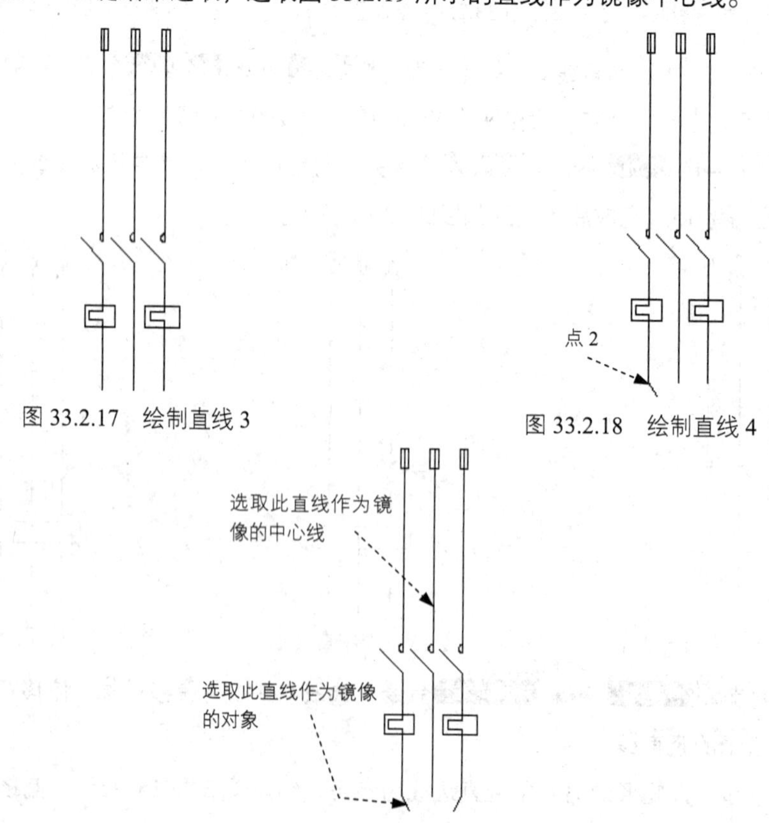

图 33.2.17　绘制直线 3　　图 33.2.18　绘制直线 4

图 33.2.19　镜像直线

（8）绘制圆。选择 绘图(D) → 圆(C) → 两点(2) 命令，分别选取图 33.2.20 所示的点 2 和点 3，完成圆的绘制。

（9）用 修改(M) → 修剪(T) 命令完成对直线的修剪，完成后的图形如图 33.2.21 所示。

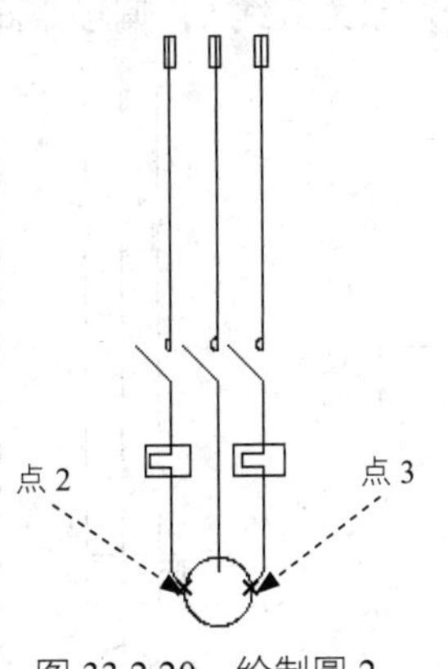

图 33.2.20　绘制圆 2

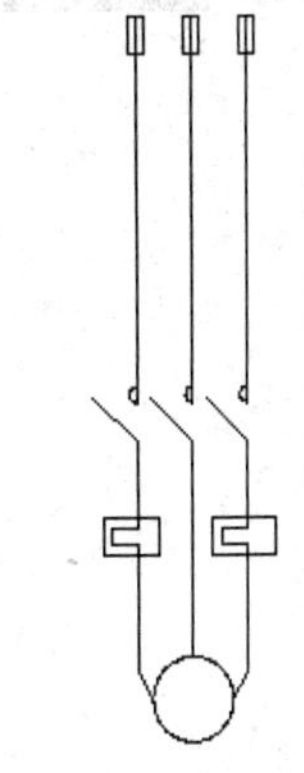

图 33.2.21　修剪直线 3

（10）复制直线。选择下拉菜单 修改(M) → 复制(Y) 命令。选取图 33.2.22 所示的 3 条直线为要复制的对象，在命令行 指定基点或 [位移(D)] <位移>: 的提示下，指定图 33.2.22 中的任意一点 A 作为基点；在 指定第二个点或 <使用第一个点作为位移>: 的提示下，指定图中的 B 点作为位移的第二点，按 Enter 键结束复制。

（11）用 绘图(D) → 直线(L) 命令绘制图 33.2.23 所示的直线。

此直线与图 33.2.23 所示的直线 1 共线。

（12）用 修改(M) → 阵列 → 矩形阵列 命令完成直线的阵列，其中行数设置为 1，列数设置为 3，间距值均为 15。完成后的图形如图 33.2.24 所示。

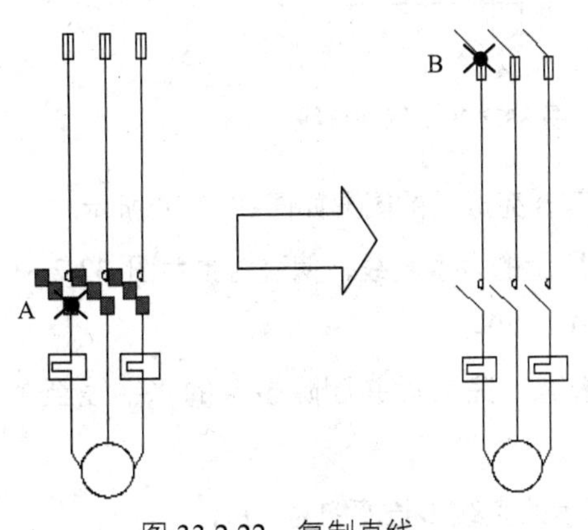

图 33.2.22　复制直线

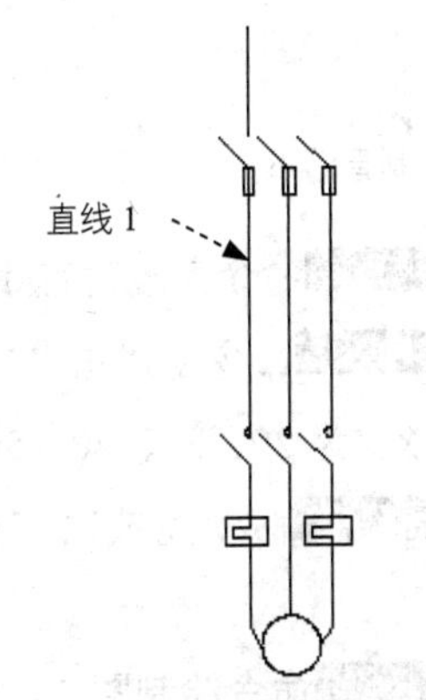

图 33.2.23　绘制直线 5

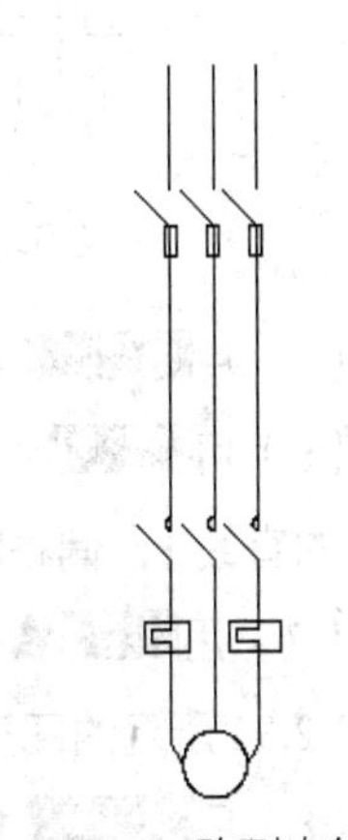

图 33.2.24　阵列直线 2

（13）在“虚线层”中绘制图 33.2.25 所示的直线。

步骤 05 绘制图 33.2.26 所示的控制电路。

（1）在“轮廓线层”绘制图 33.2.27 所示的直线 6（大致即可）。

（2）用 修改(M) → 偏移(S) 命令创建直线 7，偏移对象为直线 6，偏移距离值为 40。

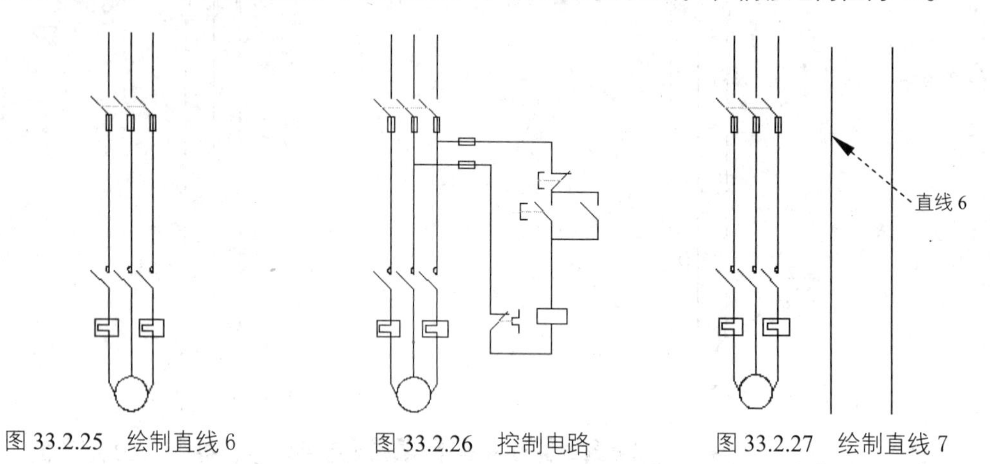

图 33.2.25　绘制直线 6　　图 33.2.26　控制电路　　图 33.2.27　绘制直线 7

（3）用 绘图(D) → 直线(L) 命令绘制图 33.2.28 所示的直线。

（4）用 修改(M) → 偏移(S) 命令创建图 33.2.29 所示的两条直线，偏移对象为直线 8，偏移距离值分别为 15、135。

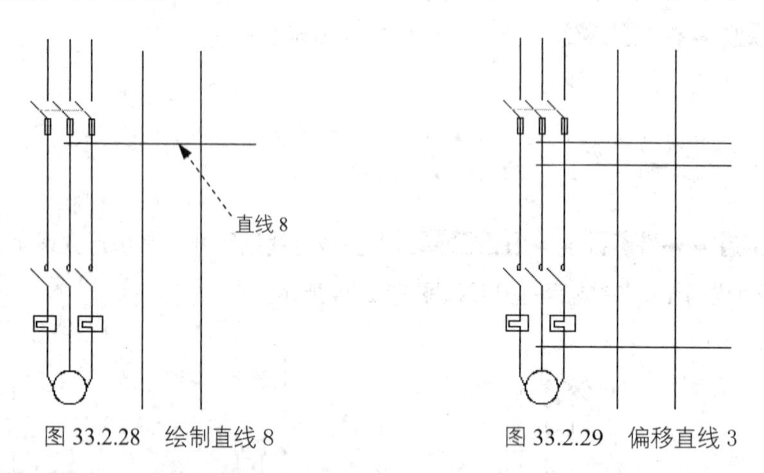

图 33.2.28　绘制直线 8　　图 33.2.29　偏移直线 3

（5）用 修改(M) → 修剪(T) 命令完成对直线的修剪，完成后的图形如图 33.2.30 所示。

（6）用 修改(M) → 偏移(S) 命令创建图 33.2.31 所示的六条直线，偏移对象为图 33.2.31 所示的直线 1，偏移距离值依次为 20、30、40、50、110、120。

（7）用 修改(M) → 修剪(T) 命令完成对直线的修剪，完成后并删除多余的水平线至图 33.2.32 所示的图形。

（8）用 绘图(D) → 直线(L) 命令绘制图 33.2.33 所示的直线（长度约为 30）。

（9）用 修改(M) → 偏移(S) 命令创建水平直线，选取上步创建的直线为偏移对象，偏移距离值为 30，如图 33.2.34 所示。

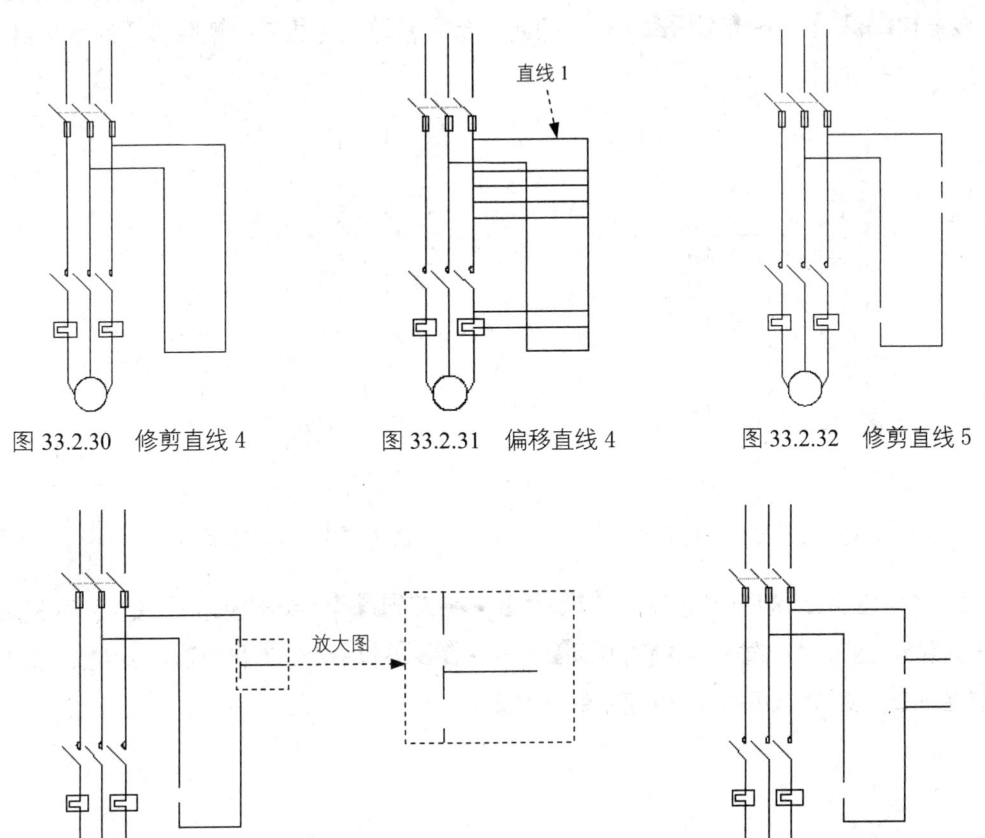

图 33.2.30　修剪直线 4　　图 33.2.31　偏移直线 4　　图 33.2.32　修剪直线 5

图 33.2.33　绘制直线 9　　图 33.2.34　偏移直线 5

（10）用 绘图(D) → 直线(L) 命令绘制图 33.2.35 所示的直线。

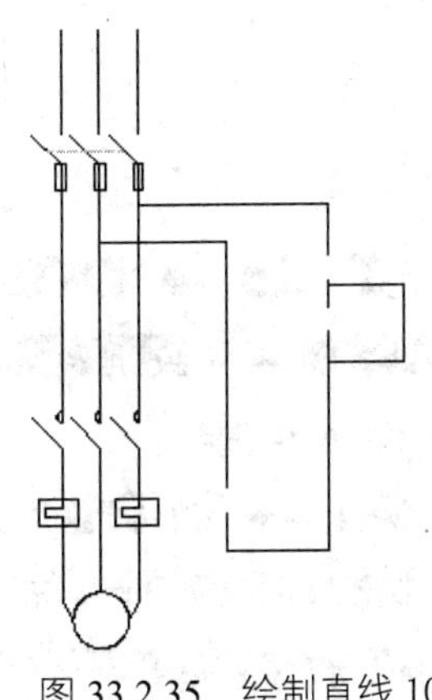

图 33.2.35　绘制直线 10

（11）用 修改(M) → 偏移(S) 命令创建两条水平直线，选取图 33.2.36 所示的直线 1 为偏移对象，偏移距离值依次为 8、18。

（12）用 修改(M) → 修剪(T) 命令完成对直线的修剪，完成后并删除多余的水平线至图 33.2.37 所示的图形。

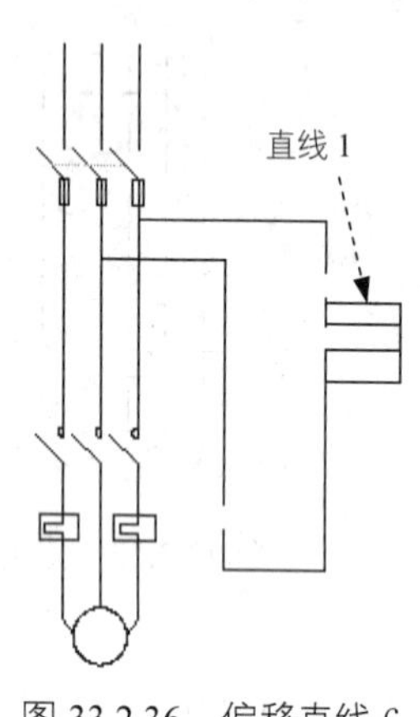

图 33.2.36　偏移直线 6

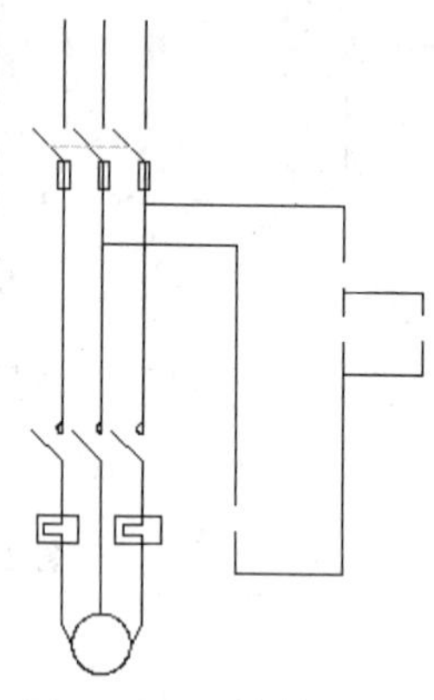

图 33.2.37　修剪直线 6

（13）绘制图 33.2.38 所示的矩形。用 绘图(D) → 矩形(G) 命令绘制矩形，设定矩形长度和宽度值分别为 20 和 10；选择下拉菜单 修改(M) → 移动(V) 命令，选择矩形顶边中点为基点，利用捕捉命令，使基点与图 33.2.39 所示的 A 点重合。

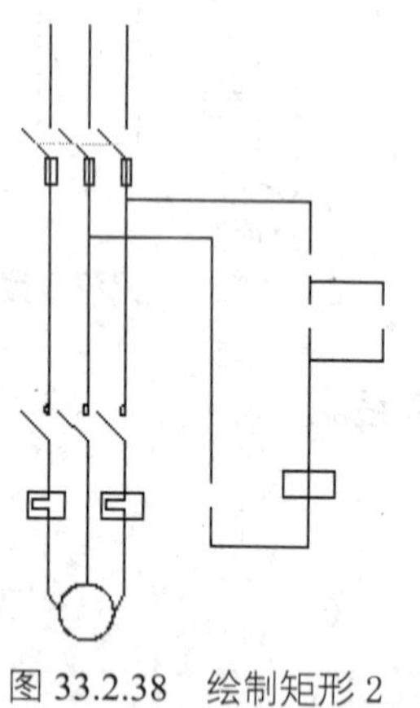

图 33.2.38　绘制矩形 2

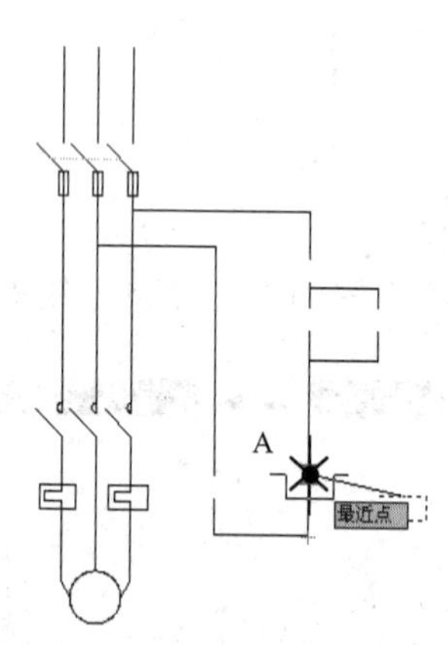

图 33.2.39　放置矩形

（14）绘制图 33.2.40 所示的矩形。用 绘图(D) → 矩形(G) 命令绘制矩形，设定矩形长度和宽度值分别为 10 和 4；选择下拉菜单 修改(M) → 移动(V) 命令，选择矩形左边中点为基点，利用捕捉命令，使基点与图 33.2.40 所示的 A 点重合。

（15）复制矩形。选择下拉菜单 修改(M) → 复制(Y) 命令。选取上步创建的矩形为要复制的对象，在命令行 指定基点或 [位移(D)] <位移>: 的提示下，指定矩形左边边线的中点作为基点；在 指定第二个点或 <使用第一个点作为位移>: 的提示下，指定图 33.2.41 中的 B 点作为位移的第二点，按 Enter 键结束复制。

（16）用 修改(M) → 修剪(T) 命令完成对直线的修剪，完成后的图形如图 33.2.42 所示。

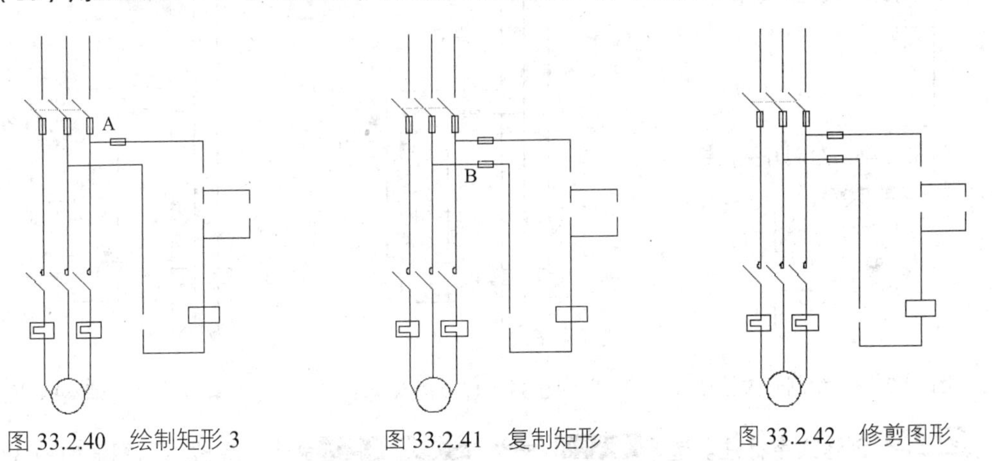

图 33.2.40　绘制矩形 3　　图 33.2.41　复制矩形　　图 33.2.42　修剪图形

（17）绘制图 33.2.43 所示的斜线。选择下拉菜单 绘图(D) → 直线(L) 命令，选取点 1 为直线的起点，输入坐标值（@16<135）后按两次 Enter 键，完成图中斜线的绘制。

（18）参照上一步，绘制其余斜线，完成后如图 33.2.44 所示。

（19）用 绘图(D) → 直线(L) 命令绘制图 33.2.45 所示的直线。

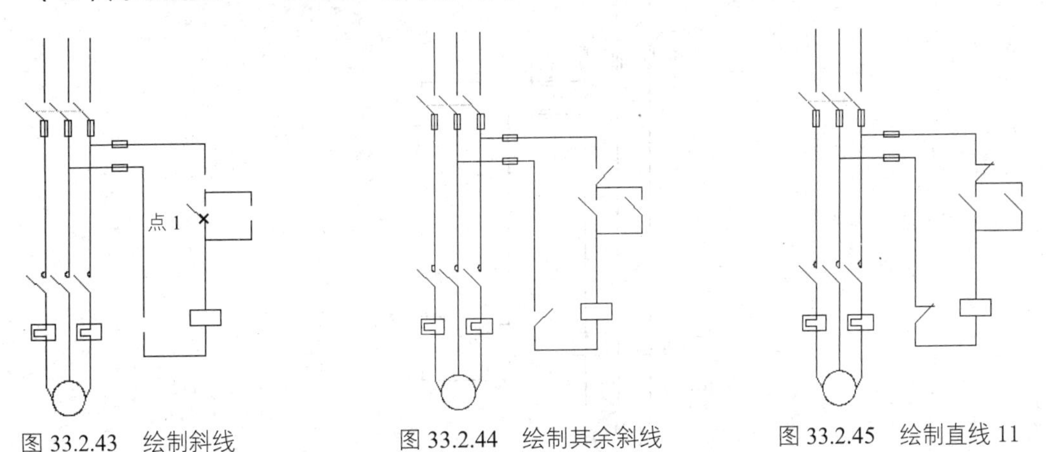

图 33.2.43　绘制斜线　　图 33.2.44　绘制其余斜线　　图 33.2.45　绘制直线 11

（20）创建块 1。绘制图 33.2.46 所示的开关按钮 1（详见视频）；选择下拉菜单 绘图(D) → 块(K) → 创建(M)... 命令，定义块的名称为开关 1，将点 A 设置为基点。

（21）插入块。选择下拉菜单 插入(I) → 块(B)... 命令，选择开关 1 为插入对象，单击 确定 按钮后，选取图 33.2.47 所示的 B 点、C 点为插入点插入块开关 1。

（22）创建块 2。绘制图 33.2.48 所示的开关按钮 2（详见视频）；选择下拉菜单 绘图(D) → 块(K) → 创建(M)... 命令，定义块的名称为开关 2，将点 A 设置为基点。

（23）插入块。选择下拉菜单 插入(I) → 块(B)... 命令，选择开关 2 为插入对象，单击确定按钮后，选取图 33.2.49 所示的 B 点为插入点。

将此点 A 设置为基点

图 33.2.46　绘制开关按钮 1

将此点 A 设置为基点

图 33.2.48　绘制开关按钮 2

点 C
点 B

图 33.2.47　插入块 1

点 B

图 33.2.49　插入块 2

步骤 06 创建文字标注。选择 格式(O) ➡ 文字样式(S)... 命令，完成后的图形如图 33.2.50 所示（注：具体参数和操作参见随书光盘）。

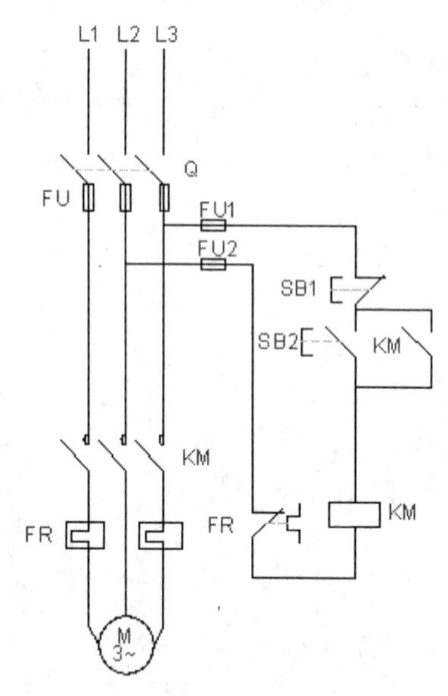

图 33.2.50　创建文字标注

读者意见反馈卡

尊敬的读者：

感谢您购买电子工业出版社出版的图书！

我们一直致力于 CAD、CAPP、PDM、CAM 和 CAE 等相关技术的跟踪，希望能将更多优秀作者的宝贵经验与技巧介绍给您。当然，我们的工作离不开您的支持。如果您在看完本书之后，有好的意见和建议，或是有一些感兴趣的技术话题，都可以直接与我联系。

策划编辑：管晓伟

读者购书回馈活动：

活动一：本书“随书光盘”中含有该“读者意见反馈卡”的电子文档，请认真填写本反馈卡，并 E-mail 给我们。E-mail: 兆迪科技 zhanygjames@163.com，管晓伟 guanphei@163.com。

活动二：扫一扫右侧二维码，关注兆迪科技官方公众微信（或搜索公众号 zhaodikeji），参与互动，也可进行答疑。

凡参加以上活动，即可获得兆迪科技免费奉送的价值 48 元的在线课程一门，同时有机会获得价值 780 元的精品在线课程。

书名：《AutoCAD 2017 快速入门、进阶与精通》（配全程视频教程）

1. 读者个人资料：

姓名：________性别：___年龄：____职业：________职务：_______ 学历：________

专业：_______单位名称：____________________电话：___________手机：___________

邮寄地址：_________________________ 邮编：___________E-mail：_____________

2. 影响您购买本书的因素（可以选择多项）：

□内容 □作者 □价格

□朋友推荐 □出版社品牌 □书评广告

□工作单位（就读学校）指定 □内容提要、前言或目录 □封面封底

□购买了本书所属丛书中的其他图书 □其他

3. 您对本书的总体感觉：

□很好 □一般 □不好

4. 您认为本书的语言文字水平：

□很好 □一般 □不好

5. 您认为本书的版式编排：

□很好 □一般 □不好

6. 您认为 AutoCAD 其他哪些方面的内容是您所迫切需要的？

____

7. 其他哪些 CAD/CAM/CAE 方面的图书是您所需要的？

____

8. 认为我们的图书在叙述方式、内容选择等方面还有哪些需要改进的？

____